ALBUM

DE

L'EXPOSITION UNIVERSELLE

DÉDIÉ

A S. A. I. LE PRINCE NAPOLÉON

PAR

M. LE BARON L. BRISSE

EX-LIQUIDATEUR DES FORÊTS DE L'ANCIENNE LISTE CIVILE

PUBLIÉ AVEC LE CONCOURS DE MM.

DUMAS, sénateur; — ARLÈS-DUFOUR, secrétaire général de la Commission impériale;
LE PLAY, commissaire général de l'Exposition universelle;
F. de MERCEY, commissaire spécial de l'Exposition des Beaux-Arts;
MICHEL CHEVALIER, conseiller d'État, etc.

PARIS

BUREAUX DE L'ABEILLE IMPÉRIALE

23, QUAI VOLTAIRE

1857

EXPOSITION UNIVERSELLE

PRODUITS DE L'INDUSTRIE

QUATRIÈME CLASSE

MÉCANIQUE SPÉCIALE ET MATÉRIEL DES ATELIERS INDUSTRIELS.

Nous voici dans le domaine de la mécanique : c'est par la mécanique générale que commencent à se présenter devant nous les miracles réalisés par ce peu de chose qu'est l'homme dans le monde des forces et du mouvement. Si quelque science, avec la chimie, est une conquête dont l'intelligence humaine doive s'enorgueillir, c'est assurément celle qui nous permet de réunir autour de nous, sans qu'ils aient le souffle de vie, sans qu'ils respirent, sans qu'ils soient véritablement organisés, les plus robustes, les plus puissants, les plus habiles et les plus dociles des esclaves. Qu'est-ce, en effet, que la machine, si ce n'est un être dont l'homme est le créateur ? L'homme le tire, non du néant, mais de l'inertie, et les forces qui dormaient s'éveillent, s'émeuvent ; les pierres sont arrachées du sein de la terre ; elles s'élèvent dans les airs pour y former le fronton des temples ; la charrue déchire le sol et le féconde ; les flocons de laine de nos troupeaux, lavés, peignés, cardés, filés, tissés par des mains de fer et des dents d'acier, se transforment en étoffes aux mille couleurs ; ou bien, c'est le navire hardi, qui, en dépit des vents, sans une voile tendue, avec une vrille cachée dans ses flancs, fore et perce devant lui l'immensité des eaux ; et la locomotive, qui en une heure a traversé, suivie d'un million de kilogrammes de matière morte, des forêts, des collines, des vallées larges de vingt lieues.

Aussi, l'homme armé des forces muettes de la nature, l'homme qui dispose du mouvement des choses, presse-t-il maintenant le pas tardif des arts ; il refait, il étend son empire, il prépare les nouveaux palais et les temples où la Civilisation de l'avenir doit bientôt placer ses maîtres et ses dieux.

La mécanique, par son essence, est aussi vieille que la géométrie et que l'arithmétique ;
elle a commencé à être habile, dès qu'il a fallu moudre le blé et construire une colonne ;
dans la pensée d'un Archimède, elle a enfanté déjà des chefs-d'œuvre de hardiesse ; et,
néanmoins, la mécanique paraît, comme toutes les sciences, née hier, et d'hier à peine en
possession du champ infini des substances qu'elle assouplit, divise et transporte. Tout a
été pensé de nouveau en mécanique, et tout a été mieux pensé.

Section Ⅰᵉʳ. — Chacun sait ce que c'est qu'un bras de levier : une tige de fer, une tige
de bois, qui transmet la force en la multipliant par le chemin parcouru, et qui, sous la
pression du doigt d'un enfant, si le point d'appui est sûrement donné, déracine les cèdres
et renverse les Babylones. A chaque extrémité du levier, qu'il y ait des forces égales,
celle de la volonté humaine exprimée par la main, et celle de la résistance des matériaux ;
que le point d'appui soit établi précisément au milieu du levier : le levier reste immobile,
et la main humaine aussi, et la pierre. Voilà la *balance* : deux plateaux aux extrémités
d'un fléau qui est placé en son milieu et qui reste mobile sur un appui. Si les plateaux sont
également chargés, le fléau devient parfaitement parallèle à la ligne menée par le plan
des deux plateaux ; s'ils sont inégalement chargés, la force la plus grande triomphe en
vertu de la pesanteur, et le plateau le plus léger s'élève. Ainsi, la pesanteur se mesure ;
et la pesanteur, si ce n'est pas l'un des attributs réels de la matière, c'est du moins, comme
le temps qui mesure l'étendue et l'étendue qui mesure le temps, un rapport produit par
l'ensemble des lois naturelles, et ce rapport, entre nos mains, devient un artifice d'analyse ; il nous fait, comme il le faut, connaître les corps que nous avons à mouvoir. La
connaissance de la pesanteur règle nos efforts ; sans balances, point de bonne mécanique,
et la balance elle-même est la plus simple des mécaniques. Le commerce demande des
balances exactes ; dans le laboratoire du physicien et du chimiste, il en faut de plus exactes
encore. Ailleurs il en faut surtout de larges, de grandes, de commodes ; ailleurs, enfin,
on ne veut pas ou on n'a pas de poids, et on a besoin de mesurer les pesanteurs. Tout
est prévu, tout est préparé pour le mieux maintenant.

La *balance à plateaux* est connue de toute antiquité ; quant à la *balance romaine*, c'est un
levier simple, sans plateaux, suspendu sous un fléau qui est tenu par la main en équilibre
vertical, levier sensible, auquel, d'un côté de la main, s'accroche le fardeau, et de l'autre
le poids mobile, et dont la course, signifiée par les divisions du fléau, sert de mesure : elle
engendre le *peson* qui lui ressemble. Mais ni le peson ni la romaine ne servent à tous les
usages ; ils ne nous permettent pas de comparer entre elles deux quantités inconnues. La
bascule (balance de Quintenz) est une heureuse invention qui, par une habile disposition du
levier, offre une large place aux objets qu'il faut peser et les pèse avec des poids qui leur
sont proportionnels et non égaux. Cette balance, si utile, est aujourd'hui employée partout.

On a, dans ces derniers temps, pour la facilité de la manœuvre, changé la forme des
balances à plateaux, pour le commerce de détail ; le levier et le point d'appui sont placés
au-dessous et non plus au-dessus des plateaux. Enfin, la bascule fixe, pour le pesage des
voitures, des diligences, des locomotives et autres appareils semblables, a été ingénieusement transformée aussi.

L'exactitude de la machine, l'aisance de ses mouvements, et l'économie de la matière employée comme instrument de pesage, voilà ce que les constructeurs de balances ont dû s'appliquer à obtenir.

On verra, dans les pages qui suivent, au compte rendu de l'exposition de M. Béranger de Lyon, jusqu'à quels minutieux détails la balancerie peut aujourd'hui descendre, et quels heureux résultats elle obtient au moyen de ses plus grands appareils.

Au pesage des corps solides, il faut joindre le jaugeage des eaux et de l'air, pour que la mécanique, désormais instruite de toute résistance et de toute force, agisse en sûreté.

Les *tubes jaugeurs*, les *moulinets* et les *hydromètres* permettent de jauger l'eau et enregistrent même les résultats qu'ils constatent. Le plus intéressant des appareils exposés était celui de M. Siemens (du Royaume-Uni), qui se compose d'une roue à réaction enfermée dans une boîte scellée. Cette roue enregistre sur un cadran extérieur le nombre des tours de son axe. Le moulinet, connu sous le nom de Woltmann, reste le meilleur instrument qu'on puisse employer pour mesurer la vitesse de l'eau, à une profondeur quelconque. Il consiste en une roue formée de plusieurs ailes plates fixées par des tiges dans un arbre horizontal qui est placé dans la direction même du mouvement. On compte facilement les tours de l'arbre mû par les ailes, au moyen d'un filet de vis qui agit sur deux roues dentées, subordonnées l'une à l'autre et établies de sorte que le mouvement de la seconde soit plus lent que le mouvement de la première.

Le moyen le plus simple qu'il y ait pour jauger un cours d'eau, c'est-à-dire pour mesurer la quantité d'eau qu'il fournit en une seconde, c'est la multiplication de la surface de la section transversale de la masse liquide par la vitesse moyenne qu'elle possède. Or, on détermine sans peine la surface de la section transversale par une série de sondages opérés perpendiculairement au fil de l'eau. Lorsqu'on a un déversoir produit par un barrage à considérer, les expériences de MM. Poncelet et Lesbros prouvent qu'il faut agir ainsi : évaluer la surface du rectangle qui aurait pour base la longueur du déversoir, et pour hauteur la différence de niveau; multiplier cette surface par la vitesse due à la hauteur, d'après les lois de la chute des corps; prendre $0^m,405$ du chiffre obtenu.

Si le cours d'eau qui doit être institué passe par une vanne d'au moins 1 décimètre de levée, il faut, suivant les mêmes mécaniciens, déterminer la surface de l'ouverture dans un plan perpendiculaire à la direction générale de l'eau; multiplier cette surface par la vitesse due à la hauteur du liquide contenu dans le bief, au-dessus du centre de l'orifice d'écoulement, et prendre $0^m,60$ du chiffre.

Reste à jauger l'air et à mesurer l'élasticité, la tension, la force des gaz.

Le moulinet de Woltmann, rendu plus délicat et plus sensible, est un *anémomètre* ou mesureur du vent. Voici une échelle de proportion dressée d'après de nombreuses expériences entreprises pour établir, en une seconde, les différentes vitesses de l'air.

Vent à peine sensible.	1 mètre.	Vent des moulins...	7 mètres.
Vent faible.........	2 —	Bon vent de mer....	7 —
Vent frais.........	6 —	Grand vent frais....	12 —

Vent très-fort......	45 mètres.		Ouragan............	36 mètres.
Vent impétueux.....	20 —		Grand ouragan.......	45 —
Tempête..........	27 —			

Comme les liquides et comme l'air, les gaz s'écoulent en obéissant à certaines lois, et la vitesse, la force de leur écoulement doit être mesurée. Les *compteurs à gaz* sont chargés du soin de cette mesure, et l'usage général qu'on en fait aujourd'hui a engagé les fabricants à rivaliser d'habileté pour nous donner des compteurs très-délicats, très-simples et très-sûrs. Quelle que soit la variété des détails de leur construction, qu'on emploie l'ancien *compteur humide* ou le *compteur à sec*, il est facile de deviner qu'on a recours à peu près aux mêmes moyens pour mesurer le mouvement des gaz et le mouvement des liquides, et pour enregistrer les mesures les plus minutieuses.

Dans le cours de l'examen que nous faisons ici des produits de la quatrième Classe, nous parlerons avec quelque détail du *manomètre métallique*, connu sous le nom de *manomètre Bourdon*. On appelle *manomètres* des appareils destinés à mesurer la force élastique des gaz qui sont contenus dans une enveloppe fermée. Il y a les *manomètres à air libre* et les *manomètres à air comprimé;* les uns et les autres ont rendu les plus grands services là où la vapeur, cet auxiliaire terrible de nos travaux, doit être constamment surveillée et tenue sous le joug de la prudence.

Dans les opérations chimiques, on se sert d'un *tube de sûreté* disposé de façon à contenir un liquide qui, entre les gaz manipulés et l'air atmosphérique, forme une sorte de pouvoir conciliateur, entretient l'équilibre ou du moins prévient les accidents subits. Le manomètre à air libre est un tube doublement recourbé qui ressemble au tube de sûreté des laboratoires. Quand le gaz se dilate (par exemple, la vapeur d'eau dans les chaudières), le liquide contenu dans le tube (c'est du mercure le plus souvent) s'élève dans la branche qui est exposée à l'air libre; d'après des calculs dont la physique permet de constater l'authenticité, il est facile d'établir le long de cette branche une échelle graduée, dont les divisions correspondent à des tensions successives qui sont égales à la pression, à la résistance d'une atmosphère, d'un dixième, d'un centième d'atmosphère.

Dans le manomètre à air comprimé, la branche dans laquelle le liquide s'élève est fermée ; l'air qu'elle contient, maintenu exactement à une température constante, se resserre et acquiert une force qui double, si l'espace qu'il occupe diminue de la moitié. Une échelle graduée, établie en vertu de ce principe, indique avec une égale sûreté toutes les variations de l'élasticité du gaz qu'on surveille.

Le manomètre métallique de M. Bourdon est un excellent indicateur qui remplace heureusement les manomètres à mercure.

De la chaudière part un robinet à l'ouverture duquel est attaché un *tuyau recourbé* dont la section transversale affecte une courbe fortement aplatie. La pression de la vapeur agit dans le tuyau et redresse la courbe, ce qui, forcément, fait changer un peu de position l'extrémité fermée du tuyau qui est librement enfermé dans une boîte dont le fond porte un arc de cercle gradué. A l'extrémité du tuyau est adaptée une aiguille qui, mue par le mouvement même du tuyau, marche peu à peu et indique sur l'arc de cercle les différentes tensions de la vapeur. Cet appareil est très-simple ; il n'a pas la fragilité des manomètres à mercure.

On voit que si la pesanteur des corps solides, le cours des liquides, le mouvement de l'air, l'élasticité des gaz fournissent à l'homme des forces que la mécanique utilise, l'homme sait très-bien mesurer ces forces et peut se rendre compte des ressources dont il dispose. La science ne s'est pas bornée à nous donner les meilleurs moyens de mesurer, tels que les balances, les hydromètres, les anémomètres, les manomètres ; elle nous a encore, en nous donnant les dynamomètres, investis du pouvoir de nous rendre compte, lorsque nous le voulons et aussitôt que nous le voulons, de la somme de travail ou de force fournie et dépensée par les machines.

L'unité du travail de force, adoptée en mécanique, est, comme on le sait, la somme équivalente à l'élévation d'un corps du poids d'un kilogramme à un mètre de hauteur et se désigne par le nom d'*unité dynamique* ou de *kilogrammètre*. D'où il suit que la force dépensée pour élever à 20 mètres de hauteur un poids de cinq kilogrammes, est égale à 100 unités dynamiques.

Lorsqu'il s'agit de mesurer le travail d'un animal ou d'une machine qui agit directement, on appelle les dynamomètres qui servent à le mesurer : *dynamomètres de traction ;* lorsqu'il s'agit de mesurer le travail d'une machine dans laquelle le mouvement est transmis par un arbre à des roues, on appelle les dynamomètres qui servent à le mesurer : *dynamomètres de rotation.* Enfin on nomme *manivelle dynamométrique* l'appareil au moyen duquel se mesure la puissance motrice empruntée à la force même de l'homme par les manivelles.

Rien de plus facile à imaginer que les dynamomètres. Prenez un triangle d'acier comme ceux de nos orchestres ; enlevez la base du triangle et faites passer par un trou ouvert à l'extrémité de l'une des branches devenues libres une tige de fer arquée terminée en anneau ; par un trou ouvert à l'extrémité de l'autre branche, faites passer une tige semblable terminée par un crochet ; voilà le dynamomètre au repos. On attache au crochet une corde qui se relie à l'appareil en travail ; on prend le dynamomètre par l'anneau ; la traction fait que les extrémités des deux branches se rapprochent. On peut voir, sur des arcs qui sont gradués de quelle quantité se rapprochent les branches. Le dynamomètre que nous venons de décrire est élémentaire ; on a construit, d'après le même principe, des dynamomètres de toute sorte. Les dynamomètres du général Poncelet ont été estimés pendant longtemps ; il y a lieu de préférer à présent à tous les autres ceux du général Morin, exécutés par M. Clair. Les dynamomètres de traction qui portent son nom, appliqués à un attelage, enregistrent, par un trait ineffaçable et avec le plus grande précision, les efforts les plus variés de cet attelage ; monté sur l'avant-train si ingénieusement disposé de Bentaal, il sert dans toutes les expériences que l'on peut désirer faire sur la traction des charrues. Dans les dynamomètres de rotation du général Morin et de M. Clair, l'appareil enregistreur a été heureusement placé en dehors du mouvement général.

On peut classer parmi les dynamomètres les instruments divers, plus ou moins puissants, plus ou moins délicats, qui sont destinés à mesurer des pressions ou des forces : ainsi, et en première ligne, la machine de M. Perreaux, élève de Gambey, pour l'appréciation de la résistance des tissus.

Section II. — Nous avons passé en revue, tels que l'Exposition universelle nous les pouvait montrer, tous les appareils qui servent à l'homme pour la mesure exacte des forces dont il doit régler la direction et l'intensité dans ses machines ; nous pouvons arriver maintenant aux machines elles-mêmes.

Il y a à considérer, avant toute machine particulière, les *organes de transmission* et les *pièces détachées* qui sont *d'un usage général*. On comprend sans peine quel intérêt présente ici tout ce qui doit donner aux machines l'aisance et la sûreté du mouvement, c'est-à-dire nous procurer sans danger le travail le plus docile. M. Ulhorn (Prusse), a exposé un manchon au moyen duquel deux moteurs peuvent être appliqués simultanément ou isolément sur un même arbre de transmission, sans qu'aucune des deux machines soit jamais menée par l'autre. On s'était déjà préoccupé d'un résultat aussi avantageux ; on n'y était pas encore arrivé convenablement.

Le Palais de l'Industrie nous offrait le spectacle d'un fort élégant et énergique système de transmission, lorsque nous allions voir dans leur plein mouvement toutes les machines de l'Annexe ; c'est la maison Nepveu et compagnie qui l'avait établi.

Les engrenages à coins, sans dentures et à frottement de roulement de M. Minotto (États-Sardes), paraissaient fort curieux. On pouvait remarquer également l'engrenage de M. Corbet pour deux arbres placés parallèlement à une très-petite distance l'un de l'autre. Sans que l'on entre dans les calculs, il est manifeste, que, si on place deux arbres parallèlement l'un à l'autre, plus ils sont éloignés l'un de l'autre, plus l'appareil d'engrenages disposé pour la transmission du mouvement est facile à établir. Au contraire, rapprochez les arbres ; le mécanisme, comme un levier trop court, est impuissant. Il faut, pour remédier à cette impuissance, inventer une disposition quelconque des engrenages qui tienne lieu, au levier, de la longueur qui lui manque. Comme il arrive souvent qu'on ait ainsi à mouvoir des arbres placés l'un à côté de l'autre, ou même à côté les uns des autres, la solution de ce problème difficile est une de celles qui méritent le plus d'être étudiées et encouragées dans la mécanique des pièces détachées et des organes de transmission.

Quand on a ces organes, ces pièces, et qu'on a établi, pour les soutenir, les meilleurs *supports*, il faut s'occuper du graissage des pièces et des organes. Les *appareils de graissage* de M. Decoster sont ceux qu'on doit préférer à tous les autres ; ils produisent une lubréfaction constante pendant le mouvement et ne dépensent la graisse ou l'huile qu'autant que cela est nécessaire, c'est-à-dire qu'autant que les détails de la machine travaillent. Ses paliers graisseurs sont les seuls qui permettent de marcher à grande vitesse avec des surfaces de frottement peu considérables.

Pour ce qui se rattache aux *pièces spéciales à l'écoulement et à l'emploi des liquides ou des gaz*, on n'imagine pas qu'il y ait rien de merveilleux à inventer ; les robinets, les tubes, tuyaux, tubulures, coudes, manchons, raccords, ne peuvent guère qu'être perfectionnés ; il paraît que l'emploi du caoutchouc, pour la fabrication de ces pièces, commence à devenir général.

Peut-être aurait-on pu placer ailleurs qu'au dernier article de la Section II°, dans le tableau analytique de l'Exposition universelle, les appareils qu'on nomme *régulateurs?* Il semble qu'ils auraient figuré mieux parmi les mesures des forces. Quoi qu'il en soit, les régulateurs jouent un rôle de la plus grande importance dans la mise en activité des machines. Comme il est impossible qu'il y ait toujours équilibre entre ce qu'on appelle le travail moteur ou la force utilisée par la machine et le travail de résistance, et comme toute inégalité se traduit, en faveur du travail moteur, par une accélération, en faveur du travail de résistance, par un ralentissement du mouvement; accélération et ralentissement, qui, l'un et l'autre, sont nuisibles, on a imaginé le volant, cette grande roue inutile en apparence, bruyante, isolée en dehors du mouvement nécessaire, qui est, à proprement parler, un régulateur, en ce que le travail moteur qui est superflu s'y accumule et s'y retrouve, au besoin, comme dans un réservoir, lorsque le travail de résistance vient à l'emporter. Mais le volant ne suffit pas; il a son rôle marqué, au delà duquel il ne peut rien ; il faut qu'on vienne au secours de l'équilibre qu'il ne saurait maintenir longtemps, et c'est pour qu'on soit averti du moment où le secours est nécessaire d'un côté ou de l'autre, qu'on a inventé les régulateurs. Ils nous tiennent sans cesse au courant des variations de la machine et sont la garantie d'un travail utile.

Le *régulateur à force centrifuge* est bien connu. On plante sur la machine un arbre vertical, qui tourne sur lui-même par l'effet du travail moteur. A cet arbre s'attachent deux tiges, placées l'une d'un côté de l'arbre, l'autre du côté opposé, et terminées par deux boules. Ces deux tiges jouent librement entre deux anneaux ou griffes qui terminent deux autres tiges ramenées vers l'arbre au-dessous du point d'attache des deux premières tiges, et qui sont elles-mêmes attachées à un anneau unique : cet anneau peut monter et descendre le long de l'arbre, de telle sorte que les quatre tiges forment un losange d'une forme constamment variable.

L'effet de la force centrifuge, si l'arbre se meut vite, est d'écarter l'une de l'autre les tiges supérieures, terminées par les boules, et, par conséquent, d'entraîner dans le mouvement d'ascension les tiges inférieures et l'anneau qui monte le long de l'arbre vertical et, sur une échelle graduée, peut indiquer, d'après des mesures réglées d'avance, la quantité exacte de l'accélération du mouvement. Si le travail moteur a l'infériorité, les boules retombent, l'anneau redescend et indique la valeur du ralentissement. Suivant ces indications on remédie au mal.

Tous les régulateurs ne sont pas construits sur ce modèle ; mais ils sont tous établis en vertu du même principe et par le même effet. On a vu avec curiosité à l'Exposition universelle le *régulateur pneumatique* de M. Larivière, le *régulateur à air comprimé* de M. Branche aîné, le *régulateur* de M. Moison, fondé sur le principe de la balance dynamométrique de White, et le régulateur à force centrifuge de MM. Tembrinck et Dickoff, enrichi d'une disposition au moyen de laquelle, à tout écart de vitesse au delà de certaines limites, il y a immédiatement une action sur l'orifice d'ouverture, pour rétablir la vitesse normale.

Sections iii et iv. — Nous avons vu successivement quels sont les instruments que l'on peut employer pour arriver à la mesure exacte des forces diverses dont l'action est utilisée dans les travaux de l'homme. Ces forces ou premiers moteurs sont : 1° l'homme lui-même et les animaux; 2° les ressorts ; 3° les corps pesants soumis aux lois et, pour ainsi dire, doués de l'activité de la pesanteur; 4° les cours d'eau; 5° l'air; 6° la force élastique des gaz libres ou comprimés; 7° l'électricité.

Maintenant nous allons dire quelques mots des appareils appropriés à la mise à profit de chacune de ces forces et surtout des principales. Les plus simples, ceux qui conviennent à l'utilisation du travail produit par l'homme et les animaux, comme les *manéges fixes et portatifs* et les *roues à marches*, ne figuraient pas isolément à l'Exposition. On peut dire que les *moulins* faisaient aussi défaut. Parmi les moulins à vent que tout le monde connaît, et dont la construction est très-simple, il y a les *moulins à axe horizontal*, les *moulins s'orientant seuls*, les *moulins se réglant seuls*, et aussi les *pananémones* (moulins à tout vent), et autres appareils proposés pour remplacer les moulins ordinaires. Certainement on avait beaucoup fait, en ces derniers temps, pour régulariser et rendre docile le mouvement des moulins; mais la mécanique, désormais jalouse de la précision la plus rigoureuse, semble abandonner ces anciens et simples appareils qu'elle a remplacés déjà en utilisant d'autres forces motrices que celles du vent.

Section v. — L'eau est un moteur plus sûr. Ici, nous entrons dans un ordre de machines qui ont été, de notre temps, très-heureusement perfectionnées.

Il est rare qu'une chute d'eau, par elle-même, puisse rendre d'utiles services; on a dû, par conséquent, s'appliquer à chercher un moyen d'en transmettre la force, aussi entière que possible, aux machines de travail; et de la transmettre, non-seulement aussi entière que possible, mais douée d'un mouvement égal à son mouvement naturel, et sans aucune espèce de choc. Les organes ordinaires de la transmission des forces de l'eau sont des roues.

La construction la plus simple est celle des *roues à axe horizontal;* il y a, en ce genre, les *roues* dites *en dessous*, les *roues en dessus* et les *roues de côté*, qui, toutes, se ramènent à un seul et même type.

La *roue en dessous à aubes planes* se place en avant d'une vanne levée en partie; elle est mue par l'eau qui est amenée sous la roue et qui en presse successivement les aubes ou palettes; ce moteur trouble les forces de l'eau et n'en met à profit qu'une partie insuffisante, qui ne saurait point dépasser le quart de la somme du mouvement dépensé.

La *roue en dessus* ou *à augets* est bien préférable et, mue lentement, elle utilise 75 pour 100 de la force de l'eau. L'eau, habilement conduite, et sans inutile excès de vitesse, arrive sur la roue, tombe dans un auget de la circonférence; l'auget descend sous le poids; un second auget reçoit l'eau à son tour, et successivement tous les augets descendent pleins et remontent vides pour se remplir encore et, en redescendant, continuer le mouvement de l'axe de la roue. Plus la roue tourne lentement, plus, d'après les lois de la mécanique, les résultats de son mouvement sont meilleurs.

La *roue de côté* est une roue à *aubes planes*, emboîtée dans un coursier[1] circulaire qui

1. On appelle *coursier* le lieu du mouvement de l'eau autour de la roue.

tient des deux roues précédentes et reçoit l'eau sur son flanc; elle a quelques avantages sur la *roue en dessus*, parce que, dans celle-ci, l'eau sort des augets, avant d'avoir atteint le bas de la roue, et que la roue supporte la totalité du poids de l'eau. Bien établie, elle utilise 65 pour 100 de la force dépensée.

La *roue en dessous*, néanmoins, qui peut marcher très-vite et qui par cela même n'a pas besoin d'une grande largeur, a dû être conservée souvent. M. Poncelet l'a, du reste, rendue bien supérieure à elle-même, en substituant aux aubes planes des *aubes courbes* qui sont à peu près tangentes à la circonférence. Au lieu d'utiliser 25 pour 100 seulement de la force dépensée, elle en utilise les 56 et même les 60 centièmes.

On adapte, aux flancs de bateaux solidement amarrés, des *roues à palettes* qui sont plongées, à leur partie inférieure, dans un courant indéfini; le travail moteur est alors surabondant. On a calculé qu'il fallait que la vitesse des palettes, prise au milieu de leur hauteur, fût les 0,40 de la vitesse de l'eau, pour qu'il y eût la moindre surabondance. En effet, tous ces appareils ont besoin d'être mis en mouvement suivant des lois certaines, et il faut qu'on surveille leur activité. On a remarqué, à l'Exposition universelle, des *vannes autorégulatrices*, d'un modèle ingénieux.

Dans le midi de la France, on emploie, pour les moulins, des roues à axe vertical, qui sont des *roues à cuillères*, dont il n'est pas difficile de comprendre la construction, après ce qui a été dit des roues à axe horizontal, et des *roues à cuves*. Ces roues à cuillères, de construction semblable, sont installées dans une cuve cylindrique de maçonnerie où l'eau arrive tangentiellement par un canal qui aboutit au-dessus de la face supérieure de la roue. Le mouvement giratoire qui est produit ne représente que 16 pour 100 de la force motrice.

Il y a encore les *roues à réaction*, employées peu avantageusement et qui sont établies en vertu d'un phénomène bien connu des physiciens. Ce phénomène, en voici l'indication rapide : imaginez un vase mobile autour d'un axe, et terminé à sa partie inférieure par deux tubes diamétralement divergents et recourbés en sens contraire. Si, le vase étant plein, on laisse les tubes ouverts, l'eau s'écoule, les tubes sont mus en sens contraire, et un mouvement circulaire emporte bientôt le vase lui-même.

Tous ces appareils à axe vertical ne sont guère employés qu'à défaut de meilleurs appareils : les *turbines* sont bien autrement avantageuses.

Dès 1837, par une note insérée dans les *Comptes-rendus de l'Académie des sciences* et réimprimée dans le tome I des *Notices scientifiques*, Arago indiquait au public ce que c'est qu'une turbine. Nous voudrions entrer ici dans quelques détails; mais la place nous fait défaut, et nous nous devons contenter de reproduire le texte de notre illustre physicien et très-élégant astronome :

« On appelle *turbines*, dit-il, des roues qui ont la propriété commune de tourner autour d'un axe vertical. La première roue hydraulique connue sous ce nom fut imaginée en 1824 par M. Burdin, ingénieur des mines; l'eau arrivait, dans cette roue, à la base supérieure d'un cylindre ou tambour vertical et se trouvait rejetée à la base opposée. L'eau entrait et sortait près de la circonférence extérieure, suivant des canaux pliés en hélice à la surface du tambour qui devait avoir une hauteur égale à la moitié de la hauteur entière de la chute d'eau disponible.

« Dans les turbines de M. Fourneyron, dont la première fut construite en 1827, le tambour n'a qu'une petite épaisseur, quelques décimètres, par exemple, quelque grande que soit la hauteur de la chute. L'eau s'élance obliquement en jets horizontaux, de tout le contour du cylindre intérieur vertical ; pénètre de tous côtés dans les compartiments de la roue extérieure qui, en tournant, affleure ce cylindre ; suit, en les pressant, des aubes courbes renfermées entre les deux bases horizontales, et s'échappe horizontalement par la tranche verticale du tambour extérieur. Dans cette roue, l'eau agit sur toutes les aubes à la fois et ne charge pas l'appareil d'une haute colonne d'eau. En outre, la machine pouvant être entièrement noyée dans l'eau, peut fonctionner dans les temps de gelée, ou bien lors des grandes crues, c'est-à-dire dans les circonstances où les autres roues hydrauliques sont obligées de s'arrêter. »

Voilà le principe fondamental. On voit que cette machine a besoin de fondations spéciales, pour lesqelles il faut faire des constructions d'une certaine nature.

Arago (en mars 1846), défendit vivement les turbines de M. Fourneyron et les turbines perfectionnées de M. Kœchlin. Accusé d'avoir cité un chiffre de force réelle trop élevé, il invoqua le témoignage de M. Kœchlin, qui dit :

« L'invention faite par M. Fourneyron est tellement remarquable, que j'ai eu longtemps beaucoup de difficulté à croire à des résultats si beaux. Les perfectionnements faits à la turbine donnent un effet utile de 88 à 90 pour 100.

« La machine de Marly donne 2 ou 2 3/4 pour 100 ; c'est-à-dire que si l'on donne 100 litres d'eau au moteur avec 1 mètre de chute, il élèvera 2 ou 2 litres 3/4 d'eau à 1 mètre de hauteur. »

Nous voilà bien loin des primitives roues à cuillères et à cuves.

La turbine Fourneyron, dès le commencement, satisfit aussi bien que la roue Poncelet aux exigences de la bonne mécanique. M. Ch. Callou a imaginé un moyen de faire varier la quantité d'eau dépensée par la turbine ; M. Fontaine, de Chartres, a empêché que le rendement de la machine diminuât, comme cela avait lieu d'abord, lorsqu'on ne lui fournissait pas toute l'eau qu'elle était capable de dépenser ; la turbine Kœchlin, due pour le principe à M. Jonval, a fait disparaître toutes les difficultés de visites et de réparations.

Les études récentes de M. Fourneyron ont tendu à diminuer le volume des turbines, et à simplifier leur construction pour en abaisser le prix, tout en les plaçant dans les conditions de rendement les plus avantageuses, dans le cas de dépenses d'eau variables, et en diminuant aussi la pression exercée sur leur pivot.

Aujourd'hui, les turbines peuvent être considérées comme arrivées à la perfection. Pour réunir les avantages de la marche sous l'eau et ceux de la marche dans l'air, M. L. D. Girard a imaginé les *turbines hydropneumatiques* ou à air comprimé.

Il est bien entendu que l'on ne peut pas toujours employer les meilleures machines, et qu'il y a à faire des remarques sur certaines conditions d'emplacement et d'économie ;

mais on est assuré d'emprunter à l'eau presque toute sa force motrice, et nos usines (nos moulins surtout) ne chômeront plus.

Quelquefois on recourt à d'autres appareils, que les roues : ainsi, quand on a une chute d'eau d'une grande hauteur et une petite quantité d'eau, on emploie la chute, à donner, dans une pompe, à un piston, le mouvement de va-et-vient. Ce mouvement se transforme facilement en travail utile. On appelle *machines à colonne d'eau* ces appareils. Il y a la *machine à simple effet*, qui ne fait mouvoir le piston que dans un sens et l'abandonne ensuite à son poids : ainsi, les belles machines établies par M. Juncker dans la mine de plomb argentifère de Huelgoat en Bretagne, et la *machine à double effet* qui fait agir constamment l'eau sur le piston.

SECTION VI. — Pour produire la vapeur dont l'élasticité est mise à profit, comme l'air, le vent et les courants d'eau, on se sert de *chaudières* fermées en cuivre ou en tôle. Ces chaudières doivent être fabriquées avec des lames très-épaisses et n'affectent guère que la forme cylindrique, lorsqu'elles doivent servir à la production de la vapeur à haute pression, c'est-à-dire lorsqu'elles doivent fournir des gaz très-élastiques. Un grand nombre de chaudières ont été exposées par la France.

La construction d'une chaudière est une œuvre difficile, lorsqu'il s'agit des locomotives et des machines à bateaux qui doivent contenir leurs *bouilleurs* dans leurs flancs. Ordinairement, les bouilleurs sont placés au-dessous de la chaudière ; on a eu l'idée, dernièrement, de les placer sur les côtés, superposés latéralement. Une chaudière *à foyer intérieur*, de MM. Nepveu et compagnie, construite sur les plans de M. Molinos, brûle sa fumée et fait produire, à un poids donné de combustible, une très-grande quantité de vapeur d'eau : les détails de cette construction sont très-intéressants à étudier et donnent une idée des difficultés que présentent, sans qu'on s'en doute, les travaux de la grande chaudronnerie mécanique. Dans d'autres systèmes fort ingénieux, entre autres celui de M. Clavurès, il y a un ensemble de tuyaux combinés pour produire rapidement, avec peu d'eau, de la vapeur à haute pression. La sécurité et l'économie de la matière et du poids, ainsi que la facilité de la production de la vapeur sèche, entrent aussi en ligne de compte. Les uns s'occupent d'un genre de générateurs; les autres, d'un autre. Ainsi ont été établies toutes ces *chaudières à circulation* d'eau, les *chaudières tubulaires*, les *appareils de surchauffage de la vapeur* et les *appareils d'alimentation et de sûreté.*

Mille précautions ont dû être prises ; elles l'ont été depuis longtemps déjà. L'Exposition universelle de Paris, même pour les machines, n'a révélé aucun grand perfectionnement, aucune découverte inattendue ; mais on y a remarqué l'accroissement du nombre des machines horizontales, l'accélération de la vitesse et une tendance de plus en plus visible à adapter spécialement une machine à un outil. On a élevé quelques objections contre l'opportunité de ces faits ; mais les objections ne paraissent pas prévaloir.

On peut diviser les machines, et le Catalogue officiel les a en effet divisées de cette manière :

Machines à vapeur fixes : elles sont *verticales, horizontales, oscillantes, rotatives;*
Machines portatives et locomobiles; Machines à bateaux;

Locomotives[1]; *Machines à vapeur combinées; Machines à gaz et à air chaud.*

L'homme éminent dont nous avons déjà rappelé le témoignage, F. Arago, a écrit une admirable notice sur les machines à vapeur. Quiconque veut connaître leur histoire, doit lire cette Notice; comme il nous serait impossible, en quelques lignes, de retracer les principaux traits historiques de l'ouvrage auquel nous renvoyons le lecteur, nous nous bornerons à en citer les conclusions. Les faits qui s'y trouvent résumés sont incontestables, et les noms qu'on y voit cités méritent assurément une place dans notre livre.

§ I.

1615. — Salomon de Caus est le premier qui ait songé à se servir de la force élastique de la vapeur aqueuse dans la construction d'une machine hydraulique propre à opérer des épuisements.

1690. — C'est Papin qui a conçu la possibilité de faire une machine à vapeur aqueuse et à piston.

1690. — C'est Papin qui a combiné le premier, dans une même machine à feu et à piston, la force élastique de la vapeur d'eau avec la propriété dont cette vapeur jouit de se précipiter par le froid.

1705. — Newcomen, Cawley et Savery ont vu les premiers que, pour amener une précipitation prompte de la vapeur aqueuse, il fallait que l'eau d'injection se répandît, sous forme de gouttelettes, dans la masse même de cette vapeur.

1769. — Watt a montré les immenses avantages économiques qu'on obtient en remplaçant la condensation qui s'opérait avant lui dans l'intérieur du corps de pompe, par la condensation dans un vase séparé.

1769. — Watt a signalé le premier le parti qu'on pourrait tirer de la détente de la vapeur aqueuse.

§ II.

1690. — Papin a proposé le premier de se servir d'une machine à vapeur pour faire tourner un arbre ou une roue; il a donné, pour atteindre ce but, un mode particulier de transformation d'un mouvement rectiligne alternatif en un mouvement continu. Jusqu'à lui, les machines à feu avaient été considérées comme propres seulement à opérer des épuisements.

1690. — Papin a proposé la première machine à feu à double effet, mais à deux corps de pompe.

1769. — Watt a inventé la première machine à double effet et à un seul corps de pompe.

§ III.

Avant 1710, Papin avait imaginé la première machine à vapeur à haute pression et sans condensation.

---

1. Les locomotives sont étudiées spécialement dans l'article de la cinquième classe.

1724. — Leupold a décrit la première machine de cette espèce à piston.

1801. — Les premières machines à haute pression, locomotives, sont dues à MM. Trevithick et Vivian.

§ IV.

1690. — Papin doit être considéré comme le véritable inventeur des bateaux à vapeur.

§ V.

Dans les pièces principales dont une machine à vapeur se compose :

1718. — Beighton a inventé la tringle verticale, mobile avec le balancier, ou *plug-frame*, qui ouvre et ferme les soupapes dans les grandes machines.

1758. — Fitz-Gérald s'est servi le premier d'un volant pour régulariser le mouvement de rotation communiqué à un axe par une machine à vapeur.

1778. — Washbrough a employé la manivelle coudée, pour transformer le mouvement rectiligne du piston en mouvement de rotation.

1784. — Watt a imaginé le parallélogramme articulé.

1784. — Watt a appliqué, avec beaucoup d'avantage, à ses diverses machines, le régulateur à force centrifuge déjà connu avant lui.

1801. — Murray a décrit et exécuté les premiers tiroirs à glissoirs manœuvrés par un excentrique.

Avant 1710, Papin avait inventé les robinets à quatre voies qui jouent un si grand rôle dans les machines à haute pression.

1682. — Papin a inventé la soupape de sûreté.

Certes, la part de la France est belle dans ces précieuses découvertes ; elle n'a rien à envier à l'Angleterre.

Parmi les *machines à cylindres verticaux*, on a remarqué quelques perfectionnements : l'une de ces machines, due à M. Flaud de Paris, agit avec une grande vitesse ; l'arbre à manivelles y fait au moins 250 révolutions par minute, ce qui permet d'avoir un moteur puissant sous un petit volume, mais aussi comme il se perd à chaque pulsation beaucoup de vapeur, la machine n'est pas d'un emploi assez économique. En général, les machines verticales ne font pas marcher l'arbre de transmission de mouvement ; cet arbre fonctionne à l'aide des *machines à cylindres horizontaux*. Ces machines étaient fort nombreuses, à l'Exposition universelle, presque toutes ingénieusement construites et intéressantes à étudier. Les *machines oscillantes* et les *machines rotatives*, qui répondent à quelques besoins particuliers de l'industrie, étaient plus rares.

C'est à l'agriculture surtout que les *machines portatives et locomobiles* doivent rendre de grands services.

Nous avons dit que les machines destinées à opérer la locomotion sont examinées spécialement dans la cinquième Classe.

Les machines dites à tort *machines à vapeur combinées* offrent, comme on le sait, un avantage considérable sur les machines à simple vapeur d'eau. Si la vapeur d'échappement se rend dans un vase plein de tubes dans lesquels se trouve de l'éther ou du chloro-forme, ou tout autre liquide capable de se vaporiser à une basse température, cette vapeur d'échappement vaporise les liquides ou une certaine partie de ces liquides, et l'on a une nouvelle force expansive produite, laquelle peut à son tour être utilisée.

La fabrication des machines à vapeur combinées présente des difficultés nombreuses. On a vu quels services les procédés d'emboutissage de M. Palmer ont rendus à la fabrica-tion des tuyaux destinés à ces machines.

Les *machines à air et à gaz chaud* sont peu nombreuses.

Nous avons encore, pour terminer notre examen, à considérer les *machines servant à la manœuvre des fardeaux*, les *machines hydrauliques, élévatoires et autres*, et les *ventila-teurs et souffleries*, comprises dans trois sections, la septième, la huitième et la neuvième.

Section VII. — La *poulie* est un disque, ordinairement mobile autour d'un axe fixe, et dont la tranche circulaire présente une rainure ou *gorge* qui reçoit un cordage : à l'une des extrémités de la corde est attaché le poids; à l'autre extrémité, agit la force qui l'élève; cela ressemble à la balance, et c'est la machine élévatoire élémentaire. L'axe peut être fixé à la poulie, et alors ses extrémités tournent dans deux ouvertures circulaires qui sont pratiquées dans une chape qui embrasse la poulie. On appelle *moufles* les machines formées par la réunion de plusieurs poulies en une même chape. Le bras de levier devient alors plus grand, et par conséquent la force a besoin d'être moins grande pour élever un même fardeau. Si la corde s'enroule sur deux poulies, la main élèvera, en tirant la corde libre, un fardeau plus lourd; si la corde s'enroule sur cent poulies, le fardeau pourra être encore plus grand.

Le *treuil* est un cylindre fixé solidement dans un sens horizontal autour duquel s'en-roule plusieurs fois la corde; c'est une sorte de moufle sans poulie.

Le *cabestan* est un treuil, dont le cylindre est vertical, et qui, au lieu d'élever les far-deaux, les attire.

Dans les carrières, on emploie les grandes *roues à chevilles*, pour l'extraction des far-deaux. Ces roues sont adaptées au treuil. Il suffit qu'un homme monte, comme sur une échelle, sur les chevilles qui sont fichées dans le grand disque de la roue, pour que son propre poids agisse et fasse tourner la roue, et, conséquemment, le cylindre du treuil sur lequel s'enroule la corde qui, en s'enroulant, enlève le fardeau. Lorsqu'on veut trans-mettre le mouvement de rotation d'un arbre à un autre, on les relie entre eux par une *courroie sans fin*, c'est-à-dire fermée; les *roues dentées* transmettent de même le mouve-ment. Un ensemble de roues dentées, organisées pour l'exercice des efforts considéra-bles, constitue le *cric* : c'est une crémaillère qui s'élève sous l'action des roues com-binées. Dans tous ces appareils, la théorie du bras de levier s'applique et se démontre facilement.

La *chèvre* est une combinaison du treuil, de la poulie, et quelquefois des roues den-tées. La *grue* est composée semblablement. Les grandes grues saisissent et élèvent les far-deaux; après quoi, mobiles sur un axe, elles tournent et portent le fardeau pour le charger sur des voitures ou le déposer sur le sol.

Les grues, en ces derniers temps, ont été construites avec beaucoup de soin ; il a fallu souvent les rendre capables d'élever et de mouvoir des fardeaux de 40,000 kilogrammes; on les a soumises aussi à l'action de la vapeur.

Quant au cabestan, nous avions déjà remarqué, en 1851, le perfectionnement que M. David a su y apporter. Il a placé une bague inclinée qui force la corde à s'enrouler suivant une hélice, et dont le point le plus élevé peut se déplacer quand la direction de l'effort change.

Mais, en général, on n'a pas eu de découvertes mécaniques à faire, et l'on s'est borné à soigner l'exécution matérielle de tous ces engins de manœuvre.

SECTION VIII. — Les appareils énumérés dans la section précédente, servent à élever les fardeaux solides; ceux qui figurent dans la section VIII servent à élever les liquides. Ces appareils sont d'un usage très-répandu; tantôt il y a des cavités à dessécher, tantôt il y a des cours d'eau à élever pour des usages domestiques ou industriels. On évalue la quantité de travail nécessaire, en multipliant le poids du liquide par la hauteur à laquelle il faut l'élever.

Les appareils les plus simples sont les *écopes à main ou mécaniques*, sorte de pelles, et les *appareils d'épuisement par bennes et tonneaux*.

Le *chapelet* est une machine destinée à élever l'eau à une petite hauteur: c'est une chaîne sans fin formée de chaînons de fer articulés les uns aux autres, et munis de disques perpendiculairement fixés au milieu de chaque chaînon ; cette chaîne s'engage en haut, dans l'air, et en bas, dans l'eau, autour de deux roues à palettes qui la font mouvoir. Elle passe d'un côté dans un tambour qui devient corps de pompe et qui l'encastre de manière à ce que l'eau enlevée au-dessous de lui par chaque disque, ne puisse redescendre, dès que le disque s'est élevé dans le tambour, et que la succession des disques chargés établisse un courant ascensionnel qui se dégorge en haut du tambour.

La *noria* ressemble fort au chapelet; mais, au lieu de disques, les chaînons y portent des godets. La noria sert, par cela seul, pour les solides réduits à l'état de poussière également et pour tous les liquides.

Dans les épuisements, on emploie souvent la *vis d'Archimède*, sorte de tire-bouchon formé d'un tube qui plonge dans l'eau, et qui, à chaque révolution de la machine, mue par une manivelle autour d'un axe incliné, élève l'eau peu à peu, en parties divisées par de l'air, et la déverse. Les vis d'Archimède usuelles sont construites un peu différemment. On les forme d'un cylindre central, autour duquel, en forme de filet de vis, monte une cloison contournée qu'enveloppe un grand cylindre.

La vis dite *vis hollandaise* n'est qu'une modification de la vis d'Archimède.

Les simples *roues à palettes* et surtout les *roues à augets*, élèvent facilement l'eau à de petites hauteurs.

L'eau élevée artificiellement, de même qu'une chute d'eau naturelle, abandonnée à elle-même, peut produire du travail utile. Le *bélier hydraulique* a été établi en vertu de ce principe par Montgolfier, vers 1796. Si la chute est enfermée dans un tube d'une hauteur égale à la sienne, et si cette chute est interrompue, il y a une pression très-forte le long des parois du tube. Embranchez sur le tube un tuyau d'ascension muni à l'embranchement d'une soupape mobile de bas en haut. Lorsque la chute d'eau est interrompue, l'eau agira sur la soupape et montera un peu dans le tuyau. Recommencez la manœuvre, peu à peu l'eau s'élèvera dans le tuyau ; elle s'y élèvera même à une hauteur qui peut être de beaucoup plus grande que celle du premier tube, et elle remplira, si on le veut, un réservoir supérieur.

Les *pompes* élèvent l'eau un peu à la façon du bélier hydraulique ; mais il n'y a point de chute d'eau préparée. Le corps de pompe est une capacité fermée dans laquelle joue un piston adapté exactement entre les parois, qui descend dans la capacité, élève l'eau par aspiration au-dessus d'une soupape mobile placée au-dessous de lui et, après l'avoir retenue au-dessus de la soupape qui s'abaisse quand le piston redescend, la chasse et la fait couler par un orifice latéral ménagé au-dessous du sommet de sa course.

Du reste, il est inutile de nous arrêter à parler des pompes. Tout le monde les connaît, et rien n'est plus facile que d'en comprendre les modifications, lorsqu'elles doivent répondre à des besoins spéciaux. Les *pompes à usages domestiques*, les *pompes de jardin et d'arrosage*, les *pompes hydrauliques*, les *grandes pompes pour l'alimentation des villes et des usines*, les *pompes à incendie* et les *pompes des mines*, aspirantes, à double effet, à double corps de pompe, rotatives ou autres, relèvent toutes de la même loi.

Celles de M. Franchot, de M. Yarz, de M. Nellus, de MM. Letestu et Lessertois, méritent d'être étudiées sérieusement.

SECTION IX. — On comprend tout de suite quel rôle utile jouent, et de quelle manière peuvent être construites, les *souffleries* et les *ventilateurs*.

Un ventilateur est une espèce de roue à aubes mue avec vitesse dans une enveloppe cylindrique, qui entraîne, vers une ouverture faite dans la paroi, l'air qui entre vers le centre.

Les machines soufflantes à cylindre sont particulièrement employées dans l'industrie métallurgique.

SECTION X. — Il resterait à parler des dessins de machines. On les a remarqués comme les machines elles-mêmes, à l'Exposition universelle.

Quel arsenal d'appareils laborieux n'avons-nous pas examiné, dans cette rapide revue ! Et cependant, ce n'est là que de la mécanique banale, pour ainsi dire, la plus ancienne, la plus simple des mécaniques, celle qui se charge des travaux préparatoires ; celle qui mesure les forces diverses dont l'activité doit être mise en jeu, celle qui en utilise et en règle l'emploi. Nous ne sommes encore que dans les œuvres basses de l'industrie mécanique ; nous ne connaissons pas toutes ces admirables machines-outils qui, avec cette force mesurée et réglée, enfantent de si merveilleux chefs-d'œuvre. Mais la mécanique, réduite même aux exercices dans lesquels nous venons d'étudier rapidement son génie, la mécanique générale a de quoi nous paraître une science grande et puissante.

REVUE DES PRINCIPAUX OBJETS

EXPOSÉS DANS LA QUATRIÈME CLASSE.

Pour rendre aussi clair que possible l'examen des produits exposés dans la IV⁰ classe, nous avons apporté quelques modifications à l'ordre suivi par la Commission impériale, et nous les avons divisés ainsi :

Appareils de pesage; Anémomètres; Manomètres; Appareils de graissage; Dynamomètres; Pièces spéciales à l'emploi et à l'écoulement des liquides; Régulateurs; Moteurs hydrauliques; Machines à vapeur à bateau; Machines fixes; Locomobiles; Machines rotatives: Chaudières à vapeur; Grilles fumivores; Machines à manœuvrer les fardeaux; Machines hydrauliques, ventilateurs et dessins de machines.

M. BÉRANGER ET Cⁱᵉ (DE LYON), FRANCE (RHÔNE).

L'exposition de la maison BÉRANGER ET Cⁱᵉ (de Lyon) était la plus importante de celles représentant la balancerie moderne.

On y remarquait :

1° Un modèle de pont à bascule compteur totalisateur, pouvant peser cinq ou six voitures ou wagons

Pont à bascule. Système Béranger, breveté, à pesage accéléré, pour chemin de fer, mines ou exploitation.
Pouvant peser cinq ou six wagons par minute.

par minute, enregistrant, par numéro d'ordre, les opérations, et inscrivant de lui-même, sur le registre, le poids de chaque pesée ;

II.

2° Un pont à bascule, de grandeur naturelle, de la force de 48,000 kilogrammes (construction toute métallique), pour peser les locomotives, par chaque roue séparément;

Pont à bascule à pesage accéléré pour wagons, voitures à deux roues et le bétail, pour poids publics,
chemins de fer, exploitations industrielles et agricoles.

3° Le modèle d'un nouveau pont à bascule perfectionné, dit *pont régulateur*, indiquant séparément la charge que comporte chacune des roues, comme aussi le poids total de la locomotive, par une balance démonstrative spéciale servant de contrôle aux opérations partielles;

Bascule à pont fixe pour le pesage des bestiaux, pour octrois, abattoirs et marchés.

4° La bascule romaine BÉRANGER, approuvée en 1840, et qui est devenue, cette année, un type admis par le Gouvernement comme la seule bascule autorisée, à pont quadrangulaire, à quatre points d'appui, à laquelle l'auteur vient d'appliquer un perfectionnement important par la suspension mobile d'un des grands leviers, ce qui assure à ces bascules une sensibilité parfaite, une précision durable et une réduction dans les prix;

5° La même bascule romaine BÉRANGER, avec une nouvelle colonne, à détente instantanée, mettant le pont en mouvement ou en repos. Ces derniers perfectionnements sont le sujet de nouveaux brevets;

6° Une balance-pendule BÉRANGER, modèle riche, approuvé officiellement le 17 juillet 1847; avec mécanisme en fer poli, boîte en cristal, garniture en cuivre ciselé et doré, bassin en cristal de 28 cent. de diamètre, et d'une portée de 20 kilogrammes;

Bascule romaine, Béranger, la seule approuvée par le Gouvernement.

7° Une balance-pendule BÉRANGER, simplifiée, approuvée officiellement le 8 septembre 1854; avec mécanisme poli, boîte en cristal et d'une portée de 1 kilogramme. Cette balance, par la simplicité de son mécanisme, sa régularité parfaite et la modicité de ses prix, convient à tous les genres d'industrie.

Balance pendule Béranger, à l'usage du commerce de détail.

Une circulaire ministérielle, datée du 22 mai 1855, a réglementé la construction des balances sur socle et condamné les anciennes balances dites Roberval. Depuis lors, la maison BÉRANGER, qui possède deux grandes manufactures, l'une à Lyon, l'autre à Marseille, tient à la disposition des balanciers eux-mêmes, des balances-pendules de toute espèce. On voit par cela quelle est l'importance de ses travaux.

Elle embrasse, en effet, tous les genres de balancerie; de cette industrie, qui est une de celles rendant le plus de services réels à un pays, en ce qu'elle y facilite et y propage l'adoption définitive des mesures régulières coordonnées par la Révolution française dans un si beau système, et réclamées dernièrement pour l'Europe entière, dans le grand comité de statistique.

Trois cents ouvriers travaillent dans les ateliers établis à Lyon, sur le Cours Morand, par la maison BÉRANGER et y fabriquent ces appareils de balancerie si simples, si commodes et si utiles.

M. BÉRANGER a obtenu, en 1844, une MÉDAILLE D'ARGENT; en 1849, une MÉDAILLE D'OR; en 1851, à Londres, une *prize medal*; en 1853, la croix de chevalier de l'ordre de la Légion d'honneur.

Le Jury international de l'Exposition universelle de Paris lui a décerné une MÉDAILLE DE PREMIÈRE CLASSE.

M. SCHMID (A. D.), a Vienne (Autriche).

M. Schmid, ex-directeur de l'usine de Graffenstaden, avait envoyé à l'Exposition universelle une série d'instruments de pesage, parmi lesquels on distinguait :

1º Un pont à bascule destiné à régler la tension des ressorts des locomotives, appareil d'une parfaite exécution, ayant pour objet d'augmenter la solidité des machines et, par suite, d'accroître la sécurité de ceux qui les utilisent et de ceux qui les font fonctionner.

2º Une grande bascule à pont, pour pesage de wagons à huit roues;

3º Une bascule de ménage, formant meuble, dont la construction ne laisse rien à désirer.

Outre ces appareils de pesage, M. Schmid avait encore exposé une pompe à incendie et plusieurs machines à vapeur perfectionnées.

Le Jury a décerné à M. Schmid, pour l'ensemble de son exposition, une MÉDAILLE DE PREMIÈRE CLASSE.

M. BIANCHI, a Paris (France).

M. Bianchi avait exposé un petit anémomètre, d'une précision et d'une construction très-remarquables. Il est porté sur un long manche, afin que l'observateur n'ait aucune influence sur le courant d'air au milieu duquel il se trouve placé, et l'appareil est disposé de telle sorte qu'il peut prendre toutes les positions. C'est, du reste, à M. Bianchi que M. le général Morin a confié l'exécution de tous ses instruments de précision. Mais, comme l'exposition de cet habile constructeur fait plutôt partie de la VIIIᵉ classe, nous reviendrons plus loin sur ses intéressants appareils.

M. E. BOURDON, a Paris (France).

M. E. Bourdon, ingénieur-mécanicien, qui depuis 1834, a créé à Paris un établissement où il s'occupe spécialement de la construction des machines à vapeur, fabrique aussi de nouveaux manomètres dont il est l'inventeur et qu'il appelle manomètres métalliques.

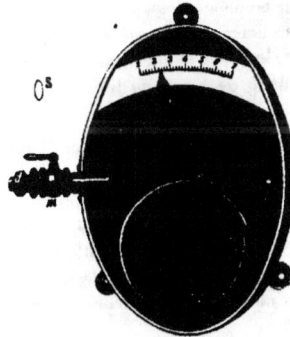

Manomètre métallique Bourdon.

Par la nouveauté du principe sur lequel il est fondé, par la simplicité de sa construction et par les bons résultats qu'il a donnés dans les nombreuses applications qui en ont été faites depuis bientôt six ans, ce système de manomètre paraît devoir mériter une mention toute particulière parmi les inventions utiles qui se rattachent aux appareils à vapeur.

La pièce principale de cet instrument est un tube en métal, à section ellipsoïde, parfaitement élastique, roulé en forme d'anneau et fixé, par une des extrémités, à une pièce de raccord communiquant avec le tuyau qui aboutit à la chaudière; l'autre extrémité du tube est libre et porte une aiguille indiquant, sur un cadran convenablement divisé, les atmosphères et fractions d'atmosphères.

Le tout est renfermé dans une boîte de métal recouverte d'un verre qui laisse voir seulement le cadran et l'aiguille indicatrice. Le tube de métal élastique qui porte l'aiguille a la propriété de se redresser à mesure que la vapeur presse plus fortement ses parois, et aussitôt que la pression diminue il tend à revenir à sa forme primitive.

Les nombreuses applications qui ont été faites, tant en France qu'en Angleterre, en Belgique et aux États-Unis, ont démontré, de la manière la plus positive, que ces instruments méritent à tous égards la priorité sur ceux en usage jusqu'à ce jour.

Par suite d'une décision rendue dès le 6 novembre 1849 par la commission des machines à vapeur, nommée pour examiner et expérimenter ces nouveaux manomètres, leur emploi a été autorisé pour toutes les chaudières à vapeur à haute, moyenne et basse pression, et pour celles des bateaux à vapeur et des machines locomotives. Il a également été décidé, par la même commission, que les petits manomètres portatifs de M. E. BOURDON seraient employés par les ingénieurs des mines pour vérifier sur place les manomètres fonctionnant, et pour éprouver les chaudières et les cylindres à vapeur. Conformément à cette décision, deux cent cinquante manomètres ont été commandés à cette époque à M. E. BOURDON par M. le ministre des travaux publics, et envoyés à MM. les ingénieurs des mines chargés de la surveillance des appareils à vapeur.

Enfin, pour donner une idée de l'empressement avec lequel le manomètre métallique a été patronné, il suffira de dire que de 1849 à 1855 M. BOURDON a livré à l'industrie 16,000 manomètres.

On doit également à M. E. BOURDON d'autres instruments de précision fondés sur le même principe que son manomètre, savoir :

1° Un indicateur à cadran pour connaître le degré du vide dans les condenseurs des machines à vapeur et dans les appareils à cuire le sucre.

2° Un ventimètre pour indiquer la pression de l'air dans les conduits des souffleries, des forges et hauts-fourneaux.

3° Des indicateurs de pression pour les presses hydrauliques.

4° Des baromètres métalliques d'un usage parfait pour la marine.

La belle exposition de M. BOURDON, la bonne et intelligente construction de ses appareils, les services qu'il a rendus à l'industrie lui ont mérité de la part du Jury une MÉDAILLE D'HONNEUR.

M. SIRY-LIZARS ET Cᵉ, à PARIS (FRANCE).

Les compteurs à gaz, de M. SIRY-LIZARS, sont composés d'un manomètre à deux corps de pompe et munis d'un indicateur enregistreur d'une remarquable précision. Un cylindre, qui fait une révolution entière en douze heures, est enroulé d'un papier qui se présente constamment devant un style, lequel se déplace selon la plus ou moins grande pression et trace sur le papier une indication qui varie d'après les positions. Cet ingénieux appareil a mérité à son inventeur une MÉDAILLE DE DEUXIÈME CLASSE.

M. DE COSTER, à PARIS (FRANCE).

M. DE COSTER avait exposé un palier graisseur pour machines à vapeur et locomotives. Ce palier se compose d'un réservoir dans lequel plonge un disque en métal fixé sur l'arbre. Au fur et à mesure que ce dernier se meut, le disque le suivant dans sa révolution, ramène l'huile nécessaire à la lubréfication de la fusée et de la boîte.

Ce mécanisme, quoique ingénieux, ne répond pas aussi complétement aux exigences d'un bon service graisseur que les paliers VALLOT, adoptés récemment par plusieurs chemins de fer.

M. DE COSTER a reçu une récompense du Jury de la sixième Classe.

M. BENTALL (E.-H.), A HEYBRIDGE-MALDON (ROYAUME-UNI).

Parmi les dynamomètres autres que ceux applicables aux machines à vapeur, nous mentionnerons celui de M. BENTALL. Bien qu'il ne soit peut-être pas d'une exactitude irréprochable, ce dynamomètre a cependant l'avantage d'être porté sur un chariot dont les roues s'élèvent et s'abaissent à volonté, à l'aide d'une simple crémaillère système Rozé, ce qui permet son application aux charrues à avant-trains, aux araires et même aux charrettes à quatre roués en usage dans les campagnes.

Le dynamomètre BENTALL a valu à son auteur une MÉDAILLE DE DEUXIÈME CLASSE.

Dynanomètre Bentall.

M. CLAIR, A PARIS (FRANCE).

M. CLAIR a été chargé, par M. le général Morin, de la construction de ses dynamomètres de traction et de rotation. Il y a apporté d'heureuses modifications qui portent spécialement sur les indicateurs de la pression, sur un nouveau mode de transformation de mouvement qui se produit par une vis sans fin, conduisant en sens inverse des roues, et sur la production des diagrammes continus ou isolés. M. CLAIR est parvenu à placer le système enregistreur en dehors du mouvement général; cette ingénieuse solution a pour objet d'éviter les variations des indicateurs, variations qui peuvent résulter des trop fortes tractions.

Outre ses dynamomètres, M. CLAIR s'est aussi occupé de la confection des modèles pour l'enseignement. Ce double titre lui a valu une MÉDAILLE DE PREMIÈRE CLASSE et la décoration de la Légion d'honneur.

MM. DETOURBET et BROQUIN, a Paris (France).

Deux grands établissements de Paris : l'un, celui de MM. Detourbet et Broquin ; l'autre, celui de M. V. Thiébaut, avaient envoyé à l'Exposition universelle toutes les pièces spéciales servant à l'emploi et à l'écoulement des liquides. Le plus ancien de ces deux établissements, est celui de M. Thiébaut ; il date de 1794 ; aussi, lui est-on redevable d'une grande partie des améliorations et des innovations que les progrès de la science ont provoquées dans l'industrie de la robinetterie.

L'établissement Detourbet et Broquin est de date bien plus récente ; mais, dès son origine, ses chefs profitant des études et des écoles faites par la maison Thiébaut, n'ont installé dans leurs ateliers qu'un matériel de fabrication exempt de tout ce que l'ancien présente de défectueux ; c'est à ces causes qu'ils doivent sans doute l'avantage marqué de leur exposition sur celle de M. V. Thiébaut. Nous allons, du reste, examiner en détail ces deux intéressantes exhibitions.

Il y a trente ans, la robinetterie, réduite à son état rudimentaire, ne s'appliquait qu'à la conduite des liquides. La découverte du gaz hydrogène, employé à l'éclairage, vint donner une impulsion nouvelle à l'industrie du robinet, et il fallut dès lors perfectionner ce genre d'appareils, dont l'usage devenait de jour en jour plus général. Quelques années plus tard, la vapeur appliquée à la locomotion, et les machines fixes et industrielles se multipliant, il fallut de nouveau chercher une perfection inconnue jusqu'à cette époque, car la robinetterie destinée aux machines à vapeur devait non-seulement être parfaite, mais encore présenter toutes les garanties de durée et de solidité pour pouvoir résister aux pressions intérieures, aux fuites préjudiciables et aux accidents dont dépendent parfois la vie de quelques milliers de personnes. Dès ce jour, cette fabrication devint un art, qu'on peut placer à bon droit dans la classe des arts de précision.

Outre la fabrication du robinet, l'emploi de la vapeur rendit nécessaire la fabrication immédiate d'une foule d'appareils dont le cuivre devait être le principal élément : coussinets, tourillons, soupapes de sûreté, sifflets d'alarme, garnitures de wagonnage, etc., etc. Ces nouveaux besoins augmentèrent encore l'élan donné à l'industrie de la fonderie de cuivre.

L'établissement Detourbet, fondé en 1825, est un des plus remarquables parmi ceux de ce genre existant actuellement en Europe. M. Detourbet, parti du pied de l'échelle industrielle, a su, après trente années d'efforts, en atteindre le faîte, non-seulement au point de vue de la qualité de ses produits, mais encore au point de vue de leur parfaite exécution.

Cette maison, à laquelle le Jury a décerné une MÉDAILLE DE PREMIÈRE CLASSE, avait exposé un grand assortiment d'objets en cuivre, parmi lesquels des robinets de toutes sortes et de toutes dimensions occupaient la première place.

Comme spécimen de cette exhibition, nous citerons en première ligne :

Des robinets réchauffeurs, graisseurs de tiroirs et de cylindres, purgeurs, de vidange, de niveau d'eau, des sifflets d'alarme, des rotules, des coussinets et des garnitures de cuivre pour wagons.

En deuxième ligne :

Des robinets à deux brides pour vapeur, des soupapes de sûreté et des robinets à eau et à gaz.

La garantie de l'excellente fabrication de tous ces objets, c'est l'approvisionnement considérable que les compagnies des chemins de fer tirent des riches ateliers de MM. Detourbet et Broquin.

Cette fonderie ne fournit pas seulement aux besoins des conduites d'eau, des conduits de gaz, des tubes de transmission à vapeur ; la mécanique, la chaudronnerie, le bâtiment, la distillerie, la raffinerie, la fabrication des appareils de précision, la marine, la guerre, etc., vont chercher chez MM. Detourbet et Broquin tout le matériel qui leur est nécessaire ; car ces industriels fabriquent aussi bien des clefs de lampes et des olives de cuivre du poids de 5 à 40 grammes, que des hélices en bronze pour bateaux à vapeur du poids de 15 à 20,000 kilos.

M. V. Thiébaut exposait, sur un tableau divisé en huit compartiments, une quantité de robinets de différents systèmes employés jusqu'à nos jours dans nos chemins de fer français, afin de pouvoir particulièrement en faire apprécier un nouveau, qu'il présente comme offrant une grande économie et simplifiant de beaucoup le service du matériel des chemins de fer.

Ce robinet, qu'il désigne sous le nom de *robinet à soupape*, résout, selon lui, le problème du robinet sans fuite possible, et présente une économie de 50 p. 0/0 sur le prix des robinets ordinaires employés pour la vapeur.

Sur un autre tableau, en regard du premier, et divisé de même, M. V. THIÉBAUT avait rassemblé une quantité de robinets, de modèles divers, variant dans leurs formes, et dont plusieurs appartenaient à des systèmes nouveaux.

Le jury a décerné à M. THIÉBAUT UNE MÉDAILLE DE PREMIÈRE CLASSE.

M. SIMON FILS, A SAINT-DIÉ, FRANCE (VOSGES).

M. SIMON, dont les ateliers sont si connus de tous les industriels de l'Alsace, avait exposé une série de conduits métalliques pour eau et pour vapeur, ainsi que des robinets, des joints et une pompe perfectionnée. Le Jury, appréciant sans doute les services que peuvent rendre à l'industrie ces produits, quoique appartenant à une industrie secondaire, a décerné à M. SIMON fils UNE MÉDAILLE DE PREMIÈRE CLASSE.

MM. RUSSEL ET Cie, A LONDRES (ANGLETERRE).

La fabrication des tubes en fer étirés est depuis longtemps une spécialité de MM. RUSSEL et Cie de Londres; ils exposaient une fort belle série de leurs modèles, tels que tuyaux, tubulures, manchons et raccords, tous parfaitement exécutés, et pouvant, dans un grand nombre d'industries, rendre de véritables services : nous citerons notamment les tubes des pompes à épuisement dans les mines. La bonne exécution de tous ces objets a mérité à MM. Russel et Cie UNE MÉDAILLE DE DEUXIÈME CLASSE.

Des produits analogues, sortant des ateliers de M. GANDILLOT et Cie de Paris, ont été pareillement récompensés d'UNE MÉDAILLE DE DEUXIÈME CLASSE. Nous reviendrons sur l'exposition de cette importante maison, dans notre revue des objets exposés dans la seizième classe.

M. PETIT A.-H., A PARIS (FRANCE).

Les inconvénients très-graves résultant des fuites qui se produisent dans les conduites d'eau, de gaz et la vapeur, donnent une très-grande importance à la découverte d'un bon système de jonction des tuyaux. Le nouveau mode de joints, inventé par M. PETIT, peut résoudre cette grave question de sécurité et de salubrité.

De toutes les matières employées jusqu'à ce jour pour les conduites, la fonte de fer a, depuis longtemps, été reconnue comme étant incontestablement la plus convenable en raison de son extrême solidité, de son imperméabilité sous les plus fortes pressions, et de sa durée presque sans limites, l'oxydation s'arrêtant à la surface des tuyaux, dans les conditions d'emploi ordinaire.

Malgré ces nombreux avantages, on ne pouvait encore obtenir, même avec des tuyaux en fonte de fer, des conduites exemptes de fuites nombreuses, en se servant des joints connus jusqu'à ce jour. C'est surtout par la rigidité des joints, qu'ont péché tous les systèmes employés, quelles que fussent de reste leurs autres qualités. En supposant, en effet, des joints parfaitement établis, mais rigides, on fait, d'une conduite, pour ainsi dire, un seul tuyau exposé à se briser par la dilatation de la fonte, par l'affaissement du terrain, et même par le mouvement de vibration imprimé au sol par le passage des voitures. C'est ainsi qu'on a complétement abandonné le système de joints à brides comprimant une rondelle de plomb ou de cuir au moyen de boulons; son excessive rigidité donnait lieu à de très-fréquentes ruptures de tuyaux.

Obligé d'y renoncer, on adopta un autre système moins parfait peut-être que le premier, comme joint, mais moins rigide, celui d'un emboîtement garni de corde goudronnée et de plomb natté; c'est le système employé aujourd'hui : il a des inconvénients dont il convient de faire ressortir les principaux. Les longs tuyaux allongés par la dilatation ne peuvent pénétrer plus profondément les uns dans les autres, puis revenir à leur position première, sans détacher le plomb de la fonte dans toute la circonférence du tuyau; cela est tellement inhérent au système, qu'une des recommandations les plus importantes que contiennent les cahiers des charges de la ville de Paris, porte : « La pénétration de deux « tuyaux consécutifs sera moindre que la profondeur de l'emboîtement, de manière à laisser un centi- « mètre de jeu pour la dilatation. » L'affaissement du sol déterminant un angle à l'endroit du joint, écrase le plomb d'un côté et le détache de l'autre. Enfin, la vibration a, pour effet, une sorte de mattage continu du plomb par les tuyaux eux-mêmes, mattage qui détache le plomb de la fonte. Or, le plomb ne forme un joint parfait qu'à la condition d'adhérer complètement à la fonte; dès que l'adhérence cesse, il y a fuite; on n'a donc, par ce dernier système, évité la rupture des tuyaux qu'au détriment des joints; on a diminué la gravité des accidents, mais on ne les a pas supprimés.

L'élasticité dans les joints des tuyaux est donc une nécessité évidente pour établir des conduites parfaites se prêtant, sans aucune altération, aux mouvements produits par la dilatation du métal, l'affaissement et la vibration du sol. M. Petit a complétement résolu ce problème.

Assemblage de deux Tuyaux de 0m 160, à l'échelle de 10 cent. par mètre

FIG. 1.
Coupe de deux tuyaux.

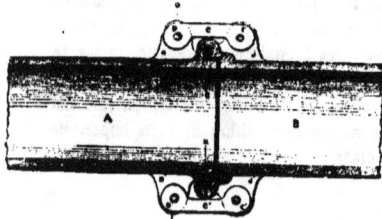

FIG. 2.
Vue des deux tuyaux dans l'action de l'assemblage.

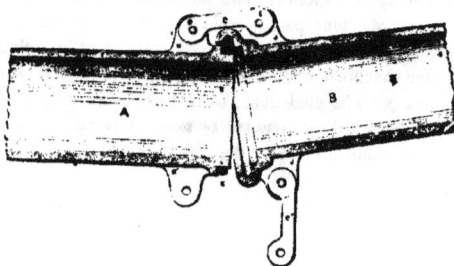

FIG. 3.
Vue en dessus des deux tuyaux.

FIG. 4.

Coupe du tuyau A.

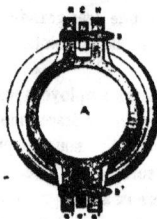

D'après son système, l'assemblage se fait au moyen d'une rondelle en caoutchouc vulcanisé comprimée entre les deux tuyaux; la compression de la rondelle s'opère à l'aide du levier formé par l'un d'eux (fig. 2), et les tuyaux fondus avec des oreilles sont retenus par des pattes et broches de fer forgé. On peut remarquer par les dessins, que le caoutchouc se trouve comprimé et renfermé dans une espèce de boîte formée par les deux tuyaux, et, que les tuyaux n'ont de contact dans leur longueur que par l'in-

II.

4

termédiaire de la rondelle de caoutchouc interposée, ce qui conserve au joint toute son élasticité; les broches, d'un diamètre plus petit que les trous des oreilles et des pattes, laissent aussi tout le jeu nécessaire à l'élasticité du joint. Indépendamment de la condition essentielle de l'élasticité, ce système, par ses dispositions, présente encore de nombreux avantages : la pose des tuyaux est tellement facile qu'on n'y emploie que de simples manœuvres; elle se fait avec une telle promptitude, qu'on pose de dix à douze tuyaux de ce système contre un tuyau des systèmes anciens; en outre, on peut démonter et remplacer un tuyau, à quelque point que ce soit d'une conduite: on peut déplacer une conduite entière, sans perte aucune, et sans autre dépense qu'une main-d'œuvre peu coûteuse; enfin, ce système présente encore une notable économie dans la dépense.

Pour les conduites de gaz et de vapeur on emploie une qualité spéciale de caoutchouc dite *alcalin*.

L'invention de M. PETIT a reçu de nombreuses applications: elle a été employée, au Palais de l'Industrie, pour toutes les conduites distribuant l'eau aux fontaines, aux châteaux d'eau et aux machines; elle est aussi employée pour les conduites d'eau chaude servant au chauffage de l'École polytechnique et des serres du Muséum. Elle sera probablement adoptée bientôt par la ville de Paris.

UNE MÉDAILLE DE DEUXIÈME CLASSE a été décernée par le Jury à M. PETIT.

M. BRANCHE AINÉ, A PARIS (FRANCE).

Ce mécanicien avait exposé un régulateur Molinié, perfectionné par lui. Ce régulateur est composé d'un piston mobile dans un cylindre, où l'air est refoulé à l'aide d'une pompe mise elle-même en mouvement par la machine; l'air injecté s'échappe par un orifice dont la section est réglée. La seule différence des régulateurs Branche et des régulateurs Molinié consiste en ce que les premiers sont d'un volume moindre et d'une solidité qui les rend plus durables que les seconds.

Le jury a décerné à M. Branche UNE MÉDAILLE DE DEUXIÈME CLASSE.

M. LARIVIÈRE, A PARIS (FRANCE).

Les régulateurs Larivière diffèrent de ceux de M. Branche, en ce qu'au lieu d'une injection d'air dans le cylindre, c'est, au contraire, une aspiration qui se produit au-dessus du piston, dont le poids équilibre la pression inférieure en excès. Aussi, M. LARIVIÈRE a-t-il donné à ses appareils le nom de *régulateurs pneumatiques*. Les régulateurs s'adaptent parfaitement, et même avec avantage, aux machines à basse pression, et ils en règlent très-bien la détente.

Le Jury a récompensé les efforts de M. LARIVIÈRE en lui décernant UNE MÉDAILLE DE DEUXIÈME CLASSE.

M. FOURNEYRON, A PARIS (FRANCE).

Cet habile ingénieur, déjà si connu par ses travaux antérieurs, avait exposé une turbine dont les dispositifs étaient irréprochables et que la pratique a classée depuis longtemps parmi les meilleurs moteurs hydrauliques.

Le but que s'est proposé M. FOURNEYRON est celui-ci :

1° Diminution du volume des turbines;

2° Simplification de leur construction;

3° Abaissement de leur prix;

4° Diminution de la pression exercée sur le pivot.

Tous ces résultats ont été obtenus; aussi, en présence des éminents services que M. Fourneyron a rendus à l'industrie, le Jury lui a-t-il décerné UNE MÉDAILLE D'HONNEUR.

M. FONTAINE BARON, a Chartres (France).

La haute renommée de cet habile constructeur, la faveur avec laquelle l'industrie accueille ses machines, le désignaient à l'avance aux récompenses du Jury.

La turbine dont il est l'auteur et dont la pratique a constaté l'excellent système, lui a valu une MÉDAILLE D'HONNEUR.

M. CANSON, a Annonay, France (Ardèche.)

M. Canson a exposé des turbines en tôle à aubes courbes, et disposées de telle sorte que leur axe peut être, selon les besoins, vertical ou horizontal. Ces turbines, par leur simplicité, offrent à l'industrie agricole de très grands avantages; seulement, cette tendance de simplification paraît devoir diminuer leur solidité; en outre, la diminution du nombre des canaux qui amènent l'eau aux roues, nécessite, dans les turbines Canson, des dimensions plus considérables que celles des turbines déjà connues.

Les efforts de M. Canson eussent sans doute été récompensés, si sa position de membre du Jury ne l'eût placé hors de concours.

M. SCHNEIDER, au Creusot, France (Saône-et-Loire).

Nous avons eu déjà occasion de citer l'usine du Creusot dans notre examen de la première Classe, et ce ne sera pas la dernière fois que nous aurons à en parler. Cet établissement est un de ceux qui ont fait faire les progrès les plus importants et les plus sérieux à la navigation à vapeur. La machine de la force de 80 chevaux, exposée par cet établissement, mérite en quelque sorte, par sa perfection, de servir de type à toutes les machines destinées aux mêmes services. On y remarque deux cylindres horizontaux de 1 mètre de course et de 0m,86 de diamètre; l'axe de ces cylindres est à la hauteur du pont, et ils sont supportés, ainsi que les bâtis qui les rattachent à l'arbre des roues, par un système de colonnes verticales en fer. L'arbre, en fer forgé, faisant 40 tours à la minute, repose sur des coussinets formés de quatre parties; on peut les régler en marche et remédier à leur usure, au moyen de coins à vis. La vapeur est employée à la haute pression de quatre atmosphères avec détente variable de 1 à 5 dixièmes; quatre soupapes servent à en faire la distribution. A l'aide de deux leviers, on débraie le mouvement d'avant et l'on met les soupapes en communication avec des excentriques calés dans la position nécessitée par la marche arrière. Des carlingues longitudinales en tôle supportent l'appareil de condensation, situé au-dessous du cylindre; il se compose d'un condenseur placé sur une boîte renfermant les clapets à eau chaude, en caoutchouc, et surmontant une pompe à air à double effet, horizontale comme les cylindres, dont deux pompes à plongeur guident la tige de piston; l'une sert à alimenter les chaudières, l'autre à étancher la cale.

Tout est à louer dans cette machine, dont l'extrême légèreté aurait de quoi motiver des craintes, si l'on ne trouvait de sérieuses garanties dans la construction de près de deux cents machines semblables, sorties de la même usine.

M. Schneider, qui la dirige avec tant d'habileté, était hors de concours par sa double position de membre de la Commission impériale et de vice-président de la Ve classe du Jury.

M. GACHE, a Nantes, France (Loire-Inférieure.)

Fondé en 1832, l'établissement de construction de M. Gache, de Nantes, est aujourd'hui un des plus importants que nous ayons en France. Quinze navires de 26 à 120 chevaux, représentant ensemble une force de 783 chevaux, et parmi lesquels sont les bateaux 1, 2 et 3 faisant le service entre Paris et ondres, sont sortis des ses chantiers dans le courant de l'année 1853 et 1854. La construction de ces trois bateaux fait à M. Gache le plus grand honneur, car elle a résolu un problème dont la solution a bien longtemps été souhaitée, celle de la navigation maritime de Paris à Londres.

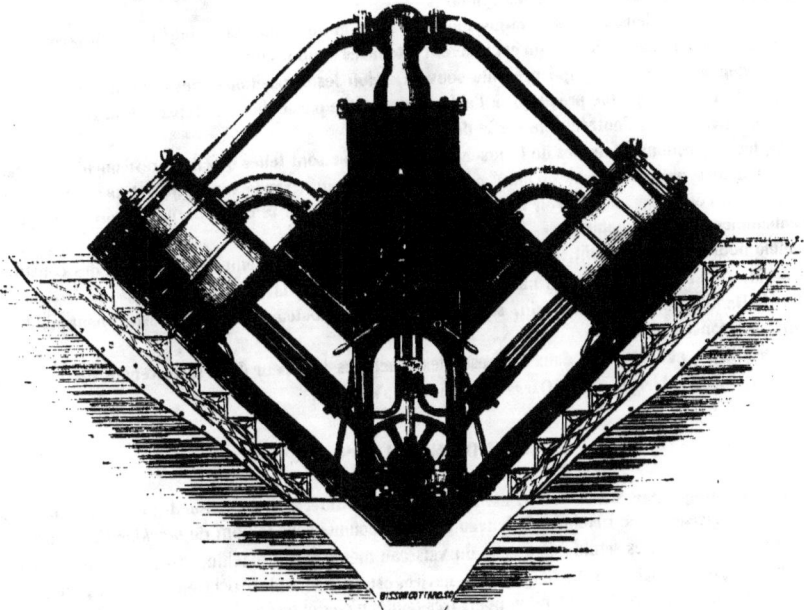

Machine de marine. — Système à hélice, par M. Gache aîné.

Cet habile constructeur avait exposé deux machines à vapeur; l'une, de la force de 55 chevaux, destinée à la marine; l'autre, de 20 chevaux, destinée plus spécialement au service des canaux et des fleuves.

Ces deux machines sont construites toutes les deux sur le même système que celles installées sur les bateaux de Paris à Londres.

Cependant celle de 20 chevaux en diffère, parce qu'elle est sans condenseur et qu'elle peut fonctionner avec ou sans détente. Le diamètre des pistons est de 0,40 centimètres, et l'introduction de la vapeur dans les cylindres a lieu pendant les 5 dixièmes de leur course, qui est de 0,32 centimètres. Cette disposition permet de faire faire sept kilomètres à un navire de cinquante tonnes.

Celle de 55 chevaux a des cylindres inclinés de quarante-cinq degrés, qui sont disposés de telle sorte qu'ils occupent les deux côtés de l'axe du navire, qui est à hélice.

Comme on peut en juger par cette description, l'inclinaison du cylindre fait tenir à la machine-Gache le milieu entre les machines horizontales et verticales, et la rapproche des machines oscillantes, dont le mécanisme avait paru plus approprié aux exigences de la navigation, mais qui ont le grave inconvénient de consommer une quantité considérable de combustible.

Les cylindres de la machine-Gache ont 0,64 centimètres de diamètre.

La course des pistons est de 0,56 centimètres.

La vitesse normale accomplit soixante-quatre tours par minute.

La vapeur, qui agit avec détente fixe, a une tension de 2 atmosphères dans les cylindres, et fait son entrée au 6/10 de la course des pistons.

Les tiges des pistons transmettent le mouvement à un arbre à double manivelle graduée, dont l'une conduit l'hélice, et l'autre, la tige de la pompe à air, qui est verticale, et qui se trouve placée dans le condenseur, au-dessus de l'arbre et des cylindres.

Les clapots du condenseur sont à mouvement successif et uniforme. Cette ingénieuse disposition fait disparaître le bruit si désagréable, qui est inhérent à tous les condenseurs.

Le changement de marche, qui présente souvent, selon les dispositions, des difficultés d'exécution, s'opère avec une remarquable précision, à l'aide d'un système particulier qui déplace les excentriques et qui modifie, par contre, l'entrée et la sortie de la vapeur.

Enfin, les dispositions générales de la machine de M. GACHE sont telles qu'elles préviennent les ébranlements toujours préjudiciables; qu'elles occupent une moins grande superficie, et permettent, par conséquent, à l'équipage, de pouvoir manœuvrer plus à l'aise dans la cale, occupée d'ordinaire presque entièrement par les machines.

Comme nous l'avons déjà dit, l'expérience a prononcé depuis longtemps sur le mérite des constructions de M. GACHE : sans parler des navires de la marine, l'Allier, la Loire, la Meurthe, la Moselle, le Necker, le Danube, le Weser, le Mein, sont sillonnés par les bateaux sortis des vastes chantiers de ce remarquable constructeur.

Tous ces titres, et surtout les deux intéressantes machines à vapeur dont nous venons de donner la description, ont fait décerner à M. GACHE une MÉDAILLE D'HONNEUR.

USINE DE MOTALA (Suède).

Cette usine, dirigée par M. CARLSUND, est une des plus considérables de la Suède ; elle avait envoyé à l'Exposition universelle une machine de bateau à hélice, connue sous le nom de machine Carlsund.

D'une forme à peu près semblable à celle du vaisseau même, cette machine, très-légère et qui n'occupe que fort peu d'espace sur la longueur du navire, est remarquable par la construction particulière de ses pistons, qui, tout en n'offrant qu'un poids très-faible, n'en ont pas moins une grande force de résistance; ses quatre plongeurs sont disposés de telle sorte qu'ils servent à la fois de pompe à air et de guides aux pistons; ils peuvent encore, au besoin, remplir l'office de pompes alimentaires pour la chaudière.

La double manivelle, dont les bras sont inégaux et dont l'un des pistons remonte quand l'autre descend, établit un équilibre parfait entre les pièces en mouvement. La marche de la machine peut être modifiée, en changeant la position des excentriques au moyen d'un pignon agissant sur une vis, et l'on peut également varier la détente au moyen d'une autre vis qu'il suffit de tourner pour rapprocher ou éloigner à volonté les plaques de recouvrement qui servent à intercepter la vapeur.

Le mérite hors ligne de cette machine, installée sur vingt-cinq navires en l'espace de huit années, a été dignement apprécié par le Jury, qui a décerné la GRANDE MÉDAILLE D'HONNEUR à l'USINE DE MOTALA.

MM. TOOD ET MAC-GREGOR DE GLASCOW (Royaume-Uni).

MM. TOOD et MAC-GREGOR ont exposé un modèle (au quart d'exécution) de la belle machine à vapeur du navire la Simla, dont la force est de 600 chevaux.

Cette machine est disposée de telle sorte que toute la partie massive occupe le plan inférieur et supporte, par contre, toute la partie légère; cette disposition est d'une excellente application dans les machines employées à la navigation. Elle est munie de quatre cylindres verticaux, dont les pistons portent quatre tiges, au milieu desquelles fonctionne la manivelle, ce qui permet de restreindre l'espace qu'elle devrait occuper. Un des coudes de cette manivelle fait en même temps fonctionner le tiges de deux pompes à air, inclinées et placées l'une à l'avant et l'autre à l'arrière du bâtiment ; cette dernière est guidée par deux plongeurs d'alimentation. Enfin, quatre petites pompes sont destinées à rendre la cale étanche et une disposition très-simple permet de marcher avec ou sans détente.

Le modèle présenté par MM. Tood et Mac-Gregor, quoique réduit, offrait encore des dimensions telles, qu'il fonctionnait avec une merveilleuse précision ; on pouvait ainsi se rendre compte de ses puissants effets et reconnaître l'habileté des deux ingénieurs qui ont présidé à sa construction.

Le Jury a décerné à MM. Tood et Mac-Gregor la médaille d'honneur.

MM. SEAWARD ET CAPEL, de Londres (Royaume-Uni).

MM. Seaward et Capel ont envoyé à l'Exposition universelle un modèle (au tiers d'exécution) de la machine du *Wonder*, navire à vapeur de la force de 60 chevaux.

Ce navire, qui fait depuis onze années le service entre Southampton et le Havre, est mû par une machine à trois cylindres à simple effet, d'une remarquable simplicité, non-seulement dans son exécution, mais encore dans les effets produits ; ainsi, le jeu des tiroirs qui transmet la vapeur donne lieu au va-et-vient des pistons, et le mouvement de la pompe à air, qui en dépend, se trouve guidé par deux plongeurs qui transmettent eux-mêmes le mouvement par l'abaissement successif du liquide dans les réservoirs, de telle sorte qu'il y a solidarité entre tous les mouvements de la machine.

Cet intelligent mécanisme a été depuis appliqué à la construction du bateau l'*Alliance*, qui fait le même trajet, et qui a donné les mêmes résultats.

Cette machine à simple effet ne présentait pas le même intérêt que celles désignées sous le nom de machines à haute pression ; cependant elle a valu à ses auteurs une médaille de première classe.

M. FARCOT, à Saint-Ouen, près Paris (France).

Cet habile constructeur avait exposé une machine horizontale, de la force de 50 chevaux, à condensation et à détente, machine qui se règle, soit à la main, soit par le modérateur.

Le cylindre est surtout remarquable par l'alésage que M. Farcot rend parfait à l'aide de procédés qui lui appartiennent. Les deux couvercles du cylindre sont creux, et ils communiquent avec une enveloppe qui en forme la continuation ; on obtient ainsi une notable économie de vapeur. Cette dernière, en sortant du tube de transmission, pénètre dans l'enveloppe et arrive à la boîte de vapeur par une soupape qui se règle à la main, selon qu'on veut obtenir une vitesse plus ou moins grande. Le piston est muni d'une clef se manœuvrant à l'extérieur du cylindre, agissant sur des cames qui lui donnent une expansion facultative, de telle sorte que les ressorts se trouvent supprimés, et que le frottement du piston dans l'intérieur du cylindre diminue considérablement.

La machine est munie d'un condenseur ; la vapeur, détendue en y arrivant, se condense par le fait de l'eau froide, qui y est injectée à l'aide de plaques de tôle percée, de manière à ce que cette eau se trouve tamisée sous forme de pluie. La pompe à air est à double effet, avec clapets en caoutchouc. Enfin les coussinets de l'arbre du volant étant en quatre parties, peuvent, selon le besoin, se serrer, soit verticalement, soit horizontalement.

De ce qui précède, on peut conclure que les améliorations de M. Farcot ont porté sur toutes les parties des machines à vapeur : détentes, modérateurs, pistons, enveloppes, condenseurs, tout a été scrupuleusement étudié par lui. L'expérience s'est en même temps chargée de sanctionner ces améliorations, et les résultats qu'on obtient à l'aide des nouvelles machines, qui ne brûlent que 1 kilo 30 par force de cheval et par heure, nous semblent un argument irrécusable en leur faveur.

Les travaux de M. Farcot lui ont valu la seule grande médaille d'honneur qui ait été accordée pour les machines fixes.

MM. THOMAS ET LAURENS, a Paris (France).

MM. Thomas et Laurens, ingénieurs à Paris, se présentaient dans la quatrième classe comme ayant coopéré à la construction des machines à vapeur, mais sous un point de vue tout particulier, celui de l'économie du combustible : c'est à ces habiles ingénieurs que l'on doit la création d'un type de machines horizontales à un seul cylindre et à condensation qui, par la simplicité de ses agencements comme par la disposition spéciale du cylindre, de la distribution et de la pompe a air, a rendu d'éminents services à l'industrie de machines de manufacture : ces machines, essayées au frein, n'ont consommé que 1 kilo 10 de houille par force de cheval et par heure; consommation moindre que celle des appareils à vapeur de Wolf, à deux cylindres, si exclusivement préférés il y a peu de temps encore dans toutes nos filatures. Nous ne devons pas négliger de constater que les machines horizontales de MM. Thomas et Laurens offrent toute la régularité et toute la rondeur que l'on peut désirer.

Plusieurs ateliers possèdent déjà des machines de ce genre.

Le Jury de la quatrième Classe, dit dans son Rapport M. Fournel, « tout en rendant pleine justice « au mérite incontestable de MM. Thomas et Laurens, tout en reconnaissant les services très-réels rendus « par eux dans de nombreuses usines de la France et de l'étranger, a cru, après en avoir mûrement « délibéré, devoir les considérer comme étant en dehors de l'ordre des récompenses que le Jury de cette « classe avait la mission de décerner. »

MM. Thomas et Laurens ont reçu des récompenses dans plusieurs autres classes, et M. Laurens a été nommé chevalier de la Légion d'honneur.

MM. DEROSNES ET CAIL, a Paris (France).

MM. Derosnes et Cail avaient exposé trois machines horizontales : la première, de 30 chevaux: la seconde, de 20 chevaux, et la troisième, d'une force égale, mais qui faisait marcher une machine soufflante de MM. Thomas et Laurens.

Nous ne donnerons ici aucun détail sur ces trois machines fixes, nous réservant de le faire au chapitre de la cinquième classe, dans laquelle M. Cail a semblé vouloir montrer toute sa puissance industrielle.

Nous mentionnerons cependant, comme mémoire, MM. von Vlissingen et Dudock von Heel, d'Amsterdam, associés de la maison Derosnes et Cail, qui ont exposé une machine de bateau à hélice, ressemblant à une machine locomotive, et dans laquelle la distribution, au lieu de se faire par le côté, se fait à la partie supérieure des deux cylindres.

MM. von Vlissinger et Dudock von Heel ont obtenu une médaille de deuxième classe.

M. LEGAVRIAN, a Lille (France).

Ce constructeur avait exposé une machine de 40 chevaux à trois cylindres, à détente et à condensation. Le cylindre du milieu est plus petit que les latéraux, par contre, son piston a une vitesse double.

Chaque tige de ces trois pistons s'adapte à trois manivelles différentes qui, étant calées sous des angles différents, donne, d'une part, une grande régularité au mouvement et qui, d'autre part, a pour but d'annihiler les points morts.

Les grands avantages de la machine de M. Legavrian consistent :

1° A diminuer les 3/4 de la masse du volant ;

2° A n'exiger qu'une pompe à air; »

3° A supprimer les parallélogrammes ;

4° A éviter le danger de deux cylindres actionnant le même arbre, comme dans les doubles machines de Woolf;

Et 5° à augmenter la détente, en la portant au 10° au lieu du 5°.

Ces machines, d'une régularité chronométrique, rendent de très-grands services dans les filatures ; elles n'ont qu'un seul défaut, c'est de ne pouvoir être montées que par des ajusteurs d'un talent exceptionnel.

Le Jury a décerné à M. LEGAVRIAN une MÉDAILLE DE PREMIÈRE CLASSE.

M. BOYER, a LILLE (FRANCE).

L'exposition de M. BOYER consistait en une machine à vapeur de Woolf oscillante.

Les machines de Woolf sont anciennes et parfaitement connues; elles fonctionnent dans un grand nombre de nos filatures du nord. M. BOYER ne présentait donc rien de nouveau; seulement, comme il est le fondateur du premier atelier de mécanique de la ville de Lille, comme il a puissamment contribué à donner l'impulsion au mouvement industriel dans cette ville, ce sont sans doute là les raisons qui ont engagé le Jury à lui décerner UNE MÉDAILLE DE PREMIÈRE CLASSE.

M. FARINAUX, a LILLE (FRANCE).

M. FARINAUX a exposé une machine horizontale de Woolf, de la force de 25 chevaux.

Cette machine, dont les cylindres ont 0,36 à 0,72 de diamètre, les pistons une course de 1 mètre, et le rayon de la manivelle 0,50, fait trente tours à la minute; sa détente a été modifiée par M. FARINAUX de la manière suivante :

A chaque extrémité des ouvertures des tiroirs se trouve une plaque mobile qui, à l'aide d'un levier, est en relation avec un disque fixé sur la tige du régulateur. Ces dispositions sont telles que, lorsque le régulateur marche normalement, le tiroir entraine l'une des plaques et la juxtapose à une distance égale à l'ouverture des orifices d'admission. Si, au contraire, le régulateur vient à s'emporter par l'introduction trop précipitée de la vapeur, les plaques mobiles qui tiennent par un talon à la tige du régulateur se rapprochent des extrémités du tiroir et ne livrent plus passage à la vapeur. Comme on le voit, ce mécanisme règle parfaitement l'admission de la vapeur dans le cylindre.

Ce nouvel appareil, ainsi que les bonnes dispositions générales de la machine, ont valu à M. FARINAUX une MÉDAILLE DE PREMIÈRE CLASSE.

M. TRÉSEL, a SAINT-QUENTIN (FRANCE).

Une machine à vapeur verticale, de la force de 20 chevaux, avait été exposée par M. TRÉSEL.

La détente de cette machine, connue depuis 1844 sous le nom de *détente Trésel*, varie du septième à la moitié. On peut à volonté, à l'aide de cette variation, marcher sans détente, c'est-à-dire introduire la vapeur pendant toute la course du piston, ou bien la faire arriver brusquement dans le cylindre, de manière à ce que son action dilatable n'agisse que sur le piston.

M. TRÉSEL a reçu du Jury UNE MÉDAILLE DE PREMIÈRE CLASSE.

M. E. BOURDON, a PARIS (FRANCE).

M. E. BOURDON, déjà cité pour ses manomètres métalliques, exposait en outre une machine horizontale de la force de 25 chevaux, à haute pression, sans condensation et à détente variable.

La localité où cette machine devait être placée n'exigeait pas l'addition d'un condenseur, et cependant M. E. BOURDON construit également des machines à condensation dont les avantages, sous le rapport

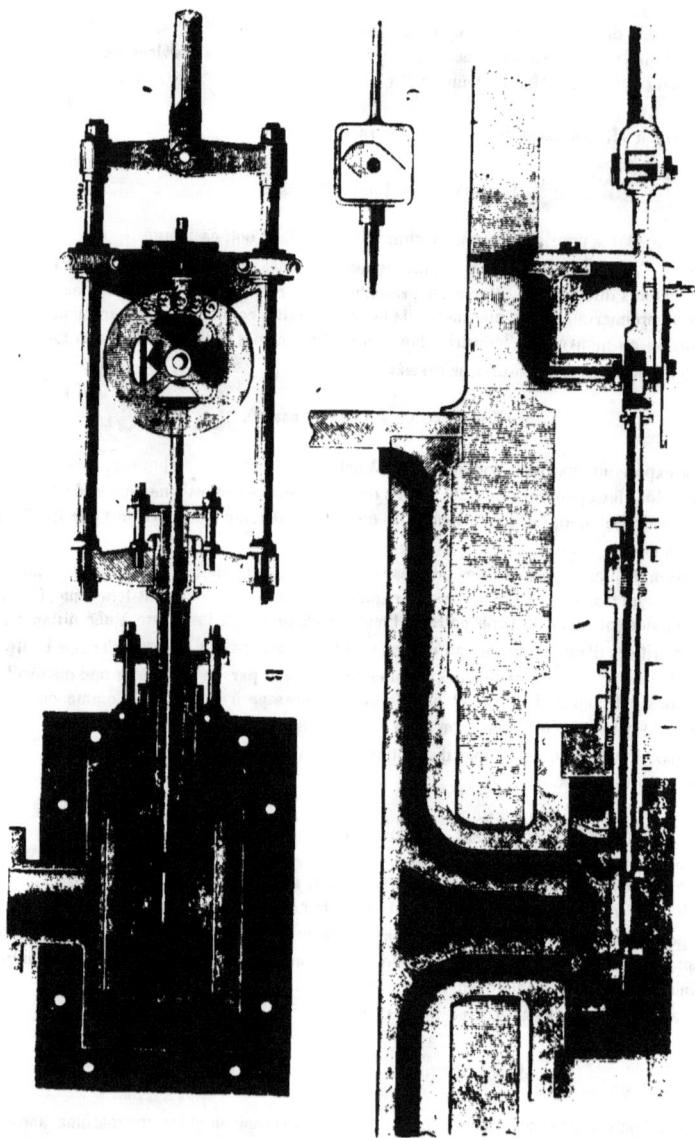

Droit à détente variable. — Système de E. Bourdon.

de l'économie du combustible, sont parfaitement démontrés par un grand nombre d'applications faites sur des machines de diverses forces.

II.

Ce qui caractérise plus particulièrement la machine exposée par M. Bourdon, c'est la disposition de la détente.

Sur le tiroir de distribution (A et B) se trouve une plaque de métal, dont la longueur est telle qu'elle ferme les deux orifices de droite, au moment où elle ouvre les deux orifices de gauche, et vice-versâ. Cette plaque est guidée latéralement par des coulisses, et elle porte à son extrémité antérieure une tige en fer qui traverse la tige creuse du tiroir de distribution, lequel est muni d'un presse-étoupe qui serre la tige du tiroir de détente, et superpose en quelque sorte les deux tiroirs.

A l'extrémité de la tige (C) se trouve un petit cadre en fer carré, au milieu duquel joue une pièce en forme de double-came, montée sur un axe qui supporte un cadran divisé en degrés, indiquant la position de la détente depuis 1/5 jusqu'à 1/2 (B).

Lorsque l'excentrique de l'arbre du volant imprime un mouvement de va-et-vient au tiroir de distribution, ce dernier exécute le même mouvement, et aussitôt que le cadre rencontre la came, à un point donné, les orifices se ferment plus tôt ou plus tard, selon que la came se présente plus ou moins dans le sens de son grand axe.

Cet ingénieux mécanisme, tout externe, permet au mécanicien de vérifier à tous moments la marche du tiroir de détente, et de corriger ses écarts, s'il y a lieu.

En effet, si les orifices venaient à se fermer ou à s'ouvrir en dehors du régime de la machine, on s'en apercevrait immédiatement aux mouvements saccadés du petit cadre en fer. Dans ce cas, il suffit de serrer les deux écrous du presse-étoupe, pour que la détente reprenne sa marche régulière.

Les grands avantages que présente la détente Bourdon peuvent se résumer ainsi qu'il suit :

1° Mettre sous les yeux, et, par contre, sous la main du mécanicien, le mécanisme du tiroir, de la came excentrique et des buttoirs ;

2° Supprimer les ressorts qui servent, dans les machines ordinaires, à maintenir les tiroirs de détente ;

3° Éviter pendant la marche de la machine les glissements à contre-temps ;

4° Réduire considérablement la résistance de l'axe de la came, qui autrefois traversait le couvercle de la boîte du tiroir et donnait souvent lieu à des fuites de vapeur, disposition qui a beaucoup d'importance lorsque la détente est réglée par le jeu du modérateur.

Il y a déjà longtemps que la pratique s'est prononcée en faveur des heureuses innovations de M. E. Bourdon. En effet, depuis l'Exposition de 1849, 114 machines, représentant une force de 1,061 chevaux, sont sorties de ses ateliers, sans préjudice de 48 machines à détente variable, semblables à celles que nous venons de décrire, et qui fonctionnent depuis l'époque de leur livraison avec la plus grande régularité.

Outre sa machine à vapeur, et son manomètre, dans le but de remédier aux nombreux inconvénients des divers systèmes de flotteurs que l'on emploie ordinairement pour indiquer le niveau de l'eau dans les chaudières à vapeur, M. E. Bourdon avait exposé un flotteur à sifflet d'alarme, de son invention, qui a l'avantage de supprimer complètement l'emploi des boîtes à étoupes et de donner à l'appareil un degré de sensibilité et d'exactitude qu'il n'est pas possible d'obtenir avec les flotteurs ordinaires.

Un sifflet très-sonore, placé sur l'appareil, sert à avertir lorsque le niveau de l'eau s'est abaissé au-dessous de sa hauteur de régime. Par ce moyen, le chauffeur est toujours prévenu, bien avant que le danger devienne imminent, qu'il doit faire fonctionner la pompe alimentaire pour rétablir le niveau dans la chaudière à sa hauteur normale.

On le voit, la MÉDAILLE D'HONNEUR ne pouvait, à plus juste titre, être accordée à M. Bourdon, qui déjà, à la suite de l'Exposition de Londres, avait reçu du Jury une grande médaille, et du gouvernement français la décoration de la Légion d'honneur.

M. LECOINTE, A Saint-Quentin (France).

M. Lecointe avait obtenu l'autorisation de faire concourir une machine qui n'a pu être transportée dans le palais de l'Industrie, mais qui fonctionnait dans une usine de Paris. Cette machine horizontale, de la force 25 chevaux, est à condensation et à détente variable; sa consommation est de 2 kilos par force de cheval et par heure. Le cylindre a 0,52 de diamètre; la course du piston 1 mètre, et la manivelle fait quarante tours à la minute.

Un balancier à parallélogrammes, équilibré par un contre-poids, mène la tige du piston. Ce balancier porte à son milieu deux bielles qui mettent à leur tour en mouvement la pompe à air et la pompe alimentaire. Enfin la vapeur détendue se rend au condenseur à travers un tube double dont l'extérieur est toujours rempli d'eau froide.

Le Jury a décerné à M. LECOINTE une MÉDAILLE DE PREMIÈRE CLASSE.

MM. TENBRINCK ET DYCKOFF, a BAR-LE-DUC (FRANCE).

La machine présentée par ces deux constructeurs est horizontale et de la force de 15 chevaux; elle est à condensation et à détente variable par le modérateur même; le condenseur, au lieu d'être sous le bâti de la machine, se trouve placé latéralement; un système d'engrenage tout particulier communique le mouvement à la pompe à air, et, quoique cette pompe à air ainsi que le piston donnent cent coups par minute, le condenseur ne fait aucun bruit.

Le cylindre enveloppé de vapeur a 0,30 de diamètre, et la course du piston 0,65.

L'amélioration principale de MM. TENBRINCK et DYCKOFF porte sur le modérateur qui mène la détente, et, quoiqu'il soit difficile d'en faire la description sans le secours d'un dessin, nous allons néanmoins nous efforcer d'en donner une idée sommaire.

Deux déclics opposés se trouvent placés sur deux roues dentées; entre ces dernières on a posé un secteur, d'un rayon un peu plus grand que les roues dentées, dont le centre est appuyé sur un levier, à l'une des extrémités duquel tient un pendule conique, tandis que l'extrémité opposée se trouve chargée d'un contre-poids qui équilibre celui du régulateur. Le mouvement de va-et-vient est communiqué par un excentrique. C'est, du reste, cette innovation qui a valu à MM. TENBRINCK et DYCKOFF une MÉDAILLE DE PREMIÈRE CLASSE.

M. ROUFFET, a PARIS, SEINE (FRANCE).

M. ROUFFET a exposé une machine horizontale, de la force de 16 chevaux, à détente et à haute pression: le diamètre du piston est de 0,34; sa course, de 0,90, et la vitesse, de quarante tours par minute.

La détente varie depuis le commencement de la course jusqu'à la moitié, et voici les résultats que M. ROUFFET a obtenus en marchant avec une pression de 5 atmosphères :

à 1/8........................ 8,5 chevaux.
à 2/8........................ 12,6 »
à 3/8........................ 17,4 »
à 4/8........................ 20,2 »

Cette détente est composée ainsi qu'il suit :

Sur le tiroir percé de quatre lumières se trouve une plaque percée également, laquelle est entraînée par le jeu du tiroir, mais le jeu de ces plaques est limité d'un côté par une came, de l'autre par des tiges, de telle sorte que, lorsque le tiroir est arrivé au bout de sa course, les orifices de la plaque correspondent de côté avec ceux du tiroir.

Ce simple et ingénieux mécanisme a valu à son auteur UNE MÉDAILLE DE PREMIÈRE CLASSE.

M. NEPVEU et Cie, a PARIS (FRANCE).

L'exposition de M. NEPVEU se composait d'une machine horizontale de la force de 20 chevaux, d'une petite machine d'alimentation et de deux machines horizontales qui servaient au service des eaux de l'Annexe.

La première était à haute pression, à détente et sans condensation, la détente et le changement de marche s'obtenant à l'aide d'une coulisse Stephenson. Cette machine faisait cent vingt tours à la minute.

La deuxième, c'est-à-dire la petite machine d'alimentation applicable aux locomotives et aux machines fixes, se composait de deux cylindres fondus ensemble, dont l'un à vapeur et l'autre à eau ; l'extrémité de la tige des pistons était reliée par une barre transversale au milieu de laquelle se mouvait le coussinet de manivelle d'un arbre coudé. Les deux dernières machines étaient construites d'après les mêmes principes que la première, seulement le levier de la détente était remplacé par une vis verticale. Le volant était placé au milieu de l'arbre, et l'extrémité de ce dernier était munie d'un pignon qui commandait à une roue d'engrenage qui faisait mouvoir la pompe.

La bonne exécution des machines de M. Nepveu lui a valu UNE MÉDAILLE DE PREMIÈRE CLASSE.

M. FRANCHOT, A Paris, Seine (France).

M. Franchot avait exposé une machine à air chaud, construite en 1840, de la force environ de 2 chevaux-vapeur. Cette machine a quatre cylindres ; la température de ceux-ci est plus élevée à leur base qu'à leur partie supérieure, et ces deux points sont séparés par un piston plongeur. Ces quatre cylindres forment une série circulaire, et le bas de chacun d'eux est en communication avec le haut du suivant à l'aide d'un tube renfermant des toiles métalliques offrant une très-grande surface.

Les machines de M. Franchot reposent sur le principe suivant : Emploi d'un procédé à l'aide duquel on peut recueillir le travail de la chaleur, soit par l'air, soit par le gaz, et ce, par des appareils sans soupapes.

Les alternatives de température et les alternatives de contractions et de dilatations donnent lieu à un travail moteur continu, qui se transmet à un arbre par le moyen de tiges de piston, de bielles et de manivelles convenablement agencées.

Le jury a décerné à M. Franchot une MÉDAILLE DE PREMIÈRE CLASSE.

M. SIEMENS, A Londres (Royaume-Uni).

M. Siemens exposait une machine à vapeur, basée sur les principes suivants :

Employer toujours la même vapeur, en la faisant passer à travers des toiles métalliques, placées au fond de deux *cylindres réchauffeurs*, lesquels sont échauffés par la flamme de deux foyers ; la vapeur se détend dans un troisième *cylindre régénérateur*, dont le piston est une fois plus grand que ceux des deux premiers, et la vapeur est renvoyée alternativement selon les va-et-vient du piston dans l'un et l'autre cylindre réchauffeur. La vapeur contenue dans les cylindres réchauffeurs a cinq atmosphères, tandis que celle contenue dans le grand cylindre n'en a plus qu'une.

Les tiges des trois pistons sont reliées ensemble et viennent s'adapter à une même manivelle. Les avantages qui résultent de ce système ont été appréciés par le Jury, qui a décerné à M. Siemens une MÉDAILLE DE PREMIÈRE CLASSE.

M. FAIRBAIRN, A Manchester (Royaume-Uni).

M. Fairbairn, membre du Jury, président de la IVe classe, appartenait au deuxième groupe. Mais, par suite de la mission honorable qu'il avait acceptée, il se trouvait placé hors de concours ; aussi, ses collègues qui, sans doute, eussent été heureux de donner à ce savant constructeur, une preuve de la haute considération dans laquelle on tient ses produits, n'ont pu faire aucune proposition qui le concernât.

Nous avons cependant pu reconnaître toute son habileté, en examinant la machine nº 124 A, qui fonctionnait dans une colonne creuse et qui faisait mouvoir les métiers de filature.

M. FLAUD, a Paris (France).

En 1851, M. Flaud avait déjà fabriqué 22 machines; depuis cette époque, 340 machines à grande vitesse, représentant une force de 2,414 chevaux, sont sorties de ses ateliers de fabrication. Cette prodigieuse production, bien que la tendance de M. Flaud à accélérer la vitesse des moteurs ait pu inquiéter quelques esprits, n'en a pas moins contribué à populariser l'emploi de la vapeur dans toutes les industries.

Machine fixe à vapeur de M. Flaud.

En 1855, M. Flaud avait exposé quatre machines, marchant à haute pression, c'est-à-dire à 5 atmosphères et détendant à demi-course; ayant, en outre, une vitesse de piston de 2 mètres 50 par seconde.

Cette exposition se composait :

1° D'une machine de 20 chevaux, faisant 300 révolutions par minute;

2° Une machine portative de 2 chevaux, c'est-à-dire une machine montée sur sa chaudière et pouvant être transportée selon les besoins;

3° Une machine de 3 chevaux, faisant 500 révolutions à la minute, et qui, malgré cette grande vitesse, mettait en mouvement dans l'Annexe, la machine à parquets de M. Sautreuil. Cette application d'un moteur aussi rapide à une machine dont les mouvements doivent avoir une grande précision, offrait, au point de vue pratique, un immense intérêt;

4° Une machine d'un petit cheval-vapeur, ayant assez de puissance pour alimenter d'eau une chaudière de 30 chevaux.

Le système de M. Flaud est basé sur ce principe : Augmenter la surface de chauffe, c'est-à-dire la production de la vapeur, et diminuer la grandeur des différentes pièces des machines.

M. Flaud a reçu du Jury UNE MÉDAILLE DE PREMIÈRE CLASSE.

M. JOHN-ANDREW REED, A NEW-YORK (ÉTATS-UNIS).

Ce constructeur avait envoyé à l'Exposition universelle diverses machines qui se distinguaient par quelques particularités de construction.

En premier lieu, nous citerons un système de détente nouveau :

Deux obturateurs fixés sur une même tige ferment et ouvrent la communication de la vapeur, qui a lieu par le moyen de deux chambres, l'une communiquant avec l'admission, l'autre avec l'échappement. La boîte à vapeur est traversée par la tige des robinets, tige qui est maintenue parallèle à celle du piston par le moyen d'un presse-étoupe et d'un guide.

La tige du piston porte un bras qui se meut entre deux buttoirs fixés sur la tige des obturateurs. Ces buttoirs, par leurs chocs avec les bras, changent la position des obturateurs. Le mécanisme a été compliqué, en prolongeant la tige du piston, et en faisant servir ce prolongement pour faire fonctionner une pompe à double effet et à matelas d'air.

En second lieu, M. Reed a exposé une machine oscillante ainsi construite :

Des lumières, ouvertes symétriquement sur les rayons d'un cercle concentrique aux tourillons, servent à l'entrée et à la sortie de la vapeur. La vapeur passe à travers des supports creux, dans lesquels reposent les tourillons qui, dans cette nouvelle machine, sont coniques et reliés par une traverse creuse placée au-dessus du cylindre.

L'intérieur des supports creux se trouve combiné de manière à ce qu'une valve forme deux chambres correspondantes aux deux groupes de lumière; de cette manière, la partie supérieure a deux lumières d'entrée, et la partie inférieure, deux de sortie. Le cylindre est muni d'une enveloppe qui correspond aux supports par deux autres lumières placées dans le bas; de telle sorte qu'une partie de la vapeur est obligée d'entrer dans l'enveloppe en même temps que l'autre partie se rend dans l'atmosphère par une lumière placée sur la base du support. Le cylindre lui-même porte aussi deux lumières oblongues dans le haut, et une lumière circulaire dans le bas; ces lumières, dans le mouvement du cylindre, viennent parfaitement correspondre au groupe de lumières du support. Cette disposition successive de lumières a eu pour but de diminuer les frottements en détruisant la pression de la vapeur, ce qui n'existe pas dans les machines oscillantes ordinaires.

Enfin, en troisième lieu, M. Reed a exposé une machine oscillante horizontale, de la force de quatorze chevaux.

Cette machine possède un mécanisme très-ingénieux : Deux tiges aboutissant intérieurement à un cercle, lui font fermer la communication de la vapeur.

Un levier met en mouvement deux étriers, et, suivant l'inclinaison de ces derniers, les tiges viennent heurter plus ou moins rapidement les étriers et intercepter plus ou moins vite l'introduction de la vapeur.

Cette belle exposition a valu à M. JOHN-ANDREW REED une MÉDAILLE DE PREMIÈRE CLASSE.

M. GALY-CAZALAT, a Paris (France).

M. Galy-Cazalat avait exposé une machine qui peut être alternativement machine à vapeur et machine à air chaud; le petit modèle qui fonctionnait à l'Exposition universelle était mû par la vapeur.

Cette machine consiste en un grand tube de fer courbé en forme d'U, rempli d'un métal fusible, soit étain ou plomb, tenu en fusion par un foyer qui l'entoure. On comprend qu'en vertu de l'équilibre des liquides, le métal doit occuper le même niveau dans les deux branches du tube; mais, si la vapeur vient à presser la surface d'une des branches, elle force le métal en fusion à descendre, et par contre, à remonter dans l'autre branche; si le même effet se produit alternativement, on aura alors un mouvement de va-et-vient continuel. Il y a là deux puissances qui agissent simultanément : d'une part, la pression de la vapeur, d'autre part, la pesanteur du métal. En effet, le tube est soutenu à l'aide d'un tourillon creux, par lequel la vapeur arrive et sur lequel le tube oscille, oscillation susceptible de produire une force motrice importante. (MÉDAILLE DE DEUXIÈME CLASSE.)

ÉCOLES IMPÉRIALES D'ARTS ET MÉTIERS de Chalons (Marne), d'Aix (Bouches-du-Rhône). d'Angers (Maine-et-Loire), France.

Les Écoles impériales des arts et métiers n'ont été prévenues qu'au dernier moment, qu'elles devaient figurer à l'Exposition universelle, et cependant, dans ces circonstances défavorables pour elles, les machines qu'elles y ont envoyées n'en ont pas moins prouvé quels services éminents on était en droit d'attendre de leurs élèves.

Deux machines, la première de 4 chevaux, la seconde de 8, étaient exposées par l'École de Chalons. D'une bonne exécution, d'une construction peu coûteuse, faciles à monter, simples dans leur ensemble, ces deux machines font le plus grand honneur à l'École où elles ont été construites.

L'École impériale d'Aix et l'École d'Angers avaient envoyé aussi, la première, une machine horizontale, de la force de 35 chevaux, avec détente variable par le régulateur; la seconde, une machine horizontale de 15 chevaux de force sans condensation, avec un régulateur Branche pour régler l'admission de la vapeur par un papillon. Ces deux machines étaient d'une exécution très-remarquable.

Les services rendus par les trois écoles sont immenses. C'est de leur sein que sortent chaque année ces contre-maîtres instruits et dévoués que l'on rencontre dans chacune de nos nombreuses usines où ils viennent, grâce aux précieuses leçons qu'ils ont reçues, apporter cet esprit d'invention et de perfectionnement dont l'exposition des machines a fourni tant d'exemples. (MÉDAILLE COLLECTIVE DE PREMIÈRE CLASSE.)

MM. CLAYTON, SHUTTLEWORTH ET Cⁱᵉ, a Lincoln (Royaume-Uni).

Ces constructeurs ont exposé une machine à vapeur, dite locomobile, de la force de 6 chevaux, qui offre ceci de particulier que le cylindre et la boîte de distribution se trouvent placés dans l'intérieur de la boîte à fumée. On comprend sans peine qu'il n'y a aucune déperdition de calorique, puisque au contraire le cylindre et la boîte de distribution jouissent des produits de la combustion, qui, dans le cas présent, est d'une température de 400° et au-dessus. Quant aux autres parties de la machine, elles ne diffèrent pas des locomobiles ordinaires.

MM. Clayton et Shuttleworth, qui avaient exposé à Londres, en 1851, des machines ordinaires, ont déjà livré à l'industrie plus de 1200 locomobiles, et le chiffre de celles qui sont sorties de leurs ateliers dans l'année qui vient de s'écouler représente plus d'une locomobile par jour. Celle dont nous venons de rendre compte est du prix de 5,500 francs.

Le Jury a décerné à MM. Clayton et Shuttleworth une MÉDAILLE DE PREMIÈRE CLASSE.

MM. HORNSBY ET FILS, a Grantham, Lincoln (Angleterre).

MM. Hornsby ont exposé une locomobile qui diffère de celles de MM. Clayton et Shuttleworth, en ce que le cylindre ainsi que la boîte de distribution, au lieu d'être placé dans la boîte à fumée, se trouvent dans le réservoir de vapeur même. Suivant MM. Hornsby, cette disposition présente de grands avantages sous le rapport de l'économie; car voici la consommation de combustible calculée par cheval de vapeur et par heure :

Pour les machines de 8 chevaux 2,065 combustible.
         —   7   —   2,315   —
         —   6   —   2,350   —

La bonne exécution des locomobiles de MM. Hornsby, leur eût mérité une récompense, si déjà la IIIe classe ne leur eût pas décerné une médaille d'honneur.

MM. RANSOMES ET SIMS, a Ipswich, Suffolk (Angleterre).

MM. Ransomes et Sims ont exposé une locomobile de la force de 7 chevaux, remarquable par sa solidité qui n'en exclut pas l'élégance. Les roues sont en fonte; le piston est guidé par deux coulisseaux, et la bielle fait mouvoir une manivelle coudée; deux excentriques calés sur l'arbre de la manivelle ont pour objet : l'un, de communiquer le mouvement à la pompe alimentaire placée à l'arrière; l'autre, de conduire la distribution de vapeur placée à l'avant. Un levier placé à la portée du mécanicien lui permet de régler la distribution, et un second levier, placé à côté, baisse ou élève, à volonté et selon le besoin, le registre de la cheminée, et, par contre, règle le tirage de celle-ci.

Une récompense méritée n'a pu être accordée à MM. Ransomes et Sims, attendu que ces deux habiles constructeurs avaient aussi déjà reçu dans la IIIe Classe, pour leurs instruments aratoires, une médaille d'honneur.

M. CALLA, a Paris (France).

M. Calla présentait, dans la IVe classe, six locomobiles sortant de ses ateliers de construction de la Chapelle Saint-Denis: deux d'entre elles réclamaient particulièrement l'attention.

L'une était de 3 chevaux nominaux de force (4 effectifs).

L'autre, de 12 chevaux (18 effectifs).

Dans la machine de 3 chevaux, tout le système n'est relié que par la chaudière sur laquelle il repose. La surface de chauffe de la chaudière est de 5 mètres; le diamètre du piston est de 0,12; sa course, de 0,20; sa vitesse, de 1,20 par seconde; et la consommation de combustible est de 4k par force de cheval et par heure. Enfin la tige de piston, au lieu d'agir sur un arbre coudé, conduit un plateau à manneton placé à l'une des extrémités de l'arbre du volant.

La locomobile de 12 chevaux est munie de deux volants; la bielle à fourchette agit sur un arbre coudé, au lieu d'agir, comme précédemment, sur le plateau à manneton. Le mécanisme tout entier, est porté par un bâtis fixé au-dessus de la chaudière. Telles sont les différences qui existent entre les deux systèmes de machines.

Les chaudières de M. Calla sont timbrées à 6 atmosphères et marchent à 5 effectifs. Celle de 12 chevaux consomme 2 kilos 50 de combustible par force de cheval et par heure.

Comme on le voit, les locomobiles-Calla diffèrent des autres moteurs de ce genre.

Le point de départ de l'habile constructeur a été la locomobile-Clayton telle qu'elle était en 1851. Il y a apporté des modifications importantes, et principalement :

Augmentation de pression ; augmentation de la surface de chauffe, qui est de 1ᵐ,40 à 1ᵐ,80 par cheval de force ; agrandissement des passages de vapeur ; enfin, il lui a appliqué la cheminée de Klein.

C'est avec ces dispositions que M. CALLA a entrepris, en grand, la construction des locomobiles. Le but à atteindre était un service simple, sûr et économique, joint aux conditions de légèreté et de facilité de déplacement, qui doivent être leur caractère spécial.

Il a choisi, à cet effet, le mode de construction le plus simple, dans lequel l'accès de toutes les parties de la machine, leur entretien et le graissage de toutes les pièces soient faciles, même en marche.

Ces dernières conditions ont été obtenues complétement ; car, sur le grand nombre de locomobiles fournies par M. CALLA depuis deux ans, et dont la force collective s'élève à plus de 1,000 chevaux de vapeur, il ne lui a été demandé, pour réparations d'usure et de rupture, que quelques coussinets de bronze et quelques tubes indicateurs de niveau en cristal.

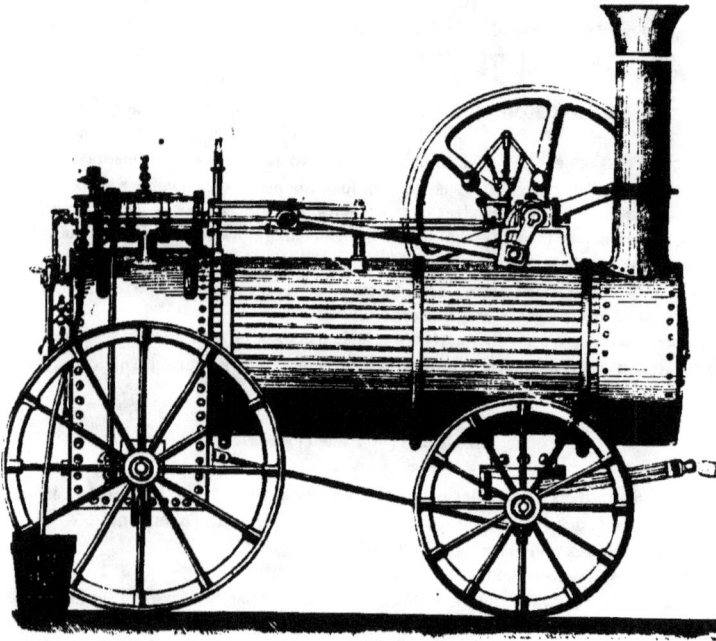

Machine à vapeur locomobile de M. Calla.

Ces locomobiles ont l'avantage de se prêter complétement aux changements dont la nécessité survient fréquemment dans l'industrie : par exemple, lorsque les développements d'une usine exigent l'emploi d'un moteur plus puissant, ou le déplacement de l'usine même. Cet avantage est particulièrement précieux pour les chefs d'industrie qui installent leur fabrication sur un terrain dont ils ne sont pas propriétaires. Ils peuvent, à l'expiration de leur bail, déplacer leur moteur, sans éprouver aucune des pertes qu'ils auraient à subir si ce moteur eût été une machine fixe. Une autre application bien remarquable est l'emploi de ces machines, pour venir en aide aux moteurs hydrauliques dans les temps de sécheresse ; plusieurs machines de M. F. CALLA ont rendu, ainsi adaptées, d'importants services ; d'autres sont tenues en réserve dans certaines usines pour remplacer momentanément les moteurs en réparation.

Comme exemple de la facilité qu'offrent pour leur déplacement les locomobiles de M. CALLA, le fait suivant peut être cité : une locomobile de 6 chevaux, faisant partie du matériel d'un de nos plus importants établissements de constructions navales, a été employée successivement, dans un délai de moins de vingt-quatre heures, dans trois ateliers différents situés à un ou deux kilomètres de distance l'un de l'autre : d'abord, dans une fonderie, pour donner le mouvement à la soufflerie; en second lieu, sur un quai, pour le service de pompes d'épuisement; puis enfin, pendant la nuit, dans un atelier de construction, pour un travail d'urgence.

Les divers modèles de machines locomobiles habituellement en cours de fabrication chez M. F. Calla sont de la force nominale de 3, 6, 9, 12 et 15 chevaux.

Leur force réelle est de 30 à 50 0/0 au-dessus de leur force nominale. Elles sont éprouvées et timbrées à six atmosphères par les ingénieurs des mines. Leurs générateurs sont tubulaires (à tubes de laiton), et leur surface de chauffe est considérable; ils sont protégés contre la déperdition du calorique par deux enveloppes superposées, un feutre de deux centimètres d'épaisseur et un revêtement en bois. Leur consommation en houille varie de 2 à 4 kilog. par cheval et par heure, suivant leur dimension, c'est-à-dire que dans les plus petites machines la consommation ne dépasse pas 4 kilog., et que la consommation des machines de 15 chevaux descend à 2 kilog. Les dispositions données à la grille et les proportions de la surface de chauffe permettent d'employer pour le chauffage, avec une égale facilité, la houille, le coke, le bois et même la tourbe. Leur consommation en eau est très-minime.

Le service des locomobiles de M. F. Calla est à la portée de tout ouvrier, tant soit peu soigneux. De plus, par une combinaison dont on doit lui savoir gré, M. Calla offre aux acquéreurs de ses machines une grande facilité pour l'instruction de leurs chauffeurs ou conducteurs. L'acheteur peut choisir, dans la population de sa propre localité, l'ouvrier qu'il veut charger de la conduite de sa machine, et l'envoyer passer huit ou quinze jours dans l'établissement de M. Calla, où des locomobiles de diverses forces sont constamment en activité. Cet ouvrier y fait un apprentissage réciproquement gratuit; il y conduit, alimente et entretient, nettoie lui-même et sous la direction d'ouvriers expérimentés une machine semblable à celle qu'il doit conduire plus tard. Les acquéreurs trouvent, dans cette combinaison, indépendamment des avantages qu'elle présente à première vue, celui de se trouver exempts des embarras de plusieurs sortes que donne l'emploi d'ouvriers étrangers aux localités.

Pour les services rendus à la grande industrie des machines par M. F. Calla , le Jury de la IVe classe lui a décerné UNE MÉDAILLE DE PREMIÈRE CLASSE.

MM. J. RENNIE ET FILS, a Londres (Royaume-Uni).

MM. Rennie avaient exposé une machine rotative à vapeur, de la force de 5 chevaux : nous allons sommairement en exposer le mécanisme.

Une zone sphérique sert d'enveloppe; les deux fonds sont deux portions de nappes coniques, entre lesquelles se trouve une sphère libre, ayant même centre que ces nappes. Cette sphère porte un disque qui se meut en tangence aux nappes; un bras de levier se trouve calé dans la sphère perpendiculairement au disque. Une cloison plane terminée à la zone, aux deux génératrices des nappes, et à la sphère libre, se trouve calée contre les parois de la zone.

La vapeur entre d'un côté de cette cloison et sort de l'autre; de cette manière, une face du disque se trouve pressée, et l'autre face comprimant la vapeur et la fait sortir par l'échappement. Ce mouvement a lieu continuellement, car le disque se trouve fendu pour ne pas heurter la cloison. On comprend alors que le bras de levier qui est calé à la sphère soit obligé de décrire un cône dont la base est la circonférence décrite par l'extrémité du bras.

A cette extrémité se trouve une manivelle, et le mouvement circulaire continu a lieu.

Une récompense eût été accordée à M. J. Rennie, s'il n'avait pas fait partie du Jury de la IVe classe, et par cela même, placé hors concours.

M. FLAUD, à Paris (France).

M. Flaud, déjà mentionné, exposait aussi une locomotive de la force de 6 chevaux, à laquelle est appliqué le système de grande vitesse adopté par lui pour les machines fixes; elle fonctionne à cinq atmosphères, et son volant fait 400 révolutions par minute.

Machine locomobile de M. Flaud.

On remarque, dans cette machine, un soin particulier apporté à la largeur des surfaces frottantes et le support sur une seule plaque de fondation de toutes ses parties. MÉDAILLE DE PREMIÈRE CLASSE.

M. BOUTIGNY, à Evreux, (France).

Ce savant physicien avait exposé une chaudière ayant pour objet l'application de l'eau à l'état sphéroïdal.

Cette chaudière, qui se rapproche des chaudières verticales, est remplie d'eau jusqu'à certaine partie de sa hauteur. L'eau d'alimentation est projetée par sa partie supérieure sur des diaphragmes percés de trous et maintenus, au-dessus du niveau, à une haute température. De cette manière, l'eau se dépouille de toutes les matières incrustantes.

La chaudière de M. Boutigny produit 123 kilogrammes de vapeur par 13 kilogrammes de combustibles à la pression de huit atmosphères, et chaque mètre carré de surface de chauffe produit par heure plus de 80 kilogrammes de vapeur. MÉDAILLE DE DEUXIÈME CLASSE.

M. H. FAUVEL aîné et Cⁱᵉ, à Paris (France).

Depuis que la vapeur est devenue le moteur universel, il se consomme une immense quantité de combustible. Son prix élevé et sa rareté relative ont fait rechercher les moyens de l'économiser.

L'Exposition universelle nous a montré des modifications très-ingénieuses apportées dans les appareils à vapeur. Nous en avons distingué une aussi remarquable par sa simplicité que par les résultats *obtenus* et *constatés*. M. Fauvel aîné, son auteur, en homme intelligent, a compris le parti que l'industrie pouvait tirer d'un système aussi facile à appliquer, et dont l'emploi n'entraîne à aucune dépense de modifications dans les fourneaux, il s'agit tout simplement de remplacer les barreaux ordinaires par la grille Roucout.

On conçoit immédiatement quels avantages résulte, pour les foyers de machines à vapeur, de l'emploi d'un système de grilles sur lesquelles ne s'attache pas le mâchefer ; et où, grâce à la forme des barreaux, les courants d'air sont constamment en activité.

Les barreaux sont indépendants les uns des autres ; la figure ci-dessous les représente complétement et permet de se rendre facilement compte du système.

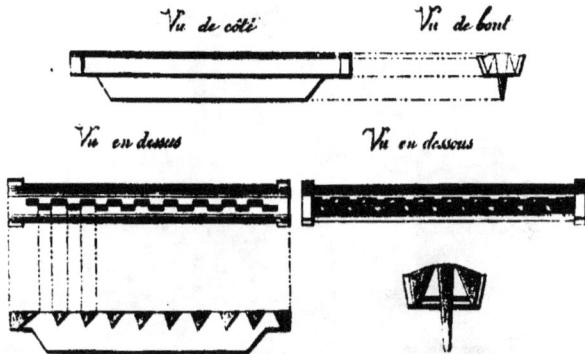

En jetant les yeux sur ce dessin, on voit que chaque barreau produit *un double courant d'air*, et que leur forme arrondie ne permet pas aux résidus d'obstruer les ouvertures.

Ce système de grilles a un grand nombre d'avantages. L'activité de la combustion y est à son maximum, ce qui permet d'obtenir rapidement une haute pression de vapeur, avantage considérable dans les usines, et cette activité permanente fait que la température très-élevée du foyer procure la combustion d'une partie des produits gazeux qui, dans les foyers ordinaires, s'en vont en fumée.

Les courants d'air, qui passent par la partie supérieure des barreaux, n'étant jamais interrompus, le nettoyage de la grille est rarement nécessaire, car les résidus qui s'introduisent entre les barreaux, ne rencontrant pas d'angle où ils puissent s'attacher, il suffit de dégager, de temps à autre et par le dessous du foyer, les intervalles qui séparent chaque barreau. Pour cela, il n'est pas nécessaire d'ouvrir le foyer, et d'exposer le chauffeur à son incandescence. Cette opération n'étant pas souvent nécessaire, la perte de matières non réduites en cendres est, pour ainsi dire, nulle.

Il résulte, de l'emploi de ce système de grilles, les avantages suivants :

1° Une combustion plus régulière ; 2° La diminution notable de la fumée ; 3° Économie de combustible ; 4° Pression de vapeur élevée, obtenue très-rapidement ; 5° Facilité dans le service du feu ;

Nous avons sous les yeux les attestations d'un grand nombre d'industriels, qui affirment unanimement que l'emploi des grilles à double courant d'air, système Roucout, procure les avantages énoncés précédemment avec une économie de combustible qui varie de 10 à 20 pour cent.

Les expériences constatent aussi que les grilles Roucout résistent mieux que les anciennes grilles à l'action du feu, ce qu'il faut attribuer à la non-adhérence du mâchefer. De plus, il y a économie de fonte, puisque les grilles Roucout pèsent un tiers de moins que les grilles ordinaires.

La construction des barreaux réunit toutes les conditions désirables de solidité, de durée et d'économie. M. Fauvel aîné a obtenu du jury UNE MENTION HONORABLE.

M. LE MARQUIS DE CALIGNY, à Versailles, Seine-et-Oise (France).

M. de Caligny exposait un appareil ayant pour but d'élever l'eau à des hauteurs médiocres à l'aide de petites chutes d'eau, dont la construction paraît assez simple pour pouvoir l'appliquer dans un grand nombre de circonstances, notamment en agriculture.

Cet appareil hydraulique, dont le dessin ci-dessous peut donner une idée, a cela de particulier qu'aucun choc apparent ne se produit dans son jeu; de plus, il rend 43 p. 100 du travail moteur dépensé: toutefois il présente un inconvénient qui résulte de la nécessité d'établir un parfait équilibre entre les

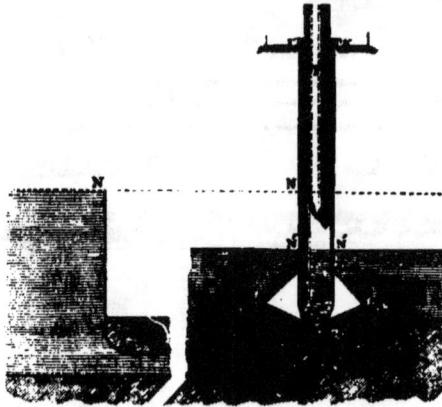

Machine hydraulique à tube oscillant de M. de Caligny.

parties mobiles et la pression plus ou moins grande exercée par le liquide; or, si cet équilibre vient à varier, le jeu de l'appareil de M. de Caligny s'arrête jusqu'à ce que certaines pièces aient été réglées.

Malgré ce léger défaut, les efforts et la persévérance dont M. Caligny a fait preuve pour perfectionner son mécanisme, lui ont valu UNE MÉDAILLE DE PREMIÈRE CLASSE.

M. CARL METZ, à Heidelberg (Duché de Bade).

Parmi les appareils d'une haute utilité publique, nous citerons ceux exposés par M. Carl Metz. Cet habile constructeur a, en effet, présenté une série de pompes à incendie, et tout ce qui est relatif au service des pompiers. Au premier rang indiquons une pompe qui peut être manœuvrée par quatorze hommes; ses dimensions lui permettent d'être placée sur un chariot; elle est composée de deux cylindres fermés, avec réservoir à air, et la tige, indépendamment de la course qu'elle exécute dans les cylindres, passe à travers une garniture dont l'objet exclusif est d'utiliser la course ascendante du piston pour fournir de l'air au pompier, dans le cas où ce dernier se trouverait placé au fond d'une cave.

Les pistons en cuivre ont très-peu de jeu dans le corps de pompe; aussi, la perfection du mécanisme et de l'exécution réagit-elle défavorablement sur la valeur pécuniaire de l'appareil, dont le prix est double de celui des pompes françaises analogues.

L'effet utile des pompes de M. Carl Metz est d'environ 54 p. 100, avec un jet de 15 millimètres. Aussi, dans les expériences comparatives qui ont été faites par la Commission impériale, les jets des pompes de M. Metz ont-ils eu une ascension de 35 à 36 mètres avec une lame de 16 millimètres de diamètre, tandis que les pompes des fabricants de Paris, quoique d'une bonne exécution, n'ont jamais pu donner des jets qui aient dépassé la hauteur de 30 mètres.

Les connaissances toutes spéciales que M. Metz a acquises dans la construction des pompes à incendie, les perfectionnements et les améliorations qu'il a apportés, avec plein succès, dans cette branche si utile de l'industrie, ont engagé son Gouvernement à lui remettre en main l'organisation du matériel et du personnel du service des pompiers. Soixante-cinq localités du Grand-duché jouissent déjà des bienfaits de cette belle institution, et le Jury, appréciant les immenses services que M. Carl Metz a rendus à la société, s'est associé à la reconnaissance générale en lui décernant une médaille d'honneur.

M. LETESTU, a Paris (France).

L'exposition de M. Letestu a soutenu la réputation de ce constructeur ; c'est d'ailleurs lui qui avait été choisi entre tous pour puiser dans la Seine, avec ses pompes, et pour élever à 15 mètres de hauteur soixante-douze mètres cubes d'eau par heure, employés journellement dans l'Annexe à l'alimentation des machines à vapeur et autres usages du Palais de l'Industrie.

M. Letestu a exposé des pompes d'épuisement portatives à l'usage des grands travaux d'art, des pompes à incendie de toute espèce, et un récipient multiplicateur au moyen duquel il réunit en un seul jet le produit de cinq pompes à incendie ordinaires, qui donnent ainsi un volume de 12 à 1,500 litres d'eau par minute, lancés à 50 mètres de distance.

M. Letestu, enfin, fournit depuis 1844 la marine impériale, les Ponts et Chaussées, le génie militaire, etc. Ses pompes sont sans cesse employées par les gens les plus compétents ; et les sont toujours d'une simplicité remarquable et d'une exécution qui ne laisse rien à désirer.

Pour ces motifs sans doute le Jury lui a décerné une médaille de première classe.

M. PERRY, a Montréal, Canada (Colonies anglaises).

La pompe à incendie envoyée à l'Exposition universelle par M. Perry était construite dans d'excellentes données ; l'inclinaison de ses cylindres, qui assure plus facilement le mouvement rectiligne de la tige des pistons a encore l'avantage de permettre de faire aisément la visite des clapets. Bien proportionnée dans toutes ses parties, la pompe de M. Perry est munie d'une boîte à air qui sert à régulariser l'action de l'aspiration.

Le Jury lui a accordé une médaille de première classe.

M. FOUCHÉ, a Paris (France).

Les travaux de reproduction par la chromolithographie et la photographie, exécutés par l'habile pinceau de M. Fouché, méritent, à tous égards, les plus grands éloges. C'est à lui qu'on devait tous les dessins de l'usine du Creuzot, celui de l'appareil Liebsmann pour l'extraction du jus de betterave, de plusieurs locomotives, etc., etc. M. Fouché s'est beaucoup occupé d'études industrielles, et son expérience justement reconnue, lui a mérité, de la part du Jury, une médaille de deuxième classe.

M. TRONQUOY (A.), a Paris (France).

M. Tronquoy est peut-être, à l'heure qu'il est, un des plus habiles dessinateurs de machines que nous possédions en France ; il est à regretter que l'Exposition n'ait point été plus particulièrement gratifiée de ses beaux travaux.

Nous n'avons pu admirer que deux anciens dessins, exécutés pour l'École des Ponts et Chaussées. Mais aucune œuvre spéciale, n'ayant été faite par lui pour l'Exposition, le Jury n'a pu attirer sur lui l'attention du public qu'en lui décernant une mention honorable.

IVᵉ CLASSE. — MÉCANIQUE GÉNÉRALE APPLIQUÉE A L'INDUSTRIE

RÉCOMPENSES DÉCERNÉES PAR LE JURY INTERNATIONAL.

(EXTRAIT DU *Moniteur* DU 8 DÉCEMBRE 1855.)

GRANDES MÉDAILLES D'HONNEUR.

Compagnie de la factorerie de Motala (Ostrogothie). Suède.
Farcot (M.-J.-D.). Port Saint-Ouen, près Paris. France.

MÉDAILLES D'HONNEUR.

Bourdon (...), Paris. France.
Fontaine-Baron, Chartres. Id.
Fourneyron, Paris. Id.
Gâche aîné, Nantes. Id.
Metz (C.), Heidelberg. Grand-duché de Bade.
Todd et Mac-Gregor, Glasgow. Royaume-Uni.

MÉDAILLES DE 1ʳᵉ CLASSE.

Armengaud aîné (J.-E.), Paris. France.
Béranger et Cᵉ, Lyon. Id.
Boyer (P.), Lille. Id.
Caligny (An.-Fr., marquis de), Versailles. Id.
Calla (Ch.-Fr.). Paris. Id.
Charbonnier, Bourguignon et Cᵉ, Paris. Id.
Clair (P.), Paris. Id.
Détourbet et Broquin, Paris. Id.
Durenne fils, Paris. Id.
Easton et Amos, Londres. Royaume-Uni.
Écoles impériales d'arts-et-métiers, France.
Farineaux (Is.), Lille. Id.
Flaud (H.), Paris. Id.
Fronchet, Paris. Id.
Lacolonge (L.-Ord. de), Saint-Médard (Gironde) Id.
Larivière (Is.), Paris. Id.
Lecointe (J.), Saint-Quentin (Aisne). Id.
Le Gavrian (Am.), Lille. Id.
Letestu (J.-M.), Paris. Id.
Lloyd (G.), Londres. Royaume-Uni.
Molinos et Pronnier, Paris. France.
Nepveu et Cᵉ, Paris. Id.
Perry (G.), Montréal. Canada.
Pinard frères, Marquise (Pas-de-Calais). France.
Rouffet aîné (Ach.), Paris. Id.
Seaward et Capel, Londres. Royaume-Uni.
Schmid (H.-D.), Vienne. Autriche.
Siemens (Ch.-W.), Londres. Royaume-Uni.
Simon fils (F.), Saint-Dié (Vosges). France.
Tenbrinck et Dickoff, Bar-le-Duc (Meuse). Id.
Townsley et Read. États-Unis.
Tresel (Ant.), Saint-Quentin (Aisne). France.

MÉDAILLES DE 2ᵉ CLASSE.

Anceaux (E.), Saint-Masme (Marne). France.
Andral (J.) et Courbebaisse (Alph.), Cahors. Id.
Barbier et Daubrée, Clermont-Ferrand. Id.
Béchu fils (E.-A.-Alf.), Paris. Id.
Beduwé (J.), Aix-la-Chapelle. Prusse.
Bentall (E.-H.), Heybridge-Maldon. Royaume-Uni.
Boünder (J. et G.-G.), Stockholm. Suède.
Bourdin (Ath.-El.), Paris. Id.
Boutigny (J.-H.), la Villette. Id.
Branche aîné, Angers. Id.
Carrett, Marshall et Cᵉ, Leeds (York). Royaume-Uni.
Casalis (M.-G.-M.), Saint-Quentin (Aisne). France.
Chaussenot aîné, Paris. Id.
Chemin (P.-Ch.), Paris. Id.
Clavières, Paris. Id.
Cousin frères, Bordeaux. Id.
Duser (J.-L.), Stuttgard. Wurtemberg.
David (L.-Fr.-Fr.), le Havre. France.
Delpech (N.), Castres. Id.
Desbordes père, Paris. Id.
Eloy (L.-J.), Paris. Id.
Enfer (Ed.), Paris. Id.
Faure et Cᵉ, Paris. Id.
Fenbach. Prusse.
Feïx, Marseille. France.
Fouché (J.), Paris. Id.
Galy-Cazalat (A.), Paris. Id.
Gandillot aîné et Cᵉ, Paris. Id.
Garat (P.-L.), Caen (Calvados). Id.
Gay et Bourdois, Paris. Id.
Glover (T.), Londres. Royaume-Uni.
Gray (Th.-Wood), Londres. Id.
Herdevin (J.-M.), Paris. France.
Japy frères, Beaucourt (Haut-Rhin). Id.
Javal (Ern.), Paris. Id.
Leblanc (Ad.-C.), Paris. Id.
Leclerc (H.), Paris. Id.
Lecouteux (H.), Paris. Id.
Lothuillier-Pinel, Rouen. Id.
Lheureux (P.-Ul.), Rouen. Id.
Mariolle-Pinguet (D.-Ch.), Saint-Quentin. Id.
Merryweather (Moses), Londres. Royaume-Uni.
Mesnier et Chenneval, Pontoise (Seine-et-Oise). France.
Moisson (Fr.-Th.), Mouy (Oise). Id.
Moret (Cl.), Paris. Id.

Moussard (N.), Paris. Id.
Muel-Wahl et Cᵉ, Tusey, (Meuse). Id.
Nillus (Is.), le Havre. Id.
Perreaux (L.-G.), Paris. Id.
Perrin (J.-Fr.-Xav.), Chaprois (Doubs). Id.
Pfitzenreiter et Cᵉ, Berlin. Prusse.
Pintus (J.) et Cᵉ, Brandebourg. Id.
Platt et Schiele, Oldham. Royaume-Uni.
Pommereau et Cᵉ, Paris. France.
Pouplier (Ars.) et frères, Paris. Id.
Powell (Th.), Rouen. Id.
Prideaux (Th.-S), Londres. Royaume-Uni.
Revollier jeune et Cᵉ, Saint-Étienne (Loire). France.
Roy et Laurent, Dijon (Côte-d'Or). Id.
Russell (J.) et Cᵉ, Londres. Royaume-Uni.
Sagnier (L.) et Cᵉ, Montpellier (Hérault) France.
Schaffen et Budenberg. Magdebourg. Prusse.
Scott (Th.), Rouen. France.
Siry-Lizars et Cᵉ. Paris. Id.
Société anonyme l'Atlas, Amsterdam. Pays-Bas.
Stoltz père (J.-G.), Paris. France.
Thornton (J.) et fils, Birmingham. Royaume-Uni.
Tylor (J.) et fils, Londres. Id.
Ulhorn (G.), Grevenbroisch près Dusseldorf. Prusse.
Vauthier et Gibour, Dijon (Côte-d'Or), France.
Voruz aîné, Nantes. Id.
Walker (T.), Birmingham. Royaume-Uni.
Wethered et frères, Baltimore (Maryland). États-Unis.

MENTIONS HONORABLES

Armengaud jeune (C.), Paris. France.
Arnould (G.). Mons. Belgique.
Bely et Chevalier, Lyon. France.
Bergite (C. de), Londres. Royaume-Uni.
Bertrand (P.-P.), Paris. France.
Béziat (J.-C.-M.), Paris. Id.
Black (G.) et Bruneau (F.), Cambrai (Nord). Id.
Boisse (A.) Carmaux (Tarn). Id.
Bouvet fils. France.
Burel (E.). Rouen. Id.
Cadet et Cᵉ, Paris. Id.
Chaufour (M.-J.-A.), la Chapelle-Saint-Denis. Id.
Chéron (L.-A.), Paris. Id.
Cochin (F), Paris, Id.
Coffey (J.-A.), Londres. Royaume-Uni.
Colladon (D.), Genève. Suisse.
Coquatrix (J.-B.), les Batignolles. France.
Corbat (Reginald J.), Londres. Royaume-Uni.
Danguy D.). Paris. France.
Dauriac, Toulouse. Id.
De Géronière. France.
Delaforge (Et.-Ch.), Paris. Id.
Delperdange (V.), Bruxelles. Belgique.
Delpy (P.), Toulouse. France.
Denizot (J.-B.), Nevers. Id.
Desbordes fils. Paris. Id.
Dubray (J.-Al.), Pont-Sainte-Maxence (Oise). Id.
Dray et Cᵉ (W.), Londres. Royaume-Uni.
Fauvel (H. et Cᵉ, Paris. France.
Flageollet (J.-B.), Vagney (Vosges). Id.
Garast et Lund (ministère de l'intérieur), Copenhague. Danemark.
Grenet (Arm.-And.), Barbezieux (Charente). France.
Guillaume (V.), Paris. Id.

Hanson et Chaddwick (E.), Salford. Royaume-Uni.
Héchard (Al.), Paris. France.
Hubaine (A.), Beauvais. Id.
Isoard (M.-Fr.) et Cᵉ, Paris. Id.
Jobard (J.-B.-A.-M.), Bruxelles. Belgique.
Journeux (J.-M.), Paris. France.
Kestemont (J.-B.), Bruxelles. Belgique.
Laforest et Boudeville, Reims. France.
Lambert (Th.) et fils. Londres. Royaume-Uni.
Légal (J.-V.), Dieppe. France.
Legentil Parent (A.-Ant.-J.), Arras. Id.
Lemoine (L.), Québec. Canada.
Legris, Choisy et Lignon, Paris. France.
Louis (Ch.), Paris. Id.
Mahut (Cl.), Paris. Id.
Malbec (J.-El.), Paris. Id.
Maldant et Cᵉ, Bordeaux. Id.
Martin (Al.-L.), Paris. Id.
Menard (P.), Vitry-en-Perthois. Id.
Métivier (Amb.-Th.), Gentilly. Id.
Micouin (J.-Ch.), Paris. Id.
Muller (F.), Barcelone. Espagne.
Naudin (L.-S.), Rouen. France.
Neumann et Esser, Aix-la-Chapelle. Prusse.
Paddon et Fort, Londres. Royaume-Uni.
Pascal (J.-B.) et Cᵉ, Lyon. France.
Petit (A.-H.), Paris. Id.
Piatti (T.), Turin. États sardes.
Renaud et Bailly, Morez. France.
Robert, Paris. Id.
Schiele (Chr.), Oldham. Royaume-Uni.
Scholefield et Cᵉ, Paris. France.
Sigl (G.), Berlin. Prusse.
Texier (J.-M.), Vitré. France.
Tronquoy (Ant.), Paris. Id.
Vergenne scale manufacturing Company, Vergennes. États-Unis.
Ziegler (J.), Dunkerque. France.

COOPÉRATEURS,
CONTRE-MAITRES ET OUVRIERS.
MÉDAILLES DE 1ʳᵉ CLASSE.

Bourdon (F.), ingénieur des usines Taylor, Marseille. France.
Girard, ingénieur, Paris. Id.

MÉDAILLES DE 2ᵉ CLASSE.

Bougarel, garde-mines, Paris. France.
Dupuch (G.), chef des ateliers du rachevage de MM. Detourbet et Broquin, Paris. Id.
Magalhaes, contre-maître de M. Damasio, Porto. Portugal.
Martinsen (Th.), contre-maître de M. Schmid, Vienne. Autriche.
Sauvage, rue du Ranelagh, Passy. France.

MENTIONS HONORABLES.

Brocchi, directeur des ateliers de MM. Nepveu et Cᵉ, Paris. France.
Becker (H.-G.), contre-maître chez M. Schmid, Vienne. Autriche.
Detourbet neveu, chef des fonderies chez MM. Detourbet et Broquin, Paris. France.
Reiff (Ph.), contre-maître chez M. Schmid, Vienne. Autriche.

EXPOSITION UNIVERSELLE

PRODUITS DE L'INDUSTRIE

CINQUIÈME CLASSE

MÉCANIQUE SPÉCIALE ET MATÉRIEL DES CHEMINS DE FER ET DES AUTRES MODES DE TRANSPORT.

De toutes les questions qui se rattachent à la grande mécanique, il n'en est pas une qui ait fait, de notre temps, des progrès plus considérables que celle des moyens de transport. La machine à vapeur circulant sur la voie de fer a changé tous les systèmes en usage depuis des siècles; et l'on peut dire que l'homme est, de ce côté-là, en possession du plus habile et du plus puissant des auxiliaires. Si l'avenir lui réserve quelque conquête dans l'art de mouvoir horizontalement la matière, ce ne pourra être que dans les détails même de cet art.

Aussi n'y a-t-il aucune industrie qui ait pris un développement comparable à celui de l'industrie des chemins de fer, et n'y a-t-il aucune invention qui, par des services plus multipliés et d'un ordre supérieur, ait obtenu plus vite la popularité. Tout le monde s'intéresse aux travaux qui ont pour but ou pour effet le perfectionnement du transport par les voies ferrées; mais chacun ne se rend pas compte des difficultés de toute nature qu'il a fallu vaincre et des gigantesques proportions de la plus petite réforme en pareille industrie.

Il n'y a pas longtemps que l'un des plus hardis de nos publicistes et assurément l'un des esprits les plus lumineux de notre époque, M. P.-J. Proudhon, a attiré l'attention du public sur les problèmes de la mécanique des chemins de fer. Lorsqu'il s'est occupé de traiter par des chiffres le principe de la diminution du poids mort au profit du poids utile, il a fait comprendre à tous l'importance de ces questions. Qu'il y ait demain un homme, ingénieur ou non, pour changer heureusement quoi que ce soit dans l'un des détails du matériel, pour trouver la manière la plus économique d'asseoir un rail sur le sol, pour inventer le frein le plus énergique et le plus sûr, pour déterminer les lois les plus exactement vraies de la construction des appareils propulseurs : non-seulement cet homme aura multiplié les chances de sécurité qui font la garantie la plus précieuse de ces hardis voyages, mais encore il aura créé, par quelque réforme en apparence modeste, le moyen de réaliser, dans l'exploitation du chemin, de larges économies; il aura donné, par là, au commerce, des facilités nouvelles, et toutes ces diminutions de dépenses générales, ces accroissements du *pouvoir véhiculaire*, cette accélération de la vitesse se résumeront rapidement, pour les particuliers et pour l'État, en un ensemble prodigieux de profits et d'avantages. C'est là que le moindre effort, s'il est heureux, devient tout de suite un service public et un élément de fortune privée.

La cinquième Classe se divise naturellement en deux sections principales : le transport par chemin de fer et le transport par les autres voies. Et de ces deux sections, la première peut encore se subdiviser en deux parties : 1° les machines locomotives, qui sont le principal engin du transport par la voie de fer; 2° le matériel des voies ferrées.

La section des transports ordinaires renferme le matériel des transports à bras, à dos, sur la tête, la bourrellerie, la sellerie, le charronnage, la carrosserie et divers autres détails. On a pu remarquer que le système de classification préparé pour l'organisation de l'Exposition universelle n'était pas tout à fait complet et que quelques articles y avaient été omis. C'est ainsi que, dans la section du matériel des chemins de fer, on doit classer un certain nombre d'objets qui ont été exposés sans être inscrits scientifiquement.

Nous avons donc à nous occuper successivement des machines locomotives, du matériel des chemins de fer et des divers appareils employés dans les transports ordinaires.

Dans l'introduction à la quatrième Classe, nous avons parlé, en général, de la machine à vapeur. On n'ignore pas que la machine à vapeur locomotive est un appareil d'un genre tout particulier. C'est une machine, adhérente à la chaudière génératrice de la vapeur d'eau, et portée sur un train de roues, qui, en même temps qu'il la soutient, doit jouer le rôle actif de propulseur. Il y a là trois éléments que la science a eu à étudier avec le plus grand soin.

La chaudière doit, dans le temps le plus court, produire avec le moins de dépense possible la plus grande quantité de vapeur. A voir ces locomotives, d'un si joli dessin et d'une allure si élégante, l'*Etna*, *Paris*, *la Vendée*, *la Sirène*, *Bucéphale*, qui s'élancent, fringantes comme un coursier de race, et traînent derrière elles la population d'une cité, on oublie les complications de cet appareil agile, on ne voit plus quelles nombreuses machines cette machine renferme dans ses flancs. Voici la chaudière; ouvrez-la : vous y voyez le foyer intérieur, les tubes conducteurs de l'air chaud; la boîte à fumée qui reçoit les gaz produits dans la combustion, la cheminée qui les rejette dans l'air, le vase où est renfermée l'eau, et aussi la vapeur, la prise de vapeur, le régulateur, la soupape de sûreté, le tube de niveau d'eau, le robinet d'épreuve, le sifflet d'alarme, le manomètre, le trou d'homme, les robinets réchauffeurs, les robinets de vidange, les pompes alimentaires, le cendrier. Ce n'est pas encore tout : derrière, il y a le tender, la provision de houille.

Mais nous n'avons là qu'une chaudière mobile et que de la vapeur produite; comment cette vapeur donnera-t-elle le mouvement? Comment la chaudière deviendra-t-elle ce courrier rapide qui précède et entraîne les convois ? Tout un mécanisme, simple, délicat et puissant, est chargé de cette traduction de la force inerte en une force active. Ce sont des cylindres latéralement placés en dehors et sur l'avant de la chaudière, dans lesquels se meuvent les pistons munis de leur tige qui traverse le fond du cylindre en passant à travers un presse-étoupe destiné à fermer toute issue à la vapeur. La tige est terminée par une crosse, bloc de métal carré, qui, sous forme de deux semelles, glisse sur deux pièces de métal et règle le mouvement de va-et-vient de la tige du piston. Cette crosse, mise en rapport avec la bielle motrice, transmet le mouvement du piston aux roues, après l'avoir transformé de mouvement rectiligne en un mouvement circulaire continu.

Tout cela se dit bien vite; mais quelle construction difficile, lorsqu'il s'agit d'une machine qui doit, en traversant l'espace, n'occuper qu'un lieu très-limité de l'espace !

C'est justement dans cette partie de la locomotive, que la science a eu de bonne heure des miracles à faire. A la rigueur, il a été facile d'imaginer la meilleure chaudière, mais il ne l'a pas été de créer, autour de cette chaudière, les organes de la transmission et de la transformation du mouvement qui doit être à la fois si impétueux et si robuste.

Dès 1769, l'ingénieur français Cugnot construisait une voiture à vapeur destinée à marcher sur les routes ordinaires. En effet, cette voiture marcha avec une vitesse d'environ 4 kilomètres à l'heure; mais elle ne put marcher longtemps, parce que la chaudière n'était pas capable de fournir assez de vapeur pour la consommation de la machine. En effet, une chaudière ne peut fournir une quantité donnée de vapeur dans un temps donné qu'à la condition que la surface de chauffe soit assez grande pour la production nécessaire. On peut sans peine agrandir la surface de chauffe, lorsque la chaudière est fixe ; mais dès qu'il faut que cette chaudière soit mobile, dès qu'elle doit rouler sur les rails en tête du convoi qui attend et suivra la vapeur, le problème devient difficile. De longs efforts ont été nécessaires; et ce n'est qu'en 1828 que M. Seguin a résolu ce problème. Il l'a résolu en distribuant la flamme dans un grand nombre de tubes placés latéralement et horizontalement dans la chaudière. Ces tubes, entourés d'eau de tous côtés, présentent une surface de chauffe considérable.

Au-dessus du foyer est le réservoir de la vapeur qui est conduite par un tuyau dans la partie antérieure de la locomotive où elle vient agir sur les pistons contenus dans les cylindres, puis s'échapper vers la base de la cheminée en activant le tirage.

Si nous avions mission d'entrer ici dans tous les détails de la construction des locomotives, il nous faudrait longuement parler du train des roues, de cet appareil qui doit être à la fois support de la machine et véhicule, et qui exige de si habiles dispositions.

Assurément, les lois de la mécanique sont simples et s'entendent facilement; il n'en est pas moins vrai que, à l'heure qu'il est, toutes les parties de la locomotive ne sont pas construites partout de la même manière, et qu'il y a même des questions de principe au sujet desquelles les ingénieurs ne sont pas d'accord. Par exemple, il a fallu les enseignements de l'expérience et l'heureuse fabrication des essieux coudés pour ramener les constructeurs à l'adoption des cylindres intérieurement placés dans le châssis ou bâti qui forme la carcasse du train des roues. Il reste encore à décider si l'Angleterre fait bien de préférer à toutes les autres la locomotive légère, ou s'il faut, avec la France, et surtout avec l'Allemagne, donner aux locomotives un poids considérable en le répartissant sur un grand nombre de paires de roues.

Généralement, c'est ce second parti qui semble l'emporter en Europe. La locomotive Engerth est celle qui a poussé le plus loin l'application de ce système.

La locomotive Engerth a excité au plus haut degré l'attention des visiteurs de l'Exposition universelle ; elle a été imaginée pour triompher des difficultés du fameux chemin de fer du Sœmmering en Autriche.

C'est en allant de Vienne à **Trieste**, que l'on rencontre cette voie merveilleuse. Étudié de 1841 à 1848 par M. Carlo di Chega, ce chemin de fer fut commencé en 1848 et inauguré en 1854. Ce chemin de fer franchit hardiment les Alpes, entre la vallée de la Leitha, dans les Alpes Noriques, et la vallée de la Mühr. La ligne partant de Goggnitz se déploie sur les deux versants de la vallée de Reichenau, en franchissant la Schwarza sur un viaduc, gravit le Gotschakogel, se développe dans les vallées de l'Allitzgraben, franchit le Sœmmering dans un souterrain et descend à Mürzzuschlag par la vallée de Frœschitzbach. Partout la voie est double. Les stations intermédiaires sont au nombre de 6, les maisons des cantonniers au nombre de 57. Le maximum des pentes est de 25 millimètres par mètre (et ce maximum est atteint fort souvent) et le minimum du rayon des courbes est de 189 mètres. Sur le versant nord, les rampes offrent une moyenne de 0,016 millimètres par mètre ; sur le versant sud, la moyenne est de 0,0179. Les courbes ont une longueur totale de 20,413 mètres 64, et la longueur des alignements droits n'est que de 20,015 mètres 613. Enfin, on compte 15 souterrains ayant une longueur totale de 3,275 mètres 234, (le plus long étant de 1,428 mètres 475), et 16 viaducs dont la hauteur varie entre 11 mètres 64 et 45 mètres 678.

La locomotive Engerth, qui est née sur ce chemin de fer, a pour principe le report sur les roues du tender d'une partie du poids de la machine, afin qu'on obtienne, par cette solidarité de la chaudière et du tender, une adhérence plus grande sans surcharge de poids, en un même point, pour la voie qui supporte la machine.

M. Guillaume Engerth est conseiller technique à la direction générale des chemins de fer de l'État à Vienne. Son système se compose de deux éléments :

1° Il établit un châssis brisé qui permet de porter les roues motrices vers l'avant de la machine, pour faciliter leur passage dans les courbes de petit rayon et dans les changements de voie, et de placer sur un châssis indépendant le foyer auquel on peut dès lors attribuer les dimensions nécessaires à une grande chaudière.

2° Il emploie un système d'engrenages qui réunit le train des roues du châssis mobile avec le train des roues motrices. C'est justement ce qui donne à la locomotive sa qualité particulière, en lui permettant de faire concourir son poids total à l'adhérence, sans qu'elle perde la propriété de circuler facilement sur des courbes de petit rayon.

Cette locomotive, lancée sur les flancs tortueux des Alpes, s'y attache fortement, s'y cambre, et, pour la première fois, au travers des montagnes neigeuses, entre les torrents et les avalanches, le bruit de la machine a réveillé et troublé les échos séculaires.

En toute saison, les machines du Sœmmering remorquent, avec une vitesse de 20 kilomètres à l'heure, une charge brute de 200 tonnes. On a cru voir dans l'emploi d'un
système d'engrenages une cause de dépenses et de périls considérables; il n'en est rien.
Lorsqu'on y aura substitué la fonte moulée en coquille à l'acier fondu, nulle critique ne
pourra s'élever contre la machine Engerth.

Le tableau intéressant qui suit contient les chiffres des commandes de machines Engerth
effectuées en moins de deux ans par les diverses Compagnies de l'Europe.

Autriche.	Chemin de l'État...	133 machines.
	Compagnie du chemin de Kralup à Buschtiérad...........................	4
	Compagnie des bateaux du Danube (pour le chemin de Mohacz à Funfkirchen).	2
	Société autrichienne des chemins de l'État...............................	65
	Compagnie du chemin de Lintz à Gmunden................................	46
	Compagnie du chemin de Neustadt (pour les matériaux)....................	3
Prusse.	Compagnie du chemin de Silésie..	2
Suisse.	Compagnie du chemin central...	52
	Compagnie du chemin de Rohrsbach.......................................	12
France.	Compagnie du chemin du Nord..	66
	— du Midi..	12
	— de l'Est..	25
	— de Paris à Lyon....................................	1
	— de Saint-Rambert à Grenoble.......................	6

Commandes facultatives.

	Compagnie du chemin du Midi..	24
	— de Paris à Lyon....................................	15
	— de Saint-Rambert..................................	6

La Compagnie du chemin de fer du Nord a demandé, comme on le voit, un grand
nombre de locomotives construites d'après le principe de M. Guillaume Engerth. Cette
demande répond aux exigences d'une tâche qu'elle s'est imposée.

Ici revient la thèse du publiciste dont nous citions le nom dès les premières lignes de
cette introduction : en même temps qu'elle triomphe seule des difficultés d'une voie
comme celle de Sœmmering, la locomotive Engerth permet d'augmenter la charge utile
des convois. On a longtemps regardé comme réglementaire la charge de 133 tonnes
par machine; mais les besoins sans cesse grandissants de l'industrie et du commerce, les
demandes multipliées de marchandises et les plaintes élevées contre la cherté du transport, ont amené la science mécanique à de nouveaux efforts. Peu à peu on a élevé le
maximum de la charge, de 133 à 210 tonnes, puis de 210 tonnes à 310. Un nouveau type
de machines est créé pour remorquer une charge utile de 450 tonnes. La machine Engerth
a rendu le progrès facile. En France, la Compagnie du chemin de fer du Nord aura, dans
ce perfectionnement, comme en beaucoup d'autres, pris une vigoureuse initiative.

On a remarqué à l'Exposition une machine construite dans les établissements du Creusot
pour le chemin de Lyon, d'après les idées nouvelles. Voici les dimensions d'une machine
du même genre perfectionnée par M. Schneider. Il est intéressant de les étudier, et l'on

peut les considérer comme les éléments d'une construction digne de servir de modèle.

Diamètre des cylindres..	0 mét.	480
Course des pistons..	0	640
Diamètre des roues motrices......................................	1	300
Écartement des essieux extrêmes sous la machine..................	2	780
— sous le tender.....................	4	000
Distance du premier essieu de la machine au dernier essieu du tender...	8	070
Charge sur les essieux moteurs : 1° Avant.......................	12 tonnes	000
2° Milieu........................	12	000
3° Arrière.......................	12	000
Charge totale pour l'adhérence...................................	36	000
Charge totale sur les essieux du tender..........................	26	400
Poids total de la machine en service.............................	62	400
Nombre des tubes...		203
Longueur...	4 mét.	750
Diamètre extérieur...	0	055
Surface de chauffe 1° des tubes..................................	451 mét. c.	380
— 2° du foyer................................	9	750
— 3° totale..................................	461	130
Capacité du tender : 1° Eau......................................	6800 litres.	
2° Coke....................................	4500 kilogr.	
Tension absolue de la vapeur.....................................	8 atmosphères.	

Joignez à ces détails techniques de la construction toutes les précautions de la science pour empêcher les accidents, et les soins du dessinateur pour donner à l'appareil une forme élégante et une sorte de vie artistique.

La machine à marchandises *le Duc de Brabant* (système Engerth), construite à Seraing; la machine à marchandises de M. Polonceau, construite dans les ateliers de la Compagnie d'Orléans à la gare d'Ivry, machine commandée le 9 janvier 1855 et terminée le 10 avril, qui, en service ordinaire, peut traîner un train de 45 wagons, chargés de 6,000 kilogrammes; *la Gironde*, machine mixte de MM. E. Gouin et Cⁱᵉ; *la Ville de Genève*, machine mixte, de M. André Koechlin; *l'Aigle*, machine à grande vitesse, système Blavier et Larpent, de MM. Gouin et Cⁱᵉ; *Perrache*, machine à voyageurs, de MM. Cail et Cⁱᵉ; celle de M. Zaman-Sabatier et Cⁱᵉ, de Bruxelles; celle de M. Borsig, de Berlin; la machine à grande vitesse, système Crampton, de M. Em. Kessler; *Emperor*, machine à voyageurs de M. Stephenson : toutes ces machines mériteraient un long examen. C'est en les comparant les unes aux autres, que l'on peut se former l'idée de l'appareil parfait.

La machine Polonceau permet l'abord facile de toutes les pièces du mécanisme, pour la visite, le nettoyage et l'entretien. Ce premier avantage est très-précieux. Le constructeur y a cherché l'augmentation des surfaces de frottement et il l'a obtenue, ce qui entraîne une diminution d'usure; enfin on remarque dans sa locomotive l'abaissement du centre de gravité de la chaudière et l'allongement de la cheminée. Sa machine, en repos, pèse 26,585 kilos; chargée d'eau et de coke, elle pèse 30,950 kilos.

. Le *Duc de Brabant*, avant de figurer à l'Exposition, avait franchi en 1 heure 5 minutes, et, au retour, en 1 heure 2 minutes, une distance de 28 kilomètres, remorquant 46 wagons chargés de 669,040 kilogrammes de coke et de houille. La chaudière, établie pour une production abondante de vapeur, contient 2,351 tubes de 5 mètres de longueur et d'un diamètre de 0ᵐ 05. Le foyer est muni de la grille fumivore de M. Chobrzenski, qui a rendu de si grands services en permettant l'emploi de la houille crue.

Nous avons dit quels sont les avantages des locomotives nouvelles; nous devons dire aussi que ceux qui les repoussent, affirment que les besoins réels du commerce ne réclament pas ces puissants véhicules; qu'il y a donc un excès de force dépensée; qu'en tout cas, ces machines sont coûteuses à établir et à entretenir; qu'elles réclament, dans les gares, des plaques tournantes spéciales et tout un matériel qui leur soit propre, et qu'enfin elles fatiguent considérablement nos voies trop faibles.

La tendance des Compagnies ne paraît pas les mener à goûter ces raisons; elles semblent vouloir, s'il le faut, garder leurs nouvelles machines et renforcer les chemins.

L'Angleterre, au lieu d'adopter les nouveaux principes, manifeste de plus en plus le désir de se contenter des machines légères qui exercent leur pouvoir dans la manifestation de la rapidité plutôt que dans les difficultés de la traction énergique. Les noms de MM. Crampton et Stephenson que nous avons vus reparaître à l'Exposition universelle de Paris, parlent assez par eux-mêmes. En 1849 et en 1850, M. Crampton, voyant qu'on ne pouvait arriver à l'accroissement de la rapidité qu'en augmentant le diamètre des roues motrices, imagina de placer ses roues à l'arrière de la chaudière. De là une construction toute nouvelle, dont la locomotive exposée par M. Em. Kessler indiquait tous les avantages, en même temps qu'elle montrait l'un des moyens employés pour éviter un des inconvénients du système, qui est de trop relever le centre de gravité général. Ce défaut disparaît, si on place la caisse à eau au-dessous de la chaudière. Quant à M. Stephenson, il est resté attaché entièrement à ses idées. Dans sa machine à voyageurs, les cylindres et le mouvement sont placés à l'intérieur, et les roues motrices au milieu. On reproche à son système de donner lieu à un coûteux et difficile entretien; mais la vitesse de la marche y est remarquable. La Compagnie du chemin de fer de Rouen, qui dans les premiers temps était regardée comme une école de mécanique appliquée à la locomotion sur les voies de fer, n'a pas cru jusqu'à présent devoir renoncer à ses traditions, et il faut reconnaître qu'elle ne s'est pas montrée inférieure aux nécessités de son service.

L'avenir, c'est-à-dire l'expérience, décidera entre les systèmes; mais, sans rien mettre d'exagéré dans nos présomptions, nous pensons qu'il ne condamnera point les utiles perfectionnements qui datent de ces dernières années; et, s'il faut accommoder les voies aux dispositions qu'ils ont amenées, il est à croire que peu à peu les voies seront solidifiées. L'une des principales conséquences de ces perfectionnements, c'est l'abaissement des prix des transports, et là est précisément le but auquel doivent tendre ceux qui, sans autre intérêt que l'intérêt public, désirent le progrès des inventions humaines.

La locomotive à marchandises, la locomotive à voyageurs et la locomotive mixte sont des êtres, en quelque sorte, et des personnes qui ont chacune un caractère. Selon qu'elles doivent suffire à telle ou à telle tâche, elles sont organisées différemment. Il n'est pas jusqu'au wagon qui ne se prête aux transformations que ces dernières années ont fait subir aux locomotives. En effet, si l'on ne songe qu'au bien-être des voyageurs, il y a d'incessantes modifications à réaliser dans les voitures qui les transportent, modifications dont l'Allemagne nous donne l'exemple; si l'on s'occupe de leur sécurité, d'autres recherches sont nécessaires; s'il s'agit de faire que les wagons ou chariots à marchandises répondent aux locomotives, il faut, dans le wagon comme dans la locomotive, diminuer le poids mort et augmenter le poids utile. Les ingénieurs poursuivent incessamment la réalisation de toutes ces modifications. Nos voitures deviennent plus élégantes. Ne se rappelle-t-on pas la diligence construite pour le chemin de fer du Luxembourg, par M. Pauwells de Bruxelles? La caisse y était assez haute pour qu'on pût s'y tenir debout; il y avait de moelleux fauteuils qui, au besoin, se transformaient en des lits de repos plus moelleux encore! Le wagon suisse, long de quatorze mètres, composé de chambres réunies par un couloir, si bien meublées, faisait plaisir à voir. Dans un autre ordre d'idées, on doit signaler le wagon à houille français, monté sur des essieux, qui pèse 4,200 kilogrammes, cube 12 mètres et reçoit un chargement du poids de 10,300 kilogrammes, tandis que les wagons construits sur le modèle anglais, pesant 3,200 kilogrammes, n'en pouvaient guère porter que 6,000.

Avec l'ancien système, le poids mort était supérieur de 6,66 °/₀ à la moitié du poids utile; avec le nouveau, il lui est inférieur de 18,44 °/₀.

On n'a pas employé un nombre d'essieux plus considérable, on ne s'est pas servi d'un plus long châssis; on n'a augmenté le poids mort que d'un tiers, et le poids utile s'est élevé de plus de 4,000 kilogrammes. Voilà assurément de très-beaux résultats. La substitution habile du fer au bois a permis aux constructeurs de les obtenir.

Nous ne pouvons oublier, au moment où nous avons à faire l'éloge des machines, des voitures nouvelles, des chariots nouveaux qu'il y avait à l'Exposition universelle, une vieille machine exposée par la Compagnie du chemin de fer du Nord. C'était une locomotive du système Crampton, construite dans les ateliers de MM. Cail et Cⁱᵉ. Un écriteau indiquait ses états de service : du mois de mai 1849 au mois de juin 1855, la locomotive, toujours vigoureuse, toujours agile, avait parcouru 269,045 kilomètres, c'est-à-dire une distance égale à sept ou huit fois le tour du globe terrestre et aux deux tiers de la distance qui nous sépare de la lune.

Mais supposons les locomotives et les voitures du convoi aussi bien construites que possible, il reste à considérer la voie et tout ce matériel qui doit être constamment tenu en bon état pour la sécurité de tous et pour l'avantage des Compagnies. Le rail attire le premier les yeux. De toutes parts, on s'applique à en améliorer la fabrication; on régularise la forme, on donne plus de netteté aux surfaces, et en même temps on accroît la grandeur de chaque morceau de rail, ce qui rend moins nombreux les points de jonction. La plus grande de toutes les difficultés qui s'opposent parfois à la fabrication du rail parfait, c'est la difficulté de la soudure, au laminoir, du fer corroyé et du fer brut, du fer à garin du fer à nerf. L'homogénéité du rail doit être recherchée par tous les moyens.

Pour ce qui est de la forme, il ne paraît pas que le rail en V, abandonné déjà en Allemagne et récemment essayé chez nous, doive devenir d'un usage général. On peut remarquer également qu'il y a de tous côtés tendance à supprimer le coussinet en fonte.

Ce qu'on cherche encore, c'est la réduction du nombre des points de jonction des rails entre eux. Les éclisses, plates ou à cornières, sont le moyen de consolidation le meilleur. Il a été de très-bonne heure regardé comme une chose fort utile que l'on s'occupât de rechercher s'il n'y avait pas quelque substance moins périssable que le bois, pour le service des traverses qui supportent les rails. On a songé aux dés de pierre; mais l'établissement de ces dés n'est pas toujours possible; on a cru que le rail Barlow allait ingénieusement résoudre le problème; mais on commence à ne plus compter sur lui. Il faut donc se contenter du bois. Le hêtre injecté de sulfate de cuivre remplace le chêne avec avantage.

L'importance de ces questions de détail ne saurait être comprise par les personnes qui ne sont pas initiées aux travaux incessants des Compagnies, et qui, sur le chemin de fer, n'admirent que les viaducs élevés ou les longs souterrains. L'entretien de la voie exige les plus constantes études.

Arrivons à d'autres détails; indiquons les appareils des changements et des croisements de voie, les diverses plaques tournantes, les freins, et les mille objets qui composent le matériel d'un chemin de fer. On peut choisir entre ces objets : quel que soit celui auquel s'arrête notre choix, il est certain que les services qu'il rend sont considérables, et qu'il n'est pas d'un médiocre intérêt de savoir s'il n'en peut pas rendre de plus considérables encore.

En somme, les chances de péril disparaissent chaque jour sur les voies ferrées, et, avec la sécurité, s'accroît la puissance des appareils de transport.

On ne nous demandera pas de parler, avec les mêmes détails, du transport par les autres voies qui sont les voies anciennes. Cependant le matériel des chemins de fer, dans la classification générale, ne forme que la septième section de la quatrième Classe, tandis qu'il y a la section du matériel pour le transport des fardeaux à bras, à dos ou sur la tête; la section des objets de bourrèlerie et de sellerie; la section des matériaux et appareils de charronnage et de carrosserie; la section du matériel des transports perfectionnés à parcours restreint; la section du matériel des transports par eau (qui est un renvoi fait à la classe XII), et la section des aérostats.

Ce qu'il y avait de plus intéressant, était la réunion, sous une même tente, dans ces diverses expositions, des échantillons les plus distingués de la carrosserie européenne. Et ce n'est pas *européenne* seulement qu'il faut dire; car il y avait là de jolies voitures venues du Canada, et une calèche venue de Mexico, qui, un peu lourde de forme, n'en était pas moins très-soignée et bien établie.

Les voitures de gala sont de très-désagréables machines; on ne saurait, pour peu qu'on ait de goût, s'accommoder de ces écrasantes parures, de ces colifichets inutiles, qui répondent si peu à l'idée de voiture, à l'idée de légèreté, à l'idée de vitesse. Les calèches et coupés bourgeois sont, de tous les ouvrages de la carrosserie, ceux qu'elle sait le mieux traiter. L'Angleterre ne tombe pas dans le mauvais goût de la plupart des nations européennes : elle n'a exposé que des échantillons d'un aspect sévère et d'une utilité réelle.

Si la France veut réclamer quelque palme dans ce concours, elle le peut néanmoins. Quelques-uns de ses carrossiers s'attachent aux vrais principes de la construction ordinaire, et quelques autres réussissent merveilleusement dans l'invention des voitures qui se transforment; qui, par exemple, de coupé Clarence deviennent petit coupé, puis Briska, puis Wurtz. Ces tours de force ne sont peut-être pas aussi désirables et ne rendent sans doute pas autant de services qu'on le croit.

Le charronnage est partout bien exécuté.

Quant à la sellerie, on a pu remarquer que l'Angleterre qui y excellait, sans avoir le moins du monde ralenti sa marche, sans avoir rien perdu de son élégance, de sa solidité, de son confortable, se trouve atteinte aujourd'hui par la France et même par la Belgique. La sellerie française a fait, en ces derniers temps, de très-grands progrès, qui sont dus principalement aux ouvriers. On ne se rend pas compte du mérite dont font preuve de modestes industriels. Il y a de l'art en tout, et le fabricant de sellettes qui sait bien couper son cuir est digne d'éloges, au même titre que le carrossier qui construit une belle calèche.

Les selliers ne se sont pas seulement appliqués à la recherche des lignes gracieuses et de la décoration élégante; ils ont étudié tous les détails qui jouent un rôle important dans la course et dont le perfectionnement intéresse la sécurité des voyageurs. On cherche, par exemple, le moyen de dételer instantanément un cheval fougueux, et on le trouve; mais il semble que jusqu'à présent les systèmes proposés ont l'inconvénient de diminuer la solidité de l'attelage et la puissance de la traction.

Il est inutile de parler des sacoches, malles, valises, qui abondaient à l'Exposition universelle.

Dans la deuxième section, à l'article *cacolets et bâts*, il faut rappeler du moins la collection des appareils exposés par le ministère de la Guerre, collection qui comprenait tous les détails du service des ambulances, et attestait le soin que met l'administration à ne rien négliger pour adoucir les douleurs de ceux qui sont frappés sur les champs de bataille.

On ne voyait pas d'aérostats à l'Exposition; et l'on n'y voyait (au moins pour la France), qu'un seul plan de navire aérien à vapeur et à hélice avec train articulé; mais les systèmes de navigation aérienne ne font pas défaut. Quoiqu'il ne nous appartienne pas de traiter légèrement les efforts de ceux qui s'engagent dans ces études, nous sommes forcés de dire que les questions de navigation aérienne n'ont pas marché en avant, et qu'elles resteront longtemps, si elles ne restent toujours, dans le même état d'incertitude.

Mais qu'importe que nous ayons à envier aux oiseaux les espaces diaphanes au travers desquels ils tracent leurs chemins! Nous ne sommes point faits pour ces coups d'aile; la terre nous doit suffire; et aujourd'hui, qui peut douter de la perfection prochaine des appareils que nous employons sur les routes de la terre? Tous les avantages de la rapidité, sans les périls, seront obtenus demain; et le commerce des nations, encouragé par les facilités de tant de moyens de transport, ne cessera de croître, et de forcer le progrès à marcher en avant.

REVUE DES PRINCIPAUX OBJETS

EXPOSÉS DANS LA CINQUIÈME CLASSE.

MM. J.-F. CAIL et Cⁱᵉ, à Paris (France).

Sous ce nom collectif se trouve comprise la plus grande association d'établissements industriels, qui existe peut-être dans le monde entier.

Ces établissements, dits « Derosne et Cail », qui occupaient à l'Exposition universelle une si large place (près de 300 mètres superficiels) procèdent d'une première création de feu M. Ch. Derosne, un de nos chimistes les plus distingués.

M. Ch. Derosne était fils du Derosne qui illustra, dans son époque, la pharmacie parisienne; ses découvertes en chimie ont doté l'industrie de plusieurs applications qui y sont devenues pratiques et, pour ainsi dire, fondamentales; la plus saillante est l'application du noir animal à la fabrication du sucre, procédé généralement employé depuis quarante ans.

C'est à Chaillot (quartier des Champs-Élysées), que M. Ch. Derosne jeta, en 1818, les fondements de la maison grandiose qui y prospère aujourd'hui, maison-mère, qui en a successivement créé à son image une demi-douzaine d'autres sur toute la ligne du Nord, de Paris à Amsterdam.

La première, fondée pour la fabrication des appareils de distillation, fut bientôt, par l'adjonction de M. J.-F. Cail à M. Ch. Derosne, transformée en un établissement où se construisirent des appareils de sucrerie, des machines à vapeur; puis, des locomotives, des machines-outils, des presses monétaires, etc., etc.

Aujourd'hui divers ateliers, distincts par leurs raisons sociales, mais unis par des intérêts communs, par une direction uniforme, et par le même esprit d'ensemble, forment cette réunion industrielle que l'on connaît sous le nom général d'Établissements « Derosne et Cail. »

Voici les détails de constitution de ces diverses maisons:

L'atelier central existe à Paris, au lieu même de la première création, tenant à Chaillot d'un côté, et au quai de Billy de l'autre, sous la raison sociale J.-F. Cail et Cⁱᵉ.

La gérance de cette maison mère appartient à M. J.-F. Cail, associé de M. Ch. Derosne depuis trente-cinq ans, et aussi de M. L. Cheilus, collaborateur de l'un et de l'autre depuis vingt-quatre ans.

Douze cents ouvriers mécaniciens travaillent dans cette usine de Chaillot.

Une succursale, pour les travaux de forge, fonderie et chaudronnerie, existe à Grenelle; elle emploie de même douze cents ouvriers ou environ. Entre autres travaux, ces ateliers ont déjà produit cinq cents locomotives.

Un établissement à Denain (Nord), sous la raison sociale Jacques et J.-F. Cail et Cⁱᵉ, est géré par M. Jacques Cail, frère de M. J.-F. Cail. Il exécute les grands travaux de chaudronnerie, chaudières de locomotives, pièces de forge, etc.

Cet établissement a deux succursales :

Une à Valenciennes, sous la direction de M. J. Zoude; l'autre à Douai, sous la direction de M. La-chaume. Cet établissement et ses succursales emploient douze cents ouvriers.

A Bruxelles, un autre établissement, sous la raison sociale J.-F. Cail, A. Halot et Cᵉ, est confié à la gérance de M. Alex. Halot et de la maison de Paris J.-F. Cail et Cᵉ. Il emploie trois à quatre cents ou-vriers. Le nom de « rue Derosne » a été substitué par l'administration belge à celui de la rue où s'est installé cet établissement.

A Amsterdam, un dernier établissement, sous la raison Van Vlissengen, Van Heel et Derosne, Cail et Cᵉ, emploie également trois à quatre cents ouvriers .

La valeur des travaux, qui s'exécutent chaque année dans ces divers établissements, s'élève à plus de quinze millions.

Des récompenses et marques de haute distinction, à toutes les époques des grands concours de l'indus-trie, en France, en Belgique, en Hollande et en Angleterre, ont été obtenues par ces maisons et par leurs chefs; la croix de la Légion d'honneur a été accordée successivement à M. Derosne, à M. Cail, à M. Jacques Cail, à M. Cheilus, ainsi qu'à l'ingénieur en chef, M. Houel; la croix de Léopold, en Belgique, a été accordée à M. A. Halot, chef de la maison de Bruxelles.

L'Exposition universelle de Londres a décerné la grande médaille d'or à ces établissements.

Nous allons donner simplement la nomenclature des objets exposés au Palais de l'Industrie et dans ses Annexes, par les différentes maisons comprises sous le titre commun « Derosne et Cail », en nous arrêtant sur les plus saillants, dont nous avons cru devoir offrir à nos lecteurs la représentation gravée.

EXPOSITION DE LA MAISON J.-F. CAIL ET Cᵉ, DE PARIS.

Nᵒ 1. Appareil d'évaporation à basse température et à quintuple effet (planche ci-après).

L'avantage des appareils d'évaporation à multiple effet de vapeur est aujourd'hui complétement apprécié dans toutes les industries qui s'occupent d'évaporation de liquides aqueux, on distingue parmi ces industries, principalement celle de la fabrication du sucre indigène et exotique.

A l'aide des appareils fondés sur ce principe, on obtient des économies de combustible, qui vont, ma-nufacturièrement, depuis 40 jusqu'à 60 pour 100.

L'exiguité de notre cadre ne nous a permis de représenter qu'une des trois chaudières cylindriques verticales qui se trouvent dans la composition de l'appareil. Cette chaudière est en A; deux autres chau-dières semblables se trouvent à côté de celle-là; toutes trois sont reliées par un système de tuyaux et de robinets, qui les fait communiquer ensemble; la pièce B est un vase de sûreté placé pour arrêter au pas-sage les liquides qui, par l'ébullition très-active entretenue dans les chaudières, risqueraient de passer au condenseur; C est le condenseur-évaporateur; D est un condenseur à injection d'eau, et E est la pompe à air destinée à entretenir le vide dans le système.

Cet appareil est tel qu'on le livre aux colonies pour économiser à la fois le combustible et l'eau froide, dans la condensation; sur le continent, on supprime la pièce C, qui est plus spéciale à l'économie d'eau.

Dans la marche de l'appareil, le liquide à évaporer est chargé dans les trois chaudières A; le chauf-fage, qui doit donner lieu à l'évaporation dans ces chaudières, est produit au moyen d'un échappement de vapeur provenant de machines motrices qui ont déjà utilisé cette vapeur comme puissance mécanique; cette vapeur d'échappement se rend dans les tubes verticaux intérieurs de la première chaudière, et met en ébullition le liquide contenu dans la chaudière. La vapeur provenant de cette ébullition va à son tour faire bouillir la seconde chaudière, et la vapeur de cette seconde chaudière fait bouillir la troisième. La vapeur de cette troisième chaudière se rend finalement dans les tuyaux de la pièce C, sur lesquels coule extérieurement une certaine quantité de liquide qui se trouve évaporée par cette dernière chaleur.

Pour que ces opérations se succèdent ainsi, il faut que le vide existe, à des degrés différents, dans chacune des chaudières; la pompe à air E est chargée de cet office.

Cet appareil est tout entier dû, dans son principe comme dans son exécution, aux fondateurs de la maison Derosne et Cail. M. Ch. Derosne, en 1818, en posait les bases dans un brevet d'invention,

Appareil d'évaporation à basse température et à quintuple effet, pouvant opérer sur cent mille litres de liquide par jour.

par lui demandé au nom de Cellier Blumenthal, son co-associé. On trouve dans ce brevet l'idée bien complète, en effet, de la double, triple et quadruple utilisation des vapeurs. En 1834 et 1835, M. Derosne revint, par de nouveaux brevets, sur la question des appareils à évaporations multiples, et il en améliora les formes. En 1846, M. Cail y mit de nouveau la main, en décrivant les dispositions essentielles de la chaudière à tuyaux verticaux. Enfin, dans un brevet de 1851, il décrivit les formes définitives que conserve cet appareil aujourd'hui.

La maison Cail et Cᵉ, très-convaincue des bénéfices que cet appareil fait réaliser aux manufacturiers, en a livré plusieurs du prix de 40 et 50,000 francs, payables seulement au moyen des économies réalisées par son emploi sur le combustible.

Le nᵒ 2 de l'exposition Cail et Cᵉ était un système mécanique horizontal. — Machine à vapeur liée à une pompe à air;

Le nᵒ 3. — Appareil d'extraction de jus de betteraves, système Schuzembach;

Le nᵒ 4. — Râpe à betteraves, à poussoirs mécaniques perfectionnés;

Le nᵒ 5. — Presse préparatoire à mouvements mécaniques;

Le nᵒ 6. — Pompe d'injection par presse hydraulique à pression constante;

Le nᵒ 6 bis. — Moulin à canne à sucre, avec sa machine à vapeur;

Le nᵒ 7. — Appareil à force centrifuge, pour l'épuration et le clerçage des sucres, système Rolhfs, Seyrig et Cᵉ, dont la propriété, comme invention, a été contestée dans plus de soixante procès, tous finalement gagnés par les inventeurs. Avec cet appareil, on fait, en dix minutes, sur le sucre, une opération qui demandait, par les moyens précédents, huit jours à six semaines, suivant les cas. Plus de deux mille de ces appareils sont sortis des ateliers Derosne et Cail, constructeurs exclusifs pour compte des inventeurs;

Le nᵒ 8. — Moulin à diviser le sucre, pour le préparer au travail de l'appareil à force centrifuge;

Le nᵒ 9. — Clarification centrifuge, système Gollé, pour l'éclaircissement des liquides au moyen du mouvement de rotation;

Le n° 10. — Matériel de distillerie agricole, système Champonnois, système qui retire l'alcool de la betterave, sans lui faire rien perdre en qualité ni presque en quantité, pour l'alimentation du bétail. De très-nombreuses applications de ce système ont été faites depuis deux ans dans les fermes, et partout on s'en trouve très-bien ;

Le n° 11. — Machine à vapeur horizontale , force de trente chevaux ;

Le n° 12. — Machine semblable, force de vingt chevaux ;

Le n° 13. — Machine-locomotive.

Cette machine-locomotive, exposée par la maison Cail et C°, fait partie d'un lot de quinze machines fournies au chemin de fer de Lyon, sans aucune préparation exceptionnelle.

Comme nous l'avons dit déjà, la maison Cail et C° a déjà fourni à l'industrie des chemins de fer plus de cinq cents machines ; les ateliers sont montés pour en livrer cent chaque année.

C'est dans ces ateliers que s'établissent, pour la France, les machines *Crampton*, dites à grande vitesse, qui servent pour les trains *express* des chemins du Nord, de Lyon, de Strasbourg.

La Compagnie du chemin du Nord a exposé une des machines *Crampton* extraite de son service, et

Machine locomotive, système Crampton.

fournie par la maison Cail, dans un lot de douze machines, depuis 1849. Cette machine, dont nous donnons ci-après le dessin, a parcouru, dans les six années de son service, 269,000 kilomètres, soit, par année, 40,912 kilomètres (plus de six fois le tour de la terre) ; son état démontre qu'elle n'a nullement souffert.

Ce qui distingue le système *Crampton* de tous les autres, c'est l'application de roues de très-grand diamètre à l'arrière, application combinée avec une disposition qui permet de ne pas élever le centre de gravité de la machine :

Le n° 14 était une soufflerie horizontale à tiroir, système combiné de MM. Thomas et Laurens, ingénieurs, et de MM. Derosne et Cail ;

Le n° 14 *bis*. — Presse monétaire, système Thonnelier.

Cette presse, qui a remplacé avec avantage les anciens balanciers à la Monnaie de Paris, et dans beaucoup d'autres Monnaies de province et de l'étranger, frappait sous les yeux du public les médailles commémoratives de l'Exposition, au nombre de cinquante à la minute ;

Le n° 15, dont nous donnons le dessin ci-après, était une machine à mortaiser;

Les n° 16, 17, 18, 19. — Machines à raboter de divers systèmes;

Le n° 20. — Tour en l'air pour bandages et corps de roues de locomotives.

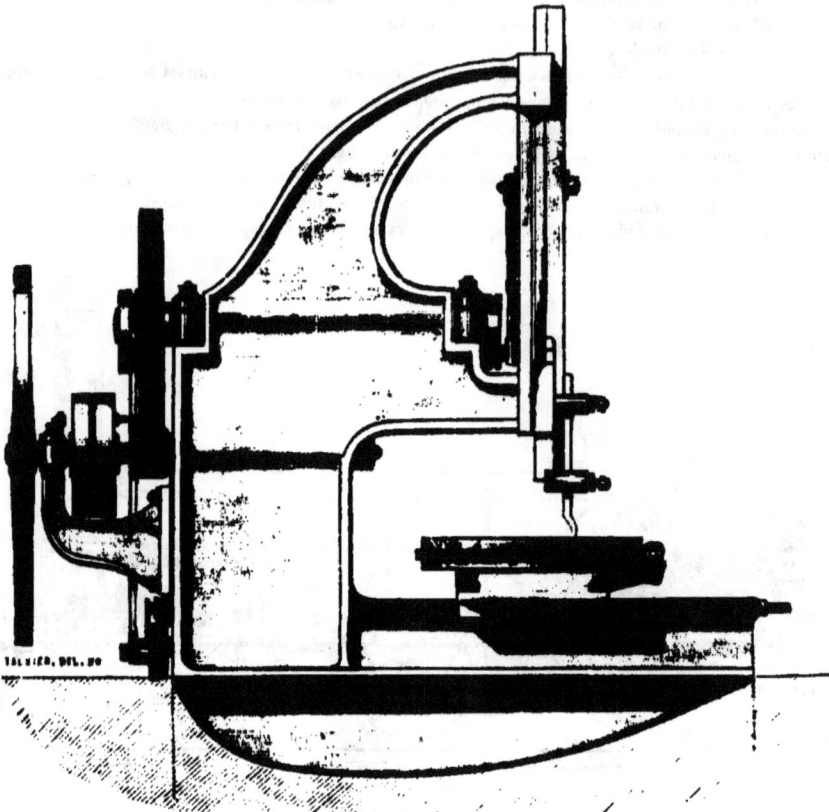

Machine à mortaiser.

EXPOSITION DE LA MAISON JACQUES ET J.-F. CAIL ET C°, DE DENAIN.

Le n° 21. — Pièces détachées de chaudières de locomotives.

Ces pièces, pour les connaisseurs, représentent les travaux les plus difficiles de l'art de la haute chaudronnerie ; ce sont des pièces de tôle de douze et quatorze millimètres d'épaisseur, travaillées au marteau, rabattues à angle vif, cintrées sur différentes courbes, etc. ;

Le n° 22. — Pièces de forge à l'état brut.

Parmi ces pièces, toutes d'une grande difficulté, on remarque des roues à moyeux forgées, pour locomotives, présentant un nouveau mode de réunion des rais, destiné à prévenir la fissure des moyeux.

Le n° 23. — Appareil à distiller, système continu, opérant sur 80,000 litres de liquide en vingt-quatre heures.

Ce sont ces appareils qui ont été l'origine de la première fondation de l'établissement de Chaillot.

Décrits, dans des brevets successifs de 1812-1818-1820 et 1822, par M. Ch. Derosné, tantôt en col-

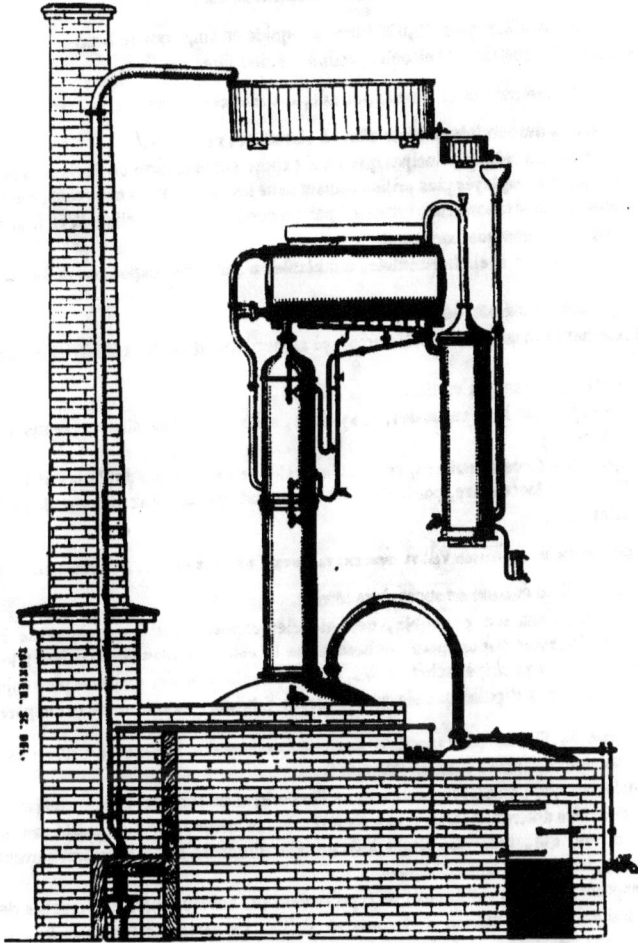

Appareil à distiller, système continu.

laboration avec Cellier Blumenthal, tantôt seul, ces appareils de distillation sont restés dans l'industrie sans être dépassés.

Le plan ci-dessus représente l'appareil type; celui qui figurait à l'Exposition universelle, était une variante destinée à le simplifier au point de vue de la production spéciale des eaux-de-vie de betterave.

Le n° 24. — Appareil de saturation par l'acide carbonique, système Rousseau ;

Le n° 25. — Appareil à purger les pains de sucre par le vide ;

Le n° 26. — Machine à façonner au tour les têtes de pain de sucre ;

Le n° 27. — Ustensiles divers de raffinerie et sucrerie. — Formes à sucre, cristallisoirs, etc., en tôle vernie.

EXPOSITION DE LA SUCCURSALE DE DOUAI.

Le n° 28. Appareil à distiller, pour 12,000 litres de liquide en vingt-quatre heures ;

Le n° 29. — Appareil à rectifier les alcools ; produit : 1,200 litres par jour.

EXPOSITION DE LA MAISON J.-F. CAIL, A. HALOT ET Cᵉ, A BRUXELLES.

Le n° 30. — Appareil évaporatoire à triple effet, à chaudières verticales.

Cet appareil, basé sur les mêmes principes que celui exposé par la maison de Paris sous le n° 1, représente le type des appareils employés plus ordinairement dans les sucreries du continent, c'est-à-dire avec suppression du condenseur-évaporateur, remplacé par un condenseur à injection d'eau froide ;

Le n° 31. — Système mécanique horizontal.

Machine motrice et pompe à air horizontale, semblables à celles de l'exposition de la maison de Paris, sous le n° 2 ;

Le n° 32. — Appareil de cuisson dans le vide.

Cet appareil représente le meilleur modèle employé aujourd'hui dans les raffineries et sucreries pour la cuite en grains ;

Le n° 33. — Système mécanique vertical.

Machine motrice et pompes à air verticales ; ce système, suivant les circonstances, remplace le système horizontal des n° 2 et 31 ;

Le n° 34. — Appareil à force centrifuge, semblable à celui de l'exposition de Paris, n° 7 ;

Le n° 35. — Tender de locomotive, partie d'un lot commandé par le gouvernement Belge à la maison J.-F. Cail, A. Halot et Cᵉ.

EXPOSITION DE LA MAISON VAN VLISSINGEN, VAN HEEL, DEROSNE ET CAIL, A AMSTERDAM.

Le n° 36. — Appareil de cuisson de sucre dans le vide.

Cet appareil diffère, dans son ensemble, des modèles exposés par les maisons de Paris et de Bruxelles ; il est spécialement disposé pour les besoins de la colonie hollandaise de Java ; le gouvernement Hollandais, qui est le principal acheteur des sucres de cette colonie, ne passe plus aujourd'hui de contrats d'acquisitions, sans stipuler que les sucres seront fabriqués au moyen de cet appareil.

Tel est l'ensemble de l'immense exposition des établissements « Derosne et Cail » : la valeur des machines et des ustensiles exposés dépasse 600,000 fr.

Les objets analogues que l'on voit reparaître dans l'exposition de chacune de leurs maisons, toutefois avec des variantes qui les différencient, servent à montrer que la même perfection existe dans les produits de ces ateliers divers, qui, bien que situés à de grandes distances l'un de l'autre, suivent tous une impulsion première, habilement communiquée.

Les articles exposés, quoique nombreux, ne représentent pas encore toutes les branches de construction, qui sont traitées par la maison « Derosne et Cail ». La navigation fluviale, les épurations de charbon par le lavage, les outillages de forges, les ponts en fer, etc., sont autant de branches étudiées et pratiquées dans ces ateliers, dont la puissance réunie dépasse certainement tout ce que l'Angleterre elle-même a jamais offert à l'industrie. C'est une supériorité incontestable, dont la France peut s'honorer à juste titre.

Le Jury a décerné à MM. Derosne et Cail la GRANDE MÉDAILLE D'HONNEUR, et diverses autres médailles à leurs autres établissements en France, en Belgique et en Hollande.

COMPAGNIE DU CHEMIN DE FER DU NORD, à Paris (France).

La Compagnie du chemin de fer du Nord présentait à l'Exposition universelle les plus beaux spécimens du matériel des chemins de fer.

Cette exhibition, faite par les soins de M. Petiet, directeur de l'exploitation, offrait le plus vif intérêt.

Deux machines, l'une d'*Engerth*, employée à la traction des marchandises; l'autre, de *Crampton*, pour les trains *express*; un modèle de wagons, un spécimen de freins à contre-poids, etc., indiquaient le degré de perfection, auquel en est arrivée la Compagnie dans la composition de son matériel.

On doit à la Compagnie du chemin de fer du Nord d'avoir la première adopté pour son service régulier. les machines à grande vitesse, et d'en avoir vulgarisé l'emploi.

Cette Compagnie s'est aussi vivement préoccupée de l'économie et de l'amélioration du combustible. La première encore, elle a tenté, en grand, le lavage de la houille pour la fabrication du coke, et l'emploi de la houille comme combustible : avantage énorme, puisqu'il en résultera une économie notable, tout en obtenant une somme plus considérable de calorique.

Le Jury avait tout d'abord décerné une grande médaille d'honneur à la Compagnie du chemin de fer du Nord; mais, comme cette récompense était surtout motivée par les machines qu'elle avait exposées, il a cru devoir la confondre avec celles accordées aux constructeurs, MM. Engerth et Crampton.

Il est juste toutefois de mentionner ici comme ayant puissamment contribué aux résultats obtenus par la Compagnie, MM. les ingénieurs Bricogne, Nozo, Chobrzinski et Félix Mathias.

M. C. POLONCEAU, à Paris (France).

M. Polonceau, ingénieur en chef du chemin de fer d'Orléans, avait exposé une locomotive à six roues accouplées, qui a pour objet : 1° de réduire les frais d'entretien; 2° de diminuer la consommation du combustible; 3° d'assurer une régularité mathématique dans le service.

M. Polonceau est arrivé à ce résultat par une disposition excessivement simple, disposition qui facilite les visites d'entretien, augmente la surface des frottements, abaisse le centre de gravité et permet l'augmentation du tirage du four par l'élévation des cheminées.

Voici, du reste, les principales dispositions de cette machine :

Diamètre des cylindres		0m48
Course des pistons		0 65
Diamètre des roues motrices		1 37
Charge sur les essieux, avant	10 tonnes	184
id. id. milieu	10 »	562
id. id. arrière	10 »	184
Poids total	30 »	930
Nombre des tubes		204
Longueur des tubes		4m018
Diamètre externe		0 048
Surface de chauffe du foyer		7mq914
Surface de chauffe des tubes		125 225
Tension absolue de la vapeur, 8 atmosphères.		

Indépendamment de cette machine, M. Polonceau présentait une locomotive pour train *express*, à roues de 2m04 de diamètre; les roues motrices sont au milieu, et une particularité intéressante à constater au point de vue de la stabilité de la machine, c'est que la fusée de l'essieu du milieu est intérieure, tandis que les fusées des essieux d'avant et d'arrière sont externes, ce qui permet de donner une grande dimension au foyer.

Cette locomotive avait les dimensions suivantes :

Diamètre des cylindres.. 0m 40
Course des pistons... 0 80
Nombre des tubes.. 186
Longueur des tubes.. 3 36
Surface totale de chauffe.. 88m.q.
Poids de la machine vide... 22 tonnes
Poids de la machine pleine... 25

Tension absolue de la vapeur, 8 atmosphères.

Outre les deux machines dont nous venons de rendre compte, l'exposition de M. Polonceau était complétée par un système de robinets graisseurs, des cylindres à chemises de vapeur, et un tour à roues de wagon.

Une haute récompense lui eût sans doute été accordée, si sa position de membre du Jury ne l'eût placé *hors de concours*.

M. ERNEST GOUIN, à Batignolles, près Paris (France).

M. Ernest Gouin exposait :

1° Une locomotive-tender à quatre roues couplées, destinée au service du chemin de fer du Midi, et dont voici les dimensions :

Diamètre des cylindres.. 0m 410
Course des pistons.. 0 560
Diamètre des roues motrices.. 1 740

Charge sur les essieux, avant..................................... 9 tonnes
   id.   id.   milieu.................................... 13   200
   id.   id.   arrière................................... 14   000

Poids total de la machine... 36   200
Nombre des tubes... 180
Longueur... 3m 460
Diamètre extérieur.. 0 050
Surface de chauffe... 97 070

Capacité du tender en eau... 3m.c. 700
   id.   en coke.. 1,400 kilos.

Tension absolue de la vapeur, 7 atmosphères.

2° Une autre locomotive du même système, mais dont les roues motrices ont 2 mètres 10 centimètres de diamètre, et qui, par une ingénieuse combinaison, peut s'approvisionner d'eau à l'aide d'un réservoir, placé sous un wagon de marchandises, réservoir capable de contenir jusqu'à 6 mètres cubes d'eau.

3° Une locomotive du système Blavier et Larpent.

Les ateliers de M. Gouin, fondés en 1846, livrent tous les ans à l'industrie 70 locomotives, outre la construction toute spéciale des ponts en tôle de chemins de fer.

M. Gouin, membre du Jury, se trouvait *hors de concours*.

M. SCHNEIDER, au Creusot (France).

Les ateliers du Creusot, dont M. Schneider est le directeur, livrent annuellement 80 machines à l'industrie.

Outre ses produits métallurgiques, ce bel établissement avait exposé une locomotive destinée au chemin de fer de Paris à Lyon.

Cette machine est un spécimen du système *Engerth*, dont elle diffère cependant par quelques particularités. Le réservoir à eau, au lieu d'être placé sur la locomotive même, se trouve situé sous le tender; l'engrenage a disparu, et le châssis brisé de M. Engerth a permis d'appliquer, d'une manière avantageuse, différentes dispositions d'un immense effet, surtout dans les machines puissantes.

Les résultats obtenus sont :

1° Égalité de la répartition de la charge sur les essieux;

2° Réduction de l'écartement extrême des essieux réunis par un accouplement rigide;

3° Agrandissement du foyer par rapport à la surface de chauffe des tubes;

4° Accroissement de la surface totale de chauffe.

Voici du reste les dimensions exactes de cette machine :

Diamètre des cylindres	0ᵐ480
Course des pistons	0 640
Diamètre des roues motrices	1 300
Charge sur les essieux moteurs, avant	12 tonnes
id. id. milieu	12
id. id. arrière	12
Charge totale sur les essieux du tender	26 100
Poids total de la machine en service	62 tonnes 100
Surface totale de chauffe tubes et foyers	161ᵐ·ᵠ·130
Capacité du tender en eau	6,800 litres.
id. id. en coke	1,500 kilos.
Tension absolue de la vapeur : 8 atmosphères.	

Aucune récompense ne pouvait être décernée à M. Schneider, qui faisait partie du Jury.

M. ÉMILE MARTIN, a Fourchambault (Nièvre).

M. É. Martin a créé et dirigé jusqu'à ces derniers temps la fonderie de Fourchambault (Nièvre), qu'on doit à bon droit placer au premier rang parmi les établissements auxquels l'industrie des chemins de fer est redevable des plus grands services.

M. Émile Martin présentait à l'Exposition universelle :

1° Des objets de fonte et fer pour le matériel des voies ferrées, tels que roues de wagons, plaques tournantes, changements de voie, grues hydrauliques, etc.;

2° Des affûts de fonte et fer pour canon de côte ;

3° Un modèle de pont en fonte et fer.

Depuis l'origine des chemins de fer, la fonderie de Fourchambault n'a cessé de fournir, et longtemps même a fourni seule, la majeure partie de leur matériel; mais une fabrication spéciale à cette usine, fabrication dont toutes les Compagnies recherchent les produits, c'est celle des roues de wagons.

Cette fabrication a été organisée à Fourchambault, par M. Émile Martin, sur une échelle assez large pour lui permettre d'en livrer régulièrement sept à huit mille paires par an; elle se fait à l'aide de matière première de qualité parfaite, et donne des produits au meilleur marché possible.

Les avantages signalés pour les roues de wagons se retrouvent à Fourchambault dans les autres produits de l'usine; ainsi l'a voulu M. Émile Martin, qui, par exemple, afin d'obtenir des essieux faits avec une matière première irréprochable, est allé monter des forges dans le Périgord.

Ces forges, placées sous la direction de M. Pierre-Émile Martin, son fils, livrent maintenant aux chemins de fer, et particulièrement à celui de Paris à Orléans, des produits qui sont d'une excellente qualité.

Une MÉDAILLE DE PREMIÈRE CLASSE ayant été décernée à M. Émile Martin, au moment où cet habile industriel va prendre un peu de repos et remettre en d'autres mains une partie de la direction de Fourchambault, : le Jury de la cinquième Classe a profité de cette circonstance pour lui adresser des félicitations sur sa carrière si honorablement et si utilement remplie.

M. ANDRÉ KŒCHLIN ET Cᵉ, A MULHOUSE (FRANCE).

Une locomotive mixte destinée au chemin de fer de Lyon à Genève, et représentant le type de 130 machines, était exposée par M. ANDRÉ KŒCHLIN.

Cette machine, dont la consommation est économique, dont les pièces de service sont d'une visite facile et dont toutes les parties qui travaillent par frottement sont trempées au paquet, est construite sur les dimensions qui suivent :

Diamètre des cylindres....................................	0ᵐ 400	
Course des pistons..	0 560	
Diamètre des roues motrices................................	1 680	
Nombre des tubes...	152	
Longueur des tubes..	3 920	
Diamètre externe des tubes.................................	0 050	
Surface de chauffe des tubes..................................	86ᵐ·ᵠ·033	
id. du foyer.....................................	7 200	
Poids sur les roues, avant....................................	8 tonnes 940	
id. milieu.....................................	9 550	
id. arrière....................................	10 185	
Poids total de la machine..................................	28 tonnes 675	

Le mécanisme de la locomotive de M. André Kœchlin consiste dans les dispositions suivantes :

1° Les quatre roues accouplées sont placées en avant du foyer;

2° Les cylindres sont extérieurs;

3° La distribution est intérieure;

4° La détente à deux tiroirs est celle de Gonsembach.

Le Jury a décerné à M. André Kœchlin une MÉDAILLE DE PREMIÈRE CLASSE.

COMPAGNIE DU CHEMIN DE FER VICTOR-EMMANUEL.

La Compagnie VICTOR-EMMANUEL n'avait envoyé à l'Exposition qu'un dessin représentant deux locomotives, attachées dos à dos, ayant chacune quatre roues, fonctionnant isolément à volonté, et destinées à gravir les plans inclinés des montagnes, sous la direction d'un seul mécanicien qui suffit pour les desservir toutes les deux à la fois.

Chaque machine porte son eau et son coke. Leurs dimensions sont les suivantes :

Diamètre des cylindres	0ᵐ 415
Course des pistons	0 600
Diamètre des roues	1 200
Surface totale de chauffe pour une machine	79ᵐᵉᵗ.ᵠ 36
Capacité du réservoir d'eau	7
Volume du coke	4ᵐ.ᶜ

Tension absolue de la vapeur : 9 atmosphères.

C'est à M. Mayer, ingénieur du matériel de la Compagnie, que l'on doit d'avoir imaginé de rendre indépendantes, à volonté, les deux locomotives, selon la pente plus ou moins grande.

Les machines de montagnes de la Compagnie Victor-Emmanuel peuvent gravir aisément des pentes de 30 à 35 millimètres par mètre : elles sont toutes munies d'un frein à sabot glissant sur le rail, d'après le système Laignel.

Le poids des deux machines est d'environ 48 tonnes.

Le Jury a décerné à la Compagnie Victor Emmanuel une MÉDAILLE DE DEUXIÈME CLASSE.

MM. AD. DE MORSILLY ET CHOBRZINSKI, INGÉNIEURS, À AMIENS (SOMME).

Ces deux ingénieurs ont exposé une grille-foyer, dite *grille à escalier*, dont l'usage est depuis longtemps répandu en Allemagne dans beaucoup d'usines, et qui présente l'avantage de ne laisser passer aucune des parties pulvérulentes du combustible employé. MM. Ad. de Morsilly et Chobrzinski ont eu l'idée d'appliquer cette grille aux locomotives, et les essais tentés ont parfaitement réussi.

Les grilles à escalier, outre qu'elles ne laissent passer aucune parcelle de combustible, brûlent aussi la fumée, et, par contre, aident à l'accroissement de la vapeur par l'augmentation du calorique.

Le brûlage de la fumée serait d'une grande importance sur toutes les lignes de chemins de fer, car alors il deviendrait facile de substituer le charbon de terre au coke, qui n'est employé exclusivement que pour ne pas incommoder les voyageurs, car, la houille contenant plus de calorique que le coke, son emploi aurait aussi l'avantage de l'économie.

L'application de la grille à escalier, aux locomotives, a valu à MM. de Marsilly et Chobrzinski une MÉDAILLE DE DEUXIÈME CLASSE.

M. GUILLAUME ENGERTH, À VIENNE (AUTRICHE).

M. Engerth, qui est conseiller technique à la direction générale des chemins de fer de l'État, en Autriche, et dont nous avons eu plusieurs fois l'occasion de prononcer le nom, n'avait exposé qu'un dessin, représentant le modèle d'une machine qui doit fonctionner sur le chemin de fer de Trieste à Vienne.

Les innovations et perfectionnements de M. Engerth peuvent se résumer en deux principes :

1° Application d'un châssis articulé, qui a pour objet le rapprochement des roues motrices vers celles placées à l'avant de la machine, afin que, dans les courbes à rayons exigus, et lors des changements de voie, le passage puisse avoir lieu sans aucun danger ; et d'un deuxième châssis, destiné à porter le foyer aussi à l'avant, ce qui permet de donner à ce foyer des dimensions bien plus considérables ;

2° Application d'un système d'engrenage, ayant pour but de réunir les roues motrices aux roues de support, ce qui permet, dans tous les cas, de reporter le poids de la machine sur toute la surface d'adhérence et de parcourir les courbes à petits rayons sans aucun danger.

La découverte de M. Engerth a pour effet de permettre l'emploi de machines de très-grande puissance sur des courbes à rayons exigus.

Tous les ingénieurs et constructeurs ont été frappés de cette innovation, et sur leur conseil, plusieurs grandes lignes de chemins de fer ont adopté le système de M. Engerth, qui remplace avantageusement ceux employés précédemment, puisque, la répartition du poids de la machine sur les trois essieux ne pouvait avoir lieu, avant cette découverte, et que, la surface du foyer ne pouvant être augmentée, ce dernier ne se trouvait souvent pas en rapport avec la surface des tubes.

L'emploi de l'engrenage, qu'a sanctionné la pratique, a permis d'obtenir d'un moteur unique une puissance exceptionnelle, et de faire circuler sans danger des machines locomotives, en service régulier, sur des pentes continues, de 25 millimètres par mètre, avec des courbes dont le rayon est fréquemment de 180 mètres seulement.

Ces avantages compensent largement les dépenses de l'usure, qui est inévitable. Aussi, plusieurs Compagnies françaises n'ont-elles pas hésité devant l'usage des engrenages, qui fonctionnent aujourd'hui d'une manière si régulière, que l'on a pu songer à substituer dans leur construction la fonte moulée en coquille à l'acier fondu.

La simplicité des deux nouveaux principes sur lesquels M. Engerth a basé la construction de ces machines a paru si remarquable au Jury, qu'il n'a pas balancé à décerner à ce savant ingénieur une GRANDE MÉDAILLE D'HONNEUR, juste rémunération des résultats qu'il a obtenus depuis la fin de 1853, en livrant à diverses administrations, pendant cet intervalle de temps, 444 machines locomotives.

FABRIQUE DE MACHINES DE LA COMPAGNIE DU CHEMIN DE FER DE VIENNE A RAAB,
VIENNE (AUTRICHE).

Ce bel établissement fournit annuellement cinquante machines locomotives de grand modèle, sans compter les wagons, machines fixes, marteaux-pilons, etc., que l'industrie particulière vient y chercher.

La société de Raab avait exposé une locomotive construite sur les plans de M. HASWELL, directeur de l'établissement.

Cette locomotive est à huit roues, placées de telle sorte, que son poids s'y trouve également réparti. Ces huit roues occupent l'espace compris entre le foyer et la boîte à feu; construction qui permet à la machine de parcourir des courbes de très-petits rayons.

Outre cette première disposition, l'essieu d'arrière a dans le sens latéral un jeu considérable, ainsi que les boutons des manivelles d'accouplement dans les coussinets de tête de bielle; les excentriques sont remplacés par deux manivelles; les ressorts sont à spirale et s'attachent à deux traverses qui reposent, par l'intermédiaire d'axes de rotation, sur deux autres traverses, réunissant les boîtes à graisse. Ce mécanisme a l'avantage de permettre aux essieux de s'incliner selon les inégalités de la voie. Enfin les roues sont en fonte, coulées et cerclées de bandages en acier fondu.

Pour compléter cette description, voici quelques-unes des dimensions de la machine de M. HASWELL :

Diamètre des cylindres..	0ᵐ 461	
Course des pistons...	0 632	
Diamètre des roues motrices.......................................	1 431	
Écartement des essieux extrèmes..................................	3 812	
Charge sur les roues. 1ʳᵉ paire avant.........................	8 tonnes 885	
2ᵉ »	8 412	
3ᵉ »	8 412	
4ᵉ » arrière.................	8 960	
Poids total de la machine..	34 669	

Malgré la bonne exécution de cette locomotive, ce système ne remplit pas exactement le but de son auteur.

La petitesse des roues ne saurait être augmentée, sans agrandir encore l'écartement extrême des essieux, et les dimensions de la boîte à feu ont été sacrifiées à la nécessité d'une égale répartition.

Cette machine n'en est pas moins parfaitement exécutée ; aussi, la Compagnie du chemin de fer de Vienne à Raab n'existant plus, le Jury a-t-il décerné au constructeur M. HASWELL, une MÉDAILLE DE PREMIÈRE CLASSE.

SOCIÉTÉ DE CONSTRUCTION DE MACHINES, A CARLSRUHE (GRAND-DUCHÉ DE BADE).

La Société de Carlsruhe possède des ateliers assez vastes pour pouvoir fabriquer 40 à 50 machines par an, mais, jusqu'à ce jour, la fabrication n'a pas dépassé le chiffre de 25 à 30.

Ce bel établissement a exposé une locomotive destinée à un service de grande vitesse ; les roues motrices, au lieu d'occuper le milieu de la machine, en occupent l'arrière, ce qui permet de donner à toutes les pièces en général et à la manivelle en particulier une plus grande longueur, et, par contre, d'accélérer la vitesse.

Un avant-train mobile, dont la cheville a 0ᵐ165, permet, en outre, aux convois, de franchir des courbes très-prononcées.

Nous allons donner, du reste, ses proportions vraies : elles pourront servir à en apprécier toute la valeur.

Diamètre des cylindres..		0ᵐ400
Course des pistons..		0 530
Diamètre des roues motrices...		2 135
» » de l'avant-train...............................		1 230
Écartement des essieux de l'avant-train..............................		1 200
» » extrêmes.......................................		4 305
Poids de la machine { sur l'essieu moteur.......................	13 tonnes 500	
{ sur l'avant-train par essieu.................	8 000	
Poids total de la machine en service.................................	31 500	
Nombre de tubes..	215	
Longueur..	3ᵐ050	
Diamètre extérieur...	0 045	
Surface de chauffe { des tubes.................. 87ᵐᵠ70		
{ du foyer.................. 6 12		
Soit.......... 93ᵐᵠ82		

Ces machines font environ 65 kilomètres à l'heure et peuvent sans inconvénient décrire des courbes de 260 à 350 mètres de rayon.

Le Jury a décerné à la SOCIÉTÉ DE CONSTRUCTION DE MACHINES, A CARLSRUHE, une MÉDAILLE DE PREMIÈRE CLASSE.

SOCIÉTÉ JOHN COCKERILL A SERAING (BELGIQUE).

M. PASTOR, directeur de Seraing, avait exposé une locomotive d'une puissance énorme, qui rappelle, quant à sa construction, celle du système Engerth.

Elle est destinée au remorquage des trains de houille et de coke de 450 tonnes, soit 450,000 kilogrammes.

Le tender est à six roues, et l'essieu d'avant est seul accouplé avec le train des trois essieux moteurs. A cet effet, M. Pastor s'est servi de l'engrenage employé par M. Engerth, au Sommering.

Afin de donner une juste idée de la puissance de cette machine, nous allons sommairement en indiquer les dimensions :

Diamètre des cylindres.	0m.40
Course des pistons	0 600
Diamètre des 5 roues motrices	1 25
Nombre des tubes.	234
Longueur des tubes.	5 »
Diamètre extérieur des tubes.	0 055
Surface de chauffe.	202m.q.05
Surface de chauffe du foyer.	10 44
Capacité du tender, eau.	8m.c.
» » coke.	5
Poids de la machine vide	50 tonnes
» » chargée	64
Tension absolue de la vapeur.	7 atmosphères

Dans un essai qui a eu lieu entre Paris et Pontoise, cette locomotive a parcouru 24 kilomètres en 1 heure 5 minutes, remorquant 46 wagons de houille du poids de 669 tonnes, soit 669,000 kilogrammes.

L'acier fondu a été exclusivement employé à la confection des ressorts, des tiges, des pistons, des roues d'engrenage, des pivots d'accouplement, des boutons.

Le fer aciéré et puddlé a servi à la fabrication des pièces de mécanisme de distribution, des glissières, des bielles et des bandages des roues.

Enfin, toutes les parties frottantes, ainsi que les boîtes à graisse qui ne sont pas en acier, ont été trempées au paquet.

Le Jury de la cinquième Classe aurait sans doute décerné à la Société JOHN COCKERILL représentée par M. Pastor la GRANDE MÉDAILLE D'HONNEUR, si le Jury de la première Classe ne l'eût déjà fait.

SOCIÉTÉ DE SAINT-LÉONARD, A LIÉGE (BELGIQUE).

M. RÉGNIER-PONCELET, directeur de ce bel établissement, a exposé une locomotive destinée au transport des voyageurs; c'est la 92° qui sort de ses ateliers.

Cette machine, d'une parfaite construction, ne présente rien de particulier, à part son système de détente, qui est dû à M. Walshaert, et qui consiste à remplacer un des excentriques par un levier qui est relié avec la crosse du piston : d'où il résulte un double mouvement qui permet au tiroir de prendre, au départ et à l'arrivée de la course, des positions variables, soit pour l'avance à l'introduction, soit pour la détente, soit enfin pour l'échappement ou la contre-pression, selon la position du levier de changement de marche.

Le Jury a décerné à la Société DE SAINT-LÉONARD une MÉDAILLE DE PREMIÈRE CLASSE.

M. TH. CRAMPTON, A LONDRES (ROYAUME-UNI).

Une machine locomotive construite dans les ateliers de MM. Cail et C°, qui fonctionne sur le chemin de fer du Nord depuis 1849, était exposée au nom de M. Th. Crampton, l'inventeur du système.

C'est à lui que l'on doit la création des trains *express*, et c'est en France que son système a été la première fois appliqué.

M. Crampton était membre du Jury et par suite *hors de concours*.

M. G. EGESTORFF, a Linden (Hanovre).

M. G. Egestorff avait exposé une locomotive mixte, dont les dimensions sont les suivantes :

Diamètre des cylindres	0m 406
Course des pistons	0 610
Diamètre des roues motrices	1 464
Nombre des tubes.	162
Surface totale de chauffe.	92m.c.

Cette machine est d'une parfaite exécution, mais ne présente rien de neuf ni de particulier; ses cylindres sont placés extérieurement; le bâti est intérieur et à quatre roues accouplées.

C'est donc à l'atelier de Linden, un des principaux de l'Allemagne, plutôt qu'à la machine exposée, que le Jury a décerné une MÉDAILLE DE PREMIÈRE CLASSE.

M. A. BORSIG, a Berlin (Prusse).

L'établissement de M. Borsig satisfait seul à tous les besoins des chemins de fer de la Prusse; 2,200 ouvriers peuplent ses ateliers et fabriquent, chaque année, environ 80 locomotives.

M. Borsig avait exposé une locomotive, pour trains *express*, d'une parfaite exécution, remarquable surtout par la légèreté des pièces; faite d'acier fondu, que nul autre constructeur n'avait employé avant lui; exempte de défauts et présentant à l'usure et à la rupture une résistance à toute épreuve.

Cette locomotive se distingue par son système de suspension; en effet, un balancier rend solidaires les quatre ressorts des roues d'avant et du milieu, et l'essieu d'arrière à un ressort transversal, complètement indépendant des autres; enfin les tiges des pistons sont conduites par quatre glissières qui embrassent un coulisseau mobile. L'essieu moteur est au milieu; les cylindres sont externes; les tiroirs, internes, et le bâti, intérieur.

Les dimensions principales de la locomotive de M. Borsig sont :

Diamètre des cylindres.	0m 38	Charge sur les essieux, avant	10,099k.	22
Course des pistons.	0 51	» milieu	11,430	24
Diamètre des roues motrices.	1 98	» arrière	5,422	11
Nombre des tubes.	182 »	Poids total de la machine. . .	26,954k.	56
Longueur des tubes.	3m 61	Surface totale de chauffe	90m.c. 208	
Diamètre extérieur des tubes. . . .	0 048			
	Tension absolue de la vapeur.	8	atmosphères.	
	Capacité du tender pour l'eau.	6,100lit.		
	» » pour le coke. . . .	2,250k.		

L'exposition de cette belle machine a mérité à M. Borsig la GRANDE MÉDAILLE D'HONNEUR.

ATELIER DE CONSTRUCTION DE MACHINES a Esslingen (Wurtemberg).

M. Kesler, créateur du premier établissement de construction de machines établi à Carlsruhe, après avoir cédé cette usine au gouvernement badois, est allé fonder, à Esslingen (Würtemberg), un nouvel établissement qui occupe aujourd'hui 1,000 ouvriers.

Les machines qui sortent de ces ateliers sont renommées par leur bonne construction : on les recherche en Allemagne, en Suisse et même en France.

Il exposait deux locomotives, l'une du système Crampton, l'autre du système Engerth, qui, par le Jury, ont été jugées dignes d'une MÉDAILLE DE 1ʳᵉ CLASSE.

M. CH.-H. WILD, à Londres (Royaume-Uni).

Parmi les appareils qui, sur les lignes de chemins de fer, réclament une grande précision de mouvement, nous mentionnerons particulièrement les aiguilles ayant pour objet de faire effectuer, aux trains, des changements de voies.

Depuis plusieurs années, M. CH.-H. WILD a rendu d'immenses services à l'aide de son système d'aiguilles, appliqué déjà plus de douze cents fois, tant en France qu'à l'étranger, sur des lignes à deux et trois voies. Ce système a pour résultat :

1° De permettre l'abaissement graduel des aiguilles mobiles du côté libre, de manière à ce qu'elles puissent venir se loger sous le champignon supérieur du rail, qui, dans ce cas, n'est plus échancré comme dans l'ancien système ;

2° De conserver aux rails une plus grande raideur latérale ;

3° De protéger par le champignon non échancré l'extrémité des aiguilles, qui précédemment étaient exposées aux chocs des mentonnets des roues ;

4° De permettre de donner, aux deux aiguilles, des longueurs égales, puisque l'aiguille de déviation n'a plus besoin d'être protégée du contact des roues par un contre-rail.

Comme récompense, M. WILD a reçu du Jury une MÉDAILLE DE PREMIÈRE CLASSE.

M. CH. POUILLET, à Paris (France).

M. POUILLET a présenté à l'Exposition des traverses pour chemins de fer, qu'il nomme *traverses à table de pression*. Ces traverses ont été expérimentées sur les chemins de fer de l'Ouest et du Nord, ce dernier seul en a vu poser plus de 300,000.

Malheureusement les traverses à table de pression ne peuvent être appliquées qu'aux voies parfaitement consolidées ; elles exigent de grands frais de pose, et surtout des bois équarris à vives arêtes. Ces graves considérations contrebalancent largement l'économie de 45 p. 0/0 annoncée par M. POUILLET.

Cependant, pour récompenser ses efforts, le Jury lui a décerné une MÉDAILLE DE DEUXIÈME CLASSE.

M. THOUVENOT, à Paris (France).

M. THOUVENOT, ingénieur du chemin de fer de Sceaux, exposait un système de changements et croisements de rails.

La voie du chemin de fer de Sceaux à Orsay, a 1 mètre 50 de largeur, tandis que celle du chemin de Sceaux dans lequel il s'embranche aujourd'hui, a 1 mètre 70 ; il a donc fallu poser sur cette dernière voie un troisième rail pour y permettre la circulation du matériel du chemin de Sceaux à Orsay. Cette disposition compliquait les croisements et augmentait les dangers.

A l'aide d'un ingénieux mécanisme, M. THOUVENOT est parvenu à aplanir toutes les difficultés.

Son appareil, composé de sept pièces, deux pointes *aiguës* ou *cœurs* et cinq aiguilles, rendues toutes solidaires par un système de tringles qui régit en même temps un signal d'avertissement, est mis en mouvement par un seul aiguilleur et donne les résultats les plus satisfaisants.

Le Jury, appréciant le mérite de cette application, a décerné à M. Trouvenot une médaille de deuxième classe.

MM. CHARBONNIER ET BOURGONGNON, à Paris (France).

MM. Charbonnier et Bourgongnon (ancienne maison Cavé) exposait :

1º Une grande grue à pivot inférieur, pour l'usage des chemins de fer ;

2º Une petite grue avec croisillons en tôle, pour le service des gares aux marchandises.

Ces machines sont la spécialité de leur établissement.

Le Jury a jugé ne devoir accorder à MM. Charbonnier et Bourgongnon qu'une médaille de deuxième classe.

L'ancienne maison Cavé recevait, aux précédentes Expositions de l'Industrie, des récompenses plus élevées.

M. PAUWELS, à Molenbeck-lès-Bruxelles (Belgique).

M. Pauwels occupe aujourd'hui en Belgique un rang distingué parmi les constructeurs de wagons. Avec des ressources limitées, il est parvenu à fonder une usine qui, peu à peu, a pris un grand développement, et dans laquelle les procédés les plus ingénieux sont employés à la construction des wagons.

Il exposait un wagon, type du modèle de première classe, adopté par le chemin de fer de Luxembourg.

Ce wagon est à quatre roues ; il a vingt-quatre places réparties en trois compartiments; il est spacieux, confortable, et il présente un avantage qui, pour les longs parcours, est d'une grande commodité : les sièges des banquettes se transforment facilement en lits de repos.

Une médaille de première classe a été décernée à M. Pauwels.

L'ATELIER DE CONSTRUCTION DE GAUFFEN, près Schaffhouse (Suisse).

L'atelier de construction de Gauffen exposait : Un wagon de première classe à quatre roues, système anglais, et un wagon mixte à huit roues, du système américain.

Cet établissement, nouvellement fondé, qui est chargé de la construction du matériel du chemin de fer central de la Suisse, ne pouvait mieux débuter : ses deux wagons sont construits avec un soin extrême et surtout avec une entente admirable des détails.

Le Jury lui a décerné une médaille de deuxième classe.

M. GAGIN, à Clignancourt, Paris (France).

La manufacture de Clignancourt est un des plus utiles établissements industriels de la France. C'est là seulement que se fabriquent ces toiles caoutchoutées sablées, qui rendent tant de services aux chemins de fer, dont elles abritent les wagons employés au transport des marchandises.

Le brevet pour la dissolution du caoutchouc, exploité à Clignancourt, remonte à l'année 1836; il a été pris, par conséquent, à une époque où l'on était loin de prévoir la fortune qui attendait cette nouvelle substance, et le propriétaire de l'usine se trouve ainsi, par ordre de date, à la tête des fabricants de ces sortes de tissus imperméables : en 1830, le Jury de l'Exposition de l'Industrie l'a déjà récompensé.

On peut diviser en trois grandes catégories les toiles imperméables fabriquées à Clignancourt. Il y a la *toile caoutchoutée* ordinaire, employée par les Compagnies des chemins de fer, pour prélarts, rideaux de wagons et bâches, toile aussi solide qu'aucune autre et d'un service deux fois plus long. Il y a ensuite la *toile transparente*, qui n'est plus destinée à couvrir les marchandises, mais qui, dans les demeures établies à la légère, sert à éclairer les lieux et y laisse pénétrer la lumière, sans que le vent ou la pluie y pénètrent avec elle. Dans les jardins qui environnaient le Palais de l'Industrie, il y avait de nombreuses constructions dans lesquelles la toile transparente avait été employée heureusement.

Wagon à marchandises couvert en toile caoutchoutée sablée.

Il y a enfin une troisième espèce de toile, la *toile caoutchoutée sablée*. En 1846, pour la première fois, la Compagnie du chemin de fer de Montereau à Troyes (ligne de l'Est) fit couvrir cent wagons avec les toiles sablées de M. GAGIN, mais à la condition de ne les lui payer qu'après trois années d'expériences : ce délai expiré, les couvertures étant intactes et sans la moindre détérioration, la Compagnie s'empressa d'en solder le montant. Aujourd'hui plus de huit mille wagons, couverts de cette toile, sont devenus des magasins et des bergeries roulantes qui font à merveille leur service. Le caoutchouc donne l'imperméabilité; le sable y ajoute l'incombustibilité.

Du reste, voici en quels termes M. Arnoux, rapporteur du Jury de la cinquième Classe, rend compte de l'exposition de M. GAGIN :

« ...... Nous avons examiné, avec toute l'attention qu'elles méritent, les toiles sablées de M. Gagin, au « point de vue de leur appropriation à la couverture des wagons, et nous nous plaisons à reconnaître que, « par leur durée, leur prix et surtout leur incombustibilité, elles offrent les avantages les plus incontes- « tables sur tous les autres modes de couverture.

« M. Gagin a rendu, par cette invention, qui ne peut lui être contestée, un service réel à l'industrie des « chemins de fer, et le Jury lui aurait accordé une MÉDAILLE DE PREMIÈRE CLASSE, s'il n'eût déjà été récom- « pensé par le Jury de la dixième Classe. »

MM. BELVALETTE FRÈRES, A PARIS (FRANCE).

L'excellente réputation dont jouissent les produits de MM. BELVALETTE frères, témoigne des soins qu'ils apportent dans la construction de leurs voitures, et des heureux perfectionnements qu'ils ne cessent d'y introduire.

Ils avaient exposé un *dog-cart*, ou voiture dos à dos, à deux roues : une innovation, dont le but est d'annihiler le mouvement qu'imprime à ces sortes de véhicules le trot du cheval, consiste à allonger les brancards par un ressort droit qui, recevant la réaction du mouvement, l'empêche de se communiquer à la caisse.

Le Jury a décerné à MM. BELVALETTE frères une MÉDAILLE DE PREMIÈRE CLASSE.

M. DUNAIME, a Paris (France).

A toutes les Expositions où M. Dunaime a présenté ses produits, notamment à Paris en 1843, et à Londres en 1851, il a obtenu des récompenses d'un ordre élevé.

La calèche à double suspension, envoyée par lui à l'Exposition universelle, était parfaite de construction; elle avait, en outre, au suprême degré le cachet aristocratique qui toujours a distingué les voitures de ce carrossier de premier ordre.

M. Dunaime n'a pu jouir de la médaille de première classe que lui a décernée le Jury. Il est mort, et l'âme de sa maison est partie avec lui.

· M. DAMERON, a Paris (France).

Il est à regretter qu'un carrossier aussi habile que M. Dameron se soit appliqué à produire, pour l'Exposition universelle, une voiture dite *à transformation*. Tout ce qui est tour de force, tout ce qui est de faux luxe devrait être exclu des Expositions publiques.

La médaille de première classe, accordée à M. Dameron, récompensait sans doute de beaux produits que nous n'avons pas vus.

M. FORAX, a Lyon (France).

Un petit wurtz de promenade, commandé par le bey de Tunis, était la seule voiture exposée par M. Forax, qui possède à Lyon un établissement considérable.

Ce wurtz, d'une forme élégante, et très-soigné dans ses moindres détails, légitimait pleinement la récompense accordée à M. Forax, qui a obtenu une médaille de première classe.

Deux exposants français, MM. Moussard et Perret de Paris, ont aussi obtenu des médailles de première classe. Tous les deux exposaient des voitures dites Victoria; légères, gracieuses et d'une bonne exécution.

M. CLIQUENOIS, a Lille (France).

La calèche, le tilbury et le coupé, exposés par M. Cliquenois, sont tous les trois remarquables à divers titres :

La calèche, voiture sans flèche, construite avec goût, offre un heureux perfectionnement dans les ressorts de derrière;

Le coupé, d'un prix un peu élevé, est du moins d'une excessive recherche dans sa garniture;

Le tilbury, entièrement construit en fer, acquiert par là une légèreté charmante; et toutes ses parties sont d'une forme arrondie qui rend faciles les soins de propreté.

Médaille de seconde classe.

MM. THOMAS-BAPTISTE, CLOCHET, ET LES ATELIERS DU CHEMIN VERT. Paris (France).

Le Jury, qui a récompensé de médailles de première classe les expositions de carrosserie, dont nous venons de rendre compte, n'a décerné à M. Thomas-Baptiste qu'une médaille de seconde classe.

M. Thomas-Baptiste, pour conserver le rang de sa maison, devra tâcher de mieux faire à l'avenir.

M. Clochet n'a obtenu qu'une mention honorable. Le Jury a voulu témoigner par là au chef d'une maison estimée à Paris, qu'il aurait pu envoyer autre chose à l'Exposition universelle, que deux voitures ridiculement surchargées d'ornements.

Un omnibus à 24 places et des roues d'artillerie solidement établies ont mérité, aux ateliers du Chemin-Vert, dont M. Abeilard est le directeur, une mention honorable.

M. BERGERON, à Bordeaux (France).

Une américaine, en acacia des Landes, exposée par M. Bergeron, était un chef-d'œuvre de carrosserie. On ne peut rien imaginer de plus svelte ni de plus gracieux. La calèche du même exposant n'avait pas la même élégance, mais on pouvait louer sa construction solide et ses justes proportions.

M. Bergeron n'est pas seulement un habile constructeur de voitures; ses vastes ateliers produisent encore tous les objets de la sellerie, témoin le joli harnais de la petite américaine, qui est d'une légèreté presque inimitable et en parfaite harmonie avec celle de la voiture.

Le Jury ne lui a cependant décerné qu'une médaille de seconde classe.

MM. LAURENZI ET Cᵉ, à Vienne (Autriche).

MM. Laurenzi et Cᵉ avaient exposé un grand coupé de gala, commandé par le maire de Vienne. Cette voiture, un peu lourde peut-être, mais construite sur un bon modèle, est remarquable par la beauté des garnitures et de ses ornements en argent. Médaille de seconde classe.

MM. JONES FRÈRES, à Bruxelles (Belgique).

M. Jones Frères, à Bruxelles, possèdent les plus vastes ateliers de carrosserie de la Belgique. Leurs voitures furent remarquées à l'Exposition de Londres.

Ces fabricants avaient envoyé à l'Exposition universelle :

    Une berline de demi-gala;

    Un cabriolet à 4 roues;

    Un cabriolet dit Victoria,

    Enfin, une voiture d'enfant à 3 roues.

Toutes ces voitures sont d'une belle construction, mais le cabriolet-Victoria attirait tous les regards. Une médaille de première classe a été décernée à MM. Jones frères.

M. GROENBERY, à Drammen, Buskerud (Norwège).

M. Groenbery a obtenu une médaille de seconde classe.

Ses voitures dites Kariol se distinguent spécialement par un bon marché vraiment inouï, et, pour ainsi dire, à la portée de toutes les fortunes.

Il avait exposé trois voitures à une seule place, avec tablier de cuir, et dont voici les prix :

    La première, à ressorts . . . . 357 fr. 50 c.

    La seconde, sans ressorts 275

    La troisième. 220

Quelle que soit la valeur des matières premières dans ces contrées, ce bon marché n'en est pas moins extraordinaire.

MM. HERMANS ET Cᵉ, à La Haye. — FREYER, à Amsterdam. — TH. SŒDERS, à Maessen (Pays-Bas).

On a pu juger de l'état de la carrosserie dans les Pays-Bas, en examinant les voitures envoyées à l'Exposition universelle par MM. Hermans et comp., Freyer, et Th. Sœders.

L'exposition de MM. Hermans comprenait une calèche, commandée par S. M. le roi de Hollande; une voiture dite *dos à dos*, en fer; enfin, une nord-hollandaise, voiture fort en usage chez les riches paysans néerlandais.

Ces voitures sont très-simples et d'une fabrication bien entendue, car les Hollandais veulent, avant tout, des voitures solides.

MM. Hermans ont obtenu une MÉDAILLE DE DEUXIÈME CLASSE.

MM. Freyer et Soeders, l'un pour une américaine et l'autre pour une victoria, ont eu chacun une MENTION HONORABLE

M. STAREY, à Nottingham (Royaume-Uni).

Nous reprocherons à M. Starey, aussi bien qu'à M. Dameron, d'avoir envoyé à l'Exposition universelle une voiture à transformation, de préférence à un modèle simple et beau. — Cette voiture, exécutée en petit, figurerait à merveille sur une table de prestidigitateur; c'est peut-être un grand mérite, mais dont nous n'avons pas à nous occuper ici.

Néanmoins, le Jury a voulu encourager M. Starey, en lui accordant une MÉDAILLE DE PREMIÈRE CLASSE.

MM. PETERS ET FILS, à Londres (Royaume-Uni).

Une grande et belle calèche à huit ressorts, bien dessinée, bien construite (le train particulièrement), méritait à bon droit la MÉDAILLE DE PREMIÈRE CLASSE, décernée par le Jury à MM. Peters.

Une excentricité appelait l'attention sur cette voiture : une glace sert de garde-crotte, cela ne peut servir qu'à laisser voir au cocher l'arrière-train des chevaux.

MM. LADOUBLÉ-LEJEUNE ET VANDERLINDEN, à Bruxelles (Belgique).

M. Ladoublé-Lejeune a consacré tous ses soins à la fabrication des articles de voyage: c'est à la fois un sellier habile et un tanneur expérimenté.

Les cuirs qu'il emploie sont préparés dans son établissement ; aussi, ses produits sont-ils d'une qualité supérieure.

Il a obtenu une MÉDAILLE DE DEUXIÈME CLASSE.

M. Vanderlinden, auquel le Jury a accordé la même récompense, se recommande aussi par l'excellente confection de ses harnais, et par les notables améliorations qu'il a introduites dans leur fabrication : on lui doit la suppression des coutures dans la partie inférieure des colliers.

M. LOISEAU, à Paris (France).

M. Loiseau est l'éperonnier des écuries de S. M. l'Empereur. Il est donc assuré du placement des articles de son industrie, quels qu'en soient le fini et le luxe de fabrication.

Son exposition, sous ce double point de vue, était fort remarquable; on y distinguait particulièrement des mors à bossettes mobiles, innovation qui nous a paru intéressante, car pouvoir à volonté, et selon les circonstances, enrichir ou rendre plus simple le même mors, c'est là un avantage innappréciable pour le cavalier et pour le cheval.

MÉDAILLE DE DEUXIÈME CLASSE.

MM. COTEL et GERMAIN, à Paris (France).

Ces deux exposants ont reçu du Jury des MÉDAILLES DE DEUXIÈME CLASSE :

M. Cotel, en récompense des services qu'il a rendus aux arts en imaginant l'emploi de coussins élastiques gonflés d'air, pour l'emballage des statues, tableaux, objets précieux, etc.

M. Germain, pour ses malles et nécessaires de voyage, qui à une grande solidité joignent une légèreté extrême.

M. KUHER, a Paris (France).

La sellerie de Paris avait fort peu exposé; on doit lui en faire reproche, car elle n'est pas en peine de produire des œuvres d'une parfaite élégance et d'une excellente qualité : il eût été à désirer que cette industrie, qui n'est pas moins florissante en France que partout ailleurs, se trouvât sérieusement représentée à l'Exposition universelle.

M. Kuher est du petit nombre des selliers de Paris qui ont répondu à l'appel de la Commission Impériale, mais, empêché par des commandes considérables, il n'a pu achever tous les travaux qu'il avait préparés pour l'Exposition, et ses produits n'y ont même été apportés qu'à la fin du mois d'août.

La maison Kuher, fondée en 1836, est devenue depuis, un établissement considérable, occupant un grand nombre d'ouvriers habiles, auxquels on ne confie que des matières premières de qualité supérieure, et qui exécutent des confections irréprochables.

Harnais exposé par M. Kuher.

Aussi, les produits de la maison Kuher sont-ils tels que la sellerie française n'a lieu de craindre aucune concurrence à l'étranger.

Dans l'exposition de M. Kuher, se trouvait un harnais double complet, avec garnitures or et argent richement ciselées, qui attirait particulièrement l'attention par son extrême légèreté et son bon goût. Du reste, cette maison, plus qu'une autre, doit exceller dans ces ouvrages de luxe, car sa clientèle, tant en France qu'à l'étranger, se recrute et s'étend sans cesse dans l'aristocratie nobiliaire et financière.

Le Jury, tout en appréciant le mérite des objets exposés par M. Kuher, en raison sans doute de leur tardive exposition, ne lui a décerné qu'une MENTION HONORABLE.

H.

M. BLACKWELL, de Londres (Royaume-Uni).

L'application de la gutta-percha aux objets de sellerie est un heureux perfectionnement, dont M. Blackwell a eu la première idée, et qui lui a valu une MÉDAILLE DE PREMIÈRE CLASSE. Son exposition se composait de colliers, de sangles, de rênes de sûreté élastiques, etc. On y voyait encore un mannequin pour dresser les jeunes chevaux.

L'emploi d'une matière élastique ne peut être qu'une source d'améliorations entre les mains du sellier.

Rênes de sûreté élastiques, sangles élastiques, colliers, etc., etc., d'après le système de M. Blackwell, de Londres, 220, Oxford-Street.

M. Blackwell a pris des brevets dans divers pays, et il est représenté par des agents. En France, ses représentants sont MM. Henoque et Vanwears, 14, rue Basse-du-Rempart, à Paris.

MM. LAMBIN et Vᵉ PRAX, à Paris (France).

L'établissement de MM. Lambin et Vᵉ Prax est un des plus considérables de Paris, pour la fabrication des harnachements. Ses relations avec l'étranger sont importantes et s'accroissent journellement.

Son exposition présentait, entre autres produits, des selles non garnies, de fort bonne qualité, dans les prix de 19 à 25 fr. C'est là un véritable progrès dont on doit savoir gré à la maison Lambin et Vᵉ Prax.

Le Jury lui a décerné une MÉDAILLE DE DEUXIÈME CLASSE.

EXMELIN et ARLOT Aîné, à Paris (France).

Les harnais exposés par MM. Exmelin et Arlot étaient remarquables par leur bon goût, par leur légèreté, et surtout par le fini du travail ; aussi, avons-nous été surpris de ne voir accorder à ces fabricants qu'une MÉDAILLE DE DEUXIÈME CLASSE.

M. HERMET, à Paris (France).

L'armée et le roulage ont depuis longtemps adopté le collier, qui porte le nom de son auteur, M. Hermet. Le collier Hermet est d'une grande légèreté ; il est très-solide et ne se déforme pas ; aussi ne blesse-t-il que très-rarement les chevaux. Ces qualités rendent son usage général.

MÉDAILLE DE DEUXIÈME CLASSE.

Vᴱ CLASSE. — MÉCANIQUE SPÉCIALE ET MATÉRIEL DES CHEMINS DE FER ET DES AUTRES MODES DE TRANSPORT

RÉCOMPENSES DÉCERNÉES PAR LE JURY INTERNATIONAL.

(EXTRAIT DU *Moniteur* DU 8 DÉCEMBRE 1855.)

GRANDES MÉDAILLES D'HONNEUR.

Borsig (A.), Berlin. Prusse.
Cail (J.-F.) et Cᵉ, Paris. France.
Engerth (G.), Vienne. Autriche.

MÉDAILLES DE 1ʳᵉ CLASSE.

Atelier de construction de machines, Esslingen. Wurtemberg.
Belvalette frères, Boulogne-sur-Mer. France.
Blackwell (S.), Londres. Royaume-Uni.
Dameron (L.), Paris. France.
Dunoine (J.-A.), Paris. Id.
Eastwood (James), Derby. Royaume-Uni.
Egesterff (G.), Linden. Hanovre.
Fabrique de machines de la Société autrichienne I. R. P. des chemins de fer de l'État, Vienne. Autriche.
Fairbairn (William) fils, Manchester. Royaume-Uni.
Faurax (Ch.-Éd.), Lyon. France.
Jones frères, Bruxelles. Belgique.
Koechlin (And.) et Cᵉ, Mulhouse. France.
Martin (Émile) et Cᵉ, Fourchambault (Nièvre). Id.
Moussard (Al.-H). Paris. Id.
Pauwels (Fr.), Molenbeek-Saint-Jean-les-Bruxelles (Brabant). Belgique.
Perret (Cl.), Paris. France.
Pieron (L.-Ant.), Paris. Id.
Peters et fils, Londres. Royaume-Uni.
Société de Saint-Léonard (M. Régnier-Poncelet, directeur), Liége. Belgique.
Société de construction de machines, Carlsruhe. Grandduché de Bade.
Storey (T.-N.), Nottingham. Royaume-Uni.
Willd (Ch.-Heard), Londres. Id.

MÉDAILLES DE 2ᵉ CLASSE.

Barberot, Paris. France.
Bergeron (P.), Bordeaux. Id.
Becquet (J.-F.), Paris. Id.
Charbonnier et Bourgognon, Paris. Id.
Cliquennois frères, Moulin-lès-Lille. Id.
Compagnie des chemins de fer permanents (Permanent railway company, Angleterre. Royaume-Uni.
Compagnie du chemin de fer Victor-Emmanuel, Paris. France.
Cotel (J.-L.-A.), Paris. Id.
Delaye (J.-F.), Paris. Id.
Delongueil (F.-H.-F.), Paris. Id.

Douailly, Boulogne-sur-Seine. France.
Dunlop (J.), Haddington (Lothian). Royaume-Uni.
Exmelin et Arlot aîné, Paris. France.
Fabrique de wagons, Lauffen (Schaffhouse). Suisse.
Felber (C.-H.-F.), Paris. France.
Gagin, Clignancourt (Seine). Id.
Gérardin (J.), Paris. Id.
Germain (P.-M.), Paris. Id.
Gronneberg (S.-M.) Drammen. Norwége.
Guérin, Paris. Id.
Günther (G.), Wiener-Neustadt. Autriche.
Hager (G.-H.), La Haye. Pays-Bas.
Hayot, Caen. France.
Hermans (M.-L.) et Cᵉ, La Haye. Pays-Bas.
Hermet (J.), Paris. France.
Jackson (P.-R.), Manchester (Lancastre). Royaume-Uni.
Kerreston (Edw.), Londres. Id.
Ladoubée-Lejeune (Ch.), Bruxelles. Belgique.
Lambin et veuve Prax, Paris. France.
Laurenzi et Cᵉ, (L.), Vienne. Autriche.
Lennon (W.), Dublin. Royaume-Uni.
Loeffler (Fr.), Prague (Bohême). Autriche.
Loiseau aîné (A.-Fr.-N.). France.
Marsilly (Commines de), (Ch.-P.-H.-A.) et Chobrzinski, Amiens (Somme). Id.
Mercier et de Fontenay, Paris. Id.
Meyer (J.-J.), Paris. Id.
Parsons. Royaume-Uni.
Pouillet, Paris. France.
Proust (P.-Ét.), Orléans. Id.
Rock et fils, Hastings (Sussex). Royaume-Uni.
Shipley (J.-G.), Londres. Id.
Thomas (Baptiste), Paris. France.
Thouvenot, Paris. Id.
Thrupp et Cᵉ, (C.), Londres. Royaume-Uni.
Tofft (Ch.), Vienne. Autriche.
Van Aken frères, Anvers. Belgique.
Vanderlinden (J.), Bruxelles. Id.
Zaman-Sabatier et Cᵉ, Bruxelles. Id.

MENTIONS HONORABLES.

Adelbert (Isaac), Londres. Royaume-Uni.
Appollonin (A.), Turin. États sardes.
Ashford (William et Georges), Birmingham. Royaume-Uni.
Ateliers de la rue du Chemin-Vert, Paris. France.
Atelier du chemin de fer de Léopold. Toscane.
Barrington (G.), Montréal (Canada). Colonies anglaises.

Bengough frères, Londres. Royaume-Uni.
Bergeret (J.-B.), Paris. France.
Bertrand Geoffroy, Dax. Id.
Blyth (R.), Londres. Royaume-Uni.
Bonneault (J.-P.), Orléans. France.
Bourse (H.), Paris. Id.
Bouquié, Bruxelles. Belgique.
Brossmann (F.), Neutitschein. Autriche.
Cantone, Arizio et C°, Turin. Etats sardes.
Carré (Fr.-V.), Tours (Indre-et-Loire). France.
Chantepie (Fr.), Châtellerault (Vienne). Id.
Charcot-Saussier, Paris. Id.
Chevallet, Bercy. Id.
Clochez (A.-F.), Paris. Id.
Coutant et Leseigneur. Paris. Id.
Davies et fils, Londres. Royaume-Uni.
Drouin frères et Dutilleux, Épernay (Marne). France.
Dumont (Cl.), Abbeville. Id.
Dunn Battersley et C°, Manchester. Royaume-Uni.
Eliam (Benjamin). Londres. Id.
Esnouf (M.-Ambroise), Paris. France.
Frémont (A.), Paris. Id.
Garnier (Ph.), Paris. Id.
Génetrau, Paris. Id.
Gravier, Valenciennes. Id.
Greaves et C° (Patent railway sleeper company).
    Royaume-Uni.
Guérin (M.), Paris. France.
Gustave, Jean et Kellermann, Paris. France.
Henning (A.), Paris. Id.
Henri, Nancy. Id.
Holmes (H. et A.), Derby. Royaume-Uni.
Hooper et C°, Londres. Id.
Howard (J.-F.), Londres. Id.
Hudson (S.), Dublin. Id.
Institution de Sainte-Marie alla Pace, Milan. Empire
    d'Autriche.
Julien (L.), Barbançon (Hainaut). Belgique.
Karnbach (Ch.), Berlin. Prusse.
Kotz (J.), Munich. Bavière.
Kretz (H.), Paris. France.
Kuher (J.), Paris. Id.
Langlon (W), Londres. Royaume-Uni.
Lauenstein et C°. Hambourg. Villes Anséatiques.
Leclerc (P.) Paris. France.
Legrand (Al.), Paris. Id.
Lelorieux (V.), Paris. Id.
Letestu (J.-N) Paris. Id.
Maréchal (J.-V.), Bruxelles. Belgique.
Moyerhofer, Voitsberg. Autriche.
Mezgenhofen, Francfort. Ville libre.
Mercié et fils, Toulouse. France.
Midlemore (W.), Birmingham. Royaume-Uni.
Muhlbacher frères, Paris. France.
Nick, Paris. France.
Ouviere (Fr.), Marseille. Id.
Pagot, Vienne. Autriche.
Pilon (M.-Ant.), Paris. France.
Preyer, Amsterdam. Pays-Bas.
Prittwitz (de), Berlin. Prusse.
Reynolds et C°, St-Germain-les-Pont-Audemer. France.
Riener, Gratz. Autriche.
Romazzotti (H.), Paris. France.
Roquancourt (L.-N.), Paris. Id.

Rothschild (J.), Paris. Id.
Rowland (E.-J.), Manchester. Royaume-Uni.
Santi-Talamuci et fils, Florence. Toscane.
Schiervel, Herstal. Belgique.
Sjosteen (B.-F.), Stockholm. Suède.
Soeders (G.), Maarsen près d'Utrecht. Pays-Bas.
Spouy, Besançon (Doubs). France.
Stevens, Londres. Royaume-Uni.
Swaine et Adney, Londres. Id.
Thorn (W.-E.), Londres. Id.
Thornton, Birmingham. Id.
Vachette (F.-L.) et Cass. (L.-J.-S.), Paris. France.
Vallod frères, Paris. Id.
Vancamp (J.-J.), Bercy, près Paris. Id.
Vigoureux (S.), Paris. Id.
Ward (J.), Londres. Royaume-Uni.

COOPÉRATEURS,
CONTRE-MAITRES ET OUVRIERS.

MÉDAILLES DE 1re CLASSE.

Floringer (A.), chez M. Borsig, Berlin. Prusse.
Hermes (F.), chez M. Borsig, Berlin. Id.

MÉDAILLES DE 2e CLASSE.

Boutard, chemin de fer de l'Est, Paris. France.
Crow (G.-A.), chez M. Stephenson et C°, Newcastle.
    Royaume-Uni.
Kirkup (Lancelot), chez M. Stephenson et C°, Newcastle.
    Royaume-Uni.
Pastre (J.), à la compagnie franco-autrichienne, Vienne.
    Autriche.
Sangnier aîné, Dijon. France.
Schreven (J.), chez M. Pauwels, Holembeck-Saint-Jean-
    lez-Bruxelles. Belgique.
Schlegel (J.), chez Rosthorn et Dickmann, Prévalie (Ca-
    rinthie). Autriche.
Snowball (E.), chez M. Stephenson et C°, Newcastle.
    Royaume-Uni.

MENTIONS HONORABLES.

Andrieux, chez M. Faurax, Lyon. France.
Arlorio (B.), au chemin de fer de l'État, Turin. États
    sardes.
Boissière, contre-maître chez M. Piéron. Paris. France.
Bouvard, chez M. Faurax, Lyon. Id.
Charmot, chez M. Émile Martin et C°, Fourchambault
    (Nièvre). Id.
Cocard, chez M. Émile Martin et C°, Fourchambault
    (Nièvre). Id.
Destroys, chez M. Émile Martin et C°, Fourchambault
    (Nièvre). Id.
Gaudin, chez M. Meung (Loiret). Id.
Hendrick (J.), chez M. Ladoubée, Bruxelles. Belgique.
Lorenz (H.), chez M. Toff, Vienne. Autriche.
Muneglia (V.), au chemin de fer de l'État, Turin. États
    sardes.
Paethod (V.), au chemin de fer de l'État, Turin. Id.
Van Derhecien (F.), chez M. Ladoubée, Bruxelles. Bel-
    gique.
Verola (P.), au chemin de fer de l'État, Turin. États
    sardes.
Zech (J.), chez M. Günther, Vienne. Autriche.

EXPOSITION UNIVERSELLE

PRODUITS DE L'INDUSTRIE

SIXIÈME CLASSE

MÉCANIQUE SPÉCIALE ET MATÉRIEL DES ATELIERS INDUSTRIELS.

Pendant le quart d'un siècle, de 1816 à 1840, l'Angleterre industrielle s'agita : elle semblait vouloir consumer, au sein des ateliers, l'exubérance d'énergie que lui laissait la paix du monde. Chez elle, l'art du constructeur fut alors remué de fond en comble ; les inventions, les perfectionnements mécaniques se multiplièrent, et, tandis que nous nous découragions, par notre indifférence, quelques hommes de génie dont les créations ne pouvaient fructifier qu'en passant le détroit, portaient leurs découvertes chez nos voisins d'outre-mer, qui les utilisaient et ne nous les rendaient qu'après les avoir perfectionnées.

Depuis quinze ans, l'Angleterre paraît, il est vrai, s'être un peu ralentie ; c'est-à-dire qu'après une marche prodigieusement active, après une ascension fatigante, elle a fait comme les voyageurs les plus ardents, qui s'arrêtent aux trois quarts de leur course pour mesurer la distance qu'ils viennent de parcourir, ranimer leurs forces, enregistrer leurs souvenirs, avant d'aller au delà. Mais, pendant qu'ils se recueillent, les autres nations se réveillent ; et toutes, ayant la France à leur tête, s'enrôlent sous la bannière de l'Industrie, comme jadis les preux sous la bannière de la foi, pour conquérir, non les lieux saints, mais la fortune.

Chaque peuple s'est associé au mouvement avec son génie propre : tandis qu'en France on exagérait quelquefois certaines données architecturales, tandis qu'on donnait peut-être trop aux formes, on se montrait ailleurs beaucoup trop dédaigneux de l'élégance. La fabrication des grands outils s'est ressentie de cette disposition ; mais, en aucun pays, on n'a porté le mépris de la forme, l'oubli systématique du *jucundum*, aussi loin qu'en Amérique. Ce peuple aux allures carrées, aux paroles brèves et rares, aux manières matériellement impolies, a pensé que ses instruments devaient s'harmonier avec sa pensée, et il a négligé de donner, aux engins dont il se sert, un aspect gracieux. Certes, on aurait tort de répandre beaucoup d'ornementation sur des instruments destinés au rude service des ateliers, car, si nous rencontrons quelques pièces enjolivées de moulures, nous sommes disposés à croire qu'on a voulu déguiser la faiblesse du fonds ; mais, sans pousser l'enjolivement jusqu'à l'exagération, n'existe-t-il pas un système de formes élégantes, commodes, qui, se prêtant mieux que d'autres formes, aux exigences multiples du travail, rendent ce dernier plus régulier et plus facile. L'outil, en résumé, représente l'organe dont il reçoit l'impulsion ; il faut donc qu'il lui soit adapté d'une manière rigoureusement exacte, attendu qu'un organe a d'autant plus d'énergie et de vitalité que ses proportions possèdent entre elles plus d'harmonie ; il faut même que l'outil, que l'instrument se fasse organe et que, dans sa texture, il règne une sobriété de matière, une ordonnance onduleuse de lignes calquées d'après la texture du corps humain. Les Anglais, nation chez laquelle le sens pratique des choses atteint ses dernières limites, ont parfaitement compris ce mode de fabrication : plus sobres que nous d'élégance, n'accordant rien à la futilité, mais éloignés de la grossièreté américaine, ils créent des engins, des outils faciles, commodes et légers ; ils savent, pour l'avoir observé maintes fois, qu'une des conditions essentielles du succès dans le labeur, c'est que l'ouvrier aime son outil, l'artiste son instrument, comme un littérateur affectionne son fauteuil ou sa plume ; c'est qu'il le trouve élégant et maniable, et que l'outil et la main semblent l'un et l'autre se prendre de sympathie.

Les machines-outils, inconnues en France avant 1815, étaient très-nombreuses dans le palais de l'Exposition : machines à planer, à mortaiser, à percer, à tailler les engrenages ; tours de diverses dimensions, à un, deux, trois et quatre outils. Nous avons remarqué surtout une machine à tailler les engrenages, au moyen d'une molette que met en action un outil ingénieux ; un grand tour à deux outils opposés, qui permettent de travailler sur de grandes pièces sans risquer de les forcer sous l'action d'un seul effort ; une petite machine à raboter, dans laquelle le retour rapide de l'outil s'obtient par un engrenage elliptique, d'une construction difficile, mais nouvelle ; un tour des plus ingénieux où l'on fait à la fois deux *passes*.

On ne peut disconvenir que les Royaumes-Unis, après vingt-cinq ou trente années d'immobilité d'invention à l'endroit de ces machines, n'aient enfin suivi le mouvement général ; mais l'industrie française, l'industrie parisienne surtout peut revendiquer une large part de gloire dans l'exposition de ses machines-outils, petits chefs-d'œuvre de précision et d'adresse. Quoi, par exemple, de plus élégant, de plus joli et de plus net que le tracé de nos machines à guillocher ? quoi de plus ingénieux que ces machines où les clous, fabriqués avec du fil de fer, reçoivent à la fois le choc qui fait la tête et le coup qui fait la pointe ? quoi de plus utile, de plus pratiquement applicable que ces emporte-pièces, ces appareils cylindriques, ces découpoirs et ces presses, destinés à des milliers d'usages qui opèrent la baisse rapide du prix des objets fabriqués ?....

Les machines locomobiles, si fécondes en résultats heureux pour le débit des bois, pour le battage des grains, l'irrigation des terrains secs, l'épuisement des eaux dans les terrains marécageux et pour quantité d'autres usages, sont nées depuis quelque temps en Amérique et en Angleterre ; mais ce n'est pas sans surprise que nos mécaniciens constructeurs les ont vues figurer au palais de cristal de Londres, car ils ne les connaissaient pas encore. Prompts à réparer le temps perdu, ils se sont mis à l'œuvre, et cinq années plus tard, à l'Exposition universelle de Paris, des locomobiles françaises rivalisaient avantageusement avec les locomobiles des Royaumes-Unis.

Par rapport aux différentes machines à vapeur, les locomobiles n'offrent en principe aucun trait particulier, ni distinctif. Il s'agit toujours de réduire l'appareil au moindre volume possible, de le fixer à la chaudière et d'établir cette construction sur un train : ainsi, supposez une machine à vapeur horizontale établie sur une ou deux roues avec son générateur ; donnez-lui des brancards d'attelage, et vous aurez l'image exacte d'une locomobile. Mais il ne suffit pas que la machine fonctionne, il faut qu'elle soit d'un transport facile et qu'elle use peu de combustible. Sous ce double rapport, nos locomobiles françaises l'emportent déjà sur celles de nos voisins, qui représentent un poids de 375 à 500 kilogrammes par force de cheval. Au rebours de ce qui est arrivé dans maintes circonstances où nous avons eu le mérite de la découverte, et, les Anglais, celui du perfectionnement, c'est nous, qui perfectionnons cette fois une application importée du dehors. Personne n'en sera surpris sans doute, car personne n'ignore que le monde doit aux travaux d'illustres savants français la constitution mathématique de la mécanique moderne. Or, comme la simplicité des procédés caractérise essentiellement le progrès : comme le bon marché et la baisse des prix accompagnent cette simplicité, on pouvait, sous les galeries du palais de l'Exposition universelle rapprocher les produits de leurs agents, et, remontant de cinq années seulement en arrière, se faire l'idée de la marche impulsive que l'Exposition de Londres en 1851 a donnée à l'Exposition de Paris en 1855.

Au point de vue de la conquête progressive que fait l'art sur la matière, nous placerons, en regard des machines locomobiles et des machines-outils, ces autres machines ingénieuses qui nous rendent maîtres souverains de l'arbre des forêts. C'est à la fin du siècle dernier seulement que remontent les premières machines à travailler le bois ou à le débiter. Elles ont vu le jour dans les ateliers de la marine anglaise ; mais, après quelques perfectionnements d'une insignifiance surprenante, elles sont demeurées stationnaires. « Il fallut l'immense économie révélée par le prix de revient et l'abondance du bois du Nouveau-Monde, pour redonner puissance et vie à ces machines ingénieuses et simples à la fois, dont la rapidité seule pouvait répondre aux besoins innombrables de toutes les industries et aux pas gigantesques de notre civilisation. Son Altesse Impériale, en examinant avec beaucoup de soin les machines à bois américaines, a justifié l'honneur que cette spécialité fait aux États-Unis, qui peuvent, d'ailleurs, revendiquer la paternité de beaucoup d'appareils analogues construits et exploités en Angleterre et en France. »

Un industriel de New-York, ayant trouvé le moyen de comprimer le bois dans toute sa longueur, pendant la durée du ployage, obtient d'énormes pièces qui ne sont pas même fendillées. Ses échantillons d'acajou et de palissandre passés à la vapeur, puis courbés avec la machine dont il a eu l'idée, présentent les contours les plus heureux. Nous avons vu différentes machines à couper le bois pour placage, des machines à raboter les madriers, des machines à gournables, exécutées les unes en Europe, les autres en Amérique. Sous le rapport de la perfection et du fini, celles de France occupent le premier rang, mais, au point de vue d'utilité pratique, les américaines sont préférables, car ces dernières sont faites dans des conditions d'économie et de facilité de transport et d'entretien, qui les feront rechercher des ouvriers isolés et des petits fabricants.

Jusqu'à présent, les machines à travailler le bois n'ont été admises qu'avec défiance dans la pratique, et, pour ainsi dire, exceptionnellement. L'Exposition universelle de Londres ne possédait que quelques scieries et quelques machines fabriquant des moulures, la plupart d'origine américaine. Notre Exposition parisienne s'est montrée bien autrement riche; il s'y trouvait une collection complète de machines, au moyen desquelles le rabotage se fait avec précision, tandis que les tenons et les mortaises s'assemblent avec la dernière exactitude. Grâce à ces machines nouvelles, le bois va reconquérir tous ses avantages et toute sa vogue. L'introduction du fer et du zinc dans l'industrie de la bâtisse faisait déjà négliger le bois, même comme ornement. On oubliait les merveilles sculpturales du moyen âge et de la renaissance, les panneaux fleuris du xviii siècle, pour rechercher, d'une manière exclusive, les ressources économiques qu'offrent le plâtre et la fonte. De simplification en simplification, l'art tombait dans un abîme, et comme, pour l'en sortir, pour remettre le bois en vogue, il fallait de somptueuses commandes, presque impossibles à réaliser aujourd'hui, l'industrie artistique et monumentale du bois eût été perdue, sans les machines-outils qui, facilitant les procédés d'exécution, diminuent le prix de la main-d'œuvre et la valeur du revient. Nous le voyons déjà par cette infinité d'objets sculptés, qu'on peut vendre à bas prix, depuis que la main de l'homme, au lieu de les confectionner entièrement, ne fait qu'achever le dégrossissage de la matière; depuis qu'un mécanisme intelligent s'est chargé de livrer à l'ouvrier, dans un délai calculé d'avance, et toujours dans les mêmes conditions, des ébauches qu'il termine et qu'il lui suffit d'animer du souffle de son esprit.

La tendance moderne a pour objet d'augmenter chaque jour davantage la puissance de l'outil : jamais il n'a pu attaquer la matière avec une main-d'œuvre aussi vigoureuse; jamais des arbres de couche si volumineux, des organes de vaisseau à vapeur si remarquables, n'ont exigé des moyens si gigantesques. Aujourd'hui le fer s'écrase, se fend, se taille, comme par enchantement, et, au train dont vont les choses, on ne sait, en vérité, où s'arrêtera l'outil ; car, tandis que d'un côté on multiplie son action d'une manière formidable, de l'autre on la calcule, on la précise avec une justesse minutieuse.

C'est avec le même génie de prévoyance hardie et d'entreprise intelligente que les Compagnies qui exploitent le harz de Cornouailles, le Hainaut et le nord de la France ont imaginé des appareils de ventilation, des machines pour opérer la descente des ouvriers dans les puits métallifères, ainsi que des parachutes à l'aide desquels on évite beaucoup d'accidents déplorables. Les propriétaires d'Anzin, de Mariencourt, du Decize, sont venus apporter leur quote-part au concours universel. Après eux figurait M. Dégousée, qui a fourni des équipages de sonde au monde entier, et qui a fait lui-même des sondages dans quarante-cinq départements de la France. A côté des instruments du forage des puits artésiens, apparaissaient divers laminoirs, ceux-ci pour la fabrique des fers à cheval, ceux-là pour les plaques du daguerréotype, pour les goupilles, les peignes de tissage, améliorations importantes découlant d'un même principe. Nous avons aussi remarqué cette machine éminemment utile, qui lave, en dix heures, jusqu'à cent quatre-vingts tonnes de houille, et qui fonctionne au Creuzot, à Saint-Étienne, en Prusse, en Angleterre.

Le marteau-pilon, invention mi-partie anglaise, mi-partie française, a eu le rare privilége de doter la mécanique moderne de moyens inconnus, sans lesquels on n'aurait point obtenu ces belles pièces de forge qui entrent aujourd'hui dans les constructions architecturales. Le marteau-pilon à vapeur avait ici de nombreux spécimens; il en était de même du marteau-pilon sans vapeur, simple mouton manœuvré à la corde, qui, dans bien des cas, peut rendre d'importans services pour la forge. Chacun a pu admirer, comme nous, ces douze marteaux à vapeur et marteaux mécaniques, que faisaient mouvoir des cames qu'entraînait une courroie d'atelier, et qui, plaçables partout, promettaient à l'industrie les services les plus efficaces; et ce marteau appliqué au battage de l'or, et ces machines à couper les chiffons, à plier les enveloppes, et cette pile raffineuse construite pour la papeterie d'Essonne, et ces machines à papier continu, toutes d'origine française..... La fabrication du papier joue maintenant un rôle si considérable, que l'obligation de donner du bon au moindre prix possible, la rareté croissante du chiffon et la consommation progressive du papier dirigent, vers les améliorations dont cette immense industrie est susceptible, une foule d'hommes qui lui font faire des progrès sensibles.

Les scies sans fin sont connues en France depuis longtemps, particulièrement pour l'industrie des découpeurs; mais nous n'avions jamais vu d'appareil exécutant son travail avec la correction et la rapidité qu'offrait certaine machine exposée : des prismes découpés sous mille formes, détachés concentriquement dans différentes pièces, s'emboîtaient avec l'exactitude mathématique la plus rigoureuse. Une scierie pour la pierre, munie d'outils à l'aide desquels se dressaient les lits, fournissait aussi des produits excellents. Enfin, comme témoignage ingénieux du même système, nous rappellerons ce fil métallique qui use les matières minérales les plus dures, d'après le procédé de la scie à rubans. Des grains de sable entraînés par le fil sans fin remplacent les dents de scie, et, pour que le sciage s'opère, il suffit d'entretenir dans le grès en poudre une certaine humidité.

Relativement à l'importance, il n'y a pas de comparaison possible entre les puissantes machines sauvegardiennes de l'existence individuelle, et ces autres machines qui fonctionnent dans un but d'économie ou d'avantage particulier; mais, d'une part comme de l'autre, le mérite de l'inventeur reste le même, et nous estimons tout autant tel ouvrier chocolatier perfectionnant son industrie, que tel ouvrier fondeur ou forgeron imaginant des procédés nouveaux.

De nos chocolateries parisiennes sont sorties plusieurs machines : celles-ci pour peser, malaxer et mouler le chocolat ; celles-là pour l'envelopper ; d'autres pour broyer, soit le cacao, soit des graines oléagineuses, soit le savon des parfumeurs, soit les couleurs. Il y a de ces appareils, peu coûteux, qui fabriquent, par heure, 150 à 250 kilogrammes de chocolat. Leur élégance, l'éclat des rouages qu'elles présentent, l'habitude qu'ont aujourd'hui les chocolatiers de les mettre en montre permanente et de les faire fonctionner aux yeux du public, nous dispensent de toute description.

Diverses machines, et entre autres, celles pour faire les pastilles et la pâtisserie, occupaient à l'Exposition le même rang de distinction que les machines à chocolat. Au-dessus d'elles toutes, figuraient, par la généralité de leur application et par l'avantage qu'on en retire, les pétrins mécaniques, devenus indispensables dans les grands établissements publics. En France, la panification constitue une industrie de premier ordre, car on y compte 42,628 boulangers, pétrissant chaque jour 84,811 hectolitres de blé et 5.250 hectolitres de seigle, moitié de la consommation du pain ; l'autre moitié se faisant dans l'intérieur des ménages. Les pétrins mécaniques vont épargner beaucoup de main-d'œuvre ; mais c'est moins dans la boulangerie et dans la meunerie que dans l'agriculture, qu'il importe aujourd'hui d'économiser les bras et de multiplier le revient.

L'idée des machines à moissonner remonte aux anciens âges : Varon, Pline et Columelle en décrivent plusieurs que les machines modernes ont singulièrement dépassées. Il y a trente ans, un Écossais nommé Bell imaginait une machine nouvelle qui fut beaucoup trop vantée, car elle reposait sur un procédé défectueux, sur l'attelage des chevaux à contre-sens du mouvement de la machine. Ce système fut remplacé par d'autres systèmes plus rationnels.

En 1851, l'Exposition universelle de Londres, et depuis lors toutes les réunions agricoles, tenues en Écosse, en Irlande, en Angleterre, ont offert une quantité considérable de machines, parmi lesquelles les moissonneuses mécaniques, les charrues à vapeur, les machines à battre tenaient le premier rang. L'Exposition de Paris a présenté la réunion de ces tentatives plus ou moins heureuses. Il en est résulté la preuve qu'il ne suffit pas qu'un appareil soit ingénieux et que la main qui le dirige soit habile ; mais qu'il faut, au préalable, préparer la terre à l'application des forces inintelligentes. Le succès dépend donc du fermier tout autant que de l'inventeur.

Notre tâche ici devient extrêmement compliquée, car les appareils en usage dans l'agriculture sont nombreux et très-variés.

Autrefois, pour le battage, l'égrenage ou dépiquage, on employait, qui les bras d'hommes, qui les pieds des chevaux, méthodes barbares dont ne se sont pas encore affranchis la plupart des agriculteurs, surtout dans les provinces méridionales. Le fléau des septentrionaux semblait, en dernière analyse, le meilleur moyen, mais c'était un moyen pénible, coûteux et infidèle.

Vers l'année 1786, un mécanicien écossais, André Meikle, imagina une machine à battre, très-défectueuse, préférable toutefois au fléau, et qui, en 1818, s'introduisit chez nous, pour subir une multiplicité de modifications basées sur deux principes différents, la *percussion* et le *frottement*. M. de Dombasle contribua puissamment à la propagation des nouvelles machines, surtout dans le nord de la France. Elles allèrent toujours en se modifiant et se perfectionnant ; on découvrit le système du *battage en travers*, qui permit de conserver la paille assez intacte pour la vendre, et l'on finit par imaginer des machines *portatives* se montant et se démontant avec facilité. Ces machines, si commodes pour la petite culture, sont mues, comme les *machines fixes*, par quatre espèces de moteurs : les chutes d'eau, les bêtes de trait, la vapeur, l'homme. L'application des chutes d'eau ne saurait être qu'exceptionnelle ; celle des bêtes exige un manége, dont le batteur, pour fonctionner convenablement, doit exécuter mille tours par minute. La vapeur, utilisée depuis longtemps chez les agriculteurs anglais et écossais, a fait naître en France différentes machines très-ingénieuses, qui battent avec une régularité, avec une promptitude remarquables, et qui laissent loin d'elles les machines mues à bras d'hommes.

L'Exposition universelle comprenait 66 batteuses, dont 42 françaises, 6 anglaises, 4 prussiennes, 3 autrichiennes, 2 du Canada, 1 de Saxe, 1 de Nassau et 1 des États-Unis, qui a remporté la médaille d'honneur. De ces 66 machines, il y en avait 34 portatives, 17 qui battaient en travers, 22 avec nettoyage, 11 qui marchaient au moyen de la vapeur, et 55 au moyen d'un manége ou des bras. Toutes ont été l'objet d'essais comparatifs minutieux, sous les yeux de S. A. I. le prince Napoléon.

En France, le prix élevé du charbon de terre et la difficulté de s'en procurer dans certaines provinces, ont dirigé vers les moteurs hydrauliques à vapeur l'attention du mécanicien. Au lieu du système par engrenage que préfèrent les Anglais, nous recourons généralement au système par courroies. On voit tantôt une paire de meules mises en mouvement par une petite turbine fixée sur l'arbre de meule ; tantôt, six, huit, dix paires de meules conduites par la même turbine, ayant 30 à 50 chevaux de puissance. Cet appareil est un peu compliqué, mais il permet d'arrêter telle ou telle paire de meules, ou d'imprimer le mouvement à telle ou telle autre, sans que la vitesse des moteurs se ralentisse. Ce système nouveau tend beaucoup à s'étendre, et le Prince Napoléon en a compris l'importance, surtout pour les scieries, qui sont établies généralement au fond des vallées, par conséquent sur les cours d'eau, et à proximité de la matière qu'elles doivent débiter.

Du Drainage dépend en partie la prospérité des usines hydrauliques, puisque le drainage les alimente par une utile répartition de l'eau pluviale. Jusqu'à présent, le drainage n'a point fait en France les progrès qu'on espérait. La nouveauté de son introduction était un obstacle ; la difficulté d'obtenir à peu de frais le nombre de tuyaux nécessaires était aussi un obstacle non moins grand que le premier. Les mécaniciens l'ont compris, car quinze d'entre eux ont exposé plus de trente appareils pour la fabrication de ces tuyaux ; appareils d'un outillage assez cher, composés chacun d'un malaxeur et d'une machine à étirer, avec ses accessoires. La préférence semble devoir être donnée à la machine allemande, dite *machine à quarante francs*, bien qu'elle en coûte soixante. Son importation date seulement de quelques mois, et si nous la signalons ici, c'est parce qu'ayant figuré pour la première fois dans l'Exposition agricole du mois de juin 1856, elle peut être considérée comme une conséquence immédiate de l'Exposition universelle de Paris.

La machine à quarante francs se compose d'une simple boîte dans laquelle on met la terre malaxée. Lorsqu'on veut la faire fonctionner, on l'attache fortement à un arbre ou à un pilier; on met sur la boîte un piston, et on presse avec un bras de levier. Les tuyaux alors s'échappent par les filières et sont reçus sur les rouleaux, où on les saisit avec une fourchette en bois pour les porter au séchoir. Avec cette machine, si simple, un homme et un enfant peuvent faire deux mille drains par jour. Le moyen maintenant que le drainage ne se vulgarise pas à proximité des villes et des autres centres de population? Pour les fermes, ce serait différent, à cause des difficultés qu'entraîne la cuisson des tuyaux; mais un pharmacien des Hautes-Alpes vient de résoudre le problème de la manière la plus satisfaisante. Il propose de fabriquer les tuyaux avec du ciment et de les couler dans des moules en tôle, absolument comme on fabrique la chandelle. Partout où il existe du calcaire ou de la marne, on peut, en y ajoutant une portion d'argile, obtenir la matière dont se composent les nouveaux drains. Leur coction s'opère à peu près comme celle de la chaux, au moyen de fours coulants. Un drain de 38 centimètres de longueur sur 5 centimètres de diamètre, pesant 720 grammes, reviendrait à un ou deux centimes, selon qu'il serait en ciment pur ou mélangé de sable. Sans mélange, il exigerait 480 grammes de ciment et 240 grammes d'eau; avec des mélanges, il se composerait de 285 grammes de ciment et de 285 grammes de sable. Quatre ou cinq minutes suffisent pour que le tuyau soit pris et retiré, et en quarante-huit heures il présente une consistance suffisante à son emploi. Les moules du moindre calibre coûtent depuis 75 centimes jusqu'à 1 franc. Il faut trois personnes dans chaque atelier de fabrication : l'une qui délaie le ciment, l'autre qui le coule dans le moule, la troisième qui en extrait les drains. Pour le roulement, quarante à cinquante moules suffisent. Avec cet outillage peu coûteux, un atelier, en douze heures de travail, peut faire jusqu'à mille tuyaux. Le séchage, opération toujours si difficile, est simplifié; la cuisson, impraticable dans une ferme, est supprimée, et l'on obtient des tuyaux qui, au lieu de se dilater dans l'eau, se durcissent davantage. Ainsi la fabrication des drains devient une industrie de famille, qu'on a le moyen d'exercer quand on veut, dans les temps de morte saison, sans recourir à des ouvriers spéciaux.

Reste l'importante question des tranchées qu'il faut ouvrir avec des pelles-bêches de différentes dimensions. Les Anglais prétendent remplacer la bêche par une charrue fouilleuse, qui, sans ouvrir les tranchées, place les tuyaux bout à bout dans une profondeur convenable; mais leur engin, tout nouveau, que vient d'introduire en France un cultivateur éminent du département du Nord, M. Jules Brame, n'a pu figurer ni à l'Exposition universelle, ni à l'Exposition agricole. Nous le citons pour faire pressentir d'avance la vulgarisation qui va s'emparer du drainage.

Cette vulgarisation accroîtra nécessairement la production des céréales et portera le rendement par hectare à vingt hectolitres, tandis qu'aujourd'hui la moyenne, pour toute la France, n'est que de treize hectolitres; d'où la nécessité urgente de s'occuper des moyens de conservation et de nettoyage des céréales.

Tout le monde connaît le *trieur Vachon*, trieur cylindrique, composé d'un ventilateur,

d'un émoteur à trous triangulaires et à mouvement horizontal, qui retient tous les corps
plus gros que le blé; d'un cribleur à trous allongés, occupant la tête du cylindre, obéissant, comme celui-ci, à un double mouvement de rotation et de va-et-vient, et destiné à
laisser passer les corps d'un diamètre transversal inférieur à celui du blé; enfin, du trieur
proprement dit, qui occupe le reste du cylindre. Cette machine remplace avec avantage
les cribles, tarares, raffineurs et cylindres sasseurs, et elle peut, servie par un seul
homme et par un enfant, nettoyer jusqu'à 20 hectolitres de blé dans un jour. L'appareil
de nettoyage du même inventeur, construit sur des principes analogues à ceux de la
machine précédente, a doublé les titres qu'il pouvait avoir pour mériter une grande
médaille d'honneur. Après M. Vachon, les constructeurs-mécaniciens de machines à
nettoyage n'ont obtenu, malgré leurs efforts, qu'un rang secondaire.

Un *séchoir portatif*, un *lavoir-séchoir*, une *égreneuse de coton*, une *égreneuse des semences
de trèfle et de luzerne*, un *concasseur de grains*, récompensés chacun par une médaille de
seconde classe, prouvent avec quel zèle les esprits se dirigent vers l'étude du mécanisme
des machines agricoles. Leur propagation, aussi rapide qu'universelle, fait pressentir
une ère féconde d'économie dans la main-d'œuvre et dans l'emploi des graines utiles.

L'irrigation, ce premier engrais des terres, n'a pas moins que les autres travaux agricoles préoccupé l'industrie : on a construit des pompes qui, semblables aux pompes
d'incendie, produisent un arrosage satisfaisant; mais ces moyens n'approchent point du
système d'irrigation adopté pour la Campine (province d'Anvers), vaste contrée, qui n'offrait naguère que des landes incultes d'une valeur de 15 francs l'hectare, et qui présente
aujourd'hui 150,000 hectares de bonnes terres évaluées de 300 à 500 francs l'hectare.
Un appareil jaugeur, employé pour déterminer le volume d'eau nécessaire aux irrigations
de la Campine et pour en opérer la distribution, exposé par M. l'ingénieur Kulhoff, a été
jugé digne d'une médaille de première classe. Malheureusement, cette récompense n'atteint que l'un des auteurs de cette vaste conquête de l'art sur la nature inculte. D'autres
ingénieurs habiles y avaient coopéré par des travaux d'ensemble admirables et par la
création de machines spéciales qui font à la Belgique le plus grand honneur.

Les moulins à plâtre, les moulins à tan, les machines pour piloter et frapper les savons,
les appareils pour hacher la viande et faire les saucisses, les pressoirs à vin, bien que
témoignant d'heureuses conceptions et un mécanisme soigné, n'ont obtenu que des
médailles de seconde classe ou des mentions honorables, soit en raison du peu de nouveauté dans le mécanisme et du manque de soin dans l'exécution des machines, soit
parce que les inventeurs avaient obtenu, dans d'autres sections, des récompenses plus
élevées qui ne leur permettaient de figurer ici que pour mémoire.

Quant au système de conservation des grains, nous n'avons vu qu'un grenier vertical
qui ait été jugé digne d'une récompense élevée; encore, cette récompense était-elle de
troisième ordre. Ici, pour indiquer un système parfait, il aurait fallu que le célèbre Philippe de Girard, l'inventeur des mécaniques à filer le lin, sortît de sa tombe, et qu'il
vînt, par l'organe de ses nièces, mesdames de Vernède de Cornellan, exposer, comme il
l'a fait au Concours agricole du mois de juin, l'œuvre posthume rêvée naguère. Cette

machine se compose d'une série de silos, hermétiquement fermés, au milieu desquels une chaîne sans fin, à godets, prend le grain au fond du silo, le remonte à la partie supérieure, et de là le laisse de nouveau tomber dans le grenier. Le blé passe sur un van qui enlève toutes ses impuretés, et dans sa chute il reçoit un choc qui donne la mort au charançon. Le bas du silo se termine par une trémie renversée, percée de trous nombreux. C'est au moyen d'une pompe foulante, qu'à travers ces orifices s'opère la ventilation. On peut également introduire, dans les silo, du gaz pour tuer les insectes nuisibles. D'après ce système, un grenier capable de contenir 200,000 hectolitres, coûterait 700,000 francs. La conservation annuelle du grain, en y comprenant toutes les dépenses d'intérêt, d'amortissement, de combustible et de main-d'œuvre, ne reviendrait qu'à 22 centimes par hectolitre ; économie évidente sur tous les autres greniers. Un appareil, au moyen duquel on remplit et on pèse des sacs, sans intervention des bras d'homme, se trouve placé à l'extrémité du silo : figurez-vous une bascule ordinaire sur laquelle on place le sac, qui reste debout au moyen d'un cerceau de fer ; au-dessus du sac est une trémie fermée par une coulisse, à l'extrémité de laquelle se trouve un contre-poids qui repose sur la plate-forme. Lorsqu'on veut vider le grenier, on place le sac sur la bascule, que l'on arme d'un poids déterminé ; on ouvre alors la coulisse, et le blé coule. Aussitôt que le sac atteint le poids déterminé, la bascule s'abaisse ; alors le contre-poids fixé à la coulisse, n'ayant plus de point d'appui, pèse sur cette dernière qui se ferme. Le contre-coup de la coulisse met en branle une petite cloche, pour avertir que le sac est plein.

Telle est, en détail, la description exacte du grenier et du peseur ensacheur de Philippe de Girard : système d'emmagasinage simple ; appareil non moins simple et facile à manœuvrer ; double témoignage de son profond génie. Nous nous sommes arrêtés d'autant plus volontiers sur ces productions posthumes, qu'elles manquaient à la gloire française dans l'Exposition universelle, et qu'arrivées après sa fermeture, pour illustrer l'Exposition agricole, elles vont ouvrir, avec les nouveaux appareils de drainage, une voie vers laquelle marcheront sans doute tous les agriculteurs.

L'emploi des procédés mécaniques, introduit partout depuis un demi-siècle, ne pouvait manquer de transformer l'imprimerie comme il transforme l'agriculture. Dans ces vingt-cinq dernières années, on a renouvelé de fond en comble le vieux système et réalisé de tels progrès, sous le rapport de la perfection du travail et de la rapidité des procédés, que l'art de Gutenberg est devenu un art presque nouveau. Les principales imprimeries forment de véritables usines ; la vapeur y joue son rôle comme dans les filatures de laine et de coton, et la vapeur n'a pas encore dit son dernier mot, ni réalisé toutes les espérances qu'elle faisait concevoir. Chose remarquable, c'est que, plus les machines se multiplient dans la typographie et plus le travail des bras semble s'étendre. Il y a trente ans, on ne comptait pas à Paris 800 ouvriers typographes ; il s'en trouve aujourd'hui 4,000 répartis dans 80 établissements ; et malgré l'existence de 276 presses mécaniques, on y voit fonctionner 572 presses à bras ; presses absorbant par année cinq millions de kilogrammes de papier pour les livres et peut-être plus pour les journaux.

Un double mouvement semble réagir sur les destinées de l'imprimerie : mouvement

vers la recherche de procédés nouveaux ; mouvement vers une exécution plus satisfaisante des travaux. Déjà, dans nos expositions nationales, cette tendance s'était montrée,
et à Londres, en 1851, sur le vaste théâtre de Hyde-Park, on avait vu la France disputer
à l'Angleterre la palme de la typographie ; on avait vu l'Autriche, la Belgique, la Hollande
les suivre de près, et l'on espérait un développement ultérieur des mieux marqués.

L'Exposition universelle de 1855 a réalisé complétement cette attente ; la mécanique a
pu s'emparer du caractère mobile et le ranger dans le composteur ; l'électricité, sous le nom
de *galvanoplastie*, est venue de la Russie d'abord, de l'Angleterre ensuite, et, dans ces
derniers temps, du cœur de l'Allemagne, reproduire sur le papier, dans leur vérité naturelle, les fossiles, les poissons, les médailles, les sceaux et quantités d'autres objets
demeurés infidèles à la gravure. On a vu l'impression en couleur échapper à l'incertitude de ses premiers débuts, fournir des cartes aux prix les plus réduits, créer des
vignettes, des encadrements admirables, introduire le charme des yeux dans des livres
accessibles à toutes les bourses.

L'Imprimerie Impériale de Vienne, l'Imprimerie Impériale de Paris, se sont placées
au premier rang, moins par des inventions directes que par l'application des découvertes
d'autrui ; et franchement on ne peut rien attendre de mieux des industries subventionnées,
qui sont là pour sauvegarder les bonnes traditions du passé et consacrer le progrès
qu'une industrie individuelle ne saurait pas toujours réaliser, faute de moyens pécuniaires
et d'ouvriers choisis.

La lithographie, la lithochromie devaient suivre le mouvement de l'imprimerie : la
reliure s'associa au même mouvement, et l'on a vu resplendir, dans les vitrines de l'Exposition universelle, quantité de produits pour lesquels d'ingénieuses machines étaient
venues au secours de la volonté humaine. Nous ne ferons qu'indiquer ces presses où deux
rouleaux mouilleurs fonctionnent par un mouvement des excentriques à temps d'arrêt ; ces
autres presses si remarquables par le mouvement combiné des tables-impressions ; ces
rouleaux lithographiques, ces presses portatives, ces encriers mécaniques, cette machine
pour former la gouttière des livres, cette autre machine pour l'endos, etc. Jusqu'à présent, la main seule s'était permis de toucher aux feuilles imprimées réunies en volumes :
mais, ici, comme ailleurs, la machine fait sentir son influence économique et rapide.
Dans cette voie, l'Angleterre, l'Allemagne et l'Amérique suivent la France de très-près.

Un procédé nouveau pour distribuer la matière sous le balancier des médailles ; une
machine américaine pouvant couper en un jour mille pantalons ; des machines à découper
les agrafes, qui ont produit une révolution dans la mercerie par l'avilissement des prix
qu'elles ont amené ; des machines à bouchons avec lesquelles un fabricant livre au commerce 500,000 bouchons chaque jour, figuraient d'une manière honorable, selon leur
ordre d'importance, dans l'Annexe du palais de l'Industrie. Le caoutchouc inspira aussi
plusieurs industriels : à eux seuls les appareils, les machines-outils destinés à sa fabrication et à son emploi tenaient une large place ; c'étaient des machines pour découper cette
gomme en rubans ; des cisailles cylindriques pour réduire ces rubans en fils ; des laminoirs
pour utiliser les déchets ; des machines pour malaxer, dissoudre, étendre le caoutchouc, etc.

Le polissage des glaces, la fabrication des bougies stéariques ont également donné lieu à d'ingénieuses applications de la mécanique; mais, dans aucune partie de l'industrie, on n'a vu surgir des procédés aussi savants que dans l'exécution des capsules, des balles creuses et des objets divers où le gouvernement français dut mettre à l'œuvre les théories profondes et les vues lumineuses de ses artilleurs et de ses artificiers, les premiers de l'Europe. Il n'y avait point ici de distinction possible, car les inventeurs, les praticiens, généraux, colonels, membres de l'Institut, ou simples officiers, étaient eux-mêmes appelés à juger leurs propres œuvres. Quelques années auparavant, elles avaient pris, sous les voûtes du Palais de Cristal de Londres, le rang que leur assignait l'admiration des connaisseurs; elles possédaient, comme représentants directs, des savants de premier ordre que les étrangers eux-mêmes appelaient à l'honneur de les présider. La Capsulerie militaire, instituée en France d'après des principes analogues à ceux sur lesquels reposent l'artificerie et la fabrication des armes de guerre, dirigée par d'anciens élèves de l'école Polytechnique, fait l'envie des autres peuples, et nous assure d'infaillibles succès s'il s'agissait encore de défendre sur les champs de bataille notre honneur ou nos droits méconnus.

REVUE DES PRINCIPAUX OBJETS

EXPOSÉS DANS LA SIXIÈME CLASSE.

USINE DE GRAFFENSTADEN, a Inkirch (Bas-Rhin). France.

Ce magnifique établissement avait envoyé à l'Exposition universelle une série d'outils, propres à travailler le bois, parmi lesquels on remarquait particulièrement :

1° Une machine à percer, horizontale, dans laquelle le bois est placé sur un chariot animé d'un mouvement horizontal et d'un mouvement vertical. Un autre chariot porte un arbre porte-mèches horizontal, qui fait en moyenne 800 tours à la minute, et dont la course se règle, selon le besoin, au moyen d'un levier. Le prix de cette machine est de 1,000 francs.

2° Une machine à percer, double, verticale, dont les porte-mèches s'élèvent et s'abaissent à l'aide d'une crémaillère et d'un pignon. L'équilibrement de l'outil se fait à l'aide d'un contre-poids, qui permet à l'ouvrier d'arrêter instantanément la machine, dont la vitesse de mèche est de 240 tours par minute.

La profondeur des trous à percer est réglée à l'aide de taquets. La machine vaut 2,000 francs.

3° Une machine à mortaiser, horizontale, dont la mèche est un vrai ciseau à deux faces tranchantes en retour d'équerre. Le porte-outil est cylindrique; il glisse dans une douille en fonte. La bielle qui le met en mouvement est à joint sphérique, et fonctionne à l'aide d'un arbre coudé.

Cette machine peut être livrée à l'industrie au prix de 2,200 francs.

4° Une machine à mortaiser, double. Le bois à mortaiser est placé sur un chariot qui a deux mouvements horizontaux; il est maintenu à l'aide de deux équerres à vis. Les mortaises doubles s'obtiennent par deux ciseaux qui sont fixés dans un porte-outil ordinaire. La machine est munie d'un frein qui permet de l'arrêter à volonté. Elle est du prix de 4,000 francs.

5° Une machine à faire des tenons. Le chariot porte-rabot descend à la main, quand il travaille, et remonte à l'aide de la machine. La pièce à travailler est fixée, au moyen de quatre équerres, sur une table qui a un mouvement longitudinal et transversal.

Les fers des rabots circulaires se règlent, quant à la distance, selon la dimension des tenons à exécuter, et font 1,700 tours à la minute. Cette machine est du prix de 3,000 francs.

6° Une machine à faire les rainures et les tenons simples. La table qui porte le bois à travailler est assujettie en long, lorsque l'on veut faire des rainures, et en travers de ladite table, lorsque l'on veut faire des tenons.

Les chariots à rabots ont un mouvement vertical, et les rabots eux-mêmes sont disposés verticalement. Les supports des chariots ont à leur tour un mouvement horizontal, de telle sorte, que les outils s'avan-

II.   13

cent ou s'éloignent alternativement de la table où repose le bois à travailler. Une scie circulaire a pour objet d'araser les tenons aussitôt qu'ils sont faits, et deux porte-outils permettent de travailler aussi bien en dessus qu'en dessous.

L'exécution des machines exposées par l'usine de Graffenstaden, est de tout point irréprochable. Le personnel de ce bel établissement se compose de 1,200 ouvriers. Outre son outillage, Graffenstaden possède 8 moteurs, savoir : 5 roues hydrauliques, une turbine et deux machines à vapeur.

C'est à M. Mesnier, directeur de Graffenstaden, que l'on doit la belle organisation de cette usine. Aussi, le Jury, en décernant à ce riche établissement une grande médaille d'honneur, a-t-il associé à cette brillante distinction le nom de M. Mesnier.

M. THOMAS BLANCHARD, a New-York (États-Unis).

M. Blanchard avait envoyé à l'Exposition universelle une machine destinée à courber les bois, ainsi que de beaux échantillons des résultats obtenus à l'aide de son système.

Le bois, après avoir été soumis à l'action de la vapeur, est placé contre une forte règle de métal mobile sur une coulisse. Un quart de cercle, muni d'un puissant levier, à l'extrémité duquel agissent de forts treuils, saisit la pièce de bois, et la courbe dans le sens voulu.

A l'aide de ce mécanisme très-simple, M. Blanchard, en maintenant la courbure jusqu'à ce que la pièce se soit séchée dans cette position, obtient toutes les courbes possibles.

Parmi les échantillons de courbes, présentés par cet habile mécanicien, nous citerons des bois d'acajou et de palissandre, ployés suivant les contours les plus variés, pour meubles, tels que cercles de siéges, dossiers, pieds, encadrements, etc., puis d'autres bois d'essence dure, pour manches d'outils, et surtout des pièces de fort équarrissage pour construction de navire. Nous mentionnerons particulièrement une pièce de 0,30 centimètres d'équarrissage, ployée par le milieu, suivant une inclinaison d'environ 0,60 centimètres.

M. Blanchard affirme que le passage des bois à la vapeur, à raison d'une demi-heure par pouce carré, ne fait que les améliorer. C'est là une question sur laquelle on n'est pas d'accord, et l'opinion contraire prévaut généralement. Il est à regretter que la machine de M. Blanchard n'ait pas encore la sanction de l'expérience pratique, mais elle paraît destinée à rendre de grands services.

M. Blanchard a obtenu du Jury une médaille de première classe.

M. Fl. GARRAND, a Paris (France).

Il y a déjà longtemps qu'on s'est occupé de la fente des bois, soit pour la boissellerie, soit pour le placage ; mais les produits fabriqués, de très-petite dimension, n'offraient pas toutes les conditions désirables de service. Il était donné à M. Garrand de résoudre définitivement ce problème.

Le bois à débiter en placage, préalablement passé à la vapeur, est placé sur une table qui s'élève ou s'abaisse à volonté. Deux crémaillères font avancer horizontalement un bâti armé d'une lame de 1 mètre 40 centimètres de longueur, laquelle, ayant une position oblique, détache à chaque course une feuille de bois.

La lame du couteau du bâti fonctionne d'une manière toute mathématique ; aussi, les feuilles de bois exposées sont-elles d'une épaisseur égale, bien découpées, et ne présentant aucune brisure.

Suivant M. Garrand, certains objets d'ébénisterie peuvent, par suite de l'emploi des produits obtenus par sa machine, offrir aux acheteurs une économie de 25 pour 100.

M. Garrand a reçu une médaille de première classe.

M. C.-B. NORMAND, au Havre (France).

M. C.-B. Normand avait envoyé à l'Exposition universelle :

1° Une scie droite verticale, à plusieurs lames, pour débiter les gros bois en grume, et spécialement destinée au sciage droit des bois de membrure des navires.

La figure ci-dessous représente une épure du mouvement de cette machine, pour laquelle il a obtenu un brevet.

Scie droite verticale pour débiter les bois en grume, de M. C.-B. Normand.

Le châssis porte-lames, au lieu de se mouvoir verticalement entre des guides, est articulé à chaque extrémité sur un parallélogramme A et A', oscillant autour d'un axe horizontal B et B'. Par cette disposition, le mouvement des scies est tout à fait analogue à celui donné dans le sciage à bras, la partie inférieure se retirant en arrière, tandis que la partie supérieure s'avance. Les dents des scies, au lieu de prendre toute la hauteur du trait, ne mordent que successivement, suivant une trace courbe *xxx* dont elles n'attaquent qu'une faible partie à la fois en commençant par le bas. Le parcours de chaque dent de scie dans le bois se trouve donc réduit à 2 ou 3 centimètres, et la matière enlevée ne l'est jamais à l'état de poussière comme avec les scies mécaniques ordinaires, mais divisée en petits copeaux comme la sciure grenue faite par de bons scieurs à bras. Au retour, les scies s'éloignent de leur ligne de travail, de manière à se dégager pendant la remonte. Ce mouvement est obtenu, en suspendant le bas du châssis sur un point intérieur de chacune des bielles latérales, qui, par le mouvement circulaire de l'extrémité supérieure et celui semi-circulaire de l'extrémité inférieure, décrit la courbe fermée *yyy*.

La fig. 2 représente le mouvement des dents des scies mécaniques ordinaires.

La fig. 3, celui des scies à bras ou des scies mécaniques articulées.

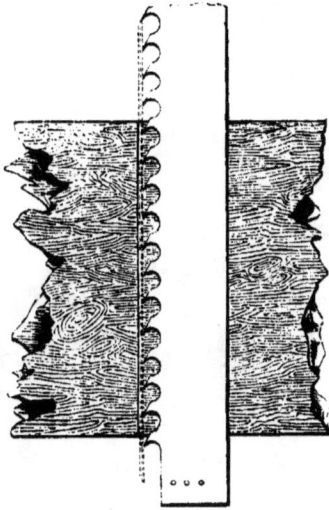 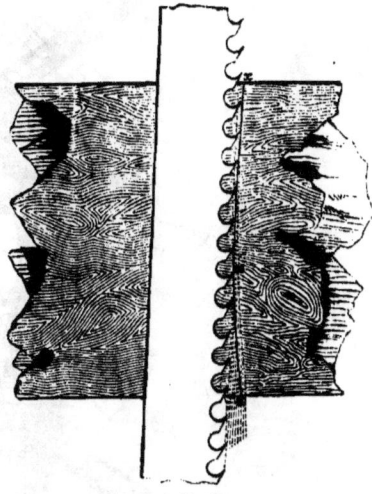

Fig. 2.   Fig. 3.

Ces différents mouvements donnent toutes les garanties possibles de solidité de l'outil et présentent, sous le rapport de la force motrice, de l'usure et de l'affûtage des scies, une économie d'environ 50 p. 0/0 sur les moyens ordinaires, chaque mètre carré de sciage de chêne n'exigeant plus qu'une dépense de 30,000 kilogrammètres environ.

Une autre disposition fort ingénieuse est celle du chariot qui guide et conduit le bois. Il présente une grande solidité et procure une économie de temps, le montage étant très-prompt et rien n'étant à changer aux parties qui saisissent la pièce pendant son avance.

2° Une scie verticale, brevetée, à débiter les bois suivant des courbures, des épaisseurs et des équerrages variables.

Cette machine remplit de la manière la plus satisfaisante, sous le rapport de l'exactitude, de la facilité et de la rapidité du sciage, toutes les conditions du travail des membrures des navires, conditions que des appareils beaucoup plus compliqués, essayés dans différents pays, n'ont jamais atteintes que très-imparfaitement. Les fig. 4 et 5 sont une épure du mouvement de cette machine.

La pièce à scier, ayant été préalablement débitée suivant ses deux faces droites, est supportée et entraînée vers les scies par quatre rouleaux ou cylindres FF′ GG′ montés dans des supports à pivot. Un même mécanisme (non figuré) réunit et coordonne les mouvements d'orientation de tous les rouleaux, de telle manière que leurs axes soient toujours, ou parallèles, ou convergents vers un même point H′ à droite ou à gauche des scies, et toujours situé sur la droite XX perpendiculaire au milieu de leur largeur.

Ce point de convergence est le centre des arcs de cercles, suivant lequel le bois est amené, tangentiellement aux lames de scies, et l'ouvrier dirigeant le travail, en observant l'avance relative d'une des deux scies sur la courbe directrice tracée sur la pièce, et agissant à la fois, au moyen d'une sorte de gouvernail, sur tous les rouleaux-supports, reporte successivement le centre du mouvement d'avance aux centres des cercles osculateurs des différentes parties de la courbe, et suit avec facilité toutes ses inflexions.

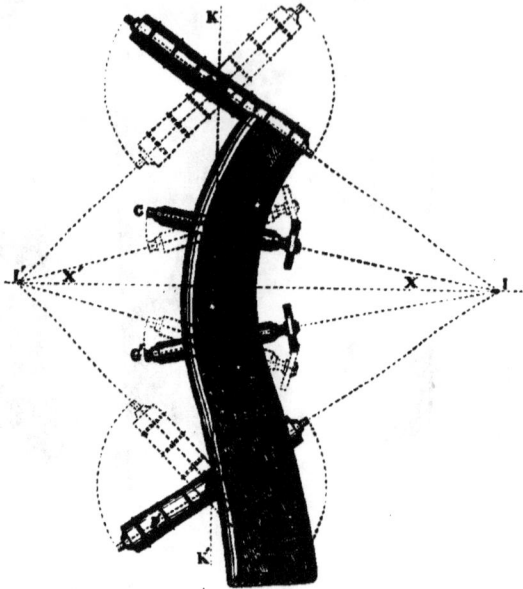

Fig. 4.

Les erreurs de l'ouvrier qui dirige le travail sont peu sensibles, puisque les courbes que suivraient les lames, si on cessait de guider les pièces de bois, sont des cercles tangents à la courbe tracée.

Tout le système de rouleaux-supports s'incline autour d'un axe horizontal K pour présenter la pièce à l'action des scies sous l'angle voulu. Ces changements d'équerrage ou torsions sont fournis d'une manière continue, régulière ou variable, par la machine elle-même. Il en est de même du mouvement latéral des lames de scies, qui, tout en restant bandées fortement, s'écartent ou se rapprochent, pendant le sciage, de la quantité nécessaire pour fournir à chaque point l'échantillon demandé, sans que la régularité des contours en soit altérée.

Les deux scies exposées sont établies sur des bâtis complets en fonte et indépendants de tout support extérieur.

Les frais de pose se trouvent donc notablement réduits, car la solidité et la durée de l'instrument, aussi bien que la précision du travail, ne sont jamais compromis par les déformations et les mouvements inséparables des charpentes ou assemblages de bois très-généralement usités.

En résumé, les deux scies de M. Normand ont été composées avec une entente parfaite de l'opération de sciage et de la construction des machines-outils. Toutes les parties en sont bien combinées, simples et solides, et si quelques-unes d'entre elles peuvent encore demander des améliorations, il ne faut attribuer ces légers défauts qu'à la première étude d'une machine nouvelle qui, nous le répétons, est déjà d'une construction très-remarquable.

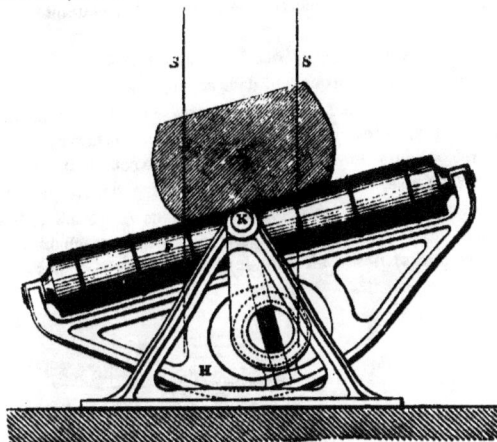

Fig. 3.

Les commandes importantes faites par l'administration de la Marine à M. Normand, et les prix élevés des six appareils demandés pour les ports de Cherbourg, Lorient et Toulon, sont un témoignage puissant en faveur des avantages pratiques des nouvelles scies.

Plusieurs de ces scieries sont destinées au sciage des longs bois en grume, en bordages droits ou courbes, suivant un système également breveté par M. Normand, mais qui n'a pu figurer, faute de temps et de place, à l'Exposition universelle.

Le Jury, appréciant l'immense service rendu à l'industrie par M. C.-B. Normand, lui a décerné une MÉDAILLE D'HONNEUR.

M. I.-L. PERRIN, à Paris (France).

M. Perrin applique la scie à lame continue, au débit des bois, particulièrement ceux destinés à l'ébénisterie.

Les dispositions du mécanisme de M. Perrin consistent en deux poulies garnies de bandes de cuir, fixées de manière à ce que celle qui est en haut, puisse s'incliner suivant la longueur de la lame, laquelle est tendue par l'écartement des axes des poulies.

Un guide saisit la lame le plus près possible de la pièce à chantourner, et la renvoie à gauche ou à droite, en avant ou en arrière, selon la nature du dégauchissement à opérer.

Lorsque l'on veut débiter le bois sous des angles divers, c'est alors la table, sur laquelle la pièce est placée, qui s'incline ou qui s'élève elle-même, selon le besoin.

Un frein permet d'arrêter instantanément l'appareil, et un fourreau de bois enveloppe la lame de la scie, de manière à éviter les accidents qui pourraient résulter d'une rupture.

Les échantillons de fabrication, présentés par M. Perrin, sont d'une délicatesse et d'un fini parfaits. Aussi, le Jury lui a-t-il décerné une MÉDAILLE DE PREMIÈRE CLASSE.

M. Ch. LANIER, a Paris (France).

M. Lanier exposait dans la XIV° Classe les produits de son usine, où il fabrique, par des procédés mécaniques, toute espèce de menuiserie, et particulièrement de menuiserie courante, à savoir : portes, persiennes et croisées.

Ces produits, récompensés par le Jury, d'une médaille de première classe, étaient d'une telle perfection d'exécution, et laissaient si loin en arrière tout ce qui, dans ce genre, avait été tenté jusqu'à ce jour, que le Jury de la VI° Classe a voulu visiter l'usine de M. Lanier, et voir fonctionner ses machines-outils. Les principales sont : le rabot tournant; la scie circulaire; la machine à mortaiser; les rabots à double fer; une raboteuse à trois cylindres obliques; une fraise en acier, montée comme une scie circulaire, portant une denture de scie à main sans voie, et coupant le bois avec une netteté parfaite. Une machine à tenons, etc. Au total, vingt-deux outils différents, fonctionnant tous et travaillant le bois de mille manières. La machine à moulures, dont nous donnons le dessin, a cela de remarquable, qu'on peut, avec son aide, obtenir tous les produits que l'on désire : il suffit de changer le porte-lames.

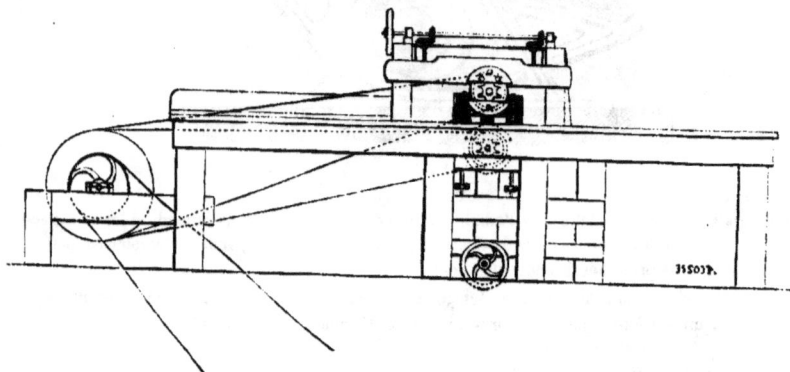

Machine à moulures de M. Ch. Lanier.

Ce que l'on doit admirer surtout dans ces machines-outils, c'est que les ouvrages qu'elles exécutent sont d'une perfection extraordinaire; ainsi, les bois sont coupés non-seulement d'une manière très-nette, mais les assemblages les plus compliqués faits sans retouches et avec une précision mathématique.

Bien que M. Lanier n'eût pas, ainsi que nous l'avons dit, exposé ses machines-outils dans la VI° Classe, le Jury a bien voulu s'en souvenir, et lui a décerné une médaille de deuxième classe.

M. L. SCHWARTZKOP, a Berlin (Prusse).

M. Schwartzkop exposait une scie, pour les bois en grume, à action directe, et mue par la vapeur.

Dans cette machine, le châssis avance dans les coulisses d'un bâti. Celui-ci porte, à sa partie supérieure, le cylindre d'une machine à vapeur, dont la tige du piston est fixée au châssis porte-lames e communique à ce dernier un mouvement de va-et-vient.

Les dispositions de l'appareil, quoique ne présentant rien de bien neuf, paraissent cependant assez ingénieusement agencées pour produire tout l'effet désirable.

Cette scie, dont le prix marqué était de 15,000 francs, a mérité à son auteur une médaille de première classe.

M. J.-F. QUESTEL-TREMOIS, a Paris (France).

M. Questel-Tremois exposait une machine à façonner les feuilles de parquet.

Cette machine fonctionne avec beaucoup d'ensemble, et les trois faces de la feuille de parquet sont façonnées en une seule passe. Elle se compose de trois rabots cylindriques. Celui qui fait la face supérieure part le premier, et cette face, une fois dressée, sert de guide aux deux rabots latéraux. Vient ensuite le rabot qui fait la rainure, et la surface rainée, en venant s'appuyer sur un autre guide, permet au troisième rabot de faire la languette. De cette manière, la largeur de la rainure se trouve d'accord avec la languette, et l'une et l'autre sont toujours à égale distance de la surface de la feuille de parquet, ce qui rend l'assemblage excessivement facile.

La machine de M. Questel-Tremois réussit parfaitement bien, et donne un travail très-régulier. Le Jury a récompensé l'inventeur par une MÉDAILLE DE PREMIÈRE CLASSE.

M. W. RODDEN, a Montréal (Canada).

M. Rodden avait exposé : 1° une machine à gournables, c'est-à-dire une machine destinée à faire les chevilles de navire; 2° un tour d'ébéniste; 3° une machine à raboter les madriers, et 4° un établi de menuisier.

Au point de vue de leurs constructions, comme au point de vue des produits, les deux premières machines offrent peu d'intérêt. La machine à raboter est assez remarquable : la pièce qu'on veut ouvrer est fixée sur une table qui avance au moyen d'une crémaillère; le porte-outils est en fonte; les fers, en acier forgé, sont attachés aux deux extrémités d'une barre horizontale, mis en mouvement à l'un des bouts par un arbre vertical. L'avantage de ce système est de n'exiger que peu de force, comparativement aux rabots circulaires employés dans les machines de ce genre.

L'établi de menuisier n'est qu'un spécimen de collection d'outils propres à travailler le bois.

M. Rodden a reçu une MÉDAILLE DE PREMIÈRE CLASSE.

M. J. WITHWORTH, a Manchester (Royaume-Uni).

M. Withworth avait exposé une collection de machines-outils sur laquelle un des rapporteurs de la VIe classe, M. Polonceau, s'est exprimé en ces termes :

« Parmi les nombreuses machines-outils que nous avons eu à examiner, la magnifique collection de « M. Withworth occupe incontestablement le premier rang. Ce qu'il faut louer, surtout, c'est la beauté « des formes, la bonne répartition de la matière, la stabilité, le bon agencement de toutes les pièces et « l'exécution précise de l'ajustement. »

Cette collection se composait :

1° D'un tour à quatre outils pour roues de locomotives, du poids de 21,020 kilos et du prix, en Angleterre, de 16,800 fr.

2° D'un tour parallèle à fileter, du poids de 4,180 kilos et du prix de 7,655 fr.

3° D'un tour parallèle à fileter, à pédale, du poids de 510 kilos et du prix de 2,037 fr.

4° D'une machine à raboter, à outils tournants, du poids de 13,875 kilos et du prix de 11,525 fr.

5° D'une grande machine à mortaiser, du poids de 4,033 kilos et du prix de 5,275 fr.

6° D'une petite machine à mortaiser, du poids de 782 kilos et du prix de 2,700 fr.

7° D'une machine à percer, verticale, du poids de 2,465 kilos et du prix de 3,375 fr.

8° D'une machine à percer, radiale, du poids de 3,679 kilos et du prix de 5,000 fr.

9° D'une grande machine limeuse, à retour accéléré de l'outil, du poids de 9,750 kilos et du prix de 9,500 fr.

10° D'une petite limeuse, du poids de 1,460 kilos et du prix de 3,075 fr.

11° D'une machine à fraiser les écrous, du prix de 2,825 fr.

12° D'une machine à tailler les engrenages, du poids de 1,790 kilos et du prix de 4,800 fr.

13° D'une machine à tarauder, du poids de 1,109 kilos et du prix de 2,950 fr.

14° D'une machine à cisailler et à poinçonner, du poids de 1,110 kilos et du prix de 1,825 fr.

15° D'un martinet à rotation, pouvant donner 600 à 1,800 coups par minute et du prix de 3,750 fr.

16° De six boîtes de filières, coussinets et tarauds, pesant 190 kilos et du prix de 17 fr. 90 c. le kilog.

17° Enfin, de marbres et de règles, d'une perfection que rien ne peut surpasser.

Cette magnifique exposition a fait décerner à M. J. WITHWORTH, la GRANDE MÉDAILLE D'HONNEUR.

M. POLONCEAU, ATELIER DU CHEMIN DE FER D'ORLÉANS, A PARIS (FRANCE).

M. POLONCEAU exposait un tour destiné à la fabrication des roues de wagons.

Le poids de ce tour est de 19,000 kilos et son prix est de 18,000 fr.

Cette machine opère le plus ordinairement sur une circonférence de 3 mètres; aussi faut-il de puissants outils pour résister à un semblable travail; en effet, les deux roues sont tournées en même temps, afin qu'elles soient identiquement pareilles, et cette condit'on est d'autant plus essentielle, qu'elles ne sont reliées ensemble que par un essieu qui offre peu de résistance à la torsion.

Le tour de M. Polonceau porte quatre outils. Pendant que les deux premiers font les jantes, les deux autres font les faces latérales; enfin, les poupées font partie intégrante du banc, c'est-à-dire sont fondues avec lui, afin d'annihiler les vibrations qui pourraient résulter d'un ajustement imparfait.

Cette belle machine peut fabriquer sept paires de roues par jour, résultat immense, qui eût bien certainement fait décerner à M. POLONCEAU une haute récompense, si, comme nous l'avons déjà dit, sa position de membre du Jury ne l'eût placé *hors de concours*.

M. GOUIN ET Cᵉ, A BATIGNOLLES, PRÈS PARIS (FRANCE).

La maison GOUIN ET Cᵉ, avait exposé les dessins de l'outillage employé, dans son usine des Batignolles, à la construction des ponts en tôle, qui y est aujourd'hui traitée mécaniquement. Au moyen de ces outils, le percement, le rabotage, l'assemblage et le rivage des plaques de tôles s'y font avec une régularité mathématique.

Pour le percement, elles sont placées sur un chariot qui a un mouvement perpendiculaire à l'axe de la machine à poinçonner, et sans tracé préalable, elles sont percées avec une promptitude extraordinaire : les distances des trous sont égales ou inégales, constantes ou variables selon le besoin.

Après le perçage, les plaques de tôle sont réunies en paquets et placées dans la fosse d'une machine à raboter, dont les dimensions sont telles qu'elle peut recevoir des pièces de 1 mètre 50 de largeur sur 10 mètres de long, et d'une hauteur variable.

Les cornières et les fers en T se percent de la même manière; mais, comme ceux-ci sont parfois très-ondulés, ils ne sont fixés que par une de leurs extrémités, ce qui permet de suivre leur irrégularité et d'obtenir un perçage régulier malgré leur torsion.

Des tables d'assemblage s'élèvent à une petite hauteur du sol et permettent d'y placer les feuilles percées, et de les river, soit à l'aide de très-lourds marteaux, soit le plus souvent à l'aide de la machine à river.

L'usine de MM. GOUIN et Cᵉ, outre la construction des machines, peut produire par semaine l'énorme quantité de 100,000 kilogrammes de ponts en fonte ou de grosse serrurerie.

La Commission internationale eût certainement décerné à M. Gouin une récompense digne des brillants résultats qu'il a obtenus; mais, comme M. Polonceau, il était membre du Jury.

MM. SMITH, BEACOCK ET VICTORIA-FOUNDRY TANNETT, a Leeds (Royaume-Uni).

Ces habiles constructeurs de machines exposaient :

1° Un grand tour parallèle, du poids de 27,000 kilos et du prix de 19,250 fr.

2° Un tour à banc rompu, du prix de 4,750 fr.

3° Une machine à aléser et à tourner les plateaux, du prix de 2,115 fr.

4° Une grande limeuse, du prix de 2,700 fr.

5° Une petite machine à mortaiser, du prix de 1,750 fr.

6° Une petite limeuse, du prix de 1,250 fr.

7° Une machine à percer radiale, du prix de 4,000 fr.

8° Une machine à tailler les écrous, du prix de 1,950 fr.

9° Une machine à tailler les fraises, pour la taille des engrenages, du prix de 500 fr.

Toutes ces machines, dont quelques-unes se rapprochent de celles de M. Withworth, sont bien disposées et bien construites. Nous citerons, comme présentant des dispositions nouvelles : la machine à aléser, la machine à tailler les écrous, et celle à tailler les fraises. MM. Smith Beacock et Tannett ont su allier à la perfection du travail le bon marché des produits, condition essentielle en pratique industrielle.

Leur belle collection d'outils et la réputation méritée de leur maison leur a valu une médaille de première classe.

M. DE COSTER, a Paris (France).

M. de Coster avait exposé une brillante série de machines-outils et d'appareils, présentant un grand intérêt au double point de vue de leur emploi et des dispositions ingénieuses qu'il a su mettre en œuvre dans leur construction.

Cette exposition se composait :

1° D'un palier graisseur et transmission à grande vitesse, dont nous avons parlé précédemment.

2° D'une grande machine à raboter, du poids de 10,000 kilos et du prix de 10,000 fr. Dans cette machine, la traverse qui porte l'outil est mise en mouvement à l'aide des chaînes Gall. L'outil, au moyen d'une simple corde, se retourne à chaque va-et-vient, ce qui lui permet de travailler à l'aller et au retour.

3° D'un grand étau limeur, du prix de 4,500 fr., et d'un petit étau limeur, du prix de 2,000 fr.

4° D'un tour à chariot à fileter, du poids de 6,500 kilos et d'une valeur de 8,500 fr. Ce tour, composé d'une crémaillère et d'une vis, reçoit directement la transmission. Le changement de marche s'obtient à l'aide de cônes de friction et de simples courroies. L'arbre est guidé par une cuvette à expansion. En annexant à ce tour un chevalet à 4 vis, on peut y opérer l'alésage des cylindres.

5° D'une machine à percer, du poids de 5,000 kilos et du prix de 6,000 fr. Cette machine est composée d'un plateau tournant, qui s'élève et s'abaisse à volonté, et dont les dispositions sont telles qu'elle peut percer et aléser les pièces les plus variées.

6° D'une meule, montée sur palier graisseur, et dont l'auge est disposée de telle sorte que l'eau sale s'écoule au fur et à mesure qu'elle se produit.

Enfin, 7° de petits outillages, c'est-à-dire de collections complètes de tarauds, filières, coussinets, alésoirs, clefs, etc., etc.

Outre cette belle exposition, M. de Coster avait présenté plusieurs spécimens d'outils et quelques produits d'un intérêt général, parmi lesquels nous citerons :

Un étau à main à double vis; un toc à double vis de pression; un instrument pour tendre les courroies de transmission, qu'on veut recoudre; un bois de fusil, ébauché à la machine; des douves de tonneau fabriquées à la machine; un échantillon de fil de caret; un hydro-extracteur et un ventilateur.

Le Jury a décerné à M. DE COSTER une MÉDAILLE DE PREMIÈRE CLASSE.

M. ABS. DESHAYES, A PARIS (FRANCE).

L'exposition de M. DESHAYES se composait :

1° D'un tour de précision, pouvant dresser les surfaces, tourner cylindriquement, fileter, percer, aléser, tourner les cônes, les sphères en saillie ou en creux.

Comme spécimen de ce que M. DESHAYES peut produire à l'aide de son tour de précision, nous citerons : Une coupe demi-sphérique en fonte, dans laquelle repose une sphère de même métal; quoique ces pièces n'aient pas été rodées, le contact de leur surface est tel, que le vide qui se produit entre elles par l'adhérence des molécules permet d'enlever la sphère, lorsqu'on pose la coupe par-dessus.

2° D'un cadre contenant un diviseur. Ce diviseur a 0,60 centimètres de circonférence; il est mû par une vis sans fin; il porte 2,520 dents et il est formé de deux plateaux qui peuvent se réunir. La division est si bien exécutée que la variation de position des plateaux n'empêche pas les dents de se correspondre, et si on adapte à la vis un disque divisé en 4 ou 6 parties, on peut alors opérer par demi, par tiers, par quart ou par sixième de tours.

3° D'une machine à tailler les engrenages. Cette machine a pour objet de tailler les roues droites et coniques à dentures ordinaires ou hélicoïdales.

M. DESHAYES, un des plus habiles mécaniciens au point de vue de la mécanique de précision, est non-seulement l'inventeur des machines qu'il a exposées, mais il en est encore le constructeur; aussi s'est-il vu décerner une MÉDAILLE DE PREMIÈRE CLASSE.

M. T.-F. CALARD, A PARIS (FRANCE).

Il y a quinze à vingt ans, le perforage métallique consistait en feuilles de tôle et de cuivre, percées de trous d'une manière toute défectueuse et irrégulière, à l'aide d'un poinçon à main qu'on enfonçait au moyen d'une masse sur du bois debout ou sur du plomb.

M. CALARD fils perfectionna ce perforage, en substituant au travail manuel les machines-outils; il obtint des produits très-remarquables, et devint ainsi le créateur d'une industrie nouvelle.

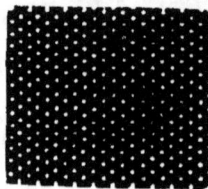

Perforés pour criblages divers.   Perforé pour ornements.

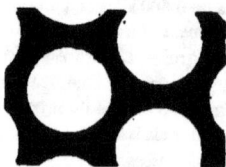

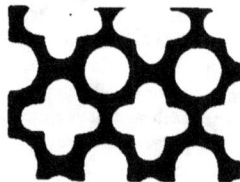

M. Polonceau, rapporteur du Jury de la VI° Classe, a rendu compte en ces termes de l'exposition de M. CALARD.

« M. CALARD a exposé des machines à percer, des dessins de machines à perforer les tôles, et des « échantillons de fabrication.

« Les machines à percer de M. Calard sont bien exécutées; le plateau mobile à la main permet, pour les « trous de très-faible diamètre, de donner à l'outil une pression très-légère et qu'on gradue à volonté.

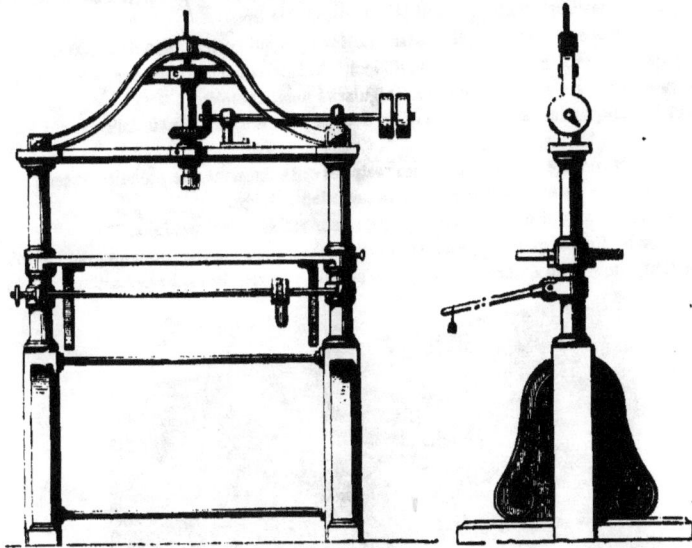

Machine à percer à plateau mobile.

« La machine à cintrer les barres de fer à froid est une machine fort simple, très-bon marché, destinée « aux charrons. Elle ne présente d'intérêt que par sa simplicité et parce qu'elle est bien réussie.

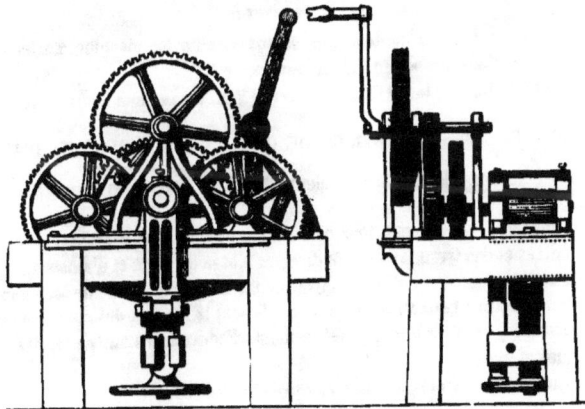

Machine à cintrer les fers à froid, 0m,162, 0m,034.

« Les machines à poinçonner de M. Calard, quoique montées sur bâti en bois et de disposition très- « simple, remplissent parfaitement le but pour lequel elles ont été construites, et la partie spéciale et « importante, l'outil, ne laisse rien à désirer.

« Ces machines à balancier percent une feuille de tôle d'une manière parfaitement nette et parfaite-
« ment régulière. Comme dimension et comme écartement, le perçage du trou se fait sur toute la largeur
« de la feuille, à chaque coup, quelle que soit la dimension des trous.

« Lorsque les perforés sont très-fins (M. CALARD en fabrique qui portent plus de 4,000 trous au déci-
« mètre carré), on comprend quelle doit être la difficulté de fabrication des poinçons, pour qu'étant aussi
« fins et aussi nombreux, ils travaillent avec une régularité aussi complète.

« Les difficultés très-grandes de fabrication et de trempe pour des outils aussi délicats, ont été parfai-
« tement résolues.

« Celles plus grandes encore de fabrication des matrices qui exigeaient une précision excessive, ont été
« également vaincues, et ces appareils fonctionnent parfaitement.

« M. CALARD a exposé, en outre, une collection fort remarquable de ses produits.

« Les perforés de M. CALARD qu'il a appropriés avec une très-grande intelligence à un grand nombre d'in-
« dustries, rendent aujourd'hui d'immenses services; surtout à l'agriculture, ils permettent, par la variété

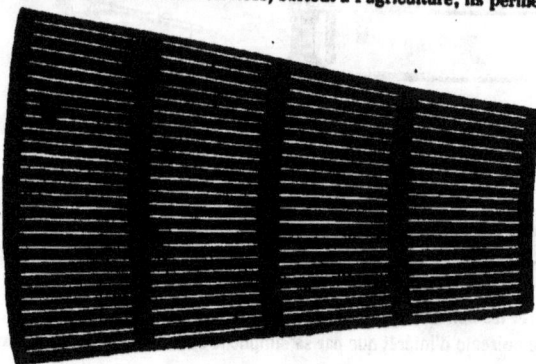

Perforé pour l'agriculture.

« infinie de leur disposition, par leur régularité d'emploi, surtout pour les machines à trier les grains, des
« procédés très-ingénieux et d'une grande utilité en pratique. »

A la suite de ce Rapport, le Jury de la VIᵉ Classe a décerné à M. CALARD une MÉDAILLE DE PREMIÈRE CLASSE.

ÉCOLES IMPÉRIALES DES ARTS ET MÉTIERS DE CHALONS, D'ANGERS ET D'AIX (FRANCE).

Les trois Écoles impériales des arts et métiers avaient adressé à l'Exposition universelle les machines
suivantes :

1ᵒ Un grand tour à fileter; — 2ᵒ un petit tour ordinaire; — 3ᵒ un tour à archet; — 4ᵒ une presse à
vermicelle; — 5ᵒ des filières et des tarauds; — et 6ᵒ diverses pièces de forge et d'ajustage.

Ces différents objets ne laissaient rien à désirer, quant au fini et à l'exactitude de leur construction; ils
se recommandaient d'autant plus à l'attention du Jury, qu'ils sont le résultat des études et des travaux de
jeunes gens qui vont chercher, dans nos grands établissements d'éducation industrielle, des connaissances
tout à la fois théoriques et pratiques.

Une MÉDAILLE DE PREMIÈRE CLASSE a été décernée aux trois Écoles réunies.

MARINE IMPÉRIALE (FRANCE).

Dans l'exposition si brillante de la Marine impériale, se trouvaient des machines provenant des ateliers
de Guerigny et de Brest. Les ateliers de Guerigny avaient envoyé :

Un modèle de machines à aléser et un modèle de machines à fileter.

Ceux de Brest :

1° Une machine à percer les feuilles de cuivre destinées au doublage des navires.

Cette machine non-seulement fait bien, mais elle présente une immense économie sur les anciens procédés à la main. Autrefois, 10,000 feuilles exigeaient 500 journées de travail et coûtaient 10,000 fr.; aujourd'hui, à l'aide de la machine, 10,000 feuilles sont percées en vingt jours et coûtent 400 francs.

2° Une machine à comprimer les gournables ou chevilles employées dans la construction des navires. Toutes ces machines sont exécutées dans de bonnes et solides conditions.

M. DEVINCK, A PARIS (FRANCE).

Deux appareils avaient été exposés par M. DEVINCK :

1° Une machine à peser et mouler le chocolat ;

2° Une machine à l'envelopper.

La machine à peser et à mouler le chocolat se compose d'un distributeur, duquel la pâte est extraite à l'aide d'une vis sans fin ; cette vis a pour objet d'expulser du chocolat les bulles d'air qui pourraient s'y trouver, et, en même temps, de débiter méthodiquement la pâte dans un tambour vertical, muni de cavités garnies de pistons ; ceux-ci, à leur tour, sont reliés par une même tige ; en sorte qu'à mesure qu'un piston recule sous la pression de la pâte qui remplit la cavité, le piston opposé refoule en dehors le chocolat qui avait précédemment occupé le vide correspondant. A la sortie du tambour, le chocolat, sous forme de boudins, est entraîné sur un plan incliné jusque sur la table de moulage et de dressage, sur laquelle se trouvent des moules animés d'un mouvement de rotation et de vibration continuel. Ces boudins de pâte s'étalent dans les moules, qui sont ensuite portés par une chaîne sans fin dans une cave où s'achève le refroidissement.

Comme on le voit, cette machine est entièrement automatique.

La machine à envelopper le chocolat est due à M. Armand Daupley, contre-maître de la maison DEVINCK ; elle enveloppe quatre tablettes à la minute ou environ 2,000 par jour. Lorsque dix kilos sont enveloppés, un mécanisme très-simple, mû par un contre-poids, les fait remonter de la cave au magasin.

Le Jury, en associant le nom de M. Armand Daupley à celui de M. DEVINCK, a décerné à ce dernier une MÉDAILLE DE PREMIÈRE CLASSE.

M. HERMANN, A PARIS (FRANCE).

L'exposition de M. HERMANN se composait :

1° D'une machine à broyer le chocolat à trois cylindres en granit et à couteau en quartz, ayant pour objet de supprimer le contact du fer avec la pâte du cacao ;

2° D'une machine à broyer le cacao, susceptible d'être également employée au broyage d'une graine oléagineuse ;

3° D'un mélangeur, composé de deux meules en granit, circulant dans une auge semblable ;

4° D'une machine également en granit, servant à préparer le cacao et à pulvériser le sucre ;

5° D'une machine en pierre avec vis hélicoïde, ayant pour objet d'expulser l'air de la pâte et de mouler les tablettes ;

6° D'une table à dresser les tablettes de chocolat ;

Outre ces six appareils, M. Hermann avait également exposé :

7° Une machine à broyer les couleurs à l'eau et à l'huile ;

8° Une machine à broyer le savon pour les parfumeurs ;

9° Un mortier en biscuit de porcelaine pour les poudres homéopatiques ;

10° Enfin une machine à porphyriser les couleurs et les poudres impalpables.

Cette belle exposition a valu à M. HERMANN une MÉDAILLE DE PREMIÈRE CLASSE.

M. KURTZ, a Paris (France).

M. Kurtz avait exposé une belle collection de laminoirs pour orfévrerie, daguerréotype, etc., parmi lesquels nous citerons :

1° Plusieurs laminoirs à rouleaux d'acier fondu pour les usages de l'orfévrerie ;

2° Des meules en acier fondu pour la passementerie et propres au laminage des fils d'or fin pour épaulettes ;

3° Une presse à balancier pour estamper et découper ;

4° Un laminoir à rouleaux en fonte trempée pour plaques de daguerréotype ;

5° Et un laminoir portatif pour la fabrication des fers à cheval.

Cette exposition a valu à M. Kurtz une MÉDAILLE DE PREMIÈRE CLASSE.

MM. BÉRARD et LEVAINVILLE, a Paris (France).

Ces habiles constructeurs exposaient, dans la VI° Classe, l'appareil pour l'épuration de la houille, que nous avons signalé dans le compte rendu de la I° Classe.

Dans cette machine, en usage aujourd'hui dans toutes les grandes exploitations de houille, le charbon déjà trié, soit à la main, soit à l'aide des grilles, est jeté dans une fosse, de laquelle il est extrait à l'aide d'une chaîne à chapelet, qui le déverse sur un classificateur composé de plaques percées de trous de 0,020 à 0,010 de diamètre, lesquels ont un mouvement continuel de va-et-vient. De là, ce même charbon passe dans des bacs de lavage, percés de petits orifices et dans lesquels les matières se séparent suivant leur densité. Un mécanisme très-heureux permet l'enlèvement continuel des matières impures d'une part et du charbon d'autre part : de manière qu'au fur et à mesure que ce dernier s'accumule dans le bac, les schistes et les terres s'écoulent par-dessus une contre-vanne, et le charbon par-dessus les bords du bac.

Le charbon épuré se sépare de l'eau, en passant sur des plans inclinés, percés de trous très-fins. Un appareil releveur pare à l'inconvénient qui pourrait résulter du passage du charbon fin à travers les trous des plaques inclinées.

La machine de MM. Bérard et Levainville peut laver avec la dernière perfection 120 à 130 tonnes de charbon, par journée de dix heures, et fonctionne déjà dans dix localités différentes. Elle a valu à ces inventeurs une MÉDAILLE D'HONNEUR.

M. LOTZ AÎNÉ et MM. RENAUD ET LOTZ, a Nantes (France).

Ces deux maisons exposaient des machines à battre, avec machines à vapeur, de la force de 4 à 6 chevaux.

L'invention de ces machines, soit simples, soit doubles, n'appartient ni à l'un, ni à l'autre de ces messieurs, et nous regrettons de ne pas savoir, pour l'inscrire ici, le nom de celui qui le premier en eut l'idée et en introduisit l'usage dans les départements du Jura et du Doubs. Mais, si l'honneur de cette invention n'appartient pas à MM. Lotz, ils ont du moins le mérite de son perfectionnement.

M. Lotz aîné exposait deux machines : dans la première, la batteuse est séparée d'avec la chaudière : l'une et l'autre sont munies de roues, et peuvent par contre se transporter à volonté. Le cylindre est placé près de la batteuse, et la prise de vapeur ainsi que l'échappement se font au moyen de longs tuyaux en cuivre ; de telle sorte, que la batteuse peut fonctionner au dedans d'une grange, tandis que la chaudière reste dehors.

Dans la deuxième machine exposée, la chaudière et la batteuse sont réunies sur le même chartil. Cette machine est d'une application très-facile : elle est montée sur roues et traînée par deux chevaux, car elle ne pèse pas plus de 2,700 kilos. Sa puissance peut aller jusqu'à la force de 6 chevaux.

Ces deux machines fonctionnent avec une grande régularité et une énergie qui ne laissent rien à désirer; quoique la paille soit un peu brisée, elles ont l'avantage de ne laisser aucun épi plein, ce qui rend le battage parfait à tous égards.

On pourrait leur reprocher de ne pas nettoyer le grain, car celui-ci est obligé de passer ensuite au tarare. Mais M. Lotz construit des batteuses qui réunissent ce double avantage.

Ces machines battent de 30 à 40,000 gerbes par jour et ne coûtent que 4,200 fr.

Les batteuses de MM. Renaud et Lotz sont conçues d'après le même mécanisme que celles de M. Lotz aîné; elles sont de même force et de même prix ; seulement, l'appareil de battage, la chaudière et la machine à vapeur semblent disposées d'une manière un peu différente.

Le Jury a décerné à chacun de ces deux établissements une MÉDAILLE DE PREMIÈRE CLASSE.

M. N. DUVOIR, a Liancourt, Oise (France).

M. Duvoir avait envoyé à l'Exposition universelle une batteuse, spécimen de 350 machines semblables, que cet habile mécanicien a livrées dans la seule année 1854.

Le manége de cette machine se compose d'un bras, de 2 mètres 70 cent., auquel on attelle les chevaux, qui peuvent faire de 3 à 4 tours par minute, et d'une grande roue dentée de 126 dents, qui commande à un pignon d'angle de 24 dents ; l'arbre de cette dernière pièce est horizontal, et, en passant sous le sol, il transmet le mouvement à la machine à battre.

Le même arbre porte une poulie de 1 mètre de diamètre, autour de laquelle s'enroule une courroie qui vient s'appuyer sur la poulie de l'arbre du batteur, dont le diamètre est de 0,25. Le batteur a 0,68 de diamètre; il est armé de seize battes d'une longueur de 1 mètre 60 cent.

Il résulte de ces dispositions que le batteur fait 136 tours par chaque tour de manége. L'arbre de transmission porte aussi deux autres poulies : l'une, de 33 centimètres de diamètre, qui conduit le cylindre engreneur dont l'arbre porte une poulie de 16 centimètres ; l'autre, de 37 centimètres, qui commande le ventilateur du tarare dont l'arbre porte une poulie de 19 centimètres. M. Duvoir peut à bon droit se dire le créateur de sa machine à battre. Elle est très-répandue dans les environs de Paris.

Le Jury a voté à M. Duvoir une MÉDAILLE DE PREMIÈRE CLASSE.

M. J.-A. PITTS, a Buffalo (État de New-York) États-Unis.

Il était réservé aux États-Unis d'Amérique de présenter à l'Exposition universelle les deux meilleures machines dont depuis quelques années la science ait enrichi l'agriculture.

La machine à moissonner de M. Mac Cormik, reconnue supérieure à ses rivales, a obtenu du Jury de la troisième Classe une GRANDE MÉDAILLE D'HONNEUR. La supériorité de la machine à battre, de M. J.-A. Pitts, riche constructeur à Buffalo et ingénieur mécanicien des plus habiles a mérité à son auteur une MÉDAILLE D'HONNEUR.

Voici en quels termes le Jury, dans son Rapport officiel, a rendu compte de la machine exposée par M. Pitts.

« De toutes les batteuses qui figuraient à l'Exposition au nombre de 66, c'est sans contredit celle qui « offre les dispositions, sinon les plus parfaites, du moins les plus nouvelles, les plus originales, les plus « remarquables. Ainsi, sans parler du batteur-hérisson à couteau correspondant avec d'autres couteaux, « placés sur le contre-batteur, disposition générale en Amérique, et qui permet de laisser entre ces deux « pièces un intervalle d'environ 10 centimètres, très-favorable à la rapidité de l'alimentation, nous signa- « lerons le mécanisme qui entraîne la paille et la sépare du grain, mécanisme qui consiste en une toile sans « fin garnie de cases dans lesquelles tombe le grain. Dans le mouvement de cette toile sans fin, la paille

« est entraînée rapidement et rejetée devant la machine, tandis que le grain, échappé des cases, tombe sur
« des cribles qui d'abord en séparent les otons et les épis non battus, lesquels sont remontés sous le bat-
« teur par une chaîne à godets, et ensuite amènent les grains ainsi épurés dans le courant d'un ventilateur,
« placé sous le batteur, et qui complète leur nettoyage.

Machine à battre, de M. J.-A. Pitts, à Buffalo, État de New-York (États-Unis).

Cette machine coûte, prise à Buffalo, 1,800 francs avec le manége. Elle pourra être établie pour
1,800 à 2,000 francs à Paris.

« Le Jury, appréciant le mérite des dispositions neuves et ingénieuses inventées par M. Pitts, et l'utilité
« qu'elles peuvent avoir dans beaucoup de circonstances, décerne à cet habile constructeur la MÉDAILLE
« D'HONNEUR.

Quelques grands propriétaires ayant manifesté le désir d'avoir pour la conduite de cette batteuse les
conseils d'un ouvrier expérimenté, afin de pouvoir entièrement profiter des immenses avantages qu'elle
présente, M. Pitts s'est empressé de se rendre à leurs vœux, et c'est son propre fils, M. Horacio V. Pitts,
qu'il a bien voulu mettre à leur disposition. De nombreuses expériences faites sous la direction de ce
jeune ingénieur, qui marche sur les traces de son père, ont prouvé combien était méritée la MÉDAILLE
D'HONNEUR décernée à M. J.-A. Pitts.

MM. E. DREWITZ et RUDOLPH, à Thorn (Prusse).

Ces deux constructeurs avaient exposé une machine à battre, qui offre des dispositions générales parfaitement entendues, mais d'un prix élevé.

Cette batteuse présente deux dispositifs qui méritent d'être signalés : l'un consiste dans la possibilité
de pouvoir rapprocher à volonté la roue à gorge de 1 mètre de diamètre fixée sur l'arbre de transmission,
de la poulie à friction de 15 centimètres de diamètre de l'appareil batteur, ce qui dispense des enclique-
tages et rend impossible l'engorgement de la machine.

Le second dispositif permet de varier à volonté l'écartement du batteur et du contre-batteur.

Cette machine fait 240 tours par tour de manége.

MM. Drewitz et Rudolf ont reçu la MÉDAILLE DE PREMIÈRE CLASSE.

MM. RICHARD GARRETT et Fils, à Saxmundham, comté de Suffolk (Royaume-Uni).

Dans l'exposition de MM. Garrett se trouvaient de deux machines à battre : l'une, de grande dimension, ne pouvant être mise en mouvement que par une machine à vapeur ; l'autre, de dimension bien inférieure, pouvant être conduite par deux chevaux seulement.

La construction de ces deux appareils batteurs ne laisse rien à désirer, mais, en même temps, il
n'offre rien de neuf, si ce n'est que la roue dentée, fixée au bâti de la machine, a 160 dents et commande
le batteur dont l'arbre est muni d'un pignon de 16 dents ; ce qui fait faire 640 tours au batteur, à
chaque tour de manége.

MM. Garrett, ayant reçu du Jury de la IIIe Classe une haute récompense, ne sont mentionnés ici que
pour mémoire. (Voir tome Ier, page 496.)

M. PINET, à Abilly, Indre-et-Loire (France).

Dans les expériences faites à Trappes et aussi dans celles qui eurent pour théâtre le jardin annexé au
Palais de l'Industrie, le manége et la petite machine à battre, envoyés à l'Exposition universelle par
M. Pinet, obtinrent un grand succès.

Ces deux appareils sont indépendants l'un de l'autre, et c'est à l'aide d'une courroie qu'a lieu la transmission du mouvement.

La petite machine à battre se recommande par son extrême simplicité et par la médiocrité de son prix,
qui, n'étant que de trois cents francs, la rend propre aux moyennes et petites cultures. Ce sont là surtout
ses mérites. Le manége est d'une disposition toute nouvelle et des plus remarquables ; il a valu à son
inventeur les plus grands éloges, de la part du Jury et de tous les hommes spéciaux ; il est composé de
deux leviers d'attelage A, de 3 mètres 10 de longueur ; l'extrémité de ces deux leviers est insérée dans

une roue horizontale en fonte B, armée de 75 dents. Cette roue tourne librement autour d'une colonne centrale creuse *f*, aussi en fonte; l'impulsion, imprimée par les chevaux aux leviers d'attelage A, fait mouvoir la roue B, laquelle entraîne dans son évolution un pignon C, armé de 22 dents et qui est solidaire avec la roue D, garnie de 208 dents. Cette roue D engrène avec le petit pignon E, qui est renfermé dans la colonne creuse *f*, et fait mouvoir l'axe vertical F; cet axe communique le mouvement à la poulie motrice G, autour de laquelle est passée la courroie de transmission I; on enroule l'extrémité de cette courroie autour d'une poulie motrice attachée à une machine quelconque, qui reçoit de cette façon le mouvement nécessaire. La poulie motrice fait 159 tours par minute.

Au centre de la poulie G, se trouve un système d'encliquetage, bien simple, qui sert de crochet compensateur, et agit de telle sorte, que, si les chevaux s'arrêtent brusquement au milieu de leur course, ou

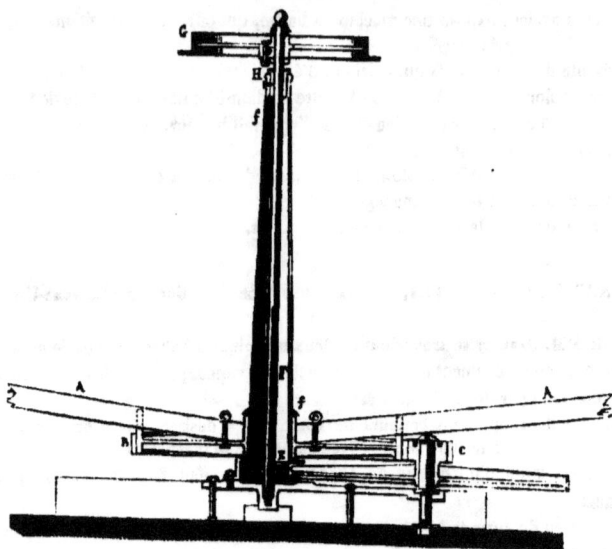

Manége de M. Pinet d'Abelly (Indre-et-Loire).

opèrent un mouvement de recul, la poulie devient immédiatement indépendante de l'axe L, et conserve l'impulsion et la direction qui lui ont été données; on évite ainsi les brusques à-coups qui pourraient ébranler le manége et la machine en mouvement.

On voit avec quelle simplicité ce manége a été conçu; en somme, il se compose de deux roues d'engrenage en fonte avec deux pignons, d'un axe vertical en fer renfermé dans une colonne en fonte et terminé par une poulie motrice; il est construit pour aller avec deux chevaux, mais nous avons vu un seul cheval faire marcher sans peine la petite batteuse.

Le manége de M. Pinet coûte de 600 à 625 fr., pris en gare, à Port-de-Pile, entre Tours et Poitiers.
Le Jury a décerné à ce jeune et habile constructeur une MÉDAILLE DE PREMIÈRE CLASSE.

M. TOUAILLON JEUNE, A PARIS (FRANCE).

Parmi les objets présentés à l'Exposition universelle par M. TOUAILLON JEUNE, ingénieur mécanicien en meunerie, il en est trois qui, plus particulièrement, ont attiré l'attention, et mérité à leur auteur TROIS MÉDAILLES, l'une de PREMIÈRE, et les deux autres de DEUXIÈME classe.

Ce sont : un tarare de grenier; une machine à rhabiller les meules de moulin, et les dessins d'un appareil économique pour la préparation des aliments.

La meunerie de tous les pays connaît le nom de M. CH. TOUAILLON, car, depuis vingt-cinq ans, il s'est voué corps et biens au développement de cette industrie; une foule de récompenses (parmi lesquelles figurent, une médaille d'honneur obtenue à l'Exposition de Paris en 1844, une médaille d'argent à l'Exposition de 1849, une médaille de prix à l'Exposition de Londres de 1851, les médailles que lui a décerné le jury de l'Exposition universelle de 1855, enfin une médaille d'or qu'il vient d'obtenir au concours universel de Paris, 1856) : attestent les services rendus par lui au premier des arts utiles.

Le plus beau titre de M. TOUAILLON à la reconnaissance de la meunerie française est d'avoir, à un âge où généralement on en est encore aux études, conçu et fait élever les célèbres moulins de Saint-Maur. Jusqu'alors, la construction des moulins avait été pour l'Angleterre un monopole; mais, du jour où l'usine de Saint-Maur fut établie, non-seulement nos voisins perdirent ce monopole, mais force leur fut de reconnaître qu'ils étaient dépassés.

Cet habile mécanicien en meunerie s'est également appliqué à l'étude et à l'amélioration des moyens pratiques de la panification des grains; là aussi, il a rendu de véritables services.

Pour rendre compte des objets qui à l'Exposition de 1855 lui ont mérité les récompenses, nous ne pouvons mieux faire que de citer textuellement les termes du Rapport du Jury :

M. Hervé-Mangon, rapporteur du Jury de la VI° classe, s'exprime ainsi sur le tarare de grenier de M. TOUAILLON :

« Le tarare de grenier, exposé par M. TOUAILLON JEUNE, témoigne de l'habileté et de la longue expérience
« de l'auteur dans tout ce qui concerne le nettoyage des grains; il est simple, n'a que peu de cribles, un
« ventilateur et un cylindre sasseur en dessous; mais tout est établi et combiné de façon à produire le
« meilleur effet. Ce tarare est donc une bonne machine appelée à rendre service à l'agriculture, et qui
« se recommande d'ailleurs par un prix modéré, 150 francs, et même 130. »

Vient ensuite la machine à rhabiller les meules de moulin.

Dans les grands établissements de mouture de grains, on en est arrivé depuis longtemps déjà à substituer le travail mécanique à tout travail manuel; il faut cependant excepter une des opérations les plus importantes de la meunerie et des plus désastreuses pour la santé et la vie de ses agents; nous voulons parler du rhabillage des meules de moulin. Le rhabillage, on le sait, consiste, à l'aide d'un ciseau finement trempé, à rendre aux surfaces des meules l'énergie que leur a fait perdre le frotte-ment. Cette opération, délicate en elle-même et nécessitant l'emploi d'ouvriers habiles et intelligents, fait chaque année de nombreuses victimes parmi ceux qui en sont chargés. L'ouvrier, obligé d'avoir en travaillant le corps penché sur la meule qu'il rhabille, absorbe malgré lui une certaine quantité de poudre impalpable de silex, qui, à la longue, produit sur ses organes les désordres les plus grands.

Il était donné à M. TOUAILLON de faire cesser ces dangers, en confiant à une machine la majeure partie de ce travail : c'est là un service rendu à l'humanité.

« La machine à rhabiller les meules de moulin, exposée par M. CH. TOUAILLON, dit encore M. Hervé-
« Mangon dans son Rapport, a reçu depuis quelque temps des perfectionnements qui font disparaître les
« principales objections que soulevait d'abord son emploi. Elle fonctionne maintenant avec une grande
« facilité, et répond parfaitement au but qu'elle doit atteindre. Son usage se répand assez rapidement, et
« les services qu'elle rend déjà à la meunerie permettent d'apprécier la place qu'elle ne tardera plus à
« occuper. »

En effet, cette petite machine, dont nous avons suivi le travail avec le plus vif intérêt, nous a paru incomparable. Nous en donnons le dessin en indiquant la manière dont elle fonctionne.

La petite machine se pose sur la meule à rhabiller, et se place parallèlement au rayon par lequel on veut commencer l'opération. On introduit le ciseau A dans la mortaise du manche B, où on le fixe en frappant sur la partie supérieure du manche. Cela fait, on laisse tomber ce marteau sur la meule, et on s'assure si la partie extrême des ciseaux C porte partout; dans le cas contraire, au moyen d'une vis D, on lui fait prendre cette position.

L'ouvrier saisit alors avec la main gauche la douille E, le plus près possible du volant F; puis, avec la main droite, il s'empare du manche du marteau à quelques centimètres de la tête; il lève ce manche, et frappe sur la meule; au fur et à mesure que les coups sont frappés, la main gauche pousse tout l'appareil, qui peut circuler de G en G', et le fait avancer jusqu'à ce que la ligne soit entièrement tracée. Quand le marteau est arrivé à l'extrémité de la circonférence de la meule, l'ouvrier marque une deuxième ligne, et ainsi de suite.

On comprend qu'à l'aide de cet appareil, on cisèle et rayonne avec la plus grande régularité, et que le rhabillage à blanc puisse aussi se faire très-facilement.

Le rhabilleur opère à son aise; son travail est mieux fait et plus vivement fait; il ne nécessite qu'un apprentissage très-court, et l'économie qu'on réalise est telle que quelques mois suffisent pour couvrir les frais de l'acquisition de la machine.

Machine à rhabiller les meules, de M. Ch. Touaillon, ingénieur mécanicien (F. n eure-ie.

Pour en finir avec l'exposition de M. Touaillon, il nous reste à rendre compte de son appareil pour la cuisson économique des aliments. L'examen de cet appareil appartenait au Jury de la X° Classe, ayant pour rapporteur M. Payen, membre de l'Institut, professeur au Conservatoire Impérial des arts et métiers.

Depuis quelques années, le haut prix de toutes les denrées alimentaires a fait augmenter celui des aliments préparés; aussi, tous les hommes spéciaux ont-ils recherché les moyens de les préparer à meilleur marché. Bien des projets ont été présentés, mais tous sont restés à l'état de projet. M. Ch. Touaillon a été, lui, assez heureux pour réaliser le sien, et le voir chaque jour rendre d'importants services.

L'étendue du Rapport de M. Payen, que nous donnons ci-après, indique toute l'attention accordée par l'illustre savant à ce nouvel appareil.

« M. Duval a fondé plusieurs restaurants spéciaux dans Paris, où ils sont connus sous le nom de bouil- « lons. Voulant former un établissement au centre d'un des plus riches quartiers de la capitale, et afin

« de porter son industrie au degré d'extension projeté, il fallait réunir des conditions nouvelles. M. Duval
« s'adressa dans cette vue à M. Ch. Touaillon.

« Le programme imposé par le propriétaire de l'établissement Montesquieu à cet habile ingénieur ne
« pouvait être rempli par les procédés ordinaires de chauffage ; il fallait produire du bouillon et rôtir
« des viandes en assez grande quantité pour alimenter de 6 à 10,000 consommateurs chaque jour, se
« renouvelant d'une manière incessante à toutes les heures. Il était donc indispensable de diviser le plus
« possible les appareils culinaires, de telle sorte que les bouillons, les viandes bouillies et les rôtis fussent,
« dans tous les instants, à un degré de cuisson convenable. 68 marmites, depuis 40 jusqu'à 70 litres de
« capacité, étaient nécessaires pour le service de l'établissement ; le propriétaire exigeait qu'elles pussent
« fonctionner à la vue des consommateurs ; il ne voulait pas que son établissement ressemblât à un res-
« taurant ; il tenait à conserver le cachet des *bouillons*, qui se sont multipliés depuis peu d'années dans
« Paris. Mais, dans ces derniers, chaque marmite a son foyer spécial, avec ses inconvénients de chaleur
« rayonnante et de poussière. Les liquides gras et les substances azotées tombant sur du charbon incan-
« descent ou sur des plaques chauffées à haute température auraient produit des émanations d'une odeu
« insupportable. M. Touaillon avait pensé d'abord à faire une cuisine au gaz, mais les Compagnies refu-
« saient de fournir du gaz pendant le jour. La vapeur seule pouvait donc être utilisée ; son emploi n'avait
« aucun des inconvénients signalés plus haut ; elle convenait d'autant mieux que, disposée comme elle
« l'est à la salle Montesquieu, elle satisfait à tous les besoins de l'établissement avec une économie qui
« permet de servir une nourriture confortable à bas prix.

« Un générateur de 4 chevaux produit la vapeur nécessaire aux 68 marmites, enclavées dans 4 grands
« fourneaux, dont 2 au rez-de-chaussée et 2 autres aux galeries supérieures. Un tuyau principal, partant
« du générateur et ayant quatre embranchements principaux, conduit la vapeur, au moyen de tuyaux en
« cuivre, dans le double fond de chaque marmite ; d'autres tuyaux laissent retourner au générateur, à
« l'état d'eau chaude, la vapeur utilisée et condensée.

« Le bouillon n'acquiert de la qualité qu'autant que l'ébullition du pot au feu peut se régler à volonté ;
« les cuisinières de Montesquieu obtiennent très-facilement ce résultat en agissant sur la clef à béquille
« du robinet à trois eaux de chaque marmite ; on confectionne ainsi en quatre heures un bouillon d'une
« excellente qualité ; les rôtis se font dans un four à moufles, formé par la disposition du foyer de chaque
« générateur [1]. Chacun des fours est en état de fournir de 15 à 1,800 kilogrammes de viandes parfaite-
« ment rôties, sans autre combustible que celui destiné à produire la vapeur.

« Le combustible dont on fait usage est le coke ; on en consomme 10 hectolitres par jour, ce qui repré-
« sente, au prix actuel, une somme de 20 francs ; c'est là surtout que s'aperçoit l'économie provenant de
« l'emploi de la vapeur produite par un seul générateur.

« L'établissement contient plus de 100 tables, qui peuvent à la fois recevoir près de 600 consomma-
« teurs. Chaque table est munie d'un siphon double et fixe, qui fournit, en ouvrant le robinet, une très-
« bonne eau de Seltz, produite et poussée par un appareil à pompe placé dans les caves, ainsi que la
« machine à vapeur qui le met en mouvement.

« Ces différentes combinaisons ont permis d'établir une cuisine très-saine et à des prix qui paraissent
« impossibles dans un moment où tous les aliments, et la viande surtout, sont si chers. Aussi, la foule
« est incessante à la salle Montesquieu ; le public l'a adopté. De tous les établissements créés en vue de
« l'Exposition, c'est celui dont le succès paraît le plus assuré. Bientôt, plusieurs établissements du même
« genre seront organisés d'après les mêmes principes, à l'aide des mêmes procédés, dans les centres
« populeux de la capitale.

« Ce ne sont pas seulement les ouvriers distingués des industries centrales, les employés et commis
« des magasins et des administrations qui fréquentent cet établissement remarquable ; on y voit des
« personnes de toutes les positions, qui préfèrent un repas simple, rapproché de la nourriture habituelle,

---

1. Pour éviter toute cause de chômage, il y a deux générateurs qui fonctionnent alternativement.

« aux mets plus savoureux et plus variés, mais aussi plus dispendieux, que l'on trouve chez nos grands
« restaurateurs.

« En réunissant leurs efforts pour offrir à la population une alimentation saine, agréable, économique,
« dans un moment où les vivres sont à des prix très-élevés, MM. Touaillon et Duval ont rendu un véri-
« table service, et donné un excellent exemple, que le Jury a voulu récompenser en décernant une
« MÉDAILLE DE PREMIÈRE CLASSE à l'habile ingénieur qui est parvenu à résoudre le problème qui lui était
« posé. »

Par les Rapports ci-dessus, on peut juger du haut intérêt que présentait, sous ce point de vue de l'alimentation, l'exposition de M. Ch. TOUAILLON. Ainsi, encouragé par tous, il continuera ses si importantes
recherches; elles auront sûrement pour résultat de nouveaux services rendus à l'humanité.

Nous avons indiqué ci-dessus les récompenses accordées à M. Ch. TOUAILLON.

MM. VACHON Père et Fils et Cᵉ, à Lyon (France).

MM. VACHON avaient exposé deux appareils d'épuration, qui rendent d'immenses services à l'agriculture et à la meunerie.

Ce sont :

1° Un trieur cylindrique perfectionné, pour la culture;

2° Un appareil complet de nettoyage, pour les grandes usines.

Le trieur Vachon se compose d'un ventilateur, d'un émotteur à trous triangulaires et à mouvement
horizontal, d'un cribleur à trous allongés, mû par un double mouvement de rotation et de va-et-vient;
enfin, d'un trieur proprement dit. Ces quatre appareils sont contenus dans l'intérieur d'un cylindre.

Cette machine, servie par un seul homme et un enfant, peut passer 16 à 20 hectolitres de grains par
jour et ne coûte que 325 francs.

L'appareil de nettoyage d'usines établi en vue d'épurer 1,000 kilogrammes de grains par heure, consiste en sept machines distinctes, savoir :

1° Un émotteur; — 2° un ventilateur; — 3° un tarare; — 4° un second ventilateur; — 5° un cylindre
cribleur; — 6° un trieur à grandes dimensions; — et 7° un sasseur diviseur à plans inclinés. Les blés
les plus sales et les plus souillés sortent de ce nettoyage dans les meilleures conditions pour servir à l'alimentation.

Le Jury, reconnaissant dans le trieur Vachon une des machines les plus utiles à l'agriculture, non-
seulement au point de vue du nettoyage, mais encore au point de vue économique, a décerné à ces industriels la GRANDE MÉDAILLE D'HONNEUR.

M. J.-Ch. HERPIN, à Paris (France).

M. le docteur HERPIN, membre de la Société d'encouragement, avait exposé un tarare, sous le nom
de brise-insectes à percussion et à brosses.

M. HERPIN est le premier qui ait constaté que tout choc mécanique avait pour effet de détruire tous
les insectes qui ravagent les grains. Fort de ce principe, il a construit un appareil, où il introduit le grain
dans une trémie munie de brosses, lesquelles font éprouver aux semences une friction qui a pour
objet de tuer les insectes libres, les larves et les œufs. De là le grain passe dans un tambour fixe dont
l'axe horizontal porte des battes parallèles à l'axe qui font 600 tours par minute. Par ce moyen, il détruit
non-seulement l'alucite, ce fléau des blés, mais encore tous les insectes granivores, quels qu'ils soient.

Ce brillant résultat a valu à M. HERPIN une MÉDAILLE DE PREMIÈRE CLASSE.

M. SALAVILLE, à Paris (France).

M. SALAVILLE exposait deux de ses appareils pour la conservation des grains.

L'appareil Salaville consiste en un réseau de tuyaux de tôle, perforée d'une infinité de petits trous; ces tuyaux s'entre-croisent, débouchent les uns dans les autres et communiquent avec une chambre à air, dans laquelle agissent des ventilateurs qui foulent l'air dans les tuyaux.

Cet appareil est placé, à quelques pouces du sol, sur le plancher des greniers, dans lequel on veut conserver le grain; on le recouvre de grain, qu'on amoncelle à toute hauteur.

On peut dès lors, et à volonté, faire circuler de l'air dans les interstices qui se trouvent entre les grains, et, au besoin, pour détruire les insectes, remplacer l'air pur par un gaz asphyxiant.

Le Jury a accordé à M. Salaville une médaille de première classe.

M. L.-Am. BOUCHON, a La Ferté-sous-Jouarre, Seine-et-Marne (France).

M. Bouchon avait exposé un petit moulin à bras et à manége pour la mouture et le blutage du grain.

Ces moulins, d'un service réellement agricole, ont des meules de 23 à 33 centimètres de diamètre, qui font de 4 à 500 tours à la minute. Ils donnent 80 p. 100 du blé en très-bonne farine de pain de ménage, et la force nécessaire pour les mettre en mouvement varie entre celle d'un homme et celle de deux chevaux. On obtient, de cette manière, jusqu'à 60 kilogrammes de mouture blutée par heure.

Le prix des moulins à meules, de 23 centimètres de diamètre, est de 300 francs; ceux qui ont des meules de 33 centimètres de diamètre valent 450 francs.

Le Jury a décerné à M. Bouchon une médaille de première classe.

M. Ant. BOLAND, a Paris (France).

M. Boland exposait un pétrin mécanique, composé d'une auge en fonte, dans laquelle se meut un arbre autour duquel sont disposées des lames héliçoïdes.

Cette machine peut être mise en mouvement, soit à bras d'homme, soit à l'aide d'un moteur.

Le pétrin Boland pèse de 7 à 800 kilogrammes; il se vend de 1,200 à 1,500 fr., selon qu'il peut pétrir de 2 à 300 kilogrammes de pâte à la fois. D'après la déclaration de M. Boland, soixante-quatorze de ces appareils fonctionnent pratiquement aujourd'hui.

Outre son pétrin, M. Boland est aussi l'inventeur de l'*aleuromètre*, instrument destiné à déterminer les qualités panissables de la farine de froment.

Pour récompenser M. Boland de ses travaux sur la boulangerie, le Jury lui a décerné une médaille de première classe.

M. H. CLAYTON, a Londres (Royaume-Uni).

Le drainage, qui aujourd'hui préoccupe en France la majeure partie de nos agriculteurs, y était à peine connu il y a quelques années, et le premier écrit original, d'une certaine étendue, publié en français sur ce sujet, n'a paru, dit dans son Rapport M. Hervé-Mangon, qu'en 1852.

Aussi, l'Exposition de 1849 ne nous avait-elle montré qu'une seule machine à fabriquer les tuyaux de drainage, et encore était-elle d'origine anglaise.

A l'Exposition universelle de 1855, trente machines de cette nature ont été soumises à l'appréciation du Jury. Généralement, elles étaient établies dans d'excellentes conditions.

Les plus remarquables parmi ces appareils, ceux qui ont mérité à leur auteur la récompense la plus élevée, la médaille d'honneur, étaient exposés par M. H. Clayton, de Londres.

Son exposition comprenait :

1° Un grand tonneau malaxeur en fonte, garni de filières, et pouvant fabriquer, d'un mouvement continu, les tuyaux de drainage et les briques creuses ou pleines.

Cette machine, d'une belle exécution, coûte en Angleterre 2,500 fr., et rend des services importants à la grande fabrication.

Tonneau malaxeur en fonte, pour fabriquer les tuyaux de drainage et les briques creuses ou pleines, de M. H. Clayton, de Londres.

2° Une machine à deux pistons, qui peut être mise en mouvement par une machine à vapeur ou tout autre moteur.

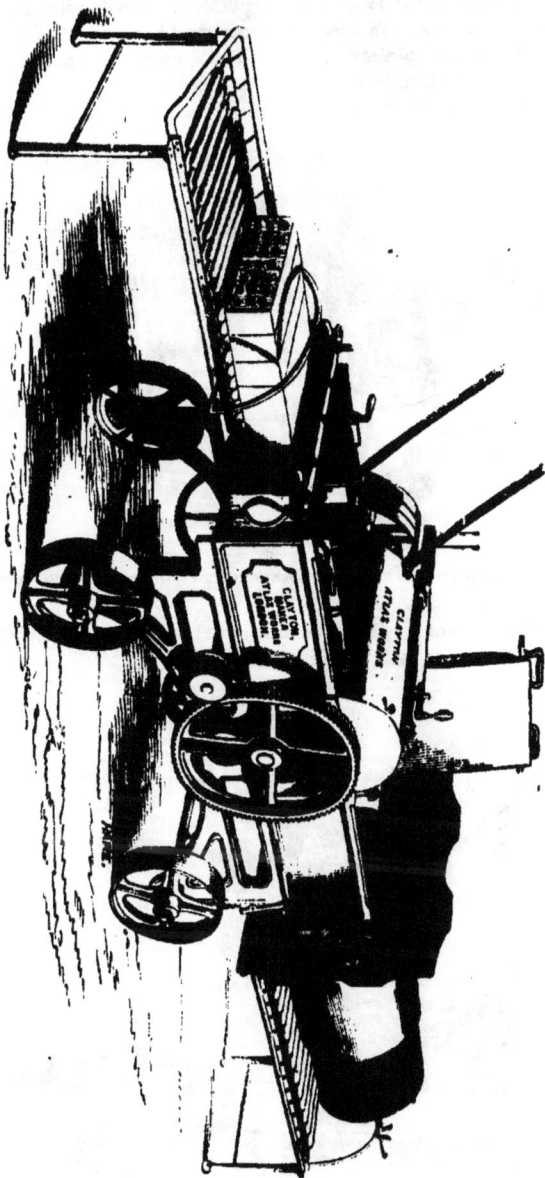

Machine horizontale à deux pistons, pour fabriquer les tuyaux de drainage et les briques creuses ou pleines, de M. H. Clayton, de Londres.

Dans cette machine, le changement de direction des pistons s'obtient par le déplacement de la courroie motrice d'une poulie sur la poulie voisine; ce déplacement suffit pour faire tourner, dans un sens ou dans l'autre, la roue d'angle qui transmet le mouvement à la crémaillère des pistons.

La belle exécution de toutes les parties de cet appareil, et son caractère vraiment pratique, le placent parmi les machines les plus remarquables.

3° Une machine à bras, d'un système analogue.

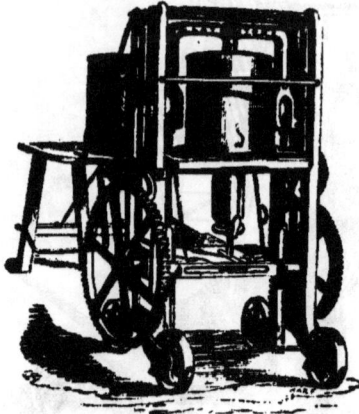

Machine à deux pistons et à cylindres verticaux, pour fabriquer les tuyaux de drainage, de M. H. Clayton, de Londres.

4° Une machine a deux pistons et cylindres verticaux, dite machine *Clayton*. Cet appareil a rendu de très-grands services, bien que son usage semble se restreindre aujourd'hui.

Machine à rabattre briques et tuiles, de M. H. Clayton, de Londres.

M. Clayton exposait aussi une machine à rabattre les briques, d'une construction très-simple et fort ingénieuse.

L'excellente exécution de tous ces appareils, et particulièrement de la grande machine à mouvement continu, a valu à M. Clayton les félicitations de tous les membres du Jury, qui lui a décerné, comme nous l'avons dit, une MÉDAILLE D'HONNEUR.

Pour faciliter aux agriculteurs et aux industriels français le moyen de se procurer ces appareils remarquables, M. H. Clayton a traité en France avec une maison importante, qui elle-même a obtenu du Jury une MENTION HONORABLE, celle de M. Booz-Laconduite, de Douai (Nord), et lui a concédé le droit exclusif de fabriquer ses machines en France et en Suisse. L'établissement de M. Booz-Laconduite, dans lequel se construisent déjà des usines à gaz et se fabriquent des machines à battre, des moulins à broyer le noir et les tourteaux, des hache-pailles, des lave-sacs, des lave-noirs, des coupe-sucre, cristallisoirs, etc., se trouve ainsi enrichi de l'exploitation des brevets Clayton.

M. LAURENT, A PARIS (FRANCE).

L'établissement de M. Laurent pour la construction des instruments d'agriculture est de vieille date et peut à bon droit revendiquer une large part des progrès qui, pendant ces dernières années, ont été faits dans le mécanisme agricole.

Rien ne peut faire apprécier mieux les services rendus par cette importante maison, que l'extrait ci-après du Rapport du Jury de l'Exposition de 1849, où lui fut décernée la PREMIÈRE MÉDAILLE D'OR :

« La maison Laurent (ancienne maison Rosé et Laurent) a toujours tenu un rang distingué parmi les « fabricants d'instruments aratoires, et en 1844, elle obtenait déjà une médaille d'argent. Mais, depuis « plusieurs années, elle s'est placée tout à fait hors ligne, à un point de vue fort important.

« Parmi les fabricants français, M. Laurent est peut-être celui qui a le plus fait pour introduire en « France les meilleurs instruments aratoires de l'étranger, surtout de l'Angleterre, et en doter notre « agriculture. Il n'a reculé, dans ce but, devant aucun sacrifice. C'est ainsi qu'il l'a enrichie de l'excel- « lente machine à battre de Ransomes, du rouleau Crosskill, de la charrue sous-sol de Smith, de la « charrue fouilleuse, du râteau à cheval Grant, enfin de la machine d'assainissement d'Ainslie. Mais « il ne s'est pas borné à copier ces instruments, il les a presque tous perfectionnés et rendus plus « appropriés aux conditions ordinaires dans lesquelles opère notre agriculture. C'est ce qui explique la « différence dans l'usage, qu'on remarque entre les instruments venus directement d'Angleterre et les « mêmes instruments sortis des ateliers de M. Laurent. Le même esprit de progrès lui a fait également « adopter et exécuter toutes les bonnes idées qui lui étaient communiquées, et les agriculteurs, qui « s'occupent de l'amélioration des instruments aratoires, n'ont trouvé nulle part un meilleur accueil, « plus d'empressement et un concours plus efficace que chez lui. »

Les objets présentés par M. Laurent à l'Exposition universelle de 1855 appartenaient à plusieurs Classes. Nous citerons d'abord ceux exposés dans la VI⁶, puisque le Jury de cette Classe s'est réservé de récompenser l'habile constructeur.

Ces objets consistent :

1° En une machine à fabriquer les tuyaux de drainage à action continue, du système d'Ainslie ;

2° Une machine à deux pistons à caisses rectangulaires et à crémaillères ;

3° Une machine du même système, mais à un seul piston.

Ces trois machines peuvent recevoir une grille d'épuration, bien qu'il soit préférable de leur livrer la terre entièrement préparée.

Ces appareils, remarquables par leur solidité et le soin apporté dans les moindres détails, justifient pleinement la préférence qui, en France, leur est accordée sur ceux des autres constructeurs, par les établissements agricoles et les grands propriétaires qui s'occupent de la fabrication des tuyaux de drainage. Le Jury en a jugé ainsi, puisqu'il a accordé à M. Laurent la seule médaille de première classe décernée aux exposants français pour les machines à fabriquer les tuyaux de drainage. Les objets exposés par M. LAURENT dans d'autres Classes consistent en diverses charrues, un hache-

Hache-paille, de M. Laurent.

paille, un coupe-racines, etc. Nous donnons les dessins de son hache-paille et de son coupe-racines, qui sont en usage dans toutes les grandes exploitations rurales.

Coupe-racines, de M. Laurent.

Mentionnons aussi que, par suite d'un traité passé avec M. Mac-Cormik, M. LAURENT est chargé en

France de la construction et de la vente de la machine à moissonner, qui a obtenu la GRANDE MÉDAILLE D'HONNEUR.

Le Jury, comme nous l'avons dit, a décerné à M. LAURENT une MÉDAILLE DE PREMIÈRE CLASSE.

M. E.-A ROUILLIER, A CHELLES, SEINE-ET-MARNE (FRANCE).

M. ROUILLIER exposait une machine à fabriquer les drains, à décharge horizontale et verticale.

Les principaux avantages de cette machine sont de bien épurer la terre, sans perte de temps; d'étirer des tuyaux, depuis 0ᵐ,04 jusqu'à 0ᵐ,10 extérieurs, par le tirage horizontal, et depuis 0ᵐ,10 jusqu'à 0ᵐ,22 extérieurs, par le tirage vertical : le tirage vertical a pour but d'éviter l'aplatissement des gros tuyaux, lequel a lieu infailliblement avec le système horizontal. Avec deux hommes pour la servir, et un enfant ou une femme pour le transport des tuyaux, cette machine produit, par journée, 8,000 tuyaux de 0ᵐ,35 de long. Son poids est d'environ 500 kil. Son prix, y compris le tablier garni de ses rouleaux, et 4 filières à choisir parmi 15 modèles, est de 650 fr.

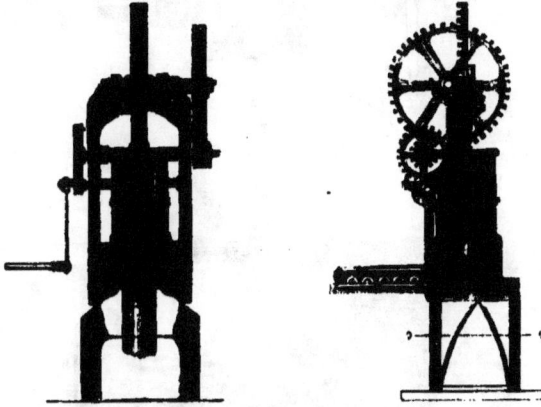

Machines à fabriquer les drains, à décharge horizontale et verticale, de M. Rouillier.

On peut rendre la machine mobile, au moyen d'un chariot en fonte et fer, vendu à part 75 fr.

Les deux tables sur lesquelles se fait le service de la machine, d'une surface d'environ 4 mètres, et solidement établies, se vendent 50 fr.

Le malaxeur est de forme cylindrique, en fonte et fer. Sa hauteur est de 1ᵐ,10 sur 0ᵐ,65 de diamètre intérieur; il est mû par un cheval, et prépare 13 à 14 mètres cubes de terre pour les potiers. Son poids est d'environ 600 kil., et son prix de 500 fr.

Le Jury a décerné à M. ROUILLIER une MENTION HONORABLE.

M. J. DUFAILLY, A PARIS (FRANCE).

Sous le nom de *sas mécanique*, M. DUFAILLY, ancien architecte, exposait un appareil pour la préparation du plâtre, dont le but est de remplacer, par une seule opération, le double travail du tamisage du plâtre destiné aux plafonds enduits, et de l'écrasement des fragments restés sur le tamis et connus sous le nom de *manchettes*.

« Cette machine, dit le Rapport du Jury, est fort simple, portative et d'un prix peu élevé. » Des expériences bien faites ont démontré qu'elle donne des résultats avantageux dans la pratique.

Le Jury a accordé au sas mécanique de M. DUFAILLY une MENTION HONORABLE.

MM. ROHLFS-SERYG ET Cⁱᵉ, A PARIS (FRANCE).

L'appareil de MM. Rohlfs-Seryc et Cⁱᵉ, construit par MM. Derosne et Cail et Cⁱᵉ, de Paris, est l'application, à l'aide de nouvelles dispositions simples et ingénieuses, de l'appareil centrifuge à l'égouttage forcé, au clairçage méthodique des sucres bruts et au raffinage.

Le procédé consiste à séparer les cristaux de sucre, des solutions plus ou moins impures et saturées de sucre incristallisable qui les environnent, en recueillant à part chacun des deux produits, l'un solide, l'autre liquide. Les masses à purger sont placées dans l'appareil, après avoir été divisées en une sorte de pâte granuleuse.

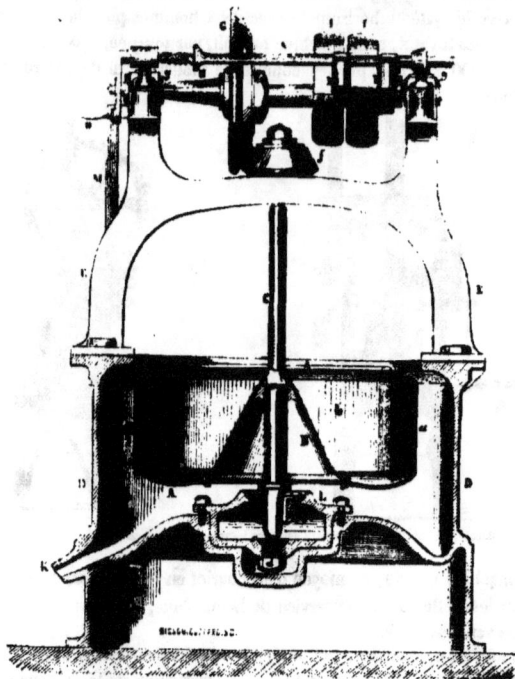

Appareil à force centrifuge, pour purger et clairçer les sucres, de M. Rohlfs-Seryg et Cⁱᵉ.

Sans arrêter le mouvement rotatif de douze à quinze cents tours par minute, on substitue, à la mélasse ou au sirop qui s'est écoulé par les trous du tambour, une claire plus pure; celle-ci traverse régulièrement la couche de cristaux. Le liquide ne risque pas de s'échapper au travers des fonds, ni au-dessus des bords de la surface cylindrique. Ainsi, au lieu de recourir, dans les usines, d'abord à l'égouttage ordinaire, qui exige une température de 28 à 35° soutenue pendant plusieurs semaines, puis aux deux ou trois clairçages usuels durant ensemble huit à douze jours, on verse ces sucres dans le vase cylindrique; on met en mouvement le cylindre, et dès que la vitesse de douze cents tours est acquise, la force centrifuge lance le sirop, malgré sa viscosité, au travers du clayonnage métallique spécial qui retient les plus petits cristaux de sucre.

Le sirop coule dans la rigole, et on le dirige à volonté dans un des réservoirs destinés à recevoir chacun une sorte de sirop déterminée.

L'égouttage est terminé en *une minute* au plus, et on peut aussitôt verser la clairce pour l'épuration. Par ce procédé, on supprime le combustible, les vastes locaux, les nombreux cristallisoirs, les dispendieuses, fatigantes et insalubres manipulations affectées naguère au service des purgeries. On évite les altérations des sucres et sirops. On fait enfin en quelques heures un travail qui exigeait plusieurs semaines, et on réalise journellement, dans les fabriques et les raffineries, des valeurs qui constituaient d'énormes capitaux improductifs.

D'après cet exposé rapide, on peut se rendre compte de l'immense service rendu par MM. Rohlfs-Seryg et Cᵉ à l'industrie sucrière.

La puissance d'action, la sûreté de l'effet et l'extrême facilité de service de ce nouvel appareil, dont nous donnons le dessin, en représentant la figure de la partie supérieure et la coupe de la partie inférieure, l'ont fait adopter presque immédiatement par les fabricants de sucre et les raffineurs. Il s'est propagé avec une telle rapidité en Europe et dans les Colonies, que plus de deux mille cinq cents de ces appareils sont sortis des ateliers de MM. Cail et Cᵉ, et fonctionnent actuellement dans diverses contrées, où partout ils rendent de très-grands services. Aussi, peut-on dire que ces appareils centrifuges sont devenus les auxiliaires indispensables des sucreries et raffineries anciennes et nouvelles.

Ajoutons que les propriétaires d'usines préfèrent, pour cet appareil, la fabrication française à toutes celles qui peuvent se faire en Angleterre, et qu'il en est demandé des quantités considérables pour la colonie anglaise de Maurice.

Le Jury a récompensé la belle invention de MM. Rohlfs-Seryg et Cᵉ, en leur a décernant une MÉDAILLE D'HONNEUR.

M. J. KEELLHOFF, à NEERPELT, LIMBOURG (BELGIQUE).

La plus belle entreprise agricole de l'Europe est, sans contredit, celle exécutée par le gouvernement Belge pour l'amélioration des terrains de la Campine, vaste contrée dépendant des provinces d'Anvers et du Limbourg.

150,000 hectares étaient à défricher; 100,000 sont irrigables.

M. Keellhoff, ingénieur de la Campine, exposait le plan d'un appareil-jaugeur employé pour déterminer le volume d'eau nécessaire aux irrigations et pour en faciliter la distribution.

Le Jury, dans son Rapport, exprime le regret que le gouvernement Belge ou l'ingénieur en chef, M. Kümmer, auquel on doit le projet et qui, en partie, l'a fait mettre à exécution, n'aient pas fourni le moyen de proposer, pour l'ensemble des travaux, une récompense de l'ordre le plus élevé, et il décerne à M. Keellhoff une MÉDAILLE DE PREMIÈRE CLASSE, pour son appareil-jaugeur et sa collaboration aux travaux d'irrigation de la Campine.

M. ROLLAND, à PARIS (FRANCE).

L'exposition de M. Rolland consistait en deux pétrins, de dimensions différentes, et deux fours à sole tournante, l'un en maçonnerie et l'autre en métal.

Les pétrins se composent d'une auge demi-cylindrique en bois, ouverte à sa partie supérieure. Un arbre en fer en occupe l'axe. Cet arbre porte, à l'aide de lames, deux cadres courbés, et entre chaque lame sont fixées des espèces de dents, dont la longueur ne dépasse pas la moitié du diamètre de l'auge. Enfin, les lames de chaque cadre correspondent aux dents de l'autre, et *vice versa*.

Ces appareils peuvent être mis en mouvement par un seul homme. En 20 ou 25 minutes, un pétrin à 10 lames peut façonner 100 kilogrammes de pâte; à 12 lames, 150; à 14 lames, 200; enfin à 16 lames, 360 kilogrammes. Suivant la dimension des appareils, leur prix varie entre 4 à 800 francs.

200 pétrins de ce genre fonctionnent déjà pratiquement.

Les fours à sole tournante de M. Rolland ont, à l'aide d'engrenage, un mouvement de rotation dans un plan horizontal. Ils ont l'avantage de présenter alternativement leur circonférence à la porte du four, de cuire plus régulièrement et de pouvoir être chauffés au bois, à la houille ou au coke. Leur prix en maçonnerie est de 1,000 francs par mètre de diamètre et de 4,000 francs en métal.

Les services rendus par M. Rolland à la boulangerie mécanique lui ont valu une médaille de première classe.

MINISTÈRE DE LA GUERRE (France).

M. Humbert, capitaine d'artillerie, est l'inventeur d'une machine propre à la fabrication des capsules de guerre. Cette machine avait été envoyée à l'Exposition universelle par M. le Ministre de la guerre.

La fabrication des capsules de guerre exige quatre opérations bien distinctes : 1° le découpage des flans; 2° l'emboutissage; 3° le rognage, et 4° l'aplatissage des ailes.

La fabrication des capsules de chasse ne réclame que les trois premières opérations.

C'est à l'aide de dispositions très-ingénieuses d'excentriques commandant alternativement les divers outils qui accomplissent le travail, que M. Humbert est arrivé à un parfait résultat. La capsule de chasse, n'étant qu'un simple disque circulaire, offrait peu de difficultés à vaincre; mais la capsule de guerre, par sa forme étoilée, c'est-à-dire par son disque garni, à la circonférence, de six ailettes rectangulaires, présentait des obstacles que M. Humbert a heureusement surmontés.

L'introduction de la machine Humbert dans les arsenaux est appelée à un grand avenir. On le comprendra d'autant mieux, qu'une machine de 800 francs, conduite par un seul homme, peut fabriquer 50,000 capsules par jour, tandis que, dans le même laps de temps, trois hommes, avec les procédés ordinaires, ne peuvent produire que 3,000 capsules. Par suite, la main-d'œuvre est descendue, de 71 centimes le kilogramme, à 13 centimes.

Pour récompenser les services rendus à l'État par M. le capitaine Humbert, le Jury de la XIII° Classe lui a décerné une médaille de première classe.

LE CORPS D'ARTILLERIE a Truvia (Espagne).

Dans l'Exposition du Corps d'Artillerie à Truvia (Espagne) se trouvait une machine, destinée à fabriquer des balles creuses, construite par M. Esteven.

Une balle est d'autant plus parfaite qu'elle est exempte de soufflures, car les soufflures ont pour effet de déplacer le centre de gravité du projectile, et de le faire dévier dans la ligne qu'il parcourt. La machine de M. Esteven a été inventée pour parer à ces inconvénients.

Elle se compose d'un chariot qui conduit progressivement un cylindre de plomb un peu plus grand que le diamètre des balles à fabriquer. Ce cylindre passe sous le tranchant d'un couteau, qui le débite par tronçons de longueur convenable. Chaque tronçon glisse, sur un plan incliné, dans une matrice brisée, qui s'ouvre et se ferme alternativement; alors un poinçon descend sur la balle, la creuse et la force de prendre la forme conoïdale ou ellipsoïdale de la cavité de la matrice.

Cet intéressant appareil eût été l'objet d'une haute distinction, si déjà le Corps d'Artillerie de Truvia n'eût reçu dans la première Classe une récompense méritée. (Voir tome I°°, page 412.)

MM. L.-F. GINGEMBRE et Fr. DAMIRON, a Paris (France).

MM. Gingembre et Damiron avaient exposé un spécimen de leurs machines à faire les agrafes.

Jusqu'en 1843, on ne fabriquait que trois sortes d'agrafes : la ronde, la plate du bout et l'agrafe entièrement plate. Les deux premières exigeaient trois opérations : 1° la coupe droite; 2° le redressage, et 3° le recourbage; la dernière supportait, en outre, l'opération du battage.

MM. Gingembre et Damiron sont parvenus à transformer cette industrie, en inventant un procédé à l'aide duquel l'agrafe n'est battue qu'après qu'elle est formée. Par leur machine, le fil de laiton est saisi, entraîné, redressé, coupé et doublé; puis, les yeux se forment, le crochet se replie, l'agrafe est ensuite poussée sous le marteau, qui la frappe, l'aplatit et la chasse, pour faire place à celle qui la suit.

Ces deux exposants ont, dans leurs ateliers, 80 machines semblables mues par la vapeur. Chacune d'elles produit 80 à 200 agrafes à la minute. Six à sept cents ouvriers sont employés à ce genre de fabrication.

En résumé, la façon du kilogramme d'agrafes, fabriqué par les anciens procédés, revenait à 2 francs. Ce chiffre, grâce à MM. Gingembre et Damiron, est descendu à 5 centimes: aussi, le Jury, en qualifiant leurs machines d'*admirables*, leur a-t-il décerné une MÉDAILLE DE PREMIÈRE CLASSE.

MM. DARIER FRÈRES, a Genève (Suisse).

MM. Darier Frères présentaient trois machines à guillocher et un outil destiné à aiguiser les burins.

Les machines à guillocher de MM. Darier sont construites dans des conditions de solidité et de travail qui ne laissent rien à désirer. A l'établi en bois ils ont substitué l'établi en fonte; une poulie en fonte fait fonction de volant et régularise parfaitement les mouvements. Pour les guillochages longitudinaux, MM. Darier font glisser l'arbre même du tour sur ses colliers, au lieu d'imprimer au tour, comme dans les machines anciennes, un mouvement oscillatoire au moyen d'une suspension de cordon.

MM. Darier ont reçu du Jury une MÉDAILLE DE PREMIÈRE CLASSE.

M. A. DUPRAT, a Marseille (France).

L'exposition de M. Duprat se composait de trois machines destinées à la fabrication des bouchons.

Ces trois machines exécutent trois fonctions particulières, indiquées par leur dénomination : la première a reçu le nom de *coupeuse;* la deuxième, celui de *perceuse*, et la troisième, celui de *tourneuse.*

La première machine, armée d'un couteau circulaire, n'a pour objet que de diviser les planches de liége, en bandes de largeur égale à la hauteur des bouchons que l'on veut fabriquer. Ces bandes sont ensuite soumises à l'action de la perceuse, composée d'une série de huit emporte-pièces cylindriques, animées d'un mouvement de rotation. Enfin, chaque bouchon est ensuite saisi par la tourneuse, qui enlève sur toute leur surface courbe une pellicule d'épaisseur décroissante, d'un bout à l'autre.

M. Duprat emploie dans sa fabrique trois coupeuses, douze perceuses et dix tourneuses; il occupe 80 ouvriers et produit par jour environ 200,000 bouchons, qui peuvent être livrés à 25 pour cent au-dessous des prix ordinaires. Avant peu, la manufacture de M. Duprat sera en mesure de produire 500,000 bouchons par jour ou 180,000,000 par an.

Cet habile fabricant, qui avait déjà été récompensé à l'Exposition universelle de Londres, a reçu du Jury une MÉDAILLE DE PREMIÈRE CLASSE.

M. J.-B. HUGUET, a Paris (France).

M. Huguet avait exposé une presse mécanique lithographique et lithochromique, mue par la vapeur.

Les dispositions de cette machine ne diffèrent en rien des presses ordinaires ; seulement M. Huguet a eu l'heureuse idée d'y appliquer des cylindres mouilleurs, en coton, recouverts de drap, qui ont pour effet de nettoyer et de mouiller la pierre à chaque impression; ce qui supprime l'éponge dont se servent encore les ouvriers qui travaillent par les anciens procédés. A l'aide de cette simple amélioration,

M. Huguet peut faire 4 à 5,000 impressions par jour, au lieu de 500 à 1,000 qu'on obtient par les presses à main.

Presse mécanique lithographique et lithochromique de M. J.-B. Huguet.

Cette intéressante machine a valu à M. HUGUET une MÉDAILLE DE PREMIÈRE CLASSE.

M. CHRISTIAN SORENSEN, à COPENHAGUE (DANEMARK).

M. SORENSEN avait adressé à l'Exposition universelle un clavier compositeur typographique et distributeur. Ce clavier se compose :

1° D'une table, en forme de piano, renfermant à sa partie antérieure un clavier alphabétique et à son centre un cône renversé.

2° D'un double cylindre s'ajustant sur un cône ou entonnoir.

Ce cylindre est formé de deux pièces superposées : l'une fixe, a reçu le nom de *cylindre compositeur;* l'autre, engrenée sur la première, est agitée, lorsque la machine fonctionne, d'un mouvement concentrique de rotation, et s'appelle *cylindre distributeur.*

Ces deux cylindres sont composés de baguettes verticales en cuivre blanc, fixées sur deux plaques circulaires, et les caractères sont rangés en piles le long de ces baguettes.

La machine est mise en mouvement par un ouvrier, à l'aide d'une pédale, et, à chaque tour du cylindre distributeur, les caractères passent par les orifices de la plaque supérieure du cylindre compositeur. De là, ils sont poussés par un ressort, dans une ligne continue, sur un grand composteur qui, aussitôt rempli, est remplacé par un autre. De telle sorte que l'ouvrier n'a plus qu'à justifier et à mettre en pages.

La machine exposée, qui coûte 7,000 fr., peut composer et distribuer 5,000 lettres par heure; il en résulte qu'elle fait deux fois et demie le travail d'un compositeur ordinaire.

Depuis deux ans, un journal de Copenhague, *le Fœdreland,* est imprimé à l'aide de ce nouveau procédé.

Le Jury de la VIe Classe a décerné à M. SORENSEN la GRANDE MÉDAILLE D'HONNEUR.

M. A.-B. DUTARTRE, à PARIS (FRANCE).

M. DUTARTRE avait exposé une presse typographique mécanique à vignettes et une presse mécanique imprimant en deux couleurs sur la même feuille.

La première de ces machines, outre sa solidité et son intelligente construction, offre différentes améliorations qui paraissent avoir un effet direct sur l'impression. Un dispositif tout particulier, dans l'encreur, nous paraît être un perfectionnement d'une importance réelle. Il consiste en un petit rouleau, placé dans la boîte contenant l'encre, fonctionnant à l'aide d'un engrenage, et dont l'objet est de maintenir constamment l'encre en mouvement, ce qui supprime le chauffage qu'on était obligé de faire subir à la boîte afin d'avoir de l'encre constamment liquide.

La machine à imprimer en deux couleurs offre à peu près le même mécanisme que la précédente; elle a seulement, en plus, deux tables pour la distribution des deux couleurs, deux encreurs y sont aussi annexés, et le mouvement de la table à impression est combiné de manière que le cylindre fait deux révolutions par chaque mouvement de table, c'est-à-dire une révolution pour chaque couleur.

Les travaux antérieurs de M. DÉTARTRE et son exposition lui ont valu une MÉDAILLE DE PREMIÈRE CLASSE.

M. Fr. NORMAND, a Paris (France).

L'exposition de M. NORMAND se composait d'une presse mécanique à trois cylindres pour l'impression des journaux, et d'une presse à retiration et à pince.

La presse à journaux, outre les éloges qu'elle mérite au point de vue de sa construction, offre une disposition particulière qui permet d'obtenir, à l'aide du mouvement particulier d'un rouleau de cordons et d'autres rouleaux, le retournement de la feuille à imprimer, de manière à ce que chaque cylindre-impression imprime alternativement la feuille des deux côtés. Il résulte de ce mécanisme que les cylindres peuvent être placés dans des coussinets fixes, ce qui simplifie la machine.

L'ajustement des pinces du second cylindre, dans la machine à retiration, offre aussi une disposition nouvelle qui permet, lorsqu'une seule des deux formes se trouve placée sur la table à impression, de pouvoir déplacer la feuille sur le deuxième cylindre, pendant la marche de la machine, de façon à obtenir l'impression dite en registre.

Le Jury a décerné à M. NORMAND une MÉDAILLE DE PREMIÈRE CLASSE.

MM. H. MARINONI, CHEVALIER et BOURLIER, a Paris (France).

Ces constructeurs avaient exposé une presse mécanique à quatre cylindres et une presse à un cylindre à pince.

Le mécanisme dont nous avons parlé plus haut, et qui a pour objet le retournement de la feuille à imprimer, fait partie de la première machine. Sa construction est parfaite à tous les points de vue. Elle peut donner par heure jusqu'à 3,000 impressions des deux côtés, en occupant quatre margeurs, et comme chaque feuille est double, il en résulte que 6,000 exemplaires d'un journal peuvent être produits dans l'espace d'une heure.

La machine à un cylindre offre cela de particulier que la table à impression est supportée par quatre rouleaux qui forment un chariot mobile. Sans vouloir apprécier l'utilité de cette disposition, nous la croyons cependant de quelque utilité, lorsque la presse marche à bras d'homme.

Le Jury a décerné à MM. MARINONI et Cᵉ une MÉDAILLE DE PREMIÈRE CLASSE.

M. ROBERT NEALE, a Londres (Royaume-Uni).

La machine, exposée par M. ROBERT NEALE, pour imprimer en taille-douce d'une manière continue par la vapeur, est une chose nouvelle dans l'art de l'imprimerie, quoiqu'elle soit brevetée en Angleterre depuis janvier 1853. Elle consiste en deux chaînes sans fin, auxquelles sont attachées une ou deux tables-impression. Les chaînes sont mises en mouvement par deux rouleaux placés aux deux extrémités de la machine; entre ces deux rouleaux se trouvent d'autres rouleaux intermédiaires pour supporter la table-impression à l'endroit où l'impression se fait. Quand les chaînes sont en mouvement, leur partie supérieure met la plaque gravée en contact avec un rouleau d'impression, tandis que la partie inférieure met la même plaque en contact avec des appareils à encrer, nettoyer et polir la plaque gravée. Ces dernières dispositions sont les plus importantes de la machine.

L'encrage consiste en une boîte et un rouleau d'encre ordinaire avec un rouleau preneur qui étend l'encre, sur les parties gravées de la plaque.

Considérant la nouveauté de ces dispositions qui permettent d'imprimer en taille-douce, au moyen d'une machine à mouvement continu et mue par la vapeur, le Jury a décerné à M. ROBERT NEALE une MÉDAILLE DE PREMIÈRE CLASSE.

M. P. ALAUZET, A PARIS (FRANCE).

Il suffirait d'indiquer que les presses avec lesquelles la maison Claye et Cie a tiré une partie des magnifiques ouvrages qui lui ont mérité, de la part du Jury de la XXVIe Classe, une médaille d'honneur, sortent des ateliers de M. ALAUZET, pour établir leur supériorité. Le Jury a reconnu cette supériorité en décernant à cet habile constructeur une MÉDAILLE DE PREMIÈRE CLASSE.

La presse mécanique exposée par M. ALAUZET est à grand développement et à double touche, pour

Presse mécanique à grand développement et à double touche.

l'impression des ouvrages à vignettes. « Elle a, dit le Rapport du Jury, été trouvée très-remarquable « sous le rapport de la solidité, de la bonne confection et des soins apportés dans l'exécution des « détails. »

Le mouvement de la table-impression est obtenu par la crémaillère ordinaire; seulement, les dents de cette crémaillère sont d'acier trempé et fixées chacune par un écrou, de manière que chaque dent se

trouve supportée entre deux barres de fer formant une crémaillère d'une grande solidité. La table-
impression est pourvue de deux appareils d'encrage complet, ayant chacun quatre rouleaux pour l'encre.
Le cylindre-impression est d'un grand diamètre et à pince. Toutes les dispositions de cette machine ne
laissent rien à désirer.

Presse en blanc avec fosse et à bielle de M. Alauzet.

M. ALAUZET eût voulu apporter au Palais de l'Industrie d'autres machines, et particulièrement un
spécimen de ses presses en blanc, dont nous donnons les dessins et sur lesquelles M. Silbermann, de

Presse en blanc, sans fosse, et pouvant être établie à un étage supérieur, de M. Alauzet.

Strasbourg, a imprimé les magnifiques dessins de vitraux à seize teintes, qu'il avait exposés et qui démontrent combien est régulier le registre de ces machines ; puis un spécimen de ses presses à retiration, sur
l'une desquelles se tire, depuis cinq ans, une de nos plus importantes publications illustrées, le *Maga-*

sin pittoresque. Mais, n'ayant pu obtenir la place suffisante, il a dû prier le Jury de vouloir bien se transporter dans ses ateliers et dans les imprimeries où ces machines fonctionnent.

Laminoir pour le glaçage du papier, système Alauzet.

« Dans ces visites, dit encore le Rapport, nous avons reconnu des perfectionnements très-importants « par leur simplicité sur le mode de donner la pression du cylindre par le cylindre lui-même au moyen « des excentriques courbes mises en mouvement par un engrenage ayant la même forme que l'excen- « trique courbe qui se trouve placée au-dessus de l'axe du cylindre de pression, et mise en mouvement « par un petit pignon sur son axe; une brosse est, en outre, établie pour maintenir la feuille à imprimer « contre le cylindre-impression, et, de plus, dans certains cas, des rouleaux distributeurs en bronze creux « sont placés au-dessus des autres rouleaux pour que l'encre soit mieux distribuée.

« Ces divers perfectionnements, et les avantages ressortant de l'emploi des machines de M. ALAUZET, « sont expliqués par des certificats constatant leur perfectionnement et leur solidité. »

D'après ce qui précède, on comprendra facilement combien doivent être appréciées les presses méca- niques de M. ALAUZET, et pourquoi on les trouve en grand nombre dans les imprimeries les plus juste- ment renommées de la France et de l'étranger.

Le Jury, nous l'avons dit, a décerné à M. ALAUZET une MÉDAILLE DE PREMIÈRE CLASSE, c'est-à-dire la récompense de l'ordre le plus élevé qui ait été accordée à son industrie.

M. LECOQ, A PARIS (FRANCE).

L'exposition de cet habile constructeur se composait d'une série de machines présentant un grand intérêt, non-seulement au point de vue des services qu'elles peuvent rendre, mais encore sous le rapport de leur excellente exécution.

Parmi elles, nous citerons :

1° Une machine à imprimer et numéroter les billets pour chemins de fer, pouvant fournir 70,000 billets en dix heures. Son prix est de 3,500 francs.

2° Une machine à compter et contrôler les billets, à raison de 140,000 par jour. Son prix est de 2,000 fr.

3° Une machine à dater les billets en impression de couleur, du prix de 100 francs.

4° Une machine à numéroter les coupons des valeurs industrielles, pouvant numéroter 40,000 actions par jour. Son prix est de 1,000 francs.

5° Une machine à imprimer les têtes de lettres, adresses, cartes de visite, etc.

6° Une machine à imprimer les timbres humides et cachets pour bureaux, fournissant 15 à 1.800 épreuves par heure. Son prix est de 500 francs.

7° Une presse à timbre sec et humide, du prix de 600 francs.

8° Un laminoir pour glacer les épreuves photographiques.

9° Une machine à couper le papier, coupant sur une largeur de 64 centimètres, et du prix de 800 francs.

10° Une presse à copier de voyage, du prix de 30 francs.

Cette belle collection a valu à M. Lecoq une MÉDAILLE DE PREMIÈRE CLASSE.

M. J.-B. JOHNSON, A LONDRES (ROYAUME-UNI).

M. J.-R. Johnson avait envoyé à l'Exposition universelle une machine pour fondre les caractères d'imprimerie; cette machine, brevetée en Angleterre, présente des perfectionnements très-remarquables qui la rendent digne de l'attention des imprimeurs.

Ces perfectionnements consistent dans la construction particulière du moule qui permet de fondre des caractères d'une parfaite exactitude dans toutes leurs dimensions. Les traits fins et la profondeur de la matrice sont exactement reproduits dans l'œil de la lettre, grâce à un mouvement excentrique courbe qui fait retirer la matrice dans l'axe de la lettre même ou dans une ligne droite, aussitôt que chaque lettre est fondue. Le moule se compose de quatre parties en acier, dont deux sont fixes et deux mobiles. Les deux parties fixes sont placées à une certaine distance l'une de l'autre, de manière que l'écartement soit égal au corps du caractère à fondre; les parties mobiles sont le fond du moule et la partie supérieure, qui forme, pour ainsi dire, le couvercle. La distance qui sépare ces deux parties correspond à la ligne ou à l'épaisseur de la lettre. La machine, étant mise en mouvement, fait rapprocher la matrice pour fermer le fond du moule, et alors la pompe, qui se trouve dans le vase contenant la matière fondue, pousse celle-ci dans le moule, où elle se refroidit presque instantanément, et le caractère est fait. La matrice se retire dans une ligne droite, le couvercle glisse sur les parties fixes du moule, de manière que ce dernier s'ouvre; le fond s'élève alors avec le caractère, et quand le couvercle glisse de nouveau pour fermer le moule, le caractère se trouve poussé de côté, tandis que, par le mouvement des différentes excentriques courbes, le fond mobile se baisse jusqu'au registre, et l'opération recommence.

Cette machine peut fondre 4,000 lettres par heure, ou environ 30,000 lettres dans un travail de 10 heures, à cause du temps perdu. La rapidité du travail, d'ailleurs, est subordonné à la grosseur des lettres.

D'après de nombreuses assertions, il résulte que les types fondus par cette machine commencent à être en faveur en Angleterre, où on les regarde comme aussi parfaits que ceux fondus dans les moules ordinaires.

Une machine fonctionne déjà depuis quelque temps en France, à l'Imprimerie Impériale, où elle donne d'excellents résultats, et procure une grande économie de temps.

Considérant les services que cette machine est appelée à rendre à la typographie, le Jury accorde une MÉDAILLE DE PREMIÈRE CLASSE à M. JOHNSON.

M. J.-D. PFEIFFER, A PARIS (FRANCE).

M. Pfeiffer avait exposé deux machines pour la reliure, dont il est l'inventeur. Ces machines son très-remarquables par leur nouveauté, elles ont été l'objet d'un brevet d'invention dès 1852, avec quatre brevets d'addition. La première machine a pour but de faire la gouttière, ou surface concave, sur le côté extérieur, c'est-à-dire sur le côté parallèle au dos du livre. Cette opération s'exécute au moyen d'une presse dans laquelle le livre est maintenu, et une lame creuse, attachée sur un axe et mise en mouvement de rotation autour du centre de cet axe, rogne le côté extérieur du livre, en forme de gouttière. La machine est pourvue de lames creuses, de plusieurs dimensions, pouvant être attachées à l'axe, de manière qu'on puisse varier le rayon de rotation desdites lames pour en former des gouttières plus ou moins concaves, suivant la grandeur des livres.

Les différentes parties de la machine sont, en outre, construites de façon qu'on puisse facilement l'ajuster pour couper ou rogner non-seulement la gouttière, mais encore les autres côtés du livre, avec un couteau vertical, quelles que soient les dimensions du volume. La surface de la gouttière ainsi coupée étant parfaitement unie, on peut plus facilement y appliquer des ornements de dorure ou l'impression des dessins, que quand la gouttière est coupée par la méthode ordinaire. L'emploi de cette machine procure aussi cet avantage, qu'on peut rogner une collection entière de livres et obtenir des proportions parfaitement identiques, non-seulement dans la partie droite, mais dans la partie concave. De plus, des équerres en rendant impossible toute espèce de déviation et assurent l'exactitude du travail sans compter sur l'adresse de l'ouvrier.

M. Pfeiffer a construit, pour les deux modes de rognure, un nouveau système de couteaux s'appliquant aux diverses fonctions de la machine. Ces couteaux consistent dans l'ajustement d'une lame très-mince, en tôle d'acier laminée, dans une rainure, ou encastrement, formée entre deux plaques, ce qui fait une sorte de porte-lames. Ces lames présentent le double avantage de pouvoir être repassées plus facilement et de coûter moins cher.

La deuxième machine a pour objet de former l'endos des livres, d'une manière plus expéditive et plus régulière, et d'appliquer la dorure dans les parties concaves aussi bien que dans les parties droites, en opérant sur un grand nombre d'ouvrages à la fois, ayant des dimensions différentes. Elle consiste en une large table, ou plateau rectangulaire, dont on peut régler la hauteur à volonté, au moyen de vis placées à chaque extrémité et supportant ledit plateau dans un bâti en fer. A la partie supérieure de ce bâti, est attaché, par deux charnières, un cadre ou châssis ayant les mêmes dimensions que le plateau. Ce cadre est pourvu d'une vis à chaque extrémité, en sorte qu'il forme une espèce de presse dans laquelle les livres à endosser sont soumis à une pression. Pour obtenir l'endossage, on place entre chaque livre une plaque en tôle de fer, et, pour faciliter le travail, on les fait supporter par une cale en bois arrondi, ou simplement on les pose sur la table, s'ils sont de différentes grandeurs; puis, les livres étant mis en presse, on fait l'endossage au moyen des rouleaux dentés du centre, de droite et de gauche, et au moyen des rouleaux non dentés, pour achever le travail.

Le cadre contenant les livres en presse a été placé sur des charnières, afin qu'on puisse lui faire faire un demi-tour, et renverser ainsi le système, pour présenter les dos des livres à un feu léger, qui sèche le collage plus promptement.

Ces machines, qui permettent d'obtenir, pour la reliure, une exécution beaucoup plus parfaite que le travail à la main, et qui procurent une économie de main-d'œuvre, en augmentant la célérité de production, ont été remarquées du public et appréciées par le Jury, qui a décerné à leur auteur une MÉDAILLE DE PREMIÈRE CLASSE.

MM. CAHOUET ET MORANE, a Paris (France).

MM. Cahouet et Morane avaient exposé une machine destinée à la fabrication des bougies stéariques.

Il n'y a pas encore longtemps, on n'employait pour le coulage de la bougie stéarique, que des moules simples, de telle sorte qu'on ne coulait qu'une bougie à la fois.

Plus tard, on inventa des porte-moules, consistant en un petit bassin, auquel étaient attachés une vingtaine de moules, dans lesquels les mèches étaient tendues et coupées de longueur à l'aide d'un robinet.

MM. Cahouet et Morane ont imaginé un métier pour le coulage des bougies à enfilage continu et à chauffage sur place.

Cette machine offre les avantages suivants :

1° Économie de vapeur; 2° économie de main-d'œuvre, 3° économie de matériel, puisqu'en effet le même nombre de moules peut produire trois fois autant de bougies que le système ordinaire.

L'importance de cette invention a fait décerner à MM. Cahouet et Morane une MÉDAILLE DE PREMIÈRE CLASSE.

M. A.-D. CARILLON, a Paris (France).

M. Carillon présentait une machine à polir les glaces.

Le polissage des glaces s'obtient par le frottement d'un feutre, imprégné de peroxyde de fer délayé dans l'eau. A bras d'homme, cette opération demande une grande force musculaire et beaucoup de temps.

M. Carillon la confie à un appareil qui est mis en mouvement par une machine à vapeur horizontale de la force de 6 chevaux. Le va-et-vient des polissoirs est de 89 centimètres, et la pierre, sur laquelle les glaces sont fixées, fait un mouvement de 5 millimètres par deux mouvements de polissoirs.

Sur une levée de glace de 7 mètres carrés, on place ordinairement huit polissoirs doubles, ayant une surface de 0,1080; la surface totale des huit polissoirs est donc de 0,8640. Leur poids est de 24 kilogrammes, soit, pour les huit polissoirs, 192 kilogrammes, de telle sorte, que chaque mètre carré, d'une levée de glace de 7 mètres, supporte un poids de 27 kilogrammes 4 et une surface de polissoir de 0,1234.

La machine donne 40 coups de piston à la minute et la course est de 80 centimètres; le chemin parcouru par seconde est donc de 53 mètres 3.

En conséquence, pour polir un mètre carré de glace, il faut une surface de polissoir de 0,12, chargé du poids de 27 kilogrammes, se promenant pendant 4 heures avec une vitesse de 53 centimètres à la seconde. Il résulte de ces données, que le chemin parcouru pendant 4 heures est de 7 kilomètres 632 mètres.

La belle machine de M. Carillon et ses brillantes applications à la fabrique de Montluçon lui ont valu une MÉDAILLE DE PREMIÈRE CLASSE.

M. JOLH. HARRIDAY, a New-York (États-Unis).

Pour compléter les immenses résultats obtenus par les machines à coudre, que nous examinerons dans la VII° Classe, M. Harriday a inventé une machine à couper les vêtements.

Cette machine est surtout applicable dans les cas où il est nécessaire de couper un grand nombre de pièces de même dimension, par exemple, les habits destinés à l'armée et à la marine.

Elle consiste en une table sur laquelle marche une lame d'acier ou couteau, qui coupe une épaisseur de 10 à 12 centimètres de drap, soit 40 ou 50 pièces à la fois. Un mécanisme très-simple permet de changer la direction de la coupure, suivant le modèle, sans changer la position des draps sur la table. Cette machine peut tailler 1,000 pantalons par jour, et représente le travail de 25 à 30 ouvriers.

Le Jury a décerné à M. Harriday, comme encouragement, une MÉDAILLE DE DEUXIÈME CLASSE.

MM. THOMAS DE LA RUE et C°, a Londres (Royaume-Uni).

La plus importante maison de papeterie de Londres, la maison Thomas de la Rue, avait présenté à l'Exposition universelle des objets appartenant à des classes diverses, dont le Jury de la XXV° Classe s'est chargé de récompenser l'ensemble, en décernant à M. de la Rue une MÉDAILLE D'HONNEUR.

Quant à nous, nous rendrons compte de cette remarquable exposition, en mentionnant les principaux objets qui la composent, dans chacune des Classes où nous les rencontrerons.

Dans la VIe Classe, MM. Thomas de la Rue et Ce exposaient une machine à plier les enveloppes de lettres.

Le Rapport du Jury de l'Exposition universelle de Londres et les documents que M. de la Rue a fait passer sous les yeux du Jury « établissent d'une manière certaine, » dit le Rapport du Jury, « que la « première pensée de substituer l'action d'une machine au travail manuel dans la fabrication des « enveloppes de lettres, et le mérite d'avoir complétement réalisé, dès l'année 1845, cette heureuse « pensée, appartient à MM. Warren de la Rue et Edwin Thill. En effet, le brevet obtenu en Angleterre « par ces Messieurs est du mois de mars 1845. L'inspection de la machine de M. de la Rue, qui fonction- « nait dans le Palais même de l'Industrie, montre combien toutes les parties en ont été soigneusement « étudiées; la solidité, l'élégance de sa disposition, et la précision de ses mouvements frappent les yeux « les moins attentifs.

« Le Jury de la VIe Classe eût accordé à M. de la Rue et Ce une haute récompense pour leur « machine à plier les enveloppes, si, comme nous l'avons dit, une MÉDAILLE D'HONNEUR ne leur avait pas « été donnée par le Jury de la XXVIe Classe pour l'ensemble de leur exposition. »

MM. BRYAN-DONKIN et Ce, a LONDRES (ROYAUME-UNI).

M. Bryan-Donkin exposait une petite machine à couper les chiffons, d'une construction fort simple. Le Jury, dans son Rapport, constate l'excellence de cette machine, et ajoute que « MM. Donkin et Ce ont « rendu de tels services à l'industrie et ont acquis une si belle et si honorable réputation par leurs précé- « dents travaux, qu'il ne pense pas que la récompense qu'il pourrait leur accorder pour cette invention « nouvelle puisse y ajouter. »

SOCIÉTÉ ANONYME DE LA PAPETERIE d'ESSONNE (FRANCE).

La Société anonyme de la papeterie d'Essonne exposait une pile raffineuse à vapeur, construite par MM. Feray et Ce d'Essonne, sur les dessins de MM. Thomas et Laurent, ingénieurs.

Le cylindre de cette pile reçoit le mouvement par l'action directe d'une petite machine à vapeur à haute pression, fixée sur sa paroi même.

La papeterie d'Essonne, à l'aide de 8 grandes machines à papier continu, sera bientôt à même de livrer au commerce 12,000 kilogrammes de papier par jour.

L'importance de cette usine, la beauté de ses produits et surtout l'application de la vapeur au mouve- ment des piles raffineuses, ont mérité à la Société de la papeterie d'Essonne une MÉDAILLE DE PREMIÈRE CLASSE.

La papeterie d'Essonne a traité, avec MM. l'Huissier-Jouffroy, de Vienne (Isère), pour plusieurs de leurs machines à papier continu, dont un spécimen était exposé. Le spécimen de cette machine, qui a reçu de grands perfectionnements, a valu à son auteur une MÉDAILLE DE PREMIÈRE CLASSE.

M. A. FAVREL, a PARIS (FRANCE).

M. Favrel avait adressé à l'Exposition un marteau à vapeur destiné au battage de l'or.

Ce marteau est d'autant plus intéressant qu'il représente exactement l'effet du battage à la main. Ainsi, la chabotte est douée de deux mouvements horizontaux à angle droit et d'un mouvement circu- laire. Le battage a lieu par coups fouettés, de manière à ce que la feuille d'or conserve son brillant. 22,000 coups sont nécessaires pour amener une feuille d'or au degré de ténuité convenable. Il était donc bien nécessaire de trouver un moyen mécanique pour arriver à ce résultat. M. Favrel semble avoir résolu le problème, aussi, le Jury lui a-t-il décerné une MÉDAILLE DE PREMIÈRE CLASSE.

MM. SCHMERBER ET FILS, a Fagolsheim (Haut-Rhin), France.

L'exposition de MM. Schmerber se composait de marteaux-pilons, mus par des cames, qui reçoivent leur mouvement par de simples courroies de transmission. Ces marteaux, garnis d'un sabot de caoutchouc, ont beaucoup d'énergie et fonctionnent avec une grande rapidité.

Leur poids varie entre 150 et 600 kilogrammes.

MM. Schmerber ont reçu une médaille de première classe.

MM. WETHERED FRÈRES, de Wetheredville, près Baltimore, Maryland (États-Unis d'Amérique).

MM. Wethered frères avaient envoyé à l'Exposition universelle une machine à vapeur horizontale, dont la chaudière, d'une construction particulière, était la véritable pièce exposée.

Les nouvelles dispositions de cette chaudière tendent à résoudre un problème qui depuis plusieurs années préoccupe la science, celui de l'emploi de la vapeur surchauffée.

Diverses circonstances ayant retardé l'installation de la machine Wethered dans le Palais de l'Industrie, il est à craindre que le temps ait manqué au Jury pour donner à cette découverte toute l'attention qu'elle nous semble mériter, et, comme, depuis la clôture de l'Exposition, des expériences officielles ont été faites, qui constatent l'importance de l'invention de M. John Wethered, nous avons rassemblé ces nouveaux documents et nous les mettons sous les yeux de nos lecteurs.

M. John Wethered, auquel on doit principalement la découverte qui nous occupe, est un industriel d'une grande intelligence, jouissant d'une haute considération dans son pays, qui l'a élu son représentant au congrès des États-Unis.

Frappé de l'importance des recherches faites par le savant M. Reynaud sur les moyens de tirer du combustible un accroissement de calorique, il s'est attaché lui-même à la solution de ce problème scientifique : il paraît avoir obtenu des résultats dépassant de beaucoup toutes les espérances qu'il avait pu concevoir en se mettant à l'œuvre.

En effet, selon lui, l'application de son système du mélange de la vapeur surchauffée à la vapeur saturée (vapeur ordinaire) présente les avantages suivants :

1° Économie de combustible, de 30 à 50 pour cent;

2° Diminution de la quantité d'eau nécessaire à l'entretien des chaudières, et, par suite, diminution des dépôts qui les corrodent;

3° Faculté d'employer des chaudières plus petites et nécessitant un personnel moins nombreux, pour obtenir la même force que par le système ordinaire.

4° Facilité de maintenir en tout temps la pression ordinaire et d'augmenter à volonté la force motrice;

5° Moins de risques d'explosion, car, l'augmentation de la force n'ayant lieu que dans le cylindre, une forte pression dans la chaudière est inutile;

6° Double durée des chaudières aujourd'hui existantes et modifiées à l'usage de sa découverte, car alors elles ne seront plus soumises qu'à une pression moins forte et à une température moins élevée.

Une déclaration pareille, de la part d'un homme aussi estimé, a dû naturellement éveiller l'attention du monde savant.

Aussi, en Amérique, des expériences ont été faites par ordre du gouvernement.

En France, l'Académie des sciences a examiné la découverte de M. Wethered, et le ministre de la Marine a désigné une commission officielle pour l'expérimenter.

En Angleterre, l'Amirauté en a ordonné l'essai sur le *Dee*, navire à vapeur de Sa Majesté Britannique.

Nous allons faire connaître quel a été le résultat de ces expériences et notamment de celles qui ont eu lieu au Palais de l'Industrie.

Pour cela, nous empruntons quelques pages à une revue scientifique, *le Cosmos*, rédigé par le savant abbé Moigno :

« MM. WETHERED, qui ne sont ni physiciens ni mécaniciens de profession, mais bien des propriétaires manufacturiers riches et éclairés, ont été conduits à leur invention moins par des considérations scientifiques que par une illumination spontanée née d'une de ces observations heureuses qui ont amené tant de découvertes célèbres.

« Ils avaient eu connaissance des avantages de la vapeur surchauffée, dont on s'occupe beaucoup en Amérique. Mais ils savaient aussi qu'elle est très-difficile à gouverner; que si sa température est trop

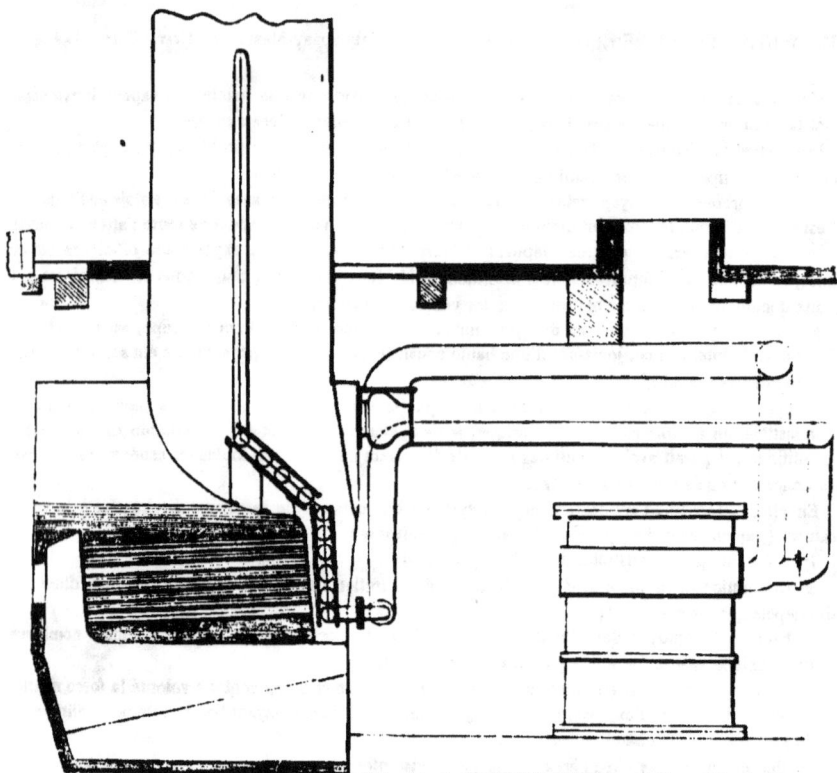

Coupe de l'appareil installé sur le bâtiment de Sa Majesté Britannique, le *Dee*.

élevée, les pistons des cylindres grippent et font un mauvais travail; que si l'on dépasse certaines limites de température, l'accroissement de la pression est loin d'être proportionnel à la quantité de combustible ou de chaleur employée au surchauffement :

« Voici le moyen élémentaire, et efficace au delà de leurs espérances, par lequel ils croient avoir fait « disparaître, d'un seul coup, tous ces inconvénients.

« Leur appareil, dont plusieurs organes essentiels ont été perdus dans le Palais de l'Industrie, sans « qu'on ait pu retrouver leurs traces, a fait son apparition très-tard, il aura donc attiré bien peu l'atten-

« tion du Jury et des amateurs ; c'est une raison de plus pour que nous insistions sur ses excellentes
« qualités. Il se compose d'un générateur entièrement nouveau, non pas dans sa forme, mais certaine-
« ment dans son mode d'action ; et d'une machine à vapeur commune. Le générateur a la forme des
« chaudières en tombeau du vieux système anglais. La vapeur est engendrée dans un faisceau tubulaire
« semblable à celui des locomotives, mais placé verticalement. Dans le dôme du générateur on a ménagé
« à la vapeur deux issues par des tuyaux armés de robinets et dont on peut graduer à volonté les orifices
« de sortie. La vapeur, qui sort par l'un des robinets à la température de l'eau bouillante, saturée,
« humide, emportant avec elle une plus ou moins grande quantité d'eau à l'état liquide, se rend directe-
« ment, comme à l'ordinaire, dans la chambre à vapeur ou réservoir qui alimente les tiroirs de distribu-
« tion. La vapeur qui sort de l'autre robinet est conduite par un tuyau intérieur, ou par un tuyau extérieur
« revêtu d'une enveloppe isolante, à l'entrée d'un serpentin installé en partie dans le carneau, en partie
« dans le dôme de la cheminée, derrière le faisceau de tube ou dos à dos contre lui, et que viennent lécher
« les gaz brûlants sortis des tubes. Dans sa circulation à travers les spires du serpentin, cette vapeur se
« surchauffe de plus en plus, atteint la température de 3 à 400 degrés, monte jusqu'à une certaine hauteur
« dans la cheminée, et vient enfin rejoindre, dans la chambre de la machine, la vapeur ordinaire ou
« saturée d'eau qui y est venue directement du générateur tubulaire. L'effet résultant du mélange est
« facile à comprendre : la vapeur surchauffée cède une partie de son excès de température à la vapeur
« saturée d'eau, vaporise l'eau qu'elle contenait encore à l'état liquide, et lui donne une plus grande ten-
« sion. Le mélange des deux vapeurs entre alors dans le tiroir de distribution, pénètre dans les cylindres,
« soulève le piston, et produit le travail mécanique dans des conditions bien meilleures que si on avait
« envoyé directement dans le cylindre, soit de la vapeur saturée, soit de la vapeur surchauffée, c'est-à-dire
« avec un gain considérable d'effet utile.

« Au Palais de l'Industrie nous avons assisté à deux expériences, la première les 27 et 28 septembre
« 1855, la seconde le 1ᵉʳ octobre 1855. La machine avait à mettre en mouvement un ventilateur à force
« centrifuge. Dans les expériences de septembre, le 27, on fit fonctionner la machine avec de la vapeur
« ordinaire, et le 28, avec le mélange de vapeur ordinaire et de vapeur surchauffée. Un avantage consi-
« dérable résultant de l'emploi des vapeurs combinées fut constaté, puisque avec une quantité de charbon
« plus petite, dans le rapport de 283 à 355 livres ou de 4 à 5, on a obtenu, à pression sensiblement la
« même, et dans le même temps (6 heures), un nombre de coups de piston plus grand, dans le rapport
« de 12,070 à 10,980 ou de 11 à 10.

« Si, partant des chiffres de ces expériences, on calculait les nombres d'unités de travail produit, dans
« les deux cas, l'emploi de vapeur commune ou l'emploi de vapeur surchauffée, par l'évaporation de
« chaque litre d'eau, on trouverait que ces nombres sont dans le rapport de 1 à 2,007 ou que l'accroisse-
« ment de puissance est de plus de 100 pour 100.

« L'expérience du 1ᵉʳ octobre, faite pendant trois heures avec la vapeur ordinaire, et pendant le même
« temps avec la vapeur mélangée, a conduit à des résultats identiques. Il en résulterait donc qu'en substi-
« tuant n'importe dans quelle machine le mélange des vapeurs ordinaire et surchauffée à la seule vapeur
« ordinaire, on gagne en travail utile 100 pour 100 ; ce qui permettra de réduire considérablement le
« volume des moteurs installés sur les navires et serait un progrès immense.

« Cet avantage est si évident à priori, et il ressort si parfaitement des expériences déjà faites, que le
« nouveau mode d'emploi de la vapeur a été accueilli avec la plus grande faveur par les armateurs améri-
« cains. Nous avons vu les lettres par lesquelles M. Collins, le créateur célèbre de la grande ligne transat-
« lantique entre Liverpool et New-York, exprime à M. Wethered ses félicitations sincères et ses brillantes
« espérances ; il avait mis à sa disposition pour l'essai du nouveau système une petite machine et un
« bateau à vapeur ; le succès des expériences faites sous ses yeux l'a décidé à l'appliquer sur tous ses
« immenses paquebots.

« M. Wethered a pris soin de se réserver formellement dans ses brevets le droit de recourir, quand il lui
« plaira, à toutes les modifications de son idée fondamentale, du principe qui constitue son invention, et

« que personne n'a réalisé ou fait breveter avant lui : le mélange en proportions plus ou moins grandes de
« deux vapeurs, l'une ordinaire, l'autre surchauffée, dans le but d'obtenir, pour l'introduire dans les
« cylindres, une vapeur parfaitement pure et sèche, à haute pression, capable d'un plus grand travail,
« avec économie de matière, d'espace et de combustible.

« Dans la machine de l'Exposition, et dans presque toutes celles que M. Wethered a réalisées jusqu'ici,
« le mélange des vapeurs se fait dans la chambre ou réservoir à vapeur, en dehors du cylindre ; mais,
« dans de nouveaux essais, l'inventeur se propose de faire le mélange dans le sein même du cylindre,
« au-dessus et au-dessous du piston, alternativement. Il espère obtenir de cette manière un plus grand
« effet utile, en profitant de la détente qui a lieu au moment de la compénétration des deux vapeurs.
« Nous craignons toutefois que cette disposition, qui n'a pas été étudiée encore, ait des inconvénients
« quand les eaux seront très-chargées de sels calcaires ou autres.

« D'autres expériences ont été faites à New-York, sous la direction de M. Collins, par M. Martin, ingé-
« nieur en chef de la marine des États-Unis, délégué spécialement par le ministre de la marine, et ont
« donné, d'après un compte rendu officiel, le même résultat au gain de 100 pour 100!

« Trois séries d'expériences ont eu lieu : la première avec la vapeur saturée seule ; la deuxième avec la
« vapeur surchauffée seule ; la troisième avec le mélange des deux vapeurs saturée et surchauffée.

« Il en résulte : 1° qu'en employant, avec le même foyer, la vapeur surchauffée seule, au lieu de vapeur
« saturée, on obtient un accroissement de travail en effet utile égal à 65 pour 100 ; 2° qu'avec le
« mélange de deux vapeurs on réalise un accroissement d'effet utile de 100 pour 100 ; 3° que dans la
« substitution de mélange des vapeurs à la vapeur surchauffée seule, le gain est encore de 25 pour 100.

« Deux des séries d'expériences eurent lieu le 9 janvier 1854 à bord du bateau à vapeur le *Joseph Johnson*,
« sur la rivière Hudson à New-York. La première série avec la vapeur ordinaire ou saturée ; la
« deuxième série avec le mélange des deux vapeurs saturée et surchauffée. Il en résulte que l'effet utile
« obtenu de chaque livre de charbon avec la vapeur ordinaire ou saturée étant *un*, celui obtenu avec le
« mélange des vapeurs est 1,727 ; le gain est donc de plus de 72 pour 100.

« M. Martin et un autre ingénieur de la marine des États-Unis qui l'assistait, M. Isherwood, affirment
« l'exactitude de tous les chiffres ci-dessus, et la parfaite légitimité des conclusions qu'ils en ont tirées.

« Quelques personnes compétentes nous ayant dit qu'elles avaient de la peine à admettre que le
« mélange des deux vapeurs donnât un effet utile plus grand que la vapeur surchauffée seule employée
« à la même température et à la même pression que le mélange des deux vapeurs, nous avons prié
« M. Wethered de procéder le 30 octobre 1855 à un essai comparatif de ces deux vapeurs.

« Il est résulté de l'expérience que le travail de la vapeur surchauffée seule étant *un*, celui des vapeurs
« mélangées est 1,4427 ; il y a donc dans l'emploi du mélange un gain de 44 pour 100. C'est énorme,
« mais c'est incontestable.

« La vapeur mélangée conserve, dans tous les usages qu'on peut en faire, le chauffage, le séchage,
« l'évaporation, etc., sur la vapeur ordinaire, l'avantage considérable que nous venons de signaler dans
« la production de la force motrice. L'Institut mécanique du Maryland a constaté que pour amener à
« l'ébullition une quantité donnée d'eau, en y conduisant la vapeur engendrée par la chaudière, il fallait
« 75 minutes avec la vapeur saturée seule, à la pression de 10,94 livres et à 106 degrés ; 80 minutes avec
« de la vapeur surchauffée seule, à 10,94 livres de pression et à 173 degrés : il ne fallait que 45 minutes
« avec le mélange Wethered de vapeur saturée et surchauffée à 10,94 livres de pression et 139 degrés. À
« quelque point de vue qu'on le considère, l'emploi de la vapeur mélangée produit donc une véritable
« révolution.

« M. Wethered a fait plus que d'utiliser la vapeur surchauffée, il lui a donné une nouvelle puissance :
« c'est une magnifique conquête.

« En résumé, la découverte d'un fait capital aussi complétement imprévu que rigoureusement
« démontré, la puissance plus grande du mélange des vapeurs saturée et surchauffée donnant un gain
« énorme de 100 pour 100 en travail utile, économie qui, dans un avenir prochain, s'escomptera par des

« millions ; les applications qu'on en a déjà faites en Amérique sur un grand nombre de machines fixes
« ou de bateaux à vapeur ; son adoption définitive sur les paquebots transatlantiques de la Compagnie
« Collins ; le projet arrêté par l'Amirauté anglaise d'en faire immédiatement l'essai sur un de ses plus beaux
« yachts, sont des titres considérables à la reconnaissance publique dans tous les pays. »

Nous devons ajouter que le système de M. Wethered a été essayé depuis, par ordre de l'Amirauté
anglaise, sur un des bâtiments de S. M. britannique. Cet essai a complétement réussi.

Les expériences *officielles*, faites à Paris les 6, 7 et 8 décembre 1855 par les ordres de S. E. le ministre
de la Marine, sous les yeux d'ingénieurs et d'officiers de la marine impériale, et celles faites en Angleterre par les ordres de l'Amirauté ont présenté les résultats suivants :

EXPÉRIENCES FAITES A PARIS, CHIFFRES RÉSULTANT DE DIX-SEPT OBSERVATIONS FAITES DE QUART D'HEURE
EN QUART D'HEURE.

NOTA. Les pesées de charbon et le relevé du nombre des coups de piston, etc., ont été faits par des
ouvriers de la marine.

VAPEUR ORDINAIRE SEULE.

	Tension moyenne dans la chaudière.......................	2 atmosp.
	Température dans la boîte à tiroirs, avec thermomètre plongé....	128 degrés.
6 décembre	Nombre de coups de piston au compteur....................	7892
	Charbon consommé en 4 heures...........................	151 kilog.
	Soit par tour de la machine..............................	19 gr. 2.

VAPEUR SURCHARGÉE SEULE.

NOTA. L'expérience conduite de manière à produire sensiblement le même nombre de tours de la
machine.

	Tension moyenne dans la chaudière.......................	2.4 atmosp.
	Température dans la boîte à tiroirs.......................	160 degrés.
7 décembre	Nombre de coups de piston en 4 heures....................	7886
	Charbon consommé en 4 heures...........................	98 kilog 8
	Soit par tour de la machine..............................	12 gr. 5

MÉLANGE DE VAPEUR ORDINAIRE ET DE VAPEUR SURCHAUFFÉE.

NOTA. Dans les deux premières expériences les valves étaient ouvertes en grand ; dans cette dernière,
elles furent partiellement fermées.

	Tension moyenne dans la chaudière.......................	2.35 atmosp.
	Température dans la boîte à tiroirs.	157 degrés.
8 décembre	Nombre de coups de piston en 4 heures.	7860
	Charbon consommé en 4 heures...........................	72 kilog.
	Soit par tour de la machine..............................	9 gr.

Il résulte de ces observations, que :

L'emploi de la vapeur surchargée, comparé à l'emploi de la vapeur ordinaire, réduit la dépense du
combustible de 19-2 à 12-5, c'est-à-dire dans le rapport de 100 à 65.1 ;

L'emploi de la vapeur surchargée et de la vapeur ordinaire, comparé à l'emploi de la vapeur surchargée seule, réduit la dépense de combustible de 12.5 à 9.1, c'est-à-dire dans le rapport de 100 à 76.8, et,
comparé à l'emploi de la vapeur ordinaire seule, donne un bénéfice de 52.7 pour 100.

EXTRAIT DU TABLEAU DES EXPÉRIENCES FAITES EN ANGLETERRE; A BORD DU BATIMENT DE S. M. BRITANNIQUE, LE DEE, SUR L'EMPLOI DE LA VAPEUR COMBINÉE, SYSTÈME WITHERED.

Indication des lieux où les expériences ont été faites.	DE WOOLWICH A PLYMOUTH.		DE PLYMOUTH A PEMBROKE.		DE PEMBROKE A SCHERNESS.	
Dates des expériences.	LES 27, 28 ET 29 JUILL. 1856.		LES 2 ET 3 AOUT 1856.		LES 4, 5 ET 6 AOUT 1856.	
	Vapeur ordinaire.	Vapeur condensée.	Vapeur ordinaire.	Vapeur condensée.	Vapeur ordinaire.	Vapeur condensée.
Surface des tuyaux à vapeur surchauffée. . . .	•	34. 8	•	34. 8	•	34. 8
Surface parcourue par vap. ord. à la valv. d'arrêt.	•	30.00	•	30	•	30
Surface d'alimentation.	3/4	4.2	3 4	4 2	3 4	4 2
Surface d'injection.	4.00	3.00	4	3	4	3
Tirant d'eau en avant.	44. 6	44. 6	43	43	43.10	43.10
Tirant d'eau en arrière.	44. 3	44. 3	42. 9	42. 9	42 7	42. 7
Temps employé à faire l'expérience.	47.00	47.00	9	9	44	44 ½
Elévation moyenne du manomètre.	•	9. 3	7. 6	8	4. 3	6
Moyenne des révolutions (par minute). . . .	46.63	46 96	23.53	24.34	23 54	23 75
Vacuum moyen.	42.50	42.75	42.42	42 23	42 03	42 27
Pression moyenne sur le piston.	48.44	48.23	46.06	46 85	45.05	45 53
Travail mesuré à l'indicateur.	440.2	421.2	344.3	360 3	442 4	50. 4
Charbon consommé par heure.	2285	1569	2256	1778	2543	1756
Charbon consommé p. . . de cheval. . . .	3.4	3.75	4.54	3.45	3.35	2.45
Espèce de charbon employée.		Harley.		Harley mauvais.		Petit et assez.
Température de la vapeur dans la chaudière. .	233	230	234	234	234	230
Température de la vapeur surchauffée. . . .	•	494	•	493	•	472
Température de la vapeur au cylindre. . . .	233	•	235	•	229	•
Température de la vapeur combinée.	•	307	•	340	•	344
Température de la vapeur à l'échappement. .	442	440	444	444	424	442
Baromètre au condensateur.	2623	26	23.3	26.3	26 3	26 7
Marche du navire en nœuds.	7	7.2	7.8	8	7.9	8

Deux autres expériences faites depuis par ordre de l'Amirauté, entre Londres et Portsmouth, ont donné pour résultat économie de 37.54 p. 100 et 34 p. 100.

M. BORIE A PARIS (FRANCE).

La machine à fabriquer les briques tubulaires qui ont mérité à M. BORIE, de la part du Jury de la XIVe classe, une MÉDAILLE D'HONNEUR était exposée dans la VIe classe.

Cette machine, qui fabrique aussi les tuyaux de drainage, est d'un prix élevé, 3,000 francs; mais elle peut marcher à bras ou à la vapeur, et son rendement est de 6 à 7,000 briques par jour, avec 4 hommes seulement. Les briques ou tuyaux ressortent avec une économie de façon très-notable, résultant d'une disposition heureuse de l'appareil qui permet d'épurer la terre et de mouler les produits en une seule opération. Cet avantage diminue de moitié le coût du moulage, et ressort avec toute son importance dans le cas d'une fabrication considérable, aussi bien que lorsqu'il s'agit d'une production minime.

A l'aide d'un mécanisme tout particulier, les produits, briques ou tuyaux, sortent de cette machine non pas verticalement, mais horizontalement.

C'est à M. BORIE qu'est due l'invention des briques tubulaires et la création en France de cette industrie qui occupe déjà une place importante dans la fabrication des produits céramiques, et qui intéresse à un si haut degré l'art des constructions.

La machine de M. BORIE eût certainement reçu une haute récompense dans la VIe classe si, comme nous l'avons dit, le Jury de la XIVe ne s'était chargé de ce soin.

VIᵉ CLASSE. — MÉCANIQUE SPÉCIALE ET MATÉRIEL DES ATELIERS INDUSTRIELS

RÉCOMPENSES DÉCERNÉES PAR LE JURY INTERNATIONAL.

(EXTRAIT DU *Moniteur* DU 8 DÉCEMBRE 1855.)

GRANDES MÉDAILLES D'HONNEUR.

Sorensen (Christian), Copenhague. Danemark.
Usine de Graffenstaden, Illkirch (Bas-Rhin). France.
Vachon père, fils et Cᵉ. Lyon. Id.
Whitworth (J.) et Cᵉ. Manchester. Royaume uni.

MÉDAILLES D'HONNEUR.

Bérard (A.) Levainville (B.) et Cᵉ, Paris. France.
Clayton (H.), Londres. Royaume uni.
Normand fils (Ch.-B.), le Havre. France.
Pitts (J.-A.), Buffalo. États-Unis.
Rohlfs, Seyrig et Cᵉ. Paris. France.

MÉDAILLES DE 1ʳᵉ CLASSE.

Alauzet (P.), Paris. France.
Blanchard (Th.), Boston. États-Unis.
Boland (Ant.), Paris. France.
Bouchon (L.-Am.), Ferté-s.-Jouarre (S.-et-Marne.) Id.
Buckton (Joseph) et Cᵉ, Leeds. Royaume uni.
Cahouet et Morane, Paris. France.
Cail (J.) et Cail (J.-F.) et Cᵉ, Denain, Valenciennes et Douai. Id.
Cail (J.-F.), Halot (A.) et Cᵉ, Bruxelles. Belgique.
Calard (Th.-Fr.), Paris. France.
Carrillon (A-D.), Paris. Id.
Clayton, Shuttleworth et Cᵉ, Lincoln. Royaume uni.
Darier frères, Genève. Suisse.
Decoster (P.-And.), Paris. France.
Degousée et Laurent (Ch.), Paris. Id.
Deshayes (Ars.), Paris. Id.
Devinck, Paris. Id.
Doyère, Paris. Id.
Drewitz (E.) et Rudolph, Thorn. Prusse.
Duprat (A.), Marseille, France.
Dutartre (A.-B.), Paris. Id.
Duvoir (N.), Liancourt (Oise). Id.
Favret (A.), Paris. Id.
Fontaine (P.-J.), Anzin-lès-Valenciennes (Nord). Id.
Garrand (Fl.), Paris. Id.
Garrett (R.) et fils, Saxmundham (Suffolk). Royaume uni.
Gingembre (L.-F.) et Damiron (Fr.), Paris. France.
Hermann (G.), Paris. Id.
Herpin (J.-Ch.), Paris. Id.
Hornsby (R.) et fils, Grantham (Lincoln). Royaume uni.
Huguet (J.-B.) et Vaté (P.-B.), Paris. France.

Johnson (J.-R.), Londres. Royaume uni.
Keelhoff (J.), Neerpelt (Limbourg). Belgique.
Kurtz (G.-E.), Paris. France.
Laurent (D.-L.), Paris. Id.
Lecocq (Em.-F.), Paris. Id.
L'Huillier-Jouffray (N.), Vienne (Isère). Id.
Lotz aîné, Nantes. Id.
Marinoni (H.), Chevalier et Bourlier, Paris. Id.
Mulot père et fils, Paris. Id.
Neale (Robert), Londres. Royaume uni.
Normand (Fr.), Paris. France.
Perrin (J.-L.), Paris. Id.
Pfeiffer (J.-D.), Paris. Id.
Pinet fils (J.), Abilly (Indre-et-Loire). Id.
Porter, Hinde et Porter, Carlisle. Royaume uni.
Quétel-Trémois (J.-F.), Paris. France.
Renaud et Lotz, Nantes. Id.
Richmond (E.), Boston. États-Unis.
Rodden (W.), Montréal. Canada.
Rolland, Paris. France.
Salaville, Paris. Id.
Sautreuil (P.-A.), Fécamp (Seine-Inférieure). Id.
Schlosser (Fr.-X.), Paris. Id.
Schmerber (J.) père et fils, Tagolsheim (Haut-Rhin). Id.
Schwartzkop (L.), Berlin. Prusse.
Société anonyme de la papeterie d'Essonne (Seine-et-Oise). France.
Smith, Beacock et Tannett, Leeds (York). Royaume uni.
Varall, Middleton et Elwell, Paris. Id.
Whitehead (John), Preston (Lancaster), Royaume uni.
Van Vlissingen (P.), Van Heel et Derosne, Cail et Cᵉ, Amsterdam. Pays-Bas.

MÉDAILLES DE 2ᵉ CLASSE.

Abraham aîné (A.), Amiens. France.
Apparutti-Mollerat (L.), Pouilly (Côtes-d'Or). Id.
Aude (Cl.). Paris. Id.
Berg (M.-Fr.), école impériale de Grand-Jouan (Loire-Inférieure). Id.
Bertin Godot, Soissons (Aisne). Id.
Biot (V.-M.), Pont-Carré (Seine-et-Marne). Id.
Bodin (J.), Rennes. Id.
Brisset (E.), Paris. Id.
Cupelle aîné, Montauban (Tarn-et-Garonne). Id.
Carville (Ch.-L.-J.), Alais (Gard). Id.
Cellerin et Devillers, Mulhouse. Id.
Champion (veuve P.-M.), Jouars-Pontchartrain (Seine-et-Oise). Id.

Charles (S.) et C°, Paris. France.
Chaumont (P.), Paris. Id.
Le corps d'artillerie de Truvia, Truvia (Asturies). Espagne.
Courtillet (M.-Hipp.), Collettes (Loir-et-Cher). France.
Couturier (Ant.), aux Thernes, près Paris. Id.
Cox (Ed.) et C°, Labouvière (Nord). Id.
Cumming (J.), Orléans. Id.
Damey, Dôle (Jura). Id.
Delahaye (D.), Paris. Id.
Delcambre (Adr.), Paris. Id.
Deny (L.), Paris. Id.
Derryey (J.-Ch.), Paris. Id.
Dupont (P.) Doret et Carlier, Paris. Id.
Saint-Étienne père et fils et C°, Paris. Id.
Fauconnier (F.-L.), Paris. Id.
Frey fils (P.-And.), Belleville. Id.
Garmtrom (C.-A.), Stockholm. Suède.
Gérard (C.), Vierzon (Cher). France.
Gérard (veuve) et fils, Paris. Id.
Gesell et C°, Pforzheim. Grand-duché de Bade.
Gosse de Billy (Q.-Ad.), Strasbourg. France.
Gossot-Fauleau (J.-B.), Clamecy. Id.
Guénin (F.), Paris. Id.
Guerrée (V.), Laigle (Orne). Id.
Habary et Devillez frères, Margus (Ardennes). Id.
Harriday (J.), New-York. États-Unis.
Harvey (G. et A.), Glascow. Royaume uni.
Heim frères, Offenbach. Grand-duché de Hesse.
Helm et Wade, Port-Hope. Canada.
Herbecq, Éclaibes (Nord). France.
Huart, Cambrai. Id.
Huber (J.-J.), Genève. Suisse.
Hurwood (G.), Ipswich (Suffolk). Royaume uni.
Huxhams et Brown, Exeter (Devon). Royaume uni.
Jacob (Fr.-T.), Paris. France.
Jacquet aîné (N.-J.), Arras. Id.
Jacquotti (J.-M.), Bordeaux. Id.
Javal (J.) et Jullieano, Paris. Id.
Jérosme (F.-V.), Amiens (Somme). Id.
Kammerer (E.), Max-Hutte près Bromberg (Posen). Prusse.
Lanier, Paris. France.
Legendre (A.), Saint-Jean-d'Angely (Charente-Inférieure). Id.
Lemonnier-Jully, Châtillon-sur-Seine (Côte-d'Or). Id.
Lesage (Fr.-E.), Belleville. Id.
Lewis (Fr.) et fils, Manchester. Royaume uni.
Loison (J.), Valenciennes (Nord). France.
Lyon (A.), Londres. Royaume uni.
Machecourt, Decise. France.
Mannhardt (J.), Munich. Bavière.
Marcelin-Legrand, Paris. France.
Marchand (S.-D.), Paris. Id.
Mauzaier aîné, Chartres (Eure-et-Loir). Id.
Métin et Doré, Montrouge, près Paris. Id.
Molard (J.J.), Lunéville (Meurthe). Id.
Musrot aîné (N.), Paris. Id.
Munktell (T.), Eskilstuna (Sudermanie). Suède.
Munro (D.), Montréal. Canada.
Nicolais (A.), Paris. France.
Munktell (T.), Eskilstuna (Sudermanie). Suède.
Munro (D.), Montréal. Canada.
Nicolais (A.), Paris. France.

Muir (W.) et C°, Manchester. Royaume uni.
Paige (B.-P.), Montreal. Canada.
Pellerin et C°, Paris. France.
Pelletier (L.-E.) et C°, Paris. Id.
Petit (F.-J.-B.), Niort (Deux-Sèvres). Id.
Piat (J.-J.-D.), Paris. Id.
Picot (Ch.), Châlons (Marne). Id.
Piel (Ed.-A.), Paris. Id.
Poirier (L.), Paris. Id.
Rabatté et Rettig. Paris. Id.
Ragueneau (P.), Paris. Id.
Rebel (B.-P.), Moissac (Tarn-et-Garonne). Id.
Reymondon (J.), Paris. Id.
Roth (E.), Idstein. Nassau.
Rouot père et fils, Châtillon-sur-Seine (Côte-d'Or). France.
Samborn et Carter. États-Unis.
Scariano (B.), Palerme. Deux-Siciles.
Schnautz aîné (Ch.), Paris. France.
Sellier (L.-J.), Grenoble (Isère). Id.
Shepherd, Hill et Spinck, Leeds (York). Royaume uni.
Sibille (G.), Paris. France.
Sigl (G.), Vienne. Autriche.
Stoltz fils (G.-M.-Ern.), Paris. France.
Terrolle (J.), Nantes. France.
Touaillon jeune et C°, Paris. Id.
Tritschler (J.-M.), Limoges (Haute-Vienne). Id.
Vilcocq (Fr.-H.), Meaux. Id.
Vivaux (H.) et C°, Dammarie (Meuse). Id.
Voirin (H.), Paris. Id.
Wolle (Fr. et A.), Bethlecem (Pensylvanie). États-Unis.
Yolant, Mantes. France.

MENTIONS HONORABLES.

Allais (J.-B.), Brignancourt (Seine-et-Oise). France.
Ateliers du chemin de fer Léopold, Florence. Toscane.
Ateliers du chemin de fer Maria-Antonia, Florence. Id.
Arthuis (J.), Bazouges (Mayenne). France.
Backus et Peaslee, New-York. États-Unis.
Bainé, Paris. France.
Barrett, Exall et Andrews, Reading (Berks.) Royaume uni.
Baudat (L.), Paris. France.
Becker (D.), Paris. Id.
Belloni (L.-D.), Lyon. Id.
Bérendorf père (J.) et fils, Paris. Id.
Bertrand (B.-Ph.), Paris. Id.
Borrosch (A.) et Jasper, Prague. Autriche.
Bouhey (E.), Paris. France.
Bouille (P.-G.), Paris. Id.
Bouvet père (J.-M.-J.-L.), Paris. Id.
Bracard (E.), Paris. Id.
Braun (A.-B.), Colmar. Id.
Britz (P.-M.), Belleville. Id.
Bryan, Doukin et C°, Londres. Royaume uni.
Van-Bruynbroek (J.-B.), Vivo-Saint-Bavon (Flandre occidentale). Belgique.
Busser (N.), Paris. France.
Cadet-Coisenet (Ad.-L.), Ablois (Marne). Id.
Cardailhac cadet. Toulouse. Id.
Cardon (L.-Ch.), Troyes (Aube). Id.
Chaloyer (J.), Paris. Id.
Chatopin (M.-S.), Chapelle-Saint-Denis. Id.

Chanson père et fils, Beaune (Côte-d'Or). Id.
Chaumont (M.), Paris. Id.
Chénel (L.-F.), Ivry-la-Bataille (Eure). Id.
Chevalier, Paris. Id.
Cœnen (M.), Ixelles (Brabant). Belgique.
Conty (Al.), Abilly (Indre-et-Loire). France.
Corcoran (B.) et Cᵉ, Londres. Royaume uni.
Combe et fils. Royaume uni.
Dauprat. France.
Desaint (L.-C.), Épernay (Marne). Id.
Delagrange (O.), Épernay (Marne). Id.
Desport, Nontron (Dordogne). Id.
Dietsche (Bas-Rhin). Id.
Dion (M.-M.) et Lepage, Rimouski. Canada.
Dubois (J.), Paris. France.
Dufailly, Paris. Id.
Dugland (V.-Ch.), Paris. Id.
Dunn (P.), Montréal. Canada.
Duval (A.), Paris. France.
Dyckhoff (Bar-le-Duc). Id.
Escyfflt (Ant.), Castres (Tarn). Id.
Foucher (L.-L.), Paris. Id.
Fulda (E.), Berlin. Prusse.
Godrant frères, Abbeville (Somme). France.
Goschier (Ch.), Strasbourg. Id.
Grafstrom (C.-J.), Stockholm. Suède.
Grellet père et fils, Rouen. France.
Groustel (A. et Fr.-J.) frères, Tourouvre (Orne). Id.
Hallie, Bordeaux. Id.
Hallstrom (Ott.-G.), usine de Forsshacka, près Gefle (Gefleborg). Suède.
Hamm (Dʳ G.), Leipsick. Saxe-Royale.
D'Huart (baron), Longwy-Bas (Moselle). France.
Jacquesson et fils, Châlons (Marne). Id.
Jérôme (Th. et J.-B.) frères, Amiens (Somme). Id.
Jordan (J.) et fils, Darmstadt. Hesse.
Jouffray aîné et fils, Vienne (Isère). France.
Kingsford (C.), Cardiff. Royaume uni.
Latour (Ph. et M.) frères, Liancourt (Oise). France.
Lefèvre (Er.-Ant.-L.) et l'Adeuil (L.), Pontoise (Seine-et-Oise). Id.
Lefranc-Thirion, Bar-le-Duc (Meuse). Id.
Lepère (Fr.-Ant.), Paris. Id.
Lepreux (Fr.), Crouy sur Ourcq (Seine-et-Marne). Id.
Mannequin (Em.-Fr.), Troyes (Aube). Id.
Mareschal (J.-H.-Et.), Paris. Id.
De Marczell (Et.) et Spitzer (J.), Vienne. Autriche.
Massiquot (G.), Paris. France.
Mathieu frères, Anzin-lès-Valenciennes (Nord). Id.
Maurice (J.-N.), Épernay (Marne). Id.
Mauvielle (vᵉ) et Rockenbach, Paris. Id.
Meurant frères, Charleville (Ardennes). Id.
Minier (L.-P.), Rouen. Id.
Moore (B.), New-York. États-Unis.
Morin (J.-F.), Château-Thierry (Aisne). France.
Moufflet (Alt.), Orléans. Id.
Nelson-Barlow, New-York. États-Unis.
Pureau et Cᵉ, Montbéliard (Doubs). France.
Parquin (L.-P.), Chelles (Seine-et-Marne). Id.
Pasquet-Houz (L.-Ph.), Issoudun (Indre). Id.
Pernollet (J.), Ferney-Voltaire (Ain). Id.
Poly-Lubesse (A.-F.), Ferrières (Oise). Id.
Poirel (P.-J.), Laferté-sous-Jouarre. Id.
Quentin-Durand père et fils, Paris. Id.

Rabeau (J.-Ant.), Paris. Id.
Raboisson (G.), Bordeaux. Id.
Raillard (N.), Vauvey-sur-Ource (Côte-d'Or). Id.
Redourtier (F.), Surgères (Charente-Inférieure). Id.
Rennes, Paris. France.
Reynaud (P.), Provins (Seine-et-Marne). Id.
Rice (W.-H.), Montréal. Canada.
Roignot (J.-B.-B.), Passy. France.
Rouiller (Er.-Ad.), Chelles (Seine-et-Oise). Id.
Roux et Cᵉ, Nantes. Id.
Roy (B.) et Cᵉ, Vevey (Vaud). Suisse.
Salomé (H.), Louviers. France.
Schmitz et Jarosson, New-York. États-Unis.
Steiner (J.) et Mannhardt (J.), Munich. Bavière.
Tajan (J.-D.), Bayonne. France.
Thuvien (Th.), Paris. Id.
Tussaud (E.), Paris. Id.
Villasèque (L.) père et fils, Perpignan (Pyrénées-Orient.) Id.
Vogel (J.), Pfaffenhoffen (Bas-Rhin). Id.
Wouters (J.-F.), Nivelles. Belgique.
Wells-Grollier, au Recloux (Vienne). France.

COOPÉRATEURS,

CONTRE-MAITRES ET OUVRIERS.

MÉDAILLES DE 2ᵉ CLASSE.

Parnes, au chemin de fer de Maria-Antonia, Florence. Toscane.
Clément (L.), chef d'atelier chez M. Lanier, Paris. France.
Daupiay (Armand), chez M. Devinck, Paris. Id.
Dupély, ingénieur chez M. Calla, Paris. Id.
Jeffroy, au chemin de fer Léopold, Florence. Toscane.
Lacroix, directeur de la fonderie chez M. Calla, Paris. France.
Lauton (P.), chef d'atelier chez M. Lanier, Paris. Id.
Parker, au chemin de fer Léopold, Florence. Toscane.
Pierucci (Mariano), fabricant d'appareils de physique pour l'université de Pise. Id.
Turchini (Raphaël), à l'institut technique de Toscane, à Florence. Id.

MENTIONS HONORABLES.

Belli (Gaëtan). États Sardes.
Calvi (F.), chez MM. Ansaldo et Cᵉ, à Gênes. Id.
Galleano (L.), chez MM. Ansaldo et Cᵉ. à Gênes. Id.
Gueritault, chez MM. Van Oordt et Cᵉ, Rotterdam. Pays-Bas.
Gugerli, chez M. Roy et Cᵉ, Vevey (Vaud). Suisse.
Klein (J.) chez MM. Borosh et Jasper, Prague (Bohême). Autriche.
Kulla (J). Prague. Autriche.
Mass (M.), chez MM. Roy et Cᵉ, Vevey (Vaud). Suisse.
Mehl, à l'établissement de Hehenheim. Wurtemberg.
Magnin, chez MM. Roy et Cᵉ, Vevey (Vaud). Suisse.
Marchisio (F.), chez MM. Colla et Cᵉ, à Turin. États Sardes.
Martina (J.), chez MM. Colla et Cᵉ, à Turin. Id.
Oilhuys (B.-F.), chez MM. Van-Vlissingen, Van Heel, Doroena, Cail et Cᵉ.
Varesc (Ant.), chez MM. Colla et Cᵉ, Turin. États Sardes.

EXPOSITION UNIVERSELLE

PRODUITS DE L'INDUSTRIE

SEPTIÈME CLASSE

MÉCANIQUE SPÉCIALE ET MATÉRIEL DES MANUFACTURES DE TISSUS.

Avant d'aborder ce nouvel ensemble si important de machines, jetons un regard rétrospectif sur le siècle écoulé et rappelons l'origine et les progrès de la filature mécanique dans les deux mondes.

Par le mot filature on désigne la transformation en fils des produits naturels connus sous le nom générique de matières filamenteuses. Le but qu'il faut atteindre c'est d'obtenir, le plus économiquement possible, un fil aussi fin, aussi régulier que l'exigent les besoins du tissage ou la confection d'une étoffe unie et façonnée.

Dans les temps anciens, le tissage avait atteint un degré de perfection très-remarquable. Virgile, Pline, Lucain en font mention, et différentes étoffes contemporaines des Mérovingiens, trouvées dans des tombeaux, prouvent qu'à cette époque réputée barbare on fabriquait déjà les tissus de lin, de soie et de laine avec beaucoup d'intelligence; tandis que le rouet classique, dont l'image se maintient dans les campagnes, paraît avoir été le seul agent de filature.

C'était dans l'Inde, berceau originel du coton, que sa filature et son tissage devaient prendre naissance. De l'Inde, cette industrie passa en Italie, en Espagne, dans les Pays-Bas; mais elle ne prospéra nulle part. Il fallut, pour la voir se développer et grandir, qu'une balle de coton arrivât des Indes en Angleterre. Manchester comprit, dès lors, que le coton pourrait lui fournir un élément fécond de prospérité. En 1678, neuf cent mille kilogrammes de coton filé sortaient déjà de ses ateliers, et le chiffre s'accrut d'autant plus vite qu'il y eut prohibition du coton de l'Inde et multiplication de machines.

L'invention de la filature automatique paraît due à la Grande-Bretagne : on avait besoin de futaines pour les colonies d'Amérique, et l'on manquait de fils; des essais furent tentés, et, vers l'année 1760, apparut l'origine élémentaire du métier Jenny. S'étant perfectionné jusqu'à nos jours, il porte maintenant la dénomination de Mull-Jenny, qui consacre un double souvenir, celui du mécanicien créateur et celui du mécanicien perfectionneur. Les cardes, ainsi que les autres moyens expéditifs de disposer la matière première, devinrent la conséquence obligée du métier Mull-Jenny, qui se répandit bientôt en France, en Belgique et dans le reste de l'Europe. Le tissage mécanique pour les étoffes unies fut le résultat du même progrès; il prit aussi naissance en Angleterre, tandis que le tissage façonné, d'origine française, émana de l'intelligence de Vaucanson et de Jacquard.

Sûres d'avance d'être vaincues par les efforts rivaux de l'Angleterre et de la France, les différentes nations industrielles se sont presque abstenues de concourir. L'Autriche n'a guère envoyé que des machines à filer la soie, venant la plupart de la Lombardie; l'Espagne n'a produit qu'un seul métier à tisser; la Sardaigne, qui eût certainement obtenu pour son métier Bonelli une haute distinction, a négligé de le présenter. La Suède, dont la machine de bateau l'emporte peut-être sur toutes les pièces mécaniques du palais de l'Industrie, ne nous a envoyé, comme machines de filature, qu'un métier à la Jacquard et trois rouets. La Prusse, le Wurtemberg, la Saxe, le grand-duché de Hesse ont exposé des machines destinées spécialement au travail de la laine cardée; il en a été de même de la Belgique et des États-Unis. Mais cette intéressante partie du globe a surtout captivé l'attention par ses machines à coudre, autour desquelles se groupait, avec un empressement curieux, le public visiteur, et par quelques machines à égrener et à nettoyer le coton. Ces deux opérations préliminaires ont été longtemps les seules auxquelles l'Amérique septentrionale soumettait la matière textile; depuis vingt-cinq ans la filature complète fut entreprise, et la vieille Europe est menacée d'une concurrence redoutable.

L'Angleterre ici soutint son rang : peigneuses pour les lins; machines à échardonner la laine; machines à carder, à filer, à doubler le coton; machines pour le filage de la soie, pour tisser les étoffes unies, etc. Généralement, les mécaniciens anglais se distinguent beaucoup moins par la nouveauté que par la perfection des procédés. Ils posent leurs machines sur des bâtis solides, d'une construction facile et peu coûteuse, et ils attirent ainsi chez eux de nombreux acquéreurs, même français.

En France, ce sont le Haut-Rhin, la Normandie, le Nord, quelques points voisins de la Seine et du Rhône qui ont tenu, parmi les diverses expositions départementales, les places d'honneur dans ce vaste champ d'émulation. Malheureusement pour la France, tous les inventeurs, grands et petits, se sont pressés aux portes du palais; ils s'y sont glissés un à un, et il a fallu, faute de place, éliminer quantité d'objets d'un haut intérêt pour en admettre d'autres d'un intérêt souvent médiocre.

Depuis l'Anglais Highs, fabricant de peignes à tisser, inventeur présumé de la Jenny; depuis Hargrave, qui trouva la machine à carder dite Jeannette; depuis Samuel Crompton, qui combina la Threstle et la Jenny de manière à produire le métier Mull-Jenny, jusqu'en

1780, c'est-à-dire pendant vingt années d'efforts persévérants et soutenus, la mécanique, appliquée aux matières textiles, se développa lentement. Un simple barbier, Arkwright, ayant deviné le parti que l'on pourrait en tirer, acquit une fortune immense et arriva aux plus grands honneurs.

Vers l'année 1784, Martin, fabricant de velours de coton, en Picardie, fit venir d'Angleterre une des machines qui fonctionnaient d'une manière si avantageuse, et son exemple, suivi bientôt par d'autres fabricants, changea complétement le régime des manufactures françaises.

Généralement, le coton arrive en Europe tout égrené, mais mélangé de graines concassées et de corps étrangers dont il faut le débarrasser par une opération appelée louvetage. Les machines qu'exige cette opération se composent d'un cône armé de dents, tournant à grande vitesse dans un second cône garni de dents qui correspondent aux intervalles des premières. Le coton s'ouvre entre les dents des deux cônes; les corps durs qu'il renferme tombent dans une caisse inférieure, et la matière textile passe à l'extrémité des cônes, tandis qu'un ventilateur enlève la poussière. Cette opération terminée, deux espèces de batteurs agissent simultanément; le batteur-éplucheur, débarrassant le coton des corps étrangers qu'il pourrait contenir encore, le cède en flocons au batteur-étaleur qui le dispose par nappes, au moyen de cylindres enrouleurs. Livrée ensuite, par une toile sans fin, à des cylindres alimentaires, la matière textile se présente à un frappeur ou volant qui tourne à grande vitesse autour d'un point fixe, en son milieu, dans une caisse cylindrique percée inférieurement de trous par lesquels s'échappent les corps durs. Le coton traverse un autre élément semblable, mais animé d'une vitesse moindre, et va s'enrouler en nappes sur des cylindres.

Dès que le nettoyage du coton est effectué, on carde, c'est-à-dire qu'une machine redresse et dispose en nappes les filons de cette matière. La machine à carder présente un grand tambour armé de dents tournant dans un second cylindre, dont la partie supérieure, appelée chapeau, se trouve intérieurement garnie de cardes. Des petits cylindres cardeurs commencent l'opération et amènent au grand tambour le coton, que saisit un cylindre appelé volant, armé de dents longues et droites; par lui, le coton est ramené sur le grand tambour d'où l'enlève un peigne à mouvement alternatif, qui le détache par nappes et le livre à des cylindres sur lesquels il s'enroule. Le coton subit ainsi jusqu'à trois cardages, au moyen de machines qui diffèrent entre elles par les degrés de finesse des dents de cardes.

Pour rendre les filaments aussi parallèles que possible, on les livre à l'étirage; pour les convertir en ruban continu, on pratique le doublage, opérations successives dont nous allons parler avec quelques détails.

Représentez-vous le coton pressé entre deux cylindres tournants, puis livré à d'autres cylindres ayant un mouvement de rotation plus rapide; la nappe de coton s'allonge sans que les fils perdent leur parallélisme. Chacune des nappes ainsi obtenue est réunie aux autres nappes, deux à deux, trois à trois, puis on les étire de nouveau, jusqu'à ce que la matière ait acquis une ténacité suffisante pour subir l'action du banc à broches.

Le banc à broches imprime au fil une torsion légère, arrondit, consolide le ruban, le transforme en mèches et le dispose sur des bobines. Pour obtenir ce résultat, il faut employer de nouveau l'étirage et faire livrer, par les cylindres étireurs, le ruban aux broches qui sont munies d'une double branche recourbée; cette branche donne passage au fil et l'enroule sur la bobine. Un mouvement de chariot fait monter et descendre la bobine, qui tourne folle autour de l'axe de la broche, afin que l'enroulement s'opère par la différence de vitesse. Trois séries de bancs à broches sont indispensables: le banc à broches en gros, le banc à broches en moyen, le banc à broches en fin; machines qui ne diffèrent entre elles que sous le rapport de la vitesse des broches.

En certains pays, à Rouen, par exemple, dit M. Alcan dans son *Essai sur l'industrie des matières textiles*, on emploie des machines connues sous le nom de rota-frotteurs, lesquelles diffèrent des précédentes par la manière de donner la torsion. Pour y arriver, on fait passer le fil entre deux surfaces flottantes, composées d'un cylindre en cuir, animé d'un mouvement de rotation, pressant sur un cuir sans fin animé simultanément d'un mouvement de rotation et d'un mouvement de va-et-vient. Le coton, pressé entre ces deux éléments, est arrondi, tordu, puis il vient tomber dans une boîte ou s'enrouler sur des cylindres.

Après les phases diverses par lesquelles passe l'opération de l'étirage vient le filage, qui donne au coton étiré la torsion, la finesse et la régularité voulues. On distingue en deux classes différentes les métiers à filer : les métiers Mull-Jenny où le travail est alternatif, et les métiers à travail continu.

Dans l'opération du filage, le fil livré, soit par les cylindres des rotateurs-frotteurs, soit par les bobines des bancs à broches, est fixé à l'extrémité supérieure d'une broche en fer qu'anime un mouvement de rotation progressif et rapide, tandis que le chariot qui la porte est entraîné lui-même par un mouvement de recul d'une longueur proportionnée au degré de finesse que l'on veut donner au fil. Ce mouvement du chariot achève l'étirage commencé par des cylindres étireurs placés en tête du métier. La rotation des broches opère la torsion. Les broches tournent d'autant plus vite que le fil s'allonge davantage, et elles prennent un mouvement plus rapide encore quand le chariot atteint le terme de sa course. Après un moment d'arrêt du chariot, on le ramène au point de départ; les broches continuent de tourner, mais en sens contraire, pour que le renvidage du fil ait lieu, puis on recommence le travail précédent. Quand le retour du chariot se fait à la main, on appelle ce genre de métier *self-acting*, agissant par lui-même, ou automate.

Dans les procédés de filature, il s'agit toujours de disposer, d'une manière parallèle, les filaments textiles, afin qu'après avoir subi certaine torsion, ces filaments se condensent et forment un fil solide et régulier. Que l'on opère avec du lin, du coton, de la laine ou de la soie, c'est constamment le même principe, il n'y a que le mode de procéder qui varie, d'après la consistance et la longueur des filaments. En France, le numéro des fils se fixe d'après les milliers de mètres de longueur qui forment le poids d'un kilogramme. Ainsi, on appelle fil au 100ᵉ numéro, par exemple, celui qui fournit un kilogramme en poids avec cent mille mètres de longueur. Plus le fil est fin, plus le numéro s'élève.

« Le métier continu, employé pour les numéros forts, en place du Mull-Jenny, est d'une remarquable simplicité, dit M. Henri Peligot. Ses organes sont identiques à ceux du banc à broches, et leurs fonctions ne diffèrent de celles de cette machine, qu'en ce que le métier continu opère infiniment plus d'étirage et de torsion. On peut permettre ces augmentations à cause de la résistance beaucoup plus grande acquise par la matière dans les préparations précédentes. En outre, la force que la torsion donne aux fils les rend susceptibles d'imprimer eux-mêmes aux bobines le mouvement qui produit le renvidage, ce qui simplifie considérablement le mécanisme du métier, en supprimant complétement ce mouvement si compliqué dans les bancs à broches. »

Lorsque le coton a été filé, on lui donne certains apprêts, on lui fait subir certaines transformations nécessitées par les exigences du commerce. Ces apprêts consistent dans le passage à la vapeur, pour coucher le duvet; dans le grillage de ce même duvet; dans le retordage, pour consolider le fil destiné à la couture, ou à la fabrication des tulles, ou à tels autres usages. Le retordage s'exécute mécaniquement, soit à sec, soit à l'eau pure, soit à l'eau gommée, et les métiers qu'exige cette opération ne diffèrent presque pas des métiers Mull-Jenny ou des métiers continus.

Quant au dévidage et au titrage, qu'on pratique avec une balance à échantillonner; quant à la mise en écheveaux, en paquets, en cannettes, ce sont des opérations si simples, que nous ne croyons pas devoir nous y arrêter. Les détails précédents suffiront sans doute pour initier le lecteur à la description technique des machines, dont il va parcourir la nombreuse nomenclature.

Voulant élever la filature, ainsi que le tissage du lin et du chanvre, à la prompte universalité du coton, Napoléon Ier, par un décret, avait offert un million au mécanicien qui saurait affranchir le lin et le chanvre de la main des ménagères. Cet appel fut entendu dans le pays même où l'Empereur désirait qu'il le fût : un Français, Philippe de Girard, parvint à la solution du problème proposé; mais la fatalité, qui semblait dès lors se jouer des pensées de l'Empereur, rendit nuls les persévérants efforts de M. de Girard, dont les associés se ruinèrent. Son procédé passa de l'autre côté de la Manche, pour y recevoir la consécration pratique, sans laquelle la meilleure industrie demeure inutile. Au moment où Napoléon Ier tombait du trône, un Anglais, M. Hall, usurpateur du brevet Girard, prenait patente à Londres, et la filature du lin devenait une industrie manufacturière.

Aucun peuple, mieux que le peuple anglais, ne sait que le secret est l'âme des affaires. Il sait donc garder son secret, et pour le lui dérober, il faut presque autant de persévérance et de génie, que pour arriver à l'invention elle-même. Toutefois, M. de Girard étant allé en Angleterre revendiquer ses droits de propriété, il lui avait été facile de les établir : chez nos voisins, comme dans son usine, les rubans de chanvre et de lin passaient à travers des peignes animés d'un mouvement en rapport avec la marche de ces rubans. Mais le brevet de l'inventeur ne lui donnait pas les capitaux, et, d'ailleurs, les manufacturiers anglais ayant eu le temps de perfectionner le mécanisme de l'invention, il fallait étudier chez eux ce mécanisme. Ce ne fut qu'en 1833 qu'on tira de la ville de Leeds, berceau de l'industrie linière anglaise, une machine qui servit de modèle aux constructeurs français.

Depuis lors, la filature mécanique du lin et du chanvre a fait des progrès rapides en France, en Belgique, en Allemagne, en Bohême, en Pologne, même en Russie, sans que l'Angleterre, de son côté, ait rien perdu de la prépondérance qu'elle avait conquise tout d'abord. Leeds ne fut point, pour les trois royaumes, le centre unique de l'industrie linière : en Écosse, Dundee et Aberdeen, en Irlande Belfast, en Angleterre Manchester, acquirent successivement une importance rivale ; mais Belfast l'emporta sur les autres centres manufacturiers, en raison du bon marché de la main-d'œuvre et des riches productions agricoles de la contrée environnante.

Pour la France, ce furent les départements du Nord, de la Somme, du Pas-de-Calais, de l'Eure et du Calvados, mais surtout le département du Nord, qui créèrent le plus de filatures. En Belgique, on cite les usines de Gand et de Liége. Partout, dans la fabrication des machines, les principes demeurèrent invariables ; on ne modifia que les proportions, de manière à mettre le mécanisme en harmonie avec la nature des filaments.

Nous avons été surpris de ne rencontrer à l'Exposition Universelle, ni les grands constructeurs de Leeds, ni les grands constructeurs d'Écosse et de Manchester, ni même les Belges, nos voisins si proches, nos rivaux si actifs. On a laissé le champ libre à la France. Il est vrai que, depuis plusieurs années, de la France seule sont sorties des améliorations équivalant les découvertes.

L'industrie séricicole, une des industries italiennes les plus florissantes au moyen âge, n'appartient point à l'ancienne France, car cette France-là ne possédait ni le Comtat-Venaissin, ni la Provence, ni le Languedoc, ni le Roussillon, ni le Dauphiné. Au fur et à mesure qu'une de nos provinces méridionales vint s'ajouter, comme un fleuron, à la vieille couronne capétienne, la culture du mûrier et l'élève du ver à soie firent des progrès, sans se généraliser toutefois. Pour que le nord du royaume se mît en concurrence de produits séricicoles avec le midi, il fallut que Henri IV témoignât itérativement sa volonté, et qu'Olivier de Serres ne craignît pas de contrarier Sully. L'austère Sully croyait dangereuse pour les mœurs l'extension de la mode des étoffes de soie, et, s'attaquant à l'effet au lieu de remonter à la cause, il eût proscrit, si Henri IV l'avait permis, cette industrie féconde qui alimente aujourd'hui cinq cent mille individus et qui rapporte plus de cent millions. En l'année 1604, vingt mille plants de mûrier, expédiés à Paris par Olivier de Serres, *furent plantés en divers lieux, dans les jardins des Tuileries*, et dès lors la sériciculture prospéra dans le royaume. Cependant beaucoup de magnaneries ne purent se soutenir : celles-ci, faute de soins intelligents, celles-là, faute d'écoulement des produits, le commerce préférant les cocons du midi aux cocons du nord et des régions tempérées. Une autre cause d'insuccès, c'était l'inexpérience des dévideuses ou tourneuses, à une époque où cette opération se faisait à la main.

Depuis vingt-cinq ans, l'application de la vapeur, comme chauffage et comme force motrice dans le travail de la soie grége, a transformé les moindres ateliers en grandes manufactures, et déterminé l'organisation d'une quantité considérable de nouvelles magnaneries.

Il faut considérer le cocon comme une cannette ou bobine naturelle, que l'on ramollit et que l'on dévide conjointement avec d'autres cocons pour former un fil de la consistance exigée. Il suffit donc, pour la soie, de machines à dévider et à tendre. Leurs fonctions délicates demandant un mécanisme très-soigné, très-bien entretenu, il faut que la fileuse y tienne la main, et qu'au lieu d'accepter comme principe l'adage méridional : *la machine n'est rien, la fileuse est tout*, on se dise : *si la fileuse est beaucoup, la machine est davantage*.

Dans le moyen âge, les procédés de fabrication employés pour les étoffes de soie étaient tous empruntés à la Chine ; la routine n'y changeait rien. En 1606, les cordes de rame, qui étaient verticales et soulevées par un ouvrier placé au-dessus du métier, furent rendues horizontales au moyen des poulies d'un cassin. Cette amélioration en amena d'autres : on augmenta indéfiniment le nombre des lacs, c'est-à-dire la hauteur et la variété des dessins ; on rendit le tirage plus facile au moyen de boutons qui agissaient sur les cordes de lissage : on apprit à s'affranchir d'un tireur de lacs, et dès l'année 1625, on exécutait des dessins qui avaient jusqu'à 120 cordes ou ligatures et 288 coups de hauteur.

Vers 1725, Basile Bouchon, et, peu de temps après, Falcon, chef d'atelier, substituant aux lacs une bande de carton percée de trous combinés systématiquement entre eux, de manière à former des dessins réguliers le long d'une surface flexible, triomphaient de la complication des nœuds et des cordes. Dans ce nouveau système, chaque corde de rame, dirigée verticalement, au moyen d'un double cassin sur le côté du métier, avait inférieurement pour point d'attache un long crochet vertical, en fil de fer, passé dans la bouche d'une aiguille horizontale ; les crochets occupaient plusieurs rangs, et les aiguilles étaient disposées sur autant de plans superposés qu'il existait de rangs de crochets. Le tireur se tenait assis ; il présentait successivement chaque bande de carton aux extrémités des aiguilles ; il repoussait toutes celles qui ne correspondaient point aux trous ; puis, il en formait une pédale qui, par l'action d'une griffe, faisait descendre les crochets. Les choses en étant arrivées là, il ne restait plus à trouver que le transport de lissage avec perçage accéléré de cartons, et Falcon y parvint, après vingt années de recherches persévérantes. Sa machine à lisser et à percer les cartons, au moyen d'une transmission d'emporte-pièces et d'abatages successifs, demeura longtemps un secret de famille. Elle se répandit peu ; on n'en comptait pas plus de cent, au milieu du XVIII° siècle.

De son côté, l'illustre Vaucanson, que ne satisfaisait pas complétement la machine de Falcon, voulut aussi remplacer le tireur par un mécanisme spécial, et, supprimant cordes de rame, sample et cassin, il se rapprocha du système chinois. Ce modèle néanmoins ne fut point appliqué ; il resta oublié pendant un demi-siècle, jusqu'à ce qu'en 1803 Jacquard, venu de Lyon à Paris pour y faire adopter un tout autre système de métier, conçut l'idée de prendre au mécanisme de Vaucanson et au mécanisme de Falcon ce qu'ils présentaient de mieux et d'en faire un métier nouveau. Le mécanicien Breton ayant secondé Jacquard, les années 1807, 1812, 1815 et 1816 ont vu sortir de leurs mains différents métiers, auxquels l'art actuel vient seulement de faire subir quelques modifications heureuses.

Cette lenteur du progrès, dans l'application d'un métier avec lequel on obtient un tissage si considérable, s'explique par l'insuccès, par les fausses directions qui causèrent plus d'un désastre commercial, et par la crainte qu'éprouvaient les fabricants de se fourvoyer comme leurs devanciers. Et puis, il y a des périodes quelquefois très-longues où l'art demeure stationnaire, où l'idée génératrice de procédés nouveaux a besoin de certains éléments pour fructifier et grandir. Le système actuel, auquel MM. Meynier, Mathevon et Bouvard ont attaché leurs noms, ne date que de l'année 1850. Il y a là du Falcon, du Vaucanson, du Jacquard, du Breton, modifié, combiné, appliqué avec une sagacité rare; il y a aussi l'introduction du chauffage par la méthode Gensoul, qui remonte à cinquante années, mais qui vient de subir des améliorations importantes au point de vue de l'économie.

Si nous suivions l'ordre chronologique des faits, nous aurions dû commencer par l'industrie lainière, car il est supposable qu'aucune matière textile n'a précédé celle-là dans l'habillement de l'homme. La brebis lui livrait sa dépouille, comme elle lui donnait son lait; il la prenait sans effort et l'utilisait de même.

Dans les temps primitifs, la laine, pour être convertie en vêtements, ne passait qu'à travers très-peu de mains, tandis qu'à présent elle subit les opérations les plus complexes et les plus nombreuses. Depuis le pâtre jusqu'au tailleur; depuis les ciseaux du tondeur jusqu'à l'élégant interprète de la fashion, que de mains, que de machines employées dans la préparation des tissus laineux!

Livrée au manufacturier, la laine est triée, lavée, peignée, cardée, filée; au fileur succède le tisserand, au tisserand le teinturier et l'apprêteur, sans compter une foule d'agents intermédiaires chargés de préparations diverses, toutes indispensables. De leur côté, les sciences mécaniques et les sciences chimiques se sont vouées à mille recherches pour faciliter le travail de la laine et mettre ses transformations multiples en harmonie avec les exigences croissantes de nos modes.

Napoléon Ier avait dit : « L'Espagne possède 25 millions de mérinos, je veux que la France en ait 100 millions. » Et avec cette volonté de fer qui secondait les élans de la plus vaste intelligence, il décrétait l'organisation de 60 bergeries, succursales de la Bergerie de Rambouillet; bergeries d'où chaque éleveur pouvait tirer gratis des béliers espagnols. Sans la guerre, le vœu de Napoléon Ier eût été promptement réalisé, car, malgré la guerre, en 1812, le produit de la laine indigène s'élevait à 81 millions de francs. Nos revers durent interrompre ce progrès, mais la paix releva l'élève du bétail : aujourd'hui nous récoltons pour 280 millions de laine, et cette matière textile occupe 371,000 paires de bras, qui retirent un salaire annuel de 146 millions.

L'industrie de la laine manufacturée n'était presque rien avant 1816. Il lui a fallu, ainsi qu'à l'industrie du chanvre et du lin, le retour de la paix européenne. Deux opérations résument l'ensemble des travaux préparatoires que la laine exige en manufacture, savoir : le *peignage*, transformation de la laine lisse, et le *cardage*, transformation de la laine vrillée.

En peignant la laine, comme on peigne le lin, on a pour but de nettoyer ses fibres, de les redresser et de les ranger d'une manière parallèle, mais la laine étant beaucoup plus courte que le lin et ayant une tendance à se contourner et à friser, il faut la graisser avec de l'huile végétale ou du beurre, et chauffer les peignes avant le travail. Cette opération se pratique généralement à la main, au moyen de deux peignes armés chacun d'une double rangée de dents légèrement coniques, que l'on fait chauffer sur un réchaud. Souvent, avant d'être livrée aux dents du peigne, la laine est passée dans un bain d'eau de savon;

mode d'opérer qui remplace le graissage, et à la suite duquel on fait passer la laine entre des cylindres étireurs.

Quantité de machines ont été imaginées pour le peignage de la laine, sans que beaucoup d'entre elles aient réussi. La peigneuse Godard, brevetée en 1825, devenue peigneuse Collier par suite des perfectionnements qu'y apporta ce mécanicien, est encore aujourd'hui celle qu'on emploie le plus volontiers; mais voici que différentes machines commencent à remplacer la machine Collier.

Lorsqu'on veut paralléliser les fibres de la laine, une grande difficulté se présente, c'est le guidage des fibres contournées. Pour cet objet, MM. Declanlieu et Ternaux aîné imaginèrent d'appliquer, aux machines à doubler, à étirer et à laminer, les peignes à barrettes que l'on employait avec succès dans la préparation du lin; mais, comme ces peignes étaient chers et comme ils ne convenaient bien que pour les laines longues, on les remplaça par des cylindres armés de dents et animés d'un mouvement de rotation.

Quant au redressement des fibres, appelé *tortillonnage*, il s'opère en faisant subir aux rubans une torsion énergique et en les abandonnant à eux-mêmes, de manière que les filaments se redressent par leur seule élasticité. On expose ensuite les rubans à un courant de vapeur; puis, après quelques jours, on les détord.

Le peigne cylindrique, interposé entre les cylindres délivreurs et étireurs, devant être chauffé, on employait autrefois à cet usage des barres de fer auxquelles des lampes communiquaient leur calorique; mais aujourd'hui, on fait circuler dans les cylindres un jet de vapeur, moyen plus commode, moins coûteux et plus sûr.

Une autre opération, dite *défeutrage*, pratiquée moyennant une double série de peignes circulaires et de cylindres étireurs, achève le redressement et l'allongement des fibres de la laine. Quelquefois, pourtant, il faut maintenir l'action de la vapeur jusqu'aux bobinoirs qui sont destinés à transformer en rubans arrondis les rubans aplatis que leur livrent les bancs d'étirage. Le principe des bobinoirs est le même que celui des rotafrotteurs dans le travail du coton. Ces deux espèces de machines diffèrent uniquement par l'addition des peignes à barrettes dans les bobinoirs.

La laine du commerce contenant toujours une certaine quantité de suint, il faut l'enlever au moyen du dégraissage; opération que l'on fait à chaud, c'est-à-dire à une température de 60 à 75 degrés, avec un mélange de sous-carbonate de soude, d'urine et d'eau. Il se forme ainsi une espèce de savon que l'on enlève par le lavage.

Pour laver la laine, on la met dans des caisses percées de trous, et, pendant qu'on l'agite au moyen de bâtons, on fait passer par les caisses un courant d'eau, ou bien on la précipite dans l'eau, d'une certaine hauteur. Le séchage s'effectue ensuite, soit à la vapeur, soit à l'air chaud. « Dans ces deux derniers cas, dit M. Henri Peligot, il faut bien se garder de trop élever la température, sans quoi la laine se durcirait et conserverait cette dureté dans les opérations suivantes. On peut avec avantage accélérer le séchage par l'emploi des hydro-extracteurs à force centrifuge. »

On achève de nettoyer la laine, en la battant au moyen d'un tambour cylindrique ou conique armé de dents droites et tournant dans une enveloppe également armée de dents semblables, opposées à celles du tambour. La laine est travaillée entre ces dents, et les corps étrangers tombent au fond de l'appareil, ainsi qu'il arrive pour l'ouvreuse qui sert à démêler le coton. « Certaines laines, dit encore M. H. Peligot, principalement celles de Buenos-Ayres, contiennent une grande quantité de matières étrangères que le battage ne peut enlever complétement, et dont il est néanmoins nécessaire de les purger. Pendant longtemps, ce travail s'est fait à la main, mais depuis quelques années il s'opère mécaniquement au moyen de machines dites *échardonneuses*, dans lesquelles la laine est nettoyée par l'action simultanée de cylindres armés de dents et de ventilateurs appelant les poussières. »

Une machine appelée *loup*, machine où la marche du cylindre est plus rapide, où les dents sont légèrement recourbées et inclinées, afin qu'aucune partie filamenteuse n'échappe à son action, achève l'opération du battage. Ensuite, on lubréfie la laine, pour faciliter le glissement de ses fibres, quand s'effectueront le cardage et le filage. Avant 1839, on employait, au graissage, de l'huile d'olive et de l'huile d'œillette ou de colza, mais MM. Alcan et E. Peligot leur ayant substitué l'acide oléique, résidu de la fabrication des bougies stéariques, la plupart des fabricants adoptèrent ce procédé économique.

Pour opérer le graissage, il faut étaler la laine par couches successives de 0ᵐ,10 d'épaisseur, et l'imbiber, au cinquième de son poids, d'acide oléique, quand elle doit servir à la fabrication des draps ; les proportions et la nature du liquide devenant autres pour les laines fines destinées aux tissus légers. Après le graissage, on exécute un second, quelquefois même un troisième louvetage, puis on procède au cardage.

Les cardes à laine se composent d'un grand tambour et de petits cylindres travailleurs et nettoyeurs, qui remplacent le chapeau des cardes à coton, parce que, au lieu de paralléliser les fils de la laine, comme les fils de coton, il faut leur donner des directions opposées plus favorables à l'enchevêtrement que doit opérer le foulage. La laine subit l'action successive de trois cardes : la carde briseuse, la carde repasseuse et la carde boudineuse ; puis, elle est disposée en loquettes continues qui s'enroulent sur une longue bobine, laquelle bobine sert à l'alimentation du métier en gros, d'où le fil passe au métier en fin, qui termine le filage.

Telles sont les opérations successives que subit la laine. Il fallait les indiquer pour mettre le public à même de comprendre les machines, et d'apprécier les tentatives qui viennent d'être faites dans le but de remplacer les métiers Mull-Jenny par des métiers continus. C'est aux Français que revient cette idée génératrice d'une ère nouvelle pour l'industrie du filage.

Au point de vue purement moral, les fabrications textiles, celles surtout du coton et de la laine, semblent former une sorte de pivot, vers lequel convergent la plupart des questions industrielles dont notre temps s'est préoccupé. Nos lois les plus importantes sur le régime des fabriques, celles relatives au travail des enfants, à la durée du travail des adultes, etc., ont été rendues principalement en vue des grandes fabriques de filature et de tissage. Dans les Trois Royaumes, les premières dispositions législatives qui furent prises pour protéger l'enfance contre les abus d'un travail exagéré, ne concernaient guère que les filatures de coton. « Ainsi, dit M. Audiganne, les études des moralistes et les travaux des législateurs ayant pour objet de placer l'homme, voué à la monotonie du travail manufacturier, dans les conditions le plus en rapport avec son bien moral et matériel, tout ce concours d'efforts infatigables et de continuelles investigations se dirige. avec une préférence particulière, vers la vaste arène où s'élaborent les matières textiles. » Chose infiniment remarquable, c'est que, quelle qu'ait pu être la progression croissante des machines consacrées à l'industrie textile, le nombre des bras, loin de diminuer, augmente chaque jour. Le jeu de la machine automatique, pour le tissage, présente l'équivalent des produits obtenus par le travail individuel de l'homme. Resterait à préciser laquelle des deux forces exécute son travail avec le plus de perfection.

Dans l'envahissement instantané des machines, soit sur un point du globe, soit sur un autre, l'influence providentielle se fait toujours sentir : elles viennent à point; on s'en inquiète d'abord; on voudrait qu'elles ne fussent point créées; on craint que, pour enrichir un individu, elles n'appauvrissent une partie de la société humaine, et voilà que l'équilibre se rétablit bientôt et que la machine, au bout de quelques années, procure l'avantage de tous. Gardons-nous de faire, en aveugles, le procès à ces agents mécaniques qui, centuplant les bras, permettent à la société de se procurer, au moindre prix possible, les objets dont l'usage constitue son bien-être. Quand le chanvre, le coton, la laine se préparaient à la main, les tissus, même grossiers, obtenaient une valeur telle que, dans chaque famille la ménagère, consacrant à leur confection une partie considérable de ses loisirs. perdait un temps qu'elle emploie beaucoup mieux aujourd'hui. D'autre part, cette fabrication domestique, essentiellement bornée, ne pouvait livrer au commerce qu'une quantité de produits, trop minime pour satisfaire les besoins de la civilisation progressive. Mettez le monde actuel en présence de la fabrication de tissus, qui s'opérait il y a cinquante ans, et vous entendrez aussitôt s'élever une plainte universelle contre leur prix exagéré. contre la difficulté de s'en procurer. Malgré l'introduction des machines dans bon nombre d'industries, d'ailleurs, les mains trouvent à peu près partout de l'emploi, et certaines professions, d'où l'agent mécanique avait été proscrit dans l'origine comme nuisible aux intérêts des travailleurs, sont venues d'elles-mêmes réclamer son concours.

Le 19 octobre 1852, M. Otis Avery, mécanicien de Pensylvanie, s'étant fait breveter, en France, pour sa couseuse mécanique, le brevet français fut acquis aussitôt par le Gouvernement, afin de retirer du commerce des machines qui pouvaient nuire, d'une manière si évidente, à la classe ouvrière, peut-être la plus nombreuse; mais. en 1854 et 1855. les nécessités de la guerre ont mis le Gouvernement lui-même dans l'obligation d'utiliser cette machine, les fabriques ne pouvant plus, faute d'ouvriers, répondre à ses commandes. Il fit construire, rue Rochechouart, un vaste atelier, sous la direction de M. Dusautoy, atelier renfermant 300 ouvriers et près de 1,200 ouvrières. Là, une machine de l'invention du directeur, montée sur deux grands tambours, comme les scies sans fin, coupait à la fois quatorze épaisseurs de drap; puis, la couture de ces pièces s'opérait par des machines mues à la vapeur; après quoi, les vêtements étaient distribués aux ouvrières, qui les terminaient.

En Amérique, les machines à coudre répondent si bien aux exigences de l'époque, et se multiplient avec une rapidité telle, qu'à New-York une seule usine en fabrique cinquante par semaine.

Des faits qui précèdent, on peut tirer une induction éminemment philosophique et dire : plus la machine-homme remplacera l'homme-machine, plus ce dernier, dégagé des procédés matériels, élevera haut sa pensée ; plus l'ouvrier acquerra un sentiment d'indépendance et de valeur personnelles. En effet, conduire, diriger des machines, c'est presque conduire des animaux ; c'est exercer une autorité réelle sur la matière brute et s'établir maître de forces aveugles qui, sous l'impulsion de notre volonté souveraine, opèrent des prodiges.

REVUE DES PRINCIPAUX OBJETS

EXPOSÉS DANS LA SEPTIÈME CLASSE [1].

MM. NICOLAS SCHLUMBERGER ET Cⁱᵉ, A GUEBWILLER (FRANCE).

Depuis longtemps, MM. Nicolas Schlumberger et Cⁱᵉ rendent d'éminents services à la filature française, soit comme filateurs, soit comme constructeurs. Les machines qu'ils ont exposées justifient d'une manière éclatante le haut rang qu'ils occupent dans leur industrie. Parmi ces machines nous signalerons :

1° Une peigneuse Heilmann à six têtes, pour la préparation de toutes les matières textiles, qu'elle nettoie comme ferait la carde, en séparant des filaments longs et soyeux les filaments trop courts pour être filés.

La séparation des filaments est, en effet, un progrès immense; c'est le signal d'une véritable révolution dans l'art de la filature. Cette méthode a déjà reçu de nombreuses applications. Universellement adoptée pour la filature de la laine peignée, en France, en Angleterre et dans d'autres pays, elle commence à être fort recherchée pour la filature du coton, usage auquel son inventeur l'avait, dans l'origine, spécialement destinée. Elle fonctionne dans presque tous les établissements où l'on file des numéros élevés et le jour n'est pas loin où elle remplacera également les anciens modes de préparation pour la filature des cotons à longue soie.

Le nom de la maison Schlumberger se trouve désormais intimement lié à celui de Josué Heilmann. Si celui-ci est l'inventeur de la fileuse, MM. Schlumberger ont facilité l'emploi de cette machine, par tous les perfectionnements pratiques dont ils l'ont enrichie.

2° La carde à hérissons ou travailleurs; 3° un étirage représentant tous les systèmes de réunion des rubans; 4° un banc à broches, qui joint à une extrême légèreté une grande solidité, et qui offre d'excellentes dispositions; 5° enfin, un métier mull-jenny, d'un mécanisme perfectionné et nouveau dans plusieurs de ses parties.

Une éminente récompense eût sans doute été décernée à MM. Nicolas Schlumberger et Cⁱᵉ, si la position de M. Schlumberger père, comme membre du Jury, ne les eût placés hors de concours.

Au sujet de l'exposition de M. Schlumberger, la Commission internationale a rappelé les immenses services rendus à l'industrie par feu Josué Heilmann, dont les immenses découvertes ont été si puissamment patronées par MM. Schlumberger père et fils. La peigneuse surtout est un véritable titre de gloire pour le nom d'Heilmann : elle offre l'ingénieuse combinaison d'un appareil alimentaire avec un appareil peigneur et avec un appareil à la fois arracheur et réunisseur.

En déclarant que la peigneuse Heilmann est la plus belle invention faite depuis quarante ans, c'est-à-dire depuis Philippe de Girard, dans l'industrie de la filature, la Commission a décerné à M. Jean Jacques Heilmann, fils de Josué Heilmann, et continuateur de ses œuvres, une MÉDAILLE D'HONNEUR.

---

1. Nous n'avons pu obtenir l'autorisation de publier les dessins d'aucun des métiers importants exposés dans cette VIIᵉ classe.

MM. PLATT FRÈRES ET C°, Hartford-Iron-Works, a Oldham (Royaume-Uni).

M. le rapporteur du Jury de la VII° classe a rendu compte, en ces termes, de l'exposition de MM. Platt frères.

« Ces constructeurs exposent, outre deux métiers à tisser :

« Un batteur étaleur à un frappeur, avec table à tripler et ventilateur intérieur;

« Une carde à hérissons ou travailleurs, pour cardage en gros;

« Une carde mixte, avec briseur, travailleurs et chapeaux;

« Une carde à chapeaux, pour cardage en fin;

« Une machine à réunir les rubans de cardes en gros, pour nappes de cardes en fin;

« Une machine à aiguiser les chapeaux ou hérissons de cardes;

« Un étirage à trois passages croisés;

« Un banc à broches en gros, de 28 broches, à compression;

« Un banc intermédiaire, de 68 broches, à compression;

« Un banc en fin de 88 broches, à compression;

« Un métier à filer continu, de 112 broches;

« Un métier à filer, mull-jenny automate, de 288 broches;

« Une machine à retordre, continue, de 86 broches;

« Un métier à doubler et à retordre, à mouvement automate;

« Deux dévidoirs à numéroter;

« Une balance de carderie.

« Le grand nombre des machines exposées par MM. Platt frères et C°, répond bien à l'importance de leur établissement, le plus considérable de l'Angleterre, pour ce genre de constructions. Il occupe 2,500 ouvriers, et sa production annuelle n'est pas moindre de 300,000 livres sterling (7,500,000 francs). Ses machines se distinguent sans exception, par un fini d'exécution qui semble être arrivé à ses dernières limites. Tout y est prévu, admirablement disposé; avec de pareils instruments de travail, un fileteur ne saurait être embarrassé de bien faire.

« Le batteur de MM. Platt frères est, sans contredit, ce qui a paru de mieux jusqu'ici pour ces sortes de machines, comme disposition d'ensemble et de détail. Il résume tous les perfectionnements (dont plusieurs sont dus à MM. Platt eux-mêmes), que l'expérience y a successivement apportés, et peut être considéré comme un véritable modèle dans son genre. Nous l'avons vu fonctionner; il serait difficile d'obtenir de plus belles productions que celles fournies par cette machine.

« L'une des cardes, celle à hérisson pour cardage en gros, offre une combinaison nouvelle qui a de l'importance. Elle consiste dans l'application d'un peigne débourreur au dernier travailleur, disposé en conséquence, et dont le produit est livré à une auge placée au-dessous. Ce débourrage, combiné avec l'effet du travailleur, remplace avantageusement l'action de plusieurs chapeaux. L'étirage est à pots tournants, système généralement adopté en Angleterre, où l'emploi des réunisseurs sous forme de rouleaux ou caisses, usité chez nous, n'est pas goûté. Tout, dans cette machine, dénote une étude spéciale des besoins à remplir, par suite de la grande vitesse à laquelle elle paraît pouvoir être poussée.

« Les bancs à broches présentent un ensemble de dispositions remarquables, comme ajustage et comme fonctionnement, en même temps que de simplicité. Entre autres perfectionnements, il faut citer notamment le mouvement de décliquetage et tout ce qui en dépend, ainsi que la construction des ailettes, dont le ressort est remplacé par une simple tige formant contre-poids, et agissant par l'effet de la force centrifuge.

« Le Jury a également examiné, avec un grand intérêt, la machine à aiguiser les chapeaux et hérissons de cardes, dont les mouvements sont parfaitement combinés, ainsi que la machine à réunir les rubans de cardes, qui offre une application nouvelle, due à M. Leigh, dont il sera question plus loin.

« Le métier à filer continu, de même que la machine à retordre, sont parfaits d'entente et d'exécution. Nous citerons également pour ces métiers l'excellente disposition du mouvement des chariots.

« Le mull-jenny automate est construit d'après le système de Sharp et Roberts, avec diverses additions et perfectionnements dus à MM. Platt. A part ce qui a rapport aux mouvements principaux de la machine, le Jury a remarqué la manière dont y sont disposés les rouleaux de propreté, placés au-dessus des cylindres de pression, pour éviter l'action contradictoire ou du moins inégale, résultant des deux vitesses différentes qui, dans l'état habituel des choses, doivent donner l'impulsion à ces rouleaux. Le système de MM. Platt nettoie mieux, et est évidemment une amélioration.

« Enfin le métier à doubler et à retordre offre une application entièrement nouvelle, qui consiste en un mouvement automate pour opérer la translation du porte-bobines faisant office de chariot, les broches demeurant ici en place.

« MM. Platt tiennent incontestablement le premier rang à l'Exposition pour les machines appartenant à la filature du coton, et comme perfection d'exécution et comme excellente entente de combinaison pratique. Le Jury les a considérés comme placés hors ligne sous ces divers rapports, et, par ces motifs, il n'a pas hésité à leur décerner la GRANDE MÉDAILLE D'HONNEUR. »

MM. JOHN ELCE ET C°, A MANCHESTER (ROYAUME-UNI).

L'exposition de MM. Elce se faisait principalement remarquer par diverses machines, dont l'ensemble atteste que le constructeur s'est surtout préoccupé des moyens les plus propres à les rendre commodes et d'une facile application.

Parmi les nouvelles dispositions introduites par M. Elce dans ses machines, nous citerons :

1° Un mécanisme destiné à soulever simultanément les poids de pression, en agissant sur leur étirage, de manière à pouvoir en arrêter l'action pendant les instants de repos;

2° Une forme toute particulière des ailettes des bancs à broches;

3° Un procédé simple et ingénieux, pour relâcher la courroie des cônes, à la fin de chaque levée, et pour la ramener à son point de départ;

4° L'emploi de deux tambours pour la commande des broches, dans les métiers à filer continus : ce qui permet de faire agir les cordes dans un sens parallèle à la gorge des noix;

5° Un mécanisme pour vérifier le nombre des tours du rouleau compteur, lequel fait partie du dévidoir à numéroter les mèches des bancs à broches.

La belle usine de MM. John Elce et C° occupe 600 ouvriers, et les produits mécaniques qui sortent de leurs ateliers s'élèvent annuellement à la somme de 100,000 livres sterling, soit 2,500,000 francs.

En raison de ces imposants résultats, le Jury a décerné à MM. Elce une MÉDAILLE DE PREMIÈRE CLASSE.

MM. DOBSON ET BARLOW, A BOLTON, PRÈS MANCHESTER (ROYAUME-UNI).

Ces deux constructeurs avaient envoyé à l'Exposition universelle :

1° Une carde mixte à hérissons et chapeaux;

2° Une machine, à longue table, à réunir les rubans de cardes en gros.

Ces deux machines sont d'une bien remarquable exécution : La première, qui est à chapeaux mobiles, réunis en chapelet et se débourrant mécaniquement, a cela de particulier, que le réglage des chapeaux s'obtient au moyen d'un arc de cercle articulé et à courbure variable, par le jeu de trois vis de rappel.

L'établissement de MM. Dobson et Barlow occupe 1,800 ouvriers, et sa production annuelle est de 1,500,000 livres sterling, soit 3,000,000 francs.

Le Jury a décerné à MM. Dobson et Barlow une MÉDAILLE DE PREMIÈRE CLASSE.

MM. STEHELIN ET Cⁱᵉ, à BITSCHWILLER (FRANCE).

L'exposition de MM. STEHELIN ET Cⁱᵉ se composait de machines et métiers appartenant à des Classes différentes, mais justifiant tous l'excellente réputation dont jouit leur bel établissement de Bitschwiller. Ils avaient exposé, dans la VIIᵉ classe, un métier mull-jenny automate.

Depuis longtemps les constructeurs français cherchent à simplifier le mécanisme de ces sortes de métiers, qui, déjà de vieille date, sont toujours employés en Angleterre. Le modèle exposé par M. STEHELIN présentait des modifications intéressantes. Ainsi, le renvidage ne s'y opère plus par limaçon, mais à l'aide d'un levier horizontal, mis en mouvement par une roue dentée, commandée à son tour par une vis sans fin. L'appareil de désappointage est muni d'une application en caoutchouc, etc.

Bien que les expériences faites en grand n'aient pas encore permis d'apprécier tous les avantages qui peuvent résulter de ces utiles améliorations, le Jury a décerné à MM. STEHELIN ET Cⁱᵉ une MÉDAILLE DE PREMIÈRE CLASSE.

M. LÉOPOLD MULLER FILS, à THANN (FRANCE).

Ce constructeur exposait des métiers à filer la laine, et des métiers à filer le coton. Dans ces derniers, il est parvenu à opérer successivement le débrayage de chacune des broches, sans arrêter le mouvement de toutes les autres: pour obtenir ce résultat, il a employé un ressort à boudin qui pèse sur le pignon de la broche, laquelle se trouve entraînée par la friction de la partie plane de ce pignon contre une esquive placée au-dessus et fixée sur la même broche.

Le métier à filer la laine est un métier mull-jenny, mais il se distingue par le système employé à la commande des broches, qui a lieu directement par embrayage.

En récompense des améliorations apportées par M. MULLER dans la construction des métiers à filer, le Jury lui a accordé une MÉDAILLE DE PREMIÈRE CLASSE.

M. JACQUES MOTSCH, à CERNAY (FRANCE).

M. JACQUES MOTSCH est l'inventeur breveté d'une machine avec laquelle on réalise de grandes économies, dans les filatures de coton, ce qui est un véritable perfectionnement.

L'appareil de M. MOTSCH remplace le travail à la main dans la confection des tubes en papier pour filature; de plus, il a l'avantage de produire des tubes coniques ayant la forme des broches et qui s'y adaptent parfaitement. Le papier découpé par bandes est amené, par un jeu de rouleaux, sous un couteau qui en opère la section avec promptitude et régularité. Des mandrins fixés dans un plateau exécutent l'enroulement par le moyen d'une courroie, après toutefois que l'un des côtés du papier a été enduit de colle à l'aide d'une brosse qui agit circulairement.

Une autre brosse, agissant transversalement, dégage les tubes des mandrins et les déverse dans un tiroir.

Cette machine très-simple peut confectionner 200,000 tubes en papier, par jour. Elle est donc appelée à jouer un grand rôle dans l'industrie de la filature.

Une MÉDAILLE DE DEUXIÈME CLASSE a été accordée à M. JACQUES MOTSCH.

MM. CONSTANT PEUGEOT ET Cⁱᵉ, à AUDINCOURT (FRANCE).

MM. CONSTANT PEUGEOT et Cⁱᵉ ont exposé des pièces détachées pour filatures, telles que : cylindres cannelés et de pression, broches, plates-bandes, ailettes, crapaudines, sellettes, et notamment un modèle de mouvement par engrenage pour broches de mull-jenny, lequel ne laisse rien à désirer.

Ce dernier mécanisme se compose, pour chaque paire de broches, d'une paire de roues d'angle et d'une roue droite en bois à dents taillées. Ces roues s'engrènent sur des pignons en cuivre, taillés et montés sur des broches. Ces pignons ont une douille, dans l'intérieur de laquelle se trouve un ressort, dont la pression continue entraîne la broche, et qui permet en même temps à l'ouvrier d'arrêter la broche selon les besoins.

On doit, en outre, à la maison Peugeot, l'invention des plates-bandes en fer avec collets ou crapaudines en bronze.

Ce bel établissement, qui livre annuellement à l'industrie pour 700,000 francs de produits, a su, en peu d'années, obtenir de notables améliorations, non-seulement au point de vue d'une perfection difficile à dépasser, mais encore dans les prix de revient, qui pour beaucoup d'articles se sont abaissés de 25 pour cent.

Le Jury a récompensé la maison Constant Peugeot et C⁰ par une MÉDAILLE DE PREMIÈRE CLASSE.

M. WILLIAM HORSFALL, à Manchester (Royaume-Uni).

La fabrication des garnitures de cardes est une industrie toute spéciale, et pour ainsi dire, exclusive. Jusqu'à présent, les garnitures étaient établies sur du cuir, souvent mal tanné, et ne présentant pas un degré parfait d'homogénéité; il en résultait des imperfections qui réagissaient sur le cardage même. M. William Horsfall a remplacé le cuir par le feutre, et il est parvenu à fabriquer ainsi des cardes, qui ont été non-seulement appréciées en Angleterre, mais encore dans toutes les manufactures du Continent.

Les produits, exposés par cette maison, lui ont mérité une MÉDAILLE DE PREMIÈRE CLASSE.

MM. SCRIVE frères, à Lille (France).

L'assortiment de garnitures de cardes pour coton, laine et étoupes établies sur cuir et sur feutre, exposé par MM. Scrive frères, et dénotant les soins minutieux que l'on est habitué à trouver dans les produits de ces fabricants, n'a pu être récompensé par le Jury de la septième classe. M. Désiré Scrive faisait partie du Jury et plaçait ainsi sa maison hors de concours.

Le Jury a décerné des médailles de première classe : à MM. William Horsfall, à Manchester (Royaume-Uni), pour l'excellente qualité de leurs garnitures de carde établie sur feutre;

M. S. D. Metcalfe, à Meulan (France), pour ses cardes à carder le coton;

MM. Whitaker fils et C⁰, à Charleville (France), pour leurs plaques à rubans de carde pour la laine, le coton et la bourre de soie;

MM. V. Fumière et Fortin, à Rouen (France), dont l'importante fabrication comprend tous les genres de carde;

MM. A. et L. Nimoux, à Rouen, pour la bonne fabrication et la variété des produits exposés par eux et s'appliquant à la filature de toutes les matières textiles;

M. Bournosoil-Bolx, à Reims (France), dont les cardes pour la laine sont remarquables par leur régularité;

MM. Falisse et Trappmann, à Liége (Belgique), pour l'importance de leur fabrication et l'excellente exécution des objets par eux exposés, et, entre autres, des cuirs non boutés préparés pour garnitures;

MM. C. Xhoffray, Bruls et C⁰, à Dolhain (Belgique), qui exposaient des plaques et rubans, principalement pour laine, parfaitement fabriqué;

MM. Kern et Schravier, à Aix-la-Chapelle (Prusse), pour leurs cardes à laine;

Et à M. Édouard Heuch, aussi à Aix-la-Chapelle, pour ses plaques et rubans pour laine d'une fabrication irréprochable.

MM. NOS D'ARGENCE, a Rouen (France).

On emploie généralement, dans l'opération du lainage ou des apprêts, un produit végétal, connu sous le nom de *chardon à foulon*, ou *à bonnetier* (*Dipsacus fullonum*, Lin.). La tête de ce chardon est garnie de paillettes florales, recourbées en crochet à leur extrémité, et dont l'acuité sert à tirer à poil ou garnir les étoffes foulées ou non foulées.

M. Nos d'Argence a cherché le moyen de suppléer au chardon végétal, par un chardon métallique, ayant les mêmes qualités sans avoir les mêmes défauts, afin d'obvier aux inconvénients et aux embarras, toujours renaissants, que les fabricants ou apprêteurs rencontrent dans l'usage du chardon végétal.

M. Nos d'Argence avait exposé des chardons métalliques, d'une combinaison très-ingénieuse, qui remplacent très-avantageusement le chardon végétal, en ce qu'ils sont à l'abri de l'oxydation et qu'ils possèdent toute la souplesse et l'acuité désirables, et dont les crocs variés suivent les opérations auxquelles on les destine. Des draps et étoffes de toute nature, apprêtés à la faveur de ce nouveau système, attestaient les bons résultats obtenus avec le chardon métallique.

Frappé des avantages qui résulteront de cette nouvelle invention, pour l'industrie comme pour l'agriculture (car toutes les terres envahies maintenant par la culture du chardon pourront être rendues à la production des céréales), éclairé aussi par les honorables attestations d'un grand nombre de fabricants de draps et d'articles de soie et coton, le Jury a cru devoir décerner à M. Nos d'Argence une MÉDAILLE DE PREMIÈRE CLASSE.

MM. ANDRÉ KŒCHLIN ET Cᵉ, a Mulhouse (France).

MM. André Kœchlin et Cᵉ, ont exposé : 1° un batteur étaleur à deux frappeurs avec table à quadrupler et ventilateur intérieur; 2° une machine à imprimer à quatre couleurs.

Une des premières opérations à faire subir au tissu filamenteux du coton, c'est de le ouvrir, de le nettoyer et d'en former des nappes uniformes qui sont ensuite soumises à l'action des cardes. Cette première opération est d'autant plus importante qu'elle réagit sur toutes celles qui la suivent. Il est donc nécessaire que les batteurs-étaleurs soient d'une parfaite exécution et d'un emploi facile. MM. André Kœchlin et Cᵉ ont résolu ce problème, et leur machine ne laisse, à tous égards, rien à désirer.

Il y a encore peu d'années, l'impression des étoffes se faisait à la main; depuis, on a inauguré l'impression à l'aide de rouleaux mécaniques, et MM. André Kœchlin et Cᵉ sont largement entrés dans cette nouvelle voie. Leur machine à imprimer à quatre couleurs, est composée de rouleaux en cuivre gravés, au-dessus desquels se meuvent des rouleaux unis. Entre les surfaces de ces deux espèces de rouleaux passe un drap sans fin qui reçoit l'impression. Les rouleaux inférieurs plongent dans une auge qui contient la couleur; une racle en acier a pour objet d'enlever la couleur sur les parties unies du rouleau, au fur et à mesure que celui-ci tourne, de manière à ce que l'empreinte en creux soit seule reproduite. Chaque cylindre ne pouvant donner qu'une seule teinte, il faut donc autant de rouleaux que l'étoffe exige de couleurs. On comprendra aisément combien l'ajustage des différentes pièces de la machine exige de précision, afin que chaque dessin soit également espacé pour ne former qu'un tout complet sans irrégularité ni déviation.

La maison Kœchlin, qui entreprend la construction de toute sorte de machines depuis les moteurs à vapeur jusqu'aux machines de tissage, occupe 1,600 ouvriers, et fournit annuellement à l'industrie pour 3,000,000 de francs d'appareils, qui vont non-seulement peupler les ateliers français, mais encore dont la plus grande partie se répand dans les usines étrangères.

La belle exposition de MM. Kœchlin et Cᵉ leur a fait décerner par le Jury, une MÉDAILLE DE PREMIÈRE CLASSE.

M. CHESNEAU, a Rouen (France).

Cet habile constructeur avait exposé :

1° Une machine à imprimer à quatre couleurs, qui est le spécimen exact de celles employées en Normandie, et dont la construction et l'agencement ne mérite que des éloges.

2° Une machine à burin fixe, pour le dressement des râcles destinées à enlever la couleur sur les parties non gravées des cylindres. A cet effet, M. Chesneau a appliqué un procédé, pour lequel il est breveté, procédé qui consiste dans l'emploi d'un burin fixe conduit par un chariot semblable à ceux des machines à planer; c'est à l'aide de ce burin, que le dressage s'opère avec autant de promptitude que de facilité ;

3° Un tour à graver les cylindres, dont les dispositions sont combinées de manière à pouvoir tirer tout le parti possible de l'appareil selon les gravures à exécuter.

4° Enfin, une tondeuse pour tissus de coton.

Le Jury a décerné à M. Chesneau une MÉDAILLE DE PREMIÈRE CLASSE.

MM. DUCOMMUN ET DUBIED, a Mulhouse (France).

L'exposition de MM. Ducommun et Dubied se composait : 1° d'un tour à graver; 2° d'une machine à tracer les molettes, et 3° d'un rouleau en cuivre pour l'impression.

Le tour à graver a cela de remarquable, qu'il peut résister à toutes les pressions, selon le genre de gravure que l'on veut exécuter. Pour faciliter la direction de la molette, l'ouvrier a toujours à sa portée un engrenage, à l'aide duquel il fait jouer d'une main le levier, tandis que de l'autre main il met la molette à sa place. Enfin, un mécanisme très-simple permet au moleteur de tracer des lignes obliques sur le cylindre à graver, et de varier l'inclinaison de ces lignes à volonté.

La machine à tracer les molettes après que le graveur a tracé les dessins, est d'une excellente exécution. Le rouleau en cuivre pour l'impression est également très-satisfaisant.

L'établissement de MM. Ducommun et Dubied est un de ceux où la fabrication des cylindres de cuivre est la plus parfaite; c'est là une des spécialités de cette estimable maison.

L'exposition de MM. Ducommun et Dubied a été récompensée par une MÉDAILLE DE PREMIÈRE CLASSE.

MM. WINDSOR FRÈRES, a Moulins-Lille (France).

La maison Windsor avait envoyé à l'Exposition universelle une série de machines bien conçues et bien construites.

1° Une table à étaler le chanvre, de deux têtes, à deux rouleaux par tête.

2° Un étaleur à quatre rubans.

3° Un premier étireur de deux têtes à huit rubans.

4° Un deuxième étireur de deux têtes à dix rubans.

5° Un troisième étireur de deux têtes à douze rubans.

6° Et un banc à brocher de soixante broches.

La table à étaler le chanvre a une grandeur telle, qu'on peut y travailler des filaments de 1 mètre 50 centimètres de longueur, et, quoique la pression que nécessite l'étirage du chanvre soit très-considérable, la construction de cette machine paraît offrir toutes les garanties de solidité. Dans les machines de ce genre, la descente des barrettes a lieu à l'aide d'un arbre à came; M. Windsor y a substitué une pièce à talon, guidée par un petit levier, lequel est fixé lui-même à l'extrémité de la vis supérieure.

Les cylindres étireurs ne sont pas moins remarquables, et la proportionnalité qui existe entre chacun d'eux, selon le nombre de rubans, est réellement mathématique. MM. Windsor ont établi, à cet égard, un tableau synoptique, qui, basé sur des lois soigneusement étudiées, permet à tout constructeur d'arriver du premier coup à la perfection.

Le banc à broches présente une innovation très-importante : la transmission du mouvement ne se fait plus à l'aide d'une courroie; ce même mouvement est obtenu, au moyen d'un plateau de friction, commandé par une crémaillère qui glisse sur le cône dont l'arête supérieure est horizontale.

MM. WINDSOR occupent 700 ouvriers, mais leur vaste établissement prend en ce moment une extension qui leur permettra bientôt d'en occuper 1,200. Aussi, le Jury, voulant récompenser le zèle et les efforts de ces habiles industriels, leur a-t-il décerné une MÉDAILLE D'HONNEUR.

MM. J. COMBE ET Cᵉ, A BELFAST (ROYAUME-UNI).

MM. J. COMBE et Cᵉ exposaient : 1° une peigneuse pour lin long; 2° une peigneuse pour lin coupé.

La peigneuse pour lin long est munie de deux toiles sans fin, tandis que l'autre machine est accompagnée de deux cylindres. Les toiles sans fin et les cylindres portent une double série de gradation de peignes; la première série a pour objet de peigner de chaque côté, un des deux bouts de la poignée de lin, laquelle, par un mouvement de pince, change de place, pour être reprise par la deuxième série qui en peigne l'autre bout.

Pour arriver au peignage des deux côtés du lin sur chaque gradation de peigne, MM. COMBE donnent à leur toile sans fin et à leurs cylindres un mouvement inverse : de cette manière, le lin est toujours peigné à son extrémité, et le peignage commence dès que la machine est mise en mouvement.

Le Jury a décerné à MM. COMBE et Cᵉ, une MÉDAILLE DE PREMIÈRE CLASSE.

M. JOHN WARD, A MOULINS-LILLE (FRANCE).

Deux machines ont été exposées par M. WARD : la première est une machine à peigner le lin long, avec tablier peigneur incliné à quatre gradations de peignes; la deuxième est une machine à peigner le lin coupé en trois ou quatre, avec cylindres peigneurs à huit gradations de peignes.

Le mouvement de la première machine est très-simple : la bascule monte et descend, suivant un arc de cercle; le système des pinces, dont le brevet a été acquis par M. Peter Fairbairn, y a été appliqué, et remplace le mouvement inverse du tablier-peignes de M. COMBE.

La deuxième machine a un mouvement de bascule équilibré; une disposition particulière permet de diminuer et d'augmenter l'introduction du lin; les pinces sont à système tournant, et les étoupes se trouvent dégagées des peignes, à l'aide d'une brosse circulaire et d'un tambour garni de cardes.

M. WARD, qui a déjà livré à l'industrie 118 machines à peigner, a reçu une MÉDAILLE DE PREMIÈRE CLASSE.

LA MARINE IMPÉRIALE DU PORT DE BREST (FRANCE).

La marine impériale du port de Brest exposait une machine à filer le fil de caret.

Cette machine est un métier à filer de 10 broches, pouvant travailler du chanvre de 1ᵐ 50 de longueur. Elle délivre par broche 24 mètres de fil par minute.

Cette machine, bien adaptée à l'ouvrage qu'elle doit faire, est d'une construction convenable. MÉDAILLE DE DEUXIÈME CLASSE.

M. MERTENS, A GHEEL (BELGIQUE).

M. MERTENS avait adressé à l'Exposition universelle une machine à teiller le lin, dont les dispositions toutes nouvelles paraissent appelées à jouer un grand rôle dans l'industrie linière.

Cette machine est à mouvement continu; le lin, comprimé entre des chaînes sans fin, est porté entre deux tabliers de cuir sans fin, munis de lames qui s'engrènent les unes dans les autres. A la sortie de la machine, le lin est soumis à l'action d'une machine semblable, ou repasse une deuxième fois dans la première.

Les fibres du lin, teillé par cette machine, restent entières, et le rendement est plus considérable que celui obtenu par les moyens ordinaires. En l'espace de douze heures, la double machine peut teiller 300 à 350 kilogrammes de lin, et la machine simple, la moitié de cette quantité. Dans le premier cas, il faut, pour faire marcher l'appareil, la force de quatre chevaux; dans le second cas, la force de deux chevaux suffit.

Le Jury a décerné à M. MERTENS la MÉDAILLE D'HONNEUR.

Des MÉDAILLES DE PREMIÈRE CLASSE ont été obtenues par MM. :

HARDING, à Lille (France), qui exposait des broches et pointes d'acier, peignes et gills pour le peignage;

BRASS, à Vienne (Autriche), pour les peignes de tisserands faits à la mécanique;

Et par MM. DURAND et BAL, à Lyon (France), fabricants de peignes pour tous genres d'étoffes.

M. MICHEL, A SAINT-HIPPOLYTE (GARD), FRANCE.

M. MICHEL avait adressé à l'Exposition un tour à filer la soie, qui se faisait remarquer par d'ingénieuses améliorations.

Le système de M. MICHEL consiste :

1° A chauffer l'eau des bassines, par une circulation de vapeur, au moyen d'un double fond, au lieu de la projeter à l'air libre.

2° A déplacer, à l'aide d'un poids, la transmission de mouvements à galet, afin d'éviter au bord de l'écheveau les superpositions trop instantanées de la soie humide, qui forment l'adhérence et la collure des filaments.

3° Dans l'application d'un compteur, afin que le mécanisme contrôle de lui-même, par le fait seul de son mouvement, le travail de chaque fileuse.

Les appareils sortant des ateliers de M. MICHEL sont tellement parfaits, et les perfectionnements qu'il apporte dans leur construction, sont tels, que depuis 1830, il a livré, à l'industrie sericicole, 21,000 dévidoirs.

Le Jury a décerné à M. MICHEL une MÉDAILLE D'HONNEUR.

M. L. MEYNARD, A VALRÉAS (VAUCLUSE), FRANCE.

L'exposition de M. MEYNARD se composait d'un tour à filer sur bobines, et d'un appareil à étouffer et à sécher les cocons.

Jusqu'à ce jour, les appareils à étouffer et à sécher les cocons, causaient de grands embarras dans la plupart des usines, par suite des grandes surfaces d'emmagasinage qu'ils exigeaient; encore, souvent, malgré les plus grandes précautions, le séchage se faisait-il avec beaucoup de difficultés, en amenant des déchets considérables. A la faveur de son procédé, M. MEYNARD a obtenu de fort beaux résultats, et son mode d'étouffage et de séchage pourra être dorénavant fructueusement appliqué au commerce des cocons du Levant, qui acquiert tous les jours un développement plus considérable.

Le Jury, pour récompenser M. MEYNARD d'être entré dans cette voie pratique, lui a décerné une MÉDAILLE DE PREMIÈRE CLASSE.

M. DUJARDIN-COLETTE, a Roubaix (France).

M. Dujardin-Colette avait adressé à l'Exposition universelle une machine à peigner la laine, inventée par feu M. Hector Colette, son beau-frère.

Cette machine consiste en un peigne circulaire horizontal à double rangée d'aiguilles chauffées et graissées. Une chargeuse munie de deux cylindres se rapproche et s'éloigne alternativement du peigne, en décrivant une courbe ovale, tandis que l'extrémité opposée affecte un mouvement rectiligne alternatif. Une brosse fait pénétrer les fibres dans les aiguilles, et la séparation de la blouse et du cœur a lieu au moyen d'un petit cuir sans fin qui remplit les fonctions de frotteur. Des cylindres ordinaires forment le ruban.

Le Jury, reconnaissant sans doute que cette peigneuse peut rendre de grands services dans le peignage des laines longues et fortes, a voté à M. Dujardin-Colette une médaille de première classe.

M. DAVID LABBEZ, a Paris (France).

Cet habile industriel présentait une machine à épeutir.

Les tissus, avant la teinture et les apprêts, doivent être débarrassés des boutons et des inégalités, qui s'y manifestent, quelle que soit la qualité des fils employés, et malgré tout le soin avec lequel ils sont tissés. Cette opération a reçu le nom d'*épeutissage*. Jusqu'à ce jour, elle se faisait à la main, et des ouvrières, nommées *épeutieuses*, en étaient chargées. Ce travail était coûteux et très-lent, et l'on doit à M. David Labbez une invention mécanique qui a pour objet de remplacer l'opération manuelle. Aux pinces à main, M. Labbez a donc substitué des espèces de peignes mus par un mouvement automatique, agissant sur toute la largeur du tissu. De cette manière, non-seulement il atteint une grande perfection, mais encore il réalise une économie de 7/8° environ sur les prix de revient ordinaires. C'est ainsi, par exemple, qu'une pièce de mérinos, épeutie à la main, coûte de 12 à 15 francs, tandis qu'épeutie par le procédé de M. Labbez, elle ne coûte que 2 francs.

Cette utile invention a mérité à M. Labbez une médaille de première classe.

M. PIÉRARD PARPAITE, a Reims (France).

M. Piérard Parpaite exposait : 1° trois démêloirs à développement progressif; 2° un modèle de métier mull-jenny.

Les démêloirs de M. Piérard ont cela de particulier, que les barrettes suivent une marche progressive, c'est-à-dire que chacune d'elles va plus vite que celle qui la suit. Ce mouvement a lieu à l'aide de deux plateaux parallèles rotatifs, dans lesquels sont pratiqués des guides construits de manière à opérer la prise et le dégagement des filaments.

Le métier mull-jenny exposé par M. Piérard-Parpaite diffère des métiers ordinaires du même genre, par la substitution des engrenages aux cordes, comme transmission de mouvement. Cette disposition exige seulement un arbre articulé et un mécanisme tendeur, qui régularise la tension des cordes.

La bonne construction des machines exposées par M. Piérard lui a valu une médaille de deuxième classe.

M. MERCIER, a Louviers (France).

Le rapporteur du Jury de la VII° classe rend compte, en ces termes, de la magnifique exposition de M. Mercier.

« M. Mercier expose un assortiment complet qui comprend :

« 1° Un loup ;

« 2° Trois cardes ;

« 3° Un métier à filer en gros ;

« 4° Un métier à filer en fin ;

« 5° Un dividoir à échantillonner ;

« 6° Un cannetier à transformer en bobines les cannettes du métier en gros, pour les livrer au mull-jenny en fin ;

« 7° Une carde avec avant-train, pour démêler la laine et la préparer au peignage ;

« 8° Une carde imaginée par M. T. Chenevière, destinée aux fils mélangés et jaspés.

« Le loup se fait remarquer par la solidité de construction, si nécessaire à une semblable machine, et par la combinaison des éléments les plus perfectionnés dont la pratique dispose.

« Les cardes ont reçu des modifications générales et spéciales. L'augmentation de diamètre des cylindres travailleurs, et la diminution de celui des nettoyeurs, dans le but d'augmenter le contact de la surface cardante et de diminuer le déchet par la diminution de la quantité de filaments projetée dans l'espace et autour des axes, sont applicables à l'une quelconque des trois cardes de l'assortiment. Il en est également ainsi des moyens de réglage qui sont parfaitement étudiés, et de l'alimentation commandée à part avec des conditions de régularité irréprochables. La carde finisseuse ou fileuse a été le but d'une modification qui lui est particulièrement propre, et qui consiste dans la combinaison du rota-frotteur au peigne cylindrique, pour laquelle M. Mercier est breveté.

« L'emploi du peigne à lames et à mouvement alternatif, que le système nouveau remplace, avait pour inconvénient de ne pouvoir s'appliquer aux laines très-courtes, d'être limité dans la vitesse, afin de ne pas détériorer les dents de la carde. Les résultats ont démontré que, grâce au perfectionnement de M. Mercier, les laines quelconques, les plus courtes comme les plus longues, sont transformées avec le même succès. La production est augmentée, non-seulement parce qu'il n'y a plus de rupture et que l'appareil a plus de légèreté, mais aussi parce que la disposition permet de donner une vitesse quelconque, sans inconvénient pour les garnitures.

« On remarque, dans les métiers à filer tant en gros qu'en fin, une disposition de compteurs, qui ne doit pas être passée sous silence. Jusqu'ici, la quantité de laine livrée pour chaque course ou aiguillée était déterminée par le chariot, qui, en s'arrêtant, débrayait, par un déclenchement, le mouvement des cylindres-livreurs. Le chariot étant mû à la main et avec une vitesse variable, non-seulement d'une course à l'autre, mais même pendant chaque course, il en résultait l'impossibilité d'obtenir des résultats uniformes. Pour remédier à cet inconvénient grave, le mouvement de sortie ou d'étirage du chariot est commandé automatiquement : des compteurs simples et ingénieux sont mis en rapport direct avec la transmission du mouvement des cylindres délivreurs. La circonférence de ces compteurs est divisée par des trous équidistants, et correspondant chacun à 0ᵐ02 de développement des cylindres délivreurs. La même division pour le compteur de torsion répond à 25 tours de broches. Le simple déplacement d'une cheville suffit pour augmenter ou diminuer à volonté l'étirage et la torsion, avec une précision mathématique.

« La commande du chariot elle-même, pour laquelle M. Mercier s'est fait breveter en 1823, a été sensiblement perfectionnée par son fils ; aussi, est-elle adoptée aujourd'hui par les filateurs les plus habiles. Cette transmission consiste, en principe, dans un cône à gorges creuses pour y loger les deux cordes ou courroies qui se croisent et permettent les mouvements du chariot avec une tension constante. Le cône est calculé pour que les différences de diamètre répondent au ralentissement ou accélération de vitesse que l'on veut atteindre pendant la durée de l'étirage, et de manière à avoir à sa disposition les moyens de faire varier le mouvement du chariot dans toutes les limites désirables.

« On sait qu'à l'ordinaire le métier à filer en fin est alimenté par les cannettes, que le métier en gros fournit. M. Mercier a remarqué le temps considérable que prend le garnissage des métiers et la diminution de produit qu'occasionnent les ruptures par le développement irrégulier des cannettes. Il fait disparaître cet inconvénient, en transformant les cannettes en bobines pour en alimenter le métier en fin. Cette modification toute récente, et si simple en apparence, augmente notablement la production des métiers.

« L'exposition de M. Mercier ne se fait pas moins remarquer par ses progrès dans l'exécution et la construction proprement dite, que par les innovations que nous venons d'esquisser. Aussi, son chiffre d'affaires augmente-t-il progressivement. En 1851, il était de 400,000 fr. : il s'élève aujourd'hui à 1,000,000 de fr. au moins par an, dont un tiers au dehors, avec l'Espagne, le Portugal, l'Italie, l'Amérique du Sud, etc., où ses machines ne sont expédiées qu'après avoir été expérimentées dans sa propre filature.

« Cet habile constructeur, fils de ses œuvres, n'est arrivé à la position recommandable, qu'il s'est créée, qu'après vingt-cinq années d'efforts incessants. »

Pour témoigner sa sympathie à M. A. Mercier, et le prix qu'il attache aux services qu'il a rendus, le Jury lui décerne la GRANDE MÉDAILLE D'HONNEUR.

MM. HOUGET ET TESTON, a Verviers (Belgique).

Ces deux constructeurs ont exposé :

1° Une machine à échardonner, dont la grille fixe a été transformée en une grille à barreaux mobiles, afin de régler la grosseur des corps étrangers à extraire. A la partie supérieure de cette machine, se trouve un ventilateur qui a pour effet d'aspirer les corps étrangers et la poussière.

2° Plusieurs machines à carder en fonte de 6 millimètres d'épaisseur, dont la carde briseuse est munie d'un appareil calrert perfectionné, qui a pour but de débarrasser la laine des corps durs qu'elle contient, et dont la carde finisseuse est munie d'un appareil étireur.

3° Une machine à fouler, système Desplace, perfectionnée par M. Renard, un des contre-maîtres de MM. Houget et Teston. Ces perfectionnements consistent : en une cannelure tracée sur l'un des cylindres, de manière à éviter le glissement des étoffes; en un conduit régulateur destiné à éviter l'agglomération et les nœuds des tissus à fouler; enfin, en un mécanisme ayant pour objet le déplissage continu des étoffes, afin d'éviter le remaniement à la main.

4° Une apprêteuse, de l'invention de MM. Peyre et Dalques.

5° Une tondeuse longitudinale.

6° Une tondeuse transversale.

Cette belle exposition a valu à MM. Houget et Teston une MÉDAILLE DE PREMIÈRE CLASSE.

M. A. VIMONT, a Vire Calvados, (France).

L'exposition de M. Vimont se composait : d'un métier continu à filer la laine cardée, et d'une machine à métrer les tissus.

Le métier à filer diffère des métiers du même genre, par un dispositif très-simple : entre les deux paires de cylindres des tubes tordeurs, M. Vimont a placé une lame à mouvement alternatif, destinée à régulariser la torsion; et, entre les tubes délivreurs, une traverse servant de point d'appui aux mèches pour pouvoir continuer l'étirage. En outre, une autre disposition empêche la vibration des broches, et un dernier mécanisme donne la même tension aux fils qui s'enroulent sur les bobines.

La machine à mesurer est bien supérieure à toutes les machines du même genre. Un cadre à aiguilles enregistre le métrage; le tissu est amené carrément sur une table et étendu uniformément sans aucun pli.

La bonne construction et la précision mathématique de ces deux machines ont mérité à l'inventeur une MÉDAILLE DE PREMIÈRE CLASSE.

M. JOHN SYKES, à HUDDERSFIELD (ROYAUME-UNI).

M. John Sykes avait exposé une machine à égratonner, dont M. Ogden est l'inventeur. Mais, comme M. Sykes en est le propriétaire, et comme c'est à lui qu'on doit la vulgarisation de cet utile appareil, le Jury, pour le récompenser des services qu'il a rendus à l'industrie, lui a décerné une MÉDAILLE DE PREMIÈRE CLASSE.

MM. BRACEGIRDLE ET FILS, à BRÜNN (AUTRICHE).

Ces constructeurs avaient adressé à l'Exposition une carde ordinaire et un métier mull-jenny.

Ces deux machines, quoique ne présentant rien de particulier, et ne fonctionnant pas sous les yeux du public, paraissaient d'une exécution très-satisfaisante. Aussi, le Jury a-t-il décerné à MM. Bracegirdle et fils, une MÉDAILLE DE PREMIÈRE CLASSE.

M. LAVILLE, à PARIS (FRANCE).

M. Laville avait envoyé à l'Exposition universelle deux machines l'une dite *bastisseuse* et l'autre fouleuse; applicables toutes les deux à la fabrication des chapeaux de feutre.

Avant l'invention de M. Laville, le bastissage se faisait à l'aide de l'arçon, instrument ressemblant un peu à un archet, et le foulage s'exécutait à la main. La première opération produisait ce qu'en terme de chapellerie on nomme la *galette*, et la deuxième avait pour objet de donner du corps et de serrer le tissu de cette même galette. Mais, ce qu'il faut remarquer ici, c'est qu'un habile ouvrier ne pouvait bastir et fouler par jour que trois chapeaux en feutre serré, tandis qu'au moyen des machines de M. Laville, une femme, un enfant et deux ouvriers peuvent bastir et fouler 250 à 300 chapeaux dans le même espace de temps.

La bastisseuse, d'invention américaine, a été seulement perfectionnée par M. Laville, mais ses perfectionnements sont tels, que les Américains, qui avaient abandonné ces machines, les ont reprises depuis. Quant à la fouleuse, elle appartient en propre à M. Laville.

Un double mouvement de rotation et de translation est simultanément imprimé à deux systèmes et à deux étages de rouleaux en rondelles de feutre, juxtaposées et très-fortement comprimées. Ce mouvement est obtenu par l'emploi de deux genoux de Cardan, rendus élastiques longitudinalement par une combinaison de galets. La pression varie suivant le serrement ou le desserrement d'un boulon qui rapproche ou qui éloigne les cadres oscillatoires des deux étages de cylindres.

En présence de ces brillants résultats, le Jury a décerné à M. Laville une MÉDAILLE DE PREMIÈRE CLASSE.

M. P. MEYNIER, à LYON (FRANCE).

C'est sur les métiers à la jacquard que M. Meynier a porté ses intéressants travaux de perfectionnements.

Produire, sur des étoffes de toutes espèces, les plus merveilleux dessins et les nuances les plus délicates; économiser la moitié des frais de fabrication, tels sont les problèmes que M. Meynier a résolus.

Dans les riches étoffes, M. Meynier divise chaque faisceau des fils de la chaîne, en deux parties, qui sont portées par deux maillons suspendus par leurs cordes d'arcades, au même crochet. En outre, des cordes de secours supplémentaires attachent le maillon de gauche de chaque crochet au crochet voisin, et ainsi de suite, en sorte que chaque crochet enlève d'une part son propre faisceau et d'autre part une portion du faisceau à droite qui supporte le faisceau voisin. Il en résulte un accroissement de finesse et une variété exquise dans les liages du dessin.

Cet habile mécanicien a, en outre, apporté de notables améliorations dans l'emploi du battant-bro-
cheur. Il est parvenu, par des moyens qui lui appartiennent, à brocher sur des étendues beaucoup
plus grandes que celles qui, dans l'origine de l'invention, étaient soumises à l'action de ce battant.

Enfin, on doit également à M. MEYNIER d'heureux perfectionnements dans la construction des navettes
et des chasse-navettes.

L'ensemble de ces innovations et les éminents services rendus par M. MEYNIER à l'industrie, lui ont
mérité, de la part de la Commission internationale, la GRANDE MÉDAILLE D'HONNEUR.

M. J. MARIN, A LYON (FRANCE).

M. MARIN, qui est professeur de théorie de fabrication à Lyon, a exposé l'histoire de son art en neuf
modèles, au tiers d'exécution, représentant les transformations des métiers à tisser les étoffes de soie,
depuis 1606 jusqu'au métier électrique de M. Bonelli de Turin.

On y remarque les métiers de Dangon (1606), de Bouchon (1725), de Falcon (1728), de Vaucanson
(1745), et de Jacquard (1804).

Ces modèles fonctionnent tous avec une grande précision et portent tous des spécimens de fabrication. Aussi, font-ils aujourd'hui partie de la belle collection que les artistes et les ouvriers peuvent
admirer au Conservatoire des arts et métiers de Paris.

M. MARIN, inventeur des crochets-genouillères élastiques qui soulagent la pression de l'aiguille contre
le carton, quand ce crochet n'est pas encore dégagé de la griffe, a aussi exposé un métier à tisser, fonctionnant d'après ce système. On lui doit encore un nouveau genre de collets-continus à l'aide desquels le
montage des métiers est beaucoup plus simple, lorsque les crochets agissent en même temps sur plusieurs maillons.

Cette intéressante exposition a valu à M. MARIN une MÉDAILLE DE PREMIÈRE CLASSE.

MM. MARTINET ET LACAZE, A PARIS (FRANCE).

Une machine servant au lissage et au perçage des cartons Jacquard avait été exposée par MM. MARTI-
NET ET LACAZE. Cette machine est surmontée de deux métiers Jacquard, dont l'un sert pour le repiquage,
et l'autre pour le lissage des dessins nouveaux.

Au moyen d'une presse à levier, les cartons sont percés, sans qu'il soit nécessaire d'enlever les poinçons du métier.

Le Jury a décerné à MM. MARTINET ET LACAZE une MÉDAILLE DE PREMIÈRE CLASSE.

M. RYO-CATTEAU, A ROUBAIX (FRANCE).

M. RYO-CATTEAU avait exposé une machine, destinée au perçage des cartons, comme celle de
MM. Martinet et Lacaze, mais cependant plus complète, en ce sens qu'elle possède un mécanisme
d'accélération.

Pour l'opération du repiquage, la machine marche avec une très-grande rapidité, et un enfant suffit
pour l'alimenter de cartons blancs. Mais quand, au contraire, il faut tracer de nouveaux dessins, la machine est forcée de s'arrêter à chaque coup de poinçon, car, au lieu d'être alors comme dans le premier
cas, complétement automatique, elle réclame plusieurs auxiliaires.

Néanmoins, le Jury a récompensé les recherches de M. RYO-CATTEAU d'une MÉDAILLE DE PREMIÈRE CLASSE.

M. R. RONZE, A LYON (FRANCE).

M. RONZE a exposé un grand métier jacquard, portant 1,100 aiguilles et quatre systèmes de griffes, qui agissent de droite et de gauche, à l'aide d'un léger basculement. Ces griffes peuvent, à volonté, être engagées sous les crochets ou bien en être dégagées, de manière à rester immobiles et à ne pas fonctionner; il en résulte :

1° Que le nombre des cartons peut être réduit à moitié;

2° Que chaque carton peut servir pour deux coups successifs de navette;

3° Que le changement de griffe peut produire différents tissus.

Cette machine, d'une construction parfaite, quoiqu'un peu compliquée, a valu à M. Rouzy une médaille de première classe.

MM. J. ET W. CROSSLEY, a Cheshire (Royaume-Uni).

L'exposition de MM. Crossley se composait d'un métier jacquard à double effet, pouvant servir à la fabrication des tissus de soie, de lin et de coton.

Chaque carde de cette machine est attachée à deux crochets qui correspondent à des griffes soulevées par un double levier, de telle sorte que lorsqu'une griffe monte, l'autre s'abaisse. Les aiguilles ont deux œils qui correspondent aux deux crochets, de manière que le cylindre presse les aiguilles, pendant que la griffe ayant atteint le point le plus élevé de sa course, forme contre-poids avec la griffe voisine. Cet équilibrement des griffes diminue énormément la résistance éprouvée par le moteur.

Le Jury a décerné à MM. Crossley une médaille de première classe.

MM. BONARDEL frères, a Berlin (Prusse).

La machine exposée par MM. Bonardel est un métier à la jacquard, construit tout en métal. Un arbre à excentrique tournant, à vitesse uniforme, transmet un mouvement vertical aux griffes et la translation horizontale de l'axe du cylindre.

Cette machine a valu à MM. Bonardel une médaille de première classe.

M. BARRI, a Barcelone (Espagne).

M. Barri a exposé un petit métier jacquard, qui n'est que le spécimen de ceux qu'on emploie généralement à Barcelone.

Au moyen de chevilles montées sur un cylindre tournant à huit pans et au moment de la levée du chariot, les crochets sont alternativement poussés et dégagés des griffes. Le cylindre, ainsi que trois autres semblables, sont adaptés à une lanterne à disque qui permet de les mettre en mouvement tous ensemble ou l'un après l'autre, selon le travail à exécuter.

M. Barri a reçu comme encouragement une médaille de deuxième classe.

M. SCHRAMM, a Vienne (Autriche).

M. Schramm a présenté à l'Exposition universelle un métier à la jacquard, tout en bois, qui est, pour ainsi dire, la contre-partie de celui de M. Bonardel, construit tout en métal.

La légèreté et le bon marché du métier de M. Schramm l'ont fait adopter dans une grande partie de l'Autriche; il fonctionne, d'ailleurs, avec une grande précision.

Pour récompenser ce système économique, le Jury a décerné à M. Schramm une médaille de deuxième classe.

M. DENEIROUSE, a Paris (France).

Le métier exposé par M. Deneirouse est destiné à la fabrication des châles cachemires.

Ce métier porte une chaîne de 75 centimètres de largeur et de 3,200 fils enroulés sur deux ensoupleaux ordinaires. La trame, au lieu de traverser uniformément la largeur de l'étoffe, est composée de fils de 8 à 10 couleurs, portés par 400 espoulins ou navettes qui, par leur va-et-vient de l'un à l'autre côté de la chaîne, brochent les faisceaux des dessins à reproduire. De petits pantins coloriés, qui se soulèvent par le mécanisme de la machine même, indiquent à l'ouvrière les couleurs dont elle doit se servir.

Les produits obtenus sont comparables à ceux qui nous viennent des Indes, et cependant ils ne coûtent guère que moitié. On comprendra que ces prix ne sont pas relativement très-élevés, quand on saura qu'une ouvrière, dans une journée de 12 heures, ne peut produire qu'un centimètre et demi de tissus en longueur, sur 75 centimètres en largeur, et qu'un châle ordinaire occupe souvent une ouvrière pendant dix-huit mois.

Nous reviendrons sur M. DENKIROUSK au sujet de l'exposition de ses produits, lorsque nous rendrons compte de la XX⁰ Classe.

Le Jury n'a pourtant décerné, comme encouragement, à M. DENKIROUSK, pour son métier, qu'une MÉDAILLE DE DEUXIÈME CLASSE.

M. BONELLI, États sardes (Piémont).

M. BONELLI, que nous avons eu occasion de citer déjà, avait adressé à l'Exposition universelle un métier à tisser, mû par l'électricité. Cette machine, entièrement automatique, est malheureusement arrivée trop tard, pour que l'on ait pu apprécier sa valeur industrielle. Nous la mentionnons ici simplement pour mémoire.

MM. PARKER, à Dundee (Écosse).

MM. PARKER de Dundee, en Écosse, exposaient un métier de leur invention pour tisser les toiles à voiles. On sait quelle énorme fatigue supportent les toiles de navires, exposées qu'elles sont à l'action variable et puissante des vents; par cela même, elles exigent une grande égalité de force dans ce tissu. Il est non moins nécessaire que le tissu soit aussi serré que possible, afin d'éviter que la pression du vent ne diminue par suite de son passage au travers des vides. Enfin, le métier lui-même doit, par ces différents motifs, être construit avec la plus grande solidité, ce qui n'est point indispensable pour les métiers à tisser les étoffes ordinaires.

Le métier à tisser de MM. PARKER se fait remarquer par la simplicité avec laquelle ce but se trouve rempli. La chaîne y est alimentée simultanément par quatre ensouples, ce qui permet d'y tisser plusieurs pièces de toile successivement, sans changement spécial. Les fils de chaîne passent collectivement entre des rouleaux à la manière de Vaucanson, de façon à en régulariser l'uniformité de passage, quel que soit le diamètre des ensouples.

L'ensouple du devant est mue par un train de roues, continuellement poussé au moyen de deux poids attachés à des leviers. Ces leviers agissent sur des roues à rochet, fixées à un arbre mis en relation, par des rouages dentés, avec l'ensouple ci-dessus, et ces leviers sont soulevés alternativement par des cames spéciales, de façon que, quand l'un est en action pour tendre la toile, l'autre est soulevé ou remonté, et vice versa. Chaque levier est muni d'une longue vis, qui agit pour déplacer le poids par sa propre rotation. Les choses sont disposées de telle sorte que l'accroissement du levier compense exactement celui du diamètre de l'ensouple, et qu'il en résulte ainsi une forte et constante tension dans l'étendue entière de la chaîne.

Déjà en 1851, MM. PARKER ont obtenu la grande médaille d'honneur à l'Exposition universelle de Londres, pour leur beau métier à tisser les toiles à voiles; leur fabrication n'a fait que s'étendre depuis cette époque, où elle avait mérité également les suffrages de l'amirauté anglaise. Enfin, on peut s'assurer, en consultant les Rapports du Jury des Expositions françaises de 1844 et 1849, qu'il n'avait été, jusque là fait aucune mention de métiers mécaniques à fabriquer les toiles à voiles, en France, où ceux de MM. Par-ker sont aujourd'hui non moins appréciés qu'en Angleterre, notamment dans les établissements de MM. Malo et Dickson, près Dunkerque; Joubert Bonnaire et C⁰, d'Angers; Heuze, Radiguet, Homon et C⁰, de la Société Linière de Landerneau, etc.

C'est par ces différents motifs, et en raison de la haute importance de la fabrication des toiles à voiles pour la marine de tous les pays, que le Jury de la VIIᵉ Classe a jugé ces exposants dignes de la MÉDAILLE D'HONNEUR (*Extrait du rapport officiel*).

M. WOOD, A MUCKHILL, PONTEFRACT, YORK (ROYAUME-UNI).

M. Wood avait exposé un métier à tisser pour la fabrication des tapis bouclés et moquettes.

Ce métier, mû par la vapeur, marche à raison de 120 tours de l'arbre de couche à la minute; ce qui lui permet de produire 3 mètres de tapis velouté de première qualité, par heure, et 4 mètres 50 centimè-tres de tapis, tels qu'on les fabrique généralement en France.

Les améliorations apportées à ce métier consistent :

1° Dans la suppression des châssis et coulisses horizontales.

2° Dans le remplacement de ces châssis et coulisses, par des verges attachées à autant de bras de levier à suspension verticale, lesquels reçoivent un mouvement oscillatoire par un mécanisme automa-tique, ce qui permet pour certaines étoffes, telles que le velours, d'opérer le coupage des boucles comme dans les métiers ordinaires et à bras.

Ces innovations, sans parler de l'application de la vapeur au tissage des tapis, et la simplification du mécanisme employé par M. Wood, lui ont valu une MÉDAILLE DE PREMIÈRE CLASSE.

M. W. SMITH ET FRÈRES, HEYWOOD, PRÈS MANCHESTER (ANGLETERRE).

L'exposition de M. Smith se composait :

1° D'un métier à tisser pour brocart, auquel il a appliqué un procédé qui lui appartient, pour lancer alternativement deux navettes à la fois, sans risquer d'embrouiller les fils de la trame.

2° D'un métier à tisser les guingans, auquel il a adapté un mécanisme destiné à changer les navettes à volonté; de telle sorte que les couleurs et les nuances sont réglées par une fourchette appuyée sur les cordons d'une petite chaîne à la Jacquard. Cette fourchette, munie de deux branches, permet à la boîte à navette de fonctionner dans trois positions différentes.

3° D'un métier destiné à tisser la futaine.

4° D'un métier à tisser les toiles à voiles, auquel M. Smith a adapté un appareil qui égalise la tension de la chaîne, et un deuxième appareil destiné à compenser le diamètre décroissant de l'ensouple.

Le Jury a décerné à M. W. Smith et frères une MÉDAILLE DE PREMIÈRE CLASSE.

M. J. GRASSMAYER, A BRIXEN, TYROL (AUTRICHE).

M. Grassmayer avait exposé un métier à tisser avec huit lames et trois navettes.

Le mouvement de la boîte à navette s'opère, dans ce métier, à l'aide d'un disque percé de trous, dans lesquels viennent s'implanter des chevilles qui correspondent aux couleurs à employer. La rotation de ce disque a pour effet de mettre successivement les chevilles en rapport avec le mécanisme qui sert à chan-ger la position de la boîte à navettes.

La nouveauté de cette disposition mécanique a valu à M. Grassmayer une MÉDAILLE DE PREMIÈRE CLASSE.

M. RICHARD HARTMANN, à Chemnitz (Saxe).

M. Hartmann avait exposé un métier à tisser avec neuf lames et sept navettes de différentes couleurs. Les dispositions de cette machine consistent :

1° En un manchon à la Jacquard servant à diriger les lisses et les navettes.

2° En un régulateur de l'ensouple de la chaîne.

3° En un second régulateur de l'ensouple de la toile tissée.

4° En une caisse dans laquelle la toile tissée à l'état humide vient tomber, sans s'enrouler sur elle-même.

5° En des ressorts en fonte, soutenant l'ensouple de la chaîne, de manière à éviter les secousses, et par contre la rupture des fils.

6° En une navette dont le va-et-vient s'opère à l'aide d'un ressort en caoutchouc.

7° Enfin, en un mécanisme qui a pour but de supprimer la poulie folle d'embrayage, et qui permet d'arrêter ou d'accélérer le mouvement de la machine.

Ces intéressantes innovations ont mérité à M. Hartmann une médaille de première classe.

M. MICHEL DEBERGUE, à Barcelone (Espagne).

M. Michel Debergue avait exposé deux métiers à tisser, mis en mouvement à l'aide de roues à friction, munies de freins, ce qui permet de les arrêter spontanément.

Les mouvements des lames sont gradués par des pignons excentriques et des roues ovales. Enfin, à l'aide d'un dispositif très-simple, la navette, au moment du départ, est libre dans sa boîte.

Le Jury a décerné à M. Michel Debergue une médaille de deuxième classe.

M. N. BERTHOLLOT, à Troyes (France).

M. Berthollot avait exposé un métier circulaire pour bonneterie et tricot qui, par ses savantes dispositions, sa simplicité et sa bonne construction, comme par la perfection de ses produits, méritait, à plus d'un titre, les distinctions honorifiques que cet habile industriel avait déjà reçues en 1851 à l'Exposition universelle de Londres.

Les tentatives récentes pour la construction d'un métier analogue, mais destiné à la fabrication spéciale des bas, les développements qu'il a donnés à cette branche de fabrication, ont paru au Jury, dit le rapport officiel, mériter une médaille de première classe.

ASSOCIATION DES TULLISTES DE SAINT-PIERRE-LÈS-CALAIS, Pas-de-Calais (France).

Cette Association avait exposé une belle machine, du système Leavers, laquelle peut fabriquer à la fois 46 bandes de dentelles brodées. Pour obtenir ces résultats, 3,360 chariots et bobines, montés d'après une modification des cartons jacquard, comportant 216 barres dont 36 de broderies, sont mis en mouvement à l'aide d'une machine à vapeur.

L'Association, représentée par MM. Novon, l'Avoine, Fergusson, Barton, Drouard, Vidal, Tribouillard et Mahun, n'avaient adressé à l'Exposition universelle qu'un seul spécimen des innombrables machines qui sortent journellement des ateliers de Saint-Pierre-lès-Calais ; aussi, le Jury n'a-t-il accordé à ces habiles industriels, à titre d'encouragement, qu'une médaille de deuxième classe.

MM. ZAMBAUX, à Saint-Denis, près Paris,
REPOUTY et Cᵉ, à Marseille, RATTE et Cᵉ, à Marseille (France).

Ces trois maisons ont exposé des machines fort ingénieuses pour la fabrication des filets de pêche. Les machines de MM. Zambaux et Repouty et Cᵉ sont dues à un habile mécanicien, feu M. Pecqueur; seulement tandis que celle exposée par M. Zambaux marche à la main, celle exposée par M. Repouty et Cᵉ marche automatiquement. Toutes les deux présentent de grands perfectionnements.

Le métier exposé par M. Ratte et Cᵉ est de l'invention de M. Estublié, et a été perfectionné par M. Bilon. Quoique laissant à désirer, il présente des dispositions très-ingénieuses.

Le Jury a voté à chacun de ces trois exposants une MÉDAILLE DE DEUXIÈME CLASSE.

M. J. HOULDSWORTH, à Manchester (Royaume-Uni).

M. Houldsworth avait exposé une machine à broder, dont l'aiguille passe complétement à travers l'étoffe. Cette machine emploie l'aiguille à deux pointes et à œil au milieu, inoculée et appliquée par Heilmann, en 1834, dans sa belle machine à broder.

Les modifications apportées par M. Houldsworth à l'invention de Heilmann, sont :

1° La simplification des pinces à aiguilles.

2° L'emploi de longues tringles de fer reposant sur les fils et les abaissant par leur poids; à l'approche du chariot, vers fin de sa course, le soulèvement des tringles par la tension des fils avertit l'ouvrière de l'arrêter.

3° L'adoption d'un système de barres en bois, qui, au retour du chariot, se rapprochent et empêchent l'embrouillement des fils.

La VIIᵉ Classe a accordé à M. Houldsworth, inventeur du banc à broches à mouvement différentiel, une MÉDAILLE DE PREMIÈRE CLASSE.

M. BARBE SCHMITZ, à Nancy (France).

M. Barbe Schmitz avait exposé une machine à broder, pouvant broder, sur un tissu quelconque, des dessins à pois, à fleurs et autres.

La seule différence qui existe entre cette machine et celle d'Heilmann, c'est que celle de M. Schmitz est complétement automatique, car elle n'a besoin, pour être desservie, que d'une ouvrière et d'un enfant, le service de ce dernier ne consistant qu'à changer les aiguilles.

Cette machine, quoique n'ayant pu être appréciée d'une manière définitive, offre tant d'ingénieuses combinaisons, que le Jury a cru devoir encourager son auteur par une MÉDAILLE DE PREMIÈRE CLASSE.

M. J.-M. MAGNIN, à Lyon (France).

M. Magnin avait exposé un spécimen de la machine à coudre et à broder, inventée par Thimonier et qu'il a perfectionné dans cette machine :

Une aiguille à crochet, placée au-dessus de l'étoffe et maintenue par une barre qui exécute un mouvement vertical de va-et-vient, traverse l'étoffe, au-dessous de laquelle est un petit appareil qui tourne concentriquement autour de l'aiguille. Le fil de la bobine passe à travers un œil de cet appareil. Lorsque l'aiguille descend, l'appareil concentrique enroule le fil autour du crochet de l'aiguille, laquelle, en se retirant, le ramène sous forme de boucle ; le crochet de l'aiguille passe à travers cette boucle et va de nouveau chercher, à quelque distance du premier point, une autre boucle qui passe à travers la première : il en résulte ce qu'en couture on appelle un *point de chaînette*.

La machine de M. MAGNIN a servi de type à toutes celles de ce genre, mais elle est loin de pouvoir rivaliser avec les machines américaines. Le Jury a décerné à M. MAGNIN une MÉDAILLE DE PREMIÈRE CLASSE.

M. S. A. SINGER, États-Unis.

M. SINGER avait exposé une machine à coudre à point de chaînette.

Cette machine diffère de celle de M. Magnin, en ce que l'aiguille à crochet a été remplacée par l'aiguille à œil voisin de la pointe; le point de chaînette est alors produit, en combinant l'action de l'aiguille avec l'action d'un crochet placé au-dessous de l'étoffe, et dont le mouvement est horizontal.

Le point de chaînette a cela de défectueux, que, si le fil vient à se casser, soit par accident, soit par toute autre cause, il peut se défiler d'un bout à l'autre. M. SINGER a obvié à cet inconvénient par un dispositif qui lui permet d'arrêter le point, de huit boucles en huit boucles. En outre, il est parvenu à faire que la tension du fil soit toujours égale, et à l'aide d'une vis de rappel il est arrivé à régler à volonté l'espace et la longueur de chaque point, selon le travail que l'on veut exécuter.

Les machines de M. SINGER peuvent faire de 300 à 500 points à la minute.

Le Jury lui a décerné une MÉDAILLE DE PREMIÈRE CLASSE.

M. SIEGL., à Paris (France).

M. SIEGL avait exposé une machine à point de chaînette, qui diffère de celle de M. SINGER, en ce que le crochet qui se trouve au-dessous de l'étoffe est rotatif autour d'un axe horizontal, ce qui facilite l'introduction du fil de l'aiguille dans la boucle.

Cette amélioration a valu à M. SIEGL une MENTION HONORABLE.

M. SEYMOUR, à New-York (États-Unis).

C'est à M. Moore, propriétaire du brevet français, que l'on doit l'exposition de la machine à point de navette de M. SEYMOUR de New-York.

Le point de navette s'exécute à l'aide d'une aiguille, dont l'œil est près de la pointe, et qui est alimentée par une bobine. L'aiguille, en descendant, perce l'étoffe et forme au-dessous une boucle. Une petite navette, mue par un va-et-vient horizontal, traverse la boucle avec un second fil, et l'aiguille, en se relevant, tire avec elle son propre fil, serre la boucle et emprisonne le fil de la navette; la couture offre alors une série de points ressemblant au point arrière.

La couseuse de M. SEYMOUR exécute ce point avec une grande rapidité ; elle peut en moyenne faire jusqu'à 500 boucles par minute. Elle fonctionne également bien sur le drap, le cuir, la soie, le feutre, la toile et la ouate. Cette ingénieuse machine ne coûte que 350 francs.

Le Jury a décerné à l'inventeur une MÉDAILLE DE DEUXIÈME CLASSE.

VIIᵉ CLASSE. — MÉCANIQUE SPÉCIALE ET MATÉRIEL DES ATELIERS INDUSTRIELS

RÉCOMPENSES DÉCERNÉES PAR LE JURY INTERNATIONAL.

(EXTRAIT DU *Moniteur* DU 8 DÉCEMBRE 1855.)

GRANDES MÉDAILLES D'HONNEUR.

Merrier (A.), Louviers (Eure). France.
Meynier, Lyon. Id.
Platt frères et Cⁱᵉ, Oldham (Lancastre). Royaume-Uni.

MÉDAILLES D'HONNEUR.

Heilmann (J.-J.). France.
Mertens (Ch.), Gheel (province d'Anvers). Belgique.
Michel (M.), Saint-Hippolyte (Gard). France.
Parker (Ch.) et fils, Dundee. Royaume-Uni.
Windsor (M.-M.) frères, Moulins-lez-Lille. France.

MÉDAILLES DE 1ʳᵉ CLASSE.

Boarzi (A.), Vienne. Autriche.
Berthelot (N.), Troyes. France.
Bonnardel frères, Berlin. Prusse.
Berneque (G.), Bavilliers (Haut-Rhin). France.
Bourgeois-Boiz, Reims. Id.
Bracegirdle et fils, Brünn (Moravie). Autriche.
Chesneau (Ad.-J.), Rouen. France.
Combe et Cⁱᵉ, Belfast (Antrim). Royaume-Uni.
Crossley (A.-J.), Cheshire. Id.
Danguy jeune, Rouen. France.
David-Labbez et Cⁱᵉ, Saint-Richaumont (Aisne). Id.
Dobson et Barlow, Bolton (Lancastre). Royaume-uni.
Drojat (Louis), Paris. France.
Ducommun et Dubied, Mulhouse. Id.
Dujardin-Collette, Roubaix. Id.
Durand et Bal, Lyon. Id.
Eire (John) et Cⁱᵉ, Manchester. Royaume-Uni.
Falisse et Trapmann, Liège. Belgique.
Foxwell (Dan.), Manchester. Royaume-Uni.
Fumière (V.) et Fortin, Rouen. France.
Grassmayer (Z.), Routte (Tyrol). Autriche.
Grün (F.-J.), Guebwiller (Haut-Rhin). France.
Harding-Corker, Lille. Id.
Hartmann (R.), Chemnitz, Saxe.
Heusch (Éd.), Aix-la-Chapelle. Prusse.
Horsfall (W.), Manchester (Lancastre). Angleterre.
Houget (J.-D.) et Teston (Ch.), Verviers, Belgique.
Houldsworth (J.), Manchester. Royaume-Uni.
Kern (J.) et Schevrier, Aix-la-Chapelle. Prusse.
Kœchlin (André) et Cⁱᵉ, Mulhouse (Haut-Rhin). France.
Laurent frères et beau-frère, Plancher-les-Mines (Haute-Saône). Id.

Laville, Paris. France.
Magnin (J.-M.), Lyon. Id.
Marin (J.), Lyon. Id.
Martinet et Lacaze, Paris. Id.
Mason (J.), Rochdale. Royaume-Uni.
Metcalfe (S.-D.) et fils, Meulan (Seine-et-Oise). France.
Meynard (H. et Cⁱᵉ), Valréas. Id.
Miroude (A. et L.), Rouen. Id.
Muller (L.) fils, Thann. Id.
Nos d'Argence, Rouen. Id.
Peugeot (Constant) et Cⁱᵉ, Audincourt. Id.
Peyre, Dolques et Cⁱᵉ, Lodève. Id.
Risler (G.-A.), Cernay (Haut-Rhin). Id.
N. Ronze, Lyon. Id.
Nyo-Catteau, Roubaix. Id.
Schmitz (Barbe), Nancy. Id.
Singer (Is.-M.) et Cⁱᵉ, New-York. États-Unis.
Smith (W. et frères, Manchester. Royaume-Uni.
Stamm (S.), Thann (Haut-Rhin). France.
Stehelin et Cⁱᵉ, Bitschwiller (Haut-Rhin). Id.
Sykes et Ogden, Uddersfield. Royaume-Uni.
Vimont (A.), Vire. France.
Ward (John), Moulin-lez-Lille. Id.
Whitaker fils et Cⁱᵉ, Charleville (Ardennes). Id.
Wood (William), Monthill, Pontefract (York). Royaume-Uni.
Xhoffray (O.), Bruls et Cⁱᵉ, Dolhain-Limbourg. Belgique.

MÉDAILLES DE 2ᵉ CLASSE.

Achard (A.), Lyon. France.
Acklin (J.-B.), Paris. Id.
André père et fils, Massevaux (Haut-Rhin). Id.
Beau (J.-M.), Paris. Id.
Berk et Depurrois, Elbeuf. Id.
Bégain (A.), Paris. Id.
Blanchet, Paris. Id.
Blanquet (Ant.), Paris. Id.
Booth (H.) et Cⁱᵉ, Preston. Royaume-Uni.
Bourdon-Quesney, Geurot (Seine-Inférieure). France.
Bourgeois-Payen et Cⁱᵉ, Reims. Id.
Bruneaux aîné père et fils, Rethel. Id.
Burdet (J.-M.), Lyon. Id.
Caplain (J.-B.-Cl.) aîné, Petite-Couronne (Seine-Inf.). Id.
Chadwick et Dikens, Middleton (Lancastre). Roy.-Uni.
Chambeau (J.-F.-R) aîné, Paris. France.
Coint, Bavaret frères, Lyon. Id.

Collot fils, Paris. France.
Compagnie de filature et de tissage de Lordello, Porto. Portugal.
Constructeurs mécaniciens du métier à tulle de Saint-Pierre-lez-Calais. France.
Crabtree (Th.), Halifax. Royaume-Uni.
Danery (A.), Sotteville-lez-Rouen (Seine-Inf.). France.
Debergue (Michel), Barcelone. Espagne.
Debergue et Guillotin, Lisieux. France.
Delatre (C.), Gouzeaucourt (Nord). Id.
Delporte (P.), Roubaix. Id.
Deshayes (Ars.), Paris. Id.
Desplas (H.), Elbeuf. Id.
Dixon (R.) et Cⁱᵉ, Sotteville-lez-Rouen. Id.
Doertembach et Schauber, Calw. Wurtemberg.
Dubus aîné, Rouen. France.
Duchaussour-Achez, Reims. Id.
Durand (A.), Paris. Id.
Espouy (J.-B.), Gentilly (Seine). Id.
Farmaux jeune (A.), Lille. Id.
Fétu (Ant.) et Deliége, Liége. Belgique.
Fion (V.), Lyon. France.
Fleury frères, Deville (Seine-Inférieure). Id.
Food, Manchester. Angleterre.
Gallet et Dubus, Rouen. France.
Gautron (B.-J.), Paris. Id.
Gessner (Ernest), Aue, près Schneeberg. Saxe.
Grover Baker et Cⁱᵉ, Boston. États-Unis.
Hart (J.), Conventry (Middlesex). Royaume-Uni.
Hattersley (J.), Leeds. Id.
Hédiard jeune, Rouen. France.
Henry (Cl.), Lyon. Id.
Heusch (Aug.) et fils, Aix-la-Chapelle. Prusse.
Huguet (J.-B.) et Vaté (P.-D.), Paris. France.
Journaux-Leblond (J.-F.), Paris. Id.
Lacroix père et fils, Rouen. Id.
Langlois et Prené, Louviers. Id.
Latour frères, à Liancourt (Oise). Id.
Launé (Édouard), Brünn (Moravie). Autriche.
Lefrançois (L.) et Cⁱᵉ, Paris. France.
Leigh (Evan), Manchester. Royaume-Uni.
Lemaire frères, Roubaix (Nord). France.
Marc, Paris. Id.
Mardienne (F.), Lyon. Id.
Marine impériale. M. Chedeville, ingénieur, à Brest. Id.
Malignon (L.) et Cⁱᵉ, Paris. Id.
Michel (J.-B.), Lyon. Id.
Meisslet (Ch.-M.), Paris. Id.
Motsch (J.), Cernay (Haut-Rhin). Id.
Motte (J.-P.), Troyes. Id.
Neuville (V. La), Paris. Id.
Nicolle (Fl.), Yvetot. Id.
Padernello (J.), Secile (Lombardie). Autriche.
Passieux, Rouen. France.
Paul (Nicolas), Mulhouse. Id.
Petit-Leclerc, Rouen. Id.
Pierrard, Perpaite et Copin fils, Reims. Id.
Poivret (J.-N.), Troyes. Id.
Ratte, Aix (Rhône). Id.
Répenty et Cⁱᵉ, Marseille. Id.
Rieler (J.) et Cⁱᵉ, Fribourg. Grand-duché de Bade.
Robson, Byrne et Goodall, Brighouse, près Halifax. Royaume-Uni.
Roëck (L.), Lyon. France.

Rousselot (Et.), Paris. France.
Sacré aîné (Ant.-Ch.), Bruxelles. Belgique.
Sallier (J.-Ant.), Lyon. France.
Schneider et Lagrand, Sedan. Id.
Schram (G.), Vienne. Autriche.
Seymour (James), New-York. États-Unis.
Thomas. Royaume-Uni.
Thomas (H.), Berlin. Prusse.
Tedd (W. et G.), Heywood, près Manchester. Roy.-Uni.
Troupin (J.-L.), Verviers. Belgique.
Tulpin aîné, Rouen. France.
Uhlhorn (Dietrich), Grevenbroich. Prusse.
Vancuryve frères et Cⁱᵉ, Lille (Nord). France.
Verken (J.-B.), Aix-la-Chapelle. Prusse.
Vigoureux (S.-T.), Reims. France.
Villard (J.) et Gigodot (L.), Lyon. Id.
Villeminot-Huard et J. Villeminot, Reims. Id.
Voets frères, Lille. Id.
Watkins (W. et T.), Bradford (York). Royaume-Uni.
Wheater. États-Unis.
Wheeler et Wilson, New-York. États-Unis.
Zambeaux, Saint-Denis. France.

MENTIONS HONORABLES.

Baile (J.) fils, Lyon. France.
Bougger (J.), Wülflingen (Zurich). Suisse.
Bezault et Cⁱᵉ, Paris. France.
Brié (L.), Elbeuf. Id.
Braun (J.-M.), Schauwald, près Düren (Prusse).
Brown (Al.), York. Royaume-Uni.
Carpentier (J.-L.-J.-N.), Paris. France.
Clenet (Ch.-Fr.), Fontaine-Daniel (Mayenne). Id.
Cuchillo frères, Barcelone. Espagne.
Decottignies (C.), Moulins-lez-Lille (Nord). France.
Delavelle (Ignace), Thann (Haut-Rhin). Id.
Deves-Frétigny, Gand. Belgique.
Dorcy (J.-Fr.), Darnétville (Seine-Inférieure). France.
Debrulle (C.), Roubaix (Nord). Id.
Dumoutier (J.), Elbeuf. Id.
Dugland (V.-Ch.), Paris. Id.
Durand (F.), Paris. Id.
Fabrique royale de Thomar (Santarem). Portugal.
Fleuret (L.-A.), Paris. France.
Frochard (Th.-Edm.), Paris. Id.
Hellier (J.-B.), Schelestadt (Bas-Rhin). Id.
Held (G.), Aix-la-Chapelle. Prusse.
Julien (J.-N.), Reims. France.
Larcher et Neveux, Portalègre. Portugal.
Leduc (J.-B.), Troyes (Aube). France.
Lefèvre-Gariel (F.-M.), Elbeuf. Id.
Lees (Th.), Thann (Haut-Rhin). Id.
Maissau (A.), Elbeuf. Id.
Martin (Thomas-J.), Verviers. Belgique.
Michel (P.-Ch.-Ant.), Rouen. France.
Morelli (J.), Preszze. Autriche.
Ory (veuve) et Lefebvre, Paris. France.
Priestley (Edmund), Halifax (York). Royaume-Uni.
Robinet, Paris. France.
Schüz (F.-G.), Paris. Id.
Siegi (J.), Paris. Id.
Smith (W.) et frères, Heywood. Royaume-Uni.
Triquet (Ch.), Lyon. France.
Wolf frères, Bielitz (Silésie). Autriche.

COOPÉRATEURS,

CONTRE-MAITRES ET OUVRIERS.

MÉDAILLES DE 1ʳᵉ CLASSE.

Bache aîné, Dieppe (Seine-Inférieure). France.
Cornut (Camille), Paris. Id.
Desvery. Id.
Gonnard (François), Lyon. Id.
Legris, Louviers (Eure). Id.

MÉDAILLES DE 2ᵉ CLASSE.

Clegg (Mᵐᵉ Hélène), Londres. Royaume-Uni.

Folger (Fr.), chez M. Graemayer, à Reutte. Autriche.
Koller (V.-G.), Bitschwiller (Haut-Rhin). France.

MENTIONS HONORABLES.

Brunelaire, Troyes (Aube). France.
Fiedler (Joseph), Brünn (Moravie). Autriche.
French (James), Dundee (Forfar). Royaume-Uni.
Hanke (Joseph), Brünn (Moravie). Autriche.
Lesage (Laurent), Méricourt (Somme). France.
Molon (Eugène), monteur, Verviers. Belgique.
Prisbach (François), Brünn (Moravie). Autriche.
Renard (Mathieu), Verviers. Belgique.
Robinson (James), Dundee (Forfar). Royaume-Uni.
Servais (Léonard), Verviers. Belgique.
Vogel (Guillaume), Brünn (Moravie). Autriche.

EXPOSITION UNIVERSELLE

PRODUITS DE L'INDUSTRIE

HUITIÈME CLASSE

ARTS DE PRÉCISION, INDUSTRIES SE RATTACHANT AUX SCIENCES
ET A L'ENSEIGNEMENT.

Ici, plus peut-être que partout ailleurs, notre tâche est ardue et difficile : nous avons à signaler la marche des idées abstraites dans le monde, sous l'impulsion du calcul et des machines de précision; nous avons à fixer l'état de la science; et l'Exposition universelle ne présente que des faits isolés, presque sans corrélation entre eux : de telle manière qu'il faut procéder par bonds et franchir souvent un fleuve d'idées, pour relier entre elles deux rives qui se regardent, deux peuples qui se coudoient, deux systèmes atteignant le même but après avoir suivi des voies différentes. Ce serait le cas, ou jamais, de montrer la solidarité d'intelligence, la communauté d'efforts entre le savant qui crée et l'ouvrier qui exécute; de prouver, l'histoire à la main, qu'en tous pays, qu'en toute localité où la construction des instruments s'est perfectionnée d'une manière sensible, on aperçoit l'heureux contact, le rapport intime d'ouvriers d'élite et de penseurs profonds. Là où l'ouvrier fait défaut, le savant devient ouvrier; là où l'ouvrier manque d'un guide, il cherche à devenir savant; mais combien de persistance et de tentatives pour vaincre deux ordres de difficultés parallèles!... Certaines vitrines de l'Exposition, et surtout les trophées de provenance anglaise, confirmaient l'exactitude de nos réflexions: des témoignages matériels marquaient, pour ainsi dire, les pas des Fraunhofer, des William Lassell, des Rosse, des Dawas, des Amici, des Breguet, des Niepce de Saint-Victor, et de tant d'autres. Malheureusement, il y avait beaucoup plus de lacunes que d'indications utiles, et Munich, Vienne, Berlin, Liverpool, Birmingham, Édimbourg, etc., qui auraient pu contre-balancer, en quelques points, la réputation omnipotente des fabricants de Paris, se sont abstenus de figurer dans une lice où le vaincu peut rester grand, même à côté de son vainqueur.

En général, aujourd'hui, de notables perfectionnements signalent la fabrication des instruments de physique, de chimie et d'astronomie ; les appareils ont acquis beaucoup de puissance et de stabilité ; la substitution du fer et de la fonte au cuivre a permis d'écarter des flexions nuisibles, des déformations graduelles, et d'abaisser le prix d'achat d'une infinité d'objets. De plus, la grande fabrication, limitée naguère dans quelques centres privilégiés, tend à se propager, à se subdiviser ; on exécute des balances, des lunettes astronomiques simples, des microscopes, des machines pneumatiques, des appareils électro-magnétiques et photographiques, en beaucoup de villes savantes, qui étaient autrefois tributaires de Paris seul. Il en est venu de New-York, de Londres, de Bruxelles, de Florence, de Genève, de Vienne, de Munich, principalement de Munich et de Londres ; mais comme spécimens isolés plutôt que comme résultats d'ensemble.

On distingue deux classes bien tranchées d'instruments de précision à l'usage de l'astronomie, savoir : ceux au moyen desquels on mesure les distances angulaires des astres, et ceux au moyen desquels on mesure le temps. Par ordre chronologique, autant que par ordre progressif d'idées, les instruments de précision destinés à calculer, à préciser la valeur du temps, ont dû précéder les autres instruments astronomiques ; mais, comme l'esprit humain ne demeure jamais stationnaire, comme il veut toujours entrer dans une harmonie de conceptions à laquelle viennent aboutir divers ordres d'idées, on a vu l'horloge primordiale se compliquer presque aussitôt et fournir des révélations inattendues.

Dès les premiers siècles du moyen âge, l'horlogerie mécanique produisait, en dehors de la mesure du temps, quantité d'effets ingénieux. Le célèbre Gerbert, ce grand mathématicien du Xe siècle, qui fut pape sous le nom de Sylvestre II, employait déjà la pesanteur comme force motrice d'un rouage qui aboutissait à un échappement, par lequel se mouvait un *foliot*, sorti d'un balancier à branches horizontales. Le système de la sonnerie était découvert au XIIe siècle, bien que Henri de Vic ne l'ait vulgarisé qu'en 1360-1380, par la construction d'une horloge publique à la cathédrale de Metz et d'une autre horloge à Paris. La fameuse horloge de Strasbourg, construite beaucoup plus tard, et qui exigea le concours d'artistes venus du fond de l'Allemagne et de la Suisse, fut considérée comme la merveille du genre. Les rouages s'exécutaient en fer forgé, travail ardu, long, chanceux, et dans la réussite duquel il fallait multiplier les tentatives, renouveler les essais et lutter de génie contre les influences atmosphériques sur la dilatation des métaux.

L'origine des montres est de beaucoup postérieure à celle des horloges. En France, l'usage des premières montres paraît dater du règne de Louis XI, époque où Peters Heele, mécanicien nurembergeois, créait, dans sa ville natale, une école d'horlogerie qui demeura fameuse durant deux siècles. Presque aussitôt l'Angleterre adopta cette industrie, et depuis lors, jusqu'à l'époque de la Révolution française, l'Allemagne et l'Angleterre devancèrent la France dans l'art de l'horlogerie. Pour ne point être injuste envers les petites principautés, nous citerons la Lorraine, qui, sous le duc Léopold, et plus encore sous le roi Stanislas, enfanta plusieurs horlogers de la plus grande distinction : ces horlogers exercèrent leur industrie dans leur berceau natal, ou la transportèrent, ceux-ci en Toscane et en Autriche ; ceux-là à la cour de France, après le décès de Stanislas, et à Bruxelles, sous l'administration éclairée du prince Charles-Alexandre de Lorraine.

Voilà pour l'ancienne horlogerie savante, pour l'horlogerie essentiellement artistique. Quant à l'horlogerie vulgaire, usuelle, on la voit, depuis deux siècles, progressivement croître et grandir dans la vallée de Locle, dans le Jura, dans la ville de Genève, dans la Savoie et dans la Franche-Comté. C'est encore de ces divers foyers d'industrie que sortent les neuf dixièmes des produits à prix modique, qui couvrent tous les marchés du monde. L'horlogerie savoisienne figurait déjà, d'une manière éclatante, à l'Exposition universelle de Londres ; elle n'a rien perdu de son mérite en regard de la Suisse, sa voisine, et il sort annuellement, de l'école royale de Cluses, pour 1,500.000 francs d'objets que recommandent leur excellente confection et leur bon marché.

Entre l'horlogerie savante et l'horlogerie purement usuelle, se place une horlogerie de précision, qui tient à l'une par l'impulsion régulière qu'elle lui donne, et à l'autre par les inspirations qu'elle en reçoit. Dans ce genre d'horlogerie figurent : 1° les régulateurs d'observatoire, les régulateurs ordinaires ; 2° les chronomètres ; 3° les pièces de fantaisie et les pièces d'amateur, dites bijoux de poche.

1° La pendule-régulateur a pour objet, ainsi que l'indique son nom, de marquer l'heure avec la plus grande précision, précision telle qu'en un mois elle ne varie que de trois ou quatre secondes. On conçoit les difficultés d'un semblable travail, résultant de l'accord parfait du balancier avec l'échappement. Depuis trois siècles jusqu'à nos jours, c'est-à-dire depuis Galilée, qui s'était aperçu de l'isochronisme des oscillations du pendule, quand elles ne dépassent pas un certain angle, et qui fonda sur elles la plus exacte mesure du temps ; depuis Huygens qui, en 1650, appliqua la théorie de Galilée à la confection d'une horloge à poids et à balancier, tous les efforts des hommes spéciaux ont eu pour objet la perfection du balancier et de l'échappement, organes essentiels de la machine.

Les oscillations d'un pendule variant de durée d'après sa longueur, si la température allonge ou raccourcit la tige métallique qui tient la lentille suspendue, l'horloge retarde ou avance. De là résulte la nécessité d'une compensation, c'est-à-dire d'un mode de suspension tel que si la tige s'allonge, la lentille remonte d'autant. Berthoud, qui vivait à la fin du XVIIIe siècle, a fait des expériences très-ingénieuses, qui lui ont suggéré la pensée d'adopter un système de tiges en acier et en laiton, disposées de manière que la dilatation de l'acier poussant la lentille par en bas, la dilatation du laiton la ramène au point qu'elle a quitté. On appelle cette machine le *compensateur à gril*, et il paraît aujourd'hui généralement adopté, car nous l'avons vu dans presque tous les régulateurs de l'Exposition universelle.

2° Le chronomètre est un instrument qui a pour but de fournir aux navigateurs l'élément principal de la détermination des longitudes, c'est-à-dire l'heure de Paris. Ce fut un Anglais, Harrison, qui construisit, en 1736, le premier chronomètre. Ce chronomètre, éprouvé pendant plusieurs voyages de long cours, et ayant répondu aux espérances qu'on en avait conçues, obtint le prix de 150,000 francs, voté à vingt années de là, par le Parlement d'Angleterre, en faveur de l'instrument qui remplirait différentes conditions de précision indiquées par le programme. En France, Pierre Leroy, s'étant essayé dans la construction des chronomètres, leur apporta deux perfectionnements notables: il imagina un échappement beaucoup plus parfait que l'ancien, et découvrit une propriété précieuse des ressorts spiraux, au moyen de laquelle s'obtient le réglage le plus exact possible. Ferdinand Berthoud, Breguet père, Berthoud fils et Motel vinrent ensuite apporter des améliorations successives à l'œuvre de Leroy. Louis XV, Louis XVI et le roi d'Espagne, Charles IV, s'en préoccupèrent sérieusement; des vérifications expérimentales furent faites sur les vaisseaux français et espagnols. Aujourd'hui, les montres destinées à notre marine sont exposées pendant une année, dans une des salles de l'Observatoire de Paris; on les soumet aux épreuves les plus rigoureuses, et, en général, sur six montres, on n'en reçoit qu'une seule, que le Gouvernement paie 2,400 francs; environ 1,000 francs de plus que le prix ordinaire du commerce.

3° Le temps n'est plus où chaque horloger exécutait, du commencement à la fin, l'œuvre si complexe d'une montre ou d'une pendule. Il la signait de son nom; il y attachait, en quelque sorte, son génie, son âme; il y dépensait sa vie. Maintenant, au moyen d'excellents procédés de fusion et d'outils ingénieux, on opère plus vite, mieux et à bien meilleur compte. Chaque article passe de main en main, depuis son dégrossissement jusqu'à son dernier fini, et les montres dites de Paris, par exemple, y arrivent de Besançon, de Saint-Nicolas-d'Aliermont (Seine-Inférieure), de Beaucourt (Haut-Rhin), pour recevoir, avec un dernier coup de maître, le nom de celui qui les met en vente. Les plus belles pièces, les pièces les mieux finies, sortent des ateliers d'Aliermont, que dirige avec tant d'éclat M. Delépine, successeur de M. Pons. D'autres pièces exceptionnelles, dont la valeur plutôt idéale que commerciale atteint quelquefois le chiffre énorme de 20 à 30 mille francs, sont sorties naguère des ateliers de Breguet père. Maintenant, aucune montre n'atteindrait ce prix, à moins d'être enrichie de diamants, comme le sont celles de M. Damiens Dutillier. Quant aux pendules de salon connues sous le nom de *pièces d'amateur*, les plus remarquables se présentent sous l'autorité de noms artistiques célèbres! et avec des conditions de bon marché qui les rendent abordables aux moindres fortunes.

Un fait curieux à citer, et qui prouverait qu'un jour peut-être nous cesserons de demeurer tributaires de la Suisse et de la Savoie pour l'horlogerie de pacotille, c'est que dans le Haut-Rhin, à Beaucourt, à Béfort, à Saint-Aubin, on fabrique quantité de mouvements de pendule à l'état brut, appelés *roulants*, mouvements qu'on expédie en Suisse où ils sont dégrossis, puis utilisés. Beaucoup de ces roulants rentrent en France par contrebande. Au reste, pourquoi n'en serait-il pas de l'industrie des montres ordinaires, comme de l'industrie des horloges dites *comtoises*, dont la fabrication s'opère à si bon marché dans le Jura, les Vosges et la Forêt-Noire? La facilité de réglage que donnent les longs balanciers et l'emploi de lourds moteurs, permet l'usage de matériaux vulgaires tels que le bois, le carton et le fil de fer. En se servant de machines qui taillent rapidement les roues dentées et les pignons d'engrenage, on obtient des résultats très-passables d'horloges qui peuvent se livrer à des prix fabuleusement bas. « L'Allemagne, dit M. E. Leblanc, a longtemps produit de ces *coucous* dans lesquels il n'entre que du bois et du carton découpé. La fabrication de Morez, dans le Jura, fournit des pièces très-bien entendues au double point de vue de la solidité et de la simplicité. Il est telle horloge de ferme, à double sonnerie et réveil, marchant un mois, qui peut, boîte comprise, se livrer à **32 francs**, et qui, grâce à la constance de la force motrice, surpasse en exactitude beaucoup de mouvements de pendules de luxe. »

Nous préférons mille fois ces œuvres économiques, d'une simplicité rudimentaire, aux œuvres compliquées et coûteuses qu'exécutent certains artistes originaux, créant la difficulté pour la vaincre, plutôt qu'agissant dans un but d'utilité générale. Consulté par un de ses amis qui voulait acquérir une horloge avec indications multiples, Arago lui répondit : « J'aime mieux un almanach de deux sous; c'est plus exact et *moins* cher. » Je suis, à cet égard, complètement de l'avis d'Arago, et quand je vois un artiste distingué, comme feu l'horloger Schwilgué, consacrer dix années de sa vie et vingt mille francs de ses épargnes, pour reconstruire une horloge semblable à l'ancienne horloge de Strasbourg, je plains la ville qui n'a pu fournir un autre aliment intellectuel au savant mécanicien qu'elle vient de perdre.

Il y a moins d'un siècle, on ne connaissait en Europe aucune fabrique d'horlogerie; les pièces d'une pendule et d'une montre se faisaient par le même individu, tou a plus par une famille, et l'œuvre sortait de là, bonne si l'ouvrier, si le chef de maison était habile; mauvaise, s'il était d'intelligence médiocre. Les œuvres, fabriquées ainsi, coûtaient cher; sous Louis XV, une montre d'argent des plus simples valait 100 francs, et même davantage; un mouvement de pendule se payait 120 à 130 francs; mais, en 1770, la fabrication changea de face. Un jeune homme, nommé Japy, fils du maréchal-ferrant du village de Beaucourt (Haut-Rhin), part pour le Locle (Suisse), se fait apprenti d'horlogerie chez un nommé Perrelet, et revient, deux années après, dans son lieu natal, jeter les fondements d'une manufacture d'ébauches, connue aujourd'hui du monde entier. Ces ébauches coûtaient d'abord 30 livres tournois chaque; insensiblement, par la perfection introduite dans l'outillage, leur prix fut abaissé 24 francs, et même à 20 francs. Le czar Paul, ayant eu l'occasion de visiter les ateliers de Japy, offrit à cet habile horloger de l'anoblir et de lui faire une concession immense de terrains, s'il transportait en Russie sa fabrication; mais Japy ne voulut point y consentir, et, en 1806, il se retirait des affaires, laissant à ses trois fils, Frédéric, Louis et Pierre, le soin de continuer une œuvre si bien commencée.

Dans les dernières années de l'Empire, les frères Japy créèrent leur fabrique spéciale de *blancs-roulants* pour les pendules de cheminée, fabrique qui était en pleine voie de prospérité, quand les désastres de 1814, et principalement ceux de 1815, compromirent, de la manière la plus grave, les intérêts des frères Japy et les destinées de l'horlogerie nationale. Leur manufacture fut incendiée, leurs ouvriers dispersés; mais bientôt après Beaucourt s'étant relevé de ses ruines, des machines plus puissantes vinrent en aide à une fabrication qui grandissait avec les obstacles, au point d'employer aujourd'hui six mille ouvriers. Ce qui distingue spécialement cette manufacture, c'est son extrême bon marché. Paris, Argenteuil, Saint-Nicolas-d'Aliermont fournissent aussi quantité d'ébauches, mais elles coûtent le double. A la vérité, leur mode de fabrication est d'une qualité supérieure.

D'autres ébauches ou *blancs-roulants* furent envoyés à l'exposition par les Royaumes-Unis, l'Amérique, la Turquie, l'Afrique, les Indes, et même par le Céleste-Empire. Ces dernières se faisaient remarquer par le poli de l'acier, par leur ornementation soignée et par leur bas prix. La Suisse, le pays du monde où il se fait proportionnellement le plus d'horlogerie, n'a point reculé devant les chances d'un concours général. Les cantons de Vaud, de Neuchâtel et de Genève, les villes de Cluses et de Sallenche, en Savoie, ont produit des ébauches et des blancs-roulants d'une exécution soignée, avec lesquels toutefois nos fabrications du Jura et du Doubs peuvent soutenir la comparaison.

Si, de l'horlogerie usuelle et vulgaire, nous remontons à l'horlogerie savante, telle que nous l'a léguée le XVIIIᵉ siècle, nous la trouvons compagne ordinaire de l'astronomie et de la physique, marchant en Allemagne sous l'impulsion de Reichembach, de Fraunhofer, de Rapsold, d'Ertel, de Metz et de Pistor; en France, sous la direction des Leroy, des Lepaute, des Berthoud, des Breguet, des Lenoir, des Gambey; en Angleterre, avec Harrison, Graham, Bird, Ramsden, Troughton et leurs élèves.

Vers la fin du XVIIIᵉ siècle, brillait à Londres, parmi les savants de premier ordre, un simple horloger-mécanicien, William-Jacques Frodsham, que son mérite fit asseoir au sein de la Société Royale. Il eut un rival non moins habile, Cernold, et tous deux ont eu le bonheur de revivre dans leurs fils, qui se partagent aujourd'hui le sceptre de la mécanique d'horlogerie des Royaumes-Unis. La précision des balanciers compensateurs de leurs chronomètres est portée à ce point de perfection que les navigateurs peuvent croiser longtemps dans les parages de la mer Glaciale, comme dans les régions brûlantes de l'Océanie, sans que le chronomètre soit altéré sensiblement. Depuis Frodsham, les artistes anglais fabriquent d'excellents régulateurs astronomiques, des chronomètres d'une précision irréprochable et des montres d'une qualité supérieure. Malheureusement, leurs produits sont inabordables aux bourses médiocres. Ainsi, chez eux, un régulateur ordinaire coûtera 1,500 à 2,000 francs; une montre marine de premier choix, 1,800 francs à 2,400 francs; une montre à ancre et à duplex, 1,000 francs. Cependant, depuis quelques années, on trouve, sur les marchés de Birmingham et de Liverpool, des chronomètres nautiques au prix de 700 francs, et des montres d'une valeur de 4 à 500 francs. Ce sont de bons instruments, mais inférieurs aux instruments français sous le rapport de l'exécution matérielle.

Les lentilles achromatiques, de provenance française et de provenance anglaise, nous ont remis en mémoire un astronome d'origine normande, Dollond, qui les inventa en 1758. La lentille chromatique se compose généralement d'une lentille biconvexe, formée du verre ordinaire de nos glaces, et d'une lentille plano-concave de cristal, pour la fabrication duquel on emploie certaine quantité de plomb. La juxtaposition des deux lunettes, réunissant dans un seul rayon blanc les divers rayons colorés, laisse à la première des deux lentilles une prépondérance de réfraction; d'où résulte qu'un faisceau de lumière blanche qui a traversé les deux lentilles demeure infléchi sans coloration et se concentre dans un seul foyer. Cette découverte importante de l'ingénieux Dollond complète l'action des lunettes astronomiques, puisque auparavant les divers rayons colorés dont se compose la lumière blanche subissaient une réfraction inégale à travers des lentilles bi-convexes, les seules qui fussent en usage alors. Il en résultait une confusion préjudiciable à la certitude des observations.

Les Anglais sont, à bon droit, très-fiers de leur astronomie. Ici, rien ne manque à leur gloire, ni les hommes, ni les instruments, et pour paraître à l'Exposition universelle de Paris, avec tous les avantages dont ils jouissent, ils ont eu la bonne idée de grouper historiquement et scientifiquement tous les modèles en petit des lunettes dont se sont servis les Herschell, les Huyghens, etc. Ils ont fait une large part aux astronomes morts, mais sans demeurer ingrats pour les vivants, pour ceux du moins qui honorent le plus leur pays. Dans le nombre, on en remarque particulièrement deux, qui, depuis une époque assez récente, se sont rendus célèbres: le premier est un noble lord, le comte de Rosse; l'autre, un simple brasseur de Liverpool, M. William Lassell. Sans crainte de déroger, lord Rosse, pendant plusieurs années, a fait le métier de forgeron et de polisseur de métaux, et de ses mains noblement calleuses est sorti le plus magnifique télescope qui soit au monde. Lassell, de son côté, construisit également un télescope admirable; il fit plus, il l'utilisa; il découvrit en peu d'années trois satellites de Saturne; il observa les satellites d'Uranus et passa pour l'astronome le plus heureux qu'ait eu l'Angleterre depuis William Herschell. M. Daws, inventeur d'un petit télescope de six pouces qui a les mêmes propriétés que le télescope gigantesque d'Herschell, tenait aussi une place très-distinguée dans cette *exhibition échantillonnière* des efforts de la pensée britannique appliquée aux mouvements des corps célestes.

D'un examen attentif de ces télescopes et de ces lunettes astronomiques, de l'étude du parti qu'on en a tiré et des résultats qu'on obtient aujourd'hui d'instruments plus simples et à foyer réduit, nous devons conclure que l'art combiné du mécanicien, du fondeur et du verrier a servi la science d'une manière merveilleuse; et qu'en général, ainsi qu'il est arrivé pour le télescope d'Herschell et le télescope de Cassini, tel instrument sorti des mains de celui qui l'emploie d'habitude, perd entre les mains d'un autre une partie de sa puissance.

En travaillant son télescope par des procédés de son invention, lord Rosse l'a rendu presque tout à fait exempt d'aberration de sphéricité. Les images qu'il réfléchit sont d'une clarté si grande, qu'en le dirigeant sur la lune, éloignée de nous d'une distance d'environ 86,000 lieues, on peut explorer sa surface avec plus de régularité que la surface de notre globe, puisque nous y distinguerions très-nettement un espace de 220 pieds.

Le télescope équatorial de M. William Lassell, établi successivement à Starfield, près Liverpool, puis à Buadstones, non loin de la même ville, et n'offrant que 20 pieds de longueur sur 2 d'ouverture, se recommande bien plus par sa perfection que par ses dimensions. La galerie de l'Exposition universelle en possédait une imitation exacte réduite à un huitième.

L'Observatoire de Greenwich avait fait construire en plâtre une véritable pyramide astronomique, sur laquelle étaient disposés avec goût des instruments en bois peint de jaune et de noir. Ces instruments, par leur ensemble, offraient l'image exacte du grand cercle méridien qu'a fait construire il y a peu d'années M. Airy, le savant directeur de cet Observatoire. Les besoins actuels de la science réclamaient des instruments méridiens munis d'objectifs plus grands que les objectifs anciens, et lorsque le conseil d'inspection de l'Observatoire royal eut adopté le modèle du magnifique appareil, qui donne aujourd'hui tant d'exactitude et de puissance aux observations de Greenwich, il a pu se vanter d'avoir imprimé un mouvement progressif immense à l'astronomie.

La photographie, née en France, n'est pas seulement un art agréable; elle devient un art de plus en plus utile au point de vue des sciences d'observation. Les Anglais ont eu les premiers l'idée d'appliquer à l'astronomie les procédés photographiques; ils ont ainsi obtenu des images très-curieuses de la lune et du soleil, images blanches sur fond noir, où les ombres donnent l'idée nette des reliefs et des dépressions de la zone qu'elles figurent. Ces photographies de la lune font connaître des particularités nouvelles, des bandes longues, étroites, brillantes, traversant le disque de l'astre et franchissant, en ligne continue, les collines, les cratères, les montagnes et les vallées.

Des photographies du ciel nuageux, exécutées sous l'inspiration de M. Pouillet, savant physicien français, prouvent à quel point l'art du photographe contribuera un jour à l'étude de la météorologie, puisqu'il devient possible de déterminer, d'une manière exacte, la hauteur vraie des nuages au-dessus du sol; heureuse extension du principe de la parallaxe astronomique pour la détermination de la distance des astres. En France, la météorologie n'a point encore pris sa place parmi les sciences d'observation; le rang que voudraient lui assigner ses partisans, en tête desquels figure M. Leverrier, lui est contesté par M. Biot et par tous les physiciens de la grande école. Peut-être appartient-il à la photographie de résoudre cette assignation scientifique. L'Observatoire de Kiew, infiniment plus avancé sous ce rapport que l'Observatoire de Paris, a exposé une série complète d'étalons exécutés par les meilleurs constructeurs du Royaume-Uni, ainsi que divers appareils au moyen desquels on enregistre photographiquement les variations des instruments météorologiques et magnétiques.

Cette application savante de la photographie, pressentie avant l'Exposition universelle de Londres, mise en complète évidence aujourd'hui, sert à la mesure rigoureuse des terrains, au lever des plans, à l'appréciation des différences d'altitude, et conséquemment à la rectification des cartes géographiques. L'Angleterre, la France, surtout l'Allemagne, marchent avec beaucoup d'intelligence et de ténacité vers la solution des problèmes qu'offre la photographie utilisée pour l'enseignement : quel que soit le respect qu'in-

spirent les triangulateurs et l'admiration reconnaissante que méritent nos cartographes
modernes, l'heure approche où la photographie viendra s'imposer aux professeurs comme
elle s'impose aux savants.

Les principaux effets du magnétisme et du diamagnétisme des corps, constatés au
moyen d'appareils ingénieux, des phénomènes nouveaux d'aimantation puissante produits
par des procédés nouveaux, des microscopes admirables qui permettent de scinder la
matière à l'infini, formaient des groupes d'instruments dignes du plus haut intérêt ; mais
aucun ne nous a plus frappé que la machine à frottement du quai Valmy. Jusqu'en 1855,
on avait considéré la haute température produite par le frottement des pièces d'une
mécanique, comme un inconvénient grave ; on ne songeait pas davantage à utiliser ce frottement pour produire la chaleur, et on laissait, avec un sourire de dédain, les sauvages
expérimenter l'effet du frottement contre des bois de densité différente. Enfin, deux
Français, MM. Beaumont et Mayer surent résoudre ce grand problème, et le 23 avril 1855,
l'Institut fut ému de leur découverte. L'appareil dont ils se servent consiste en une
chaudière cylindrique de 2 mètres de longueur sur 50 centimètres de diamètre, parcourue
intérieurement dans toute sa longueur par un tube conique, rivé et soudé à la chaudière
dont il fait partie. Dans ce tube tourne un cône en bois qu'enveloppe une tresse de
chanvre. Ce cône échauffe le chanvre, et consécutivement l'eau d'une chaudière qui renferme 400 litres de liquide ; chaudière munie de tous ses accessoires, soupape de sûreté,
flotteur, manomètre, etc. La mise en mouvement du cône frotteur exige une force de
deux chevaux et produit à peu près un cheval de vapeur. Ainsi, désormais, le ciel aidant,
on n'aura plus besoin de feu pour faire bouillir la marmite, et, sans se servir d'autre
chose que d'un cône de bois entouré de chanvre tournant dans un tube conique de métal,
on obtiendra des jets de vapeur blanche sifflant comme celle des locomotives de chemins
de fer. Le 29 mai 1855, l'Empereur, à qui rien d'utilement applicable ne saurait échapper,
considérant l'usine de MM. Beaumont et Mayer comme une annexe du Palais de l'Exposition, se transporta au quai Valmy, accompagné de M. Regnault, alors président de
l'Académie des Sciences ; il fit démonter la machine sous ses yeux, l'examina dans tous
ses détails, et revint très-satisfait d'une application aussi ingénieuse du frottement.

Il y a quantité d'industries auxquelles ce système de chauffage sans combustible
pourrait déjà venir en aide, celles des bains et des lavoirs, par exemple. Mais MM. Beaumont et Mayer rêvent, pour leur belle invention, des applications plus larges ; ils la destinent notamment à utiliser les forces perdues telles que celles qui résultent des chutes
d'eau le long de nos rivières. D'ailleurs, où placer une limite à l'emploi de ce système ?
Cette limite ne peut-elle point s'étendre à l'infini ? Quel obstacle y aurait-il plus tard à
ce que les monuments publics et les maisons particulières fussent pourvues abondamment
d'eau bouillante et chauffés sans risque d'incendie ?... L'appareil Beaumont-Mayer, placé
par nous au milieu des produits de l'Exposition universelle où il ne figurait pas, était
certes une des nouveautés les plus remarquables de l'année. Dans cet appareil se cache
peut-être une révolution radicale de l'industrie.

Les procédés de fabrication, si rapides et si variables, roulent sur un monde de calculs :

et tels sont les courants auxquels l'industrie cède, telles sont les exigences qu'on lui impose, qu'il devient déjà matériellement impossible, par le calcul mnémonique, de subvenir à temps à la multiplicité des chiffres que demande la construction des instruments scientifiques. Le génie de l'homme vient d'y pourvoir.

A l'Exposition française de 1849, on remarquait une machine à calculer, inventée par MM. Maurel et Sayet, machine appelée *arith naurel* : c'étaient des cylindres cannelés et des arbres parallèles sur lesquels glissaient des pignons destinés à représenter les nombres. Ce même instrument, qui repose sur des combinaisons ingénieuses, mais fort délicates, et qui offre des conditions heureuses de précision et de célérité, avait pour rival à l'Exposition universelle une autre machine du même genre, dite *arithmomètre* Thomas, du nom de son inventeur, laquelle fut, en 1854, l'objet d'un rapport extrêmement favorable, lu par M. Mathieu à l'Académie des Sciences. L'arithmomètre abrége considérablement les grandes opérations; il effectue des multiplications avec des facteurs de six chiffres, et donne exactement les douze chiffres du produit.

Une troisième machine, beaucoup plus étonnante, inventée par MM. Scheutz père et fils, à Stockholm, figurait au nombre des produits de l'industrie suédoise. Cette machine, des plus ingénieuses, résout les équations du quatrième degré, celles mêmes d'un ordre plus élevé; elle opère dans tous les systèmes de numération; dans le système décimal, dans le système sexagésimal (pour la trigonométrie) ou dans tel autre système. « Voilà donc, disait M. Lecouturier, la géométrie qui va se ranger, avec l'arithmétique, parmi les arts de précision! » Les savants, qui vantaient leur puissance calculatrice, comme une divination des lois de la nature, seront avantageusement remplacés par une simple machine, qui, sous l'impulsion presque aveugle d'un homme ordinaire, d'une espèce de manœuvre, pénétrera plus sûrement, plus profondément qu'eux à travers les espaces infinis. Tout homme sachant poser un problème et ayant à son aide, pour le résoudre, la machine de MM. Scheutz, va remplacer au besoin les Archimède, les Newton, les Laplace.

Et voyez comme, dans les sciences et les arts, tout se tient et s'enchaîne: cette machine presque intelligente, n'opère pas seulement en quelques secondes des calculs qui demanderaient une heure; elle imprime elle-même les résultats qu'elle obtient, ajoutant le mérite d'une calligraphie nette au mérite d'un calcul sans erreur possible : les chiffres stéréotypés sortent groupés au gré de l'opérateur, et séparés, comme il le désire, par des blancs, des lignes ou des signes typographiques quelconques. Si une simple machine peut nous dire la distance des étoiles, l'étendue des globes célestes, la route que parcourent les grandes comètes dans leur course parabolique, quelle limite est désormais assignable à la mécanique? quel monde d'impossibilités ne pourra-t-on franchir!...

REVUE DES PRINCIPAUX OBJETS

EXPOSÉS DANS LA HUITIÈME CLASSE.

Plusieurs astronomes éminents du Royaume-Uni avaient, par amour pour la science, envoyé à l'Exposition universelle, des modèles d'observatoires et des instruments d'astronomie :

M. Airy, astronome royal d'Angleterre, le modèle du cercle méridien qu'il a lui-même fait construire pour l'observatoire de Greenwich. Les résultats importants obtenus par cet illustre savant justifient des excellentes dispositions adoptées dans la construction de son instrument ;

Lord Rosse et lord Wrottesley, chacun les modèles des observatoires qu'ils ont aussi fait construire dans leurs châteaux, l'un, de Bin-Castle, à Parsonstown (Irlande), l'autre, de Wrottesley-Hall, à Wolverhampton ; et des instruments qu'ils renferment. On remarquait surtout un télescope de 6 pieds de diamètre avec lequel lord Rosse a fait des observations très-importantes ;

M. William Lassell, le modèle de l'équatorial et de la coupole tournante qui le recouvre, établis dans son observatoire, situé près de Liverpool ;

M. Ch. Piazzi Smith, astronome de l'observatoire d'Édimbourg, les modèles de l'équatorial de l'observatoire royal, et d'un autre équatorial très-simple et très-portatif ; puis un modèle d'équatorial universel.

Le Jury, en dehors des récompenses, a cru devoir voter une MENTION TRÈS-HONORABLE à chacun de ces illustres savants.

M. J. BRUNNER, à Paris (France).

Une pareille distinction a été accordée à M. Brunner, membre du Jury, et par conséquent hors de concours.

Il exposait : 1° un instrument méridien portatif ; 2° un petit striodolite portatif destiné à l'arpentage ; 3° un niveau à lunette ; 4° un théodolite dont la partie supérieure qui porte le cercle vertical peut être enlevée et remplacée par deux autres appareils, de sorte que le même pied et le même cercle horizontal servent pour le théodolite et ces deux instruments. Le premier de ces appareils est destiné à déterminer les angles des cristaux et les indices de réfraction des raies du spectre. Le second, sert à mesurer les angles que font entre eux les deux rayons réfractés avec le rayon incident dans les prismes biréfringents ; 5° un appareil pour mesurer les bases ; 6° un grand cercle astronomique pouvant servir à déterminer les latitudes géographiques et les déclinaisons des étoiles. Ce bel instrument a été construit pour le dépôt de la guerre.

M. Brunner a encore déployé toutes les ressources de son art dans la construction d'un grand pied parallatique tout en métal, pour la lunette de l'Observatoire de Paris ; cet instrument, dit le rapport, a fait l'admiration du Jury lors de sa visite aux ateliers de M. Brunner.

Mme Ve GAMBEY, à Paris (France).

Mme Ve Gambey, secondée par des ouvriers formés par son mari, cet éminent artiste, si justement regretté, et à l'aide des machines-outils créées par lui, a continué à fabriquer avec la même perfection, les divers instruments de précision. E'le exposait :

1° Un grand théodolite commencé par M. Gambey; 2° une boussole semblable à celle qu'il a imaginée et qui permet de mesurer exactement la déclinaison de l'aiguille aimantée.

Gambey avait construit, pour l'Observatoire de Paris, une lunette méridienne, un équatorial avec deux cercles d'un mètre de diamètre, et un cercle mural de deux mètres de diamètre établi avec une précision qui n'a été dépassée par personne. Ces instruments font l'ornement et la gloire de notre Observatoire. Gambey a construit aussi la lunette méridienne de l'Observatoire de Bruxelles, l'équatorial et la lunette méridienne de l'Observatoire de Genève, ainsi qu'une foule d'instruments de physique et d'astronomie qui ont établi sa réputation dans le monde entier.

Le Jury a rendu hommage au nom de Gambey, et récompensé les efforts de sa veuve en lui décernant une MÉDAILLE D'HONNEUR.

M. T. COOKE, A York (Royaume-Uni).

On remarquait dans l'exposition anglaise, un équatorial construit par M. Cooke. Cet instrument porte une lunette de 3 mètres de longueur, et 19 centimètres d'ouverture. Les dispositions en sont fort ingénieuses, et le travail parfaitement soigné.

M. Cooke a obtenu une MÉDAILLE DE PREMIÈRE CLASSE.

M. FR. STARKE, A Vienne (Autriche).

L'exposition de M. Starke, directeur de l'Institut polytechnique de Vienne, se composait : 1° d'une lunette méridienne; 2° d'un équatorial avec lunette; 3° d'un instrument universel; 4° d'un petit théodolite pour l'arpentage, de niveaux à lunettes, d'alidades pour planchettes, d'un planimètre ordinaire, enfin d'un niveau à lunette. Ces instruments, dit le Jury dans son Rapport, « attestent un progrès sensible dans « la fabrication de l'Institut polytechnique de Vienne, depuis l'Exposition de Londres. » Aussi a-t-il décerné à M. Starke une MÉDAILLE DE PREMIÈRE CLASSE.

M. L. FOUCAULT, A Paris (France).

M. Foucault, membre du Jury, avait placé dans une galerie du Palais, le pendule qui rend sensible la rotation de la terre autour de son axe. Le mouvement du pendule est entretenu par l'action d'un appareil électro-magnétique. Cette belle expérience qui offre la démonstration la plus claire du mouvement de la terre, a été l'objet de la plus vive curiosité de la part du public.

Le Jury aurait sans doute accordé la plus haute récompense à M. Foucault s'il n'eût pas été l'un de ses membres. Il lui a voté une MENTION TRÈS-HONORABLE.

M. FR.-L. LORIEUX, A Paris (France).

M. Lorieux, élève de Gambey, exposait : un cercle de réflexion; des sextants divisés sur argent; des sextants de poche; un horizon artificiel; un petit théodolite d'arpentage et de voyage à cercles pleins, avec lunette de repère; une boussole de déclinaison semblable à celle de Gambey.

Pour la bonne exécution de ces instruments, M. Lorieux a obtenu une MÉDAILLE DE PREMIÈRE CLASSE.

MM. RADIGUET ET FILS, A Paris (France).

MM. Radiguet ont exposé des miroirs de verres plans à faces parallèles. Ils ont le monopole de cette fabrication à Paris, et fournissent à des prix bien inférieurs à ceux des fabricants étrangers des verres plans de toute espèce.

Le Jury a accordé à MM. RADIGUET une MÉDAILLE DE DEUXIÈME CLASSE.

M. L.-FR. RICHER, A PARIS (FRANCE).

M. RICHER, qui excelle dans la construction et la division de toutes les mesures linéaires, a obtenu une MÉDAILLE DE PREMIÈRE CLASSE pour l'excellence de sa fabrication et l'ensemble de son exposition qui comprenait : 1° un petit théodolite pour l'arpentage; 2° des niveaux à lunettes; 3° des règles diverses, et un ruban d'acier divisé d'un décamètre de longueur.

M. STEINHEIL, A MUNICH (BAVIÈRE).

Les lunettes de cet habile physicien, à qui l'on doit la première application de l'électricité au télégraphe, sont remarquables par un achromatisme parfait et une grande netteté dans les images. Les services rendus à la science par M. STEINHEIL, et sa belle exposition, lui auraient valu la plus haute récompense s'il n'eût pas été membre du Jury.

MM. LEREBOURS ET SECRÉTAN, A PARIS (FRANCE).

M. LEREBOURS a quitté la direction de son établissement pour l'abandonner entièrement à M. SECRÉTAN. Il est à désirer que le successeur d'un constructeur aussi distingué maintienne l'ancienne réputation de cette maison de premier ordre.

C'est M. LEREBOURS qui a construit le grand objectif de 38 centimètres de diamètre de l'Observatoire de Paris. Après les essais longtemps répétés en compagnie de Mathieu Laugier et Mauvais, M. Arago proposa en 1849, au Bureau des longitudes, l'acquisition de cet objectif qui devint la propriété de l'Observatoire. M. LEREBOURS n'a pu mettre à l'Exposition universelle que le fac-simile de son objectif; mais après les observations si nombreuses et si concluantes des astronomes que nous avons cités, le Jury lui a voté une MÉDAILLE D'HONNEUR.

M. SECRÉTAN a obtenu, pour son compte particulier, une MÉDAILLE DE PREMIÈRE CLASSE; il exposait une lunette de 3^m90 de longueur focale et de 24 centimètres d'ouverture, montée sur un pied parallactique, et un baromètre à siphon. Cette récompense aidera M. SECRÉTAN à soutenir la réputation de la maison LEREBOURS.

M. J. MOLTENI ET C°, A PARIS (FRANCE).

La maison MOLTENI et C° est une de celles qui se sont préoccupées depuis longtemps de résoudre le problème du bon marché dans la construction des instruments de précision. Le succès obtenu mérite les plus grands éloges. M. Mathieu, rapporteur de la VIII° Classe, termine ainsi son Rapport sur l'exposition de cette maison : « Les divers instruments fabriqués par M. MOLTENI et C° sur une grande échelle et livrés « au commerce à des prix extrêmement modérés donnent lieu à des affaires considérables. »

Afin que nos lecteurs puissent apprécier l'importance de cette maison, nous donnons, ci-après, les dessins de ses vastes ateliers de fabrication et des machines outils qu'ils renferment.

En examinant attentivement l'exposition de M. MOLTENI et C°, on reconnaissait qu'il ne s'était pas appliqué comme tant d'autres à produire des *pièces d'exposition*, mais qu'il avait envoyé un véritable spécimen de sa fabrication.

M. MOLTENI est du petit nombre des fabricants qui sont parvenus à rassembler dans un même établisse-

Vue des ateliers de construction d'instruments de précision de M. J. Molteni et Cie, à Paris.

ment la construction des instruments destinés à l'étude des mathématiques, aux navigateurs, aux astronomes, aux physiciens; et celle des instruments d'optique, de géodésie, etc. Dans ces derniers temps, il a même ajouté à sa fabrication, celle des appareils de télégraphie électrique.

Il confectionne aussi sur dessins ou modèles toutes espèces de machines-outils ou instruments rentrant dans la catégorie des instruments de précision.

Le but des efforts des différents chefs de cette maison, dont l'origine remonte à l'année 1782, et que MM. MOLTENI ont exploitée de père en fils depuis trois générations, a toujours a été d'obtenir la plus grande somme d'économie dans la fabrication, sans nuire pour cela aux intérêts de leurs ouvriers, dont le nombre s'élève aujourd'hui à environ 350, ni à la qualité des produits qu'ils ont constamment augmentée. Ce résultat n'a pu être obtenu que par l'emploi de procédés mécaniques et surtout par la division du travail qui a permis de mettre à profit, pour l'exécution de travaux inabordables aux machines, toute l'habileté des ouvriers spéciaux.

Cette combinaison a amené une production plus large et d'un prix accessible à toutes les fortunes, chose bien importante aujourd'hui où les progrès des sciences et de l'industrie ont rendu l'emploi des instruments de précision nécessaire à un si grand nombre de personnes.

L'outillage immense et la fonderie de cuivre qui constituent les moyens de fabrication de M. MOLTENI, suffisent non-seulement à la construction de nombreux instruments qui sortent de ses ateliers, mais lui permettent de livrer à une foule d'autres industries, des pièces fondues, laminées, tirées au banc, estampées et cannelées à leur usage spécial.

Les pièces de son exposition, plus particulièrement remarquées, étaient : un cercle de réflexion en bronze à limbe d'argent; des octants en cuivre, en ébène et en ivoire, un théodolite avec cercle à limbe d'argent de 17 centimètres de diamètre; des niveaux à lunette avec boussole, des verres d'optique de toute espèce; des compas de tout genre dont les pointes en acier sont encastrées et fixées dans des pièces de cuivre écrouies par une forte compression, pour éviter la soudure et le recuit qui détruit l'écrouissage; des mesures à coulisse en métal pour le commerce et le service des ateliers, etc., etc. — Le Jury a décerné une MÉDAILLE DE PREMIÈRE CLASSE à M. MOLTENI et Cᵉ.

M. EN. ÉVRARD ET M. P.-G. BARDOU, A PARIS (FRANCE).

M. ÉVRARD, artiste distingué, qui joint la théorie à une longue pratique, exposait plusieurs objets parmi lesquels on remarquait une lunette de 16 centimètres d'ouverture qui donne des images bien nettes avec un grossissement de 150 fois.

M. BARDOU, ancien et bon constructeur de lunettes astronomiques, de lunettes de marine, de longues-vues, de jumelles, lorgnettes, etc., exposait tous ces objets d'optique bien établis et d'un prix modéré. Le Jury a décerné à chacun de ces messieurs une MÉDAILLE DE PREMIÈRE CLASSE.

M. J. PORRO, A PARIS (FRANCE).

Les objets destinés par M. PORRO à l'Exposition universelle n'ayant pas été terminés au moment de son ouverture, il s'est vu obligé de les y envoyer inachevés; ils ont cependant fixé l'attention du Jury, qui lui a voté une MÉDAILLE DE DEUXIÈME CLASSE.

Une petite lunette dite *longue-vue Napoléon III*, a paru très-commode pour les reconnaissances militaires.

M. TH. DAGUET, A SOLEURE (CONFÉDÉRATION HELVÉTIQUE).

M. DAGUET fournit depuis quelques années aux opticiens de très-beaux verres pour la construction des lunettes achromatiques. Ces verres résistent à l'action de l'air, et leur poli se conserve sans aucune altération. Les disques de crown-glass et de flint-glass qu'il exposait sont aussi d'une grande pureté. Le Jury a décerné à M. Th. DAGUET une MÉDAILLE D'HONNEUR.

M. L.-J. MAIS, a CLICHY-LA-GARENNE, SEINE (FRANCE).

Le Jury de la VIIIᵉ Classe, dit le Rapport officiel, eût décerné à M. Maïs la médaille d'honneur, si cette récompense ne lui avait été accordée dans la XVIIIᵉ Classe pour sa magnifique exposition de cristaux blancs et de couleur, taillés et gravés. Nous les examinerons dans cette classe. Ici nous nous bornerons à dire que les disques de crown-glass et flint-glass exposés par M. Maïs sont sans aucune coloration, d'une grande pureté et très-propres à faire des instruments d'optique.

La grande blancheur des verres de M. Maïs est précieuse dans la construction des lentilles pour la photographie.

MM. GEORGES et ÉDOUARD SCHEUTZ, a STOCKHOLM (SUÈDE).

MM. Scheutz père et fils, ont inventé une machine pour calculer, au moyen des différences de divers ordres, des tables de mathématiques et d'astronomie. Cette machine est la première dans laquelle on trouve à la fois le moyen de calculer et d'imprimer les résultats. Cette belle invention a valu à ses auteurs une MÉDAILLE D'HONNEUR.

M. ADR. GAVARD, a PARIS (FRANCE).

M. Gavard exposait un pantographe avec trois crayons, produisant trois réductions à la fois, deux droites et une renversée, plusieurs autres pantographes plus simples; enfin un compas à verge et un diagraphe. Tous ces instruments sont construits avec un grand soin. MÉDAILLE DE PREMIÈRE CLASSE.

. M. WINNERL, a PARIS (FRANCE).

M. Winnerl a acquis une réputation méritée comme constructeur de chronomètres. Il en a livré un grand nombre à la marine de l'État et à la marine marchande. C'est à l'aide de machines-outils qu'il a inventées ou perfectionnées que M. Winnerl fabrique *toutes les pièces* dont se composent ses chronomètres.

Dans ses pendules astronomiques, l'échappement à ancre est remplacé par un échappement libre, de son invention, avec lequel le pendule peut conserver sa liberté et son isochronisme.

M. Winnerl, le premier, a construit un compteur dont les aiguilles à secondes peuvent s'arrêter par deux pressions successives sur un bouton, et comprendre entre elles sur le cadran la durée d'un phénomène. On les remet en mouvement par une troisième pression après avoir lu, et elles arrivent toutes deux au point du cadran où elles se seraient trouvées si elles n'avaient pas été arrêtées successivement dans leur marche.

Le Jury a voté une MÉDAILLE D'HONNEUR à cet habile et laborieux constructeur pour l'ensemble de ses importants travaux.

M. CHARLES FRODSHAM, F. R. A. S., Assoc. Ins. C. E, 84, STRAND, a LONDRES (ROYAUME-UNI).

M. Ch. Frodsham présentait à l'Exposition universelle des chronomètres et des montres à échappement à ancre.

M. Ch. Frodsham porte un nom célèbre dans l'histoire de son art, et l'on voit qu'il sait lui faire honneur. La récompense qu'il a obtenue n'a étonné personne; c'est l'un des artistes les plus habiles et les plus ingénieux de la grande horlogerie scientifique. Les chronomètres qui portent sa signature sont depuis longtemps estimés comme les plus parfaits que l'on puisse fabriquer.

S'il y a, en Angleterre, quelque mécanicien dont les services soient plus proprement des services rendus à l'État, le constructeur de chronomètres peut réclamer cette distinction spéciale. La dominatrice des mers demande, avant toute chose, l'instrument de mécanique qui doit assurer sous tous les méridiens et à toutes les latitudes, la marche de ses vaisseaux. Munis d'un chronomètre excellent, ils fendent le flot sans crainte et vont aux quatre coins du monde semer et récolter les moissons de la civilisation et du commerce. M. Ch. Frodsham leur a donné cet appareil. Ce n'est pas, du reste, à la seule fabrication des chronomètres qu'il réduit son activité; toute la haute horlogerie occupe ses études et profite de ses travaux.

L'horlogerie anglaise n'a pas besoin d'être louée. On sait qu'elle se distingue par des qualités admirables de précision et d'exactitude.

C'est ici le lieu de rappeler quelques-uns des traits principaux de l'histoire de l'horlogerie scientifique.

En 1583, Galilée, dans la cathédrale de Pise, voit une lampe suspendue à la voûte; il compte, il étudie les oscillations; il trouve le pendule, et sa pensée le transforme en un appareil nouveau pour la mesure exacte du temps. Plus le fil qui suspend le poids mobile à un point fixe est long, plus les oscillations sont lentes. Galilée découvre ensuite que la durée des oscillations d'un pendule est comme la racine carrée de sa longueur, — en d'autres termes que — les longueurs des pendules sont comme les carrés du temps de leurs oscillations. Il découvre enfin que pour un même pendule les grandes oscillations ont plus de durée que les petites. Le pendule est dès lors un des engins délicats de l'astronomie et de la chronométrie. Avant de mourir, Galilée songe à appliquer le pendule aux horloges; mais son fils, Vincenzio Galilei, a son secret, et, en 1649, il exécute ce que son père a pensé. C'est du moins ce que prouve une lettre écrite par Viviani, le 20 août 1659, au cardinal Léopold de Médicis et publiée en 1821. Mais, presque à la même époque, Huyghens, en 1658, à La Haye, publiait un petit ouvrage dans lequel il donnait le détail de ce qu'il avait entrepris pour arriver au même résultat.

En 1674, Huyghens a aussi introduit dans la pratique le ressort spiral. Jusqu'alors les pièces portatives d'horlogerie n'avaient d'autre régulateur que le balancier circulaire, et c'était là un régulateur d'une précision bien chétive. Il devint digne du rôle qu'il avait à jouer lorsqu'on lui appliqua la résistance d'un petit ressort spiral qui, bandé par le mouvement du balancier dans une direction, réagit pour le ramener dans la direction contraire.

L'Anglais Hooke prétendit avoir des droits (et l'abbé Hautefeuille aussi, un Français) à cette simple et utile découverte.

Le mouvement était réglé; mais il fallait régler le régulateur lui-même. On sait en effet que la chaleur dilate les corps, que le froid les resserre et qu'un balancier circulaire ou un pendule métallique, à des latitudes différentes, se resserre ou se dilate. Les lois découvertes par Galilée montrent que la persistance indéfinie de leurs dimensions est indispensable à la parfaite exactitude de leurs oscillations régulatrices. C'est surtout sur la mer et dans les voyages au long cours que les variations de la longueur du pendule sont fréquentes et qu'elles sont dangereuses. Le chronomètre des marins n'existait donc pas tant que l'on n'avait pas trouvé le moyen de compenser les dilatations et les resserrements du pendule et du balancier circulaire.

On a trouvé d'abord le pendule compensateur. George Graham, de la Société royale de Londres, a, en 1715, imaginé de terminer le pendule par un petit tube de verre contenant du mercure qui, s'élevant dans le tube lorsque le pendule se dilate et s'abaissant lorsque le pendule se resserre, maintient à la même distance du point de suspension ce qu'on appelle, non pas le centre de gravité, mais le centre d'oscillation du pendule. En 1726, Harrison invente le pendule à gril, formé de diverses tiges juxtaposées de métaux d'une dilatation différente. C'est un horloger français, Leroy, qui, de 1754 à 1765, trouve la compensation pour le balancier circulaire.

Mais ce que la science spéculative découvre, il faut encore que la main de l'ouvrier sache l'exécuter. L'horlogerie a attendu longtemps que l'habileté de la pratique pût répondre aux indications ingénieuses de la théorie. C'est là que commence le rôle de ces artistes savants qui ont fait profiter le public de découvertes jusqu'à eux stériles. Ainsi les Frodsham et les Gambey.

Vers le milieu du siècle dernier, à Londres, on estimait parmi les meilleures fabriques la maison fondée par Arnold. Cet habile homme avait perfectionné l'échappement libre de Pierre Leroy. Guillaume Jacques Frodsham, simple horloger, succéda à Arnold dans la direction de cette maison importante, et il en accrut encore la renommée. M. CHARLES FRODSHAM, à son tour, s'est appliqué à la soutenir et à l'augmenter aussi. La MÉDAILLE D'HONNEUR récompense aujourd'hui ses travaux constants et heureux sur l'échappement libre et le balancier compensateur. Après avoir choisi parmi les produits de ses ateliers deux grands chronomètres de marine dont la marche, pendant de longues navigations, avait été invariable, il s'en est servi pour établir un type qu'il n'a eu ensuite qu'à reproduire avec des dimensions diverses. On peut, à l'aide du tableau (publié par lui et placé en 1855 dans son exposition) de tous les éléments de sa chronométrie, entreprendre et achever avec succès la construction d'un excellent chronomètre.

Il est inutile, après avoir rappelé les titres scientifiques et la récompense de M. CH. FRODSHAM, de louer les détails de l'exécution dans les produits de sa fabrique. Toute l'Europe les connaît.

M. CH. FRODSHAM doit publier incessamment le résultat de ses expérimentations chronométriques relativement au balancier compensateur, ainsi que la loi d'après laquelle on détermine les rapports qui doivent exister entre la puissance réglante du balancier et la puissance motrice; ceux de la puissance élastique du ressort spiral uni au balancier, et enfin la cause de l'accélération de sa marche jusqu'à la régularité parfaite. Il indiquera enfin le moyen pratique de construire avec certitude de succès de bons chronomètres et de bonnes montres d'observation. Tout ce beau et utile travail repose sur des principes exacts et certains. M. CH. FRODSHAM y signale les erreurs qui peuvent empêcher l'artiste de réussir.

M. HENRI ROBERT, à PARIS (FRANCE).

Artiste laborieux et bon constructeur de chronomètres, M. HENRI ROBERT a appliqué son activité à toutes les branches de l'horlogerie. Il exposait : des chronomètres à barillet denté et des montres ou

Pendule à deux figures exposée par M. Henri Robert.

il a fait l'application des deux principes du réglage de ces mêmes chronomètres; des compteurs à secondes; une pendule astronomique à secondes : des pendules diverses. Mentionnons encore plusieurs appareils uranographiques pour l'enseignement de la cosmographie, et un instrument qu'il nomme *chronomètre adjudicataire* destiné à remplacer avec beaucoup d'avantage dans les ventes judiciaires aux

Divers modèles de pendules exposés par M. Henri Robert de Paris.

enchères publiques, l'extinction des trois bougies. M. Robert a obtenu du Jury la MÉDAILLE DE PREMIÈRE CLASSE.

M. KRILLE, a Altona (Danemark).

M. Krille, digne successeur de Kessch, a reçu du Jury la MÉDAILLE DE PREMIÈRE CLASSE. Son exposition se composait de deux grandes montres marines d'un travail très-soigné, et d'un petit chronomètre compteur pour transporter le temps.

MM. LOUIS-URBAIN JURGENSEN et FILS, a Copenhague (Danemark).

M. Jurgensen et fils ont envoyé à l'Exposition universelle :
Des modèles d'échappements d'assez grande dimension, construits avec soin et rendant sensible le jeu de ces divers échappements de montre ; et des chronomètres de marine.
Tous ces instruments sont bien exécutés et ont mérité à ces Messieurs une MÉDAILLE DE PREMIÈRE CLASSE.

M. DUMAS, a Saint-Nicolas d'Aliermont, Seine-Inférieure (France).

M. Dumas, qui dirige avec succès l'établissement fondé par Gannery, avait exposé un blanc de chronomètre de marine et de poche, et des compteurs destinés au transport du temps à bord des navires.

M. Dumas a eu des montres marines achetées par le Gouvernement après les épreuves annuelles de l'Observatoire. Il en livre au commerce à des prix modérés.

Le Jury lui a accordé une MÉDAILLE DE PREMIÈRE CLASSE.

M. HOHWU, A AMSTERDAM (PAYS-BAS).

M. Hohwü a imaginé, dans la construction des chronomètres, de joindre à la compensation ordinaire du balancier circulaire, une compensation supplémentaire, qui consiste principalement dans une lame bimétallique roulée en spirale cylindrique, comme un ressort à boudin.

Le Jury lui a décerné une MÉDAILLE DE PREMIÈRE CLASSE.

M. E.-T. LOSEBY, A LONDRES (ROYAUME-UNI).

M. Loseby exposait des balanciers compensateurs à arcs bimétalliques et à mercure, qui font disparaître les défauts de compensation du balancier ordinaire. Ce mode a été appliqué par M. Loseby à des chronomètres qui ont été suivis avec beaucoup de soin à l'observatoire de Greenwich, et qui ont eu une marche régulière à des températures très-différentes de la température moyenne du réglage. MÉDAILLE DE PREMIÈRE CLASSE.

M. S. VISSIÈRE, AU HAVRE, SEINE-INFÉRIEURE (FRANCE).

M. Vissière exposait des pièces d'horlogerie de précision, construites avec soin et intelligence. Il livre annuellement à la marine marchande un grand nombre de chronomètres. La marine de l'État en a acheté trois, après les avoir, selon l'usage, mis à l'épreuve à l'Observatoire. MÉDAILLE DE PREMIÈRE CLASSE.

M. J.-FR. BAUTTE, A GENÈVE (CONFÉDÉRATION HELVÉTIQUE).

L'établissement de M. Bautte est très-important. Son exposition se composait d'une grande variété de montres de luxe à secondes et de montres ordinaires. Les deux pièces principales étaient deux chronomètres à échappement libre avec ressort spiral sphérique d'un travail soigné. MÉDAILLE DE PREMIÈRE CLASSE.

M. H. RODANET, A ROCHEFORT (FRANCE).

M. Rodanet a eu deux chronomètres suivis pendant un an à l'Observatoire, et acquis par la marine de l'État. Le Jury a rendu justice aux efforts de cet artiste pour arriver à de bons résultats dans un pays sans ressources, et lui a décerné une MÉDAILLE DE PREMIÈRE CLASSE.

M. A.-L. BERTHOUD NEVEU, A ARGENTEUIL (FRANCE).

Les deux seuls chronomètres présentés à l'Observatoire par M. Berthoud ont été acquis par la marine de l'État. Il exposait un grand chronomètre de marine d'une admirable perfection de main-d'œuvre. MÉDAILLE DE PREMIÈRE CLASSE.

M. N.-M. RIEUSSEC, A SAINT-MANDÉ (FRANCE).

Ce vétéran de l'horlogerie française exposait des chronographes à pointage qui lui ont mérité une MÉDAILLE DE PREMIÈRE CLASSE. Le cadran est fixe et l'aiguille des secondes transporte l'encre et la dépose sur le cadran comme dans le chronomètre à détente de Bréguet.

M. LOUIS RICHARD, au Locle (Confédération helvétique).

M. Richard est un artiste distingué. Le Jury lui a décerné une médaille de première classe pour ses recherches sur l'horlogerie et pour les ouvrages qu'il a exécutés avec une grande perfection de main-d'œuvre. Il avait obtenu une médaille de prix à l'Exposition de Londres. Son exposition était fort belle. On y remarquait surtout : un chronomètre de poche exécuté entièrement de sa main, et une belle pendule de luxe avec échappement libre à force constante de son invention.

M. A. RIDIER, a Paris (France).

M. Ridier ne s'est pas contenté de montrer ce qu'il peut faire en instruments de précision. Il a exposé des échantillons de pièces d'horlogerie de commerce qu'il livre à des prix réduits. — L'extrême bon marché de ses produits en ce genre tient à la grande simplification que M. Ridier a su apporter dans la composition et la construction des pièces. Il livre par an au commerce près de 40,000 pendules ou réveils de son invention. C'est dans son immense atelier de Paris que toutes ces pièces sont entièrement terminées. Les produits de cette importante maison sont fort recherchés à l'étranger, il s'en exporte pour des sommes considérables.

Le Jury a décerné à M. Ridier une médaille de première classe.

M. ATH.-E. BOURDIN, a Paris (France).

Dans la riche exposition de M. Bourdin, on remarquait une petite pendule portative à grande sonnerie. Le cadran marque l'heure, la minute, la seconde, le jour de la semaine, le quantième, les phases de la lune et la température. A côté de cette belle pièce était une petite pendule de cheminée marchant un an. Ces pièces sont d'un travail remarquable et très-soigné. Le Jury a décerné à cet habile artiste une médaille de première classe.

M. C. DETOUCHE, a Paris (France).

L'horlogerie électrique est destinée à faire un chemin rapide et à rendre les plus importants services.

Les premiers essais sérieusement entrepris pour arriver à l'application utile de l'électricité à l'horlogerie ne remontent qu'à l'année 1838, si on adopte les assertions de M. Bain, qui toutefois n'a pris sa patente qu'en 1841; ils ne remontent même qu'à 1839, si, n'admettant que des documents authentiques pour établir un fait de l'histoire des sciences, on prend pour point de départ la date du brevet bavarois de M. Steinheil.

En France, l'horlogerie électrique n'a été introduite qu'un peu plus tard. L'Exposition universelle de 1855 nous a permis de jouir du résultat des travaux de nos artistes, et nous avons pu voir jusqu'à quel point leurs recherches ont réussi. C'est principalement devant le magnifique étalage des pièces d'horlogerie de la maison Detouche que le public s'arrêtait pour contempler, dans son exécution la plus heureuse, cette intéressante et presque merveilleuse application de l'électricité.

Que diraient nos pères si, appelés devant ces cadrans de verre, dont la transparence ne dérobe aux yeux aucun appareil, ils voyaient néanmoins se mouvoir avec régularité et constance les aiguilles indicatrices de l'heure? Cette question, si vivement faite, si souvent rappelée, ne vient peut-être nulle part plus naturellement qu'au moment où l'on songe à l'horlogerie électrique.

L'ensemble des appareils chronométriques exposés par la maison Detouche présentait un spectacle à la fois intéressant pour les connaisseurs et pour la foule.

En 1849, le Jury déclarait « que les produits des ateliers de cette maison se distinguaient autant par la modération du prix que par leur belle exécution », et lui décernait un médaille d'argent.

En 1851, à l'Exposition universelle de Londres, le Jury international « louait sans réserve l'excellente fabrication de ses pendules compensateurs, de ses échappements modèles, de ses collections de pignons de qualité tout à fait supérieure, » et lui décernait à l'unanimité une médaille de prix.

La maison Detouche pratique en grand le commerce de l'horlogerie ordinaire; elle exécute l'horlo-

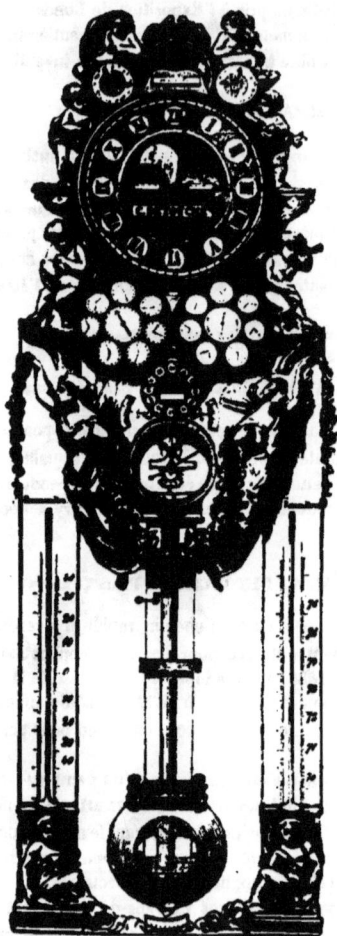

Régulateur de la maison Detouche à Paris.

genie de précision, comme pièces astronomiques, régulateurs et instruments chronométriques; elle construit d'excellents appareils uranographiques; elle s'occupe aussi de la mécanique et de la grosse horlogerie; enfin elle fournit aux besoins de la télégraphie électrique et elle réussit merveilleusement dans ses applications d'électricité à l'horlogerie.

Trois vastes ateliers, pour l'horlogerie, la mécanique et la bijouterie, sont disposés dans la maison même, sous la surveillance et l'inspiration constante de M. Detouche, qui est l'élève des meilleures écoles de Paris, de Genève et de Londres. Des ouvriers d'élite y travaillent et forment un corps d'habiles mécaniciens capables de comprendre et d'accomplir tous les perfectionnements dont la science s'enrichit chaque jour.

A mesure qu'une découverte se fait, qu'un procédé nouveau est obtenu, M. Detouche s'efforce d'en devenir acquéreur.

On comprend, à la suite de ce qui vient d'être dit, que son horlogerie électrique satisfait à toutes les conditions.

M. Detouche a doté nos horlogers et peut enrichir nos pendules, si on le désire, d'une sonnerie plus commode. Le mécanisme qu'il emploie est simple et sûr.

M. Dumery, dans le Rapport qu'il a fait à la *Société d'encouragement*, a ainsi décrit cette heureuse invention :

« Le compteur ou roue de compte d'une horloge se compose d'un grand cercle dont la sonnerie des mouvements angulaires, opérée à chaque heure, équivaut à un tour entier en douze heures ; la circonférence de ce disque est divisée en espaces inégaux, correspondant chacun au nombre de coups de marteau à frapper à chaque heure, et le nombre total de coups, pour douze heures, en marquant l'heure et la demie, est de 90.

« Or, si, en frappant l'heure et la demie, la circonférence doit répondre au nombre 90, pour frapper les quarts et répéter l'heure chaque fois, il faudra une circonférence plus de quatre fois plus grande, puisque le nombre de coups à frapper, dans ce cas, est de 348, au lieu de 90.

« MM. Detouche et Houdin, ainsi que nous l'avons déjà dit, ont entrepris de faire accomplir les fonctions correspondantes au nombre 348 avec des organes correspondant au nombre 90. Dans ce but, ils placent sur le même axe plusieurs disques compteurs dont la somme des différentes circonstances correspond au développement total qui leur est nécessaire.

« Trouver un développement factice par la réunion de plusieurs disques est la chose la plus ordinaire et la plus facile ; mais ce qui l'est moins et qui constitue la difficulté vaincue, c'est de faire passer utilement et à propos la broche d'arrêt d'un disque sur l'autre à chaque révolution, et de la faire retourner du dernier au premier après chaque série de trois révolutions complètes, et c'est là aussi ce que font MM. Detouche et Houdin avec une habileté rare, à l'aide d'un déclic très-simple et très-sûr, que les disques compteurs mettent en jeu eux - mêmes après chaque révolution.

« MM. Detouche et Houdin, afin de faire mieux encore, ont disposé leur mécanisme de manière à ce que la broche d'arrêt ne portât pas sur les disques compteurs pendant que la sonnerie fonctionne, et ils réalisent ainsi une économie dans la puissance motrice, résultat très-précieux pour ce genre de fonction.

« Par cette double disposition, MM. Detouche et Houdin obtiennent la rigidité, la sûreté des fonctions dues aux petites roues, sans dénaturer les heureuses dispositions adoptées dans les horloges actuelles et sans recourir à la complication du mécanisme de sonneries à râteau.

« Disons encore que les moyens employés par MM. Detouche et Houdin sont ingénieux, simples et certains, qu'ils témoignent de leur intelligence, de leur savoir, et qu'ils sont dignes de vos suffrages. »

Il est inutile de citer les divers modèles d'échappement, les régulateurs et les diverses pièces d'astronomie ou d'uranographie exposées par M. Detouche au Palais de l'Industrie.

Les appareils électriques étaient surtout remarquables. Telle était une petite pendule qui faisait mouvoir une aiguille à secondes, sur un cadran de 2 mètres 50 centimètres de diamètre, au moyen d'un seul élément de Daniel, c'est-à-dire avec une force motrice 30 ou 40 fois moindre que celle ordinairement employée. — Ce résultat, si digne d'être loué, est dû à un répartiteur électrique qui, en mécanique, est un organe tout à fait nouveau, et, au point de vue de la physique, constitue une fort grande découverte. Le moteur électro-magnétique, indépendant de tout organe accessoire, source constante et invariable du mouvement le plus régulier, est trouvé maintenant.

Les principales questions résolues par tous ces appareils sont :

La production d'un courant très-énergique qui ne coûte presque rien ;

L'augmentation considérable de l'attraction magnétique ;

La multiplication indéfinie de cette force sans augmentation de l'électricité ;

Enfin, la modicité du prix des appareils qui est un infaillible auxiliaire de la science et popularisera vite l'horlogerie nouvelle, si utile dans les grandes maisons, dans les établissements publics et dans les ateliers considérables.

Tous les sacrifices que le perfectionnement d'une invention exige, M. Detouche peut les faire. La fortune de sa maison repose sur la vente en grand de l'horlogerie ordinaire et de la bijouterie, la joaillerie et l'orfèvrerie la plus variée. Placée dans un quartier favorable à cette branche de commerce, la maison Detouche atteint le chiffre de 2 millions d'affaires. Sur de pareilles bases, tout est solide.

Le Jury a décerné à M. C. Detouche une médaille de première classe.

M. DESFONTAINES, a Paris (France).

M. Desfontaines, successeur de Le Roy et fils, est aujourd'hui à la tête de l'ancienne maison Le Roy, dont la fondation, au Palais-Royal, remonte à l'an 1785.

L'excellence des produits de cette maison, et surtout leur bon goût, lui ont acquis depuis nombre d'années une réputation justifiée à toutes les expositions de Paris et de Londres, par des récompenses d'un ordre élevé.

Le rapporteur du Jury de la VIII° classe s'exprime ainsi sur les objets envoyés, par M. Desfontaines, au Palais de l'Industrie : « toutes les pièces de cette exposition, remarquables par une exécution très-soignée et par un luxe de bon goût, ont été jugées dignes de la médaille de deuxième classe. »

L'exposition de M. Desfontaines se composait principalement d'horlogerie de précision, de chronomètres, de montres de tous genres, de petites pendules portatives à sonnerie, à répétition, à quantième, etc., dont une surtout, vrai chef-d'œuvre, en argent ciselé, était fort remarquée.

Une pendule marquant l'heure et la minute, la seconde, le quantième, le jour de la semaine, les phases de la lune et le lieu du soleil, avec échappement à repos, à coup perdu et balancier avec compensation dans l'intérieur de la lentille, était construite avec une grande habileté et fixait l'attention des visiteurs.

Parmi les montres, il en était deux fort remarquables : les fonds étaient pavés de diamants, de rubis et d'émeraudes et les cadrans bordés en diamants; l'une de ces montres a été achetée par S. A. I. le prince Jérôme et l'autre par un riche Chilien.

M. ACH. BENOIT, a Cluses (États Sardes).

M. Benoit, ancien directeur de la fabrique de Versailles, dirige actuellement l'école de Cluses, fondée par le roi de Sardaigne. Il exposait des échantillons des travaux exécutés par les élèves de cette école. Les élèves et les ouvriers qui sont formés à Cluses, vendent eux-mêmes les produits de leur travail à des prix très-modérés. On retrouvait dans cette exposition les bonnes dispositions des calibres adoptés par M. Benoit à Versailles, qui ont été imités en Suisse. M. Benoit exposait aussi deux compteurs : l'un à trois aiguilles de secondes; l'autre à deux aiguilles superposées qui peuvent s'arrêter successivement pour donner la durée d'un phénomène et reprendre ensuite leur position comme dans le compteur de M. Winnerl.

Le Jury a accordé à M. Benoit une médaille de première classe.

M. SIGISMOND MERCIER, a Genève (Confédération helvétique).

M. Mercier a exposé des montres de luxe et un chronomètre à échappement libre. Il a imaginé un échappement libre qui porte son nom, et qui a déjà paru à l'Exposition de Londres. Médaille de première classe.

M. HENRI-AUGUSTE FAVRE, au Locle (Confédération helvétique).

Parmi les montres de luxe composant la belle exposition de M. Favre, on remarque un chronomètre de poche à boîte d'or avec une spirale sphérique pour le balancier d'un très-beau travail. Il a obtenu du jury une médaille de première classe.

Pareille récompense a été décernée à MM. Henri Grandjean, au Locle ; Golay-Leresche, à Genève, et Audemars, aux Brassus (Confédération helvétique), pour les montres de luxe exposées par eux.

M. L.-P. RABY, a Paris (France).

M. Raby, directeur de la fabrique de Versailles, a succédé à M. Benoît. Ses produits sont très-recherchés dans le commerce. Ses montres sont construites avec beaucoup de soin et d'élégance. Il continue, dans les belles pièces, l'emploi de l'alliage de platine et d'argent, si avantageux par son inaltérable blancheur.

Le Jury a accordé à M. Raby une médaille de deuxième classe.

M. FROMENT, a Paris (France).

L'exposition de M. Froment, membre du Jury de la VIIIe classe, était très-variée et d'une très-grande richesse. On y remarquait : 1° un grand mécanisme d'horlogerie qui trouvera des applications nombreuses dans les recherches les plus délicates de la physique. Il se compose de trois parties distinctes : d'un grand rouage à dentures hélicoïdales servant à imprimer à l'axe principal des vitesses déterminées et variables à volonté depuis 10 jusqu'à 500 tours par seconde; d'un petit rouage auxiliaire servant à modérer la vitesse du rouage principal; et d'une horloge à balancier circulaire. Ces trois parties sont liées entre elles par des engrenages différentiels et des embrayages;

2° Une petite turbine à vapeur faisant facilement 60,000 tours par minute, et dont l'axe porte un miroir; 3° une petite pendule électrique faisant marquer l'heure, le temps, la minute et la seconde, sur un grand cadran placé à distance; 4° un télégraphe électrique à clavier; 5° un interrupteur électrique à lame vibrante; 6° un théodolite répétiteur; 7° une boussole d'inclinaison. — M. Froment a construit le grand pendule de M. Foucault pour la démonstration de la rotation de la terre, et il exposait des gynoscopes devant réaliser la démonstration du même fait.

M. Froment était membre du Jury. Il n'a pu lui être voté qu'une mention très-honorable.

M. J. WAGNER neveu, a Paris (France).

M. Wagner n'est pas seulement un horloger habile, mais il est aussi un mécanicien très-distingué, il construit avec beaucoup de succès des appareils à mouvements divers d'horlogerie qui marchent avec une grande précision.

M. Wagner exposait dans l'annexe une réunion d'horloges de diverses grandeurs, avec des sonneries variées de puissances diverses; depuis les petites horloges de châteaux et d'usine jusqu'aux grandes horloges pour les églises et les édifices publics.

En France où on exécute les grands mécanismes d'horlogerie avec une perfection telle, que nous n'avons rien à envier pour cela aux étrangers, M. Wagner tient le premier rang parmi les constructeurs d'horloges.

Citons de lui une innovation dont il attend de bons résultats. Il a cherché à remédier à l'inégalité dans la durée des oscillations d'un pendule ordinaire, en le rendant isochrone par un procédé différent de celui de M. Winnerl. Cette variation est produite par tout changement d'amplitude. Il s'agit d'obtenir des oscillations d'une durée égale dans des amplitudes différentes. Pour arriver à ce but, il applique sur le pendule *un petit pendule satellite* qu'il règle de manière à remplir cette condition. Il pense qu'au moyen de ce qu'il appelle son produit satellite, dont l'addition est peu coûteuse, des horloges établies médiocrement peuvent marcher avec régularité.

Ce procédé est appliqué à une horloge à trois corps de rouages sonnant l'heure et les quarts, et marchant huit jours. La tige du pendule porte au-dessus de la lentille un petit pendule additionnel ou satellite, pour rendre isochrones les oscillations dans les grands et les petits arcs

On doit encore à M. WAGNER le moyen de rendre *continu* le mouvement uniforme d'une horloge. Depuis longtemps les hommes spéciaux cherchaient à produire le mouvement *uniforme et continu*, lorsque enfin M. WAGNER présenta à l'Académie des sciences une horloge où il donne la solution de cet important problème. Cette horloge figura à l'Exposition universelle de Londres en 1851.

On a remarqué dans son exposition d'horlogerie, une horloge à mouvement *uniforme et continu*, qui peut faire marcher un équatorial et servir à enregistrer, sur un disque ou un cylindre tournant, des phénomènes de courte durée. Le temps de cette horloge, est transporté simultanément sur deux grands cadrans par l'électricité et une transmission ordinaire.

Une ingénieuse combinaison du pendule et d'un volant à ailettes qui tourne sous une cloche cylindrique mobile au lieu de tourner à l'air libre, produit le mouvement continu. La cloche est disposée de manière à s'élever et s'abaisser. Lorsqu'elle s'abaisse, la vitesse du volant à ailettes va en augmentant. Lorsqu'elle s'élève, la partie inférieure du volant étant à découvert, la force centrifuge agit, chasse l'air intérieur qui est remplacé par de l'air extérieur, lequel tourne à l'entour, mais aux dépens de la vitesse du volant qui, alors, diminue nécessairement.

Ainsi, suivant la position de la cloche cylindrique, la vitesse du volant varie.

C'est par ce moyen simple et ingénieux que cet habile artiste a produit le mouvement *uniforme et continu*.

Pour terminer cet aperçu de la magnifique exposition de M. WAGNER mentionnons sa grande horloge placée dans le transept. Cette horloge est munie d'un pendule compensateur à trois tiges et à levier, et d'un mouvement à remontoir d'égalité à engrenage concentrique.

Deux bras placés horizontalement, ayant leur centre de mouvement dans l'axe du centre de suspension et sur lesquels sont montées deux petites masses d'impulsion, entretiennent le mouvement d'oscillation du pendule.

Une masse descend librement en s'appuyant sur le bras de levier du pendule ; elle tombe toujours de la même hauteur, et imprime au pendule une impulsion qui entretient son mouvement. La masse est soulevée par l'échappement, qui est mû par la force motrice lorsqu'elle est arrivée au terme de sa chute.

Le mouvement du pendule est exempt de l'influence produite par les variations du frottement et l'état des huiles.

Le Jury a décerné à M. WAGNER une MÉDAILLE D'HONNEUR pour ses inventions, ses nombreux travaux et l'importance commerciale de sa belle fabrication.

Aujourd'hui M. WAGNER est retiré des affaires, il a remis sa maison à M. Borel Fontenay, son élève, qui, depuis vingt-cinq ans, travaillait avec lui ; on peut donc avoir l'assurance que ce bel établissement ne décroîtra pas du rang auquel l'avait placé M. WAGNER.

M. Arm.-Fr. COLLIN, a Paris (France).

Le Jury, dans son Rapport, s'exprime en ces termes sur l'exposition de M. Collin :

« M. Collin, successeur de M. Wagner oncle, a exposé dans l'annexe : 1° une très-forte horloge, à grande sonnerie, pour l'église Sainte-Clotilde, à Paris. Cette horloge, dont l'échappement n'est pas encore terminé, se distingue par des dispositions bien entendues et une bonne main-d'œuvre ; 2° des horloges publiques ordinaires, construites sans luxe, sonnant l'heure et la demie, ou l'heure et les quarts ; livrées à des prix modérés : 200, 500 et 1000 francs ; 3° un contrôleur pour les rondes de surveillance pendant la nuit ; 4° une pendule et régulateur de précision, puis divers compteurs métronomes, paratonnerres, girouettes, tournebroches à pieds à ressorts, tourniquets-compteurs, etc., etc.

« Ce qui caractérise l'exposition de M. Collin, c'est sa grande horloge du Palais de l'Industrie. Cette horloge, quoique construite avec une grande précipitation, est remarquable par la beauté et le fini du travail, et par un heureux ensemble de dispositions qui la rendent digne de sa destination. Les nombreuses indications qu'elle fournit sur des cadrans pour l'heure, l'équation du temps, le jour de la semaine, le quantième du mois, les signes du zodiaque, l'heure dans quelques grandes capitales, les transmissions électriques de l'heure à des cadrans placés aux extrémités du transept, ont exigé des combinaisons de mouvement extrêmement variées. On s'étonne que, dans l'espace de quelques mois, on soit parvenu à coordonner tous ces mouvements où l'on rencontrait souvent de grandes difficultés qui ont été généralement surmontées par d'heureuses et simples dispositions. »

« M. Collin soutient dignement, par une direction intelligente, la bonne réputation de l'établissement d'horlogerie et de mécanique que M. Wagner oncle avait fondé anciennement rue du Cadran. Le Jury lui décerne une MÉDAILLE DE PREMIÈRE CLASSE. »

Ajoutons à ce rapport, quelques détails sur l'exposition de M. Collin.

L'horloge projetée pour Sainte-Clotilde, et commandée par la ville de Paris, est de très-forte dimension ; toutes ses roues sont en cuivre et bronze ; — les pignons et lanternes sont tous à fuseaux mobiles ; — les bouchons pour les pivots, en métal dur ; — tous les supports montés à vis, afin de pouvoir retirer une pièce quelconque sans toucher à sa voisine ; — simplification dans tous les effets ; — détentes droites, rouleaux à tous les frottements ; — queues de marteaux intérieures pour diminuer le frottement à leurs tourillons. — Le rouage pour mener les aiguilles et régler le pendule n'est pas encore terminé. — La cage de l'horloge est d'une nouvelle invention, dans laquelle il est fait application du fer à cornière, ce qui offre à la fois une grande force, une grande légèreté, et en même temps une surface très-large sur laquelle peuvent s'asseoir les paliers portant les rouages.

Les horloges ordinaires sont faites avec moins de luxe que la précédente, mais elles contiennent les mêmes applications et les mêmes perfectionnements. La plupart de ces horloges ont des échappements à chevilles avec un nouvel appareil à ressort à la fourchette, pour empêcher les chevilles d'être brisées dans le cas où elles seraient rencontrées par les becs d'échappement.

Le nouveau balancier métallique compensateur est le plus simple et le meilleur marché qu'on puisse imaginer, il est composé d'une tringle en zinc relevant la lentille sans l'aide d'aucun levier.

L'horloge qui était en marche dans son exposition, donne l'heure sur un cadran au moyen d'une transmission ordinaire, et sur deux autres cadrans au moyen d'une transmission électrique.

Dans ces horloges électriques, le point de contact offre toujours beaucoup de difficultés, parce qu'il se salit. Les deux contacts sont en platine, tous deux sont élevés par un petit excentrique et échappent successivement, de façon à ce que le petit levier qui porte une espèce de chapeau, vienne instantanément se reposer sur la petite pointe qui s'en sépare de la même manière une seconde après.

Le courant électrique donne le mouvement à des minuteries d'une construction semblable à celles décrites dans la notice de l'horloge du Palais.

Le nouveau contrôleur de rondes présenté par M. COLLIN a aussi été fort remarqué , nous en donnons ci-après la figure.

Jusqu'ici l'on plaçait une pendule à chaque endroit où l'on voulait contrôler les rondes. Ainsi , dans un établissement considérable, il faut jusqu'à douze de ces pendules qui ne coûtent pas moins de 120 fr. chacune, et occasionnent une dépense totale de 1440 fr. Puis l'inconvénient de ce mode de contrôle

fig. 1.

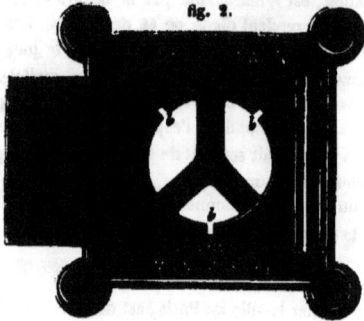

fig. 2.

fig. 3.

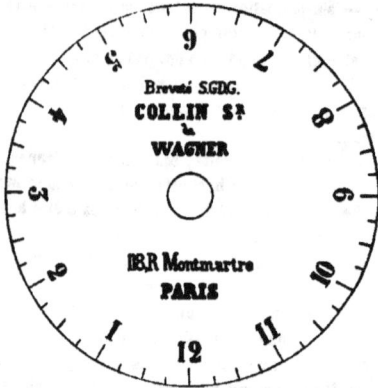

fig. 4.

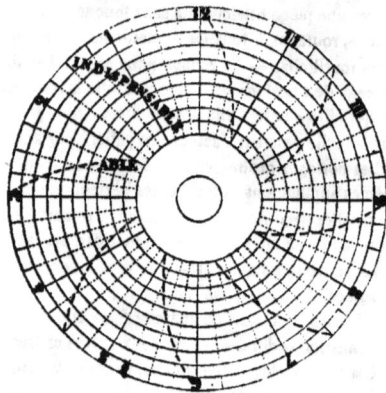

fig. 5.

est tel que si le chef d'établissement veut vérifier les rondes lui-même, il est forcé d'aller à toutes les places où sont les pendules contrôleurs.

A l'aide du nouveau contrôleur de nuit de M. Collin, tous ces inconvénients sont éludés et la dépense n'est pas comparable.

L'appareil se compose d'un seul chronomètre (fig. 1), et d'autant de boîtes en fonte avec poinçons (fig. 2 et 3) que l'on désire avoir de points contrôlés.

Pour son emploi, avant de donner le chronomètre à la personne chargée des rondes, on ouvre l'appareil et on y met un cadran de papier (fig. 4 et 5). A chaque station, et au moyen d'une poignée (fig. 1), cette personne fait pénétrer le mouvement dans la boîte en fonte où se trouve un poinçon d'une marque quelconque : son service terminé, elle remet le mouvement où elle l'a pris, et le chef, sans se déranger, peut lire, par le moyen le plus exact et le plus facile, à quelle minute la ronde a passé dans chaque endroit.

Quant à la dépense, si l'on suppose un cas où douze points soient encore à contrôler, elle sera ainsi que suit : 100 fr. pour le mouvement portatif, et pour les douze boîtes en fonte à poinçon, de 15 fr. chacune, 180 fr. ; ce qui fait un total de 280 fr. au lieu de 1440 que coûte l'autre procédé. Ces chiffres en disent assez.

M. J. GOURDIN, a Mayet, Sarthe (France).

M. Gourdin exposait : 1° une grande horloge de luxe pour château, dans laquelle l'heure est annoncée par un carillon, et le poids moteur de la transmission de l'heure remonté par la sonnerie des quarts, 2° une grande horloge de luxe pour l'hôtel de ville d'Angers; 3° plusieurs autres horloges pour châteaux, églises et usines, construites avec beaucoup de soin. — Cet habile et consciencieux artiste a été récompensé par une MÉDAILLE DE PREMIÈRE CLASSE.

MM. ACH. BROCOT et DELETREZ, a Paris (France).

La maison de MM. Brocot et Deletrez, produit une bonne et élégante horlogerie de commerce. Le Jury leur a décerné une MÉDAILLE DE PREMIÈRE CLASSE pour l'ensemble de leur exposition et l'importance de leur fabrication. Ils avaient exposé une pendule à sonnerie donnant l'heure, la minute, la seconde, le quantième, les phases de la lune, et d'autres pendules d'un travail bien entendu.

M. le baron SÉGUIER, a Paris (France), et M. STEINHEIL, a Munich (Bavière).

M. le baron Séguier avait exposé, en 1851, une balance monétaire qu'il a perfectionnée depuis. Celle qui a paru à l'Exposition universelle de Paris se compose d'une seule trémie qui alimente cinq plans inclinés, sur lesquels viennent se ranger toutes les pièces; elles arrivent à cinq bascules qui font le triage. Cette machine, qui fait le travail de dix peseurs, fonctionne avec une régularité parfaite.

M. Steinheil, professeur à Munich, exposait un kilogramme type, avec ses subdivisions, en cristal de roche; un mètre type et des étalons du pied de Paris, en verre. Ces types ont été établis avec un soin extrême. M. Steinheil s'est servi d'une balance de son invention dans laquelle les couteaux sont remplacés par des sphères. Sa sensibilité est de 1/400,000°.

Ces deux Messieurs étant membres du Jury, il n'a pu être voté à chacun d'eux qu'une MENTION TRÈS-HONORABLE.

MM. BACHE et KLINE, a New-York (États-Unis).

La grande balance en fer exposée par M. Bache et M. le professeur Kline, remplit des conditions de solidité et de sensibilité telles, qu'elle peut servir aux opérations les plus délicates. Ces messieurs ont construit des poids et des balances qui ont été acquis par notre Conservatoire des arts et métiers.

L'ensemble des instruments exposés par MM. Bache et Kline leur a valu la MÉDAILLE D'HONNEUR.

DÉPARTEMENT FÉDÉRAL DU COMMERCE DE SUISSE.

Depuis longtemps la Suisse fabrique, sur une immense échelle, des montres de poche qu'elle exporte sur tous les marchés du monde.

Cette importante industrie s'exploite dans les cantons de Genève et de Neuchâtel. — Les ébauches et les blancs de montres sont fabriqués dans le canton de Vaux, et l'on finit les montres dans les cantons de Genève et de Neuchâtel.

Depuis quelque temps on ne se borne plus en Suisse à la fabrication des montres ordinaires et de luxe, on y construit de véritables chronomètres de poche et des montres marines.

Le Jury ayant jugé cette énorme fabrication digne d'une récompense élevée, a décerné au Département fédéral du Commerce de la Suisse une MÉDAILLE D'HONNEUR.

MM. JAPY FRÈRES, A BEAUMONT (HAUT-RHIN).

MM. Japy frères fabriquent sur une très-grande échelle des pièces d'horlogerie qui sont livrées au commerce à de très-bas prix; aussi, et surtout par ce motif, le jury a-t-il décerné à MM. Japy la grande MÉDAILLE D'HONNEUR; car, dit le rapporteur : « C'est là le but des perfectionnements industriels. »

L'exposition de ces fabricants était considérable et très-variée. Le principe de la division du travail est adopté dans leur établissement.

Nous retrouverons MM. Japy à la XVIe classe, où leur exposition de quincaillerie et serrurerie a attiré l'attention particulière du Jury, non-seulement pour sa variété et sa richesse, mais aussi, et surtout à cause du bas prix d'un grand nombre de pièces.

MM. PATEK, PHILIPPE ET Cie, A GENÈVE (CONFÉDÉRATION HELVÉTIQUE).

On remarquait, parmi les nombreuses pièces exposées par cette maison : 1º un demi-chronomètre avec fusée et échappement libre; 2º un chronomètre de poche avec échappement libre sans fusée se montant par la queue.

L'importance commerciale de la maison Patek, Philippe et Cie, la modération des prix et le soin avec lequel le travail est exécuté, lui ont mérité une MÉDAILLE DE PREMIÈRE CLASSE.

M. ULYSSE LECOULTRE, AU SENTIER (CONFÉDÉRATION HELVÉTIQUE).

Cette maison fabrique sur une grande échelle des pignons pour montres et pour chronomètres.

La collection de beaux pignons faits à la mécanique exposés par M. Lecoultre, lui a fait décerner une MÉDAILLE DE PREMIÈRE CLASSE.

Mme Vve ROUX, A LA PRAIRIE, PRÈS DE MONTBÉLIARD (DOUBS), FRANCE.

La fabrique de Mme Roux occupe près de 300 ouvriers, et produit annuellement 36,000 pièces d'horlogerie d'un bon travail. Cette maison exposait des mouvements roulants de pendules ordinaires, des mouvements roulants de petites pendules de voyage, et des mouvements de lampes. MÉDAILLE DE PREMIÈRE CLASSE.

M. J.-C. LUTZ, a Genève (Confédération helvétique).

M. Lutz fabrique d'excellents ressorts spiraux : sa fabrication est malheureusement beaucoup trop restreinte. On ne peut comprendre ce fait singulier et regrettable. L'horlogerie de précision gagnerait beaucoup à l'extension de l'industrie de M. Lutz. Ses ressorts conservent leur élasticité après une grande déformation par la tension. Ils ne changent pas de forme après avoir été très-fortement chauffés sur une plaque d'acier, et reprennent leur figure primitive après avoir été tendus en ligne droite, même après avoir été chauffés.

Cette remarquable et très-utile fabrication a valu à son auteur une MÉDAILLE D'HONNEUR.

Mme ADRIENNE TOGNIETTI-WEISS, a Genève (Confédération helvétique).

La maison de Mme Tognietti-Weiss fabrique aussi des ressorts spiraux qui ont été soumis aux mêmes épreuves que ceux de M. Lutz. Ils résistent comme eux à la chaleur, mais pas aussi bien à une forte tension.

Le Jury a accordé à Mme Tognietti-Weiss une MÉDAILLE DE PREMIÈRE CLASSE.

MM. MONTANDON frères, a Rambouillet (Seine-et-Oise), France.

Cet établissement est le plus considérable qui existe pour la fabrication spéciale des ressorts d'horlogerie. Le travail manuel y est, en grande partie, remplacé par l'emploi de machines inventées par MM. Montandon. A leur aide ils sont parvenus à fabriquer des ressorts de bonne qualité et à des prix extrêmement réduits. Ils en fabriquent même pour la Suisse dont, grâce à eux, nous avons cessé d'être les tributaires pour ce genre de produit.

Le Jury a décerné à MM. Montandon frères une MÉDAILLE DE PREMIÈRE CLASSE.

M. E. BOURDON, a Paris (France).

Un serpentin élastique à parois minces, à section elliptique, et fermé par un bout, tend à se dérouler lorsque la pression qui s'exerce à l'intérieur, l'emporte sur la pression extérieure. L'inverse a lieu lorsque la pression extérieure devient plus grande que l'intérieure. Cette observation ingénieuse qui a conduit M. Bourdon à la construction des manomètres, dont nous avons rendu compte dans la IVe classe, a par lui été utilisée aussi à la construction de baromètres qu'il exposait dans la IIIe classe.

M. Bourdon, nous l'avons dit, s'est vu décerner par le Jury de la IVe classe, une MÉDAILLE D'HONNEUR.

M. B. BIANCHI, a Paris (France).

L'exposition de M. Bianchi se composait de plusieurs instruments remarquables, ce sont :

Un anémomètre système Morin; un parafoudre pour les lignes télégraphiques; un appareil de M. Biot pour observer les rotations du plan de polarisation; une machine pneumatique en fer à double effet avec ressorts en caoutchouc; deux balances d'une sensibilité extrême, enfin, un voluménomètre établi avec le concours du colonel Mallet. A l'aide de cet appareil, on détermine le volume d'un corps solide ou d'une poudre avec beaucoup de précision. Les dispositions en sont très-ingénieuses. Il a été adopté par l'État pour toutes les épreuves réglementaires de la poudre.

Le Jury a décerné à M. Bianchi la MÉDAILLE DE PREMIÈRE CLASSE.

MM. COLLOT FRÈRES, à Paris (France).

MM. Collot se font remarquer par la perfection avec laquelle ils construisent des balanciers de toutes sortes; ils sont très-habilement disposés et livrés à des prix modérés. Leur exposition comprenait aussi un fléau en aluminium dont le poli et la netteté font preuve de la facilité avec laquelle ce métal est malléable.

— Médaille de première classe.

MM. DELEUIL et Fils, à Paris (France).

MM. Deleuil exposaient : la balance monétaire de M. Séguier dont nous avons parlé précédemment; deux balances d'analyse et d'essai; des poids et un mètre étalon d'une grande exactitude; des piles galvaniques; une machine pneumatique en fonte à pistons libres pour l'industrie; un compas de route pour la marine à pointage électrique; enfin, un cathétomètre. La maison de MM. Deleuil est très-importante.

Le Jury leur a décerné une médaille de première classe.

M. B. GRABHORN, à Genève (Suisse).

La construction soignée et le prix modéré des instruments fabriqués par M. Grabhorn ont attiré l'attention du Jury, qui lui a accordé une médaille de première classe. Il exposait une balance pour peser l'or, une balance pour analyser, et une balance d'essai d'une sensibilité remarquable.

M. L. OERTLING, à Londres (Royaume-Uni).

Bonne et ancienne maison. Elle présentait à l'exposition des balances d'une sensibilité extrême qui lui ont mérité une médaille de première classe.

M. L.-G. PERREAUX, à Paris (France).

La plupart des instruments de haute précision exposés par M. Perreaux ont déjà été appréciés par l'Académie des Sciences. Voici la nomenclature de cette remarquable exposition :

Un comparateur destiné au cabinet du Collège de France, pour la vérification des règles divisées et celle des mesures à bout; un cathétomètre; un sphiromètre à pieds mobiles, muni d'une aiguille de comparateur; une petite machine à diviser, d'une perfection extrême; un dynamomètre destiné à la détermination de la résistance des tissus, des cordes et des fils métalliques; un appareil phrosodynamique de M. Alcan destiné à la détermination du degré de torsion qu'il convient de donner à une ou plusieurs fibres pour les besoins du tissage. — La description complète de ces instruments se trouve dans les Rapports faits à l'Académie par MM. Biot, Babinet et Regnault. Médaille de première classe.

M. Ed. SACRÉ, à Bruxelles (Belgique).

Des balances pour le pesage de l'or, et pour les expériences habituelles de chimie et de physique, ont mérité à M. Sacré une médaille de première classe.

Ces balances sont d'une sensibilité telle, qu'il est difficile d'en assigner la véritable limite.

MM. BRETON FRÈRES, a Paris (France).

MM. Breton frères exposaient des machines pneumatiques, un chronoscope électrique et un appareil électro-médical.

MM. Breton frères ont acquis une grande réputation dans le monde scientifique par leurs utiles et nombreux perfectionnements à divers instruments de physique, et particulièrement par leur appareil électro-dynamique, au moyen duquel on peut dans un cours, répéter toutes les principales expériences sur les effets physiques, chimiques et physiologiques des courants.

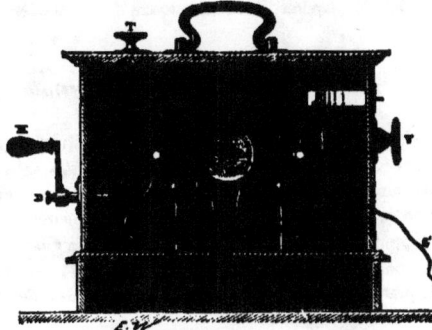

Appareil électro-médical de MM. Breton frères de Paris.

Nous donnons ci-dessus la figure de l'ingénieux appareil électro-médical de MM. Breton frères, dont l'usage a sanctionné l'approbation de tous les corps savants auquel il a été soumis. Il est aujourd'hui employé tant en France qu'à l'étranger, dans la plupart des hôpitaux, et il y rend de nombreux services.

Le Jury a décerné à ses inventeurs, qui déjà avaient reçu, de souverains étrangers, de nobles distinctions, une MÉDAILLE DE PREMIÈRE CLASSE.

M. L.-Edm. GOLAZ, a Paris (France).

M. Golaz, l'habile constructeur des appareils de M. Regnault, qu'il a appropriés aux besoins des cours et des laboratoires, exposait l'appareil de M. Dumas pour la détermination des densités des vapeurs; le calorimètre de MM. Fabre et Silbermann; des robinets en acier — Le tout d'une exécution parfaite.

Une MÉDAILLE DE PREMIÈRE CLASSE lui a été décernée par le Jury.

M. TYNDALL, a Londres (Royaume-Uni).

M. le professeur Tyndall, membre du Jury de la VIIIe classe, a exposé, dit le rapport, « un appareil, destiné à mettre avec facilité sous les yeux d'un nombreux auditoire les principaux effets du magnétisme et du diamagnétisme des corps. Le polymagnète de M. Tyndall se compose de deux électro-aimants munis d'une double spirale et juxtaposés, d'une hélice plate suspendue entre les deux électro-aimants, de deux commutateurs et enfin de plusieurs étriers au moyen desquels on peut suspendre des barreaux de différentes substances soit entre les pôles des aimants, soit au centre de l'hélice et parallèlement à l'axe de celle-ci. »

« Sur la base horizontale supérieure de chaque branche verticale se trouve une armature en fer doux, dont une extrémité est plate et l'autre pointue; enfin l'un des aimants peut être retourné sens dessus dessous et être placé en regard de l'autre. »

« Ce dispositif contient tous les éléments nécessaires pour les expériences d'induction, de magnétisme normal et de diamagnétisme normal (par ces termes M. Tyndall désigne les actions inhérentes à la substance même du corps), et pour celles de magnétisme et de diamagnétisme anormal ; dans ces derniers phénomènes la direction que prend le barreau sous l'influence de l'aimant ne dépend plus de la nature de sa substance, mais bien de l'arrangement moléculaire qui lui a été préalablement imprimé par l'acte de la cristallisation ou bien par des pressions mécaniques, dont on a pu faire varier à volonté l'intensité et la direction. »

« M. Tyndall était naturellement appelé à mettre à la portée de tout le monde les faits importants par lesquels il a complété et, en partie, expliqué les découvertes de M. Faraday ; le groupe a décidé à l'unanimité que l'appareil de cet habile physicien sera mentionné d'une manière spéciale. » MENTION TRÈS-HONORABLE HORS CONCOURS.

M. H. RUHMKORFF, A PARIS (FRANCE).

Tous les établissements scientifiques possèdent les appareils de M. RUHMKORFF, pour les expériences de thermochrose et de diamagnétisme. Son appareil d'induction s'est déjà substitué à l'ancienne machine électrique pour l'usage physique, chimique et médical ; il fournit en outre le moyen de faire sauter une ou plusieurs mines à de grandes distances sans aucun danger. Cet appareil vient d'attirer l'attention des officiers du génie ; il semble appelé à rendre d'importants services à la guerre.

C'est M. RUHMKORFF qui a construit les appareils de M. E. Becquerel, au moyen desquels il détermine les valeurs numériques des pouvoirs magnétiques ou diamagnétiques de différents corps, solides, liquides ou gazeux.

M. RUHMKORFF a rendu de très grands services à la science ; ses appareils sont d'une exécution supérieure et d'un prix modéré. Il a obtenu une MÉDAILLE DE PREMIÈRE CLASSE.

MM. W. LOGEMAN ET VAN WETTEREN, A HARLEM (PAYS-BAS).

Ces Messieurs, par des procédés dont ils gardent le secret, donnent à l'acier une aimantation d'une grande puissance et d'une constance remarquable. Le Jury, dit le rapport, « n'a pas été à même de déterminer l'influence qu'exercent les changements de température ou les ébranlements mécaniques. »

MM. LOGEMAN ET VAN WETTEREN ont obtenu une MÉDAILLE DE PREMIÈRE CLASSE.

M. A. SANTI, A MARSEILLE (FRANCE).

M. SANTI construit avec une grande habileté, sur une grande échelle, des compas de route avec tous leurs accessoires. Il se sert de compensateurs destinés à neutraliser à la fois l'action qu'exerce sur l'aiguille la partie permanente de l'aimantation du fer qui se trouve à bord, surtout lorsque la coque du navire est en fer, et l'action de sa partie temporaire, laquelle varie avec la latitude magnétique du lieu d'observation.

M. SANTI a inventé un instrument qu'il nomme taximètre azimutal, qui sert à déterminer toutes les positions de l'axe du navire par rapport au méridien. MÉDAILLE DE DEUXIÈME CLASSE.

SIR DAVID BREWSTER ET M. AMICI, A LONDRES (ROYAUME-UNI).

On lit dans le rapport du Jury :

« La VIIIe classe a chargé son rapporteur d'adresser ses remercîments à son illustre président, sir DAVID BREWSTER, qui a exposé quelques-uns de ses instruments les plus ingénieux, et à M. le professeur

Amici, bien connu comme savant et comme artiste, et qui, en cette double qualité, a bien voulu se joindre à la sous-commission chargée de l'examen des microscopes.

« Grâce à son incontestable supériorité, proclamée par les exposants eux-mêmes, le microscope de M. Amici a pu servir de type de comparaison, en même temps qu'il indiquait aux fabricants la voie du progrès. L'emploi d'une lentille plan-convexe, en verre ou en rubis, placée à une certaine distance des autres lentilles, et dont la surface plane, plonge dans une goutte d'eau suspendue entre elle et l'objet, procure beaucoup de clarté en utilisant un grand nombre de rayons qui auraient subi la réflexion totale, s'ils avaient dû passer de l'air dans les lentilles ordinaires; cette disposition donne, par conséquent, un angle d'ouverture plus grand. D'autres artifices, tels que l'usage d'un cône qui fournit, au gré de l'observateur, des cercles de rayons simples, de différentes réfrangibilités, et l'usage du prisme à mécanique pour l'éclairage central ou oblique des corps transparents, sans être entièrement nouveaux, ne sont employés par personne avec autant d'habileté et de succès que par M. Amici. Avec un désintéressement que tout le monde appréciera, M. Amici a rendu aux fabricants le double service de ne pas exposer lui-même et de leur faire connaître les résultats de ses plus récentes recherches. »

— MENTION TRÈS-HONORABLE.

M. L.-J. DUBOSCQ, A PARIS (FRANCE).

M. Duboscq, successeur de M. Soleil, est placé au premier rang parmi les constructeurs d'instruments d'optique. Il introduit sans cesse des améliorations importantes dans sa fabrication.

Il présentait plusieurs instruments de recherches : l'appareil de M. Biot, pour l'étude des phénomènes rotatoires; celui de MM. de Sénarmont et Jamin; le goniomètre de M. Babinet, le compensateur de M. Bravais, etc. A l'usage de l'enseignement, il exposait des instruments pour la démonstration de toutes les lois fondamentales de l'optique; puis, le stéréoscope de M. Wheatstone, le dispositif pour l'emploi de la lumière électrique, etc. Cette belle exposition lui a mérité la MÉDAILLE DE PREMIÈRE CLASSE.

M. BERTAUD, A PARIS (FRANCE).

M. Bertaud expose des objectifs pour lunettes et pour daguerréotypes, des prismes biréfringents achromatisés, des prismes à angle variable, etc. C'est un constructeur ingénieux auquel les savants et les opticiens eux-mêmes s'adressent quand, dans la taille des cristaux ou du travail du verre, ils ne peuvent surmonter une difficulté. M. Bertaud sait toujours la vaincre.

M. Bertaud a obtenu une MÉDAILLE DE PREMIÈRE CLASSE.

M. Ch. CHEVALIER, A PARIS (FRANCE).

L'exposition de M. Ch. Chevalier était aussi très-variée : il présentait un baromètre d'observatoire, des boussoles, des machines pneumatiques, un grand microscope, des longues-vues, des objectifs pour la photographie composés de deux objectifs achromatiques accouplés. M. Ch. Chevalier a rendu de grands services comme constructeur d'instruments d'optique. Il a formé un grand nombre d'élèves dont les succès prouvent l'habileté du maître. — Le jury lui a décerné une MÉDAILLE DE PREMIÈRE CLASSE.

MM. NACHET ET FILS, A PARIS (FRANCE).

MM. Nachet sont, en France, les plus habiles constructeurs de microscopes. La netteté de leurs instruments se maintient jusqu'à des grossissements linéaires de plus de 4,000 fois. On remarquait, dans leur exposition, un miroir mobile dans tous les sens autour d'un centre de rotation qui coïncide avec le point où l'objet est placé; par ce moyen, on peut faire varier l'angle d'incidence, en conservant la même quantité de lumière. MÉDAILLE DE PREMIÈRE CLASSE.

OBSERVATOIRE DE KIEW (Royaume-Uni.)

Le Jury international, en raison des services éminents rendus à la science par l'Observatoire de Kiew, a voté à cet établissement une MENTION TRÈS-HONORABLE.

L'Observatoire de Kiew est entretenu au moyen d'une allocation de la Société royale, prise sur les fonds mis chaque année à sa disposition par le gouvernement, et par des souscriptions volontaires des membres de l'Association britannique; le colonel Sabine, le colonel Sykes, MM. Wheastone, Miller et Gassiot se sont principalement occupés de sa création et ont dirigé ses premiers pas.

L'Observatoire de Kiew exposait une série complète de ses étalons fournis par les meilleurs constructeurs de l'Angleterre.

M. Fr. WALFERDIN, a Paris (France).

M. WALFERDIN travaille avec succès depuis vingt-cinq ans à la réforme des instruments de météorologie. Il a rendu d'immenses services dans cette branche de la physique. Son thermomètre métastatique remplace un jeu de vingt thermomètres échelonnés, et n'a ni une plus grande longueur ni une sensibilité moindre que ceux-ci. Il peut servir de thermomètre à maxima.

Les changements apportés par M. WALFERDIN dans la construction de l'hypsothermomètre ont rendu cet appareil si commode d'une application sûre et facile, et lui ont donné une précision et une sensibilité complètes.

Ce physicien a construit des instruments qui servent alternativement et en même temps de thermomètre à maxima et à minima, et des thermomètres différentiels dont la course est considérable et le réservoir très-petit.

M. WALFERDIN a fait de nombreuses expériences sur la température des puits forés, des sources et de la mer. Il vient de construire un thermomètre tétracentigrade destiné à faire disparaître les trois échelle en les remplaçant par une échelle unique fondée sur des principes rationnels.

Le Jury, reconnaissant la grande utilité des travaux de ce savant, lui a décerné une MÉDAILLE D'HONNEUR.

M. H. GEISSLER et Comp., a Bonn (Prusse).

On remarquait dans l'exposition de M. GEISSLER des thermomètres étalons à grande course, des thermomètres hypsométriques, un vaporimètre pour mesurer la richesse alcoolique d'un liquide d'après la tension de la vapeur, et enfin l'hygromètre de Daniell modifié de manière à rendre les indications plus rapides; il lui a été accordé une MÉDAILLE DE PREMIÈRE CLASSE.

M. J. F. FASTRÉ, a Paris (France).

Dans la comparaison qu'à chaque instant nous sommes appelé à faire entre l'Exposition universelle de Londres et celle de Paris, une singularité nous a souvent frappé : certains produits dont le mérite est apprécié dans des termes presque identiques par les deux Jurys, sont récompensés de manières bien différentes. Cette singularité est tellement saillante à l'égard de M. FASTRÉ, que nous ne pouvons résister au désir de la signaler ici.

M. FASTRÉ aîné, membre de la Société météorologique de France, constructeur d'instruments de physique, est fournisseur du Collége de France, de l'Université, de l'Observatoire, de la Marine, etc. M. FASTRÉ est le fils de ses œuvres : d'abord simple ouvrier, mais des plus habiles, il a dû s'astreindre, à un âge où d'habitude on ne fréquente plus les cours, à des études sérieuses pour acquérir les connaissances théoriques d'un art dont il ne savait que la pratique. Il y est parvenu si bien, qu'il est aujourd'hui digne en tous points de la haute position qu'il occupe parmi ses confrères.

De pareils antécédents placent, selon nous, un industriel dans la catégorie de ceux qu'il est juste d'encourager et de récompenser le mieux.

M. Fastré, qui avait obtenu une médaille de prix (*price medal*), du Jury international de l'Exposition de Londres, n'a reçu du Jury de l'Exposition de Paris qu'une médaille de deuxième classe. Voici les Rapports qui ont motivé ces deux récompenses :

Extrait des Rapports du Jury de l'Exposition universelle de Londres de 1851 (page 302). « M. Fastré aîné, de Paris, a exposé la meilleure série de thermomètres faits avec une délicatesse et un soin extrême; ils se distinguent surtout parce qu'ils sont presque tous gravés sur de fines tiges de verre, et qu'ils comprennent des thermomètres très-délicats à boules humides et sèches.

« M. Fastré mérite le grand prix, particulièrement pour la confection des superbes instruments de M. Regnault, que le Jury a jugé digne d'une médaille. »

M. Wertheim, l'un des rapporteurs du Jury de la VIIIe Classe, motive ainsi qu'il suit la récompense décernée à M. Fastré.

« M. Fastré, à Paris (France), occupe une place distinguée parmi les constructeurs d'appareils spéciaux: personne mieux que lui ne connaît et ne sait remplir les conditions d'exactitude, qui sont actuellement imposées aux instruments météorologiques; parmi ses instruments, le Jury a particulièrement remarqué un thermomètre à échelle arbitraire, assez long pour avoir une course de 110 degrés, et assez finement divisé sur tige en parties d'égale capacité pour donner la température à un vingt-cinquième de degré près; un autre thermomètre à déversement; un hypsomètre; un hygromètre d'après M. Regnault; et enfin, un baromètre d'observatoire construit d'après les principes du même savant, et composé de quatre tubes qui plongent dans un même réservoir et dont les diamètres intérieurs sont respectivement de 15, 20, 25 et 30 millimètres; ce système est complété par deux thermomètres dont l'un plonge dans le mercure, tandis que l'autre, destiné à la détermination de la température moyenne de l'air, est muni d'un réservoir de même diamètre que les plus gros de ces tubes. »

En ajoutant à ces Rapports si flatteurs que tous les produits exposés par M. Fastré étaient nouveaux et perfectionnés, on s'étonnera de ce qu'il ne lui a été décerné qu'une médaille de deuxième classe.

M. LE VICE-AMIRAL KREUGER, A STOCKHOLM (Suède).

M. Kreuger, exposait un anémomètre-enregistreur, de son invention, qui est employé sur différents points des côtes de Suède.

Deux palettes restant toujours perpendiculaires à une girouette font mouvoir un levier placé dans le logement du surveillant. Ce levier porte d'un côté un crayon qui trace la courbe de l'intensité du vent sur un plateau auquel un mouvement d'horlogerie fait faire un tour en douze heures. Les dispositions de cet instrument sont fort ingénieuses. Médaille de deuxième classe.

LE DÉPÔT DE LA GUERRE a Paris (France).

Les publications du Dépôt de la Guerre sont basées sur des travaux géodésiques d'une exactitude irréprochable, et elles sont exécutées avec une perfection artistique remarquable.

Le Dépôt de la guerre exposait quelques feuilles de la carte de France au 80,000^e, une carte des environs de Rome à la même échelle, une carte de la province de Constantine au 400,000^e, une carte des environs d'Oran au 100,000^e, et la feuille de la carte de France au 320,000^e, qui renferme Paris.

Le Jury a décerné au Dépôt de la guerre la grande médaille d'honneur.

M. P. BOURDALOUE, a Bourges (France).

Ce savant ingénieur a exécuté à ses frais, avec un rare désintéressement, des travaux d'une haute importance. Il a perfectionné les méthodes de nivellement et les a appliquées à l'isthme de Suez. Il exposait la carte du département du Cher, levée par lui-même. Le Jury, pour reconnaître le mérite de ces travaux, dit le rapport, a décerné à M. BOURDALOUE une MÉDAILLE D'HONNEUR.

BUREAU TOPOGRAPHIQUE DE LA CONFÉDÉRATION SUISSE.

La direction du Bureau topographique de la Confédération est confiée à M. LE GÉNÉRAL DUFOUR, à qui la Suisse est redevable de sa belle carte en 24 feuilles au 10,000°. L'exactitude de ces cartes est assurée par des opérations géodésiques qui ne laissent rien à désirer, et le dessin en est d'une grande perfection. Le jury s'est plu à le reconnaître, et a voté au Bureau topographique de la Confédération suisse une MÉDAILLE D'HONNEUR.

M. LE LIEUTENANT MAURY, A WASHINGTON (ÉTATS-UNIS).

M. le lieutenant MAURY a voué son existence à l'exécution d'un travail immense. Il publie annuellement une série de cartes indiquant la direction des vents et des courants de l'Atlantique. Il est inutile de faire ressortir l'utilité d'un pareil travail. Le Jury a récompensé ce laborieux officier en lui décernant un MÉDAILLE D'HONNEUR.

ORDNANCE MAP OFFICE (ROYAUME-UNI).

Le bureau topographique et cadastral du Royaume-Uni, sous la direction du colonel JAMES, a publié depuis plusieurs années des cartes d'une grande perfection. Il exposait des cartes de portions de l'Irlande, du pays de Galles, et du Devonshire.

Le Jury a accordé à cette célèbre institution une MÉDAILLE D'HONNEUR.

S. A. R. CHARLES, PRINCE ROYAL DE SUÈDE ET DE NORVÈGE, A STOCKHOLM (SUÈDE).

S. A. R. le prince CHARLES de Suède a exécuté lui-même une série de cartes hypsographiques, industrielles et forestières. Ces cartes ont un grand intérêt pour la science et l'art des mines. Le Jury a décidé que les importants travaux du prince seraient MENTIONNÉS LE PLUS HONORABLEMENT.

INSTITUT MILITAIRE DE GÉOGRAPHIE ET DIRECTION DE LA STATISTIQUE ADMINISTRATIVE,
A VIENNE (AUTRICHE).

L'INSTITUT MILITAIRE DE GÉOGRAPHIE a publié un grand nombre de cartes spéciales au 144,000° et de cartes générales au 288,000°. Pour exécuter ses travaux, l'Institut a su mettre à profit les ressources de la photographie et de la galvanoplastie.

LA DIRECTION DE LA STATISTIQUE ADMINISTRATIVE exposait des cartes statistiques, industrielles, forestières et géologiques, contenant beaucoup de renseignements utiles. On remarquait la carte ethnographique de M. SCHEDA, fruit d'un travail continu de seize années.

Le Jury a voté à chacun de ces deux établissements une MENTION TRÈS-HONORABLE.

LE COMITÉ CENTRAL DE SUÈDE POUR L'EXPOSITION UNIVERSELLE, A STOCKHOLM (SUÈDE).

On doit à ce Comité la réunion d'un grand nombre de cartes géographiques de la Suède et des documents statistiques de la plus grande importance.

« Le Jury, dit le Rapport, pour reconnaître le zèle et l'activité de ce Comité, lui décerne une MÉDAILLE DE PREMIÈRE CLASSE. »

M. KIEPERT, a Berlin (Prusse).

La meilleure carte que nous ayons de l'Asie-Mineure est due à cet habile professeur. Il complète tous les jours les atlas de la Turquie et de la Russie qu'il a publiés en mettant à profit tous les renseignements authentiques qui lui parviennent. Médaille de première classe.

M. J.-L. SANIS a Paris (France).

M. Sanis exposait des cartes en relief et les photographies de ces mêmes cartes. Les photographies ont l'avantage de pouvoir être transportées avec facilité et reproduites à peu de frais.

L'utilité de ce travail auquel M. Sanis a consacré sa vie, est incontestable. Aussi le Jury lui a-t-il décerné la médaille de première classe.

M. Ch.-A. SCHÖLL, a Saint-Gall (Suisse).

Les plans topographiques en relief de M. Scholl démontrent qu'on peut obtenir des reliefs d'un bel effet artistique sans exagérer l'échelle des hauteurs; défaut qui existe dans toutes les autres cartes en relief. Ces plans, d'une grande perfection, sont exécutés avec une matière plastique de son invention. Médaille de première classe.

M. le professeur WILLIS, a Cambridge (Royaume-Uni).

M. Willis, membre du Jury de la VIIe Classe, a obtenu du Jury de la VIIIe une mention hors concours, pour les services qu'il a rendus à la science en modifiant les modèles destinés à l'enseignement des sciences mécaniques.

M. L. BARDIN, a Paris (France).

M. Bardin, chef des travaux géographiques à l'École polytechnique, exposait quatre plans-reliefs à 1/10,000e des environs de la ville de Metz. Les quatre plans représentent la même localité; le premier est colorié et lavé à l'effet, le second est lavé par teintes conventionnelles avec courbes de niveau équidistantes de cinq mètres, le troisième en blanc porte des courbes de niveau à dix mètres avec hachures, le quatrième ne contient que les courbes. Ces plans sont destinés à faciliter aux élèves la lecture des cartes. Il expose aussi d'autres séries de reliefs destinées au même objet. Cette intéressante exhibition est complétée par deux collections de modèles pour l'étude de la géométrie, de la perspective, etc.

M. Bardin a consacré sa vie à l'enseignement des arts graphiques. C'est un professeur d'un mérite éminent. Le Jury lui a décerné la médaille de première classe.

M. A. KRANTZ a Bonn (Prusse).

M. Krantz, habile minéralogiste, a fondé une maison dont les relations sont établies dans le monde entier. Les savants et les professeurs qui ont besoin de quelque pièce rare ou d'une collection complète s'adressent à lui de préférence. Il exposait de belles collections de minéraux, de roches et de fossiles destinés à l'enseignement. Médaille de première classe.

MM. SCHULZE ET FILS a Paulinzelle (Schwarzbourg-Rudolstad).

MM. Schulze ont exposé une machine ingénieuse de leur invention, qui facilite l'enseignement de l'acoustique et de l'optique.

M. Wheatstone a le premier construit un instrument destiné à rendre sensibles la constitution, la propagation et l'interférence d'ondes sonores ou lumineuses. Il a résolu le problème, quelle que soit la forme de la trajectoire des ondes lumineuses, rectiligne, circulaire ou elliptique, et quelles que soient les différences d'intensité entre deux ondes qui s'entrecroisent. Son appareil donne toujours la nature et la forme de l'onde résultante. — La solution de MM. Schulze est moins générale, mais elle est suffisante pour l'enseignement. Leur appareil représente seulement les vibrations rectilignes, mais il figure aussi les ondes longitudinales. Tous les phénomènes d'interférence qui résultent de la superposition de deux ondes de la même espèce peuvent être représentés à l'aide de cette machine ingénieuse et peu coûteuse. Le Jury a décerné à MM. Schulze la médaille de première classe.

M. J.-J. SILBERMANN jeune, a Paris (France).

M. Silbermann présentait quatre-vingts toiles peintes à l'huile comprenant les phénomènes chromatiques, et la première partie d'un traité de physique qu'il a rédigé dans le but de faciliter l'enseignement aux professeurs formant un volume de 2 mètres sur 1=50, composé d'un grand nombre de feuilles en toile cirée avec peintures à l'huile.

Il exposait en outre une machine pneumatique construite par MM. Fabre et Kunemann, de Paris. Le Jury, pour récompenser ses travaux utiles, lui a décerné une médaille de première classe.

M. P. FR. FOUCAUT, a Paris (France).

M. Foucaut, qui lui-même est aveugle, a pu apprécier les exigences du matériel nécessaire à l'enseignement des aveugles. Il a cherché à les remplir, il exposait des machines pour mettre les aveugles en communication avec les voyants et des appareils pour leur apprendre à écrire.

Le Jury l'a récompensé par une médaille de deuxième classe.

L'ASILE DES AVEUGLES, a Lauzanne (Suisse).

L'asile des aveugles de Lauzanne, dirigé par M. Hirzel, dont chacun se plaît à reconnaître le dévouement et l'intelligence, exposait une presse en relief à l'usage des aveugles qui sont en même temps sourds et muets. Le Jury lui a décerné une mention honorable.

VIIIᵉ CLASSE. — ARTS DE PRÉCISION, INDUSTRIE SE RATTACHANT AUX SCIENCES ET A L'ENSEIGNEMENT

RÉCOMPENSES DÉCERNÉES PAR LE JURY INTERNATIONAL.

(EXTRAIT DU *Moniteur* DU 8 DÉCEMBRE 1855.)

GRANDES MÉDAILLES D'HONNEUR.

Dépôt de la guerre, Paris. France.
Japy frères, Beaucourt. Id.

MÉDAILLES D'HONNEUR.

Bache et Saxton, Washington. États-Unis.
Bourdaloue (P.), Bourges. France.
Bureau topographique de la Suisse (sous la direction du général Dufour).
Daguet (Th.), Soleure. Id.
Département fédéral du commerce de la Suisse. Id.
Frodsham (Ch.), Londres. Royaume-Uni.
Gambey (veuve), Paris. France.
Lerebours (N.-M.-P.), Paris. Id.
Lutz (J.-C.), Genève. Suisse.
Lieutenant Maury, Washington. États-Unis.
Ordonnance map office. Royaume-Uni.
Scheutz (G. et Ed.), Stockholm. Suède.
Wagner neveu, Paris. France.
Walferdin (Fr.-H.), Paris. Id.
Winnerl, Paris. Id.

MÉDAILLES DE 1ʳᵉ CLASSE.

Audemars (L.), Le Brassus (Vaud). Suisse.
Bardin (L.), Paris. France.
Bardou (P.-G.), Paris. Id.
Benoît (Ach.), directeur de l'école d'horlogerie, Cluses. États sardes.
Bertaud, Paris. France.
Berthoud neveu (A.-L.), Argenteuil. Id.
Bianchi (Urb.-R.), Paris. Id.
Bourdin (Ath.-Ét.), Paris. Id.
Breton frères, Paris. Id.
Brocot (Ach.) et Delettrez, Paris. Id.
Chevalier (Ch.), Paris. Id.
Collin (Arm.-Fr.), Paris. Id.
Collot frères, Paris. Id.
Comité central de la Suède. Suède.
Cooke (Th.), York. Royaume-Uni.
Deleuil et fils, Paris. France.
Detouche et Houdin, Paris. Id.
Duboscq (Jules), Paris. Id.
Dumas (O.), Saint-Nicolas-d'Aliermont. Id.

Evrard (E.-N.), Paris. France.
Favre (H.-A.), le Locle. Suisse.
Gavard (Adrien), Paris. France.
Geissler (H.) et Cⁱᵉ, Bonn. Prusse.
Golay-Leresche, Genève. Suisse.
Golaz (L.-Edm.), Paris. France.
Gourdin (J.), Mayet. Id.
Grabhorn (B.), Genève. Suisse.
Grandjean (Henry), le Locle. Id.
Gravet (F.-F.), Paris. France.
Hohwü (And.), Amsterdam. Pays-Bas.
Institut I. et R. technique, Florence. Toscane.
Jacob (J.-A.), Saint-Nicolas-d'Aliermont. France.
Jurgensen (L.-Urb.) et fils, Copenhague. Danemark.
Kiepert. Prusse.
Krantz (A.), Bonn. Prusse.
Krille (F.-M.), successeur de Kessel, Altona. Danemark.
Lebrun (J.-B.-Désiré), Paris. France.
Lecoultre (Ulysse), le Sentier. Suisse.
Logeman (W.-N.) et Van-Weteren, Harlem. Pays-Bas.
Lorieux (F.-L.), Paris. France.
Loseby (E.-T.), Londres. Royaume-Uni.
Mercier (Sigismond), Genève. Suisse.
Molteni (J.) et Cⁱᵉ, Paris. France.
Montandon frères, Rambouillet. Id.
Nachet et fils, Paris. Id.
Nicole et Capt, Londres. Royaume-Uni.
Oberhaeuser (S.) et Hartnack (Ed.), Paris. France.
Oertling (L.), Londres. Royaume-Uni.
Patek, Philippe et Cⁱᵉ, Genève. Suisse.
Perreaux (L.-G.), Paris. France.
Plagniol (Ant.-Al.), Paris. Id.
Rédier (A.), Paris. Id.
Richard (L.), le Locle. Suisse.
Richer (L.-Fr.), Paris. France.
Rieussec (N.-M.), Saint-Mandé, près Paris. Id.
Robert (H.), Paris. Id.
Rodanet (H.), Rochefort. Id.
Rossel-Bautte, Genève. Suisse.
Roux (Mᵐᵉ veuve A.-L.), Montbéliard-la-Prairie. France.
Ruhmkorff, Paris. Id.
Sacré (Ed.), Bruxelles. Belgique.
Sanis (J.-L.), Paris. France.
Secretan (M.), Paris. Id.
Scholl (Ch.-A.), Saint-Gall. Suisse.
Schütze et fils, Paulinzell. Schwarzbourg-Rudolstadt.

Silbermann jeune (J.-J.), Paris. France.
Smith et Beck, Londres. Royaume-Uni.
Starke (F.), Vienne. Autriche.
Tognietti-Weiss (Mme J.-Adr.), Genève. Suisse.
Vérité (A.-L.), Beauvais. France.
Vissières (S.), le Hâvre. Id.

MÉDAILLES DE 2e CLASSE.

Adie (Patrick), Londres, Royaume-Uni.
Alliez et Berguer, Genève. Suisse.
Aubert et Klaftenberger. Londres. Royaume-Uni.
Baader (N.), Munich. Bavière.
Baedeker (J.), Iserlohn. Prusse.
Bariquand (L.-F.-J.), Paris. France.
Basely (L.), Paris. Id.
Bauerkeller (G.), et Cie, Paris. Id.
Beckh (Ed.), Berne. Suisse.
Bellieni (Ch.), Metz. France.
Bergeron (J.-B.-Am.), Paris. France.
Bernardin (C.-Fl.), Saint-Loup. Id.
Berthiot, Paris. Id.
Beyerlé (D.-G.), Paris. Id.
Bigot-Dumaine (J.), Paris. Id.
Boiliveau (H.), le Locle. Suisse.
Bousset (J.), Bois-d'Amont. France.
Bouvier (J.) et Piguet, Paris. Id.
Bovet frères et Cie, Fleurier. Suisse.
Buffat (Émile), Sechey. Id.
Bussard (J.-D.), Versailles. France.
Chatelain (An.-J.), Paris. Id.
Christophersen, Christiania. Norvége.
Cloux (L.-Ad.), Paris. France.
Coquiard (V.-C.), Besançon. Id.
Collardeau-Duheaume (Ch.-F.), Paris. Id.
Connelot (T.-N.), Paris. Id.
Damiens-Duvillier (A.-F.), Paris. Id.
Delépine jeune (Ant.-Tr.), Paris. Id.
Delépine et Canchy, Saint-Nicolas-d'Aliermont. Id.
Descombes (A.), Genève. Suisse.
Desfontaines, successeur de Leroy, Paris. France.
Dickert (Th.), Bonn. Prusse.
Droz-Jeannot et fils, Brenets. Suisse.
Dutertre (Aug.), Genève. Id.
Dutrou (E.-P.), Paris. France.
Ernst (H.-R.), Paris. Id.
Fabre et Kunemann, Paris. Id.
Fastré (T.-J.), Paris. Id.
Feil (Ch.), Paris. Id.
Fermer (Louis), Besançon. Id.
Folret (P.-Al.), Belleville, près Paris. Id.
Foucault (P.-Fr.-V.), Paris. Id.
Fournaise (H.), Paris. Id.
Fumey (J.-M.), Foncine-le-Haut. Id.
Gaiewski (Ad.-Th.), Corbeil. Id.
Geissler (W.), Amsterdam. Pays Bas.
Gontard (C.-Ph.), Paris. France.
Götzly (Z.), Ponts-de-Martel. Suisse.
Grisel (Louis), La Chaux-de-Fonds. Id.
Grosclaude (Ch.-H.), Fleurier. Id.
Grosselin (A.) et Cie, Paris. France.
Guye (Ch.-Ed.), Fleurier. Suisse.
Hempel (Osc.), Paris. France.
Henslow, Hitcham. Royaume-Uni.

Huard frères, Versailles. France.
Huntzinger (Fr.), Havre. Id.
Jacot (Auguste), Paris. Id.
Jacquot (H.), Paris. Id.
Jamin (J.-Th.), Paris. Id.
Japy fils (L.), Berne (Doubs). Id.
Jacquin (And.), Paris. Id.
Kern (J.), Aarau. Suisse.
King (Thomas-D.), Bristol. Royaume-Uni.
Kraft et fils, Vienne. Autriche.
Kreuger (vice-amiral J.-H.), Stockholm. Suède.
Lahausse d'Issy (J.), Paris. France.
Lamotte-Lafleur (Ch.-J.), Paris. Id.
Larible (A.), Paris. Id.
Lebrun (Al.), Paris. Id.
Lecomte (Ch.-R.-L.), Paris. Id.
Lecoultre (Ant.) et fils, au Sentier. Suisse.
Lequin et Yersin, Fleurier. Id.
Leuenberger et fils, Sumizwald. Id.
Leydecker (veuve B.-Ch.), Paris. France.
Leyser (G.-M.-L.), Leipsik. Royaume de Saxe.
Littman (E.), Stockholm. Suède.
Lorimier, Besançon. France.
Mabrun (P.), Batignolles. Id.
Mairet (S.), Le Locle. Suisse.
Marti et Cie, Montbéliard. France.
Martin (E.), Saint-Nicolas-d'Aliermont. Id.
Mathieu (L.-Alph.), Paris. Id.
Meynadier (A.) et Cie, Genève. Suisse.
Morhard frères, Gundina et Cie, Genève. Id.
Moynier frères et Cie, Paris. France.
Neutze (C-Ph.), Cassel, Hesse électorale.
Nobert (F.-A.), Barth. Prusse.
Pauliny (J.-J.), Vienne. Autriche.
Perret (Julien), Chaux-de-Fonds. Suisse.
Pésier (E.), Valenciennes. France.
Petry père et fils, Voutaines-sur-Ourcq. Id.
Piguet (E.), Chaux-de-Fonds. Suisse.
Pillischer (Moritz), Londres. Royaume-Uni.
Pintus (J.) et Cie, Brendebourd. Prusse.
Pool (John), Londres. Royaume-Uni.
Porro (J.), Paris. France.
Potteau (Ph.-J.), Paris. Id.
Pupie (Fr.), Paris. Id.
Raby (L.-P.), Paris. Id.
Radiguet et fils, Paris. Id.
Ranch (Carl), Copenhague. Danemark.
Reimer, Berlin. Prusse.
Roch (Gme.), Genève. Suisse.
Sandoz (Ph.) et fils, Le Locle. Id.
Santi (A.), Marseille. France.
Scariano (B.), Palerme. États pontificaux.
Schropp (S.) et Cie, Berlin. Prusse.
Schulze (G.-A.), Berlin. Id.
Soderberg (Victor), Stockholm. Suède.
Soleil (Henri), Paris. France.
Tachet (Cl.-Fr.), Paris. Id.
Teigne (Fr.-V.), Paris. Id.
Thury (H.-Ad.), Dijon. Id.
Vallangin (Ed.), Passy, près Paris. Id.
Varde et Jeanray, Paris. Id.
Védy (F.-L.), Paris. Id.
Weilbach (J.), Copenhague. Danemark.
Wilckens (C.-Otto), Altena. Id.

C. Wurster (J.) et C°, Winterthur. Suisse
Wyld, Londres. Royaume-Uni.

Adams (F.-B.) et fils, Londres. Royaume-Uni.
Administration des mines et usines. Stockholm. Suède.
Archer (T.-C), Highertransmerc. Royaume-Uni.
Arera (R.-G.), Paris. France.
Asile des aveugles (M. Hirzel), Lausanne. Suisse.
Aubert frères, Sentier. Id.
Ausfeld (G.), Gotha. Saxe-Gotha.
Baily (P.-Ant.), Paris. France.
Barrochin (J.), Paris. Id.
Baschet (P.), Paris. Id.
Bataille aîné, Besançon. Id.
Baudin (J.-N.), Paris. Id.
Beaumann (Fr.), Hamm. Prusse.
Bautin, Paris. France.
Blatter (T.), Paris. Id.
Blin (E.-A.), Paris. Id.
Bob (L.), Furtwangen. Duché de Bade.
Bodeur (J.), Paris. France.
Boquillon (N.), Paris. Id.
Bornand (Eugène), Sainte-Croix. Suisse.
Bornand (M.-J.) et C°, Sainte-Croix. Id.
Boss (Ch.), les Brenets. Id.
Boulay-Lépine (Alf.), Paris. France.
Bourette (E.-H.), Meaux. Id.
Boyer (Victor), Paris. Id.
Bredemeyer (J.), Francfort-sur-l'Oder. Prusse.
Brisbart (V.-A.) et Robert (P.-J.-Ant.), Paris. France.
Brossart-Vidal (Mlle Élisabeth), Paris. Id.
Buchnar et Kirsch, D' Hildburghausen. Saxe-Moiningen.
Burel (E.), Rouen. France.
Bürgi (J.), Bâle. Suisse.
Cailly aîné (L.), Saint-Nicolas-d'Aliermont. France.
Cam (J.-C.), Paris. Id.
Cart (S.), Sarrogeais. Id.
Chambre de commerce de Brünn. Autriche.
Chambre de commerce de Lemberg. Id.
Chambre de commerce de Milan. Id.
Chambre de commerce d'Olmultz. Id.
Chambre de commerce de Prague. Id.
Chambre de commerce de Presbourg. Id.
Chambre de commerce d'Inspruck. Id.
Chambre de commerce de Vienne. Id.
Chambre de commerce de Pilsen. Id.
Chappart (N.-M.), Paris. France.
Charles (L.-S.), Paris. Id.
Chadel (An.-L.), Paris. Id.
Ciech et Deroche, Paris. France.
Clément (Em.-Ad.), Valenciennes. Id.
Colart-Vienot (Ev.), Villeneuve-sur-Yonne. Id.
Cole (Thomas), Londres. Royaume-Uni.
Collet (L.), Condé-sur-Noireau. France.
Courvoisier (Henri) et C°, le Locle. Suisse.
Courvoisier (Olivier), Renan. Id.
Croutte (A.) et C°, Saint-Aubin-le-Caux (Seine-Inférieure). France.
Dahlgren (V.), Stockholm. Suède.
Dancet (L.), Cluses. États sardes.
Decuignières, Clermont (Oise). France.
Delimann (L.), Besançon. Id.

Direction de l'Institut des aveugles, Amsterdam. Pays-Bas.
Draaisma (D.), Deventer. Id.
Droinet (F.), Overduin et C°, Paris. France.
Droz (C.), Chaux-de-Fonds. Suisse.
Ducommun, Paris. France.
Dumouchel (E.-F.), Paris. Id.
Dumoulin (A.-J.-A.-L.), Paris. Id.
École Grand-Ducale d'horlogerie, Furtwangen. Duché de Bade.
Engel (J.), Hoboken. États-Unis d'Amérique.
Émery-Rougier, Paris. France.
Fallempin et C°, Paris. Id.
Favre-Hennerich, Besançon. Id.
Ferdinandeum (institut national), Inspruck. Autriche.
Feth (G.), Paris. France.
Forges suédoises (propriétaires des). Suède.
Forrester (J.-J.) père, Porto. Portugal.
Furnel, Brighton. Royaume-Uni.
Geiser (R.), Chaux-de-Fonds. Suisse.
Gerrard (A.), Aberdeen. Royaume-Uni.
Giroud (L.), le Locle. Suisse.
Golay (F.), Brassus. Id.
Gouel (A.-A.), Paris. France.
Grand-Perrin, Paris. Id.
Grasset (J.-D.), Genève. Suisse.
Guerineau (L.-K.-H. et A.-A.), Paris. France.
Guerre (L.), Corbeil. Id.
Guillemain (J.-Is.), Paris. Id.
Guillemot (C.-A.), Paris. Id.
Heldenstein (Fr.), Saint-Josse ten-Noode-lez-Bruxelles. Belgique.
Hennault (J.-B. de) et fils, Fontaine-l'Évêque. Id.
Heugel et C°, Paris. France.
Hoffmann Eberhardt, Berlin. Prusse.
Holingue frères, Saint-Nicolas-d'Aliermont. France.
Holmberg (M.-O.), Stockholm. Suède.
Holst et Kooij, Amsterdam. Pays-Bas.
Hugershoff (Fr.), Leipsick. Saxe.
Huguenin (Ad.), le Locle. Suisse.
Joseph Jeannot (V.), Chaux-de-Fonds. Id.
Jeanrenaud (G.-H.), Fleurier. Id.
Jolly fils aîné, Paris. France.
Jundzill (Ad.), Genève. Suisse.
Junod frères, Chaux-de-Fonds. Id.
Kline et C°, New-York. États-Unis d'Amérique.
Kramer (Aug), le Locle. Suisse.
Krüss (E.-J.), Hambourg. Villes Hanséatiques.
Lago, Auch. France.
Lamblin (P.), Boux-sous-Salmaise. Id.
Lavergne (L.-J.), Poitiers. Id.
Laur (L.-Ant.), Paris. Id.
Lechevallier (L.-J.), Paris. Id.
Lecoultre-Perey (Alph.), Brassus. Suisse.
Lefebvre (Ant.-Pro.), Paris. France.
Lemaistre (P.-M.), Paris. Id.
Lerdo de Tejada (M.), Mexico. Mexique.
Leuba et Juvet, Val-de-Travers. Suisse.
Levard (P.-C.), Paris. France.
Lignières (J.-P.-J.), Paris. Id.
Linderoth (G.-G.), Stockholm. Suède.
Ljundggren (G.), Stockholm. Suède.
Logeman (N.-M.), Harlem. Pays-Bas.
Lohmann (R), Berlin. Prusse.
Longuet (C.-T.-E), Paris. France.

Machuel (Mostaganem) (Algérie). France.
Mannheim, Paris. Id.
Margotin (J.-Th.), Châtillon-sur-Seine. Id.
Margras (veuve), Paris. Id.
Masset (L.), Lamothe. Suisse.
Maurel et Jayet, Paris. France.
Meiszlinger (B.), Szaszka (Hongrie). Autriche.
Mercadier, Paris. France.
Mercier (A.), le Locle. Suisse.
Mermod frères, Sainte-Croix. Id.
Mikyska, Prague. Autriche.
Mineur (Cl.-G.), Stockholm. Suède.
Mirand aîné, Paris. France.
Morel, Abbeville. Id.
Mousquet et Jauffret, Paris. Id.
Mohr (Fr.), Coblentz. Prusse.
Negreti et Zambra. Royaume-Uni.
Paillard frères, Sainte-Croix. Suisse.
Paquet (Ph.-N.), Paris. France.
Pascal (P.-Elz.), Apt. Id.
Pasquier (H.-Raph.), Tours. Id.
Petitpierre (D.-L.), Couvet. Suisse.
Pezyalgow (Julien), Besançon. France.
Pierret (V.-A.), Paris. Id.
Pietrucci (M.), Pistoie. Toscane.
Pougeois (G.-G.), France.
Pouillot (V.-N.), Paris. France.
Poulsen (H.), Copenhague. Danemark.
Pulvermacher (J.-L.), Paris. France.
Queilhe, Paris. Id.
Raffelsperger (F.), Vienne. Autriche.
Ringard (P.-A.-C.), Paris. France.
Robaut (Alf.), Douai. Id.
Roblin (L.-J.-H.), Paris. Id.
Rohr Regnier (F.), Lenzbourg. Suisse.
Rouget (Ach.), Paris. France.
Saint-Hilles (Ch. de) et Ruffié (A.), Paris. Id.

Sandoz-Nardin, Besançon. France.
Saunier (Claude), Paris. Id.
Sauret (V.), Paris. Id.
Schnabel (Dr Ch.), Seignen. Prusse.
Schneider (Fr.), Freudenthal. Autriche.
Scholefield et Cie, Paris. France.
Sheepshanks (R.), Londres. Royaume-Uni.
Silva Mello (de), Lisbonne. Portugal.
Suchy (Carl) et fils, Prague. Autriche.
Terrier, Besançon. France.
Thomas de Colmar (Ch.-H.), Paris. Id.
Tiffereau (Ch.-Th.), Grenelle, près de Paris. Id.
Toloss et Cie, Paris. Id.
Valangin (ve L.), Gras (Doubs). Id.
Van Arcken (Clém.), Amsterdam. Pays-Bas.
Van Esschen (N.-G.-C.-Fl.), Læken. Belgique.
Villevert, Paris. France.
Weiss (Ch.), Gross Glogau. Prusse.

COOPÉRATEURS,

CONTRE-MAITRES ET OUVRIERS.

MÉDAILLES DE 1re CLASSE.

Schiffmann (Cl.-Fr.-A.), chez Mme ve Roux, Montbéliard. France.
Vallentin (H.-G.), boulevard Montparnasse, n° 147. Paris. Id.

MÉDAILLES DE 2e CLASSE.

Chalaphfre (Ch.), dans la maison Gambey, Paris. France.
Muller (Alb.), chez M. Favre (H.-Aug.), Locle. Suisse.
Chateau, rue Rambuteau, n° 40. Paris. France.
Junod (Y.), chez M. Mercier (Sigismond), Genève. Suisse.

EXPOSITION UNIVERSELLE

PRODUITS DE L'INDUSTRIE

NEUVIÈME CLASSE

INDUSTRIES CONCERNANT L'EMPLOI ÉCONOMIQUE DE LA CHALEUR, DE LA LUMIÈRE ET DE L'ÉLECTRICITÉ.

S'il existe, entre l'immatérialité de Dieu et les éléments divers dont le monde se compose, un point de contact et d'harmonie, cette harmonie réside dans l'action imperceptible, rapide et puissante des fluides impondérables, c'est-à-dire du calorique, de la lumière et de l'électricité, qui ne sont, au reste, selon toute apparence, qu'un seul et même fluide. Leurs éclatantes merveilles furent reconnues dès la plus haute antiquité, puisque saint Clément d'Alexandrie parle déjà de deux agents, qu'à sa description chacun reconnaîtra pour l'électricité positive et l'électricité négative. Albert le Grand, saint Thomas, Paracelse, Galilée, Pascal, agrandirent d'une manière remarquable l'héritage scientifique que leur avaient légué les Pères de l'Église; mais il fallut arriver au XVIII° siècle, à cette époque du doute et de la négation, pour voir, d'une part, l'électricité sortir triomphante du ciel d'où, nouveau Prométhée, l'arracha Franklin, et, d'autre part, le calorique et la lumière obéir aux diverses combinaisons chimiques que leur demandait l'industrie. Deux Italiens, Galvani et Volta, fixèrent, de prime abord, la fortune de l'électricité; plusieurs savants, groupés autour d'eux, ou disséminés sur divers points de l'Europe, opérant en sous-œuvre, multiplièrent les applications du même fluide. Mais pour que les corps impondérables pénétrassent dans le domaine de l'industrie usuelle, il fallut trente années d'épreuves, d'expériences, d'hésitations, de mécomptes et de succès; il fallut l'action souveraine d'hommes de génie comme Ampère et Fresnel; la hardiesse expérimentale d'artistes comme Daguerre, Niepce de Saint-Victor et Breguet; la patience d'investigation de savants chimistes tels que Ruolz et Elkington; il fallut l'empire des circonstances dont l'histoire ne tient point assez compte, et ce mouvement général d'une époque qui porte les idées dans un courant plutôt que dans un autre.

Eu abordant le palais de l'Exposition, le plus vulgaire des visiteurs eût été frappé d'étonnement à la vue de cette tour que surmontait un phare, et qui, posée dans la nef centrale, fonctionnait aux yeux de tous, de manière à donner l'idée nette de son mode d'action et des exigences du service intérieur qu'elle comporte. La tour dont il s'agit, destinée au littoral de Belle-Isle en mer, renfermait une lampe à quatre becs concentriques; lampe sans modérateur, puisque son piston descendait par son propre poids. Elle présentait, en outre, un appareil nouveau, fondé sur le décentrement des anneaux catadioptriques supérieurs, au moyen duquel les feux de ces anneaux dépassant la limite des feux projetés par les panneaux du centre, prolongeaient la durée des éclats de lumière. Un rouage puissant, à poids réglé, régularisait la vitesse du roulement. Les curieux ne s'expliquaient point cet ingénieux mécanisme, et n'appréciaient pas les services qu'en retire la navigation, principalement la navigation commerciale, mais il faisait image, et l'image leur plaisait. Un second phare, dont la partie optique se décomposait en vingt-quatre panneaux, fournissant à chaque rotation un égal nombre d'éclats, était destiné aux États-Unis. Enfin on remarquait d'autres phares qui présentaient diverses modifications; celui-ci par l'introduction d'un pivot central, support des parties tournantes; celui-là par l'emploi de lampes à réservoir supérieur ayant pour système d'alimentation une vanne que faisait fonctionner l'écoulement de l'huile en excès.

Cette fabrication des appareils lenticulaires, industrie éminemment française, qui a pour père Augustin Fresnel, pour représentants actuels Henri Lepaute et Sautter, s'est développée depuis 1819, sous l'influence exclusive de nos idées, en sorte qu'elle offre l'empreinte caractéristique du génie et des tendances qui nous sont propres. Buffon, le premier, eut l'idée de substituer aux lentilles à surfaces continues les disques échelonnés; Condorcet, dans son *Éloge de Buffon*, indiqua la séparation des zones concentriques comme moyen de réaliser ce système, et la pensée de ces deux esprits supérieurs n'eut d'écho que trente années plus tard. Augustin Fresnel ayant corrigé l'aberration de sphéricité dans les anneaux, appliqua les lentilles à l'éclairage des phares, et imagina deux profils générateurs : le profil *dioptrique*, qui renvoie par réfraction les rayons lumineux, et le profil *catadioptrique*, qui opère sur une des faces du prisme, par réflexion totale, et sur les deux autres faces par réfraction. Les profils sont disposés dans les phares de manière à réunir tous les rayons lumineux émanés du foyer, et à les projeter tous sur la mer. On possède des phares *à feu fixe*, des phares *à éclipses*, des phares *à feu fixe varié*, dénominations qui indiquent suffisamment leur nature, et on les classe en quatre ordres, d'après leur portée. La portée des phares de premier ordre varie depuis 20 jusqu'à 30 milles marins; celle des phares de second ordre de 15 à 18 milles; celle des phares de troisième ordre de 12 à 15 milles, et celle des phares de quatrième ordre de 4 milles à 12 milles. Nos côtes, qui présentent un développement de 300 myriamètres, et qui, en 1825, n'offraient encore que dix phares de quatrième ordre et vingt petits feux d'entrée de port, possèdent aujourd'hui trente-neuf phares de premier ordre, onze phares de second ordre, seize phares de troisième ordre, et cent trente-huit feux de port ou phares de quatrième ordre : total cent quatre-vingt-dix-huit phares, dont l'établissement coûte une douzaine de millions, chiffre minime eu égard aux services qu'ils rendent à la navigation. Nos appareils d'éclairage maritime sont adoptés partout; généralement on les tire de France. L'Angleterre seule construit les siens.

Certes, de toutes nos exhibitions nationales, aucune n'a présenté plus d'intérêt aux hommes de science, aux navigateurs, aux négociants exportateurs, que celle des phares lenticulaires. On a vu avec bonheur le système lenticulaire à échelons appliqué à la lampe marine, qui devient ainsi un fanal de grande portée; mais nous aurions vu, avec non moins de satisfaction, des réflecteurs sphériques, métalliques ou bicatadioptriques, centrés sur la flamme, et pouvant utiliser le rayonnement qu'on laisse sans emploi du côté de la terre.

De même que le système des phares, imaginé par Fresnel, est la plus large manifestation de la puissance humaine à l'endroit de la lumière, de même le système actuel qui applique le calorique à l'assainissement ainsi qu'au chauffage simultané des édifices les plus considérables, offre la résultante d'un accord très-heureux entre la physique et l'hygiène.

Aujourd'hui, les grands appareils de chauffage par circulation d'eau chaude, de vapeur ou d'air chaud, sont exploités, d'une manière générale, dans presque tous les principaux établissements industriels, scientifiques et sanitaires de France. L'Institut lui-même, qui, d'ordinaire, ne s'enthousiasme point pour la nouveauté, s'est prêté au système de chauffage par l'eau bouillante, et il s'en trouve bien. D'un autre côté, l'éclairage au moyen des corps solides s'est enrichi de la découverte : 1° de l'acide stéarique, et le suif a donné une matière comparable à la cire; 2° de l'huile de schiste, extraite d'un minéral plus dur et moins malléable que la houille.

D'ingénieuses opérations, vulgarisées en France, permettent d'utiliser pour le chauffage des torrents de gaz chaud, qui émanent des hauts-fourneaux et des fours métallurgiques. La chaleur obtenue ainsi est telle, que dans la plupart des usines à fer, la force motrice nécessaire se trouve réalisée, sans dépense supplémentaire de combustibles; conquête importante par l'économie qu'elle amène et par la régularité de procédés qu'elle consacre.

Deux systèmes pour le chauffage et la ventilation des édifices publics, se trouvaient en présence, après avoir été l'objet d'expériences comparatives du plus haut intérêt : le système par aspiration et le système par insufflation, fonctionnant avec des chances diverses d'assainissement radical, selon l'état de l'atmosphère et le mode de construction des édifices.

C'est au Royaume-Uni que nous devons l'application faite en grand des premiers systèmes de chauffage et de ventilation. Le docteur Arnott, constructeur non moins ingénieux que libéral, puisqu'il n'a fait de ses appareils ni un mystère ni une spéculation d'argent, s'avance le premier dans la carrière où le suivent divers hygiénistes habiles. Par eux, le chauffage et la ventilation mécanique, mariés ensemble, produisent des résultats bien préférables à ceux qu'on obtenait des cheminées d'appel, et donnent une mesure rigoureusement exacte de la ventilation que l'on veut obtenir. De tous les constructeurs

mines, au service de la médecine, et à l'économie domestique ; tels sont les anémomètres, les chronoscopes et les chronomètres électriques...

En attendant l'époque, sans doute fort éloignée, où les appareils électro-magnétiques viendront remplacer dans l'intérieur modeste de nos ménages, les jets de lumière qu'on obtient de l'huile et des bougies ; en attendant la révolution plus prochaine qui signalera l'usurpation complète du gaz hydrogène, tâchons de laisser ce gaz infect relégué dans les magasins, et ne l'admettons qu'avec une extrême réserve même dans nos corridors et nos cages d'escalier. Rien n'est préférable à la lampe, surtout à la lampe de fabrication française dont Paris possède le monopole pour ainsi dire exclusif. Nos exportations s'étendent dans les deux mondes ; elles pénètrent maintenant sans obstacle chez le peuple le plus jaloux de sa prééminence industrielle ; mais elles se modifient de mille manières différentes. La lampe Carcel, la lampe Decaen, dont le jet de lumière l'emporte sur tout autre jet, cèdent du terrain à la lampe *solaire*, et principalement à la lampe *modérateur*, le plus économique et aussi le plus commode de tous les appareils du genre. Ce n'est point l'habileté de nos lampistes qui laissera déchoir ces instruments précieux du rang d'estime qu'ils occupent ; c'est la falsification des huiles, laquelle diminue l'éclairage et finit par compromettre le jeu de l'appareil.

L'exclusion que nous voudrions hygiéniquement imposer au gaz d'éclairage, nous l'appliquons, par le même motif, au gaz de chauffage, tout en reconnaissant le mérite d'invention, l'originalité singulière du procédé. Le prix des machines se trouve encore trop élevé pour que leur emploi devienne général, et la construction des cuisines demande certaines modifications propres à rendre ce système compatible avec les exigences de la santé. C'est l'Angleterre et la Prusse, nations pleines de sève, qui viennent d'ouvrir la voie du chauffage par le gaz. En Angleterre, le gaz brûle au milieu d'une certaine quantité d'asbeste ou d'amiante qui donnent à la lumière une intensité remarquable ; en Prusse, la flamme débouche dans un petit entonnoir, se mêle avec une certaine quantité d'air, et s'épanouit ensuite sous une toile métallique servant de support à l'objet que l'on veut chauffer. Cette différence de procédés produit une différence dans le mode de construction des fourneaux, et, sous le rapport économique, nous ne saurions auxquels, des Anglais ou des Prussiens, donner la préférence.

Un autre mode de chauffage, plus économique et dont l'expérience a depuis longtemps constaté les bons effets, résulte de l'emploi des charbons artificiels. Préparés en agglomérant des poussières ordinaires de charbons de bois, de houille et de coke ; en carbonisant, pulvérisant et pétrissant avec des goudrons ces débris divers, puis en les condensant et les moulant, les charbons artificiels connus sous la dénomination de charbons de Paris, rivalisent aujourd'hui avec les charbons d'Angleterre. Ils développent une chaleur intense, mais uniforme ; ils se conservent longtemps au foyer et brûlent sans qu'il soit nécessaire d'attiser leur combustion, circonstance dont les laboratoires de chimie tirent un grand avantage. Les procédés de fabrication des charbons de Paris se sont beaucoup améliorés ; mais sur divers points de la France, on fait des charbons de tourbes dits *charbons doubles*, *charbons de l'éclair*, etc., qui balancent leur renommée.

Ce serait le cas de signaler divers appareils destinés, soit à carboniser le bois, soit à torréfier le café, soit au chauffage des baignoires par l'action d'une lampe solaire, soit à la cuisson rapide des aliments, soit enfin à leur conservation et au maintien d'une température toujours plus basse que la température atmosphérique ; mais il faudrait descendre dans de trop petits détails. La dessiccation et le conditionnement des matières textiles, double opération des plus importantes, surtout pour les matières comme la soie, qui jouissent d'une grande valeur, s'exécutent avec infiniment d'économie par l'influence d'un courant d'air chaud qui pénètre la matière même à dessécher. Les nouveaux appareils construits d'après cette idée économisent soixante-dix-huit parties de combustible sur cent et agissent avec plus de rapidité que les anciens appareils.

Le *caloridore progressif*, destiné à utiliser la chaleur des bains de teinture épuisés, est une machine fondée sur le principe d'équilibre de température qu'acquièrent deux liquides marchant simultanément, mais en sens contraire, dans deux canaux ; le *caloridore alimentateur* échauffe l'eau d'alimentation destinée au séchage des étoffes, au moyen d'un serpentin renfermé dans une enveloppe de fonte. Ce sont d'heureuses applications de procédés déjà connus.

Un *torréfacteur mécanique*, imaginé par M. Roiland, ingénieur des manufactures impériales, ne convient pas seulement à la dessiccation rapide du tabac ; il opérerait la torréfaction d'une infinité d'autres matières, et mérite, par conséquent, de prendre le rang honorable que le jury a cru devoir lui assigner. Nous ne laisserons pas non plus inaperçue l'application de la vapeur sans pression au blanchissage du linge, mode de conservation très-efficace ; ni le procédé qui consiste à faire circuler la lessive sur le linge avec une élévation progressive et graduée de température ; ni principalement le moyen ingénieux qui nettoie le linge sans battage, sans torsion, et qui, par le jeu d'une simple rotation imprimée à des compartiments à claires-voies tournant sur leur axe, opère, dans une solution alcaline ou dans l'eau pure, les immersions qu'exige un parfait nettoiement.

La mécanique perfectionnée nous place ainsi fort loin du système rudimentaire proposé par Berthollet ; système dont la chimie seule constituait la base ; mais en descendant les anneaux de la chaîne du progrès indéfini, en remontant jusqu'au point d'origine de chaque découverte, le mérite de l'inventeur, loin de baisser, semble grandir, car les révolutions successives qui s'opèrent par l'impulsion de son génie, souvent il les a pressenties, et s'il ne les a point effectuées lui-même, la brièveté de la vie, l'obstacle qui naît d'une impossibilité d'exécution matérielle, le retard, l'indifférence qu'on apporte pour l'adoption des idées les plus profitables et les plus fécondes, expliquent cette distance quelquefois si grande, du génie qui crée au génie qui applique.

On voit néanmoins, dans les arts utiles, beaucoup de procédés franchir instantanément l'espace compris entre le laboratoire du chimiste et la vitrine du commerçant. L'usage suit la découverte ; la perfection progressive découle moins du principe lui-même que des moyens économiques suggérés par l'expérimentation d'ouvriers habiles. C'est ce qui est arrivé pour l'emploi des effets chimiques dus à l'électricité, pour l'application de la galvanoplastie à l'art du fondeur, de l'orfévre et du typographe. Dès que l'on eut découvert le moyen de recouvrir les corps d'une couche métallique plus ou moins mince, solidem ut adhérente ; dès que l'on eut acquis la possibilité de placer dans un moule communiquant au pôle négatif d'un appareil formé de plusieurs couples voltaïques, tel ou tel métal reproduisant avec fidélité la moindre empreinte de la surface du moule, l'industrie galvanoplastique comprit toute l'étendue de ses ressources, toute la portée de son avenir. Et comme une découverte ne semble jamais marcher qu'avec une découverte parallèle, la gutta-percha, substance éminemment élastique, est venue s'offrir aux exigences du mouleur, qui, de son côté, a pu répondre aux exigences capricieuses de l'orfévre et du bijoutier.

Différentes pièces, en argent et en or, métaux déposés électro-chimiquement, ont témoigné d'un progrès notable dans les procédés galvanoplastiques. Sous le rapport du goût, la France l'emportait sur ses rivaux ; mais sous le rapport du faire, le Royaume-Uni ne lui cédait rien, et l'Autriche, la Prusse, le Danemark, voire même le grand-duché de Hesse et le duché de Saxe-Cobourg se montraient avec dignité dans la lice. La galvanoplastie de l'imprimerie impériale de Vienne et la galvanoplastie de l'Imprimerie impériale de France, se portaient défi ; les planches galvanographiques, les reproductions hyalographiques des industriels d'outre-Rhin nous ont particulièrement frappés, mais nos gravures obtenues par l'électricité, nos planches en relief, produites électro-chimiquement avaient aussi leur valeur. D'autres établissements particuliers, sans offrir des résultats du même ordre, suivaient néanmoins de très-près ces établissements types, et quand on se met en présence des difficultés de la vie, des sacrifices qu'imposent aux chefs d'ateliers les moindres innovations, les moindres recherches étrangères au train habituel des affaires, on a lieu de s'étonner que les établissements modèles, dotés, surveillés par un gouvernement riche, ne laissent pas plus loin derrière eux l'industrie modeste du simple ouvrier livré à ses propres forces, à l'exiguité de ses ressources personnelles.

REVUE DES PRINCIPAUX OBJETS

EXPOSÉS DANS LA NEUVIÈME CLASSE.

M. le docteur Neil ARNOTT, a Londres (Royaume-Uni).

M. le docteur Arnott, en sa qualité de membre du Jury, n'a pas dû prendre part au concours : mais la Classe a considéré comme un devoir de mentionner très-honorablement ses travaux.

M. Arnott est l'inventeur de plusieurs appareils de ventilation, dont l'un est employé dans l'hôpital d'York; et d'un appareil pour la combustion de la fumée dans les foyers découverts, qu'il a décrit dans un récent ouvrage.

Ce savant ne s'est réservé le privilège d'aucune de ces inventions, il a ainsi puissamment contribué à la propagation de la ventilation mécanique, si préférable, sous tous les rapports, aux cheminées d'appel.

M. DUVOIR-LEBLANC, a Paris (France.)

De tous les constructeurs qui s'occupent de chauffage et de ventilation, M. Duvoir-Leblanc est celui qui a monté le plus grand nombre d'appareils. Le chauffage, dans son système, a toujours lieu par des poêles à eau chauffée par circulation, et quoique, dit le Rapport, rien de particulier ne mérite d'être signalé dans les dispositions employées, les renseignements fournis au Jury sur leur emploi sont très-satisfaisants.

Quant à la ventilation, elle s'obtient par le mode habituel d'une cheminée d'appel, dans laquelle se trouve un poêle à eau chaude. Des appareils de ce genre, établis au palais du Luxembourg et dans une moitié de l'hôpital Lariboissière, prouvent cependant que ce système est peu économique pour le combustible et peu régulier.

Mais ce qui distingue les appareils de M. Duvoir-Leblanc, c'est leur remarquable construction. Ils sont montés avec le plus grand soin. Le Jury lui a décerné une médaille d'honneur.

MM. THOMAS et LAURENS, a Paris (France).

MM. Thomas et Laurens, ingénieurs, ont présenté dans la IXᵉ Classe divers travaux importants qui ressortent des arts métallurgiques, travaux dont l'appréciation par le Jury de cette classe est venue se joindre à celle de la Iʳᵉ Classe, lorsqu'il s'est agi de récompense d'un ordre supérieur.

Parmi les travaux de ces ingénieurs, nous citerons la création du générateur de gaz, ou système de conversion des combustibles en oxyde de carbone, que l'on applique aux divers chauffages industriels ou métallurgiques.

Nous citerons également, comme appartenant plus spécialement à la IX⁰ classe, la ventilation insufflée qui consiste à assainir les lieux insalubres et surtout les hôpitaux, en y introduisant l'air neuf par l'action d'une machine soufflante, au lieu de l'attirer par l'action d'une cheminée d'appel ou d'une machine aspirante. Dans ce système de MM. Thomas et Laurens qui, à Paris, est appliqué à l'hôpital Lariboissière, la vapeur, après avoir produit son effet mécanique, est tout entière employée, pendant l'hiver, au chauffage des salles des malades, et, pendant l'été, à celui des bains, des étuves, etc.; par cette combinaison, la ventilation ne coûte sensiblement aucune dépense en combustible, et cette ventilation est beaucoup plus efficace que la ventilation par appel, car des expériences suivies ont démontré que pour produire *un même effet* d'assainissement, il fallait, en ventilant par *insufflation*, faire passer dans une salle de malades environ moitié moins d'air qu'en ventilant par *appel*.

Il suffira de mentionner une autre invention de ces ingénieurs, celle de la vapeur surchauffée, fonctionnant comme véhicule de la chaleur, vu les nombreuses applications que l'industrie en a faites, tant en France qu'à l'étranger.

Le rapporteur du Jury de la IX⁰ classe termine ainsi son rapport sur l'exposition de MM. Thomas et Laurens :

« MM. Thomas et Laurens sont des ingénieurs distingués qui occupent depuis longtemps dans l'industrie du pays une position élevée. M. Thomas est chargé depuis bien des années du cours de machines à vapeur à l'École centrale, et M. Laurens y a rempli, pendant plus de dix années, les fonctions de répétiteur du cours de construction.

« Le Jury pense que, pour l'importance des objets qui ont été soumis à son appréciation, MM. Thomas et Laurens méritent la médaille de première classe. »

M. Ph. GROUVELLE, a Paris (France).

M. Grouvelle est l'auteur de l'appareil de chauffage et de ventilation établi à la prison Mazas, et il en a présenté les plans. Cet appareil fonctionne depuis 1849, et donne les plus remarquables résultats. Il se compose de réservoirs d'eau, placés à chaque étage et dans chaque bâtiment de la prison, chauffés par un serpentin à vapeur. L'eau de ces réservoirs circule dans des conduits renfermés eux-mêmes dans des canaux que l'air extérieur est forcé de traverser pour pénétrer dans les cellules, après s'être échauffé par la chaleur rayonnante des conduits d'eau chaude. Une grande cheminée d'appel, placée au centre des bâtiments de la prison, réunit tous les canaux de descente, pour rejeter ensuite l'air brûlé à l'extérieur.

M. Grouvelle a établi sur ce modèle les appareils de chauffage et de ventilation de plusieurs prisons.

Il exposait aussi des plans de fours en terre cuite, continus, pour la revivification du noir animal. Un de ces fours, établi chez MM. Berthe et Lebaudy, produit 17,000 kil. de noir animal revivifié en vingt-quatre heures. Médaille de première classe.

M. René DUVOIR et Cᵉ, a Paris (France).

La maison Duvoir est une des plus importantes qui existent dans son genre, sous le rapport de l'étendue des affaires. Elle a établi ses appareils de chauffage et de ventilation dans un grand nombre d'édifices importants, à Paris, en province et même à l'étranger. Elle a soumis au Jury les appareils construits à l'École polytechnique et à l'embarcadère de Strasbourg.

Les mêmes appareils sont établis dans 22 autres gares, 43 hôpitaux, 15 prisons, 6 théâtres, etc. Médaille de première classe.

M. G. SAGEY, a Tours (France).

Les anciens appareils de chauffage et de ventilation de la prison de Tours étaient insuffisants, et dans les années d'épidémie, une mortalité effrayante y exerçait ses ravages. M. SAGEY a établi un système particulier, de doubles cuvettes en tronc de cône, auquel on doit le complet assainissement de la prison, et qui présente en outre l'avantage d'utiliser le travail des détenus. MÉDAILLE DE PREMIÈRE CLASSE.

M. E. ROLLAND, A STRASBOURG (FRANCE).

Dans le cours de sa fabrication, le tabac, à un certain moment, doit être soumis à une température supérieure à 100°. Cette torréfaction, habituellement exécutée en plein air, avait l'inconvénient d'exposer les ouvriers à des émanations très-nuisibles, et en outre, à cause de l'imperfection des appareils, de ne livrer le tabac qu'irrégulièrement traité.

M. ROLLAND, ingénieur des manufactures impériales, a imaginé un cylindre garni intérieurement de nervures hélicoïdales, qui placé horizontalement, est soumis dans le sens de son axe à une rotation rapide. Le tabac, qu'on présente régulièrement à l'ouverture, est entraîné par les nervures dans toute la longueur du cylindre, et un foyer placé au-dessous, par son rayonnement, le soumet à la chaleur nécessaire.

M. ROLLAND a exposé en outre, comme complément et accessoire de son *torréfacteur-mécanique*, un autre appareil fort curieux, qu'il appelle *thermo-régulateur*, pour révéler le degré de chaleur obtenue.

M. ROLLAND a reçu du Jury une MÉDAILLE D'HONNEUR.

M. J.-L. ROGEAT, A LYON (FRANCE).

La fabrication soignée des nouveaux appareils dits appareils Talabot-Persoz-Rogeat, pour la dessiccation et le conditionnement des matières textiles, a valu la MÉDAILLE DE PREMIÈRE CLASSE à M. ROGEAT PÈRE.

Ces appareils inventés par M. Talabot, perfectionnés plus tard par M. Persoz, consistent en deux cylindres en tôle, concentriques et verticaux. La matière à dessécher est renfermée dans le second cylindre, tandis que le premier est rempli de vapeur. De plus, un courant d'air chaud traverse la matière soumise à l'opération, et s'échappe ensuite par la cheminée du calorifère.

M. P. PIMONT, A SAINT-LÉGER-DUBOURG–DENIS, SEINE-INFÉRIEURE (FRANCE).

M. PIMONT est l'inventeur de plusieurs modes d'application de principes connus pour utiliser, dans l'industrie, la chaleur jusqu'à présent perdue.

Le premier appareil nommé *caloridore progressif*, destiné à employer la chaleur des bains de teinture épuisés, consiste en plusieurs caisses que les eaux sales parcourent avant de s'écouler, et que traversent en sens inverse des serpentins contenant de l'eau pure.

Le second, nommé *caloridore alimentateur*, a pour but, dans les machines à vapeur, d'échauffer l'eau d'alimentation des générateurs, en lui faisant traverser, dans des serpentins, des espaces remplis par la vapeur sortant des cylindres.

Dans les séchages d'étoffes au contact de plaques métalliques échauffées par la vapeur, une certaine quantité de vapeur s'échappe toujours avec l'eau de la vapeur condensée. M. Pimont recueille l'eau et la vapeur dans un vase clos, d'où l'eau seule peut sortir par un robinet inférieur. Ce troisième appareil est nommé par l'inventeur *hydro-extracteur*.

Enfin, il nomme *calorifuges* les matières plastiques dont il recouvre les appareils pour diminuer la perte de la chaleur.

M. PIMONT a reçu du Jury une MÉDAILLE DE PREMIÈRE CLASSE.

M. CHAUSSENOT jeune, a Paris (France).

Les appareils de M. Chaussenot jeune, construits par MM. Halley et C*, constructeurs à Paris, sont des calorifères pouvant chauffer des maisons entières; deux systèmes sont par lui employés indifféremment.

Dans le premier, la flamme et les divers produits gazéiformes de la combustion, émanés d'un foyer central, s'élèvent autour de l'appareil, s'épanouissent dans un espace cylindrique établi au sommet; puis descendent, en se divisant, dans une multitude de tubes disposés en cercle, pour se rendre au-dessous du foyer, dans un autre coffre cylindrique au milieu duquel se trouve l'embouchure de la cheminée par laquelle s'établit le tirage. Suivant le parcours que nous venons d'indiquer, mais dans un sens inverse, l'air pris du dehors s'élève et se renouvelle méthodiquement, s'échauffe graduellement contre les parois du coffre inférieur, des tubes et du coffre supérieur, pour se rendre dans les chambres, salles, ateliers, séchoirs, etc., qu'il s'agit de chauffer et de ventiler simultanément.

Dans le second système, l'air est échauffé par l'eau chaude ou par la vapeur. Il consiste en une chaudière en fer complétement close, et garnie de siphons, où l'air se chauffe par son passage dans ces siphons qui baignent dans l'eau chaude ou la vapeur; cet appareil ne porte dans les pièces à chauffer et à ventiler que l'air chaud lui-même, sans y introduire aucun tuyau de circulation d'eau, il ne peut, par conséquent, y donner la moindre humidité, et évite les inconvénients des appareils qui laissent échapper l'eau ou la vapeur par les fissures que produit la dilatation ou le retrait des tuyaux. Par ce second système, l'air n'est jamais insalubre par une trop grande dessication, et on peut toujours lui rendre le degré hygrométrique qui lui convient.

Ces deux systèmes de calorifère ont été appliqués avec un succès incontestable dans un grand nombre d'usines et d'établissements publics et industriels. Leur auteur, M. Chaussenot jeune, a déjà obtenu les médailles de bronze aux expositions de 1834, celles d'argent en 1839 et 1844, la médaille de platine de la Société d'encouragement en 1836, la médaille d'or en 1849, qui fut la seule donnée à cette industrie. Le Jury internationnal lui a décerné la MÉDAILLE DE PREMIÈRE CLASSE.

M. BAUDON-PORCHÈS, a Lille (France).

L'établissement de M. Baudon-Porchès est considérable. Plus de 200 ouvriers y sont employés.

Les appareils de chauffage qu'il présentait à l'Exposition universelle se sont fait remarquer par leurs excellentes dispositions.

La courbe de ses cheminées est bien entendue et détermine un bon rayonnement de chaleur.

Citons d'une manière toute particulière un calorifère d'une construction simple, pouvant se nettoyer avec la plus grande facilité, et dont le prix est fort restreint.

Le Jury a voté à M. Baudon-Porchès une MÉDAILLE DE PREMIÈRE CLASSE.

M. P.-E. CHEVALIER, a Paris (France).

Les calorifères, les fourneaux de cuisine et les appareils pour le chauffage des serres et des buanderies, constituent la spécialité de M. Chevalier. Sa fabrication est soignée, ses approvisionnements des plus complets.

MÉDAILLE DE PREMIÈRE CLASSE.

M. J.-B. MARTIN, a Besançon (France).

Les appareils de chauffage de M. Martin, d'un prix très-modéré, présentent des dispositions conformes à une bonne théorie. Sa fabrication de calorifères embrasse les édifices publics et les maisons particulières. Il exposait un poêle calorifère à combustion contenue et fumivore d'une construction simple et économique. MÉDAILLE DE PREMIÈRE CLASSE.

MM. ROGEAT FRÈRES, A LYON (FRANCE).

MM. ROGEAT produisent surtout des calorifères solidement et économiquement construits, de grands fourneaux de cuisine des mieux disposés, pour lesquels ils font usage de fontes émaillées résistant bien à l'action du feu ; l'importance de leur fabrication est assez grande. Le Jury leur a accordé une MÉDAILLE DE PREMIÈRE CLASSE.

MM. D. ET EDW. BAILEY, A LONDRES (ROYAUME-UNI).

Le système du docteur Neil-Arnott, pour les cheminées à foyers ouverts avec appareils fumivores, a trouvé une mise en pratique remarquable dans les fabriques de MM. BAILEY. Ils ont exposé aussi des appareils et pompes à air pour la ventilation des grands bâtiments. L'importance de leurs affaires et la bonne qualité de leurs produits leur a mérité une MÉDAILLE DE PREMIÈRE CLASSE.

MM. F. EDWARDS ET FILS, A LONDRES (ROYAUME-UNI).

MM. EDWARDS ont particulièrement exploité le système Arnott. Leurs quatre grandes cheminées d'appartements, leurs poêles à régulateur, leurs soupapes pour le renouvellement de l'air des appartements, sont d'après cet auteur. Ils ont aussi des poêles calorifères, des fourneaux de cuisine à dispositions très-complètes, des poêles à colonnes en fer offrant des surfaces très-développées. Leur fabrication est établie sur une large échelle. MÉDAILLE DE PREMIÈRE CLASSE.

MM. J. ET C.-G. BOLINDER ET Cᵉ, A STOCKHOLM (SUÈDE).

Ces exposants présentaient des fourneaux économiques de cuisine en fer à dispositions aussi simples que commodes, et dont les prix sont de beaucoup inférieurs à ceux des produits de même nature des autres nations. Ces appareils sont très-portatifs et très-solidement construits. Le Jury a accordé à MM. BOLINDER ET Cᵉ une MÉDAILLE DE PREMIÈRE CLASSE.

M. L. FR. STAIB, A GENÈVE (SUISSE).

Le calorifère entièrement en fonte de M. STAIB présente, sous un volume restreint, un très-grand développement de surfaces, au moyen de plaques formant des saillies prismatiques. Sa construction, simple autant que solide, rend son nettoyage des plus faciles ; ses dispositions sont heureusement combinées, son prix modéré. Aussi son ingénieux inventeur a-t-il reçu du Jury une MÉDAILLE DE PREMIÈRE CLASSE.

M. LAPERCHE, A PARIS (FRANCE).

La fabrication de M. LAPERCHE consiste principalement : en cheminées avec foyers mobiles ; intérieurs de cheminées à compartiments, pour réchauffer l'air extérieur, à double ou simple foyer ; cheminées et intérieurs de cheminées, tournant à volonté pour chauffer à la fois deux pièces attenantes ; calorifères portatifs ou en construction, pour chauffer des établissements entiers ; fourneaux de cuisine de toutes dimensions, réunissant à l'économie du combustible, les meilleures conditions d'emploi qu'il soit possible, etc.

La maison LAPERCHE, ancienne maison JACQUINET, est des plus importantes ; elle s'est toujours fait remarquer par son excellente fabrication, et a une large part dans toutes les améliorations faites depuis quelques années dans son industrie.

Nous avons visité les ateliers de M. LAPERCHE, et nous y avons remarqué particulièrement des foyers, d'importation anglaise, qui non-seulement répandent dans l'appartement la chaleur du combustible brûlé, mais encore, par suite du perfectionnement, attirent l'air extérieur, le réchauffent, et le renvoient dans l'appartement, ainsi chargé de calorique.

Mais de toutes les idées produites par une pensée d'économie, la plus heureuse est, sans contredit, celle qui consiste dans la construction de ses cheminées à foyer tournant, pour chauffer deux pièces à la fois, avec un seul foyer incandescent.

Le système auquel elle a donné naissance, et qui n'a d'autre mécanisme qu'un simple pivot dont on prévoit facilement le jeu, est si commode, si économique et si peu compliqué, qu'on désire le voir s'introduire dans les constructions nouvelles qui s'élèvent de toutes parts dans Paris.

La diversité des systèmes de chauffage réunis dans les magasins de M. LAPERCHE n'est cependant pas ce qu'ils offrent de plus remarquable. L'obligation d'adapter ses foyers portatifs et ses foyers mobiles, à tout emplacement et de les revêtir de toutes les formes nécessitées par la variété des lieux, a amené des combinaisons sans nombre, où les élégances de l'art masquent les imperfections de l'emplacement. C'est sous ce rapport surtout que nous avons vu chez M. LAPERCHE des prodiges d'adresse, de savoir-faire et de bon goût.

M. LAPERCHE ne s'étant décidé à exposer que tardivement, n'a rien présenté de spécialement fabriqué pour l'exposition, aussi n'a-t-il reçu du Jury qu'une MÉDAILLE DE DEUXIÈME CLASSE.

Mme S. CHARLES et Ce, a Paris (France).

Mme CHARLES a appliqué la vapeur au blanchissage du linge dans les ménages. Elle emploie la vapeur sans la surchauffer, par conséquent sans nuire au linge; et, en dosant avec soin ses dissolutions alcalines, elle en modère et en surveille l'action; enfin elle a eu l'heureuse idée de donner à ses cuviers de métal (cuivre ou fer galvanisé) la forme de baignoires.

Mme CHARLES a livré plus de 10,000 buanderies portatives au public, et a monté de grands appareils dans 69 établissements importants, notamment à l'École militaire. MÉDAILLE DE PREMIÈRE CLASSE.

M. POPELIN-DUCARRE et Ce, a Paris (France).

L'emploi, pour la fabrication du charbon artificiel, des ramilles de forêts, des bruyères, des fonds de halle des hauts fourneaux, et des goudrons provenant des usines à gaz, a donné à ces objets une valeur réelle. Le charbon de M. POPELIN-DUCARRE, connu sous le nom de *Charbon de Paris*, brûle, même isolé, avec une flamme soutenue et régulière, sans dégager ni mauvaise odeur ni fumée; et pour cette raison il est fort recherché dans les arts, et surtout dans les laboratoires de chimie. Il dépose, il est vrai, une grande quantité de cendres, mais c'est à cette couche de cendre qu'il doit la durée de son incandescence.

Ses appareils employés pour la pulvérisation, le moulage et la carbonisation, sont également dignes de fixer l'attention et produisent d'excellents résultats. MÉDAILLE DE PREMIÈRE CLASSE.

M. L. HÉBERT, a Reims (France).

La fabrication de charbons de tourbe très-satisfaisants pour l'économie domestique, et la préparation de tourbes purifiées, séchées et comprimées qui, par la modicité de leurs prix, conviennent aussi à l'industrie et aux arts, place M. HÉBERT à un rang distingué parmi les inventeurs.

Il fabriquait chaque année 14,000,000 de kilogrammes de cette tourbe qu'il nomme *tourbe pétrée ;* et
a dû, en 1836, élever sa fabrication au chiffre de 36,000,000 kilog. MÉDAILLE DE PREMIÈRE CLASSE.

M. R. W. ELSNER, A BERLIN (PRUSSE).

La solution du problème de l'emploi du gaz pour le chauffage dans l'économie domestique est des plus
intéressantes. M. ELSNER s'est efforcé de l'atteindre à l'aide d'appareils fort curieux, mais malheureusement d'un prix assez élevé.

Il a présenté notamment un fourneau de cuisine complet, uniquement alimenté par le gaz, sur lequel
on peut opérer toutes les préparations culinaires avec célérité et propreté. Avec une dépense moindre,
quatre litres d'eau ont été portés à 100°, en 21ᵐ 10ˢ sur ce fourneau, tandis qu'avec un fourneau de
cuisine ordinaire, il s'est écoulé 44ᵐ 30ˢ avant que la même quantité d'eau soit arrivée à l'ébullition.

Les appareils de M. ELSNER sont d'une exécution soignée. MÉDAILLE DE PREMIÈRE CLASSE.

M. FRANCHOT, A PARIS (FRANCE).

Entre tous les appareils domestiques de l'éclairage à l'huile, le plus répandu aujourd'hui est celui
inventé par M. FRANCHOT dès 1836. Sa lampe à modérateur doit à la simplicité de sa construction, au jeu
infaillible du petit nombre d'organes entrant dans sa composition, une supériorité que n'ont fait que confir-
mer les essais des fabricants, retournant de mille manières ses éléments primitifs, et n'arrivant en somme
qu'à la reproduire, sinon pour la forme, au moins pour le système dont voici le résumé. L'huile, déposée
dans le pied cylindrique de la lampe, est poussée à monter jusqu'au bec par un piston armé d'un ressort hélicoïdal, ayant son point d'appui au sommet du réservoir. Une portion du tube d'ascension, portée
sur le piston et mobile avec lui, sert pour régulariser l'affluence de l'huile, malgré les variations inévitables de la tension du ressort. Dans ce tube s'engage plus ou moins un fil métallique fixe, en sorte que
la partie du canal rétrécie par sa présence diminue de longueur, à mesure que le niveau de l'huile baisse
et que le ressort se détend. Une clé à crémaillère, établie à demeure en regard de celle dirigeant le
porte-mèche, remonte le piston, arrivé au bas de sa course. Grâce au bon règlement du modérateur,
l'huile, montant au bec en quantité constante et en léger excès, amène la durée de marche la plus longue
possible, ce qui constitue l'excellence de la lampe.

La MÉDAILLE DE PREMIÈRE CLASSE, proposée d'abord par le Jury pour M. FRANCHOT, a été convertie en la
CROIX DE LA LÉGION D'HONNEUR.

M. GAGNEAU, A PARIS (FRANCE).

Si la raison d'économie a fait prévaloir généralement l'usage de la lampe dite *modérateur,* pourtant la
partie riche de la clientèle est restée fidèle au système Carcel, dont l'invention, tombée dans le domaine
public, date d'une trentaine d'années. La lampe Carcel emploie surtout avantageusement les huiles
grasses; l'appareil moteur de son abondante alimentation est, comme on sait, un rouage à ressort, agissant sur de petites pompes foulantes, et produisant, du fond de la lampe au bec d'Argan adopté par
l'inventeur, l'ascension constante de l'huile pendant toute la durée de la combustion.

Parmi les exposants ayant construit des appareils mus par le mécanisme Carcel et leur ayant fait subir
quelques heureux perfectionnements, M. GAGNEAU possède la supériorité, tant pour le genre d'exécution
que par l'importance de la fabrication; aussi le Jury a-t-il voulu récompenser ce digne représentant d'une
industrie éminemment parisienne en lui décernant une MÉDAILLE DE PREMIÈRE CLASSE.

M. BLAZY-JALLIFIER, A Paris (France).

M. Blazy-Jallifier exposait des appareils d'éclairage avec réflecteurs en plaque d'argent, bien conçus et bien exécutés; une forte lampe à vaste réflecteur parabolique à l'usage des peintres, puis des lanternes de cantonniers, des signaux de nuit, des feux de couleurs, etc., pour les chemins de fer. Médaille de première classe.

M. HADROT JEUNE (J.-L.) et Cie, A Paris (France).

La plus ancienne des fabriques de lampes-modérateur est celle de MM. L. Hadrot jeune et Cie.

Concessionnaire dès l'an 1837 des brevets pris par M. Franchot, M. Hadrot, pour donner à sa fabrication l'importance et la supériorité dont elle était susceptible, n'a cessé d'appliquer ses efforts à réunir et à faire exécuter dans un atelier unique, à l'aide de puissants appareils et sous une surveillance incessante, tous les travaux professionnels se rattachant à son industrie, travaux qui jusqu'alors s'élaboraient isolément en se disséminant au dehors.

L'Illustration du 22 juillet 1854 a consacré un article spécial à la description de ces magnifiques ateliers. Nous en donnons ici même le dessin. Les merveilles de la division et de l'harmonie du travail s'y reproduisent chaque jour.

Des laminoirs, des presses, des emporte-pièces, des balanciers et des moutons d'une grande puissance pour la ciselure, le découpage et l'estampage; d'autres appareils fort ingénieux pour l'exécution de tout ce que la machine peut faire en une pareille industrie, voilà quels sont les engins vigoureux et pour ainsi dire les premiers ouvriers de cette belle et haute salle vitrée qui, en chacun de ses trois étages, présente le tableau de la plus intelligente et de la plus habile activité.

La maison Hadrot jeune et compagnie ne s'est pas contentée d'assurer ainsi l'excellence de sa fabrication; elle a perfectionné elle-même l'appareil à éclairage qu'elle fabrique. Une disposition particulière donnée au procédé de M. Franchot, assure à ses lampes une combustion toujours égale à elle-même et non interrompue pendant douze heures, et même au besoin, pendant quinze heures. Le public, il est vrai, n'apprécie pas assez cet avantage, qui est inutile à la plupart des consommateurs, et ce qu'il demande surtout, c'est une bonne lampe à bon marché. La maison Hadrot la lui donne. Ses produits ne craignent aucune comparaison et il n'y a rien de mieux à dire pour les louer que de parler de leur immense débit. Les ateliers de MM. Hadrot et Cie ne suffisent pas à la clientèle qu'ils se sont faite, non-seulement à Paris et dans toute la France, mais encore en Allemagne, en Suisse et en Italie, où leurs agents ont acquis la confiance générale, et surtout à Amsterdam, à Bruxelles et à Londres, où ils ont eux-mêmes créé d'importants établissements. C'est même un de leurs titres principaux que l'habileté et la persévérance dont ils ont fait preuve pour ouvrir le marché anglais à la fabrication et au commerce des lampes françaises. Il leur a fallu lutter contre l'inertie d'un concessionnaire du premier imitateur, et contre la mauvaise volonté déclarée de presque tous les autres lampistes. L'un des plus beaux résultats qu'ils aient obtenu, c'est la vulgarisation de l'emploi des huiles françaises de colza. Ces huiles si nécessaires au bon usage de la lampe modérateur entrent maintenant en Angleterre par quantités de plusieurs millions d'hectolitres, le commerce français y trouve un bénéfice de plusieurs millions de francs.

Il est inutile de dire que si la maison Hadrot excelle principalement dans la fabrication des bonnes lampes, elle n'est inférieure à aucune autre maison dans la production des lampes de luxe. Il suffit de visiter ses magasins pour se convaincre de la variété et de la beauté de ses produits.

Une médaille de prix a été, en 1851, à Londres, la récompense de tant d'efforts et d'efforts si heureux.

Ce n'est pas, en effet, un service médiocre rendu à la société que de lui avoir fourni à bon marché un excellent appareil d'éclairage, et de plus brillantes industries ne sauraient être comparées, pour l'importance des résultats, à celle dont MM. Hadrot et Cie sont, avec fort peu d'autres fabricants, les représentants principaux. Le Jury leur a décerné une médaille de première classe.

Vue des ateliers de M. Hadrot et Cie, à Paris.

M. A. NEUBURGER, a Paris (France).

Pour bien rendre compte des améliorations apportées dans l'industrie des lampes par M. Neuburger, il est utile d'entrer dans quelques-uns des détails de l'histoire de l'éclairage à l'huile.

C'est de l'année 1785 que date réellement l'art du lampiste moderne. Le quinquet, cet appareil que la magnificence des lampes modernes semble reléguer parmi les choses des temps fabuleux, le quinquet vit le jour à cette époque et fut l'œuvre de deux hommes de génie, Lange et Quinquet.

Comme toutes les inventions, la lampe à quinquet n'atteignit pas d'abord la perfection, et, pour en approcher, il fallut le concours d'Argan qui remplaça la mèche plate par la mèche circulaire. Malgré cette amélioration incontestable, le quinquet fut bientôt dépassé et subit la loi commune du progrès. En 1800, Carcel et Carreau inventèrent les lampes à niveau constant; puis vinrent les lampes à niveau alternatif et les lampes à niveau intermittent. Nous ne parlerons pas d'une foule d'autres lampes qui ne réalisaient que des modifications de détail; hâtons-nous d'arriver à la révolution que fit Carcel dans cette industrie.

Carcel est le premier qui soit pleinement arrivé : 1° à entretenir constamment l'huile au niveau de l'extrémité supérieure du bec; 2° à faire que l'huile ne puisse se répandre en débordant autour du bec; 3° à produire sans obstacle la lumière dans toutes les directions; 4° à dispenser la main de l'homme du soin de fournir l'huile au bec.

Mais le mécanisme que Carcel cachait dans la partie inférieure de la lampe était délicat et coûteux. On a vu par quel ingénieux perfectionnement ce mécanisme a été remplacé par une crémaillère, mue par un pignon qui élève, au moyen d'un ressort en spirale, le piston au-dessus du réservoir d'huile et qui, en se relâchant, laisse le piston peser sur l'huile. L'huile monte alors, comme d'elle-même, dans le conduit que couronne la mèche. Le modérateur de Franchot est une simple tringle placée au milieu de ce conduit, qui ne laisse à l'huile qu'un passage fort étroit et règle son ascension.

La lampe à modérateur, d'une construction simple et d'un effet sûr, l'emportait sur l'œuvre de Carcel. Il ne restait plus que deux perfectionnements à atteindre; et c'est là que M. Neuburger s'est fait sa part dans l'invention.

Pour que la tête de la crémaillère, mue par le pignon qui tourne à l'aide de la clef-béquille, ne s'élève pas au-dessus du bec, le piston ne peut jouer utilement que jusqu'à la moitié environ du réservoir. De là, la nécessité de remonter la crémaillère plus d'une fois par jour, et aussi l'inconvénient de n'être averti de cette nécessité que lorsque l'huile manque tout à fait et lorsque la mèche charbonne.

M. Neuburger, ouvrier fils de ses œuvres, a ici atteint le but. Il a soudé au piston un fourreau métallique dans lequel est maintenue la crémaillère qui s'y joue librement. On peut ainsi lever le piston au-dessus de tout le réservoir; la crémaillère dépasse d'abord le bec; mais la clef, jouant en sens inverse, la fait redescendre dans la coulisse, sans que le piston soit refoulé. Cette invention, si simple en elle-même comme celle de Franchot, n'est pas moins importante. Elle a porté tout d'un coup, au delà des besoins, la somme de lumière fournie par l'appareil d'éclairage.

En même temps la lampe nouvelle épure son huile qui, en passant sous le piston, traverse forcément un filtre très-fin. Lorsque le piston est au plus bas point de sa course, et qu'il faut préparer de nouveau la lampe, l'agencement même du piston, du filtre et du réservoir, retient dans le tube élévatoire une quantité d'huile qui suffit pour nourrir la mèche et la tenir toute prête.

De plus, la lampe Neuburger est disposée de telle sorte qu'on la nettoie sans attaquer les soudures. M. Neuburger a fabriqué en grand la lampe solaire, et il l'a préparée pour l'usage de la marine. Une veilleuse-bouilloire de son invention donne d'excellents résultats.

Tous ces perfectionnements et toutes ces tentatives sont remarquables. La bonne administration des ateliers de M. Neuburger ne l'est pas moins.

Les candelabres et les deux lampes dont nous donnons le dessin attestaient, à l'Exposition même, que

Candélabre et lampes exposées par M. Neuberger.

l'élégance et la richesse de l'extérieur s'ajoutent, dans les produits de cette maison, aux qualités utiles de l'intérieur.

Le Jury a récompensé M. Neuburger de tous ses efforts en lui votant une MÉDAILLE DE PREMIÈRE CLASSE.

M. CHATEL jeune, a Paris (France).

M. Chatel présentait à l'Exposition universelle divers appareils d'éclairage pour les chemins de fer, la marine, les voitures publiques, etc.

A l'époque du grand concours industriel de 1855, la maison Chatel, n'occupant qu'une vingtaine d'ouvriers, n'avait pas l'importance des grands ateliers de matériel d'éclairage dont nous venons de rendre compte ; aussi le Jury international ne lui a-t-il décerné qu'une médaille de deuxième classe, en la motivant toutefois par le rapport ci-après :

« M. Chatel jeune a établi, pour le service des voitures de chemins de fer, des lampes dont la construction ainsi que le service sont *réduits à la plus grande simplicité ;* le bec très-court n'admet qu'un petit bout de mèche qui ne sert qu'une fois. Ce bec, rattaché par une partie rodée à un réservoir supérieur qui entoure le réflecteur, sert à remplir la lampe dans une position renversée ; quand on la redresse, l'huile se maintient dans le bec à un niveau constant par la pression de l'air extérieur, qui ne rentre que peu à peu à mesure que le liquide se consomme. »

« Le même fabricant expose une lampe ménagère et une lampe de sûreté fondées sur le même principe. Il nous a montré encore un modèle de quinquet à réservoir renversé, dont la soupape ne se délivre à la main, par un organe extérieur, que lorsque le vase est en place ; il construit en outre des lanternes de cantonniers, à volets et à verres de couleurs, et il déclare occuper une vingtaine d'ouvriers. »

Depuis lors, par son intelligence et son activité, M. Chatel a donné un développement considérable à son industrie. De grandes entreprises l'ont conduit à une fabrication importante, dans laquelle il a introduit des innovations et de notables perfectionnements parmi lesquels nous citerons :

1° Un signal lenticulaire (fig. 1), pour les voies ferrées, à feux variables et à niveau constant.

La partie supérieure de ce signal porte un chapiteau aérien mobile qui est disposé de telle sorte que les courants d'air ne puissent jamais pénétrer dans l'appareil. Il n'entre que la quantité d'air nécessaire à la combustion. Le dégagement de l'air chaud a toujours lieu du côté opposé au courant d'air. Ainsi les extinctions si fréquentes, et dont les conséquences peuvent être si graves, ne sont plus à craindre. Ce *chapiteau aérien mobile* peut de même être appliqué à tous les appareils d'éclairage et aux phares.

2° Une lanterne de cantonnier (fig. 2).

3° Un *système de suspension* pour la marine (fig. 3), composé d'une boule renfermée dans une demi-sphère : cette boule se meut dans la demi-sphère avec une grande facilité. A la partie inférieure de la boule sont fixés trois points rigides, auxquels sont adaptés les objets à suspendre. Au moyen de ce petit appareil si simple, on peut suspendre toutes sortes d'objets à bord d'un navire ; ils resteront toujours dans la verticale, sans éprouver aucune secousse ni oscillation, quelle que soit la violence du roulis ou du tangage.

4° Une *lampe de wagon à mèche plate et récipient supérieur* (fig. 4). Par cette disposition du récipient, on obtient un niveau constant sans dégorgement (en y adaptant le bouchon (fig. 5) à cloche et à fermeture hydraulique). L'air pénètre par l'espace laissé libre entre la cuvette de cristal du wagon et le récipient ; cet air se dégage par le centre du foyer : l'oxygène qu'il contient absorbant les parties carburées contenues dans l'huile, la mèche plate *brûle à blanc* et donne une lumière pure sans production de fumée.

La lampe Chatel donne vingt pour cent de rayon lumineux de plus et consomme vingt-cinq pour cent de moins que les autres lampes employées pour l'éclairage des wagons. Ces avantages sont constatés par des expériences faites officiellement sur les grandes lignes de chemins de fer français et anglais, et consignés dans les procès-verbaux de ces expériences.

5° Un *bouchon à cloche et à fermeture hydraulique* (fig. 5) inventé par M. Chatel depuis l'Exposition. C'est un mode de fermeture des récipients à lampes dans lesquels l'air, ayant à traverser une couche d'huile, ne peut s'introduire. Les fuites ou dégorgements sont alors impossibles. Le bouchon en métal est creux; un tube,.qui se loge dans ce creux, est soudé à l'intérieur de la gobinotte; le bouchon se visse toujours sur la gobinotte et nécessairement à l'extérieur du tube. Lorsqu'on a rempli le récipient, il se forme un cordon d'huile entre le tube soudé et le pas de vis de la gobinotte : ce cordon d'huile empêche l'air de pénétrer dans le récipient. Ce système de bouchon est aussi simple que sûr. On peut l'employer pour les boîtes à conserves alimentaires, les vases de chimie et les cuvettes inodores.

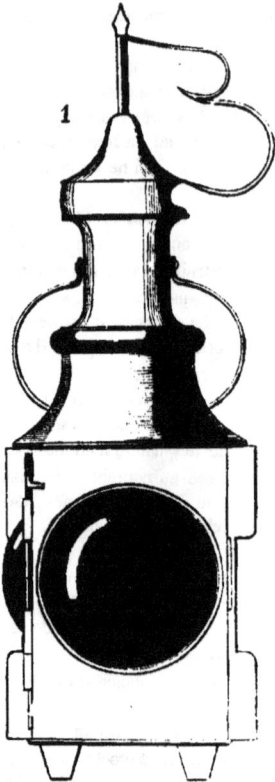

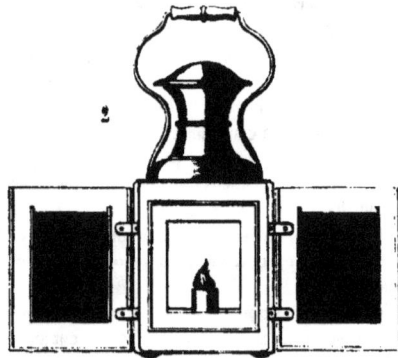

6° Un *allumoir à liquide et niveau constant* (fig. 6). Cet appareil donne la facilité d'allumer promptement une grande quantité de becs à l'huile ou au gaz, ainsi que des bougies. L'emploi de cet allumoir est très-économique, et on n'a pas à craindre de tacher l'étoffe des meubles et les parquets.

A la partie supérieure se trouve un bouchon à vis ordinaire, à l'autre extrémité le récipient est courbé en bec de canne. Sur la partie longitudinale est placé un tube dont l'orifice supérieur reste ouvert pour l'introduction de l'air; l'autre extrémité communique dans la partie inférieure du récipient. Lorsque l'allumoir est plein, le niveau constant se fait, et l'huile ne peut plus s'échapper.

Les appareils fabriqués par M. Chatel sont déjà employés sur plusieurs lignes de chemins de fer et par des administrations de voitures publiques. M. Chatel est breveté en France et à l'étranger, il a obtenu des médailles aux expositions nationales de 1844 et 1849. Les sociétés savantes ne l'ont pas oublié. C'est

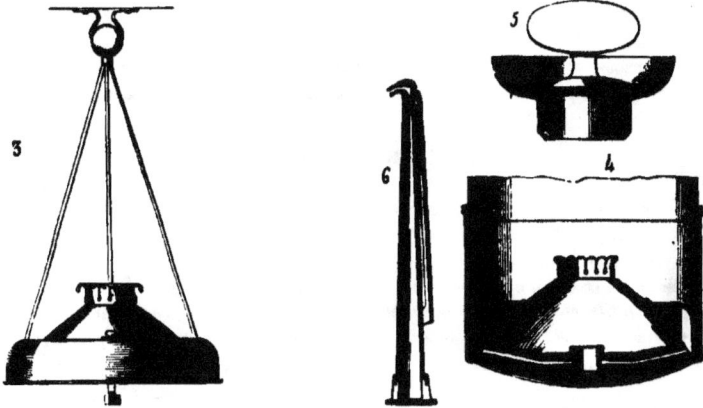

un homme laborieux et intelligent qui, depuis vingt ans, travaille sans cesse à résoudre le grand problème de fabrication de bons produits à bon marché. Cette persistance mérite les plus grands éloges.

MM. FORTIN ET HERMANN, à Paris (France).

Parents et successeurs du célèbre Fortin, MM. Fortin et Hermann exposaient les fanaux à gaz comprimé, déjà présentés par eux à l'Académie des sciences. Ces appareils, d'une construction parfaite autant qu'élégante et d'un très-petit volume, d'un éclairage constant durant les plus longs parcours, évitent les inconvénients des systèmes d'éclairage à liquide pour les trains de chemin de fer, éclairage que le mouvement de trépidation empêche de fonctionner avec régularité. Les circonstances, qui ont voulu que les lampes ordinaires aient prévalu, ne permettaient pas au Jury d'appliquer à MM. Fortin et Hermann une récompense de premier ordre, il leur a été décerné une MÉDAILLE DE DEUXIÈME CLASSE.

ADMINISTRATION DES PHARES, à Paris (France),

REPRÉSENTÉE PAR M. LÉONCE REYNAUD, INGÉNIEUR-DIRECTEUR, ET M. DEGRAND, INGÉNIEUR.

Un phare de premier ordre, destiné à Belle-Isle-en-Mer, présente un important et unique perfectionnement. Il consiste dans un décentrement des anneaux catadioptriques supérieurs, qui en allongeant la portée de leurs feux, prolonge la durée des éclats. Cet appareil repose sur des galets de bronze; et le mouvement est communiqué par un mécanisme à poids, réglé par un volant à roulette qui régularise et maintient la vitesse.

La lampe est formée de quatre becs concentriques et se rapproche beaucoup des *lampes-modérateur*, si ce n'est que le piston descend par son propre poids.

Le Jury a décerné à l'administration des phares, représentée par MM. Léonce Reynaud et Degrand, une GRANDE MÉDAILLE D'HONNEUR.

M. HENRI LEPAUTE, à Paris (France).

M. Henri Lepaute exposait un phare de premier ordre, destiné aux États-Unis, dont la partie optique se décompose en vingt-quatre panneaux, de manière à obtenir partout un égal nombre d'éclats. Ce phare se distingue pareillement par un décentrement des anneaux supérieurs, pour prolonger la durée des éclats.

Il exposait encore un appareil à panneaux cylindriques qui, combiné avec un feu fixe circulaire, le convertit en phare à éclipse. Le Jury a voté à M. Henri Lepaute une médaille d'honneur.

M. SAUTTER et Cᵉ, à Paris (France).

Une innovation précieuse distingue encore le phare de premier ordre exposé par M. Sautter. C'est un pivot central qui supporte toute la partie tournante, et un levier qui, en cas d'altération du système, permet de le renouveler sur-le-champ.

Plusieurs autres phares d'ordres et de dispositions différentes sont exposés par le même constructeur; il applique aussi à la lanterne marine le système lenticulaire à échelons, ce qui en fait un fanal à signaux d'une très-grande portée. Cette dernière disposition, pour le plus petit modèle, peut s'appliquer comme simple bougie. Médaille d'honneur.

MM. CHANCE FRÈRES, de Birmingham (Royaume-Uni).

Le phare de première grandeur, exposé par MM. Chance, est seulement à feu fixe, et composé d'anneaux dioptriques et catadioptriques horizontaux. Ces constructeurs n'ont point eu ainsi à se préoccuper de l'appareil destiné à produire le mouvement, ni à décomposer l'appareil optique en panneaux.

Ils se recommandent cependant par une bonne exécution, et par de louables efforts pour importer en Angleterre la construction des phares lenticulaires. Médaille de première classe.

MM. BRETON FRÈRES, à Paris (France).

MM. Breton frères, auxquels le Jury de la VIIIᵉ classe a décerné une médaille de première classe pour leur machine pneumatique et leur bel appareil électro-dynamique et magnétique, ont encore obtenu du Jury de la IXᵉ classe une médaille de deuxième classe pour leur modèle de télégraphe électrique, si précieux aux professeurs pour faciliter, dans leurs cours, les démonstrations.

Ces appareils, ainsi que tous ceux construits par ces habiles fabricants, se font remarquer tant par la beauté de leur fini que par la modicité de leur prix.

Cette maison jouit en Europe d'une réputation méritée pour la fabrication des instruments de physique et d'électricité employés dans les cours à l'étude des sciences.

MM. JEDLICK, CSAPO ET HAMAR, à Pesth (Hongrie).

MM. Jedlick, Csapo et Hamar présentaient à l'Exposition universelle une pile voltaïque de Grove modifiée par Bunsen, mais d'une structure particulière. Évitant l'émanation des vapeurs nitreuses, cette pile, dans laquelle la faible résistance à la conductibilité du diaphragme, qui est en papier azotique au lieu d'être en porcelaine dégourdie ou en terre poreuse, donne au courant électrique développé une plus grande intensité qui fonctionne parfaitement. Elle a valu à ses auteurs une médaille de première classe.

M. G. GINTL, Vienne (Autriche).

M. Gintl a réalisé le premier une application nouvelle dans l'emploi de l'électricité. Elle est relative à la transmission simultanée de deux dépêches par un même fil dans deux directions opposées. C'est là une question des plus intéressantes comme des plus précieuses, et qui est une nouveauté en télégraphie électrique. — Sur l'exposition de ses appareils, M. Gintl a reçu du Jury une MÉDAILLE D'HONNEUR.

M. BRÉGUET et Cᵉ, Paris (France).

Cet exposant, si honorablement connu, a donné une extension remarquable à la construction des télégraphes électriques, et il est un de ceux qui ont le plus contribué aux dispositions des appareils employés actuellement sur les lignes françaises. Il exposait divers systèmes télégraphiques dont les principaux sont : 1° des télégraphes à cadran de M. Wheastone, mais dont les manipulateurs sont disposés avec des roues à gorges sinueuses, pour faire fonctionner un bras de levier qui joue entre deux ressorts, à l'effet d'établir les contacts; 2° un système de télégraphes mobiles à cadran, à l'usage des chemins de fer; 3° un système de télégraphes à aiguilles, servant d'indicateurs des trains; enfin, d'autres appareils construits avec une grande perfection et fondés sur l'emploi de l'électricité. — Le Jury a accordé à M. Bréguet une MÉDAILLE D'HONNEUR.

Une MÉDAILLE DE PREMIÈRE CLASSE a été décernée à MM. Siemens et Halske, a Berlin (Prusse), en raison de la perfection et du développement apportés à la fabrication des appareils électriques et spécialement à ceux du système de Morse.

MM. Newall et Cᵉ, a Gateshead, et M. Kuper et Cᵉ, a Londres (Royaume-Uni), pour leur fabrication de câbles sous-marins et souterrains destinés à conserver les fils conducteurs de l'électricité, ainsi que MM. Felten et Guillaume, a Cologne (Prusse), pour des objets de même nature, ont reçu pareille récompense.

M. M. HIPP, a Berne (Suisse).

M. Hipp a apporté un grand développement à la construction des appareils télégraphiques; il a adopté de parfaits systèmes de relais, et s'est voué à la disposition donnée au télégraphe de Morse, dans la construction d'un télégraphe mobile pouvant servir aux usages militaires. — M. Hipp, comme M. Bréguet, a été récompensé de ses travaux par une MÉDAILLE D'HONNEUR.

M. GLOESENER, a Liége (Belgique).

Une MÉDAILLE DE PREMIÈRE CLASSE a été accordée à M. Gloesener, professeur à l'Université de Liége, pour s'être activement occupé de télégraphie et d'horlogerie électriques. Avec le moyen inventé par ce savant, on peut se passer de l'action des ressorts par l'emploi des armatures aimantées; il s'est servi du renversement des courants électriques, de manière à faire suivre l'attraction magnétique d'une répulsion. Ainsi se trouve détruite par lui l'influence de la charge électrique du fil, influence reconnue nuisible quand il est question de l'emploi de fils conducteurs placés sous l'eau ou dans la terre.

MM. POUGET-MAISONNEUVE et LOISEAU, a Paris (France).

Inspecteur des lignes télégraphiques de l'administration française, M. Pouget-Maisonneuve a été à même de s'occuper mieux que tout autre des questions relatives à la télégraphie électrique. Il a présenté à l'Exposition les appareils suivants, construits par M. Loiseau de Paris : 1° Un télégraphe à signaux, fonctionnant avec des armatures aimantées sans ressorts additionnels pour faire marcher les aiguilles indicatrices; — 2° un télégraphe électro-chimique, imprimant les dépêches sur un papier préparé avec un mélange d'azotate d'ammoniaque et de cyanure de potassium, et donnant des impressions d'une netteté remarquable; — 3° des modèles de parafoudre.

Pour rendre hommage aux savants et utiles travaux de M. Pouget-Maisonneuve, le Jury lui a accordé une médaille de première classe, dont une part revient de droit à M. Loizeac.

M. GARNIER (Paul), à Paris (France).

Cet exposant, auquel l'horlogerie électrique doit beaucoup de développement et de perfectionnements, présentait des appareils chronométriques reposant sur l'emploi de l'électro-magnétisme. Toutes les gares de nos lignes de fer possèdent des produits de M. Paul Garnier. Dans le système qu'il a adopté, la disposition des fils conducteurs est combinée de façon que les appareils sont indépendants les uns des autres.

Une des œuvres principales de cet habile constructeur est une horloge électrique fondée sur l'emploi d'un développement libre à remontoir, et qui marche régulièrement, indépendamment de l'intensité du courant électrique; l'action de l'électricité ayant pour but de faire tomber un poids d'une hauteur constante. On remarquait encore dans l'exposition de M. P. Garnier, un appareil destiné à composer sur un cylindre, les dépêches qui doivent être transmises au télégraphe de Morse.

M. Paul Garnier a reçu du Jury une médaille d'honneur.

M. ROBERT HOUDIN, à Paris (France).

On lit dans le rapport du Jury de la IX° Classe : « M. Robert Houdin a fait plusieurs applications intéressantes de l'électro-magnétisme à l'horlogerie. Il y a lieu de mentionner particulièrement : 1° une horloge électrique très-simple, fonctionnant régulièrement, et d'une grande modicité de prix; 2° un procédé pour transmettre successivement un courant électrique d'un circuit à plusieurs autres; 3° un répartiteur à levier de longueurs variables, destiné à régulariser l'action magnétique des electro-aimants pendant la marche des armatures; ce répartiteur a été employé pour la marche des aiguilles de grands cadrans électro-magnétiques. Le Jury vote une médaille de première classe pour M. Robert Houdin à titre de collaborateur. »

M. Le vicomte Th. Du MONCEL, à Herouville-Saint-Clair (Calvados) (France).

M. le vicomte Th. Du Moncel présentait plusieurs appareils fondés sur l'emploi de l'électricité, parmi lesquels on doit en citer quelques-uns appliqués à la télégraphie, et surtout un anémomètre enregistrant la direction et la vitesse du vent; enfin, un régulateur de température. Médaille de première classe.

M. J. MIRAND, à Paris (France)..

M. Mirand s'est efforcé de donner une application usuelle aux appareils électriques. Il exposait un système de sonneries et d'appareils à signaux, dont les dispositions économiques, la pratique simple et l'usage peu dispendieux, remplissent parfaitement le but de l'inventeur. Médaille de première classe.

M. J. JASPAR, à Liége (Belgique).

La construction soignée d'un chronoscope, fondé sur les principes de M. Navez, a valu à son constructeur, M. Jaspar, une médaille de deuxième classe.

Le chronoscope de M. Navez, capitaine d'artillerie belge, objet d'une mention très-honorable, a servi à résoudre des questions importantes pour l'artillerie. Il permet de calculer la vitesse précise du projectile, en donnant la mesure de l'arc parcouru par un pendule pendant le passage du projectile d'un point à un autre.

M. CH. CHRISTOFLE, A PARIS (FRANCE).

M. Christofle s'est appliqué à deux branches de l'orfévrerie électrique : à la dorure ou argenture par la voie humide, au moyen de la pile, et à la galvanoplastie.

Nous devons successivement étudier ces deux ensembles de travaux.

On peut dorer les métaux par la voie sèche et par la voie humide ; mais la voie sèche n'est plus guère employée que pour la dorure des bronzes. Nous distinguerons trois sortes de procédés : la *dorure au mercure*, la *dorure au trempé* et la *dorure galvanique.*

Voici en quoi consiste la *dorure au mercure.* On fait passer d'abord sur la pièce à dorer, qui a été décapée avec le plus grand soin, une brosse de fils de laiton préalablement trempée dans de l'azotate de mercure, puis, avec l'extrémité de la même brosse, on applique un amalgame composé d'une partie de mercure et de deux parties d'or. Cette opération ayant été répétée autant de fois que cela est nécessaire, on lave la pièce, dont la surface est recouverte uniformément, et on la sèche. Ensuite on la chauffe. La chaleur a pour effet de volatiliser le mercure qui s'échappe en vapeur. La pièce reste dorée ; on n'a plus qu'à la polir.

La préparation de l'amalgame d'or et la volatilisation du mercure présentent du danger pour la santé des ouvriers.

Le procédé de la *dorure par immersion* ou *au trempé*, importé d'Angleterre par M. Elkington, n'a pas les mêmes inconvénients. Pour le pratiquer, on prépare [1] du chlorure d'or en dissolvant 10 parties de ce métal dans 75 parties d'eau régale, composée de proportions égales d'acide chlorhydrique, d'acide azotique à 36°, et d'eau ; on y ajoute ensuite, par petites fractions, 300 parties de bicarbonate de potasse. Dès que toute effervescence est terminée, on verse le mélange dans une marmite en fonte à parois intérieures dorées, où doivent se trouver encore 300 parties de bicarbonate de potasse en dissolution dans 2,000 parties d'eau. Le bain sera prêt dès qu'on aura fait bouillir le tout pendant deux heures, en ayant soin de remplacer l'eau qui s'évapore par de l'eau nouvelle. Les bijoux, bien décapés et réunis par paquets, sont immergés successivement dans un bain formé d'acides sulfurique, azotique et chlorhydrique, dans de l'eau pure, dans un autre bain renfermant de l'azotate de mercure, encore dans de l'eau, et enfin dans le bain d'or, où ils séjourneront pendant une demi-minute. On les retire, on les lave et on les dessèche dans de la sciure de bois chaude.

Il ne reste plus qu'à les mettre en couleur. A cet effet, on les plonge dans une dissolution aqueuse bouillante de 1 partie de sulfate de zinc, 2 parties de sulfate de fer, et 6 parties d'azotate de potasse ; ensuite on les dessèche à un feu assez vif jusqu'à ce qu'ils brunissent ; enfin on les lave à l'eau pure.

Ce procédé, très-rapide, est économique et s'applique aux objets les plus déliés ; mais la *dorure galvanique* l'emporte encore sur lui. Aussi règne-t-elle à peu près sans partage. Les deux procédés qui viennent d'être décrits ne se rapportent qu'à l'or, tandis que l'action de l'électricité permet de dorer un métal quelconque, de l'argenter, de le platiner, de le cuivrer, de le bronzer, de le zinguer avec la plus grande promptitude, la plus grande facilité et la plus grande économie.

La dorure électrique n'a pas été inventée tout à coup.

Bugnatelli, avant 1805, avait déclaré qu'on pouvait dorer, par l'action de la pile voltaïque, l'argent plongé dans un ammoniure d'or préparé récemment. MM. Becquerel en France, de la Rive en Suisse, Jordan en Angleterre, et Jacobi en Russie ont tour à tour ajouté quelque chose au commun travail de

---

1. Voyez la description et la théorie du procédé dans l'excellent *Cours de chimie* de M. Malaguti, t. 1, p. 744.

recherche. La publication des importantes découvertes du docteur Jacobi a été faite à Saint-Pétersbourg en octobre 1838. Il a fallu, pour assurer le succès, que MM. Bunsen, Grove, Daniell, Smeé et Archereau étudiassent la pile voltaïque et la perfectionnassent; il a fallu aussi que mille essais de détail vinssent se corriger et se compléter peu à peu. Enfin, en 1840, MM. Elkington et de Ruolz prenaient des brevets pratiques pour la dorure et l'argenture des métaux par le procédé électrique. Ce procédé est fondé sur la propriété qu'ont les courants électriques de décomposer les sels métalliques; il consiste à déposer, atome par atome, une couche d'un métal décomposé sur une substance naturellement conductrice ou rendue conductrice de l'électricité. Cet effet se produit en fixant au fil venant du pôle négatif d'une pile la pièce à recouvrir, et au fil du pôle positif la source d'or ou d'argent, c'est-à-dire la plaque de métal à décomposer, puis en plongeant ces deux fils, avec les objets qu'ils portent, pendant un certain temps dans une dissolution saturée d'un sel qui contienne le métal en état de combinaison. Le courant se trouve fermé par là, car la dissolution doit être conductrice, et il y a tout à la fois décomposition du sel qui envoie l'élément métallique sur l'objet qui est au pôle négatif, et décomposition de la plaque de métal placée au pôle positif, que l'acide et l'oxygène viennent attaquer et dissoudre.

Rien n'est plus facile à montrer ou à décrire; mais que d'efforts et que de temps il a fallu pour découvrir les lois exactes de cette action électro-chimique, pour choisir les sels, pour mesurer les doses, pour compter les instants, pour assurer enfin toutes les circonstances nécessaires à une production parfaite! Ensuite est venu le rôle des capitaux, de l'habileté pratique, du goût et de toutes les qualités indispensables à la conduite d'un établissement grandiose. Le spectacle de cette industrie en activité, vue chez elle-même, est plein d'intérêt. Chez M. Christofle, par exemple, les cuves pour l'argenture sont d'une vaste capacité; chacune peut contenir [1] de 650 à 700 litres de dissolution, c'est-à-dire 15 ou 16 kilogrammes de cyanure. De larges lames d'argent fin de 6 kilogrammes sont suspendues dans la dissolution à une extrémité d'une des cuves, et communiquent avec le pôle positif d'une pile d'Archereau, modification de celle de Bunsen, dont deux éléments suffisent pour opérer pendant vingt-quatre heures. En face des lames d'argent sont horizontalement et parallèlement appuyées, sur les bords de la cuve, des tringles de métal en communication avec le pôle négatif de la pile. C'est à ces tringles que l'on suspend, par des fils d'argent, tous les vases de cuivre ou de laiton qui doivent être argentés. Chaque cuve dépose de 15 à 1800 grammes d'argent en vingt-quatre heures. On peut y argenter à la fois six douzaines de couverts. L'atelier de M. Christofle contient douze cuves semblables. Les émanations d'acide hydro-cyanique y sont cependant à peu près nulles. Les objets de métal que l'on veut argenter sont d'abord parfaitement dérochés dans des lessives alcalines et acides et passés dans l'eau distillée; à peine sont-ils suspendus dans le bain qu'ils commencent à blanchir. S'ils ont reçu un bon poli, leur aspect devient promptement aussi blanc et aussi brillant que celui de la plus belle porcelaine. Retirés du bain, lavés, séchés et pesés, comme ils l'avaient été avant d'être placés dans le bain, pour que l'on constate la quantité d'argent dont ils sont couverts, ces ouvrages sont transportés en un atelier où on les brunit en totalité ou en partie, selon leur destination pour l'usage ou la décoration.

La dorure s'opère de la même manière, mais dans des bains presque bouillants.

Mais la fabrication, sur une échelle extrêmement grande, des objets dorés ou argentés par la voie de l'électricité (par exemple, la fabrication des plaques d'argent destinées au daguerréotype) n'est pas la seule affaire de M. Christofle, et ce n'est plus même cette fabrication excellente qu'on a récompensée. La galvanoplastie a trouvé en lui le plus habile et le plus heureux des praticiens.

L'électricité ne sert pas seulement à déposer une couche de métal sur un objet; elle sert aussi à déposer le métal dans un moule délicat. C'est ce dernier travail qu'on appelle la galvanoplastie. Depuis que M. Fizeau a pu reproduire en relief des épreuves daguerriennes, on sait jusqu'à quelle finesse d'exécution la galvanoplastie arrive. Il fallait trouver le moyen d'affermir ces coquilles si délicates. M. Christofle verse une soudure de cuivre dans le creux intérieur, et l'orfèvrerie galvanoplastique est devenue tout à

[1. *Travaux de la commission française de Londres en 1851*, t. VI (23e jury).]

coup aussi solide que l'ancienne orfévrerie. Le refroidissement de la fonte amenait une réduction dans les objets; cette réduction n'est plus à craindre; il n'y a plus de frais de ciselure, et l'objet d'art n'en est que plus net de forme; enfin il n'est plus dispendieux de reproduire à si grand nombre et si facilement un excellent modèle, et voilà les idées et les œuvres de l'art qui vont, en se répandant, relever et façonner le goût public! L'importance d'une découverte si simple est extraordinaire et ne se comprend pas tout de suite.

M. Christofle a le droit de réclamer la plus belle part dans cet heureux mouvement de l'art industriel. Il a trouvé d'abord et fait réussir une nouvelle orfévrerie d'ébénisterie. On aura maintenant, à bas prix, des ornements dignes de Boulle et de Gouttière.

M. Christofle n'est pas seulement un doreur ou argenteur, c'est aussi un orfévre de cuivre. Aucun de ceux qui ont visité l'Exposition universelle n'ont oublié le magnifique service de cent couverts qu'il a exposé et que l'Empereur lui avait commandé. Il s'y montrait sous ses deux physionomies d'argenteur et d'orfévre; la galvanoplastie y avait travaillé comme l'argenture galvanique. De là ces pièces si heureusement exécutées dans leur ensemble et dans leurs plus petits détails! de là cette admirable et inimitable harmonie de toutes les parties de l'œuvre.

« Pour l'extension donnée à ces diverses applications de l'action décomposante de l'électricité, dit le rapport du Jury, et principalement en ce qui concerne l'orfévrerie et la reproduction des objets d'ornementation, et en raison de la perfection des produits et de l'importance de cette dernière fabrication, le Jury vote une GRANDE MÉDAILLE D'HONNEUR pour M. CH. CHRISTOFLE. »

MM. ELKINGTON et MASON, a BIRMINGHAM (ROYAUME-UNI).

Auprès des produits de M. Ch. Christofle venaient se placer ceux non moins remarquables de MM. ELKINGTON ET MASON. Un examen sérieux des objets formant leur belle collection des modèles destinés aux écoles de dessin doit faire reconnaître leur parfaite entente de tout ce qui concerne le moulage galvanoplastique en cuivre. Au reste, pour prouver incontestablement cette assertion, il suffit de rappeler les reproductions des fragments de bas-reliefs, celles du bouclier appartenant à S. M. la reine d'Angleterre et de différents objets orientaux, ainsi que les bustes et les statuettes exposés par ces habiles fabricants : le dépôt de cuivre joint à l'épaisseur une homogénéité parfaite, et les soudures nécessaires pour réunir certaines parties reproduites séparément sont faites à la soudure forte. On appréciait également les objets en argent de cette maison pour leur dépôt solide et égal, accompli dans de très-heureuses conditions.

Il n'est pas hors de propos de rappeler ici que M. ELKINGTON, l'inventeur de la dorure par immersion, en employant les dissolutions alcalines, a rendu pratiques les procédés de dorure à la pile, mis en usage pour la première fois dans les arts par M. de la Rive. Ces procédés sont arrivés ensuite à une plus grande perfection, grâce à M. de Ruolz. Le Jury a accordé une GRANDE MÉDAILLE D'HONNEUR à MM. ELKINGTON ET MASON pour leur riche collection de modèles galvanoplastiques d'un mérite d'exécution presque sans rival, et pour les progrès qu'ils ont imprimés aux applications électro-chimiques.

M. GUEYTON, a PARIS (FRANCE).

Les procédés galvanoplastiques de M. Gueyton ont acquis un important développement. Il effectue principalement ses dépôts métalliques dans des moules en gutta-percha, et obtient ainsi des résultats très-satisfaisants, ainsi que le démontrent les divers objets qu'il a exposés.

On remarquait surtout un bas-relief représentant un Christ, dont presque toutes les saillies ont été obtenues par un seul dépôt, et dans lequel les difficultés d'exécution sont habilement surmontées. MÉDAILLE DE PREMIÈRE CLASSE.

MM. D. WOLLGOLD ET FILS, à Berlin (Prusse).

MM. Wollgold et fils, parmi plusieurs pièces d'orfévrerie faites en argent fin, à l'aide de l'électricité, exposaient un grand bas-relief qui ne pèse pas moins de 75 kilogrammes, et dont le dépôt est remarquable de régularité. Le Jury leur a décerné une médaille de première classe.

M. G.-L. DE KRESS, à Offenbach (grand-duché de Hesse).

De fort belles reproductions galvanoplastiques ont été exposées par M. de Kress. Un bas-relief en cuivre, représentant *la danse des Willis*, offre surtout, malgré quelques pièces rapportées, d'assez grandes difficultés d'exécution.

Le buste de S. M. l'Empereur Napoléon III, ainsi que quelques objets reproduits dans des moules *pris sur nature*, ont aussi fixé l'attention des visiteurs. Médaille de première classe.

M. J. Ch. LEFEBVRE, à Pau (France).

M. Lefebvre exposait plusieurs objets de galvanoplastie en cuivre, dans lesquels on reconnaît que le moulage, si nécessaire à la réussite de l'opération, est fait avec un soin particulier. Il place dans la substance destinée à faire les moules des fils métalliques, généralement en plomb, qui, en donnant plus de solidité, permettent à l'électricité de se répartir avec plus de régularité sur la surface où se fait le dépôt. Médaille de première classe.

M. A. HULOT, à Paris (France).

On comprendra aisément l'importance des électro-types exposés par M. Hulot, quand on saura que c'est d'après eux qu'on obtient, en France, les timbres-postes, les billets de banque et les cartes à jouer.

Dans ces importantes reproductions, M. Hulot, qui est adjoint au graveur général des monnaies, doit renoncer absolument à l'emploi des moules en gutta-percha, car sur cette substance ainsi que sur celles qui sont analogues, il faut, pour les rendre conductrices, déposer un léger enduit de plombagine. Cet enduit par son épaisseur est un obstacle à la reproduction exacte de l'objet : pour y suppléer, on est obligé d'opérer le dépôt, à une température uniforme, sur des empreintes métalliques, ou sur un moule en cuivre fait sur la pièce elle-même.

Les reproductions de M. Hulot sont de véritables œuvres d'art, tant par la perfection apportée dans les électro-types, que par les reproductions galvaniques des planches gravées.

Le Jury a décerné à M. Hulot une médaille d'honneur.

M. J. PERTHES, à Gotha (Saxe-Cobourg).

De beaux électro-types en relief et en creux, permettant de livrer au commerce, en grand nombre et à bas prix, des cartes géographiques, composaient l'exposition de M. J. Perthes. L'extension qu'il a donnée à l'application de l'électro-type, a fixé l'attention du Jury qui lui a décerné une médaille de première classe.

Citons à ce sujet l'emploi de la galvanoplastie en Angleterre, à l'ordonnance map office southampton, pour la reproduction des planches types des cartes géographiques. Ce procédé qui permet d'obtenir de nombreux exemplaires des cartes, facilite aussi la création d'électro-types partiels, des planches primitivement gravées.

MM. THOMAS DE LA RUE et Cᵉ, a Londres (Royaume-Uni).

L'exposition de MM. Thomas de la Rue et Cᵉ, que nous avons spécialement signalée dans le compte rendu de la sixième Classe, renfermait aussi plusieurs objets appartenant à la neuvième Classe, auxquels le Jury, d'après son rapport, a accordé une attention toute particulière; c'etaient des électro-types de timbres-postes, de figures de cartes à jouer, et d'objets divers reproduisant les types avec une grande exactitude.

Le Jury, dit le rapport, « en raison de l'importance du sujet et des beaux produits présentés par MM. Thomas de la Rue et Cᵉ, aurait proposé une GRANDE MÉDAILLE D'HONNEUR pour ces exposants, si par la nature de la plus grande partie de leurs produits, ils n'avait pas appartenu à la XXVᵉ Classe qui leur a décerné cette récompense.

Dans notre examen des objets composant la IVᵉ Classe nous avons négligé quelques appareils de chauffage, fumivores fort intéressants mais sur lesquels nous n'etions pas alors suffisamment renseignés; nous remplissons ici cette lacune.

MM. TAILFER ET Cᵉ, a Paris (France).

M. Tailfer avait envoyé à l'Exposition universelle une grille mobile fumivore pour foyer de machines à vapeur, qu'il déclarait avoir la propriété de brûler complétement le combustible, sans dégagement de fumée.

A l'appui de son dire, il présentait les rapports de plusieurs commissions, d'ingénieurs et d'officiers de marine, chargés par M. le ministre de la marine de l'examen de son appareil et en constatant les avantages.

Il eût semblé qu'en présence de pareils témoignages l'on se serait empressé d'appliquer la grille Tailfer aux chaudières à vapeur installées dans la galerie des machines, afin de s'assurer s'il était enfin possible d'exiger l'exécution de l'ordonnance qui prescrit aux propriétaires d'usines de brûler complétement la

Grille mobile fumivore, système Tailfer.

fumée produite par leurs fourneaux; il n'en fut rien cependant, et le Jury, dans l'impossibilité d'appré-cier un appareil qui ne peut être jugé qu'en fonctions, passa outre.

Cependant cet appareil nous a semblé mériter un examen sérieux. Depuis plusieurs années il est installé dans les arsenaux de la marine impériale à Brest, Toulon, Rochefort, Cherbourg, et dans un grand nombre d'autres établissements publics : partout on s'accorde a reconnaître son mérite.

Nous allons donc tâcher de suppléer au défaut de l'appréciation du Jury international, faire con-naître ce qu'est la grille mobile Tailfer, et l'opinion émise sur ses avantages par les personnes qui en font usage.

Comme on peut le voir par la figure ci-dessus, cette grille représente une chaîne sans fin. Elle fonctionne avec une vitesse de 20 à 30 millimètres par minute, suivant les besoins et l'appréciation du chauffeur. Le charbon est placé dans une trémie à l'entrée du fourneau et entraîné par la grille. La hauteur de la porte, de 60 à 100 millimètres, permet de faire entrer une couche plus ou moins forte de charbon, suivant la quantité de vapeur à produire.

L'économie de combustible résulte : 1° de la combustion de la fumée; 2° de ce que la grille se chargeant et se décrassant elle-même, il est inutile d'ouvrir à chaque instant les portes, et qu'on évite par là les courants d'air froid; 3° de l'emploi du charbon menu d'un prix inférieur au gros.

M. Tailfer a reçu en 1849, de la Société d'encouragement, la médaille de platine. M. Lechâtellier, rapporteur, résumait ainsi son rapport sur sa grille mobile fumivore. « L'appareil de M. Tailfer résout « complétement et d'une manière tout à fait pratique l'importante question des foyers fumivores. Il « présente de nombreux avantages qui ont été signalés dans le cours de ce rapport ; il se recommande « donc d'une manière particulière à l'attention de la Société d'encouragement, à celle de l'adminis-« tration publique et des industriels. »

Le rapport d'une commission du conseil de salubrité de la ville de Paris à M. le préfet de police signé par MM. Payen, président, Bezin, vice-président, Trébuchet, secrétaire; se termine ainsi :

« Les délégués sont d'avis que l'appareil, dit grille mobile fumivore, mérite l'approbation du conseil de salubrité. »

Une autre commission nommée par le ministre de la marine, et composée de MM. Belenger, capitaine de vaisseau, président, Corrard-Lalesse, ingénieur de la marine, rapporteur, Caneaux, lieutenant de vaisseau, Laimant, contrôleur de la marine, après avoir constaté les avantages des *grilles Tailfer* au triple point de vue de la fumivorité, de l'économie et de la conservation des chaudières, conclut en ces termes :

« Ainsi toutes les conditions du marché étant satisfaites ou même dépassées avantageusement, la commission propose, à l'unanimité, l admission de l'appareil qu'elle avait à examiner. »

Les rapports officiels, qui constatent l'efficacité de la grille Tailfer pour brûler la fumée des foyers des machines à vapeur, déclarent aussi que de son emploi résultent, économie de combustible, conservation des chaudières, production régulière de la vapeur et amélioration dans le travail du chauffeur.

Enfin, l'administration des tabacs, après avoir pendant un an, sous la direction de M. Rolland, son ingénieur en chef, fait expérimenter l'appareil Tailfer, en a reconnu tous les avantages, soit comme fumivorité soit comme économie.

M. POMMEREAUX et C°, et actuellement M. BERNARD et C°, (appareil BEAUFUMÉ), a Paris (France).

Installé tardivement et à la hâte dans la chambre des chaudières de la galerie des machines, à l'Exposition universelle, l'appareil dont M. le docteur Beaufumé est l'inventeur, bien que monté avec une parcimonie regrettable, présenta le spectacle nouveau d'un générateur chauffé sans cheminée, et fut un de ceux qui, au point de vue de l'économie du combustible, donnèrent les meilleurs résultats. Le Jury décerna à son auteur une médaille de deuxième classe.

Depuis cette époque, une Société puissante, sous la raison sociale Bernard et C°, s'est constituée 13, rue Richer, pour l'exploitation de cet appareil, qui a reçu de grands perfectionnements, et il représente aujourd'hui une des inventions les plus utiles de notre époque.

Un de ces appareils, installé depuis plus d'une année par MM. Cail et C° dans leur usine de Denain, sous un générateur de la force de cinquante chevaux, ayant constamment réalisé une économie considérable, ces messieurs en ont fait établir un autre dans leur usine de Grenelle, près Paris, sous un générateur d'égale force placée en regard d'une chaudière semblable chauffée par le système ordinaire.

Les résultats comparatifs des deux systèmes travaillant en tous points dans des conditions identiques, peuvent chaque jour être vérifiés et appréciés par le public.

Voici le relevé des résultats obtenus par les deux systèmes pendant le mois d'avril 1857 :

Usine de MM. J.-F. CAIL et Cⁱᵉ, quai de Grenelle, nᵒ 15.

SOCIÉTÉ GÉNÉRALE DE CHAUFFAGE INDUSTRIEL BERNARD ET Cⁱᵉ, 43, RUE RICHER, A PARIS.

GÉNÉRATEUR CHAUFFÉ PAR L'APPAREIL BEAUFUMÉ. **TABLEAU COMPARATIF.** GÉNÉRATEUR CHAUFFÉ PAR LE SYSTÈME ORDINAIRE.

INDICATION		TEMPÉRATURE de l'eau d'alimentation.	EAU vaporisée.	CHARBON consommé pour allumer et couvrir le feu.	CHARBON consommé pour le travail.	EAU vaporisée par kil. de combustible.	PRESSION.	INDICATION		TEMPÉRATURE de l'eau d'alimentation.	EAU vaporisée.	CHARBON consommé pour allumer et couvrir le feu.	CHARBON consommé pour le travail.	EAU vaporisée par kil. de combustible.	PRESSION.	OBSERVATIONS.
des jours de travail.	de la durée du travail.							des jours de travail.	de la durée du travail.							
Avril.	heures.	degrés.	litres.	kilos.	kilos.	lit. c.	atmosp.	Avril.	heures.	degrés.	litres.	kilos.	kil.-c.	lit. c.	atmosp.	
1ᵉʳ	12	11	14000	220	1425	9 82	4 1/2	1ᵉʳ	10	11	9550	220	2100	4 54	4 1/2	
2	12	11	14600	220	1649	8 85	5 »	2	10	11	10375	120	2200	4 71	5 »	
3	12	12	14450	220	1486	9 72	5 »	3	10	12	9130	200	1900	4 81	5 »	
4	10	11	13000	120	1401	9 27	4 1/2	4	10	11	8800	200	1800	4 88	4 1/2	
5	»	»	»	»	»	»	»	5	»	»	»	»	»	»	»	
6	»	»	»	»	»	»	»	6	»	»	»	»	»	5 75	4 1/2	Jours de repos.
7	8	11	8950	300	1213	7 37	4 1/2	7	10	11	8050	200	1400	5 75	4 1/2	
8	12	12	12800	220	1358	9 42	5 »	8	10	12	8550	200	1400	6 10	5 »	
9	11	13	13300	220	1418	9 37	5 »	9	11	13	9400	200	1600	5 86	5 »	
10	10	13	13275	220	1328	9 99	4 1/2	10	11	13	8050	120	1700	4 73	4 1/2	
11	12	13	14525	220	1020	8 96	5 »	11	12	13	12000	200	2800	4 23	5 »	
12	»	»	»	»	»	»	»	12	»	»	»	»	»	»	»	Jour de repos.
13	5	11	6000	210	580	10 34	4 »	13	5	11	7700	200	1200	6 41	4 »	
14	10	12	11100	190	1010	10 99	4 1/2	14	10	12	12000	200	2100	5 71	4 1/2	
15	12	13	13150	190	1795	8 44	5 »	15	12	12	12000	200	3000	4 »	5 »	
16	12	13	14600	220	1634	8 99	5 »	16	12	12	14400	200	3000	4 80	5 »	
17	12	13	15300	220	1626	9 40	5 »	17	12	12	14000	200	3000	4 80	5 »	
18	10	13	13400	120	1380	9 71	4 1/2	18	10	13	13200	200	2800	4 71	4 1/2	
19	»	»	»	»	»	»	»	19	»	»	»	»	»	»	»	Jour de repos.
20	10	12	10800	340	1370	7 88	4 1/2	20	10	12	9600	200	2100	4 57	4 1/2	
21	12	15	13550	220	1355	10 »	4 1/2	21	12	15	19200	200	3500	5 48	4 1/2	
22	12	14	13300	220	1355	9 81	4 1/2	22	12	14	12000	200	2600	4 28	4 1/2	
23	12	14	13200	220	1480	8 91	4 1/2	23	12	14	10800	200	2200	4 90	4 1/2	
24	12	14	15200	210	1490	10 20	5 »	24	»	»	»	»	»	»	»	Le bull. de constatation manque pour le génér. chauffé par le système ordin.
25	»	»	»	»	»	»	»	25	»	»	»	»	»	»	»	Il n'y a pas eu de constatation.
26	»	»	»	»	»	»	»	26	»	»	»	»	»	»	»	
27	10	12	14300	220	1400	10 21	5 »	27	10	12	8400	200	1500	5 60	5 »	
28	12	12	16300	220	1740	9 36	5 »	28	12	12	8400	200	1480	5 67	5 »	
29	12	12	15400	220	1590	9 93	5 »	29	12	12	8400	200	1500	5 60	5 »	
30	12	12	15600	220	1810	8 61	5 »	30	12	12	9600	200	1960	4 89	5 »	
						225ˡⁱᵗ 55ᶜ 1/24ᵉ								117ˡⁱᵗ 62ᶜ 1/22ᵉ			Économie du système Beaufumé sur celui ordinaire : 43,89 p. 100.
Moyenne de vaporisation d'eau PAR LE SYSTÈME BEAUFUMÉ..						9 39		**Moyenne de vaporisation d'eau PAR LE SYSTÈME ORDINAIRE..**						5 08		

Le présent tableau certifié par moi, Directeur-Gérant de la Compagnie, conforme aux pièces originales déposées au siege social.

Paris, le 6 juin 1857. BERNARD ET Cⁱᵉ.

Certifié conforme aux bulletins de constatations relevés dans nos ateliers de Grenelle.

Paris, le 6 juin 1857. J.-F. CAIL ET Cⁱᵉ.

D'après ce tableau dont l'exactitude des chiffres ne peut être mise en doute puisqu'il est certifié par la signature de la maison Cail et Cᵉ; la vaporisation produite par l'appareil BEACFOMÉ, qui aux expériences faites au Palais de l'Industrie n'avait été que de 7,05, est en moyenne de 9 litres 39 c. par kilo de combustible, tandis que celle produite par le système ordinaire n'est seulement que de 5 litres 8 cent. L'économie en faveur du système est donc, de 45, 89 pour cent.

A Bruxelles (Belgique), où se font aussi des expériences, les mêmes résultats sont obtenus.

M. le ministre de la marine, sur l'avis de ses ingénieurs, a fait aussi installer un de ces appareils à l'arsenal maritime de Cherbourg, il y fonctionne avec le même succès, et déterminera sans doute l'application de ce système aux navires à vapeur de la marine impériale.

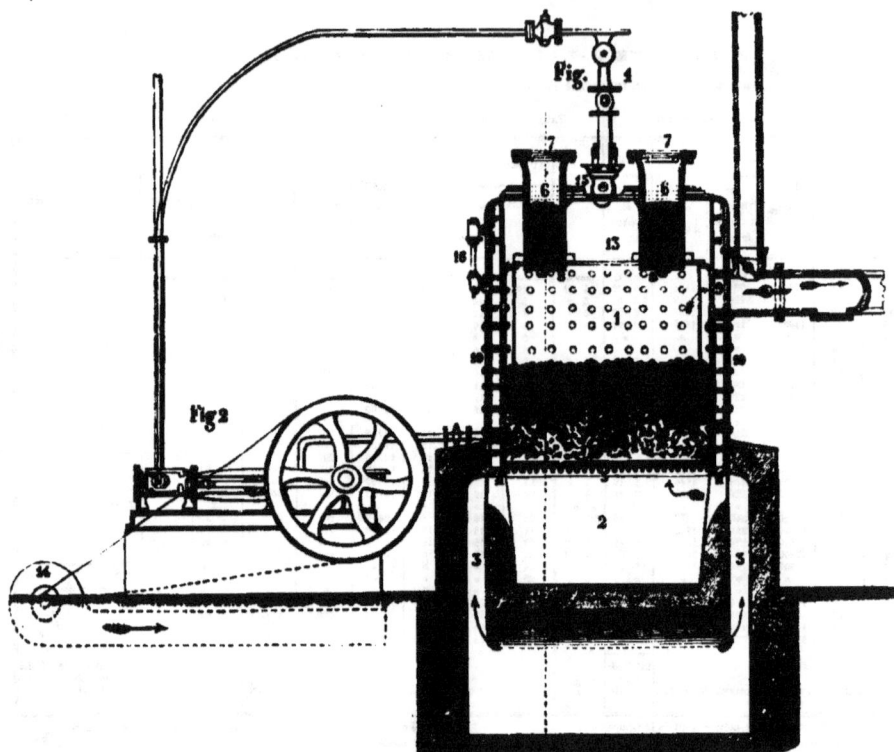

Appareil Banfume. Bernard et Cᵉ, à Paris, 13, rue Richer.
Fig. 2. Petite machine auxiliaire. — Fig. 1. Coupe verticale de l'appareil.

Une pareille mesure entraînera infailliblement tout le commerce et ouvrira le champ le plus vaste à l'exploitation de cet appareil.

Il est du reste d'autres considérations qui militent en sa faveur. Il brûle complétement la fumée, et permet l'emploi de toute espèce de charbon, ce qui est d'un avantage immense pour l'industrie.

Substitué au système ordinaire de chauffage, il peut, dans bien des cas, rendre de grands services. Ainsi, appliqué dans une usine considérable des environs de Paris à la cuisson du plâtre, il y procure une économie de combustible dépassant celle déjà signalée pour la production de la vapeur. De plus, le plâtre obtenu à son aide est remarquable par sa blancheur, sa plasticité et sa pureté. Cela s'explique par l'uniformité de la cuisson, la pureté du feu et l'absence des cendres, dont le mélange, dans le procédé ordinaire, rend les plâtres impurs et plus aptes à absorber l'humidité, en raison des sels déliquescents de potasse et de soude qu'elles renferment. L'application de l'appareil Beaufumé à la cuisson de la chaux, de la brique et de tous les produits céramiques se fait avec le même avantage.

Le système au moyen duquel M. Beaufumé obtient les importants résultats que nous venons de signaler consiste dans la transformation préalable des combustibles en gaz, qu'on conduit ensuite aux foyers qu'ils sont destinés à chauffer, pour y être brûlés avec la quantité d'air atmosphérique nécessaire pour déterminer leur décomposition complète. C'est ce qui explique pourquoi il n'y a aucune trace de fumée et comment l'on peut se passer de cheminée, cette manière d'appliquer le calorique ayant lieu sans le secours d'aucun tirage et ne laissant échapper aucune particule charbonneuse non décomposée.

L'appareil dans lequel se produisent les gaz est de petite dimension, d'un transport facile et à la portée de tous les chauffeurs. Nous en donnons la figure et allons tâcher de le décrire sommairement.

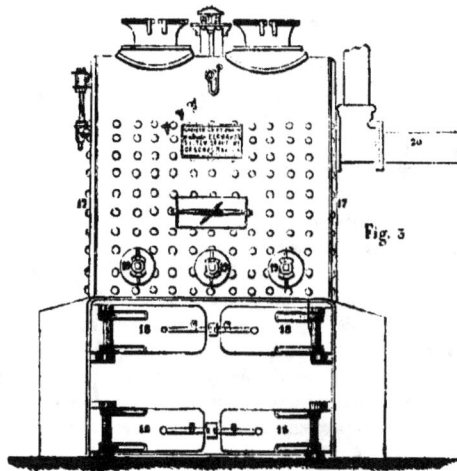

Appareil Beaufumé. — Façade de l'appareil.

L'appareil Beaufumé, consiste dans une boîte rectangulaire (pag. 265, fig. 1), en tôle de fer ou de cuivre, ouverte par sa partie inférieure. Cette boîte est assise sur un cendrier (2), dans lequel un ventilateur, par deux ouvertures latérales (3. 3.) pousse l'air nécessaire à la décomposition du combustible qui est soutenu sur une grille (4).

La boîte présente en sa partie supérieure deux chargeoirs (6. 6.) destinés à contenir la charge de combustible nécessaire pour alimenter l'appareil. Ces chargeoirs sont fermés en haut par un couvercle (7. 7.), et à leur ouverture dans le foyer, par une valve (8. 8.) qui s'ouvre ou se ferme à volonté au moyen d'un guide extérieur pour retenir ou laisser tomber, suivant le besoin, le combustible. A la partie supérieure de l'appareil est un tube (9.) où s'engagent les gaz pour être conduits dans l'endroit où ils doivent être brûlés.

La boîte que nous venons de décrire est entourée par une double enveloppe de même métal (10. 10.) à laquelle elle est solidement reliée par un cadre (11. 11.) et des entretoises (12. 12.). Entre les deux règne, sur une partie de la circonférence, un espace vide de 8 à 10 centimètres, lequel, s'élargissant à la partie supérieure, forme une véritable boîte (13.); cet espace et la boîte dont il s'agit ont pour but de loger de l'eau, qui, en régnant autour et au-dessus de l'appareil, le met à l'abri de toute altération, en même temps qu'au moyen de la chaleur perdue pendant le travail de la gazéification cette eau se convertit en vapeur, qu'on utilise pour mettre en mouvement la petite machine (fig. 2.) qui fait marcher le ventilateur (14.), dont l'air est conduit d'un côté à l'appareil pour activer la décomposition du combustible, et de l'autre au foyer où brûlent les gaz, pour en déterminer la combustion complète. Cette vapeur, qui se produit toujours en excès, peut être employée à tout autre usage ou être introduite dans la chaudière qu'on chauffe si l'on se trouve dans ce cas. L'appareil est muni d'une soupape de sûreté (15.), d'un manomètre, d'un niveau d'eau (16) et d'une pompe d'alimentation.

A la fig. 3 (page 266), on le voit tel qu'il est installé à Grenelle, avec son enveloppe extérieure (17.17.), son cendrier muni de ses portes (18. 18. 18. 18.), les regards ou trous de nettoyage (19. 19. 19.), et le tube des gaz (20.).

Une visite à Grenelle, où, nous l'avons dit, le public est admis à voir fonctionner l'appareil BEAUFUMÉ, nous a pleinement édifié sur sa simplicité et son efficacité. Aussi n'avons-nous pas été étonnés d'apprendre qu'il s'en prépare de nombreuses applications tant à Paris que dans les départements.

M. DUMÉRY, à Paris (France).

Les appareils de M. DUMÉRY n'ont pas figuré à l'Exposition universelle de Paris, mais la manière flatteuse avec laquelle le Jury les signale dans son rapport nous a fait tenir à en donner sommairement la description et à indiquer les principes sur lesquels ils sont basés.

On lit dans le rapport officiel :

« Bien qu'admis au nombre des exposants, M. DUMÉRY n'a pas encore présenté son appareil. fondé
» comme les précédents sur la position relative du combustible déjà en ignition et du combustible frais.
« Seulement M. DUMÉRY obtient cette relation dans un seul foyer en faisant arriver la charge au-dessous
» du coke par une disposition fort ingénieuse qui lui est propre.

« Cet habile ingénieur applique en ce moment son système à l'atelier de la Monnaie de Paris et sur
» plusieurs locomotives ; le Jury regrette de n'avoir pu le soumettre à aucune expérimentation qui lui
» eût probablement permis d'accorder à son auteur UNE RÉCOMPENSE ÉLEVÉE. »

Cette appréciation du Jury n'a pas tardé à se vérifier, car, à peine quelques mois s'étaient-ils écoulés, que l'Académie des sciences décernait le prix Montyon à M. DUMÉRY pour sa belle découverte.

Cette récompense est d'autant mieux méritée, que sans le secours d'aucune force motrice, sans ventilateur, sans autres agents que des pousseurs qui forcent le charbon à pénétrer latéralement dans le foyer sous un angle ascendant déterminé, les appareils DUMÉRY peuvent brûler tous les combustibles les plus gras et les plus fumeux sans laisser apparaître le moindre atôme de fumée.

Comme conséquence de tous les principes vrais, ce résultat s'obtient malgré des écarts de consommations que l'auteur lui-même n'osait pas espérer, ainsi qu'il l'a dit récemment à la Société d'Encouragement, dans une communication relative aux machines locomotives, communication de laquelle nous extrayons le passage suivant :

« Aussi, Messieurs....., n'est-ce pas sans une certaine appréhension que nous avons abordé la com-
» bustion de 500 kilog. de houille dans l'unité de temps sur moins d'un mètre carré de surface de grille,
» surtout après avoir reconnu que le maximum d'effet utile appartenait, dans nos appareils, aux consom-
» mations les plus faibles.

« ..... Nous avons espéré que vous accueilleriez avec intérêt l'annonce de la solution des deux extrêmes
» de l'échelle des consommations : un tiers de kilog. par décimètre carré, et cinq kilog. également par
» décimètre de grille, c'est-à-dire un instrument dans lequel les consommations peuvent varier de 1 à 15
» sans qu'il se développe de fumée. »

Les deux grands principes sur lesquels repose cet admirable instrument de caléfaction sont :

L'un, l'ascension oblique du combustible sur des surfaces perméables à l'air pour que le charbon se trouve, d'un côté, en contact avec la chaleur, et de l'autre, avec l'air pur, de façon à assurer aux gaz sortant du combustible, les conditions de pureté, de division et d'opportunité indispensables à un bon résultat;

L'autre, la progression du combustible dans le sens du plus petit axe ou d'un axe suffisamment réduit pour obtenir l'équilibre de la production et de la consommation du coke.

Pour remplir ces conditions, voici comment a procédé M. DUMÉRY :

Il a supprimé une partie de la grille horizontale du foyer et n'en a conservé que les deux barreaux du centre : à chacun de ces deux rectangles formés par le côté des barreaux restants et les parois de la maçonnerie du foyer, il a, en enlevant les deux jambages inférieurs du cendrier, fait aboutir deux cornets circulaires ayant une de leurs ouvertures donnant à l'intérieur du foyer et l'autre à l'extérieur de la maçonnerie.

Ces cornets courbes, dont la partie convexe regarde le sol, sont à des sections décroissantes de l'intérieur du foyer à l'extérieur de la maçonnerie, c'est-à-dire que l'extrémité qui aboutit dans le foyer a mêmes forme et dimensions que le rectangle formé par l'enlèvement des barreaux, tandis que l'extrémité qui se relève à l'extérieur a subi, sur ses quatre faces, un rétrécissement d'environ 12 pour 100 pris sur l'axe moyen des cornets.

Les deux extrémités de ces cornets sont complétement ouvertes : c'est par la petite section de l'extérieur que l'on introduit le combustible, et c'est dans sa plus grande ouverture, qui aboutit à l'intérieur du foyer, que s'accomplit la combustion. Cette dernière portion des cornets est garnie, à son pourtour, c'est-à-dire sur ses quatre faces, de fentes destinées à l'admission de l'air atmosphérique.

En regard de l'extrémité extérieure et concentriquement avec l'axe moyen des cornets, se trouve, de chaque côté du foyer, un presseur ou piston courbe s'engageant librement dans les cornets et servant à pousser le combustible au fur et à mesure que la combustion le réclame; ces presseurs sont actionnés soit par une manivelle et des engrenages intermédiaires, soit par le moteur lui même au moyen d'embrayages *ad hoc*.

Le tout est groupé autour d'un bâti en fonte et forme un ensemble très-homogène, que l'on peut mettre en place sous un générateur quelconque, en n'interrompant son travail que pendant vingt-quatre heures.

Les choses ainsi établies, on opère de la manière suivante :

On engage du charbon frais dans les cornets jusques à la naissance des fentes destinées à fournir l'air à la combustion; sur ce charbon cru, l'on place un lit de coke produit par la combustion de la veille; puis, à l'aide des moyens ordinaires, c'est-à-dire de bûchettes et du reste du coke, on allume à la partie supérieure. Dès que le coke est allumé, il communique sa chaleur à la houille, qui distille et produit l'hydrogène carboné qui doit être comburé; ce gaz, prenant naissance dans un lieu où règne la température de combustion et précisément au moment de l'introduction de l'air frais, se combure en totalité, et l'intérieur du foyer ne reçoit que de la flamme toute formée et qui a joui, au moment même de sa formation, de tous les éléments nécessaires à son existence.

Dès que le besoin s'en fait sentir, on pousse, à l'aide des marteaux presseurs, une charge de combustible, et l'opération continue ainsi, sans interruption, tant que le travail de l'usine l'exige.

Il n'est pas même nécessaire d'interrompre le feu pour les nettoyages; les scories, dans ces foyers, surnagent et se recueillent à la partie supérieure.

Lorsqu'on veut cesser le feu, des portes sont ménagées à la partie inférieure des cornets et permettent de retirer isolément, d'une part, le charbon cru que l'on remet avec son similaire, et, d'autre part, le charbon incandescent que l'on éteint pour l'allumage, sans fumée, du lendemain.

De cette disposition résultent les conséquences suivantes :

La houille, n'étant en contact avec la chaleur que par une de ses faces, ne se distille que d'un côté.

L'air frais, qui avoisine la grille sur laquelle repose le charbon froid, est aspiré par le tirage et s'infiltre dans le foyer en se mariant aux carbures d'hydrogène au moment même où ceux-ci prennent naissance.

Ce mélange parfaitement combustible, tout en suivant la direction naturelle due à sa densité, s'enflamme au contact de la couche incandescente qu'il traverse.

Le développement de la flamme s'opère au-dessus d'une couche de combustible en complète ignition.

Le rayonnement de la surface supérieure du combustible n'est pas interrompu par la superposition du charbon frais.

La combustion s'effectue, à volonté, à couches épaisses ou minces, de manière à la maintenir à la hauteur la plus convenable pour la transformation complète de l'oxygène en acide carbonique.

Appareil Duméry. Fig. A. — Élévation de la façade

Appareil Duméry. Fig. B — Coupe transversale

Appareil Duméry Fig. C. — Élévation latérale.

Toutes les fonctions pyriques deviennent régulières et continues.

La grille se trouvant divisée en trois compartiments, le tirage peut s'activer isolément sur les parties qui contiennent la houille crue développant la fumée, ou sur la partie de la grille exclusivement couverte de houille passée à l'état de coke.

Enfin le chargement ne se faisant plus par la porte du foyer, tout le travail de la combustion s'accomplit à vase clos. Le foyer n'est ouvert qu'à des intervalles de trois à quatre heures pour l'enlèvement de scories qui se réunissent en un seul groupe au centre du foyer.

C'est-à-dire que, à l'aide de cet appareil, tous les phénomènes de la combustion sont inversés : la haute température que l'on rencontre aujourd'hui près de la grille se trouve reportée à la partie supérieure; la distillation qui avait lieu à la partie supérieure descend, au contraire, près de la grille; l'intermittence des fonctions pyriques est transformée en travail continu, malgré l'intermittence de la charge, et les fonctions de la combustion, d'intermittentes, d'irrégulières qu'elles étaient, deviennent continues, régulières et rationnelles.

Pour faciliter l'intelligence de cet exposé rapide, nous donnons à la page précédente :

1° Fig. A l'élévation de la façade de l'appareil ; 2° fig. B sa coupe transversale ; 3° fig. C son élévation latérale.

Enfin, de toutes les notes que nous avons pu réunir, il résulte que, par l'usage de ces appareils et en employant des houilles sans aucune préparation, l'on réalise une économie qui varie entre 20 et 30 pour 100, suivant le degré d'activité de la combustion, et qu'ils sont applicables à tous les genres de foyers, depuis les plus petits fourneaux de cuisine jusqu'aux plus grands foyers industriels, et qu'ils se prêtent, en outre, à la production des températures les plus élevées de la métallurgie.

M. NUMA GRAR, a Valenciennes (France).

M. Graar, raffineur de sucre à Valenciennes, avait envoyé à l'Exposition universelle, le modèle d'un appareil fumivore dont le Jury a apprécié les avantages, mais auquel il n'a pu décerner de récompense, M. Graar étant membre du Jury de la IV° Classe.

Le système de M. Graar, qui depuis longtemps est sanctionné par la pratique, consiste à établir sous la chaudière un certain nombre de foyers distincts qui permettent, toutes les fois que l'on introduit de nouveau combustible sur la grille de l'un d'eux, de faire passer les gaz de la combustion sur un ou plusieurs foyers dans lesquels il n'y a plus que du coke.

Cette disposition très-rationnelle présente une grande analogie avec celle pratiquée par M. Fairbairn, dont les appareils sont aussi à foyers multiples, et où les gaz fumeux de l'une des bouches viennent se mélanger à quelque distance de la grille avec les gaz chargés d'oxygène provenant d'une autre combustion très-avancée.

Les appareils de M. Graar fournissent de bons résultats, et le Jury a émis le regret de ne pouvoir récompenser les efforts de leur auteur qu'en les mentionnant très-honorablement.

MM. MOLINOS et PRONNIER, a Paris (France).

Pour compléter cet examen des appareils fumivores présentés à l'Exposition universelle de Paris[1], il nous reste à citer ceux de MM. Molinos et Pronnier, qui ont été récompensés par le Jury d'une médaille de première classe.

On lit dans le rapport officiel :

« Dans le double but d'activer la combustion ou de brûler la fumée, on a depuis longtemps employé les courants d'air sous la grille ou dans la boîte à feu ; tantôt ces courants sont obtenus par le tirage seul, tantôt au moyen de machines soufflantes ou de ventilateurs. Il n'est pas venu à notre connaissance cependant, que le courant d'air forcé dans la boîte à feu ait été simultanément employé, jusqu'ici, dans les fourneaux des chaudières à vapeur, avec une distribution sous la grille. C'est l'emploi de ce double mode qui caractérise les chaudières de MM. Molinos et Pronnier (France) : leur combustion a lieu dans un foyer clos, qui ne reçoit d'autre air que celui du ventilateur, dont il est dès lors possible de régler à volonté le volume. L'air qui débouche au-dessus de la grille arrive déjà chaud au contact des gaz incomplètement comburés ; il complète la combustion jusque dans les tubes de la chaudière, augmente ainsi

---

1. Nous avons page 43 rendu compte de la grille Fauvel.

la surface de chauffe, et le tirage naturel n'étant plus nécessaire, rien ne s'oppose à un plus complet refroidissement des produits gazeux, dont, en fait, la température s'abaisse, à la base de la cheminée, jusqu'au dessous de 300°.

« On reprochera sans doute à ce système d'exiger un petit cheval vapeur, une machine soufflante, et une combustion en vase clos ; mais les faits prouvent que de tous les appareils expérimentés, c'est celui qui donne le plus grand effet utile.

« Dans un travail continu de plusieurs mois, la chaudière de MM. Molinos et Pronnier a fourni, en moyenne, 9 k. 10 de vapeur par kilogramme de combustible, 33 kilogrammes par heure et par mètre carré de surface de chauffe.

« On sait, sans doute, que les chaudières tubulaires donnent lieu à une production plus économique que les générateurs à bouilleurs ; une chaudière de locomotive de Lyon a donné cependant, à côté même de l'appareil Molinos, une vaporisation de 8 kilogrammes, c'est un kilogramme en plus en faveur du nouvel appareil.

« En présence de ces résultats, le Jury décerne à MM. Molinos et Pronnier une médaille de première classe ; l'expérience démontrera si, comme tout donne lieu de le penser, le mouvement de transport sur chemin de fer saura se substituer à l'action du ventilateur dans les applications à faire de ce système aux locomotives. »

Nota. Le *Moniteur* du 8 décembre 1855 comprend parmi les exposants de la IXᵉ Classe qui ont obtenu des médailles de première classe MM. Gueyton de Paris et Vollgold et fils de Berlin. Nous avons dû faire de même (pages 260 et 261). Cependant, d'après le rapport officiel du Jury, aucune récompense n'a été décernée à ces Messieurs dans la IXᵉ Classe, et ils n'y ont été mentionnés que pour mémoire.

IXᵉ CLASSE.

INDUSTRIES CONCERNANT LA PRODUCTION ÉCONOMIQUE ET L'EMPLOI DE LA CHALEUR, DE LA LUMIÈRE ET DE L'ÉLECTRICITÉ.

RÉCOMPENSES DÉCERNÉES PAR LE JURY INTERNATIONAL.

(EXTRAIT DU *Moniteur* DU 8 DÉCEMBRE 1855.)

GRANDES MÉDAILLES D'HONNEUR.

Administration des phares. France.
Christofle (Ch.) et Cᵉ, Paris. France.
Elkington, Mason et Cᵉ, Birmingham. Royaume-Uni.

MÉDAILLES D'HONNEUR.

Bréguet et Cᵉ, Paris. France.
Duvoir-Leblanc (Léon), Paris. Id.
Garnier (Paul), Paris. Id.
Gintl (G.). Autriche.
Hipp. (M.), Berne. Suisse.
Hulot (A.), Paris. France.
Lepaute, Paris. Id.
Rolland (E.), Strasbourg. Id.
Sautter, Paris. Id.

MÉDAILLES DE 1ʳᵉ CLASSE.

Bailey (D.) et Cᵉ, et Arnot (Dʳ Edw.), Londres. Roy.-Uni.
Baudon-Porchez, Lille. France.
Blazy, Jallifier (L.-A.-El.), Paris. Id.
Bolinder (J. et C.-G.), Stockholm. Suède.
Chance frères, Birmingham. Royaume-Uni.
Charles (S.) et Cᵉ, Paris. France.
Chevalier (P.-E.), Paris. Id.
Dell'Acqua, Milan. Autriche.
Duvoir (R.), Paris. France.
Edlund (E.), Stockholm. Suède.
Edwards et fils, Londres. Royaume-Uni.
Elsnew (Z.-W.), Berlin. Prusse.
Franchot, Paris. France.
Felten et Guillaume, Cologne. Prusse.
Gagneaux frères, Paris. France.
Gloesnner, Liége. Belgique.
Grouvelle (Ph.), Paris. France.
Gueylon (Al.), Paris. Id.
Hadrot (J.-L.), Paris. Id.
Halley et Cᵉ, Paris. Id.
Hébert (L.) Reims. Id.
Henley (W.-Th.), Londres. Royaume-Uni.
Hurez (F.-D.), Paris. France.

Imprimerie impériale de France, Paris. Id.
Kress (G.-L de), Offenbach. Grand-duché de Hesse.
Kuper et Cᵉ, Londres. Royaume-Uni.
Laury (G.-J.-J.), Paris. France.
Lefèvre (J.-Ch.-Al.), Paris. Id.
Martin (J.-B.), Besançon. Id.
Mirand (J.), Paris. Id.
Moncel (vicomte Th. du), Hérouville. Id.
Neuburger (A.), Paris. Id.
Newal (R.-S.), et Cᵉ, Gateshéad. Royaume-Uni.
Perthes (Juste), Gotha. Saxe-Cobourg-Gotha.
Pimont (P.), Saint-Lézer-du-Bourg-Denis. France.
Popelin-Ducarre et Cᵉ, Paris. Id.
Pouget-Maisonneuve, Id.
Rogeat (J.-L.), Lyon. Id.
Rogeat frères, Lyon. Id.
Sagey (G.), Tours. Id.
Schuh (Ch.), Vienne. Autriche.
Siemens et Halske, Prusse.
Staïb (L.-Fr.), Genève. Suisse.
Thomas et Laurent, Paris. France.
Volgod (D.) et fils, Berlin. Prusse.
Zier (H.), Paris. France.

MÉDAILLES DE 2ᵉ CLASSE.

Allan, Royaume-Uni.
Allioli (B.), Paris. France.
Aureliani-Ascanio, Paris. Id.
Barbier (A.), Chaumont (Haute-Marne). Id.
Bauden (F.), Paris. Id.
Benham (J.-H.) et fils, Londres. Royaume-Uni.
Bernard (D.), France.
Bernard (Eugène), et Cᵉ, la Chapelle-Saint-Denis. Id.
Bouillon (P.-L.), Paris. Id.
Boutier et Cᵉ, Lyon. Id.
Breton frères, Paris. Id.
Camus (L.), Paris. Id.
Chabert (P.-And.) et Cᵉ, Saint-Juste-des-Marais. Id.
Chatel jeune, Paris. Id.
Chéné père et fils, Paris. Id.
Chinic, Smard, Methol et Cᵉ, Québec. Royaume-Uni.
Compagnie du Coal-Brookdale, Royaume-Uni.
Delaroche (A.-J.), Paris. France.
Delaroche (J.-M.), Paris. Id.

Delpuech (Antoine), Paris. France.
Dering (G.-B.), Hertfort. Royaume-Uni.
Duley (J.) et fils, Northampton. Id.
Fouquières et Marguerite, Paris. France.
Fondet (J.-B.), Paris. Id.
Fortin-Herman, Paris. Id.
Greslé, Paris. Id.
Hoole (H.-E.), Sheffield. Royaume-Uni.
Hoyois frères, Mons. Belgique.
Jaspar (J.), Liége. Id.
Jeakes (W.), Londres. Royaume-Uni.
Jedlick, Csapo et Hamar. Autriche.
Lami (P.-M.), Paris. France.
Langelot (Ch.-Al.), Paris. Id.
Laperche, Paris. Id.
Larrault-Bergel, Paris. Id.
Lejeune (J.) et C°, Paris. Id.
Lemare (veuve M.), Paris. Id.
Lippens (P.), Molenbeck-Saint-Jean. Belgique.
Loiseau (L.-F.-Ach.), Paris. France.
Loupe (D.), Paris. Id.
Marini, Paris. Id.
Mathys aîné (J.), Bruxelles. Belgique.
Moller (G.), Copenhague. Danemark.
Moreau père et fils, Paris. France.
Mouillerun (J.-F.-V.), Paris. Id.
Oudry (L.), Passy, près Paris. Id.
Pauchet (T.-L.), Paris. Id.
Pierce (W.), Londres. Royaume-Uni.
Polliot (Paul), Paris. France.
Pouey (J.), Paris. Id.
Prideaux (T.-S.), Londres. Royaume-Uni.
Prud'homme (P.-D.), Paris. France.
Saint-Charles et C°, Paris. Id.
Saron (Ch.) et Pichon, Paris. Id.
Schlossmacher (J.) et C°, Paris. Id.
Stobwasser (G.), Berlin. Prusse.
Tailfer-Paget, Passy, près Paris. Id.
Testelin et C°, Paris. Id.
Troupeau (Ch.-M.), Paris. Id.
Vaillant (J.-L.-Fr.), Metz. Id.
Varley, Londres. Royaume-Uni.
Vérité (A.-L.), Beauvais. France.
Wiesnegg (J.-G.), Paris. Id.

MENTIONS HONORABLES.

Affre (And.), Toulouse. France.
Apolis (L.), Montpellier. Id.
Aubat (Ant.-P.), Paris. Id.
Aubert (L.-D.), Paris. Id.
Aubneau (G.-Ch.), Paris. Id.
Avinen (J.), Paris. Id.
Banc aîné (F.), Paris. Id.
Beaure (J.-B.), Paris. Id.
Bellois-Gomand et Mousseron, Châlons-sur-Marne. Id.
Bootz-Laconduite, Douai. Id.
Bouhon (Alex.-Ch.) et Ligarde (V.), Paris. Id.
Bourgogne (A.), Paris. Id.
Chabrie frère et sœur, Paris. Id.
Chatelon, Clermont-Ferrand. Id.
Charon et Plichon, Id.
Croppy (Ed.), Havre. Id.

Cundy, Royaume-Uni.
De Bogne (M.-L.-A.), Paris. France.
Delaroche frères, Bruxelles. Belgique.
Delarraz (F.-C.), Moulins. France.
Dessales (A.-J.), Paris. Id.
Dobignard (P.-V.), Paris. Id.
Drewsen (H.-G.), Copenhague. Danemark.
Duclos et Destigny, Paris. France.
Evans fils et C°, Londres. Royaume-Uni.
Faerio et Danario, Lisbonne. Portugal.
Feetham et C°, Londres. Royaume-Uni.
Forge d'Hoyange, France.
Freitel (P.), Amiens. Id.
Fumet (C.-F.), Paris. Id.
Ganton (N.), Gand. Belgique.
Gautier et Lenoir, Paris. France.
Gérard (Ant.-J.), Liége. Belgique.
Gervais (Ant.), Paris. France.
Gervaisot (L.), Paris. Id.
Godin-Lemaire et C°, Forest-Brabant. Belgique.
Godin-Lemaire (J.-B.-And.), Guise (Aisne). France.
Guichard (Aut.-And.), Paris. Id.
Guillaume (K.), Paris. Id.
Gurlt (W.) et C°, Berlin. Prusse.
Guyot de Grandmaison, Paris. France.
Hollingsworth, New-York. États-Unis.
Hoyon (F.), Paris. France.
Jubard (J.-B.-A.-M.), Bruxelles. Belgique.
Joly (Ch.). Paris. France.
King (G.-T.), New-York. États-Unis.
Lairesse de Rasquinet (S.), Liége. Belgique.
Lambert (Ch.), Namur. Id.
Lenoir (G.-A.), Vienne. Autriche.
Leras (J.-P.-N.), Alençon. France.
Lindworth, États-Unis.
Lionnet frères, Paris. France.
Liré (Th.), Paris. Id.
Maccaud (Et.-Ab.), Paris. Id.
Magniadas et C°, Paris. Id.
Martin (L.-A.), Paris. Id.
Messenger et fils, Birmingham. Royaume-Uni.
Meurs (Fr.), Valenciennes. France.
Muriac (Ad.-Et.), Paris. Id.
Paris-Corroyer, Amiens. Id.
Perreux (H.-M.), Paris. Id.
Piguet (M.ᵐᵉ), Paris. Id.
Poncini (Th.), Paris. Id.
Potonie aîné, Charleville (Ardennes). Id.
Pouget (L.-A.), Paris. Id.
Provence (J.-Fr.), Paris. Id.
Regnard (Ed.), Châtillon-sur-Seine. Id.
Ribot (Ad.-M.), Paris. Id.
Ringner (A.), Gothembourg. Suède.
Rochetti (P.), Padoue. Autriche.
Roullet (Fr.), Paris. France.
Rousseau (J.-J.-N.-D.), Paris. Id.
Sheringham, Royaume-Uni.
Trouvet (J.-L.), dit Dupont, Batignolles. France.
Tyer et C°, Royaume-Uni.
Verlet père et fils, Paris. France.
Vinet, Odelin et C°, Paris. Id.
Walker (Thomas), Sheffield. Royaume-Uni.
Weytz (S.-F.), Paris. France.

COOPÉRATEURS,
CONTRE-MAITRES ET OUVRIERS.

GRANDE MÉDAILLE D'HONNEUR.

Faraday, Londres. Royaume-Uni.

MÉDAILLES DE 1re CLASSE.

Lespinasse (garde du génie), armée de Crimée. France.
Robert-Houdin, chez M. Detouche, Paris. Id.

MÉDAILLES DE 2e CLASSE.

Baillet (Aug.), à l'atelier des phares de M. Sautter.
    France.
Leuba (H.), dans l'atelier fédéral des télégraphes, Berne.
    Suisse.

Suykens (J.-F.), chez M. Vanbustem, Bruxelles. Belgique.
Taminiau, Bruxelles. Belgique.
Violin (Ét.), Bruxelles. Belgique.

MENTIONS HONORABLES.

Doisy, chez M. Christofle, Paris. France.
Mansot (Thomas), atelier de Mme veuve Lemare, Paris. Id.
Russemberg (Chrétien), chez MM. Bomer et Biber,
    Zurich. Suisse.
Sauberlich (Hermann), à la Monnaie, Paris. France.
Schifkora (Rodolphe), ateliers impériaux de la télégra-
    phie, Vienne. Autriche.
Vanden Eynde, chez M. L. Claude, Bruxelles. Bel-
    gique.

EXPOSITION UNIVERSELLE

PRODUITS DE L'INDUSTRIE

DIXIÈME CLASSE

La chimie joue dans le monde un rôle immense; tous les besoins de la vie deviennent ses tributaires, et chaque jour, pour y répondre, elle crée des merveilles. Ces métaux que la terre recèle en abondance, mais confondus avec diverses substances dont il faut les isoler, prennent dans le fourneau du chimiste les propriétés qui les rendent utiles à l'industrie; ces verres resplendissants des couleurs les plus riches, qui présentent des formes si gracieuses et si variées, ces glaces d'une transparence parfaite, ces émaux animés des plus belles teintes, n'étaient tout à l'heure que des cailloux et du sable. A l'action savante du chimiste est due leur transfiguration soudaine, et pour produire des diamants artificiels aussi brillants, aussi purs que les diamants naturels, il lui a suffi de jeter dans le creuset du verrier une faible quantité d'acide borique. Le premier des arts par son utilité directe, l'agriculture, obtient de la chimie des données certaines sur la nature du sol, sur la qualité des engrais, sur les phénomènes de la végétation et sur les moyens de rendre aux champs épuisés les propriétés qu'ils peuvent avoir perdues.

En 1792, quand la France républicaine eut à lutter contre l'Europe, la poudre manqua: les procédés connus pour en fabriquer ne pouvaient subvenir aux exigences des quatorze armées qui défendaient nos frontières; mais nos chimistes imaginèrent de nouveaux moyens. Bertholet, Fourcroy, Monge, eurent bientôt suppléé à la pénurie des arsenaux: tandis que d'autre part, d'Artigues, en retirant de la pyrite, minéral très-commun chez nous, le soufre qu'on allait chercher à Naples, ranima une foule d'industries languissantes qui ne sauraient fonctionner sans acide sulfurique. Vers la même époque, Leblanc extrayait du sel marin une autre substance, la soude, qui jusqu'alors nous rendait tributaires, pour des sommes considérables, de pays étrangers.

Au moment où nous perdions nos colonies, où les mers nous étaient fermées par la puissance britannique, la chimie répondant aux vœux de Napoléon Iᵉʳ, trouva dans le parenchyme de la betterave et de la carotte des principes sucrés assez abondants pour qu'aujourd'hui, non-seulement les provenances coloniales de la canne deviennent inutiles, mais encore pour que le sucre raffiné français soit livré aux consommateurs à des prix minimes que dépassait de beaucoup autrefois la plus grossière cassonade.

Depuis un demi-siècle, les emprunts faits à la chimie par la pharmacie, la thérapeutique, l'hygiène et l'économie domestique ont été des plus multipliés. Les sels mercuriels sont devenus assimilables : les sels d'iode, de platine et d'or, substitués aux préparations mercurielles, ont arrêté des accidents jadis inguérissables ; les principes actifs des minéraux et des plantes, mis à nu, rendus perceptibles, ont fourni aux gens de l'art des moyens de succès qu'ignoraient leurs devanciers, et, pour mettre le comble aux services que nous rend la chimie, le chloroforme est venu mitiger, amoindrir, quelquefois même paralyser la douleur.

Deux corps nouveaux, découverts en 1813 par la chimie, inscrits au nombre des corps simples, l'iode et le brôme, servent aujourd'hui de base à la photographie : ce furent d'abord des vapeurs d'iode condensées en une couche très-mince sur une plaque d'argent, qui constituèrent le daguerréotype ; l'addition du brôme réduisit ensuite de vingt minutes à quelques secondes la durée de la pose de l'objet à reproduire, et la fixation de l'image sur le papier amena bientôt la photographie aux résultats pratiques les plus heureux.

La découverte et la préparation du sodium, la préparation du chlorure d'aluminium, les réactions observées entre ces deux corps, n'ont-elles pas donné lieu, depuis quarante ans, aux phénomènes les plus intéressants et les plus féconds pour les arts ? En 1807, un chimiste anglais, Davy, sépare, au moyen de l'électricité, le potassium de son oxyde, la potasse, considérée jusqu'alors comme un corps simple. Presque aussitôt, en France, Thénard et Gay-Lussac décomposent, par l'action du feu, non-seulement la potasse, mais aussi la soude, et rendent aux chimistes le service de produire assez de sodium et de potassium pour qu'ils se livrent à des études nouvelles. Peu après, un pharmacien bernois, Bruner, attaquant la potasse par le charbon, obtient des résultats préférables aux produits des expérimentateurs qui l'avaient précédé. Dès lors, les études se succèdent ; Berzélius, Seebeck, Woehler, Dumas, Mistcherlich, Sérullas et tant d'autres, s'élancent avec ardeur dans le champ des manipulations ; mais tous n'en retirent guère que des résultats théoriques, sans application directement utile. Bien plus, en 1852, l'obtention du potassium et celle du sodium passaient encore pour une des préparations les plus ardues de la chimie, quand deux chimistes belges, dont plusieurs produits figuraient avec honneur au Palais de Cristal, publièrent un mémoire qui jeta sur cette question des lumières tout à fait nouvelles. Partant de ces dernières expériences, et modifiant seulement le mélange Mareska par l'addition d'une certaine quantité de craie, un chimiste français, M. Deville, a pu obtenir du sodium en abondance ; de telle sorte qu'entre ses mains le sodium est devenu l'objet d'une exploitation industrielle considérable dont les échantillons figurent avec infiniment d'honneur sur les tablettes de l'Exposition universelle. Le mélange qu'emploie M. Deville se compose de : carbonate de soude, 1,000 parties ; craie, ou blanc de Bougival, 150 parties; houille de Charleroy pulvérisée, 450 parties.

Le chlorure d'aluminium, qui se produit quand on fait passer un courant de chlore sec sur un mélange calciné d'alumine et de charbon chauffé au rouge, procédé dû à Thénard, a été singulièrement perfectionné par le savant suédois Oerstedt. Ce chimiste essaya, le premier, d'obtenir l'aluminium, en traitant son chlorure par un amalgame de potassium et de mercure ; mais ses tentatives échouèrent. Vers 1827, Woehler, professeur émérite de l'Université de Goettingue, ayant attaqué le chlorure d'aluminium par le potassium, obtint une poudre grise, d'éclat métallique, mais infusible, et décomposant l'eau à 100°. De 1827 à 1845, Woehler continua ses expériences, jusqu'à ce qu'enfin il eût produit des globules métalliques qu'il put laminer et fondre au chalumeau par le moyen du borax.

Au chimiste français Deville était encore réservée la gloire de perfectionner les procédés de ses devanciers dans la recherche de l'aluminium. M. Dumas ayant signalé sa marche, ses progrès, ses légitimes espérances, l'Institut lui vota une somme de 2,000 fr. pour la continuation des essais. La conquête définitive de l'aluminium fut bientôt un fait accompli, et M. Rousseau rendit ce produit immédiatement commercial. Alors l'Empereur, qui saisit avec une lucidité d'esprit si grande la portée pratique des découvertes véritablement utiles, ouvrit sur sa cassette le crédit nécessaire pour exécuter en grand les expériences que réclamait le nouveau corps introduit dans le domaine des arts. Ces expériences eurent lieu à Javel, en présence d'hommes distingués, d'industriels éminents.

Aujourd'hui, la question du sodium et celle du chlorure d'aluminium peuvent être considérées comme résolues, bien que le mode de fabrication laisse encore à désirer beaucoup d'améliorations, surtout dans ce qui concerne la réaction finale. Une fois isolé, l'aluminium n'a plus rien à redouter de l'influence des agents étrangers : mais tant qu'il demeure en présence de son chlorure et du sodium, la matière des vases où il se trouve exerce sur lui une action directe très-notable qui nuit à sa pureté.

Quoi qu'il en soit, on triomphera des éléments mauvais sous l'empire desquels l'aluminium languit encore. Pour escompter sous ce rapport l'avenir avec sécurité, il suffit d'examiner le point de départ, le point d'arrivée de la question, mais principalement les échantillons si divers et si magnifiques qu'offrait le Palais de l'Industrie.

Sans la chimie, que deviendraient la mécanique, la teinture dans toutes ses branches, et les beaux-arts eux-mêmes? Comment opérer, sans réaction chimique, ce courant d'électricité qui transmet, en quelques secondes, la pensée à mille lieues de distance? Comment produire, sans opérations chimiques, ces teintes admirables que le crayon ou le pinceau fixent sur les surfaces, que le feu rend inhérentes au verre ou à la céramique et que l'ébullition fait adhérer aux tissus? On ne saurait avancer d'un pas dans la vie matérielle sans y rencontrer la chimie et sans retirer de ses procédés des avantages inestimables. L'aluminium, métal né d'hier, et qui va pénétrer dans l'usage commun dès que les procédés de fabrication seront devenus moins coûteux, est une des plus belle conquêtes de la chimie moderne. Il constituera l'argenterie du pauvre et remplacera cette ignoble poterie dont l'aspect sombre et désagréable prive les repas d'une partie de leur agrément. Déjà les métaux factices connus sous les noms de melchior, de christophléide, halphénide, en réduisant de cinq sixièmes la valeur de la matière première, ont multiplié les objets d'art et permis de transporter d'élégants surtouts, des vases somptueux sur les tables de la bourgeoisie. D'énormes avantages en résultent; avantages de travail pour les artistes, avantages d'agrément pour les personnes n'ayant qu'une fortune modeste, avantage commercial, en permettant aux gens riches d'augmenter le numéraire coursable, par la fonte de l'argenterie, à laquelle ils substituent des métaux factices qui rivalisent en éclat et en solidité avec les métaux précieux. Or, toutes ces œuvres ont évidemment pour points d'origine le laboratoire du chimiste, homme précieux qui marche sans cesse à la poursuite de l'inconnu, et qui, cheminant avec méthode, par degrés insensibles, possède le privilège de revenir sur ses pas s'il dévie, et d'ouvrir des voies nouvelles.

On ne saurait disconvenir qu'en France, la chimie n'ait suivi une marche étonnamment progressive, et qu'au point de vue général des découvertes notre patrie ne soit au niveau des nations les plus éclairées du monde; mais elle n'a point dépassé l'Angleterre. Pour certains procédés de fabrication, pour divers produits isolés, l'Angleterre et la France se trouvent même en arrière de l'Allemagne, de la Suède, de la Chine et du moyen âge. Ainsi, les peintres-verriers modernes n'ont encore pu atteindre la perfection du violet, du pourpre et du bistre des artistes de la Renaissance; notre art céramique, notre art tinctorial peuvent envier quelque chose aux objets fabriqués dans la haute Asie, dans l'Inde et la Chine. Nous n'avons pu, jusqu'à présent, acclimater ni l'insecte qui produit la cochenille, ni la plupart des plantes tinctoriales de nos rivaux transatlantiques; ils préparent mieux que nous le caoutchouc et la gutta-percha, et malgré l'excellence de nos instruments, la précision mathématique de nos calculs, nous n'atteignons pas toujours l'effet produit par la routine traditionnelle d'un ignorant ouvrier du fleuve Jaune ou du Gange.

Cependant, la teinture française appliquée aux étoffes, jouit d'une réputation bien méritée, et, pour les tissus de laine notamment, nous n'avons en Europe aucun rival à craindre. Paris, Cambrai, Roubaix, Boulogne, Reims, Lyon, font des teintures excellentes parmi lesquelles le choix serait difficile. La teinturerie parisienne, à elle seule, produit annuellement une valeur tinctoriale de 6 millions de francs qu'elle emploie sur des tissus confectionnés en France et représentant le capital énorme de 40 millions. Ces tissus sont presque tous de pure laine.

L'Angleterre nous suit de très-près. Ses procédés valent même presque les nôtres quand elle les applique aux étoffes mélangées de laine et de coton; à ces étoffes trompe-l'œil derrière lesquelles se cache la fraude sous les dehors les plus séduisants.

On n'a pas idée des connaissances profondes, des essais nombreux, des dépenses extraordinaires qu'exige l'art du teinturier, et plus d'une femme hésiterait à marchander l'étoffe qui lui plaît, si elle savait par combien de mains différentes cette étoffe a passé et quelle persistance d'efforts il a fallu pour obtenir telle combinaison, telle harmonie de couleurs ou de reflets. Dans certaines maisons de teinture, on voit fonctionner à la fois des machines d'une force collective de 350 chevaux pour l'application du mordant, et d'autres d'une force de 1,500 chevaux pour le chauffage et les apprêts.

La teinturerie se divise en deux branches :

1° Celle des tissus de toute nature dont nous venons d'esquisser la haute importance : 2° celle des fils (coton, laine, lin ou soie), dite *teinture en bottes*. Cette dernière n'a point fait en France moins de progrès que l'autre, surtout à Lyon, par les nuances marron, grises, argentées et dorées qu'on a su varier si agréablement.

Aux matières employées naguère, les chimistes modernes ont ajouté le vert de Chine, la noix de galle, le cachou, l'acide chrysamique, l'acide purpurique, et ils leur ont donné une stabilité merveilleuse, vertu sans laquelle la teinture ne serait qu'une déception amère, un nouveau sujet de désolation pour la femme qui, du moindre coup de soleil, verrait disparaître les illusions de sa toilette.

Sans la chimie, nous marcherions encore à la remorque des pays d'où sortent si abondamment les matières tinctoriales organiques. Du Mexique, de la Nouvelle-Grenade, du Canada, de la Guyane française, de Pondichéry, de l'Australie, mais par-dessus tout du vaste territoire indien, sont venus à l'Exposition universelle des échantillons admirables de ces diverses matières que la Compagnie des Indes sait utiliser avec tant d'intelligence et d'activité. Cette Compagnie, placée hors du concours, résume en elle-même toute l'histoire de la teinture antérieure aux arts chimiques.

Les huiles destinées aux rouages des pièces d'horlogerie; les huiles et les corps gras employés dans le graissage des machines; les huiles et les produits pyrogénés extraits par distillation des schistes et calcaires bitumineux, des asphaltes, des tourbes et des résines; les huiles pour l'éclairage, pour la savonnerie, et qui, provenances agricoles, se façonnent sur une échelle considérable, occupaient une place des plus importantes. La France et la Belgique, mais proportionnément la Belgique plutôt que la France, et le nord de la France plutôt que telle autre partie de l'Empire, fournissent des huiles sur quantité de marchés européens. Il n'est pas facile d'en constater *à priori* la qualité. L'extension prodigieuse des besoins, le mouvement ascensionnel du prix de vente encouragent la fraude; la fraude s'insinue partout. Jusqu'à présent les chimistes n'ayant pu révéler toutes ses manœuvres, le jury international a dû mettre une extrême réserve dans l'appréciation du mérite différentiel des produits divers qui lui étaient soumis. Il a fait ressortir l'avantage qu'on pourra retirer ultérieurement de l'huile du médinier, qui, en Portugal, sert à l'éclairage et à la savonnerie; tandis qu'autrefois, c'était l'huile d'olive qu'on prodiguait à ces usages.

Dans une vitrine très-simple, nous avons vu des pains de savon avec l'étiquette suivante : *Production actuelle des savons de Marseille : 54 millions de kilogr. pour la consommation intérieure; 6 millions ½ pour l'exportation; valeur totale 50 millions de francs.* A quoi bon d'autres phrases; à quoi bon des ornements? Cet énoncé ne dit-il pas tout ce qu'il est possible de dire? Et quand une industrie, quand une ville manufacturière sont arrivées à un si haut degré de prospérité, ne serait-ce point compromettre et la ville et l'industrie de faire du charlatanisme d'annonces? Aucun savon européen n'égale ce beau savon marbré, à base d'huile d'olive, qui constitue la supériorité de la savonnerie marseillaise, et aucune ville du monde, aucun pays n'en produit autant. La fabrication du Royaume-Uni tout entière ne dépasse pas 90 millions de kilogrammes; l'Espagne en fournit 8 millions; l'Autriche 4 millions; la France 120 millions, quantité qu'elle consomme, excepté les 6 millions ½ exportés de Marseille. En présence d'un semblable résultat, il ne saurait être sans intérêt d'exposer l'origine, les progrès et les vicissitudes de la fabrication du savon en Europe.

Savone, dont le nom a conservé le témoignage primordial d'une invention si éminemment utile pour la santé publique, vit naître, dans le VIe siècle, la fabrication du savon. Le voisinage de grands bois d'oliviers fournissait la matière essentielle, l'huile ; et quant aux alcalis, on se contenta d'abord des plus grossiers, des cendres provenant du foyer ou de la soude fournie par la combustion de plantes marines. Un lessivage, un amalgame produisaient ce savon grossier qui demeura, bien des siècles, dans les conditions élémentaires de son début.

Avant que le sceptre du commerce des savons échût à Marseille, plusieurs villes se l'étaient disputé. Gênes, Alicante, Malaga, Barcelone avaient eu plusieurs savonneries rivales et faisaient valoir les avantages qui résultaient d'une position heureuse sur un littoral qui fournissait abondamment l'huile d'olive et la soude. Mais la concurrence, hydre de jalousie, après mille coupables tentatives, finit par amener une catastrophe. Certain jour, Gênes s'éveille avec l'idée que Savone, sa voisine, jouissait depuis trop longtemps des bénéfices de sa découverte. « Il faut en finir, se dit Gênes; une chétive bicoque épiscopale ne doit en rien balancer la fortune de la Reine des plages liguriennes », et, la nuit suivante, vingt galères quittent leur môle, chargées de blocs de rocher et de tous les débris qu'on put recueillir dans les arsenaux. Ces galères volent en silence vers Savone. Arrivées devant le port, on les coule presque toutes bas; celles que l'on conserve jettent leur cargaison à la mer, et dès lors les Savoniens n'ont plus qu'un port sans issue vers le large. Les violences profitent rarement; Gênes l'éprouva bientôt. L'industrie dont elle s'était emparée d'une manière si déloyale, ne lui resta point. Des concurrents bien autrement redoutables que les Savoniens, surgirent peu après ; les Catalans, les Provençaux s'élancèrent dans la lice avec l'ardeur qu'imprime aux hommes la certitude du succès; le roi René favorisa l'industrie du savon, et Marseille, qui avait à sa porte le plus beau marché du monde, le marché de France, devint pour les savons comme pour les diverses autres provenances indigènes ou exotiques, la grande pourvoyeuse de l'Europe moyenne et de l'Europe méridionale.

Cette industrie du savon, Marseille ne fut pas seulement habile à la conquérir, elle le fut à la garder et à l'étendre. C'est même un fait curieux et presque unique dans l'histoire des arts manufacturiers, qu'une fabrication demeurée conforme à elle-même pendant trois siècles, et lorsque autour d'elle tout se modifiait, conservant presque intacts ses procédés, ses instruments, ses combinaisons et jusqu'à ses mélanges. Parmi les améliorations obligatoires qu'amène la force des choses, Marseille, pour la fabrication du savon, présente encore le régime intérieur qu'on voyait au moyen âge : chaudières au centre de vastes hangars, bacs à lessive sur les côtés, séchoirs, vases, ustensiles tels que les représentent des miniatures du XVᵉ siècle qu'on attribue au roi René.

« Si la savonnerie de Marseille, disait M. Louis Reybaud dans les *Débats* du 9 septembre 1855, s'est maintenue au premier rang durant une si longue période ce n'est ni aux édits, ni aux arrêts du conseil, ni aux décrets qu'il faut en reporter la gloire; c'est en elle-même, dans sa position, dans ses débouchés, dans le caractère des hommes qui l'ont honorée et perfectionnée, dans leur intérêt bien entendu, dans les traditions locales, dans une habileté de main transmise de génération en génération, que se trouvent et se perpétuent les éléments de cette supériorité. Elle a pu ainsi se défendre, et contre les attaques de ses concurrents, et contre ses propres excès; elle a fait sa police mieux qu'aucun gouvernement n'aurait pu la faire. Menacée bien des fois, elle s'est toujours relevée avec un certain éclat et a donné de durs démentis à ceux qui la tenaient pour morte. »

Nous avons dit comment, sous l'Empire, en plein blocus continental, grâce au chimiste Leblanc, la France sut triompher du manque de soude. La France ne fut pas moins heureuse quand les olives venant à lui faire faute, il fallut rompre avec les préjugés, avec les édits de Colbert, avec les décrets restrictifs de Napoléon, et chercher un moyen qui rendît l'huile d'olive moins nécessaire. On essaya des mélanges, on se mit en quête d'autres oléagineux. Après avoir accepté l'huile d'œillette, on songea au lin et au ravison qui trompèrent les espérances du fabricant; puis au selane et à l'arachide, dont le succès fut général. A partir de cette époque, tous les corps gras purent donner la mesure de leur vertu et se créer une place dans le mouvement de la savonnerie française, qui marcha toujours, sans négliger ni perfectionnement ni conquête. Marseille primait et prime encore. Cependant, quelques villes, Paris surtout avec sa banlieue, lui suscitent une concurrence dont elle s'inquiète : des savons sans marbrures, que dans le commerce on appelle *lisses*, *liquides*, *unicolores*, que l'on fabrique de toute pièce avec des suifs, des graisses, des oléines ou d'autres débris mêlés à de mauvaises huiles, savons qui s'imprègnent d'eau, presque à volonté, sont sortis des nouvelles fabriques et font irruption sur les marchés.

Avec l'habileté de main qui les distingue, les fabricants parisiens ont su donner à ces savons unicolores les apparences du produit le mieux confectionné, et, à défaut de qualités solides, tout le prestige du coup d'œil. La pâte reçoit, dans des moules ingénieux, les formes les plus diverses, et se débite par fragments qui devraient peser un demi-kilogramme. C'est ce qu'on appelle la *vente au morceau*. Or, il se trouve que ces morceaux, d'un aspect si séduisant, au lieu du poids régulier de 500 grammes, n'en ont guère que 470 ou 475; et pourtant le savon unicolore de Paris se présente si bien, avec une tournure si coquette; il s'adapte si merveilleusement aux besoins ordinaires, il est d'un débit si commode, d'un transport si facile, enveloppé de papiers fins, de feuilles métalliques éclatantes, que l'usage s'en répand dans le monde des ménagères, et qu'il menace d'évincer un jour des magasins sérieux l'honnête savon marseillais qui, déjà depuis longtemps, n'ose se montrer, ni chez les parfumeurs, ni chez les marchands de nouveautés.

A la suite des savons, et tout à côté des huiles, nous placerons les *essences* parfumées, qui ont pour sanctuaire le boudoir et pour propagateurs les coquettes. A Grasse, à Albi, en Algérie, mais principalement à Grasse, la fabrication des essences s'effectue d'une manière très-fructueuse. Il en est de même chez les R. P. de Santa-Maria Novella (Toscane) et dans la maison Schimmel (Saxe), dont les produits marchent honorablement après les produits français.

La gutta-percha n'est connue du monde savant que depuis 1842, époque où Montgomerie adressa aux membres de la Société royale de Londres plusieurs objets fabriqués avec cette substance. Une médaille d'or votée à Montgomerie lui prouva qu'on savait apprécier sa découverte, et l'année suivante, un Espagnol, plus curieux qu'expérimentateur, apporta en Angleterre une collection assez nombreuse de meubles, d'ustensiles ou de fantaisies fabriqués avec la gutta-percha. La France ignora cette branche d'exploitation jusqu'en 1845; mais à peine la grande Commission que le gouvernement avait instituée pour explorer le littoral du Céleste-Empire, eut-elle rapporté des échantillons de gutta-percha, que MM. Cabirol, Alexandre et Duclos prirent un brevet pour son exploitation. Depuis lors, l'expédition de cette gomme pour l'Europe devint très-abondante; à tel point qu'en 1848, Singapore vendit aux négociants anglais 1,303,656 kilogrammes de gutta-percha, ce qui représentait une valeur de deux millions. La France n'entrait encore qu'avec timidité dans l'exercice d'une industrie dont les Anglais avaient immédiatement saisi les nombreux avantages.

A l'état de pureté, la gutta-percha est grise, mais on la falsifie presque toujours en la combinant avec de la sciure de bois qui lui donne un aspect rouge-brun. On n'en rencontre pas dans le commerce qui contienne moins de 6 0/0 de matières étrangères, et il n'est pas rare d'en trouver qui en renferme jusqu'à 25 0/0. Il faut donc essayer cette gomme avant l'achat; chose facile, par la propriété dont elle jouit de se ramollir dans l'eau bouillante.

« La gutta-percha s'unit au caoutchouc, et le mélange pouvant se sulfurer, donne une substance qui jouit des propriétés intermédiaires entre le caoutchouc et la gutta-percha. Dissoute dans l'essence de térébenthine, elle fournit un vernis transparent; combinée à des sels divers, elle acquiert une extrême dureté et peut alors remplacer avec économie la porcelaine, le verre et les métaux usuels. Elle se conserve sans altération au contact de l'air et de l'eau, et n'est nullement attaquée, à la température ordinaire, par les acides et les alcalis. » (Al. Riche et Paul Morin.)

L'Exposition universelle de Londres, ainsi qu'on le voit au tome V de l'*Official descriptive and illustrated Catalogue*, possédait quantité d'objets en gutta-percha et en caoutchouc, soit pour les locomotives, soit pour les machines à traction, comme voitures, soit pour l'ameublement et les usages manuels de différents arts; il ne nous est même pas démontré que, sous ce rapport, il y ait eu chez nos voisins d'outre-Manche un progrès de confection entre 1851 et 1855. La France, au contraire, s'est rapprochée de la Grande-Bretagne, mais, pour rivaliser avec elle sous ce rapport, il faut que les consommateurs, que les campagnards principalement, éclairés sur l'avantage d'employer, pour les harnais, la gutta-percha au lieu du cuir et du chanvre, viennent aider, par leurs demandes, à l'extension de cette industrie.

Nous avons vu, dans le Palais de l'Exposition universelle, des fouets, des cravaches, des harnais très-solides et d'un nettoyage facile, des tentes et des matelas imperméables, des bouées de sauvetage, des appareils de plongeurs et des bateaux insubmersibles faits en gutta-percha: nous avons remarqué des tubes fabriqués avec la même substance et qui ont, sur les tubes métalliques, l'immense avantage de ne pouvoir être attaqués par les acides. L'électricité doit aux tubes de gutta-percha sa transmission invariable et normale sous le sol, à l'air libre comme à travers les flots de la mer. Une des plus heureuses applications de la gutta-percha a pour objet la conservation des eaux minérales salines et sulfureuses. Frappé des décompositions que fait subir à ces liquides le tanin du bouchon de liége, M. Bordet, premier commis de l'Académie de médecine, a imaginé des bouchons inaltérables en gutta-percha qui figuraient à l'Exposition, mais qu'on a laissé passer inaperçus.

La perfection et le bon marché des épreuves galvanoplastiques est encore un bienfait de la gutta-percha. Appliquée en lame sur l'objet à reproduire, soumise à une chaleur suffisante, elle se ramollit insensiblement et pénètre dans les moindres anfractuosités du relief. Détachée quand elle est molle, elle garde, par le refroidissement, l'empreinte qu'elle a reçue et devient conductrice au moyen d'une couche de plombagine; puis elle se sépare du dépôt galvanique aussi facilement qu'elle s'était séparée du modèle.

L'industrie du caoutchouc et de la gutta-percha fut représentée au Palais de l'Exposition universelle par trente-quatre exposants français, tous chefs d'usines considérables; par huit exposants prussiens, quatre anglais, deux américains, deux espagnols, un belge, un hollandais et un danois. Nous ne nous expliquons pas l'abstention absolue de l'Autriche et le peu d'empressement qu'ont mis à se produire les fabricants de l'Angleterre et ceux des États-Unis. Parmi les objets venus d'Amérique, nous avons principalement remarqué l'exécution d'un livre énorme dont les feuillets et la reliure sont en caoutchouc. Bien des gens se seront demandé à quoi bon tant de frais pour produire, avec une substance proportionnément fort coûteuse, un objet qu'on obtient à si bon compte en papier. C'est qu'aux Antilles le papier ne se conserve pas: un insecte rongeur le détruit en peu de temps, tandis qu'il respecterait des feuilles de caoutchouc.

Dans le compte-rendu de l'Exposition de M. Ch. Goodyear, nous donnons sur l'histoire progressive des *applicata* du caoutchouc, tous les détails désirables. Ils sont d'autant mieux placés là que cet industriel américain semble résumer en lui-même le type fertile d'applications heureuses de la matière dont il s'agit.

Quoique, sous bien des rapports, le caoutchouc et la gutta-percha soient destinés à remplacer les cuirs et les peaux, ces derniers objets augmentent sur les marchés d'une manière notable. Trois cent trente-huit fabricants ont exposé. La préparation du veau, du maroquin, du chevreau d'Annonay atteste surtout des progrès. La France, la Belgique et l'Angleterre rivalisent par le nombre et par la qualité de leurs produits. Cependant, depuis 1851, le mouvement de perfection dans la préparation des cuirs et des peaux, demeure bien loin du mouvement prodigieux qu'on voit régner chez les papetiers.

Le manque de chiffons ayant obligé de recourir aux matières fibreuses qu'offre la nature en si grande abondance, on a fait, sous ce rapport, d'ingénieuses combinaisons. Les papiers vergés à la machine sont surtout remarquables. La France, l'Allemagne qui nous suivait naguère de si loin, la Prusse, même le Portugal, fournissent des cartons et des papiers dignes de rivaliser avec les meilleurs produits anglais. Annonay conserve sa prééminence, bien que la maison Didot partage avec les successeurs de Montgolfier le secret des pâtes fines, consistantes et d'une couleur irréprochable.

Au commencement de ce chapitre, nous avons dit un mot du savant chimiste Leblanc, élève de Darcet père, qui, moyennant un ingénieux procédé, sut affranchir la France du tribut annuel de vingt-cinq millions de livres tournois qu'elle payait pour la soude à l'étranger, notamment à l'Espagne. Ce fut en 1804, à Saint-Denis, que Leblanc fonda sa première fabrique. Il manquait de ressources pécuniaires, mais la Société d'encouragement pour l'industrie nationale lui vint en aide. Deux années plus tard, le procédé de Leblanc fut appliqué dans une usine de Rouen, puis ensuite à Marseille, à Saint-Gobain, à Dieuze, à Montluçon et à Paris. Les Anglais, les Russes, tous les peuples d'Europe finirent par l'adopter.

La fabrication de la soude est devenue l'une des branches les plus importantes de notre industrie chimique, car elle sert à la composition du cristal, à celle des savons, au lessivage des tissus et à beaucoup d'autres usages. En 1853, cette fabrication absorba 22,117,000 kilogrammes de sel, 24,328,700 kilogr. d'acide sulfurique, 8,747,273 kilog. de charbon, 8,747,273 kilog. de carbonate de chaux, substances d'où l'on a tiré 34,281,340 kilogr. de soude brute, et 30,963,800 kilogr. d'acide chlorhydrique. Il s'en faut bien que cet immense produit soit consommé en France ; on exporte annuellement 3 millions de kilogrammes de soude et 400 à 500,000 kilogrammes d'acide chlorhydrique.

En France, la soude est bien fabriquée partout. Elle possède une blancheur, une qualité alcalimétrique qui la font préférer aux soudes anglaises, et pendant un demi-siècle, ses fabricants se sont presque tous enrichis, excepté Leblanc que des embarras de fortune conduisirent au suicide. Les Galeries du Palais de l'Exposition universelle ne présentaient pas seulement des échantillons hors ligne de soude cristallisée, elles offraient des échantillons de fabrication journalière provenant de Saint-Gobain, de Javel, de Dieuze, de Francoux, de Marseille et de Rouen. Malheureusement, nous n'avons vu là que des produits toujours les mêmes ; nous n'avons pu constater la moindre amélioration, le moindre progrès dans les procédés, et il est douteux pour nous que depuis 1804, les fabricants de soude aient simplifié le mécanisme de leur travail, perfectionné leur méthode, amélioré leurs produits. L'un d'eux a-t-il seulement trouvé le moyen de désulfurer certaines soudes restées impropres aux usages ordinaires? Peut-être l'impôt du sel et l'élévation du prix des charbons, en rendant plus coûteuse la fabrication de la soude, stimuleront-ils l'esprit inventif des industriels. Le besoin rend ingénieux. Nous l'avons vu par les sucreries qui, frappées d'un impôt, menacées de ruine, ont trouvé moyen de résister à l'envahissement des sucres exotiques, et de fabriquer à meilleur marché.

L'emploi de la soude pour la confection du papier de paille; celui du chlorure de manganèse, que les fabricants de soude laissent perdre, et qui tournerait si bien au profit de la salubrité publique, laissent entrevoir l'ouverture de voies économiques éminemment utiles, vers lesquelles tôt ou tard devront s'acheminer les industriels qu'une prospérité facile rend négligents et paresseux. Et voyez comme tout s'enchaîne dans les sciences, ce sont les solutions de soude et de potasse qui seules, ayant la propriété d'attaquer l'aluminium, servent à le décaper; c'est l'acide chlorhydrique, découvert depuis peu d'années, qui devient le véritable dissolvant de l'aluminium, comme l'acide azotique est celui de l'argent.

Le silicate de potasse, substance destinée à durcir les calcaires et le plâtre pour la conservation des monuments; l'extraction économique des sels de potasse du sein des eaux mères des marais salants; l'avilissement du prix des prussiates, des chromates de potasse et des sels ammoniacaux; la perfection introduite dans l'emploi des pyrites pour la fabrication de l'acide sulfurique sont des faits du même ordre, où brillent le savoir et l'habileté de manipulation de nos chimistes français, entre lesquels nous citons MM. Perret fils et Kuhlmann. Il en est de même de l'apparition toute récente du phosphore rouge ou amorphe, sorti des fourneaux d'outre-Rhin, et destiné à jouer un si grand rôle dans l'industrie; du développement d'extraction de l'acide borique; enfin de l'importance extraordinaire que les procédés chimiques ont donnée à la manufacture modèle de Saint-Gobain, la première du monde.

En parcourant à Londres le Palais de Cristal, si riche en produits chimiques, nous avions été fort surpris de n'y point découvrir des cristaux d'iodure et de brôme, fruits éphémères d'une industrie éminemment française, et notre imagination chagrine s'était reportée sur l'existence pénible et militante d'un homme presque ignoré de ses contemporains, mort dans l'indigence après avoir doté le monde de l'un des agents thérapeutiques les plus efficaces, nous voulons parler du chimiste Courtois. A l'Exposition universelle de 1855, la France semble avoir pris à tâche de rendre un éclatant hommage à la mémoire de Courtois en produisant avec complaisance des masses d'iode et de brôme, d'iodure et de bromure de potassium, dont les formes cubiques irréprochables et la disposition en trémies sont des preuves évidentes de pureté. Dans le voisinage de ces masses cristallines figuraient des cristaux magnifiques de bi-iodure de mercure et d'iodure de plomb.

Le sodium, que MM. Rousseau frères fournissent au prix comparativement modéré de 100 fr. le kilog.; le blanc de céruse qu'une seule de nos fabriques livre annuellement au chiffre de 2 millions de kilogrammes; le blanc de zinc, produit d'origine française; l'outremer artificiel pour lequel nous primons de très-haut la Belgique, la Hesse et la Prusse; les acides gallique et pyrogallique, le tartrate ferrico-potassique, le citrate de fer, la crème de tartre soluble, le fer réduit par l'hydrogène, le chlorure de baryum, l'oxyde d'antimoine sublimé en aiguilles longues et fines, tenaient, à côté des composés d'iode et de brôme, une place très-distinguée. Cette fois, les chimistes anglais et les chimistes allemands avaient rivalisé d'habileté avec les chimistes français, pour obtenir des produits dignes de la haute position scientifique des nations qu'ils représentent. Citer les noms de MM. Kuhlmann, pour la France; Wagenmann et Seybel pour l'empire d'Autriche ; Zoeppitz pour le Wurtemberg ; Tenant pour le Royaume-Uni ; indiquer les établissements de la Flandre française, de la Picardie, de l'Alsace, du Lyonnais, de Vienne, d'Altsaltel (Bohème), de Schönebeck (Prusse), c'est offrir un tableau résumé du concours d'efforts et de talents qui caractérise cette lutte industrielle.

Les sels de quinine, fils de famille d'origine étrangère, mais nés en France, occupaient à l'Exposition plusieurs vitrines remarquables. On sait que Pelletier, à Clichy, Delondre, à Nogent-sur-Marne, et Levaillant, à Ménilmontant, exploitèrent les premiers le sulfate de quinine. Pendant plusieurs années, nous eûmes l'étranger pour tributaire, et quoiqu'il fallût demander aux marchés de New-York et de Londres la matière première, payer des droits de douane sur les quinas et les alcools, tel était le prestige de la renommée des chimistes français, et la réputation acquise par leurs produits, qu'à des prix de vente supérieurs, l'industrie qu'ils avaient créée demeura bien des années prospère. Insensiblement toutefois, une concurrence préjudiciable s'établit. L'Angleterre, l'Allemagne, les États-Unis fabriquèrent des sels de quinine, et, pour lutter avec avantage, MM. Pelletier, Delondre, Levaillant, durent réunir en une seule fabrique leurs trois fabriques isolées. Depuis lors, l'usine de Nogent-sur-Marne où s'est accomplie cette fusion, n'a point cessé de se maintenir à un degré de prospérité remarquable. C'est en vain que dans les vitrines étrangères, nous avons cherché des échantillons comparables aux nôtres. Nogent-sur-Seine et d'autres usines également françaises, ont produit des sels de quinine irréprochables, d'une blancheur éclatante, à formes cristallines bien déterminées. « La vitrine de M. Delondre, dit M. le docteur Caffe, a cependant fixé notre attention d'une manière toute spéciale, par la riche collection d'écorces de quinquina qui accompagne les sels de quinine. On est satisfait de voir, de suivre à côté des produits parfaits, façonnés par la main de l'homme, la matière brute d'où il les a retirés. Les échantillons d'écorce choisis par M. Delondre, ont, de plus, le mérite d'appartenir à des espèces parfaitement caractérisées, soit par les naturalistes, soit par lui-même, dans son important *Traité de la Quinologie.* »

A la suite des sels de quinine vient naturellement se placer la salicine, qui, un instant, eut la prétention de les remplacer, mais qui n'est plus qu'un objet de luxe pharmaceutique. Les cristaux émanés de l'officine du producteur prouvent en faveur de son habileté, et prennent naturellement une place honorable sur les tablettes de la chimie expérimentale. Les échantillons de caféine aux aiguilles soyeuses, d'alizarine aux reflets rouge-feu, d'amygdaline à paillettes nacrées, la codéine et l'asparagine dont les formes régulières font l'admiration des cristallographes, tous produits dus aux manipulations de Robiquet père, figurent comme la salicine, parmi les objets curieux, mais inutiles. Il n'en est point de même de l'aloétine, principe essentiel de l'aloès, découvert par M. Robiquet fils. L'aloétine a pris sa place auprès des médicaments estimés, et on l'a vue se présenter pour la première fois en cristaux réguliers.

Plusieurs pharmaciens chimistes français ont exposé divers autres sels remarquables par leur cristallisation : lactates de fer et de zinc, acétates, iodures de mercure cristallisés et sublimés, mannites, émétiques, chromates de potasse, avec couleurs mordorées, capables de produire sur la soie toutes les nuances de l'arc-en-ciel; citrates de potasse, aux formes cristallines délicates; citrates de magnésie blancs comme neige, tartrates solubles de potasse, en paillettes micacées. Nous avons aussi remarqué une belle collection de sels de manganèse venant d'une officine lyonnaise. Ces sels s'offrent tantôt isolés, tantôt réunis aux sels ferriques, jusqu'au fer manganeux réduit par l'hydrogène. Il n'y a point eu jusqu'à présent beaucoup d'expositions de produits chimiques présentant des spécimens d'un aspect aussi joli, d'une délicatesse de nuances, d'un chatoiement brillant comparable à ces sels manganeux. Ils sont d'un attrait séducteur, mais, malgré les assertions de MM. Burin-Dubuisson et Pétrequin, l'expérience pratique n'a point encore pu se prononcer sur leur efficacité médicatrice.

Parmi les objets d'art chimique, dont l'apparence élégante a le plus frappé nos regards, nous indiquerons deux corbeilles remplies de cristaux d'alun et de chrôme, semblables à l'améthyste, corbeilles que séparait l'une de l'autre un globe tapissé d'iodure de cyanogène, à longues aiguilles blanches. C'est une *fantasia* savante, sans utilité pratique, mais qui, dans une exposition de produits, occupe parfaitement sa place comme spécimen artistique.

La composition des encres à écrire et des encres à imprimer dont le jury a reçu cent cinquante-neuf échantillons, méritait de sa part un examen non moins attentif que celui des huiles, en raison des procédés de falsification qu'inspire l'escroquerie et des altérations qu'amène le temps. L'encre française, dite de *la Petite-Vertu*, sortie victorieuse de cette analyse comparative, n'est cependant pas complétement au-dessus des exigences que réclame la sécurité publique.

Les crayons, placés dans un ordre de services tout opposé à celui des encres, avaient acquis depuis un demi-siècle, et d'un seul bond, la perfection qu'imprime à son œuvre un homme de génie. Toutefois, des découvertes nouvelles amenant des procédés nouveaux, il fallut que les fabricants français fissent quelques efforts pour soutenir la concurrence dont les menacent l'Autriche, le Wurtemberg, le Royaume-Uni, et pour maintenir leurs crayons à la hauteur où les plaça Conté.

Les vernis français, destinés aux tableaux, l'emportent autant sur les vernis des autres nations que les vernis de l'Angleterre, pour voitures, et les vernis de l'Allemagne, pour chaussure et sellerie, l'emportent sur les nôtres. Les noirs de fumée, d'os, d'ivoire, de charbon et de tartre ont leur patrie hors de France; les bons cirages également: bien que le procès entre le cuir qui résiste et le cirage qui le brûle, ne soit pas encore vidé.

Les bougies stéariques, ces produits heureux des acides gras, dus aux recherches savantes M. Chevreul, sont représentées par cent dix-sept industriels arrivés des divers États de l'Europe. France, Autriche, Bade, Bavière, Belgique, se suivent dans l'ordre de prééminence qui leur appartient: ici la France défend avec ténacité la gloire du berceau stéarique, comme l'Allemagne défend le berceau des allumettes phosphoriques, nées des briquets du même nom qui datent d'une époque bien solennelle pour les peuples d'outre-Rhin, l'époque de leur indépendance. Il y a telles découvertes qui semblent des prophéties.

Arrêtés sur la limite de la XI° Classe et de la XII°, car la chimie possède de nombreux points de contact avec l'art de préparer, de conserver les substances alimentaires, et avec l'art de guérir, nous ne quitterons pas le vaste domaine que nous venons d'explorer, sans faire remarquer quelle large part revient à la France dans toutes les découvertes de la chimie moderne, et quelle persistance de zèle et d'efforts ont déployée les fabricants pour résister aux tarifs prohibitifs; aux frais de main-d'œuvre dans un pays où la journée d'ouvriers monte quelquefois relativement très-haut ; aux caprices des habitudes, enfin, aux mouvements alternatifs de la politique et des affaires.

REVUE DES PRINCIPAUX OBJETS

EXPOSÉS DANS LA DIXIÈME CLASSE.

PRODUITS CHIMIQUES [1].

SOCIÉTÉ ANONYME DE LA MANUFACTURE DE GLACES DE SAINT-GOBAIN (France).

Cette Société joint à la fabrication des glaces, l'usine de produits chimiques la plus considérable qui existe en France et même dans le monde entier. Le Jury de la X⁰ Classe, dit le rapport officiel, « n'eût pas hésité à attribuer à la Société anonyme de la manufacture de glaces de Saint-Gobain la GRANDE MÉDAILLE D'HONNEUR pour les produits de son usine de Chauny, si cette récompense ne devait pas se confondre avec celle que lui a décernée le Jury de la XVIII⁰ Classe. »

M. Fréd. KULHMANN, à Lille (France).

Les produits chimiques les plus variés sont livrés au commerce par les nombreux établissements de M. KULHMANN, situés à Loos, la Madeleine et Saint-André (Nord), Corbehem (Pas-de-Calais), Saint-Roch-lèz-Amiens (Somme). La valeur annuelle de ces produits s'élève à 3,000,000 de francs. On doit à M. KULHMANN d'importantes recherches sur les grandes questions industrielles. Comme membre du Jury, il se trouvait placé hors de concours; mais il lui a été voté une MENTION TRÈS-HONORABLE.

MM. WAGENMANN, SEYBEL ET Cⁱᵉ, à Unterliesing, près Vienne (Autriche).

Fondée en 1828 par M. WAGENMANN pour une exploitation restreinte, cette maison a passé en 1841 sous la direction de M. SEYBEL, qui lui a donné un grand développement.

Elle livre annuellement à la consommation 2,000,000 de kil. d'acide sulfurique, 100,000 kil. d'acétate de plomb, 100,000 d'acide tartrique, 300,000 litres de vinaigre, 300,000 kil. d'acide nitrique, et autant d'acide chlorhydrique, et une grande quantité d'autres produits.

Ces chiffres parlent d'eux-mêmes. La perfection des produits eût pareillement valu à M. SEYBEL une récompense spéciale, si sa position de membre du Jury ne l'eût mis hors de concours. MENTION TRÈS-HONORABLE.

[1] La diversité des produits compris dans la X⁰ Classe est telle, que, pour faciliter les recherches, nous avons dû diviser par série notre revue des objets exposés.

MM. ZOPPRITZ et Cᵉ, a Freudenstadt (Wurtemberg).

La qualité supérieure du prussiate de potasse, du chlorhydrate d'ammoniaque sublimé et du carbonate d'ammoniaque sublimé présentés par MM. Zoppritz et Cᵉ a fait mentionner très-honorablement cette maison, dont l'un des associés M. Weidenbusch, était membre du Jury.

MM. TENNANT et Cᵉ, a Saint-Rollox, près Glascow (Royaume-Uni).

L'usine de Saint-Rollox est la plus grande fabrique de carbonate de soude qui soit en Angleterre. Ses produits sont d'une qualité vraiment surprenante; c'est à la maison Tennant qu'on est redevable de la poudre à blanchir (chlorure de chaux).

Les fabrications installées à l'usine de Saint-Rollox s'enchaînent, pour ainsi dire, d'une manière logique; les eaux mères du carbonate de soude y servent à une vaste fabrication de savon; les résidus de chlore sont employés à la décomposition des sels de manganèse, qui eux-mêmes, par la condensation de l'ammoniaque du gaz, se trouvent transformés en sels ammoniacaux.

Les prix de ces produits anglais sont relativement moins élevés que les nôtres; cela tient surtout aux prix des matières premières et particulièrement du sel, qui, on le sait, en Angleterre, n'est sujet à aucun droit.

MM. Tennant et Cᵉ ont reçu du Jury la grande médaille d'honneur.

M. PERRET ET SES FILS, a Lyon (France).

MM. Perret sont les premiers qui, en France, aient appliqué les pyrites à la fabrication de l'acide sulfurique. Les pyrites de Chessy, qu'ils exploitent, renferment du cuivre et du zinc en petite quantité : en les arrosant, après le grillage, avec les eaux d'infiltration des galeries, on dissout les oxydes; la solution des sulfates est amenée dans des bassins où elle rencontre du fer qui précipite le cuivre; une autre partie de cette solution, en s'évaporant, fournit le sulfate triple de fer, de cuivre et de zinc, employé pour le chaulage. Dans ces derniers temps, MM. Perret ont enfin extrait l'oxyde de zinc parfaitement pur, et pouvant servir à la peinture.

L'acide sulfurique provenant des pyrites est souvent arsenical; on le purifie en précipitant l'arsenic au moyen du sulfure de Barquem; on le convertit alors en sulfate de soude, employé dans les verreries de Rive-de-Gier. Cette vaste exploitation livre au commerce 30,000 kil. d'acide sulfurique par jour. Son principal mérite est d'utiliser des minerais pauvres qu'on avait eu le tort d'abandonner.

Le Jury a décerné à MM. Perret et fils une médaille d'honneur.

ADMINISTRATION DES MINES DE BOUXWILLER, Bas-Rhin (France).

Les lignites imprégnées de sulfate de fer et d'alumine sont appliquées dans les mines de Bouxwiller à la préparation de la couperose et de l'alun. Cette usine emploie encore tous les débris de l'organisation animale, tels que vieilles cornes, déchets de cuirs, chiffons de laine, chair desséchée, os, etc., à la fabrication de prussiate de potasse, noir d'os, ammoniaque, et autres produits chimiques qu'elle exporte à l'étranger par parties considérables.

Les perfectionnements apportés dans ces diverses branches de fabrication ont valu à l'usine de Bouxwiller, représentée par M. Schattenmann, son directeur, une médaille d'honneur.

M. Charles KESTNER, a Thann, Haut-Rhin (France).

C'est à M. Charles Kestner qu'on est redevable de la découverte de l'acide paratartrique. Deux établissements, l'un à Thann, l'autre à Bellevue près Giromagny, livrent sous sa direction, au commerce, les produits les plus estimés, parmi lesquels il faut citer des sels métalliques employés dans la teinture et l'impression.

Une MÉDAILLE D'HONNEUR a été décernée à M. Charles KESTNER, dont les produits, outre la partie consommée en France, sont l'objet d'une vaste exportation.

M. LE COMTE FR. DE LARDEREL, A VOLTERRA (TOSCANE).

Une MÉDAILLE D'HONNEUR a été décernée à M. le comte LARDEREL, créateur, en Toscane, de l'industrie de l'extraction de l'acide borique, des jets de gaz et de vapeur qui se font jour à travers des fissures naturelles au sol volcanique de certaines localités des maremmes.

M. J.-D. STARK, A ALTSALTEL (BOHÊME).

La même récompense a été obtenue par M. J.-D. STARK, pour son importante fabrication d'acide sulfurique fumant, établie en Bohême. Il en livre annuellement 40,000 quintaux, et fabrique les vases dans lesquels il l'expédie. Pour cette fabrication, qu'il allie encore à diverses autres presque aussi considérables, il tire toutes ses matières premières du sol même de ses vastes propriétés, et il emploie au moins 4,000 ouvriers.

MANUFACTURE ROYALE DE PRODUITS CHIMIQUES, A SCHONEBECK (PRUSSE).

Parmi les échantillons envoyés par cette importante manufacture, on doit citer ceux de potassium et de sodium. La fabrication sur une grande échelle n'empêche pas M. HERMANN, propriétaire actuel, et fils du fondateur, de soigner tous ses produits de manière à conserver le rang distingué que cette usine occupe depuis 1795.

Le Jury a décerné à la manufacture royale des produits chimiques de Schonebeck une MÉDAILLE D'HONNEUR.

MM. COURNERIE ET Cⁱᵉ, A CHERBOURG (FRANCE).

MM. COURNERIE et Cⁱᵉ exposaient de fort beaux échantillons de divers bromures et iodures fabriqués par eux. Leur usine fondée en 1798 exploite les soudes de varech en grandes masses, et en retire annuellement 182,000 kil. de chlorure de sodium, 166,500 kil. de chlorure de potassium, et 100,800 kil. de sulfate de potasse; on retire des eaux mères 5,200 kil. d'iode et 200 kil. de brôme.

MÉDAILLE DE PREMIÈRE CLASSE.

M. FR.-B. TISSIER AU CONQUET, FINISTÈRE (FRANCE).

En 1824, guidé uniquement par les travaux de Gay-Lussac, M. TISSIER organisa à Cherbourg la première usine destinée à extraire l'iode contenu dans les varechs qui couvrent les rivages de la mer, et il parvint, au bout de six mois, à abaisser à 200 francs le prix du kilogr., qui jusque-là avait été de 600 francs.

Peu après, il établit une seconde usine pour la séparation des muriates et sulfates de potasse et autres sels contenus dans les soudes de varech. En 1829, les deux fabriques furent réunies, et on y convertit l'iode en iodure de potassium.

Enfin, en 1830, M. TISSIER monta l'usine du Conquet, qu'il a toujours dirigée, et dont il est seul propriétaire depuis 1843.

Jusqu'à cette époque on peut dire que l'industrie naissante hésitait; elle travaillait sur de petites masses; peu appréciée encore et n'ayant pu vaincre l'apathie des populations pauvres de nos côtes qui ne voulaient pas recueillir et utiliser, au profit de la science, les goëmons, qui restaient inutiles pour l'agriculture. Peu à peu elles s'apprivoisent, recueillent, apportent les varechs qu'on travaille en grand, avec plus d'économie et mieux.

La misère a dès lors disparu de ces pays misérables, et cinq cents familles, groupées autour de l'usine bienfaisante, y trouvent en tout temps le travail assuré qui les fait vivre sans crainte. Quelle plus belle récompense des travaux de la science que cette transformation d'un pays au milieu même du travail et en dehors des bienfaits que les produits manufacturés répandront de toutes parts !

Aujourd'hui l'usine du Conquet, dans laquelle sont occupés cinquante chefs de famille, traite chaque année jusqu'à deux millions de kilogrammes de soude brute, dont il retire en moyenne :

> 250,000 kil. de chlorure de sodium impur.
> 200,000 kil. de chlorure de potassium à 92 pour 100.
> 90,000 kil. de sulfate de potasse.
> 15,000 kil. de sulfate de soude.
> 4,000 kil. d'iode pur.
> 4,000 kil. d'iodure de potassium.
> 700 kil. de brôme.
> 500 kil. de bromure de potassium.

Et enfin 15,000 hectolitres de résidus de soudes de varech excellents comme engrais.

C'est là que, pour la première fois, l'iode pur cristallisé et l'iode brut de premier jet ont été livrés au commerce.

De larges concessions faites au commerce d'exportation lui ont permis de lutter avec avantage sur les marchés étrangers.

Non-seulement l'usine du Conquet a créé une industrie et changé la face d'une contrée; non-seulement elle fournit en abondance une substance de la plus grande utilité; mais les échantillons mêmes de ses produits ont fait voir qu'ils ne le cèdent à aucun autre. Tout le monde les a admirés et a rendu à ces beaux produits la justice qui leur est due.

L'iode est devenu ainsi une substance commune, et ce corps simple, à peine obtenu autrefois par petites parcelles, se trouve entre les mains de qui le demande. L'industrie, la médecine, l'économie domestique en profitent partout, pendant que le pays où se fabriquent les produits, le Conquet travaille et s'enrichit chaque jour.

L'iode et le brôme ont rendu particulièrement des services à l'industrie, à l'économie domestique, à la médecine. L'iode est un agent merveilleusement rapide, lorsqu'il s'agit de suivre dans les substances les traces de l'amidon ou de la fécule, et de déterminer ainsi les falsifications ; il a servi à l'enfantement des idées de Daguerre et de Niepce ; il guérit le goîtreux qu'on ne savait comment guérir, aussi M. Tissier aîné, propriétaire et fondateur de l'usine du Conquet, a-t-il le droit de se féliciter d'avoir su produire en grandes quantités et à bas prix un métalloïde aussi précieux !

L'Empereur en a pensé ainsi, car à la MÉDAILLE DE PREMIÈRE CLASSE décernée par le Jury à M. TISSIER, il a ajouté la croix de chevalier de la Légion d'honneur.

MM. A. DANIEL et Cᵉ, à MARSEILLE (FRANCE).

MM. A. DANIEL et Cᵉ, fabricants de produits chimiques à Mazargues, près Marseille, ont exposé du sel de soude caustique titrant 88°, du sel de soude carbonaté à 82°, du carbonate de soude calciné à 92°, des cristaux de soude et du chlorure de chaux titrant 120°. Ces produits sont bien fabriqués.

Le carbonate de soude cristallisé est d'une blancheur parfaite, et a été exposé en gros bloc, ce qui prouve que ce sel cristallise parfaitement dans le Midi.

M. Daniel s'attache à obtenir des chlorures de chaux très-secs; il a observé que c'est l'humidité qui est la cause principale de l'altération du titre de ce produit, et des accidents très-graves qui résultent quelquefois de sa transformation en chlorate de chaux. Cette réaction, que les fabricants ont tant d'intérêt à éviter, ne s'opérant pas sur ses chlorures, malgré leur titre élevé, pourvu que l'on ait soin d'éviter d'enfutailler cette marchandise encore chaude.

L'usine de MM. A. Daniel et Cⁱᵉ est la plus importante du Midi; elle produit annuellement plus de 10 millions de kilogrammes de soude, dont 4 à 5 millions sont livrés à l'état brut à la savonnerie marseillaise, 5 millions 400 mille kilogrammes environ sont convertis en sel de soude caustique, et le reste en carbonate de soude sec et cristallisé.

Elle fabrique en outre 1 million 200 mille kilogrammes de chlorure de chaux.

Le Jury a décerné une MÉDAILLE DE PREMIÈRE CLASSE à MM. A. Daniel et Cⁱᵉ.

M. DE SUSSEX, A Javel, près Paris (France).

M. de Sussex, directeur de l'usine de Javel, présentait à l'Exposition universelle les produits de cet établissement célèbre, à savoir de l'acide sulfurique, sulfate de soude, carbonate de soude, acide chlorhydrique, chlorure de chaux, chlorure de manganèse, l'eau de Javel ou hypochlorite de potasse, savons, colle-forte, gélatine, etc.

Fondée en 1776, l'usine de Javel a rendu à l'industrie les plus grands services. C'est dans ses laboratoires que M. Fouché-Lepelletier, perfectionnant la fabrication de l'acide sulfurique, a installé une série de vases en grès dans lesquels se condensent, en partie du moins, les produits gazeux qui s'échappent des chambres de plomb.

L'acide sulfurique, qui est la production principale de l'usine de Javel, est le plus important de tous les produits chimiques, et l'on a dit avec raison que la consommation qui en est faite dans un pays, pouvait donner, comme celle du fer, la mesure de son activité industrielle.

Depuis trente ans la fabrication de cet acide n'est jamais demeurée stationnaire, et les procédés assez compliqués qui servent à le produire s'appliquent aujourd'hui avec une régularité et une économie remarquables, et sur une échelle vraiment immense.

L'introduction de la vapeur d'eau dans les chambres de plomb, la réduction de la proportion de nitre d'un sixième à un dixième ou un douzième du poids du soufre, la substitution de l'acide nitrique au nitre ou au nitrate de soude, l'absorption des vapeurs nitreuses au moyen de l'acide sulfurique concentré, voilà des progrès déjà anciens auxquels se sont ajoutés plus récemment d'autres perfectionnements, tels que l'application des pyrites à la production de l'acide sulfureux et la condensation des vapeurs nitreuses et sulfureuses dans une série de vases en grès renfermant une certaine quantité d'eau.

Une partie de ces perfectionnements dans la fabrication de l'acide sulfurique ont été obtenus dans l'usine de Javel. Aussi le Jury a-t-il décerné à M. de Sussex une MÉDAILLE DE PREMIÈRE CLASSE.

PRODUITS CHIMIQUES DIVERS.

Sous ce titre nous comprenons les fabrications variées de diverses usines, qui, sans avoir moins d'importance que celles que nous venons de citer, n'ont pourtant pas de ces grandes spécialités qui les recommandent particulièrement à l'attention des consommateurs. Parmi ces maisons dont les remarquables produits ont figuré à l'Exposition, nous citerons:

M. MOLLERAT, à Pouilly-sur-Saône (France), créateur de la fabrication de l'acide pyroligneux, présentait à l'Exposition une magnifique série de produits provenant de la distillation du bois. MÉDAILLE DE PREMIÈRE CLASSE.

MM. MALÉTRA PÈRE ET FILS, à Rouen (France), dirigent une des plus importantes usines qui soient en France. Les produits chimiques employés dans la teinture et le blanchiment, sortent de cette maison dans un remarquable état de pureté. Le mouvement quotidien, tant pour l'entrée que pour la sortie des marchandises, peut être évalué à 75,000 kil.

Ces Messieurs ont obtenu une MÉDAILLE DE PREMIÈRE CLASSE.

MM. DE LA CRETAZ ET FOURCADE, à Vaugirard (France), ont pareillement reçu une MÉDAILLE DE PREMIÈRE CLASSE. Parmi divers autres produits ils s'occupent de la fabrication des acides sulfuriques; et pour ce dernier, consomment par mois, en moyenne 135,000 kilog. de suif. La fabrication de l'acide sulfurique a été récemment, dans cette usine, l'objet d'expériences intéressantes, qui pour n'avoir pas amené de résultats complétement satisfaisants au point de vue industriel, n'en font pas moins le plus grand honneur à MM. De la Cretaz et Fourcade.

M. ROBERT DE MASSY, à Rocourt (Aisne), France, s'est aussi distingué par les améliorations apportées dans ses usines, et a obtenu une MÉDAILLE DE PREMIÈRE CLASSE. Outre l'alcool de différentes qualités, qu'il retire des mélasses de betterave, il extrait de l'huile essentielle des pommes de terre.

MM. MALLET ET Cᵉ, près Paris (France), ont donné à la fabrication des produits ammoniacaux un développement considérable. Les échantillons envoyés par leurs usines de Belleville et de Batignolles, en les plaçant dans un rang distingué parmi les fabricants de produits chimiques, leur ont valu une MÉDAILLE DE PREMIÈRE CLASSE.

MM. FIGUERA ET Cᵉ, de Paris (France); LAMING FILS, de Paris, id.; COIGNET PÈRE ET FILS, de Lyon, id.; MARTIN RIESS, à Dieuze (Meurthe), id.; LEMIRE, à Choisy-le-Roi (Seine), id.; D'ENFERT FRÈRES, à Paris, id., ont aussi, chacun, obtenu une MÉDAILLE DE PREMIÈRE CLASSE pour divers produits chimiques.

MM. CAPELLEMANS AÎNÉ, DEBY ET Cᵉ, à Bruxelles (Belgique), ont exposé de l'acide sulfurique, de l'acide azotique, du sulfate et du carbonate de soude, du chlorure de chaux, du minium, du sel d'étain, du phosphate de soude. Ils exploitent encore une fabrique de verres à vitre, de bouteilles, de cristaux, de porcelaine anglaise, etc., et font en moyenne pour 2 millions 1/2 d'affaires par an. MÉDAILLE DE PREMIÈRE CLASSE.

LA SOCIÉTÉ DE VEDRIN, à Saint-Marc (Belgique), même récompense.

MM. C. ALLHUSEN ET Cᵉ, à Gateshead-on-Tyne (Royaume-Uni); M. B.-C. BRODIE, à Londres (Royaume-Uni); M. KING, M. ALBRIGHT; M. JOHN POYNTER; M. J.-J. WITHE, tous les quatre de Glascow (Royaume-Uni), avaient envoyé à l'Exposition des produits parfaitement préparés, dont la fabrication leur fait le plus grand honneur. Chacun d'eux a reçu du Jury une MÉDAILLE DE PREMIÈRE CLASSE.

MM. F.-X. BROSCHE ET FILS, à Prague (Autriche). Cette maison livre au commerce de Bohême, des produits chimiques purs et à bon marché. Une MÉDAILLE DE PREMIÈRE CLASSE a récompensé le soin avec lequel MM. BROSCHE préparent dans leur usine les oxydes métalliques et particulièrement l'oxyde d'urane, dont la production est si importante pour l'industrie des verres. Nous devons mentionner en même temps, comme ayant obtenu la même récompense, M. ÉDOUARD BROSCHE, dont la maison est aussi située à Prague, et qui fabrique avec succès, l'acide sulfurique et le carbonate de soude.

M. LŒWE, à Vienne (Autriche), directeur du laboratoire des essais à la Monnaie de Vienne, présentait des échantillons fort remarquables de tellure préparés à l'aide des minerais d'or de la Transylvanie, qui lui ont mérité une MÉDAILLE DE PREMIÈRE CLASSE.

MM. A. STOHMANN ET Cᵉ, à NEUSALZWERK (Prusse), ont obtenu aussi une MÉDAILLE DE PREMIÈRE CLASSE pour la remarquable qualité de leurs produits chimiques.

MM. MATTHES ET WEBER, à Duisburg (Prusse), exploitent une usine destinée à la fabrication de la soude artificielle. Ils emploient des matières premières de bonne qualité ; ils s'efforcent d'obtenir, du premier jet, des produits satisfaisants. Même récompense.

MM. PFEIFFER, SCHWARZENBERG ET Cᵉ (Electorat de Hesse). La fabrique établie par ces Messieurs à Ringenkulh, près Grosalmerode (Hesse-Cassel), produit annuellement 25 à 30,000 quintaux d'acide sulfurique, à l'aide de soufre acheté en Sicile ; 16 à 18,000 quintaux de sel de soude ; 12,000 quintaux de soude caustique ; 1,500 quintaux de chlorure de chaux et 2 à 3,000 quintaux de sels de baryte. Les premiers en Allemagne, MM. Pfeiffer et Schwarzenberg ont employé de grands appareils construits en pierre de taille, pour la fabrication de l'acide chlorhydrique et du chlorure de chaux. MÉDAILLE DE PREMIÈRE CLASSE.

M. J. CROS, à Barcelone (Espagne), a fondé depuis une dizaine d'années, un établissement qui est le plus important de ce genre en Espagne, où il a importé la fabrication de l'acide pyroligneux et des pyrolignites. Il fabrique, en outre, les acides minéraux, l'acide acétique, le sulfate de soude, les sulfates et acétates de fer et d'alumine, le sulfate de cuivre, le nitrate de plomb, le savon, etc.

Les produits de cette maison sont justement recherchés. Elle a obtenu une MÉDAILLE DE PREMIÈRE CLASSE.

MM. J.-M. HIRSCH ET FRÈRE, à Lisbonne (Portugal), exploitent avec habileté une fabrique de produits chimiques très-importante pour le pays où elle fonctionne. MÉDAILLE DE PREMIÈRE CLASSE.

PRODUITS PHARMACEUTIQUES.

M. TROMMSDORF, à Erfurth (Prusse), a fondé à Erfurth une pharmacie importante, qui, par le soin de ses préparations, se place au premier rang des maisons de ce genre. Plusieurs pharmaciens, fort instruits eux-mêmes, y travaillent sous la direction savante du fondateur, et constituent ainsi une véritable école, fort connue et fort estimée dans le monde savant. On a pu admirer à l'Exposition universelle la remarquable collection de produits, expédiée par M. Trommsdorf, et qui lui ont valu à juste titre la MÉDAILLE DE PREMIÈRE CLASSE.

MM. ARMET, STEINHEIL ET VIVIEN, à Nogent–sur–Marne (France), exploitent en grand la fabrication du sulfate de quinine, dont la découverte est due à MM. Pelletier et Caventou. Leur production, en partie exportée, s'élève annuellement au chiffre énorme de 200,000 kilog. C'est à cette usine, fondée par MM. Pelletier, Levaillant et Delondre, qu'on est redevable de l'initiative prise dans l'importation de nouvelles écorces des quinquinas de la Nouvelle-Grenade. Les besoins toujours croissants dans la consommation de ce précieux médicament, en ont fait établir de nouvelles fabriques à l'étranger, aussi la France a-t-elle perdu ce monopole, dont elle jouissait depuis si longtemps. Une MÉDAILLE DE PREMIÈRE CLASSE a récompensé les efforts de MM. Armet, Steinheil et Vivien, pour supporter la concurrence de l'Angleterre et de l'Allemagne, efforts couronnés de succès, ainsi qu'on a pu le constater.

M. LABARRAQUE, au Havre (France). Fabrique pareillement, avec le concours précieux de M. DELONDRE, le sulfate de quinine, par des procédés nouveaux et économiques dont ce dernier est l'inventeur. Le Jury a accordé à M. Labarraque une MÉDAILLE DE PREMIÈRE CLASSE, et une citation spéciale et très-favorable à M. Delondre.

M. JOBST, à Stuttgart (Wurtemberg), a obtenu aussi une MÉDAILLE DE PREMIÈRE CLASSE pour son importante fabrication de sulfate de quinine, dont il avait exposé un bel échantillon, de fabrication courante.

Il en produit annuellement 2,400 kilog.

M. MARQUART de Bonn (Prusse), et M. BATKA de Prague (Autriche), ont chacun obtenu aussi une MÉDAILLE DE PREMIÈRE CLASSE pour leurs produits.

BOUGIES STÉARIQUES.

On emploie aujourd'hui dans l'économie domestique deux espèces de bougies, comme moyen d'éclairage. Les unes sont formées de corps gras neutres, tels que la cire, le blanc de baleine et la paraffine; les autres d'acides gras concrets. Les bougies d'acides gras portent généralement le nom de *bougies stéariques*, quoiqu'elles ne se composent jamais d'acide stéarique seul. On devrait plutôt leur donner le nom de : bougies stéariques, bougies margariques, bougies palmitiques, bougies élaïdiques, bougies cocciniques, suivant qu'elles renferment principalement l'un de ces acides.

Les produits admis à l'Exposition comprenaient peu de bougies de corps gras neutres; ils se composaient surtout de bougies stéariques.

M. L.-A. DE MILLY, A PARIS (FRANCE).

L'exposition de M. DE MILLY représentait l'industrie stéarique dans toutes ses ramifications. On y remarquait des *bougies par distillation*, dites *bougies de la Chapelle*, sèches, sonores, ressemblant à de la porcelaine, grâce à l'emploi de la découverte de M. J. Bouis, basée sur la propriété de l'acide sébacique tiré de l'huile de ricin, qui rend durs les acides gras habituellement mous; des bougies stéariques connues sous le nom de *bougies de l'Etoile*, d'une blancheur extrême, d'un moulage parfait, brûlant avec une flamme uniforme et des plus brillantes; des acides gras obtenus par saponification calcaire à 14 et à 4 pour 100 de chaux; des acides gras provenant de la saponification sulfurique et de la distillation des graines et de l'huile de palme; des acides gras obtenus par saponification à l'aide de l'acide sulfurique délié d'après le procédé de M. E. Frémy; de l'acide oléique, de la glycérine, de l'huile de ricin, de l'alcool caprylique et de l'acide sébacique.

Tous les produits de M. DE MILLY se distinguaient par la perfection extrême du travail. Ils portaient la puissante empreinte, pour ainsi dire, du grand industriel qui a donné généreusement et son concours et tout un ensemble de procédés trouvés par lui aux fabricants des autres nations, devenus tributaires de son courage et de son intelligente persévérance, auxquels l'industrie stéarique doit son existence; car il est le créateur de cette belle application de la chimie moderne, dont la remarquable découverte théorique appartient à un illustre savant, M. Chevreul.

Pour juger de l'importance de cette industrie, il suffit de dire que M. DE MILLY fabrique annuellement, dans sa superbe usine de La Chapelle, près Paris, *deux millions de paquets de bougies et un million et demi de kilogrammes de savon de soude à l'acide oléique*. Ces considérations ont fait proposer unanimement par le Jury, au conseil des présidents, le vote d'une MÉDAILLE D'HONNEUR à M. DE MILLY et d'une GRANDE MÉDAILLE D'HONNEUR à M. CHEVREUL. De son côté, M. BOUIS, pour son procédé pratique de transformation sur une grande échelle de l'huile de ricin en ses différents produits, a obtenu une MENTION TRÈS-HONORABLE.

MM. MOINIER, SAILLON ET Cᵉ, à La Villette, près Paris (France), exposaient de l'huile de palme, des acides gras pressés, de l'acide oléique, des bougies par saponification calcaire, des bougies par saponification sulfurique. Le développement qu'ont donné MM. MOINIER et SAILLON à leur fabrication a contribué puissamment à faire abaisser les prix de la bougie; ils en produisent annuellement *trois millions de* paquets de deux qualités différentes, mais excellentes chacune dans leur genre. MÉDAILLE DE PREMIÈRE CLASSE.

MM. POISAT ONCLE ET Cᵉ, à la Folie-Nanterre, près Paris (France). Acides gras par distillation remarquablement beaux et propres à la confection des bougies tendres; des produits chimiques tels que : acides sulfurique, azotique, oxalique, picrique; du sulfate d'alumine, de l'alumine pure, etc. M. POISAT est de plus auteur d'un procédé consistant dans la distillation des corps gras saponifiés par l'acide sulfurique, procédé qui paraît plus facile à conduire que celui de la distillation par l'alambic. MÉDAILLE DE PREMIÈRE CLASSE.

MM. PETIT et LEMOULT, à Grenelle, près Paris (France). Des acides gras exprimés, aussi beaux que purs; de l'acide oléique, de l'acide élaïdique d'une blancheur extrême, fusible à 42°5; des bougies stéariques commercialement appelées *bougies du Phénix*, blanches, transparentes, sèches, éclairant avec autant d'éclat que d'uniformité. Fabrication excellente et d'un produit de 1,800,000 francs par an. Médaille de première classe.

MM. Ch. MONTALAND et C°, à Lyon (France). Acide stéarique dénotant une saponification parfaite, d'une expression à chaud bien plus énergique que celle de l'acide destiné aux bougies ordinaires; des bougies perlés, des cierges stéariques et de cire parfaitement blancs, secs, durs, brûlant avec un éclat et une régularité remarquables; enfin des savons d'acide oléique à base de potasse et de soude. Les quatre usines de MM. Montaland et C° emploient 180 ouvriers, leur stéarinerie produit journellement 3,000 kilog. d'acide gras concret; ils ont puissamment contribué à améliorer la qualité des bougies fabriquées à Lyon. Médaille de première classe.

MM. ROUSSILLE FRÈRES, à Jurançon, Basses-Pyrénées (France). Des acides gras, concrets, de belle qualité, de l'acide oléique, des bougies stéariques bien moulées, donnant une lumière brillante et régulière, du savon de soude à l'acide oléique, des acides sulfurique et azotique, du sulfate de fer et de la tourbe. Dans leurs importants établissements, ces industriels évitent l'odeur nauséabonde que répand au loin la fonte des suifs en branche, par un système de condensation de vapeurs dégagées. Médaille de première classe.

LA SOCIÉTÉ DE LA FABRIQUE DES BOUGIES DE MILLY, à Vienne (Autriche). Cette Société, créée, comme son nom l'indique, par M. de Milly, exposait une grande collection de bougies stéariques; elle possède un établissement de première importance et ses produits réunissent bonté et beauté, leur transparence surtout est des plus rares. Le Jury a accordé à la Société de la fabrique des bougies de Milly une médaille de première classe.

LA PREMIÈRE ASSOCIATION DES SAVONNIERS D'AUTRICHE, à Vienne (Autriche). Des bougies stéariques dites *Apollo-Kerzen*, de l'acide stéarique en blocs et des savons, formaient à l'Exposition, le contingent de cette association, qui possède, quant à son industrie, le plus important établissement de l'Autriche; sa production, en bougies seulement, s'élève annuellement à deux millions de kilogrammes. Les Apollo-Kerzen soutiennent la comparaison avec les meilleures bougies françaises; elles sont d'une blancheur plus éblouissante que les bougies de Milly, mais en revanche celles-ci les surpassent par la transparence. Médaille de première classe.

MM. MULLER et C°, à Carolinenthal, près Prague (Bohême), exposaient des bougies stéariques, blanches, transparentes, très-dures et sèches, d'un excellent moulage; leur fabrique, qui comprend en même temps une savonnerie, produit annuellement pour un million de francs de marchandises. Médaille de deuxième classe.

M. H. GROSS, à Manheim (grand-duché de Bade). Bonnes et belles bougies légèrement teintées de jaune, ainsi que des cierges stéariques; du savon d'acide oléique, à base de soude; des savons de palme, de coco et de suif. Le Jury, en raison de l'importance et de la valeur réelle de sa production, lui a décerné une médaille de deuxième classe.

MM. DELSTANCHE et LEROY, à Molenbech-Saint-Jean-lez-Bruxelles (Belgique). Acide stéarique et des bougies stéariques d'une extrême blancheur, d'une belle transparence, d'un moulage soigné, d'une grande dureté, enfin d'une combustion très-brillante et très-uniforme. Le Jury a voté à MM. Delstanche et Leroy une médaille de première classe.

MM. F. PERLA et C°, à Madrid et à Gijon (Espagne). Des bougies stéariques, dites bougies de *l'Étoile* et fabriquées par saponification calcaire; des bougies de *l'Aurore* ou bougies palmitiques; des pains d'acides stéarique et palmitique; des chandelles d'huile de palme distillée; des savons d'acide oléique, du suif et de l'huile de palme; des savons ordinaires; des acides sulfurique et azotique. Toutes leurs bougies soutiennent la comparaison avec les meilleurs produits stéariques ou palmitiques des principaux exposants. Médaille de première classe.

PRICE'S PATENT CANDLE COMPANY, à Londres et à Liverpool (Royaume-Uni).

Cette compagnie exposait de l'huile de palme, des acides gras préparés à l'aide de cette huile par la saponification sulfurique et la distillation; de l'acide palmitique et de la glycérine, produits par la *saponification aqueuse* et la distillation de l'huile de coco et le produit solide de l'expression de cette huile; des acides gras, produits par la saponification sulfurique et la distillation de déchets de gras animal; des bougies margariques, palmitiques, par la saponification sulfurique et par la saponification aqueuse; des bougies *mixtes* ou *composites*; des bougies *robées*, renfermant dans une enveloppe d'acide peu fusible les produits de l'expression de l'huile de coco; des cires et des suifs végétaux. Tous ces produits étaient dignes, comme excellence, de cette colossale association industrielle, dont le fonds social s'élève à vingt-cinq millions de francs. Elle possède cinq usines séparées, et emploie une moyenne de 1,500 à 1,800 ouvriers.

Le Jury a voté une médaille d'honneur à la compagnie price's patent candle company et une mention très-honorable au directeur de ses usines, M. George H. Wilson, inventeur du procédé de saponification aqueuse combinée avec la distillation des acides gras et de la glycérine.

MM. BAUWENS et Cᵉ, à Londres (Royaume-Uni), avaient exposé des acides gras extraits du suif, des graisses communes et de l'huile de palme, et en même temps des bougies fabriquées à l'aide de ces acides; de la glycérine et des oléines animales et végétales pour l'éclairage. Tous les produits exposés par M. Bauwens sont d'une excellente qualité; ses bougies bien moulées brûlent avec une belle flamme. La bonne fabrication de ces différents objets lui a valu la médaille de première classe.

M. HOYER ET FILS, d'Oldenbourg (grand-duché d'Oldenbourg), ont présenté au Jury des acides stéariques, et des bougies bien moulées et brûlant avec une flamme brillante. Médaille de deuxième classe.

M. N.-D. BRANDON, au Wetering-lez-Amsterdam, a obtenu une médaille de première classe pour ses bougies stéariques, dont il a créé l'industrie en Hollande. Son usine est la plus considérable du royaume.

M. LE DOCTEUR A. MOTARD, à Berlin (Prusse), exposait des acides gras bruts, des acides extraits des précédents par la purification; des bougies stéariques, palmitiques et margariques; des bougies d'huile de palme distillée, robée d'acide stéarique, des bougies d'huile de palme distillée, non pressée; enfin, des bougies d'acide élaïdique.

L'établissement de M. le docteur Motard est le plus important de la Prusse. On y fabrique annuellement de 5 à 600,000 paquets de bougies diverses, d'une valeur de 630,000 fr. environ; on y fabrique aussi des savons. Tous les produits exposés par M. le docteur Motard sont d'une fabrication irréprochable, et donnent la plus haute idée de la perfection de ses procédés. Nous devons citer spécialement au point de vue de l'économie domestique, les bougies d'huile de palme distillée non pressée; infiniment supérieures comme lumière et propreté aux chandelles de suif, elles coûtent à peine plus cher. Toutes ces bougies sont d'ailleurs d'un moulage parfait. Médaille de première classe.

MM. LANZA FRÈRES et Cᵉ, à Turin (États sardes), pour leur exposition d'acides et de bougies stéariques, ont pareillement obtenu une médaille de première classe. La perfection des moulages de bougies, la blancheur, la transparence et la fermeté de tous les produits, annoncent une fabrication très-soignée.

M. JOHAN JOHANSON, à Stockholm, exposait du savon calcaire, de la glycérine, des acides gras bruts, des acides gras concrets, de l'acide stéarique; et des bougies faites à l'aide de cet acide. De l'acide margarique, de l'acide oléique, des mèches tressées, enfin des moules en alliage d'étain et de plomb pour couler les bougies, obtenus par un procédé spécial.

Tous ces objets, produits « d'une incomparable beauté, » dit le rapport officiel, ont mérité à M. Johanson la MÉDAILLE DE PREMIÈRE CLASSE.

ALLUMETTES CHIMIQUES.

L'industrie des allumettes chimiques a pris naissance en France, mais c'est surtout à l'Allemagne et à l'Autriche qu'elle est redevable des importants progrès qui l'ont amenée au point de perfection où elle est aujourd'hui. L'industrie des allumettes n'est pas une question aussi légère qu'on le supposerait d'abord, elle touche aux questions les plus graves de sécurité et d'utilité publiques; aussi doit-on savoir gré aux industriels qui s'attachent à perfectionner leur fabrication et en même temps à les rendre inoffensives.

M. J. PRESHEL, à VIENNE (AUTRICHE).

M. J. PRESHEL mérite d'être signalé d'une manière toute particulière parmi les fabricants d'allumettes chimiques; il a obtenu une MÉDAILLE DE PREMIÈRE CLASSE, tant pour la variété et le nombre de ses produits que pour leur perfection. C'est à lui que l'on doit les plus importants travaux exécutés dans cette industrie; en 1837 il substitua dans la pâte phosphorée, le bioxyde de plomb au chlorate de potasse; et rendit ainsi les allumettes moins dangereuses et d'une contention exempte de cette détonation désagréable, accompagnée de crachements de matières en ignition, qui résultaient de l'ancienne méthode de fabrication.

Ce perfectionnement adopté dès cette époque en Allemagne, resta inconnu pendant plus de dix ans aux fabricants français, et il l'est encore aujourd'hui en Angleterre : tant le progrès, même dans les petites choses, est lent à se faire une voie.

M. PRESHEL, exposait une intéressante collection, qu'on peut appeler historique, de tous les produits fabriqués dans son usine, depuis sa fondation en 1833. Ce sont, pour ne parler que des objets perfectionnés et actuellement en usage, une série d'échantillons de petites baguettes et tiges d'allumettes de toutes formes et de toutes longueurs, en bois de pin, de tremble et de cèdre; des allumettes ordinaires avec bout soufré, en paquets, en boîtes de toutes formes et de toutes dimensions, de bois et de carton, des allumettes dites de salon, sans soufre, odorantes ou inodores, taunies d'un mastic blanc, jaune, rouge et vert, vernies ou non vernies; de l'amadou, du carton et de petits cônes en papier nitré, muni d'une pâte inflammable à l'usage des fumeurs.

Enfin, cette exposition se complétait par des allumettes au phosphore amorphe, ou phosphore rouge, récente invention qui rend l'usage des allumettes chimiques sans aucun danger. Malheureusement quelques perfectionnements, qui sans doute ne se feront pas attendre, étant encore à souhaiter, ce genre d'allumettes ne peut être jusqu'à présent que d'un usage restreint.

M. A.-M. POLLAK, à Vienne (Autriche), ancien associé de M. Preshel, avait envoyé à l'Exposition universelle, une collection de produits inflammables, identique à celle de ce dernier. La solidité et l'élégance caractérisaient ses échantillons, garnis de pâtes chimiques de qualité supérieure. Pour ces causes et pour le considérable développement de sa fabrication, employant 1,500 ouvriers, il a reçu une MÉDAILLE DE PREMIÈRE CLASSE.

M. B. FURTH, à Schüttenhofen et à Goldenkron (Bohème), exposait une magnifique collection de tous les genres de produits inflammables ordinaires et de luxe en usage dans presque tous les pays du monde : boîtes de baguettes de pin et de cèdre; tiges d'allumettes; allumettes soufrées et non soufrées, en bois, en cire, en paquets et dans des enveloppes variées à l'infini; amadou chimique; briquets de sûreté, système Rudolphe Bœttger, de Francfort, ce fabricant est le plus important de son industrie; ses deux usines occupent deux mille quatre cents à deux mille cinq cents ouvriers, payés annuellement 530,000 fr.; ses produits sont de qualité supérieure. M. FURTH a obtenu du Jury une MÉDAILLE DE PREMIÈRE CLASSE.

M. N. ROMER FILS, à Vienne (Autriche). Tiges d'allumettes en bois de pin et de cèdre, allumettes ordinaires et de luxe, en bois et en cire, à pâte vernie ou non vernie, soufrées ou non soufrées, en paquets, en boîtes, en carton et en portefeuille; amadou chimique; enfin, échantillons excellents et complets de tous les produits inflammables, telle était l'exposition du fils d'Étienne Romer, à qui l'Autriche doit sa première fabrique d'allumettes chimiques. Le Jury a décerné à M. N. ROMER une MÉDAILLE DE PREMIÈRE CLASSE.

FABRIQUE D'ALLUMETTES CHIMIQUES DE JONKOPING, à Jonkoping (Suède). — Les propriétaires de cette usine exposaient des tiges et des espèces d'allumettes employées dans la grande consommation, ainsi que des *briquets de sûreté*. Tous leurs produits sont d'excellente qualité. MÉDAILLE DE DEUXIÈME CLASSE.

HUILES.

Les produits de cette industrie sont de divers genres, ils comprennent : 1° les huiles pour lubrifier les pièces d'horlogerie ; 2° les huiles et les graisses provenant d'origines diverses, qui sont employées pour le graissage des machines; 3° les huiles et autres produits pyrogénés, extraits par distillation des schistes et calcaires bitumineux, des asphaltes, des tourbes et résines; 4° les huiles pour l'éclairage et les savonneries, qui se fabriquent sur une grande échelle, et qui ne peuvent être considérées comme des produits agricoles, quoique provenant de matières végétales.

MM. SERBAT ET JAQMAR, à Saint-Saulve, près de Valenciennes (France), ont obtenu la MÉDAILLE DE PREMIÈRE CLASSE, pour leur fabrication d'huiles et de graisses destinées au graissage des machines; et pour un mastic employé au chemin de fer de Strasbourg et dans plusieurs autres grands établissements.

MM. AUG. BABONNEAU ET C°, à Paris, compagnie des mines d'asphalte de Valenciennes, de Chavaroche et autres, emploient annuellement à la Presta, canton de Neuchâtel (*Val-de-Travers*), en Suisse, 7 à 800,000 kilog. d'asphalte, à la fabrication directe des huiles, qui se divisent en : 1° naphte blanc et pur, employé en pharmacie et pour les vernis fins ; 2° essence à détacher; 3° naphte jaune, qui, outre les mêmes usages que le blanc, est employé encore pour l'éclairage; 4° pétrolles jaune et rouge; 5° paraffine brute, expédiée en France; 6° graisse pour machines, exportée en Suisse et en Allemagne; 7° bitume *de Judée* et baume employés en médecine. Diverses autres usines, fonctionnant à Chavaroche en Savoie, et à Paris, quai de Jemmapes, portent la fabrication de cette compagnie à 65,000 kilog. d'huiles de toutes sortes. Une MÉDAILLE DE PREMIÈRE CLASSE lui a été décernée.

M. DE L'ISLE DE SALES ET C°, à Cordesse, Saône-et-Loire (France), ont obtenu la même récompense pour leurs produits distillés et corps gras provenant de l'exploitation des schistes bitumineux.

M. EM. BISSÉ, à Cureghen-lez-Bruxelles (Belgique), exposait une importante collection de ses produits, d'huiles animale et végétale, pour divers usages; et particulièrement une huile végétale dite *huile d'Afrique*, qui, plus que le reste, à motivé la MÉDAILLE DE PREMIÈRE CLASSE, décernée par le Jury. Cette huile qu'il obtient par un procédé particulier est destinée à remplacer l'huile tournante, pour la teinture au rouge d'Andrinople.

M. SERBAT (L.), à Quiévrain (Belgique), a pour des produits identiques, obtenu la même récompense.

MM. A. WEISMANN et Cᵉ, à Bonn, ont aussi reçu une MÉDAILLE DE PREMIÈRE CLASSE pour les produits extraits par distillation des schistes bitumineux. La fabrique de MM. Weismann et Cᵉ peut servir de modèle aux établissements de ce genre; elle entretient deux cents cornues en activité; et tous ses produits, les résidus même, trouvent un placement avantageux.

Mᵐᵉ VEUVE BURNAY et M. J.-B. BURNAY, fabriquent à Alcanta, près de Lisbonne (Portugal), l'huile de médicinier sur une très-grande échelle. Cette maison est la première qui ait pris l'initiative de l'huile de médicinier, très-importante, d'abord comme nouveau produit livré au commerce; ensuite comme ouvrant un débouché aux produits des îles du cap Vert, dont on tire la graine de médicinier. MÉDAILLE DE PREMIÈRE CLASSE.

M. OROBIO DE CASTRO et Cᵉ, à Amsterdam (Pays-Bas), a obtenu une MÉDAILLE DE DEUXIÈME CLASSE pour ses huiles à l'usage des machines et une oléine qui ne se solidifie qu'à 24° et reste incolore sur le laiton.

SAVONS.

La fabrication du savon comprend deux catégories : les savons employés dans les ménages, et les savons fins ou de toilette et de parfumerie.

SAVONS DE MÉNAGE ET DE FABRIQUE.

SAVONNERIE MARSEILLAISE, A MARSEILLE (FRANCE).

La savonnerie Marseillaise a reçu du Jury la MÉDAILLE D'HONNEUR. C'est aux fabricants de Marseille que l'on doit l'introduction en France de l'industrie savonnière; dans cette ville, les anciens procédés de fabrication, enseignés par l'expérience, se sont conservés dans toute leur pureté, en les alliant pourtant aux améliorations que la science moderne a pu indiquer.

A Marseille, la fabrication s'opère exclusivement par le procédé dit à *grande chaudière*, par lequel on obtient les savons *lavés sur lessive* ou *sur gras*. On fait usage d'une partie d'huile et de deux parties de soude brute, nommée soude savonnière, préparée dans des usines spéciales. La soude mêlée avec la chaux est obtenue par un lessivage particulier; on verse les neuf dixièmes de cette lessive dans des chaudières de dix mètres cubes, dont les parois sont en maçonnerie et le fond en fonte, et qui sont munies d'un robinet. Lorsque cette lessive est portée à l'ébullition, on y ajoute toute l'huile destinée à l'opération, alors la masse contenue dans la chaudière devient pâteuse; et pour empêcher l'adhérence aux parois de la chaudière, on y verse sur-le-champ le dixième de la lessive de soude tenu en réserve. On maintient alors le tout à l'ébullition pendant plusieurs jours; c'est ce qui s'appelle *cuire le savon*; après cette cuisson on s'occupe de le purifier, en enlevant par le robinet inférieur les eaux mères, qu'on remplace par des lessives plus fortes ou plus faibles, selon le besoin. On continue ainsi, jusqu'à ce que la masse, ne contenant plus de grumeaux, soit devenue homogène; et tout en la maintenant chaude, on la laisse s'épurer par le repos.

Si le fabricant décante alors la couche supérieure de la masse, et laisse au fond de la chaudière les parties insolubles, il obtient ce qui s'appelle le *savon blanc*, c'est-à-dire exempt de ces veines bleues, qu'on y remarque généralement. Si au contraire on arrête la fabrication au moment où ce dépôt s'opère, ces veines répandues également par toute la masse, indiquent par leur disposition, aux yeux exercés, le degré de perfection du produit obtenu.

On peut encore remplacer la soude par la potasse, ce qui s'est pratiqué longtemps dans les localités éloignées de la mer. L'emploi des corps gras autres que l'huile d'olive, tels que huiles de palme, de colza, de chènevis, suifs et graisses grossières provenant de toutes sortes de rebuts, donne aussi des savons satisfaisants à diverses qualités.

La savonnerie de Marseille, qui compte quarante-sept usines, produit annuellement 60 millions de kilogrammes de savon marbré ou blanc, d'une valeur de 50 millions de francs, qui sont consommés tant en France qu'à l'étranger.

M. H. ARNAVON, à Marseille (France), est un des fabricants les plus considérables de cette ville et dont les produits sont les plus estimés, surtout à l'étranger. Il exposait des savons de toutes qualités, véritable spécimen de la savonnerie marseillaise, qui lui a valu à juste titre la MÉDAILLE DE PREMIÈRE CLASSE.

M. CHARLES ROUX fils, à Marseille (France), représentait aussi l'industrie marseillaise d'une façon très-remarquable, et a été honoré pareillement d'une MÉDAILLE DE PREMIÈRE CLASSE.

M. H.-FR. MICHAUD, à la Petite Vilette, près Paris (France), fabrique un savon unicolore dit savon de Paris, dont la vente augmente chaque jour. MÉDAILLE DE PREMIÈRE CLASSE.

MM. AL. COWAN ET FILS, à Édimbourg (Royaume-Uni), ont obtenu la même récompense pour les beaux échantillons que leur maison, la plus importante en ce genre de l'Angleterre, a envoyés à l'Exposition. On y remarquait surtout une variété de savon jaune pâle, contenant de la résine, généralement employé en Angleterre, et plus propre qu'aucun autre au lavage avec l'eau de mer.

MM. KNIGHT ET FILS, à Londres (Royaume-Uni), fabriquent pareillement des savons résineux avec du suif. Ils avaient obtenu à l'Exposition de 1851 une médaille de prix. Cette dernière Exposition leur a valu de nouveau une MÉDAILLE DE PREMIÈRE CLASSE.

MM. GRUNER et Cᵉ, à Esslingen (Wurtemberg), fabriquent des savons mous, fort recherchés dans toute l'Allemagne. Ils ont envoyé à l'Exposition un échantillon de savon d'huile d'olive pur, qui présente la perfection la plus grande que l'on puisse atteindre dans cette fabrication. MÉDAILLE DE PREMIÈRE CLASSE.

MM. ANTOINE HIMMELBAUER et Cᵉ, à Stockerau (Autriche). Une MÉDAILLE DE PREMIÈRE CLASSE a été décernée à cette maison pour sa fabrication de savons d'acide oléique et de coco, obtenus par empâtement; genre de produit fort estimé en Allemagne. Ces mêmes fabricants exposaient en outre de très-beaux savons de toilette.

SAVONS DE TOILETTE.

Ce genre de savons, présentant toujours quelques qualités particulières qui le distinguent du savon ordinaire, ne doit pas contenir trop d'eau, pour éviter la décomposition des essences; il doit être dépouillé des alcalis, qui pourraient agir sur la peau d'une manière fâcheuse; il doit avoir enfin une consistance telle que sa dissolution dans l'eau soit prompte et facile.

Ainsi préparé et pilé ensuite avec les essences qu'on veut lui incorporer, ce savon est moulé dans une presse à levier, où il prend la forme de boules ou de parallélipipèdes amortis à leurs angles. Dans la fabrication de sa pâte, on ajoute parfois des matières colorantes propres à lui communiquer une marbrure agréable, parfois encore on lui donne une teinte uniforme.

M. ALPHONSE PIVER, Maison L. T. PIVER à Paris (France).

La France, ce pays des délicatesses corporelles, de la propreté raffinée, de l'élégance générale, occupe tout naturellement la première place, quand il s'agit d'une industrie de luxe par excellence, telle que la savonnerie de toilette. Et tout naturellement encore, c'est la capitale de la France, la reine de la mode et du bon goût, qui doit posséder les principaux représentants de cette industrie. Aussi Paris offre-t-il en ce genre les produits les plus perfectionnés, ceux qui sont préférés dans le monde entier, car ils n'ont certainement pas d'égaux chez les autres nations.

D'après le rapport même du Jury international, de toutes les maisons parisiennes qui fabriquent la parfumerie et les savons de toilette, la plus importante est celle de M. Alphonse Pivra. Ses savons épurés, confectionnés en grande chaudière, viennent ajouter cette nouvelle cause de supériorité à celle qu'apportent déjà la délicatesse et le goût dans l'assortiment des arômes pour lesquels sa fabrication n'a pas de rivales. L'incorporation méthodique du principe actif des plantes émollientes. Ce choix remarquable, ces associations raisonnées de parfums que M. Pivra indique par des noms bien appropriés à leur valeur olfactive, constituent le mérite spécial de ses produits, recherchés surtout par les classes les plus élevées de la société, et cités parmi les objets de parfumerie réellement exquis.

En effet, la parfumerie fine fait le principal objet du commerce de cet exposant : il en exporte une quantité notable à l'étranger, surtout en Angleterre, où sa fabrication est des mieux appréciée. Son exposition présentait en outre de ses savons si remarquables, surtout celui au suc de laitue ; des huiles et des pommades parfumées, des extraits d'odeur, des sachets délicieux, des poudres odorantes, des eaux de toilette, des eaux de Cologne, des vinaigres aromatiques où les combinaisons d'huiles essentielles de plantes et d'arômes divers, s'harmonisaient dans les proportions les plus convenables pour flatter le mieux le sens du goût, rendre à force de qualités agréables leur emploi presque général dans l'aristocratie, et prouver enfin que ces eaux si fort employées le siècle dernier, eau de la Maréchale, eau de La Vallière, etc., auraient aujourd'hui moins de vogue qu'elles n'en ont eu jadis. Le lait d'Iris (nouvelle création de M. Pivra) nous a paru pouvoir suppléer, pour les ablutions et les bains, à tout ce qu'on a fait jusqu'alors de préparations alcooliques et acides. La réputation dont jouissent les parfumeries de M. L. T. Pivra est due surtout à leur qualité hygiénique, ainsi qu'à la distinction de ses parfums.

Pour en revenir spécialement aux savons de toilette de M. Pivra, savons, nous le répétons, préparés à la grande chaudière, chauffée par la vapeur, leur complète innocuité, la beauté de leur pâte, annoncent la fabrication la plus soignée et le bon choix des matières premières, leur incontestable supériorité complétée par les essences et les baumes qui les perfectionnent, s'établit principalement sur la suppression d'odeurs trop flagrantes, etc. Il s'en exporte des quantités considérables dans tous les pays du monde, et leur qualité les préserve toujours de toute altération.

L'industrie savonnière doit à M. Pivra d'excellents moyens mécaniques de fabrication ; dans son usine de la Grande-Villette, véritable modèle de ce genre, tous les outils sont nouveaux et mus par la vapeur. Les savons y sont broyés, modelés, séchés et marqués par des procédés mécaniques, qui permettent d'en produire chaque jour, de 14 à 15,000 tablettes.

Le Jury, pour récompenser M. Pivra de l'importance et des progrès dont il a doté une industrie indispensable à la culture du corps, moins étrangère qu'on ne pense à celle de l'esprit, lui a décerné la MÉDAILLE DE PREMIÈRE CLASSE.

M. MONPELAS, à Paris (France). La maison Monpelas est aussi une des plus importantes pour l'exportation de la parfumerie. Les exigences de sa clientèle étrangère, presque exclusivement formée des habitants des anciennes colonies espagnoles et portugaises, obligent M. Monpelas à ne livrer à la circulation que des produits d'une qualité supérieure. Ses remarquables savons, dont les marbrures ont le caractère le plus varié, lui ont valu la MÉDAILLE DE PREMIÈRE CLASSE.

M. J.-L.-M. OGER, a Paris (France).

La maison Oger, actuellement dirigée par M. Auguste Proux, avait exposé des savons de ménage, de toilette et de la parfumerie.

Voici en quels termes M. Pallard, rapporteur du Jury de la X° Classe, rend compte de cette exposition.

« M. Oger, quoique fabriquant aussi des produits de parfumerie estimés des consommateurs, a

« presque toujours figuré aux expositions précédentes, principalement comme fabricant de savons de
« ménage, et c'est à ce titre surtout, qu'il a reçu du Jury, dans les expositions nationales antérieures,
« des récompenses justifiées, entre autres motifs, par la fabrication de ses savons de graisses, présentant
« la marbrure granue des savons de Marseille ; *cachet d'une bonne et loyale fabrication et qu'il est*
« *le seul à fabriquer à Paris.* Ceux qu'il expose aujourd'hui présentent les mêmes qualités; ils se
« montrent supérieurs par la régularité de cette marbrure à ceux du même genre qui figurent dans les
« expositions étrangères. Ces produits, ainsi que les autres qu'il expose, montrent que toutes les res-
« sources de l'art du savonnier sont familières à M. Ocsa, dont la production ralentie par la position de
« sa fabrique dans l'intérieur de Paris, à l'entrée duquel les corps gras paient des droits, ainsi que
« par la fraude à laquelle il n'a jamais voulu s'associer, ne peut manquer de s'accroître quand l'édu-
« cation du consommateur si lente à faire et si chèrement achetée étant complète, les produits fraudés,
« contre lesquels il a à lutter, auront enfin la déconsidération qu'ils méritent et que les siens seront
« mieux appréciés à leur juste valeur. Le Jury décerne à M. Ocsa une MÉDAILLE DE DEUXIÈME CLASSE,
« équivalent de la médaille d'argent qu'il avait obtenue aux expositions nationales antérieures. »

Il serait difficile de dire mieux d'une maison dans des conditions pareilles; aussi comprend-on
l'embarras qu'éprouve le rapporteur, à n'avoir pour clore son rapport qu'à signaler le vote d'une médaille de deuxième classe, et tout le soin qu'il met à en rehausser la valeur.

A notre avis, il eût été beaucoup plus simple de décerner à M. Ocsa une médaille de première
classe. Sa fabrication, dit le rapport, est excellente; il a su vaincre une foule de difficultés; il n'a jamais
voulu s'associer à la fraude; il a obtenu des récompenses de premier ordre à toutes nos expositions
nationales, et une médaille de Prix à l'Exposition universelle de Londres....; il y avait là, certes, bien
de quoi la motiver.

M. Auguste Proux, successeur de M. Ocsa, a introduit dans sa fabrication les savons d'oléine en
morceaux qui fait actuellement le principal objet de sa fabrication, et pour parer aux inconvénients
résultant de la position de sa fabrique dans l'intérieur de Paris, inconvenance signalée par le Jury
dans son rapport, il a transporté à la suite de l'Exposition Universelle de 1855 ses ateliers de fabrication
à Saint-Mandé, près Paris; rien ne s'opposera donc plus désormais à ce que cette maison ne prenne
le développement qui lui assure la constante loyauté de ses opérations.

M. E. RIMMEL (39, GERRARD-STREET-SOHO, LONDRES, ROYAUME-UNI).

M. RIMMEL exposait une belle collection de savons et d'articles de toilette, dans un élégant petit kiosque
dont la forme orientale rappelait l'origine des parfums, et qui nous a paru mériter les honneurs de l'illustration. Une fontaine d'eau de senteur répandait une suave fraîcheur dans l'atmosphère, idée gracieuse
que M. RIMMEL avait déjà mise en pratique à l'Exposition de Londres, et qui semblait fort appréciée des
dames, à en juger par l'empressement qu'elles mettaient à y plonger leur mouchoir. Ces dehors séduisants donnaient de suite une opinion favorable des produits exposés par ce fabricant.

Il présentait des savons de toilette de deux natures différentes : des savons durs à base de graisse ou
d'huile et de soude, et des savons mous à base d'axonge et de potasse. Ces derniers ne s'emploient
ordinairement que pour la barbe et sont d'un usage assez limité, mais la consommation des savons durs
qui servent à la toilette en général est immense dans tous les pays civilisés. L'Angleterre se distingue
particulièrement par des savons blancs et bruns dits *de Windsor*, qui sont à base de graisse de bœuf ou
de mouton, et qui doivent leur arôme si recherché aux essences de l'Inde, et par un savon dit au *miel*,
dont la belle couleur d'ambre transparent est produite par l'introduction d'une certaine quantité de
résine d'Amérique avec des corps gras, combinaison qui ajoute singulièrement à l'onctuosité de la pâte.
M. RIMMEL exposait en outre un savon aux *amandes et miel* d'un arôme délicieux, et un autre aux
amandes amères, qui a gardé jusqu'à la fin de l'Exposition, la couleur et le brillant d'un bloc de marbre
de Carrare, qualité rare et précieuse qui dénote une manipulation parfaite. On doit féliciter cet habile

fabricant de la supériorité incontestable qu'il paraît avoir acquise dans cette branche si importante de son industrie.

Ce qu'on exige des savons on le demande également aux pommades; il leur faut aussi l'onctuosité et la délicatesse de l'odeur et de la coloration. M. Rimmel mérite encore pour cet article les mêmes éloges.

Mais la partie véritablement artistique de la parfumerie, c'est la composition des parfums ou imitation de fleurs naturelles. On sait que parmi les milliers de fleurs qui ornent nos jardins, il n'en est que six ou huit au plus, dont on puisse extraire le parfum par la distillation. Il faut y joindre les essences obtenues de quelques plantes aromatiques ou de l'écorce de certains fruits, les résines odorantes récoltées dans l'Amérique du sud et l'Archipel indien, les épices que nous envoient les Indes, et l'ambre, la civette et le musc, qui appartiennent au règne animal. C'est avec ces matériaux assez restreints que le parfumeur

Fontaine de parfums de M. E. Rimmel de Londres.

doit imiter par des combinaisons différentes les odeurs si variées des fleurs, de même que le peintre produit toutes les nuances sur sa palette à l'aide de quelques couleurs. C'est donc là, que gît le véritable talent du fabricant, et nous devons dire que M. Rimmel le possède au plus haut degré. Tous ses extraits, de fleurs qui ne peuvent se distiller, et surtout ceux de pois de senteur, d'héliotrope et de magnolias sont d'une fraîcheur et d'une vérité si exquise qu'on ne saurait rien désirer au delà.

Il nous reste à signaler, parmi les produits de M. Rimmel, son vinaigre de toilette, pour lequel il a acquis une réputation justement méritée, les poudres et eaux dentifrices, et les mille et un cosmétiques que réclame la toilette d'une femme élégante, et qui, tous, portent ce même cachet de bonne fabrication. Nous avons aussi remarqué une collection d'essences de fruits, qui depuis quelque temps s'emploient beaucoup par les confiseurs dans la fabrication des pastilles, des sirops et des glaces. Ces essences, qui sont proprement dits des éthers amyliques, imitent à s'y méprendre la saveur de certains fruits; la poire, l'ananas et la fraise sont surtout bien réussis.

On doit aussi complimenter M. Rimmel de l'élégance et du bon goût avec lesquels ses articles sont présentés; cela n'ajoute pas, il est vrai, à leur qualité, mais cela augmente beaucoup leur valeur commerciale. Nous avons été surpris de ne voir décerner à cet habile fabricant qu'une mention honorable.

ESSENCES POUR LA PARFUMERIE.

La fabrication de ces essences forme une industrie spéciale ; elle appartient particulièrement à la ville de Grasse (Var), et à certaines localités de la Sicile, où le climat favorise la culture des plantes aromatiques.

Généralement, on fabrique les essences par la distillation des plantes avec de l'eau, et en alliant ensuite cet extrait à divers liquides, par exemple l'alcool ou l'huile, quelquefois encore l'axonge. Les fleurs fournissent les essences de jasmin, de rose, de camomille, d'églantine. On retire des fruits les essences de bigarrade, de bergamotte, de citron, de cédratier. D'autres essences sont dues aux tiges mêmes ou aux feuilles de la plante qui les produit; elles sont d'ailleurs naturelles ou artificielles et employées, dans l'industrie pour améliorer des produits inférieurs, dans la pharmacie, ou simplement pour la toilette. On a dû remarquer parmi les essences exposées quelques-unes qui sont spéciales à l'Algérie, notamment celle de géranium ; ce genre d'industrie, en se vulgarisant dans notre colonie d'Afrique, pourrait avoir les plus importants résultats pour le commerce.

M. MÉRO, à Grasse (France), a obtenu une médaille de première classe. Outre sa maison principale, il possède d'importantes succursales, à Cannes et à Monans, et dans cette dernière localité il cultive lui-même les plantes qu'il soumet à la distillation. L'établissement de M. Méro est le plus important de ce genre qui existe en Europe; il a rendu d'importants services en popularisant la culture de certaines plantes, négligée jusqu'à ce jour.

M. CHIRIS, fabricant, également établi à Grasse; a obtenu comme M. Méro une médaille de première classe. Sa maison, fondée depuis l'année 1800, livre au commerce des produits excellents, et ceux qu'il avait exposés, les essences de nécoli, bigarrade et Portugal, roses indigènes, etc., donnent une haute idée de la perfection de ses procédés de fabrication.

LES RÉVÉRENDS PÈRES DE SANTA MARIA NOVELLA (Toscane), doivent aussi être cités pour leurs remarquables produits, connus de toute l'Italie, et avec eux, M. MERCURIN, à Chéragaz (Algérie), dont la fabrique d'essences est la plus considérable de notre colonie. On remarquait ses beaux échantillons de nécoli et de bergamotte, mais particulièrement ceux de géranium, produit en quelque sorte particulier à l'Algérie. M. Mercurin et les Révérends Pères ont été honorés de la médaille de deuxième classe.

VERNIS.

L'industrie des vernis est des plus importantes; il est peu d'objets fabriqués dans l'industrie qui ne doivent au vernis leur dernière perfection, leur *fini*, pour employer le terme technique.

Sur trente-six exposants que comptait cette industrie, la France en fournissait vingt-huit, et ce nombre, considérable en apparence, n'est qu'une très-faible portion des industriels qui se livrent à la fabrication des vernis.

Les meilleurs vernis pour les tableaux, pour les relieurs, pour l'ornement, enfin pour toutes les industries de haut luxe, sont fabriqués par les exposants français. L'Angleterre, au contraire, a la supériorité pour les vernis à *finir* les voitures, qu'on lui paye à des prix fort élevés. La Belgique et les Pays-Bas viennent ensuite, et exposent de remarquables échantillons.

MM. SOEHNÉ FRÈRES, à Paris (France). On doit à MM. Soehné les plus importantes et les plus heureuses innovations. Ils purifient eux-mêmes les matières premières qu'ils emploient, et ont soin pourtant de choisir parmi les meilleures. Leur vernis pour tableaux est employé de préférence dans tous les grands musées de l'Europe; celui qu'ils fabriquent pour la reliure est également très-recherché. Médaille de première classe.

MM. WALLIS, de Londres (Royaume-Uni), ont obtenu aussi une MÉDAILLE DE PREMIÈRE CLASSE, pour la fabrication du vernis à voitures. M. WALLIS, par cette fabrication, s'est acquis une renommée qui le place au premier rang, dans son industrie.

CIRAGES.

M. TROLLIET, à Lyon (France). On comptait de nombreux exposants parmi les fabricants de cirage, mais un seul semble s'être approché du degré de perfection qu'on désire voir atteindre à ce produit. Cette question n'est pas aussi insignifiante qu'on le pourrait croire, il s'agit en effet, tout en conservant le cuir, de ne pas altérer sa porosité, et l'insuffisance des cirages actuels, sans que personne y songe, est une grave source de maladies, par les refroidissements que la mauvaise préparation du cuir des chaussures peut occasionner. M. TROLLIET, successeur de MM. Jacquand de Lyon, a obtenu la seule récompense décernée dans cette industrie, c'est une MÉDAILLE DE DEUXIÈME CLASSE, méritée par ses efforts pour atteindre le but que nous avons signalé.

NOIRS DE FUMÉE.

Les nombreuses applications industrielles du noir, obligent à placer cette couleur dans une catégorie spéciale. La variété de ses nuances tient à la variété des matières qui servent à le fabriquer; c'est par la combustion en vase clos, de l'ivoire, de l'os, des tartres, des lies de vin, qu'on obtient les diverses nuances de noir qui prennent ces noms; quant au *noir de fumée* proprement dit, on le fabrique par la combustion incomplète de matières grasses résineuses, oléagineuses ou essentielles.

Aucun des fabricants français de noir de fumée n'avait exposé; et nous devons le regretter, car plusieurs d'entre eux auraient pu supporter avec avantage la concurrence étrangère. L'Allemagne, dans cette partie de l'Exposition, soutenait son ancienne renommée.

MM. HAENLEIN FRÈRES, à Francfort-sur-le-Mein, exposaient deux variétés de noir. Le premier, préparé pour taille douce, méritait de fixer l'attention par son excellente qualité, qui permet d'obtenir dans la gravure les plus belles épreuves, ainsi qu'en témoigne une gravure de M. Goupil, jointe à l'exposition de MM. HAENLEIN. La seconde espèce de noir, est un noir d'ivoire préparé pour peindre à l'huile, d'une si excellente qualité, qu'en examinant la cassure au grand soleil, c'est à peine si l'on peut dénoter une légère teinte rousse. D'ailleurs, l'opacité de ce noir est si grande, qu'une seule couche, sans vernis, suffit pour produire un effet satisfaisant. MÉDAILLE DE PREMIÈRE CLASSE.

MM. MICHEL ET MORELL, à Mayence (Grand-duché de Hesse), ont reçu aussi une MÉDAILLE DE PREMIÈRE CLASSE, mais pour des produits bien différents. Ces fabricants s'occupent avant tout, d'obtenir une production à bas prix, à l'aide de matières premières fort communes, dont ils tirent le meilleur parti possible. La réussite de leurs efforts est complète, et les échantillons montrent de fort beaux résultats.

ENCRES D'IMPRIMERIES.

La fabrication des encres d'imprimerie a acquis aujourd'hui une importance plus grande que jamais, par l'invention des presses mécaniques, fonctionnant avec une rapidité proportionnée aux immenses besoins de la publicité, de jour en jour plus étendue.

Malheureusement, si les encres exposées sont satisfaisantes sous certains rapports, comme celui de la netteté; il est d'autres point de vue qui laissent à désirer. D'abord, l'encre actuelle décalque aisément; ensuite, avec le temps, les lettres jettent autour d'elles, sur le papier, une sorte d'auréole huileuse. Il serait très-intéressant que les fabricants modernes se livrassent aux recherches nécessaires pour retrouver le secret d'une encre nette, ne décalquant pas, ne tachant pas le papier, qui était connu de quelques-uns des grands imprimeurs du xvie et xviie siècle.

L'importance de ces questions qui ne sont pas résolues, a empêché les récompenses d'être nombreuses. Trois MÉDAILLES DE SECONDE CLASSE, ont été seules accordées à MM. :

LAWSON et Cⁱᵉ, à Paris (France), fournisseur de l'Imprimerie impériale, et des plus grands journaux de France et de l'étranger. Sa clientèle se compose, d'ailleurs, des imprimeurs les plus éminents. La beauté de ses produits fait qu'il en livre et exporte chaque année d'immenses quantités.

FLEMING et Cⁱᵉ, à Leith (Royaume-Uni), qui à la fabrication des encres noires joignent celle des encres de couleur pour l'ornement, qui jouissent d'une réputation méritée.

DE AMELUNXEN FRÈRES, à Wolbeck (Prusse), dont la fabrication est imposante, et qui produisent à bon marché.

CAOUTCHOUC.

M. CHARLES GOODYEAR, a Paris (France) et New-York (États-Unis).

Il appartenait à l'Amérique de doter le monde d'une industrie nouvelle.

Elle a fourni depuis bien longtemps à l'Europe les puissantes récoltes de ses mines et de ses forêts; elle a décuplé les quantités d'or qui servent à notre commerce et à notre luxe ; elle nous a donné les bois et les végétaux qui ont régénéré et multiplié les procédés de la teinture antique; elle a guéri nos fièvres en nous envoyant le quinquina. Elle cultive pour nous la canne à sucre, le coton, le tabac; elle nous donne du blé et nous promet de la viande. Le nouveau présent que M. GOODYEAR nous a fait au nom de l'Amérique ne sera pas moins bien accueilli que tous les autres, et il semble que notre reconnaissance devra être bientôt insuffisante en présence des merveilleuses vertus que le Caoutchouc lui devra.

Ce n'est plus une résine seulement, une gomme travaillée de trois ou quatre manières; aujourd'hui, le caoutchouc a pris place parmi les bois, parmi les métaux, parmi les matières textiles; il se transforme sans cesse, s'assouplit, se durcit, change de figure et de propriétés sur l'ordre qu'on lui donne; il se fait fort d'obéir à toutes les exigences et de satisfaire à tous les besoins.

En lui-même, réduit à sa valeur naturelle, le caoutchouc n'est autre chose qu'un principe particulier qui se trouve en dissolution dans le suc laiteux d'un grand nombre de plantes de l'Amérique méridionale et aussi des Indes. Ces plantes appartiennent à la famille des orties et des euphorbes. C'est principalement le *Siphonia cahuchu* qui fournit le caoutchouc, et le *Siphonia cahuchu* croît spontanément et abondamment dans le Brésil et la Guyane.

On pratique des incisions sur l'écorce entière; un suc laiteux s'écoule. Ce suc est recueilli et appliqué par couches fluides, que l'on fait sécher successivement en les exposant à la fumée, sur des modèles de terre. Souvent ces modèles ont la forme d'une gourde, et lorsqu'ils sont brisés, le caoutchouc en conserve l'aspect. On le recueille aussi et on l'expédie sous forme de grandes plaques épaisses.

Ce n'est diminuer en rien la part qui est due à l'Amérique et à M. Charles Goodyear, que de réclamer pour un Français la découverte de ce suc laiteux devenu si utile. Fresneau est le premier qui l'ait recueilli, et La Condamine, en 1751, envoya à l'Europe la première description scientifique de cette substance.

Nous ne l'avons connue longtemps que sous le nom de *gomme élastique*, et pendant longtemps aussi elle n'a guère été assouplie et travaillée que par les dents des écoliers désireux d'y former des ampoules, et, en les crevant, de produire des détonations joyeuses.

Le caoutchouc est un carbone d'hydrogène formé, d'après Faraday, de :

$$Carbone \dots\dots\dots\dots\dots\ 87,5$$
$$Hydrogène \dots\dots\dots\dots\ 12,5$$
$$\overline{\hspace{4cm}100}$$

Il n'a pas fallu de longues observations pour que l'on vit que le caoutchouc est insoluble dans l'eau froide et qu'il ne fait que se ramollir dans l'eau chaude. L'insolubilité, l'imperméabilité, l'élasticité de la nouvelle matière, furent bientôt reconnues comme des qualités précieuses, et l'on en fabriqua des tiges ou sondes pour la chirurgie, des tubes à gaz inattaquables aux acides, des ballons [1] et divers autres petits jouets ou appareils.

Hérissant, paraît être le premier chimiste qui ait indiqué, en 1763, le moyen de dissoudre le caoutchouc. Il est insoluble dans l'eau et dans l'esprit de vin ; mais, ramolli d'abord dans l'eau bouillante, il se dissout très-aisément dans l'éther et aussi dans diverses huiles volatiles, comme la térébenthine. Les meilleurs dissolvants sont cependant les huiles empyreumatiques rectifiées, qu'on obtient par la distillation du bois, de la houille, du goudron et du caoutchouc lui-même. Lorsque le caoutchouc est dissous

Divers objets en caoutchouc exposés par M. Charles Goodyear.

ainsi, pour qu'il ne conserve aucune mauvaise odeur et perde sa propriété d'adhérence, il est soumis à un courant de vapeur d'eau.

Une fois que le secret de la dissolution fut connu, on confectionna facilement toutes sortes d'étoffes imperméables. L'Angleterre s'adonna la première à ces préparations, et le nom de Mac Intosh, l'un des fabricants de Manchester, a été longtemps attaché à ces étoffes façonnées en vêtements.

C'est à Vienne, à ce qu'il paraît, qu'on a pour la première fois produit des tissus en caoutchouc. Alors le monde eut des bretelles élastiques, des souliers, des gants, des manteaux, des chapeaux imper-

[1]. Pour fabriquer les ballons, on ramollissait une poire de caoutchouc dans l'eau bouillante ou dans l'éther, puis on y introduisait de l'air avec précaution ; on la fermait alors et on la séchait. Ces poires peuvent fournir des ballons de deux mètres en diamètre : l'une d'elles, remplie de gaz hydrogène, s'échappa un jour dans les airs : on la retrouva à une distance de près de cinquante lieues.

méables, des matelas, des coussins d'air, des biberons, des clysoirs, des cornets acoustiques, tout un arsenal de chirurgie, tout un appareil de voyage et mille commodités qu'il n'avait pas connues encore.

A Cayenne, on fabriquait des flambeaux de caoutchouc qui brûlaient très-bien; au Brésil, on faisait des bouteilles; les naturels de Cayra, vers le haut Orénoque, entouraient de caoutchouc l'extrémité de leurs baguettes de tambours, et les bergers Madécasses avaient depuis longtemps imaginé de se servir de tubes minces de caoutchouc qu'ils tendaient comme les cordes d'une lyre et dont ils se servaient pour leurs musiques sauvages.

Il semble qu'on n'ait plus rien à dire pour que le caoutchouc, soit à l'état naturel, soit dissous, prenne une place des plus honorables parmi les substances que la nature a mises à la disposition des hommes. Eh bien! tout ce que nous venons de voir n'est rien, et le caoutchouc nous réservait de bien autres prodiges.

Il jouait son rôle le plus simple lorsqu'il se contentait d'être élastique et imperméable; on le traitait en conséquence. Désormais, c'est à M. Charles Goodyear qu'en sera due la découverte; le caoutchouc remplacera, et souvent avec avantage, le cuir, le bois, l'écaille, la baleine, la corne, l'ivoire, le fer, l'acier, le cuivre, le jais, le papier, la toile. Voilà ce qu'on ne soupçonnait guère il y a quinze ans.

Au centre même du Palais de l'Industrie, sous deux pavillons très-élégants, et non loin de là, près de la galerie qui conduisait à la Rotonde des Panoramas, l'exposition de M. Goodyear occupait une large place. Peut-être y avait-il çà et là des expositions ayant plus d'éclat; mais il n'y en avait aucune ayant une pareille importance; aucune devant laquelle on eût plus de réflexions à faire et plus d'espérances légitimes à concevoir.

C'est tout simplement une grande révolution qui se prépare dans l'industrie. Désormais une substance nouvelle est mise entre ses mains, souple à son gré, imperméable, élastique, ou bien solide, résistante, et à toutes les qualités de la substance végétale unissant les propriétés de plusieurs métaux. Nous ne savons pas encore quelle fortune est réservée à l'aluminium, ce métal inventé hier; mais nous savons bien que le caoutchouc, grâce M. Charles Goodyear, a fait la sienne et fera celle de tout le monde.

Il y avait au milieu de l'exposition de M. Goodyear, un livre bien curieux, formé de feuilles de caoutchouc et relié en caoutchouc. C'est l'histoire de la substance qui a remplacé, dans ce livre même, le papier, le carton et le cuir. On y a pu voir et ce que nous avons raconté déjà, au sujet des premières années de la découverte et des applications déjà connues, et aussi ce qui nous reste à exposer. Or, nous avons maintenant à parler du *Caoutchouc volcanisé et durci*, et qui est le caoutchouc nouveau, la substance universelle.

M. Charles Goodyear, après une longue série d'expériences traversées par de nombreux obstacles, découvrit, dans l'hiver de 1839-1840, un moyen de rendre le caoutchouc insensible au froid et au chaud, sans qu'il perdît rien de son élasticité naturelle, de son imperméabilité et de sa résistance aux acides.

Rien de plus simple que le procédé qu'il employait : un peu de soufre et une chaleur convenable.

Voilà le caoutchouc doué d'une précieuse propriété. Aussi un brevet fut pris, pour le *Caoutchouc volcanisé*, par M. Charles Goodyear, et des manufactures nombreuses aux États-Unis mirent en œuvre cette admirable matière. Quelque grand que fût le succès de sa première découverte, l'inventeur sentait qu'il y avait quelque chose encore à découvrir. Il s'engagea, sans prendre de repos, dans de nouvelles expériences, et s'appliqua à douer la gomme du *Siphonia cahuchu* de propriétés nouvelles qui aussitôt trouvaient de nouvelles applications. Comme Protée, le dieu de la Fable, le caoutchouc changeait de formes à chaque instant. A la fin, arriva le jour où fut découvert le secret de durcir et solidifier, comme un métal, la substance volcanisée. C'était une découverte qui l'emportait sur l'autre et qui ouvrait à l'industrie générale un plus large avenir.

Des brevets furent pris en 1849 et en 1852. Le caoutchouc avait dès lors les qualités de l'ivoire, de l'écaille et de la baleine.

Mais le mérite de M. Goodyear ne consiste pas seulement dans l'invention des deux procédés qui ont volcanisé, puis durci le caoutchouc; on lui doit de plus grands éloges encore pour la patience et l'in-

…lligence qu'il a dépensées en préparant le caoutchouc pour les mille emplois auxquels on peut maintenant l'assujétir.

Et, en effet, c'est rester dans la vérité que de dire qu'il n'y avait pas dans toute l'Exposition Universelle une seule catégorie, un seul groupe, une seule classe de produits du travail humain dans laquelle le
caoutchouc ne puisse jouer un rôle plus ou moins considérable. Pour certaines branches de l'industrie,
il est indispensable; pour certaines autres, il offre de grands avantages, et il n'en est aucune à laquelle
il ne soit utile. On peut même sortir, si on veut, du domaine de l'industrie; on le retrouvera au besoin
dans le palais des arts; car il peut servir et il sert à la peinture, à la sculpture, à la gravure et à la lithographie.

Assurément nulle substance végétale n'a fait un pareil chemin.

Le caoutchouc est élastique, pliable, durable, insoluble, résistant au chaud et au froid, adhérent de sa
nature et inadhérent, imperméable aux gaz et aux liquides; enfin il se pétrit comme la terre, il se couvre
de couleurs comme la toile et il peut servir à tous les systèmes d'ornementation.

Nous oublions une de ses qualités : il ne conduit pas l'électricité et ressemble en cela au verre.

Il est bien difficile de procéder avec ordre au milieu d'un encombrement semblable de richesses, cependant nous devons faire quelque effort; et quoique le caoutchouc ait l'ambition de servir à peu près à
toute chose, il faut dire comment cela se fait.

Lorsqu'il est souple et traité simplement par le premier des deux grands procédés de M. Charles
Goodyear, c'est-à-dire lorsqu'il n'est pas durci et lorsqu'il est protégé contre toute action du chaud et du
froid, il commence par remplir les fonctions du cuir.

Depuis l'Exposition de Londres, cette matière souple a été mieux travaillée et très-améliorée; aujour-
d'hui, le cuir-caoutchouc est moins cher, plus solide et plus imperméable à l'eau que le cuir ordinaire.

Naturellement le cuir-caoutchouc nous amène à l'article des chaussures. Nous connaissons déjà, pour
en avoir usé pendant l'hiver et les temps pluvieux, l'espèce de sabot dans lequel on glisse sa botte pour
la protéger. M. Goodyear a inventé une chaussure nouvelle. C'est un soulier dans lequel l'air se renouvelle par un procédé qui est personnel à l'inventeur. La semelle est armée de ventilateurs ménagés fort
habilement, et cet appareil, si utile à quelques personnes, ne rend pas la chaussure trop pesante.

Nous voyons ici quelle est l'étendue des études incessantes de M. Goodyear. Il ne se repose pas sur la
découverte de ses deux procédés importants pour volcaniser et durcir la matière : il faut qu'il s'applique
chaque jour à la manier, à l'employer au profit de tous.

Voici les objets destinés aux armées : les tentes, ces tentes solides et imperméables qui sont un véritable abri; puis des capotes, des sacs, des buffleteries, tout l'attirail de la guerre, et, au milieu de ces mille
échantillons d'une grande industrie, des pontons qui, dans l'avenir, rendront aux généraux des services
de premier ordre.

Lorsqu'on se trouvait devant les pontons, sacs, capotes et tentes exposés par M. Goodyear, on se
croyait dans un camp. Un peu plus loin on était en pleine marine. Le caoutchouc se transformait là en
voiles de navires; il fournit surtout d'excellents appareils de sauvetage et des bateaux pliants portatifs
que les voyageurs aventureux savent fort bien estimer.

Les chemins de fer, ces entreprises gigantesques de la voirie du xixᵉ siècle, n'ont pas été oubliés; on
leur a fait des *ressorts* et *tampons* pour wagons; on leur offre des *packings* pour machines à vapeur.

C'est encore en qualité de cuir souple, et cette fois plus léger, que le caoutchouc a pris place parmi
les étoffes employées à la confection de toute espèce de vêtements. Il est inutile de parler ici de ce que
chacun sait. Mais chacun sait-il que le caoutchouc fournit des papiers peints sur lesquels l'humidité n'a
pas de prise, et qui se revêtent des couleurs les plus brillantes? On devine plus facilement qu'une fois
qu'il est blanchi, le caoutchouc forme un excellent papier pour les *cartes* et les *plans*, et un carton parfait pour les *sphères*.

Mais nous ne connaissons jusqu'à présent que la moitié des applications du caoutchouc; nous ne nous
sommes occupés que de la matière assouplie.

Durcie, elle reste inoxydable ; elle résiste au froid le plus vif et à une chaleur de 300 degrés Fahrenheit; les acides ne peuvent rien sur elle ; elle acquiert la solidité du bois le plus fort et des métaux eux-mêmes; elle se polit; on la colore comme on le veut, et on peut la dorer comme le bois ou le métal.

Cette substance unique, si richement douée, si précieuse, M. Goodyear s'est plu à nous la montrer dans toutes ses transformations.

Un petit salon très-élégant occupait l'intérieur de l'un des deux pavillons du transept ; il n'y avait rien dans ce salon que le caoutchouc n'ait formé. L'ameublement tout entier, bureaux, tables, chaises, patères, cadres, tableaux, encriers, plumes même, la plume, par exemple, qui écrit cet article, tout est en caoutchouc durci.

Ainsi l'ameublement, solide ou plaqué, trouve un bois nouveau, un bois merveilleux, qui se teint de toutes les nuances et arrive sans peine au poli du plus bel ébène.

Aussi quels beaux manches pour les couteaux, les épées et les instruments de chirurgie ! Il est noir comme l'ébène, ce caoutchouc durci; mais il est aussi blanc et mat comme l'ivoire. Blanche et noire, toujours polie, voilà une matière pleine d'enchantements pour toute cette bijouterie, cette marqueterie, cette joaillerie, cette tabletterie qui s'appelle la fabrique des *articles de Paris*, et à chaque instant doit créer de petites merveilles de goût, de délicatesse et d'élégance. M. Goodyear étalait des boîtes de fantaisie, des étuis, des cannes, des cravaches, des boutons, des peignes, des lunettes, des bracelets, des colliers, des bagues, des coupes, des vases, des nécessaires, des jouets surtout, de charmants jouets d'enfants, un livre que nous avons cité et qui n'a pas son pareil au monde ; et tout cela brillant, coloré, galvanisé, doré ; on ne savait si c'était du jais, de l'ébène, de l'ivoire, du cuivre, de l'écaille, de la corne, du carton, de l'or. Un peu plus loin, le caoutchouc remplaçait le verre dans de nouvelles machines électriques; plus loin encore il avait été transformé en violons, en flûtes et en clarinettes. La baguette d'une fée n'a pas le pouvoir d'opérer de plus étranges changements.

Les enveloppes pour fils télégraphiques, voilà une autre application considérable, et qu'il ne faut pas oublier. Nous oublierons pourtant bien quelque chose, cela est sûr. Quelque chose parmi les bobines, navettes, peignes de tisserand en caoutchouc? ou bien parmi ces casques, ces fontes de pistolets et ces fourreaux d'épées?

Du moins disons que le caoutchouc est appelé encore à remplacer le cuivre dans le doublage des navires.

Que ne remplacera-t-il donc pas ! où s'arrêtera son pouvoir? Et quel instrument M. Goodyear a mis entre les mains de l'espèce humaine!

Le Jury a décerné à M. CHARLES GOODYEAR, une GRANDE MÉDAILLE D'HONNEUR.

MM. GUIBAL ET FILS ET C°, A PARIS (FRANCE).

Le rapport du Jury rend compte en ces termes de l'exposition de MM. GUIBAL FILS et C° : « Bonne confection d'objets manufacturés et perfectionnements introduits dans la fabrication. Amélioration des conditions du travail. » MÉDAILLE D'HONNEUR.

Nous serons moins laconiques et ajouterons, que l'industrie nouvelle est déjà redevable à MM. GUIBAL et C°, de notables améliorations, parmi lesquelles on doit citer particulièrement le perfectionnement de la machine à découper le caoutchouc, au moyen de laquelle on enlève, sur des blocs cylindriques, des feuilles continues de 50 à 60 mètres de longueur, et l'introduction de la fabrication des tissus volcanisés en laine et coton.

MM. FONROBERT ET PRUKNER, à Berlin (Prusse), ont obtenu une MÉDAILLE DE PREMIÈRE CLASSE pour la bonne confection de leurs divers produits en caoutchouc et en gutta-percha.

MM. RATTIER ET C°, à Paris (France), et MM. LEVERD ET C°, à Paris (France), ont aussi chacun reçu du Jury une MÉDAILLE DE PREMIÈRE CLASSE pour des produits similaires.

MM. L. ROUSSEAU-LAFARGE et Cᵉ, a Paris (France).

L'exposition de MM. Rousseau-Lafarge et Cᵉ semblait, pour ainsi dire, l'annexe indispensable de celle de M. Goodyear. Au reste, l'usine de ces industriels est la première fondée en France pour l'emploi des récents systèmes Goodyear dans la fabrication du caoutchouc. Elle est la première aussi qui ait produit le caoutchouc durci; cette précieuse matière, solide comme le bois le plus fort et les métaux eux-mêmes, se polissant, se coloriant, se dorant, se prêtant enfin aux applications les plus variées et les plus complètes de l'ameublement, et surtout de cette industrie nationale par excellence, appelée, *les Articles de Paris*.

La Société L. Rousseau-Lafarge, ou Compagnie franco-américaine, exposait aussi, outre les peignes qui constituent la production capitale de son genre d'exploitation du caoutchouc durci, tout ce qui représente l'emploi du caoutchouc volcanisé élastique dans la construction des machines à vapeur et autres: clapets, joints, tuyaux, rotules, tampons, courroies, se remarquaient là dans des conditions parfaites d'exécution.

L'application des clapets en caoutchouc, par nos meilleurs constructeurs et d'après les systèmes de MM. J.-F. Cail et Cᵉ, Farcot, Gache aîné, Mazeline et Cᵉ, etc., semble surtout appelée à devenir d'une grande utilité pour la mécanique, à laquelle le caoutchouc pour joints de MM. L. Rousseau-Lafarge et Cᵉ, offre aussi de solides avantages. Ce produit remplace le minium, avec cette supériorité, qu'il dure indéfiniment et que le joint peut être serré quand la machine est en pleine activité. Une expérience opérée à l'Exposition même, empêche de révoquer en doute la qualité supérieure de cette forme du caoutchouc, car le joint de la prise de vapeur, de la machine exposée par l'école d'Angers, soumis à l'épreuve, a parfaitement résisté, lorsque tout autre moyen avait échoué pour obtenir un tel résultat. MM. Rousseau-Lafarge et Cᵉ, offraient en outre, des tuyaux pour conduite de vapeur, d'acides, d'eau, de gaz, etc., qui semblaient présenter la résistance voulue pour en rendre l'emploi indéfini, ainsi que des tampons de locomotives et wagons de chemins de fer pouvant aussi être employés pour marteaux-pilon. A propos de l'emploi du caoutchouc pour diverses pièces du matériel des chemins de fer, la locomotive de l'ingénieur Mac Connell, suspendue à l'aide de caoutchouc et armée de tampons de même matière, prouve l'utilité et l'économie que procurerait l'adoption générale de cette substance pour les locomotives et wagons.

La Compagnie franco-américaine occupe quatre cents ouvriers, et elle a aidé puissamment à la vulgarisation de l'utile matière qu'elle travaille, car de nouveaux procédés lui ont permis d'abaisser le prix de ses produits de 40 à 50 pour 100 au-dessous du taux consacré jusque-là pour de pareils objets.

Aussi le Jury, prenant en considération l'importance, le bon marché et la qualité de leur fabrication, a-t-il décerné à MM. L. Rousseau-Lafarge et Cᵉ, une médaille de deuxième classe.

MM. HUTCHINSON, HENDERSON et Cᵉ, a Paris (France)
GÉRANTS DE LA COMPAGNIE NATIONALE DU CAOUTCHOUC-SOUPLE.

MM. Hutchinson, ancien collaborateur de M. Charles Goodyear, et M. Henderson, chef d'une des plus entreprenantes maisons de New-York, se sont réunis pour exploiter en France l'un des brevets qui sont attachés à la belle découverte de l'inventeur américain. L'usine de la Compagnie qui s'est formée par leurs soins est à Langlée, près de Montargis, dans le Loiret.

La Compagnie y fabrique les chaussures, les étoffes, les papiers peints indéchirables et inaccessibles à l'humidité, les effets de campement militaire et d'équipement; et aussi, avec des feuilles de caoutchouc ordinaire, des fils, des tubes, des lanières, des sangles, des rondelles, des tissus imperméables, etc.

I.   40

MM. Hutchinson, Henderson et Cⁱᵉ se sont de bonne heure distingués entre tous les fabricants d'objets en caoutchouc, par la bonne exécution de leurs produits.

Pour s'en convaincre, il suffisait d'examiner les chaussures provenant de l'usine de Langlée, d'où il en sort par jour plus de huit mille paires ; elles offrent un caractère d'élégance en même temps qu'elles sont d'une solidité qui défie toute comparaison et dont aucun article semblable n'avait encore approché. Une idée heureuse est celle qu'ils ont eue de faire des imitations de tentures et de papiers peints, qui sont d'un excellent choix, et offrent le double avantage d'être indéchirables et d'être tout à fait inattaquables à l'humidité. La matière souple dont elles sont composées se prête à merveille au gaufrage, au velouté, au vernis, à la marbrure, à la dorure, et leur donne toutes les qualités des meilleures étoffes.

On a remarqué leurs effets de campement et d'équipement militaire, qui se recommandent par l'imperméabilité parfaite, la solidité à toute épreuve et la qualité supérieure.

L'industrie du caoutchouc est une industrie nouvelle et qui s'essaie encore, quoiqu'elle soit assurée de l'avenir le plus vaste et qu'elle ait déjà acquis, en un temps si rapide, une extraordinaire importance. Il ne faut donc pas encore demander aux objets qui sont fabriqués avec le caoutchouc, des formes d'une délicatesse achevée et une grande sûreté de dessin. Le principal est que l'admirable matière qui vient d'être livrée à l'activité humaine soit aussi bien travaillée que possible, et dans la meilleure mesure, douée des vertus que lui a données M. Charles Goodhyear ; c'est ce qu'ont très-bien compris MM. Hutchinson et Henderson. Aussi ont-ils mis tous leurs soins à fabriquer un caoutchouc irréprochable.

Ce n'est qu'après avoir complétement réussi dans la préparation en grand de la matière première, qu'ils ont voulu réussir également dans la fabrication des divers objets qui se font avec le caoutchouc. Le succès a récompensé leurs efforts.

Une nouvelle usine, établie à Paris même, dans la rue Picpus, leur permet de donner une extension considérable à leurs travaux. Ils y fabriquent des fils, des étoffes, des élastiques, des cuirs artificiels, et offrent au commerce un tissu fait de caoutchouc volcanisé qui remplacera avec avantage le cuir employé pour les cardes.

La maison Hutchinson, Henderson et Cⁱᵉ a beaucoup fait pour populariser l'emploi du caoutchouc en France et pour faire découler de l'invention de M. Goodhyear tous les services qu'elle doit rendre à l'industrie.

Le Jury leur a décerné une MÉDAILLE DE DEUXIÈME CLASSE.

M. FAUVELLE-DELEBARRE, A PARIS (FRANCE).

M. Fauvelle-Delebarre est, avec la Compagnie franco-américaine, concessionnaire des brevets de M. Charles Goodyear, pour l'exploitation du caoutchouc durci, et particulièrement de son application à la fabrication des peignes, dont le premier il a eu l'idée.

Selon la quantité de soufre que l'on y mélange, et la température à laquelle on l'expose, le caoutchouc passe par tous les degrés entre son élasticité première et la rigidité du bois. C'est dans une de ces phases, qu'à l'usine de Persan-Beaumont, le caoutchouc survolcanisé est employé à la fabrication des peignes.

M. Fauvelle-Delebarre, prend donc place parmi les habiles industriels, qui ont compris l'importance de la révolution préparée par la découverte américaine et qui ont les premiers joué un rôle dans les applications en grand de cette découverte. Les peignes de caoutchouc durci, dont la fabrication ne date que d'hier, et qui, pour ainsi dire, est encore dans l'enfance, sont déjà connus de toute l'Europe, et ils ont rapidement fait une concurrence victorieuse aux peignes de corne, qui étaient les seuls généralement employés jusqu'à ces dernières années. Ce succès si général et si prompt est dû à l'incontestable supériorité qu'ils ont sur ces autres peignes. Il est certain qu'ils sont beaucoup plus doux, plus solides, et qu'ils ne se fendent jamais. Qui ne sait pas que ces qualités sont précieuses, et qui ne s'est plaint souvent de la rigidité des anciens peignes et de la facilité avec laquelle ils se fendaient? Les nouveaux peignes sont d'une invention si heureuse, et M. Fauvelle-Delebarre les fabrique avec tant de perfection, que le Jury international de l'Exposition Universelle lui a décerné une médaille de première classe.

La fabrication des peignes ordinaires, dans un avenir plus ou moins éloigné, aura sans doute abandonné entièrement la matière dont elle se servait jusqu'ici, pour adopter le caoutchouc durci, qui est plus solide, et, quoique aussi dur, plus souple et plus doux.

Du reste, le succès en a déjà été rapide. Il n'en peut être donné une preuve plus concluante que celle-ci : Dès la première année de la fabrication, on en a vendu pour 500,000 francs. La seconde année aura certainement dépassé ce chiffre de vente, qui représente une quantité d'articles écoulés presque incroyable.

Le chiffre de la vente de M. Fauvelle-Delebarre prouve assez quelle est l'importance de ses affaires. Il occupe, pour la fabrication des peignes en caoutchouc, plus de quatre cents ouvriers qui travaillent dans deux établissements considérables; l'un d'eux est situé à Persan-Beaumont (Seine-et-Oise), et l'autre à Airaines (Somme).

M. Fauvelle-Delebarre qui a succédé à l'ancienne maison Cauvard, fabrique aussi toujours en grand les peignes d'écaille, de toutes sortes, et continue à occuper le premier rang dans ce genre d'industrie. Ses affaires, tant à l'intérieur qu'à l'extérieur, sont des plus étendues et tendent chaque jour à prendre encore de l'extension.

CUIRS ET PEAUX.

Cette subdivision de la Xe Classe a dû se subdiviser elle-même en six sections, savoir : 1° tanneurs; 2° corroyeurs pour tiges, sellerie et filature; 3° vernisseurs pour chaussure et sellerie; 4° maroquiniers et fabricants de chevreau bronzé; 5° hongroyeurs, chamoiseurs et mégissiers; 6° enfin, teinturiers de peaux avec laine.

Il est une fois de plus démontré que les agents chimiques employés dans la tannerie pour remplacer l'écorce de chêne et pour abréger la durée des opérations, détériorent les cuirs, et ne leur donnent pas ces précieuses qualités qui les rendent souples et durables. Quelques cuirs, portant la marque de la Société d'Encouragement, attestant qu'ils ont été tannés en six mois, méritaient seuls de fixer l'attention, sans pourtant réaliser encore toutes les qualités qu'on pourrait exiger.

La corroierie française s'est fait remarquer à l'Exposition Universelle par des progrès assez satisfaisants; les vernis pour chaussures semblent être une spécialité pour la France et l'Allemagne; quant à ceux destinés à la sellerie et à la carrosserie, l'Angleterre et la Belgique, concurremment avec la France et l'Allemagne, en ont exposé de fort beaux. Les fabricants de maroquins et de peaux chagrinées exposaient des peaux bien supérieures à celles qu'autrefois nous fournissait le Levant; et les chevreaux préparés pour la ganterie par les mégissiers d'Annonay, sont en ce genre, le produit le plus parfait qui ait été présenté.

Parmi les tanneurs, la médaille de première classe a été décernée à :

MM. DONAU et fils, à Givet (France), pour leurs cuirs forts de bœuf et vache de France et de Buénos-Ayres;

P. PELTEREAU, LEJEUNE frère et C°, à Châteaurenault (France), pour l'excellente qualité de leurs cuirs fusés en croûte et lissés, et la conservation des bons procédés de tannage;

AUGUSTE PELTEREAU à Châteaurenault (France), pour ses cuirs remarquables destinés aux selles.

La même récompense a été obtenue par MM. V. LEFÈBRE, à Saint-Saens (France); BIENVENU aîné, à Tours (France); J.-FR. HERRENSCHMIDT, à Strasbourg (France); F. et A. BUNNEL, à Pont-Audemer (France); A. DURAND-CHANCEREL, à Paris (France); J.-J. GÉRARD-GOFFLOT, à Neufchâteau (Belgique); P. D'ANCRÉ, à Louvain (Belgique); M.-CH. MASSON et fils, à Huy (Belgique); J.-F. MASSANGE-NICOLAY, à Stavelot (Belgique); M.-R. et H. DRAPER, à Kenilworth, (Royaume-Uni); ARTH. ORD, à Dublin (Royaume-Uni); J. et T. HEPBURN, à Londres (Royaume-Uni); H. GIESSLER, à Siegen (Prusse); G. MALLINCKROD et Cᵒ, à Crombach (Prusse); L. RAICHLEN, à Genève (Suisse).

Parmi les corroyeurs pour tiges, sellerie et filature, qui ont obtenu la MÉDAILLE DE PREMIÈRE CLASSE, nous citerons :

MM. VERTUJOL et CHASSANG, à Paris (France); Veuve COURTÉPÉE-DUCHESNAY, à Paris (France), pour l'excellente préparation des veaux frais et la grande souplesse de ses tiges fortes, dont elle exporte en Angleterre une notable quantité; J.-A. GUILLOT, à Paris (France); R.-A. BUDIN, à Paris (France); M.-A. COUDREN jeune et MARCELLOT, à Paris (France); AD. MELLIER, à Paris (France); G. PAILLARD, à Paris (France); OGEREAU, à Paris (France); M. CHANEY et BOUCHET, à Nantes (France); C. GALIBERT, à Milhau (France); J.-E. ROUDIL, à Milhau (France); J.-J. MERCIER, à Lausanne (Confédération helvétique); M. FISCHER et fils, à Londres (Royaume-Uni); A. GUTIVEL, WEISE et Cᵒ, à Oberachern (Bade).

Enfin parmi les vernisseurs pour chaussure et sellerie, voici les principales récompenses obtenues :

MM. NYS ET Cᵒ, A PARIS (FRANCE).

MM. Nys et Cᵉ ont reçu du Jury International une MÉDAILLE D'HONNEUR. Ils sont les premiers qui aient enfin trouvé le moyen de fixer les vernis sur le cuir, avec une telle adhérence, que cette préparation, sans s'écailler et se rompre, ait pu servir à la chaussure. Cette maison, en raison des efforts qu'elle fait encore chaque jour pour améliorer sa fabrication, jouit d'une réputation justement acquise, qui sur tous les marchés place ses cuirs en première ligne, et lui procure 2 millions et demi d'affaires annuelles.

MM. MAYER, MICHEL ET DENIGER, A MAYENCE (HESSE).

Cette maison, qui résume en elle toute l'industrie des peaux que fabrique cette partie de l'Allemagne, est connue autant pour le bon marché que pour la supériorité de ses articles, qui sont très-variés, et fait environ 3 millions d'affaires par an. Elle exporte en Angleterre et jusqu'en Amérique, après avoir satisfait les exigences de la consommation d'une grande partie de l'Allemagne. MÉDAILLE D'HONNEUR.

M. PLUMMER A PONT-AUDEMER (FRANCE).

M. PLUMMER a le premier importé en France la fabrication des cuirs vernis pour sellerie et carrosserie, qui jusque alors avaient, été une des branches d'industrie particulières à l'Angleterre. Les vernis de M. PLUMMER, sont aujourd'hui préférables aux vernis anglais; en cela, que par suite d'un meilleur mode de tannage, ils sont moins sujets à s'écailler et à se briser. C'est encore à M. PLUMMER qu'on doit l'importante amélioration, introduite dans son industrie, de dédoubler les peaux trop épaisses à l'aide du sciage; beaucoup de pièces autrefois perdues, sont utilisées de cette façon, et même sont livrées à des prix tellement modiques, qu'on peut les employer à remplacer le carton.

Ses cuirs noirs, jaunes et bruns, sont excessivement recherchés, et sa clientèle se compose des premiers et meilleurs harnacheurs. Deux cent cinquante ouvriers sont employés par M. Plumier, dont le chiffre des affaires annuelles n'est pas moindre de 2 millions et demi. Le Jury lui a voté une MÉDAILLE D'HONNEUR.

MM. OASTELER et PALMER, a Londres (Royaume-Uni).

MM. Oasteler et Palmer justifient par la beauté de leurs produits l'ancienne réputation des vernis anglais, si recherchés encore aujourd'hui par plusieurs nations. Cette ancienne et respectable maison a obtenu la MÉDAILLE D'HONNEUR.

Les exposants de vernis pour chaussure et sellerie, qui ont obtenu des MÉDAILLES DE PREMIÈRE CLASSE, sont :

MM. AD. HOUETTE et C°, à Paris (France), que la bonne qualité de leur vernis et les perfectionnements qu'ils s'efforcent de réaliser désigne à l'attention. Leur usine de la rue de Buffon, destinée à la préparation des veaux, en tanne annuellement 400,000 peaux, dont au moins 300,000 sont vernies.

Dans une autre usine, ils préparent eux-mêmes les huiles et les noirs qu'ils emploient, et c'est dans cette usine, située hors Paris, que la plus grande partie des peaux sont vernies. La qualité constante de leurs produits, en leur attirant la confiance du commerce, a élevé le chiffre annuel de leurs affaires au chiffre significatif de 3,000,000 francs, dont une très-grande partie leur est fournie par l'exportation dans toutes les parties du monde.

M. J. GAUTHIER, à Paris (France), pour ses cuirs vernis veau blanc et veau teint.

MM. RUPP et ECHSTEIN, à Francfort (Confédération germanique), pour la variété des nuances de leurs vernis.

MM. DORR et REINHARDT, à Worms (Bavière), pour le même objet.

M. CORNÉLIUS HEYL, à Worms (grand-duché de Hesse), pour la beauté de son vernis noir pour chaussure.

MM. HEINTZE et FREUDENBERG, à Weinheim (grand-duché de Bade), pour leur vernis pour chaussure.

M. C. LADOUBÉE-LEJEUNE, à Bruxelles (Belgique), pour ses cuirs vernis pour sellerie.

M. L. JOREZ fils, à Bruxelles (Belgique), pour ses vernis à capotes.

MM. DIXON et WHITING, à Londres (Royaume-Uni), vernis noirs pour sellerie.

M. le baron C. I. M. D'EICHTHAL, à Munich (Bavière), pour la bonne qualité de ses cuirs vernis.

M. C. E. COURTOIS, à Paris (France), pour la souplesse et la bonne qualité de ses vernis.

MM. BAYVET FRÈRES et C°, a Choisy-sur-Seine (France).

Une seule MÉDAILLE D'HONNEUR a été décernée aux fabricants de maroquins et chevreaux bronzés; elle a été obtenue par MM. Bayvet frères. L'excellente fabrication de ces industriels se révèle autant par la variété que par la solidité des couleurs. Ils opèrent sur des peaux de chèvres qu'ils tirent de divers pays pour les réexporter ensuite. Leurs cuirs noirs sont admirablement réussis; leur rouge vif, qui est appliqué sur les peaux avant le tannage, est tellement solide, qu'il résiste même à l'action des acides. Ils apportent aussi un grand soin dans la fabrication des maroquins du Levant et des peaux chagrinées, à laquelle ils ont ajouté, dans ces derniers temps, celle des chevreaux bronzés, qui déjà ont pris une extension considérable.

Le soin et la bonne qualité qui distinguent leurs articles, les font rechercher dans tous les marchés étrangers, principalement en Amérique; la maison des frères BAYVET a contribué au développement de notre exportation.

Ont obtenu la MÉDAILLE DE PREMIÈRE CLASSE :

MM. D.-W. et H. ROBERTS, à Londres (Royaume-Uni), pour la variété, la solidité et l'égalité des couleurs de leurs maroquins.

MM. EHMANN, HERING et GORGER fils, à Strasbourg (France), pour l'excellence et la variété des teintes de leurs maroquins, qu'ils tannent et préparent eux-mêmes.

M. G.-CHR. FRIESS, à Paris (France), pour le corroyage des maroquins et moutons en croûte qu'il prépare avec succès.

M. J.-B.-S. GIRAUD aîné, à Paris (France), pour ses moutons maroquinés.

HONGROYEURS, CHAMOISEURS ET MÉGISSIERS.

M. H. TRACOL, A ANNONAY, ARDÈCHE (FRANCE).

L'industrie des mégissiers qui, pour la première fois, figurait à nos Expositions, mérite à plusieurs égards une mention spéciale. Son importance est rendue évidente par le chiffre de sa fabrication. Elle produit annuellement pour 18 ou 20,000,000 de francs en peaux de chevreaux qui, livrées au commerce, représentent une valeur double après leur transformation en gants. Un fait singulier, c'est que cette industrie est particulière à la France, et que jamais, malgré les efforts qu'on a pu faire, elle ne s'est acclimatée complètement dans les autres pays rivaux. Les étrangers sont aujourd'hui obligés d'envoyer en France toutes leurs peaux de chevreaux, et de les racheter ensuite après préparation. Ce qui contribue encore à rendre plus singulière la situation de cette branche de l'industrie, c'est que les mégissiers concentrés en France, le sont, en quelque sorte, rassemblés d'un commun accord à Annonay. Le Jury, dit le rapport, aurait décerné collectivement aux mégissiers d'Annonay une MÉDAILLE D'HONNEUR, si le nombre des exposants eût été plus grand. Leur petit nombre ne lui a permis que de décerner des récompenses individuelles.

En tête des mégissiers d'Annonay qui ont obtenu des MÉDAILLES DE PREMIÈRE CLASSE, le Jury a placé M. H. TRACOL en signalant son excellente préparation des peaux de chevreaux pour gants.

La maison TRACOL, fondée en 1836, occupe continuellement soixante-dix à soixante-quinze ouvriers (hommes), et prépare annuellement de 280,000 à 300,000 peaux de chevreaux de premier choix, dont la majeure partie est exportée en Angleterre et en Russie.

Elle avait déjà reçu des récompenses de premier ordre aux expositions de 1839 et 1849.

M. M. ROUVEURE AÎNÉ, A ANNONAY (FRANCE).

L'usage des gants de peau s'est tellement propagé, que les peaux de chevreaux sont depuis long-temps devenues insuffisantes à la consommation, et qu'on a dû préparer pour le même usage les peaux d'agneaux.

M. ROUVEURE, placé aussi par le Jury en tête des mégissiers d'Annonay qui ont mérité des MÉDAILLES DE PREMIÈRE CLASSE, excelle dans leur préparation.

M. Rouvsous occupe dans ses fabriques, de cent vingt à cent trente ouvriers. Il est un des plus anciens et des plus importants mégissiers d'Annonay, et a pour une large part contribué au développement de l'industrie de cette ville.

Les autres mégissiers qui ont obtenu des MÉDAILLES DE PREMIÈRE CLASSE, sont :

MM. GARD-DEGLESNE, à Annonay (France), excellente préparation de chevreaux pour gants; TIXIER fils, à Niort (France), souplesse et bonne fabrication des peaux chamoisées; V. GEYER et ED. EISENBERG, à Altembourg (Saxe), pour la douceur et la souplesse des peaux qu'ils préparent pour le factage des pianos.

M. F. BARTHOLOMÉ, à Augsbourg (Bavière), pour la bonne préparation de ses parchemins.

PAPIERS ET CARTONS.

L'Exposition, présentait un fort bel ensemble de papiers et cartons, qui révélaient les grands progrès obtenus depuis l'Exposition de Londres. La France et l'Allemagne avaient exposé des papiers vergés mécaniques, qui avant 1851 étaient uniquement fabriqués en Angleterre; et malgré les différents modes de fabrication, la diversité des matières premières, et les difficultés que présentent certaines localités, il eût été difficile d'établir absolument une appréciation comparative du mérite des diverses fabrications.

Outre le mérite des procédés de fabrication, on doit signaler un fait important, ce sont les efforts faits en général pour substituer aux chiffons les matières fibreuses que la nature nous offre en si grand nombre. Les difficultés et les frais ont jusqu'à présent empêché d'utiliser ces matières pour les papiers blancs, mais à mesure que les connaissances chimiques s'accroissent, on voit les difficultés diminuer; et l'introduction de nouveaux agents chimiques rendra, nous n'en doutons pas, l'emploi de ces matières possible. La Compagnie des Indes avait réuni à grands frais, pour cette Exposition, une collection de tous les éléments nouveaux qu'on s'efforce de faire entrer dans les pâtes à papier.

MM. THOMAS DE LA RUE ET Cᵉ, A LONDRES (ROYAUME-UNI).

Le Jury de la Xᵉ Classe, dit M. E. de Canson dans son rapport, « regrette de n'avoir eu à juger qu'une petite partie des produits exposés par MM. THOMAS DE LA RUE et Cᵉ, tous remarquables par les soins, l'élégance et la perfection apportés à leur préparation; mais elle doit citer particulièrement les cartes pour adresses et les cartons Bristol, supérieurs à tout ce qu'elle a vu.»

L'industrie de MM. DE LA RUE s'applique également à la préparation des papiers, qu'ils achètent bruts en très-grande quantité, dans tous les pays, pour leur donner le satinage et le glaçage, avec un rare degré de perfection, par des moyens qui leur sont propres. Ils fabriquent et ploient les enveloppes de lettres au moyen d'une machine très-ingénieuse.

MM. THOMAS DE LA RUE et Cᵉ, que nous avons déjà cités dans la VIᵉ Classe, et dans la IXᵉ Classe, ont reçu du Jury de la XXVᵉ Classe une MÉDAILLE D'HONNEUR.

MM. DE CANSON FRÈRES, A VIDALON-LES-ANNONAY (FRANCE).

Par la position de membre du Jury de M. Étienne DE CANSON, ces Messieurs se trouvaient placés hors de concours; aussi ne peut-on que signaler ici la perfection de leurs produits, sans rivaux pour certaines espèces de papier, qui les eût rendus dignes de la plus haute récompense.

MM. FIRMIN DIDOT FRÈRES, A PARIS (FRANCE).

Pareillement hors de concours par la présence au Jury de la Xᵉ Classe de M. Firmin DIDOT, MM. DIDOT doivent être mentionnés pour leur procédé particulier du blanchissage de la pâte à papier, à l'aide d'un courant d'acide carbonique, conduit dans l'hypochlorite de chaux.

Il faut enfin mentionner aussi pour mémoire LA COMPAGNIE DES INDES, qui ayant obtenu dans la Ire Classe la GRANDE MÉDAILLE D'HONNEUR, ne pouvait être récompensée de nouveau par le Jury de la Xe Classe. La belle collection de matières propres à la fabrication du papier, dont nous avons précédemment parlé, lui eût à elle seule mérité cette haute récompense.

Les exposants dont les noms suivent ont obtenu la MÉDAILLE DE PREMIÈRE CLASSE.

MM. BLANCHET FRÈRES ET KLÉBER, à Rives (Isère), France. Pour la belle collection de papiers de toutes sortes qu'ils ont exposés.

MM. BRETON FRÈRES ET Ce, à Pont-de-Claix (Isère), France. Principalement pour leurs papiers pour l'impression et la taille-douce, et leurs papiers de Chine de diverses nuances, qui jouissent d'une juste réputation.

MM. CALLAUD-BELISLE ET Ce, à Angoulême (Charente), France. Pour leurs divers papiers pour l'écriture, d'une beauté irréprochable.

M. FRANÇOIS JOHANNOT, à Annonay (Ardèche), qui parmi ses papiers blancs et diversement teintés, tous d'une excellente qualité, expose de beaux papiers à dessin.

MM. LACROIX FRÈRES, à Angoulême (Charente), France, qui fabriquent spécialement des papiers parcheminés et papiers pelure d'une grande solidité.

MM. CONTE FILS ET Ce, à l'Abbaye (Charente), France. Papiers d'une grande pureté et d'un beau collage.

MM. EUGÈNE DUJARDIN ET ALAMIGEON, à Lacourade (Charente). Mêmes motifs.

MM. LAROCHE, JOUBERT, DOMERGUE ET Ce, à Angoulême (Charente), France. On remarquait surtout parmi les produits de ces exposants des papiers vergés et filigranés de toutes sortes de dessins, soit à la machine, soit par impression postérieure.

MM. LATUME ET Ce, à Crest (Drôme), France. Papiers sans colle pour la typographie et papiers à dessin d'un beau grain.

M. MONTGOLFIER, à Saint-Marcel (Ardèche), France. Grand développement de la fabrique du parchemin animal, de papiers filigranés faits à la main.

MM. OBRY FILS, JULES BERNARD ET Ce, à Prouzels (Somme), France. Fabrication spéciale de rouleaux pour tentures, papiers violets et noirs pour tissus.

MM. OUTHENIN, CHALENDRE FILS ET Ce, à Besançon (Doubs), France. Grande fabrication des papiers de sortes courantes et de vente facile.

SOCIÉTÉ ANONYME DU MARAIS ET SAINTE-MARIE (Seine-et-Marne), France. Cette Société présentait des papiers de sûreté filigranés, des papiers cartons, des cartons pour métier Jacquart, papiers sans colle et mi-colle pour typographie, papier à écrire d'une grande solidité.

SOCIÉTÉ ANONYME DES PAPETERIES DU SOUCHE (Vosges), France. Outre de beaux papiers pour typographie, cette usine en exposait d'autres de couleurs vives pour affiches; et quelques échantillons contenant une forte proportion (20 p. 100) de bois moulu, intercalé dans la pâte.

M. VORSTER, à Montfourat (Gironde), France. Excellents papiers vergés blancs et azurés.

MM. ZUBER ET RIEDER, à l'Ile Napoléon (Haut-Rhin). France. Beaux rouleaux pour tentures, papiers collés à la gélatine pour cartes à jouer.

MM. LAROCHE FRÈRES, au Martinet (Charente), France. Bons papiers à calquer, papiers à lettre.

FABRIQUE IMPÉRIALE DE PAPIERS, à Schlœgelmühl (Autriche). Papiers à écrire et de couleurs diverses, papiers pour télégraphie électrique, papiers filigranés, etc.

MM. SMITH ET MEYNIER, à Fiume (Croatie), Autriche. Papiers à dessin, papiers à lettre, papiers de couleurs, etc., etc., le tout d'une bonne fabrication.

MM. J.-L. GODIN ET FILS, à Huy, près Liége (Belgique). Papiers de qualité courante.

SOCIÉTÉ ANONYME DES PAPETERIES DE LASSARRAZ, CLARENS ET LABATIE (Suisse). Beaux papiers à lettre et beaux papier pour écoliers.

MM. DREWSEN ET FILS (Strandmollen, Danemark). Papiers vélins, vergés, collés et sans colle, d'une très-belle fabrication.

MM. COWAN, ALEX ET FILS, à Edimbourg (Royame-Uni). Excellente fabrication de papiers mécaniques à écrire.

MM. T. ET J. HOLLINGWORTH, à Maidstom-Kent (Royaume-Uni). Successeurs de Watman, dont ils continuent l'ancienne réputation; leurs papiers sont fort bien collés par une machine de nouvelle invention.

MM. PIRIE ET FILS, à Londres (Royaume-Uni). Divers objets obtenus par le moulage de la pâte à papier, tels que sacs, capsules, cartouches et gargousses.

M. T.-H. SAUNDERS, à Dartfort (Royaume-Uni). Papiers-parchemins, papiers de sûreté, papiers mécaniques.

MM. LHOEST, WEUSTENRAADT, à Maestricht (Pays-Bas). — Papiers à lettre, papiers vélins, vergés, pelure, bien collés et bien fabriqués.

M. EBBINGHAUS, à Lethmathe, près d'Isertlohn (Prusse). Papiers de toutes sortes et de bonne fabrication.

MM. HOESCH ET FILS, à Duren (Prusse-Rhénane). Papiers mécaniques très-bien fabriqués et durs de pâte, parmi lesquels les papiers serpente, de soixante-douze nuances très-vives, méritent d'être remarqués.

M. SCHŒLLER, à Duren (Prusse-Rhénane), fabrication remarquable au même titre que les précédents.

MM. RAUCH FRÈRES, à Heilbronn (Wurtemberg). Papiers divers, forts, minces, vélins et vergés.

M. SCHAUFFELEN, à Heilbronn (Wurtemberg). Cette fabrique est renommée pour la bonne qualité de ses papiers à lettre, vergés, vélins et filigranés, blancs et azurés, ainsi que pour ses beaux cartons d'une seule feuille, blancs, azurés et de couleurs variées.

TEINTURE ET IMPRESSIONS.

BLANCHIMENT.

MM. DAVILLIERS FRÈRES, SAMSON ET Cᵉ, à GISORS (EURE), FRANCE.

« Depuis l'Exposition de 1851, » dit M. Persoz dans son rapport, « il y a eu beaucoup d'essais entrepris en vue d'améliorer ou de transformer l'industrie du blanchiment. D'intermittentes qu'étaient les opérations, on s'est efforcé de les rendre continues; ainsi les toiles en sortant des cuves à lessiver sont entraînées mécaniquement à travers une série de bains d'alcali, d'acide, de chlore et d'eau, qui les dépouillent des matières étrangères à la fibre textile, qui passent par des machines à dégorger et à exprimer, qui les nettoient et les essorent pour arriver enfin au séchoir; c'est à ce moment seulement que la main de l'homme intervient, car jusqu'alors le rôle de l'ouvrier consiste à régulariser le mouvement de la machine. »

Dans presque tous les établissements de ce genre, on a introduit l'emploi de la résine pour le lessivage des toiles destinées à l'impression.

« Plusieurs systèmes de machines à dégorger ont été mis à l'essai pour remplacer le clapeau et les roues à laver; les unes devaient produire un travail plus parfait, les autres une économie dans la force employée: l'expérience n'a pas encore prononcé à cet égard; enfin un système complet de blanchiment a été proposé par des Suisses du canton de Saint-Gall. Basé sur l'emploi du stannate de soude, il aurait l'avantage de blanchir avec promptitude et économie; mais l'usage, jusqu'à présent, ne serait pas généralisé. »

Tels sont les motifs qui ont empêché le Jury, malgré l'importance de cette industrie, de lui décerner de hautes récompenses, il ne lui a même voté qu'une seule MÉDAILLE DE PREMIÈRE CLASSE, accordée à MM. DAVILLIERS FRÈRES, SAMSON et Cⁱᵉ.

Cette maison exposait des fils de coton, des calicots et des tissus blanchis et apprêtés dans son usine de Gisors, important établissement fondé, en 1815, par M. Davillier père, où la filature, le tissage et le blanchiment du coton sont exploités sur une grande échelle. Des machines à vapeur et des roues hydrauliques mettent en mouvement le matériel de cette usine qui occupe quinze cents ouvriers.

MM. DAVILLIERS FRÈRES, SAMSON et Cⁱᵉ font de nombreux essais dans le but de perfectionner le mode de traitement des tissus à blanchir; aucun sacrifice ne les arrête; aussi a-t-on lieu de croire qu'ils parviendront à perfectionner cette industrie.

TEINTURE DES FILS DE SOIE, DE LAINE ET DE COTON.

M. N. GUINON, A LYON (FRANCE).

M. GUINON exposait des soies teintes et des matières tinctoriales.

L'établissement fondé à Lyon par M. GUINON a rendu et rend chaque jour d'immenses services à l'industrie lyonnaise, par les nouveaux procédés qui y sont employés au blanchiment et à la teinture des soies.

On peut citer parmi eux, l'emploi de l'acide picrique dans la teinture, un nouveau mode de blanchiment, un moyen de purifier mieux que l'on ne l'avait fait jusqu'alors la soie destinée à recevoir des nuances tendres et pures, et l'emploi de nouvelles substances pour la teinture en gris et marron, d'un éclat et d'une pureté impossible à obtenir à l'aide des anciens procédés.

Le Jury a décerné à M. GUINON une GRANDE MÉDAILLE D'HONNEUR.

MM. FÉAU BÉCHARD ET FILS, A PASSY, PRÈS PARIS (FRANCE).

MM. FÉAU BÉCHARD exposaient des teintures sur cachemires et sur laine.

L'établissement de MM. FÉAU BÉCHARD, à Passy, dirigé actuellement par M. FÉAU BÉCHARD fils, a été fondé en 1822 par son père. — Il est monté pour la teinture spéciale des cachemires et des laines propres à la fabrication des châles et des articles de nouveauté.

Par les travaux de ses chefs et l'excellence de ses produits, cette maison, ainsi que le constatent les récompenses obtenues aux expositions antérieures, s'est placée à la tête de son industrie.

Elle a introduit dans les procédés de teinture des laines, de grandes améliorations; ainsi le tartre étant devenu d'un prix exorbitant, il fallait augmenter les prix de teinture, ce qui présentait de graves

Inconvénients, ou trouver un moyen de suppléer à ce produit, sinon dans toutes, mais du moins dans la plus grande partie des couleurs. Cela a été fait, et avec un grand succès, par MM. Féac Béchard.

Les matières colorantes, réduites à l'état de laque ou extrait, qui ne s'employait autrefois que dans l'impression des étoffes, ont été appliquées par eux à la teinture des cachemires et des laines avec un tel avantage, que non-seulement on a pas dû augmenter le prix de la teinture des fils, mais qu'elle a pu se faire dans des conditions meilleures et amener une diminution dans celui des tissus.

Le Jury, en récompense de leurs utiles travaux, a décerné à MM. Féac Béchard, une MÉDAILLE DE PREMIÈRE CLASSE.

MM. S. FONTROBERT, à Paris (France), MILLIANT et DUCLUZEL, à Valbenoite (France), et A. HOCK, à Neuilly-sur-Seine (France), ont chacun reçu une MÉDAILLE DE PREMIÈRE CLASSE pour leurs teintures remarquables en diverses nuances et l'emploi de matières colorantes nouvelles.

LA SOCIÉTÉ DE VOESLAU, près Vienne (Autriche), pour sa teinture fils de laine servant à la fabrication des châles cachemires de Vienne, a reçu une MÉDAILLE DE PREMIÈRE CLASSE.

M. C. LAUEZZARI, à Barmen (Prusse Rhénane), pour ses cotons teints en rouge d'Andrinople, MÉDAILLE DE PREMIÈRE CLASSE.

L'ÉTABLISSEMENT DE HEIDENSCHAFT, près Goritz (Autriche), pour ses cotons teints en rouge turc. MÉDAILLE DE PREMIÈRE CLASSE.

MM. HENRY et FILS, à Savonnières (Meuse), France. Mêmes produits, même récompense.

M. CH.-FR. LÉVEILLÉ, à Rouen (Seine-Inférieure), France,   id.   id.

TEINTURE DES ÉTOFFES DE LAINE, DE LAINE ET COTON, ETC.

M. FRANCILLON, à Puteaux (Seine), France.

M. Francillon présentait à l'Exposition Universelle une magnifique collection de tissus teints, surtout des mérinos teints en *noir fixe* et en nuances variées. Il exposait aussi des tissus laine et soie, démontrant le parti qu'on peut tirer de certains procédés, pour consolider diverses nuances peu stables, entre autres le vert, le bronze et le marron.

Toutes les teintures de ce savant industriel sont des plus belles et des plus nettes: l'apprêt de ses tissus offre une qualité en rapport avec celle de la teinture; enfin tout ce qui sort de ses ateliers est irréprochable.

L'un des premiers, il a essayé d'appliquer le *grillage* au mérinos : on craignait, avant ses expériences, de gâter le grain de cette étoffe, en la faisant passer sur la fonte chauffée; on craignait aussi de lui donner du lustre, car le mérinos doit rester mat : il a prouvé combien ces craintes étaient peu fondées. Le grillage du mérinos a procuré une véritable économie dans la main-d'œuvre et un résultat meilleur pour le traitement du tissu.

M. Francillon a été aussi le premier à utiliser, pour le séchage des tissus mérinos après la teinture, l'hydro-extracteur à force centrifuge : de son emploi sont résultés des avantages nombreux. Il a donné par des procédés les mieux étudiés et les plus rationnels, à tous ses produits une supériorité hors ligne, où la teinture et l'apprêt rivalisent de perfection, pour faire mieux ressortir les différents mérites de chacun d'eux. Son noir fixe est recherché sur tous les marchés à cause de son intensité, de la beauté et de la solidité de sa couleur. Enfin, ses efforts persistants l'ont amené à améliorer toutes les nuances de la teinture.

Les couleurs dans lesquelles entre de la composition d'étain ont été particulièrement l'objet de ses recherches, surtout les teintes ponceau, cerise, rouge de l'Inde, jaune, etc. Grâce à M. Francillon, on applique aujourd'hui ces couleurs avec certitude de réussite; l'étoffe est bien réellement imprégnée dans toutes ses parties par la matière colorante. Autrefois, dans un grand nombre de pièces, la teinture ne pénétrait pas jusqu'à la chaîne; or, les conséquences de ces manques fréquents de réussite étaient très-graves pour le négociant, qui avait un nombre déterminé de pièces teintes à expédier : il était obligé d'attendre souvent fort longtemps avant qu'on eût réussi à faire le nombre de pièces voulues, dans les diverses nuances demandées par lui. Il fallait ensuite reteindre en d'autres couleurs les pièces manquées, ce qui occasionnait des frais considérables et des retards très-préjudiciables pour les expéditions à faire. L'importance du service rendu à l'industrie et au commerce par M. FRANCILLON, dont la nouvelle méthode tinctoriale anéantit tous ces inconvénients, est facile à comprendre. Au reste, ses succès dans son art s'expliquent facilement, il a eu pour maître en chimie un illustre savant, M. Dumas, qui, pendant deux ans, fut en même temps son associé pour l'établissement de teinture fondé en 1827, et dont il a pris seul la direction en 1829.

Depuis dix-huit ans, M. FRANCILLON a la clientèle quasi exclusive de la maison Paturle-Lupin, Seydoux, Sieber et C*; à ce propos, nous citerons un extrait du rapport de M. Persoz, l'un des rapporteurs du Jury de la X* Classe :

« M. FRANCILLON a une grande part dans le succès de la maison Paturle; il a le premier appliqué le
« bleu de France sur mérinos, et introduit l'extrait d'aloès dans la teinture; il a découvert un noir
« solide à base de chrome, et il a le premier fixé sur laine l'oxyde de chrome. »

La maison Paturle ne produit que des tissus de premier choix, qui conviennent tout naturellement à M. FRANCILLON, exclusivement adonné à la recherche et à la fabrication du beau. Aussi les remarquables teintures dont il revêt ces tissus, en font des étoffes de luxe très-demandées sur les marchés étrangers, au plus grand honneur de la teinturerie parisienne, qui leur doit en partie sa suprématie. Ces produits, destinés aux classes supérieures de la société, se vendent cher; mais, malgré leur prix, souvent plus élevé que celui des autres étoffes provenant de la fabrication étrangère, ils sont préférés partout, à cause de la beauté et de la qualité du tissu et de la teinture.

M. FRANCILLON teint pour divers fabricants, mais la maison Paturle, lui fournit la majeure partie de ses travaux; tout ce qui sort de la fabrique du Cateau passe par ses ateliers. Il teint en noir chaque année 16,000 ou 17,000 pièces de tissus, sans compter les mérinos de couleurs variées, ni les autres étoffes préparées dans l'usine du Cateau.

Le Jury international, appréciant la supériorité sans rivale des produits de M. FRANCILLON, appréciant aussi l'importance des travaux et l'ensemble des services rendus par ce laborieux et honorable industriel à l'industrie et au commerce en général, lui a décerné la GRANDE MÉDAILLE D'HONNEUR; et S. M. l'Empereur l'a nommé chevalier de la Légion d'honneur.

MM. BOUTAREL PÈRE ET FILS, A CLICHY-LA-GARENNE (FRANCE).

L'établissement BOUTAREL entreprend non-seulement la teinture de tous les articles *pure laine*, nonseulement encore il exporte des masses considérables de ces produits, mais ses chefs ont beaucoup contribué à la solution d'un problème de premier ordre, pour le plus grand bien-être des masses : *la fabrication de bonne qualité à bon marché.*

Certes, la question de notre extension industrielle au dehors est d'une haute importance, au double point de vue de l'intérêt du trésor et de l'aisance croissante des populations ouvrières; mais il y a de plus, dans la réalisation *rationnelle* du bon marché, un côté moral qu'il n'est pas indifférent d'examiner.

Par exemple, il ne faut pas considérer une certaine élégance comme une superfluité, un luxe inutile pour les femmes de la petite bourgeoisie; même chez les femmes du peuple une tenue décente, soignée, a plus d'importance civilisatrice qu'on ne le suppose généralement.

La nécessité de porter des vêtements sordides engendre, chez les gens pauvres, des passions jalouses et haineuses contre les classes favorisées de la fortune; car l'éducation, qui devient de plus en plus l'apanage de tous, développe le sentiment de la dignité humaine jusque dans les dernières régions de l'ordre social. Chez les peuples policés, en France surtout, les améliorations morales et matérielles doivent marcher de front : par conséquent, il faut mettre un bien-être relatif à la portée de chacun, puisque la misère étouffe ou dirige vers le mal les facultés intellectuelles. La généralisation d'une tenue décente est une des faces importantes de ce bien-être.

Fondée en 1800, à Paris, l'usine de M. BOUTAREL père a été transférée à Clichy en 1845 par M. Monier, son successeur. Cet industriel ne put, malgré son intelligence, mener à bonne fin une entreprise aussi considérable. En 1848, profitant des honorables travaux de son père, qui avait obtenu en 1844 la médaille d'or pour l'application des couleurs solides à froid et pour la perfection de ses produits, M. BOUTAREL fils prit la direction de ce vaste établissement, qu'avec l'aide de M. BOUTAREL père il releva d'une façon éclatante.

On a reproché à M. BOUTAREL de ne pas fabriquer à des taux suffisamment rémunérateurs. Pourtant il n'est pas à présumer qu'un industriel, si dévoué qu'on puisse le supposer au bien-être public, lui fasse le sacrifice de sa fortune. Son bénéfice est moindre sur l'unité, mais il reste le même si sa fabrication augmente en proportion. Si les produits de MM. BOUTAREL père et fils sont appréciés sur les marchés étrangers, ce n'est pas seulement parce qu'ils sont à bon marché, mais aussi parce qu'ils ne laissent rien à désirer.

La fabrication de la maison BOUTAREL est des plus étendues; elle applique ses teintures diverses aux mérinos pure laine, mérinos double, damas, mousseline, châles mérinos, châles casimir, châles mousseline, flanelle, napolitaine, drap, tricot, escot et serge.

Son établissement couvre trois arpents de terrain de ses constructions. Quatre cents ouvriers y trouvent une occupation permanente. Une caisse de secours pourvoit à tous les besoins exceptionnels de cette famille laborieuse. Des machines à vapeur d'une force totale de 80 chevaux mettent en mouvement tous les mécanismes et puisent dans la Seine l'immense quantité d'eau nécessaire au service. Les générateurs pour chauffage, les baquets à teindre et les autres appareils représentent une force de 280 chevaux. Le matériel en machines diverses est immense.

La production de l'usine va toujours croissant : MM. BOUTAREL père et fils ont déclaré qu'elle était, en 1853, de 3,773,000 mètres; en 1854, de 4,311,000 mètres, et en 1855, de 5,000,000 mètres; de plus, qu'en 1844, la moyenne du prix de fabrication était de 0 fr. 43 c. par mètre, que cette moyenne était descendue en 1850 à 0 fr. 30 c., et que, dès 1855, elle n'était plus que de 0 fr. 20 c. par mètre.

Ces industriels ont introduit parmi leurs appareils mécaniques un métier multicolore (breveté) produisant d'un seul coup plusieurs teintes, et appliqué un procédé de teinture en plusieurs nuances, par le guano fixé sur laine et sur soie. On leur doit aussi l'application d'un noir indélébile; la teinture bichrome sur étoffes laine et coton pour ameublement; des métiers spéciaux pour l'apprêt supérieur des sultanes et des flanelles; de notables améliorations dans les machines de teinturerie et dans la teinture en toutes couleurs par la vapeur.

Le Jury international a décerné à MM. BOUTAREL père et fils une MÉDAILLE DE PREMIÈRE CLASSE.

MM. BOULOGNE ET HOUPIN, à Reims (France), ont reçu une MÉDAILLE DE PREMIÈRE CLASSE pour leurs mérinos teints.

MM. WALLERAND ET Cⁱᵉ, A PARIS ET A CAMBRAI (FRANCE).

La maison WALLERAND et Cⁱᵉ exposait une magnifique collection d'impressions avec réserve, des tissus légers teints en nuances variées, des tissus chaîne préparée, et des échantillons de teintures sur toutes espèces d'étoffes.

Cette maison, dont l'usine est à Cambrai et le siège principal à Paris, appartient au groupe de la teinturerie parisienne, où elle figure en première ligne, tant pour la perfection de ses produits que pour l'immensité de sa fabrication; elle emploie en moyenne de 650 à 750 ouvriers, et teint annuellement plus de 6 millions de mètres de tissus. Depuis longtemps déjà, cet établissement de teinture compte parmi les plus considérables de l'Europe. Il fut fondé en 1837 par MM. Jourdan et Cᵉ, qui, dans l'origine, s'adonnèrent plus à l'impression qu'à la teinture, le contraire de ce qui a lieu aujourd'hui.

La maison Jourdan obtint, à l'Exposition nationale de 1839 (deux ans seulement après sa fondation), pour ses remarquables *impressions*, la médaille d'or et la décoration de la Légion d'honneur pour son chef, et à l'Exposition de 1849, elle obtint la médaille d'or, pour ses belles *teintures*.

M. Jourdan joignait à son industrie de teinturier la fabrication des tulles de soie et des dentelles.

Ses successeurs, MM. WALLERAND et Cᵉ, ont abandonné cette fabrication pour appliquer toutes les ressources de leur immense établissement à la teinture.

Intéressés dans la maison Jourdan dès sa fondation, ces Messieurs ont puissamment contribué à sa réputation et à son développement. Ils ont succédé à M. Jourdan deux mois seulement avant l'Exposition universelle de 1855.

Leur fabrication, hors ligne pour les nouveautés et la fantaisie, embrasse la teinture de tous les articles indistinctement, surtout les articles légers et de fantaisie et les belles qualités des articles de la fabrique de Roubaix. Ils ont la spécialité exclusive de la *teinture avec réserve* sur tissus de laine par un procédé où l'étoffe n'a plus d'envers, et où les dessins et les couleurs sont parfaitement semblables sur les deux côtés, et ils sont brevetés pour ce genre de production, qui est arrivé à dépasser 20,000 pièces et est entré largement dans la consommation.

MM. WALLERAND et Cᵉ ont aussi inventé un appareil pour produire *mécaniquement* la teinture ombrée, qui ne s'obtenait autrefois qu'avec des précautions et des difficultés infinies. Aujourd'hui, on arrive du premier coup et infailliblement à la graduation des nuances. Ils ont teint en ombré, depuis l'application de leur système, environ 150,000 pièces de tissus.

Récemment ils sont parvenus, après des essais multipliés et prolongés, à allier la teinture ombrée avec la réserve. Dans cette alliance tinctoriale, l'étoffe n'a pas non plus d'envers et l'effet produit est fort beau. Cette nouveauté se trouve déjà très appréciée pour l'exportation.

MM. WALLERAND et Cᵉ teignent aussi bien que les Anglais les produits laine et coton, et leur manipulation ne laisse rien à désirer. La plupart des fabricants dans cette catégorie de tissus s'adressent à eux pour les faire teindre.

Une grande partie de leurs teintures sur étoffes légères et de fantaisie est destinée à l'exportation, et obtient un véritable succès sur les marchés étrangers; jusqu'à ce jour, l'alliage de la teinture avec dessins ombrés et réserves, a été exclusivement exporté. La teinture avec réserve se partage seule entre la consommation intérieure et l'exportation.

L'établissement de Cambrai possède un atelier de construction pour le puissant matériel de l'usine; toutes les machines employées à la teinture et à l'impression y sont construites.

Les habiles chefs de cette maison, déjà teinturiers et imprimeurs, réclament encore l'attention comme mécaniciens. Ils ont perfectionné un grand nombre de machines, ils en ont imaginé plusieurs, entre autres celles employées pour la réserve et la teinture ombrée; d'autres enfin ont été empruntées par eux aux Anglais. Ils ne négligent rien pour arriver à posséder un matériel admirable, et faire de leur usine un établissement modèle.

MM. WALLERAND et Cᵉ ont été admirablement secondés dans leurs travaux par deux contre-maîtres: les frères Benoît et Liboire Watremez, praticiens d'un mérite transcendant; ils les avaient signalés au Jury, afin qu'ils obtinssent la récompense méritée par leur zèle et leur incontestable savoir. Une erreur très-regrettable est cause qu'ils n'ont pas été mentionnés.

C'est pour nous une satisfaction de citer ici ces deux estimables et dignes coopérateurs qui, sous la direction de MM. WALLERAND et VILLEQUIER, avaient déjà contribué aux succès de la maison Jourdan.

Avec les moyens qu'ils ont à leur disposition, leur initiative et leur fabrication irréprochable, MM. WALLERAND et Cᵉ contribueront puissamment à agrandir le cercle commercial de nos relations extérieures, ainsi qu'à conserver et agrandir s'il est possible la réputation méritée de la teinturerie parisienne.

Le Jury leur a décerné une MÉDAILLE DE PREMIÈRE CLASSE.

MM. DESCAT FRÈRES (Ch.-G. ET C.) à Roubaix et à Flers, Nord (France), tissus teints, foulés et apprêtés. Médaille de première classe.

M. SAMUEL SCHITH, à Bradford, York (Royaume-Uni), tissus de laine et tissus de laine et coton teints. Médaille de première classe.

MM. RIPLEY, EDWARD ET FILS, à Bradford, York (Royaume-Uni), mêmes produits. Médaille de première classe.

M. A. ROUQUÈS, à Clichy-la-Garenne (France). Belles teintures sur tissus cachemires. Médaille de première classe.

MM. KESSELMYER ET MELLODEW, à Manchester (Royaume-Uni). Velours teints. Médaille de première classe.

M. L. E. GALLIEN, à PUTEAUX SEINE (FRANCE).

L'Exposition de M. GALLIEN se composait de mérinos et tissus légers dont la teinture et l'apprêt ne laissaient rien à désirer.

L'établissement qu'exploite cet industriel était autrefois la propriété en association de M. Ch. Depouilly, dont le nom est honorablement connu dans la spécialité de l'impression et de la teinture. Malgré les talents de son chef, dans cette double industrie, cet établissement était tombé complètement en décadence.

Quoique étranger à l'art de la teinture, M. GALLIEN prit en 1850 la direction de cette usine. Il s'adjoignit des coopérateurs expérimentés, et par l'activité qu'il déploya, l'ordre qu'il établit dans les détails de la fabrication et l'administration de la manufacture, il arriva rapidement à un chiffre d'affaires important.

Ces améliorations lui permirent de faire face aux difficultés créées à l'industrie de la teinture par la nécessité d'abaisser le prix de fabrication, malgré l'accroissement du prix des matières premières et l'obligation d'élever le salaire des ouvriers.

MM. Ch. Depouilly et Cⁱᵉ faisaient annuellement à peine pour 200,000 fr. de teintures; dès la première année de son exploitation, M. GALLIEN doubla presque ce chiffre qu'il a quadruplé aujourd'hui. — Depuis 1851, l'usine a été agrandie et en partie rebâtie, et le matériel notablement augmenté et perfectionné. On y emploie une force motrice de 30 chevaux et une force d'environ 140 à 150 chevaux comme vapeur de chauffage. M. GALLIEN occupe en moyenne 150 à 160 ouvriers; sa fabrication, habilement dirigée, lui permet de livrer d'excellents produits à un prix peu élevé, sans porter atteinte à ses bénéfices. Cet industriel, teint en toutes nuances les mérinos, les cachemires d'Écosse, les articles de Reims, ceux de Roubaix, etc., et tient, pour le traitement de ces articles, honorablement sa place parmi les meilleurs teinturiers de Paris. Il s'est fait une spécialité de la teinture et des apprêts des tissus laine et soie, et des tissus légers, tels que : foulards, barèges unis et satinés, bretelliennes, gazes, etc. Pour le traitement de ces derniers tissus très-délicats, traitement difficile à cause de la finesse de la soie qui entre dans leur fabrication, il faut apporter des soins tout particuliers, afin que le tissu ne soit pas altéré dans sa contexture par les apprêts qui précèdent et suivent la teinture. Les étoffes de ce genre, exposées par M. GALLIEN, ainsi que celles qu'il livre journellement au commerce sont irréprochables. Les nuances sont d'une fraîcheur et d'une homogénéité parfaites; aucune pièce spéciale n'avait été fabriquée en vue de l'Exposition. Les coupes exposées n'étaient que des spécimens de fabrication courante.

Le Jury, pour récompenser l'excellence des teintures de M. Gallien, lui a décerné une médaille de deuxième classe.

FOULARDS.

On doit à l'Exposition universelle le redressement de bien des hérésies en matière de fabrication. L'examen des foulards imprimés, présentés à l'appréciation du Jury en a fait, entre autres, ressortir une de la manière la plus évidente.

On accordait universellement aux fabriques de foulards imprimés anglais une supériorité très-marquée sur celles de la France et de l'Autriche; force cependant a été au Jury de reconnaître que, malgré l'immense développement donné par nos voisins à la confection de cet article, les foulards de fabrique française pouvaient rivaliser avec les leurs. Les deux seules médailles de première classe décernées à cette industrie, l'ont été à :

MM. BACKER, TUCKERS et Cⁱ, à Londres (Royaume-Uni).

MEQUILLET-NOBLOT, à Héricourt (Haute-Saône), France.

ARTICLE FOND ROUGE-TURC UNI ET IMPRIMÉ.

M. Ch. STEINER, à Ribauvillé, Haut-Rhin (France).

L'article fond rouge-turc uni et imprimé constitue aujourd'hui une industrie particulière, qui a pris naissance en France, et s'est étendue en Angleterre, en Suisse et sur les bords du Rhin.

Non-seulement les produits de ce genre présentés à l'appréciation du Jury international par M. Steiner étaient supérieurs à tous ceux de nos rivaux, mais on doit encore à cet habile industriel la découverte de l'application des couleurs vapeurs sur toiles huilées.

Il est difficile, sans un échantillon, de se rendre bien compte des effets et de la vigueur des tons obtenus par l'association des couleurs vapeurs avec le fond rouge sur des toiles préparées à l'huile.

En récompense de cette nouvelle fabrication, si remarquable à tous les points de vue, M. Steiner a reçu du Jury une médaille d'honneur.

MM. GREUTER frères et RIETER, à Winterthur, Zurich (Suisse), A. ORR, EWING et Cⁱ, à Glascow (Royaume-Uni), HENRI MONTEITH et Cⁱ, à Glascow (Royaume-Uni), ont reçu des médailles de première classe pour fond rouge uni et imprimé pour meubles, robes et mouchoirs.

MEUBLES ET TAPIS IMPRIMÉS.

MM. ISCHWARTS et HUGUENIN, à Dornach, Rhin (France).

Les meubles et tapis imprimés étaient, avant 1826, presque exclusivement fabriqués en Angleterre, la fraude seule alimentait la consommation parisienne. Aujourd'hui la France peut se suffire à elle-même, et les impressions pour meubles riches, faites d'abord sur calicots et percales, sont maintenant appliquées sur les velours, lasting, reps, etc.

MM. Schwarts et Huguenin ont présenté à l'Exposition, le plus bel assortiment de meubles riches; les produits de cette maison sont sans rivaux parmi les fabricants étrangers. C'est du reste à M. Schwarts que la France est redevable de l'importation de cette industrie. Le Jury a décerné à MM. Schwarts et Huguenin une médaille d'honneur.

M. BURCH, à Gray-Stall (Royaume-Uni), pour son intéressante machine à imprimer, et les difficultés de l'application qu'il a su vaincre, a obtenu également la MÉDAILLE D'HONNEUR.

Des MÉDAILLES DE PREMIÈRE CLASSE ont été décernées à MM. DANIEL LÉE et Cⁱᵉ, à Glascow (Royaume-Uni); JAPUIS père et fils, à Voisins (Seine-et-Marne), France; ALBERT RAUPP, à Rouen (France); FRANÇOIS LIEBIEG, à Reichenberg (Autriche); Léon GODEFROY, à Puteaux (France).

MOUCHOIRS ET CHALES IMPRIMÉS.

Dans la fabrication des mouchoirs et des châles imprimés, où la France excelle, elle a pour concurrents actifs les fabricants d'Angleterre et de Suisse, et même de Portugal. L'imitation, par les métiers, des châles de l'Inde, a naturellement conduit à l'imitation imprimée; aussi la consommation locale et l'exportation s'accroissent-elles chaque jour.

MM. Louis CHOCQUEEL ET MARION, à LA BRICHE-SAINT-DENIS (FRANCE).

Le Jury, dit le rapport officiel, désire consacrer la perfection des produits exposés par la maison CHOCQUEEL ET MARION, et leur décerne à cet effet une MÉDAILLE D'HONNEUR. Homme de goût, M. Louis Chocqueel, a su, par la variété de ses produits, s'assurer la supériorité sur tous les concurrents français et étrangers. Il a donné à son industrie une impulsion quotidienne et des plus puissantes, et s'est distingué dans ce grand concours comme dans tous ceux qui l'ont précédé.

La perfection de leurs châles imprimés sur tissus divers, ont valu la MÉDAILLE DE PREMIÈRE CLASSE à :

MM. Jean BOSSI, à Saint-Veit, près Vienne (Autriche).

Félix CHOCQUEEL, à Saint-Denis, près Paris (France).

Pierre KOECHLIN et fils, à Lœrrach (Bade).

SWAISLAND, à Crayford (Royaume-Uni).

Enfin, la MÉDAILLE DE PREMIÈRE CLASSE a été pareillement accordée à :

MM. JACOB, à Saint-Pierre (Bas-Rhin), France; et BRUNNER, à Glain (Suisse), pour des mouchoirs imprimés de couleurs diverses et bien réussies.

IMPRESSION HAUTE NOUVEAUTÉ PARIS, SUR TISSUS DIVERS, ET IMPRESSION IMITATION DE PARIS.

MM. GUILLAUME PÈRE ET FILS, à SAINT-DENIS (FRANCE).

L'impression haute nouveauté de Paris, sur tissus divers, et l'impression imitation de Paris, consiste à appliquer sur des tissus unis ou façonnés, tels que barège, foulard, mousseline-soie, châles, etc., des dessins de couleurs vives et tranchées et de conception hardie, dont le résultat, si le genre réussit, est de fixer pour un certain temps le goût des consommateurs, et de créer spécialement ce que l'on appelle les *articles de modes*. Cette brillante fabrication se distingue, en outre, par la difficulté de sa composition, à l'aide de laquelle l'imprimeur, qui a tout intérêt à ce qu'on ne puisse le copier, déroute les efforts du contrefacteur.

Le public a pu apprécier la belle exposition de tissus imprimés, de MM. GUILLAUME père et fils, de Saint-Denis (France); mais la variété et la beauté de l'assortiment n'est pas seulement ce qui distingue ces habiles fabricants; MM. GUILLAUME sont les premiers qui aient appliqué et fixé le blanc de zinc, l'or et l'argent sur leurs impressions; aussi leur a-t-on décerné la MÉDAILLE D'HONNEUR.

M. PERREGAUX, à Jailleux (Isère), France, et M. RÉVILLOD, à Vizille (Isère), ont obtenu la MÉDAILLE

DE PREMIÈRE CLASSE, en faveur de beaux spécimens d'impression pour robes sur laine et chaîne coton, exécutés au rouleau.

CALICOTS ET PERCALES IMPRIMÉES POUR ROBES ET POUR CHEMISES.

MM. KŒCHLIN, frères, à Mulhouse (France).

Représentée à l'Exposition universelle de Paris par de nombreux exposants, Français, Anglais, Autrichiens et Prussiens, la fabrication des calicots et percales imprimées pour robes et pour chemises, signale encore les améliorations que l'industrie reçoit chaque jour dans tous les pays. L'emploi de nouveaux modes de blanchiment, par l'intervention du savon résine, l'application de nouveaux mordants, l'introduction dans le garançage, de la graine de garance et de la garance de Maréna, enfin l'usage mieux raisonné de la garancine, sont autant de progrès à constater.

MM. KŒCHLIN frères, à Mulhouse (France), pour avoir contribué plus que tout autre aux importantes améliorations que nous venons de signaler, et avoir en outre découvert le genre lapis, le genre mérinos cachemire et l'application du jaune de chrome, ont été honorés de la GRANDE MÉDAILLE D'HONNEUR.

MM. PARAF-JAVAL frères et Cᵉ, à Mulhouse, actuellement à Thann (Haut-Rhin), France.

La maison PARAF-JAVAL présentait aussi à l'appréciation du Jury international, des calicots et des percales imprimés pour robes, chemises, cravates, etc.

Dans le cours de ce compte rendu de l'Exposition universelle de 1855, nous avons eu souvent l'occasion de constater combien certaines industries avaient progressé pendant le petit nombre d'années qui séparent les Expositions universelles de Londres et de Paris. Une des industries où ce progrès a été le plus sensible, est, sans contredit, la spécialité de *l'impression sur percales et calicots*. Grâce aux constants efforts des industriels traitant cet article d'une consommation si étendue, la fabrication, en passant par des améliorations sérieuses, est arrivée à une perfection inconnue jusqu'alors.

En comparant les produits exposés en 1851 avec ceux exposés en 1855, on trouvait à ces derniers une qualité supérieure de tissu provenant du tissage mécanique, une harmonie plus heureuse dans les dessins, une netteté plus grande dans l'impression, une variété plus riche dans les couleurs, enfin un blanc plus pur et des apprêts meilleurs. MM. PARAF-JAVAL ont une large part dans ces améliorations.

Fondée en 1806 par M. Mathias Paraf, cette maison fit d'abord travailler à façon dans les différentes usines du Haut-Rhin. Peu à peu elle acquit de l'importance, et en 1837 les fils de M. Mathias Paraf construisirent une vaste usine à Mulhouse. Cet établissement ayant été incendié en 1846, ils achetèrent l'usine de MM. Jean Schlumberger jeune et Cᵉ, située à Thann (Haut-Rhin), et ils y transportèrent le siège de leur fabrication, laissant à Paris leur maison centrale de vente, tant pour la France que pour l'étranger.

Ils profitèrent de la circonstance pour augmenter et perfectionner leur matériel et agrandir leur fabrication, qui s'élève aujourd'hui à soixante mille pièces en tous genres d'impressions. A ce chiffre d'affaires il faut joindre celui de la fabrication des articles exclusifs qu'ils ont créés, et qu'ils exportent sur tous les marchés du monde. Ce sont : 1° des devants de chemises avec plis mécaniques, soit en blanc, soit imprimés, soit brodés; 2° des cravates de coton et coton mélangé de soie, et des mouchoirs à vignettes et tissus de coton imitant la batiste de fil.

Seuls parmi les exposants d'Alsace, MM. PARAF-JAVAL présentaient ces deux articles et n'avaient pas de concurrents sérieux parmi les étrangers. Ils sont encore aujourd'hui les seuls à les fabriquer. Tous les autres articles de haute nouveauté, tels que : jaconas, mousselines, organdis, brillantés, percales, piqués, calicots en impression et robes à dispositions, se fabriquent aussi chez MM. Paraf-Javal.

ils parent et lissent eux-mêmes les articles exceptionnels, tels que : devants de chemises et mousselines façonnées; ils blanchissent les cotons, les laines et les soies, et des premiers en Alsace ils ont appliqué l'apprêt brisé.

MM. PARAF-JAVAL exportent au moins 80 pour 0/0 de leur fabrication et luttent avec avantage sur les marchés étrangers pour les produits similaires, anglais, américains, suisses et allemands.

Dans une école dépendant de leur établissement, les jeunes apprentis reçoivent une instruction suffisante au genre de travail auquel ils se destinent; de plus, on forme à l'usine des chimistes praticiens et spéciaux.

Aujourd'hui, le chef principal de cette maison est le fils aîné de feu Mathias Paraf, M. Paraf-Javal père; ses fils sont déjà ses associés; l'un d'eux, élève de M. Pelouze, et chimiste distingué, dirige toute la fabrication de Thann, il a contribué, par son talent et ses travaux, aux progrès notables accomplis dans l'impression des tissus.

Le Jury a décerné à MM Paraf-Javal frères et Cᵉ, qui, pour la première fois, présentaient leurs produits à une Exposition, une MÉDAILLE DE PREMIÈRE CLASSE.

M. LEITEMBERG, de Cosmanos (Autriche), pour les remarquables articles qui formaient son exposition, a reçu une MÉDAILLE DE PREMIÈRE CLASSE.

M. EDMOND POTTER, de Manchester (Royaume-Uni), pour ses fonds blancs garancés, avec couleurs cachou bois, rentrés au rouleau et d'un bel effet; MÉDAILLE DE PREMIÈRE CLASSE.

M. DORMITZER, de Prague, pour ses calicots imprimés en rouge sur fond ou mi-fond gris, obtenu par la garance ou le prussiate de potasse; et pour ses articles lapis, lavage, article créé à Rouen; MÉDAILLE DE PREMIÈRE CLASSE.

MM. THOMAS BOYLE et fils, à Manchester (Royaume-Uni); BUTTEWORTH et BROOKS (Royaume-Uni); HASARD, à Rouen (France); GIRARD et Cᵉ, à Deville (Seine-Inférieure), France; SCHERER-ROTH, à Thann (Haut-Rhin), France, ont pareillement obtenu la MÉDAILLE DE PREMIÈRE CLASSE.

IMPRESSION HAUTE NOUVEAUTÉ MULHOUSE.

L'impression haute nouveauté de Mulhouse, digne encore de fixer l'attention, après les brillants articles que nous venons de citer, appartient spécialement à la France. Les nations étrangères, même l'Angleterre, n'avaient exposé qu'un petit nombre d'échantillons, qui ne faisaient que reproduire élémentairement les dispositions classiques des articles français.

MM. GROS, ODIER, ROMAN ET Cᵉ, A WESSERLING (HAUT-RHIN), FRANCE.

La maison Gros, Odier, Roman et Cᵉ, exposait des fils de coton, des tissus de coton écru, blancs, unis et façonnés; des tissus imprimés, des jaconas, des calicots, des mousselines de laine et coton et de laine et soie, etc.; le tout fabriqué dans leur usine de Wesserling (Haut-Rhin).

L'établissement de Wesserling, fondé en 1786, fut d'abord une fabrique d'indienne imprimée; en 1803 on y ajouta une filature de coton, des tissages et une blanchisserie, et il résuma dès lors une industrie tout entière.

La filature se compose actuellement de trente mille broches, occupant huit cents ouvriers; le tissage, fait à l'aide de onze cents métiers mécaniques et de douze cents métiers à bras, occupe deux mille cinq cents ouvriers. L'impression, qui s'applique annuellement à environ quatre-vingt mille pièces, tant en laine qu'en coton, emploie deux mille ouvriers; enfin, le nombre total des ouvriers qui travaillent dans l'usine de Wesserling, est de cinq mille trois cents.

Quant à la qualité des produits fabriqués à Wesserling, l'extrait suivant du rapport du Jury de la Xe Classe, peut en donner une idée :

« La maison GROS, ODIER, ROMAN et Ce, a créé une multitude de tissus nouveautés soie, soie et laine, pour « relever par la forme et la nature du tissu les effets de l'impression. En outre, rien n'égale la perfec-« tion de ses genres perse et cachemire riches, qu'on n'essaie même pas d'imiter, parce qu'on déses-« père de réussir. Elle a fait faire à plusieurs époques de grands progrès à la fabrication. Disons aussi « qu'elle fut la première à retirer les 9 à 13 pour 0/0 d'alcool du sucre contenu dans la garance, opéra-« tion qui n'ôte rien à la valeur tinctoriale de cet agent.

« Par toutes ces considérations, le Jury, après mûr examen, a été unanime pour décerner une « GRANDE MÉDAILLE D'HONNEUR à MM. GROS, ODIER, ROMAN et Ce. »

C'est en effet cette maison qui a été désignée, par le Jury, comme s'étant élevée le plus haut, par la création des genres, l'exécution merveilleuse des dessins, la pureté et l'éclat des couleurs, la beauté du blanc et de l'apprêt. Combien n'admirait-on pas aussi la vitrine où était exposée sa magnifique collection de brillanté, de jaconas, de mousselines, d'organdis, de baréges, etc., etc.

Les Anglais ne peuvent atteindre à cette perfection; ils nous copient, et ce n'est qu'à l'aide de la machine à plusieurs couleurs et de l'application des couleurs vapeurs, qu'ils parviennent à reproduire, mais en partie seulement, les articles classiques de Mulhouse.

Comme l'a fait judicieusement remarquer le rapport officiel, il faut dans cette industrie, chez les chefs de maisons, qu'à l'application incessante de la physique, de la chimie et de la mécanique, viennent se joindre le goût et le talent de l'artiste; mais à cette généralité de connaissances qu'exige la direction de ces admirables établissements, doit se joindre encore la qualité d'administrateur éclairé.

Par le rapport du Jury, on est complétement édifié sur le savoir, le goût et l'habileté des directeurs des établissements de Wesserling. Nous allons les montrer comme administrateurs, en indiquant les moyens par lesquels ils ont obtenu l'admirable harmonie qui règne dans leurs ateliers, et mieux encore parmi les populations qui les alimentent.

Généralement en Alsace, mais tout particulièrement à Wesserling, les ouvriers et les patrons forment une véritable famille industrielle dont ces derniers sont les chefs.

Là, l'ouvrier ne jalouse pas le patron; il ne voit en lui qu'un protecteur, qu'il apprend dès l'enfance à aimer et à respecter. L'éducation morale et industrielle est donnée aux enfants dans des écoles dépendant de l'établissement, et il s'y forme des ouvriers capables et des dessinateurs habiles.

Nous l'avons dit : le nombre total des ouvriers qui travaillent dans les usines de Wesserling, est de cinq mille trois cents. Ils forment la population de dix communes, situées dans la vallée de Saint-Amarin, et sont pris exclusivement parmi les habitants du pays. Les étrangers n'y ont jamais été admis.

Le développement de leurs facultés intellectuelles et physiques a toujours été l'objet de la sollicitude et des efforts des patrons. La plupart sont propriétaires et cultivent une portion de champ. Ils ont, comme les agriculteurs, l'amour du sol natal. L'idée d'aller chercher du travail ailleurs ne leur vient jamais.

Les institutions fondées jusqu'à ce jour par les honorables chefs de cette vaste exploitation, sont divisées en sept classes, savoir : 1° instruction; 2° service de santé; 3° caisses de secours et de retraite; 4° subsistances; 5° caisse d'épargne et caisse de prêts; 6° apprentissage; 7° ateliers temporaires de terrassement. C'est à l'aide de ces institutions, sur lesquelles nous jetterons un rapide coup d'œil, que les établissements de Wesserling ont été préservés de toute commotion en temps de révolution, et de la plupart des graves inconvénients que l'on reproche à l'industrie. MM. GROS, ODIER, ROMAN et Ce étudient constamment les améliorations qu'il est possible d'y introduire encore, surtout par la caisse de retraite.

Les écoles fondées à Wesserling, fonctionnent sous la surveillance d'un comité qui juge du mérite des élèves, et fournissent à l'établissement des sujets distingués sous le rapport du talent et de la bonne conduite.

Un médecin spécialement attaché à l'établissement réside à Wesserling; ses soins sont gratuits ainsi que les médicaments; non-seulement les ouvriers, mais aussi leurs familles participent à ce bienfait.

La première caisse de secours fut créée il y a trente-deux ans. Les cinq associations de corps d'état comptent, pour les caisses de secours, deux mille cinq cents membres. Les cinq caisses réunies avaient, au commencement de l'année 1857, un capital de 30,000 francs, montant des économies réalisées depuis leur fondation. Le total des sommes distribuées annuellement pour maladies et enterrements, s'élève à environ 20,000 francs.

Quant aux pensions de retraite, un grand nombre d'invalides du travail reçoivent chaque année une somme suffisante pour les mettre à l'abri du besoin. Néanmoins le capital s'accroît chaque année.

De temps en temps, les patrons apportent leur contingent dans une large proportion. Dernièrement encore, ils ont versé dans la caisse des retraites une somme de 18,000 francs.

La question des subsistances, devenue si importante de nos jours, a depuis longtemps attiré l'attention des chefs de l'établissement. Dès 1847 ils créèrent une boulangerie; ils achètent des grains en grande quantité, ce qui leur permet d'alimenter leurs ouvriers à des prix de beaucoup inférieurs à ceux du cours.

La caisse d'épargne fut fondée en 1821. A la fin de l'année 1856 le solde dû à 1,584 déposants s'élevait à la somme de 450,000 fr. A Wesserling comme partout, la petite propriété était dévorée par l'usure. Pour remédier à ce funeste état de choses, une *Caisse de prêts* fut instituée. Les patrons remplacèrent les prêteurs usuriers pour les besoins légaux; des formes paternelles et conservatrices furent substituées par eux aux exigences implacables et ruineuses de l'usure. L'emprunteur paie un intérêt de 5 pour 100. En 1856, la somme prêtée s'est élevée à 61,000 fr.

Les conditions d'admission à l'apprentissage pour les enfants sont : d'avoir atteint l'âge de douze ans, de savoir lire et écrire, et d'avoir fait leur première communion. Lorsque les apprentis sont arrivés à l'époque où ils doivent se choisir une spécialité, ils ont acquis déjà dans les écoles de l'établissement le degré d'instruction nécessaire à la continuation de leurs études ultérieures.

Une des plaies de l'industrie, c'est l'irrégularité de sa marche, subordonnée aux exigences ou au relâchement de la consommation. MM. Gros, Odier, Roman et Cⁱᵉ ont apporté un immense adoucissement à la condition des plus pauvres parmi leurs ouvriers pendant le chômage, par la création des *Ateliers temporaires de terrassement.* Des terrains considérables à l'usage de la pâture ont été transformés en prairies ou en champs fertiles, et ont accru les ressources des communes; des routes ont été améliorées; une tourbière a été mise en exploitation et contribue à la plus-value de vastes prairies marécageuses, en même temps qu'elle assure l'assainissement du pays.

En 1856, M. Aimé-Philippe Roman a fait bâtir une église catholique qu'il a donnée à la commune de Husseren, dont il est maire depuis quarante ans, et sur laquelle sont les établissements de Wesserling. Cette commune n'avait pas d'église, et les habitants étaient obligés de faire deux lieues pour aller entendre la messe.

Telle est l'organisation des établissements de Wesserling, que plusieurs chefs de grands établissements manufacturiers en France, ont tâché d'introduire chez eux. Mais placés presque tous dans des conditions moins favorables, ils n'ont pu encore obtenir les mêmes résultats. Nous faisons des vœux pour qu'ils persistent dans leurs nobles intentions : le temps et l'expérience leur feront connaître quelle est la meilleure marche à suivre, suivant les localités et le caractère particulier des populations. C'est une grande et rude tâche, mais dont l'accomplissement rationnel amènera des résultats incalculables. Ainsi à Wesserling, le bien-être de la population d'une contrée entière est assuré, les mœurs sont adoucies, l'instruction est étendue. Le vent des révolutions peut y passer sans rien détruire. Honneur aux honorables chefs de cette intéressante population et à tous ceux qui sont entrés dans une voie si féconde en grands résultats.

La MÉDAILLE D'HONNEUR a aussi été accordée à M. HARTMANN et fils, à Munster (Haut-Rhin), France, et à la maison STEINBACH, KŒCHLIN et Cⁱᵉ, à Mulhouse (Haut-Rhin), pour leurs remarquables travaux qui ont si puissamment contribué à faire prospérer l'industrie de l'impression haute nouveauté à Mulhouse.

La MÉDAILLE DE PREMIÈRE CLASSE, pour un grand assortiment de nouveautés en jaconas, organdis, mousselines, etc., a été décernée à :

MM. DALGLISH, FALCONNER et Cᵉ, à Glascow (Royaume-Uni); John MONTEITH, à Glascow, id.; et James BLACK, à Glascow, id.

TOILES CIRÉES

Les toiles cirées n'ont pas suivi les progrès constatés dans les autres branches de l'industrie; il est même malheureusement vrai que par quelques tours de force accomplis pour obtenir des tapis de grande dimension et sans couture, cette-fabrication a rétrogradé, et n'a pu présenter à l'Exposition Universelle que des produits inférieurs à ceux anciennement connus.

Ce n'est donc pas en raison de la qualité, mais en raison de la quantité des produits fabriqués, que le Jury a voté des récompenses aux fabricants de toiles cirées de toute espèce, imprimées à la main, ou à la pierre lithographique, et à ceux de tissus imperméables.

MM. RŒLLER ET HUSTE, à Leipsick (Saxe), pour leurs toiles cirées pour tapis de table et tapis de pied, toiles cirées imitation de cuir, etc.; MÉDAILLE DE PREMIÈRE CLASSE.

M. JOREZ fils, à Curreghem-lès-Bruxelles (Belgique), mêmes produits; MÊME RÉCOMPENSE.

LE CROSNIER, M.-L., à Paris (France), pour ses toiles cirées, calicots et molletons peints et imprimés, tissus enduits de caoutchouc, tissus vernis; MÉDAILLE DE PREMIÈRE CLASSE.

M. J. A. SEIB, à Strasbourg, Bas-Rhin (France), pour ses toiles cirées; MÊME RÉCOMPENSE.

MM. BEAUDOUIN frères, à Paris (France), ont aussi obtenu une MÉDAILLE DE PREMIÈRE CLASSE pour une belle collection de tapis en toile cirée imprimées par la lithographie, et pour des mastics, bitumes et fils de cuivre à l'usage des télégraphes électriques.

MATIÈRES TINCTORIALES ORGANIQUES.

LA COMPAGNIE DES INDES ORIENTALES A Londres (Royaume-Uni).

Des compagnies, des corporations et des particuliers, présentaient à l'Exposition Universelle de Paris des collections, plus ou moins complètes, de matières tinctoriales organiques, arrivant pour la plupart de contrées lointaines.

Quoique peu nombreuses, les matières colorantes naturelles, grâce à la chimie et à l'art du teinturier, donnent lieu à des combinaisons qui varient à l'infini.

La Compagnie des Indes exposait une grande et magnifique collection de matières tinctoriales, dont beaucoup, employées dans les peuplades de l'Asie, sont d'une application inconnue à l'industrie européenne, et offrent des ressources nouvelles aux teinturiers.

Cette collection de matières tinctoriales correspondait à une autre collection d'étoffes peintes et imprimées. Des numéros permettaient de retrouver, parmi les matières premières, l'origine des couleurs fixées sur les étoffes, ce qui rendait les études faciles autant qu'intéressantes.

On remarquait particulièrement des matières tinctoriales rouges, employées dans l'Inde centrale à teindre le calicot rouge foncé, et une autre couleur produite par le *marinda tinctoria*, qui n'est pas d'un grand éclat, mais qui, étant permanente, pourrait rivaliser avec la garance.

La Compagnie des Indes Orientales a reçu une MÉDAILLE D'HONNEUR HORS CLASSE pour l'ensemble de son exposition.

MM. GRANIER, FACIOLLE et Cᵉ, à Pondichéry (Possessions françaises), pour des indigos provenant de leur indigoterie; MÉDAILLE DE PREMIÈRE CLASSE.

M. LEFEVRE, pharmacien de 1ʳᵉ Classe de la marine (France), pour des extraits de camarina. MÉDAILLE DE PREMIÈRE CLASSE.

M. DOUER, à la Guadeloupe (Antilles françaises); pour des échantillons de cochenille; bien que ces produits, résultats d'essais commencés il y a quelques années, ne soient pas encore arrivés à la période industrielle; même récompense.

LE DÉPARTEMENT DE MEXICO (Mexique), pour sa très-riche collection de matières tinctoriales dans laquelle on remarquait des rubiacées, de la racine de curcuma, de la graine du bixa-orellana, du carthame et de très-belles cochenilles, et LA SOCIÉTÉ ÉCONOMIQUE DU GUATEMALA, pour les bois colorants et autres produits pouvant servir à la teinture, ont également obtenu la MÉDAILLE DE PREMIÈRE CLASSE.

EXTRAITS COLORANTS.

M. MEISSONNIER, A PARIS (FRANCE).

« Un nouveau procédé, pour la transformation des lichens ou de la variolaire en orseille, dû à « M. Frezon », dit le rapport officiel « a attiré toute l'attention du Jury. Il consiste à séparer du reste de « la plante la partie qui doit donner la matière colorante, le lichen est lavé à l'eau froide sans inter- « ruption. Cette eau entraîne et tient en suspension une fécule. Par l'addition d'une petite dose de « chlorure d'étain, le tout se précipite; on filtre ensuite. C'est sur cette masse séparée des autres « parties du lichen que M. Fezon fait agir simultanément l'oxygène et l'ammoniaque. »

M. MEISSONNIER exploite avec un grand succès le procédé de M. Frezon. Son exploitation est organisée sur une vaste échelle et avec une grande intelligence. Il a obtenu du Jury une MÉDAILLE DE PREMIÈRE CLASSE.

MM. PINCOFFS ET Cᵉ, A MANCHESTER (ROYAUME-UNI).

Une MÉDAILLE DE PREMIÈRE CLASSE a été décernée par le Jury à MM. PINCOFFS et Cᵉ, pour une nouvelle préparation de garance désignée sous le nom d'*Alizarine du commerce*, dont MM. PINCOFFS ET SCHUNCK sont les inventeurs, et pour laquelle ils ont obtenu des brevets en Angleterre, en France, etc., etc.

A l'aide de cette préparation, l'on obtient de beaux violets sur l'indienne sans le concours des bains de savon, d'où il résulte, entre autres avantages, que lorsque le violet est placé sur une étoffe en combinaison avec d'autres couleurs, telles que le cachou, le puce, etc., ces dernières n'étant plus fatiguées par les bains de savon jadis nécessaires pour aviver le violet, ressortent par conséquent beaucoup plus vives.

M. J. VARILLAT, A ROUEN (FRANCE).

M. J. VARILLAT, présentait à l'appréciation du Jury international des extraits solides de bois de teinture.

« L'industrie des extraits colorants », dit M. Verdeil, rapporteur du Jury de la Xᵉ Classe, « a pris depuis quelques années un très-grand développement; elle s'est en même temps fort avancée dans la voie des perfectionnements, de nombreux essais tentés, des procédés nouveaux journellement proposés, attestent à la fois son importance et les progrès qu'elle fait encore espérer.

« Le problème à résoudre, c'est d'obtenir sous un petit volume et à l'état de concentration liquide ou solide, le principe colorant renfermé dans les racines et les bois de teinture, etc.

« Dans cet état, l'emploi des extraits colorants présente des avantages incontestables, facilité des transports, économie de temps et de main-d'œuvre dans la teinture, certitude d'obtenir constamment un égal degré de coloration.

« Au premier abord, il semble que séparer la matière colorante du tissu végétal auquel elle appartient, soit une opération de peu de difficulté, mais si l'on réfléchit à l'instabilité des couleurs organiques, à l'action exercée sur elles par l'oxygène de l'air, aux modifications que le simple contact d'autres substances peut leur faire subir, on comprend toutes les difficultés à vaincre dans cette industrie : aussi les procédés empiriques qu'emploient les fabricants, sont-ils le fruit de longues recherches et de patients essais. »

On comprend facilement de quelle importance est pour les teinturiers et imprimeurs sur étoffes l'usage d'une substance colorante réduite à un petit volume et possédant le même pouvoir tinctorial.

L'industrie a employé d'abord des extraits de plantes ou de racines, la *garancine*, l'*orseille*, l'*alizarine de M. Pincoffs*, etc.; plus tard seulement elle a fait usage des extraits de bois de teinture, bois de campêche, bois du Brésil, etc., et même d'après M. Verdeil, leur emploi ne s'étend-il encore qu'aux fabriques d'impression.

C'est à M. Varillat de Rouen que l'on doit, en France, la création et le développement sur une grande échelle de l'industrie de l'extraction des principes colorants des bois de teinture. Dans son usine de Rouen, il opère manufacturièrement et sur des quantités considérables à l'aide de moyens et de procédés qui diminuent de beaucoup les prix de fabrication.

Grâce à la qualité et au bas prix de ses produits, M. Varillat est parvenu à introduire leur emploi dans l'industrie tinctoriale, chose qui avait été regardée comme impossible jusqu'alors, à cause de la difficulté de conserver la fraîcheur du colorant, qui forçait les teinturiers à n'employer que les bois de teinture qu'ils traitaient au moment même de leur emploi. C'est donc une économie de transport considérable et de faux frais d'extraction dont bénéficie l'industrie tinctoriale, puisque le transport se trouve réduit de 90 p. 100, et que les extraits solides ne coûtent pas plus cher au consommateur que les bois mêmes, en raison de leur richesse colorante.

M. Varillat applique à sa fabrication des appareils d'évaporation de son invention, dont l'usage dans les fabriques de sucre indigène, donne une économie de 50 p. 100 dans le combustible.

Quant à la bonne qualité des produits obtenus par M. Varillat, elle est garantie par le chiffre de ses affaires, qui s'élevant à 800,000 francs, indique une consommation considérable; elle est attestée, en outre par les expériences qu'a faites M. Chevreul à la manufacture des Gobelins, et par leur emploi dans cet établissement national, où n'ont accès que les produits de premier choix.

Des MÉDAILLES DE PREMIÈRE CLASSE ont été de même accordées à :

MM. THOMAS frères, à Avignon (France), pour leurs produits de la garance, garancine, dont ils ont réalisé la fabrication avec le concours de M. Lagier.

FAURE ET ESCOFFIER, à Avignon (France), pour leurs produits de la garance et de la fleur de garance.

MOTTET, Ch. H., à Paris (France), pour leurs préparations de l'orseille et des carmins d'indigo, et HEINZEN frères, à Tetschen-sur-l'Elbe, Bohême (Autriche), pour les mêmes produits.

ENCRES A ÉCRIRE.

M. LARENAUDIÈRE, A Paris (France).

« Si les encres à écrire offrent un médiocre intérêt industriel, dit le rapport officiel, elles excitent, au « point de vue social, toute l'attention du chimiste et du législateur; aussi, depuis des siècles, la question « des encres indélébiles et inaltérables est-elle agitée, et a-t-on vu les savants les plus éminents en faire « le sujet de leurs études. »

La perfection consisterait à obtenir une encre constante, pénétrante, d'une durée presque indéfinie, et d'une composition telle, que si avec le temps la teinte venait à s'affaiblir assez pour rendre la lecture difficile, il fût toujours possible de la faire reparaître; enfin, il faudrait qu'elle fût indélébile aux agents chimiques. Cette perfection n'a pas encore été atteinte malgré les nombreuses tentatives qui ont été faites, mais l'encre qui s'en rapproche le plus, est celle connue depuis plus de deux siècles sous le nom d'encre de la Petite-Vertu. M. Larenaudière, successeur et propriétaire de l'ancienne maison dite de la Petite-Vertu, a reçu du Jury une médaille de deuxième classe, seule récompense qui pût lui être décernée, comme simple propriétaire du procédé de fabrication de cette encre.

CRAYONS.

MM. GILBERT et Cᵉ, a Givet (France).

Jusqu'au commencement de ce siècle, les fameuses mines de Cumberland (Angleterre), avaient joui de la propriété exclusive de fournir le monde entier de crayons de mine naturelle. Ce fut à cette époque que la rareté croissante des crayons, résultant de l'épuisement des mines et de la guerre, conduisit Conté à des recherches qui amenèrent la découverte des crayons de mine artificielle, aujourd'hui exploitée par le monde entier. La France, qui a donné naissance à cette industrie, en a conservé la priorité. Une médaille de première classe a été décernée à MM. Gilbert et Cᵉ, dont les crayons de plombagine se distinguent par la pureté et l'uniformité de leurs teintes, et par leur coulant, qui en rend l'emploi aussi agréable que celui des crayons de mine naturelle.

MM. VOOLF et FILS, à Londres (Royaume-Uni), ont présenté des crayons en mine naturelle comprimée, et des crayons de couleur, qui leur ont mérité la médaille de première classe.

M. A.-W. FABER, à Stein, près Nuremberg (Bavière), est à la tête de la plus grande fabrique de crayons qui existe; il a aussi obtenu la médaille de première classe. Ses produits sont très-bons et à des prix excessivement réduits.

BLANC DE CÉRUSE.

M. THÉODORE LEFEBVRE et Cᵉ, a Moulins-lez-Lille, Nord (France).

M. Lefebvre exposait du blanc de céruse pure, en pain, en poudre, et broyée à l'huile.

La céruse, que l'on désigne habituellement sous le nom de blanc de plomb, blanc d'argent, blanc de céruse, blanc de krems, jouit de la propriété de s'unir intimement aux huiles de lin et de noix, sans perdre sa couleur, ce qui la rend d'un usage général en peinture. L'importance de ce produit, dont l'usage augmente chaque jour, a conduit les fabricants à de nombreux et louables efforts pour obtenir la perfection.

La méthode de fabrication de M. Th. Lefebvre mérite d'être citée : le plomb est d'abord fondu en lames du poids de 1 kil. environ, divisées en deux parties égales et roulées sur elles-mêmes. Ces rouleaux sont placés dans des pots, par couche avec interposition de fumier. Après trente-cinq à quarante jours, les couches sont démontées, et le plomb carbonaté est retiré et décapé dans un bâtiment spécial; on le jette ensuite dans une citerne, où après un certain repos laissé à la poussière produite, on l'humecte, afin de broyer le plomb à l'eau sous les meules horizontales; la pâte résultant de ce broyage est reçue dans des baquets, d'où on la jette dans des moules pour la laisser sécher pendant dix à douze jours. Retirée ensuite de ces moules, le séchage s'achève à l'air chaud, et les pains sont livrés au commerce.

Ajoutons que M. Lefebvre dans cette fabrication a pris tous les soins imaginables pour soustraire ses ouvriers à l'absorption si nuisible du plomb; soins que les fabricants des autres pays feraient bien d'imiter.

Le Jury a décerné à M. Th. Lefebvre une médaille de première classe.

M. ISIDORE POELMAN, à Moulins-lez-Lille (Nord), France, exposait de la céruse pure en poudre, en pain et en écailles; les produits de M. Poelman se distinguent par leur grande blancheur et leur

II.

grande densité. La MÉDAILLE DE PREMIÈRE CLASSE a été décernée à cette maison, fondée en 1820, et l'une des plus considérables des environs de Lille.

MM. BEZANÇON FRÈRES, à Ivry, près Paris (France), produisent annuellement un million de kilogrammes de céruse valant de 700 à 800,000 francs, pour la fabrication desquels ils n'emploient que vingt-quatre ouvriers, c'est-à-dire que tout est fait par des machines et que les ouvriers ne sont nullement exposés à l'intoxication saturnine. MÉDAILLE DE PREMIÈRE CLASSE.

M. J. DE LAUNAY, à Saint-Cyr (Indre-et-Loire), France. Mêmes produits, même récompense.

M. le baron J.-P. DE HERBERT, à Klagenfurth (Autriche), a, sous divers noms, exposé de la céruse en masses carrées ou en petits pains. Sa fabrique produit annuellement 1,684,000 kil. de céruse, obtenus par le perfectionnement du procédé dit hollandais. MÉDAILLE DE PREMIÈRE CLASSE.

M. TSCHELLIGI et Cᵉ, à Villach (Carinthie), Autriche, et M. Eugène BRASSEUR, à Gand (Belgique), ont exposé de la céruse pure en poudre, en pains et broyée à l'huile, d'une qualité supérieure, et ont aussi obtenu la MÉDAILLE DE PREMIÈRE CLASSE.

MM. RHODIUS frères, à Linz-sur-le-Rhin (Prusse), présentaient de la céruse pure, dite blanc d'argent, de trois qualités, et du blanc de Venise. Les produits de cette maison jouissent dans le commerce d'une grande et légitime réputation. MÉDAILLE DE PREMIÈRE CLASSE.

BLANC DE ZINC.

SOCIÉTÉ ANONYME DES MINES ET FONDERIES DE ZINC DE LA VIEILLE MONTAGNE
(BELGIQUE).

De tout temps on s'était préoccupé des inconvénients que l'emploi du blanc de céruse, à base de plomb, entraînait pour la santé des ouvriers. Toutefois, tant que la peinture en bâtiments n'en a fait qu'un usage restreint, tant que le nombre des victimes est demeuré peu considérable, l'activité des recherches pour remplacer cette base de plomb par une autre base inoffensive, n'a point été aussi considérable que dans ces derniers temps. Ce fut en 1848 seulement, que M. Leclaire, entrepreneur de peinture en bâtiments, fit connaître, après quatre années de pratique et d'expériences, la découverte faite par lui du blanc de zinc, qu'on retire de l'oxyde de zinc convenablement préparé et épuré, et qui peut dès lors remplacer la céruse dans tous ses usages. Cette découverte, cependant, n'appartenait pas en propre à M. Leclaire, car, en 1779, Courtois et Guyton-Morveau avaient proposé la substitution de la peinture au blanc de zinc à celle de la céruse, que diverses considérations firent alors repousser.

Le Jury de la Xᵉ Classe, dit le Rapport officiel, « regrette de ne pas voir figurer M. Leclaire parmi les exposants; il eût été heureux de proposer en sa faveur une haute distinction. » M. Leclaire a cédé ses procédés de fabrication à la Société anonyme des mines et fonderies de zinc de la Vieille Montagne.

LA SOCIÉTÉ ANONYME DES MINES ET DES FONDERIES DE ZINC DE LA VIEILLE MONTAGNE, à Asnières, près Paris (France), à Valentin-le-Coq, province de Liège (Belgique), à Mulheim (Prusse rhénane), exposait du blanc de neige, du blanc de neige foulé, du blanc de zinc ordinaire, du blanc de zinc lavé, du gris de zinc, du siccatif pour la peinture au blanc de zinc, du jaune de zinc, du vert de zinc; etc.

Cette Société, créée en 1837, est une des organisations industrielles les plus considérables qui existent. Elle fabrique annuellement 18,000,000 de kil. de zinc, et transforme en outre 12,000,000 de kil. de zincs étrangers, qu'elle livre comme les siens au commerce; sa propre production ne suffisant pas à la consommation toujours croissante. Sa fabrication de blanc de zinc s'élève annuellement à 8,000,000 de kil., qu'elle pourrait porter aisément à 10,000,000, si les besoins l'exigeaient.

La Société DE LA VIEILLE MONTAGNE, en livrant le blanc de zinc à raison du 75 fr. les 100 kil., a, comme on le conçoit bien, puissamment contribué au développement de l'usage de cette peinture. Elle obtient le blanc de zinc, par la combustion directe de la vapeur de ce métal, condensée ensuite dans des chambres closes, où les amène un puissant courant d'air, quand la combustion est effectuée à la sortie de la cornue qui contient le métal, que l'on porte au rouge blanc. Ce procédé fort simple est celui qu'avait employé M. Leclaire, et que d'autres fabricants ont encore simplifié.

Le blanc de zinc, délayé dans les huiles siccatives, sèche moins aisément que le blanc de céruse. Pour remédier à cet inconvénient, la Société de la Vieille Montagne fabrique un siccatif spécial, dont la composition pour 1,000 parties est celle-ci : sulfate de manganèse desséché, 6,66; acétate de manganèse sec, 6,66; sulfate de zinc desséché, 6,66; blanc de zinc ordinaire, 980. Deux à trois parties pour cent de ce mélange, introduites dans la peinture, la rendent aussi siccative que le blanc de céruse; malheureusement le temps lui fait perdre son activité. Toutefois l'emploi de cette composition récente rend l'application de la peinture au blanc de zinc fort économique pour l'intérieur; mais à l'extérieur le blanc de plomb, ou céruse, doit encore être préféré.

Les produits exposés par la Vieille Montagne sont remarquablement beaux; le blanc de neige floconneux ou foulé est d'une éblouissante blancheur; le blanc de zinc ordinaire ou lavé, si on le compare au blanc de neige, semble légèrement grisâtre; mais vu seul, ce blanc paraît aussi beau que la céruse fine.

Le blanc de neige, comparé aux belles céruses de M. Théodore Lefebvre et du baron Paul Herbert, semble légèrement teinté de jaune; les céruses, dans ce cas, paraissent émettre une faible lumière azurée. Les blancs de zinc ordinaire ont assurément la teinte jaune. Le gris de zinc est beaucoup moins fin que le blanc; mais convenablement porphyrisé, il produit une couleur fort résistante, qui dans une foule d'usages peut être substituée avec avantage aux couleurs à base de plomb.

Le jaune de zinc et le vert de zinc, sont deux belles couleurs, de nuances très-variées et très-pures, et d'une solidité remarquable. Toutes ces couleurs de zinc jouissent de la précieuse propriété de ne pas être altérées par les émanations sulfurées, qui noircissent si aisément la céruse. Cet avantage est en partie compensé par les qualités couvrantes de la peinture de plomb, qui avec deux couches, produit autant d'effet que trois couches de blanc de zinc.

On le voit, la question si intéressante, au point de vue de l'hygiène, de la substitution des blancs de zinc à ceux de plomb, n'est point encore résolue, car chaque mode présente ses avantages et ses inconvénients. L'usage seul peut éclairer à ce sujet : on ne saurait nier toutefois que la Société de la Vieille Montagne, en facilitant par son immense fabrication les applications pratiques, n'ait rendu d'importants services. Elle n'a pu qu'être mentionnée pour mémoire dans la Xᵉ Classe, car on se rappelle que dans la Iʳᵉ Classe, elle a obtenu la grande médaille d'honneur pour ses produits métallurgiques. Les produits de la Vieille Montagne, par leur beauté et leur finesse, l'emportaient, du reste, incontestablement sur tous les produits similaires des autres exposants.

OUTREMER FACTICE.

M. GUIMET de Lyon (France).

Pour la fabrication de l'outremer factice, la grande médaille d'honneur a été décernée à M. Guimet, de Lyon, qui en exposait divers genres, savoir : l'outremer extra-fin, qui constitue son bleu pur; un bleu pour la peinture, un troisième pour les impressions, et un quatrième pour l'azurage du papier et des fils.

On sait que l'emploi de la lazulite comme matière colorante, a été connu de tout temps. La belle teinte bleue que cette matière produit a l'avantage d'être inaltérable, et justifie pleinement son emploi universel; malheureusement le prix élevé qu'il y fallait mettre, bornait nécessairement ses applications. Ce ne fut qu'au commencement de ce siècle que Tassaert reconnut la possibilité de la fabrication d'un outremer artificiel. En 1824, la Société d'encouragement fonda un prix de 6,000 francs en faveur de celui qui découvrirait un procédé pratique pour y parvenir. En janvier 1827, M. Guimet, ancien élève de l'École polytechnique, annonça à l'Académie des sciences, qu'il avait trouvé le moyen de fabriquer artificiellement l'outremer. — A la même époque, M. Christian Gmelin, professeur de chimie à Tubingue, s'étant prévalu de la même découverte en réclama la priorité. — L'Académie décida qu'il y avait simultanéité dans les expériences, mais elle décerna le prix à M. Guimet comme ayant résolu plus industriellement le problème. La composition de l'outremer artificiel est due principalement au carbonate de soude, au sulfate de soude, au soufre pur, au charbon de bois et à l'argile blanche, matières employées dans diverses proportions selon les nuances qu'on veut obtenir, par deux fusions successives, dans un creuset d'abord, ensuite dans des cylindres de grès, après avoir au préalable été réduites en poudre et mêlées.

M. Guimet, a fondé en 1830, à Lyon, pour la fabrication de ce produit, une maison qui est aujourd'hui la plus considérable de France, et qui fait pour plus d'un demi-million d'affaires par année. Son outremer extra-fin dépasse, en beauté et en richesse de matière colorante, tous les outremers pur bleu connus.

M. ZUBER et Cⁱ, à Rixheim, près Mulhouse (France), qui, dans la XXIVᵉ Classe, a obtenu une médaille d'honneur, a aussi été mentionné pour mémoire en raison de ses deux variétés d'outremer bleu pur, clair et foncé. Cette espèce, moins riche en matière colorante que ne l'est l'outremer de M. Guimet, présente une teinte d'un éclat et d'un brillant incomparable, et a de plus l'avantage de bien résister à l'alun, qualité importante qui la fait extrêmement rechercher. M. Zuber exposait encore un outremer vert, d'une belle nuance, mais qui laisse à désirer sous le rapport de la finesse. Pourtant cette inaltérable couleur, dans beaucoup de cas où les autres verts se détruisent, est aussi très-demandée par l'industrie.

MM. CHAPUS et RICHTER, à Vazemmes (Nord), avaient exposé quatre variétés d'outremer d'une bonne solidité et d'une belle nuance, qui leur ont mérité la médaille de première classe.

M. CH.-A. FRIES, à Heidelberg (Grand-duché de Bade), quatre échantillons d'outremer, outremer brut, lavé, mais non broyé; de l'outremer résistant à l'alun, destiné à l'azurage du papier à lettre et aux impressions sur étoffes; de l'outremer pour la peinture et différents genres d'impressions; enfin de l'outremer pur bleu. Médaille de première classe.

M. WILHEM BUCKNER, à Pfungstadt (Starkenburg), près de Darmstadt, grand-duché de Hesse, présentait quinze échantillons d'outremer. Son usine, créée en 1842, a beaucoup contribué à répandre dans l'industrie l'emploi de l'outremer factice. M. Buckner, outre son exposition de nombreux échantillons, publie un aperçu sur les emplois variés de l'outremer artificiel, où il expose dans quelles conditions il doit être appliqué. Médaille de première classe.

M. LE Dʳ E. LEVERKUS, à Wermels-Kirchen (Prusse-Rhénane). C'est à ce fabricant que l'Allemagne est redevable de sa première usine d'outremer, fondée en 1834, peu de temps seulement après l'établissement de M. Guimet en France; service important, car M. Leverkus affranchit son pays du monopole exercé par le fabricant français, qui avait gardé le secret de sa fabrication.

Les six échantillons d'outremer exposés par le docteur Leverkus, jouissent de qualités incontestables et précieuses, quoique laissant peut-être à désirer relativement à certaines teintes. Son violet rosé est une couleur exceptionnelle, tant sous le rapport de la nuance et de la finesse, que sous le rapport de la résistance à l'alun. Le Jury a décerné à M. le docteur E. Leverkus une médaille de première classe.

COULEURS ARTISTIQUES

La fabrication des couleurs est aujourd'hui d'une importance capitale; les artistes ne s'occupent plus eux-mêmes de cette préparation et l'abandonnent à des industriels complétement étrangers à l'art. Il est donc important que ces derniers apportent dans leur travail une science et une précaution suffisantes pour arrêter la rapide dégradation des couleurs des tableaux, qui ne se fait déjà que trop ressentir parmi les œuvres de certains maîtres, même modernes.

Ainsi de nos jours, l'existence des œuvres d'art, repose sur les talents et les soins du fabricant de couleurs. Pour avoir bien compris les exigences de leur profession, ceux dont les noms suivent ont été honorés de la médaille de première classe.

M⁰ VEUVE GOBERT, à Paris (France), pour la fabrication des laques de garance, qui sont d'une beauté et d'une solidité tout exceptionnelles.

M. LEFRANC et C⁰, à Paris (France), pour la fabrication de laques et couleur.

M. LANGE-DESMOULIN, à Paris (France), fabricant de laques, de carmins, de vermillons et de chromate de plomb.

MM. BLUNDELL, SPENCE et C⁰, à Londres (Royaume-Uni); fabrication de toutes sortes de couleurs et spécialement des verts.

M. C. SIEGLE, à Stuttgard (Wurtemberg), fabricant de carmins, de laques de garance, de laques carminées et de cochenille.

M. L. CERCEUIL, à Paris (France).

M. L. Cerceuil, ancien élève interne de l'École Impériale de teinture des Gobelins, présentait à l'Exposition Universelle, des poudres de laine pour papier velouté, des poudres de coton et de poil pour impression, enfin de couleurs pour papiers peints.

Les couleurs pour papiers peints n'étaient que le complément de l'exposition de M. Cerceuil; il voulait surtout attirer l'attention sur ses poudres teintes, de laine et de coton, dont une magnifique vitrine renfermait trois à quatre cents échantillons différents, contenus chacun dans une coupe de cristal, et permettant de passer d'une couleur à l'autre, par une infinité de nuances, toutes cependant parfaitement distinctes les unes des autres.

Cette grande variété de couleurs en rendait l'exhibition fort remarquable, car jusqu'alors l'industrie des poudres de laine teintes, s'était bornée à la production de 25 à 30 nuances différentes. Le progrès est immense; il donne aux fabricants de papiers peints la faculté de faire en velouté les dessins les plus variés de couleur.

Le Jury de la X⁰ Classe a-t-il pensé que cette nature de produit n'était pas dans la catégorie de ceux qu'il avait à examiner?

A-t-il oublié de visiter la vitrine de M. Cerceuil?

Ces deux hypothèses sont admissibles car le rapporteur n'en a nullement fait mention. Bien plus, il avait omis de signaler la médaille de deuxième classe décernée à M. Cerceuil : ce n'est qu'aux *errata* du Rapport officiel que l'on lit : « Page 608, à la suite des médailles de deuxième classe, *ajoutez* : « M. L. L. Cerceuil (n° 1945), Paris (France). Mêmes motifs. »

Le dernier article, des médailles de deuxième classe portées à la page 608, est ainsi conçu :

« MM. Trouvain père et fils, n° 3138, à Charonne, près Paris (France), *couleurs en pâte pour la fabrication des papiers peints.* »

La médaille de deuxième classe décernée à M. Cerceuil, lui a donc été donnée pour ses couleurs à papiers peints, et non pour ses poudres de laine teintes, dont il n'est nullement question. Nous allons remplir ici la regrettable lacune qui existe dans le rapport officiel.

Les papiers veloutés s'obtiennent, en fixant sur ces papiers de la poudre de laine teinte, à l'aide d'un mordant composé de céruse broyée et d'huile cuite.

On obtient cette poudre, principalement de la tonte des draps. On la réduit en poussière après l'avoir teinte, puis on la blute afin de l'amener au degré de finesse voulu pour s'attacher solidement au mordant avec lequel on a imprimé. C'est en soulevant cette poudre comme une poussière fine, qu'on obtient son adhésion. Souvent, après cette opération, on applique des couleurs à la colle qui, par l'effet de leur coloration et aussi de la pression de la planche, augmentent l'effet des veloutés.

Ces papiers veloutés imitent les plus riches étoffes, les ornements d'architecture, les décors; aussi leur sont-ils actuellement substitués presque partout. On comprend dès lors l'importance du développement considérable donné par M. Cercueil à l'industrie des laines en poudre teintes (dont sa maison présente aujourd'hui *sept à huit cents* nuances différentes), et le parti énorme que les fabricants de papiers peints peuvent en tirer dans leur fabrication.

Les poudres de laines teintes sont aussi employées par les fabricants de caoutchouc et de tapis de table.

Celles de coton servent, entre autres, à obtenir des imitations des dentelles les plus riches, que le commerce peut livrer à un bon marché excessif.

Les couleurs à pâte exposées par M. Cercueil sont celles employées dans la fabrication des papiers peints. Ce sont, pour *le blanc*, la céruse, le blanc de zinc, le blanc d'Espagne ou la craie;—pour *le jaune*, les couleurs préparées avec le gaude, la graine d'Avignon ou la graine de Perse, le chromate de potasse, l'ocre; — pour *le rouge*, les extraits de bois du Brésil; — pour *le bleu*, le bleu de Prusse, les cendres bleues, le sulfate de cuivre; — pour *le noir*, le noir d'os, le charbon; — pour *le violet*, les extraits de bois de Campêche; — pour *le vert*, les cendres vertes et surtout le vert de Schweinfurt, et les verts dits verts soie.

Toutes ces couleurs étaient parfaitement préparées, et ont valu à M. Cercueil une **médaille de deuxième classe.**

Aujourd'hui, M. Cercueil est retiré des affaires; il a cédé sa maison à M. Messier, qui, par des recherches continuelles, enrichit encore la collection d'échantillons laissés par M. Cercueil.

TABACS FABRIQUÉS.

L'ILE DE CUBA, COLONIES ESPAGNOLES.

Les tabacs fabriqués présentaient toutes les formes que peut prendre la feuille de tabac : poudres variées, cigares de toutes dimensions et de tous prix; mais nous devons constater l'absence des produits de la Régie Française.

Le Jury a trouvé la supériorité des cigares fabriqués à la Havane tellement incontestable, et si bien établie dans l'opinion publique, qu'il a proposé qu'il fût décerné collectivement aux planteurs et aux fabricants de l'île de Cuba, une médaille d'honneur hors classe. Les Jurys de la IIIᵉ et de la XIᵉ Classe ayant fait la même proposition, une **médaille d'honneur hors classe** a été décernée à l'île de Cuba.

La **médaille de première classe** a été décernée également à :

MM. BRINCK, HAFSTROM et Cᵉ, à Stockolm (Suède) ; pour de l'excellent tabac à priser, et pour de bons cigares en feuilles de Havane.

M. J.-F. LJUNGLOF, à Stockholm (Suède), mêmes motifs.

COMPAGNIE FERMIÈRE DU MONOPOLE (Portugal); belle collection de tabac à priser.

DÉPARTEMENT DE JALISCO (Mexique) ; pour d'excellents cigares trop peu connus.

MM. LAMBERT ET BUTLER, à Londres (Royaume-Uni); tabacs en poudre, cigares en feuilles de la Havane.

MM. D. ET G. CANSTARGEN, à Duisbourg (Prusse-Rhénane); très-bons tabacs à fumer.

M. MAYER, à Manheim (Grand-duché de Bade); bons cigares, bien faits et à bas prix.

MM. DE CABANAS Y CARVAJAL ET PARTAGOS et Cᵉ, à la Havane (île de Cuba) ; excellents cigares.

Xᵉ CLASSE.

ARTS CHIMIQUES, TEINTURES ET IMPRESSIONS; INDUSTRIE DU PAPIER, DES PEAUX, DU CAOUTCHOUC, ETC.

RÉCOMPENSES DÉCERNÉES PAR LE JURY INTERNATIONAL.

(EXTRAIT DU *Moniteur* DU 2 DÉCEMBRE 1855.)

GRANDES MÉDAILLES D'HONNEUR.

Francillon, Puteaux, près Paris. France.
Goodyear (Ch.), New-York. États-Unis.
Gros, Odier, Roman et Cᵉ, Wesserling (Haut-Rhin). France.
Guimet, Lyon. Id.
Guinon (N.), Lyon. Id.
Kœchlin frères, Mulhouse (Haut-Rhin). Id.
Tennant et Cᵉ, Glasgow. Royaume-Uni.

MÉDAILLES D'HONNEUR.

Boyvet frères et Cᵉ, Paris. France.
Burch (J.), Craig-Hall. Royaume-Uni.
Cherqueri (L.) et Marion, la Briche-Saint-Denis. France.
Guibal fils et Cᵉ, Paris. Id.
Guillaume père et fils, Saint-Denis, près Paris. Id.
Hartmann et fils, Munster. Id.
Kestner (Charles), Thann. Id.
Larderel (comte de), Volterra. Toscane.
Manufact. royale de produits chimiques de Schweinebeck. Prusse.
Mayer, Michel et Doninger, Mayence. Grand-duché de Hesse.
Milly (L.-Ad. de), Paris. France.
Nys et Cᵉ, Paris. Id.
Ostster et Palmer, Londres. Royaume-Uni.
Perret et ses fils, Lyon. France.
Plummer (M.), Pont-Audemer. Id.
Price's Patent candle Company, Londres. Royaume-Uni.
Savonnerie Marseillaise. Marseille. France.
Société des mines de Beuxwiller. Id.
Schwartz et Huguenin, Dornach. Id.
Stark (J.-D.), Aksaltei. Autriche.
Steinbach Kœchlin et Cᵉ, Mulhouse. France.
Steiner (Ch.), Ribeauvillé. Id.

MÉDAILLES DE PREMIÈRE CLASSE.

Albright (Arth.), Birmingham. Royaume-Uni.
Allhusen (C.) et Cᵉ, Gateshead. Id.
Ancré (Pr. d'), Louvain. Belgique.
Annonay (la ville d'). France.

Arnet, Steinheil et Vivien, Paris. France.
Arnavon (H.), Marseille. Id.
Association (1ʳᵉ) des savonniers d'Autriche. Vienne. Autriche.
Aubert et Gérard, Paris. France.
Baker, Tuckers et Cᵉ, Londres. Royaume-Uni.
Baboneau et Cᵉ, Paris. France.
Barthelmé (F.), Augsbourg. Bavière.
Batalha (F.-R.-P.), province d'Angola. Portugal.
Batka (V.), Prague. Autriche.
Bauwens (F.-L.) Londres. Royaume-Uni.
Beaudouin frères, Paris. France.
Besançon frères, Ivry. Id.
Bienvenu aîné, Tours. Id.
Bissé (E.) et Cᵉ, Cureghem-lez-Bruxelles. Belgique.
Black (J.) et Cᵉ, Glasgow. Royaume-Uni.
Blanchet frères et Kléber, Rives. France.
Blundell-Spence et Cᵉ, Londres. Royaume-Uni.
Bossi (J.), Saint-Veit, près Vienne. Autriche.
Boulognet Houpin, Reims. France.
Boutarel père et fils, Clichy-la-Garenne. Id.
Brandon (N.-D.), Amsterdam. Pays-Bas.
Brasseur (E.), Gand. Belgique.
Breton frères et Cᵉ, Claix. France.
Brigut et Cᵉ, Manchester. Royaume-Uni.
Brinck-Hafström et Cᵉ, Stockholm. Suède.
Brodie (M.-C.), Londres. Royaume-Uni.
Brosche (Ch.-E.), Prague. Autriche.
Brosche (F.-X.) et fils, Prague. Id.
Brunner (H.), Glaris. Suisse.
Buchner (W.), Pfungstadt. Grand-duché de Hesse.
Budin (R.-A.), Paris. France.
Bunnel frères (F. et A.), Pont-Audemer. Id.
Burnay (veuve) et Burnay (J.-B.), Alcantara (Lisbonne). Portugal.
Buttworth et Brooks, Manchester. Royaume-Uni.
Cabanas y Carbajal. Cuba. Espagne.
Callaud-Belisle, Fouel, de Tinan et Cᵉ, Angoulême. France.
Capellemans aîné (J.-B.), Deby (A.) et Cᵉ, Bruxelles. Belgique.
Carstangen (C. et W.), Duisburg. Prusse.

Chapus et Richter (B.), Wazemmes-lès-Lille. France.
Chanel et Bouchet, Nantes. Id.
Choqueel (F.), Saint-Denis, près Paris. Id.
Chiris, Grasse. Id.
Coignet (J.-F.) père et fils, Lyon. Id.
Compagnie des Indes orientales. Colonies anglaises.
Compagnie du monopole du tabac, Lisbonne. Espagne.
Condren jeune (A.) et Marcelot, Paris. France.
Conte fils et C°, l'Abbaye. Id.
Cournerie et C°, Cherbourg. Id.
Courtépée-Duchesnay, Paris. Id.
Couriois (Cl.-Ét.), Paris. Id.
Cowan (A.) et fils, Édimbourg. Royaume-Uni.
Cros (J.), Barcelone. Espagne.
Cutirel (A.), Weisé et C°, Oberachern. Grand-duché de Bade.
Daniel et C°, Marseille. France.
Dagleish-Falconner et C°, Glasgow. Royaume-Uni.
Daniel Lee et C°, Manchester. Id.
Davillier frères, Samson et C°, Gisors. France.
De la Cretaz (S.) fils et gendre, Havre. Id.
De la Cretaz et Fourcade, Vaugirard. Id.
Delaunay (J.) et C°, Saint-Cyr (Indre-et-Loire). Id.
De l'Isle de Sales et C°, Cordesse. Id.
Delstanche (R.) et Leroy, Molembeck-Saint-Jean. Belgique.
Département de Jalico. Mexique.
Descat frères (Ch.-G.) et C°, Roubaix (Nord). France.
Direction impériale des fabriques de tabacs. Autriche.
Dixon et Whiting, Londres. Royaume-Uni.
Donau fils, Givet. France.
Dormitzer (L.), Prague. Autriche.
Dorr et Reinhardt, Worms. Grand-duché de Hesse.
Draper (R. et H.), Kenilworth. Royaume-Uni.
Drewsen et fils (Chr. et M.), Strandmollen. Danemark.
Dujardin et Alamigeon jeune, la Caussade. France.
Duran-Chancerel (A.), Paris. Id.
Ebbinghaus (Fr.-W.), Letmathe. Prusse.
Ehmann-Hering et Georger fils, Strasbourg. France.
Enfert (d') frères, Paris. Id.
Eichthal (baron d'), Mayer, Munich. Bavière.
Établissement de Heidenschaft. Autriche.
Ewing (A. Orr.), et C°, Glasgow. Royaume-Uni.
Exposition du Mexique. Mexique.
Faber (A.-W.), Stein. Bavière.
Fabrique de Neusalzwerk (Sohmann et C°). Prusse.
Fabrique impériale de papiers, Schlœglmühl. Autriche.
Faure et Escoffier, Avignon. France.
Féau-Béchard (Jean) et fils, Paris. Id.
Figuera (H.) et C°, Paris. Id.
Fischer, Londres. Royaume-Uni.
Fonrobert (L.) et Pruchner, Berlin. Prusse.
Fonrobert, Paris. France.
Fries (Chr.-Ad.), Heidelberg. Grand-duché de Bade.
Friess (G.-Chr.), Paris. France.
Fürth (B.), Schüttenhofen. Autriche.
Galibert (C.), Milhau. France.
Gard-Degiesne, Annonay. Id.
Gauthier (J.), Paris. Id.
Gérard-Goffot (J.-J.), Neufchâteau. Belgique.
Geyer (G.-W.-C.), Eisenberg. Saxe.
Giessler (H.), Siegen. Prusse.
Gilbert et C°, Givet. France.
Girard et C°, Deville, près Rouen. Id.

Giraud aîné (J.-P.-S.), Paris. France.
Glénisson et Van Genechten-Burbout, Anvers. Belgique.
Gobert (veuve), Paris. France.
Godefroy (L.), Puteaux (Seine). Id.
Godin (J.-L.) et fils, Huy. Belgique.
Gratiot (Am.), Essonne. France.
Gravier Faciette, Pondichéry. Inde française.
Greuter frères et Rieter, Winterthur (Zurich). Suisse.
Gruner et C°, Esslingen. Wurtemberg.
Guillot jeune (J.-Ant.), Paris. France.
Haelein frères, Francfort-sur-le-Mein.
Hazard (F.), Rouen. France.
Heinzein frères, Tetschen-sur-Elbe. Autriche.
Hemtze et Freudenberg, Wertheim. Grand-duché de Bade.
Henry et fils, Savonnière, devant Bar. France.
Hepburn (J. et T.), Londres. Royaume-Uni.
Herbert (Fr.-P.), Klagenfurth. Autriche.
Herrenschmidt (J.-Fr.), Strasbourg. France.
Heyl (C.), Worms. Grand-duché de Hesse.
Himmelbauer (A.) et C°, Rocheroux. Autriche.
Hirsch, Lisbonne. Portugal.
Hock (A.), Neuilly, près Paris. France.
Hoesch fils. Düren. Prusse.
Hollingworth (Th.) Maidstone. Royaume-Uni.
Houette (Ad.) et C°, Paris. France.
Hoyle (H.) et fils, Manchester. Royaume-Uni.
Hurlet and Campsie alum Company J. King, Glasgow. Royaume-Uni.
Jacob (Ch.), Saint-Pierre (Bas-Rhin). France.
Jaillon-Moinier et C°, la Villette, près Paris. Id.
Japuis père et fils et Gros, Seine-et-Marne. Id.
Jobst (F.), Stuttgart. Wurtemberg.
Johannot (Fr.), Annonay. France.
Johansen (J.), Stockholm. Suède.
Jorez fils (L.), Cureghem-lès-Bruxelles.
Kessel-Myer et Meiledow. Royaume-Uni.
Kiener frères, Colmar. France.
Kœchlin (P.) et fils, Lœrrach. Grand-duché de Bade.
Knight et fils, Londres. Royaume-Uni.
Labarraque (Alf.) et C°, Graville. France.
Lacroix frères, Angoulême. Id.
Laroche frères, le Martinet. Id.
Ladoubée-Lejeune (C.), Bruxelles. Belgique.
Lambert et Butler, Londres. Royaume-Uni.
Laming, Clichy-la-Garenne, près Paris. France.
Lange-Desmoulins, Paris. Id.
Lenza (Fr.) et C°, Turin. États sardes.
Laroche Joubert-Demergue et C°, Angoulême. France.
Letune et C°, Crest. Id.
Lauszzari (L.), Barmen. Prusse.
Le Cresnier (M.-L.), Paris. France.
Lefebvre (Th.) et C°, Moulins-Lille. Id.
Lefebvre (F.), Saint-Saëns. Id.
Lefranc et C°, Paris. Id.
Leitenberger (F.), Cosmanos (Bohême). Autriche.
Lemire, Choisy. France.
Leveillé (Ch.-Fr.), Rouen. Id.
Laverd (A.) et C°, Paris. France.
Leverkus (D.), Werwels-Kirchen. ? .ace.
Lhoest Woustenraed et C°, Maëstricht. Pays-Bas.
Liebieg (F.), Reichemberg. Autriche.
Ljunglof (J.-F.) Stockholm. Suède.
Loews (A.), Vienne. Autriche.
Malotra et fils, Petit-Quevilly, près Rouen. France.

Mollet et C°, Belleville, près Paris. France.
Mallinckrod (G.) et C°, Crombach. Prusse.
Marquart (L.-C.), Bonn. Id.
Martin Rieme, Dieuze. France.
Massange Nicolay (J.-F.), Stavelot. Belgique.
Masson (Ch.) et fils, Huy. Id.
Matthes et Weber, Duisburg. Prusse.
Mayer frères, Monheim. Grand-duché de Bade.
Mayer (P.), Mayence. Grand-duché de Hesse.
Meillier (Ad.), Paris. France.
Moissonnier (Ch.), Paris. Id.
Méquillet-Noblot et C°, Héricourt (Haute-Saône). Id.
Mercier (J.-J.) et C°, Lausanne. Suisse.
Mère (J.-B.), Grasse (Var). France.
Michaud, Paris. Id.
Michel et Morel, Mayence. Grand-duché de Hesse.
Ming (Th.) et C°, Mulhouse. France.
Millant et Duchanel, Valbonette (Loire). Id.
Mollerat, Pouilly. Id.
Montpelas, Paris. Id.
Montaland (Ch.) et C°, Lyon. Id.
Montauriol (Alph.), Paris. Id.
Montgolfier, Saint-Marcel, près d'Annonay. Id.
Monteith (Henry), Glasgow. Royaume-Uni.
Monteith (J.) et C°, Glasgow. Id.
Motard (Ad.), Berlin. Prusse.
Mollet (Ch.-H.), Paris. France.
Obry fils, Jules Bernard et C°, Proumel. Id.
Ogereau, Paris. Id.
Ord-Arth, Dublin. Royaume-Uni.
Osthenin, Chalandre fils et C°, Paris. France.
Paillard (G.), Paris. France.
Peral-Joval frères et C°, Mulhouse. Id.
Portugas et C°, Cuba. Espagne.
Peterson (Aug.), Château-Renaud. France.
Peterson-Lajeune et C°, Château-Renaud. Id.
Paris (F.), Madrid et Gijon. Espagne.
Perregaux et Brunet-Lecomte, Jallieux (Isère). France.
Petit et Lemoult, Grenoble, près Paris. Id.
Pfeiffer-Schwartzenberg et C°, Ringwalkühl. Hesse-Cassel.
Pincells et C°, Manchester. Royaume-Uni.
Pirie (Al.) et fils, Aberdeen. Id.
Piver (Alph.), Paris. France.
Poolman (Is.), Moulins, près Lille. Id.
Point onclo et C°, la Folie-Genterre. Id.
Pollak (A.-M.), Vienne. Autriche.
Pollak et fils, Prague. Id.
Potter (Ed.) et C°, Manchester. Royaume-Uni.
Poynter (J.), Glasgow. Royaume-Uni.
Prochel (J.), Vienne. Autriche.
Reichlen (L.), Genève. Suisse.
Rattier et C°, Paris. France.
Reuch frères, Heilbronn. Wurtemberg.
Rupp (Alb.), Rouen. France.
Revillod (F.), Vizille (Isère). Id.
Rhodius frères, Linz. Prusse.
Ripley (Ed.) et fils, Bradford (York). Royaume-Uni.
Robert de Massy, Recourt. France.
Roberts (D.-W. et H.), Londres. Royaume-Uni.
Roedler et Nusto, Leipzi A. Royaume de Saxe.
Roemer (N.), Vienne Autriche.
Roudil (J.-Ant.), Milhau. France.
Rouquès (A.), Clichy-la-Garenne. Id.
Rousaille frères, Jurançon. Id.

M.

Rouveure (M.) aîné, Annonay. France.
Roux (C.) fils, Marseille. Id.
Rupp et Berkstein, Francfort. Francfort-sur-le-Mein.
Saunders (T.-H.), Londres. Royaume-Uni.
Schrafflaten (G.), Heilbronn. Wurtemberg.
Scholler (H.-A.), Düren. Prusse.
Schuerer-Roth (A.), Thann (Haut-Rhin). France.
Schmith (Samuel), Bradford (York). Royaume-Uni.
Seib (J.-A.), Strasbourg. France.
Serbat (L.), Quiévrain (Hainaut). Belgique.
Serbat et Jaqmar, Saint-Sauve-lez-Valenciennes. France.
Siegle (C.), Stuttgart. Wurtemberg.
Simson et Yong, Manchester. Royaume-Uni.
Smith et Meynier, Fiume. Autriche.
Sauhad frères, Paris. France.
Société de Voeslau, Voeslau. Autriche.
Société anonyme des marais et de Sainte-Marie. Paris. France.
Société anonyme de la papeterie de Lazaran, Clarens et Lebata, Vaud. Suisse.
Société anonyme de la papeterie du Souche, Souche. France.
Société économique de Gustemala, Gustemala la Nueva. Amérique.
Société de la fabrique de bougies de Milly, Vienne. Autriche.
Société de la fabrique des bougies stéariques et savons dits d'Apollon, Vienne. Autriche.
Société de Vedrin, Saint-Marc. Belgique.
Solms et Brueillet. Milhau. France.
Stockel (W.), Birmingham. Royaume-Uni.
Sussex (de), Paris. France.
Swaisland, Crayford (Kent), Royaume-Uni.
Tissier (Fr.-B.) aîné, le Conquet. France.
Tracol (H.), Annonay. Id.
Trommsdorf, Arfurth. Prusse.
Tscheligi (A.) et C°. Villach. Autriche.
Ventujol et Chassang. Paris. France.
Vorster (A.), Montfourat. Id.
Walerand et C°, Cambrai. Id.
Wallis (G. et T.), Londres. Royaume-Uni.
White, Glasgow. Id.
Wissmann (Af.) et C°, Bonn (Prusse rhénane). Prusse.
Woolf et fils, Londres. Royaume-Uni.
Zuber et C°, Rixheim. France.
Zuber et Rieder, île Napoléon. Id.

MÉDAILLES DE DEUXIÈME CLASSE.

Ackroyd (J.) et fils, Halifax. Royaume-Uni.
Administration du Sénégal. Sénégal. Colonies françaises.
Aichmaye (G.-A.), Gratz. Autriche.
Allard et Claye, Paris. France.
Amelunxen (de) frères, Wolbeck. Prusse.
Amiel (J.-B.), la Chapelle-Saint-Denis, près Paris. France.
Armet de l'Isle (J.), Nogent-sur-Marne. Id.
Arneux (J.-S.), Belleville. Id.
Ball aîné et C°, Val Vernier. Id.
Ball (Ch.), Pont-Audemer. Id.
Barbier et Daubrée, Clermont-Ferrand. Id.
Barran (N.) et C°, Barcelone. Espagne.
Barruel (Ern.), Paris. France.
Barton et Thom. Royaume-Uni.

Baudoin et C°, au Grand-Charonne, près Paris. France.
Baumier et C°, Paris. Id.
Baux et fils, Givet. Id.
Bealson (W.), Rotherham (York). Royaume-Uni.
Beausobre (de) et Moivant, Lyon. France.
Buchétoille (J.-B.), Bourg-Argental. Id.
Benckiser (J.-A.), Pforzheim. Grand-duché de Bade.
Bense (C.), Brunswick. Duché de Brunswick.
Berthault fils, Issoudun (Indre). France.
Bevington et Morris, Londres. Royaume-Uni.
Bihet (Hubert), Huy. Belgique.
Binet, Paris. France.
Bittner (T.-L.), Brünn. Autriche.
Blanchard, Cugand. France.
Blaess (C.-B.), Heilbronn. Wurtemberg.
Black (J.) et C°, Royaume-Uni.
Bodemer et C°, Eilenbourg. Prusse.
Bon et C°, Lyon. France.
Bonzel frères, Haubourdin (Nord). France.
Bossard (Z.), Londres. Royaume-Uni.
Bosson frères, Oran. Algérie.
Bouai, Guyane. Colonies françaises.
Boulard (Ant.), Villeneuve. France.
Boutin et C°, Grenelle, près Paris. Id.
Bouvier et Guérard, Barcelone. Espagne.
Boyd (Th.), Glasgow. Royaume-Uni.
Brabant (J.), Hurez et fils, Cambrai. France.
Bradshaw-Hammond et C°. Manchester. Royaume-Uni.
Brieou fils aîné, Rennes. France.
Brookmann et Langdon, Londres. Royaume-Uni.
Bushbridge, Kent. Id.
Cahn, Londres. Id.
Camus (Ch.) et C°, Paris. France.
Carreno frères, Séville. Espagne.
Carrillo et Benfield, Mexico. Mexique.
Carstangen (A.-F.) fils, Duisburg. Prusse.
Caune (A. et C.) frères, Marseille. France.
Cauvy (B.), Montpellier. Id.
Cazalis (H.), Montpellier. Id.
Cercueil (L.-Fr.), Paris. Id.
Cerf-Lanzenberg, Strasbourg. Id.
Carletti (L.), Chiavenna. Empire d'Autriche.
Chapuy (E.), Annonay. France.
Chatelat et C°. Paris. France.
Chantoy, Saint-Mandé (Seine). Id.
Clark (C. et J.), Londres. Royaume-Uni.
Coez (D.-Em.), Saint-Denis, près Paris. France.
Coine (Cl.), Paris. Id.
Compagnie de caoutchouc, Montréal. Canada.
Coppin Lejeune, Douai. France.
Courvoisier (Ph.), Paris. Id.
Cremier père et fils, Rouen. Id.
Cuntze (H.), Nedeggen (Prusse rhénane). Prusse.
Curtius (S.) Duisburg. Id.
D'Abreu (Miguel-Archange), Lisbonne. Portugal.
Davy Hammerds et C°. Londres. Angleterre.
Déaddé (L.), Paris. France.
Deed (J.-S.), Londres. Royaume-Uni.
Delamarre (Am.), Rouen. France.
Delatouche et Roussign, Rennes. Id.
Delmotte (B.), Gand. Belgique.
Delpit (Ad.), Nouvelle-Orléans. États-Unis.
Delys (J.-M.), Rennes. France.
Denys et Demoy. Id.

Dessaint et Dalissart frères, Radepont (Eure). France.
Dezaux-Laconr (A.-L.), Guise. Id.
Dietz (A.), Luxembourg. Grand-duché de Luxembourg.
Diez (E), Saint-Jehann (Carinthie). Autriche.
Dorner (A.), Rouen. France.
Dorner et Hees, Pfungstadt. Grand-duché de Hesse.
Dournay et C°, mines de Lobsann (Bas-Rhin). France.
Drevon (H.), Londres. Royaume-Uni.
Duboscq (F.), Paris. France.
Dufay frères et fils. Paris. Id.
Dumontel, Guyane. Colonies françaises.
Durand frères (A.), Paris. France.
Durand (P.), Reuilly. France.
Duret aîné, Paris. Id.
Durr et C°, Berne. Suisse.
Ebart frères, Berlin. Prusse.
Eckert (W.) et C°, Francfort. Francfort.
Eckstein (H.-M.), Lieben. Autriche.
Ermeler (W.) et C°, Berlin. Prusse.
Estivant et Parent (Alb.), Givet (Ardennes). France.
Fabrique de Fiume, Croatie. Autriche.
Fabrique mécanique de papiers de Josephsthal. Id.
Farge et Fournier, Lyon. France.
Faulqeier cadet, Montpellier. Id.
Feure (L.), Wazemmes (Nord). Id.
Fauquet (Em.), Rieier et C°, Rouen. Id.
Fieux fils aîné, Toulouse. Id.
Fisher (Edw.), Huderfield. Royaume-Uni.
Fleming (A.-A.) et C°, Leith. Id.
Fond père et fils, Volbenoite (Loire). France.
Fonrobert (Fr.), Berlin. Prusse.
Forbes et Hutchinson. Royaume-Uni.
Fortier-Beaulieu (P.-L.-Ad.), Paris. France.
Fries-Reber (A.), Kingersheim. Id.
Gademann et C°, Schweinfurt-sur-le-Mein. Bavière.
Gagin (Ph.), Montmartre, près Paris. France.
Gaillard frères, Paris. Id.
Gallien (N.), Longjumeau. Id.
Gallien (L.-Er.), Putreaux, près Paris. Id.
Garaizabal (F.), Valladolid. Espagne.
Garland-Loydiey et C°, Coïmbre. Portugal.
Gelas frères et C°, Vienne (Isère). France.
Gellé frères, Paris. Id.
Gemini (P.-A. de), Paris. Id.
Georget (Al.), Paris. Id.
Gœring et Bohême, Leipsick. Saxe.
Giraud (L.-O.), Lisieux. France.
Giraud jeune, Paris. Id.
Girouy (Cl.-J.), Paris. Id.
Gisclar (J.-J.), Albi. Id.
Gessleth (Fr.), Trieste. Autriche.
Goudin, Guyane (colonies françaises). France.
Gourlie (William) et fils, Glasgow. Royaume-Uni.
Grenet (veuve), Rouen. France.
Grison et Hennequin, Paris. Id.
Grodhaus (F.-B.), Darmstadt. Grand-duché de Hesse.
Gross (H.), Manheim. Grand-duché de Bade.
Gruner et C°, Esslingen. Wurtemberg.
Hamilton. États-Unis.
Hamosy, Hambourg. Villes Hanséatiques.
Haeffeli fils (H.), Pfastatt (Haut-Rhin). France.
Hardtmuth (L. et C.), Budweis. Autriche.
Hare et C°, Bristol. Royaume-Uni.
Hartl (G.), Vienne. Autriche.

Hassenmayer (J.-F.) et Zenn, Calw. Wurtemberg.
Hannette-Delloye (veuve), Huy. Belgique.
Houtoy (C.), Saint-Maudé, près Paris. France.
Héroat (Gabriel), Constance. Grand-duché de Bade.
Houtte Selet (Yves), Bapaume (Seine-Inférieure). France.
Hierta (L.-J.) et Michaelsen (J.), Stockholm. Suède.
Hirst et Brooke, Leeds (York). Royaume-Uni.
Hoyer et fils, Oldenbourg. Grand-duché d'Oldenbourg.
Houseau Maison (veuve et fils), Reims. France.
Hugo et C⁰, Aubervilliers (Seine). Id.
Huillard aîné, Paris. Id.
Hüttenmüller (Pr.), Lerendorf. Prusse.
Hutchinson Henderson et C⁰, Paris. France.
Ihm Sohn et Plotz. Offenbach. Hesse.
Ihm (F.), Offenbach. Grand-duché de Hesse.
Jagers (Ch.), Barmen. Prusse.
Jardin et Duval (A.), Lyon. France.
Jardine Skinner et C⁰, colonies anglaises. Royaume-Uni.
Jeanet (L.-M.), Emmenunt. France.
Journet (P.) et C⁰, Carcassonne. Id.
Julien (J.-L.-Al.), Paris. Id.
Kredel (N.), Aix-la-Chapelle. Prusse.
Knops (R.) Stuttgart. Wurtemberg.
Kœnig (I.-Pr), Mayence. Grand-duché de Hesse.
Lampe et C⁰, Gothembourg. Suède.
Lamy-Godard frères, Darnetal-lez-Rouen. France.
Landron frères, Noung. Id.
Lanza (J.), Turin. États sardes.
Lavenaudière (Ch.-Ph.-F.)
Larocque (A.), Paris. France.
Larue et Richard, Paris. Id.
Latouche (R.), Malluud. Id.
Lawson et C⁰, Paris. Id.
Lœuf (Amb.), Paris. Id.
Leconte et C⁰, Dorcy, près Paris. Id.
Lefebvre (A.) et C⁰, Corbeham. Id.
Legal (R.), Chateaubriant. Id.
Lelièvre (B), Londres. Royaume-Uni.
Lemêtre (Em.-M.), Marseille. France.
Lenning et C⁰, Bingen. Grand-duché de Hesse.
Lepellay (J.-G.), Paris. France.
Lépine, Pondichéry (colonies françaises). Id.
Leven père et fils, Paris. Id.
Lhuillier (Ch.) et C⁰, Grenelle, près Paris. Id.
Liebieg (J.) et C⁰, Reichenberg. Autriche.
Lindau et Winterfel, Magdebourg. Prusse.
Lippmann (J.-J.), Paris. France.
Lobignier (B.-A.), Paris. Id.
Lomax (R.) et C⁰. Camik. Prusse.
Lossen (J.-G.), Cologne. Id.
Lorentz (les fils de F.) et Aichmann. Arnau-sur-l'Elbe.
    Autriche.
Langerche (J.-P.-A. von), Wandsteck. Danemark.
Luntze (H.), Nideegen. Prusse.
Mojo, Vienne. Autriche.
Mendet frères, Wolverhampton. Royaume-Uni.
Marchand (P.) frères, Marc-en-Barreul (Nord). France.
Maria-Nesiglis, Lisbonne. Portugal.
Martin de la Croix (Fr.-E.-N.), Paris. France.
Massemin (Ch.-L.), Paris. Id.
Meubec (Pr.-M.), Elbeuf (Seine-Inférieure), Id.
Mauduit (F. de), Quimperlé. Id.
Mélas et Gernsheim, Worms. Grand-duché de Hesse.
Mollier et Ladot, Paris. France.

Mercier (J.-M.), Paris. France.
Mercurin, Cheragas (Algérie). Id.
Merkel (M⁰⁰). Paris. Id.
Merklingaus Klingholz, Barmen. Prusse.
Messner et C⁰, Rottenmann (Styrie). Autriche.
Mertzdorf père et fils, Vieux-Thann (Haut-Rhin). France.
Meurer (Ch.), Lyon. Id.
Michaut frères, Laval. Id.
Michaud (H.-Fr.), la Villette, près Paris. Id.
Michel (Alf.-H.), Puteaux, près Paris. Id.
Miliani (P.), Fabbriano. États pontificaux.
Millieu (D.-Edm.), Marseille. France.
Milori (J.-Z.), Paris. Id.
Mollen et C⁰, Boppingen. Wurtemberg.
Montreig et Merrel, Barcelone. Espagne.
Morson et fils, Londres. Royaume-Uni.
Müller, Schwechat. Autriche.
Müller et C⁰, Carolinenthal (Bohême). Id.
Müller (Ant.), Schwechat. Id.
Nack (J.), Vienne. Id.
Newmann (James), Londres. Royaume-Uni.
Noirot (J.-A.), Paris. France.
Oehler (K. et R.), Offenbach. Grand-duché de Hesse.
Oger (J.-L.-M.), Paris. France.
Orobio de Castro et C⁰, Amsterdam. Hollande.
Ormerad-Wall et C⁰, Manchester. Royaume-Uni.
Papaty (Ch.) et C⁰, Marseille France.
Pardoe-Hoomans, Kidsmaster. Royaume-Uni.
Parent (A) et Donnet, Givet (Ardennes), France.
Parquin, Leguaux et C⁰, Pourrain. Id.
Patry (V.), Paris. Id.
Peter (A.), Guinon et C⁰, Lyon. Id.
Piotte (L.), Château-du-Pont-d'Oie. Belgique.
Piller (G.) et fils, Sorlishous. Autriche.
Pinon (H.), Rouen. France.
Plattet (A.), Paris. Id.
Poirier-Chapuis et C⁰, Saint-Claude. Id.
Polborn, Berlin. Prusse.
Pommier (P.), Paris. France.
Ponticelli (G.). Toscane.
Poortmann et Visser, Schiedam. Pays-Bas.
Portal (W.-S.), Malshangar. Royaume-Uni.
Poullain-Beurier (Ph.-Is.-C.), Paris. France.
Prétorius et C⁰, Alsey. Grand-duché de Hesse.
Prytz et Wiencken, Gothembourg. Suède.
Purget (Fr.-M.) et C⁰, Paris. France.
Quanone et C⁰, Belgique.
Rabourdin (H.-F.), Casset. France.
Rainge frères, Paris. Id.
Rampal, Rouen. Id.
Renoz. Prusse.
Roules père et fils, Paris. France.
Révérends Pères de Santa Maria Novella. Toscane.
Rhem aîné (J.), Maromme (Seine-Inférieure). France.
Richard (L.-F.-H.), Paris. Id.
Richter (Ant.), Kœnigssal (Bohême). Autriche.
Rickli (A.-F.), Wangen (Berne). Suisse.
Ritschke (C.-G.), Breslau. Prusse.
Robaut (L.), Douai. France.
Rohr, Clorenthal. Duché de Nassau.
Romein (A.), Capellades. Espagne.
Ronat, Guyane. France.
Rougier (J.-D.), Marseille. Id.
Rousseau, Lafarge (L.) et C⁰, Paris. Id.

Rowney, Georges et C°, Londres. Royaume-Uni.
Sandoz (Ul.) et C°, Lyon. France.
Saint-Remy, Estivant fils aîné, Dalham. Belgique.
Sanial, Bourg-lez-Valence. France.
Santonnax (Elz.), Dôle (Jura). Id.
Sattler (Guill.), Schweinfurt-sur-le-Mein. Bavière.
Schimmel et C°, Leipsick Royaume de Saxe.
Schheper et Baum Elberfeld. Prusse.
Schœffel (veuve), Sainte-Marie-aux-Mines (Haut-Rhin). France.
Sclopis frères, Turin. États sardes.
Seelig (D.), Dusseldorf. Prusse.
Serpette et Lourmand, Nantes. Id.
Simon (S.-G.), Forbach. Id.
Slade (W.), Hagbourne Mills. Royaume-Uni.
Société des bougies stéariques, Rio de Janeiro. Brésil.
Stackler et C°, Saint-Aubin-Epinay. France.
Steinbach (J.-J.), Petit-Quevilly. Id.
Stirling (W.) et fils, Glasgow. Royaume-Uni.
Stromberg (A.-G.) et fils, Stockholm. Suède.
Suser (M.-B.), Nantes. Id.
Taillet (V.), Vienne. Autriche.
Tavernier (A.-J.-F.), Argentan. France.
Thibaut et Defay, les Courrières. Id.
Thouvenin père et fils, Charonne, près Paris. Id.
Titz (V.), Vienne. Autriche.
De la Touche et Roussigné, Rennes. France.
Townsend, Glasgow. Royaume-Uni.
Trempé oncle et C°, Paris. France.
Trolliet, Lyon. Id.
Turnbull, Glasgow. Royaume-Uni.
Upmann et C°, Cuba. Espagne.
Van der Elst et Mathes, Amsterdam. Pays-Bas.
Van Campenhoudt et C°, Gent-Bruggen. Belgique.
Van Enst et Dyk. Amsterdam. France.
Varillat (W.-J.-J.), Rouen. Id.
Varin (A.), Paris. Id.
Watentoq. Edimbourg. Royaume-Uni.
Verdet et C°, Avignon. France.
Vérité Steffan-Trousselle (J.) et C°, Courbevoie, près Paris. Id.
Véron et Fontaine, Paris. Id.
Véron frères, au Crozet. Id.
Vignaux, Barcelone. Espagne.
Voigt et Winde. Berlin. Prusse.
Volter fils, Heidenheim. Wurtemberg.
Von Pionnies et C°, Marienberg. Grand-duché de Hesse.
Waldthausen (W.-O.), Clamburg Prusse.
Wamosy (D.), Hambourg. Villes Hanséatiques.
Waterston, Edimbourg. Royaume-Uni.
Wesenfeld et C°, Barmen. Prusse.
Wilson, Walker, Leeds. Royaume-Uni.
Wood, Strafford Id.
Wunderly (I.), Meilen. Suisse.
Wunder (L.), Liegnitz (Silésie). Prusse.
Ziegler (J.) et C°, Zurich. Suisse.

MENTIONS HONORABLES.

Administration de la Réunion (colonies françaises). France.
Alexander (A.) et C°, Glasgow. Royaume-Uni.
Albani frères, Turin. États sardes.
Allain frères, Avernes. France.
Allesch (M.), Lemberg. Autriche.

Anca (baron), Palerme. Sicile.
Amenc (L.), Clermont-Ferrand (Puy-de-Dôme). France.
Andrieux, Vallée père, fils et C°, Morlaix. Id.
Adrillat, Muset (J.-Ch.), Paris. Id.
Armand, Belleville. Id.
Arnaud (Cl), Bone (Algérie). Id.
Bader (J.-N.), Saltano (Illyrie). Autriche.
Baldwin et fils, Birmingham. Royaume-Uni.
Barbier Hansens (L.-Ed.), Bruxelles. Belgique.
Bardou (J.), Perpignan. France.
Barrabé et Doré, Rennes. Id.
Barrande (J.-B.), Paris. Id.
Barré jeune, Nantes. Id.
Barrena, Cuba. Espagne.
Barrels et Mohrahrd, Cobourg. Saxe-Cobourg.
Bauchau et Barre, Namur. Belgique.
Beeckhuis Damsté et C°, Groningue. Pays-Bas.
Belhommet frères, Landerneau. France.
Berens (And.-J.), Steinsberg. Prusse.
Bergeron, Paris. France.
Beridale (lord), Londres. Royaume-Uni.
Bertaux (P.-N.). Paris. France.
Bertin (François), Angers. Id.
Bieninges (Arn.), Doliburg. Prusse.
Blanpied, Richard et C°, Lyon. France.
Blot (C.), Paris. Id.
Bœlla (F.), Turin. États sardes.
Bonafoux (A.), Marseille. France.
Bony (Ph.-Fr.), Paris. Id.
Bottoni (D° C), Ferrare. États pontificaux.
Bouchet, Nantes. France.
Boude et Robert, Marseille. Id.
Bouin (veuve), Mastacq (Basses-Pyrénées). Id.
Bourdon (E.), Château-Renaud (Indre-et-Loire), Id.
Bourguignon (veuve), Paris. Id.
Bouvy (Al.), Liège. Belgique.
Boyenval Blondel (B.), Arras. France.
Brepols et Diercxsaxoon, Turnhout, Angers. Id.
Breuninger et fils, Kirchheim. Wurtemberg.
Breuninger (H.-Ch.), Cacknang. Id.
Brun et C°, Toulouse. France.
Brunier fils et C°, Lyon. Id.
Brunner et Hoschek. Prague. Autriche.
Buettner (Ed.), Leipsick. Royaume de Saxe.
Burkley. Royaume-Uni.
Busschek (C.) et C°, Brünn. Autriche.
Buxtorff, Amiens. France.
Calcagno frères et Martinolo, Turin. États sardes.
Caputi (J.), Livourne. Toscane.
Carganico (B.), Châlon-sur-Saône. France.
Cartallier frères, Estratlin Id.
Castagneto (Em.), Gênes. États sardes.
Causse-mille-Dalmas, Draguignan. France.
Chalmel (M.), Rennes Id.
Chartier, Montrouge. Id.
Chauchard (F.-H.), Paris. Id.
Chéron fils (Ch.-L.) et C°, Paris. Id.
Chesnay (L.-H.), Magny. Id.
Chevillot frères, Paris. Id.
Chippier, Paris. Id.
Clark (C.-J.), Street. Angleterre.
Cleaver (F.-S), Londres. Id.
Clech et Deroche, Paris. France.
Clerc (H. de), Harlem. Pays-Bas.

Cochius, Oranienburg. Prusse.
Cobbett (J.-S.), Greenwich. Angleterre.
Cohn et C°, Breslau (Silésie). Prusse.
Col fils et C°, Casteljaloux. France.
Colcomb (H.-D.-L.), Paris. Id.
Cooke et fils, Londres. Royaume-Uni.
Coquin. France.
Coulon (J.-B.-L.-J.), Paris. Id.
Couturier, Hauch et C°, Sarreguemines. Id.
Corsini (L.), Florence. Toscane.
Cramers (veuve A.-C.), Northausen. Prusse.
Czerwenka (F.), Chrudini. Autriche.
Dal-Ceré (Ant.) et C°, Venise. Id.
D'Almeida (S.-B.), Porto. Portugal.
Dascalopoulos, au Pirée. Grèce.
David (J.-F.), Valbenoîte (Loire). France.
Debonne et C°, Paris. Id.
De Gée, Gernaert et C°, Ougré. Belgique.
Deiss (Ed.), Paris. France.
Delabouglise-Rochet, Paris. Id.
Delaphier-Buttet, Besançon. Id.
Delorme (A.). Valence.
Département de la Vera-Cruz. Mexique.
Deschaux (Anna), Annonay. France.
De Silva (J. Ferreira), Lisbonne. Portugal.
Dossy (Fr.) et C°, Athies-les-Arras. France.
Dewaleine (F.), Madeleine-lez-Lille. Id.
Diaz, Cuba. Espagne.
Diaz Pedregal, Cuba. Id.
Dietz, Anvers. France.
Diely (Ad.), Merxem (Anvers). Belgique.
Dieu-Pellier, Paris. France.
Deeremans et fils, Dordrecht. Pays-Bas.
Dubois (E.) et C°, Paris. France.
Durandeau (J.) et Chauveau (F.-D.), l'Épine. Id.
Edeline, Saint-Léger-de-Bourg-Denis. Id.
Eggerth (J.), Stubenbach. Autriche.
Eldaers, Bruxelles. Belgique.
Evans (D.), Londres. Royaume-Uni.
Exploitation des tourbières de Michel-le-Comte. France.
Fabrique de Goritz. Autriche.
Fabrique le Watt (docteur Schweer), Ohlau. Prusse.
Farina (J.-A.), Cologne. Prusse.
Farina (J.-M.), Cologne. Id.
Faugeyroux (J.-B.). Scaër. France.
Favret et C°, Lyon. Id.
Ferrand-Lamotte, Troyes. Id.
Ferreira Pinto-Basto, Porto. Portugal.
Firmenich, Metz. France.
Fontaine-Deverly, Saint-Quentin. Id.
Franchomme et Bourgeois, Lille. Id.
Frentin aîné et C°, Majoulassy.
Gaisano (A.), Sternasi. Espagne.
Gandon, Fougères. France.
Gantillon (D.), Lyon. Id.
Garnier (H.), Chaintrix. Id.
Gery (L.), Buriatz. Id.
Gérard (B.), Rouen. Id.
Gée (W.-B.), Sydney (colonies anglaises). Roy.-Uni.
Gellé (Ch.), Valenciennes. France.
Genovois, Naples. États pontificaux.
Génin (F.), Chambéry. États sardes.
Gentili-Assereto et C°, Padoue. Autriche.
Gérard, Épinal. France.

Gérard (veuve M.), Cleix. France.
Girod (J.), Aiguebelle. États sardes.
Giton-Rouillard (veuve), Damourette et C°, Nantes. France.
Glynn (H.), Ricner et C°, Paris. Id.
Gonzalès Carvajas, Cuba. Espagne.
Gonzalès del Réal, Cuba. Espagne.
Gouraud fils cadet (A.), Lyon. France.
Gourbeyre-Tournilhas, Ambert. Id.
Grainicher (S.), Zollingue. Suisse.
Grélot et C°, Saint-Denis (île de la Réunion). France.
Gresland (C.), Paris. Id.
Grimaud (A.) fils, Annecy. États sardes.
Grosse (H.-L.), Giesdorf. Prusse.
Grossmann et Wagner, Paris. France.
Gruler et C°, Esslingen. Wurtemberg.
Guerlin, Houel et Sombret, Paris. France.
Haro (Et.-Fr.), Paris. Id.
Hasenclover et C°, Aix-la-Chapelle. Prusse.
Hauser (J.), Wædenswyll. Suisse.
Haussouiller et C°, Batignolles, près Paris. France.
Henry (P.), Dinant. Belgique.
Hervé frères, Bercy, près Paris. France.
Hober (W.), Nasloch. Grand-duché de Bade.
Hoxborn (C.-D.), Westigerbach. Prusse.
Hogau et C°, Sydney (Australie). Royaume-Uni.
Homblad, Copenhague. Danemark.
Hoskins (le Dr F.-R.-S.), Guernesey. Royaume-Uni.
Hotchkin, New-York. États-Unis.
Huber, Prague. Autriche.
Huttenheim (H.), Hilchenbach. Prusse.
Imhoff (L.), Aarau (Argovie). Suisse.
Jacobs (E. et M.), Zwolle. Pays-Bas.
Jacobs (J. et F.), Zwolle. Id.
Jupuis (J.), Voisin (Seine-et-Marne). France.
Janssens frères, Ruremonde. Pays-Bas.
Jerry, Saint-Vincent. France.
Jean (J.-A.), Chartres. Id.
Jolivard et Théreau, Paris. Id.
Jourdain (W.-D.), Londres. Royaume-Uni.
Justenfeld (Julius). Hambourg.
Kaemmerer (J.) et C°, Paris. France.
Kehrwand (M.), l'Isle. Suisse.
Kessler (L.), la Robertsau, près Strasbourg. France.
Kinzelberg et C°, Prague. Autriche.
Knaep et Schneegans, Strasbourg. France.
Koch (C.-A.), Bergisch-Gladbach. Prusse.
Kockum (F.-H.), Malmo. Suède.
Korn (R. et A.), Sarrebruck. Prusse.
Krumteick (L.), Schwiebbourg. Brandebourg.
Kutjer (J.), Prague. Autriche.
Lamb (J.), Newcastle. Royaume-Uni.
La Girardaie frères, Moriel et Donet. France.
Lamort (J.), Luxembourg. Grand-duché de Luxembourg.
Loudron frères, Meung-sur-Loire. France.
Larrisch-Mennich (comte de), Freistadt. Autriche.
Larsen (H.-W.), Copenhague. Danemark.
Laurent et Castelaz. Paris. France.
La Société des bougies stéariques, Rio-Janeiro. Brésil.
Lebel, Bourges. France.
Leduc frères, Bruxelles. Belgique.
Legros (A.) et Favernay.
Lohman et Kugler, Offenbach. Grand-duché de Hesse.
Leroux (Ed.), Rennes. France.

Lessons frères (A. et H.), Lille. France.
Llanos et Lafuente, Valladolid. Espagne.
Llopis, Vallée et C°, Barcelone. Id.
Levy et C°, Paris. France.
Lonngren (A.), Stockholm. Suède.
Lorilleux père et fils, Paris. France.
Louvié (B.) et Yelli (J.-B.) Paris. Id.
Luchainger Rimer et Ocrilly, Glaris. Suisse.
Lunu (de), Madrid. Espagne.
Mailly, Paris. France.
Manchester Print Works, New-Hampshire. États-Unis.
Manson (E.), Nantes. France.
Mantois (M™ E.), Paris. Id.
Maricot et Marteau, Paris. Id.
Marsille-Guilloiaux, Quimperlé. Id.
Martin (M™), Cologne. Prusse.
Martinetti et C°, Florence. Toscane.
Mathys (M.), Bruxelles. Belgique.
Maugenet et Coudray, France.
Maury et C°, Offenbach. Grand-duché de Hesse.
Mayer-Hartogs, Bruxelles. Belgique.
Mayr (H), Vienne. Autriche.
Megroz-Blache (Louis), Thonon. États sardes.
Mesnier et Ludet. France.
Meyer (C.-O.), Copenhague. Danemark.
Meyer et Ammann, Wintherthur. Suisse.
Millet (C.), Saint-Ouen-l'Aumône. France.
Ministère du commerce, Londres. Royaume-Uni.
Mœrsch (G.), Calw. Wurtemberg.
Monceau (P.-J.), Paris. France.
Monnot père et fils, Touraus. Id.
Moquet (H), Paris. Id.
Moride et Raux, Nantes. Id.
Muller (A.), Kesrastel. Id.
Muller ainé, Bensheim. Grand-duché de Hesse.
Muller (H.-W.) Londres. Royaume-Uni.
Münker frères, Ferndorf. Prusse.
Muti-Papazzurri-Savorelli (marquis de A.) et C°, Rome. États pontificeaux.
Nicod et fils, Paris. France.
Norberte, Lisbonne. Portugal.
Nouvelle-Grenade.
Odent (X.), ses fils et C°, Courtalain. France.
Oliveira (Dr Al.), Abelheira. Portugal.
Orendi (F.), Kronstadt (Transylvanie). Autriche.
Ottenheim (L.-Ed.), Versailles. France.
Owert (E) et C°, Hambourg. Hambourg.
Pacheco (J. de S.), Oliveira d'Azemeie. Portugal.
Paillard (J.-M.), Paris. France.
Paisant fils, Pont-l'Abbé. Id.
Papeterie de Villette. Nièvre.
Parrot (E.-B.-L.), Mesmay. Id.
Pateux (A.), Drion et C°, Aniches. Id.
Pera, Paris. Id.
Peraiben père et fils, Aubusson. Id.
Perignaux (J.), Moulins. Id.
Petit-Didier (Ant.), Saint-Dié. Id.
Peto (J.) et Bryan (J.-S.), Westminster. Royaume-Uni.
Pfeiffer (Chr.), Eberstadt. Hesse.
Picot-Chartier (J.), Paris. France.
Piella frères, Pavie. Autriche.
Pigalle (J.-R.), Paris. France.
Pinaud et Meyer, Paris. Id.
Pinoux (V.), Paris. Id.

Plisson, Paris. France.
Pons (Juan) et Subira, Autriche.
Ponsot (A.), Paris. France.
Poulenc (Ant.), Espalion. Id.
Previnaire et C°, Harlem.
Prin ainé (A.), Nantes. Id.
Profumo (Joseph), Gênes. États sardes.
Puel (Ph.), Paris. France.
Purget (Fr.-N.) et C°, Paris. Id.
Rampeltin (C.-G.), Stockholm. Suède.
Rancé (Fr.), Grasse. France.
Rattieh, Atagerdorf. Autriche.
Renard (L.), Paris. France.
Renault (Ch.), Bordeaux. Id.
Reusens (P.-S.), Anvers. Belgique.
Reymond (H.), Morges. Suisse.
Revel (H.-L.-V.), Paris. France.
Richard (J.-F.), Fontainebleau. Id.
Richardson frères, Edimbourg. Royaume-Uni.
Rimmel (E.), Londres. Id.
Robert (V.), Milhau. France.
Robiquet (Ed.), Paris. Id.
Roig (S.), Madrid. Espagne.
Roldan, Cuba. Espagne.
Rollet-Pinchon, Clairvoix. France.
Romer (Ch.), Brühl. Prusse rhénane.
Rosa (A.) et C°, Londres. Royaume-Uni.
Roubien (L.), Lyon. France.
Rousseau (Ant.-Arn.), Paris. Id.
Roussel de Livry fils. Tourcoing. Id.
Rudden (F.-W.), Macleny-Rivet. Royaume-Uni.
Sachsse (G.-M.) et C°, Leipsick. Royaume de Saxe.
Salamoni (Ant), Vérone. Autriche
Saldanha, Cuba. Espagne.
Salmon (A.) et Guillot (M.), Paris. France.
Sammet (J.-B.), Manheim. Grand-duché de Bade.
Savory, Jamaïque (colonies anglaises). Royaume-Uni.
Sayen, Blidah (Algérie). France.
Shering, Berlin. Prusse.
Schmitt (F.), Darmstadt. Grand-duché de Hesse.
Schoffer, Chemnitz. Royaume de Saxe.
Schoeneveld Westesbeen et C°, Gouda. Pays-Bas.
Schüll (L.), Düren. Prusse.
Schupbach (Fr.), Diesbach (Berne). Suisse.
Serra (J.) et Amat. Espagne.
Serres-Duvignau (B.-A.), Paris. France.
Soutin (M.-J.), Bordeaux. Id.
Simmons (G.), East-Peckam. Royaume-Uni.
Simonnet, Alger. France.
Smithers, Cap de Bonne-Espérance. Royaume-Uni.
Société d'agriculture et de commerce. Karikal.
Société franco-italienne. Toscane.
Soldaini (J.), Pise. Toscane.
Sorel, Paris. France.
Sorel, Honfleur. Id.
Squire (P.), Londres. Royaume-Uni.
Stanowitch (A.), Paris. France.
Staub et C°, Glaris. Suisse.
Steiner (D.-C.-H.), Zurich. Id.
Stellingwerff (J.) et C°, Liége. Belgique.
Stephenson (docteur), Manning-River. Royaume-Uni.
Stinnes (G.-G.), Ruhort. Prusse.
Stirn (S.), Klostermühl. Duché de Nassau.
Stone, Londres. Royaume-Uni.

Sude (W.) et Cⁱ, Brünn. Autriche.
Susse (A.-H.), Sochaeux. Id.
Tarlier (J.) et Cⁱ, Lambret (Nord). France.
Tessen (P.). Paris. Id.
Tessen (J.-B.-M.), Paris. Id.
Thielens-Janssen, Tirlemont. Belgique.
Thieux (F.). Marseille. France.
Thomson. Royaume-Uni.
Terdeux (A.-J.), Cambrai. France.
Triboullet fils (A.-J.), Turcoing. Id.
Usines de Saint-Maime et de Dauphin.
Van Valen et Cⁱ, Vienne. Pays-Bas.
Van Son (L.), Dordrecht. Id.
Varin (Baptiste), Paris. France.
Vollard (veuve), Paris. Id.
Venalleynes-Scheizel, Ypres. Belgique.
Vignous, Barcelone. Espagne.
Vila-Rosar et Cⁱ, Barcelone. Id.
Villavicencio y Cerrea, Cuba. Espagne.
Viruly (J.-P.) et Cⁱ, Gouda. Pays-Bas.
Vimmel. Royaume-Uni.
Voisin frères et Cⁱ, Latour-du-Pin. France.
Vorster (Fr.), Dolstern. Prusse.
Vourbers (J.) et Stausthamer (R.) fils. Belgique.
Wanteleers (J.-E.), Lierre (Anvers). Belgique.
Wateleurs (Liesse), Anvers. Belgique.
Wassermann (B.), Munich. Bavière.
Wett (le). Prusse.
Weber (C.-F.), Langensalza. Prusse.
Weil, Oberdorf. Wurtemberg.
Weil (J.) et neuveu, Strasbourg. France.
Weill et Cⁱ, Strasbourg. France.
Wilhelm (Aut.), Medling. Autriche.
Wissmann (A.) et Cⁱ, Bonn (Prusse rhénane). Prusse.
Wilson, Ritchie et Cⁱ, Ceylan. Royaume-Uni.
Wittemann et Poulenc jeune, Paris. France.
Wyss (F.-R.), Berne. Suisse.
Zagker, Paris. France.
Ziegler et Cⁱ, Bamberg. Id.
Zuidhock (P.), Amsterdam. Pays-Bas.

COOPÉRATEURS.
CONTRE-MAITRES ET OUVRIERS.
GRANDE MÉDAILLE D'HONNEUR.

Chevreul. Paris. France.

MÉDAILLE D'HONNEUR.

Robert-Kay, nouveaux procédés d'impression, Castleton-Print-in-Works. Royaume-Uni.

MÉDAILLES DE PREMIÈRE CLASSE.

Ballanné (Frédérick), Romilly. France.
Bidault. Id.
Chereau père, Niort. Id.
Éloi (F.)
Hochstetter, Saint-Marie-aux-Mines. France.
Nagay (W.). Royaume-Uni.
Barnes, contre-maitre et directeur des teintures chez M. Guinon, Lyon. France.
Payne (G.), Londres. Royaume-Uni.
Planche. France.

MÉDAILLES DE DEUXIÈME CLASSE.

Anderson (J.) R. E. Wolwich. Royaume-Uni.
Baldereux, Nantes. France.
Beaudoin (Joseph). Id.
Bernhard, Vienne. Autriche.
Berthaud, chef des ateliers de gravure chez MM. Gros, Odier.
Binot, Paris. France.
Boileau (Jules), Paris. Id.
Bonnin (Dss). Id.
Chapmann, Burch. Royaume-Uni.
Christian (Fréd.), Lausanne. Suisse.
Coiffon (Aimé), contre-maltre teinturier chez M. Guinon, Lyon. France.
Craddock. Londres. Royaume Uni.
Day (J.-H), Londres. Royaume-Uni.
Dellongeville. France.
Demaret (J.-F.), Madrid. Espagne.
Ehlinger (Ambroise), chef des ateliers d'impression chez M. Guinon, Lyon. France.
Ferrouil. France.
Fremont (E.), Fiume. Autriche.
Frollet (F.), Venise. Id.
Goulton (W.). Royaume-Uni.
Gillet, Paris. France.
Hilson (Joseph), Decise. Id.
Lacombe (N.), Paris. Id.
Leclair (Antoine). Id.
Lohjeois, Paris. Id.
Mac-Intosh (J.), Aberdeen. Royaume-Uni.
Maréchal, Paris. France.
Payet (contre-maitre chez M. Guinon, Lyon. Id.
Robbes (H), dit Philippe, Paris. Id.
Roberts (S.-Z.), Londres. Royaume-Uni.
Rodiguez (Jos.-Alex.). Portugal.
Reques (Martial), Marseille. France.
Simon, Niort. France.
Vandenbossche, Gand. Belgique.
Vignes (Éloi), contre-maltre des impressions au rouleau chez M. Guinon, Lyon. France.
Wessery (E.), Vienne. Autriche.

MENTIONS HONORABLES.

Baier (Vincent), Paris. France.
Bernier, Ponce (Sarthe). Id.
Bichereu (Victor), Lyon. Id.
Breitschopf (J.), Vienne. Autriche.
César (Julien), Marseille. France.
Chapron (Antoine), ouvrier teinturier chez M. Guinon, Lyon. Id.
Cobham (W.), Burch. Royaume-Uni.
Centeur, Paris. France.
Cordesse (de), de Lisle de Salins. Id.
Coupé (Jean), Paris. Id.
Decamps (J.-F.). Id.
Deviscourt, Genève. Suisse.
Dubois, Huy. Belgique.
Eder (Ferd.), Pensing. Autriche.
Formey (J.).
Foucher, Niort. France.
Galus (A.), Bruxelles. Belgique.

Goelleth (G.), Trieste. Autriche.
Günther (J.-J.), Wangen. Suisse.
Habich, Leibnitz. Autriche.
Hache. Vazennes. France.
Hartmann (L.), Schloegelmuth. Autriche.
Jahn (J.), Schloegelmuth. Id.
Joannes, Lisbonne. Portugal.
Jolivet, Nantes. France.
Lackner (Martin), Rotterman. Autriche.
Lamarque (D.), Jurançon. France.
Langlois, Rouen. Id.
Leclerc (H.), Lille. Id.
Lhote, Ponce (Sarthe). Id.
Loup, Paris. Id.
Martin, Pourrain. Id.
Merch (J.), Louvain. Belgique.
Millier père. France.

Panchaud. Morée.
Parraud (Marius), Berre. France.
Perrier, chef de l'atelier des dessins et gravures, chez M. Léon Godefroy, Paris. Id.
Pichon (Paul), ouvrier teinturier chez M. Guinon, Lyon. Paris.
Pierroth (H.). Francfort.
Regenhardt (Jacques), Budweis. Autriche.
Simon, Rouen Id.
Stahl (P.), Francfort.
Sudees (F.), Vienne. Autriche.
Werner Remer, Fiume. Id.
Windspassingers (J.), Vienne. Id.
Winistorf Ursus, Wangen. Suisse.
Wissnlkh (J.), Schloegelmuth. Autriche.
Wood (J.), Burch. Royaume-Uni.
Zelegmann, Dutz. Luxembourg.

EXPOSITION UNIVERSELLE

PRODUITS DE L'INDUSTRIE

ONZIÈME CLASSE

PRÉPARATION ET CONSERVATION DES SUBSTANCES ALIMENTAIRES.

L'art de vivre consiste, généralement, à suivre les habitudes traditionnelles du peuple au milieu duquel on se trouve, parce que ces habitudes sont subordonnées à des lois climatériques et à des lois d'organisme dont l'existence nous semble évidente quoiqu'elle soit difficile à prouver. Aussi, les meilleures théories ne valent pas l'expérience. Il s'en faut bien que les indigènes d'un vaste pays suivent tous un régime identique. Le régime dépend d'une infinité de conditions inhérentes au sol, à la nature des vents, aux différentes races d'hommes qui vivent sous telle ou telle latitude. Les habitants de l'Auvergne et du Limousin, notamment les montagnards, mangent très-peu de viande et ne boivent qu'une très-petite quantité de vin; ils se nourrissent de soupes épaisses, de pommes de terre et de châtaignes, et pourtant ce sont des gens robustes, comme le témoigne la classe des porteurs d'eau et des charbonniers de Paris, presque tous Auvergnats ou Limousins. Les paysans des Vosges et du Jura ont pour base d'alimentation les pommes de terre et les choux, le laitage, le pain de seigle; ils élèvent des porcs plutôt par spéculation que dans un but de consommation personnelle, se bornant à l'usage du lard comme assaisonnement de leurs légumes. Excepté sur les versants plantés de vignes, ils ne boivent guère plus de vin que les paysans de la Limagne et de l'Auvergne, mais beaucoup d'entre eux s'administrent d'excessives libations d'eau-de-vie. Le long du littoral maritime, la population, composée en majorité de pêcheurs, se nourrit principalement du produit de son industrie; elle consomme peu de viande, boit du vin ou du cidre, selon le site qu'elle occupe, et ne se prive pas d'alcools. Or, toutes ces races d'hommes sont robustes, actives, infatigables au travail. Pourtant, il s'en faut de beaucoup qu'elles jouissent d'un régime substantiel et nutritif comme celui du Parisien ; car, de tous les Français, c'est le Parisien qui se nourrit le mieux, d'après les règles absolues de l'hygiène. A la vérité, il n'a pour lui ni l'air éminemment réparateur de l'Océan et de la Méditerranée, air chargé de molécules salines, qui s'accommode si bien aux fonctions de la respiration, de la circulation et de l'assimilation ; ni l'air vif et oxygéné des montagnes, ni l'eau pure des vallées, ni l'exercice à l'air libre, ni ce calme d'une existence régulière, dont ne sauraient jouir les cités populeuses. Pour maîtriser les diverses causes d'affaiblissement physique et moral qui menacent le citadin des grandes villes, il faut donc qu'il sache compenser, par une nourriture saine, animalisée, substantielle sous un petit volume, les divers avantages réservés aux campagnards. Il importe que les fatigues énervantes, que les impressions morales dont il est incessamment assiégé, ne le trouvent point en travail d'une digestion pénible, et que les aliments dont il use soient en rapport avec la délicatesse ou l'impressionabilité de ses organes.

Chez l'homme, la vie n'est possible qu'à la condition d'une absorption continue de trois éléments fondamentaux : l'oxygène, l'azote et le carbone. L'oxygène se renouvelle par la respiration, dans la proportion d'un kilogramme d'oxigène par jour. Quant à l'azote et au carbone, ils proviennent principalement de l'alimentation. Or, il résulte de calculs positifs que nous perdons, en vingt-quatre heures, par la respiration et par les différentes excrétions, 310 grammes de carbone et 130 grammes de substance azotée, renfermant 20 grammes d'azote. Il faut donc que la nourriture remplace ces quantités, et qu'elle le fasse de manière qu'une des quantités ne l'emporte point sur l'autre. Pour obtenir 310 grammes de carbone, 1,033 grammes de pain suffiraient ; mais on n'aurait que 71 grammes de substances azotées au lieu de 130. Il faudrait, au contraire, 2,818 grammes de viande pour obtenir ces 310 grammes de carbone. Or, comme 619 grammes de viande fournissent 130 grammes d'azote, on aurait, en excès, dans la production de l'azote, 2,199 grammes de viande. Il convient, par conséquent, de mêler l'usage de la viande avec celui du pain ou de telle autre substance qui s'y rapporte, afin d'atteindre l'équivalent des pertes et des réparations journalières du corps humain. La ration la plus normale se composerait de 1,000 grammes de pain et de 280 grammes de viande, parce qu'elle fournirait 130,26 grammes de substance azotée, et 331,46 grammes de carbone. On atteindrait le même but avec d'autres combinaisons alimentaires, avec le poisson ou avec certains aliments farineux, joints aux légumes de plus facile digestion. Mais il faut faire un choix parmi les farineux, les légumes et les poissons, comme parmi toutes les autres substances.

Des notions qui précèdent, des expériences récentes pratiquées par M. Payen sur la chair d'un nombre assez considérable de poissons, il résulte que la viande n'est point d'une nécessité aussi absolue que le prétendent certains économistes, et qu'il existe telles combinaisons de nourriture à l'aide desquelles on peut la remplacer. S'il n'en était point ainsi, que deviendraient les populations pauvres, les classes ouvrières, qui, perdant beaucoup de forces par le travail et par diverses privations, éprouvent, plus que les riches, le besoin impérieux d'une alimentation confortable?

En France, les céréales se distinguent autant par leurs qualités nutritives que par la beauté de leur farine, mais il s'en faut bien qu'elles suffisent aux besoins de la population, surtout quand le ciel ne favorise pas la germination, ou quand le rendement ne répond pas aux espérances du cultivateur. Ainsi, dans l'intervalle des dix dernières années, nous avons eu à déplorer deux années tellement inférieures, qu'il a fallu, pour combler le déficit, acheter 24 à 25 millions d'hectolitres de grains étrangers, c'est-à-dire sortir de nos caisses 6 ou 700 millions de francs qui sont allés enrichir les spéculateurs américains et russes. Cette dépense, cependant, n'a point empêché la population pauvre d'éprouver d'énormes privations et de s'imposer les plus cruels sacrifices.

Il doit être consolant pour le philanthrope de voir le mouvement actif qui entraîne les agriculteurs de toute l'Europe vers la perfection des moyens de culture et vers l'emploi rationnel des divers produits qui en dérivent. Plus de mille exposants, au nombre desquels deux cents Français, sont venus soumettre à l'appréciation du Jury les résultats prodigieux de leurs semailles. L'énumération seule des espèces remplirait un volume, puisque la France, en blé seulement, a présenté cent vingt espèces.

Parmi les produits secondaires que l'art enfante, le gluten se place au premier rang. Perdu naguère dans l'opération destinée à extraire l'amidon des farines, le gluten aujourd'hui se recueille intact et devient le principe constitutif d'une excellente pâte à potages, dite *gluten granulé*, qui se fabrique sur une très-large échelle à Grenelle, Poitiers, Toulouse, et dans plusieurs autres localités de France et d'Europe. On utilise aussi le gluten pour améliorer les farines, et, par suite, les pâtes dites d'Italie dont la fabrication a fait des progrès si rapides depuis l'emploi des blés durs de l'Auvergne et de l'Algérie. Nos pâtes alimentaires sont devenues les premières pâtes du monde. L'appareil Martin, appliqué à l'extraction du gluten, le pétrisseur mécanique Rolland, le pétrin Rolland, le four salubre et divers autres modèles qu'on a pu étudier dans les galeries de l'Exposition, expliquent cette prédominance. Aussi les fécules et farines de manioc et d'arrow-roots envoyées par la Guadeloupe et la Martinique, les fécules de la Bohême et de la Lombardie, les farines du Wurtemberg et du Portugal, les pâtes de la Lombardie et du Piémont, quoique dignes d'infiniment d'estime, perdent pour nous de leur ancienne importance.

Les procédés de fabrication des farines, des pâtes, des biscuits et de tout ce qui se rapporte à l'usage alimentaire des céréales, ont acquis en France une perfection notable. Nos meuniers dépassent les Anglais leurs maîtres; l'Auvergne expédie des pâtes pour une valeur de 10 millions, c'est-à-dire trente fois plus qu'autrefois; Lyon devient, sous ce rapport, un centre remarquable de fabrication; mais l'Autriche, la Belgique, la Toscane, le Canada nous menacent d'une rivalité bien faite pour activer nos efforts.

Le débit des différentes espèces de viandes ne se trouve pas, dans notre pays, en rapport avec les besoins de la population; et les légumes et les fruits, si abondants qu'ils soient, ne compensent pas les privations éventuelles auxquelles nous exposent, relativement aux céréales et à la viande, les intempéries d'une part, et d'autre part le manque d'un nourrissage normal. Ce dernier, en Angleterre, en Suisse, en Allemagne, laisse à désirer beaucoup moins qu'en France. En France, l'espèce animale (quadrupèdes, oiseaux et poissons) donne annuellement un milliard de kilogrammes de substances nutritives, savoir : l'espèce bovine, 302,000,000 kilogr. ; les espèces ovine et caprine, 53,000,000 kil.; l'espèce porcine, 315,000,000 kil.; la volaille, le gibier, le poisson, les œufs et le fromage, 300,000,000 kil. Or, la population totale de la France s'élevant à 35 millions et quelques cent mille habitants, il reviendrait à chacun d'eux, dans une répartition égale, environ 30 kilogr. de substances animales par an ; mais il s'en faut bien que cette répartition ait lieu d'une manière exacte : Paris seul, avec son million d'habitants, absorbe 94,414,710 kilogr. de substances animales ou d'autres produits correspondants, ce qui fait environ 258 grammes par jour pour chaque adulte. Dans Paris, on abat annuellement 140,000 bœufs ; c'est huit fois plus que dans le reste de la France. Le montagnard des Alpes, des Cévennes, du Jura, des Vosges, ne mange pas la trentième partie de viande qu'absorbe un Parisien, et le paysan aisé n'en mange guère que le cinquième. Sous ce dernier rapport, la population anglaise est mieux partagée que la nôtre, car, chez elle, chaque individu consomme, en moyenne, 82 kilogrammes de viande par an, ou 234 grammes par jour, chiffre presque équivalent à celui de la ration ordinaire du bourgeois de Paris. Il en est de même d'une grande partie de la population allemande.

Les chefs d'ateliers, les propriétaires de grandes usines ou d'exploitations agricoles reconnaissent aujourd'hui l'influence qu'exerce la nourriture dans la production du travail ; ils savent qu'une alimentation substantielle double l'énergie des bras ; aussi veillent-ils à ce que leurs ouvriers aient une ration normale. Jamais, on peut l'affirmer, la classe des travailleurs n'a été si bien nourrie que maintenant : mais, longtemps avant nous, on avait étudié cette question sous le double rapport du physique et du moral de l'homme. Chez les Romains, par exemple, l'athlète n'était point un être créé de toutes pièces, qu'il suffisait d'oindre d'huile et de lancer dans l'arène ; c'était un sujet préparé, disposé plusieurs années d'avance, auquel on prescrivait impérieusement l'usage exclusif de certains aliments dosés, administrés à heures fixes, pour augmenter la rigidité, l'élasticité des muscles et diminuer le tissu graisseux. Au moyen âge, les bateleurs, héritiers directs des athlètes, recevaient également une éducation alimentaire combinée avec leur éducation gymnastique. Enfin, de nos jours, l'Anglais ne devient lutteur ou boxeur qu'après un long stage pendant lequel s'opère ce qu'au delà du détroit on appelle l'*entraînement*, c'est-à-dire le départ presque complet du tissu graisseux, la réduction des fluides, surtout des humeurs et de la lymphe, et la réaction élastique des tissus rendue telle qu'un coup, même violent, ne produise nulle ecchymose, ni teinte noirâtre, ni gonflement à la peau.

Appuyé sur une théorie savante et sur de nombreux essais, prenant pour base d'opération le régime imposé aux boxeurs, l'ingénieux Blacwell imagina la possibilité de modifier ainsi l'équilibre des fonctions, de faire prédominer tel organe sur tel autre, de changer profondément la constitution, de créer un genre d'hommes presque factice. Ayant appliqué aux quadrupèdes domestiques cette faculté curieuse, on a vu des croisements successifs et un système d'alimentation approprié, produire, en Angleterre, quantité d'espèces nouvelles d'animaux qui prouvent à quel point l'homme peut exercer de puissance sur les objets de la création et sur lui-même. Cette puissance, sous le rapport moral, devient presque sans limites. Dirigée avec méthode, elle peut améliorer singulièrement les races, modifier, changer le physique et le caractère des individus.

Les considérations où nous venons d'entrer, nous les avons faites dans le but d'établir l'importance qu'a dû présenter l'exposition des animaux reproducteurs imaginée par le gouvernement, pour mettre mieux en relief l'art et les progrès des éleveurs français. On a pu se livrer à d'utiles observations et voir, dans un avenir prochain, surgir des groupes d'animaux modèles, non moins remarquables par leur force physique que par l'excellence de leur chair. L'alimentation des masses y gagnera beaucoup si le zèle des éleveurs répond à la sollicitude éclairée du pouvoir. Mais, pour les espèces animales comme pour les espèces végétales, ce n'est point assez de produire, il faut savoir conserver; il faut que la prévoyance devienne l'auxiliaire du travail. Malheureusement ici, toutes les nations qui ont exposé des grains, des fruits, des légumes à l'état naturel ou à l'état de conserve, se trouvent singulièrement en arrière dans l'art de mettre ces produits divers hors de l'atteinte destructive du temps.

On évalue généralement au quinzième des grains la perte annuelle que causent dans les meules, dans les granges et les greniers l'invasion des rats, des oiseaux, des charançons, de l'alucite et les dégâts de la moisissure. Nos meules, qui reposent sur le sol ou sur un lit de fagots prompts à moisir, nos greniers ouverts à toutes les intempéries, notre lenteur déplorable dans l'opération du battage, sont des procédés qu'on ne saurait abandonner trop vite, car ils favorisent singulièrement tous les genres de destruction et de gaspillage. Les Anglais savent disposer en meule leurs grains avec beaucoup plus d'art que ne le pratiquent nos cultivateurs. Leurs vastes gerbiers occupent un plancher solidement établi sur des piliers en fonte, de telle sorte que ni les rats, ni les insectes n'atteignent le grain. Les greniers sont vastes, bien aérés, et la manutention s'y fait avec une grande aisance. L'usage des machines à battre étant devenu général dans les trois royaumes, l'opération du battage a lieu chez nos voisins d'outre-mer d'une manière beaucoup plus économique que chez nous, et produit un rendement beaucoup plus considérable. Quelques modèles de machines à battre, les unes d'origine anglaise et allemande, les autres d'origine indigène, figuraient à l'exposition de Londres et à celle de Paris. Nous avons particulièrement distingué la machine de M. Salaville, d'un mécanisme simple, d'un système de manutention rapide; machine parfaitement appropriée aux grandes comme aux petites exploitations rurales.

Après l'importance de pouvoir conserver longtemps les céréales, vient celle de la conservation des légumes. On n'apprendra pas sans surprise que la pomme de terre, qui entre aujourd'hui pour une proportion si notable dans l'alimentation de l'homme, court une chance de perte sur trois. Rien n'est plus susceptible d'altération que ce précieux tubercule ; il exige des soins assidus, et M. Salaville aura rendu le plus éminent service, s'il demeure constant que ses procédés économiques ne-sauvent pas moins de pommes de terre que de céréales.

« La plupart des peuples d'Europe, dit M. Émile Bères, ne consomment les légumes qu'à l'état vert, ne jouissent par conséquent de cette précieuse ressource que pendant cinq ou six mois. Les nécessités de l'hygiène, l'esprit d'une économie bien entendue voudraient qu'on procédât différemment. Le moyen trouvé, depuis quelque temps, pour dessécher la plupart des plantes légumineuses, est assurément heureux ; mais il demeure encore assez incomplet, puisque le produit nouveau atteint le chiffre, beaucoup trop élevé, de 2 fr. 40 c. le kilogramme.» Ce n'est plus qu'une consommation de luxe, inaccessible aux petites bourses et aux classes pauvres qui en auraient surtout besoin, car, plus la misère devient grande dans une famille, plus l'alimentation saine et fraîche y serait nécessaire pour subvenir aux autres privations qu'elle endure.

Dès que la vie a cessé d'animer un corps organisé, il rentre sous la puissance des forces physiques et tend à se décomposer. L'humidité, la chaleur, l'oxygène de l'air atmosphérique et la présence de certains éléments fermentescibles, tels que le sucre et l'azote, déterminent cette décomposition. Pour conserver toute espèce de substance organisée naguère, telle que chair d'animaux ou végétal, il faut donc la priver du contact de l'air, ou la garantir d'humidité, ou empêcher l'action du calorique sur elle, ou l'imprégner de principes antiseptiques. La combinaison des quatre procédés en un seul, qui les résumerait tous, répondrait le mieux aux exigences du but qu'on voudrait atteindre.

L'action antiputride du sel marin semble avoir été reconnue dès la plus haute antiquité. Les troupes de Darius se nourrissaient de la chair salée du buffle, et l'on retrouve encore aujourd'hui, chez les tribus nomades et chez les fellahs de l'Orient, cette même chair préparée comme conserve, sous le nom de *pasterma*. A cet effet, on fait choix de buffles jeunes, hauts de taille, sains et nourris en liberté ; on saigne l'animal, puis on le dépèce en morceaux de deux ou trois kilogrammes que l'on entasse dans un tonneau, après les avoir fait baigner, pendant quinze jours, dans une saumure concentrée. Les os sont rejetés, parce que leur substance médullaire se putréfie rapidement et nuirait au succès de l'opération.

Les Israélites, qui ont si religieusement conservé les habitudes hygiéniques de leurs ancêtres, préparent encore aujourd'hui du bœuf salé qu'ils conservent comme nous conservons la viande de porc, et qui, relevée d'épices, présente une saveur très-agréable. Toutefois, nous sommes d'avis qu'une semblable viande ayant perdu ses sucs séreux, son albumine et son arome, ne possède plus, à beaucoup près, les qualités de la viande fraîche.

Il ne nous est pas démontré que les poudres de viande, connues depuis un temps immémorial et reproduites, presque à chaque siècle, sous la forme d'invention nouvelle, soient préférables aux salaisons. L'historien Dion Cassius, qui vivait sous Commode et Pertinax, parle d'une poudre de viande dont se nourrissaient les tribus guerrières de l'Asie-Mineure. Jean Xiphilis dit la même chose des habitants de l'Armorique. Le kacha des Chinois, qu'ils tirent d'Astracan et qui fait l'objet d'un commerce très-considérable, est de la viande hachée menu, puis desséchée ; tous les indigènes de la haute Asie, Tartares, Mongols,

Kalmoucks en font usage. Une poudre semblable, colorée en vert, constitue la provision principale des sauvages de Susquehannah, lorsqu'ils traversent les savanes incultes de leur immense territoire.

Vers 1680, l'idée vint à un nommé Martin de nourrir les troupes françaises avec de la poudre de bœuf séchée dans des fours de cuivre ; il en parla au ministre Louvois, qui fit expérimenter la chose sous ses yeux ; mais la mort de Louvois fut un obstacle à la continuation des essais. On les reprit à Lille en 1733 ; à l'hôtel des Invalides en 1754, à Bordeaux en 1779 : les soldats, notamment ceux du régiment suisse de Salis, murmurèrent, et il fallut y renoncer.

Lorsqu'on assiégeait Sébastopol, M. Cellier-Blumenthal proposa au ministre de la guerre d'assurer la subsistance de nos armées belligérantes en les pourvoyant d'une viande de garde ; viande qu'il préparait, comme le fait M. Bech, en faisant cuire aux trois quarts, par la vapeur, la chair musculaire isolée de la graisse et des os, en la râpant ensuite, la séchant et la comprimant pour la renfermer, sous forme de briques, dans des tonneaux ou dans des boîtes de fer-blanc. Quelques essais ayant réussi et une commission s'étant déclarée pour l'adoption de cette méthode alimentaire, on expédia en Crimée beaucoup de viande ainsi réduite. L'influence de la mer et de l'humidité, le transport à longue distance frappèrent de rancidité les conserves de Cellier, et l'administration ne put les utiliser.

« Au premier abord, dit un élégant écrivain militaire, la dessiccation semble devoir être un excellent moyen pour conserver les matières organiques, puisqu'elle leur enlève un des trois éléments essentiels à la putréfaction, l'humidité. Mais, en prévenant l'altération des tissus, cette opération n'en change-t-elle pas les propriétés ? J'ai vu plus d'une fois, en Afrique, de la viande exposée au soleil noircir et racornir en quelques jours. Toutefois, cette transformation d'aspect et de consistance ne s'opérait jamais qu'à la condition préalable d'un commencement de décomposition putride rendue manifeste par l'odeur qui s'exhalait pendant la cuisson. On conçoit qu'un pareil aliment puisse trouver sa place dans un festin de cannibales, mais nous ne sommes point des Caraïbes ; il nous faut, à nous, des viandes conservées avec le moins d'altération possible, sous le triple rapport de leur saveur, de leur digestibilité et de leur puissance nutritive. Toutes les tentatives dirigées vers ce but ont eu un point de départ commun, garantir la substance contre l'action de l'oxygène. » *Champouillon.*

La méthode Appert a précisément pour objet d'écarter ce gaz en essayant de l'annihiler. À cet effet, l'expérimentateur introduit dans des flacons solides les substances cuites aux trois quarts, les comprime légèrement pour faire disparaître les vides, puis il y coule de la graisse, du jus ou des sirops, selon la substance qu'on a l'intention de conserver. On chauffe ensuite le vase pendant trente minutes à une température moyenne de 75 à 80 degrés, et on le clôt avec un bouchon de liége comprimé auquel on fera bien de substituer un bouchon de gutta-percha.

Cette méthode d'Appert n'est point nouvelle ; les ménagères l'employaient depuis des siècles, et les Juifs notamment, auxquels il faut toujours remonter dans les questions d'hygiène, faisaient, comme il font encore, grand usage de graisse d'oie pour conserver leurs viandes. Les conserves au beurre, les conserves à l'huile ne datent pas non plus d'hier. Nous avons vu, sortis des ruines de Pompéi, quelques vases remplis d'olives très-bien conservées, mais inmangeables, parce que l'huile s'était altérée et formait un acide gras des plus rances. Nous avons vu de même extraire des tombeaux d'Italica, dans l'Andalousie, des fruits contenus dans de petits vases en verre, auxquels quinze siècles n'avaient pas causé la moindre altération. Mais M. Appert peut revendiquer l'honneur d'avoir généralisé la chose, et de se l'être appropriée, pour ainsi dire, par des expériences multipliées faites sous diverses latitudes. En somme, si la méthode Appert offre d'incontestables avantages quant aux résultats, on peut lui reprocher cependant de n'être pas suffisamment pratique ; les conserves atteignent un prix trop élevé pour qu'on puisse en faire aux troupes belligérantes l'objet de distributions journalières.

Un expérimentateur habile, M. Turck, a proposé d'entourer la viande d'une couche de son jus, de la sécher à l'étuve et de la conserver dans un lieu bien sec. Ce moyen présente l'avantage énorme de sauvegarder toutes les qualités de la viande, mais étant très-dispendieux il ne peut servir à l'usage universel ; il ne convient qu'aux gens riches qui n'en useront sans doute pas.

Modelant son procédé sur celui de M. Turck, un industriel américain a proposé d'envelopper la viande crue d'une couche de graisse, qu'il fait sécher ensuite dans de l'air chaud. Ainsi chacun, selon la remarque de M. Champouillon, pourrait tenir dans sa poche ou dans sa valise une provision culinaire composée de tranches musculaires ou de côtelettes. On a prétendu que la viande renfermée dans cette gangue gélatineuse, y resterait fraîche, mais c'est une erreur grave. M. Poggiale, en effet, n'a-t-il point constaté que les sucs séreux de la viande filtrent par exosmose à travers la couche de gélatine chargée de la garantir, et qu'une fois humectée la gélatine forme un dégoûtant déliquium. On peut, à la vérité, par une macération dans l'eau chaude, dépouiller la viande de la gélatine qui l'entoure et la rendre plus acceptable aux répugnances légitimes du soldat, mais cette opération exige du temps, et, pour les armées en campagne, c'est l'épargne du temps qui assure le succès.

Résumons : tous les modes de conservation des matières animales peuvent être ramenés à un seul mode d'application certaine, celui qu'Appert a su populariser. Qu'on en ait modifié la pratique, changé la forme des vases, accéléré ou réduit la cuisson, peu importe, le système reste le même, et le jury d'exposition l'a parfaitement senti en accordant à l'inventeur deux grandes médailles dont il était certes digne. Tout récemment, un ingénieux expérimentateur, M. Jobart, reprenant en sous-œuvre le procédé Poggiale, a proposé le tanin comme moyen de conservation des viandes. Attendons que, sous ce rapport, la pratique décide.

Parmi les échantillons de viandes salées qui figuraient au Palais de l'Industrie, on aura sans doute remarqué des jambons d'York énormes, qui se mangent indifféremment crus ou cuits et qui présentent une fraîcheur des plus appétissantes. Quelques conserves de viandes américaines méritaient aussi une sérieuse attention ; mais nous avons été surtout frappé du mode ingénieux de réduction du lait en tablettes et des transformations si variées de cette substance en fromages, parmi lesquels figuraient avec honneur les Roquefort et les Gruyères.

La conserve des aliments farineux, beaucoup plus facile que celle des aliments fibrineux et gélatineux, tenait aussi sa place à l'Exposition de 1855, comme elle l'avait tenue à celle de Londres; nous y avons vu toutes sortes de biscuits, et entre autres des biscuits formés de bouillon de bœuf et de farine de froment. Mais ces conserves, destinées principalement au marin, à l'homme de guerre, ne remplissent encore qu'à demi leur objet. « Quels que soient les soins que l'on apporte à la fabrication des biscuits semi-fibrineux et semi-farineux, ils offrent peu de cohésion, dit un médecin militaire qui a vu l'Afrique et l'Orient ; ils s'émiettent, et, une fois brisés, ils rancissent au contact de l'air et prennent une saveur aigrelette. Si l'on veut en faire de la soupe, on n'obtient qu'un magma brunâtre dont l'aspect et la saveur inspirent aux soldats un dégoût qu'augmente encore le soupçon d'insalubrité. » Toutes les nations maritimes et militaires, tous les peuples qui se livrent aux voyages de long cours, surtout les Anglais et les Français, ont multiplié les expériences de manutention afin d'arriver à une combinaison heureuse dont s'accommodent l'œil, le palais et l'estomac des marins et des soldats; une galerie du Palais de l'Exposition regorgeait d'essais tentés dans cette vue; mais, jusqu'à présent, aucun n'a présenté des chances de réussite absolue, et nous ne sachons pas qu'un homme, à constitution robuste, doué d'un bon estomac, ait jamais pu, sans en être incommodé, se nourrir exclusivement pendant plus de vingt jours, de biscuits préparés d'après les méthodes réglementaires de l'administration des armées.

Au milieu de l'immense quantité de produits qu'enfante le sol européen, produits non moins variés que savoureux, il faudrait que l'art du conservateur, profitant de ces qualités natives, tâchât de les maintenir, et qu'une sollicitude incessante vînt diriger le travail des manipulations. Les viandes salées, les poissons fumés, les pâtes, les bières, les vins, sont des substances infiniment délicates à préparer et qui exigent pour cela des mains aussi soigneuses qu'expérimentées. Sous ce rapport, l'Allemagne et la France, la France surtout a fait des progrès notables, mais bien souvent l'habileté préside, aux dépens de la bonne foi, à la confection des objets alimentaires.

Les boissons fermentées, les alcools, le lait, le café en poudre, le chocolat, les condiments, sont les produits qui demandent le plus de surveillance de la part des dépositaires de l'autorité publique ; et cette surveillance ne saurait devenir trop active, trop intolérante, car le fraudeur s'appuie sur les plus récentes découvertes de la chimie, sur les procédés les moins connus, et il cause un mal d'autant plus grand qu'il ne s'attaque pas seulement à la bourse des acheteurs, mais à leur santé, aux sources mêmes de la vie.

Après les substances solides viennent naturellement se ranger les liquides, et, parmi eux, dans l'ordre de préséance sous le rapport de la multiplicité et de la qualité des produits, nos vins indigènes, notre Champagne, notre Bordeaux et notre Bourgogne.

Le véritable vin de Champagne, vif, spiritueux, d'une saveur agréable, d'un arôme délicat, présente toutes les qualités qui assurent le maintien de la réputation dont il jouit.

Cette industrie, éminemment nationale, n'a besoin d'aucun secours pour prospérer. Elle
ne réclame ni la protection des tarifs, ni la moindre subvention. Sans rivale dans le
monde, elle ne redoute nulle concurrence. Les vins mousseux, fabriqués en Allemagne,
en Suisse, en Russie, aux États-Unis et même en certaines parties de la France, ne possèdent ni la finesse, ni l'innocuité du véritable Champagne; aussi leur vente a-t-elle cessé
de s'étendre dans les pays mêmes où la contrefaçon est des plus actives. On évalue à
76,000 âmes la population qui vit du produit des vignes champenoises. Leur production
dépasse annuellement 14 millions de bouteilles d'une valeur d'environ 30 millions. Les
vins de la Côte-d'Or, les vins de Bordeaux, les vins du Midi, n'offrent pas, dans leur
circonscription respective, un débit plus productif. Tous ces vins figuraient avec distinction au Palais de Cristal comme au Palais des Champs-Élysées. Entre tous, le choix eût
été difficile : Romanée-Conti, si brillant et si fin; Clos-Vougeot, si parfumé; Chambertin,
si délicat; Mont-Rocher, si suave; Richebourg et Volnay si spiritueux, si légers; Pommard, le plus moelleux des Bourguignons, semblaient porter défi aux plus grands vins
de l'illustre Gironde. Mais Château-Margaux, Château-Latour, Château-Laffitte, Mouon,
Léoville, Virvens-Darfort, Gruau-Laroze, Pichon-Longueville, Daru-Beau-Caillou, Cos-
Destourmel, la Grange, Langon, etc., attendaient sans crainte les décisions du jury
d'examen, assurés qu'ils étaient de demeurer la boisson privilégiée des buveurs d'élite,
des gens du grand monde, des femmes délicates, des complexions nerveuses, tandis que
la Bourgogne fournira toujours d'abondantes libations aux amis de la bonne chère et des
plaisirs sensuels. Les vins du Haut-Rhin, ceux de la Corse, de la Drôme, du Gers, du
Gard, d'Indre-et-Loire, de Lot-et-Garonne, de Vaucluse et des Pyrénées-Orientales, méritaient aussi de ne point être oubliés. On les a distingués : à côté d'eux, même au-dessus
d'eux, figurent quelques vins algériens des récoltes de 1852 et 1854. Un nom nouveau,
celui de M. Yirgnette-Lamothe, ingénieur des mines et propriétaire dans la Côte-d'Or, est
venu, dans ce concours universel, dominer les autres noms, parce qu'il s'étaie d'une science
profonde et d'essais nombreux; parce que les vins qu'il fabrique l'emportent sur tous les
autres produits de la Côte-d'Or, parce qu'il sait harmonier l'espèce avec la nature du sol.

L'empire d'Autriche est très-riche en vins de bonne qualité et d'un prix peu élevé.
Cette production dépasse 22 millions et demi d'hectolitres, dont 15 millions d'hectolitres
sont produits par la Hongrie; 1,273,500 hectolitres par les provinces vénitiennes; 1,132,000
hectolitres par la Lombardie, et autant par la Basse-Autriche; 799,500 hectolitres par la
Transylvanie; 750,000 par la Styrie, et 566,000 par la Dalmatie. Tokai, Menesch, Voeslau,
Rutter, Greenzinger, Bude, Gumpolds-Kirchner, etc., ont conservé leur ancienne et légitime réputation. Il en a été de même du vin d'essence de Menesch, du Ratz, du Gze-
raosak, du Lobsitz et du Nessmeleyer. Nul d'entre eux, cependant, n'a pu disputer la
prééminence au vin d'Olympe, qui n'a qu'un rival peut-être, le vin de Chypre.

Les grands-duchés de Bade et de Hesse, le duché de Nassau, la Prusse, ont fait connaître
d'excellents vins, surtout dans le genre mousseux; la Bavière a envoyé du Château-Main-
berg, digne des meilleurs crus de toute l'Allemagne. Les vins suisses de Lavaux et du
Clos de Cully ne viennent qu'après, ce nous semble.

La Sardaigne a exposé des vins de Caluso-Yenta et des bières délicieuses; la Grèce, des vins de Nuit et de Ténos; le grand-duché de Toscane, des vins de Broglio, de Malvoisie, de Grappoli et de Pacciano; l'Espagne, des vins d'Alicante, de Barcelone, de Malvoisie, de Pina et de Xérès; le Portugal, des vins Muscat, des vins de Sétubal et de Porto. Ces derniers, d'une finesse exquise, plus naturels et moins chargés d'alcool que ceux destinés à la consommation des Anglais, possédaient un arôme préféré par certains connaisseurs au bouquet des premières qualités de la Grèce.

Une qualité de vin presque inconnue dans notre pays, vin d'une finesse exquise dont l'Angleterre a commencé l'exploitation, et qui a pris rang parmi les produits liquoreux de l'Exposition universelle, c'est le vin de l'Australie, appelé *Riesling*. L'Angleterre vient aussi d'introduire en Europe quelques espèces de vin provenant de la Nouvelle-Galles du Sud, mais de toutes ses importations liquides aucune n'atteint à la hauteur qu'occupe et que doit occuper le vin de Constance du cap de Bonne-Espérance.

Parmi les vins factices obtenus sans raisin, nous avons remarqué le vin d'ananas de la Martinique, les vins de groseille, de framboise et de cassis fabriqués dans la Terre de Van-Diemen, les vins de gingembre et de miel remontant à l'année 1847 et provenant de l'Amérique méridionale. On eût été bien curieux de déguster quelques échantillons du vin de riz qui se confectionne dans la Haute-Asie, en Chine, en Tartarie, au Japon, avec une habileté si grande; mais sous ce dernier rapport l'Exposition universelle de 1855 a été moins favorisée que celle de Londres. La bière, le cidre, sont aussi des vins factices qui rendent aux classes agricoles d'un cinquième de la France des services considérables. L'étranger l'emporte sur la France pour ses bières, mais nous l'emportons sur lui pour nos cidres.

Après les vins, nous avons accordé une attention toute particulière aux alcools ainsi qu'aux vinaigres. L'alcool et les vinaigres de Prusse, les vinaigres séculaires dits de Modène, exposés par les États pontificaux, les liqueurs de la Toscane, l'alcool d'asphodèle de Maroc, le rhum de la Réunion, les liqueurs et les essences de la Transylvanie, le kirsch-wasser de la Forêt-Noire, méritent certainement une mention des plus honorables. Dans l'intérêt de l'hygiène, nous voudrions bien voir réduite l'effrayante consommation d'alcool, mais dans l'intérêt du fisc et des fabricants, nous souhaitons qu'en Algérie la canne à sucre, la figue, la datte, l'asphodèle, mais surtout la canne soient distillées sur une large base.

Le miel du mont Hymette dont le nom seul réveille les souvenirs les plus poétiques, a fait acte de présence à côté des sucres de Costa-Rica, de Guatimala, de la Nouvelle-Grenade, du Mexique, et de Kolva (royaume hawaïen), comme s'il eût voulu entretenir le monde nouveau des produits du monde ancien. Quant aux sucres de Suède, d'Autriche, des grands-duchés d'Oldenbourg et de Luxembourg, ils rivalisent, non-seulement avec les sucres de France, mais encore avec tous ceux des colonies! A ce propos, nous signalerons quelques appareils utiles qui, dans les nombreuses visites faites à l'Exposition par S. A. I. le prince Napoléon, ont spécialement attiré son attention. Tel est, entre autres, un modèle des distilleries de betteraves fonctionnant au sein des grandes exploitations rurales. Ces distilleries permettent de conserver, dans les résidus de la macération des betteraves, la majeure partie des matières nutritives, moins le sucre transformé en alcool et en acide carbonique. Le lavage des betteraves par la vinasse substituée à l'eau simple, présente un immense avantage, non-seulement sous le rapport sanitaire, mais aussi sous le rapport économique. Déjà deux cents établissements ruraux emploient l'appareil de macération, de fermentation et de distillation dont M. Champonnois est l'heureux inventeur, et 150 millions de kilogrammes de betterave ont pu être manipulés de la sorte pendant une seule campagne de quelques mois.

Un autre modèle de distillerie, modifié par M. Le Play; un système perfectionné à double râpe et quadruple tamis appliqué à l'extraction de la fécule, machines de création française, avaient captivé particulièrement l'attention du prince Napoléon; mais il ne fut pas moins frappé des avantages qu'offrirent, sous le rapport des ressources alimentaires et de l'économie, ces presses à cylindres, ces râpes à poussoirs mécaniques; ces appareils divers de lixiviation de la pulpe ; ces agents au moyen desquels on produit et on insuffle l'acide carbonique dans le jus des betteraves défiqué par un excès de chaux; appareils évaporatoires par la vapeur à triple et quintuple effet. Tant d'ingénieuses machines qui utilisent si à propos les forces et les propriétés des substances préalablement étudiées par la physique, la chimie et la physiologie végétale, démontrent une fois de plus que les sciences n'ont rien de trop précis, et, comme le disait M. Payen, de trop délicat pour les besoins actuels des applications agricoles et manufacturières.

Des appareils aux produits il n'y a qu'un pas, écrivait l'annaliste des visites du prince Napoléon à l'Exposition universelle ; ce pas, à peine franchi, mit S. A. I. et son scientifique cortège en présence des envois remarquables du comité de Valenciennes et des groupes sortis des sucreries de l'Abagdebourg, terres classiques pour les cultures sarclées et pour la fabrication du sucre indigène. Sur la même ligne figuraient les raffineries de Valenciennes, de Paris, de Lille et d'Arras. Cette dernière raffinerie appartient à M. Cespel-Dellisse, le seul industriel sucrier qui, même dans les plus mauvais jours, n'ait jamais interrompu ses travaux, ni désespéré, quand tant d'autres doutaient du succès que le génie de Napoléon préparait à la fabrication des sucres indigènes.

En présence du mérite incontestable de nos raffineurs, c'est un devoir de mentionner Cuba, Java, la Guyane anglaise, l'île Maurice, la Barbade, la Guadeloupe, la Réunion, et de rappeler qu'en cette dernière île ont été introduits les premiers appareils à cuire dans le vide, avec serpentins évaporatoires.

A la suite des produits importants que nous venons d'énumérer se placent les fruits secs et les conserves de la Hongrie ; les conserves de la Californie ; les conserves des Pays-Bas, de la Belgique et de la Bavière ; les chocolats d'Angleterre, de France et de la Suisse ; les figues, les prunes, les olives et les raisins secs de l'Espagne ; la menthe en pastille de Hollande ; les pêches des États pontificaux ; les essences, les siróps de la Toscane ; les dragées de Wurtemberg et de France ; les gelées de pomme de Normandie ; les gelées de groseille de Bar ; les œufs de poisson et les poissons rouges confits de Tunis, et ces quatre-vingts espèces de dattes qui ne sont qu'un spécimen bien imparfait de la multiplicité de provenances diverses propres au sol africain. Notons, avant d'aller plus loin, que les sucreries, les confiseries, les biscuits et les liqueurs fines de France l'emportent notablement sur ce qui, dans le même genre, se fabrique ailleurs. Depuis vingt ans, nos progrès dans la préparation du chocolat ont également été tels qu'aucune concurrence étrangère ne serait redoutable désormais.

Le thé et le café, dont l'usage, devenu presque universel, transforme en objet de nécessité première deux boissons regardées jadis comme de simple fantaisie, termineront notre nomenclature. Depuis le thé de Java, qui occupe le premier rang dans cet ordre de provenances exotiques, jusqu'au thé de Suisse et au thé français, il y avait à l'Exposition bien des variétés et bien du choix ; mais comment les classer ? Toute nomenclature, fondée sur les sympathies et les antipathies individuelles, serait évidemment arbitraire et sans objet. Le thé contenant, comme le café, du manganèse et du fer, possède les principes actifs des eaux minérales les plus énergiques. Il n'y a pas de boissons qui, par la complexité de leurs éléments se rapprochent davantage du bouillon de viande ; et on l'a si bien senti dans presque toute l'Allemagne et en Angleterre, qu'on y subdivise en deux parts les plus minces salaires d'ouvriers ; l'une pour le café ou le thé, l'autre pour les pommes de terre, le bifteck ou le pain. De cette manière, nos voisins d'outre-Rhin et d'outre-Manche se rapprochent d'une nourriture normale, bien plus que ne le font nos bourgeois et nos paysans. Chez les Anglais et les Allemands, les libations d'eau-de-vie, autrefois si communes, sont remplacées généralement par le thé et par le café qui soutiennent les forces du corps sans les user.

Les sophistications du thé, plus fréquentes et plus graves qu'on ne le suppose, sont difficiles à constater. Il faut une grande habitude d'observation et des connaissances botaniques spéciales pour classer les différentes espèces de thé, et, en même temps, une dégustation exercée pour faire la part des mélanges qui viennent compromettre la qualité des provenances. Parmi les thés du commerce, il en est beaucoup qui ont déjà subi l'infusion de consommateurs privilégiés.

Les cafés, de même que les thés, classés dans le commerce, moins d'après leurs affinités botaniques que d'après leur provenance, occupaient à l'Exposition universelle de Londres et à celle de Paris, des rayons multipliés où brillaient surtout les espèces de la province d'Yémen, de l'île Bourbon et de la Martinique. Celles de la Guadeloupe, de Cayenne, de Saint-Domingue et des Indes-Orientales ne tenaient que le second rang. Mais, pour les unes comme pour les autres, nous avons vu là bien des causes de déception. Qu'importe au consommateur qu'un planteur riche, triant sa récolte, réunisse de magnifiques échantillons et les déclare *spécimen* du pays. C'est un mensonge, un piège tendu à sa bonne foi candide. Le consommateur ne demande pas, en effet, des prodiges de végétation ; il recherche une denrée marchande de bonne qualité et à bon marché.

Depuis longtemps, diverses circonstances imputables aux producteurs, à leurs intermédiaires, aux consommateurs eux-mêmes, déterminent la dépréciation du café. Déjà, vers le milieu du siècle dernier, l'abbé Charlevoix, Bliguy et le Père Labat, reprochaient aux planteurs de ne point attendre la dessiccation parfaite de la graine du caféier pour la livrer au commerce, et de l'expédier en Europe dans les conditions les plus mauvaises. Aujourd'hui, comme jadis, cette marchandise ne nous arrive qu'après avoir traversé la mer sur des navires craquelés qui font eau de tous côtés; elle voyage dans la cale, en contact avec des cuirs, des épices, des huiles, des viandes salées; elle se pénètre d'humidité, de principes salins désagréables, et perd ainsi la moitié de son arome parfumé. Pour obvier à cet inconvénient, il suffirait d'expédier la fève du caféier dans des caisses bien fermées; mais elle perdrait beaucoup de son poids, et cette condition du poids affriande les spéculateurs.

Le grain de café bien mûr fournit à l'analyse de la cellulose, de la fécule, de l'eau, des matières grasses, de la caféine libre, une huile essentielle concrète, de l'azote et d'autres principes. Par la torréfaction à l'air libre, l'eau de végétation s'évapore, la cellulose et la fécule brunissent, la caféine se transforme en huile aromatique. L'appareil le plus convenable pour cette manipulation est un poêlon exclusivement affecté à son usage. Soumis, par une agitation continuelle, à l'action uniforme d'un feu vif et soutenu, les grains de café décrépitent et se couvrent d'une couche onctueuse d'huile odorante. C'est le moment d'arrêter l'opération, moment qu'il faut observer d'un œil attentif, flairer avec soin et apprécier avec le tact que donne l'habitude. Les fèves ainsi torréfiées, ruisselant de gouttelettes aromatiques, doivent être renfermées immédiatement et conservées dans une boîte de fer-blanc, pour que l'arome ne s'échappe pas. « L'épicier, dit M. le docteur Champouillon, s'obstine à suivre une méthode différente; il ne veut pas comprendre qu'en faisant griller le café dans un brûloir soigneusement clos, chaque grain cuit, pour ainsi dire, dans son eau de végétation; que la conversion de la caféine en huile aromatique ne s'effectue qu'à l'air libre, et qu'il est impossible, avec un semblable instrument, de juger du point exact de la torréfaction. Livrez à ce praticien barbare le moka le plus pur, et à force de tourner bêtement son cylindre, il ne vous rendra qu'un charbon amer, inodore ou sentant le vieux beurre. Ces grains ainsi carbonisés, l'épicier les étale au soleil, derrière les vitres de son magasin; là ils perdent le peu d'arome qui leur restait, absorbent les émanations sulfureuses ou ammoniacales de la rue, ainsi que les mille senteurs nauséabondes de la boutique. Pour tempérer cette infection, les rustres ajoutent au café moulu de la poudre de chicorée plus ou moins avariée elle-même; la fraude y glisse souvent des carottes, des haricots, des pois chiches, ou des marrons torréfiés et pulvérisés. Au fait, du moment que le public souffre la chicorée, il ne peut plus se formaliser de l'addition de toute autre substance noire. » Faut-il s'étonner, après cela, que le café du gland, le café de chicorée et d'autres torréfactions monstrueuses aient envahi le palais de l'Exposition? On les a proclamées utiles et stomachiques, et leurs inventeurs s'enrichissent aux dépens des niais qui accréditent ces produits.

REVUE DES PRINCIPAUX OBJETS

EXPOSÉS DANS LA ONZIÈME CLASSE.

FARINES.

A l'exemple du Jury de la XIe Classe, nous commençons par l'examen des farines exposées.

Le rapport officiel, sur cette section si intéressante de l'Exposition Universelle, ne dit que quelques mots; laconisme regrettable, à une époque comme la nôtre, où la question d'alimentation joue un si grand rôle. Des renseignements émanants d'une notabilité comme M. Darblay jeune, rapporteur, eussent été accueillis avec le plus vif intérêt. Nous ne serons pas, il est vrai, beaucoup plus explicite, mais nous ferons une observation que nous livrons surtout à l'appréciation de ceux qui devront à l'avenir fixer les conditions des concours de la meunerie :

Le Jury international, pour juger du mérite des exposants, n'avait à comparer que les farines présentées par chacun d'eux, cela était-il suffisant? Nous ne le pensons pas, il aurait dû, ce nous semble pouvoir examiner, en même temps, les blés pareils à ceux dont les farines avaient été extraites, et les autres produits et *issues*, obtenus en même temps, du même grain; puis enfin avoir la preuve authentique que chacun exposait le produit réel de son travail.

Le Jury de la XIe Classe, pour la distribution des récompenses, a divisé les farines exposées en deux groupes, selon les procédés employés dans la mouture. Le premier groupe comprend les farines de gruaux sassés; genre de farine uniquement destiné à la pâtisserie et à la boulangerie de luxe. On se sert, pour l'obtenir, de l'ancien mode de mouture française, dans lequel, au lieu de chercher à extraire la farine du premier coup de meule, on emploie deux moutures successives. Après la première mouture, dans laquelle on n'a produit que de gros gruaux, on prend ceux-ci que l'on nettoie et ressasse pour les débarrasser de toutes les parties légères, puis on les fait passer une seconde fois sous la meule, et cette seconde mouture donne, comme on le conçoit aisément, une farine parfaitement blanche, dont chaque grain est en quelque sorte choisi; ce qui la rend très-propre à la panification de luxe.

Parmi les exposants du gruaux sassés :

MM. ROUZE-AVIAT, à Chambly (Oise), France,

MINGUET PÈRE ET FILS, à Senlis (Oise), France,

ISIDORE FOULD, à Saint-Denis (Seine), France,

ANTOINE NOVOTNY, à Prague (Autriche).

ont reçu la MÉDAILLE DE PREMIÈRE CLASSE.

Le deuxième groupe comprend les farines de commerce fabriquées par le procédé dit à l'anglaise.

M. BRANSOULIÉ, a Nérac (France).

M. Bransoulié présentait à l'Exposition Universelle des farines de commerce fabriquées par le procédé dit à l'anglaise ; elles consistaient en farines *minot* (première fleur), en farines rondes et *issues* qui les suivent.

La mouture à l'anglaise dans laquelle, dit le rapport officiel, « les meuniers français ont réellement dépassé leurs maîtres, » s'opère à l'aide de petites meules de 1 mètre 30 à 1 mètre 50 de diamètre, soigneusement rayonnées et repiquées, avec lesquelles on s'efforce d'atteindre du premier jet toute la farine contenue dans le blé.

Nous empruntons à une note remise au Jury, par M. Bransoulié, quelques détails sur cette mouture et sur les importants résultats qu'elle peut avoir dans le domaine de l'alimentation publique, en en laissant toutefois à leur auteur la responsabilité des détails.

On sait, dit-il, que la qualité d'un blé dépend de la plus ou moins grande quantité de gluten qu'il contient, puisque le gluten est le principe nutritif des céréales. La qualité des farines doit-elle être appréciée autrement que celle des blés? évidemment non. Il s'agit donc de trouver une mouture qui, en transformant le blé en farine, laisse à celle-ci le plus possible du gluten que contenait celui-là. Or, dans la mouture des gruaux sassés, avec les remoulages qu'elle nécessite, la plus grande partie du gluten se volatilise et se perd dans l'échauffement. Dans la mouture anglaise au contraire, où la farine est toute obtenue du premier jet, moins de gluten est perdu, et même on n'en perdrait presque pas si on appliquait généralement des procédés indiqués par certains inventeurs pour empêcher l'échauffement de la farine sous les meules.

A Paris, où la farine blanche est la plus recherchée, la base de la taxe du pain est établie sur un rendement de pain de 130 p. 100, c'est-à-dire qu'on estime que 100 kilogr. de farine donnent 130 kilogr. de pain.

A Nérac, où la mouture anglaise est exclusivement pratiquée, on calcule sur un rendement de 145 p. 100, soit 145 kilogr. de pain pour 100 kilogr. de farine.

Il est impossible d'attribuer cette différence énorme de 15 p. 100 à autre chose qu'à la différence des moutures; mais en admettant que les blés de Paris soient inférieurs à ceux de Nérac, et en leur faisant une part de 5 p. 100 pour cette infériorité, il reste encore 10 p. 100 produit par la différence des moutures; et poids pour poids, le pain de Paris est bien moins nourrissant que celui de Nérac.

La quantité de gluten que contient la farine, est révélée par une teinte jaune uniforme répandue sur le pain; qu'il ne faut pas confondre cependant avec la couleur gris-roux que possèdent les farines provenant des *blés grossagues*. On voit donc que pour juger la bonté et la valeur nutritive du pain, c'est une grande faute de s'attacher à la blancheur. On ne peut qu'appeler l'attention de la meunerie intelligente sur ces résultats importants.

M. Bransoulié est à la tête d'une usine considérable, les moulins de Lastous de Barbaste, dans laquelle on réduit chaque jour en farine 350 hectolitres de blé, soit par an 128,000 hectolitres; il a pu étudier sur une grande échelle l'importante question du rendement des blés en farine suivant les différents systèmes, et se convaincre de la perte énorme qu'il signale occasionnée par la fabrication des farines d'un haut degré de blancheur.

On doit aussi à M. Bransoulié des procédés d'étuvage qui assurent la bonne conservation de la farine dans les longs voyages en mer, et que le Jury, dans son rapport, a mentionné d'une manière toute particulière.

M. Bransoulié a reçu la MÉDAILLE DE PREMIÈRE CLASSE.

La même récompense a été décernée, pour des farines mouturées à l'anglaise, à :

MM. LEBLANC (Abel), à Mouroux (Seine-et-Marne), France,

LARICHE-BAUDOIN, au moulin de l'Orme Halé (Eure-et-Loir), France.

BOULÉ et Cⁱᵉ, à Maintenon (Eure-et-Loir), France,

RISBOURG (Étienne), à Bouchain (Nord), France,

GUERRIER-BONNET, à Maintenon (Eure-et-Loir), France,

Le comte THUN-HOHENSTEIN, à Tetschen-sur-Elbe (Bohême), Autriche.

Les produits en blés de notre colonie d'Afrique ont mérité, par leur importance, d'être classés à part. On cultive en Algérie deux sortes de blé, *le blé tendre et le blé dur;* de ce dernier on peut extraire des semoules, des pâtes et des vermicelles.

MM. THIERRY et KACZANOWSKI, à Bouffarik (Algérie),

GANZIN, à Mustapha (Algérie),

qui exposaient des farines de blé tendre et des farines de blé dur, ont obtenu la MÉDAILLE DE PREMIÈRE CLASSE.

MM. PÉRÈS, à Batna (Algérie),

ARNAULT et MOUREAUX, à Batna (Algérie),

LAVIE FILS, à Constantine (Algérie),

Pour la belle qualité de leurs farines de blé dur, ont également reçu la MÉDAILLE DE PREMIÈRE CLASSE.

M. CHEVIRON, à Médéah (Algérie), pour ses semoules de blé dur, même récompense.

MAHOURAR BEN CHARAM, à Milah (Algérie), pour son coucoussou, MÉDAILLE DE DEUXIÈME CLASSE.

M. MAGNIN, à CLERMONT-FERRAND (PUY-DE-DÔME), FRANCE.

M. MAGNIN se présentait au grand concours industriel de 1855, tout à la fois comme importateur, propagateur et producteur *en grand* de blés durs, comme inventeur des perfectionnements apportés à la mouture des semoules, comme fabricant de pâtes, dites d'*Auvergne*, qui éclipsent aujourd'hui les produits similaires de l'Italie; enfin, comme inventeur de procédés particuliers.

Il exposait :

I. — *Vingt gerbes de blés durs* d'Auvergne, provenant de diverses semences, originaires de l'Europe, de l'Espagne, de l'Afrique et de l'Asie, principalement de Naples, de Palerme, d'Oran, de Marianopolis et de Taganrog. Ces blés ont été cultivés sans engrais et récoltés par M. MAGNIN, qui poursuit et vulgarise ses expériences de culture, depuis vingt-cinq années, dans le département du Puy-de-Dôme.

II. — *Vingt échantillons de grains* différents, réunissant les semences originaires et les grains récoltés en Auvergne.

III. — *Semoules ordinaires et torréfiées* présentant des nuances différentes, selon leur qualité et leur grosseur après le blutage.

IV. — *Pâtes diverses,* telles que vermicelles, macaronis, lazagues, noudles ou nouilles, etc., fabriquées exclusivement avec des semoules pures.

V. — *Pâtes analeptiques et azotées,* à grains arrondis, composées avec des œufs et de la semoule, etc.

VI. — Enfin, des *farines de légumes cuits,* de lentilles, de petits pois, de fèves, de châtaignes, de riz et du gluten, etc.

II.

47

S'appuyant sur son exhibition, M. Magnin déclarait :

1° Que les grains des blés durs d'Auvergne sont plus gros, plus glacés, plus compactes et plus pesants que les semences étrangères ;

2° Qu'ils pèsent de 84 à 89 kilogrammes par hectolitre, tandis que les semences étrangères ne pèsent que de 78 à 83 kilogrammes ;

3° Que les blés d'Auvergne contiennent moins d'amidon et plus de gluten que les blés étrangers.

Le Jury de la XI° Classe et celui de la XXXI° ont examiné ces magnifiques produits, et le résultat de cet examen a été le vote par le premier, d'une MÉDAILLE DE PREMIÈRE CLASSE, et par le second, d'une MÉDAILLE D'HONNEUR en faveur de M. Magnin, auxquelles Sa Majesté l'Empereur a ajouté la CROIX DE CHE-VALIER DE LA LÉGION D'HONNEUR.

Voici le rapport du Jury de la XXXI° Classe :

« L'industrie des pâtes a fait en France de grands progrès depuis vingt-cinq ans; l'exportation et la consommation de cet article ont pris un grand développement depuis dix ans.

« Les semoules et les pâtes préparées avec les blés durs d'Auvergne ont triomphé du préjugé qui faisait préférer les pâtes d'Italie; cette préférence était fondée il y a vingt-cinq ans.

« En 1819 une seule personne fabriquait des pâtes dites d'Italie à Clermont-Ferrand (Puy-de-Dôme); la France ne possédait en 1827 qu'une dizaine de fabriques; en 1830 M. Magnin créa une nouvelle fabrique à Clermont-Ferrand; c'est de cette époque que datent les progrès et le développement de l'industrie des pâtes en France. On compte maintenant autour de Clermont-Ferrand cent fabricants et soixante-dix moulins qui mettent en œuvre 400,000 hectolitres de froment de la Limagne; M. Magnin occupe trois cent cinquante ouvriers; il vend pour plus de 1,500,000 de semoules, de pâtes de farines, de légumes; le produit de deux cents fabriques existant en France dépasse 18 millions de francs.

« L'Auvergne doit à M. Magnin l'accroissement de la prospérité agricole et industrielle que lui assure le développement de la fabrication des pâtes; la France lui doit d'avoir élevé cette fabrication au plus haut degré de perfectionnement qu'elle ait atteint nulle part. M. Magnin n'est parvenu à un tel résultat que par des efforts persévérants pendant vingt-cinq ans; quatre fois il est allé étudier les procédés de fabrication à Naples, à Gênes, en Allemagne et ailleurs. Les plus belles qualités de blé étrangers ont été acclimatées par lui dans la Limagne. »

« De nombreuses récompenses ont honoré les travaux de M. Magnin; aujourd'hui il se présente comme producteur de blé dur, comme fabricant de pâtes, comme inventeur de procédés et de perfectionne-ments mécaniques; ses macaronis et autres produits réunissent toutes les conditions de bonne qualité et de bon marché; ces divers titres le placent hors ligne dans son industrie. Le Jury de l'économie domes-tique est heureux de rencontrer un exposant qui justifie, comme M. Magnin, une haute distinction et lui décerne la MÉDAILLE D'HONNEUR.

M. J.-B. BERTRAND ET C°, A LYON (FRANCE).

M. Bertrand exposait aussi des pâtes dites de Gênes et d'Italie, fabriquées à Lyon avec des blés durs d'Afrique, et plusieurs échantillons de ces blés qu'il déclarait renfermer 68 p. 100 de semoule et être éminemment propres à la fabrication des pâtes.

Les fabricants de pâtes alimentaires de Lyon réclament pour leur ville l'honneur d'avoir soustrait la France au tribut payé par elle à l'étranger pour cette sorte de produits qui, comme on le sait, rem-placent le pain et jouent un grand rôle dans l'alimentation. Aussi chaque nation est-elle intéressée à les fabriquer chez elle, avec ses céréales, et de la manière la plus économique, en même temps que par les meilleurs procédés.

L'Italie a eu longtemps le monopole de la fabrication des pâtes et elle y excellait. Pour nous affran-chir du joug de l'importation des pâtes fines d'Italie, les fabricants lyonnais avaient été directement chercher, sur les bords de la mer d'Azof, le long des rivages de la mer Noire et en Sicile, les excellents blés qui ont valu à Gênes et à Naples, la renommée de leurs produits; mais il est des circonstances, et la guerre dernière nous l'a prouvé une fois de plus, où les approvisionnements venus de l'étranger peuvent manquer, et où la matière première fait défaut aux manufactures. C'était donc rendre un service au pays que de lui fournir les moyens de s'approvisionner sur son propre sol.

Après être entrées en concurrence avec l'Italie en se servant pour leur fabrication des blés de Rome, les fabriques de Lyon sont parvenues à l'égaler en employant des *blés durs de nos possessions d'Afrique.*

Quant au rôle joué par M. Bertrand dans cette innovation, on lit dans *le Tableau de la situation des établissements français en Algérie, 1854-1855*, publié par le ministère de la guerre :

« M. Bertrand, fabricant de pâtes à Lyon, avait exposé dans le compartiment algérien, des pâtes fabriquées par lui avec des blés durs d'Algérie et mises en regard des pâtes de blés durs de Taganrog, généralement employés avec les blés d'Odessa et de Sicile, dans ce genre de fabrication.

« Ces pâtes étaient fort belles et révélaient le bon usage que l'on peut faire du blé dur algérien dans l'industrie des pâtes alimentaires en France. Elles donnèrent lieu à des études du plus haut intérêt sur sa nature et l'essence même du blé dur algérien *triticum durum*, comparable au *triticum polonicum*, dont la matière est d'une admirable transparence. Après avoir établi les aptitudes particulières des différents blés durs pour la fabrication des pâtes, M. Bertrand dit que les blés durs d'Afrique se travaillent avec les mêmes avantages que ceux de la mer Noire et de la mer d'Azof, et leurs semoules ont l'avantage d'avoir comme celles des blés exotiques un goût excellent, de se gonfler et de se tenir fermes à la cuisson.

« La fabrication des pâtes peut donc trouver dans les blés d'Algérie tous les éléments désirables et contribuer par leur emploi au développement de la production coloniale. M. Jean-Baptiste Bertrand continue, sur une vaste échelle, la fabrication des pâtes alimentaires au moyen des blés durs d'Algérie, et le département de la guerre voulant encourager l'entreprise de cet honorable fabricant, s'est concerté avec le département de l'agriculture, du commerce et des travaux publics, afin que les semoules fussent considérées désormais, sur le chemin de fer de Lyon à Paris, comme blés et farines et non comme articles de luxe. »

Nous ajouterons que, pour réussir complétement dans son travail des blés durs d'Afrique, aucun sacrifice n'a coûté à la maison Bertrand et Cⁱᵉ: elle a refondu et renouvelé son matériel, et en est arrivée à obtenir des produits de la plus grande perfection.

Le Jury de la XIᵉ Classe a décerné à M. Bertrand et Cⁱᵉ la MÉDAILLE DE PREMIÈRE CLASSE.

M. BETZ-PENOT, a Ullay, près Nemours, Seine-et-Marne (France).

M. Betz-Penot exposait les divers produits de trois moutures de maïs, effectuées d'après un procédé dont il est l'inventeur.

Tous les hommes qui ont écrit sur le maïs, Parmentier, Pallas, François de Neufchâteau, A. Duchesne, Bonafous, etc., etc., ont prôné les qualités et les avantages de cette précieuse graminée; mais tous aussi ont émis le vœu de voir un jour la meunerie parvenir à épurer et à perfectionner les produits provenant de sa mouture.

En effet, quel que fût le mode à l'aide duquel on l'obtenait, la farine de maïs conservait toujours un certain goût âcre, était trop compacte pour être facilement manipulée; enfin, elle se digérait difficilement.

Ces graves inconvénients, on le reconnaissait, avaient pour cause un corps gras et résineux, qui entoure l'embryon, pénètre dans l'intérieur du grain à une profondeur considérable, et dans la mouture, se mélange à la farine.

Une multitude de moyens avaient été employés pour en annihiler les effets, sans jamais produire des résultats satisfaisants.

M. BETZ-PENOT, après avoir étudié la composition du grain de maïs, et reconnu en lui cinq parties bien distinctes, savoir : 1° l'enveloppe; 2° une partie cornée (d'où proviennent les semoules); 3° une partie blanche et farineuse; 4° une partie grasse (le cotylédon entourant le germe); 5° une pellicule noire qui recouvre ce germe; comprit que le seul moyen d'épuration praticable était de séparer le cotylédon et la pellicule noire des autres parties, et d'y parvenir par la mouture même.

Il fit de nombreux essais qui longtemps furent infructueux; il ne se rebuta pas, et après de longues recherches et des dépenses considérables, il parvint enfin à résoudre complétement la difficulté.

Son mode, d'une simplicité extrême dans l'application, consiste à moudre la graine de maïs à l'aide de meules *rhabillées* d'après un système particulier et disposées d'une certaine manière.

Ainsi préparées, les meules, dans un seul tour, enlèvent l'enveloppe du grain, isolent le cotylédon et la pellicule noire, réduisent en grosse semoule la partie cornée, et en farine, la partie blanche farineuse. Le blutoir donne immédiatement après, d'une part, les semoules et les farines, de l'autre, les cotylédons, les pellicules noires et le son.

Il était, on le voit, impossible de mieux résoudre le problème.

M. BETZ-PENOT n'ayant pas obtenu pour son invention tous les brevets qu'il désire avoir, ne peut encore en divulguer les procédés, mais les résultats parlent assez haut pour en faire apprécier l'excellence.

Les trois moutures exposées provenaient : la première, de maïs blanc; la deuxième, de maïs jaune; la troisième, de maïs rouge. Chacune d'elles était divisée en sept parties, dont quatre de semoules de grosseur différente, et trois autres de farines plus ou moins fines. Cette division, adoptée par M. BETZ-PENOT, lui a paru la plus rationnelle.

A part les bocaux renfermant chacun de ces échantillons, il y en avait deux autres pour chaque mouture, contenant, l'un le son, l'autre les cotylédons et les pellicules noires.

D'après ce qui précède, il est facile de comprendre comment les semoules et les farines, ainsi obtenues du maïs, ne sont plus âcres, ne sont plus compactes, et ne présentent dans la digestion aucun des inconvénients de celles où se trouvent mélangées les pellicules noires et la partie grasse.

Les semoules font un excellent potage, et les farines, au lieu de ne pouvoir, comme par le passé, ne se consommer qu'en *polenta*, tout en étant bien plus aptes à ce genre d'aliment, s'allient avec grand avantage aux farines de froment, de méteil et de seigle pour la fabrication du pain. (La farine de maïs ne contenant pas de gluten, ne peut être panifiée seule). Le pain obtenu à l'aide de ces mélanges, est sain, nourrissant, agréable au goût, et a surtout l'avantage de se tremper parfaitement. Plusieurs boulangers de Paris, et entre autres, MM. Vaury, Bernard Vandeclaye et Tiphaine fournisseur de la maison de l'Empereur, en fabriquent tous les jours.

La farine de maïs est aussi heureusement employée dans la pâtisserie grasse et sèche.

M. Cellier-Matifas, pâtissier, 17, rue Neuve-Saint-Augustin, a prouvé tout le parti que l'on pouvait en tirer, et fait, avec elle, une grande réputation à sa maison; M. Sigaut, fabricant de pâtisserie sèche, l'a employée avec les mêmes avantages; enfin, M. Pelletier s'en sert pour les biscuits de mer, dont il livre chaque année une immense quantité.

Le bonheur des peuples étant toujours en raison de la masse des subsistances, et un champ de maïs fournissant plus de nourriture que tout autre champ de même étendue, semé en blé ou en autres céréales telles que mil, millet, etc., etc., la découverte de M. BETZ-PENOT qui permet complétement l'emploi de la farine de maïs dans l'alimentation, est une de celles qui ont droit à la reconnaissance de tous. La Société d'Encouragement l'a reconnu la première en lui décernant une médaille d'or; une seconde médaille lui a été donnée au concours d'Orléans. Le Jury international, à l'Exposition Universelle, lui a voté la MÉDAILLE DE PREMIÈRE CLASSE. Depuis, le Jury de l'Exposition de l'économie domestique, à Bruxelles (Belgique), lui a aussi décerné sa médaille.

M. GROULT JEUNE, à Paris (France).

M. Groult jeune exposait diverses farines de légumes cuits, de racines potagères, de céréales, des pâtes et plusieurs échantillons de substances étrangères purifiées et préparées pour l'alimentation des convalescents.

La fabrication spéciale de ces produits a été créée par M. Groult jeune, et forme aujourd'hui une nouvelle branche d'industrie digne de figurer au premier rang; car où trouver plus d'obstacles à surmonter que dans la bonne préparation des substances alimentaires? Sur la demande de M. Groult, le jury international a délégué un de ses membres pour visiter son usine de Vitry-sur-Seine, et des éloges les plus flatteurs ont été adressés à cet habile fabricant, sur ses moyens particuliers de cuisson, de séchage et de mouture, reconnus supérieurs à tous les procédés généralement employés.

Ses farines de légumes cuits pour potages et purées, destinées aux petits ménages, ont été l'objet d'une attention particulière, car elles offrent de grands avantages; elles sont très-nutritives, d'un prix modéré, et leur cuisson est presque instantanée.

Le double but que M. Groult s'était proposé est aujourd'hui atteint, car l'alimentation de la classe moyenne et ouvrière est améliorée, en même temps que celle de la classe riche est arrivée à un grand degré de perfection.

Voici la nomenclature des produits de la maison Groult jeune, qui jouit d'une réputation si méritée :

Farines de châtaignes pour purées et crèmes, farines de légumes cuits, de pois, petits pois, fèves, lentilles, haricots, etc., pour potages et purées à la minute, farines de racines potagères pour juliennes ; crème et semoule de riz, riz-julienne, potage à la Crécy, crème et semoule d'orge, farine et semoule d'avoine, farine et semoule de maïs, dictamia au café et au cacao, chapelure de pommes de terre, riz chochina, parmentine, vermicelle de gruau, etc. En produits étrangers purifiés et préparés : le tapioca du Brésil en semoule, le sagou des Indes, le salep de Perse, l'arrow-root de la Jamaïque, les biscotes de Bruxelles et les pâtes d'Italie.

La médaille de première classe a été décernée à M. Groult jeune.

MM. ROY et BERGER, successeurs de MM. VÉRON FRÈRES, à Poitiers (France), ont reçu la médaille de première classe pour des gluten granulé, gluten-julienne granulé.

M. FERDINAND PAOLETTI, à Pontedra (Toscane), a reçu la médaille de première classe pour la perfection de ses pâtes et l'importance de ses produits.

M. PITTS, à Montréal (Canada). Les biscuits exposés par plusieurs maisons du Canada ont fixé l'attention du Jury de la XIe Classe. Il a, dit le rapport, « été un moment indécis pour savoir auquel de ces fabricants il décernerait une récompense. » Son choix s'est enfin fixé sur M. Pitts, auquel il a accordé la médaille de deuxième classe.

M. ALBERTINI (G.) et Cⁱᵉ, à Turin (États sardes). Cette importante maison, qui occupe un grand nombre d'ouvriers, avait envoyé à l'Exposition Universelle des riz mondés d'une qualité très-remarquable, qui lui a mérité la médaille de deuxième classe.

MM. PALLESTRINI FRÈRES, à Villa-Biscossi (États sardes), pour les mêmes produits, qu'ils cultivent, récoltent et travaillent eux-mêmes, ont obtenu pareille récompense.

Les expositions d'amidon et de fécules ont donné lieu aux récompenses suivantes :

MM. MARTIN et Cⁱᵉ, à Grenelle, près Paris (France), dont l'exposition se composait d'amidon en pain, fleur d'amidon, gluten granulé et séché en feuilles, farine de gluten, pain de farine de gluten, macaroni et pâtes additionnées de gluten, ont reçu du Jury la médaille de première classe.

M. PIERIS, à Paradenia (île de Ceylan), Colonies Anglaises, pour ses fécules de palmier. Même récompense.

M. BLOCH, à Dusslenheim (Bas-Rhin), France, pour la beauté de ses produits et particulièrement pour ses sagous. MÉDAILLE DE PREMIÈRE CLASSE.

SUCRE DE CANNES.

L'ILE DE CUBA (Colonies espagnoles), ET LA SOCIÉTÉ NÉERLANDAISE DU COMMERCE, à Amsterdam (Pays-Bas).

LES ILES DE CUBA ET DE JAVA, malgré la distance qui les sépare, ont développé simultanément et comme par une commune entente, la fabrication du sucre, jusqu'à sa dernière perfection. Sous les inspirations d'une expérience journalière, les méthodes de fabrication, aussi bien que les appareils, ont corrigé peu à peu les anciens errements, et les produits obtenus eussent mérité à chacune de ces industries une MÉDAILLE D'HONNEUR, si cette haute distinction ne leur avait été déjà décernée précédemment dans les IIIe et Xe Classes.

M. THOMAS PORTER, à la Guyane (Possessions anglaises).

Les exploitations de la Guyane anglaise et de Puerto Rico produisent pareillement des sucres d'une grande beauté; mais, si certains fabricants livrent individuellement des sucres aussi beaux, même plus beaux que ne le sont en général ceux de Cuba et de Java, il se trouve d'autres fabricants qui ne produisent que des qualités inférieures, comparés à ceux dont les échantillons sont si supérieurs. On peut donc dire qu'en général la fabrication du sucre de la Guyane anglaise et de Puerto Rico se trouve inférieure à celle de Cuba et de Java, quoique certaines individualités aient pu s'élever de beaucoup au-dessus de leurs concurrents. Grand nombre de colonies présentent le même exemple d'une perfection extrême à côté de produits peu satisfaisants.

Parmi les exposants qui placent la Guyane anglaise dans cette situation particulière, M. THOMAS PORTER a mérité la MÉDAILLE DE PREMIÈRE CLASSE pour ses sucres, dont la granulation excellente, comparable à ce que les îles de Maurice et de la Réunion produisent de mieux, fixait particulièrement l'attention.

La COMMISSION PROVINCIALE DE PUERTO RICO a été honorée d'une récompense d'ensemble, la MÉDAILLE DE DEUXIÈME CLASSE, pour les beaux produits généralement obtenus par sa fabrication.

MM. WICHÉ ET Cᵉ, ILE MAURICE (Possessions anglaises).

Les îles Maurice et de la Réunion travaillent et suivent ensemble les mêmes systèmes et les mêmes errements. Les appareils les plus divers y sont employés : appareils à vide, appareils Wetza, appareil rotateur de Bour, etc. De toutes les colonies européennes, la Réunion notamment doit être considérée comme fournissant les plus beaux sucres bruts; c'est dans cette île qu'en 1837 se sont introduits les premiers appareils de la cuisson dans le vide et à serpentins évaporateurs. D'autres perfectionnements se sont encore faits depuis lors; dans certaines fabrications on a adopté la granulation en chaudière au moyen de la vapeur et du vide.

Les produits exposés par MM. WICHÉ et Cᵉ ont paru au Jury supérieurs à ceux de leurs concurrents, et il leur a décerné la MÉDAILLE DE PREMIÈRE CLASSE.

MM. VIGUERIE et Cᵉ, sucrerie du Gol, à l'île de la Réunion (Colonies Françaises), ancien élève de

l'École centrale des arts et manufactures de Paris, pour travaux utiles à l'industrie; MÉDAILLE DE PREMIÈRE CLASSE.

M. L. DE KERVÉGUEN, île de la Réunion, (Colonies Françaises), possède l'établissement le plus important de l'île et présentait des sucres fort remarquables. MÉDAILLE DE PREMIÈRE CLASSE.

La Guadeloupe, Colonie Française, se distinguait, après la Réunion, par la beauté hors ligne de ses produits. La MÉDAILLE DE PREMIÈRE CLASSE a été décernée, parmi les exposants de cette colonie, à :

MM. CHAZELLES, usine de Marly, qui livre annellement au commerce 750,000 kil. de sucre clarifié par le noir animal;

PAUL DAUBRÉE, fondateur des importantes usines de Duval, de l'Acomat, de Bellevue. Cette dernière usine a fabriqué, dans l'année 1854, 700,000 kil. de sucre brut turbiné et de sucre terré.

M. GUIOLET-QUENESSON, à la Martinique (Colonie Française), sur cinq exposants de la Martinique, a seul obtenu la MÉDAILLE DE PREMIÈRE CLASSE.

LE GOUVERNEMENT ÉGYPTIEN possède le monopole des sucres du pays. Les produits de cette fabrication, quoique très-imparfaits, méritaient cependant de fixer l'attention, plutôt au point de vue de la possibilité d'une grande industrie à venir, que sous le rapport de leur état actuel, les préjugés religieux de ce pays s'opposant malheureusement à l'emploi du noir animal. LE GOUVERNEMENT ÉGYPTIEN a obtenu une MENTION HONORABLE.

SUCRE DE BETTERAVES.

COMITÉ DES FABRICANTS DE SUCRE DE VALENCIENNES (FRANCE).

Le Comité des fabricants de sucre de Valenciennes a exposé des specimens de cette importante fabrication, tels que sucres bruts, sucres claircés, sucres raffinés et candis.

C'est dans les fabriques de l'arrondissement de Valenciennes que l'industrie du sucre de betterave a pris son essor; c'est encore dans ce pays qu'elle a reçu toutes ses améliorations et qu'elle est aujourd'hui dans sa plus grande prospérité. Les premières usines furent montées de 1810 à 1815, alors que le régime du blocus continental rendait indispensable la production d'un sucre indigène. Ces usines succombèrent aussitôt que le blocus cessa, mais elles reprirent une existence nouvelle en 1820. Il s'établit alors entre les fabricants Valenciennois une sorte de solidarité qui fait qu'ils se communiquent entre eux leurs détails de fabrication, les améliorations qu'ils découvrent ou qu'ils appliquent. Cette fraternité, si rare entre commerçants, fait que toutes ces usines, arrivées au même degré de perfection, prospèrent ensemble et sur la même ligne; les étrangers eux-mêmes, qui viennent chercher là des renseignements, sont assurés d'être accueillis, et on leur enseigne sans difficulté tous les détails qui peuvent les intéresser. Pourtant, les produits de l'arrondissement de Valenciennes, malgré cette facilité à dévoiler les moyens de fabrication, continuent à être les plus estimés par le commerce, aussi la production annuelle du pays s'élève-t-elle à 16,000,000 de kil. de sucres de toute nature.

Dire ensuite que la plupart de ces industriels, en se fixant dans les campagnes, sont devenus agriculteurs, et que leur exemple a déterminé par contre, les agriculteurs du département à se vouer à l'industrie, c'est dire que la prospérité agricole de la contrée s'est considérablement accrue. Le rendement du sol en céréales s'est augmenté d'un dixième, à ne prendre que les termes moyens; la pulpe a permis d'accroître le bétail, et par suite les engrais; enfin aujourd'hui les jachères ont complétement disparu.

Ces brillants résultats de l'union de l'agriculture et de l'industrie ont valu au Comité des fabricants de sucre de Valenciennes la MÉDAILLE D'HONNEUR.

SOCIÉTÉ INDUSTRIELLE SUCRIÈRE DE BETTERAVES DU ZOLLVEREIN, résidant a Berlin
(Prusse).

La Société industrielle sucrière de betteraves du Zollverein a réalisé, pour l'Allemagne, une partie des résultats obtenus, pour la France, par les fabricants de Valenciennes; même fraternité existe entre les membres de ces deux Sociétés.

Une amélioration digne d'être signalée a été introduite dans l'industrie sucrière par la Société du Zollverein. On a remarqué que la pesanteur spécifique du jus de betterave correspond, d'une manière presque constante, avec la pesanteur spécifique de la racine. Dans le but de s'assurer de n'avoir que des graines de bonne qualité, on plonge les racines destinées à être plantées, dans des bains successifs d'eau salée à divers degrés; on constate de la sorte leur pesanteur spécifique relative, ce qui permet en conséquence d'employer les bonnes racines et d'écarter les mauvaises. La fabrication et la révivification du noir animal ont été aussi l'objet de la plus grande sollicitude de la part des fabricants allemands; nulle part ces opérations ne sont aussi bien faites et ne donnent d'aussi bons produits. Enfin ces industriels sont les premiers qui aient introduit manufacturièrement l'acide carbonique dans leurs usines.

La Société sucrière du Zollverein, honorablement représentée et présidée jusqu'à ce jour par M. Riedel, conseiller intime de S. M. le roi de Prusse, a obtenu la médaille d'honneur.

M. CRESPEL-DELISSE, a Arras (France).

M. Crespel-Delisse est le doyen des fabricants de sucre de betterave. A la suppression du régime du blocus continental, il fut du petit nombre de ceux qui ne désespérèrent pas de l'avenir. En 1819, sa production s'élevait à 50 milliers de sucre; en 1832 il avait atteint le chiffre de 140 milliers.

Malgré quelques errements de fabrication défectueuse, suivis dans l'origine par M. Crespel, on doit lui savoir gré d'avoir un des premiers signalé les avantages de l'emploi du noir animal; depuis 1840 il n'a pas cessé d'accroître son exploitation, d'améliorer ses procédés. Aujourd'hui, dans les sept usines qu'il dirige, il produit annuellement un total de 3,000,000 de kil. de sucre, qui sont épurés dans sa raffinerie d'Arras. Ces divers titres ont acquis à M. Crespel la médaille d'honneur.

Les fabricants dont les noms suivent ont reçu la médaille de première classe :

MM. ALEXANDRE PÉRIER, à Flavy-lez-Martel (Aisne), France, un des fabricants les plus intelligents de France. Son établissement est dirigé d'une manière parfaite. On trouve réunis dans cette fabrique la lixiviation de Schuzembach, les procédés de Rousseau, les toupies et le premier appareil à triple effet monté en France.

HERBET et Cᵉ, à Bourdon (Puy-de-Dôme), France, pour avoir importé la fabrication du sucre dans un pays propre à la culture de la betterave, et pour avoir ainsi vivifié une contrée jusqu'alors en stagnation.

LE BARON SINA, à Zreut-Mikloss (Hongrie); l'un des plus grands industriels de l'Autriche, et dont les produits sont d'une excellente qualité.

ALCOOLS DE JUS ET DE MÉLASSES DE BETTERAVE.

MM. SERRET, HAMOIR, DUQUESNE et Cᵉ, a Valenciennes (France).

L'importance de la maison Serret, Hamoir, Duquesne et Cᵉ est considérable; elle livre annuellement au commerce pour une somme de 4 à 5 millions de produits, qu'elle extrait des betteraves ou des mélasses achetées aux sucreries. De la mélasse, elle retire les alcools; des betteraves, elle extrait le sucre ou l'alcool, selon les besoins, en les travaillant sèches, ou, pour employer le terme technique, en *cossette*.

L'emploi de la betterave en *cossette* est sujet à quelques oppositions, et peut donner lieu à quelques critiques; mais nous n'avons point à les examiner ici; il nous suffit de remarquer que la fabrication de MM. Sonnet et C° triomphe d'un grand nombre de difficultés dans l'extraction des alcools, et qu'ils livrent à la consommation des produits d'une qualité presque égale à celle des alcools de jus.

C'est dans cette usine qu'on applique les procédés inventés par M. Dubrunfaut pour la production des alcools fin goût de mélasse, et pour la fabrication des potasses avec les résidus de la distillation des mélasses. Ces potasses, d'abord obtenues brutes, ont été progressivement amenées à un degré de pureté satisfaisant, c'est-à-dire qu'elles sont raffinées aujourd'hui à 97 p. 100, ce qui permet de les employer, sans autre raffinage, à la fabrication du cristal.

Après l'extraction des produits salins, les résidus boueux du travail sont vendus comme engrais, et sont pour cet usage d'une qualité parfaite, puisqu'ils contiennent encore de l'azote, du charbon et des phosphates.

Il est utile de faire remarquer que les potasses, carbonates, chlorures et sulfates, auxquels il faut ajouter le carbonate de soude, sont livrés aux fabricants à un prix inférieur aux produits de l'Amérique et de la Russie, quoique leur pureté soit plus grande, étant raffinés, comme nous l'avons dit, à 97 pour 100, tandis que les échantillons étrangers ne le sont qu'à 60 seulement. Ces beaux résultats, dus à l'invention de M. Dubrunfaut, et à la brillante application qu'en ont faite MM. Sonnet, Hamoir, Duquesne et C°, ont valu à cette importante maison la MÉDAILLE D'HONNEUR.

MM. TILLOY, DELAUNE et C°, à Courrières, Pas-de-Calais (France). L'industrie sucrière est en partie redevable à MM. Tilloy, Delaune et C° du *montage des fabriques à deux fins*, de manière à pouvoir manipuler à volonté, en alcools ou en sucre, les betteraves, suivant les besoins du pays. MÉDAILLE DE PREMIÈRE CLASSE.

MM. CASTIAU et C°, à Vieux-Condé (France), ont obtenu pareillement la MÉDAILLE DE PREMIÈRE CLASSE, leur fabrique est également organisée à deux fins, pouvant obtenir de la betterave, du sucre ou de l'alcool. La supériorité des produits de M. Castiau est due tout à la fois aux soins qu'il apporte dans les détails de sa fabrication et au traitement des flegmes par l'acide nitrique; genre de fabrication qui lui est particulier.

M. LEFEBVRE, à Corbehem, Pas-de-Calais (France), pour son épuration des salins et la bonne qualité de ses produits, a obtenu aussi la MÉDAILLE DE PREMIÈRE CLASSE.

RAFFINERIES DE SUCRE.

MM. BERNARD FRÈRES, à Lille (France), sont à la tête d'une des raffineries les plus anciennes de la France. Cette maison, dans laquelle se sont succédé, de père en fils, les hommes les plus distingués et les plus considérés du département du Nord, n'est restée étrangère à aucune des grandes questions industrielles qui se rattachent à la fabrication du sucre de betterave et de l'alcool. Les deux raffineries de sucre que possèdent à Lille MM. Bernard frères, ne sont pas les seules qu'ils aient sous leur direction; ils ont encore, soit par eux-mêmes, soit par association, établi d'importantes usines dans des pays restés jusqu'alors étrangers aux progrès de notre époque: on peut citer, en témoignage, l'établissement qu'ils ont fondé à Plangy, et celui plus important encore du Roger (Loir-et-Cher).

Le Jury leur a décerné la MÉDAILLE DE PREMIÈRE CLASSE.

MM. JEANTY, PRÉVOST et C°, à Paris (France), livrent au commerce des sucres de deux espèces, sucres moulés et sucres coulés pour lesquels ils ont obtenu la MÉDAILLE DE PREMIÈRE CLASSE. Les sucres coulés, fabriqués à la manière ordinaire, sont d'une qualité supérieure qui mérite de fixer l'attention.

M. CLERC-KAYSER, au Havre (France); MÉDAILLE DE PREMIÈRE CLASSE.

M. BAYVET, à Paris, ancienne et honorable maison; même récompense.

MM. CLAUSS ET CARON, à Gand (Belgique), dirigent l'établissement qui, le premier sur le continent, adopta les chaudières à cuire dans le vide, jusqu'alors usitées seulement en Angleterre. Les sucres candis, particulièrement, ont mérité à cette maison la MÉDAILLE DE PREMIÈRE CLASSE.

MM. ARNSTEIN ET ESKELÉS, à Laybach, en Carniole (Autriche); même récompense.

LA RAFFINERIE DE LAUSERONS (Suède); MÉDAILLE DE PREMIÈRE CLASSE.

LA RAFFINERIE NÉERLANDAISE, pour ses sucres d'une conservation facile dans les voyages de long cours, quoique d'un emploi moins convenable pour les usages ordinaires. — Le grain en cristaux en est gros et dur. Ce produit méritait une attention particulière; MÉDAILLE DE PREMIÈRE CLASSE.

SUCRES ET ALCOOLS.

MM. ROBERT ET Cᵉ, A GROSS, SELOWITZ (AUTRICHE).

La maison Robert et Cᵉ, par la présence de son chef parmi les membres du Jury, se trouvait hors de concours, et n'a pu obtenir en conséquence qu'une MENTION TRÈS-HONORABLE.

L'ensemble des travaux de cette maison, fondée en 1838, est des plus remarquables : trois modes d'extraction employés simultanément par M. Robert; le procédé des râpes et presses, la macération des betteraves vertes et la macération des betteraves desséchées, ont permis de reconnaître l'infériorité de ce dernier mode, qui, en conséquence, a été abandonné.

M. DUBRUNFAUT, A BERCY, SEINE (FRANCE).

Une GRANDE MÉDAILLE D'HONNEUR a été décernée à M. Dubrunfaut, à Bercy (France), à titre de coopérateur, pour ses importants travaux, qui ont fait avancer, d'une manière si considérable, l'industrie des sucres et des alcools. Il n'a pas exposé lui-même ses produits, mais les résultats obtenus dans les usines où l'on a rendu pratiques les résultats théoriques obtenus par ce savant, suffisent pour révéler l'influence qu'il a exercée dans toute cette partie de l'Exposition.

M. ÉMILE RAIMBEAUX, A BRUXELLES (BELGIQUE).

On lit dans le Rapport officiel du Jury de la XIᵉ Classe : « Si M. Émile Raimbeaux ne faisait pas partie « du Jury international, nous aurions exposé ses titres comme l'un des premiers raffineurs de sucre en « Belgique ».

VINS.

On conçoit aisément la place importante qu'occupait le vin à l'Exposition Universelle.

On évalue la production annuelle du globe à 100 millions d'hectolitres d'un produit de 5 milliards. L'influence incalculable qu'exercent les vins, non-seulement sur le commerce des pays qui les produisent, mais aussi sur le caractère et les mœurs des peuples qui les consomment, appelle à degrés égaux l'attention de l'économiste et celle du philosophe.

Nous devons placer en première ligne, parmi les nations productrices, la France, dont les crus principaux sont recherchés également dans toutes les parties du monde.

Ceux d'entre ces crus qui méritent d'être particulièrement cités sont les vins de Bourgogne, les vins du Midi, les vins de Bordeaux, les vins de Champagne.

Parmi les autres nations viticoles, nous distinguerons le Portugal, l'Autriche, dont les vins ont été moins appréciés, sans doute à cause du peu de soin qu'on avait mis à leur expédition; l'Angleterre, qui sans produire elle-même aucun vin, avait exposé ceux des colonies du Cap et de l'Australie. Citons encore, après l'Espagne, l'Algérie dont les produits ont révélé à la France une nouvelle source de richesse.

Nous placerions ici une nomenclature de tous les États de l'Europe, qui ont exposé de vins, si déjà nous ne l'avions fait dans notre introduction à la dixième classe, et si leurs productions ne se bornaient généralement à un cru de peu de valeur.

Le résumé suivant doit présenter quelque intérêt :

Sur 642 exposants de cette section, 319 étaient Français.

VINS...............	La France et ses colonies.........	228
	Les autres pays.................	228
	Total........	456 exposants.
EAUX-DE-VIE ET ALCOOLS.	La France et ses colonies.........	73
	Les autres pays.................	74
	Total........	147 exposants.
MÉNES...............	La France et ses colonies.........	6
	Les autres pays.................	8
	Total........	14 exposants.
VINAIGRES...............	La France et ses colonies.........	10
	Les autres pays.................	13
	Total........	23 exposants.
CIDRE........... La France.................		2 exposants.

La France, avec vingt-quatre départements, auquel il faut ajouter l'Algérie et les autres colonies, produit annuellement 40 millions d'hectolitres de vin, d'une valeur approximative de deux milliards.

La MÉDAILLE DE PREMIÈRE CLASSE a été décernée pour les crus de Bourgogne, à :

MM. OUVRARD, vins Romanée Conti, Clos-Vougeot, Chambertin.

ERNEST MAREY-MONGE, vin de Romanée Saint-Vincent.

PIERRE SERRE, pour son Chambertin.

GUSTAVE BEUVRAUD, vin de Mont-Rachet.

Ont obtenu la MÉDAILLE DE DEUXIÈME CLASSE pour les crus de Bourgogne :

MM. MARREY-GASSENDI, à Nuits (Côte-d'Or), France, vin de Richebourg.

CHARLES SERRE, à Meurtaut (Côte-d'Or), France, vin de Chambertin.

LE COMTE LÉGER BELAIR, à Vosne (Côte-d'Or), France, vin de Vosne de la Romanée.

HAZEUKLEVER, à Bel-air-Romanée (Côte-d'Or), France, vin mousseux œil de perdrix.

PIERRE MARION, à Georay-Chambertin (Côte-d'Or), France, vin de Chambertin.

CHARLES VIÉNOT, à Remeaux (Côte-d'Or), France, Musigny-Vougeot.

LAUSSEURE, à Richebourg (Côte-d'Or), France, vin de Richebourg.

Le Jury a décerné des MÉDAILLES DE PREMIÈRE CLASSE pour les crus de Bordeaux à :

MM. O. AGUADO, vin de Château-Margaux.

A. SAMUEL SCOTT, vin de Château-Laffitte.

LES PROPRIÉTAIRES DU DOMAINE DE CHATEAU-LATOUR, vin qui en porte le nom.

De tous les producteurs de vins de Champagne, un seul s'était présenté à l'Exposition universelle.

La Champagne produit annuellement environ 13 millions de bouteilles de son vin, dont on évalue la valeur à 30 millions de francs, et fait vivre de son industrie soixante-seize mille individus.

M. CHARLES FARRE, à Reims (France), a obtenu la MÉDAILLE DE PREMIÈRE CLASSE pour sa collection de vins de Champagne, dont il exporte annuellement environ 200,000 bouteilles dans toutes les parties du monde.

Le Jury a également décerné la MÉDAILLE DE PREMIÈRE CLASSE à :

MM. BARRAL, pour ses vins de Frontignan (Hérault), ses vins muscat d'Alicante, muscat Frontignan et muscat rosé, comparables aux meilleures productions des crus les plus renommés de l'Espagne et du Portugal.

> Les vins de Frontignan qui, dans les derniers siècles, étaient fort appréciés et recherchés, sont aujourd'hui appauvris, par suite des mauvaises conditions où se sont trouvés les vignobles; mais une culture intelligente peut rendre à ces crus leur ancienne réputation.

GAUCKLER, à Wissembourg Haut-Rhin (France), pour ses vins du Rhin et ses vins de Tokai de différents crus, tous d'un bouquet remarquable.

FAVRE ET JOHANSON, à Ribeauvillé (Haut-Rhin), France, pour leurs vins de Tokai.

BONET-LAURENT-DESMAZES, à Saint-Laurent (Pyrénées-Orientales), France, pour leurs vins de Grenache, de Malvoisie doux, de Porto français, etc., etc., dont la finesse ne le cède en rien à ceux d'Espagne et du Portugal.

M. DAUREL, propriétaire à Béziers (Hérault), France, n'a obtenu que la MÉDAILLE DE DEUXIÈME CLASSE pour ses vins muscats, qu'il a su acclimater dans des cantons nouveaux, dont il a choisi l'exposition avec soin, et qu'il a fait prospérer au prix de constants travaux.

M. BARTHÉLEMY MARTINENGHI, à Ajaccio (Corse), France, pour de l'excellent vin d'Ajaccio; MÉDAILLE DE DEUXIÈME CLASSE.

On évalue à 4,000 hectares, la quantité de terre actuellement cultivée en vignobles dans l'Algérie. La province d'Oran figure, sur cette quantité, pour le plus grand nombre. Certains crus sont déjà renommés, à cause de leur finesse et de leur belle couleur. Lorsque les colons algériens auront acquis assez d'habileté dans leurs préparations, il est probable que ce pays pourra puissamment accroître la prospérité de la France, tant pour les vins fins que pour ceux de consommation ordinaire, qu'il fournira en abondance et à bon marché.

M. ANDRÉ CASTELLI, à Birkadem (province d'Alger), Possessions françaises, pour ses vins remarquables des années de 1852, 1853 et 1854, d'une grande richesse alcoolique, et ses vins blancs qui ont une certaine analogie avec les vins du Rhin, a reçu du Jury la MÉDAILLE DE PREMIÈRE CLASSE.

M. ROIF, à Médéah (province d'Alger), pour ses vins rouges et blancs, MÉDAILLE DE PREMIÈRE CLASSE.

M. L.-P. MAZÈRE, à Dely-Ibrahim (province d'Alger), même récompense.

M. BALARD, à Médéah (province d'Alger), pour un vin blanc d'une grande finesse et d'un arome particulier, même récompense.

M. PEYRAUD aîné, à la Martinique (possessions françaises), a obtenu une MÉDAILLE DE DEUXIÈME CLASSE pour son remarquable vin d'ananas, qui, dans beaucoup d'usages, peut remplacer le vin de Madère.

LE GOUVERNEMENT DE PORTUGAL.

Le conseil des Présidents a voté, en l'honneur du GOUVERNEMENT DE PORTUGAL, une MÉDAILLE D'HONNEUR hors classe pour l'ensemble des magnifiques produits agricoles de ce royaume, et particulièrement pour ses vins, dont la production, depuis l'abolition de la dîme, augmente constamment dans chacune des provinces.

La MÉDAILLE DE PREMIÈRE CLASSE a été donnée à :

MM. FERREIRA (J.-B.), à Villa-Réal (Portugal), pour ses vins de Porto.

DA SEIXO, à Porto (Portugal), mêmes motifs.

DA FONSECA, à Lisbonne (Portugal), pour ses vins muscats de Sétubal.

FORRESTER FILS, à Porto (Portugal), pour ses vins et vinaigres d'une qualité supérieure.

MALHEIRO (M.-A), à Porto (Portugal), pour ses vins de Porto et autres.

PEREIRA LEITAO, à Porto (Portugal), pour ses vins de Porto de 1815 et 1830.

BALTRESQUI (R.), à Lisbonne (Portugal), pour vins, liqueurs et fruits confits.

L'ARCHIDUC JEAN, STYRIE (AUTRICHE).

On lit dans le Rapport officiel :

« Nous devons une mention spéciale à L'ARCHIDUC JEAN, président de la Société agricole de Styrie. Il a su donner l'impulsion la plus considérable à l'exploitation de la vigne, et l'on sait combien cette culture est difficile dans une province montagneuse, une des plus pauvres de l'empire d'Autriche.

« L'élevage du bétail sur la montagne, la culture de la vigne sur les pentes, sont les branches actives de la production agricole du pays.

« Il y a vingt ans, on récoltait à peine en Styrie 230,000 hectolitres de vin de la plus mauvaise qualité : le raisin, mal cueilli, et le jus qu'on en exprimait, mal soigné dans sa préparation, ne produisaient qu'un vin faible; il ne pouvait se conserver sans altération au delà de trois années.

« L'ARCHIDUC JEAN, grand oncle de l'Empereur actuel, fut le promoteur des améliorations apportées dans la province de Styrie. Il fit venir des meilleurs crus des bords du Rhin, et avec le secours des vignerons de cette contrée, il fit cultiver ses propriétés d'une manière nouvelle, et ouvrit à la Styrie la voie des améliorations; il fit plus, il avança aux pauvres cultivateurs les fonds qui leur manquaient. C'est avec son appui sûr, constant, qu'on a vu la production du vin s'élever en Styrie jusqu'à 1,234,100 hectolitres dont le prix moyen a été de 40 francs l'hectolitre, c'est une plus-value de 26 francs sur les anciens prix. L'ARCHIDUC JEAN est l'auteur de ces résultats. La XIᵉ Classe lui décerne la MÉDAILLE DE PREMIÈRE CLASSE. »

Ont également obtenu la MÉDAILLE DE PREMIÈRE CLASSE :

MM. LE COMTE ANDRASSY, à Monoch (Autriche), pour son vin de Tokai.

J.-G. SCHERZER, à Vienne (Autriche), pour ses vins de Tokai, Monoch et Voeslau.

CLOETE, Great Constantia, cap de Bonne-Espérance (Colonies Anglaises), pour son vin de Constance.

MAC-ARTUR, à Camden (Australie), pour ses vins muscats et Riesling.

PEDRO JIMENEZ, à Jacia (Espagne), pour ses vins de Xérès.

LE COMITÉ D'AGRICULTURE DE CADIX (Espagne), pour les vins de Malvoisie.

GENTA, à Caluso (Sardaigne), qui avait exposé de remarquables vins de Caluso.

FALKEISEN et Cᵉ, à Brousse (Turquie), pour ses vins de Chypre et d'Olympe.

LADÉ ET FILS, à Geisenheim (duché de Nassau), pour leur remarquable vin du Rhin, coté 22 fr. la bouteille. Cette maison existe depuis 1811, et exporte dans toutes les parties du monde, annuellement, environ 300,000 bouteilles de vin.

La MÉDAILLE DE DEUXIÈME CLASSE a été décernée entre autres à :

MM. FOERSTER ET GREMPLER, à Gremberg (Prusse), pour leurs vins mousseux de Silésie, d'une très-bonne qualité.

LANYADAZ, à Théra (Grèce), pour diverses espèces de vins.

LE BARON BITTINO RICASOLI (Toscane), pour ses vins de Brolio et de Malvoisie.

EAUX-DE-VIE, ETC.

LA SOCIÉTÉ VINICOLE DE COGNAC, à COGNAC, CHARENTE (FRANCE), gérant M. GEORGES SALIGNAC.

La liqueur extraite, par distillation, de toutes les substances qui ont éprouvé la fermentation vineuse prend le nom d'eau-de-vie de vin, de grain, de cidre, etc., suivant qu'elle est retirée du vin, du grain, du cidre, etc.

L'eau-de-vie étant devenue une boisson presque générale, et depuis quelques années le peu de récolte en vins, d'où on l'extrait généralement, l'ayant rendue rare, on a cherché à en obtenir d'une foule de substances, et on y est parvenu ; mais aucune de ces eaux-de-vie obtenues ne vaut celle provenant de la distillation du vin. Parmi les eaux-de-vie de vin, les préférées, et celles qui jouissent de la réputation la plus étendue, sont celles qui se fabriquent à Cognac. Plusieurs producteurs ou négociants en ont présenté à l'Exposition Universelle de Paris. Le Jury, en tête de ceux auxquels il a décerné la MÉDAILLE DE PREMIÈRE CLASSE, a placé LA SOCIÉTÉ VINICOLE DE COGNAC, qui a pour gérant M. GEORGES SALIGNAC.

Ont obtenu également la MÉDAILLE DE PREMIÈRE CLASSE :

MM. RENAULT et Cᵉ, à Cognac, Charente (France), pour leurs eaux-de-vie de Cognac.

LA SOCIÉTÉ VITICOLE DE COGNAC, gérant, M. Jules Duret ; même motif.

NOEL, propriétaire à Beauregard, Charente (France) ; même motif.

M. HARDY, DIRECTEUR DE LA PÉPINIÈRE DU GOUVERNEMENT À ALGER (POSSESSIONS FRANÇAISES).

La pépinière centrale d'Alger, par les soins de son directeur, M. HARDY, exposait des échantillons d'alcool de sorgho à sucre et d'eau-de-vie de canne à sucre.

Le sorgho est une plante précieuse dont toutes les parties, feuilles, tiges, graines, sont douées d'utilité : la bagasse, c'est-à-dire la canne, après avoir subi l'action du moulin, peut être employée à la fabrication des papiers communs ; soumise à une légère fermentation ou salie, le bétail la mange volontiers ; enfin avec le sorgho on fabrique une boisson saine et agréable susceptible, jusqu'à un certain point, de remplacer l'usage du vin.

Les produits exposés par M. HARDY, dit le rapport, « ont attiré d'une manière toute particulière l'at- « tention du Jury, en raison du développement industriel et commercial auquel peut donner lieu la « fabrication de l'alcool par la canne à sucre, dans un pays comme l'Algérie, où cette plante croît avec « une très-grande vigueur. »

M. HARDY a reçu du Jury de la IIIᵉ Classe la MÉDAILLE DE PREMIÈRE CLASSE.

Des médailles de deuxième classe ont été obtenues par :

MM. BAUMME, à Laghouat et Blidah (Algérie), pour son eau-de-vie de dattes.

BROCUREL, à Koléah (Algérie), pour sa liqueur ouell-allah, composée d'alcool extrait du fruit de l'arbousier et de plantes indigènes apéritives.

ROLLAND, à Philippeville (Algérie), pour son alcool d'asphodèle, plante tuberculeuse qui croît spontanément en Algérie.

M. ROUBEAU, Martinique (possessions françaises), pour son rhum, réputé l'un des meilleurs de la colonie, a obtenu la médaille de première classe.

M. GUEBDE, à la Pointe à Pitre, Guadeloupe (possessions françaises), est cité honorablement pour son tafia.

LES FRÈRES DE SAINTE-COLOMBE, à Saint-Denis, Réunion (possessions françaises), pour leur eau-de-vie de bibasse et de munies, qui, sous forme d'alcool, peut devenir l'objet d'importantes exportations, mention honorable.

MM. CLARK FRÈRES, à Lembecq (Belgique), pour leur alcool de mélasse et de grains, ont obtenu la médaille de première classe.

La médaille de deuxième classe a été décernée à :

MM. F. AN. LARCHER DE SOUZA, à Portalègre (Portugal), pour son eau-de-vie de cerise.

ELÉONOR SZILOGGINÉE VOZITZ (Autriche), pour son alcool.

SHANDON ESTATE, (île de Ceylan), Colonies Anglaises, pour son vieux rhum de sirop.

JAMES JACKEST (Jamaïque), Colonies Anglaises, pour son rhum.

J. ALDEA et Cⁱᵉ, à Calaharra (Espagne), pour leur eau-de-vie.

DE BUCHERER, au Pirée (Grèce), pour son esprit de vin.

C.-F. MANGOLD, à Hornberg (grand-duché de Bade), pour son kirsch.

M. BIZOT, à Dijon, Côte-d'Or (France), a obtenu la seule médaille de première classe décernée à l'industrie des vinaigres.

M. BIANCONI, à Bologne (États pontificaux), pour son vinaigre séculaire, a obtenu la médaille de deuxième classe.

M. C. PERLA, à Turin, Piémont (États sardes). La seule médaille de première classe décernée aux fabricants de bière l'a été à M. Perla, de Turin, pour sa bière façon de Lyon.

La médaille de deuxième classe a été décernée à :

MM. DESWARTE-DATIS, à Lille (France), pour sa bière.

CHARLES PETIT et Cⁱᵉ, à Cambrai (France); même motif.

MAGGIOLO, à Alger, pour sa boisson de figues grasouse.

FRANÇOIS WANKA, à Prague (Autriche), pour sa bière.

VAN VOLLENHOVEN, à Amsterdam (Pays-Bas); même motif.

KNÖLL, à Niederingelnheim, Rheinhessen (grand-duché de Hesse), pour sa bière de Bavière.

J. WITTMANN, à Séville (Espagne), pour sa bière de mars de 1854.

E. WERNER, à Stuttgard (Wurtemberg).

HERVIEU, à Pont-l'Évêque (Calvados), pour son cidre.

M. DE VERGNETTE-LAMOTHE, ingénieur des mines, a été spécialement mentionné et recommandé d'une façon toute particulière à la bienveillance de l'Empereur, en raison des nombreux et remarquables travaux auxquels il s'est livré pour l'amélioration et la conservation des vins et crus de Bourgogne.

M. RIVET JEUNE, BOULEVART-POISSONNIÈRE, A PARIS (FRANCE).

M. Rivet jeune, successeur de M. A. Jullien, exposait des poudres pour clarifier les vins, depuis longtemps vendues par M. A. Jullien.

Il n'est pas de bons vins qui ne soient parfaitement limpides; tel est le principe auquel s'est attaché M. Rivet, seul dépositaire des vins de Champagne de la maison Moët et Chandon et des grands vins du château de Gruand-Laroze.

La réputation de la maison A. Jullien, maintenant connue sous le nom de maison Rivet jeune, est faite depuis longtemps, et depuis longtemps on a apprécié les services rendus par elle à l'industrie vinicole. Elle est arrivée à vendre, par an, pour plus d'un demi-million de vins fins.

Une vente aussi considérable, les soins qu'elle indique et les études constantes que, depuis vingt-cinq ans, M. Rivet jeune s'est imposées, l'ont mis en mesure de parler avec autorité du collage des vins.

Les poudres de A. Jullien, grâce à lui, n'ont fait qu'être mieux goûtées de jour en jour.

Aussi, dit le Rapport, « serait-il à désirer que M. Rivet pût réduire le prix de ses poudres; sa fabri-« cation deviendrait plus importante, et l'alimentation publique y gagnerait. »

Le Jury international a décerné à M. Rivet une MÉDAILLE DE DEUXIÈME CLASSE qui complète la série des quatre médailles obtenues précédemment par lui, dans les concours de l'industrie.

CAPSULES MÉTALLIQUES ET APPAREILS CULINAIRES.

MM. SAINTE-MARIE, DUPRÉ ET C⁰, à Paris (France), ont obtenu la MÉDAILLE DE PREMIÈRE CLASSE pour leur fabrication de capsules métalliques, obtenue par une machine double à treize pelaçons, qui permet de fabriquer 20 à 20,000 capsules par jour, et dont il sont les inventeurs.

M. FÉLIX TUSSAUD, mécanicien, à Paris (France), pour une ingénieuse machine à hacher les viandes; même récompense.

M. PAROD (Jean-Auguste), à Paris (France), avait exposé des instruments de cuisine, et notamment un nouveau taille-légumes, d'une idée très-ingénieuse, qui lui ont valu, par leur utilité, la MÉDAILLE DE DEUXIÈME CLASSE.

M. DAVID MACAIRE, à Paris (France), pour fûts et cannelles de sûreté, qui, par leur ingénieuse disposition, permettent de remédier aux inconvénients des fûts et cannelles ordinaires, tant pour l'exactitude de la contenance indiquée, que pour remédier aux soustractions et substitutions frauduleuses. Leur bonne fermeture réduit de beaucoup la perte des liquides, et maintient leur bonne conservation. Ces divers avantages ont mérité à M. Macaire la MÉDAILLE DE DEUXIÈME CLASSE.

M. DUCRAY, à Ivry, Seine (France), a obtenu la MÉDAILLE DE DEUXIÈME CLASSE pour ses poudres à clarifier les vins. Les poudres de M. Ducray sont d'un très-bas prix, aussi en livre-t-il annuellement 9,000 kil. Elles remplacent 3,600,000 œufs, qui, n'étant plus absorbés par le collage des vins, rentrent ainsi avec avantage dans la consommation.

M. RENOU, à Rouen, Seine-Inférieure (France), exposait un torréfacteur pour les grands établissements. Une petite machine à vapeur met en mouvement quatre cylindres torréfacteurs, en même temps que le foyer qui alimente sa chaudière, suffit à la torréfaction. Deux refroidisseurs fonctionnent en même temps, et de petits thermomètres placés dans l'intérieur des cylindres indiquent au chauffeur le degré de chaleur obtenu, qu'il peut de cette manière modérer ou augmenter. MÉDAILLE DE DEUXIÈME CLASSE.

M. PENANT, a Paris (France).

Dans une de leurs visites à l'Exposition universelle, LL. MM. la reine d'Angleterre et l'empereur Napoléon s'arrêtèrent devant les cafetières à esprit de vin exposées par M. Penant, s'en firent expliquer l'ingénieux mécanisme, et daignèrent, après l'avoir complimenté de son invention, en choisir deux.

Le jury a aussi dignement apprécié les cafetières de M. Penant, puisque, pour un objet aussi minime, il lui a décerné une médaille de 2e classe. Voici l'extrait du Rapport qui a motivé cette récompense :

« M. Penant, à Paris, est inventeur d'une cafetière à cadran avec siphon à robinet. Ce siphon permet de laisser infuser le café aussi longtemps qu'on le désire ; la lampe à esprit de vin, parfaitement conditionnée, s'éteint d'elle-même au moyen d'un ressort. » MÉDAILLE DE DEUXIÈME CLASSE.

MM. NYE et Cie (Royaume-Uni) exposaient une très-remarquable machine pour hacher les viandes, les mélanger et simultanément les introduire dans les boyaux pour confectionner les saucisses. Cet appareil, qui a valu à ses inventeurs une MÉDAILLE DE PREMIÈRE CLASSE, peut hacher à volonté les viandes cuites ou crues, les graisses, les légumes, les fruits et d'autres substances.

M. EDWARD LOISEL, ingénieur civil (Royaume-Uni), est l'inventeur d'un appareil qu'il nomme percolateur hydrostatique. A son aide on obtient, par infusion et déplacement, sous la pression hydraulique, des extraits liquides de toutes les substances végétales, tels que grains maltés et houblons, substances tinctoriales, substances médicinales, betteraves, café, thé, etc. Un de ces appareils fonctionnait au buffet du Palais de l'Industrie, et produisait, à l'heure, près de deux mille tasses de café.

M. Edward Loisel a reçu la MÉDAILLE DE DEUXIÈME CLASSE.

M. CHEVALIER-APPERT, a Paris (France).

M. Chevalier-Appert a obtenu la MÉDAILLE DE PREMIÈRE CLASSE. Cette maison est la plus ancienne de celles qui se sont occupées des conserves alimentaires, si importantes à tous égards, pour la nourriture humaine. Par des procédés anciennement connus, mais qui ont été perfectionnés par feu M. Appert. M. Chevalier-Appert sait prévenir les altérations spontanées. Il opère sur une si grande échelle, et avec tant de rapidité, qu'en sept semaines il a pu préparer 1,000,000 de rations de bœuf, destinées à l'armée française en Crimée, et en même temps exécuter pour l'armée sarde une commande de 70,000 fr. Son exportation est immense ; seulement en Californie, il expédie pour 2,000 francs de conserves par mois. Ce procédé est tellement certain qu'il lui permet d'avoir à Panama un magasin dans lequel les conserves n'éprouvent aucune altération. Une seule chose est à regretter : le prix élevé des conserves.

M. J.-J.-B. MARTIN DE LIGNAC, a Montlevade (Creuse), France.

M. Martin de Lignac a encore perfectionné les procédés de M. Appert. Il place le bœuf cru, par morceaux de 10 kil., dans de grandes boîtes soudées, dont les vides sont remplis à l'aide d'une matière gélatineuse. Ces boîtes sont soumises par la vapeur à une température de 110°, et l'on fait dégager les gaz par une ouverture qu'on referme immédiatement. Le bœuf ainsi préparé est conservé dans un état si satisfaisant qu'il peut être employé, comme le bœuf naturel, à faire le bouillon. M. Martin de Lignac opère aussi la dessiccation des viandes, restée jusqu'à présent pour ainsi dire à l'état de problème. La MÉDAILLE DE PREMIÈRE CLASSE lui a été décernée pour ses excellents procédés, qui lui ont permis de livrer à nos troupes en Crimée, 1,000,000 de rations dans un intervalle très-restreint.

On lui doit encore la concentration du bouillon et du lait, préparés par des procédés particuliers, qui font que sa maison jouit en quelque sorte du privilège des approvisionnements pour la marine.

M. G. MARBRU, à Paris (France), conserve le lait à l'état normal, sans concentration et sans addition, par un ingénieux perfectionnement des procédés Appert. MÉDAILLE DE PREMIÈRE CLASSE.

M. CHEVET JEUNE, à Paris (France), exposait diverses conserves d'une excellente préparation qui lui ont mérité la MÉDAILLE DE PREMIÈRE CLASSE.

M. LOMBRÉ, à Nay (Basses-Pyrénées) France, pour les jambons qu'il prépare et qui sont d'une qualité exceptionnelle. MÉDAILLE DE PREMIÈRE CLASSE.

M. CARBONNEL, à Rennes (France), exploite en grand les procédés Appert. Même récompense.

MM. PHILIPPE ET CANAUD, à Nantes (France), pour leurs excellents produits, d'un prix très-modéré. MÉDAILLE DE PREMIÈRE CLASSE.

M. TOUAILLON JEUNE et Cⁱᵉ, à Paris (France). Voir la VIᵉ Classe.

MM. J. DEAN et fils, à Londres (Royaume-Uni), pour la préparation par un procédé particulier de jambons du Yorkshire, ont obtenu la MÉDAILLE DE PREMIÈRE CLASSE.

M. MULSOW à Hambourg (villes Hanséatiques), viandes, gibier et légumes bien conservés, par le procédé Appert. Même récompense.

M. CARSTENS, à Lubeck (villes Hanséatiques). Mêmes motifs. Même récompense.

M. BORDIN, à Paris (France), a obtenu la MÉDAILLE DE DEUXIÈME CLASSE pour sa moutarde, ses légumes et ses fruits conservés au vinaigre.

MM. MAILLE ET SEGOND, à Paris (France); mêmes produits; même récompense.

M. GREY, à Dijon (France). La fabrique de moutarde qu'il dirige est une des plus anciennes; elle a été fondée en 1777. L'excellence de ses produits lui a mérité aussi la MÉDAILLE DE DEUXIÈME CLASSE.

CHOCOLATS.

MM. MÉNIER ET Cⁱᵉ, A PARIS ET A NOISIEL-SUR-MARNE (FRANCE).

M. MÉNIER exposait, dans la XIᵉ Classe, des chocolats fabriqués dans son usine de Noisiel.

Le Jury de la XIIᵉ Classe ayant décerné à M. MÉNIER la MÉDAILLE D'HONNEUR, le jury de la XIᵉ Classe, tout en le plaçant en tête des exposants de chocolats qui ont obtenu des récompenses, n'a pu que le mentionner pour mémoire. Après lui est cité M. DEVINCK qui, dans la VIᵉ Classe, avait obtenu une médaille de première classe (1).

La médaille d'honneur accordée à M. MÉNIER fils par le Jury international est venue constater une fois de plus l'excellente qualité des produits de sa maison, qui, à toutes les Expositions où elle les a présentés, a obtenu des récompenses de premier ordre.

Grâce à son initiative de fabriquer du bon et à bon marché, l'usage du chocolat s'est depuis quelques années tellement vulgarisé en France que sa consommation annuelle dépasse aujourd'hui 6,000,000 de kilogrammes, dont 1,000,000 au moins proviennent de l'usine de Noisiel-sur-Marne.

Nous n'avons pas manqué de visiter ce magnifique établissement, dans lequel se fabriquent aussi les produits pharmaceutiques qui d'ailleurs ont acquis à la maison MÉNIER une si haute réputation, et nous avons pu admirer les soins minutieux qui, là, sont apportés dans tous les détails.

Pour assurer à la fabrication du chocolat une sécurité complète et éviter que dans aucun cas la délicatesse d'arome et la finesse de goût qui distinguent les chocolats MÉNIER et lui procurent un nombre si considérable de consommateurs puissent être altérées en rien, l'usine est divisée en deux parties bien

_____

(1) Lorsqu'un exposant présentait des produits appartenant à des classes différentes, ils devaient examinés chacun dans leur classe. Si des récompenses étaient décernées, la plus haute prévalait; si elles étaient du même ordre, une seule aurait l'indiquait; les autres ne mentionnaient l'exposant que pour mémoire, mais le droit lui était acquis d'indiquer sur tous ses produits la récompense obtenue.

distinctes, n'ayant entre elles aucune communication. Il faut se garder de croire que ces détails soient d'une importance secondaire : dans la fabrication du chocolat rien n'est indifférent. On a beaucoup vanté la perfection avec laquelle le triage et la torréfaction des cacaos sont faits à Noisiel ; mais le broyage et les autres parties de la manipulation y sont pratiqués avec la même intelligence et la même perfection. Comment, du reste, en serait-il autrement? Une expérience de trente années a dû, mieux que toute théorie, mettre M. Ménier sur la voie des améliorations et du progrès.

Après la fabrication vient la question de vente. A Noisiel, on nous a signalé une précaution excellente au moyen de laquelle la maison Ménier facilite l'écoulement de ses chocolats dans toutes les places où le commerce les reçoit.

Cette précaution consiste à étiqueter à 2 fr. le demi-kil. les chocolats ordinaires à sa marque, bien qu'elle ne les vende aux intermédiaires de tous pays que 1 fr. 40. Une latitude de 60 c. est ainsi réservée, dont le détaillant de Paris ou des environs fait en partie profiter le consommateur, tandis que celui qui est éloigné peut à son aise se rembourser de ses risques et frais de transport, et conserver encore un bénéfice.

Quand on fabrique pour la France et l'étranger un produit que l'on tient à livrer toujours d'une qualité uniforme, on ne saurait agir autrement. Dans ses approvisionnements, le marchand de Perpignan ou d'Alger a plus de frais à supporter, plus de risques à courir que celui de Versailles. Or, si, entre le prix du public et le prix marchand, il n'existe pas une marge suffisante pour établir à la fois un bénéfice et la compensation des frais d'emballage et de transport, le détaillant de Bayonne ne vendra pas ce produit. Il convenait donc de fixer pour le public un chiffre maximum de vente, certain d'ailleurs qu'en appelant tous les marchands à vendre le chocolat Ménier, de leur concurrence mutuelle devait résulter un abaissement de prix pour le consommateur, inverse des frais d'approvisionnement. La pratique a vérifié sur tous les points cette prévision, et cela depuis vingt ans.

A Paris, le détaillant vend le chocolat Ménier marqué 2 fr. seulement 1 fr. 50; à Versailles, 1 fr. 60; à Lyon, 1 fr. 70; à Gap, 1 fr. 90; à Constantine, 2 fr. Chaque ville a, pour ce chocolat, un cours qui est connu, affiché dans les boutiques, comme celui du sucre et du café; le prix de 2 fr. n'est donc qu'un prix nominal, un prix maximum.

L'Exposition nous a montré un grand nombre de chocolats cotés 1 fr., 1 fr. 10, 1 fr. 20. M. Ménier en fabrique aussi du même nature, qu'il ne vend pas sous la marque de sa maison; et bien que l'un d'entre eux, le chocolat des ménages, ait obtenu un grand succès, nous pensons que, s'il est à désirer que le chocolat, qui, de jour en jour, entre davantage dans l'alimentation, puisse s'obtenir aux prix les plus bas, ce ne doit pas être aux dépens de la qualité, nécessité absolue d'un bon marché excessif.

A ce sujet nous ne pouvons placer plus à propos qu'ici quelques observations sur la situation où se trouvent les fabricants de chocolat, par suite des droits considérables dont la douane frappe les sucres et les cacaos. Pour 100 kil., le cacao paie 60 fr. et le sucre 54 fr. Il en résulte que le chocolat ne saurait entrer dans la consommation qu'après avoir acquitté un droit de 77 c. par kil.; car, en raison d'une déperdition de poids que subit le cacao dans la manipulation, l'impôt se trouve plus élevé encore qu'il ne paraît, puisque les droits sont perçus sur la matière première, et non sur le produit.

Il serait bien désirable de voir cette taxe abolie; il n'en résulterait aucune perte pour le Trésor, car les calculs les plus modérés permettent d'affirmer que, la consommation du chocolat s'accroissant dès lors de plus du double, les droits perçus sur les sucres et sur les chocolats exportés couvriraient, et au delà, la diminution faite dans l'impôt. Les conséquences économiques en seraient d'ailleurs incalculables. En demandant à l'Amérique du Sud une grande quantité de cacaos, on accroîtrait d'autant l'essor des échanges; l'essor que prendrait la consommation nécessiterait l'emploi d'un plus grand nombre d'ouvriers, tant pour la fabrication du chocolat lui-même que pour l'établissement de nouvelles machines, destinées à opérer sur une plus vaste échelle.

M. Ménier est l'un de ceux qui ont le plus vivement senti le vice de l'état de choses actuel. Il en indique le véritable remède.

M. PERRON, à Paris (France). Les produits de cette maison se sont toujours faits remarquer. Elle présentait à l'Exposition universelle des chocolats de fort bonne qualité qu'elle déclarait livrer à la consommation au prix de 1 fr. 10 c. le demi-kilogramme. Le Jury n'a pas hésité à lui décerner la MÉDAILLE DE PREMIÈRE CLASSE.

MM. DELAFONTAINE ET DETTWILLER, successeurs de M. MASSON, à Paris (France). La fabrication de cette maison de premier ordre est fort importante; elle présente ses produits sous mille formes, et fait des affaires considérables tant en France qu'à l'étranger. MÉDAILLE DE PREMIÈRE CLASSE.

MM. BOREL ET KOHLER, à Paris (France). Le Rapport du Jury se borne à constater qu'à l'aide de machines nouvelles ces messieurs obtiennent un broyage très-fin. MÉDAILLE DE PREMIÈRE CLASSE.

MM. KOHLER ET FILS, a Lausanne (Confédération helvétique).

MM. KOHLER ET FILS exposaient des chocolats parfaitement fabriqués et broyés surtout avec un soin extrême.

L'établissement de MM. KOHLER est fort important; tout y est installé avec un soin extrême; les machines les plus récentes et fonctionnant le mieux y sont employées.

Le Jury a décerné à MM. KOHLER ET FILS la MÉDAILLE DE PREMIÈRE CLASSE.

M. L.-E. PELLETIER et Cᵉ, a Paris (France).

Dans le travail long et pénible qu'imposait au Jury international l'accomplissement de sa tache, des erreurs, des omissions étaient inévitables; nous en avons déjà signalé quelques-unes. Ici s'en présente une nouvelle, qui frappe sur MM. PELLETIER et Cᵉ.

Le Jury de la VIᵉ Classe, pour leur moulin à broyer le cacao et leur machine à malaxer, peser et mouler le chocolat, avait déjà décerné à ces industriels une médaille de deuxième classe, lorsque, à la suite d'une visite à leur usine, le Jury de la XIᵉ Classe, ayant pour rapporteur M. Payen, fit un Rapport dont la conclusion était le vote, en faveur de MM. PELLETIER et Cᵉ, de la MÉDAILLE DE PREMIÈRE CLASSE.

Avant de publier ce Rapport, on dut rechercher, pour ne pas faire double emploi, si MM. PELLETIER n'avaient pas obtenu d'autres récompenses. Dans cette recherche, la médaille votée par le jury de la VIᵉ classe fut prise, par erreur, pour une médaille de première classe; aussi ces Messieurs ne furent-ils mentionnés que pour mémoire dans la XIᵉ Classe, avec renvoi à la VIᵉ, ce qui les frustra de la médaille de première classe.

Ils réclamèrent auprès de MM. les membres du Jury, qui voulurent aussitôt réparer la chose; mais le Rapport était imprimé; ils ne purent que délivrer à MM. PELLETIER et Cᵉ l'attestation ci-après:

« Nous soussignés certifions que le Jury de la XIᵉ classe, après avoir visité l'usine de la Compagnie « française, située à Paris, 31, rue Saint-Ambroise-Popincourt, y avoir constaté un choix rigoureux de « matières premières, une organisation et des moyens de fabrication des plus remarquables, et reconnu « une production journalière de 3,000 kilogr. d'excellents chocolats, dont le débit est assuré par le con- « cours de ses marchands actionnaires, a décerné à MM. PELLETIER et Cᵉ la MÉDAILLE DE PREMIÈRE CLASSE.

« Signé : PAYEN et FOUCHÉ-LAPELLETIER, rapporteurs. »

La maison L.-E. PELLETIER, une des plus anciennes de Paris, car elle a été fondée en 1770, fut transformée en 1853, sous le nom de Compagnie française, en une Société en commandite et par actions. Une des bases de cette Société est de faire participer les détaillants aux bénéfices de l'entreprise, en les rendant actionnaires, par un simple prélèvement sur les bénéfices que la Société leur fait faire. Elle les intéresse ainsi à s'occuper le plus activement possible de l'écoulement de ses produits.

On comprend facilement les avantages que les marchands intéressés retirent d'une telle combinaison; ils ajoutent à leurs bénéfices ceux des fabricants. Tributaires des produits de vingt fabriques différentes, exposés tous les jours à devenir tributaires de nouvelles fabriques, ils ont secoué ce joug en devenant eux-mêmes producteurs, et ils ont, par ce seul fait, décuplé la vente des chocolats, qu'ils peuvent garantir et revêtir de leur cachet; en un mot, ils vendent leur fabrication au lieu de vendre celle de leurs concurrents.

Un tel principe ne pouvait amener que d'excellents résultats; aussi, après trois années seulement d'exploitation, la *Compagnie française*, sous la raison sociale PELLETIER et Cᵉ, est-elle aujourd'hui (d'après le Rapport du Jury) « une des plus importantes manufactures en ce genre à Paris. »

Voici, du reste, comment le Rapport officiel s'exprime sur le compte de cette maison.

VIᵉ CLASSE. — « M. PELLETIER a exposé deux machines : 1° un appareil à broyer le cacao. Cet appareil, « breveté, fonctionne depuis plusieurs années chez M. PELLETIER, mais n'a pas encore été exposé.

« Le cacao sort d'un distributeur par une vis sans fin qui le déverse dans un moulin placé au-dessus de l'axe de deux meules horizontales, celle de dessous étant fixe et celle de dessus qui tourne sur elle. Les deux meules sont munies vers leur centre de deux disques en fonte, fer ou cristal, pourvus de cannelures obliques sur leur surface. Celles-ci servent à saisir le cacao amené par le moulin et à commencer le broyage, qui se termine par les meules qui sont en granit.

« Leur distance mutuelle peut être réglée, le dessous de la table peut être chauffé au besoin. Le cacao trituré s'écoule de lui-même au-dehors. On obtient ainsi un cacao parfaitement bien broyé.

« 2° La seconde machine de M. PELLETIER sert à malaxer, peser et mouler le chocolat; l'opération se fait à l'aide de pistons qui peuvent fabriquer à la fois quatre qualités différentes, de tel poids et de telle forme que l'on désire. Les tiges des pistons sont reliées à un même châssis, qui reçoit un mouvement horizontal de va-et-vient à l'aide de barres pliées sur un axe de rotation.

« Les machines de M. PELLETIER sont bien conçues et bien exécutées; le mode du broyage du cacao paraît surtout bien choisi. »

XIᵉ CLASSE. — « M. L.-E. PELLETIER, à Paris (France). L'une des plus importantes manufactures de ce genre; machine à vapeur de trente chevaux; broyage entre surfaces de granit; moulin de son invention, employé dans plusieurs autres chocolateries; très-bon exemple donné en faisant participer les détaillants aux bénéfices; dispositions salubres dans son usine; excellents produits, à 1 fr. 10 c., 1 fr. 50 c. et 2 fr. 50 c. le demi-kilogramme. 3,000 kilogrammes par jour.

Parmi les exposants de chocolats qui ont obtenu la MÉDAILLE DE DEUXIÈME CLASSE nous citerons :

M. GUÉRIN-BOUTRON, à Paris (France), qui dirige deux usines, parfaitement montées et administrées, produisant par jour 2000 kil. de chocolats d'une qualité irréprochable. Ses prix sont très-modérés; il jouit d'une clientèle considérable, dont la confiance lui est justement acquise;

M. CUILLER, à Paris (France);

M. IBLED, à Paris (France). Fabrication de 3000 kil. par jour; produits excellents, à des prix très-convenables;

M. QUERUEL, à Passy (France). Produits de bonne qualité, offrant un bon marché relatif; il prépare annuellement 200,000 kil. de chocolats de toutes sortes;

M. CHOQUART, à Paris (France). Produits d'un prix très-modique. Son chocolat, livré au consommateur pour 1 fr. le demi-kil., est exempt de mélanges et d'un arome délicat. Il réunit la salubrité et l'économie;

MM. FRYET et FILS (Royaume-Uni). Produits de bonne qualité, fabriqués sur une vaste échelle.

CAFÉS.

SOCIÉTÉ NÉERLANDAISE DE JAVA (Colonies néerlandaises).

La culture du caféier, petit arbrisseau originaire de l'Arabie selon les uns, de la haute Éthiopie selon les autres, qui croît naturellement sous les tropiques, a acquis de nos jours, pour l'usage qui est fait de sa graine, une importance immense.

On le cultive avec succès dans toutes les Antilles, dans les Guyanes française et hollandaise, aux îles de France et de Bourbon, et surtout en Arabie, d'où vient le *café Moka* qui, par sa renommée, surpasse tous les autres cafés.

« La consommation du café en France, dit le Rapport officiel, est en voie de progrès; elle s'est accrue « depuis quelques années de 50 pour 100, et s'élève aujourd'hui à 21 millions de kilogrammes. Quelques « améliorations dans les procédés de récolte et de préparation, et certaines mesures administratives, « pourront généraliser l'usage de ce liquide, à la fois alimentaire, excitant et extrêmement agréable; on doit « le désirer vivement dans l'intérêt de la santé comme du bien-être des populations. »

La Société néerlandaise de Java, qui fait un commerce considérable de cafés, puisqu'en 1854 elle en a, suivant le Rapport officiel, mis en vente 813,833 ballots, exposait des cafés très-bien préparés, en grains forts de goût et en grains plus doux et aromatiques. Le Jury de la IIIᵉ Classe a décerné à la Société néerlandaise de Java, pour l'ensemble de ses produits, la médaille d'honneur.

La médaille de première classe a été décernée aux exposants de cafés dont les noms suivent : .

M. DAVID DE FLORIS, île de la Réunion (Colonies françaises), pour ses cafés d'Essen, Myrte et Moka, reconnus d'une qualité parfaite. Cette maison exposait aussi d'excellente vanille;

Mᵐᵉ LAFFITTE, île de la Réunion (Colonies françaises), pour ses cafés dits *du Brûlé*, grain ordinaire, très-bonne qualité;

M. GOUDIN, Guyane française. Récolte des cafés analogues au Moka, et les plus estimés parmi ceux des terres hautes.

Ils retirent, comme dans les plantations de la montagne d'Argent et de la côte de Cayenne, de 250 à 400 grammes de grains par pied.

Ce café, d'une saveur douce et des plus aromatiques, est, relativement à sa valeur réelle, vendu à bon marché.

M. MORAS, à San-José (république de Costa-Rica), pour des cafés de belle apparence et de très-bonne qualité, a obtenu la médaille de deuxième classe.

LE CONSEIL DES COLONIES PORTUGAISES, pour ses cafés de provenances diverses, Monte-Allegre, Calengo, provinces des îles du Cap Vert, de Bissao, etc., etc.; médaille de deuxième classe.

THÉS.

Aucun des produits chinois qu'on espérait trouver à cette place n'y figurait; mais la plupart des fabricants de chocolat exposaient des thés de provenance chinoise, fort bien conservés et d'un prix très-modéré. L'une des qualités les plus salubres, le thé noir, dit Congo, n'est vendu que 9 à 10 fr. le kil.; les thés plus fins, Sou-Kong, Pe-Koe, sont vendus de 12 à 24 fr. le kil.

LA SOCIÉTÉ NÉERLANDAISE DE JAVA (Possessions hollandaises) est encore citée pour mémoire en faveur de ses thés, inférieurs à ceux de la Chine, quoique préparés par les procédés chinois.

M. MAYLAY (Brésil) a produit des échantillons de thé, spécialement du thé de Saint-Paul, qui se distinguait par son arome. Médaille de première classe.

M. LE Dʳ JAMIESON, jardin botanique du gouvernement, à Himalaya (Indes orientales), pour ses thés d'une culture soignée et progressivement étendue, fournissant annuellement de 4 à 5,000 kil. de thés préparés d'après les procédés chinois. Mention honorable.

M. LECOCQ, à Paris (France), par ses thés des cultures d'Angers et des serres de Paris, si bien préparés qu'on retrouve, dans les variétés Sou-Kong et Pe-Koe, toute la délicatesse des thés chinois, eût mérité une récompense élevée ; mais on regrettait que les résultats obtenus ne le fussent pas sur une échelle assez vaste. Espérons que cette importante industrie, en se nationalisant, passera dans l'Algérie, pays parfaitement propre à la culture des thés, ce qui rendrait de très-importants services. MENTION HONORABLE.

CACAOS, CANNELLES, VANILLES.

« Les meilleurs cacaos de la république de Venezuela (Porto-Cabello, Caraque), dit le Rapport officiel, manquent, ainsi que ceux de la Trinidad. »

La MÉDAILLE DE DEUXIÈME CLASSE a été décernée à :

LA RÉPUBLIQUE DOMINICAINE, pour ses cacaos bien conservés ;

M. MORA, à San-José (Costa-Rica), pour ses cacaos ;

L'ILE DE CEYLAN (Colonie française), pour ses belles cannelles à gros et petits rouleaux, d'un arome excellent ;

M. BELANGER, Martinique (Possessions françaises), pour sa cannelle ;

ADMINISTRATION DE LA GUADELOUPE, Colonies françaises, pour sa cannelle.

FRUITS DESSÉCHÉS.

MM. A. DUFOUR et Cⁱᵉ, à Bordeaux (France), ont obtenu la MÉDAILLE DE PREMIÈRE CLASSE pour leurs fruits desséchés ; cette industrie offre l'un des moyens de conservation les plus économiques, et permet de cultiver en grand les vergers avec profit, par les débouchés qu'elle ouvre à leurs produits. Elle fournit en même temps à la consommation des substances agréables et salubres.

L'exposition de MM. Dufour et Cⁱᵉ se distinguait particulièrement par des prunes d'élite et communes et des prunes d'Agen parfaitement conservées en boites et en flacons, d'après les procédés de M. Appert.

M. GOMES, à Portimao (Portugal), est le plus grand producteur du Portugal, et représente à lui seul la partie la plus importante du commerce de ce pays. Il livre annuellement au commerce pour 1,500,000 fr. de produits, parmi lesquels on distingue des figues d'une excellente qualité. Une MÉDAILLE DE PREMIÈRE CLASSE lui a été décernée.

CONFISERIE, LIQUEURS ET FRUITS CONSERVÉS.

MM. ROUSSEAU ET LAURENS, A PARIS (FRANCE).

Essentiellement parisienne, l'industrie de la confiserie exige, chez le fabricant, une foule de talents qui lui permettent l'emploi des moyens propres à flatter à la fois tous les sens. La France, sur ce terrain, n'a pas de rivale parmi les nations de l'Europe ; il n'en est pas une seule qui ne soit sa tributaire. C'est à peine si à Londres, Vienne et Berlin, quelques progrès, uniquement dus à l'impulsion française, ont été faits dans ces derniers temps.

MM. Rousseau et Laurens exposaient des fruits admirablement bien conservés au jus sucré, qui leur ont mérité la MÉDAILLE DE PREMIÈRE CLASSE.

MM. N. BRIZARD ET ROGER, à Bordeaux (France), pour leur anisette fine de Bordeaux, ont obtenu pareillement la MÉDAILLE DE PREMIÈRE CLASSE.

M. AD. FOCHING, à Amsterdam (Pays-Bas), pour son curaçao, le meilleur qui se fabrique au monde. Même récompense.

MM. ROCHER FRÈRES, à la côte Saint-André (France), pour la liqueur qui porte ce nom. Même récompense.

Ont également obtenu la MÉDAILLE DE PREMIÈRE CLASSE pour des produits de confiserie proprement dite :

M. SEUGNOT, à Paris (France);

M. D'ARDOUILLET ACHARD, à Paris (France). Petits fours et pièces montées remarquables;

M. F.-A. LINDER, à Paris (France). Pour ses moules sur plâtre et étain, destinés à couler les fleurs, les animaux et autres objets de décoration accessoire de confiserie, a reçu aussi la MÉDAILLE DE PREMIÈRE CLASSE.

CONSERVATION DES GRAINS.

MM. J.-B. CHAUSSENOT, à Paris (France), a inventé un silo externe, muni d'un fourneau latéral, qui injecte dans le grain un mélange d'air, d'acide carbonique, d'acide sulfureux et d'oxyde de carbone, simultanément obtenu à l'aide du foyer. Ce mélange gazeux est suffisant pour tuer les insectes et ventiler le grain. M. Chaussenot est pareillement inventeur d'un système évaporatoire depuis longtemps adopté en France, et duquel se sont inspirés les constructeurs de divers appareils destinés au même but; il a obtenu la MÉDAILLE DE DEUXIÈME CLASSE.

APPAREILS DE FÉCULERIES.

L'extraction en grand de la fécule de pommes de terre a pris dans ces dernières années un développement considérable. Cette industrie mérite d'être mentionnée particulièrement et encouragée; car, depuis l'invasion de *l'oïdium infestans*, qui depuis 1845 ravage les récoltes de pommes de terre, les féculeries parviennent à sauver chaque année la plus grande partie des pommes de terre attaquées, en les soumettant au râpage.

En conséquence de l'importance de cette industrie nouvelle, la MÉDAILLE DE PREMIÈRE CLASSE a été décernée à :

M. J.-M. HUCK, à Paris (France), pour de remarquables perfectionnements apportés dans l'extraction de la fécule;

MM. SAINT-ÉTIENNE Père et Fils, à Paris (France), pour l'invention et le perfectionnement d'un système d'extraction appliqué dans un grand nombre de féculeries.

APPAREILS ET PROCÉDÉS DE DISTILLERIES ET SUCRERIES.

MM. G.-J. CAIL et Cⁱᵉ, à Paris et Grenelle (France). GRANDE MÉDAILLE D'HONNEUR. Voir le compte rendu des objets exposés dans la Vᵉ classe.

MM. ROLFS, SEYRIG et Cⁱᵉ (France). MÉDAILLE D'HONNEUR. Voir VIᵉ classe, page 127.

APPAREILS DES BOULANGERS.

MM. LESOBRE, MENARD ET Cⁱᵉ, à Paris (France), ont reçu du jury la MÉDAILLE DE PREMIÈRE CLASSE pour leur pétrisseur mécanique Rolland, dont ils avaient envoyé à l'Exposition universelle un magnifique modèle.

M. JOMEAU, à Paris (France), fours à boulangerie viennoise à sabot de fonte pour entretenir la vapeur. MÉDAILLE DE DEUXIÈME CLASSE.

M. ECKMAN-LECROART, à Lille (Nord), boulangerie sous forme de voiture à l'usage des armées, contenant pétrin, four en tôle, et le tout démontable à volonté. MÉDAILLE DE PREMIÈRE CLASSE.

M. VICTOR DOBIGNARD, à Paris (France), façade de fours de fonte à l'usage de la boulangerie. Même récompense.

M. CHAMPONNOIS, a Paris (France).

M. Champonnois est l'inventeur du laveur à claire-voie, généralement en usage, et de plusieurs autres ustensiles et procédés, adoptés dans les sucreries, féculeries, distilleries, etc. (Voir la notice sur la question des sucres, par S. M. l'Empereur Napoléon III, alors prince Louis Napoléon, Ham, 1842); enfin, d'un système d'installation complète de distillerie, dans les fermes et les exploitations agricoles.

La méthode d'extraction des jus sucrés, et de fermentation continue, avec une très-grande économie de levure, a simplifié la distillation de la betterave, au point de la rendre très-facilement applicable dans les fermes.

Cette industrie agricole, économique, d'outillage, de main-d'œuvre et de combustible, évite tous les inconvénients que présentent les distilleries anciennes, car elle n'emploie point d'eau, et n'a aucun liquide à rejeter au dehors.

Elle rend le plus en alcool, elle laisse, réalisable, le maximum de résidus utiles à la nourriture et à l'engraissement des bestiaux (70 à 80 p. cent); elle augmente et améliore les engrais, et par suite, la fertilité du sol et le produit en céréales, tout en répandant les connaissances mécaniques et les pratiques manufacturières dans les campagnes, et en y maintenant les populations, par l'occupation qu'elle leur assure pendant toutes les saisons.

La portée de cette invention, au point de vue du bien-être social, du bon marché de la viande et du pain, de l'accroissement du revenu et de la valeur des terres, est donc immense, et le jury l'a jugée digne de la plus haute récompense qu'il eût à décerner : la GRANDE MÉDAILLE D'HONNEUR.

Le public a sanctionné cette décision, déjà préparée dans l'opinion, par les hautes prévisions de la Société Impériale et Centrale d'agriculture, qui avait accueilli, à son début, le système Champonnois, et qui lui avait consacré, en 1854 et 1855, d'importants travaux.

Un troisième Rapport, du 6 août 1856, résume et confirme en tous points les précédents, et dans la séance publique du 19 avril 1857, le compte rendu annuel fait ressortir de nouveau les avantages progressifs de ce système, ainsi que la supériorité qu'il a conservée sur tous les autres.

Distillerie agricole, système Champonnois de Paris.

Au moment de l'Exposition universelle, les distilleries Champonnois s'élevaient à cent environ. Ce nombre est presque doublé aujourd'hui. Leur travail, prolongé pendant tout l'hiver et souvent jusqu'à la fin du printemps, ne porte pas sur moins de deux millions de kilogrammes de betteraves par jour.

C'est là déjà un développement important, auquel il ne manque qu'un surcroît de capital pour se généraliser, et porter tous ses fruits ; capital trop souvent à désirer dans les exploitations agricoles les plus intelligentes. Mais l'élan est donné, l'industrie se rapproche de l'agriculture, et les deux intérêts se confondent. Les propriétaires, appréciateurs mieux éclairés, viennent en aide à leurs fermiers, stimulent ou encouragent leurs bonnes dispositions. De ce concours de tous les effets doit sortir, pour l'agriculture et pour la société en général, une ère féconde de prospérités.

LÉGUMES DESSÉCHÉS.

M. MASSON, A PARIS (FRANCE).

L'invention du procédé de conservation des légumes, par voie de dessiccation et de compression, est due à M. MASSON. Cette découverte, bien autrement importante pour l'alimentation des masses que ne le sont les procédés de conservation des viandes, place son auteur parmi les bienfaiteurs de l'humanité.

Le Jury de l'Exposition de Londres avait décerné à M. MASSON la grande médaille. S. M. l'Empereur l'avait nommé chevalier de la Légion d'honneur ; le Jury international à l'Exposition Universelle de Paris lui a voté la GRANDE MÉDAILLE D'HONNEUR.

MM. CHOLLET ET Cᵉ, A PARIS (FRANCE).

Le mérite de MM. CHOLLET et Cᵉ, acquéreurs du procédé Masson, est surtout de l'exploiter sur une très-grande échelle.

Ici encore il est à regretter que le prix élevé des légumes conservés, n'en permette pas l'emploi aux classes pauvres. La MÉDAILLE D'HONNEUR accordée par le Jury à MM. CHOLLET, aurait une portée bien plus grande si elle leur était donnée en récompense de moyens employés pour vulgariser les procédés Masson.

M. MÈGE ET Cᵉ, A BATIGNOLLES (FRANCE).

M. MÈGE et Cᵉ, par des procédés différents de ceux de M. Masson, conservent aussi les légumes ; leur usine, quoique établie fort peu de temps avant l'ouverture de l'Exposition Universelle, a soumis ses produits à l'appréciation du Jury qui les ayant reconnus d'excellente qualité, a donné à M. MÈGE la MÉDAILLE DE PREMIÈRE CLASSE.

Cette concurrence aux produits Chollet est de bon augure ; elle annonce peut-être une diminution dans les prix des légumes conservés.

PRODUITS ALIMENTAIRES.

MM. HETTE ET Cᵉ, à Bresles-sur-Oise (France), ont obtenu la MÉDAILLE DE PREMIÈRE CLASSE sur le Rapport ci-après de M. Payen.

« MM. HETTE et Cᵉ ont donné l'exemple le plus remarquable d'un grand succès manufacturier et agri« cole obtenu par l'introduction de plusieurs industries annexes des fermes, parfaitement appropriées à « l'entretien, l'engraissement du bétail, la production de la viande et l'accroissement des récoltes ainsi « que la fécondité du sol. »

MM. RODEL ET FILS, à Bordeaux (France), ont obtenu la MÉDAILLE DE DEUXIÈME CLASSE pour leurs sardines à l'huile conservées en boltes closes.

MM. CONIÉ ET MARTIN, aux Sables-d'Olonne (France), pour les mêmes produits, exploités sur une grande échelle et livrés à des prix très-avantageux ; même récompense.

M. A. GILLET, à Lorient (France). L'un des plus anciens fabricants de sardines conservées, et dont les produits sont excellents ; MÉDAILLE DE DEUXIÈME CLASSE.

XIᵉ CLASSE

PRÉPARATION ET CONSERVATION DES SUBSTANCES ALIMENTAIRES

RÉCOMPENSES DÉCERNÉES PAR LE JURY INTERNATIONAL

(EXTRAIT DU *Moniteur* DU 8 DÉCEMBRE 1855)

———

GRANDE MÉDAILLE D'HONNEUR.

Champonnois, Paris. France.

MÉDAILLES D'HONNEUR.

Chollet et Cᵉ, Paris. France.
Comité des fabricants de sucre de Valenciennes. Id.
Crespel-Dellisse, Arras. Id.
Serret, Hamoir, Duquesne et Cᵉ, Valenciennes. Id.
Société industrielle sucrière du Zollverein. Prusse.

MÉDAILLES DE PREMIÈRE CLASSE.

Aguado, Bordeaux. France.
Andrassy (le comte), Monoch. Autriche.
Arnaud et Moureaux, Batna (Algérie). France.
Arnstein et Eskeles, Laybach (Carniole). Autriche.
Balard, Médéah. Algérie.
Baltresqui (R.), Lisbonne. Portugal.
Barral (L.), Frontignan. France.
Bayvet et Cᵉ, Paris. Id.
Bernard frères, Lille. Id.
Bertrand et Cᵉ, Lyon. Id.
Beuvran (G. de), Chassagne. Id.
Bizot (F.-F.-A.), Dijon. Id.
Bloch (N.-C.), Duttenheim. Id.
Bonet-Laurent et Desmazes, Saint-Laurent. Id.
Borel et Kohler, Aubervilliers, près Paris. Id.
Boulé et Cᵉ, Maintenon, Id.
Bransoulié fils (A.), Nérac. Id.
Brisard (M.) et Roger, Bordeaux. Id.
Castelli (André), Birkadem. Algérie.
Castiau et Cᵉ, Vieux-Condé (Nord). France.
Charbonnel (A.), Rennes (Ille-et-Vilaine). Id.
Chazelles Guadeloupe. Id.
Chevalier-Appert, Paris. Id.
Chevet jeune, Paris. Id.
Cheviron aîné, Médéah. Algérie.
Claes frères, Lembeck. Belgique.
Clauss (J.-B.) et Caron, Gand. Id.
Clerckayser (J.) et Cᵉ, le Havre. France.
Cloote (J.-P.), Constance (cap de Bonne-Espérance). Royaume-Uni.

Comité d'agriculture de Xérès, Cadix. Espagne.
Dardouillet-Achard (E. Grillet. success.), Paris. France.
Daubrée (Paul), Guadeloupe. Id.
Daurel, Béziers. Id.
David de Floris, Chamborne (Réunion). Id.
Dean (J.) fils, Londres. Royaume-Uni.
Delafontaine et Detwiller, Paris. France.
Dufour (A.) et Cᵉ, Bordeaux. Id.
Devinck, Paris. Id.
Fakinsen et Cᵉ, Brousse. Id.
Farre (Charles), Reims. Id.
Favre et Joranson, Ribeauvillé. Id.
Ferreira (J.-B.), Villa-Réal. Portugal.
Fockinck (W.), Amsterdam. Pays-Bas.
Fonseca (Da), Lisbonne. Portugal.
Forrester (J.-J.) fils, Porto. Id.
Fould (L.-S.), Saint-Denis. France.
Franzini frères, Villalonga. Autriche.
Ganzin, Mustapha. Algérie.
Gauckler (Ph.-Fr.), Wissembourg. France.
Genta (Ph.), Caluso. États sardes.
Gevers Deynoot (D.-R.), Loosduinen, près la Haye. Pays-Bas.
Gibelin Rodez (Aveyron). France.
Gimenez (Pedro), Jecla (Murcie). Espagne.
Gomès (J.-Libanio), Portimao. Portugal.
Goudin, Guyane française. France.
Groult jeune. Id.
Guérin-Boutron (L.), Paris. Id.
Guerrier-Bonnet, Maintenon. Id.
Guiolet et Quenesson, Martinique. Id.
Herbet et Cᵉ, Bourdon. France.
Hettes et Cᵉ, Bresles (Oise). Id.
Huck (J.-M.), Paris. Id.
Jean (Archiduc), Styrie. Autriche.
Jeanti et Prévost, la Villette, près Paris. France.
Kervéguen (L. de), île de la Réunion. Id.
Kohler (A.) et fils, Lausanne. Suisse.
Labiche-Baudouin Moulin-de-l'Orme-Halé. France.
Lade et fils, Geisenheim. Duché de Nassau.
Lafitte (Mᵐᵉ), île de la Réunion. France.
Larisch Monnich (comte de), Freistadt (Silésie). Autriche.

Lavie fils, Constantine. Algérie.
Leblanc (Abel), Mouroux. France.
Lefebvre Corbehem. Id.
Linder (F.-T.), Paris. Id.
Lombré (J.), Nay (Basses-Pyrénées). Id.
Mac-Arthur (J.-W.), Camden (Australie). Royaume-Uni.
Maguin (J.-V.), Clermont-Ferrand. France.
Malheiro (M.-A.), Porto. Portugal.
Marbru (G.), Paris. Id.
Marey-Monge (M⁰⁰). Pomard. France.
Martin et Cᵉ, Grenelle, près Paris. Id.
Martin de Lignac (J.-J.-B.), Mautlevade (Creuse). Id.
Mazères, Delhy-Ibrahim. Algérie.
Mége et Cᵉ, Batignolles. France.
Ninguet père et fils, Senlis. Id.
Noël, Beauregard (Charente). Id.
Novotny (Ant.), Prague. Autriche.
Nye (S.) et Cᵉ, Royaume-Uni.
Ouvrard, Paris. France.
Paoletti (F.), Pontedera. Toscane.
Pereira-Leitao (B.), Porto. Portugal.
Perès, Batna. Algérie.
Perier (Alexandre), Flavy-lez-Martel. France.
Perla (C.), Turin. États sardes.
Perron (P.-E.), Paris. France.
Philippe et Canaud. Nantes (Loire-Inférieure). Id.
Piéris, Paradenia (Ile de Ceylan). Royaume-Uni.
Porter junior (Ch.), Guyane anglaise. Id.
Propriétaire (les) du domaine de Château-Latour. France.
Raffinerie néerlandaise, Amsterdam. Pays-Bas.
Renaut et Cᵉ, Cognac. France.
Risbourg (Ét.), Bouchain. Id.
Rocher frères, la Côte-Saint-André. Id.
Rodel et fils, frères, Bordeaux. Id.
Roif, Médéah. Algérie.
Rousseau et Laurens, Paris. France.
Rousseau frères, Paris. Id.
Rouzé-Aviat (J.-Ch.), Chambly. Id.
Saint-Étienne père et fils et Cᵉ, Paris. Id.
Sainte-Marie, Dupré et Cᵉ, Paris. Id.
Samuel Scott, Bordeaux. Id.
Scherzer (F.-G.), Vienne. Autriche.
Schoëller (A.), Gross-Czakwitz. Id.
Seixo (baron de), Porto. Portugal.
Serre (Pierre), Meursault. France.
Seugnot, Paris. Id.
Sina (baron de), Szent-Miklos. Autriche.
Société néerlandaise, Cuba. Espagne.
Société vinicole de Cognac, gérant Salignac (Georges), Cognac. France.
Société vinicole de Cognac, gérant Duret (J.), Cognac. Id.
Stoltz père (J.-G.), Paris. Id.
Terrera, Villa-Réal. Portugal.
Thierry et Kakzanowski, Bouffarick. Algérie.
Thun Hoenstein (comte François de), Tschen-sur-Elbe. Autriche.
Tilloy-Delaune et Cᵉ, Courrières. France.
Tussaud (F.), Paris. Id.
Veron, Roy et Berger, Poitiers. Id.
Viguerie et Cᵉ, Ile de la Réunion. Id.
Wiche et Cᵉ, Ile Maurice. Royaume-Uni.

MÉDAILLES DE DEUXIÈME CLASSE.

Ackermann Laurance, Saint-Florent. France.
Administration de la Guadeloupe, Guadeloupe. Id.
Albert, Boy (Paul) fils aîné et Cᵉ, Lorient. Id.
Albertin (Joseph) et Cᵉ, Turin. États sardes.
Aldea et Cᵉ, Calahorra. Espagne.
Aloès d'Azevedo, Lisbonne. Portugal.
Andrényi de Debreczin, Arad. Autriche.
Arnaboldi, Kingston (Jamaïque). Royaume-Uni.
Aubin et Cᵉ, Ile Maurice. Id.
Aubineau, Dalton. France.
Audouin et Cᵉ, Lorient. Id.
Baillié (G.), Ile de Ceylan. Royaume-Uni.
Baltresqui (R.), Lisbonne. Portugal.
Baudens, Laghounat-Blidah (Algérie). France.
Bauer (C.), Vienne.
Baumgartner (J.), Gumpoltskirchen. Autriche.
Belanger et Cᵉ, Martinique. France.
Bernard, Haysignies, Lequimé et Cᵉ, Nevers. Id.
Bertin (M.-Ph.-Ch.), Paris. Id.
Berton frères, Avignon. Id.
Beurmann (baron J. de), Paris. Id.
Bianconi, Cologne. États pontificaux.
Bigo et Cᵉ, Esquermes. France.
Biker (J.-J.), Portimao. Portugal.
Blauckenhorn frères, Mülhem. Grand-duché de Bade.
Blanc-Montbrun, Livron. France.
Blass (C.-B.), Borgerhout. Belgique.
Bluecher Wahlstadt (comtesse de), Radun. Autriche.
Bonino (Félix), Asti. États sardes.
Bonnet Guadeloupe. France.
Boudier (veuve), Paris. Id.
Boudin (Ed.), Albi. Id.
Bour frères, Biberach. Wurtemberg.
Bransy (F.), Bielefeld. Prusse.
Breauté (capitaine), Médéah (Algérie). Id.
Bresson et Cᵉ, Alger (Algérie). Id.
Brézina (G.), Vienne. Autriche.
Brocard, Alger (Algérie). France.
Brunet, Bergerac. Id.
Bucherer, le Pirée. Grèce.
Buck et fils, Bedale. Royaume-Uni.
Bulli (J.), Florence. Toscane.
Cabal (Ad.) et Vaissières (J.), Roujan. France.
Cabannes et Roland, Bordeaux. Id.
Cabral (J.-M.), Villa-Réal. Portugal.
Cailliau père et fils, Romeries. France.
Calça e Pina (Ant.). Souzel. Portugal.
Camichel et Cᵉ, Sainte-Claire-de-la-Tour-du-Pin. France.
Camoës de Cruz (J.-Ant.), Evora. Portugal.
Campi (J.), Ajaccio. France.
Camus (Alf.), La Rochelle (Charente-Inférieure. Id.
Carnet et Saussier, Paris. Id.
Carville. Id.
Catellan (H.), Montauban. Id.
Castellar (A.-M.), Lisbonne. Portugal.
Castelniur-Perini et Cᵉ, Florence. Toscane.
Castiau (A.) et Cᵉ, Vieux-Condé. France.
Causserouge père et fils, Paris. Id.
Cayla, Misserghin (Algérie). Id.
Cazalis Allut, Montpellier. Id.
César (N.), Nantes. Id.
Chapellier (H. Lisbonne. Portugal.

Charbonnel, Lisbonne. Portugal.
Chastel (marquis de), Guadeloupe. France.
Choloux, Paris. Id.
Choquart (C.-F.), Paris. Id.
Ciardi (Jean), Prato. Toscane.
Claudin (Ch.), Coussac-Bonneval. France.
Collarès, Lisbonne. Portugal.
Collarès junior (J.-P.) et frère, Lisbonne. Id.
Colomès et Andure, Bordeaux. France.
Comité d'agriculture de la province d'Alicante. Espagne.
Compagnie (la) des Indes-Orientales. Royaume-Uni.
Conié et Martin, Sables-d'Olonne. France.
Conninck (Gustave de), le Havre. France.
Conseil des colonies, Lisbonne. Portugal.
Cordonnier-Jacquart (A.), Orchies. France.
Corniller (P.), Chauveau (P.) et Cᵉ, Nantes. Id.
Corréa (V.-G.) et frères, Covilha. Portugal.
Corvini (J.), Pavie. Autriche.
Coudière (A.), Orléans. France.
Courtin-Raoult (F.-E.), Orléans. Id.
Courvoisier et Cᵉ, Bercy. Id.
Crozier aîné (J.-A.), la Villette, près Paris. Id.
Cuillier (L.-Ed.), Paris. Id.
Damais. Portugal.
Daniele (Mᵐᵉ) Harberton. Royaume-Uni.
Daurel (Hipp.), Béziers. France.
Davidson (James), Kingston (Jamaïque). Royaume-Uni.
Delagrange (C.-A.), Orléans. France.
Delmas (J.) et Cᵉ, Bordeaux. Id.
Dereuze et Cᵉ (Étienne), la Palisse. Id.
Demartin, Narbonne. Id.
Deswarte-Dathis, Lille. Id.
Dezobry, Sarcelles. Id.
Dielaine père. Bar-le-Duc. Id.
Dinant et Huette, Nantes. Id.
Dolfi (Joseph), Florence. Toscane.
Duboisé, île de la Réunion. France.
Duchateau, Trèz-les-Marais. Id.
Ducray (B.), Ivry, près Paris. Id.
Ducru-Ravez, Bordeaux. Id.
Duda (J.-F.), Prague. Autriche.
Durand (F.), Toulouse. France.
Durey-Manager (Jules), Cognac. Id.
École industrielle du R. Thurstan, île de Ceylan. R.-Uni.
Eggerlé (Al.), Colmar. France.
Ervedosa (comtesse de), Villa-Réal. Portugal.
Espinasse (veuve Ant.), Paris. France.
Fabre (J.-Al), Villeneuve-sur-Lot. Id.
Fabrique d'huile de Josephstadt, Carniole. Autriche.
Fabrique de sucre de Troppau. Id.
Fastier (L.-Arn.), Neuilly. France.
Fau (I.), Bordeaux. Id.
Ferreira Pinto Basto (J.), Porto. Portugal.
Fernandès (M.-J.), Evora. Id.
Feyeux (N.-D.-M.), Paris. France.
Fiévet et Cᵉ, Masny. Id.
Fiedler jeune (E.-H.), Prérau (Moravie). Autriche.
Finaz (F.), Genève. Suisse.
Fitts (Cl.), Montréal (Canada). Royaume-Uni.
Fleischlammer, Strasbourg. France.
Fleris (D.), île de la Réunion. Id.
Fœrster et Grempler, Granberg. Prusse.
Fonjallaz Forestier (C.), Pully. Suisse.
Fonte Arcada (vicomte Da), Torres-Vedras. Portugal.

Fort, Milianah (Algérie). France.
Fouché, Martinique. Id.
Franchet, Saint-Denis (Réunion). Id.
Frelut et Legris, Clermond-Ferrand. Id.
Fry et fils, Bristol. Royaume-Uni.
Gaertner (E.) jeune, Vienne. Autriche.
Gaillard (G.), Clermont-Ferrand. France.
Garassino (Dᵣ D.-P.), Gênes. États Sardes.
Gardin-Hutinot, Vic-sur-Aisne. France.
Gassendi, Richebourg. Id.
Gaussens, Oran (Algérie). Id.
Geret-Mathieu, Nancy. Id.
Geringer, île de la Réunion. Id.
Gevers et Cᵉ, Havre. Id.
Gillet (A.), Lorient (Morbihan). Id.
Girardot (C.-E.), Paris. Id.
Godard et Cᵉ, Paris. Id.
Godfrey Rhodes, Honolulu. Royaume hawaïen.
Gomès (Mᵐᵉ), Jecla. Espagne.
Gordon (Pierre), province de Cadix. Id.
Gordon (John), Guyane. Royaume-Uni.
Gouvernement du Canada. Id.
Grand-Colas et Laurent, Saint-Dié. France.
Gremailly (J.), Gray. Id.
Guerra da Conceiçado (J.), Elvas. Portugal.
Guesde, Guadeloupe. France.
Guillotaux frères, Lorient. Id.
Guillout (Ed.), Paris. Id.
Guimaraes (Math.), Porto. Portugal.
Hartmann (F.-A.), Munster. Prusse.
Hazenklever, Belair-Romanée. France.
Heckmann (C.), Berlin. Prusse.
Heidt (J.) et Cᵉ, Chockler (Liége). Belgique.
Henery (W.-P. et F.-T.), Guyane. Royaume-Uni.
Herry, Laeken. Belgique.
Hervieu (J.-D.), Pont-l'Évêque. France.
Hill (M.), île Barbade. Royaume-Uni.
Hoffmann-Forty (Fr.), Phalsbourg. France.
Hoyos (F.), Paris. Id.
Houyet aîné et Cᵉ, Marc-en-Barœul (Nord). Id.
Huart (H.), Cambrai. Id.
Hurtrel et Cᵉ, Moulin-lez-Lille. Id.
Ibled frères et Cᵉ, Paris. Id.
Institut agricole de la province de Catalogne. Espagne.
Institut agricole de Jerdy, Barcelone. Id.
Jacket (James), Jamaïque. Royaume-Uni.
Jalics (Fr.-And. de), Pesth. Autriche.
Jallot, île de la Réunion. France.
Janiczary (Ign.), Temesvar. Autriche.
Jean (Hippolyte), Avignon. France.
Jordan et fils, Tetschen. Autriche.
Jourdain (P.-H.), Paris. France.
Kammel et Cᵉ, Grusbach. Autriche.
Keinosengy, Graz. Id.
King d'Irrawang (James), Nouvelle-Galles. Royaume-Uni.
Kleemann (M.) et fils, Schweinfurt-sur-Mein. Bavière.
Kleinschegg, Ratkortbourg. Autriche.
Klein (P.-A.), Besançon (Doubs). France.
Kroll, Nieder-Ingelheim. Grand-duché de Hesse.
Lafforgue (Pr.), Auch. France.
Lailler (Ed.-H.), l'Hôtellerie. Id.
Lamy (J.-C.), Clermont-Ferrand. Id.
Landais, Champagne de Blanzac. Id.
Langadas, Théra. Grèce.

Lapostolet frères, Paris. France.
Laperlier, Mustapha (Algérie). Id.
Larcher (F.-A.), Portalègre. Portugal.
Larcher (Joad.). Portalègre. Id.
Lascasez (Poyferré de) et Barton, Bordeaux. France.
Laussoure, Nuits. Id.
Lavie père, Constantine. Algérie.
Lecavelier, Caen. France.
Lecomte (Fr.), Paris. Id.
Liger-Bel-Air (comte de), Id.
Leibenfrost, Vienne. Autriche.
Le Lorrain (J. M.), Martinique.
Lemoine-Tanrade (J.-Emn.), Paris. France.
Lenkey (de), Vienne. Autriche.
Leplay et C°, Douvrin. France.
Leys (F.), Dunkerque. Id.
Lherminier (L.-F.), Paris. Id.
Linder (Fr.-Th.), Paris. Id.
Lipscombe (E.-T.), terre de Van-Diémen. Colonies anglaises.
Lopez (P.-J.), Lisbonne. Portugal.
Louis frères et C°, Bordeaux. France.
Loysel (Edw.). Royaume-Uni.
Lyon (A.), Id.
Macaire (David), Passy, près Paris. France.
Maggiolo, Alger (Algérie). Id.
Magne (And.), Rouen. Id.
Maia (H.-P. da). Portugal.
Malineau (N.) et C°, Bordeaux. France.
Manès (C.), île de la Réunion. Colonies françaises.
Mangold (C.-F.), Hornberg. Grand-duché de Bade.
Maria (J.-R.-P. da). Portugal.
Marey-Gassendi, Nuits. France.
Marion (Pierre), Dijon. Id.
Martins, Setubal. Portugal.
Martyns, Bordeaux. France.
Martinenghi (B.), Ajaccio. Id.
Martuis (J.), Setubal. Portugal
Mathés (F.-G.), Paris. France.
Mauger, El-Achour (Algérie). Id.
Maylay. Brésil.
Mège-Mouriès (H.), Paris. France.
Medioni, Oran. Algérie.
Mercurin, Cheragas. France.
Mirat (G.), Salamanque. Espagne.
Mohouar-ben-Chahan, Milah (Algérie). France.
Monard, Montmorot. Id.
Mora, San-José. République de Costa-Rica.
Morin fils, Saint-Pierre (Martinique). France.
Moulin à vapeur de Vienne. Autriche.
Mouquet (H.), Lille. France.
Muller aîné, Bensheim (Sarkembourg). Gr.-d. de Hesse.
Mure-Delarnage (comte), Tain (Drôme). France.
Nègre (J.), Grasse. Id.
Nouwall (chev. de), Martmitz. Autriche.
Noël-Aubert, Paris. France.
Nostitz (comte Alb. de), Prague. Autriche.
Nourrigat (Em.), Lunel (Hérault). France.
Nyes et C°, Royaume-Uni.
Oudart et Bruché, Gênes. États Sardes.
Palihas, Fleurus (Algérie). France.
Palmella (duc de), Cadafaes (Lisbonne). Portugal.
Paoletti (Joseph), Pondedera. Toscane.
Parod (J.-A.), Paris. France.

Pécoul (A.), Martinique. France.
Pellier frères, le Mans. Id.
Penant (J.), Paris. Id.
Peterwalz, Pesth. Autriche.
Petit (Ch.) et C°, Cambray. France.
Peyraud aîné, Martinique. Id.
Pichou (baron de Longueville), Bordeaux. Id.
Ponowitch (comte). Autriche.
Puységur (de), Bordeaux. France.
Quéruel (A.), Passy. Id.
Raboutet-Milius, Martinique. Id.
Raibaud-Lango, Paillerols (Basses-Alpes). Id.
Reali (S.), Venise. Autriche.
Reese et Wichmann, Hambourg. Villes Hanséatiques.
René, Bréa (Algérie). France.
Renon (J.-Pr.), Rouen. Id.
Respaldiza (colonel A. de), Gonzalès et Duhosc. Espagne.
Rey (F.-A.), Paris. France.
Ricasoli (Bettino, baron). Toscane.
Richter (A.), Kœnigsaal. Autriche.
Riese de Stallburg (G. F. de), Schlan. Autriche.
Rigault fils, Orléans. France.
Ripka (J.-M.) et C°, Brunn. Autriche.
Rivet jeune (Cl.-M.), Paris. France.
Rivoire, Mascara (Algérie). Id.
Roche père et fils, Bourgoin (Isère). Id.
Rœderer (J.-A.), Cologne. Prusse.
Rodde-Martin (Od.), Cusset (Allier). France.
Rodel et fils (frères), Bordeaux. Id.
Roland (Aveline), Orléans. Id.
Rolland, Philippeville. Algérie.
Romagnac (Fr.), Montauban. France.
Rontaunay (J. de), île de la Réunion. Id.
Rothschild (baron de), Paris. Id.
Rousseau, Martinique. Id.
Roussel (C.), Rivesalles. Id.
Rousson (L.), Oran. Id.
Rouzé (H.), Paris. Id.
Rouzé-Aviat, Chambly. Id.
Sainte-Colombe, la Réunion. Id.
Saint-Elme, île Maurice. Royaume-Uni.
Saintoin frères, Orléans. Id.
Sallaville, le Mans. Id.
Salleron (J.), Paris. Id.
Samuel-Plait, Bleinheim. Canada.
Sangadas (A.-N.), Théra. Grèce.
Sarget (baron) et Boisgérard (de), Bordeaux. France.
Schank, Paris. Id.
Schlumberger (R.), Vooslau. Autriche.
Schramm (P. et J.) frères, Neuss. Prusse.
Schwartzenberg (prince de), Autriche.
Schwartzer, Vienne. Id.
Selgado (Gerd.), Barcelone. Espagne.
Selner (J.), Dusseldorf. Prusse.
Serre (Ch.), Meursault. France.
Sester, Saint-Martin-ès-Vignes (Aube), Id.
Shandon-Estate, île de Ceylan. Royaume-Uni.
Sicard-Viguier, Cognac (Charente). France.
Sicre (veuve), île de la Réunion. Id.
Siegert (Ch.), Stettin (Poméranie). Prusse.
Simounet (Pierre), Alger (Algérie). France.
Soiza (de), île de Ceylan. Royaume-Uni.
Spano (chevalier Raimond de), Oristane. États Sardes.
Startmann (F.-A.), Münster. Prusse.

Stervieu (J.-D.), Pont-l'Évêque. France.
Stilbe frères, Rampon. Pays-Bas.
Stollwerck frères, Cologne. Prusse.
Strachwitz, Sobetau. Autriche.
Surville (Ch. comte de), Nîmes (Gard). France.
Sylvestre et Vassort, Guadeloupe. Id.
Szilloginee (E.), Autriche.
Thomas (Ed.), Paris. France.
Trigoso (S.-F.-R. de Lilla-Mello), Terres-Vedras. Portugal.
Trinquelle, Tous. France.
Tschinkel (Aug.) et fils, Schœnfeld. Autriche.
Uhlendorf (L.-G.), Hamm. Prusse.
Valkenberg (F.-G.), Worms. Grand-duché de Hesse.
Valher, Delhy-Ibrahim (Algérie). France.
Valpy (R.), Jamaïque. Colonies anglaises.
Vandenbroucke (Ed.), Paris. France.
Van Geerteruyen-Evraert, Hamme. Belgique.
Van Vollenhoven et C°, Amsterdam. Pays-Bas.
Varvello (François), Asti. États sardes.
Vera-Cruz (département de la). Mexique.
Vienot (Ch.), Prémeaux. France.
Villaumez (J.-L.), Lunéville. Id.
Vinberg et Esverdt, Cette. Id.
Wanka (Fr.), Prague. Autriche.
Watrelot Delespaul, Lille. France.
Weerth, Bonn. Prusse.
Weichs (Ch., baron de), Walchew. Autriche.
Weillaumez (J.-L.), Lunéville. France.
Werner (Émile), Stuttgardt. Wurtemberg.
Wetzel. France.
Wintherlig, Tolétat. Algérie. Id.
Wittekop et C°° Brunswick. Brunswick.
Wittemann, Séville. Espagne.
Woschitz (E.), Clausenbourg. Autriche.
Wotherspoon (J.) et C°, Londres. Royaume-Uni.
Wuichet, Rennes. France.
Zuylekom-Levert et C°, Amsterdam. Pays-Bas.

MENTIONS HONORABLES.

Abreu (d'), Lisbonne. Portugal.
Alirol, le Puy (Haute-Loire). France.
Almeida (Ant.-Carneiro d'), Lisbonne. Portugal.
Alvès (J.-J.), Lisbonne. Id.
Alvès de Silveira (L.-J.), Porto. Id.
Anastaccio, Grande-Portalègre. Id.
Angélie (S.), Saint-Reuil. France.
Armand-Marey, Pommard. Id.
Arnot (P.-S.), Wilhems), île Maurice. Colonies anglaises.
Aschrott, Hocheim. Duché de Nassau.
Aubenas (A.), Paris. France.
Aucher (veuve) et Ledoux (P.), Paris. Id.
Auger (S.-Ch.), Dijon. Id.
Auguet, Mascara. Algérie.
Auvray, Orléans. France.
Aux (marquis d'). Id.
Barban, Paris. Id.
Barbosa (J.-Ant. de Silva), Cadaval (Lisbonne). Portugal.
Bardy (G.), Paris. France.
Barker, Campbell (colonie Victoria). Colonies anglaises.
Barton. France.
Battendier, Paris. Id.

Battiani, Bastia (Corse). Id.
Batty et C°, Londres. Royaume-Uni.
Bax fils aîné, Lectoure. France.
Bellanger et Dombret, Fresnes (Nord). Id.
Belicar, Montmartre (Seine). Id.
Ben-Naceur-ben-Salem, Laghouat. Algérie. Id.
Berchon, Saint-Denis (Réunion). Colonies françaises.
Bernard (J.-B.), Toulon. France.
Berthe, Coteaux-du-Creux. Id.
Berthet, Cherchell. Algérie. Id.
Betz (F.-G.), Hulay. Id.
Billet, Cantin, près Douai. Id.
Bineli, Lisbonne. Portugal.
Binette (M.-A.), Saint-Julien. France.
Bissy (G. de), île Maurice. Royaume-Uni.
Bizouard. Dijon. France.
Blanchet (R.), Montagny. Suisse.
Boncherville (de), île Maurice. Royaume-Uni.
Bontemps du Barry. France.
Boschetti (Carlo), Pavie. Autriche.
Brevune, Fleurus (Oran), Algérie. France.
Bridges (R.-H.). Royaume-Uni.
Brito (J. de), Lisbonne. Portugal.
Brown Colstonn, Nouvelle-Galles. Royaume-Uni.
Brownet Polson, Paisley. Id.
Bufnoir, Lyon. France.
Burgeff et Schweikart, Hochheim. Duché de Nassau.
Bury (L.), Lons-le-Saulnier. France.
Café Bombay de Adem, café de Calicut, Tinnovelly, Coïmbatore et des montagnes de Reigherrey. Inde.
Caisso et Prin, Nantes. France.
Caisso jeune, le Croisic (Loire-Inférieure). Id.
Caloni (A.), Collioure. Id.
Camard (L.-D.), Paris. Id.
Campos (J. Farinha Relvas de), Golego. Portugal.
Carles (J.), Villeneuve-sur-Lot. France.
Carvalho (J. Borges de), Pinto. Portugal.
Carvalhosa d'Almeida, Bibaldeira. Id.
Castellar et C° (Ant.-M.), Lisbonne. Id.
Caulet, Paris. France.
Cazenove (J.) aîné, Aiguillon. Id.
Céry Billaut, Dijon. Id.
Chabrant (Louis), La Villette. Id.
Chabrant (J.), Paris. Id.
Chaussenot jeune (J.-B.), Paris. Id.
Chevalier, Paris. Id.
Chevrier (L.-Al.), Chartres. Id.
Chitty (Edw.), Jamaïque. Royaume-Uni.
Cladellas y Santos, Porto-Rico. Espagne.
Clavelin, Voiteur (Jura). France.
Coirier, Nuits. Id.
Comité d'agriculture de Tarragone. Espagne.
Combier d'Estre, Saumur. France.
Compagnie américaine. Id.
Compagnie des Comores, Mayotte. Id.
Conie et Martin, les Sables-d'Olonne (Vendée). Id.
Conseil des colonies, île Mozambique. Colonies portugaises.
Cora frères, Turin. États Sardes.
Corcellet, Paris. France.
Colmar Sabre Badalona, les duques de Solferine. Portugal.
Coudray et Lespinasse, Paris. France.
Couvent de Ferraia, Vizeu. Portugal.

Crébessac, Clairac. France.
Cuvelier (J.-B.) et fils, Bruxelles. Belgique.
Cugnac (marquis Am. de), Condom. France.
Cuyt (Alb.), Bruxelles. Belgique.
Dael, Mayence. Grand-duché de Hesse.
Da Fonte Boa (vicomte), Santarem. Portugal.
Dallon et Holroyd (capitaines), Assam. Indes orientales.
Darmailhac (M⁻ᵉ). France.
Daniel (F.-R.), Cologne. Prusse.
Daroles père et fils, Auch (Gers), France.
Deek (J.-Ant.), Guebwiller. Id.
Defontaine (Ed.) et Cⁱ, Marquette-lez-Lille. Id.
Deiss et Lehn, Uffstein, près Worms. Grand-duché de Hesse.
Delottre (Vᵉ). France.
Dettoni frères et Cᵉ., Turin. États Sardes.
Denison (S.-W.), Terre de Van Diemen. Colonies anglaises.
Deville-Bichat, Dijon. France.
Dietz (C.-F.), Barr (Bas-Rhin). Id.
Dietsche (Al.), Kœnigshoffer (Bas-Rhin). Id.
Dioré (J.), Port-Louis (île Maurice). Colonies anglaises.
Dolles (J.), Bodenheim-Rheinhausen. Grand-duché de Hesse.
Doret, Brunn. Autriche.
Dubignon. France.
Duchâtel (comte). Id.
Duffau-Bouzeau, Sainte-Christie. Id.
Duplat, Blidah. Algérie.
Durand (L.-G.), Lorient (Morbihan). France.
Durand (Salomon). Algérie.
Dussard. France.
Duval, Bar-le-Duc, Id.
Duvoir (J.-M.), Meaux (Seine-et-Marne). Id.
Duyvis (J.-Spekmann), Koog. Pays-Bas.
Dos-Santos (J.-J.), Portimao. Portugal.
Egrot fils (Ed.-M.), Paris. France.
Faber (Fr.), Crailsheim. Wurtemberg.
Fabrique de sucre du Park, Troppau. Autriche.
Fabrique de sucre à Wisternitz. Id.
Falcao (L. de Pinna Carvalho Frein). Castello-Branco, Portugal.
Fardou, Nossi-Bé. Colonies française.
Faseth (Fr.), Gumpoldskirken. Autriche.
Feire (M.-P.-V, Évora. Portugal.
Feixidor (N.), Barcelone. Espagne.
Ferbeaux de Mazères, Barrau. France.
Forreira (J.-B.), Villa-Réal. Portugal.
Ferrière (Vᵉ). France.
Fery (J.) et Louis-Élie, île de la Réunion. Id.
Figueiredo (D.-B.-P. de), Villa-Réal. Portugal.
Filippi, Livourne. Toscane.
Finesel. Franco.
Flandorffer (Ign.), Œdenbourg. Autriche.
Florimont (Jacob de), Guyane anglaise. Royaume-Uni.
Fonteboa (vicomte da), Santarem. Portugal.
Forcioli (B.), Ajaccio. France.
Forrester (J.-J.), Porto. Portugal.
Fortoul F. et Banon, Digne. France.
Foussat frères et Cᵉ, Bordeaux. Id.
Fraissant, Paris. Id.
Francisco de Paula Lagorio. Espagne.
Franco (V.-Z.-P.), Guarda. Portugal.
Frantin, Dijon. France.

Friday-Bergen (M⁻ᵉ), Guyane anglaise. Royaume-Uni.
Fromont, Chartres. France.
Fulton et Smith, Melbourne (Victoria). Royaume-Uni.
Fumet (C.-F.), Paris. France.
Gaesdri, Guadeloupe. Id.
Gaillard, Moulins. Id.
Galopin (Fr.), Montélimart. Id.
Galopin (Pr.), Paris. Id.
Gamble (W.), Étobicoke, Canada.
Garnstrom (C.-A.). Suède.
Gauthier. France.
Geniès (marquis de Saint-). Id.
Gentil (José-Maria), Lisbonne. Portugal.
Gessner (Ed.), Phi. (G.), Müghtz. Autriche.
Gilka (C.-J.-A.), Berlin. Prusse.
Gillot, Mazagran (province d'Oran). France.
Giroux et Cᵉ, Douai. Id.
Gmelin (G.-A.), Mulheim. Grand-duché de Bade.
Gometz (J.-Lib.), Portemao. Portugal.
Gomez (M⁻ᵉ), Jecla-Murcie. Espagne.
Gonzales (F.), Valladolid. Id.
Goudal fils, Château-Laffitte. France.
Goux, Martinique. Id.
Goyriena (de), Guyane. Royaume-Uni.
Grafstrom (C.-J.). Suède.
Grégoire (Fr.), Haubourdin (Nord). France.
Grollemund (Louis) et Cᵉ, Colmar (Haut-Rhin). Id.
Guérin (J.-A.-F.), Paris. Id.
Guestier junior. Id.
Guihérie-Deslandelles, Nantes. Id.
Guillemot (H.), La Rochelle. Id.
Guillot frères. Id.
Guimaraes et Cᵉ (J.-B.), Santarem. Portugal.
Gutzeit (J.), Maisheim. France.
Guyane anglaise.
Haarmann (A. et J.), Vitten. Prusse.
Halder (Maximilien). Grand-duché de Bade.
Haller (J.-Ch.), Halle (Saxe). Prusse.
Hamilton (G.), Sydney (Nouvelles-Galles du Sud.) Royaume-Uni.
Harry, Moreton-Bay (Nouvelle-Galles du Sud. Id.
Haurie. Médéah (Algérie). France.
Haussmann, Paris. Id.
Hellard (G.), Montivilliers. Id.
Henna, Porto-Rico. Espagne.
Henry, Lisbonne. Portugal.
Henry (F.-J.), Strasbourg (Bas-Rhin). France.
Herbecq, Eclaibes (Nord). Id.
Herz (A.-E.), Prague. Autriche.
Hofmann (G.-W.), Ingenneim. Grand-duché de Hesse.
Holbech (Em.-M.), Santarem. Portugal.
Houyet ainé et Cᵉ, Marcq-en-Barœul (Nord). France.
Huntley et Palmes, Reading. Royaume-Uni.
Inry (Cl.), Grenelle (Seine). France.
Jacques, Oran (Algérie). Id.
Jameson (Dʳ), Himalaya, Indes orientales. Royaume-Uni.
Jaunin-Forestler (F.-R.), au Treytorrens. Suisse.
Joddy, île de Ceylan. Royaume-Uni.
Joly (Louis), Nuits. France.
Joret (P.), Paris. Id.
Jorissen (L.), Liége. Belgique.
José (de), Auguerra. Espagne.
Jourdain, Guadeloupe. France.
Kassowitz (J.-H.), Pesth. Autriche.

Kerr (Hon.-W.-W.-R.), Jamaïque. Royaume-Uni.
Khatil-Bey. Égypte.
Kiassing (C.-W.), Solingen. Prusse.
Konnemann (Ad.), Dortmund (Westphalie). Id.
Kropf (O.), Nordhausen. Id.
Laborde de Hazoin, Gouts. France.
Labouré-Joly, Nuits. Id:
Labouré, Gontard et Lefebvre, Nuits. Id.
Lacoste aîné. Id.
Lafforgue (P.), Auch. Id.
Lagatz (C.), Naumbourg-sur-le-Bober. Prusse.
Lapokiotte (Mᵐᵉ), Martinique. France.
Larrieu (Eugène), château Haut-Briou. Id.
Lasalvétat, Paris. Id.
Laurent et Callamant, Alger. Algérie.
Lavers (J.-P.), Sydney (Nouvelle-Galles). Royaume-Uni.
Lawson (Ed.), Toronto. Canada. Id.
Lebleis, Pont-l'Abbé. France.
Leclézio (H.), île Maurice. Royaume-Uni.
Lecornu-Maillot, Paris. France.
Lecocq (N.-H.), Paris. Id.
Lecus (Hubert), Guisard. Id.
Legal (Fr.), Nantes (Loire-Inférieure). Id.
Le Guillou-Penanros et Cᵉ, Quimperlé (Finistère). Id.
Lemesle-Montet (D.-C.), Rigny (Indre-et-Loire). Id.
Lenk (S.), Oldenbourg. Autriche.
Lendecke (J.-H.-W.), Prague. Id.
Lestapis (Firmin), Callon. France.
Lepollart, Douai. Id.
Lepuschitz, Junutem. Autriche.
Leroy jeune, Douai. France.
Lévêque (Louis), Nantes. Id.
Liéber-Monvoisin, île Maurice. Royaume-Uni.
Liebermann (J.-Ant.-J.), Paris. France.
Liebl (V.), Retz. Autriche.
Lopes (J.-M.), Olhao. Portugal.
Lossandières (veuve), île de la Réunion. France.
Lowe (Z.-G.), Guyane anglaise. Royaume-Uni.
Luetkens (De). France.
Lur-Saluces (De), Bordeaux. Id.'
Mac-Dougal (Montréal). Canada.
Machiavelli, Alger. France.
Maggiolo, Alger. Id.
Maillet fils aîné, Quimperlé. Id.
Malina, Xumila, Espagne.
Marchal, Sainte-Memmie. France.
Marcy (E.), île Maurice. Royaume-Uni.
Marey (Félix), Nuits. France.
Marey-Monge (F.), Chambole. Id.
Marey-Monge (général), Pomard. Id.
Marey-Monge (Alph.), Pomard. Id.
Marianna de la Purification, Villa-Réal. Portugal.
Marion (François), Chambole. France.
Marion Guillaume, Fixin. Id.
Marquis aîné, Bourgueil (Indre-et-Loire). Id.
Martel (les Libérés), province d'Oran. Id.
Martin, Martinique. Id.
Martin (P. Rodrigue), Espagne.
Mathieu (Dʳ D.), Vitry-en-Perthuis. France.
Mauraize aîné, Chartres. Id.
Maurel, Marseille. Id.
Mayer et Cᵉ, Pepinville. Id.
Melinon, Guyane française. Id.

Mendès (A), Pereira. Portugal.
Mendoça (Fr.) et de Correra, Lagos. Id.
Mercurin, Algérie. France.
Michaud-Moreil (Ed.), Beaune. France.
Millon (A.) et Cᵉ, Saint-Momble. Id.
Monnot-Leroy (J.-B.), Pontru (Aisne). Id.
Mora et Cᵉ, Martinique. Id.
Morange et Cᵉ, île de la Réunion. Id.
Moreau (Ém.), Tours. Id.
Mouchi-Lhéraki, Algérie. Id.
Moullon et Cᵉ, Saint-Preuil. Id.
Mouriau, Paris. Id.
Mousseu, Paris. Id.
Naysmith (J.), Toronto. Canada.
Noble père et fils, Paris. France.
Noel (Éd.), Nancy. Id.
Négré, Guadeloupe. Id.
Nelli (Ant.), Pistoie. Toscane.
Nollet, Martinique. France.
Nossanx, Constantine. Algérie.
Ochsner (G.) et Cᵉ, Amsterdam. Pays-Bas.
Ojero (S.), Madrid. Espagne.
Oosten (V.-L. Von), Hambourg. Villes hanséatiques.
Pallestrini frères, Villa-Biscossi. États sardes.
Parissis, Ténos. Grèce.
Park (fabrique du), Troppau. Autriche.
Pavard (Ed.-G.), Paris. France.
Pelacz, Salamanque. Espagne.
Pelletier, Dely-Ibrahim, Algérie. France.
Peneau, Chantenay (Loire-Inférieure). Id.
Penot, Paris. Id.
Pereira dos Santos, Villa-Réal. Portugal.
Pereire (E.). Paris. France.
Pescodo et Sino, Terre de Van-Diémen. Royaume-Uni.
Peyraud, Martinique. France.
Philipp (D.-C.-W.), Suzenheim. Grand-duché de Hesse.
Philippe (J.-P.), Paris. France.
Pinto, Loulé. Portugal.
Podroskis, Eubée. Grèce.
Pommez, Haut-Talence. France.
Pommez, Château-Haut-Pessac. Id.
Pontet (De), Château-Haut-Talence. Id.
Pottet-Lhoste, sergent de ville. Paris. Id.
Potocki (Comte Alfr.), Lancut. Autriche.
Proctor (J.-D.), Montréal. Canada.
Prost (Ch.), Wolsheim. France.
Puech (L'abbé), Guyane. Id.
Raboutet Milius. Martinique. Id.
Raffinerie de Bedehosch. Autriche.
Raffinerie de Hambourg. Villes hanséatiques.
Ravel (M.), Montagnac (Busses-Alpes). Id.
Rayó, Saint-Jean-d'Angély. Id.
Reci, Saint-Amour (Jura). France.
Reese et Wichmann, Hambourg. Villes hanséatiques.
Rémond (veuve), Médéah (province d'Alger). Id.
Resing, Hambourg. Villes hanséatiques.
Réunion (île de la). France.
Richard (E.). Paris. Id.
Robb, Montréal. Canada (possessions anglaises).
Robin et Cᵉ (Jᵉˢ), Cognac. Id.
Rocour (J.-Jos.), Paris. France.
Rolland (F.), Strasbourg (Bas-Rhin). Id.
Rouchier, fils aîné (F.), Ruffec (Charente). Id.

Rouget-Delisle , Paris. France.
Rousselle et Privat , Bordeaux. Id.
Royer, Chartres. Id.
Rubinot (Ant.), Nice. États sardes.
Rufz de Lavison , Martinique. France.
Sabarot et C°, Brives-Charentan (Haute-Loire). France.
Saforino (duc de). Espagne.
Saint-Geniès (marquis de), au château de l'Ermitage. France.
Sallaffa et Fronheim, Port-Louis (Ile Maurice). Royaume-Uni.
Salles (A.), Paris. France.
Saulier, Tlemcen (province d'Oran). Id.
Sayen , Blidah (Alger). Id.
Schomburgk, Saint-Domingue. République dominicaine.
Schoneveld-Westerbaan, Gouda (Hollande méridionale). Pays-Bas.
Schütt, Buehl. Grand-duché de Bade.
Schwartzer, Vienne. Autriche.
Seniana. République dominicaine.
Serrigny , Dijon. France.
Sibille (G.), Paris. Id.
Sicard et Viguier, Cognac. Id.
Sigault (J.-J.), Paris. Id.
Sillem (A.-H.) et C°, Hambourg. Villes hanséatiques.
Silveira (da) , Lisbonne. Portugal.
Sipière, Dumiral. France.
Sobrinho (R.-B.), Alvito. Portugal.
Société des moulins à vapeur de Presbourg. Autriche.
Société des moulins à vapeur de Smichow. Id.
Société rurale de Transylvanie. Id.
Sœurs (les) de Saint-Joseph, Guyane française. France.
Solar de Espinosa (baron L. de Xumila). Espagne.
Soudant (J.-A.). France.
Soulié, Tlemcen. Algérie.
Souque, Guadeloupe. France.
Sousa (J.-P. de Carvalho), Beja. Portugal.
Staurie , Médéah (Algérie). France.
Steinbach (J.-J.), Rouen (Seine-Inférieure). Id.
Stellard (G.), Montivilliers (Seine-Inférieure). Id.
Storms frères, New-York. États-Unis.
Supérieure (la) du couvent de Lorette, Richeterre (Ile Maurice). Royaume-Uni.
Tardieu, Oran, Algérie. Id.
Terré (J.-L.), Port-Louis (Ile Maurice). Royaume-Uni.
Tesi (Léopold) (pour le prince Borguesi). Toscane.
Tesson, la Villette. France.
Teyssonneau jeune, Bordeaux. Id.
Thébauld (H.), frères , Nantes. France.
Thorel (H.), Ruffec (Charente). Id.
Tiret-Boguet (Ch.), Saint-Servan. Id.
Toublanc fils, Nantes. Id.
Traut (Ch.), Strasbourg (Bas-Rhin). Id.
Traxler (F.-X.), Paris. Id.
Trénis fils et C°, Bordeaux. Id.
Trillet fils, Guyane française. Id.
Ulrich et C°, Rotterdam. Pays-Bas.
Union agricole de Saint-Denis-du-Sig, Algérie. France.
Vaerst-Cuppers, Mora (Westphalie). Prusse.
Vaesen (P.-F.), Rotterdam. Pays-Bas.
Vallarino Cadet , Perpignan. France.
Vandenberg, Diest. Belgique.
Van Eysden (J.), Blaukenbyo, Rotterdam. Pays-Bas.
Vanhille et frères , Dixmude. Belgique.

Van Steenkiste (J.-B.), dit Dowes, Valenciennes. France.
Vars (de) San-José. Costa-Rica.
Verdier (Dr J.-E.), Montpellier (Hérault). France.
Veret (Et.), Nyon (Vaud). Suisse.
Vergeron frères, Martinique. France.
Vergnaud-Romagnési (Ch.-Fr.), Orléans (Loiret). France.
Vermeil et C°, île de la Réunion. Id.
Vermicellerie (la) d'Albi. Id.
Viau (B.), Harfleur (Seine-Inférieure). Id.
Visedo , Arzew (Algérie). Id.
Voisin (P.), Guyane. France.
Waugh (Mlle), Wolenghory (Nouvelle-Galles). Royaume-Uni.
Weindeyer (Mme), Nouvelle-Galles. Id.
Wels (W.), Redoux (Vienne). France.
Wilkie et C°, Sydney (Nouvelle-Galles du Sud). Royaume-Uni.
Wood (Dr V.-R.), Honolulu. Royaume hawaïen.
Zitterbarh (M.), Pesth. Autriche.
Zurine, Linck. France.

COOPÉRATEURS.

CONTRE-MAITRES ET OUVRIERS.

GRANDES MÉDAILLES D'HONNEUR.

Dubrunfaut, Bercy. France.
Masson , Paris. Id.

MÉDAILLES DE PREMIÈRE CLASSE.

Delacroix, Grenelle près Paris. France.
Halot (Ch.), Bruxelles. Belgique.
Jacquier, Scellowitz. Autriche.
Lachaume (Hippolyte), Douai. France.
Pelier (Ed.). Id.
Zoude (Frédéric) , Valenciennes. Id.

MÉDAILLES DE DEUXIÈME CLASSE.

Bourgine (Édouard), Lille. France.
Cécile. Id.
Choquet (François-Constant), Arras. Id.
Cody (Eug), Denain. Id.
Devin-Florimont. Id.
Druesne (Cypr.), Valenciennes. Id.
Duchus , Valenciennes. Id.
Hervy (J.), Grenelle. Id.
Laurette , Denain. Id.
Létuvé. Id.
Lukersky (Georges), Bohême. Autriche.
Menart (A.-I.), Grenelle. France.
Parmentier, Denain. Id.
Peisenbacher, Vienne. Autriche.
Roti (J.-M.), Grenelle. France.
Schmidt (Paul). Autriche.
Schorish (Aug.). Id.
Taminiau (J.-B.), Bruxelles. Belgique.
Taza , Denain. France.
Titard (Ch.), Meursault (Côte-d'Or). Id.
Villers, Luiseu. Belgique.
Violin (Et.), Bruxelles. Id.

Wastin (J.-B.), Marquette-les-Lille. France.
Zoude (Ad.). Valenciennes.

MENTIONS HONORABLES.

Balloux (Jean), Bohême. Autriche.
Bequier, Denain. France.
Bourcies (Ed.), Grenelle. Id.
Chevalier (J.-B.), Grenelle. Id.
Collignon (H.), Grenelle. Id.
Desgrippes (G.), Bruxelles. Belgique.
Duyteil (Pierre), Croatie. Autriche.
Gilliet, Bruxelles. Belgique.
Giraud (Louis), Grenelle. France.
Gondal fils, Château-Laffitte. Id.

Huysmans (J.-A.), Bruxelles. Belgique.
Levant (Jules). France.
Lobpreis (F.). Autriche.
Masson, Denain. France.
Mayer (Barthélemy), Bohême. Autriche.
Mazert (H.-F.), Grenelle. France.
Mouﬂe (V.-J.-B.), Grenelle. Id.
Moulis, Denain. Id.
Nelis (Toussaint), Bruxelles. Belgique.
Penigaud, Denain. France.
Van-Camp, Bruxelles. Belgique.
Van Mœrzeke. Id.
Vidal, Denain. France.
Ziebelz (Ernest), Troppau. Autriche.

EXPOSITION UNIVERSELLE

PRODUITS DE L'INDUSTRIE

DOUZIÈME CLASSE

HYGIÈNE, PHARMACIE, MÉDECINE ET CHIRURGIE, HYGIÈNE ET MÉDECINE VÉTÉRINAIRE

L'hygiène, c'est la vie ; c'est l'art d'accommoder aux besoins variés de l'existence tous les éléments dont l'univers se compose ; c'est une appropriation incessante et continue que l'homme se fait à lui-même des dons de la Providence et des découvertes qu'enfantent la méditation et le travail. Par conséquent, nulle section ne serait aussi riche que la XII° Classe si l'on voulait mentionner toutes les choses présentées à l'Exposition Universelle qui, directement ou indirectement, peuvent intéresser l'hygiène.

Ici ce sont des appareils de clarification et de distribution des eaux dans les cours et dans l'intérieur des maisons ; là des appareils de chauffage ou de ventilation ; ailleurs des moyens préservatifs contre l'humidité, contre l'incendie, contre les mauvaises odeurs. Parmi les appareils de vidange des matières fécales, il en est de très-ingénieux ; les uns sont munis de bascules qui interrompent les conduits par un joint hydraulique jusqu'à ce que les nouvelles matières deviennent prépondérantes, et ouvrent d'elles-mêmes la soupape à travers laquelle les produits s'écoulent ; les autres se composent de voitures nouvelles qui, au moyen du mouvement même des roues, opèrent le vide dans leur intérieur pendant qu'elles marchent, de telle sorte qu'il suffit de les mettre en communication, par un simple tube, avec la fosse à vider, pour que la matière s'y précipite d'elle-même sous l'influence de la pression extérieure. Dans une même nuit la voiture peut répéter plusieurs fois cette manœuvre.

Comme moyen économique de chauffage, nous avons vu un foyer formé d'une double rangée de tubes de fonte serrés les uns contre les autres, à travers lesquels passe la fumée, et qui, communiquant avec l'air extérieur qu'appelle le tirage du foyer, échauffent cet air, tandis que, d'autre part, des grilles d'appartement brûlent la fumée de la houille. Ce système semble résoudre le problème complexe de la ventilation et du développement de la chaleur artificielle. Les procédés Duvoir et Grouvelle ont déterminé beaucoup d'imitations en petit pour des maisons particulières, imitations dont les modèles existaient dans les galeries du Palais de l'Industrie. Des appareils préservatifs de chutes ou d'explosions, des lampes de mineur, des fourneaux d'appel, des cheminées économiques tenaient une place considérable parmi les agents hygiéniques. Comme spécimen des recherches souvent heureuses qu'inspire l'amour de l'humanité, nous avons vu des briques creuses et tubulaires qui, permettant d'établir dans l'épaisseur des murailles un courant d'air, préviennent l'humidité des habitations.

Une partie bien importante de l'hygiène privée, les bains d'eau ou de vapeur, a produit beaucoup de créations nouvelles, parmi lesquelles nous citerons les appareils des Pays-Bas et des villes Hanséatiques, pour bains, douches, aspersions, et divers appareils destinés à l'administration de bains d'air comprimé ou raréfié, dus à des industriels de Lyon et de Montpellier.

La literie, principalement la literie économique destinée au service des hôpitaux, les voitures de luxe et d'agrément, les fauteuils confortables ont témoigné d'un progrès sensible. « Le Ministère de la Guerre, lisons-nous au *Moniteur* du 10 septembre 1855, est représenté dans la galerie du charronnage par des voitures pour les blessés, par un fourgon d'ambulance et une cantine d'ambulance volante, d'une construction, d'une légèreté et d'un aménagement incomparables. »

D'autres appareils fixaient aussi l'attention : un lit à caisse d'eau, imaginé pour reposer les membres blessés et répondre aux exigences d'une longue maladie; une baignoire destinée aux chevaux fins, dont les maladies peuvent demander des immersions continues; des cornets acoustiques déguisés dans une coiffure élégante; des ornements, des vases où les sons acquièrent un développement favorable à l'audition; un fauteuil de juge dont les accessoires, sculptés avec goût, reçoivent le son le moins intense et le transmettent à l'oreille de l'auditeur dans les conditions les plus satisfaisantes. A côté de ces inventions utiles se placent les divers modèles d'appareils de gymnastique médicale et orthopédique imaginés par le professeur Ling; les jambes artificielles de MM. Angiolini (de Florence), et Mori (de Pontevera); les appareils orthopédiques de Marburg et de Stettin, les bandages herniaires de Zurich et de Berlin; les jambes artificielles du grand-duché de Darmstadt; les appareils orthopédiques de Madrid et de Hambourg. Ces derniers sont spécialement remarquables par le soin avec lequel on les a faits; ils remplissent toutes les indications les plus importantes. Nous leur reprocherons néanmoins de la complication et de la lourdeur, défauts inévitables. Parmi les inventions heureuses du Hambourgeois Langgaard, nous signalerons l'appareil aux maladies du genou, machine qui, tout en faisant exécuter la flexion et l'extension de l'articulation, remédie à la déviation en dedans. « Cette invention, dit avec raison le docteur Jamain, est réellement importante, car jusqu'à présent on n'avait eu que des moyens assez imparfaits pour remédier à une difformité trop fréquente. »

Pour apprécier comme elles le méritent toutes les inventions qui tendent au perfectionnement du physique de l'homme ou à l'allégement de ses misères, il faut être du métier ou posséder sur les arts mécaniques des connaissances profondes. Rien d'étonnant, par conséquent, que le vulgaire des visiteurs et le vulgaire des journalistes aient tenu peu de compte des objets précités, tandis qu'ils ont été tout yeux pour les spécimens d'anatomie artificielle groupés en abondance dans le Palais de l'Exposition.

L'usage de mouler les traits de la face des individus vivants ou morts remonte au XIV° siècle et peut-être plus haut encore; cependant, jusqu'à nos jours, personne n'avait eu l'idée d'appliquer les procédés du moulage aux recherches d'ethnologie. C'est pendant le voyage de l'amiral Dumont-d'Urville au pôle sud que M. Dumoutier essaya, pour la première fois, de prendre sur nature les bustes des divers sauvages soumis à son observation. Les difficultés qu'il rencontra d'abord pour faire consentir ces sauvages à se laisser couvrir le visage de plâtre sont incroyables; lui seul pourrait les relater. De son voyage il rapporta une série de pièces qu'on peut voir dans la collection anthropologique du Muséum de Paris. Habile à saisir et à développer tout ce qui peut étendre le domaine d'une science qu'il cultive avec tant de zèle et de succès, M. Serres ne laissa passer aucune occasion de faire mouler, pour la collection du Muséum, les individus des races diverses que le hasard lui procurait, et il créa cette belle galerie d'anthropologie qui constitue *la branche anthropologique de l'anatomie comparée.*

« Naguère, écrivait M. le docteur Giraldès dans le journal *la Patrie* (22 septembre 1855), l'étude des races humaines, et par suite l'histoire naturelle de l'homme, avait été faite principalement au moyen de la partie osseuse de la tête et de quelques descriptions incomplètes fournies par les voyageurs. Elle ne reposait point sur des bases bien solides. Les crânes des diverses races qu'on avait dans la collection n'étaient point assez nombreux; souvent même leur provenance s'offrait d'une manière incertaine; plus d'une fois un crâne européen figurait dans telle ou telle collection d'amateur comme appartenant à une race lointaine. Il suffit d'avoir examiné ces piles de têtes humaines accumulées dans les catacombes de Paris pour se convaincre que la méprise était facile. Aujourd'hui, grâce au moulage sur nature, grâce au progrès de la photographie, l'histoire naturelle de l'homme est en grand progrès. »

Lorsque l'on veut rendre la transparence des animaux, on emploie la cire, qui réussit merveilleusement lorsqu'il s'agit de reproduire les corps opaques, des ossements ou des coquilles. Sous ce rapport, le palais des Champs-Élysées renfermait aussi des pièces fort remarquables.

L'anatomie artificielle, les pièces d'anatomie en plâtre, en carton-pâte, en composition, y figuraient aussi d'une manière très-distinguée. C'est un art qui ne date point d'hier, mais qui, bien imparfait d'abord, ne répond que depuis peu aux exigences minutieuses de la science. L'anatomie artificielle peut passer pour une industrie toute française, même exclusivement propre à la Normandie; c'est à Rouen que Laumonier avait établi son école anatomique de modelage en cire; c'est à Caen qu'Ameline a imaginé, pour la confection des pièces d'anatomie, un procédé dont il n'a point publié le secret; enfin c'est à Saint-Aubin-sur-Rille (Eure) que M. Auzoux établissait, vers 1821 ou 1822, sa manufacture d'anatomie artificielle, bornée à un mannequin qu'il désavouerait aujourd'hui, car ses œuvres actuelles le dépassent de beaucoup par la perfection et la multiplication des détails.

L'anatomie proprement dite prenait place à l'Exposition de deux manières différentes : 1° les parties molles, momifiées, embaumées ou déposées dans un liquide conservateur; 2° les parties dures, les os, le squelette de l'homme et celui des animaux.

L'art de conserver les organes dans leur forme naturelle a été l'objet d'une infinité d'essais et de recherches. Un anatomiste hollandais du dernier siècle, Ruysch, dont quelques préparations existent encore au musée anatomique de Strasbourg, avait poussé très-loin cet art, au point, dit la chronique, que le czar Pierre, ayant un jour visité son cabinet, fut frappé de la grâce native et de la fraîcheur d'un enfant momifié, et qu'il ne put s'empêcher de lui donner un baiser sur la joue. Depuis Ruysch, les progrès de la chimie sont venus en aide aux conservateurs; ils ont trouvé d'utiles auxiliaires dans les sels de mercure, de fer, de zinc, etc.

Deux industriels anglais et un industriel français, le seul peut-être qui se livre aux fines préparations anatomiques, ont exposé des injections curieuses, des dessiccations d'organes et des immersions, telles qu'on peut suivre à l'œil nu le réseau des vaisseaux capillaires sanguins, étudier les tissus osseux et diverses végétations marines d'une ténuité merveilleuse.

La France, les Colonies anglaises, la Norwége ont eu seules l'idée de produire, dans les galeries du Palais de l'Exposition, certaines provenances ostéologiques antédiluviennes et plusieurs squelettes d'hommes ou d'animaux.

Des têtes d'éléphant et de buffle, des crânes de sauvages nous sont venus de l'archipel Indien, de la colonie Victoria d'Australie et du Van-Diémen. Des mêmes régions provient aussi un squelette humain, grandeur naturelle, exécuté tout en ivoire avec un soin si minutieux, avec un art si habile et une connaissance si parfaite de l'anatomie, qu'il y avait à s'y méprendre.

D'une exposition d'anatomie à une exposition d'instruments chirurgicaux la transition est naturelle; les progrès faits depuis cinquante années dans l'étude du corps humain; le retour aux explorations microscopiques, abandonnées naguère comme inutiles; le champ vaste qui fut ouvert à l'anatomie pathologique; les observations d'anatomie comparée groupées sur une plus grande échelle, et enfin le génie hardi de quelques opérateurs assez osés pour franchir les bornes de la prudence, devaient amener le développement de l'arsenal de chirurgie des vieux maîtres.

Il y a un demi-siècle, quand Sabatier publia son *Cours d'Opérations chirurgicales*, une pensée lui vint, pensée de légitime orgueil qu'on ne saurait lui reprocher : c'est que désormais l'art n'irait guère plus loin. Et pourtant vingt-cinq années s'écoulaient à peine que Boyer, publiant son *Encyclopédie chirurgicale*, ajoutait beaucoup de procédés nouveaux

aux procédés de Sabatier. L'idée de ce dernier maître, d'avoir fermé la barrière du possible, fut aussi celle de Boyer, qui ne pardonna point aux jeunes chirurgiens, même à son gendre, l'illustre Roux, d'agrandir les limites de l'art. Empressons-nous d'établir qu'ici le génie des chirurgiens n'a pas tout fait; il faut tenir grand compte de l'esprit mécanique, de l'intelligence manuelle des fabricants d'instruments, qui, après avoir imaginé beaucoup d'instruments compliqués, comme le trépan-scie du Bolonais Giovanni, comme le forceps-scie du Bruxellois Bonneels, comme certains ostéotomes du Danois Nyrops, etc., ont senti la nécessité de simplifier et d'exécuter leurs produits au meilleur marché possible. Ces deux derniers noms, Nyrops et Bonneels, que nous citons avec plaisir, représentent la haute industrie chirurgicale étrangère. Les ostéotomes Nyrops offrent un mécanisme ingénieux; ils se composent de deux lames parallèles, glissant l'une sur l'autre, et dont l'extrémité est disposée pour former un seul tranchant vertical, ou un tranchant horizontal, à la manière de la gouge et du taraud, ou façonnés en forme de scie. La pièce tranchante est mise en mouvement à l'aide d'un levier coudé, que termine un engrenage dont les dentelures agissent sur la tige qui porte le tranchant, taillé en crémaillère. Nous avons aussi remarqué un brise-pierre à levier, un spéculum de Weiss, une scie de Heine, et beaucoup d'instruments d'ophthalmologie groupés dans la vitrine du même fabricant. Le forceps-scie de M. Bonneels n'est pas le seul objet dont l'exécution plaide en faveur de son habileté; il avait aussi exposé une pince à ligature des polypes nasopharyngiens, des couteaux d'amputation à manche démontant, des bandages, des sondes, des appareils orthopédiques et des membres artificiels.

Après la Belgique et le Danemark venaient, par ordre d'importance, la Suède et la Norwége. Stockholm a envoyé une botte d'instruments de chirurgie qui nous a paru être la botte réglementaire destinée à l'armée suédoise. On y remarque des instruments bien faits, mais lourds, et on n'en trouve pas en assez grand nombre; on dirait une caisse fournie par l'ancienne administration de nos armées de l'Empire. L'Angleterre et la France font beaucoup mieux aujourd'hui. Christiania a produit un céphalotribe bien exécuté; une botte complète pour les opérations de fistules vésico-vaginales; des leviers pour ouvrir le vagin; des pessaires intra-utérins articulés; des serres-fines à ressort très-allongé, pouvant demeurer en dehors de l'orifice vulvaire; d'ingénieux porte-ligatures; une botte remarquable d'instruments pour les maladies des yeux; une scie de Heine très-belle, et d'autres objets dignes d'attention.

La Hollande était représentée par un industriel d'Amsterdam et par un autre de Rotterdam, auxquels on doit des instruments fabriqués avec soin et un ophthalmoscope. Il n'y avait là rien de nouveau; mais on remarquait le déploiement d'un soin infini, d'une honnêteté de fabrication et d'une habileté manuelle dignes des plus grands éloges. Les lithotomes doubles et les aiguilles à cataracte nous ont paru surtout d'une exécution parfaite.

Le Portugal, ou plutôt Lisbonne, car, sous bien des rapports, ce royaume se résume en trois villes : Lisbonne, Coïmbre et Porto; le Portugal s'est placé plus haut que l'Espagne; car la caisse d'amputation, la caisse d'instruments à dents et la botte ophthalmologique de M. Polycarpo méritent des éloges sous le double rapport de l'exécution matérielle, de la trempe, du fini et du bon marché. Et cependant tel est le milieu où se débat le génie de Polycarpo qu'aucun fabricant d'instruments de chirurgie n'a peut-être autant de difficultés à vaincre. Il faut qu'il fasse tout lui-même, qu'il forge, qu'il trempe, qu'il recuise, qu'il polisse, qu'il découpe le bois, tourne l'ivoire, dessine ses modèles et crée des ouvriers.

Nous ne parlerons pas des États autrichiens; ils n'ont exposé que d'insignifiants produits. Venise, Bologne, Pavie, Turin, Florence, toute l'Italie semblent avoir oublié leur antique prééminence chirurgicale; nulle part le génie de Scarpa n'y respire, à moins, toutefois, que les premiers fabricants d'Italie n'aient agi comme les premiers fabricants d'Angleterre, qui, craignant un échec dans la lutte industrielle de Paris, se sont abstenus d'y figurer. Personne, en effet, n'a pris les maigres envois de Londres, de Birmingham, de Glascow, d'Édimbourg et de Dublin, pour le dernier mot du savoir-faire d'une nation éminente qui, depuis longues années, a marché notre rivale dans plusieurs genres et notamment dans l'exécution des instruments de chirurgie.

Il y a vingt-cinq ans, l'industrie relative à ces objets naissait à peine dans Paris. Nos fabricants n'occupaient, sur les rives de la Seine, que cinquante ouvriers, tandis qu'aujourd'hui M. Charrière seul occupe quatre cents personnes. Disons-le avec M. le docteur Jamain (*Gazette des Hôpitaux*, numéro du 20 septembre 1855), c'est à l'intelligence, à l'activité de M. Charrière père que les progrès de cette industrie sont dus en grande partie; c'est lui qui a su nous affranchir du tribut payé à l'étranger, qui a créé de larges débouchés dans toutes les villes du monde, qui a ouvert aux inventions et aux perfectionnements une voie où il a rencontré, nous sommes heureux de le reconnaître, d'habiles compétiteurs. Les vitrines de MM. Capron, Luër et Mathieu, qui possèdent des établissements d'une grande importance, figuraient très-honorablement à côté de la vitrine qu'occupait M. Charrière fils; émulation féconde, source de progrès pour l'art.

« Si nos instruments de chirurgie se font remarquer par leur élégance, ils brillent aussi par leur fabrication. Naguère les aciers anglais tenaient le premier rang; peut-on dire qu'il en soit de même aujourd'hui? Il est permis d'en douter après les expériences dont nous avons été témoin et qu'on nous permettra de rapporter ici. Certes, peu d'instruments sont plus délicats que les couteaux et les aiguilles à cataracte. Eh bien! nous avons vu M. Luër et M. Charrière prendre au hasard dans leur vitrine un couteau à cataracte; ils l'ont laissé tomber sur le parquet; la lame est entrée profondément dans le bois, et après cette épreuve elle passait tout aussi bien dans un morceau de canepin. Une aiguille à cataracte, implantée dans un pessimètre, soulevait la plaque d'ivoire et n'était point altérée, car après cette rude épreuve, subie devant un de nos plus habiles chirurgiens des hôpitaux, il s'en est immédiatement servi pour une opération.

« Presque tous les instruments français exposés constataient une invention, un perfectionnement, ou pour le moins un progrès dans la fabrication. Nous ne voulons point parler ici du luxe complétement inutile que nous avons remarqué pour quelque-uns : à quoi bon, en effet, l'or dont les instruments tranchants sont recouverts? pourquoi ces ciselures, ces manches si dispendieux? Nous ne demandons pas de l'orfévrerie, mais bien des instruments de bonne qualité, solides, qui puissent être nettoyés et réparés facilement, et, enfin, dont le prix ne soit pas trop élevé. Nous sommes heureux d'avoir constaté ces mérites réunis dans presque toutes les pièces qui figurent aux vitrines de nos industriels. Oui, nous pouvons le dire, les instruments sont meilleurs et moins chers qu'ils ne l'étaient il y a quelques années, et on doit ce résultat aux perfectionnements apportés dans la fabrication, puisque le salaire des ouvriers a plutôt augmenté que diminué. Ainsi la trempe en ressort de tous les instruments à pression ou à levier, pinces, tenettes, aiguilles pour suture, etc., procédé devenu général, est une amélioration introduite par M. Charrière père. »

Constatons, avec le critique précité, que nos fabricants apportent tous leurs soins à simplifier ces mécanismes qui rendaient les instruments difficiles à manier, insuffisants, et d'un entretien dispendieux.

Enfin la chirurgie militaire et l'art vétérinaire français ont acquis des trousses portatives d'une utilité réelle, puisque, moyennant une simple désarticulation d'anneaux, moyennant un aplatissement de manches ou d'autres modifications, on peut allonger ou raccourcir les pinces, placer des érignes simples et doubles, un trocart et d'autres petits instruments dans une trousse de la dimension d'un portefeuille.

Notre tâche, passablement ingrate depuis qu'il faut dérouler, aux yeux du public, le spectacle des misères qui peuvent l'atteindre et les tristes remèdes qu'on lui ménage, vient aboutir au grand désert de l'Exposition, au domaine solitaire qu'occupent les produits pharmaceutiques. Dédaigneuse des dédains d'un public qu'elle domine malgré lui, la Pharmacie étale ici ses merveilles. Nous remarquons le kousso d'Abyssinie, ce fébrifuge par excellence, à côté du haschich inspirateur et de la paulinia, si vantée contre les migraines ; nous passons en revue les remèdes à la mode, les remèdes vieillis et oubliés sans trop savoir pourquoi, les produits chimiques nouveaux, les combinaisons salines, celles surtout qui règnent en souveraines dans la thérapeutique. Voyez ces magnifiques géodes d'urée et de bisulfate de quinine, ces prismes de mannite transparents, ces cristaux énormes de bromure de cadmium, et cette grande série de composés à base d'iode, depuis le biiodure de mercure, en écailles rouge-corail, et l'iodure de plomb, aux reflets d'or, jusqu'à l'albumine iodée et l'iodo-tannin, si terne de couleur... En regard des produits chimiques ainsi cristallisés, les compositions magistrales sont bien pâles ; aussi ne parlerons-nous pas des manipulations savantes étalées, même quand elles viennent s'offrir avec l'estampille ou le double timbre qui les recommande.

Dans un vaste compartiment du cercle pharmaceutique de la Marne se trouvait une intéressante collection d'extraits préparés dans le vide par la méthode Grandval, qui mérite la réputation dont elle jouit. Des procédés analogues ont conduit M. Berjot jeune (de Caen) à des résultats non moins remarquables, et on a pu voir, dans sa vitrine, le modèle de l'appareil dont il fait usage. On affirme, mais nous ne pourrions le certifier, que M. Menier s'est hâté d'emprunter à Grandval et de faire fonctionner, dans l'usine de Noisiel, tous les agents qu'il peut juger utiles à son industrie.

Les vitrines lyonnaises contenaient de nombreux extraits préparés au moyen de procédés nouveaux, et divers sels, parmi lesquels on distinguait du valérianate de zinc très-bien cristallisé, des sels de manganèse, de la salicine, objets dont nous avons dû parler dans la X° Classe, ne réservant pour celle-ci que les préparations véritablement officinales et magistrales, ou certains produits spéciaux, comme l'huile de foie de morue, qu'on ne saurait classer parmi les œuvres d'un laboratoire ou d'une officine.

L'huile de foie de morue se présente dans le commerce noire, brune et blonde ou blanche. L'huile noire ne sert point en médecine; la brune et la blanche se partagent, au contraire, les sympathies des gens de l'art et des malades. L'huile brune, auprès de la masse, jouit d'une préférence exclusive, et nous sommes de cet avis, non parce que l'huile brune contient plus d'iode que la blonde, car le contraire a quelquefois lieu, mais par des raisons basées sur l'expérience pratique au lit des malades, et nous engageons les praticiens à se méfier presque autant de l'huile iodée artificielle que de l'huile de morue blonde ou blanche. L'huile brune, repoussante d'odeur, que les navires terreneuviens livrent à la corroierie, et qu'on eut l'idée d'utiliser en la traitant par le chlore, l'acide sulfurique ou le charbon animal, ne mérite pas plus de crédit. Ces réactifs énergiques détruisent les principes actifs et annihilent l'action médicatrice qu'elle pourrait exercer sur l'économie. M. E. Robiquet a compris cette limite que la nature impose aux prétentieuses analyses de l'art. Cependant il avait un précédent qui lui permettait d'oser. Dans sa distillerie, l'huile de ricin, sans rien perdre de la qualité laxative qu'elle possède, s'était dépouillée de son goût nauséabond.

Les extraits de réglisse, bien plus riches en glycirrhigine que les extraits commerciaux ordinaires, forment une branche d'industrie qui pourra devenir étendue et qui s'est produite dans des circonstances favorables. Nous signalerons, au même rang, l'extrait sec de lichen, avec lequel on peut, en quelques minutes, préparer ces tisanes et ces gelées qui demandent plusieurs heures par les procédés ordinaires. Les éthers méritaient aussi d'être distingués. Enfin nous avons trouvé dans les extraits et les sels de pharmaciens hollandais, anglais, wurtembergeois, un témoignage honorable d'un sentiment de conscience professionnelle qui devient chaque jour plus rare.

Les enveloppes capsulaires sphériques imperméables, qui rendent inaccessibles au goût les éthérolés médicamenteux, étaient venus se ranger parmi les productions les plus originales de la pharmacie; auprès d'elles on remarquait les pilules d'iodure de fer, revêtues d'une couche odorante et translucide de baume de tolu, au moyen duquel l'iodure, d'une décomposition si facile et si prompte, demeure dans des conditions d'intégrité complète. Un cachet mince d'argent, fixé au bouchon, décèle la moindre altération des pilules, et rend le contrôle possible sans qu'il soit nécessaire de déboucher le flacon.

Sur un plan bien inférieur à celui qu'occupent les pharmaciens chimistes nous placerons ces herboristes qui ont envahi des vitrines pour y placer des racines de mauve ou de genêt, des fleurs de coquelicot ou de bouillon blanc, et quantité d'objets bruts de matière médicale. Il en est venu beaucoup de l'étranger, munis d'échantillons quelquefois curieux; mais à quoi bon?... La même observation s'adresserait aux marchands d'eaux minérales naturelles, qui sont tous venus faire exhibition de leurs cruchons.

Maintenant, où placer les remèdes secrets? Fallait-il les repousser comme dangereux ou les accueillir comme témoignage d'habileté industrielle? Un remède secret, tel que le rob anti-syphilitique de Boiveau-Laffecteur, utilisé par des mains habiles, n'a-t-il pas rendu d'éminents services? Et pourquoi, je le demande, proscrirait-on d'une manière absolue telle préparation efficace contre certains maux, par la seule raison qu'on ignore sa composition intime? Il y aurait lieu, dès lors, de rejeter la première eau minérale venue, car la chimie est bien loin d'avoir analysé tous les principes qui la constituent.

Pour le pharmacien honnête, ami de son art et de l'humanité, l'Exposition Universelle pouvait être d'un enseignement utile; il y eût vu, d'une part, la vieille apothicairerie disparaître par l'isolement chimique des principes actifs propres aux substances médica-menteuses, alcaloïdes végétaux, quinine, morphine, strychnine, digitaline, aloétine, etc., et l'apothicairerie nouvelle prendre une marche de plus en plus simplifiée; il eût vu quelques médicaments nouveaux héroïques, l'opium indigène, le lactucarium, l'aloétine, et certaines préparations homœopathiques, comme l'aconitum, correspondre à des modes de traitement sans exemple dans le passé; et enfin la capsulation, la forme globulaire, offrant le sucre de lait pour excipient des poisons les plus subtils, permettre au praticien des témérités contre lesquelles s'insurgeaient naguère l'enfance, la femme nerveuse et tous les individus impressionnables. Voilà pour le côté scientifique, pour le beau côté de la pharmacie. Quant au côté commercial, industriel, l'aspect des choses est bien différent. Mais, comme l'a judicieusement remarqué M. le docteur Foucart, on ne saurait, sans injustice, en attribuer la faute tout entière aux pharmaciens. La pharmacie est une de ces professions hybrides que l'on ne sait trop comment classer. Par ses études prélimi-naires, ses examens et son diplôme, le pharmacien tient aux professions libérales. Les études du pharmacien ne sont, dans leur genre, ni moins étendues, ni moins profondes, ni moins coûteuses que celles de la médecine ou du droit; il fait même, de plus que le médecin et l'avocat, un long stage probatoire chez un maître. Mais, par la boutique, par les balances, par les marchandises qu'il faut débiter, le pharmacien devient marchand, et c'est sur ce terrain que le savant se discrédite. Qu'en résulte-t-il? une chose toute natu-relle. Le pharmacien savant, le vrai savant, demeure dans son laboratoire, pratique des expériences, cherche de nouveaux composés, et laisse un élève en contact avec le public, qui bientôt oublie même le nom du pharmacien pour ne se rappeler que son enseigne. Ce pharmacien-là fait toujours de médiocres affaires en province; à Paris, il peut se soutenir honorablement, s'il a un bon poste ou s'il possède une officine en renom. L'autre pharmacien, celui qui veut être marchand, ne s'est jamais inquiété de savoir plus que la matière de ses examens; il devient droguiste et spécialiste; il invente un taffetas rose pour les cors aux pieds, et, comme les badauds pullulent, le taffetas fait fortune. Le voisin, stimulé par son succès, propose un taffetas jaune pour les durillons et prend un brevet d'invention; un troisième, affriandé, et voulant sa part du gâteau, crée un taffetas vert et prend un brevet de perfectionnement. Heureux celui qui peut joindre au taffetas le débit d'une poudre contre la migraine ou d'une liqueur contre les rides et les taches de la peau! en dix ans sa fortune sera magnifique, et, s'il daigne conserver son officine, l'officine ne sera gérée que par des commis en habit noir, tandis que le maître deviendra le plus assidu des membres d'un club-jockey.

Tel pharmacien, dans l'espoir d'augmenter sa clientèle, vendra ses médicaments un quart moins cher que les autres pharmaciens; un second diminuera son prix d'un tiers de moitié, de plus encore; si bien que, arrivé au point extrême où le prix de vente reste inférieur au prix de revient, il n'a de moyen de salut qu'en trompant le client, en lui donnant, par exemple, trois cinquièmes d'amidon mêlés à deux cinquièmes de sulfate de quinine.

On n'est bon pharmacien qu'à la condition de vendre très-cher, dit avec justesse un écrivain spirituel que nous prenons ici pour guide. Le pharmacien ne saurait agir comme le marchand d'étoffes ou l'épicier, car sa vente demeure extrêmement limitée. Les médicaments qu'il fabrique ne sont pas de ces objets de nécessité première dont le débit reste invariable et continu. Sa clientèle n'augmente jamais d'une manière sensible; elle se limite au quartier, à la petite ville, au canton qu'il occupe. On ne peut avoir un pharmacien éloigné de chez soi; c'est pour ce genre de produits surtout que l'on court au plus près. Vendre moitié moins cher que Messieurs tels et tels, ce n'est donc pas le vrai moyen de se substituer à eux. Par les temps calmes, on ira prendre dans la pharmacie économique une fiole de sirop ou un paquet de chiendent; mais viennent l'orage, la tempête, la maladie aiguë et les inquiétudes qu'elle provoque, on courra chez le pharmacien le plus voisin, ses drogues fussent-elles plus chères du double que les drogues du pharmacien éloigné.

J'entends dire aux pharmaciens soi-disant amis de l'humanité : « Nos confrères vendent trop cher; ils devraient se contenter d'un bénéfice raisonnable. » Bénéfice raisonnable... Que signifie cette expression? Où commence le bénéfice? Où cesse la raison? Nous allons le demander au docteur Foucart.

« Un homme s'empoisonne par mégarde en avalant du vert-de-gris. On court chez le pharmacien, qui donne 5 centigrammes d'émétique pour 5 centimes. L'homme vomit, il est sauvé. Cela ne paraît pas trop cher au premier abord; une vie d'homme pour 5 centimes. A ce prix, cependant, l'émétique revient à 1 franc le gramme, soit 1,000 francs le kilogramme, et nous trouvons, au prix courant de M. Menier, que l'émétique se vend 5 fr. 50 centimes le kilogramme. Comprenez-vous ce brigand de pharmacien qui gagne 994 francs 50 centimes sur un kilogramme d'émétique? N'est-il pas digne du dernier supplice? — Mais, ce qu'on ne dit pas, c'est qu'un pharmacien ne vend pas 500 grammes d'émétique en dix ans, et que, s'il en débitait cette quantité grain à grain, il ferait un bénéfice net de 12 centimes et demi par jour. »

Au résumé, de l'état des choses, telles que les a présentées l'Exposition universelle, résulte la nécessité d'une loi qui réglemente l'exercice pharmaceutique, qui assure aux pharmaciens des gains honnêtes, et qui dépouille une profession libérale du négoce dont elle demeure entachée. Ce ne sera point chose facile; mais on peut s'inspirer d'une partie des usages d'autrefois et aussi de la condition actuelle des apothicaires dans les pays étrangers, où leur profession reste honorée.

REVUE DES PRINCIPAUX OBJETS

EXPOSÉS DANS LA DOUZIÈME CLASSE.

M. LE DOCTEUR ARNOLT, A LONDRES (ROYAUME-UNI).

On doit à M. Arnolt toute une série d'inventions et de procédés ingénieux autant qu'utiles, et s'appliquant directement à l'hygiène publique ou privée.

La pratique de ces moyens est fort recommandée en Angleterre, et le Jury international a rendu à l'auteur l'hommage éminent qu'il méritait en lui votant la GRANDE MÉDAILLE D'HONNEUR.

M. Arnolt exposait des appareils de chauffage et de ventilation conçus en vue d'obtenir du combustible le plus de chaleur possible et d'amener un renouvellement plus complet de l'air. Parmi ces appareils on distinguait un régulateur s'appliquant aux poêles fermés, mesurant le degré précis d'activité de la combustion, et assurant une production de chaleur égale en tout temps.

Une pompe à ventilation agissait avec une même efficacité par refoulement de l'air et par aspiration. Toute espèce de moteur peut lui être appliqué, et même un travail à bras. Cet appareil se distingue par sa simplicité.

Un lit hydrostatique, qui rend de très-grands services dans les hôpitaux britanniques.

Les sciences physiques doivent à M. Arnolt des découvertes précieuses, la pratique de plusieurs appareils nouveaux de chirurgie; aussi ce savant mérite-t-il une place des plus honorables parmi les philanthropes et les hommes célèbres de son pays et de son époque.

M. LE DOCTEUR AUZOUX, A PARIS (FRANCE).

La vitrine de M. Auzoux renfermait un grand nombre de pièces anatomiques remarquables : un limaçon énorme étalant ses cornes au soleil; un dindon offrant à découvert son appareil de locomotion; une perche de mer qui laissait voir les curieuses attaches de ses muscles; un œil humain, de grandeur énorme, sur lequel tous les visiteurs pouvaient, de très-loin, étudier cette fonction mystérieuse de la vision, que les physiciens les plus habiles n'expliquent que par des à-peu-près; un cheval arabe, grandeur naturelle; un homme presque irréprochable; un système circulatoire central, depuis l'homme jusqu'aux animaux invertébrés; le cerveau avec ses dépendances; l'arbre respiratoire des principaux animaux vertébrés; et, pour ornementation, des larves de vers à soie, des abeilles ou d'autres insectes quatre fois plus gros que nature.

Cette anatomie, grande ou petite, M. Auzoux, comme par un coup de baguette, la démonte pièce à pièce; ainsi dans un même insecte il vous montrera les organes de la digestion, de la respiration, etc.; sur l'homme, sur le cheval, il enlèvera chaque partie et fera voir à découvert les diverses cavités du corps et les organes qui s'y trouvent; il vous exposera les pièces les plus délicates et les plus compliquées de l'être humain, les détails intimes de l'organisation et même le développement gradué des principaux organes, car il possède une collection complète d'ovologie.

La matière qu'emploie M. Auzoux est une pâte dans laquelle le liége entre pour une certaine quantité. Cette pâte, coulée dans des moules, y prend les empreintes les plus fines et acquiert, par la dessiccation, de la légèreté, de l'élasticité et une consistance égale à celle du bois. Les pièces terminées sont montées à leur place et agrafées, en quelque sorte, les unes sur les autres, pour former un tout; et leur utilité dans les pays chauds, où les cadavres se putréfient si vite, est d'autant plus grande qu'elles résistent à l'action des températures les plus élevées comme à celle de l'humidité.

Pour la fabrication de ses modèles d'anatomie plastique, M. Auzoux a fondé un établissement spécial qui est renommé pour l'excellence des procédés d'opération. Cette fabrique a pris de vastes proportions; elle répand aujourd'hui ses produits de la manière la plus utile et avec la plus grande activité. Le présent lui a assuré un succès, l'avenir lui prépare de la gloire.

M. le docteur Auzoux a reçu du Jury la GRANDE MÉDAILLE D'HONNEUR.

M. J. CHARRIÈRE, A PARIS (FRANCE).

La fabrication des instruments de chirurgie est une des industries qui depuis quelques années a réalisé le plus de progrès. Les modifications que les chirurgiens ont apportées dans leurs procédés opératoires ont diminué le danger de la plupart des grandes opérations chirurgicales, et ont supprimé totalement ces douleurs atroces au prix desquelles les malades obtenaient la guérison de leurs maux. Mais il ne suffisait pas que les Dupuytren, les Larrey, les Boyer, etc., eussent perfectionné l'art de guérir; il leur fallait encore un homme qui pût les comprendre et exécuter les instruments qu'inspirait leur génie, et qui leur manquaient totalement.

Ils ont trouvé M. Charrière père, qui, en 1820, fondait, dans la cour de Saint-Jean-de-Latran, un modeste établissement d'où sont sorties les plus belles découvertes en instruments de chirurgie. Il suffirait de citer le lithotome double que Dupuytren appelait lithotome de M. Charrière, et cette admirable série d'instruments qui permet de broyer les pierres dans la vessie, heureuse invention qui a presque entièrement fait disparaître l'opération de la taille, opération cruelle, qu'on avait cependant acceptée comme une des plus précieuses découvertes.

Mais ce n'est pas seulement par son génie inventif que M. Charrière a su se placer au premier rang; ses procédés de fabrication et un excellent choix des matières premières lui assuraient une supériorité incontestable; aussi ne tarda-t-il pas à être distingué entre tous, et en 1851, à la suite de l'Exposition de Londres, la croix d'officier de la Légion d'honneur lui était décernée.

M. J. CHARRIÈRE succédait à son père en 1853; mais, deux ans auparavant, après une étude approfondie de l'anatomie et de la médecine opératoire, il exécutait lui-même les inventions et les perfectionnements qui lui étaient indiqués par les chirurgiens dont il suivait assidûment les leçons.

Aussi, avec un maître aussi habile que son père, avec des guides aussi éclairés que les professeurs de la Faculté de médecine et les chirurgiens des hôpitaux, que de progrès n'a-t-il pas fait faire à la coutellerie chirurgicale!

Parlerons-nous de cette simplification surprenante d'instruments qui les rend plus portatifs, plus commodes à manœuvrer, d'un entretien plus facile et d'un prix moins élevé; de ces instruments si délicats et si solides, destinés aux opérations qui se pratiquent sur les yeux; de cette multitude d'instruments si élégants, si bien faits? Nous ne pouvons nous arrêter sur ce point. Les chirurgiens ont su en apprécier le mérite, car la GRANDE MÉDAILLE D'HONNEUR a été décernée à M. J. CHARRIÈRE FILS.

Ce qui frappe encore, c'est la multitude d'appareils hygiéniques que M. CHARRIÈRE a multipliés au point qu'il semble avoir voulu remplir, une à une, toutes les indications curatives ou tous les soins de toilette imaginables; ce sont ces appareils orthopédiques, ces appareils de prothèse, à l'aide desquels les difformités de la taille disparaissent, à l'aide desquels les amputés recouvrent en grande partie l'usage de leurs membres, car avec les nouveaux bras et les nouvelles jambes artificielles ils peuvent saisir les objets, ils peuvent écrire, et la marche est encore facile au brave soldat qui a perdu sa jambe à la défense de la patrie. Enfin M. CHARRIÈRE, en exécutant avec tant de soin et en livrant à aussi bas prix les bandages herniaires, a mis à la portée de tous un appareil qui, pour ainsi dire, fait disparaître une infirmité des plus fréquentes, infirmité dont l'effet est d'enlever au travailleur la plus grande partie des forces nécessaires pour gagner chaque jour le pain de sa famille.

Ce n'est pas seulement dans la coutellerie chirurgicale que M. CHARRIÈRE a su s'élever à un degré de supériorité incontestable; la coutellerie usuelle lui doit de nombreux perfectionnements. Les couteaux fermants à ressort caché dans le manche, les couteaux de propreté à deux lames, sont des inventions destinées à un grand succès. La coutellerie de jardinage, sécateurs, serpettes, scie à main, ont un cachet particulier d'utilité qui les fera rechercher. Enfin quoi de plus délicieux que ces jolis étuis à ciseaux, que ces nécessaires de voyage, de toilette, où l'élégance ne le cède qu'à la commodité. Signalons encore les couteaux de table, dont la modicité du prix nous aurait étrangement surpris, si nous n'avions su que tous les produits sortant de chez M. CHARRIÈRE sont fabriqués à l'aide d'un outillage tout à fait spécial, tel que machine à vapeur, usine à gaz, découpoirs, appareils à estamper, etc., qu'il a, depuis quelques années seulement, introduit dans son atelier.

MM. MENIER et Cᵉ, à Paris (France).

Fondée en 1816 par feu M. Menier père, auquel la pharmacie est redevable de si grandes améliorations, « la maison MENIER, dit le rapport officiel, est aujourd'hui parvenue à une réputation tout à fait « hors ligne. »

Cette réputation est principalement due à la persévérance de MM. MENIER pour introduire tous les perfectionnements possibles dans les différentes branches de leur profession, et il est permis de dire que les procédés de fabrication inaugurés par eux ont été l'origine d'une véritable révolution, non-seulement dans l'industrie, mais dans le commerce de la pharmacie.

Il y a quelques années, les poudres médicinales se préparaient encore à bras d'hommes dans les officines de chaque pharmacie. En songeant à la diversité des matières à pulvériser, les unes dures, molles ou filandreuses, les autres élastiques, résineuses ou oléagineuses, on comprend quelle devait être l'imperfection des produits ainsi obtenus. L'introduction des agents mécaniques dans la pulvérisation des substances médicinales est due à M. MENIER; il a appliqué à cette fabrication un moteur hydraulique de la force de quatre-vingt-dix chevaux, désigné sous le nom de turbine verticale ou roue hélice, qui met en action des machines appropriées à la nature de chaque substance.

C'est dans l'usine de Noisiel qu'il a établi son puissant moteur. Cette turbine verticale, sans directrice ou roue hélice, inventée par l'ingénieur Girard, permet de marcher en tout temps, sans calculer le niveau de l'eau; aussi jamais de chômage, et le travail est-il toujours assuré pour les deux cents personnes employées par M. MENIER, tant à Noisiel qu'à Paris.

Nous extrayons le passage suivant d'une description de cette machine, faite par M. E. Robiquet.

« Les matériaux, dit-il, changent à tour de rôle, et ce sont les mêmes roues, les mêmes engrenages qui communiquent le mouvement, tantôt pour réduire en poussière les racines fibreuses de l'althea et la pâte élastique de l'opium, les fibres du safran et le tissu corné de la noix vomique, tantôt pour donner au gruau et à l'orge ces formes particulières que l'usage a consacrées..... »

En effet, à l'aide de ces puissants moyens, MM. MENIER produisent des poudres véritablement impalpables, dont la finesse et la beauté n'auraient jamais pu s'obtenir par les procédés ordinaires.

Parmi ces poudres, on remarquait à l'Exposition Universelle la poudre de gomme arabique, aussi légère et aussi blanche que la folle farine; les poudres de rhubarbe et de roses de Provins, aux vives couleurs; et surtout les poudres de fer et d'acier, dont la finesse vraiment extraordinaire ne pouvait être obtenue qu'à l'aide d'un moteur d'une grande énergie.

Des divers produits Menier observés en cristaux, ce sont les phosphates de quinine, la narcotine, les sels de morphine et l'acétate d'ammoniaque qui nous ont paru les plus dignes d'éloges par la netteté et la pureté de leurs aiguilles et de leurs facettes; mais la finesse, l'impalpabilité, la riche coloration des poudres et les échantillons et extraits secs et mous sortis de la même fabrique, ne méritaient pas moins d'éloges; l'Exposition ne présentait rien de mieux dans ce genre.

Le Jury de la XII° Classe et le 4°° Groupe en ont jugé ainsi, puisqu'ils ont décerné à MM. Menier et C° la médaille d'honneur.

Il est un autre service rendu à l'industrie et à la science par MM. Menier : c'est la publication du prix courant auquel on obtient, chez eux ou par leur intermédiaire, toutes les matières, tous les instruments, tous les ouvrages, voire même les publications qui se rattachent à la droguerie, à la pharmacie, à la chirurgie, à la chimie, à la physique, à l'optique, à l'astronomie, à l'éclairage, etc., etc.; les prix et conditions de transport y sont également indiqués. Avec ce volumineux catalogue, image fidèle de l'étendue et de l'importance de l'établissement Menier, on peut, de loin comme de près, choisir les objets que l'on désire et en savoir exactement le prix.

MM. AUBERGIER, a Clermont-Ferrand (France).

Il y a quinze ans à peu près que M. Aubergier, pharmacien à Clermont-Ferrand, commençait d'actives recherches sur l'opium indigène et le lactucarium. Précédé dans cette route par plusieurs savants français et étrangers, il a su s'entourer si habilement des lumières acquises, qu'il en est arrivé à l'application définitive de ces productions.

Quelques uns avaient voulu obtenir en France, en Angleterre, en Écosse, comme on l'obtient en Orient, l'opium au moyen du pavot blanc; mais leurs tentatives n'allèrent point jusqu'à l'application industrielle réalisée enfin par M. Aubergier.

La persévérance a été le fait de ce chercheur. C'est par le choix bien entendu des semences, c'est par suite de constantes expériences qu'il a réussi à produire dans son pays, à récolter en Auvergne un opium de qualité supérieure, et qui fera oublier tout à fait l'opium oriental. C'est la variété de pavot à *tête longue*, — pavot blanc, pavot pourpre, — qui a servi à M. Aubergier pour arriver à cet heureux résultat.

La production du lactucarium (ou suc de laitue), à laquelle il s'est attaché dans son commerce de pharmacie, a contribué, pour une assez belle part, à lui faire accorder la distinction qu'il a obtenue de la Commission impériale. Ce médicament, déjà fort utile et fort goûté dans la circulation, a atteint, grâce aux perfectionnements de M. Aubergier, des proportions si notables, que la récolte faite à ses frais, pendant 1854, s'est élevée à plus de 600 kilogrammes.

L'Académie de médecine a consacré, par une sanction spéciale, l'emploi de l'opium indigène de M. Aubergier, et l'a fait inscrire au bulletin supplémentaire du *Codex officiel*, concurremment avec son lactucarium perfectionné. — Le jury ne pouvait mieux faire que d'imiter l'Institut. La médaille d'honneur a donc été décernée à M. Aubergier.

L'INDE ANGLAISE.

M. le docteur Royle, commissaire général de l'Inde anglaise, avait fait présenter à l'Exposition une collection de matières médicales se divisant en produits naturels et en produits artificiels.

Cette collection de produits, tous employés en médecine, était si variée, si complète; elle était organisée avec tant de précision et de goût, que le jury eût voulu décerner à l'Inde anglaise, pour cette catégorie d'exposition, la grande médaille d'honneur; mais l'honorable docteur Royle, beaucoup trop modeste, n'a consenti à recevoir, en sa qualité de commissaire général de l'Inde anglaise et au nom de ce pays, qu'un témoignage sans éclat, sous le titre de mention pour mémoire.

MINISTÈRE DE LA GUERRE, pour la province d'Oran, France (Algérie).

Le ministère de la guerre ne figure ici que pour mémoire sur l'exposition qu'il a faite d'une collection d'eaux minérales très riche et très-neuve, provenant de la province d'Oran. Il avait obtenu déjà la grande médaille d'honneur hors classe pour l'ensemble des produits de l'Algérie (voir la classe II). Nous n'avons dû le rappeler ici que pour la simple constatation de sa collection hygiénique.

M. OZOUF, a Paris (France).

La fabrication des eaux gazeuses qui date déjà de plusieurs années, ne s'appliqua d'abord qu'à la gazification des eaux minérales naturelles ou factices. On plaçait ces eaux dans un cylindre en cuivre étamé dans lequel, à l'aide d'une pompe aspirante et foulante, on introduisait de l'acide carbonique dont se chargeait l'eau. Ce genre d'appareils s'appelait *appareils de Genève*.

Les eaux minérales naturelles et factices d'un prix élevé, d'un goût peu agréable, et d'ailleurs considérées comme médicinales, ne tardèrent pas à faire place aux eaux simplement acidulées et chargées d'acide carbonique, qui prirent le nom d'*eaux de Seltz* pour la table.

La consommation de ces *eaux de seltz* prit en peu de temps un développement considérable, les machines premières devinrent insuffisantes, et il fallut songer à en créer de nouvelles capables d'en fabriquer en peu de temps de grandes quantités.

L'Anglais Bramah y parvint le premier; son appareil, dans lequel l'eau et l'acide carbonique sont aspirés en même temps dans des proportions telles que l'eau gazeuse atteint immédiatement le degré de saturation qui lui est nécessaire, est désigné sous le nom de *machine continue*, car il se charge et se vide en même temps, ce qui permet de ne pas interrompre le travail.

Néanmoins jusqu'en 1844 la fabrication des eaux gazeuses s'est traînée péniblement; les bouteilles bouchées à l'aide d'un bouchon de liége et ficelées étaient d'un service peu commode, et les vases dits siphoïdes d'un prix trop élevé pour un usage général.

A cette époque, M. Ozouf, pharmacien en province, s'adonna à cette industrie nouvelle.

Il comprit de suite qu'avant de rendre plus puissants les appareils à fabriquer l'eau de seltz, il fallait faciliter l'usage de cette boisson et trouver, pour les bouteilles, un appareil plus simple et moins cher que celui des vases syphoïdes coûtant 3 fr.; il se mit à l'œuvre et parvint à établir à *un franc* un mécanisme aussi simple qu'ingénieux, auquel il donna le nom de *Capsulo mécanique*. — Placé sur le goulot de la bouteille, le capsulo ne présente pas une saillie beaucoup plus considérable que celle d'un bouchon ordinaire, seulement il a sur lui l'avantage de ne pas devoir être enlevé quand on veut remplir la bouteille ou la vider. Pour l'usage, on renverse la bouteille, on appuie le pouce sur un bouton placé sur l'appareil, et l'eau s'échappe. En lâchant le bouton, le mécanisme se referme de lui-même. Depuis lors, des inventions du même genre se sont produites, mais aucune d'elles, bien certainement, ne présente autant de simplicité.

Après l'invention du capsulo, M. Ozouf s'occupa de l'établissement d'une machine d'un petit volume et d'un prix peu élevé pour la fabrication des eaux gazeuses. Son *appareil à gaz comprimé par lui-même*, construit presque d'une seule pièce et dont les principaux organes sont placés dans l'intérieur même des cylindres producteurs, est d'un dessin gracieux et convient parfaitement aux personnes qui ne fabriquent les eaux gazeuses que comme accessoire.

En 1847, M. Ozouf quitta la province, vint à Paris et y fonda un établissement dans lequel les préparations des eaux gazeuses devinrent une véritable industrie. Comme force motrice, il employa la vapeur. Il modifia la construction des machines Bramah et en quadrupla la puissance; puis il les mit en mouvement, soit par une transmission de force, soit à l'aide de petites machines à vapeur annexées à chaque appareil et alimentées par un générateur commun. Enfin, il apporta de nouveaux perfectionnements aux vases propres à contenir les liquides gazeux.

Avec ces puissants moyens, la fabrication de M. Ozour prit de suite une grande importance, et quelques années lui suffirent pour porter à 1,500,000 bouteilles d'eaux gazeuses sa production annuelle, alors que le plus grand des autres établissements de même nature n'en produisait que 250,000.

Une telle prospérité a permis à M. Ozour de continuer à rechercher de nouveaux moyens de perfectionnement; il en a obtenu bon nombre, parmi lesquels il y en a de très-importants.

Les fabricants d'eaux gazeuses reconnaissent que tous les produits de cette nature, obtenus pendant la chaleur, contiennent en dissolution beaucoup moins d'acide carbonique que ceux fabriqués en hiver. — Cela tient à ce que l'acide carbonique se dissout dans les liquides en raison inverse de leur degré de calorique; de là, nécessité absolue, pour une bonne et régulière fabrication, de refroidir d'avance les liquides en leur faisant perdre le calorique ambiant qu'ils ont absorbé.

Dans l'opération, les pompes de chaque appareil aspirent, en même temps, l'eau et le gaz qu'elles refoulent immédiatement dans un récipient de forme cylindrique ou sphérique. Cette eau et ce gaz sont imprégnés non-seulement du calorique qui leur est propre, mais encore de celui qu'ils enlèvent, d'une part à la température ambiante, de l'autre, au frottement du piston. Aussi en résulte-t-il des produits gazeux de mauvaise qualité.

Pour y remédier, M. Ozour a imaginé de creuser, auprès de chaque appareil, un réservoir dans lequel circule de l'eau de puits ayant en moyenne dix degrés de chaleur. Il place, dans ce réservoir, un serpentin en cuivre ou en étain roulé en spirale, et d'une longueur de 25 mètres environ; l'une des extrémités de ce tube est vissée sur le tuyau de refoulement de la pompe, et l'autre sur le récipient de la machine. L'eau et le gaz aspirés par la pompe sont refoulés dans le serpentin où leur température s'équilibre avec celle de l'eau de puits; ils passent de là dans le récipient où se termine l'opération, et l'eau gazeuse est mise immédiatement en bouteille sous le même degré de température. Les réservoirs sont alimentés par une petite machine qui puise l'eau nécessaire. Tout autre moyen refrigérant peut de même être employé.

M. Ozour a imaginé aussi de recueillir le gaz acide carbonique que contiennent encore les vases après qu'ils ont été vidés, et il réalise ainsi une notable économie.

Un atelier de construction de machines à eaux gazeuses, organisé dans son usine de Paris, et qui fournit à la France et à l'étranger une quantité considérable d'appareils et de vases siphoïdes, fait participer toute l'industrie des eaux gazeuses aux inventions et aux améliorations de M. Ozour, lesquelles peuvent se résumer ainsi :

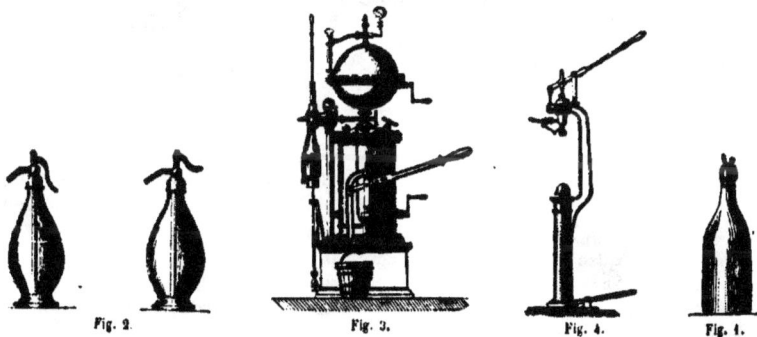

Fig. 2.   Fig. 3.   Fig. 4.   Fig. 1.

1° Bouteille capsulo-mécanique brevetée en 1844 (fig. 1);
2° Appareils siphoïdes s'adaptant sur les vases à l'aide de la bague de rappel, breveté (fig. 2);
3° Appareil intermittent à gaz comprimé par lui-même, breveté en 1844 (fig. 3);
4° Pompe pour doser les sirops dans les bouteilles (fig. 4);

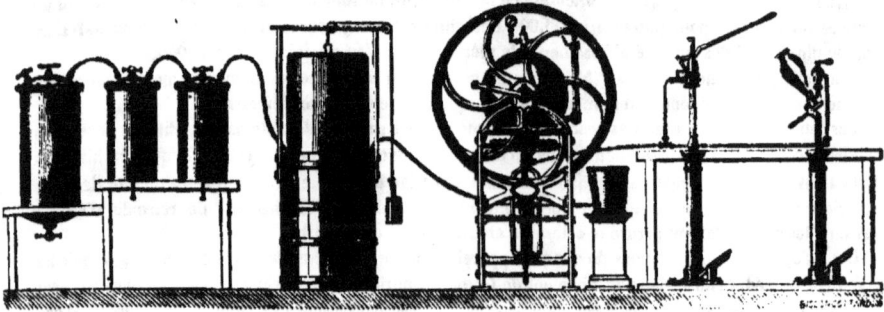

Fig. 5.

5° Perfectionnements apportés aux appareils continus, tant dans leur forme que pour leur donner un plus grand rendement (fig. 5);

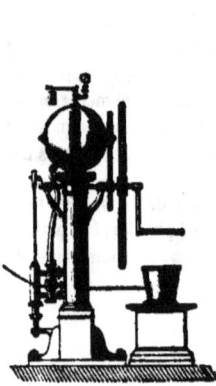

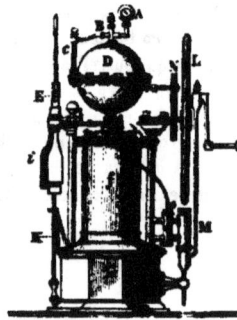

Fig. 6.   Fig. 7.   Fig. 8.

6° Appareil continu à colonne (fig. 6);

7° Appareil continu à trois pompes, et application directe d'une petite machine à vapeur de la force d'un cheval à cet appareil. Cette machine fait le travail de huit hommes au moins et ne consomme que 3 fr. de charbon par jour (fig. 7);

8° Appareil semi-intermittent, nouvelle création, nouveau brevet (fig. 8);

9° Appareil intermittent-continu, nouvelle création, nouveau brevet (fig. 9);

10° Appareil continu à deux ou trois pompes sur une seule colonne. Grande économie apportée dans ces appareils, nouvelle création, nouveau brevet (fig. 10);

11° Améliorations apportées dans la fabrication des eaux gazeuses par l'absorption du calorique qu'elles renferment, en les faisant passer dans un milieu à basse température, breveté.

12° Économie apportée dans la fabrication des eaux gazeuses par le retour dans le gazomètre de l'acide carbonique contenu dans le vase qu'on veut remplir de nouveau, et du gaz que l'on perd pendant l'opération de l'emplissage.

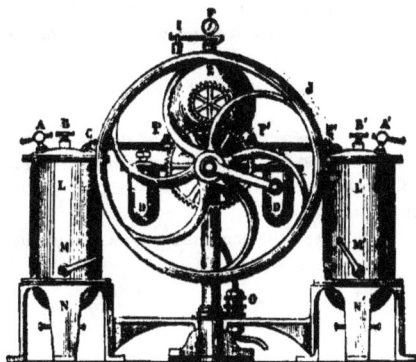

Fig. 9.   Fig. 10.

Citons enfin pour mémoire les appareils à eaux gazeuses placés dans l'établissement de M. Duval, rue Montesquieu (voir page 118), qui distribuent de l'eau de seltz sur 120 tables, tant au rez-de-chaussée qu'au premier étage.

M. Ozour avait précédemment obtenu une médaille de bronze à l'Exposition de 1849, une médaille d'argent de la société d'encouragement, et la médaille d'exposant à l'Exposition de Londres. Le Jury de XIe Classe lui a décerné la MÉDAILLE DE PREMIÈRE CLASSE.

MM. MONDOLLOT FRÈRES, A PARIS (FRANCE).

MM. MONDOLLOT présentaient à l'Exposition universelle :

1° Des appareils portatifs clissés en rotin, dits *Gazogènes-Briet*, pour préparer soi-même les eaux gazeuses (fig. 2);

2° Des poudres pour préparer les boissons gazeuses;

3° Des siphons clissés en rotin et non clissés à l'usage des fabricants d'eau de seltz;

Fig. 1.   Fig. 2.   Fig. 3.

Antérieurement, l'invention et les perfectionnements apportés à cet appareil, avaient mérité à leur auteur des médailles aux Expositions nationales de 1844 et 1849, à la Société d'encouragement, etc.

Si l'usage de l'eau de seltz est devenu si général depuis quelques années, on le doit en partie à ces petits instruments qui en facilitent à chacun la préparation instantanée, d'une manière aussi simple qu'économique. A leur aide, avec une dépense de 15 centimes, on se procure l'eau gazeuse nécessaire au repas de trois ou quatre personnes, et cette eau présente toutes les qualités d'hygiène et d'agréments des eaux le mieux fabriquées.

Le gazogène Briet, employé exclusivement au service des hôpitaux de Paris, est approuvé par l'Académie impériale de médecine.

MM. Mondollot fabriquent des gazogènes de capacités différentes, depuis la contenance de une bouteille jusqu'à celle de huit bouteilles; ils joignent à leur fabrication d'appareils la vente des poudres gazogènes. Ces industriels exploitent aussi en grand une fabrique d'eau de seltz, ils la livrent aux consommateurs dans des siphons (fig. 3) dont ils ont exposé le modèle.

Le Jury de la XIIᵉ Classe, en déclarant que leur collection d'appareils gazogènes présentaient plusieurs perfectionnements, a décerné à MM. Mondollot la MÉDAILLE DE DEUXIÈME CLASSE.

M. D. FÈVRE, à Paris (France).

L'usage de l'eau de seltz n'était pas encore bien répandu en France, lorsqu'en 1832 M. Fèvre, ancien professeur de mathématiques, entreprit tout à la fois la fabrication des seltzogènes et de la poudre de seltz à 5 centimes la bouteille, à laquelle est même resté le nom de poudre de Fèvre. Ces deux objets maintenant sont pour la France l'objet d'un commerce de plusieurs millions.

Les seltzogènes de M. Fèvre sont de jolis petits appareils de ménage au moyen desquels chacun peut se fabriquer tous les jours deux ou trois bouteilles d'eau de seltz, boisson aujourd'hui répandue partout, si agréable et si rafraîchissante en été, si saine en toute saison, indispensable dans certains pays, par suite de la mauvaise qualité de l'eau, utile à la digestion pour une foule d'estomacs faibles ou fatigués.

Les seltzogènes de Fèvre, d'abord lourds et compliqués, se sont vendus dans les premières années 60 francs; ils ont été successivement simplifiés et embellis, et le prix, en même temps, en est descendu

Seltzogène de M. Fèvre, à Paris.

à 30 fr., 18 et 15 francs, et est aujourd'hui de 10 francs. Il suffit de les voir pour être assuré que ce prix ne baissera plus : rien de plus gracieux comme forme, rien de plus commode à porter, à faire manœuvrer, à rafraîchir. Lorsqu'ils sont argentés, dorés, à pied décoré, ils deviennent de jolis petits meubles et figurent bien sur une table. Les seltzogènes se trouveront bientôt dans tous les ménages aisés comme les lampes, les cafetières, etc.

C'est à M. Fèvre aussi qu'on est redevable de ces jolis siphons à petit levier, employés depuis quelques années dans les cafés et les restaurants, et qui remplacent presque partout l'ancienne bouteille à bouchon ficelé. La tête du siphon ne se dévisse pas; pour le remplir à nouveau, il suffit de mettre le goulot en rapport avec l'appareil de fabrication décrit page 420, et d'ouvrir la soupape, l'eau gazeuse s'y précipite d'elle-même.

Le Jury a décerné à M. Fèvre la MÉDAILLE DE DEUXIÈME CLASSE, la plus haute récompense accordée à sa spécialité de fabrication.

M. DUPLANY, Paris (France), exposait des filtres portatifs creusés dans la pierre de Vergelet, reconnus d'un usage très-précieux pour une armée en campagne et pour les voyageurs. — On doit à M. Duplany l'invention de ces filtres, dont la fabrication est des plus étendues. Médaille de première classe.

M. BERNARD (J.-F.), Paris (France). Le Jury a reconnu le plus grand mérite dans le mode de filtration des eaux par la laine tontisse tannée inventé par cet exposant; l'inaltérabilité en a été constatée en même temps que le rendement rapide et considérable. Médaille de première classe.

M. ROGIER MOTHES, Paris (France). En s'occupant de la fermeture des égouts et diverses conduites d'eaux, M. Rogier-Mothes a mérité l'attention du Jury, et une médaille de première classe qui lui a été décernée particulièrement pour sa soupape horizontale s'ouvrant à fond de train sous la simple pression du liquide, sans mécanisme accessoire.

M. RICHER et Cᵉ, Paris (France). On sait quelle est la réputation de la compagnie Richer pour la grande et complète exploitation des vidanges. Elle exposait des appareils perfectionnés dans lesquels on distinguait la valvure verticale bivalve, qui est d'un usage excellent pour les tuyaux de chute. Médaille de première classe.

M. CAMAILLE, Paris (France). Cet exposant s'est occupé de la substitution du phosphore amorphe au phosphore ordinaire dans la fabrication des allumettes; il y a apporté une grande amélioration au point de vue de la santé des ouvriers et de la salubrité générale. M. Camaille a obtenu la médaille de première classe.

M. ROUY, Paris (France), a travaillé à une autre sorte de substitution : à celle de la fécule au poussier de charbon dans l'opération du moulage. Il y a là aussi une amélioration pour la santé des ouvriers. Médaille de première classe.

M. C.-F. REIN, Londres (Royaume-Uni). Pour une série d'appareils acoustiques de formes très-variées, très-ingénieux, et d'un usage efficace et commode. Même récompense.

MM. LEBOBE-CALLOU et Cᵉ, Paris (France). Des eaux et sels de Vichy, des extraits d'eaux minérales, ont valu à MM. Lebobe-Callon et Cᵉ la médaille de première classe.

M. V. TRIPIER, Algérie (France). Comme auteur des analyses des eaux minérales de l'Algérie et de la découverte de l'arsenic dans ces eaux, M. V. Tripier a obtenu du Jury la médaille de première classe.

M. SAVARESSE, Paris (France), est l'auteur d'un appareil très-bien combiné et très-pratique pour la fabrication des eaux gazeuses et minérales. Son exposition était complétée par des appareils siphoïdes qui sont aussi de son invention. Même récompense.

M. L.-E. TABARIÉ, Paris (France), présentait un appareil très-remarquable qui a pour objet de donner les moyens d'étudier l'action de l'air comprimé sur l'homme sain ou malade, M. Tabarié en est l'inventeur et le constructeur. Médaille de première classe.

MM. MAY et BAKER, Londres (Royaume-Uni). Ces Messieurs présentaient à l'Exposition Universelle une collection fort belle de produits pharmaceutiques d'excellente qualité et à bon marché. Médaille de première classe.

MM. BELL et Cᵉ, Londres (Royaume-Uni). Comme les précédents, ces exposants avaient apporté une collection d'extraits remarquables par leur supériorité. Même récompense.

MM. HOWARD et KENT, Stratford (Royaume-Uni), sont à la tête d'une grande fabrication de sulfate de quinine, dont la production est fort développée en Angleterre. Médaille de première classe.

M. J.-H. KENT, Stanton (Royaume-Uni), se distingue par la conservation extrêmement remarquable de plantes médicinales; même récompense.

M. LE Dʳ DE SOTTO, île de Cuba (colonies espagnoles). Il n'existait guère à l'Exposition Universelle, parmi les produits chimiques et pharmaceutiques, de collection ni plus belle, ni plus considérable que celle de M. le docteur de Sotto. Le Jury lui a décerné la MÉDAILLE DE PREMIÈRE CLASSE.

M. GUILLERMONT, Lyon (France). Les produits pharmaceutiques présentés par M. Guillermont et le perfectionnement apporté par lui dans le dosage de l'opium, lui ont mérité la même récompense.

M. BERJOT, Caen (France), exposait un modèle d'appareil pour la fabrication des extraits; et divers produits dont l'excellente qualité a motivé la MÉDAILLE DE PREMIÈRE CLASSE que lui a décernée le Jury.

MM. QUÉVENNE et HOMOLLE, Paris (France). Invention et application pharmaceutique et médicale de la digitaline; même récompense.

M. DORVAULT, Paris (France), a attaché à son nom l'organisation d'une pharmacie centrale dont les affaires sont des plus étendues. Dans son exposition figuraient des produits d'une qualité remarquable; la grande fabrication à laquelle il se livre ajoutait encore à l'attention que lui a accordée le Jury; même récompense.

M. J.-G.-A. LUER, Paris (France). M. Luër peut entrer en rivalité avec les meilleurs fabricants d'instruments de chirurgie. Les instruments d'oculistique qu'il exposait ont été remarqués pour leur extrême délicatesse; même récompense.

M. H.-J. MATHIEU, Paris (France). M. Mathieu possède aussi une excellente renommée dans cette même fabrication. On lui doit des perfectionnements ingénieux. Le Jury lui a voté la MÉDAILLE DE PREMIÈRE CLASSE.

M. F.-A. BÉCHARD, Paris (France). La réputation de ce mécanicien orthopédiste est faite. Ce qu'il avait exposé la justifiait : on remarquait surtout des appareils pour le pied-bot et les membres artificiels, qui présentent une grande supériorité. MÉDAILLE DE PREMIÈRE CLASSE.

MM. H. GALANTE et Cᵉ, Paris (France). MM. Galante et Cᵉ sont à la tête d'une importante fabrication d'appareils en caoutchouc vulcanisé, imaginés par le docteur Gariel. Ces appareils, considérés comme très-utiles, leur ont valu la MÉDAILLE DE PREMIÈRE CLASSE.

M. J. LASSERRE, à Paris (France). Sondes en gomme élastique, auxquelles il a apporté de grands perfectionnements. MÉDAILLE DE PREMIÈRE CLASSE.

M. CH.-J. SOUPLET, à Troyes (France). Son invention d'appareils destinés au redressement des dents lui a mérité la MÉDAILLE DE PREMIÈRE CLASSE.

M. BOEK, à Christiania (Norwége), est l'inventeur d'un appareil qu'il désigne sous le nom de kymographe, destiné aux études physiologiques, et qui a été adopté par l'Université de Christiania. Le Jury international en a aussi apprécié tous les avantages et a décerné à M. Boek une MÉDAILLE DE PREMIÈRE CLASSE.

M. P.-N. VASSEUR, à Paris (France), exposait des pièces anatomiques en cire, des préparations d'os naturels et une composition imitant les os et les ligaments naturels. MÉDAILLE DE PREMIÈRE CLASSE.

M. STAHL, à Paris (France). Artiste habile du Jardin des Plantes, M. Stahl a moulé, entre autres, trois bustes de la collection anthropologique représentant : 1° un noir du Grand Sahara; 2° un chef de tribu de la Cafrerie; 3° une jeune Indienne du Guyaquil. Ces plâtres, colorés avec soin, offrent une idée bien exacte des personnages qu'ils représentent et méritent toute l'attention qu'on leur donnait au Palais de l'Industrie. D'autres moulages du même artiste, représentant des mollusques, n'étaient pas moins dignes d'intérêt. MÉDAILLE DE PREMIÈRE CLASSE.

M. J. TOWNE, à Londres (Royaume-Uni), qui, par ses travaux au Guy's Hospital de Londres, s'est acquis une grande réputation, exposait des pièces d'anatomie pathologique reproduites en cire avec une rare perfection. MÉDAILLE DE PREMIÈRE CLASSE.

M. AL. HETT, à Londres (Royaume-Uni), exposait des pièces d'anatomie microscopiques préparées avec la plus grande habileté et parfaitement propres à l'étude; même récompense.

M. J. BOURGOGNE, à Paris (France). Mêmes motifs, même récompense.

M. LEFEVRE, à Paris (France). Par son système de modelage sur les pièces naturelles, qui est très-délicat, M. Lefevre a attaché son nom à la taxydermie perfectionnée. MÉDAILLE DE PREMIÈRE CLASSE.

Parmi les exposants qui ont obtenu la MÉDAILLE DE DEUXIÈME CLASSE, nous citerons :

M. METZ, à Heidelberg (grand-duché de Bade), pour ses appareils de sauvetage contre l'incendie, très-complets et bien aménagés.

LE Dr H. SATHERBERG, à Stockholm (Suède), pour ses modèles d'appareils de gymnastique médicale et orthopédique, d'après les principes du professeur Ling.

LA SOCIÉTÉ MÉDICALE de Chambéry (États sardes), pour sa riche collection d'eaux minérales dont le classement était fait avec soin.

M. F.-A. VOLFF fils, à Heilbronn (Wurtemberg), pour sa collection d'appareils d'un prix modique, à l'usage des pharmaciens.

XIIe CLASSE

HYGIÈNE, PHARMACIE, MÉDECINE ET CHIRURGIE
HYGIÈNE ET MÉDECINE VÉTÉRINAIRE

RÉCOMPENSES DÉCERNÉES PAR LE JURY INTERNATIONAL

(EXTRAIT DU *Moniteur* DU 8 DÉCEMBRE 1855)

GRANDE MÉDAILLE D'HONNEUR.

Arnott (D^r), Londres. Royaume-Uni.
Auzoux (L.-Ch.), Paris. France.
Charrière (J.-J.) fils, Paris. Id.

MÉDAILLES D'HONNEUR.

Aubergier (P.-H.), Clermont. France.
Ménier et Ce, Paris. Id.

MÉDAILLES DE PREMIÈRE CLASSE.

Albright, Birmingham. Royaume-Uni.
Néchard (F.-A.), Paris. France.
Bell (J.) et Ce, Londres. Royaume-Uni.
Berjot (F.), Caen. France.
Bernard (J.-F.), Paris. Id.
Boeck. Norwége.
Bourgogne (J.), Paris. France.
Camaille. Id.
Charlier, Reims. Id.
Dorvault, Paris. Id.
Duplany (P), Paris. Id.
Fabrique d'allumettes chimiques de Jonkoping. Suède.
Galante (H.) et Ce, Paris. France.
Guillermond (A.-A.), Lyon. Id.
Hett (A.), Londres. Royaume-Uni.
Homolle et Quévenne, Paris. France.
Kent (J.-H.), Stanton. Royaume-Uni.
Howards et Kent, Stratford, près Londres. Royaume-Uni.
Lasserre (J.-F.), Paris. France.
Lebobe, Callou et Ce, Paris. Id.
Lefèvre (A.-A.), Paris. Id.
Lüer (J.-G.-A.), Paris. Id.
Mathieu (L.-J.), Paris. Id.
May et Baker, Londres. Royaume-Uni.
Ministère de la guerre, province d'Oran (Algérie). France.
Ozouf (G.-H.), Paris. Id.
Rein (C.-F.), Londres. Royaume-Uni.

Richer et Ce, Paris. France.
Rogier et Mothes, Paris. Id.
Rousseau (L.), Paris. Id.
Rouy. Id.
Savaresse (Ph.), Paris. Id.
Schrœtter. Autriche.
Sautto (de), Cuba. Espagne.
Souplet (Ch.-J.), Troyes. France.
Stahl (J.-B.), Paris. Id.
Tabarié (L.-E.), Paris. Id.
Towne (J.), Londres Royaume-Uni.
Tripier (D^r), Algérie. France.
Vasseur (P.-N.), Paris. Id.

MÉDAILLES DE DEUXIÈME CLASSE.

Ahlborn (Ch.) et Barsuglia, Stockholm. Suède.
Beau (E.), Paris. France.
Béral (P.-J), Paris. Id.
Bittner (F.-L.), Brünn. Autriche.
Blanc (J.-B.). Lyon. France.
Boissonneau (A.) père. Paris. Id.
Bonneels (T.) jeune, Bruxelles. Belgique.
Bougery-Thibert (veuve M.-C.). Paris. France.
Bourgoin (L.-J.), Paris. Id.
Bouvier (H.), Grenoble. Id.
Brook (C.), Londres. Royaume-Uni.
Bufnoir (G.), Lyon. France.
Burat et Loriol, Paris. Id.
Burin-Dubuisson (M.-A.-B.), Lyon. Id.
Capron jeune (C.-E.), Paris. Id.
Charpentier. Id.
Chevalier fils, Paris. Id.
Collas (C.), Paris. Id.
Collège de l'Université, Londres. Royaume-Uni.
Comba (F.), Turin. États sardes.
Davenport (J.-T.), Londres. Royaume-Uni.
Della-Suda. Empire ottoman.
Deyrolle (Ach.), Paris. France.
Fèvre (G.-D.), Paris. Id.

Fowler et Preter, New-York. États-Unis.
Gaffard (P.-A.), Aurillac. France.
Garnaud, Paris. Id.
Gion (Is.-D.), Paris. Id.
Gouvernement du Mexique. Mexique.
Gray (J.), Dublin. Royaume-Uni.
Grossmith (W.-R.), Londres. Id.
Guérin (J.-J.-B.), Paris. France.
Halbique (L.-A.), Caen. Id.
Hammer (J.), Unterdœbling (près Vienne). Autriche.
Junod (Th.), Paris. France.
Lamatsch (D' J.-D.), Vienne. Autriche.
Lamy (A.), Paris. France.
Langgard (Otto), Hambourg. Villes hanséatiques.
Leconte aîné et C°, Reims. France.
Lépine, Pondichéry. Colonies françaises.
Linden (J.), Rotterdam. Pays-Bas.
Mac-Culloch (veuve), Montréal. Canada.
Magnus. Royaume-Uni.
Marshall et Paterson. Id.
Martin (L.), Berlin. Prusse.
Mastri (D' A.), Pavie. Autriche.
Mayet (C.-F.), Paris. France.
Metz (C.), Heidelberg. Grand-duché de Bade.
Mohamed-ben-Chaoula, Alger. France.
Moll (A.), Vienne. Autriche.
Mondollot frères (A. et J.-A.), Paris. France.
Muride (E.), Nantes. Id.
Mouton et fils, la Haye. Pays-Bas.
Niepce (le D'). France.
Nyrop (C.), Copenhague. Danemark.
Oberdofer (A.), Hambourg. Villes hanséatiques.
Oudemans, Rotterdam. Pays-Bas.
Quévenne et Miquelard. France.
Reis (A.), Vienne. Autriche.
Rogé (L.-H.-M.), Paris. France.
Rogeat. Id.
Rose (C.-A), Vireaux (Yonne). Id.
Satherberg (H.), Stockholm. Suède.
Société médicale de Chambéry, Chambéry. États sardes.
Société néerlandaise de commerce, Amsterdam. Pays-Bas.
Smith (J. et H.), Édimbourg. Royaume-Uni.
Topping (C.-M.), Londres. Id.
Tylor et fils (J.), Londres. Id.
Vedel (St.-Al.), Paris. France.
Wickham et Hart, Paris. Id.
Wolff fils (F.-A.), Heilbronn. Wurtemberg.

MENTIONS HONORABLES.

André (L.) et C°, Paris. France.
Arrault (H.), Paris. Id.
Ash (Cl.) et fils, Londres. Royaume-Uni.
Baron (J.-B.), Béziers. France.
Bègue (L. de), Paris. Id.
Bénard (J.-Ph.), Amiens. Id.
Benham et Froud. Royaume-Uni.
Berthé (J.-Ch.-A.), Paris. France.
Bidart (veuve P.), Paris. Id.
Biondetti (A.-N.), Paris. Id.
Biondetti (H.), père et fils, Paris. Id.
Billard et fils, Paris. Id.
Blancard. France.

Boissonneau fils, Paris. France.
Bouis (D.), Perpignan. Id.
Brayer-Coiffier, Lyon. Id.
Brondet (M°° J.-M.), Paris. Id.
Cacan (Ch.), Lille. Id.
Caillaud (P.), Guéret. Id.
Carte (D'), Dublin. Royaume-Uni.
Charbonnier (J.-B.), Paris. France.
Chavanne (M°° C.-Ant.-Al.), Paris. Id.
Chaussenot aîné, Paris. Id.
Chopin de Seraincourt (comte de), Villefranche. Id.
Clausolles (E.), Madrid. Espagne.
Clairtan et Lavalle, Paris. France.
Clesh et Deroche. Id.
Cochaud (V°), Paris. Id.
Collection des eaux minérales du grand-duché de Bade. Bade.
Colmet d'Aage (J.-B.-P.), Paris. France.
Colombé (F.), Paris. Id.
Comptoir des eaux minérales du duché de Nassau, Niederselters. Grand-duché de Nassau.
Croft (H), Toronto, Canada. Colonies anglaises.
Cuenin et fils. France.
Damoiseau (I.), Alençon. Id.
Darbo (F.), Paris. Id.
Dème de Corinthe. Grèce.
Désirabode, Paris. France.
Desjardin de Morinville, Paris. Id.
Didier (M.-J.), Paris. Id.
Drapier et fils, Paris. Id.
Féron. Id.
Flechelle (L.-O.-X.-B), Paris. Id.
Floury (L.-J.), Paris. Id.
François-Villain, Rethel. Id.
Flamet (J.-L.), Paris. Id.
Gaillard (Ch.-J.-B.) et Dubois (J.-J.), Paris. Id.
Galibert (G.-H.), Paris. Id.
Gallus (M.). Christiana. Norwége.
Gillet (M.-N.), Marseille. France.
Gripouilleau (Arm.), Mouttonie (Indre-et-Loire). Id.
Gros-Vivant, Dijon. Id.
Guillon (D'), Paris. Id.
Havard (V°) et Loyer, Paris. Id.
Havard frères, Paris. Id.
Hogg. Royaume-Uni.
Holtchkiss. États-Unis.
Imlin. Strasbourg. France.
Jacousson (L.-A.), Stockholm. Suède.
Jannecy. États-Unis.
Jones White et Mac-Curdy, Philadelphie. États-Unis.
Kingsley (N.-W.), New-York. États-Unis.
Kissel (J.) père, Bordeaux. France.
Kœnig (E.), dit Leroy, Paris. Id.
Krahnstower (E.-B.), Hambourg. Villes hanséatiques.
Lalement (Th.), Paris. France.
Lamothe (G.), Paris. Id.
Lécuyer (Fr.-J.), Paris. Id.
Lefranc (V.), Pontorson (Manche). Id.
Lenôtre (L.-J.), Paris. Id.
Letho. Id.
Lewenhaupt (comte C.-M.), Classtorp. Suède.
Leymann (W.) et C°, Montréal (Canada). Colonies anglaises.
Lhôpital (Ch.-N.), Paris. France.

Losting (J.-L.), Bergen. Norwége.
Lucia (J.-R.). Espagne.
Malapert (P.-R.), Poitiers. France.
Mathieu (Ph.-A.), Condillac. Id.
Mercader, Vernet-les-Bains. Id.
Mette (J.) Christiana. Norwége.
Mitterbacher (veuve C.), Prague. Autriche.
Muerrle (G.-J.), Pforzheim. Grand-duché de Bade.
Nicoll. États-Unis.
Odon de Pin (marquis). France.
Œuf (Martin), Paris. Id.
Orsi (A.), Montaleino. Toscane.
Paoli frères, Piedicroce (Corse). France.
Parola (L.), Coni. États sardes.
Pissot (A.), Paris. France.
Piazzara. États sardes.
Poirel (P.-J.), La Ferté-sous-Jouarre. France.
Polycarpo (Ant.), Lisbonne. Portugal.
Pouillien (B.), Paris. France.
Rabasse (L.-E.-Em.), Paris. Id.
Radousn (A.), Vaugirard (Seine). Id.
Réal (L.-H.), Paris. Id.
Rey-Bouquerou. Id.
Robert (Ap.), Paris. Id.
Roos, New-York. États-Unis.
Roy (J.-B.-A.), Tonnerre (Yonne). France.
Russell. États-Unis.
Sauvé (Br.), Paris. France.
Schier (O.-K.), Stettin. Prusse.
Schmidt et Gueride. Paris. France.
Schortose. États-Unis.
Schubbach (F.), Diesbach (Berne). Suisse.
Sibson (D'), Londres. Royaume-Uni.
Silvan (D'), Lyon. France.
Société des médecins suédois, Stockholm. Suède.
Société des sources minérales de Valdieri (Turin). États sardes.
Sœthenay, Dunkerque. France.
Stenhouse (D'), Londres. Royaume-Uni.
Stille (Alb.), Stockholm. Suède.
Strozzi (marquis C.), Pontassieve. Toscane.
Thier (P.-L.-T.), Paris. France.
Tollay et Martin, Paris. Id.
Valerius, Paris. Id.

Venelle (J.-Ch.), Paris. France.
Verheyen (le chevalier J.-B.-A.-T.-M.), Bois-le-Duc. Pays-Bas.
Vié (J.-J.), Paris. France.
Villemur (J.-Am. de), Paris. Id.
Villiet et C', Paris. Id.
Walsh (J.-R.) et C', Londres. Royaume-Uni.
Wissner (M.), Lisieux. France.
Wolfmuller (L.), Munich. Bavière.
Young (J.-A.), Glasgow. Royaume-Uni.
Zeiller (Fanny), Munich. Bavière.
Zeiller (Paul), Munich. Id.

COOPÉRATEURS,

CONTRE-MAITRES, OUVRIERS.

MÉDAILLES DE DEUXIÈME CLASSE.

Coutant, mécanicien chez M. Charrière, Paris. France.
Delaloy, contre-maître chez M. Charrière. Paris. Id.
Guyot, contre-maître chez M. Charrière, Paris. Id.
Lemercier (François-Germain), contre-maître chez M. Auzoux. Paris. Id.
Pineau (H.-J), contre-maître chez M. Labarraque, Graville. Id.
Rigollot (Paul-Jean), contre-maître chez MM. Ménier et C', Paris. Id.
Toury, chef d'exploitation de la C' Richer, Paris. Id.

MENTIONS HONORABLES.

Cornu (D.), chef d'atelier chez M. Auzoux, Paris. Id.
Denis (Jean-François), chef d'atelier de MM. Ménier et C', Paris. Id.
Gourain, forgeron chez M. Charrière, Paris. Id.
Lemonnier, ouvrier chez M. Charrière. Paris. Id.
Michaud, ouvrier chez M. Charrière, Paris. Id.
Regnier, ouvrier chez M. Charrière. Paris. Id.
Richart (Grégoire), ouvrier chez M. Labarraque, Graville. Id.
Taurin (Aug.), chef d'atelier chez M. Auzoux. Paris. Id.
Taurin (F.), ouvrier chez M. Auzoux, Paris. Id.
Vaillant, chef ouvrier chez M. Charrière, Paris Id.

EXPOSITION UNIVERSELLE

PRODUITS DE L'INDUSTRIE

TREIZIÈME CLASSE

ART MILITAIRE ET MARINE.

Le retentissement du canon de Sébastopol, les succès merveilleux de nos armes et ceux qu'on était en droit d'attendre d'elles, donnaient à cette partie de l'Exposition Universelle un attrait particulier. On se laissait naturellement entraîner vers l'étude des moyens puissants qui font et défont les empires, qui lient ou divisent les peuples entre eux, qui rendent l'homme maître de la mer et qui remplacent les combinaisons incertaines d'autrefois par des machines de précision, si bien calculées, qu'on en est venu à fixer d'avance l'heure où telle place forte doit se rendre, où telle mine doit amener tel effet. Aujourd'hui le canon frappe un point, à 6 kilomètres d'éloignement, avec l'invariable exactitude du meilleur fusil de chasse; un siége se transforme en pluie de bombes contre laquelle rien ne résiste; des bataillons entiers sont emportés plus vite et mieux que ne l'était jadis un chevalier bardé de fer. La science expérimentale de quatre siècles fait du champ de bataille une véritable équation numérique à la solution de laquelle on peut arriver sûrement, par le calcul, quand on n'y arrive pas d'emblée par l'inspiration du génie.

C'est surtout depuis trente-cinq ans que des perfectionnements remarquables furent introduits dans la construction et l'emploi des armes à feu portatives. La platine à silex, que les armuriers du XVIᵉ siècle regardaient comme la dernière limite de l'instantanéité, disparaît devant des mécanismes plus simples, plus dociles, plus certains, qui agissent par percussion ou par friction sur des amorces de poudre fulminante.

Une ingénieuse découverte ayant débarrassé de son défaut principal le chargement par la culasse, on applique ce système aux armes de chasse, et tout porte à croire qu'il s'introduira bientôt dans l'usage des armes de guerre. Le choix de bonnes matières premières pour la confection des fusils, le concours de procédés mécaniques perfectionnés devaient produire une amélioration sensible dans la portée, la justesse du tir et dans la rapidité du chargement, qualités que possèdent surtout les armes rayées en hélice.

Quand Gribeauval imagina le matériel qui porte son nom, il n'eut pas la prétention, sa correspondance le prouve, d'avoir marqué la limite où l'artillerie devait arrêter ses essais; il indiquait seulement une phase au delà de laquelle se déroulait l'infini. Depuis lui, quantité d'expériences faites aux grandes écoles de Metz, de Strasbourg, de Douai et de Vincennes ont permis d'enrichir la science d'une foule d'observations nouvelles et de théories savantes sur les effets de la poudre, sur la portée différentielle des bouches à feu, sur les diverses combinaisons du tir. Ainsi, aujourd'hui, le tir en brèche contre des revêtements maçonnés, s'exécute avec une économie notable de temps, de poudre et de projectiles; les pièces de siége (gros calibre), qu'un tir de 200 coups à fortes charges détériorait de manière à les rendre impropres au service, résistent sans altération pendant un temps indéterminé, quel que soit le nombre de coups et la dose de poudre; ainsi encore les fusées de Shrapnelles, qu'on n'utilisait primitivement que dans certaines conditions exceptionnelles, deviennent d'un usage facile et assuré pour toutes les circonstances de guerre. Le tir des mortiers, étudié avec soin, calculé dans le mouvement de rotation des projectiles qu'ils envoient, n'est pas demeuré stationnaire quand celui des canons s'ajustait d'une manière si remarquable. Un canon-obusier, introduit par S. M. l'Empereur dans notre système de guerre; les canons Paixhans, les capsules Piobert en une seule passe, les gargousses du même, les études du général Morin sur le tir à boulets, études faites en commun avec le général Piobert, ont valu à la France le premier rang; mais nous ne pouvons nous dissimuler que d'autres nations suivent de bien près notre marche progressive dans l'art de tuer les hommes.

La manière brillante dont les fabricants d'armes de Birmingham s'étaient produits à l'Exposition Universelle de Londres nous faisait espérer de leur part un concours significatif, surtout au milieu des procédés réciproques d'alliance et d'amitié qui dirigent, vers le même but, les deux premiers peuples de l'Europe. Malheureusement, notre attente fut trompée; Birmingham n'envoya rien, et pour juger, en fait d'armes, l'industrie anglaise, nous nous trouverions réduits à quelques échantillons, si nos voisins ne nous avaient mis à même de les apprécier chez eux comme ils méritent de l'être; ils ne font pas moins bien que nous. Leurs fusils de chasse, leurs fusils de luxe sont admirables, non par la fantaisie d'ornementation, mais par la sévérité régulière de l'ensemble et l'exécution perfectionnée des détails. Au point de vue commercial, nous les surpassons dans ce sens que, fabricant à meilleur marché qu'eux, ils ne pourraient soutenir notre concurrence.

Après les Anglais, de tous les armuriers étrangers, ce sont les armuriers belges qui rivalisent le mieux avec nous. Les Liégeois, principalement pour les petites armes à feu, ont exposé des produits très-recommandables, exécutés avec beaucoup de soin et au meilleur marché possible. Il sort annuellement de la ville de Liége cinq cent mille armes à feu que recherchent avec empressement tous les peuples de l'Europe. Bruxelles fabrique aussi beaucoup de fusils, mais bien moins que Liège.

Les vitrines d'armures prussiennes se distinguaient par des qualités solides, par une précision minutieuse plutôt que par le luxe. Cependant, elles étaient d'une simplicité élégante et d'un genre préférable à celui des armes autrichiennes, qui se ressentent encore des modèles que nous livraient leurs cohortes vaincues au delà des Alpes. Les armes blanches de l'Allemagne nous ont semblé primer leurs armes à feu. Il est des armes blanches venant de Sollingen qui, par leur bon marché et leur exécution soignée, rendraient une concurrence difficile. L'élégance des formes manque aux fabricants de Sollingen, et comme l'a remarqué le prince Napoléon, il faudrait, pour posséder une arme blanche bonne et belle, faire monter à Paris une lame de Sollingen.

Des ciselures et des dorures appliquées à quelques armes de luxe étrangères nous ont cependant frappé, quand surtout nous les comparions aux objets de même nature qui se fabriquaient, il y a cinquante années, au delà du Rhin. Un sabre en acier fondu, monté avec une rare élégance, décoré de ciselures délicates, constituait une des gloires de l'Exposition Allemande. S. M. l'Empereur en a fait l'acquisition.

La France, mais principalement Paris, qui résume la France, l'emporte sur tous ses concurrents par l'élégance des formes et le bon goût de l'ornementation, sans que pour cela les armes qu'elle livre au public aient à craindre, sous le rapport de la justesse et de la solidité, de leur comparaison avec les armes étrangères. « Nous avons, dans nos arquebusiers parisiens, disait le *Moniteur* du 15 septembre 1855, une foule d'hommes instruits, inventifs, connaissant aussi bien la théorie que la pratique de leur industrie, ne négligeant rien pour en maintenir et en accroître la haute réputation, employant les ciseleurs. les dessinateurs et les sculpteurs les plus distingués pour ornementer les armes de haut prix, qui deviennent ainsi de véritables objets d'art, dont Paris conservera longtemps le magnifique monopole. Presque tous nos exposants étaient déjà brevetés pour des inventions ou des améliorations plus ou moins heureuses, relatives la plupart au mécanisme de l'arme ou à la cartouche des divers systèmes d'armes se chargeant par la culasse; mais à leurs noms se rattachaient des noms d'artistes, notamment dans la confection des commandes impériales qui occupaient une place d'honneur au milieu des vitrines de l'arquebuserie européenne. »

Les armes de chasse sorties des ateliers de Saint-Étienne se rapprochent beaucoup des armes liégeoises, sous le rapport de l'exécution et du prix. Plusieurs canons de fusil, exposés par divers arquebusiers de cette ville, avaient subi des épreuves extraordinaires de tir et se faisaient remarquer par la perfection du dressage. Après Paris et Saint-Étienne, les produits des autres villes françaises n'étaient l'œuvre que d'individus isolés.

La Suède va nous servir de transition entre les agents des armées de terre et ceux des armées maritimes, car son envoi tient à la double nature géographique que lui assigne la Providence. Nous avons vu là deux canons; l'un conforme aux modèles officiels de l'artillerie suédoise; l'autre, se chargeant par la culasse, entièrement semblable au type commandé par l'Empereur et qui fonctionnait à Vincennes, en juillet dernier, devant

Sa Majesté. Les fusils militaires Suédois sont de tous les fusils des peuples septentrionaux les plus remarquables : ceux de la marine se chargent par la culasse, se montent et se démontent sans outils.

En témoignage d'un esprit maritime auquel il ne faudrait, pour qu'il prît son essor, qu'une occasion, peut-être une autre mer, ou quelque alliance puissante, la Suède a envoyé différents objets : une ancre de vaisseau, faite d'excellent fer de Danemark, aussi élégante par sa forme que modeste par son prix ; un appareil de distillation de l'eau de mer, s'adaptant aux fourneaux des navires ; des câbles-chaînes, des appareils de sauvetage, etc. La Suède aurait pu exposer beaucoup plus, elle ne pouvait exposer mieux ; ce tribut la caractérise : conscience et sagesse d'exécution, matières premières excellentes et mains habiles pour les mettre en œuvre.

« La marine impériale de France, disait le *Moniteur* du 12 septembre 1855, a pris une grande part au mouvement que provoquait l'Exposition universelle. Chacun de ses arsenaux a tenu à honneur d'y être représenté par quelque produit de ses fabrications. Au premier rang se trouvait la collection de bouches à feu sortie de l'établissement impérial de Ruelle. Dans le nombre, on remarquait l'obusier de 22 centimètres, monté sur affût de côte ; le canon de 50 et l'obusier de 27 centimètres, montés sur affûts marins. Ces trois bouches à feu, en fonte de fer, sont remarquables à la fois par la grosseur de leur calibre, par les soins apportés à leur fabrication et par la présence de tous les accessoires et ustensiles nécessaires à leur service, dont la parfaite disposition place notre artillerie navale à un rang si élevé. Les machines à vapeur destinées à donner le mouvement à nos vaisseaux de ligne étaient représentées à l'Exposition par deux types très-différents, qui constituent, en quelque sorte, le passé et le présent de la machine maritime. Dans le premier type, modèle de l'appareil de 900 chevaux du *Napoléon*, construit par l'établissement d'Indret, le mouvement des pistons est transmis à l'arbre de l'hélice par l'intermédiaire d'un engrenage. Bien que ce système, autrefois très-goûté, ait aujourd'hui perdu de ses partisans à cause de son encombrement, on peut dire, à la louange de l'appareil du *Napoléon*, qu'il conduit, depuis trois ans, le plus rapide vaisseau qui flotte sur les mers. Dans le second type de machines, représentant l'appareil de 900 chevaux de l'*Algésiras*, le mouvement des pistons est transmis directement à l'arbre de l'hélice, disposition qui permet de rendre la machine plus compacte et plus légère. On peut considérer cette machine de l'*Algésiras* comme l'heureux assemblage des principaux et plus récents progrès du mécanisme marin. L'établissement d'Indret a exposé une hélice en bronze, de grandeur naturelle, destinée au vaisseau de 900 chevaux l'*Impérial*. Cette belle pièce de fonte, dont le poids dépasse 12,000 kilogrammes, bien qu'elle ait quatre ailes fixes, est néanmoins *amovible*, comme les hélices ordinaires à deux ailes, sur lesquelles elle offre cet avantage de n'exiger qu'un puits de largeur deux fois moindre. Un modèle d'hélice articulée, envoyé par l'arsenal de Cherbourg, présente aussi l'avantage que nous venons de signaler. L'un et l'autre propulseur témoignent des efforts de nos ingénieurs, pour concilier la présence des hélices avec les convenances de la navigation à voiles, mode de locomotion économique et favori des marins.

« L'arsenal de Toulon avait envoyé un modèle de l'installation des mortiers sur la bombarde *le Vautour*. Cette bombarde, qui fonctionnait devant Sébastopol, est le premier bâtiment à vapeur sur lequel on ait remarqué l'établissement de ces puissantes bouches à feu. Grâce à l'élasticité du grillage en bois sur lequel reposent les mortiers, l'appareil à vapeur *le Vautour* supporte sans avaries de redoutables explosions, qui ne sont pas toujours sans danger pour des navires ordinaires, alors même qu'ils ne portent pas les organes délicats d'une machine à vapeur.

« L'arsenal de Rochefort était représenté à l'Exposition par le modèle de l'appareil employé pour la mise à l'eau du vaisseau *l'Ulm*. Naguère encore, le peu de largeur de la Charente, en face des cales de Rochefort, obligeait de laisser l'étambot du vaisseau porter, lors des lancements, contre les vases de la rive opposée. Dans le cas de *l'Ulm*, dont l'arrière est découpé par une cage à hélice, une pareille méthode eût présenté de graves dangers. Pour les éviter, on a établi sur les côtés du navire un système de cordages et de chaînes destinées à se rompre instantanément et au point convenable, de manière à faire tourner le vaisseau sur lui-même pendant son mouvement, et à le diriger dans le sens du chenal. Cette manœuvre hardie, exécutée sur une masse de 2,200 tonneaux en mouvement, a complétement réussi; c'est une nouvelle preuve de la perfection des méthodes employées pour la mise à l'eau des vaisseaux dans nos arsenaux maritimes. »

Nous ne pouvions mieux faire que de laisser parler l'administration même de la marine, sur un objet de sa compétence directe; mais aux modèles précités ne se sont point bornés les envois des chantiers de construction et des arsenaux. Brest a exposé une machine au moyen de laquelle on perce les doublages, un métier à filer et une machine pour fabriquer les drisses; l'établissement de Guérigny a envoyé une ancre et différentes pièces de grosse forge.

La Compagnie des Messageries impériales maritimes avait choisi, parmi les modèles de ses paquebots, celui du *Danube*, paquebot à hélice d'une forme élégante et dont l'intérieur, pouvant être découvert, laisse voir les mouvements de la machine. L'intérêt qu'offrait l'examen du modèle en question, détermina le Prince Président de l'Exposition à le placer au Conservatoire impérial des Arts et Métiers où chacun peut le voir. Un autre modèle d'appareil propulseur à hélice, exécuté en bronze, figurait, d'une manière très-distinguée, dans un des jardins annexés au Palais de l'Industrie, et présentait un moyen terme entre deux systèmes de construction opposés. Ici, quatre ailes, groupées deux à deux, presque parallèlement, n'exigeaient qu'une cage très-étroite pour descendre l'hélice. Le public passait inattentif devant cette machine, sans se figurer qu'elle résolvait une difficulté des plus grandes.

On a vu, dans son ensemble et dans ses dimensions exactes, le yacht de l'Empereur, charmant navire à hélice, qui s'offrait muni de sa machine, de sa chaudière, de ses cylindres. Ces derniers, inclinés suivant la courbure de la coque, permettent d'utiliser l'espace. Une autre machine destinée à la navigation fluviale de l'Espagne, et qui, par le fini de l'exécution, par son extrême légèreté, fait le plus grand honneur aux constructeurs dont elle est l'œuvre, pouvait rivaliser avec les machines précitées.

Justement jaloux de figurer avec tous ses avantages, dans ce vaste concours des nationalités européennes, le Conseil de l'amirauté anglaise nous avait envoyé une magnifique collection de proues et de poupes de navires de guerre, parmi lesquelles d'extrêmement remarquables sous le rapport des formes. La manière dont se trouvaient distribués les sabords de chasse et de retraite frappait surtout les connaisseurs.

Les principales compagnies de navigation des trois royaumes ont produit divers modèles de leurs chefs-d'œuvre : le transatlantique *Persia*, le *Mauritius*, le gigantesque *Himalaya*. Nous avons remarqué, en outre, la *barge* d'apparat du lord-maire de Londres et l'élégante *Fairy* de la reine Victoria.

Le gouvernement des Pays-Bas, saisissant l'occasion de nos projets sur la Baltique, avait envoyé à l'Exposition universelle, dans le but probable de les soumettre à l'examen des gens de guerre, divers modèles de bâtiments à varangue plate, bombardes, canonnières ou galiotes, qui sont d'un usage journalier dans les ports de la Hollande.

La compagnie de navigation du Danube s'était fait représenter par le gracieux modèle du *Franz-Joseph*, dont la coupe élégante semble imaginée pour un yacht de fête, et près duquel les yachts de M. Fincham perdent moitié de leur célébrité, d'ailleurs si légitime.

Nos modèles indigènes, pour le transport habituel des voyageurs sur les grandes voies fluviales et le long des côtes maritimes, figuraient également au rendez-vous commun, et ne semblaient point inférieurs aux créations des autres peuples dans le même genre. Cependant, sous le rapport de l'originalité des formes, peut-être l'Amérique mériterait la palme.

L'introduction du fer dans la bâtisse, où il remplace le bois avec tant d'avantage sous le rapport de la solidité, de la durée et de l'économie de l'espace, devait suggérer l'idée de son emploi dans la construction des navires. Un Français a résolu ce problème, et ses premiers essais, appliqués à la grande navigation, ont amené les résultats les plus heureux sous le rapport de la vitesse et de la solidité. L'expérience date de cinq années; les faits à l'appui sont nombreux; mais aucun n'offre l'intérêt scientifique et dramatique du navire *le Laromiguière*. Ce bâtiment, après avoir remonté deux fois la Seine jusqu'à Paris, malgré une charge de 700 tonneaux de marchandises prises à Bordeaux, s'était lancé sur l'Océan. L'administration militaire lui ayant confié 600 tonneaux de vivres, il les avait transportés du Havre au port de Varna avec une célérité plus grande que celle des plus puissants paquebots anglais. Malheureusement, au retour de cette traversée, *le Laromiguière* changea de pilote; on le livra aux mains imprudentes d'un marin de la flotte ottomane, qui se laissa jeter contre les rochers du cap Noir, vis-à-vis Gallipoli. Pendant les soixante-douze heures que dura la tourmente, *le Laromiguière* put demeurer intact, et son faible tirant d'eau laissant aux lames beaucoup de prise, il se rapprocha suffisamment de la côte pour y déposer sains et saufs les 500 militaires blessés qu'il avait à bord. On espéra l'arracher du banc de rochers sur lequel il se trouvait encloué; la marine impériale déploya les plus grands, les plus courageux efforts, et finit par y renoncer; alors on l'abandonna aux assureurs, qui le vendirent comme épave. La coque du navire offrait encore un ensemble si solide, elle avait si bien protégé sa machine que des spéculateurs l'achetèrent et réussirent, par une manœuvre des plus hardies, à remettre ce navire à flot. Conduit dans la baie de Lampsaky, on l'y répare, et bientôt la Méditerranée verra reparaître, mais sous pavillon étranger, une œuvre d'essai qui mérite d'être considérée comme chef-d'œuvre.

L'Exposition universelle n'a point eu le modèle du *Laromiguière;* mais son constructeur l'a gratifié d'une réduction du plan, d'après lequel furent construits deux navires déjà célèbres par leurs fréquentes et heureuses traversées de l'Océan à la mer des Indes et à la mer du Sud, *le Grand-Condé* et *le Maréchal-de-Turenne.* Ces bâtiments, munis d'une coque de clipper, marchent à la voile et vont avec la plus grande célérité. Le modèle d'une frégate de soixante canons, qui doit recevoir une machine à hélice de 500 chevaux, et qui se trouve en voie de construction, constituait le spécimen de marine militaire le plus intéressant, peut-être, dans la combinaison mixte du bois avec le fer.

Relativement aux anciens types, les coques des navires bois et fer sont beaucoup plus longues et leurs lignes beaucoup plus aiguës; d'où résulte une augmentation notable dans le prix de la construction : mais, ainsi que le fait observer judicieusement le narrateur des visites de S. A. I. le prince Napoléon à l'Exposition universelle, comme la vitesse et les autres qualités nautiques des bâtiments se trouvent augmentées, le nombre de leurs traversées augmente aussi dans un temps donné; de telle sorte que, pour les armateurs, le résultat final reste à peu près le même. Ces navires rapides, auxquels on donne le nom de *clippers*, sont très-recherchés par les voyageurs, pour lesquels l'économie du temps est la plus précieuse des économies.

La Compagnie Orientale de construction maritime des Royaumes-Unis faisant construire en ce moment, près de Londres, un navire bois et fer d'une dimension colossale, puisqu'il ne contiendra pas moins de 23,000 tonneaux, et que sa machine à vapeur représentera une force de 2,600 chevaux, a exposé le modèle de cette œuvre phénoménale. Nous la signalons ici comme grandeur et originalité de conception, attendant pour juger la pratique que l'expérience prononce. Quoi penser, en effet, avant de le voir sur les eaux, d'un bâtiment immense, véritable ville flottante, qui sera trois fois plus vaste qu'un vaisseau de ligne ordinaire? Par la construction d'un semblable navire, on veut appliquer, sur une vaste échelle, un des principes les mieux établis de l'architecture navale. L'accroissement des bâtiments de mer dans leurs dimensions, a pour conséquence d'obtenir une résistance proportionnément moindre de la part des vagues et des vents, et, par suite, d'opérer de notables économies sur les sources de la vapeur et sur la durée de la navigation. « Dans le cas particulier, dit le narrateur des visites du Prince, déjà cité, un autre résultat a été recherché. Jusqu'à présent, les communications régulières entre l'Angleterre et les colonies australiennes n'ont point réussi, par l'obligation, pour les navires à vapeur, de se détourner de leur route et de relâcher en une foule de points, afin de remplacer le charbon consommé. Le bâtiment de M. Scott-Russel (c'est le nom du constructeur) ne sera pas soumis à cette fâcheuse sujétion. Son immense capacité lui permettra d'emporter avec lui, au départ des Royaumes-Unis, tout le combustible nécessaire à la traversée d'Australie. On compte, par ce moyen, réduire de près de moitié la durée du voyage. L'avenir nous apprendra si les combinaisons techniques et commerciales sur lesquelles repose cette œuvre gigantesque, ont tenu un compte suffisant de l'imprévu, dont le rôle est grand dans les questions maritimes. Si le succès couronne les efforts de la Compagnie Orientale et de ses ingénieurs, leur exemple ne pourra manquer d'être suivi sinon dépassé. De là surgiront sans doute de grands progrès dans l'industrie des transports par mer; mais ces progrès seront achetés par un bouleversement complet dans l'économie et la distribution des ports maritimes. Ces derniers, dans leur état actuel, sont presque tous impuissants à recevoir les colosses appelés désormais à sillonner l'Océan. »

Si du fusil double rubané, à capsules, qui se charge par la culasse, c'est-à-dire la merveille du genre, nous descendons jusqu'à la flèche empennée du sauvage; si du navire bois-fer, nous descendons à la pirogue des Iroquois, faite d'un tronc d'arbre grossièrement évidé, nous touchons aux limites extrêmes de l'art, nous plaçons trois mille ans entre le présent et le passé, et nous pouvons, avec les modèles multiples qu'ont fournis, dans l'art militaire et dans la marine, les deux Expositions universelles de Londres et de Paris, concevoir une juste idée des phases diverses que l'imagination humaine a parcourues. Un spirituel écrivain, M. H. Rigault, rendant compte (*Débats* du 6 novembre 1855) du bazar des sauvages, introduisait un Natchez, supposé arrière-petit-fils du célèbre Chactas, au milieu de ces pompes de la civilisation moderne, et se prenait à regretter, non sans quelque raison, les progrès d'un art meurtrier qui écraserait à la fois une tribu, et ruinerait en quelques jours une ville tout entière. « Vous voyez, dit M. Rigault au Samagore, en lui montrant une carabine de luxe, vrai chef-d'œuvre d'élégance et de précision, vous voyez ce petit tube d'acier, monté sur un bois poli, doux au toucher comme du satin et ciselé comme une châsse. Vous coulez dans ce canon charmant un lingot de plomb conique, gros comme les boules de gomme qui guérissent le rhume, et il faut que vous soyez un tireur de septième force, tout au plus, si vous ne tuez pas roide votre homme à une demi-lieue. Avouez qu'il y a du plaisir à jouer avec un bijou comme celui-là. A côté, voici un pistolet à douze coups : en un tour de main, il abat un peloton. Que sera-ce quand on aura adapté aux canons de fusil de tous nos soldats ces excellents tubes incendiaires qu'un philanthrope vient d'inventer, et qui vomissent une centaine de décharges consécutives sans se fatiguer? En un clin d'œil, on supprimera un bataillon. Voilà qui laisse bien loin vos petits morceaux de bois pointus ornés de plumes, bons tout au plus à transpercer des perruches au sommet de vos cocotiers. « J'aime vos armes de guerre, répondit le sauvage, parce que, à mes yeux, ce sont des armes de paix. Faites un petit progrès encore ; inventez un engin capable d'exterminer, en une minute, toute une armée : la guerre ne sera plus possible. Je recommande cette découverte aux méditations des armuriers français. » Poursuivez la comparaison; appliquez à la marine transatlantique, aux expéditions lointaines que la soif de l'or inspire, le noble dédain du sauvage pour des choses qui ne rendent l'homme ni plus heureux ni meilleur, et vous arriverez à vous demander si la pirogue, qui ne peut que longer une côte, traverser un détroit, descendre ou remonter un fleuve, ne réaliserait pas les besoins les plus réels de la navigation. Certes, en agrandissant la sphère des idées, en donnant l'essor aux ambitions extravagantes, la découverte du Nouveau-Monde n'a point rendu le monde ancien plus prospère, et elle a gâté, dénaturé, anéanti des races inoffensives qui méritaient une place sous le soleil.

L'Empereur, comme chef de l'État, devant à toutes les industries utiles le même degré d'attention, sans laisser percer la moindre préférence, ne pouvait, en faveur de la XIIIe Classe, sortir de ses habitudes gouvernementales. Plus il lui était arrivé d'étudier l'art de la guerre, d'observer les effets du tir et d'imaginer des combinaisons nouvelles, plus il devait s'imposer l'obligation de ne voir ici qu'une des branches de l'arbre encyclopédique dont les rameaux s'étendaient à l'infini autour de lui. S. A. I. le prince Napoléon, plus à l'aise que l'Empereur, ne craignit pas de manifester ses sympathies et d'accorder aux dix sections dont se composait la XIIIe Classe une attention et un temps proportionnément plus grands qu'ailleurs. Il fut accompagné par MM. Thibaudeau, secrétaire général de la Commission impériale; Le Play, commissaire général; de Chancourtois, commissaire adjoint; Blaise (des Vosges); Tresca, sous-directeur du Conservatoire; Trélat, ingénieur, chargé du classement et du fonctionnement des machines; de MM. l'amiral Le Prédour, membre du Conseil d'amirauté; Nesmes-Desmarest, colonel d'état-major; Auch, directeur de l'École d'application du génie maritime; Collignon (A.-H.), capitaine d'artillerie de l'armée belge, et de MM. les commissaires étrangers Brandstrom (Suède), de Viebahn (Prusse), de Wattemare (États-Unis), Guerrero (Espagne) et d'Avila (Portugal). Cette partie de la pérégrination première à travers l'Exposition universelle devait offrir le plus haut intérêt, car S. A. I. venait de voir en Orient, à Marseille, à Toulon, en Angleterre, presque tous les navires dont la galerie qu'il visitait ne lui offrait que les modèles; il avait assisté aux essais comparés de différentes armes à feu sur l'emploi desquels les hommes spéciaux ne sont pas encore bien fixés, et en examinant avec les représentants de divers États, en causant avec les fabricants, il résumait quantité de données utiles. Étonné des connaissances spéciales que le prince avait acquises sur toutes les branches de l'Exposition, et notamment sur celles de la guerre, l'Empereur lui disait un jour qu'il en était le livret vivant.

Afin de rendre plus manifeste, aux yeux de tous, les merveilles d'un art qui constitue la dernière raison des rois, *ultima ratio regum*, sentence qu'on voit gravée sur les canons de l'armée prussienne, les Commissaires avaient fait élever, le long de la grande nef du Palais de l'Exposition, trois énormes trophées; deux pour la France, un pour l'Angleterre. Ce dernier trophée se composait principalement d'objets de marine, de câbles, d'ancres, d'instruments d'abordage, d'armes spéciales et de canons en fonte. Les deux autres trophées représentaient la marine et l'armée de terre. Le trophée de l'armée de terre avait pour fût de colonne des canons (modèle Napoléon III), des fusils de rempart et de munition; pour corniches des sabres, des pistolets; pour couronnement un pendule balistique. Le trophée de la marine, avec ses grosses pièces en fonte, avec ses grappins suspendus en forme de lustre, offrait beaucoup de variété. Le dessin de l'un et de l'autre, dû à MM. Morel-Fatio et Penguilly-Lharidon, faisait honneur à leur goût artistique.

Divers instruments de marine nouveaux, tels que le *vélocimètre*, des modèles d'instruments anciens perfectionnés, des cartes, des plans au milieu desquels brillait comme une pierre précieuse *le Pilote-Français* de Beautemps-Beaupré, continué par le contre-amiral Mathieu, formaient le complément de cette Exposition spéciale qui échappe aux appréciations vulgaires, et devant laquelle nous déclinons humblement notre incompétence.

REVUE DES PRINCIPAUX OBJETS

EXPOSES DANS LA TREIZIÈME CLASSE

MARINE.

LE MINISTÈRE DE LA MARINE ET DES COLONIES (France).

Les établissements de l'État dépendants du Ministère de la Marine avaient envoyé à l'Exposition universelle les objets ci-après :

Cherbourg. Câble et hauban de vaisseau de premier rang.

Le Canot impérial.

Machine à comprimer les gournables, avec un certain nombre de gournables comprimées et non comprimées.

Appareil distillatoire exécuté pour l'*Austerlitz*.

Modèle de l'hélice Sollier, à l'échelle de 1/5.

Brest. Machine à percer les feuilles à doublage, de M. le sous-ingénieur Courrejaisse, avec quelques feuilles à doublage destinées à être percées.

Métier à filer, de M. l'ingénieur Chédeville.

Trois ou quatre courbes de fer à nervures et dévoyées.

Modèle, au 1/5, représentant l'installation d'un cabestan de vaisseau de premier rang, avec une couronne Barbotin, un câble-chaîne passant dans le linguet Legoff et portant une ancre à son extrémité.

Modèle du matériel d'artillerie navale commandé à Brest pour l'École d'application de Metz.

La Villeneuve. Barre d'acier carrée, de 120 millimètres.

Barre d'acier plate, de 90 millimètres sur 130 millimètres.

Lorient. Machine à drisses, de M. Ruech, avec les matières nécessaires pour la faire fonctionner pendant 60 heures.

Couteau-pistolet de l'invention du maître armurier Capuel.

Cercle de bout-dehors, emmanché à l'extrémité d'un morceau de bois figurant une vergue.

Rochefort. Modèle, à l'échelle de 1/40, de l'appareil de lancement du vaisseau l'*Ulm*.

Toulon. Modèle de la machine de l'*Algésiras*.

Modèle, à l'échelle de 1/5, représentant un mortier à plaques, installé sur les bombardes.

Indret. Modèle en bois des machines du *Napoléon*.

Hélice en bronze du système de M. l'ingénieur Mangin, destinée à un des vaisseaux de 900 chevaux.

Guérigny. Ancre de bossoir pour vaisseau de premier rang, garnie de son organeau auquel sera attaché un bout de chaîne de 56 millimètres avec émerillon.

Deux grappins pour figurer à côté.

Émerillon d'affourche pour une chaîne de 56 millimètres; étalingure mobile; émerillon d'échappement.

Poulie de capon.

Chape de guinderesse pour vaisseau de premier rang, avec son rouet.

Ruelle. Obusier de 27 centimètres monté sur un affût à échantignolles.

Obusier de 22 centimètres monté sur affût de côte en fonte.

Mortier-éprouvette avec ses globes.

Deux canons obusiers de 12 centimètres en bronze, moulés en sable; l'un tel qu'il sort du moule, mais décapité, l'autre entièrement terminé.

On le voit par cette brillante énumération, le Ministère de la Marine et des Colonies offrait aux appréciations compétentes un véritable spécimen de tout ce qui peut constituer l'existence des vaisseaux, depuis la construction jusqu'à l'armement, depuis les matières presque brutes encore, jusqu'aux apparaux les plus perfectionnés. Cette magnifique collection représentait réellement tous les nouveaux progrès de l'art naval en France; elle prouvait que dans ses développements matériels comme dans sa valeur morale, notre marine a pris sa place de front avec les premières marines du monde; elle était digne enfin d'une des plus importantes administrations d'un État arrivé à son apogée de gloire et de puissance. Mais c'est surtout dans la voie féconde des grandes constructions navales à hélice que notre marine occupait la place d'honneur : *Le Napoléon*, *l'Algésiras*, *l'Impérial*, et leurs propulseurs, ont fait voir, dans leurs diminutifs, les qualités qui les mettent à la tête des bâtiments de guerre à grande vitesse.

Signalons maintenant, parmi les produits remarquables exposés par le Ministère de la Marine et des Colonies, ceux qui sont tout à fait hors ligne, comme innovation ou comme exécution; nous indiquerons aussi de quels établissements de l'État ils sont sortis, et nous trouverons peut-être en même temps quelque argument sans réplique aux controverses menaçantes pour leur conservation, que plusieurs de ces créations gouvernementales ont suscitées.

A l'usine d'Indret est due la construction de la gigantesque machine du *Napoléon*, qui après quelques modifications, conséquences d'un premier essai de machine de 960 chevaux, arrive maintenant à un degré si remarquable de perfection. Pendant vingt ans, l'existence d'Indret a été sérieusement menacée; mais la création de la puissante machine précitée, puis les exigences de la transformation des bâtiments à voiles en bâtiments à vapeur, ont dessillé les yeux de l'administration. Définitivement acquis à la marine de France, Indret a pris dès lors un tel développement, qu'il est maintenant le premier établissement de ce genre sur le continent.

Le canon de 50 et l'obusier de 22 centimètres indiqués comme provenant de la fonderie de Ruelle sont les plus fortes pièces qu'on ait fabriquées jusqu'à présent pour la marine. On sait la puissance et la portée de ces bouches à feu et les services que la grosse artillerie des vaisseaux a rendus à Sébastopol. Les canonnières et les batteries flottantes employées contre Sweaborg et Kinburn étaient armées d'un certain nombre de canons de 50, et on a pu s'assurer, dans ce dernier fort, de l'effet destructeur des boulets qu'ils lancent. Au reste, ils ne sont pas encore la dernière expression du progrès en ce genre. On a imaginé d'appliquer au canon le système de rayure déjà usité pour les armes portatives. Ruelle a fondu un certain nombre de ces canons rayés qui diffèrent sensiblement de ceux dits à la Lancastre, et une série d'expériences est venue prouver qu'ils ont une portée et une justesse de tir qui rivalisent avec ce qui a été fait de mieux dans cette sorte d'artillerie.

On sait d'ailleurs que les fontes de Ruelle ne le cèdent, en qualité, à aucune de celles réputées les plus résistantes; l'établissement de Ruelle ne coule pas seulement des pièces en fonte, il exécute encore des pièces en bronze, semblables à celles fabriquées par le département de la guerre, avec la différence que ces dernières sont moulées en terre.

Les essais de moulage en sable, pour les bouches à feu de bronze, ont eu lieu à Ruelle, sans discontinuer, de 1842 à 1849, et bon nombre de pièces sorties de cette fonderie, à partir de la dernière date, ont été faites par le nouveau procédé. Non-seulement l'économie résultant de la substitution du moulage en sable à celui en terre a été très-considérable en main-d'œuvre, mais de plus, on a pu réduire l'épaisseur de métal qu'exige la pièce pour la tourner et la ciseler.

Il est à regretter que le câble de vaisseau de premier rang, superbe échantillon de la puissance des corderies de nos arsenaux, et que le canot impérial, portés dans la liste de l'exposition qui nous occupe, n'aient pu trouver place parmi les merveilles du Palais de l'Industrie. Un défaut d'entente en a été la cause.

Le modèle de la poupe du vaisseau l'*Austerlitz* représentait une hélice à quatre branches en croix, dont deux branches, à l'aide d'un mécanisme qui se meut à l'intérieur du navire, se replient sur les deux autres, en sorte que l'hélice, lorsqu'il faut la remonter dans son puits, n'offre plus que les dimensions d'un propulseur à deux branches. Cette combinaison a été trouvée par M. Sollier, ingénieur de la marine, pour éviter de donner au puits de l'hélice une dimension exagérée, nuisible à la solidité que réclame surtout l'arrière d'un bâtiment de guerre.

L'hélice en bronze du système de M. l'ingénieur Mangin, a deux paires d'ailes parallèles qui, produisant autant d'effet que si elles étaient à angle droit, permettent de la remonter par un puits de dimensions restreintes. L'hélice exposée était destinée au vaisseau l'*Impérial* de 90 canons, sur lequel on a pu réduire de moitié la largeur du puits du propulseur sans aucun mécanisme additionnel.

Nous ne parlerons que pour mémoire, leur réservant plus loin un paragraphe spécial, de l'ancre à pattes fixes de 4,500 kilog., du câble-chaîne, des grappins, des émerillons, etc., que l'usine de Guérigny avait fournis à l'Exposition du Ministère de la Marine. L'inimitable perfection de tous ces produits est la plus victorieuse preuve de l'utilité d'un établissement spécial en ce genre de travaux.

Entre les machines exposées ayant fourni aux besoins de nos arsenaux, se faisait remarquer celle à percer les chevilles à doublage, de M. le sous-ingénieur Courbebaisse, qui, en perçant les trous destinés à recevoir ces clous, produit un creux où se noie la tête de la fiche. La carène du navire ainsi doublée, ayant moins de rugosité, offre dans la marche moins de résistance à l'eau, moins de prise aux herbes et aux coquillages.

La machine à filer de M. l'ingénieur de la marine Chédeville, appliquée à la fabrication du fil de caret, méritait aussi de fixer l'attention et pour sa grande économie de temps, et par sa tension égale des brins, donnant au cordage une supériorité évidente sur celui filé à la main.

Mais une machine des plus ingénieuses était celle de M. Reech, pour fabriquer les drisses avec un nombre de fils illimité, leur donner toute l'élasticité désirable, et leur éviter de se tordre et de faire des coques.

Le modèle de l'appareil nouveau de lancement employé pour le vaisseau l'*Ulm* faisait aussi honneur à M. l'ingénieur Sabattier. Par une série de bosses cassantes, d'une construction spéciale, destinées à se briser sous un effort déterminé, et reliées par deux câbles en fer aux deux bouts d'une ceinture entourant l'arrière et les flancs du vaisseau, sa mise à l'eau peut désormais s'effectuer dans la Charente, sans qu'il aille s'envaser de l'arrière sur la rive opposée à la cale, échouage plein d'inconvénients pour les bâtiments à hélice, dont l'étambot est si faible.

Nous arrêterons ici nos appréciations sur l'Exposition du Ministère de la Marine, laissant de côté quelques pièces principales, dont les inventeurs ou les constructeurs figurent parmi les exposants. Ils ont reçu de hautes récompenses du jury, ce qui nous donnera, en temps et lieu, l'occasion de revenir sur leurs productions.

Il nous reste à dire quelques mots du ministère, dans son dédoublement applicable aux colonies: mission attentive, féconde, sérieuse, hérissée de difficultés, puisqu'il a fallu réunir, malgré leur distance de la métropole, tous les produits émanés de nos possessions lointaines.

Indépendamment d'échantillons variés de sucre, café, etc., l'Exposition des Colonies présentait d'importants spécimens d'essais officiels tentés avec succès pour augmenter les ressources de l'exportation. La nécessité de fournir à notre navigation de nouveaux éléments de fret est le principal mobile des mesures que prend le Ministère de la Marine pour donner le plus grand développement possible à des cultures telles que les cotons, les arachides. Depuis 1854, les arachides, ce produit si avantageux comme chargement, fournissent un commerce de 30,000,000 de kilog., exclusivement transportés par bâtiments français. Outre les beaux spécimens des cotons et des arachides exposés, citons encore ceux des huiles de palme, des bois des colonies, etc.

Comme preuve de la réussite du département de la marine dans ses efforts persistants pour augmenter le nombre de nos navires employés aux voyages des colonies, constatons qu'en 1854 l'ensemble de la navigation commerciale des colonies avec la métropole, entre elles et avec l'étranger, par bâtiments français seulement, a employé (*entrée et sortie réunies*) 4,769 navires, jaugeant 667,669 tonneaux et montés par 46,721 hommes d'équipage, indépendamment de 2,313 navires étrangers entrés ou sortis.

La valeur des importations de toutes provenances était de 110,953,656 francs; celle des exportations, de 101,445,362 francs.

Les denrées du crû ou de l'industrie des colonies figurent dans cette somme pour environ 84,000,000 de francs.

Le jury international a voté UNE MENTION POUR MÉMOIRE AU MINISTÈRE DE LA MARINE ET DES COLONIES, en récompense de l'ensemble progressif de ses travaux métallurgiques et autres. Cette mention se confond avec la GRANDE MÉDAILLE D'HONNEUR accordée au dit Ministère, pour la totalité des progrès réalisés par lui depuis plusieurs années.

LE DÉPÔT DES CARTES ET PLANS DE LA MARINE IMPÉRIALE DE FRANCE.

La science hydrographique, dont l'extension et les progrès offrent des garanties toutes spéciales de sécurité à la navigation, n'a pas de plus digne représentant dans le monde que LE DÉPÔT DES CARTES ET PLANS DE LA MARINE IMPÉRIALE DE FRANCE. Les travaux de cette institution sont une des gloires de notre pays; ils ont dû leur essor primitif à un homme illustre trop tôt moissonné par la mort, M. BEAUTEMPS-BEAUPRÉ, le régénérateur sinon le créateur de l'hydrographie, dont les méthodes sont adoptées par toutes les nations maritimes, admirant à juste titre cette œuvre magnifique appelée le *Pilote français*, qui n'a de rivale que la grande carte du dépôt de la guerre.

Le noble zèle des ingénieurs hydrographes du DÉPÔT DE LA MARINE IMPÉRIALE ne s'est pas borné à l'exploration du littoral français, il s'est attaché au monde entier, dont il a reconnu une grande étendue de côtes, sans reculer ni devant les distances, ni devant les climats. Pour bien se rendre compte des difficultés vaincues, il faut considérer que le terrain à explorer par l'ingénieur hydrographe se trouve toujours sous l'eau, quelquefois à de grandes profondeurs.

Néanmoins, malgré les intempéries, malgré les dangers d'une navigation dans de frêles embarcations sans cesse au milieu des rochers, parfois sous le feu de l'ennemi, il n'est pas un point du lit des mers visitées par nos ingénieurs et nos officiers de marine, qui ne soit connu et décrit. Les côtes de France particulièrement, avec leurs écueils si formidables, leurs courants si dangereux et si capricieux occasionnés par les marées, ont été *photographiées*, pour ainsi dire, du rivage jusqu'à la plus légère irrégularité du fond de la mer.

On lit dans le rapport officiel :

« M. le contre-amiral MATHIEU, directeur actuel du DÉPÔT, continue l'œuvre de M. Beautemps-Beaupré, et sa persévérante activité enrichit journellement nos neptunes de cartes, à l'exactitude desquelles s'attache la garantie du corps d'élite qui les trace. »

Le Jury international a voté la GRANDE MÉDAILLE D'HONNEUR au DÉPÔT DES CARTES ET PLANS DE LA MARINE IMPÉRIALE, pour l'ensemble de ses remarquables travaux.

M. DUPUY DE LOME, INGÉNIEUR DE LA MARINE (FRANCE).

Le vaisseau *le Napoléon*, qui a ouvert au monde la voie des constructions de guerre de premier ordre à grande vitesse, a été conçu et exécuté par M. DUPUY DE LÔME. S'aidant des remarquables travaux de MM. Moll et Bourgois sur les propriétés de l'hélice, ce hardi et profond ingénieur, triomphant autant des difficultés matérielles que des préjugés erronés, est parvenu, tout en maintenant l'organisation militaire et maritime, à donner au *Napoléon* une vitesse que n'avaient point atteinte jusqu'ici les bâtiments de guerre à hélice, celle de 13 nœuds 2/10, qu'il a parcourus lorsque, pour son premier service, il conduisit l'Empereur, alors président de la république, de Marseille à Toulon. Le vaisseau *l'Algésiras*, construit sur le plan du *Napoléon*, et muni d'une machine de même puissance mais d'un nouveau modèle, machine également exécutée au port de Toulon par M. DUPUY DE LÔME, a donné les mêmes résultats de vitesse, avec une grande économie de combustible et avec moins de poids et d'espace consacrés à l'appareil moteur.

L'honneur d'avoir créé le premier type de ces puissantes machines de guerre qui, en si peu d'années, ont transformé la science maritime, appartient donc tout entier à M. DUPUY DE LÔME; de plus, il a pressenti la puissance de l'hélice alors qu'elle ne faisait encore dans la marine qu'une apparition timide Pour reconnaître de tels services, le Jury lui a décerné la GRANDE MÉDAILLE D'HONNEUR.

M. ARMAN (LUCIEN), A BORDEAUX (FRANCE).

M. LUCIEN ARMAN, constructeur de navires à Bordeaux, exposait des modèles de constructions mixtes en bois et en fer dont il est l'inventeur.

Certes, l'invention d'un système de construction navale réunissant au suprême degré l'économie et la solidité, doit donner à son créateur une suprématie incontestable : M. LUCIEN ARMAN peut revendiquer hautement cette supériorité honorable entre toutes, puisqu'elle a pour résultat d'augmenter la prospérité d'une branche principale de l'industrie nationale.

Rien ne saurait mieux résumer les immenses services rendus à la navigation par M. LUCIEN ARMAN que les lignes suivantes, extraites du rapport de M. de la Roncière sur la partie de la XIIIᵉ Classe de l'Exposition comprenant l'art naval :

«Le rang très-élevé que M. ARMAN occupe parmi les constructeurs français a donc été conquis par lui, parce qu'il a imaginé un excellent système de construction mixte en bois et en fer, d'après lequel il avait déjà exécuté ou mis sur les chantiers, à l'époque de l'Exposition universelle, trente-trois bâtiments ne jaugeant pas moins de 25,000 tonneaux, et de ce nombre les deux corvettes-transports de l'État *la Gironde* et *la Dordogne*. *La Mégère*, corvette de guerre à hélice, a été construite à Rochefort selon le système de M. ARMAN. C'est un des bâtiments qui ont rendu les services les plus actifs et les plus utiles dans la mer Noire, et des qualités duquel M. le capitaine de frégate Devoulx, qui le commandait, n'a cessé de rendre le meilleur compte.

« Frappé d'une part de la rareté croissante des bois de construction et de l'augmentation de leur prix, d'autre part des inconvénients bien constatés aujourd'hui des bâtiments tout en fer, M. ARMAN a su conserver à la construction en fer ses avantages de solidité et de durée, et enlever en même temps à ce genre de construction les inconvénients qu'il avait présentés dans la pratique.

« Dans son système, la carlingue, les membrures et les liaisons horizontales sont en fer; entre les membrures en fer sont intercalées des membrures en bois beaucoup plus légères que celles employées dans les constructions ordinaires et destinées à recevoir le bordage. Des porques diagonales complètent les liaisons. On peut ainsi laisser tout le navire à découvert; le vaigrage n'est pas nécessaire, et dans le cas d'une voie d'eau, on peut instantanément y porter remède.

« M. Arman construit des bâtiments à vapeur et des bâtiments à voiles. Il s'attache à donner aux derniers la forme de clippers, et dans ce genre de constructions M. Arman a pris la tête des constructeurs français. Il donne à la longueur de cette sorte de navire environ cinq fois la largeur, et ses avants sont encore plus effilés peut-être que ceux des clippers américains ou canadiens.

« *Le Laromiguière*, vapeur de commerce que tout le monde a pu voir à Paris, a été construit par M. Arman. Il a fait une navigation active dans le Levant ; il s'est échoué près de Gallipoli, sur des rochers où tout autre navire eût été infailliblement mis en pièces, tandis qu'il a résisté aux efforts des vagues et a pu être réparé.

« Plusieurs constructeurs n'ont pas tardé à adopter le système mixte de M. Arman, en y introduisant quelques modifications, et se sont fait aussi représenter à l'Exposition ; mais l'idée première et l'exécution première appartiennent à l'honorable constructeur de Bordeaux, auquel, dans ce grand port, la notoriété publique accorde le premier rang, non-seulement pour ses entreprises hardies, mais encore pour l'organisation philanthropique qu'il a donnée à ses ateliers. »

On le voit, la marine militaire et la marine marchande sont venues consacrer, par leurs commandes multipliées, le mérite hors ligne de l'inventeur qui a résolu le problème, jusqu'alors insoluble, contenu dans ces trois mots : *Économie, solidité, vitesse.*

Quand l'étranger, par l'invention des clippers, menaçait de donner une infériorité relative à la France pour la navigation à voiles, M. Arman, grâce à ses constructions novatrices, a maintenu notre pays à la hauteur, si ce n'est à la tête, des premières nations maritimes du monde. Ajoutons enfin que si jamais direction de travaux employant un nombreux personnel fut utile, bienfaisante et moralisatrice pour la classe ouvrière, c'est celle de l'honorable constructeur bordelais. Le Jury international a voté à M. Lucien Arman la grande médaille d'honneur.

COMPAGNIE DES SERVICES MARITIMES DES MESSAGERIES IMPÉRIALES (France).

Cette compagnie, habilement dirigée par M. Armand Béhic, entre en première ligne pour la construction navale et pour l'entreprise des transports par mer. Dans l'exploitation du service postal de la Méditerranée, où elle a succédé à l'État, son intervention a été pour le commerce un bienfait, pour le gouvernement un secours, et pour l'industrie maritime un encouragement et un exemple. Les faits seront les meilleures preuves de la puissance d'organisation et de l'intelligence des agents de la compagnie, ils établiront qu'elle a été toujours prête pour les développements les plus considérables et les moins prévus.

En commençant son service, elle avait 16 vieux paquebots, cédés par l'État, représentant 2,980 chevaux ; en 1855, elle possédait 46 paquebots représentant 10,100 chevaux, sans compter plusieurs navires affrétés. Son personnel marin, de 626 hommes en 1851, était monté, en juin 1855, à 2,292 hommes. Pendant la dernière guerre, la compagnie a transporté, aller ou retour, 130,000 hommes et 19,000 tonneaux au compte de l'État. Malgré sa préférence absolue pour ce dernier, le nombre de ses passagers civils était, en 1854, de 43,000 ; celui de ses frets de marchandises, de 18,000 tonneaux, soit à peu près le double de ses transports en 1852. Ajoutons que, malgré la guerre, la compagnie a maintenu ou plutôt abaissé ses tarifs. Elle possède aussi un arsenal complet représenté par ses établissements de Marseille et de la Ciotat. Son usine de la Ciotat emploie de 15 à 1,600 ouvriers et vaut 1,800,000 fr. non compris les approvisionnements, évalués à plus de 2,000,000 de fr. Enfin le nombreux personnel de la Ciotat est entouré des institutions les plus favorables à la classe ouvrière. En résumé, la Compagnie des Services maritimes des Messageries impériales a fait un pas de géant dans l'industrie des transports maritimes ; elle s'est posée, dès l'abord, comme rivale de l'ancienne compagnie péninsulaire et orientale et du Lloyd autrichien. Le jury lui a décerné la médaille d'honneur.

MM. MERLIÉ, LEFÉVRE et Cⁱᵉ, au Havre (France.)

Les plus importantes fournitures en cordages sont faites à la marine de l'État et à celle du commerce par MM. Merlié, Lefévre et Cⁱᵉ, sous la raison de *Corderie havraise*. Leur établissement a d'abord affranchi le Havre du monopole de Bordeaux, Bayonne, Nantes et de la Russie, qui approvisionnaient jadis ce port de tous ses cordages. Maintenant la *Corderie havraise* fournit les gréements des navires d'un grand nombre de ports étrangers : en 1854, elle a livré à l'État 500,000 kilogrammes de cordages, indépendamment de 600,000 livrés au commerce; elle occupe de 170 à 180 ouvriers, possède deux machines à vapeur de 15 à 20 chevaux, et produit journellement 1,700 à 1,800 kilogrammes de fil de caret de 6 à 8 millimètres. MM. Merlié et Lefévre, outre la simplicité et l'économie de leur fabrication toute mécanique, sauf le peignage, ont su y introduire de nombreux perfectionnements, tels qu'un système de chaudière à vapeur pour le goudronnage des fils, une machine pour l'enroulement des fils sur le bobinoir, des tourets mécaniques, une machine à commettre de gros cordages, etc. On remarquait surtout, dans leur exposition, une pièce de gros filin dont l'intérieur des torons est en fil de caret ordinaire, et l'extérieur recouvert en ligne. Cette combinaison nouvelle donne une égalité de force à chaque fil de cordage, et le garantit mieux des frottements et du rayage. Le jury a voté à MM. Merlié, Lefévre et Cⁱᵉ, la médaille d'honneur.

M. MOLL, a Indret (France).

Ingénieur de la marine et sous-directeur de l'usine d'Indret, M. Moll a construit la machine du vaisseau à hélice conçu par M. Dupuy de Lôme, *le Napoléon*, de 960 chevaux; c'est la première machine de cette puissance. Cet habile ingénieur a été le précieux collaborateur de M. Bourgois dans ses études ardues sur l'hélice faites à bord du *Pélican*. Il a partagé avec lui et M. Dupuy de Lôme le prix extraordinaire de l'Institut pour la navigation à vapeur. Médaille de première classe.

M. BOURGOIS, capitaine de frégate (France.)

Les importants travaux de cet officier étaient représentés à l'Exposition, car il s'est livré des premiers aux expériences les plus approfondies sur les propriétés de l'hélice, et ses études ont puissamment aidé M. Dupuy de Lôme dans la création du *Napoléon*. M. Bourgois a ouvert la voie aux tentatives de M. Bourne en Angleterre, de M. Éricson en Suède, à propos du nouveau propulseur. Il a publié un Mémoire très-intéressant sur le développement de la navigation à vapeur en Angleterre. Médaille de première classe.

M. PARIS, capitaine de vaisseau (France).

M. Paris a apporté, dans l'usage des machines à vapeur à bord des bâtiments, une série de perfectionnements pratiques qui ont rendu facile et uniforme le travail des mécaniciens. Ce courageux champion de la science a perdu un bras dans l'une des expériences sans nombre qu'il a faites sur les machines en mouvement. Médaille de première classe.

M. BARBOTIN, CAPITAINE DE VAISSEAU (France).

L'Exposition du ministère de la marine présentait un modèle du cabestan à couronne de cet officier supérieur, applicable à un vaisseau de premier rang. L'invention de M. BARBOTIN, devenue d'un usage universel, a rendu à la navigation un de ces services pratiques qui sont appréciés de tous : elle consiste dans une couronne en fonte, établie à la partie inférieure du cabestan, sur laquelle sont des empreintes en creux de la forme de chaque maillon du câble-chaîne qui, lorsqu'on lève l'ancre, s'enroule autour de cette couronne. Les maillons entrent dans les empreintes, et lorsqu'on vire au cabestan, l'effort se fait directement sur la chaîne. Par ce système, l'emploi compliqué d'un tournevire et les risques du choquage sont évités. MÉDAILLE DE PREMIÈRE CLASSE.

M. LEGOFF, CAPITAINE DE FRÉGATE (France).

Le cabestan Barbotin exposé par le ministère de la marine était muni du linguet qui le complète et qui sert à arrêter à volonté les chaînes de mouillage, à maîtriser complétement leurs mouvements, jadis si effrayants et si dangereux. Cet appareil, appelé *stoppeur*, simple et peu volumineux, ne demande qu'un seul homme pour le manœuvrer, au moyen d'un levier; il est dû au commandant LEGOFF, malheureusement décédé avant que le jury ait pu lui décerner, comme récompense d'un mérite aussi modeste que sérieux, LA MÉDAILLE DE PREMIÈRE CLASSE.

M. SOCHET, INGÉNIEUR DE LA MARINE (France).

L'appareil distillatoire de M. SOCHET montrait à l'Exposition universelle un de ces perfectionnements qui ne font rien moins qu'une révolution dans l'art naval. Cette invention résume le problème de rendre l'eau de mer potable; elle permet de restreindre la provision d'eau d'un bâtiment, et de gagner ainsi un espace considérable dans sa cale pour y placer des machines à vapeur et le combustible nécessaire à leur alimentation. L'appareil distillatoire de M. SOCHET a la priorité sur toutes les autres conceptions analogues. MÉDAILLE DE PREMIÈRE CLASSE.

USINE DE GUÉRIGNY (France).

Les forges impériales de la Chaussade, à Guérigny, sont, après l'usine d'Indret, le plus important établissement que possède la marine en dehors de ses arsenaux. Elles fournissaient à l'exposition du ministère, dont elles dépendent, une ancre de la plus grande dimension, vrai chef-d'œuvre du genre comme force et comme fini; un câble-chaîne d'une solidité et d'une régularité de maillons hors ligne, des grappins, des émerillons d'affourche et d'achoppement, des étalingures mobiles, etc., tous travaux des plus perfectionnés et qui prouvent l'habileté de M. Zeni, ingénieur de la marine, comme directeur de cette vaste usine. MÉDAILLE DE PREMIÈRE CLASSE.

M. GUIBERT Fils aîné, A Nantes (France).

M. GUIBERT est un des principaux constructeurs de France, autant pour le nombre que pour la supériorité de ses bâtiments qui, la plupart, sont en fer. En dix-huit ans, il n'a pas construit moins de 180 navires, dont 60 environ à vapeur; 15 de ces derniers et 5 à voiles lui ont été commandés par l'État. Il a eu à la fois, dans ses chantiers, 22 bâtiments de toutes dimensions, comportant jusqu'à 2,000 tonneaux. M. Guibert n'exposait qu'une grande embarcation à hélice. Cette construction élégante porte des mâts qui se rabattent, et dont l'un sert de tuyau; sa machine est placée tout à fait à l'arrière; un rouf occupant son milieu peut abriter une douzaine de personnes. Médaille de première classe.

M. J.-A. PAYERNE, a Cherbourg (France).

L'extension donnée successivement aux travaux hydrauliques fait comprendre, de plus en plus, la nécessité de découvrir des moyens pratiques pour les exécuter sous l'eau et pendant le plus long espace de temps possible. Tel a été le but constant des études de M. le docteur Payerne. A l'aide d'un bateau qu'il a construit et qui fonctionne aujourd'hui à Cherbourg, il a déjà exécuté plusieurs travaux sous-marins. Il exposait le modèle d'un autre bateau-plongeur à hélice, mû par la vapeur et destiné à marcher sur l'eau et sous l'eau. Dans cette nouveauté, il supplée au courant d'air par l'emploi d'un azotate qui contient 50 p. 100 d'oxygène. Médaille de première classe.

MM. LECLERC Frères, a Angers (France).

La maison Leclerc, qui travaille le chanvre sur la plus grande échelle depuis trente-cinq ans, fait à l'État des fournitures considérables. Placée au centre même de la production de ce textile, elle en a décuplé la culture dans les environs d'Angers. Pour prix d'un tel résultat, l'un des chefs de l'association Leclerc a été déjà décoré de la Légion d'honneur.

Les cordages fabriqués par MM. Leclerc frères sont d'autant mieux conditionnés que le chanvre qu'ils emploient est toujours de qualité supérieure. Médaille de première classe.

M. H.-G. DELVIGNE, a Paris (France).

Ancien capitaine d'infanterie, M. Delvigne a consacré son temps et sa fortune aux perfectionnements de l'artillerie et de l'arquebuserie. Il est l'inventeur de la carabine qui a porté longtemps son nom, et le premier promoteur du système de forcement des balles. Le porte-amarre qu'il présentait à l'Exposition universelle est d'un usage excessivement facile et à la portée des plus petits bâtiments de commerce. Il se compose d'une enveloppe très-légère et de la corde, de 7 à 8 millimètres de diamètre, servant à établir le va-et-vient, laquelle, roulée en bobine dans cette enveloppe, constitue le projectile. Il suffit d'un petit canon ou obusier pour le lancer à 3 ou 400 mètres, en fixant seulement près de la pièce l'extrémité de la corde. Ce porte-amarre peut avoir des applications très-nombreuses : établir une communication de sauvetage en cas de naufrage, transmettre des dépêches entre deux navires, prêter secours à un homme tombé à la mer, etc. Médaille de première classe.

M. E.-N. TREMBLAY, a Paris (France).

Le porte-amarre exposé par M. le capitaine d'artillerie de marine Tremblay est plus puissant et plus efficace, en cas de sauvetage, que celui de M. Delvigne; mais comme il se lance à l'aide d'une pièce de guerre, les bâtiments de l'État et les stations à terre de quelque importance peuvent seuls en faire usage. Il consiste dans un grappin en fer, dont la verge est enveloppée d'un bourrelet de bois, et à l'organeau duquel est fixée une chaîne de quelques mètres, où vient s'attacher l'amarre de 13 centimètres de diamètre qu'on veut lancer. Cette amarre est roulée dans une caisse, et elle se dévide à l'appel du grappin projectile, porté à une distance de 3 ou 400 mètres. MÉDAILLE DE PREMIÈRE CLASSE.

M. L.-F.-F. DAVID, au Havre (France).

Une partie importante de l'armement des navires, celle des chaînes de mouillage, doit à M. DAVID d'être devenue nationale. Cet honorable industriel a produit des câbles-chaînes, dont les maillons ont jusqu'à 42 millimètres de diamètre. Il a fourni les ancres de plus de 600 navires du commerce. Il exposait le cabestan dit à *lunette d'escargot*, dont il est l'inventeur et qui obvie au grand inconvénient du choquage et du bossage; il a créé aussi un système de barre et drosses de gouvernail qui rend la manœuvre de la roue facile. Le jury, pour le récompenser de ses utiles travaux, lui a décerné la MÉDAILLE DE PREMIÈRE CLASSE.

M. J.-M. CABIROL, a Paris (France).

L'appareil à plongeur de M. CABIROL offre trois avantages que ne présentent pas les appareils connus jusqu'ici :

1° Un robinet, dit de secours, est adapté au casque du plongeur. Placé à la portée de la bouche, il lui permet de se mettre instantanément en communication avec l'air libre, dès qu'une fois il est remonté à la surface de l'eau. Cet avantage est de la plus grande importance; pour s'en convaincre, on n'a qu'à considérer le temps qu'il faut pour dévisser le casque, afin que le plongeur puisse respirer sans le secours de la pompe et la facilité avec laquelle un accident se déclare dans celle-ci. Dernièrement la Compagnie des paquebots des messageries impériales dans la Méditerranée a vu l'un de ses plongeurs sur le point de périr victime d'un pareil cas. Avec l'appareil CABIROL, le danger d'asphyxie n'existe plus pour ainsi dire.

2° Dans les grandes profondeurs, il arrive quelquefois que le jeu de la pompe qui communique l'air au plongeur vient à faire défaut, soit par accident, soit pour toute autre cause : par exemple, lorsque la pression de l'air n'est plus en rapport avec le poids de l'eau. Alors le plongeur se trouve oppressé à un tel point qu'il se voit absolument forcé à lâcher du lest et à remonter à la surface de l'eau. Pour obvier à cet inconvénient, M. CABIROL a placé dans son appareil une cuirasse intérieure qui préserve le plongeur de toute pression.

3° Il existe enfin, dans cet appareil, un manomètre placé à la pompe et qui indique la pression et la profondeur ainsi que les accidents qui peuvent survenir au tube conducteur.

Dans ces conditions, l'appareil à plongeur se présente comme une invention nouvelle. Les perfectionnements de M. CABIROL ont été constatés, et le jury lui a décerné la MÉDAILLE DE DEUXIÈME CLASSE.

M. PÉCOUL (Adolphe), a Marseille (France).

Le loch-sondeur de M. le capitaine au long cours PÉCOUL est un instrument fort simple et d'un usage facile; il sert à sonder sans arrêter le bâtiment, à prévenir de l'approche de la terre en cas de fausse route, à mesurer le chemin fait par le navire beaucoup plus exactement qu'avec les anciens lochs, et à estimer la vitesse et la direction des courants.

Les nombreux essais faits par différentes commissions, à la tête desquelles prend place celle qui s'est réunie le 13 juillet 1855, à Toulon, par l'ordre du ministre de la marine, ont prouvé que cet appareil peut rendre de grands services à la marine sous le rapport humanitaire, et faire diminuer la proportion effrayante des naufrages par fausse route.

Déjà un grand nombre de navires en sont munis, et S. A. I. le grand-duc Constantin, amiral de Russie, en a fait placer un certain nombre à bord des vaisseaux de la flotte qu'il commande.

Une commission chargée par la Société de statistique de Marseille de l'examen du loch-sondeur rapporte ainsi les résultats de ses expériences :

« On peut avec le loch-sondeur obtenir :

« 1° Le fond perpendiculairement jusqu'à 30 mètres, avec une vitesse quelconque, en employant moins de monde que dans le sondage ordinaire.

« 2° Le fond perpendiculairement jusqu'à 50 mètres, en filant 6 nœuds et n'employant que deux hommes pour le halage à bord.

« 3° Le fond perpendiculairement par 90 à 100 mètres, en n'occupant qu'un seul homme pour haler l'instrument à bord, cette profondeur exigeant d'avoir très-peu de vitesse.

« Que le loch-sondeur employé comme loch mesurant le chemin offre les avantages suivants :

« 1° Donner une estime plus parfaite du chemin en pleine mer, et cela sans employer plus de force ni de temps que par le loch actuel.

« 2° Pouvoir estimer la vitesse et la direction des courants en se servant du loch-sondeur et du loch actuel pour terme de comparaison.

« 3° Prévenir de l'approche de la terre en cas de fausse route, du passage sur un banc non porté sur les cartes et que l'on traverserait la nuit, sans s'en apercevoir avec le loch actuel.

« Enfin, servir à l'atterrage de nuit ou par de fortes brumes, en prévenant à temps pour n'avoir rien à craindre en cas d'erreur dans l'estime ou les observations. »

D'après de pareilles attestations, il est à désirer que le loch-sondeur soit bientôt en usage dans toutes les marines.

M. le capitaine PÉCOUL a reçu du Jury la MÉDAILLE DE DEUXIÈME CLASSE.

MM. R. NAPIER ET FILS, A GLASGOW (ROYAUME-UNI).

Sous le rapport de la construction des navires du commerce, l'Angleterre continue à laisser en arrière les autres nations. M. ROBERT NAPIER est l'un des plus habiles et des plus importants constructeurs anglais. Il n'a que deux rivaux dans sa magnifique industrie : M. Scott Russel, de Milwal, membre du jury international, et par cela même hors de concours, et M. Mare, de Blakwal.

MM. NAPIER exposaient les modèles des principaux navires sortis de leurs chantiers.

Le jury international ayant apprécié, d'après ces modèles, la valeur de leurs nombreuses et puissantes constructions, a décerné à MM. R. NAPIER et FILS la GRANDE MÉDAILLE D'HONNEUR.

INSTITUTION ROYALE ET NATIONALE DE SAUVETAGE (ROYAUME-UNI).

Cette institution, qui a pour mission de préserver la vie des hommes contre les dangers des naufrages, fait le plus grand honneur à la philanthropie généreuse autant qu'élevée et active de son président, le contre-amiral, duc de NORTHUMBERLAND. Elle ne sert à rien moins qu'à garnir toutes les côtes anglaises de moyens perfectionnés de sauvetage. En 1855, elle comptait trente-un ans d'existence, et avait déjà sauvé plus de 9,000 personnes d'une mort certaine. En outre des récompenses pécuniaires s'élevant à 9,000 livres sterling, elle avait distribué 80 médailles d'or et 450 médailles d'argent aux marins courageux qui sont à son service. Ses bateaux de sauvetage, au nombre de 38, sont répartis dans différents ports du Royaume-Uni ; de là ils sont transportés, sur des chariots disposés en conséquence, au point du rivage où ils doivent fonctionner. Ce sont des modèles de ces bateaux ainsi équipés qu'exposait l'INSTITUTION ROYALE. Presque tous construits d'après le système Beeching, modifié par M. Peake, ils ont de 9 à 10 mètres de long sur 2 mètres 40 de large, et ne calent que 60 centimètres environ; ils sont cependant un peu lourds et doivent être montés par des hommes dressés à leur manœuvre ; une fois chavirés, ils se redressent.

Le jury, prenant en considération le but élevé et la puissance de moyens d'exécution de l'Institution royale et nationale de sauvetage, lui a décerné la médaille de première classe.

M. LE COMTE DE YARBOROUGH, A LONDRES (ROYAUME-UNI).

Les yachts, ces bâtiments qui réunissent la vitesse et l'élégance au confortable, sont le genre de construction navale le plus populaire en Angleterre. Le comte de Yarborough, fils de l'ancien commodore du *Royal yacht club*, qui ne compte pas moins de 180 membres, possédant 104 bateaux, exposait plusieurs excellents modèles de ces yachts, dont son père s'était attaché à étendre l'usage. Médaille de première classe.

MM. CAIRD ET C°, A GREENOCK (ROYAUME-UNI).

M. Caird a contribué, par ses constructions, à donner au bassin de la Clyde une réputation rivale de celle du bassin de la Tamise. Les bâtiments à vapeur sont surtout sa spécialité, il compte parmi les hommes les plus actifs qui peuplent de ces véhicules nautiques les ports de la Grande-Bretagne et ceux de toutes les parties du monde. Médaille de première classe.

MM. SAMUDA Frères, A LONDRES (ROYAUME-UNI).

Les modèles de navires qu'exposaient MM. Samuda frères, prouvent leur hardiesse dans ces constructions et leur habileté. Le jury leur a décerné la médaille de première classe.

MM. G. SEARLE ET FILS, A LONDRES (ROYAUME-UNI).

M. Searle est le principal et le plus renommé constructeur d'embarcations de l'Angleterre. Outre un canot ordinaire de rivière très-élégant de forme, et le modèle de la barque du lord-maire de Londres, il exposait un bateau de course, dit *outreyger*, de 10m 60 de long, 0m 50 de large et 0m 24 de creux, dont chaque aviron a pour point d'appui une armature de fer qui déborde hors de l'embarcation. Médaille de première classe.

M. L.-E. HEINKE, A LONDRES (ROYAUME-UNI).

Si le problème des appareils à plongeur semble aujourd'hui pratiquement résolu, c'est surtout grâce aux perfectionnements introduits par M. Heinke. Le *scaphandre* qu'il exposait, comptait, comme principales améliorations, la possibilité pour le plongeur de revenir à volonté à la surface de l'eau, et le pouvoir de continuer sans danger son immersion, lors même que la rupture d'un verre permettrait à l'eau d'entrer dans l'intérieur de sa cuirasse. Médaille de première classe.

Sir W. SNOW-HARRIS, A LONDRES (ROYAUME-UNI).

M. Harris, membre de la Société royale de Londres, a rendu un grand service à la marine en perfectionnant le système d'installation des paratonnerres à bord des navires. Ce système, où une tringle en cuivre remplace la chaîne ordinaire, évite la précaution qu'il fallait prendre de plonger celle-ci dans la mer à chaque orage; il est d'une utilité de premier ordre et universellement adopté par la marine anglaise. Médaille de première classe.

M. TROTMAN, a Londres (Royaume-Uni).

M. Trotman a perfectionné l'ancre à pattes mobiles inventée par M. Porter, et l'a fait reconnaître supérieure à toutes ses rivales dans les expériences qui ont eu lieu à Sheerness, en 1852, sous l'inspection de l'Amirauté. 6,000 navires sont déjà pourvus de l'ancre Trotman. Médaille de première classe.

M. W. RODGER, a Londres (Royaume-Uni).

Le lieutenant de marine royale Rodger exposait une ancre de la plus grande dimension, aux oreilles peu larges et aux becs très-pointus. Cette ancre a tenu le second rang dans les expériences de Sheerness, et l'Amirauté anglaise l'a adoptée pour ses navires. Médaille de première classe.

MINISTÈRE DE LA MARINE DES ÉTATS-UNIS.

La marine militaire des États-Unis exposait les modèles de deux vaisseaux de 90 canons, *Delaware* et *Nort-Carolina*; de deux frégates de 44, *Savannah* et *Potomac*; de la corvette *Albany*, de 24, et du brick *American*, de 10. Ces modèles, surtout ceux des petits bâtiments, donnaient la mesure de l'incontestable talent des ingénieurs américains en architecture navale. Mais il est à regretter que l'Exposition universelle n'ait pas reçu des spécimens de navires à vapeur de guerre, dont les États-Unis possèdent réellement quelques types très-perfectionnés. Il n'est pas moins regrettable que la marine de commerce de ces États se soit complètement abstenue de concourir, car des reproductions en diminutif du *Great Republic*, du *Sovereing of the Seas*, etc., eussent tenu un rang élevé parmi les exemples de constructions maritimes les plus remarquables et les plus hardies, surtout parmi ces clippeurs, que les Americains ont les premiers vulgarisés, pour la solution du problème de la navigation à voiles à grande vitesse.

La perfection comme formes des créations des arsenaux américains, surtout dans le genre des bâtiments légers, a fait décerner au Ministère de la Marine des États-Unis la médaille de première classe.

M. D. KING, a Albany (États-Unis).

M. King est au premier rang parmi les constructeurs de ces bateaux à vapeur gigantesques qui sillonnent, dans des trajets inconnus en Europe, les immenses fleuves des États-Unis. Il exposait le modèle d'une de ces constructions géantes, l'*American*, destiné à naviguer sur l'Hudson. Ce véritable hôtel flottant n'aurait pas moins de 115 à 120 mètres de long sur 10 à 11 mètres de large; son tirant d'eau, en charge, ne dépasserait pas 1 mètre 40 centimètres, et ses roues mesureraient 12 à 13 mètres de diamètre sur 5 mètres de longueur pour les aubes; il filerait de 16 à 17 milles à l'heure. Comme vitesse, comme aménagement et comme dimension, de pareils navires pourraient servir d'exemple, sans la fréquence des accidents auxquels ils sont sujets, et qui proviennent bien plus encore du manque de surveillance que des imperfections dues à leur rapide construction. Médaille de première classe.

SOCIÉTÉ POUR LA NAVIGATION A VAPEUR DU DANUBE, a Vienne (Autriche).

Après les énormes parcours des bateaux de rivière américains, les plus longues traversées fluviales sont effectuées par les vapeurs en fer de la Société pour la navigation du Danube; ils relient Vienne à Galatz; ils correspondent avec les paquebots de la Compagnie du Lloyd, allant de Galatz à Constantinople. Ces bateaux sont rapides, élégants et munis d'installations très-intéressantes pour les passagers, à en juger par le modèle exposé de l'un d'eux, le *Franz-Joseph*, qui a 65 mètres 50 centimètres de long et 8 mètres de large; il cube en charge 1 mètre 20 centimètres, et peut prendre 60 tonneaux de cargaison. Médaille de première classe.

M. T.-C. LÉE, a Québec (Canada).

Les chantiers de Québec ont presque le monopole de la construction des grands navires de commerce, clippeurs ou autres, et M. Lée, canadien français, est le plus éminent constructeur de Québec : il emploie jusqu'à 700 ouvriers. Le *Marco-Polo*, clippeur dont les moyennes de traversée d'Angleterre en Australie ont été les plus courtes; le *Shooting-Star*, de 1,500 tonneaux, qui, frété par l'administration de la guerre du Royaume-Uni pour le service des transports en Crimée, a opéré, de Plymouth à Malte, le trajet à la voile le plus rapide dont il soit fait mention, sont des créations de M. Lée. Son exposition lui a valu la MÉDAILLE DE PREMIÈRE CLASSE.

M. R.-C. RICKMERS, a Brême (Villes Hanséatiques).

M. Rickmers exposait le modèle de l'*Ida-Ziegeler*, clippeur de 1,200 tonneaux, aux formes très-heureuses, construit en 110 jours. Il est un des principaux constructeurs de Brême, dont le commerce a pris beaucoup d'extension. MÉDAILLE DE DEUXIÈME CLASSE.

M. T. SMIT, a Kinderdyk (Pays-Bas).

De simple matelot de bateau de rivière, M. Smit est devenu un des plus importants et surtout un des plus intelligents constructeurs de son pays. Il exposait des modèles de navires de bonne forme et un système de mâts en fer creux destiné à suppléer à la rareté croissante des bois de mâture. MÉDAILLE DE DEUXIÈME CLASSE.

SOCIÉTÉ JOHN COCKERILL, a Seraing (Belgique).

L'étambot envoyé et exposé par la Société Cockerill est une pièce de forge présentant les plus hautes difficultés d'exécution.

Ses grandes dimensions, son poids considérable, ses formes découpées et contournées exigent non-seulement l'emploi d'appareils puissants, mais surtout le concours d'ouvriers très-habiles et la direction d'un chef ayant une grande expérience et une connaissance complète des travaux des forges.

D'une hauteur totale d'environ 10 mètres, cet étambot, courbé presque à angle droit, se relie à la quille du navire par sa partie inférieure, et enferme, entre ses contours, un espace rectangulaire dans lequel est logé le gouvernail. Il présente deux douilles recevant l'arbre de l'hélice, placée en porte-à-faux complétement à l'arrière du navire et immédiatement derrière le gouvernail.

L'enchevêtrement de l'arbre de l'hélice, du gouvernail et de l'étambot les uns dans les autres, annonce assez la complication de forme et d'ajustement que présente ce dernier et la difficulté d'exécution d'un appareil du poids de 9,000 kilogrammes environ, venu entier de forge. Le Jury de la Ire Classe ayant décerné la GRANDE MÉDAILLE D'HONNEUR à la Société John Cockerill, elle n'est ici citée que pour mémoire.

LE MINISTÈRE DE LA GUERRE, a Paris (France).

Il serait trop long de décrire, en détail, les produits si variés qui ont assuré au Ministère de la Guerre une incontestable supériorité dans la spécialité de l'art militaire à l'Exposition universelle. Les manufactures d'armes, les fonderies, les forges, les poudreries, les arsenaux de construction, les capsuleries de guerre de l'État avaient envoyé au grand concours industriel des nations les spécimens les plus remarquables, les plus perfectionnés ou les plus nouveaux de leur fabrication; aussi, tout naturellement, le peuple belliqueux et intelligent par excellence se trouvait dignement personnifié, en ce qui concerne l'exhibition des moyens matériels de la guerre, par l'administration qui représente et régit officiellement un des côtés les plus saillants du génie français.

Mais c'est surtout par l'artillerie que l'exposition du ministère de la guerre se montrait hors ligne ;

chacun le comprendra en se rappelant nos campagnes d'Afrique, le siége de Rome et notre glorieux triomphe de Sébastopol, éclatants exemples qui ont fait apprécier au monde entier combien le matériel immense de l'artillerie française est heureusement approprié aux destinations variées auxquelles il doit satisfaire.

Au reste, S. M. l'Empereur, par l'invention du canon-obusier et son introduction dans notre système militaire, a considérablement augmenté la puissance de cette arme d'élite sur le champ de bataille, sans lui rien faire perdre de sa mobilité. D'un autre côté, un artilleur français, le général PAIXHANS, a provoqué et dirigé la révolution radicale à laquelle on doit l'emploi, aujourd'hui si répandu, de projectiles creux de gros calibre, tirés dans des bouches à feu allongées. Un autre artilleur français, le général PIOBERT, a fait d'admirables travaux sur la poudre et a donné l'idée de la première machine employée pour la fabrication des capsules en une seule passe. Par une modification raisonnée de la forme des gargousses, il a considérablement augmenté le nombre de coups que peut tirer une bouche à feu sans être dégradée à l'emplacement de la charge. Enfin c'est l'artillerie française qui, après de longues et difficiles études, a déterminé théoriquement et par l'expérience les conditions variées que doivent remplir les armes rayées, sous le rapport de la forme, du nombre, de la largeur, de la profondeur et de l'inclinaison des rayures, comme aussi pour la longueur du canon, la charge de poudre, la forme, le calibre et le poids des projectiles non sphériques.

C'est encore à un artilleur français, au général MORIN, que l'on est redevable de très-curieuses expériences sur les frottements des moteurs hydrauliques. Les travaux de M. le général Morin, en sortant de leur spécialité naturelle, l'art de la guerre, n'en ont pas été moins remarquables, ni moins profitables pour l'industrie.

Près de l'artillerie, le corps du génie prenait place à l'Exposition ; ses travaux n'étaient pas moindres, et répondaient aussi dignement à sa vieille réputation. Il est à peine besoin de rappeler les importants travaux exécutés dans ces derniers temps par le génie. Tout le monde les connaît ; il sait qu'au mérite d'une exécution exemplaire, il a joint une rapidité tout à fait remarquable. Nommons pourtant les fortifications de Paris et de Lyon qui, parmi ces travaux, ont particulièrement excité l'intérêt général.

Enfin le train des équipages a pareillement réalisé des améliorations plus modestes dans leur objet, mais non moins intéressantes, puisqu'il s'agit du transport des blessés et de l'établissement des ambulances. Sous ce point de vue, comme sous tant d'autres, la guerre d'Afrique a été pour nous une école à laquelle nous avons puisé les meilleurs enseignements, ceux de l'expérience même, et l'administration, prévoyante, attentive aux améliorations à réaliser, n'en a point dédaigné une seule.

Le Jury de la XIIIe Classe n'a pu que mentionner, pour mémoire, le MINISTÈRE DE LA GUERRE, puisque déjà, pour l'ensemble de son exposition, on lui avait décerné la GRANDE MÉDAILLE D'HONNEUR.

L'INDUSTRIE ARMURIÈRE DE LA VILLE DE PARIS (France).

L'élite de l'arquebuserie parisienne s'était présentée à l'Exposition universelle, mais tous les armuriers, sans exception, avaient fabriqué, en vue de ce grand concours. La plupart même présentait de merveilleuses sculptures enrichies d'or et de pierreries dans lesquelles l'arme, proprement dite, n'était plus qu'un prétexte ou un accessoire.

« Les produits de l'industrie parisienne, dit le rapport officiel, ont un genre qui leur est propre et sont connus du monde entier ; ils marchent de pair avec ce que l'Angleterre fait de mieux pour le fini des pièces, la beauté des étoffes, l'harmonie du mécanisme, et ils sont livrés à des prix bien inférieurs ; ils défient toute concurrence pour le choix exquis de l'ornementation, la grâce des formes et l'habileté des dessinateurs, graveurs, ciseleurs, sculpteurs qui concourent à leur exécution. »

Pour la perfection de ses produits, au double point de vue du goût artistique et de la qualité, le Jury a décerné à l'INDUSTRIE ARMURIÈRE DE LA VILLE DE PARIS (arquebuserie et armes blanches de luxe) la GRANDE MÉDAILLE D'HONNEUR.

Nous aurions aimé voir l'industrie armurière de la ville de Paris obtenir aussi cette récompense pour des armes d'un prix raisonnable, réunissant à une simplicité de bon goût une grande justesse et une solidité à toute épreuve. Nous passerons donc légèrement sur les expositions particulières des arquebusiers de Paris, remettant à une autre classe le soin de faire ressortir le mérite de nos artistes et de nos ouvriers ciseleurs.

L'INDUSTRIE ARMURIÈRE DE LA VILLE DE LIÉGE (BELGIQUE).

LA GRANDE MÉDAILLE D'HONNEUR a également été décernée à l'INDUSTRIE MANUFACTURIÈRE DE LA VILLE DE LIÉGE, non pas pour le luxe de ses armes, mais pour leur qualité et la quantité qu'elle peut en produire. Ses ressources sont immenses; aussi est-elle à même, en fort peu de temps, de satisfaire aux commandes les plus considérables.

M. L. BERNARD, A Paris (France).

M. BERNARD est connu du monde entier pour la perfection avec laquelle il fabrique les canons de fusil, dits *canons de Paris*. On peut le dire sans exagération, c'est à M. LÉOPOLD BERNARD et à M. ALBERT BERNARD que l'arquebuserie de Paris doit en partie sa haute réputation. Il est impossible d'apporter plus de soins au dressage, au cylindrage et au fini de l'achevage des canons (dont les damas sont toujours de qualité parfaite) que ne le fait M. BERNARD. Il a obtenu du Jury la MÉDAILLE D'HONNEUR, et S. M. l'Empereur l'a nommé chevalier de la Légion d'honneur.

M. LEFAUCHEUX, A Paris (France).

Le nom seul de M. LEFAUCHEUX motiverait la récompense décernée au fils de l'inventeur des premiers fusils se chargeant par la culasse. Ces sortes de fusils sont tombés aujourd'hui dans le domaine public, et tous les armuriers de Paris en fabriquent.

M. LEFAUCHEUX qui, par tradition, y apporte un soin tout particulier, a obtenu la MÉDAILLE D'HONNEUR.

M. GAUVIN, A Paris (France).

M. GAUVIN a un talent hors ligne pour la fabrication des fusils à canons doubles, sculptés et ornementés sans nuire en rien à leur solidité; ses armes sont bien en main, et les chiens des platines ont des formes très-gracieuses.

De beaux pistolets de tir, style renaissance, et un fusil d'une richesse de sculpture extrême, destiné sans doute à une panoplie, ont particulièrement attiré l'attention des visiteurs sur son exposition, qui lui a valu la MÉDAILLE D'HONNEUR.

MM. FALISSE ET TRAPPMANN, A Liége (Belgique).

MM. FALISSE et TRAPPMANN exposaient des armes de guerre, des armes de chasse, des cheminées et des amorces pour fusils et pistolets, enfin des outils pour arquebusiers.

L'exposition des armes de guerre de ces messieurs était fort remarquable, car elle présentait un spécimen des modèles adoptés par les Français, les Russes, les Anglais, les Hollandais, les Belges, les Suisses. Toutes les armes fabriquées dans cette maison sont bien traitées et recommandables sous le rapport du bon marché. MM. FALISSE et TRAPPMANN livrent un excellent fusil double, canons à rubans de fer, pour 40 francs.

Ils fabriquent aussi en grand les capsules de guerre et de chasse. MÉDAILLE D'HONNEUR.

M. LEMILLE J., à LIÉGE (BELGIQUE).

L'exposition de M. LEMILLE comprenait des modèles d'armes de toutes sortes : armes de guerre, armes de troque, armes de chasse, etc.

Il livre aussi à bas prix des armes solidement établies. MÉDAILLE D'HONNEUR.

M. MALHERBE et C°, à LIÉGE (BELGIQUE).

La fabrication de M. MALHERBE est la même que celle de M. Lemille; seulement, il livre encore à meilleur marché que lui : il a des fusils doubles à 30 francs. MÉDAILLE D'HONNEUR.

M. le colonel S. COLT, à HARTFORT (CONNECTICUT), ÉTATS-UNIS.

M. le colonel SAMUEL COLT est l'inventeur des pistolets et carabines à plusieurs coups appelés *revolvers*. Il en exposait différents modèles, les uns comme armes de luxe, ornés de gracieuses ciselures, les autres destinés à l'armée, remarquables surtout par leur simplicité et leur solidité extrême.

On a dit, depuis fort longtemps, qu'il n'y a rien de nouveau sous le soleil. Cette maxime, dont on abuse, n'est ni tout à fait vraie ni tout à fait fausse. Le fait est qu'il n'y a rien d'absolument nouveau en ce monde. Et par exemple, dès le xve siècle, on avait déjà songé aux *revolvers*. Un fusil à mèche, conservé dans la galerie des armures de la Tour de Londres, le prouve.

Cinq ou six autres armes anciennes, conservées également dans des galeries, montrent que l'existence de ce vieux fusil à mèche, tirant quatre coups, n'est pas un fait isolé; mais tout cela n'ôte rien au mérite de M. COLT.

Il n'a eu connaissance de ces essais antiques qu'au moment même où il arrivait à triompher de toutes les difficultés qu'il avait à vaincre; et eût-il emprunté à ces armes d'autrefois l'idée première de son système, il y a si loin de ces imparfaites machines à ses pistolets, que le progrès serait une invention véritable.

On sait ce que c'est qu'un *revolver*. Sous ce nom sont désignées des armes tournantes, pistolets ou cara-

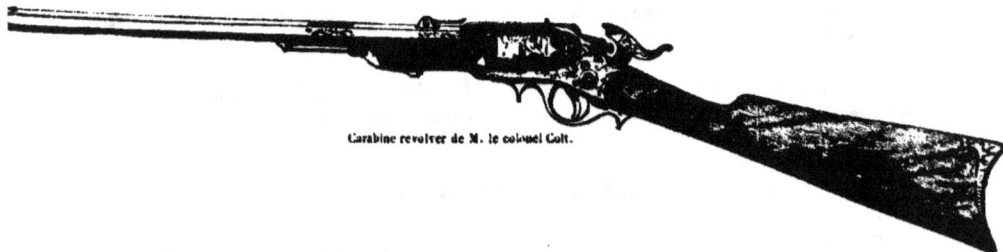

Carabine revolver de M. le colonel Colt.

bines, dans lesquelles on introduit plusieurs charges. Un mouvement de rotation amène successivement chacune d'elles devant la batterie, et plusieurs coups de feu peuvent être ainsi tirés en un instant. Ou bien ces armes se composent d'un certain nombre de canons tournant autour de leur axe; tantôt il n'y a qu'un seul canon, et c'est la culasse, divisée en un certain nombre de chambres, qui se meut de manière à faire coïncider successivement l'ouverture de chaque chambre et l'ouverture du canon commun. Dans le premier cas, l'arme tournante est si lourde que l'usage en est difficile.

Les revolvers du colonel COLT appartiennent au second système.

C'est en 1829 qu'il a commencé à étudier la construction de ces armes utiles; en 1835, il a pris son premier brevet; mais alors il y avait encore dans ses armes de nombreux défauts à corriger. Dix-sept pièces y entraient, ce qui n'était pas la preuve d'une construction simple et commode; elles s'armaient et se tiraient par un même mouvement de pression sur la détente, ce qui en rendait l'usage dangereux, sans compter que l'exactitude du tir y était compromise.

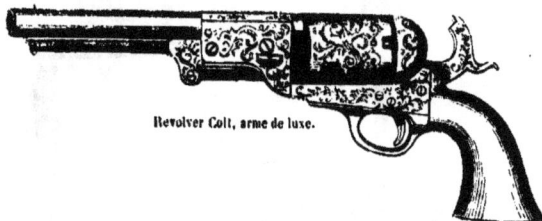

Revolver Colt, arme de luxe.

M. le colonel COLT a rapidement amélioré l'ensemble et les détails; de dix-sept, il a réduit à cinq les parties qui composent les revolvers. Aujourd'hui, dans les ateliers qu'il a établis à Hartfort (Connecticut), cinq cents ouvriers fabriquent par semaine plus de quinze cents armes excellentes.

En Amérique, la main-d'œuvre est coûteuse. Le colonel COLT a eu recours à la force mécanique, qui s'est chargée de préparer la platine, le fût, les montures, le levier et la baguette. L'homme n'arrive que

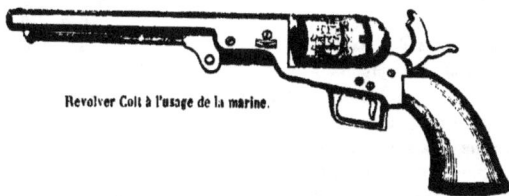

Revolver Colt à l'usage de la marine.

pour surveiller la réunion des pièces, les polir et les orner. De cette façon, tous les *revolvers* de l'Amérique se ressemblent, et rien n'est plus facile, avec des fragments d'armes différentes, que de reconstruire une arme convenable.

Le *revolver Colt*, nous l'avons dit, ne se compose que de cinq parties. La culasse est cylindrique,

Revolver Colt à l'usage de la cavalerie.

creusée en six chambres pour les six charges, et mue circulairement par une roue à rochet à six dents que fait agir un levier attaché à la batterie. On charge l'arme avec la plus grande facilité et très-rapidement, à balles forcées, au moyen d'un levier placé sous le canon et qui sert aussi à maintenir la culasse pendant la chute de la batterie. La batterie elle-même donne le point de mire, et le *revolver* s'arme par le redressement du chien.

Comme l'arme ne peut faire feu que lorsque le canon et l'une des chambres de la culasse se trouvent dans le même axe, et que, pour amener la coïncidence, il faut un mouvement volontaire, toute explosion accidentelle est évitée. De plus, la baguette-levier qui force les balles, ferme si bien les chambres à poudre, que si l'on applique un peu de cire sur les cheminées avant d'y placer les capsules, le revolver pourra demeurer impunément plusieurs heures dans l'eau.

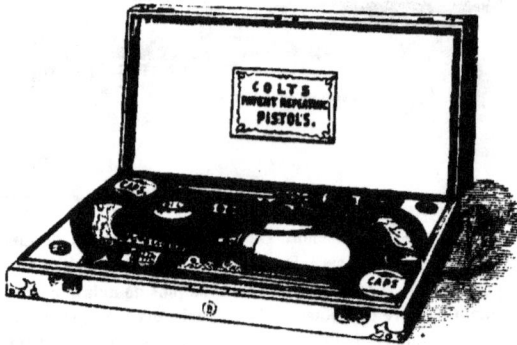

Boîte de pistolets revolvers Colt.

M. le colonel Samuel Colt a doté la carabine des mêmes avantages que le pistolet.

On comprend sans peine l'importance de pareilles armes. Comment ne pas préférer à toute autre celle qui permet de tirer six coups au lieu d'un, qui peut être placée sans crainte à la ceinture ou dans la poche, et dont l'humidité ne diminue en rien la vigueur !

Le revolver est l'arme américaine par excellence, l'arme du voyage et de la lutte. Des expériences faites, par ordre du gouvernement américain, en Angleterre, à Woolwick et dans d'autres ports, ont démontré que le tir en est irréprochable, et il est avéré que nul autre instrument de défense ne peut jouer un rôle aussi utile dans les abordages.

La médaille de première classe a été décernée à M. le colonel Colt.

MM. ANDRÉ FILS et GILLES, à Paris (France) : fusils ordinaires et Lefaucheux. M. André est l'inventeur d'un ingénieux instrument pour déterminer la crosse et la couche qui convient le mieux à l'acheteur. Médaille de première classe.

M. BERNARD ALBERT, à Paris (France) : fabrique, comme M. Léopold Bernard, des canons de fusils dont le mérite est incontestable ; il n'a cependant obtenu que la médaille de première classe.

M. BÉRINGER ROCHATTE, à Paris (France) : ouvrier consciencieux dont les armes sont bien traitées, et qui mérite sa réputation. Médaille de première classe.

M. BRUN, à Paris (France) : jeune arquebusier ayant l'extrême désir de bien faire ; il exposait, entre autres, un très-beau fusil admirablement ciselé. Médaille de première classe.

M. CARON, à Paris (France) : De très-belles armes ornées avec un goût parfait. Médaille de première classe.

M. CLAUDIN, à Paris (France). Divers perfectionnements apportés par cet habile arquebusier aux fusils Lefaucheux justifient sa réputation. Médaille de première classe.

M. DEVISME, à Paris (France), avait suivi l'entraînement général ; il présentait à l'Exposition universelle des armes d'un fini et d'un luxe inouïs, parmi lesquelles on remarquait des pistolets de 10,000 francs et une carabine ciselée par Kleff et sculptée par Fossey; mais il est juste de le dire, ces armes étaient toutes de commande. M. Devisme est, en effet, l'armurier de Paris qui a la plus riche clientèle.

Sa vitrine renfermait aussi de bons fusils, soit ordinaires, soit d'après le système Lefaucheux, dont le mérite de chacune des parties qui les composent lui revenait complétement; il a établi à Batignolles une fabrique de canons, afin d'avoir, par lui-même, l'assurance de l'excellente qualité de ceux qu'il emploie.

Revolver de M. Devisme, à Paris.

M. Devisme est un chercheur, aussi l'arquebuserie lui doit-elle déjà plusieurs inventions et perfectionnements. Le *revolver* auquel il a donné son nom est simple, d'une solidité extrême; c'est une véritable arme de guerre; il est employé en campagne par la plupart des officiers de l'armée. On connaît aussi le succès de ses balles coniques à pointes d'acier. Il vient récemment de les transformer en *balles foudroyantes*. Cette nouvelle balle est de forme cylindrique, longue de 8 centimètres; elle est formée d'un tube en cuivre rempli de poudre et recouvert à sa base d'une couche de plomb sur une longueur d'environ 2 centimètres; sur cette couche de plomb se trouve un relief; les parties saillantes s'adaptent jusque dans les cannelures de la rayure du canon de la carabine à l'aide de laquelle on chasse le projectile. La partie supérieure est un cône en cuivre se vissant dans le tube de la balle. Ce cône est armé d'un piston, à l'extrémité inférieure duquel se trouve placée une capsule ordinaire, laquelle vient s'appuyer sur une traverse en acier qui détermine la percussion par le refoulement du piston. Lorsque le projectile rencontre un corps dans sa course, s'il y pénètre, l'explosion a lieu intérieurement.

Un pareil projectile peut, avec avantage, être employé à la guerre, à la chasse, même à la pêche de la baleine, pour laquelle M. Devisme a établi des carabines capables de lancer des cylindres renfermant une quantité considérable de poudre, et pouvant déterminer la mort des cétacés sans aucun danger pour l'équipage des baleiniers.

Ce sont là de véritables services rendus, qui, en s'accumulant, attireront sûrement à M. Devisme la plus haute des distinctions honorifiques. Médaille de première classe.

M. DELEBOURSE, à Paris (France), exposait un fusil à deux coups partant simultanément, ce qui doit lui assurer la clientèle de tous les chasseurs maladroits. Ses fusils ordinaires sont bien soignés. Médaille de première classe.

M. FLOBERT, à Paris (France), établit de bonnes armes et se livre, d'une manière toute spéciale, à la fabrication des pistolets et des capsules dont, conjointement avec M. Dutillet, il est l'inventeur et qui portent son nom. Dans les capsules Flobert, la balle et la capsule sont réunis en cartouche. Ce système, appliqué d'abord à de très-petits calibres, est employé aujourd'hui avec succès à des calibres de quatorze millimètres. MÉDAILLE DE PREMIÈRE CLASSE.

M. GASTINE-RENETTE, à Paris (France), est l'arquebusier de l'Empereur. Il exposait un magnifique fusil de luxe commandé par S. M. et des armes d'une grande richesse destinées au vice-roi d'Égypte.

M. Gastine-Renette fabrique lui-même ses canons qui jouissent d'une grande réputation. MÉDAILLE DE PREMIÈRE CLASSE.

M. HOUILLIER BLANCHARD, à Paris (France), au moyen du procédé Palmer, double intérieurement ses canons de platine, et prétend les rendre ainsi inoxydables. Même récompense.

M. KAISTLY, à Paris (France), ouvrier hors ligne. Il s'adonne spécialement à la fabrication des carabines de tir pour les amateurs. Le fini de ces armes est tel que, sans le moindre ornement, leur prix varie de 350 à 800 francs. MÉDAILLE DE PREMIÈRE CLASSE.

M. LEPAGE-MOUTIER, à Paris (France). Ancienne maison, ayant toujours joui d'une excellente réputation. MÉDAILLE DE PREMIÈRE CLASSE.

M. PERRIN, à Paris (France). Si M. Perrin a exposé un fusil très-ornementé et très-admiré, c'était son droit; le dessin lui en appartient. Tout à côté, il présentait un fusil en blanc dont il était facile d'apprécier le fini. MÉDAILLE DE PREMIÈRE CLASSE.

M. PIDAULT, à Paris (France), est aussi un chercheur; mais il a le mérite d'exécuter, avec une grande habileté, tout ce qu'il invente. Il a soumis au comité d'artillerie des platines se composant seulement de trois pièces. Il a fait aussi un fusil double se chargeant par la culasse à l'aide d'une cartouche spéciale, etc. MÉDAILLE DE PREMIÈRE CLASSE.

M. PRÉLAT, à Paris (France), exposait des armes traitées avec un soin extrême. On lui est redevable d'un perfectionnement apporté au revolver du colonel Colt, qui permet de garder le chien armé à la volonté du tireur. MÉDAILLE DE PREMIÈRE CLASSE.

M. THOMAS, à Paris (France). La pièce saillante de son exposition était une boîte de pistolets cotée 2,000 francs. Il est l'inventeur d'un système de chargement par la culasse. Même récompense.

M. AURY, à Saint-Étienne (France). Des fusils, d'une bonne fabrication, dans les prix de 60 à 150 fr., méritaient une attention toute particulière à l'exposition de M. Aury. Aussi était-ce justice de lui décerner, comme l'a fait le jury, la MÉDAILLE DE PREMIÈRE CLASSE.

M. BERGER, à Saint-Étienne (France), apporte un grand soin à la fabrication de fusils qu'il livre aux consommateurs dans les prix de 65 à 125 francs. MÉDAILLE DE PREMIÈRE CLASSE.

M. BOITARD, à Saint-Étienne (France). Mêmes motifs, même récompense.

M. REBAUD-MONTILLET, à Saint-Étienne (France). Mêmes motifs, même récompense.

M. COUTURIER-FOURNIER, à Saint-Étienne (France). M. Couturier-Fournier est le Bernard de Saint-Étienne. Ses canons sont très-recherchés et ont l'avantage immense de réunir toutes les exigences de solidité et d'un dressage parfait à un prix très-modéré. MÉDAILLE DE PREMIÈRE CLASSE.

M. J. FLACHAT, à Saint-Étienne (France). Sa fabrication se distingue particulièrement par la grâce des formes. Même récompense.

MM. JAVELLE-MAGAND frères, à Saint-Étienne (France), sont d'excellents canonniers, des ateliers desquels sortent des canons en damas anglais, turc, damas Faraday, etc., tous d'un fini extrême. MÉDAILLE DE PREMIÈRE CLASSE.

M. JAVELLE-MERLEY, à Saint-Étienne (France). Mêmes motifs, même récompense.

MM. PONDEVAUT et JUSSY, à Saint-Étienne (France), fabriquent également des armes de luxe. Leurs fusils, côtés 220, 250 et 270 francs, sont irréprochables. Un fusil en blanc de 80 francs se faisait remarquer dans leur exposition. MÉDAILLE DE PREMIÈRE CLASSE.

M. BRIAND, aux Herbiers, Vendée (France), inventeur d'un système ingénieux pour prévenir les accidents de chasse. Même récompense.

M. VALASSE, à Châteauroux (France), présentait plusieurs fusils exécutés par lui-même et qui dénotent un ouvrier des plus habiles. Il est l'inventeur d'un amorçoir très-ingénieux, qui fonctionne par un mécanisme le rendant solidaire du mouvement du chien. MÉDAILLE DE PREMIÈRE CLASSE.

M. VERNAY, à Lyon (France), a obtenu, pour de bons fusils, la même récompense.

M. SOLAL, à Alger (France), présentait un fusil kabyle richement incrusté de pierreries. MÉDAILLE DE PREMIÈRE CLASSE.

M. HADY-BRAHAM-BEN-SALEM, à Tlemcen, Algérie (France), exposait différentes armes, modèles arabes, d'une grande richesse et d'une extrême habileté d'exécution. Même récompense.

La MÉDAILLE DE PREMIÈRE CLASSE a également été décernée, à titre de coopérateurs, à MM. :

ACARD, chef ouvrier à l'atelier de précision du dépôt central de l'artillerie, à Paris, dont l'habileté pour la confection des instrumens vérificateurs est très-grande;

ATTARGE, à Paris (France), ciseleur des fusils qui ont mérité des récompenses à MM. Gastine, Claudin et Brun;

BISCH J., contrôleur principal à la manufacture impériale d'armes de Châtellerault (France), mécanicien des plus habiles;

CHASSEPOT, contrôleur principal au dépôt central de l'artillerie, à Paris (France).

MM. DEANE, ADAMS ET DEANE, à Londres (Royaume-Uni), exposaient des carabines, *rifles et fusils* de chasse; des pistolets et des revolvers. On doit à M. Deane l'invention d'un mécanisme au moyen duquel le chien du revolver reste armé à la volonté du tireur, pour lui donner la facilité d'ajuster, et à M. Adams celle d'un mécanisme qui permet d'armer le chien par la pression du doigt sur la détente. MÉDAILLE DE PREMIÈRE CLASSE.

M. GREENER, à Birmingham (Royaume-Uni). Carabines se chargeant par la culasse, fusée de sauvetage pour les navires naufragés, canon-harpon pour la pêche de la baleine. Même récompense.

M. LANG, à Londres (Royaume-Uni), arquebusier habile. Même récompense.

M. RIGBY, à Dublin (Royaume-Uni), exposait entre autres deux fusils, acquis par S. A. R. le prince Albert, d'une simplicité extrême, mais d'une légèreté et d'une perfection de travail extraordinaires. MÉDAILLE DE PREMIÈRE CLASSE.

MM. TRULOCK et HARRIS, à Dublin (Royaume-Uni), fabriquent surtout des fusils pour les amateurs. La connaissance parfaite de leur art leur permet de satisfaire les plus difficiles. MÉDAILLE DE PREMIÈRE CLASSE.

M. RINZI, à Milan (Autriche), exposait une carabine de la plus grande richesse. Même récompense.

M. KUCHENREUTER, à Ratisbonne (Bavière). Ancienne et respectable maison, dont les produits sont toujours remarquables par leur fini et leur bon goût. MÉDAILLE DE PREMIÈRE CLASSE.

LA FONDERIE DE CANONS DE L'ÉTAT, à Liége (Belgique), exposait des bouches à feu en fonte, prouvant l'excellence des produits de cette fonderie, qui peuvent soutenir la concurrence avec ceux des meilleures fabriques de l'Europe. MÉDAILLE DE PREMIÈRE CLASSE.

Les ARQUEBUSIERS DE LIÉGE nommés ci-après ont également reçu du jury la MÉDAILLE DE PREMIÈRE CLASSE.

MM. BERNIMOLIN frères : arquebuserie fine, remarquable par son fini et son bon goût.

M. C. NOVENT et Cⁱᵉ. : fusils très-soignés et à bon marché.

M. COLLETTE : armes de chasse et de luxe, bonne confection.

M. DAUDOY, pour ses armes de guerre et de troque.

M. E. LEPAGE : armes de luxe et fusils de chasse; il livre des fusils doubles à 23 francs.

MM. LEPAGE frères, HANKETT et PLOMDEUR font encore plus fort; ils livrent des fusils simples au prix de 5 francs 45 centimes, et des fusils doubles à 16 francs.

M. RAICK et fils : arquebuserie fine bien ornementée.

MM. THONET et frères : armes de luxe, de précision, remarquables par la modicité des prix.

M. A. JANSEN, à Bruxelles (Belgique), arquebusier de mérite soutenant, pour le fini, la concurrence avec les bonnes maisons de Paris, bien qu'à des prix plus modérés.

M. H. MANGEOT, à Bruxelles (Belgique), est le premier arquebusier du royaume; ses prix sont plus élevés que ceux de M. Jansen.

LE CORPS DE L'ARTILLERIE ROYALE D'ESPAGNE, à Truvia (Asturies), présentait à l'appréciation du jury de la XIIIᵉ Classe, des fers et aciers pour la fabrication des canons de fusils, des canons fabriqués au laminoir, et une machine pour fondre les balles rayées. MÉDAILLE DE PREMIÈRE CLASSE.

M. SCHILLING, à Suhl (Prusse) : armes de luxe bien sculptées, canons en damas turc. Même récompense.

M. le baron de WAHRENDORF, à Stockholm (Suède), possède dans cette ville un établissement considérable pour la fabrication des canons en fonte qu'il dirige lui-même. Il exposait des canons de gros calibre se chargeant par la culasse. MÉDAILLE DE PREMIÈRE CLASSE.

L'INDUSTRIE ARMURIÈRE DE LA VILLE DE SOLINGEN (Prusse).

L'INDUSTRIE ARMURIÈRE DE LA VILLE DE SOLINGEN (armes blanches) a reçu du jury la GRANDE MÉDAILLE D'HONNEUR.

L'acier fondu qu'on emploie à la fabrication des lames d'armes blanches ou à la coutellerie, soit qu'il serve à forger des gardes de sabre, ou à tout autre objet, est toujours travaillé à Solingen avec une grande perfection. Forgerons, ciseleurs luttent ensemble d'habileté; aussi, tous les produits envoyés à l'Exposition universelle par les armuriers de cette ville étaient-ils remarquables sous le rapport de la variété des formes, de leur élégance et de leur fini extrême. A toutes ces qualités il en est une autre à ajouter, non moins importante, c'est que tous ces produits, malgré leur perfection, sont d'un prix modéré.

M. DELACOUR, à Paris (France).

M. DELACOUR s'occupe spécialement des armes blanches de luxe, qu'il monte et garnit avec une rare perfection. On remarquait, parmi les objets qu'il avait envoyés à l'Exposition universelle, une belle épée d'honneur commandée par la ville de Boulogne.

C'est à lui pareillement que l'on doit les modèles des épées de député, de sénateur et de la maison de l'Empereur. M. DELACOUR a retrouvé le procédé perdu de faire le galuchat ou roussette : il traite, d'une manière remarquable, les fourreaux en peau de requin. Le Jury lui a décerné la MÉDAILLE D'HONNEUR.

M. DELACHAUSSÉE, a Paris (France).

M. Delachaussée s'est occupé spécialement de la fabrication des objets militaires de campement ou d'équipement.

Ses marmites, gamelles, bidons en fer battu et étamé, d'un excellent usage, répondent à toutes les exigences de leur destination.

Quant aux objets d'équipement, shakos, gibernes, casques, M. Delachaussée les fabrique sur une très-vaste échelle et dans les meilleures conditions possibles, ainsi que les selles, brides, etc., des différents corps de la cavalerie.

M. Delachaussée a obtenu la médaille d'honneur.

M. LUNESCHLOSS, a Solingen (Prusse).

M. Luneschloss est à la tête de l'établissement le plus important de la Prusse, pour la fabrication des armes blanches. La collection de ces armes, qu'il présentait à l'Exposition universelle, était des plus riches et des plus variées. Les deux pièces principales de cette exhibition étaient : 1° une lame de cimeterre turc en damas; 2° une garde de sabre en acier fondu ciselée par M. Klauke, de Solingen qui, en récompense, a reçu une médaille de première classe. M. Luneschloss a obtenu du Jury la médaille d'honneur.

M. HOLLER, a Solingen (Prusse).

M. Holler a également reçu du jury la médaille d'honneur. Son exposition était aussi des plus riches et présentait des échantillons de toute espèce d'armes blanches employées en Europe. On y remarquait surtout une belle lame, avec écusson sur lequel était ciselé le portrait de l'Empereur.

M. GRANGER, à Paris (France). L'armure d'homme et de cheval placée dans la nef du Palais de l'Industrie, et que tout le monde a admirée, sortait des ateliers de M. Granger. « Comme travail de main, dit le rapport officiel, les produits de M. Granger peuvent soutenir la comparaison avec ce que les musées possèdent de plus précieux. » M. Granger n'a cependant obtenu du jury que la médaille de première classe.

M. PESTILLAT, à Paris (France), pour son bel assortiment de casques et de cuirasses, a reçu la même récompense.

M. HAPPE fils, à Solingen (Prusse) : fabrication d'armes blanches, lames en acier et en damas. Médaille de première classe.

MM. GAUPILLAT, ILLIG, GUINDORF et MASSE, a Paris (France).

En 1835 fut établie, aux Bruyères de Sèvres et au Bas-Meudon, la fabrique dont les produits étaient exposés sous les noms de MM. Gaupillat, Illig, Guindorf et Masse. Depuis ce temps, les propriétaires, et à leur tête M. Gaupillat, n'ont cessé de travailler au perfectionnement de leur industrie, dans le double but de rendre la fabrication des amorces moins dangereuse et mieux rétribuée, et d'arriver, en même temps, aux plus bas prix possibles pour la vente.

Le million d'amorces se vendait en 1835 de 1,700 à 1,800 fr.; il ne coûte plus aujourd'hui que 1,225 fr., avec 2 pour 100 d'escompte. Les ouvriers, travaillant à la journée, ne gagnaient guère, les hommes, que 2 fr. 25 à 2 fr. 50; les femmes, que 1 fr. 50 à 1 fr. 75; maintenant ils travaillent aux pièces, et leurs journées de douze heures valent, aux hommes, de 3 fr. 50 à 5 fr. 50, aux femmes, de 2 à 3 fr. Le prix de vente a donc été abaissé dans la proportion de 22 pour 100 au moins, et la main-d'œuvre n'a cessé d'être mieux payée.

D'autres mesures ont eu pour résultat de rendre moins dangereuse la préparation des capsules. On a employé des appareils mécaniques pour le nettoyage des amorces; on a inventé, et cette invention est due principalement à MM. Gaupillat et Massé, un bouclier destiné à protéger les ouvriers qui introduisent et fixent le fulminate de mercure dans les capsules. Avant l'invention de ce bouclier, les accidents étaient assez nombreux à l'établissement des Bruyères de Sèvres : en un mois, plusieurs femmes furent estropiées. Quelquefois même des ouvriers étaient frappés à mort, victimes d'un travail périlleux. Maintenant, grâce au bouclier protecteur, le danger n'existe plus. Enfin, dans la fabrique, les divers ateliers entre lesquels se répartit le travail divisé, ont été isolés et entourés de buttes de terre qui, en cas d'explosion dans une partie de l'établissement, préviennent de plus grands malheurs.

Ainsi les ouvriers ont été protégés, leur sort a été amélioré, et néanmoins les produits ont été livrés à bien meilleur compte.

Cela tient à l'emploi d'un moteur général mis en action par la vapeur et aux perfectionnements détaillés du matériel. Par exemple : à la substitution du travail aux pièces au travail de journée, qui anime les ouvriers et profite à l'industrie; à l'application de l'appareil de Wolf pour la fabrication du fulminate, application qui, en même temps qu'elle devint une grande raison d'économie, écarta quelques-unes des causes de dangers dont les ouvriers étaient menacés sans cesse, et les dispensa d'un travail auparavant fort pénible; à l'emploi des éthers nitriques dans cette fabrication du fulminate; à l'adoption de l'appareil mécanique chargé du nettoiement des capsules; à la création d'une étuve en châssis légers, faits de toile cirée et de bois, pour le séchage des pièces, et à l'emploi du système Perkins pour le dégagement du calorique; à l'application du four à réverbère pour la recuisson des bandes de cuivre; à l'usage de la mécanique pour la fabrication des culots de cuivre taillés dans les bandes.

Voilà par quels procédés MM. Gaupillat, Illig, Guindorf et Massé sont arrivés à réaliser le programme qu'ils se sont tracé et qu'ils veulent agrandir encore. En 1849, leur fabrique livrait au commerce huit cent cinquante millions de capsules, qui, vendues au prix moyen de 1,250 francs après avoir été distribuées dans des boîtes, représentaient un chiffre d'affaires dépassant un million de francs.

Depuis 1849 ce chiffre a un peu baissé, parce que les fabricants français ont joui du coûteux honneur de voir leurs produits imités par des contrefacteurs en Belgique, en Prusse, en Autriche, en Amérique. Les tribunaux ayant établi leurs droits, ils se sont occupés du soin de les faire respecter, et ils commencent à y parvenir.

Le Jury, appréciant les services rendus à l'industrie par MM. Gaupillat, Illig, Guindorf et Massé, leur a décerné la MÉDAILLE DE PREMIÈRE CLASSE.

M. GÉVELOT, a Paris (France).

En général, chaque industrie compte deux modes très-distincts de production qui divisent, par contre-coup, la clientèle en deux grandes classes. L'un de ces modes se base sur l'excessive modération des prix de vente, compensée et expliquée par la multiplicité ou l'importance des opérations. Le second mode trouve, au contraire, dans l'élévation du taux des produits la principale garantie de leur supériorité, le moyen de les maintenir en première ligne et de les faire braver toute rivalité.

Nous pouvons citer ici un double exemple de la bonté des deux systèmes pratiqués avec intelligence.

D'un côté, MM. Gaupillat et Cⁱᵉ, grâce à des moyens mécaniques bien entendus et à une fabrication montée sur une large échelle, vendent à assez bon marché pour soutenir avantageusement la concurrence contre les fabricants de capsules de la Prusse et de l'Autriche, dont pourtant les frais de main-d'œuvre sont bien inférieurs aux leurs.

D'autre part, la maison Gévelot s'attache à livrer des produits tellement parfaits que, malgré leurs prix bien plus élevés, l'élite des consommateurs les préfèrent à toutes les autres capsules, et que leur marque G, connue de tous les chasseurs, a pour ceux-ci la valeur d'un brevet d'excellence.

Aussi, un débit assuré et toujours accompli dans des conditions avantageuses permet à M. Gévelot de faire progresser encore sa fabrication et de lui conserver sa réputation universelle de supériorité depuis longtemps établie.

Cet habile producteur a apporté un nouveau perfectionnement aux machines à une seule passe de MM. Piobert et Tardy : de verticales il a réussi à les rendre horizontales; par cette ingénieuse transformation, et en les armant de trois poinçons, ces machines peuvent fabriquer maintenant jusqu'à 150,000 tubes de capsules en un jour.

Il est facile de s'expliquer, par certains détails qui précèdent, pourquoi les produits de M. Gévelot sont spécialement destinés aux classes élevées. Au reste, les capsules de cette maison offrent toutes les variétés de dimension et de façon applicables aux différentes formes de l'arquebuserie, aux tubes Flobert gros et petits, aux armes à système Lefaucheux, dont les cartouches se confectionnent en grand et au mieux dans les ateliers de M. Gévelot.

Le Jury a consacré le mérite de ce fabricant en lui décernant la MÉDAILLE DE PREMIÈRE CLASSE.

M. HUMBERT, chef d'escadron d'artillerie, à Paris (France). M. le capitaine Tardy est l'inventeur de la machine à fabriquer les tubes de capsules de chasse en une seule passe, aujourd'hui, en usage dans toutes les fabriques de ces sortes de produits. M. le comte Humbert a inventé et présentait à l'Exposition universelle une machine pour fabriquer de même les capsules de guerre. Cette machine fonctionne bien et peut produire jusqu'à quarante-cinq mille tubes de capsules par jour. On doit cependant lui reprocher d'exiger l'emploi d'une lamelle de cuivre plus épaisse qu'il ne faut, et qui oblige à charger la capsule plus fortement que si cette lamelle était plus mince. MÉDAILLE DE PREMIÈRE CLASSE.

M. DAMBRY, aux Thernes, près Paris (France), exposait des amorces fulminantes à l'usage des mines. Même récompense.

M. ARMSTRONG et Cᵉ, à Birmingham (Royaume-Uni) : belle et bonne fabrication de capsules de guerre et de chasse. MÉDAILLE DE PREMIÈRE CLASSE.

M. WALKER et Cᵉ, à Birmingham (Royaume-Uni). Mêmes motifs; même récompense.

MM. SELLIER et BELLOT, à Prague (Autriche). M. Bellot, ancien associé de M. le capitaine Tardy, dont on regrette de ne pas avoir vu figurer les produits à l'Exposition universelle, a créé en France la fabrication des capsules.

Le premier, il a employé le fulminate de mercure, lequel, jusqu'aujourd'hui, régnait en maître dans cette industrie, mais qui est à la veille d'être détrôné. MM. Sellier et Bellot exposaient une belle collection de capsules de guerre et de chasse. MÉDAILLE DE PREMIÈRE CLASSE.

MM. BRAUN et BLOEM, à Ronsdorf (Prusse): fabrication importante de capsules de guerre et de chasse. MÉDAILLE DE PREMIÈRE CLASSE.

M. COOPPAL et Cᵉ, à Wetteren (Belgique) : bonnes poudres de toute espèce. Même récompense.

M. RONQUIST, à Aker (Suède), exposait des salpêtre raffiné, charbon et soufre préparés pour la fabrication de la poudre; puis des poudres de toute espèce d'excellente qualité. Même récompense.

M. LALLEMAND, à Paris (France) : articles de chasse bien faits et de bon goût. Même récompense.

M. MARION, à Paris (France), à l'aide de la galvanoplastie, a exécuté les aigles des drapeaux et étendards, ce qui en a de beaucoup diminué le poids. Même récompense.

M. GODILLOT, à Paris (France) : importante fabrication d'effets militaires. Même récompense.

XIIIe CLASSE

ART MILITAIRE ET MARINE

RÉCOMPENSES DÉCERNÉES PAR LE JURY INTERNATIONAL

(extrait du *Moniteur* du 8 décembre 1855)

GRANDES MÉDAILLES D'HONNEUR.

Arman (L.), **Bordeaux. France.**
Dépôt des cartes et plans de la marine impériale, Paris. Id.
L'industrie armurière de la ville de Paris (armes à feu et armes blanches). Id.
L'industrie armurière de la ville de Solingen (armes blanches) (Prusse rhénane). Prusse.
L'industrie armurière de la ville de Liége (armes à feu). Belgique.
Napier (Robert), **Glasgow. Royaume-Uni.**

MÉDAILLES D'HONNEUR.

Bernard (Léopold). **France.**
Compagnie des services maritimes des Messageries impériales, Paris. Id.
Deluchaussée, Paris. Id.
Delacour (L.-F.), Paris. Id.
Falisse et Trapmann, Liége. Belgique.
Gauvin (J.), Paris. France.
Holler (A. et C.-E.). Prusse.
Lefaucheux (maison), Paris. France.
Lemille, Liége. Belgique.
Luneschloss (P.-D.), Solingen. Prusse.
Malherbe (P.-J.) et C°. Liége. Belgique.
Merlié-Lefebvre et C°, Havre. France.

MÉDAILLES DE PREMIÈRE CLASSE.

André fils et Gilles (A.), Paris. France.
Amstrong et C°, Birmingham. Royaume-Uni.
Aury, Saint-Étienne. France.
Barbotin, capitaine de vaisseau. France.
Berger, Saint-Étienne. Id.
Béringer, Paris. Id.
Bernard (Albert), Paris. Id.
Bernimolin et frères, Liége. Belgique.
Bisch (Joseph), Châtellerault. France.
Boche, Paris. Id.
Boitard, Saint-Étienne. Id.

Bourgeois, capitaine de frégate. France.
Braün et Bloëm, Ronsdorf. Prusse.
Briand, aux Herbiers (Vendée). France.
Brun (J.-C.-A.), Paris. Id.
Caird, Greenock. Royaume-Uni.
Caron (Alph.), Paris. France.
Chaudan, Paris. Id.
Claudin (F.), Paris. Id.
Collette, Liége. Belgique.
Colt (colonel), Connecticut. États-Unis.
Cooppal et C°, Wetteren. Belgique.
Le corps d'artillerie royale, Truvia (Asturies), Espagne.
Couturier-Fournier, Saint-Étienne. France.
Dambry, Paris. Id.
Dandoy, Liége. Belgique.
David (L.-Fr.-F.), le Havre. France.
Deane (Adams), Londres. Royaume-Uni.
Delebourse, Paris. France.
Devisme, Paris. Id.
Delvigne (H.-G.), Paris. Id.
Fabrique des canons de l'État, Liége. Belgique.
Flachat (J.), Saint-Étienne. France.
Flobert (L.-L.-A.). Paris. Id.
Gastine-Renette, Paris. Id.
Gaupillat et C°, Paris. Id.
Gévelot, Paris. Id.
Godillot (Alex.), Paris. Id.
Granger (Ed.), Paris. Id.
Greener, Birmingham. Royaume-Uni.
Guibert fils ainé, Nantes. France.
Hadj-Braham-ben-Salem, Tlemcen. Algérie.
Heinke (C.-E.), Londres. Royaume-Uni.
Hoppe fils, Solingen. Prusse.
Houiller-Blanchard, Paris. France.
Humbert, capitaine d'artillerie, Paris. Id.
Jansen (Ad.), Bruxelles. Belgique.
Institution royale et nationale de sauvetage. Royaume-Uni.
Javelle-Merley, Saint-Étienne. France.
Javelle-Magaud frères, Saint-Étienne. Id.
Kaistly, Paris. Id.
King (D.), New-York (Albany). États-Unis.

Kuchenreuther (J.-Adam), Ratisbonne. Bavière.
Lallemand et Curt, Paris. France.
Lang, Londres. Royaume-Uni.
Leclerc frères, Angers. France.
Leo (T.-C.), Québec. Canada.
Legoff, capitaine de frégate (*pour mémoire*).
Lepage frères, Hanquet et Plomdeur (J.), Paris et Liége.
    France et Belgique.
Lepage (Émile), Liége. Belgique.
Lepage-Moutier, Paris. France.
Mangeot (H.), Bruxelles. Belgique.
Marion, Paris. France.
Ministère de la marine des États-Unis. États-Unis.
Moll, ingénieur de la marine. France.
Murgues, Saint-Étienne. Id.
Novent (Ch.) et Cⁱ, Liége. Belgique.
Paris, capitaine de vaisseau. France.
Payerne, Cherbourg. Id.
Perrin (L.), Paris. Id.
Pestillat, Paris. Id.
Pidault, Paris. Id.
Pondevaux et Jussy, Saint-Étienne. Id.
Prélat, Paris. Id.
Raick et fils, Liége. Belgique.
Rebaud-Montillet, Saint-Étienne. France.
Rigby, Dublin. Royaume-Uni.
Rinzi, Milan. Autriche.
Rodger (W.), Londres. Royaume-Uni.
Ronquist (F.), Aker. Suède.
Roussel, Troyes. France.
Samuda, Londres. Royaume-Uni.
Schauffelberger, Paris. France.
Schilling (V.-Ch.), à Suhl. Prusse.
Searle (G.) et fils, Londres. Royaume-Uni.
Snow-Harris (sir Williams), Londres. Id.
Sellier et Bellot, Prague. Autriche.
Sochet, ingénieur de la marine. France.
Société pour la navigation à vapeur du Danube. Vienne.
    Autriche.
Solal, Alger. France.
Thomas, Paris. Id.
Thonet (J.) frères, Liége. Belgique.
Tremblay (E.-N.), capitaine d'artillerie de marine,
    Paris. France.
Trotman, Londres. Royaume-Uni.
Trulock et Harris, Dublin. Id.
L'usine de Guérigny (dirigée par M. Zeni), Guérigny.
    France.
Valasse, Châteauroux. Id.
Verney, Lyon. Id.
Wahrendorff (baron M. de), Stockholm. Suède.
Walker et Cⁱ, Birmingham. Royaume-Uni.
Yarborough (le comte de), Londres. Id.
Zuloaga (E.), Madrid. Espagne.

MÉDAILLES DE DEUXIÈME CLASSE.

Beermann, Munster. Prusse.
Bienfait (L.) et fils, Amsterdam. Pays-Bas.
Blachon (J.), fils, Saint-Étienne. France.
Blais (L.), Letellier (J.) et Cⁱ, au Havre. Id.
Blancke, Nuremberg. Prusse.
Bloomer (G.), West-Bromwich. Royaume-Uni.
Bourgaud et Cⁱ, Saint-Étienne. France.

Bourne (J.) et Cⁱ. Greenock. Royaume-Uni.
Brazzoduro (J.-J.), Fiume. Autriche.
Brunel, Saint-Étienne. France.
Burney et Bellamy, Londres. Royaume-Uni.
Cabirol (J.-M.), Paris. France.
Cantin, Montréal. Canada.
Cardon (Em.), Honfleur. France.
Chapelon, Saint-Étienne. Id.
Chédeville, ingénieur de la marine. Id.
Clavières, Paris. Id.
Comité local de Sunderland. Royaume-Uni.
Courbebaisse, ingénieur de la marine. France.
Didier, Saint-Étienne. Id.
Doye, Paris. Id.
Duchesne, Paris. Id.
Dutillet, Paris. Id.
Duval, Paris. Id.
Ernoux (Ch.H.), Paris. Id.
Fontenau, Paris. Id.
Forges de Soderfors, Upsal. Suède.
Goyer, Saint-Étienne. France.
Guérin, Paris. Id.
Jacquet (Léonard), Liége. Belgique.
Joly (J.-M.), Saint-Malo. France.
Kiriskou (Th.), la Spezzia. Grèce.
Labrousse, capitaine de vaisseau. France.
Lacoin (veuve et fils), Bayonne. Id.
Lainé, Paris. Id.
Lapparent (de), ingénieur de la marine, Id.
Lardinois, Liége. Belgique.
Lecointre, Paris. France.
Lenders (Ch.), Liége. Belgique.
Lenoir, Paris. France.
Leroux (J.-L.), Paris. Id.
Lespiault, Paris. Id.
Lhonneux frères, Liége. Belgique.
Loger, Paris. France.
Mach, Carolinenthal (Bohême). Autriche.
Magis (Ed.), Liége. Belgique.
Mangin, ingénieur de la marine. France.
Martin (F.), Marseille. Id.
May, Paris. Id.
Montigny (P.-C.), Fontaine-l'Évêque. Belgique.
Montigny (J.), Bruxelles. Id.
Morisseaux (J.-B.), Liége. Id.
Moué, le Havre. France.
Nilius, le Havre. Id.
Parant, Paris. Id.
Pecoul (Ad.), Marseille. Id.
Petry (J.-A.), Liége. Belgique.
Prunint, Paris. France.
Reilly, Londres. Royaume-Uni.
Rickmers, Brême. Villes hanséatiques.
Ronchard-Siauve, Saint-Étienne. France.
Sabattier, ingénieur de la marine. Id.
Schmolz et Cⁱ, Solingen. Prusse.
Sisco (Ant.-D.), Paris. France.
Smit, Rotterdam. Pays-Bas.
Sollier, ingénieur de la marine. France.
Target (J.-L.), Rochefort. Id.
This, Paris. Id.
Touboulic (P.), Brest. Id.
Vandejande (A.), et Sugary, Dunkerque. Id.

MENTIONS HONORABLES.

Amiel (Ch.), Saint-Malo. France.
Aubin, Paris. Id.
Baillot (J.-B.-M.), Paris. Id.
Becquerel, Compiègne. Id.
Berthon (E.), Fareham. Royaume-Uni.
Bessières, Paris. France.
Beutler frères, Reutlingen. Wurtemberg.
Bloomer (C.), West-Bromwich. Royaume-Uni.
Bon (B.), Paris. France.
Borchardt (T.-F.), Hambourg. Villes hanséatiques.
Broch (colonel), Christiania. Norwége.
Burch (J.), Cray-Hall. Royaume-Uni.
Caron (A.), Calais. France.
Chiotin, Paris. Id.
Christensen (L.), Suggelset. Norwége
Clifford. Royaume-Uni.
Couleaux, Mutzig (Bas-Rhin). France.
Creuzé, Châtellerault. Id.
Crignies (A-B.), Amiens. Id.
Cusson-Pourcher (G.), Clermont-Ferrand. Id.
Day (N.), Brooklyn. États-Unis.
Divoir-Leclercq, Lille. France.
Droinet, Paris. Id.
Escoffier, Saint-Étienne. Id.
Ferrigny (J.), Livourne. Toscane.
Flachier, Condrieu (Rhône). France.
Flagg, New-York. États-Unis.
Fraissenon, Saint-Étienne. France.
Ghürky (And.), Bude. Autriche.
Gilby, Beverlay. Royaume-Uni.
Gouvernement turc. Empire ottoman.
Grenu, Reims. France.
Hardy (Fr.-M.), Paris. Id.
Hartkopf, Solingen. Prusse.
Hermann-Bruerlacher, Reutlingen. Wurtemberg.
Holst et Kooy, Amsterdam. Pays-Bas.
Indes anglaises, Singapour. Royaume-Uni.
Indes hollandaises. Pays-Bas.
Jackson frères, Petin et Gaudet. France.
Jacquet (J.), Genève. Suisse.
Jalabert, Saint-Étienne. France.
Just, Ferlach. Autriche.
Kierkegaard (N.-E.), Gothembourg. Suède.
Kyhn (Ad.), Copenhague. Danemark.
Latouche (M.), Paris. France.
Lebel (L.), Soissons. Id.
Lemaire, père et fils, Liége. Belgique.
Manceaux, Tulle. France.
Mariette-Bosly et C°, Liége. Belgique.
Maskell (Th.), Franklin. États-Unis.
Merlet-Thamel, Saint-Étienne. France.
Montrignier-Monnet (Th.), le Havre. Id.
Needham (Joseph) et C°, Royaume-Uni.
Osseneaux, Paris. France.
Paduvan (H.), Trieste. Autriche.
Palmer, Paris. France.
Paris et Bernetta, Gardone. Autriche.
Polider (A.), Paris. France.
Pottot, Paris. Id.
Rissack (J.-J.); Liége. Belgique.
Rubé, Montdidier (Somme). France.
Russel (G.-F.). Royaume-Uni.

Sasse (E.-W.), Carlskrona. Suède.
Sauerbrey (V.), Bâle. Suisse.
Saxby. Royaume-Uni.
Schertz (Louis), Strasbourg. France.
Schlesinger, Londres. Royaume-Uni.
Seguin, Paris. France.
Sénéchaud (L.), Vevey. Suisse.
Siber (V.), Lausanne. Suisse.
Sigelet (J.-H.), Hambourg. Villes hanséatiques.
Simpson (F.), Glasgow. Royaume-Uni.
Smith (B.), Londres. Id.
Spickel, Paris. France.
Thomas Toronto. Canada.
Thompson jeune (N.), New-York. États-Unis.
Van der Loo (P.), La Haye. Pays-Bas.
Veret (colonel fédéral), Nyon. Suisse.
Villa Cova (baron de), Lisbonne. Portugal.

COOPÉRATEURS.

CONTRE-MAITRES ET OUVRIERS.

GRANDE MÉDAILLE D'HONNEUR.

Dupuis de Lôme, Paris. France.

MÉDAILLES DE PREMIÈRE CLASSE.

Acard, Paris. France.
Attarge, Paris. Id.
Aubry, aide-commissaire de la marine, Gabon. Colonies françaises.
Bardin, Paris. France.
Chassepot (J.), Paris. Id.
Feucheres, Paris. Id.
Klauke, Solingen. Prusse.
Laprot, Paris, France.
Liénard, Paris. Id.
Rigonne, maître fondeur, Ruelle. Id.
Taurines, officier d'artillerie de marine, Brest. Id.
Tissot, Paris. Id.

MÉDAILLES DE DEUXIÈME CLASSE.

Antié, Metz. France.
Auboin, maître ajusteur, Rochefort. Id.
Baquet (J.-J.), foreur, Ruelle, Id.
Bucquet, Paris. Id.
Boisseau, Metz. Id.
Bouveault (L.), mécanicien, Guérigny. Id.
Delpy, Douai. Id.
Deshais, contre-maître chez M. Guibert, Nantes. Id.
Favré (P.-E.), mécanicien, Guérigny. Id.
Fossey, Paris. Id.
Gaillard (Joseph), Metz. Id.
Gaubert, Paris. Id.
Gautier (L.), contre-maître chez M. Joly, Saint-Malo. Id.
Gautrin, maître ajusteur. Indret. Id.
Grast, chef ouvrier d'État, à Brest. Id.
Grandmontagne, maître fondeur, Brest. Id.
Jaubert, Gorée. Colonies françaises.
Julien, maître des hauts fourneaux, Ruelle. France.
Klaff, Paris. Id.

Knecht, Paris. France.
Leboulleur de Courlon, ingénieur de la marine. Id.
Léglise, contre-maître chez M. Arman, Bordeaux. Id.
Lemagnen, maître fondeur, Cherbourg. Id.
Lemaître, Paris. Id.
Léonard, maître fondeur, Indret. Id.
Louvan, Paris. Id.
Masson, ingénieur de la marine. Id.
Michaux, chef de bataillon d'artillerie de marine. Id.
Mongin, Paris. Id.
Pellé, maître canonnier, Lorient. Id.
Piretot, Liége. Belgique.
Postec, maître charpentier, Lorient. France.
Riester, Paris. Id.
Rousseau (J.-J.), maître forgeron, Indret. Id.
Sébire, maître cordier, Cherbourg. Id.
Zani de Ferranti, ingénieur de la marine. Id.

MENTIONS HONORABLES.

Bérard (H.), mécanicien à la Ciotat. France.
Bossé (J.), contre-maître chez M. Leclerc, Angers. Id.
Cendrelier (Henri), Metz. Id.

Clinchard, maître tôlier, Toulon. France.
Colin (Adolphe), Liége. Belgique.
Dehais, contre-maître chez MM. Merlié, le Havre. France.
Devau (E.), maître mécanicien, Lorient. Id.
Demont (L.-C.), chef d'atelier à la Ciotat. Id.
Duchamp, maître forgeron, Guérigny. Id.
Féraud, maître perceur, Toulon. Id.
Gallic, contre-maître chez M. Arman, Bordeaux. Id.
Gerenday, mécanicien, Vienne. Autriche.
Guillonnet, Paris. France.
Havard, maître charpentier, Cherbourg. Id.
Hermann (Jean), Liége. Belgique.
Jamain (Lambert), Liége. Id.
Julin (Nicolas), Liége. Id.
Kadlitz (V.), modeleur, Vienne. Autriche.
Lemarais, maître chaudronnier, Cherbourg. France.
Lescellier, maître sculpteur, Cherbourg. Id.
Martinage (Louis), Metz. Id.
Mouille, modeleur, Indret. Id.
Pinon, ouvrier forgeron, Guérigny. Id.
Renard, maître fondeur, Ruelle. Id.
Turpin, ouvrier d'État, la Villeneuve. Id.

EXPOSITION UNIVERSELLE

PRODUITS DE L'INDUSTRIE

QUATORZIÈME CLASSE

CONSTRUCTIONS CIVILES.

Le bois forme la base de toutes les constructions civiles, domestiques et guerrières d'une société dans son enfance ; au bois succède la pierre ; à la pierre se mêlent ensuite les métaux, notamment le fer et le plomb ; de sorte qu'à la quantité de fer employé, on pourrait presque constater le degré de civilisation d'un peuple. Aujourd'hui le bois, dans presque toute l'Europe, n'est plus guère qu'un objet d'ornementation ; aussi, à l'Exposition universelle, ne voyait-on que des échantillons de bois destinés soit à la menuiserie, soit à l'ébénisterie. L'exploitant des forêts, qui, naguère, se préoccupait exclusivement de la dimension en longueur et en épaisseur, n'a plus en vue que la densité et la disposition interne plus ou moins heureuse des veines du produit.

Les billes de bois sont venues par centaines du Canada, de la Jamaïque, de la Guyane anglaise, de la Nouvelle-Galles du Sud et de l'Algérie ; et cependant il s'en faut bien que la hache du bûcheron ait pénétré jusqu'au centre de cette végétation si riche dont les colonies sont couvertes. L'Angleterre ne retire qu'environ 8,000 mètres cubes de bois de construction ou d'ébénisterie des chantiers établis le long des immenses forêts de la Guyane, bois dont nous autres Français ne connaissons pas même de nom les espèces ; l'Amérique en expédie pour l'Europe quelques-unes, comme le citronnier, l'acajou, qui ont sur les marchés une valeur commerciale ; mais quantité d'autres espèces, plus belles, plus ouvrables, ne jouissent pas de la réputation qu'elles méritent et qu'elles attendent des progrès de la civilisation. Remplacez nos bois indigènes, si pauvres d'aspect, par le cèdre blanc, l'ébène brun, le palmier, le cèdre rouge, le cœur-pourpre, etc., et vous épargnerez ces peintures coûteuses qu'on n'exécute qu'à grands frais quand on les veut soignées, et qui n'augmentent pas, comme le bois, la salubrité, le confort des maisons.

Quel architecte, par exemple, ami de la fantaisie, ne s'empresserait d'ajuster, dans les panneaux de ses portes ou de ses lambris, soit les teintes agréables du *chêne à glands doux*, dont la maille rosée présente un aspect si charmant; soit les images variées, harmonieuses de ton, fines de contexture que forment l'olivier, le thuya et tant d'autres espèces originaires de nos possessions d'Afrique? Ces essences ligneuses, très-communes entre l'Atlas et la Méditerranée, diffèrent d'aspect selon que l'on en débite la racine, la loupe ou la tige. Déjà nous l'avons vu dans la IIᵉ Classe, l'ébénisterie parisienne s'en est emparée avec succès, et si nous indiquons ici la table de cèdre de 1ᵐ60 de diamètre qui figurait parmi les objets réunis par le ministère de la guerre, c'est moins comme ressource d'élégance et d'ameublement que pour faire apprécier les dimensions extraordinaires qu'atteint cet arbre majestueux. Le chêne *zeem*, si propre aux constructions navales; le *chêne liège*, dont l'exploitation acquiert chaque jour plus d'importance, figuraient à côté de la table de cèdre et semblaient se disputer, avec envie, les bénéfices d'un long et brillant avenir.

Plus actif, plus intelligent, plus audacieux que n'importe quel peuple du nouveau monde, pourvu d'abondants et de magnifiques matériaux de construction, le Canadien a su tirer bon parti de tous ces avantages, et la manière triomphale dont il en avait groupé les produits témoignait autant d'intelligence que d'amour-propre national. C'étaient des bois d'espèces variées; c'étaient des croisées, des persiennes, des portes fabriquées au Canada même, et qui, si nous sommes bien informés, reviendraient, rendues en France, tous frais compris, à 15 pour cent meilleur marché que les objets fabriqués chez nous. On le voit, non content d'exporter chaque année pour 40 millions de bois brut, les Canadiens, au moyen de machines ingénieuses et du bas prix de la main-d'œuvre, établissent sur une grande échelle des produits façonnés qui, tôt ou tard, feront aux ouvriers de l'Europe la plus redoutable concurrence, si, de bonne heure, les chantiers de la Corse et de l'Algérie, organisés sous l'influence de compagnies riches, ne se mettent pas en mesure de lutter avec avantage contre les provenances américaines. Ce fait est bien digne d'attention : de gré ou de force il faut bien l'accepter, et malgré notre juste répugnance à voir s'introduire chez nous des produits de fabrication étrangère, malgré la résistance que fait et doit faire l'artiste aux efforts qui lui enlèvent une part d'action jusqu'ici respectée, la loi économique poursuit son chemin. Elle dit à l'industriel : Supplantez l'artiste chaque fois que la consommation peut y trouver son compte; mais en même temps elle soutient le courage de l'artiste dépossédé, car elle lui ouvre presque aussitôt un nouveau milieu d'explorations, un champ d'études applicables, non plus à la fantaisie capricieuse et blasée de l'aristocratie, mais aux besoins réels de bien-être qu'inspire l'aisance de la classe moyenne.

L'exposition des pierres de construction, cet élément essentiel des édifices publics et des habitations de toutes les classes sociales, ne nous a point satisfait. Nous eussions voulu voir, en présence des échantillons d'exploitation, quelques modèles ou tout au moins quelques dessins d'édifices construits avec ces provenances, car les matériaux ne s'adaptent pas avec le même avantage à toute espèce de bâtiment, et le cachet différentiel des provinces de l'ancienne France ne provenait pas moins du genre particulier de matériaux qui leur étaient propres que du type des races d'hommes et d'animaux qu'on y trouvait. Nous aurions désiré surtout que l'Exposition fût générale, principalement pour la France et l'Allemagne, liées entre elles par de grands fleuves; chacun y eût gagné, l'exploitant, le constructeur, le propriétaire et le locataire.

Ainsi le Wurtemberg avait eu l'heureuse idée de former une pyramide étagée dans l'ordre géologique, et composée des pierres de construction qu'il possède. Sur ses quatre faces figuraient, à partir de la base, le *granit*, le *grès bigarré*, si commun dans les Vosges; le *muchelkalk*, ou pierre à chaux, pierre du pavage et de la grosse maçonnerie; le *grès du Keuper supérieur*, employé au dôme de Cologne; le *grès oolithique*, pierre de construction des cathédrales riveraines de la Moselle, de la Marne et d'une partie du Rhin; le *calcaire jurassique supérieur*, le *calcaire jurassique à crustacés*, et le *grès de la molasse*, pierre à bâtir d'une qualité très-médiocre. Dix ou douze pyramides du même genre auraient donné le spécimen le plus complet de l'architecture monumentale en Europe.

Une petite collection de *calcaires carbonifères et colorés* des environs de Bristol, collection due aux commissaires royaux de l'Exposition universelle de Londres (1851), témoignait de l'exiguïté des ressources de la Grande-Bretagne en bons matériaux de construction.

La Belgique avait envoyé des *porphyres* pour pavés et macadams, et un échantillon considérable de marbre *rouge royal*; l'Angleterre, de la *serpentine de Cornouailles*, des *granits polis d'Aberdeen*, des *marbres serpentineux d'Irlande*; la Westphalie, ses *marbres d'Olp*; la Suède, ses *porphyres d'Elfdalen*; la Norvège, ses *granits gris*; l'Espagne, la Toscane, la Grèce, l'Égypte, quantité de spécimens dont la vue rappelle de grands souvenirs d'art, de luxe et de poésie; enfin le Canada figurait au milieu de ce monde ancien avec ses *granits*, ses *calcaires carbonifères*, ses marbres *serpentineux*, etc.

Divers matériaux originaires des affleurements jurassiques de la côte de Bretagne, matériaux d'un grain fin, très-homogènes, très-faciles à tailler en arêtes vives, généralement très-convenables à la sculpture la plus fouillée, provenaient des carrières de la Normandie et portaient le nom de pierres d'*Allemagne*, pierres d'*Aubigny*, pierres de *Rauville* et de *Fontenay*. « Nous avons vu, dit M. Tresca, avec quelque espoir de les retrouver bientôt sur nos chantiers de construction parisiens, ces spécimens de matériaux qui constituent la plus grande partie des belles églises de Caen, de Bayeux et de Falaise. Les prix avantageux auxquels ces pierres sont extraites dans la localité ne laissent aucun doute sur la possibilité de les amener à Paris, où les qualités dépendant de leur formation géologique leur donneraient des avantages marqués sur les calcaires tertiaires. »

Les Vosges se sont fait représenter par leurs granits, leurs marbres et leurs pierres de grès. Dans cet envoi nous avons remarqué une *syénite* en tablette travaillée avec beaucoup de soin. Un beau *campan rouge* du département de l'Aude rivalisait avec la syénite vosgienne, et présentait le germe d'une industrie fructueuse. L'Allier, l'Isère, la Mayenne, la Sarthe, le Bourbonnais ont envoyé des marbres la plupart inconnus au commerce parisien ; la Corse s'est piquée d'honneur, et je ne sais vraiment si le *vert antique*, le *vert de mer*, la *broche blanche*, le *bleu turquin*, le *portor*, sortis en abondance de ses carrières ne l'emportent pas sur l'exploitation pyrénéenne. Nous avons cherché vainement des échantillons de la Côte-d'Or, du Doubs et des autres contrées de la Franche-Comté et de la Bourgogne ; nous le regrettons d'autant plus qu'aux environs de Paris les *bancs de pierre dure*, les *bancs royals*, les *bancs francs* s'épuisent et que, d'un moment à l'autre, il faudra, sans doute, que les constructeurs parisiens aillent puiser dans les couches si riches qui s'étendent depuis la base du Jura jusqu'aux limites septentrionales et occidentales de l'ancienne Bourgogne.

L'Algérie, avec ses *arragonites* translucides et si richement veinées, avec son marbre *jaune de Numidie*, avec ses *blancs fleuris de Constantine*, ses *albâtres*, ses *granits* et ses *porphyres*, captivait l'attention. On exploite plusieurs gisements considérables à quelques centaines de mètres des bords de la mer, tandis que d'autres entraîneraient d'énormes dépenses ; il faut donc pour les uns quelques encouragements efficaces, et pour les autres des moyens de communication plus faciles.

Une nouvelle industrie, sur laquelle l'expérience n'a point encore prononcé, l'industrie des pierres factices, devait prendre sa place à côté des produits de la nature. Au dire de M. Coignet, une maison édifiée par lui à Saint-Denis n'offre ni pierres, ni fer, ni briques. On n'y rencontre que du béton : béton pour fondations, pour voûtes de caves, pour murailles ; béton pour arcs, pour tableaux des baies et pour carrelages. Ce béton est un composé de cendres et de scories de houille et de chaux grasse. Si les scories, si la cendre manquaient, on pourrait obtenir un béton non moins durable avec du sable, du cailloutis et de la chaux, et dont le mètre cube ne coûterait jamais plus de 6 francs. Selon M. Coignet, le sable, la terre cuite pilée, les cendres de houille et la chaux mélangés formeraient entre ses mains une matière des plus résistantes, capable de remplacer la meulière et la brique.

L'importante question des *ciments* et des *mortiers* fut soulevée par d'habiles expérimentateurs : en France, MM. Vicat et de Villeneuve ; en Allemagne, MM. Leub, frères ; dans le Royaume-Uni, MM. Cottrill, Scott et Workmann ont prouvé qu'une émulation générale s'exerce sur cette matière. L'emploi des *sous-carbonates calcaires*, d'où dépend la rapide solidification des mortiers, et celui de la *chaux magnésienne*, si précieuse pour les travaux maritimes, forment la base des essais plus ou moins heureux tentés par ces divers ingénieurs, avec une persévérance digne d'éloges. Quant au *magnat* de laitier qui sort des usines de Vaugirard pour les reconstructions du port de Cherbourg, il semble devoir remplacer avantageusement les blocs formés naguère avec des chaux et des ciments hydrauliques.

L'ardoise, cette coiffure légère, resplendissante et coquette des villes anciennes, n'a pas craint de venir lutter avec les métaux, avec la tuile, qui font depuis un demi-siècle d'énergiques efforts pour l'annihiler. Les architectes reprochaient aux ardoises leur manque de résistance à l'action mécanique des vents, à la pression de l'ouvrier couvreur chargé d'entretenir et de réparer les toitures schisteuses. Qu'ont fait les ardoisiers d'Angers, de Fumay et des principaux centres d'exploitation ? Renonçant aux *cartelettes* ainsi qu'aux *grandes carrées*, ils se sont ingéniés à produire, dans le commerce, des tables d'une longueur de 160 centimètres et d'une épaisseur de 3 millimètres : ce sont de véritables dalles, résistantes à tous les chocs, et qui, moyennant des voliges saines, des clous solides, présentent les garanties de durée les plus sûres. Le Finistère, la Sarthe, la Mayenne, les Ardennes, figuraient, parmi les ardoisières, à côté du pays d'Olmütz et du Canada. Pourquoi les ardoisiers de la Sarre, ceux du pays de Galles, du Westmoreland et de tant d'autres contrées, manquaient-ils au rendez-vous ? Les Anglais emploient les ardoises rugueuses de préférence aux ardoises lisses ; ils ne s'en servent pas seulement comme toitures, mais comme dallage, comme cloisons, et ils les substituent même au marbre sur les meubles communs. Depuis quelques années nous entrons dans cette voie. Angers avait exposé une table de billard très-belle, des caisses pour arbustes, un banc de jardin, des gargouilles monumentales, une disposition d'escalier à noyau plein dont chaque marche était en ardoise, etc.

La terre cuite, façonnée en tuiles, en briques, en tuyaux, remplace au besoin l'ardoise, le bois, et la pierre. Depuis les temps les plus reculés on s'est servi de terre cuite dans les constructions, et jamais, sous ce rapport, l'art moderne n'a été si loin que l'art ancien. Nous connaissons des plaines marécageuses de plusieurs lieues que recouvre un briquetage d'origine romaine ; nous avons rencontré, par toute l'Europe, des monceaux de tuiles plates d'une grande dimension et d'une notable épaisseur, qui remontaient à quinze ou dix-huit siècles d'existence. Les contemporains ne font qu'imiter leurs ancêtres. Jusqu'à présent, ils n'ont rien ajouté à la finesse de la pâte, à l'excellence de la cuisson, à la solidité des objets légués par l'antiquité ; mais, en abandonnant, pour la tuile creuse, la tuile plate, dite de Bourgogne, type primitif, ils se sont mis d'accord avec le système d'économie et de légèreté que recherche l'architecture actuelle. D'une charge de 88 à 90 kilogrammes par mètre carré de couverture, on est ainsi descendu à 38 kilogrammes.

La brique creuse, d'un usage incontestablement plus avantageux que celui de la brique ordinaire, ne fait pas encore fortune, malgré les efforts des fabricants anglais et des fabricants français, malgré l'expérience qui lutte contre la routine. Sans doute les échantillons exposés auront éclairé le propriétaire constructeur, et ouvert la voie d'où la brique pleine sera chassée tôt ou tard par la brique creuse.

Quand l'ardoise, la tuile ou le bois font défaut ; quand on veut obtenir plus de légèreté, plus de solidité et procéder avec plus d'économie, les constructeurs recourent aux métaux, au fer, au plomb, au zinc ; d'immenses usines fabriquent des planchers, des combles, des couvertures, des traverses, des tabliers de pont, des pilotis à vis, des caisses en fonte. Autrefois, le fer et le plomb n'étaient utilisés que pour la consolidation des édifices ; aujourd'hui, le fer en forme la partie essentielle. Aux toitures en cuivre du moyen âge, beaucoup trop coûteuses, aux toitures en tuiles, toujours si lourdes, l'architecte substitue des tôles à petites, moyennes ou grandes ondulations ; système qui fut adopté par M. Eugène Flachat pour couvrir la gare de marchandises du chemin de fer de l'Ouest (rive gauche). Entre autres établissements français renommés dans la fonte et la disposition des éléments de construction, nous citerons la Providence, Montataire, la Marquise, le Creuzot, Commentry, Audincourt, Hayange, Fourchambault, Mazières, etc. L'arc de l'étage souterrain des halles de Paris sort de cette dernière usine. Certes, au point de vue de la légèreté, de la puissance et de la sécurité en cas d'incendie, rien ne saurait remplacer les métaux; mais ils ont leurs inconvénients. A l'œil, dans la construction monumentale, leurs fûts sont trop grêles; à l'usage, leurs lames, leurs tables se mettent trop vite en équilibre de température avec l'air extérieur. Il faudra donc une espèce de transaction entre l'usage ancien et les tendances modernes, transaction qu'amènera inévitablement l'invasion toute prochaine du bois des colonies.

Les découvertes, les expériences si probantes de MM. Boucherie et Kuhlmann, au bénéfice du bois et de la pierre, vont contribuer, d'une manière notable, à maintenir la prééminence des anciens matériaux de construction sur les substances métalliques, qu'il importe d'utiliser, mais qu'il ne faudrait jamais prodiguer. M. Boucherie infiltre d'un liquide conservateur, *sulfate de cuivre*, la matière ligneuse; M. Kuhlmann arrose d'un *silicate alcalin* les pierres, les marbres trop poreux, trop déliquescents, trop facilement accessibles aux influences dégradantes d'une atmosphère humide. Le procédé Boucherie fait monter de 20 fr. à 35 fr. le prix du mètre cube de bois tendre tel que le sapin et le bouleau; mais il lui donne la consistance et la durée du bois le plus résistant. Le procédé Kuhlmann, pour *silicater* les moellons calcaires, coûte 1 fr. 50 c. par mètre de façade; il s'effectue par simple arrosement, et dès lors cessent, et le salpêtrage, et la croissance des mousses, des lichens, et celle de toutes ces végétations hybrides qui compromettent la forme et l'aspect des œuvres de l'art. M. Duban, à l'hôtel La Trémouille et au Louvre, MM. Lassus et Viollet-Leduc aux contre-forts de Notre-Dame, ont essayé avec succès cette méthode préservatrice, qui ne peut manquer de se généraliser, surtout dans les contrées septentrionales.

Des procédés divers, des inventions heureuses viennent se grouper naturellement autour des matériaux de bâtisse que nous avons examinés. L'Angleterre, si habile dans l'art des constructions maritimes, si progressive en travaux hydrauliques, a produit des *pieux* à vis avec tige pleine ou tige creuse qui permettent la suppression des *sonnettes*, appareils pour enfoncer les pieux, incommodes et très-dispendieux par le personnel considérable qu'ils exigent; elle a produit en outre des *caissons métalliques* munis de tubes pour opérer le vide sous l'eau. Ces appareils, ces agents, que d'excellents lavis rendent palpables, ont initié les curieux aux opérations qui se sont effectuées, pour l'établissement du phare de Haplin, à l'entrée de la Tamise, et pour celui du phare de Gunfleet. Deux Anglais, MM. Fox et Henderson, dirigent en ce moment, d'après le système à *caissons métalliques* de MM. Nepveu fils et Hermann, les fondations du pont qui se reconstruit à Lyon, sur la Saône.

La distribution de l'eau et celle du gaz, soit dans les villes, soit dans les édifices et les grands ateliers, d'une importance si capitale par rapport à l'hygiène et à l'économie des travaux, ne pouvait manquer d'amener des innovations heureuses. Les *tuyaux* et les *joints* Petit, en caoutchouc ; les *conduits* Chameroy, en tôle bombée et enroulée, avec enduit bitumineux ; les appareils Fortin-Hermann, notamment sa *borne-fontaine intermittente* et sa *vanne*, sont conçus avec non moins de sagacité que d'esprit pratique.

Dans le vaste domaine des travaux publics, l'art anglais occupe incontestablement le premier rang. Comme œuvres hardies et comme œuvres utiles, nul peuple européen ne peut citer quelque chose d'analogue au grand pont tube le *Britannia*, exécuté par M. Stephenson, au pont sous la Tamise, exécuté par un Français, mais avec les capitaux si confiants des lords du Royaume-Uni. Le port de Grimsby, exécuté à l'embouchure de l'Humber sous la direction de M. Rendel ; le port à l'embouchure de la Wear, construit par John Murray, et plusieurs autres travaux semblables, n'ont d'analogues que les endiguements de la Hollande et les constructions maritimes de Cherbourg et de Toulon. Devant les groupes de travaux exposés par la France et par l'Angleterre, il faut toujours, disait un des membres les plus éclairés du Jury, revenir à cette appréciation que nos voisins nous préparent les questions, et qu'aidés de leurs expériences patientes et laborieuses, nous les élucidons et les faisons fructifier. C'est l'histoire d'un arbre plein de sève dont les fruits deviennent savoureux sous la main du jardinier d'élite. Nos œuvres sont plus monumentales, mieux finies, plus durables, mais elles n'arrivent qu'après les œuvres d'outre-Manche.

Les nations du centre de l'Europe, la Bavière, l'Autriche, la Prusse, si riches en vastes entreprises conduites avec sagesse, et décorées d'édifices qui ne manquent ni de grandiose, ni de commodité pratique, ayant négligé leurs envois, la comparaison n'était possible qu'entre la France et le Royaume-Uni. Quant au Canada, où se reflète si puissamment l'esprit français, canalisation, chemins de fer, ponts gigantesques, rien n'y manque. Il avait rêvé un pont d'une longueur de 2,744 mètres, exécuté dans le système tubulaire du Britannia ; le rêve se réalise, et le chemin de fer de Québec à Montréal traverse ainsi le fleuve Saint-Laurent.

Notre ministre des travaux publics avait parfaitement compris de quelle importance il était pour l'honneur national d'exposer, d'une manière complète, l'image parlante des grandes œuvres auxquelles le gouvernement donne son impulsion. En conséquence, l'École des ponts et chaussées présentait une collection remarquable de modèles des principales créations architecturales exécutées chez nous depuis vingt-cinq ans : ponts, viaducs, gares, barrages, phares, aqueducs, écluses, etc. « M. Poirée père, inspecteur général des ponts et chaussées, auquel on doit les barrages à aiguilles dont l'emploi est si utile dans les limites des hauteurs d'eau qu'on rencontre généralement sur nos rivières, pour rendre les hauts fonds navigables à l'aide de retenues ; M. Thénard, dont le système à contre-hausses rend si facile le maniement de la retenue pour les faibles chutes ; M. Chanoine, qui profite du courant même et des crues pour manœuvrer ses panneaux, en constituant ainsi des barrages automoteurs, sont venus témoigner dignement des progrès que l'art de l'ingénieur a faits par leur intermédiaire, en ce qui concerne nos cours d'eau. » Les barrages mobiles auxquels le nom de M. Poirée se trouve lié désormais, sont d'origine exclusivement française. Ce système avait atteint sa perfection avant même que les ingénieurs étrangers eussent l'idée de l'adopter. On doit encore à M. Poirée un mode nouveau de simplification et de régularisation du mouvement des portes d'écluse, système essayé avec quelque succès à l'écluse de la Monnaie de Paris. On voit figurer là les métaux, trop repoussés peut-être dans la pratique des écluses, par suite de difficultés de travail qu'une patiente recherche surmontera tôt ou tard.

Le pont de Bercy, le pont d'Asnières, le pont d'Arcole, le pont de Tarascon, mais principalement le pont de la Durance, à l'aide duquel M. de Montricher fait franchir une vallée profonde au liquide dont va s'abreuver une grande ville; captivaient, par leurs modèles, l'attention des gens du monde non moins que l'attention des hommes de science, car on retrouvait là, comme sur les champs de bataille, le témoignage héréditaire de la bravoure française. J'emploie le mot bravoure sans distraction aucune. Est-ce que l'architecture, la sculpture des vieilles cathédrales françaises n'est pas une architecture, une sculpture vaillante d'où s'élance l'âme de l'artiste vers la conquête de l'impossible? Est-ce que cette puissance, détournée d'un objet qui n'existe plus dans nos mœurs, ne crée pas des merveilles analogues, sous l'inspiration de l'utilité pratique que recherche la civilisation moderne?

REVUE DES PRINCIPAUX OBJETS

EXPOSÉS DANS LA QUATORZIÈME CLASSE.

LA MANUFACTURE ROYALE DE MOSAIQUES DE FLORENCE (Toscane).

Les mosaïques exécutées dans cette manufacture appartiennent, par leurs dimensions, aux constructions civiles. Ces mosaïques, entièrement différentes de celles exécutées à Rome, présentent une variété spéciale à la ville de Florence, et prennent, en conséquence, le nom de *mosaïques florentines*.

On emploie à leur fabrication principalement des matières feldspathiques et aussi beaucoup de roches quartzeuses. Ces travaux sont exécutés tantôt en relief, tantôt en surface plane. La décoration de la basilique de Saint-Laurent, à Florence, après deux siècles et demi de travaux, n'est point encore terminée. Les travaux exécutés pour elle et présentés à l'Exposition universelle, prouvent que la manufacture royale de mosaïques de Florence n'a point perdu le secret des grandes œuvres, quoiqu'elle les exécute plus rarement. Le jury a même constaté, dans ces morceaux destinés à l'ornementation de l'autel de la chapelle des Médicis, sinon plus de goût, du moins plus de perfection que dans ceux des époques antérieures.

LA MANUFACTURE ROYALE DE FLORENCE, fondée en 1588 par Ferdinand, grand duc de Toscane, est un établissement modèle, dans lequel les grandes traditions du travail des pierres dures se sont conservées à travers un long espace d'années. La XIVe Classe s'est associée à la décision de la XXIVe, qui a décerné à cette manufacture la MÉDAILLE D'HONNEUR.

MM. L. TONTI et G. DUPRÉ, à Florence (Toscane), ont retrouvé le secret de la taille du porphyre rouge antique, presque entièrement oublié depuis les Égyptiens, qui avaient pratiqué cette opération avec une perfection demeurée sans rivale. Deux morceaux importants, aussi finement taillés que le marbre, ont valu à MM. Tonti et G. Dupré le rappel, par la XIVe Classe, de la récompense qu'ils ont obtenue dans la Classe XVe.

MANUFACTURE ROYALE D'ELFDALEN, en Dalécarlie (Suède et Norwège).

Fondée en 1788 par Hagström, la MANUFACTURE ROYALE D'ELFDALEN fut acquise, en 1820, par le roi Charles-Jean. Elle travailla les porphyres sur une grande échelle et avec une perfection remarquable. L'objet de son exposition le plus digne d'attention était un petit guéridon en mosaïque, offert par S. M. le roi de Suède à S. M. l'impératrice des Français. Ce chef-d'œuvre de travail réunissait une collection de toutes les roches des environs d'Elfdalen; manufacture qui fabrique spécialement des objets d'un prix très-élevé, qu'on ne livre point au commerce, mais que le roi de Suède offre en présent. A Elfdalen, la perfection de la main-d'œuvre est très-grande. MÉDAILLE DE PREMIÈRE CLASSE.

M. MAC-DONALD, à Aberdeen (Écosse), exploite une usine considérable dans laquelle on taille le granit avec une rare perfection. M. Mac-Donald travaille le granit dans toutes les formes, mais spécialement pour l'architecture et les arts. Il a exécuté plusieurs œuvres importantes qui mériteraient toutes une mention spéciale. Nous nous bornerons à citer l'obélisque de granit rouge, élevé à Greenwich à la mémoire du lieutenant Bellot, de la marine française, et le mausolée du comte de Kilmorey, dans le cimetière de Brompton. Ce mausolée est sans doute le plus important ouvrage en granit exécuté dans les temps modernes.

On travaille encore, à Aberdeen, le granit pour une foule d'objets de bijouterie qui sont montés en argent. Le jury a décerné à M. MAC-DONALD la MÉDAILLE DE PREMIÈRE CLASSE.

LA COMPAGNIE DES INDES (ROYAUME-UNI).

Différents bijoux de jade oriental, d'un prix fort élevé, faisaient partie de l'exposition de la COMPAGNIE DES INDES. Cette matière, de couleur variable, blanc verdâtre ou grisâtre, parfois verte ou entièrement blanche, a un aspect gras, auquel le poli ne donne que peu de brillant. A raison de sa dureté, ce n'est qu'à l'aide du diamant que les Chinois et les Indous parviennent à tailler le jade; aussi la bonne réussite des objets exposés, décorés de fines sculptures d'une très-grande difficulté d'exécution, aurait mérité à la COMPAGNIE DES INDES une récompense élevée, si la médaille d'honneur, déjà obtenue par elle pour l'ensemble de son exposition, n'eût pas obligé le jury de la XIV° Classe à la mentionner seulement pour mémoire.

M. BIGOT-DUMAINE, à Paris (France), pour le procédé de taille de granit avec le diamant noir, mérite d'être spécialement cité. Le diamant noir, de forte dimension, est enchâssé dans une solide tige d'acier ou de laiton, puis appliqué dans un tour aux objets à façonner. Cette méthode, en donnant les plus beaux résultats, épargne un temps et une main-d'œuvre considérables. MÉDAILLE DE PREMIÈRE CLASSE.

M. R.-J. COLIN, à Épinal (France), est à la tête d'une marbrerie très-importante où s'élaborent non-seulement les marbres, mais aussi les serpentines et les pierres dures des Vosges. On peut citer, entre autres, le *granit feuille morte*, employé au dallage de l'église Sainte-Geneviève (Panthéon), à Paris. M. Colin a le mérite d'avoir, à lui seul, reconstitué, en 1845, cette difficile industrie, perdue dans les Vosges depuis 1803, et l'on peut voir par les deux monuments de Mathieu de Dombasle et du général Drouot, élevés par lui à Nancy, que sa fabrication serait capable d'aborder les travaux les plus importants. MÉDAILLE DE PREMIÈRE CLASSE.

S. H. LE VICE-ROI D'ÉGYPTE.

LE VICE-ROI D'ÉGYPTE est mentionné pour mémoire, dans la XIV° Classe, pour son exposition de *Brèche universelle d'Égypte* et d'une serpentine verdâtre, traversée d'une foule de veines d'un vert noirâtre.

Le musée du Louvre renferme plusieurs objets en brèche universelle, parmi lesquels il faut citer divers antiques, vases et colonnes, et une statue de prisonnier barbare. Au reste, ce n'est pas en Égypte seulement que se trouve cette matière, divers autres pays en fournissent de nombreux gisements; l'exposition grecque montrait une brèche pétro-silicieuse à peu près semblable.

Nous ne pouvons oublier de parler, à ce sujet, des émeraudes d'Égypte, contenues dans un mica-schiste et exploitées pareillement dès l'antiquité. Celles qui figuraient à l'Exposition, malgré leur petite dimension, étaient fort belles et d'une transparence remarquable.

Quant à la serpentine, les anciens l'ont pareillement exploitée. Ils lui donnaient le nom de *pierre de Baram*. Malheureusement, elle prend un poli très-imparfait.

Dans les mêmes gisements on trouve une euphotide serpentineuse ayant une pâte de pétrosilex susceptible d'un très-beau poli, et qui rendrait de grands services s'il était possible de l'obtenir en blocs un peu considérables.

SOCIÉTÉ D'ANGERS, a Angers (France).

Cette société, gérée par une commission, se compose de toutes les ardoisières de l'Anjou, réunies depuis 1825; elle n'emploie pas moins de 2,416 ouvriers. 31 machines à vapeur servent à l'épuisement des eaux et à l'extraction des ardoises. La quantité d'ardoises fabriquées annuellement est de 141,864,000 pour une valeur de 3,713,876 francs. M. Larivière, actuellement gérant de cette société, a surmonté d'une manière habile les difficultés que présente aujourd'hui l'extraction aux grandes profondeurs où l'on est parvenu. Au moyen des modèles empruntés aux Anglais, il a su créer aux Anglais eux-mêmes, non-seulement sur le continent, mais aussi en Angleterre, une concurrence tout à l'avantage de notre commerce.

La Société d'Angers a été honorée d'une MÉDAILLE DE PREMIÈRE CLASSE.

SOCIÉTÉ DE SAINTE-ANNE, à Fumay (France). L'exploitation de l'ardoisière de Sainte-Anne remonte à une époque inconnue, car on trouve des traces de son existence dès le XIIIe siècle, et certes elle existait précédemment. La concession actuelle date de 1760.

Les ardoises fabriquées à Fumay consistent surtout en modèles français, quoiqu'on commence à y travailler pareillement d'après les modèles anglais. Au reste, les produits de la Société DE SAINTE-ANNE sont, dit-on, d'une qualité supérieure, et le chiffre de ses affaires est fort élevé. Elle emploie deux machines à vapeur d'une force de 35 chevaux; elle a des chemins de fer établis dans toutes ses galeries d'exploitation, et occupe environ 700 ouvriers.

Ses produits se répandent en France d'abord, et s'exportent ensuite pour la Belgique et la Hollande en grande quantité, car la Société DE SAINTE-ANNE livre annuellement au commerce 45,000,000 d'ardoises. MÉDAILLE DE DEUXIÈME CLASSE.

M. MAGNUS, a Londres (Royaume-Uni).

L'ardoise émaillée est une invention toute nouvelle due à M. MAGNUS. Le brevet, pour l'ardoise chauffée dans des fours à poterie et recouverte de couleurs, date de 1838 seulement. Aujourd'hui M. MAGNUS est à la tête d'une usine très-importante. L'usage de l'ardoise émaillée s'est rapidement répandu en Angleterre, à cause de la rareté des marbres, qu'elle remplace avec tous les avantages désirables. On l'emploie pareillement pour les décorations architectoniques et pour les usages domestiques les plus variés. On remarquait à l'Exposition universelle un grand nombre de cheminées, de poêles, de dessus de commodes et de toilettes, qui reproduisaient parfaitement les diverses espèces de marbres. On remarquait un fort beau billard imitant le porphyre rouge antique, dont le prix n'était pas relativement très-élevé. M. MAGNUS a obtenu la MÉDAILLE DE PREMIÈRE CLASSE.

M. J.-B. TOMEI, à Bastia (Corse), France. M. TOMEI a découvert, près de Bastia, l'une des plus belles variétés de serpentine, dite de Bivinco, qui appartient à celle qu'on désigne sous le nom de vert de mer. Il l'exploite avec succès. MÉDAILLE DE PREMIÈRE CLASSE.

M. A. SÉGUIN, à Paris (France), exploite depuis 1854 la serpentine du Pech Cardaillac (Lot). Cette serpentine, de couleur vert olive, vert pistache, vert noirâtre, provient des carrières appartenant au maréchal Canrobert. MÉDAILLE DE PREMIÈRE CLASSE.

LA COMMISSION GÉOLOGIQUE DU CANADA avait exposé deux plaques polies de serpentine, l'une d'Oxford, l'autre de Brompton-Lake, qui lui ont mérité la MÉDAILLE DE PREMIÈRE CLASSE.

LONDON AND PENZANCE SERPENTINE COMPANY, à Penzance (Royaume-Uni). Cette société, de date récente, puisqu'elle n'est formée que depuis 1852, a pour but l'exploitation de la serpentine du cap Lizard. C'est une des plus belles serpentines que l'on connaisse; sa couleur, olive vert foncé, présente souvent des taches nuancées de brun ou de rouge cerise.

Cinq carrières sont actuellement en exploitation. La serpentine s'y présente par blocs qui n'ont pas moins de trois mètres de long, dimension fort rare. Les travaux sont activés par deux machines à vapeur de la force de 17 chevaux.

La valeur des produits de cette compagnie atteint annuellement 150,000 francs et pourrait sans peine être doublée. Les objets envoyés à l'Exposition universelle formaient un ensemble excessivement remarquable de tables, de vases et d'autres objets. MÉDAILLE DE DEUXIÈME CLASSE.

M. GÉRUZET AINÉ, à Bagnères-de-Bigorre (France). M. GÉRUZET exploite le marbre des Pyrénées à Bagnères-de-Bigorre depuis 1829. On lui doit la découverte de plusieurs carrières nouvelles et la reprise de carrières abandonnées. Ces marbres réunissent les qualités et les couleurs les plus diverses. Parmi les produits exposés, mentionnons une colonne qui réunissait les principaux marbres des Pyrénées et qui était complétement évidée au moyen du tour.

Le Jury, dans son rapport, déclare que, « de tous les marbriers qui ont pris part au grand concours ouvert par l'Exposition universelle, il n'en a trouvé aucun qui fût supérieur à M. GÉRUZET, et lui décerne la MÉDAILLE DE PREMIÈRE CLASSE. »

M. DERVILLÉ ET Cie, à Paris (France). Pendant le siècle dernier, les carrières de marbre de Saint-Béat furent presque abandonnées. Ce marbre blanc, que certains sculpteurs préfèrent à celui de Carrare, se rapproche, par sa structure, des marbres de la Grèce; il a pourtant un grain moins fin. Quelquefois son blanc est légèrement teinté de gris, par suite d'une matière bitumineuse qu'il renferme. Exploité dans l'antiquité et au moyen âge, il avait perdu, dans ces derniers temps, toute la faveur dont il est digne. M. DERVILLÉ a entrepris de relever cette exploitation. D'importants travaux préparatoires vont permettre de donner à cette industrie tous les développements dont elle est susceptible. M. DERVILLÉ occupe aujourd'hui 350 ouvriers environ. MÉDAILLE DE DEUXIÈME CLASSE.

M. FRANÇOIS TAPIE, à Bagnères-de-Bigorre (France), contre-maître de l'usine appartenant à M. Geruzet, présentait une machine de son invention, destinée à creuser les vases et les coupes de marbre, quel que soit leur diamètre. Ce n'est pas, au reste, la seule invention de M. Tapie : on lui doit encore une scie, destinée à galber mécaniquement les consoles de cheminée et à débiter les marbres suivant les surfaces courbes que l'on peut désirer. Déjà, pour d'autres améliorations, il avait été l'objet de récompenses aux précédentes expositions. Le Jury lui a décerné la MÉDAILLE DE DEUXIÈME CLASSE.

M. T. ILLIANI, à Bastia (France), exposait de superbes marbres bleu turquin, des marbres gris et blancs et un cipolin blanc compacte à grain fin. Ces différents marbres, fort remarquables, s'exploitent facilement et peuvent être livrés sur place à raison de 150 ou 200 francs le mètre cube. L'usine de la Restonica, dont la création fait le plus grand honneur à M. ILLIANI, a déjà rendu d'importants services, et les marbres divers qu'il avait exposés produisent le plus bel effet.

Le Jury lui a décerné la MÉDAILLE DE PREMIÈRE CLASSE.

M. DECONCHY, à Franchimont, près de Philippeville (Belgique). Bien que cet établissement se trouve en Belgique, M. DECONCHY figure parmi les exposants français; circonstance due à ce que, outre l'établissement de Franchimont, il possède encore une scierie à Consolre, dans le département du Nord, et deux autres à Fatouville, près de Honfleur.

Le marbre de Franchimont, qu'on nomme parfois *rouge-royal*, est d'une belle couleur rouge, mélangée de gris et de blanc. Il est surtout employé, en France, à la décoration des édifices publics et des boutiques. Les colonnes qui, rue de Rivoli, décorent les appartements du ministère des finances, sont en marbre de Franchimont. MÉDAILLE DE PREMIÈRE CLASSE.

SOCIÉTÉ MARBRIÈRE DU MAINE, le Mans (France). Cette société a repris, en 1851, l'exploitation des marbres de la Loire, abandonnée depuis 1848. Ces marbres ont une ressemblance assez grande avec ceux de la Belgique, et, comme eux, ils entrent dans la consommation usuelle de Paris. Les carrières exploitées par la Société donnent des marbres de différentes nuances et de qualités variables, qu'elle distingue sous onze noms différents. Deux usines, celle de Pontlieue et celle de Maulny, armées ensemble de 250 lames de scie, débitent annuellement 12,000 mètres carrés de marbres en tranches.

La Société marbrière du Maine a obtenu la médaille de deuxième classe.

INSTITUT TECHNIQUE DE FLORENCE (Toscane). Le directeur de l'Institut de Florence, M. Corridi, avait exposé une fort belle collection de marbres des Alpes Apuennes. Il y a trois qualités de marbres statuaires : celle du mont Altissimo est considérée comme tout à fait supérieure; son prix varie sur place, par mètre cube, de 1,200 francs à 2,400. Le marbre de Carrare, dit ravaccione, le plus employé, est de la troisième qualité seulement, et à Carrare même, il ne vaut que de 200 à 300 francs.

Parmi les marbres non employés par la statuaire, on doit citer le bleu turquin, le marbre blanc ordinaire, le bardiglio, le jaune de Sienne, etc. On ne pouvait, en parlant de marbre, oublier de mentionner l'Institut technique de Florence, qui d'ailleurs a obtenu une médaille hors classe pour l'ensemble de son exposition.

M. BORRINI, à Florence (Toscane). M. Borrini, directeur de la Société marbrière de Giardino, près de Sarravezza, a découvert un gisement de marbre blanc que l'on peut extraire en blocs d'assez grandes dimensions, et qui fournit de bons matériaux à la statuaire, en raison de son grain compacte et de sa teinte légèrement jaunâtre, recherchée par les artistes préférablement au blanc mat.

Le marbre statuaire n'a été jusqu'ici exploité que dans un très-petit nombre de localités, et son emploi s'étendant de plus en plus, les exigences de la consommation augmentent proportionnellement. C'est donc un service réel rendu à l'industrie que la découverte de nouveaux gisements. M. Borrini a reçu la médaille de deuxième classe.

LES DÉMES DE CROCÉES, SPARTE, LAGEIA, TRIPOLI, NAUPLIE (Grèce).

Les marbres de la Grèce présentaient à l'Exposition un ensemble des plus remarquable. Ces marbres proviennent des belles carrières de l'antiquité, qu'ont rendues célèbres à la fois les monuments et statues dont elles ont fourni les matériaux, et les descriptions que les grands écrivains d'avant notre ère nous en ont laissées.

Parmi ces marbres, celui de Paros jouit, avec le pentélique, de la plus grande réputation. Le Paros est d'un blanc légèrement jaunâtre et translucide, qui l'a toujours fait rechercher pour les statues, auxquelles cette disposition donne un effet fort agréable. On regrette de ne pouvoir pas l'obtenir en blocs de plus forte dimension; au reste, son exploitation, un instant languissante, reprend une activité toute nouvelle par la création d'un chemin de fer.

Le marbre pentélique, qui a servi à la décoration de l'Athènes antique et d'une partie de l'Athènes moderne, présente un ton un peu plus gris que le Paros; il est translucide comme lui. Avec le temps, le pentélique acquiert une teinte chaude et dorée qui lui est propre et qui le fait rechercher.

Le marbre de Ténos est encore un marbre blanc statuaire, mais d'une qualité inférieure.

Les marbres rouges de la Grèce sont, de tous les marbres de couleur, les plus remarquables; ce sont eux que l'on appelle rouge antique, variété confondue par les anciens avec le porphyre rouge d'Égypte. On avait, jusqu'à ces derniers temps, ignoré leur gisement précis. Leur découverte est une révélation due à l'Exposition universelle. Les carrières les plus abondantes sont celles de Cynopolis et de Damaristica.

On remarque que ce marbre rouge passe, par diverses dégradations de nuances, au rouge marron veiné de blanc et de noir.

D'autres marbres se faisaient encore remarquer dans cette belle Exposition, notamment le marbre de Sparte et des Crocées, qui, d'une belle couleur jaune, passe au jaune nankin, au jaune rougeâtre, et même au violet.

Ceux de Taygète, de Ténare, de Mantinée, laissent un peu à désirer sous le rapport de la teinte.

Parmi les marbres, un bel échantillon d'albâtre de l'îlot Psythalia attirait aussi l'attention : les anciens en faisaient un grand usage pour les lacrymatoires; il paraît pouvoir servir aujourd'hui à divers emplois.

Le Jury a voté, en faveur des DÈMES DE CROCÉES, SPARTE, LACHIA, TRIPOLI, NAUPLIE, la MÉDAILLE DE PREMIÈRE CLASSE.

MM. P.-B. DEJEANTE et BONNET, à Lisbonne (Portugal). M. Dejeante est un Français auquel le Portugal est redevable de l'industrie des marbres. Ceux de l'Alentejo, qui ne reviennent qu'à 600 francs le mètre cube, ont des couleurs fort vives et agréablement variées qui leur assurent de faciles débouchés. On remarquait, dans l'exposition de M. DEJEANTE, une table mosaïque réunissant 96 échantillons de marbres, et présentant ainsi une collection à peu près complète de tous les marbres du Portugal. MÉDAILLE DE PREMIÈRE CLASSE.

M. A.-G. LECLERCQ, à Bruxelles (Belgique) : Produits très-élégants envoyés à l'Exposition. Dans son usine, on travaille et sculpte les marbres avec une perfection remarquable. Même récompense.

COMMISSION GÉOLOGIQUE DU CANADA (POSSESSIONS ANGLAISES).

M. LOGAN, président de la Commission géologique du Canada, exposait une remarquable collection des divers marbres de ce pays.

Le plus curieux d'entre eux est celui de Greenville, formé de chaux carbonatée, blanche, cristalline, associée à de la serpentine verte. Ce marbre est plus ou moins serpentineux, selon qu'il se rapproche davantage d'un dyke de trapp.

Un autre marbre, celui de Dudswell, est blanc jaunâtre, traversé par des veines d'un jaune d'ocre, et celui de Missisquoibay est noir avec des taches blanches et des veines grises.

Plusieurs autres marbres exposés par la Commission géologique du Canada, présentent aussi de l'intérêt. Si toutes les richesses minérales de ce pays sont parfaitement connues, il faut en savoir gré aux travaux et aux soins éclairés de la Commission dirigée par M. LOGAN. On doit à cet éminent ingénieur l'indication de beaucoup de gisements. Ses travaux ne sont ici rappelés que pour mémoire, la première classe lui ayant décerné la GRANDE MÉDAILLE D'HONNEUR.

M. DESAUGES, à Paris (France), a obtenu la plus haute récompense décernée par le Jury pour l'exploitation des pierres calcaires. M. Desauges exploite les importantes carrières de Tonnerre. Sept usines hydrauliques font mouvoir 24 châssis, ayant chacun 24 lames, débitant ainsi les quatre cinquièmes des 3,500 mètres cubes de pierre exploités chaque année. Cette importante extraction occupe environ 200 ouvriers et un grand nombre de chevaux pour les transports. MÉDAILLE DE DEUXIÈME CLASSE.

M. WINCQS, à Soignies (Belgique). Les carrières de Soignies, ouvertes en 1740, sont fort heureusement situées à proximité des houillères, avec un embranchement sur le réseau des chemins de fer. Cinq cents ouvriers y travaillent annuellement. L'extraction de la pierre s'y fait à l'aide de deux machines à vapeur, l'une de 8 et l'autre de 20 chevaux. Trois autres machines, dont une locomotive, sont employées à l'épuisement des eaux ; enfin, une dernière machine, de la force de 35 chevaux, met en mouvement la scierie, qui ne débite pas moins de 1,200 mètres cubes de pierre par an. Les déchets sont utilisés pour l'empierrement des chaussées.

On admirait, à l'Exposition, une magnifique dalle de pierre de 8 mètres de hauteur, 2 mètres de largeur et 30 centimètres d'épaisseur. Cette pierre sculptée était expédiée par M. WINCQS, qui pourrait en obtenir de plus considérables encore.

M. WINCQS a reçu la MÉDAILLE DE DEUXIÈME CLASSE.

M. VICAT, A GRENOBLE (FRANCE).

Il est impossible de parler des chaux hydrauliques sans s'occuper des importants travaux de M. VICAT, inspecteur général des ponts et chaussées, bien qu'il n'ait pas exposé.

Grâce aux découvertes dues aux recherches de M. VICAT, les constructions, dans les terrains submergés, sont rendues faciles. La chaux isolée se délayant dans l'eau avec une extrême rapidité, il fallait avoir recours, pour les constructions hydrauliques, à des ciments rares et chers que, même à prix élevé, l'on ne trouvait pas toujours à sa disposition. M. VICAT observa qu'en mélangeant la chaux avec de l'argile, on arrivait à produire un ciment qui prenait bientôt, sous l'eau, la solide consistance de la pierre elle-même, et que, pour obtenir ce résultat, il s'agissait seulement d'avoir soin que le mélange fût d'une bonne cuisson.

En portant la proportion d'argile à divers degrés, on obtient des produits plus ou moins hydrauliques : avec 33 p. 100 d'argile, on a un produit précieux, improprement désigné dans le commerce sous le nom de *ciment romain*, et dont la prise, soit à l'eau, soit à l'air, est presque instantanée.

M. VICAT a détrôné la pouzzolane antique en produisant, de toutes pièces, une matière parfaitement identique; mais il ne s'est pas arrêté là : il a entrepris de découvrir et de signaler aux ingénieurs les différents gisements capables de fournir de la chaux hydraulique. Son fils, instruit par lui dans la pratique de cette science importante, lui vient en aide dans cette glorieuse tâche.

Le Jury a décerné à M. VICAT la GRANDE MÉDAILLE D'HONNEUR.

M. GARIEL, à Paris (France). M. Gariel exploite, depuis 1832, le ciment de Vassy-lès-Avallon (Yonne), importante industrie qui, par jour, occupe environ 2,500 ouvriers. La cuisson du ciment a lieu dans cinq fours à houille, par un feu continu. Onze meules, roulant verticalement sur des gîtes circulaires, servent ensuite au broyage, tandis que deux blutoirs cylindriques en toile métallique, opèrent le tamisage.

Les travaux exécutés par M. Gariel sont tellement nombreux qu'il est impossible de les énumérer tous. On peut citer, à Paris seulement, la construction ou la reconstruction de sept ponts, aussi remarquables par leur rapide création que par leur solidité et leur élégance. MÉDAILLE DE PREMIÈRE CLASSE.

M. LE COMTE DE VILLENEUVE, à Roquefort (Bouches-du-Rhône), France, dirige l'importante usine de Roquefort, où se fabriquent de la chaux hydraulique et du ciment. Le Jury avait à juger M. de Villeneuve au double point de vue de la production et du perfectionnement apporté par lui au traitement des matériaux hydrauliques. Il lui a décerné la MÉDAILLE DE PREMIÈRE CLASSE.

On doit à M. de Villeneuve l'indication des divers moyens de tirer parti de plusieurs produits de la chaufournerie jusqu'alors laissés sans emploi.

M. E. DUPONT, à Boulogne-sur-Mer (France), y a créé une usine à vapeur pour la fabrication du ciment ordinaire et du ciment de Portland. Cette usine est en son genre une des plus importantes de France. M. DUPONT a réalisé la fabrication indigène des ciments pour lesquels nous étions jusqu'alors tributaires de l'Angleterre. MÉDAILLE DE PREMIÈRE CLASSE.

M. J.-A. LEBRUN, à Moissac (France), pour un ciment très-remarquable qu'il fabrique dans son usine, a obtenu la même récompense.

MM. ARNAUD et CARRIÈRE, à Grenoble (France), pour leur ciment de *la Porte de France*, l'un des meilleurs que nous ayons, ont reçu la MÉDAILLE DE PREMIÈRE CLASSE.

MM. PAVIN DE LAFARGE ET L. REGNY, a Marseille (France).

Les carrières de Lafarge donnent une chaux hydraulique très-estimée, connue dans le commerce sous le nom de chaux hydraulique du Theil.

Une machine à vapeur de 12 chevaux active cette fabrication, à laquelle, selon ses besoins, 60 à 300 ouvriers sont occupés chaque jour. L'usine compte 18 fours à chaux, dont chacun peut produire par jour 100 quintaux métriques de chaux hydraulique.

Une machine à vapeur de 12 chevaux et une roue hydraulique sur le Rhône, mettent en mouvement 14 blutoirs.

En 1832, pour la première fois, cette chaux hydraulique fut employée aux constructions maritimes; les résultats obtenus alors ont engagé à en généraliser l'emploi dans les ports de la Méditerranée, et nous ne saurions énumérer le grand nombre de travaux qu'elle a servi à exécuter. Les rapports unanimes des ingénieurs constatent que la chaux du Theil résiste à la mer d'une façon supérieure aux meilleures pouzzolanes.

MM. Pavin de Lafarge et L. Regny, qui exploitent les carrières de Lafarge, ont obtenu du Jury la MÉDAILLE DE PREMIÈRE CLASSE.

MM. LEUBE FRÈRES, à Ulm (Wurtemberg), pour leur chaux hydraulique et ciment dit de Wurtemberg : MÊME RÉCOMPENSE.

M. CRISTOFOLI (Antonio), à Padoue (royaume Lombardo-Vénitien), exposait des marbres artificiels provenant d'une usine établie par lui dans cette ville.

Ces marbres, employés aux dallages, ne contiennent pas de plâtre; ce sont des ciments de couleurs variées avec des incrustations de roches. MÉDAILLE DE PREMIÈRE CLASSE.

M. BEX, à Paris (France), est au premier rang des principaux stucateurs. Plusieurs objets sortant de ses ateliers figuraient à l'Exposition et méritaient une attention toute particulière. Parmi les travaux anciennement exécutés par lui, il faut citer la galerie des batailles à Versailles, la bibliothèque du sénat, les appartements de réception au ministère d'État, etc. Le Jury a décerné à M. Bex la MÉDAILLE DE PREMIÈRE CLASSE.

SOCIÉTÉ DU VAL-DE-TRAVERS (France). Cette Société, sous la direction de M. Baboneau, exploite des mines d'asphalte non-seulement en France, mais à Chavaroche près d'Annecy-le-Vieux (Savoie) et à Bocca-Secca (royaume de Naples). On est redevable à cette Société de la substitution du broyage à la calcination, autrefois employée pour pulvériser le bitume. Elle emploie maintenant des chaudières fermées pour la préparation du mastic, et le bitume est directement extrait de la roche d'asphalte par la distillation. Ces différents titres ont valu à la Société du Val de Travers la MÉDAILLE DE PREMIÈRE CLASSE.

M. LE BARON M. DE ROTHSCHILD, à Venise (Autriche), fait diriger, dans l'île de la Giudecca, par M. Schulze, e importante usine pour la fabrication de l'asphalte. Les minerais viennent de la Dalmatie à Ven , par mer. On ne peut que louer les produits obtenus pour leur qualité et leur quantité considérable, qui ne s'élève pas à moins de 15,000 quintaux métriques, livrés au prix modique de 13 francs le quintal. MÉDAILLE DE PREMIÈRE CLASSE.

M. KUHLMANN, à Lille (France). On est redevable à M. Kuhlmann du procédé si intéressant de la *silicatisation des pierres*.

Ce fut la connaissance de quelques recherches faites à Munich par le professeur Juchs, qui mit M. Kuhlmann sur la voie de cette importante découverte. Il s'aperçut qu'un calcaire très-friable comme la craie, immergé dans une dissolution de silicate de potasse, changeait sur-le-champ de nature, c'est-à-dire qu'il acquérait la dureté du marbre et qu'il devenait peu perméable.

Cette transformation est due à une opération chimique et, en même temps, physique. Une partie de la silice se décompose en s'unissant avec le calcaire; l'autre partie, au contraire, se solidifie dans les porosités. Les premières expériences de cette découverte, tentées en grand, eurent lieu à Munich et à Berlin, mais surtout en Angleterre, pour durcir des calcaires et préparer des pierres artificielles. Il est bon, dans certaines circonstances, d'étendre le liquide dans deux ou trois parties d'eau; on l'injecte ensuite, à l'aide de la pompe, des arrosoirs ou des pinceaux, sur les objets que l'on veut durcir. Il faut avoir soin, l'opération terminée, de laver la surface avec de l'eau pure, afin d'éviter la formation d'un vernis siliceux.

Sans une dépense trop considérable, puisque le *verre soluble* ne coûte que 85 francs le quintal métrique, on peut ainsi mettre à l'abri d'une dégradation rapide les statues et les sculptures délicates. C'est ce qu'on a fait avec succès au Louvre, à Notre-Dame de Paris et de Chartres, ainsi qu'à l'hôtel de ville de Lyon, sans mentionner encore un grand nombre d'autres monuments où l'on a employé la dissolution au tiers.

M. Kuhlmann faisant partie du jury, n'a pu recevoir la récompense que méritait sa découverte.

MM. BORIE FRÈRES, a Paris (France).

L'emploi d'objets creux en terre cuite dans les constructions, remonte à l'antiquité la plus reculée; mais il était réservé à l'époque actuelle de voir introduire, dans les travaux de toute nature, des matériaux en même temps solides, légers et susceptibles, par la combinaison de leurs pleins et de leurs vides, de se lier parfaitement entre eux, et d'être mauvais conducteurs du son, du calorique et de l'humidité.

Ces conditions précieuses et si diverses sont bien remplies par les briques tubulaires de MM. Borie. Ces produits, déjà couronnés d'une médaille de prix à l'Exposition de Londres, rendent tous les jours d'importants services aux constructeurs, et ont puissamment contribué à faire adopter les constructions en fer.

Ces briques sont fabriquées à l'aide d'une machine imaginée par MM. Borie, et que nous avons décrite page 145. Cet appareil a aussi obtenu une médaille de prix à l'Exposition de 1851. Depuis longtemps, aucun perfectionnement important n'avait été apporté à la fabrication des briques, matériaux à la fois si utiles et si simples en eux-mêmes. L'invention de MM. Borie est venu satisfaire un besoin réel. Jusqu'à présent, il n'y avait pas d'avantage pour le fabricant de briques pleines à employer, pour leur moulage, des moyens mécaniques, et cela, vu la faible part pour laquelle entre le moulage dans le prix total de revient d'un mille de briques. Il n'en est pas ainsi avec les briques creuses : la machine apporte une grande économie à la main-d'œuvre, économie qui vient se joindre à celle faite sur la matière employée, sur le calorique nécessaire pour la cuisson et sur les transports.

Le Jury a décerné à MM. Borie FRÈRES la MÉDAILLE D'HONNEUR.

Les exposants dont les noms suivent ont reçu la MÉDAILLE DE PREMIÈRE CLASSE :

M. COURTOIS, à Paris (France), pour ses tuiles perfectionnées qui, malgré leur apparente pesanteur, n'ont, en réalité, que le tiers du poids des tuiles ordinaires.

MM. GILLARDONI, à Altkirch (France), pour leurs tuiles et carreaux à dessins et vernissés. Produits très-remarquables.

M. MULLER (Émile), à Ivry (Seine), France : mêmes motifs.

M. FOX, à Oullins (France), dont l'importante fabrication a rendu de très-grands services aux environs de Lyon, en substituant des modèles plus parfaits aux anciennes tuiles creuses, si défectueuses à tous égards.

M. DE LERBER, à Zurich (Confédération Helvétique), pour sa belle fabrication mécanique de tuyaux vernissés, de 5 à 30 centimètres de diamètre intérieur, et de 1 mètre à 1 mètre 50 centimètres de longueur, a obtenu la MÉDAILLE DE PREMIÈRE CLASSE.

M. LANIER, à Paris (France), avait exposé les éléments de toutes sortes d'ouvrages de menuiserie qu'il fournit bien exécutés et à bon marché. (Voir page 113). Médaille de première classe.

La même récompense a été accordée à :

MM. SEILER, MUHLEMANN et Cⁱᵉ, à la Villette (France), pour leurs parquets remarquablement établis.

MM. DEKEYN, à Bruxelles (Belgique) : mêmes motifs.

M. OSTELL et Cⁱᵉ, (Canada), pour leurs belles menuiseries en bois de sapin, établies à des prix excessivement modérés.

M. TRAVERS, à Paris (France), pour la coupole mobile de l'Observatoire de Paris, dont il avait exposé un modèle.

M. J.-L. DURAND, à Paris (France).

Il y a quelques années, MM. Viollet-Leduc et Lassus, architectes du gouvernement, chargés de la restauration de la cathédrale de Paris, eurent à faire exécuter d'importants travaux de plomberie d'art; ils en conflèrent l'exécution à M. J. Durand, dans les ateliers duquel ils avaient remarqué des ouvrages travaillés au marteau qui les avaient surpris.

La crête de la sacristie de Notre-Dame est faite en plomb fondu. Le travail du plomb au marteau était délaissé; la tradition en était perdue; mais après avoir élevé cette crête, M. Durand résolut d'y revenir et de s'en servir pour tous les ornements qu'il aurait à exécuter. M. Viollet-Leduc, satisfait, lui confia les travaux de la cathédrale d'Amiens qui furent, pour M. Durand, l'occasion d'un succès nouveau.

Cette plomberie monumentale, faite au repoussé avec le marteau, et renouvelée de l'art gothique, produit une œuvre d'un sentiment plus vif; et cela se comprend sans peine. La fonte peut bien amener une figure ou un objet à peu près régulier; elle peut donner des parties fermes; mais peut-elle faire que cette figure ne soit pas une figure privée de vie, inflexible, immobile, morte à jamais, et qu'à côté de ces parties fermes ne se placent des parties sans fins reliefs, écrasées, lourdes, ennuyeuses? L'intérêt est indispensable aux œuvres d'art. Quel intérêt y a-t-il dans une machine raide qui ne se prête à aucune illusion? Ainsi la fonte, c'est la matière obéissante, mais inintelligente; le travail au marteau, c'est la main humaine qui crée, arrange, met en harmonie tous les détails, qui accentue les saillies et amollit les parties fermes, qui anime, qui inspire, qui fait vivre cette matière et la relève de sa torpeur. Plus de détails muets; tout parle un même langage; il n'est pas une moulure, pas une dentelure, pas un relief qui ne soit plein de la pensée commune à l'ouvrage entier, et qui ne confesse la même idée.

Et quel art se fit jamais plus docile, quelle inspiration fut plus riche en fantaisies que l'art et l'inspiration gothiques? On ne veut pas ici l'élever au-dessus du rang qui lui appartient et lui sacrifier le beau logique, le beau divin de l'architecture antique; mais avec quelle foi, avec quel enthousiasme ce beau humain du moyen âge, ce beau que chaque artiste transformait, avec quelle ardeur il se prêtait aux caprices des âges et des hommes!

Tout y est sentiment, et c'est pour cela que le travail à la main l'emporte sur toute opération mécanique; c'est pour cela que la plomberie de M. Durand mérite d'être tout à fait distinguée. Il est impossible désormais qu'on ne l'adopte pas toutes les fois qu'on aura envie de restaurer les ruines gothiques et de recouronner de leurs crêtes ces vieilles églises, ces vieilles ruines enfantées au moyen âge par le travail patient, convaincu, héroïque des générations.

Le succès des travaux de la cathédrale d'Amiens a fait la fortune de M. Durand. M. Lassus l'a emmené avec lui dans une tournée diocésaine, et, de toutes parts, il a examiné les blessures qu'il y avait à guérir, les plaies qu'il y avait à fermer. C'est lui, au retour du voyage, qui a dressé les crêtes et les poinçons des tours sud et nord de la cathédrale d'Amiens, sous la direction de M. Viollet-Leduc; c'est lui, sous la direction de M. Lassus, qui a restauré, relevé la flèche de Notre-Dame de Châlons. Il a aussi relevé celle de l'église de Châblis et celle de Saint-Nicolas de Nantes.

Épi couronnant le poinçon de la chapelle de Sainte-Théodosie, à la cathédrale d'Amiens, par M. Durand, de Paris.

A Paris, il a travaillé aux crêtes et aux lucarnes de l'hôtel du prince Soltikoff, et le soleil des Champs-Élysées a éclairé cette première œuvre ; mais ce n'est pas là encore, c'est à la Sainte-Chapelle qu'il faut

II.   62 juger de ce que peut l'art de M. Durand. Toute la flèche, cette flèche menue, élancée, élégante, ce svelte bijou de notre vieille architecture, la crête aussi et le poinçon ont été travaillés de la main du maître et de la main de ses meilleurs ouvriers. Aussi ont-ils voulu que leur souvenir y restât attaché, et à la manière des artistes du temps jadis, ils ont scellé leurs noms et leurs images dans les détails de leur chef-d'œuvre. Voici comment : en haut du poinçon est un ange de trois mètres de hauteur, posé sur une boule où huit mascarons reçoivent les huit véritables portraits des ouvriers et de leur chef. En même temps, comme un symbole, M. Antoine Durand, frère du chef de l'établissement de plomberie, a dessiné et fait une couronne, qui est formée de tous les attributs de la profession. On voit que ce n'est pas seulement là le talent des artistes du moyen âge, ce sont leurs mœurs, c'est leur vie.

Des échantillons de ces importants et remarquables travaux figuraient à l'Exposition. On y voyait un épi en plomb qui surmonte aujourd'hui le poinçon de la chapelle de Sainte-Théodosie, à la cathédrale d'Amiens. C'est un beau travail dont le dessin reproduit ci-contre a été donné par M. Viollet-Leduc, et que S. M. l'Impératrice a offert à la ville d'Amiens. On y voyait encore une statue de saint Jacques, première statue faite pour la Sainte-Chapelle et fort bien réussie. Aussi M. Lassus désira-t-il que toutes les statues fussent exécutées de même ; et ce désir fit naître aussitôt un saint Thomas, placé à côté du saint Jacques, qui est le portrait même de M. Lassus.

Comme récompense de ces œuvres si méritantes, M. le ministre d'État a confié à M. Durand les plomberies du Louvre, et cette gigantesque entreprise, aujourd'hui parachevée, suffirait pour assurer une durable renommée à son auteur, en rendant son mérite appréciable à tous. En effet, il suffit de jeter les yeux sur l'immense palais terminé ou recréé d'après la volonté puissante de Napoléon III, et l'on comprend, en voyant cette harmonieuse ligne de toitures couronnant l'ensemble du monument, pourquoi la plomberie, sur une telle échelle et ainsi comprise, devient un art presque égal à l'architecture. A propos de couronnement, c'est surtout pour les pavillons du Louvre que M. Durand a fait de véritables diadèmes. Là, ses vastes membrons, d'une grâce puissante, ont des apparences de guirlandes et de palmes triomphales, le métal qui les compose s'allie merveilleusement comme aspect avec les splendides murailles auxquelles il sert d'abri. Mais il est inutile d'entrer dans de longs détails sur ces superbes travaux, car ils sont déjà jugés.

Le Jury international a décerné à M. Durand la MÉDAILLE DE PREMIÈRE CLASSE, et S. M. l'Empereur, pour les plomberies exécutées au Louvre, l'a nommé chevalier de la Légion d'Honneur.

M. LEBEL, à Bourges (France), exposait de belles reproductions en plomb relevé au marteau des ornements de la maison de Jacques Cœur et du château de Meillan. MÉDAILLE DE PREMIÈRE CLASSE.

M. LE MARQUIS DE VOGUÉ (France), dans les circonstances les plus difficiles, est parvenu à créer les grandes usines de Mazières qui, par les services déjà rendus et les belles fontes de construction exposées, fixaient l'attention bienveillante du Jury. M. Estoublon, coopérateur de M. de Vogué, mérite une certaine part dans le succès de cette grande entreprise. On a donc décerné à chacun d'eux la MÉDAILLE DE PREMIÈRE CLASSE.

M. PARIS, à Paris (France), depuis plusieurs années déjà, fabrique des tôles émaillées d'un prix fort modéré et qui résistent parfaitement à l'usage. Leur enduit, dont il a créé l'application, est d'une grande élasticité et d'une grande facilité pour l'entretien. MÉDAILLE DE PREMIÈRE CLASSE.

MINISTÈRE DES TRAVAUX PUBLICS DE FRANCE.

La GRANDE MÉDAILLE D'HONNEUR a été décernée au ministère des travaux publics de France. Il avait exposé une collection considérable de modèles et de dessins d'ouvrages exécutés sur tous les points de l'Empire, tant par les ingénieurs du gouvernement que par ceux de l'industrie privée.

On ne saurait énumérer complétement ces importants ouvrages ; mais on doit citer :

Le *pont Napoléon*, sur la Seine, à Bercy, destiné à servir de passage au chemin de fer de ceinture, aux voitures et aux piétons. Le pont Napoléon est composé de cinq arches en arc de cercle de 34 mètres 50 centimètres d'ouverture, il a été exécuté avec une remarquable rapidité en 1852, malgré les crues subites, par MM. Couche, ingénieur en chef, et Petit, ingénieur ordinaire.

Le *viaduc de la Durance*, pour le chemin de fer de la Méditerranée, composé de vingt et une arches de 20 mètres d'ouverture, en anse de panier. Cet ouvrage a été terminé en 1849 par MM. Talabot, ingénieur en chef, et Borrel, ingénieur ordinaire.

Le *viaduc de Dinan*, sur la Rance, construit par MM. Méquet et de Gayffier, ingénieurs en chef, et Fessard, ingénieur ordinaire, sur les dessins de M. Léonce Reynaud.

Le *viaduc de la Bouzanne*, pour le chemin de fer de Châteauroux à Limoges, construit par MM. Borrel, ingénieur en chef, Carvallo et Planchat, ingénieurs ordinaires.

Élargissement du pont de Pontiffroy, à Metz, par MM. Lejoindre, ingénieur en chef, et Lemercier, ingénieur ordinaire.

Le *pont d'Arcole*, construit sur la Seine, à Paris, par M. Oudry, ingénieur des ponts et chaussées. Ce dernier ouvrage est remarquable en ce que le pont d'Arcole, d'une seule arche sur la Seine, n'a pas employé moins de 1,120 tonneaux de fer laminé. Malgré l'extrême surbaissement de cette arche, ce pont est d'une solidité parfaite; il a supporté victorieusement toutes les épreuves auxquelles il a été soumis.

Le *viaduc de Tarascon*, sur le Rhône, pour le chemin de fer de Lyon à Nîmes, construit par MM. Talabot, ingénieur en chef, et Desplaces, ingénieur ordinaire. Dans la construction de ce viaduc, toutes les ressources de la mécanique ont été utilisées avec une intelligence remarquable. On peut dire que jamais un atelier temporaire n'a été établi avec plus de soin et plus de succès que celui de ce beau viaduc, dont la dépense totale s'est élevée à 6,500,000 fr.

La *reconstruction du pont du c'. ... in de fer de Rouen*, par M. Flachat, ingénieur en chef de la compagnie de Saint-Germain. Ce pont, construit à Asnières, avait été brûlé le 25 février 1848. Il a été reconstruit avec la plus grande rapidité, sans interrompre le service du chemin de fer, et présente un total d'environ 1,000 tonneaux de tôle de fer.

Un *pont-levis sans contre-poids*, construit sur la rivière navigable de la Lawe, par MM. Davaine, ingénieur en chef; et Quaisain, ingénieur ordinaire. La question des ponts-levis est une de celles pour lesquelles on a proposé le plus de solutions; aucune de celles trouvées jusqu'à présent n'a résolu le problème d'une manière aussi satisfaisante que la solution de M. Davaine.

Plan en relief du canal de la Marne au Rhin et du chemin de fer de Strasbourg aux abords de Liverdun. Travaux d'art construits par MM. Collignon et Jacquiné, ingénieurs en chef; et Zeiller, ingénieur ordinaire.

Aqueduc de Roquefavour, construit sur l'Arc, pour le canal de Marseille, par M. de Montricher, ingénieur en chef. La disette d'eau se faisait, de temps immémorial, sentir à Marseille; l'accroissement progressif de la population rendait indispensable de faire dériver la Durance pour obtenir la quantité d'eau nécessaire; et cet immense canal, qui n'a pas moins de 96 kilomètres de longueur, a exigé un très-grand nombre d'ouvrages d'art, dont chacun mériterait une mention spéciale.

L'aqueduc de Roquefavour, dont le plan était exposé, a 400 mètres de longueur, et son élévation est de 83 mètres; il se compose de deux rangées d'arcades superposées de 15 et 16 mètres d'ouverture, et la cuvette porte sur de petites voûtes de cinq mètres.

C'est, on le voit, une reproduction bien agrandie du célèbre pont du Gard; et, outre la grandeur de l'ouvrage, les difficultés à surmonter en font une œuvre tout à fait exceptionnelle. La dépense du pont-aqueduc de Roquefavour seul a été de 3,700,000 fr.

Le *Phare des Héaux de Bréhat*, construit par MM. Lecor, ingénieur en chef; et Léonce Reynaud, ingénieur ordinaire. Ce phare, fort remarqué des visiteurs, est cité en modèle dans son genre, comme beauté, solidité et commodité.

Système de hausses mobiles appliqué sur la rivière d'Isle, par M. Thénard, ingénieur en chef.

Système de barrage mobile, par M. Poirée, inspecteur général; et trois autres systèmes de barrages mobiles sur l'Yonne et sur la Seine, par M. Chanoine, ingénieur en chef.

Système de fermeture de pertuis, appliqué sur la Seine, au barrage de la Monnaie, par MM. Michal, ingénieur en chef, directeur; De Lagalissière, ingénieur en chef; et Charles Poirée, ingénieur ordinaire. Le barrage éclusé de la Monnaie, à Paris, rachète la pente du petit bras de la Seine sur une longueur de 1,100 mètres.

Système de fermeture de pertuis, construit sur la Marne, par MM. Louiche-Desfontaines, ingénieur en chef; et Saint-Denis, ingénieur ordinaire.

Aqueduc mobile, projeté par M. Maquès, ingénieur en chef, pour faire franchir au torrent de Libron le canal du Midi.

Écluse de Saint-Jean, destinée à établir une communication entre le bassin de la Floride et celui de l'Eure, au Havre, construite par MM. Renaud, ingénieur en chef, et Chatonay, ingénieur ordinaire.

Tête de l'Écluse de Chasse de Dunkerque, construite par MM. Cordier, ingénieur en chef, et Bosquillon, ingénieur ordinaire.

On admirait encore à l'Exposition du ministère des travaux publics de France, de beaux dessins qui accompagnaient les modèles des travaux dont nous venons de parler. Parmi ces dessins, nous citerons la digue du réservoir de Gros-Bois au canal de Bourgogne, quatre gares de chemin de fer et le port de Marseille.

On remarquait aussi une fort belle carte hydrographique de la ville de Paris.

Outre la grande médaille d'honneur décernée à l'ensemble des travaux du ministère, d'autres GRANDES MÉDAILLES D'HONNEUR ont été décernées à titre de coopérateurs à :

M. POIRÉE, inspecteur général des ponts et chaussées, à Paris (France), pour l'invention des barrages mobiles avec les fermettes tournantes.

M. DE MONTRICHER, ingénieur en chef des ponts et chaussées, à Paris (France), pour le projet et la construction du canal de Marseille.

Et des MÉDAILLES DE PREMIÈRE CLASSE, également comme coopérateurs, à :

M. TALABOT, ingénieur en chef des ponts et chaussées, à Paris (France), pour les ponts de Tarascon et de la Durance.

M. CHANOINE, ingénieur en chef des ponts et chaussées, à Paris (France), pour les perfectionnements apportés aux barrages mobiles.

M. DAVAINE, ingénieur en chef des ponts et chaussées, à Paris (France), pour le pont-levis sans contre-poids qu'il a construit sur la Lawe (Pas-de-Calais).

M. CHARLES POIRÉE, ingénieur ordinaire des ponts et chaussées, à Paris (France), pour les déversoirs du barrage de la Monnaie sur la Seine.

Aucune récompense n'a été décernée à MM. FLACHAT et REYNAUD; leur présence parmi les membres du Jury s'y opposait.

M. R. STEPHENSON, M. P., C. E., F. R. S., A LONDRES (ROYAUME-UNI).

M. Stephenson exposait un modèle du pont Britannia construit sur le détroit de Menai, pour le chemin de fer de Chester à Holyhead. Elevé de 100 pieds anglais au-dessus des plus hautes mers, ce pont, soutenu par une seule pile reposant sur le rocher Britannia, n'a pas moins de 920 pieds de longueur. Il se compose pour chaque voie d'un tube de 1,511 pieds (460m50) formant quatre travées, et chaque tube pèse 5,352 tonneaux. La dépense en métal a été de 11,171,177 fr., et pour la maçonnerie de 4,000,508 fr.

Ce superbe pont se distingue par sa conception puissante et sa remarquable exécution que mille obstacles devaient entraver; il a mérité à M. STEPHENSON la GRANDE MÉDAILLE D'HONNEUR.

M. RENDEL C. E., F. R. S., A LONDRES (ROYAUME-UNI).

M. RENDEL, pour l'exécution du nouveau bassin de Grimsby, à l'embouchure de l'Humber, dont il avait exposé le modèle, ouvrage important qui présente beaucoup d'analogie avec le bassin de Saint-Nazaire (France), a pareillement obtenu la GRANDE MÉDAILLE D'HONNEUR.

Une digue de 4,500 pieds en terre, et pour la partie de front avec l'Humber (soit pour 457ᵐ 19) en bâtardeau à double encoffrement, tel est l'immense travail par lequel M. RENDEL a conquis sur les flots une superficie de 138 acres. A l'abri de cette digue, il a construit son bassin dont les murs sont fondés sur pieux, les quais composés d'arches et que précède un avant-port formé par deux jetées polygonales en charpente à claire-voie. Il a annulé par cette grande construction, qui fait l'admiration d'ingénieurs très-distingués, les 3,000 pieds de rivage vaseux qui séparaient la berge de Grimsby de la laisse des basses mers.

La MÉDAILLE DE PREMIÈRE CLASSE a été accordée par le Jury à :

M. J. MURRAY, C. E., à Londres (Royaume-Uni), qui avait exposé le modèle des échafaudages ayant servi à transporter le phare de Sunderland, sur une distance d'environ 145 mètres; entreprise difficile et très-heureusement exécutée. M. Murray exposait en outre le modèle du nouveau bassin à flot qu'il construit pour la même ville de Sunderland.

M. I.-K. BRUNEL C. E., F. R. S., à Londres (Royaume-Uni), pour le pont construit à Chepstow. Il n'emploie pas comme M. Stephenson le tube à voie intérieure; il place au-dessus de chaque voie un tube compressif en tôle, qui contraste avec une chaîne de suspension fixée à la partie centrale du tablier; cette excellente disposition appartient en propre à M. Brunel; au reste, un autre pont, celui du Tamar à Saltash, lui a procuré l'occasion d'appliquer ce même système en le dépouillant de toute partie encombrante et inutile.

M. J. FOWLER, C. E., à Londres (Royaume-Uni), pour une jetée de débarquement et un port de marée construits à New-Holland. L'établissement d'un débarcadère accessible à toute heure et pour plusieurs grands navires à la fois sur une côte vaseuse où la mer monte de 22 pieds, est un problème résolu avec le plus grand succès par M. Fowler, qui exposait aussi le modèle du pont en tôle construit par lui à Grainsborough.

MM. LES COMMISSAIRES DES ÉTATS DE L'UNION (États-Unis), pour l'établissement de la forme de Brooklyn, près New-York, et nominativement à M. SUART, qui en a dirigé les vastes travaux.

M. LE COLONEL ERICSSON, à Nygård (Suède). L'ancienne écluse qui mettait seule en communication le lac Mälaren avec la Baltique ne suffisant plus aux besoins d'une navigation très-développée, M. Ericsson a été chargé d'en construire une autre à Stockholm. Il a habilement surmonté toutes les difficultés de déblaiement et d'endiguement qui rendaient cette entreprise excessivement difficile.

Une autre écluse non moins remarquable, celle de Trolhätta, a été aussi établie par M. Ericsson.

MM. SAUNDERS et MITCHELL (Royaume-Uni) ont heureusement transformé l'établissement des pilotis par l'invention des vis à terrain qu'ils exposaient. Cette invention, toutefois, n'est pas sans avoir un précédent. La Chapelle, en 1775, avait déjà proposé pour les travaux militaires l'adoption de petits pieux, munis à leur partie supérieure d'un pas de vis. Quoi qu'il en soit, MM. Saunders et Mitchell en ont fait une heureuse application aux travaux ordinaires, où ces pieux, surtout pour les pilotis obliques, difficiles à manœuvrer avec la sonnette, sont appelés à rendre de très-importants services. MM. Saunders et Mitchell ont également reçu la MÉDAILLE DE PREMIÈRE CLASSE.

M. SIEBE, à Londres (Royaume-Uni), a obtenu la même récompense pour un scaphandre plongeur parfaitement établi. Par d'heureuses améliorations, le plongeur reçoit constamment un air plus frais et plus abondant.

M. BUNNING, à Londres (Royaume-Uni), exposait les modèles du nouveau marché aux bestiaux de Londres et de la prison d'Holloway. MÉDAILLE DE PREMIÈRE CLASSE.

M. PAXTON, à Londres (Royaume-Uni) : même récompense pour les dessins du palais de Sydenham.

LE BUREAU DES TRAVAUX PUBLICS DU CANADA, à Québec (Canada). L'exposition de ce bureau prouvait l'importance de la canalisation au Canada. Une carte des canaux de ce pays; un plan en relief des écluses de Montréal, avec le modèle des ventelles de leurs portes; un modèle de pont de bois, ont valu au Bureau des travaux publics du Canada la MÉDAILLE DE PREMIÈRE CLASSE.

M. LE COLONEL PROBY CAUTLEY, de la Compagnie des Indes Orientales (Royaume-Uni), a projeté et construit le canal irrigateur du Gange, dont la Compagnie exposait les divers ouvrages et machines, représentés par des modèles. Si celui de l'important pont aqueduc de Roorke, pareillement édifié par le colonel Cautley, avait été soumis au Jury, il lui aurait certainement valu une récompense plus élevée que la MÉDAILLE DE PREMIÈRE CLASSE.

M. MOUILLERON, A PARIS (FRANCE)[1].

M. MOUILLERON présentait à l'Exposition universelle :

Un appareil télégraphique de Morse (système Mouilleron);

Des appareils télégraphiques à cadran (système Wheatstone), dont l'un, à l'aide d'une disposition ingénieuse de l'invention de M. Gaussen, praticien attaché à la maison Mouilleron, se règle seul suivant la force du courant;

Un télégraphe imprimeur avec manipulateur à clavier semi-circulaire (système Mouilleron);

Une pendule électrique à force constante (système Mouilleron);

Un électro-moteur, et d'autres instruments perfectionnés par lui.

Ces appareils, sortant tous de ses ateliers, étaient d'une grande délicatesse d'exécution, et pouvaient à tous égards supporter la comparaison avec les meilleurs produits du même genre qui figuraient à l'Exposition universelle; pourtant, plusieurs de ses concurrents ont obtenu la médaille d'honneur, d'autres la médaille de première classe, tandis que M. Mouilleron n'a reçu du Jury qu'une MÉDAILLE DE DEUXIÈME CLASSE. Comment expliquer cette anomalie? Le jury, se fiant aux apparences, n'aurait-il considéré M. Mouilleron que comme un ex-contre-maître, exposant des appareils modelés sur ceux de son ancien patron?

Bien que ce soit là une appréciation toute personnelle, nous la croyons exacte; aussi, poussé par notre désir de rendre à chacun la justice qui lui est due, nous avons recherché si, comme on l'a cru généralement, M. Mouilleron a jamais été le contre-maître d'un constructeur d'instruments de télégraphie électrique, et si, à bon droit, on a pu lui contester le mérite de ses œuvres. Voici ce qui résulte de renseignements puisés aux sources les plus authentiques et de pièces qui sont encore sous nos yeux.

En 1835, M. MOUILLERON commença l'étude de l'horlogerie sous la direction d'un des élèves du célèbre horloger Bréguet, grand-père du chef actuel de la maison Bréguet et Cⁱᵉ.

En 1842, l'apprenti, devenu maître, exécutait chez lui des pièces de petite mécanique pour le compte de la dite maison.

1. Au compte-rendu des objets exposés dans la IXᵉ Classe, nous avions passé sous silence l'exposition de M. Mouilleron, qui n'a obtenu du jury qu'une médaille de 2ᵉ Classe, et sur laquelle nous ne savions alors rien de particulier. Depuis, nous avons eu l'occasion de visiter les ateliers de M. Mouilleron et de nous convaincre nous-même des services rendus à la science par cet habile praticien, auquel bien légitimement un article était dû dans notre recueil. Pour réparer notre omission, nous ne pouvons maintenant placer mieux cet article qu'à la suite de l'examen des objets exposés dans la XIVᵉ Classe.

En 1845, la science ayant doté le monde de la télégraphie électrique, cette merveilleuse conquête qui fait servir la foudre à la transmission de la pensée humaine, M. Bréguet, dirigé par l'illustre Arago, possesseur de presque toute la théorie de l'admirable découverte, entreprit la construction des appareils nécessaires à son application, et chargea M. Mouilleron de lui en établir à façon.

Dès ce moment, ce praticien, mis en réquisition sérieuse de satisfaire aux besoins de la maison Bréguet, songea à se créer un établissement. Au commencement de 1846, il prenait un ouvrier, puis deux, puis trois, et fut ainsi en augmentant son personnel jusqu'en 1848, époque où la cessation de presque tous les travaux le força à chômer pendant un an.

En 1849, les entreprises de toutes sortes reprenant avec vigueur, M. Mouilleron reçut de M. Bréguet des commandes considérables, et dans le courant de cette année, porta à seize le nombre de ses ouvriers.

De son côté, M. Bréguet avait un atelier de construction d'appareils télégraphiques où il employait une dizaine de personnes. Au commencement de 1850, M. Mouilleron engagea M. Bréguet à supprimer cet atelier, à lui en vendre l'outillage et à le charger complétement de la confection des appareils qui devraient être fournis par sa maison.

Appareil *Morse* à relais, système de M. Mouilleron, de Paris.

M. Bréguet accepta, et conclut, au profit de M. Mouilleron, la vente du dit atelier (outillage, ouvrage en main et matières premières), au prix de dix mille et quelques cents francs; de plus, par bail en date du même jour, 8 mars 1850, il lui loua pendant quinze années, pour y placer son nouvel établissement. les quatrième et cinquième étages du local, dans lequel la maison Bréguet et Cᵉ avait et a encore son siége social.

A partir de ce jour, toute la télégraphie électrique fournie par la maison Bréguet fut construite par M. Mouilleron, qui, ayant ainsi beaucoup à produire, dut songer à se procurer un outillage exceptionnel. dont chaque pièce serait un modèle de précision, et à l'aide duquel il pourrait fabriquer vite et bien. Cet outillage fut en entier construit chez lui, et constitue aujourd'hui un atelier type, dont la valeur en 1853 était déjà de 200,000 francs. Certes, bien des visiteurs de la maison Bréguet, en parcourant cet atelier, étaient loin de le croire l'œuvre et la propriété de l'humble mécanicien qui s'empressait toujours d'en faire les honneurs.

Pourtant, vers le milieu de 1854, M. Bréguet comprenant l'importance que prenait dans sa maison même l'établissement de son fournisseur d'appareils, lui proposait une association. De longs pourparlers eurent lieu, durant lesquels M. Mouilleron commit l'imprudence d'acquérir, *en son nom seul*, à la Villette, une usine d'une valeur de 150,000 francs, où devaient se placer les ateliers de la société projetée, et d'y faire *à ses frais* toutes les appropriations nécessaires, car, malgré cette sortie de capitaux qui pouvait compromettre son avenir, il ne crut pas devoir souscrire aux conditions imposées par M. Bréguet pour la fusion de leurs deux maisons.

Ce fut alors que toute relation cessa entre eux ; et quelques mois plus tard, ils soumettaient *séparément* leurs produits à l'appréciation du jury de l'Exposition universelle, devant lequel M. Bréguet revendiqua, pour les siens, tous les priviléges de la création et des perfectionnements.

Mais lorsqu'on sait que le constructeur des instruments livrés par M. Bréguet à l'industrie, était M. Mouilleron, et cela presque depuis l'origine de la télégraphie électrique, lorsqu'on songe que M. Mouilleron dirigeait, en sa qualité de patron, de nombreux ouvriers, presque tous très-intelligents, peut-on sérieusement admettre qu'il n'ait été pour rien dans les perfectionnements exécutés chez lui ; perfectionnements dont, on le sait, la plupart en mécanique, sont trouvés par ceux mêmes qui les mettent en œuvre ? Le Jury ignorait certainement tous les détails ci-dessus, aussi n'aura-t-il vu, comme tant d'autres, dans M. Mouilleron, que le contre-maître de M. Bréguet, et l'a-t-il traité plutôt en coopérateur qu'en inventeur et producteur.

M. Mouilleron ne s'est pas laissé abattre par cet échec. Signant désormais ses œuvres, il en a encore davantage soigné l'exécution, et il est parvenu en 1856 à obtenir la fourniture des lignes télégraphiques du gouvernement français, fournitures qui lui ont mérité un certificat officiel dans lequel nous lisons :

« La maison Mouilleron fournit habituellement les divers appareils télégraphiques en usage à l'admi« nistration, ceux qu'elle a livrés jusqu'à ce jour présentent des garanties sérieuses de durée par « leur bonne exécution, et le dernier modèle d'appareil du système Morse, présenté par M. Mouil« leron, a été adopté comme remplissant les meilleures conditions de bonne qualité de perfectionne« ment et de précision. »

Ce certificat, en date du 20 février 1856, est signé, *vicomte de Vougy*, directeur général des lignes télégraphiques.

En finissant, nous nous apercevons que nous sommes sortis du cadre habituel de notre ouvrage ; mais il s'agissait de révéler des droits ignorés, de signaler en même temps une de ces fatalités industrielles, malheureusement trop fréquentes, par lesquelles l'inventeur inconnu ou le créateur ignoré de perfectionnements disparaît derrière le patronage absorbant des réputations déjà conquises ou transmises en héritage. Or, nous nous souvenons du vieil axiome de prud'homie : « Fais ce que dois advienne que pourra », et nous laissons subsister les considérations qui précèdent. Heureux si elles peuvent contribuer à faire rendre à M. Mouilleron, notre meilleur constructeur d'appareils télégraphiques, la justice qui lui est légitimement due.

———————————

XIVᵉ CLASSE. — CONSTRUCTIONS CIVILES.

RÉCOMPENSES DÉCERNÉES PAR LE JURY INTERNATIONAL.

(EXTRAIT DU *Moniteur* DU 8 DÉCEMBRE 1855).

Ministère des travaux publics. France.
Rendel, C. E., F. R. S., Londres. Royaume-Uni.
Stephenson, M. P., C. E. F., R. S., Londres. Id.
Vicat, Grenoble. France.

MÉDAILLE D'HONNEUR.

Borie (Paul) et Cᵉ, Paris. France.

MÉDAILLES DE PREMIÈRE CLASSE.

Arnaud (J.) et Carrière père et fils, Grenoble. France.
Baboneau (A.) et Cᵉ, Val-de-Travers. Id.
Bex, Paris. Id.
Bigot-Dumaine, Paris. Id.
Brunel (I.-K.), C. E., F. R. S., Londres. Royaume-Uni.
Bunning (J.-B.), Londres. Id.
Bureau des travaux publics du Canada, Québec. Canada.
Cauliey (colonel sir Proby), Roorke. Indes orientales.
Colin (Remi), Épinal. Id.
Courtois, Paris. France.
Cristofoli (A.), Padoue (Lombardie). Autriche.
Deconchy, Franchimont. Belgique.
Dekeyn frères, Bruxelles. Belgique.
Dejeante (P.-B.) et Bonnet (Ch.), Lisbonne. Portugal.
Dèmes (les) de Crocées, Spar. ', Lagéia, Tripoli. Grèce.
Dervillé et Cᵉ, Paris. France.
Dupont (E.), Boulogne-sur-Mer. Id.
Durand (L.-J.), Paris. Id.
Ericsson (le colonel N.) à Nygârd. Suède.
Fowler (M.-J.), C. E., Londres. Royaume-Uni.
Fox, Oullins (Rhône). France.
Gariel, Paris. Id.
Gillardoni, Altkirch (Haut-Rhin). Id.
Geruzet (A.) Bagnères-de-Bigorre. Id.
Illiani (T.), Bastia (Corse). Id.
Lanier, Paris. France.
Lebel (Fréd.), Bourges. Id.
Lebrun (J.-A.), Moissac (Tarn). Id.
Leclercq (Aug.-Joseph), Bruxelles. Belgique.

Lerber (de), Zurich. Suisse.
Leube frères, Ulm. Wurtemberg.
Mac Donald, Aberdeen (Écosse). Royaume-Uni.
Muller (Émile), Paris. France.
Murray (J.), C. E., Londres. Royaume-Uni.
Ostell et Cᵉ, Montréal. Canada.
Paris, Paris. France.
Pavin de Lafarge et Regny (L.), Marseille. Id.
Paxton, Londres. Royaume-Uni.
Saunders et Mitchell, Londres. Royaume-Uni.
Seiler-Muhlemann et Cᵉ, la Villette. Id.
Siebe, Londres. Royaume-Uni.
Société des ardoisières d'Angers, Angers. France.
Tomei (J.-B.), Bastia (Corse). Id.
Travers (P.-L.), Paris. Id.
Usine de M. S. M. de Rothschild, Venise. Autriche.
Villeneuve (de), Roquefort (Bouches-du-Rhône). France.
Vogué (le marquis de), Yvoy et Mazières. Id.

MÉDAILLES DE DEUXIÈME CLASSE.

Alaboissette, Paris. France.
Andriot, Paris. Id.
Astreoud (Aug.), Lamure. (Isère). Id.
Baron-Chartier (L.-C.-N.), Antony. Id.
Baudoin frères, Paris. Id.
Baudouin (M.), Paris. Id.
Bernard et Cᵉ, la Chapelle-Saint-Denis, Id.
Benczur (F.), Éperies (Hongrie). Autriche.
Bickford, Davey, Chanu et Cᵉ, Rouen. France.
Bidreman, Lyon. Id.
Bigillion et Cᵉ, Gap. Id.
Blumer (Ch.), Strasbourg. Id.
Board et Works de Dublin, Dublin. Royaume-Uni.
Bonzel (J.- F.) et Cᵉ, Olpe (Westphalie). Prusse.
Boulet-Feuillet et Cᵉ, Corbigny (Nièvre). France.
Brown (J.), Sainte-Catherine. Canada.
Chalon et Estienne, Florence. Toscane.
Colas (Em.), Orléans. France.
Compagnie anonyme des ardoisières de Rimogne et
   Saint-Louis, Rimogne (Ardennes). Id.

Compagnie de la lave fusible. Paris. France.
Contreras, Grenade. Espagne.
Costello (J.), Londres. Royaume-Uni.
Coulon (Ant.), Paris. France.
Crapoix (J.), Paris. Id.
Debay, Montrouge. Id.
Demarle, pharmacien, Boulogne-sur-Mer. Id.
Demimuid, Commorcy. Id.
Desauges, Paris. Id.
Devicque (H.), Paris. Id.
Directeur (le) de la prison de la forteresse d'Akershuus, près de Christiania, Norwége.
Dithmer (H.-H.), Renneberg. Danemark.
Doppler (Jean), Salzbourg. Autriche.
Dumesnil (P.), Crécy. France.
Dumolard et Viallet (C.), Grenoble. Id.
Durieu (E.), Paris. Id.
Feron (J.-F.), Paris. Id.
Ferry (A.-H.), Saint-Dié (Vosges). Id.
Fincken (J.), Paris. Id.
Gaffort-Grimes, Caunes. Id.
Galinier (Th.), Caunes. Id.
Garnaud, Choisy-le-Roi. Id.
Garnier, Paris. Id.
Gates et C°, Caen. Id.
Geill (G.-F.) et C°, Gand. Belgique.
Godefroy (J. et J.) frères, Bruxelles. Id.
Gouvernement hellène (le), pouzzolane de Santorin. Grèce.
Gourguechon (L.-M.), Paris. France.
Grand-Maurice, Paris. Id.
Gussoni (François), Turin. États sardes.
Herbert (M.), Londres. Royaume-Uni.
Journault (J.), Monnier, Anfray et C°, Benazé. France.
Isella (J.), Turin. États sardes.
Landau (S.), Coblentz et Andernach. Prusse.
Landeau, Nozers et C°, Sablé. France.
Leathers (C.-E.), Leeds. Royaume-Uni.
Ledoux (L.-F.) et C°, Bastennes. France.
Ledru (A.), Clermont-Ferrand. Id.
Lefebvre et C°, Paris. Id.
Leimbach (Cornélius), Brünn. Autriche.
Le Pelletier (P.), Caen. France.
Leroux (A.), père et fils, Vernuel. Id.
Linsler (J.-B.-A.), Paris. Id.
London and Penzance Serpentine Company, Royaume-Uni.
Luff (G.), Ipswich. Id.
Maillard, Paris. France.
Manufacture de ciment de Portland, Stettin. Prusse.
Marchal (D.), Bruxelles. Belgique.
Mareine, Remiremont. France.
Martin frères, Marseille. Id.
Mar.-Martin et C°, Bourbonne-les-Bains. Id.
Modenel et Briand, Collettes. Id.
Morin et C° et Pétiaux, Valenciennes. Id.
Mouton, Chartres. Id.
Muti Papazzuri (le marquis et comte Ant.), Rome. États pontificaux.
Paysant et C°, la Mancelière. France.
Pourtalès (le comte de), Saint-Cyr-sous-Dourdan. Id.
Redman (J.-B.-C.-E.), Londres. Royaume-Uni.
Richard (B.), Longecourt. France.
Rostan et C°, Grenoble. Id.

Rozet et de Menisson, le Clos-Mortier (H.-Marne). France.
S. A. Saïd-Pacha, vice-roi d'Égypte. Égypte.
Société marbrière de Giaardino, Florence. Toscane.
Société anonyme de l'ardoisière du Moulin-Sainte-Anne, Fumay. France.
Société de la Sambre, Maubeuge. Id.
Société des charpentiers de France (compagnons passants). Id.
Tachet (C.-F.), Paris. Id.
Tapie (François), Bagnères-de-Bigorre. Id.
Thenard, ingénieur en chef des ponts et chaussées. Bordeaux. Id.
Trossært Bundernœt (P.), Paris. Id.
Vidal. Hambourg. Villes hanséatiques.
Vogel (A.), Thoun. Suisse.
Wagner (F.) et C°, Stuttgard. Wurtemberg.
Wirth, Stuttgard. Id.
White (J.), Portsmouth. Royaume-Uni.
Wincqz, Soignies. Belgique.
Zeller et C°, Ollwiller. France.

MENTIONS HONORABLES.

Amuller (Ern.-Fréd.), Paris. France.
Anghiretli (J.). Montaleino. Toscane.
Arnaud (Pierre), Montélimar. France.
Arbey et Robelin, Sancey. Id.
Armé (M.), Lyon. Id.
Aubert (L.), Paris. Id.
Audoin (V°), Paris. Id.
Aumetheyer, Paris. Id.
Bailleul (Ed.), le Menil-Hermey. Id.
Baut (W. de), Sliedrecht. Pays-Bas.
Beauvois, Châlons-sur-Marne. France.
Bérard (A.), Paris. Id.
Bertolucci, Bastia. Id.
Bettanzoni (Ant.), Baqua-Cavallo. États pontificaux.
Bianchi (Florian), Newied. Prusse.
Biehl frères, Hambourg. Villes hanséatiques.
Bigot (E.), Forges-les-Eaux. France.
Boulanger frères, Auneuil. Id.
Blot et Leperdrieux, Pont-Carré. Id.
Boyd (J.), à Port-Arthur, Van-Diémen. Colonies anglaises.
Boileau (L.-A.), Paris. France.
Brest (P.-L.), Salernes. Id.
Bruneau, Orléans. Id.
Bunel (Victor) et Labarthe (Ch.), Régneville. Id.
Caillon (F.), Monmour. Id.
Capblanco et C°, Soria. Espagne.
Candelot frères, Paris. France.
Carpentier (Hipp.), Forges-les-Eaux. Id.
Carpi (Al.), Prato. Toscane.
Cazaux aîné, Laruns. France.
Chabert, Saint-Just. Id.
Chambre royale d'agriculture et de commerce de Chambéry. États sardes.
Champonnois (J.), Beaune. France.
Charmetant-Cadet, Saint-Symphorien-d'Ozon. Id.
Chartier et Dufour, Maisons-Alfort. Id.
Charton et Hund, Paris. Id.
Chaudet et fils, Paris. Id.
Cheeswring (Granite Company), Lieskeard (Cornouailles). Royaume-Uni.
Cheveste (de), Saint-Sébastien. Espagne.

Claudot, architecte, Verdun. France.
Coignet (Paul), Saint-Denis. Id.
Collette-Doucet (F.-J.), Bertrix. Belgique.
Compagnie des marbres de Neanderthal, Elberfeld. Prusse.
Compagnie des ardoisières de Shipton, Canada. Roy.-Uni.
Compagnie des Indes orientales. Id.
Compagnie internationale des mines d'asphalte d'Enniskillen, Hamilton. Canada.
Comtel, Deschamps et C°, la Bathie. États sardes.
Corbella, Deluca et C°, Turin. Id.
Cudrue (F.-G.-G.), Paris. France.
Dahl (E.), Coblentz. Prusse.
Dahlbom (P.-A.), Stockholm. Suède.
Deak (J.), Bude. Autriche.
Denain (forges de), Denain. France.
Département du Calvados, Caen. Id.
Desmanet de Biesme (vicomte) Golzines. Belgique.
Doé et C°. Saint-Maur. Id.
Dulauriez, Amiens. Id.
Dumont, Paris. Id.
Dunkel (P.), Herzogenrath, près Aix-la-Chapelle. Prusse.
Direction de la maison de force de Diez-sur-Lahn. Duché de Nassau.
Dolisie (P.), Algérie. France.
Donau (Félix) et C°, Givet. Id.
Dufour et C°, Pont-Fouchard, près Saumur. Id.
Dumas, Berger et C°, Marseille. Id.
Duyk fils, Bruxelles. Belgique.
Ferry (H.), Saint-Dié. France.
Foubert, Saint-Just. Id.
Fouchard (V°), Try, près Dormans. Id.
Fontaine (J.-C.), Paris. Id.
Frommartz (Jean-Hugues), Nideggen. Prusse.
Gai (F.), Pistoie. Toscane.
Gaillard de Romanet, Lostrange et C°, Lyon. France.
Gaudy (Th.), Boulogne-sur-Mer. Id.
Gauvreau (Pierre), Québec. Canada.
Genet, Paris. France.
Germain (Nicolas), Port-Launay. Id.
Giovani-Dupré et Tonti (L.), Florence. Toscane.
Gosseth (François), Trieste. Autriche.
Gribbon (E.-P.), Dublin. Royaume-Uni.
Grosset (J.), Paris. France.
Guala (J.), Turin. États sardes.
Gueurel, Paris. France.
Havé (Fr.-D.), Paris. Id.
Henri (V°), Laval. Id.
Hensel et Sickermann, Meschede (Westphalie). Prusse.
Hermitte et Olagnier, Gap. France.
Hoffmann (G.-L.), Stockholm. Suède.
Holø (N.-O.), Langsen. Norwége.
Holland (Samuel) et C°, Londres. Royaume-Uni.
Hœn Bernard (J.), Nîmes. France.
Husbrock, Vaugirard. Id.
Jabert (Ant.), Clermont-Ferrand. Id.
Jolivet, Paris. Id.
Josson et Delangle, Anvers. Belgique.
Josson et Bouziez-Bouzel. Haubourdin. France.
Laudet (Fr.), Montmartre. Id.
Lebel (J.-A.), Pechelbronn. Id.
Lebel (Prosper), Saint-Sever. Id.
Lebrun, Paris. Id.
Leclerc frères et C°, Brives. Id.
Lecoutre, Clermont. Id.

Legorgeu, Vire. France.
Leloup-Parazon, Lafolie. Id.
Levin (G.), marbrière de Kolmarden, Ostrogothie. Suède.
Liabœuf-Sauron, le Puy. France.
L'inspecteur des mines de Valence. Espagne.
Lykkensprove, Drontheim. Norwége.
Maignet, le Vivier-d'Angers. France.
Machabée (L.), Paris. Id.
Martel (J.-N.), Paris. Id.
Martin-Brey (Fr.), Casamène. Id.
Mehedin (L.-G.), Paris. Id.
Mercier (Élie), l'Homme-d'Arme. Id.
Millard (L.-V.), le Ménil-Saint-Père. Id.
Molinier (François), Digne. Id.
Montorselli (Jean), Sienne. Toscane.
Moreno (M.). Espagne.
Mort et Mitchell, Nouvelle-Galles du sud. Royaume-Uni.
Neukomm, Vandœuvre. France.
Neveu, Paris. Id.
Olander (J.-H.), Stora Alby, près Stockholm. Suède.
Olivieri, Rome, États pontificaux.
Ossoli frères (marquis Al. et J.), Rome. Id.
Osterholm (C.-E.), Stockholm. Suède.
Parmentier (L.), Paris. France.
Picchianti (C.), Florence. Toscane.
Pennec frères, Port-Launay. France.
Peret (Guillaume), Paris. Id.
Perrichon, Sablons. Id.
Peters (Fr.), Berlin. Prusse.
Petin (N.-E.-T.). Montmartre. France.
Podany, Vienne. Autriche.
Poilleu (J.), Brest. France.
Puissant frères, Avesnes et Merbes-le-Château. France et Belgique.
Guevel frères, Lay-Saint-Christophe. France.
Ricard, Salernes. Id.
Rousseau, Paris. Id.
Saint-Amant (P.), Villeneuve-sur-Lot. Id.
Salmon, conducteur des ponts et chaussées. Auxerre. Id.
Santi (Cl.), Montalcino. Toscane.
Scheele (F. Von), Philipstad. Suède.
Schlesing, Berlin. Prusse.
Sénéchal, île de la Réunion (colonies françaises). France.
Serie (Jules de), Montélimart. Id.
Singer et Green, Londres. Royaume-Uni.
Société de l'ardoisière Sainte-Barbe, Fumay. France.
Société anonyme des carrières de Rombeaux, Soignies. Belgique.
Société marbrière du Maine, le Mans. Id.
Soetins (C.), la Haye. Pays-Bas.
Sorel (St.), Paris. France.
Stieltjes (Th.), ingénieur, Zwolle. Pays-Bas.
Steen, mécanicien, Laurvig. Norwége.
Tacquemer frères et C°, Lessines. Belgique.
Tobiesen (A.-Em.), Christiania. Norwége.
Urtis (Ant.), Rome. États pontificaux.
Valiquet (E.) et C°, Alençon. France.
Van Cauwelaert, Wagret et C°, Escaupont-lez-Valenciennes. Id.
Vicat (J.-B.), Grenoble. Id.
Vollant (Cl.), Châteauroux. Id.
Warken (J.-E.), Trèves. Prusse.
Zaman et C°, Bruxelles. Belgique.

Zervas (D.), Cologne et Brühl. Prusse.
Ziegler-Pellis, Winterthur. Suisse.

COOPÉRATEURS,

CONTRE-MAITRES ET OUVRIERS.

GRANDES MÉDAILLES D'HONNEUR.

De Montricher, ingénieur en chef des ponts et chaussées, Marseille. France.
Poirée, inspecteur général des ponts et chaussées. Paris. Id.

MÉDAILLES DE PREMIÈRE CLASSE.

Chanoine, ingénieur en chef des ponts et chaussées. France.
Davaine, ingénieur en chef des ponts et chaussées. Id.
Edwin-Clark (C.- E.), Londres. Royaume-Uni.
Estoublon, directeur des forges de M. de Vogüé. France.
Fairbairn (C. E. T. R. S.), Manchester. Royaume-Uni.
Hodgkinson (E. F. R. S.) Londres. Id.
Poirée (C.), ingénieur en chef des ponts et chaussées. France.
Stuart (M.), New-York. États-Unis.
Talabot, ingénieur en chef des ponts et chaussées, Lyon. France.

MÉDAILLES DE DEUXIÈME CLASSE.

Armand, ingénieur, Paris. France.
Ayraud (Lucien), Paris. Id.
Babinski (Alexandre), Paris. Id.
Bonnifay (Fidèle), Roquefort. Id.
Bourdeau, conducteur des ponts et chaussées. La Rochelle. Id.
Calignon (Joseph), la Mure. Id.
Clair, Paris. France.
Durand (Antoine-Jérôme), Paris. Id.
Harlingue, Paris. Id.
James (Jobez), Londres. Royaume-Uni.
Joly (César), Argenteuil. France.
Lavaley, ingénieur civil, les Batignolles. Id.
Lebrun, conducteur des travaux maritimes à Cherbourg. Id.
Leduc fils (Étienne), chef d'atelier à Vassy-lez-Avallon. Id.
Martin (P.-E.), ingénieur civil, Fourchambault. Id.
Petit (Stanislas), conducteur des ponts et chaussées. Nogent-sur-Marne. Id.
Philippe, Paris. Id.
Stephen-Salter, Hammersmith. Royaume-Uni.

MENTIONS HONORABLES.

Aisant, Metz. France.
Autet, Paris. Id.
Alligrot (Aunet), Bellegarde.
André (Victor), Saint-Josse-ten-Noode. Belgique.
Beckershoff (Frédéric), Neautherdal. Prusse.
Bierne (Jean), Vassy. France.
Blaise (Victor). Argenteuil. Id.
Boissié, Saint-Julien-du-Sault. Id.
Bola, Paris. Id.

Boutyre (Jean-Mathias), le Puy. France.
Breent (Casimir), Viviers. Id.
Brodeau (Philippe), Saint-Josse-ten-Noode. Belgique.
Buisseret dit Vincent (Louis-Joseph), ouvrier chez M. Desauges. Paris. France.
Cahenne (Adolphe), Viviers. Id.
Caquereau (Edme), chaufouraier, Vassy. Id.
Charrier, Paris. Id.
Chétif (Pierre), la Mure. Id.
Clerc, Toulouse. Id.
Cloatre (forges d'Audincourt). Paris. Id.
Cornelis, Saint-Josse-ten-Noode. Belgique.
Coutureau, Saint-Julien-du-Sault. France.
Crouzet (Jean-Antoine), le Puy. Id.
Danel (Louis), Boulogne-sur-Mer. Id.
Deshayes (Louis), la Guillotière. Id.
Desprets (Isidore), Soignies. Belgique.
Drouet (L.-Joseph), Paris. France.
Durieu, Toulouse. Id.
Fiderlin (Pierre-Paul), Saint-Genis. Id.
Fossadier (Émile), Vassy-lez-Avallon. Id.
Gault (Jules), Digoin. Id.
Gaunet (Jean), Saint-Julien-du-Sault. Id.
Gilquart (Léop.), Marcinelle, près Charleroy. Belgique.
Godefroy (E.), Paris. France.
Guilman, Paris. Id.
Hamon, les Batignolles. Id.
Hermann, Altkirch. Id.
Hubert, Verneuil. Id.
Jaloureau (Alfred), Paris. Id.
Jus (Henri), chez M. Degousée, Paris. Id.
Lagneau (Auguste), Saint-Josse-ten-Noode. Belgique.
Lagneau (Vincent), Soignies. Id.
Lanneau, Béziers. France.
Lecocq (Adolphe), Paris. Id.
Lefebvre (François), Boulogne-sur-Mer. Id.
Lemasson (Pierre), le Pont-de-l'Arche. Id.
Lenoir (François), Soignies. Belgique.
Lucas, Paris. France.
Marguillies (C.), Trieste. Autriche.
Marquet, Paris. France.
Mathieu (Edme), chez M. Gariel, Paris. Id.
Mauget, employé chez M. Degousée. Paris. Id.
Mausuy (Eugène), ingénieur chez M. Bérard. Paris. Id.
Minard, chef d'atelier chez M. Gariel, Paris. Id.
Miregon, Paris, chez M. Gentil. Id.
Moisy, Paris. Id.
Montel (Léonard), Saint-Genis. Id.
Muller, Strasbourg. Id.
Murquerol (Louis), Viviers. Id.
Nicolle (Claude-Marie), Paris. Id.
Nouloup, Paris. Id.
Perruche (Georges), chef d'atelier à Vassy. Id.
Potvin (Philippe), Soignies. Belgique.
Roux, au chemin de fer du Midi, Paris. France.
Roux et Rozet, Paris. Id.
Sénécale (Pierre-Victor), Boulogne-sur-Mer. Id.
Sengi, Strasbourg. Id.
Thimothée (Delcourt), Soignies. Belgique.
Tiquet (Zéphyr), Rotois. France.
Wiedmann (Jean), Vaugirard. Id.
Winterhalter (Ignace), Saint-Genis-Laval. Id.
Wowroch (Jean), contre-maitre, Oberlangendorf, Olmutz. Autriche.

EXPOSITION UNIVERSELLE

PRODUITS DE L'INDUSTRIE

QUINZIÈME CLASSE

INDUSTRIE DES ACIERS BRUTS ET OUVRÉS.

L'emploi de l'acier doit être contemporain de l'emploi du fer, car le refroidissement subit qu'on fait subir au fer forgé en le trempant dans l'eau, et le mélange fortuit de quelques parcelles de charbon avec le fer en fusion, devaient conduire à la découverte de l'acier le premier forgeron intelligent.

Combinaison de 97 à 99 parties de fer avec 3 à 1 partie de charbon, l'acier renferme aussi quelques parcelles d'aluminium, de manganèse, etc. Il possède une dureté d'autant plus grande qu'il contient plus de charbon, qu'il offre plus d'homogénéité et qu'il a été plus rapidement refroidi.

Portez au rouge l'acier trempé. puis faites-le refroidir lentement, il perdra sa dureté, sa densité, son élasticité, sa ténacité supérieures ; il redeviendra fer.

L'acier du commerce se classe en trois espèces : 1° L'*acier naturel*, 2° l'*acier de cémentation*, 3° l'*acier fondu*. Quelques détails sur chacune de ces espèces feront mieux comprendre leurs applications.

1°. — On obtient l'acier naturel, soit directement, soit en faisant subir à la fonte une décarburation partielle. Dans les usines de la Catalogne et dans les foyers divers appelés catalans, la formation de l'acier se fait d'une manière directe, par le contact prolongé du charbon incandescent avec le minerai réduit. Cet acier manque d'homogénéité ; aussi jouit-il de la propriété de se souder facilement au fer, sans perdre de ses qualités. On fabrique avec lui des instruments d'agriculture très-communs, des tranchants, des pointes, socs de charrue, fourches, etc. ; mais aujourd'hui l'acier naturel est d'un usage très-borné.

Pour décarburer la fonte et la convertir en acier, il faut qu'elle soit mise en contact avec des scories qui, moyennant leur action oxydante, lui enlèvent une partie du charbon qu'elle renferme. Passée à l'état d'acier, la fonte, liquide d'abord, devient spongieuse, consistante et d'un martelage facile. On lui donne la forme prismatique, puis on la divise en morceaux que l'on étire avec le marteau.

Cette décarburation de la fonte qui, dans toute l'Allemagne, dans la Styrie et la Carinthie, s'opère en de petits foyers dont les parois sont en fonte, n'a point lieu sur plus de 130 kilogrammes à la fois. On se sert d'une fonte blanche très-pure qui provient de minerais spathiques traités au charbon de bois. En France, notamment dans les Vosges, les forgerons suivent la même méthode, après avoir toutefois fait subir au métal une fusion dite *mazéage*. Dans le Dauphiné, la décarburation s'effectue dans un foyer dont les parois sont recouvertes de poussière de charbon de bois tassé avec soin, et l'on traite à la fois 1200 kilogrammes de fonte : c'est la *méthode de Rive*.

L'acier, ainsi obtenu, manque d'homogénéité comme l'acier catalan, d'où résulte qu'on le raffine par la trempe et la cassure des barres qui, chauffées ensuite au blanc soudant, sont étirées au marteau; opération qu'il faut répéter plusieurs fois, selon le degré de carburation de l'acier et le *summum* d'homogénéité nécessaire.

Un procédé nouveau, imaginé vers 1838 par M. Stengel, directeur des forges royales de Löhe (Prusse), essayé longtemps avec une persistance germanique, et toujours sans succès, devait révolutionner l'industrie du fer, et M. Stengel le pressentait bien, mais il avait contre lui la forme vicieuse de son foyer, l'emploi de son ventilateur et la nature même des fontes aciéreuses ou lamelleuses qu'il employait. Tantôt M. Stengel obtenait de l'excellent acier, tantôt il ne retirait que du fer de bonne qualité. Cet honorable industriel mourut à la peine; mais sa méthode, appelée puddlage, ne mourut point avec lui. Dès 1847, à Limbourg-sur-Lenne, MM. Boing, Rohr et Cⁱᵉ l'appliquèrent sur une large échelle et réussirent tellement bien, que leurs produits primèrent tous les aciers bruts du voisinage obtenus au charbon de bois. De cette époque date le puddlage de l'acier, répandu maintenant dans la plupart des usines du pays de Siegen.

« Pour obtenir le puddlage, quelques établissements emploient les fontes aciéreuses proprement dites, auxquelles on mélange des fontes truitées, provenant des mêmes minerais. On obtient alors des aciers de qualité supérieure, qui, étant corroyés, se vendent aux fabricants d'acier fondu. Dans d'autres établissements, on emploie en majeure partie des fontes à meilleur marché, mais toujours mélangées aux fontes aciéreuses. Suivant les proportions de ces mélanges, les aciers se trouvent appropriés aux usages auxquels on les destine, tels que bandages de roues pour les locomotives et les wagons. Ces aciers, il faut en convenir, sont de qualité inférieure, mais leurs prix ne dépassent pas celui du fer.

« La principale différence entre les fours à puddler l'acier et ceux à puddler le fer consiste dans un abaissement de la voûte, qui produit une chaleur plus forte et plus régulière. Le travail de ce puddlage est pénible. Il faut remuer sans cesse, surtout quand il y a un commencement de bouillonnement qui indique que le carbone commence à s'oxyder, car la grande difficulté de l'opération est de ne pas enlever à la matière tout le carbone qui s'y trouve combiné. On tient le métal soigneusement recouvert de scories des anciennes forges d'acier; on y ajoute, vers la fin, des scories très-fusibles, mélange d'argile, de manganèse et de sel. On obtient ainsi, avec des fontes de qualité régulière, des qualités d'acier bien égales. Lors de l'allumage du feu, et tant que la température n'a pas atteint le degré convenable, on fait quelques charges *en fer*. »

Telle est la manière dont s'expriment, sur un sujet qu'ils ont observé de très-près, les savants et judicieux auteurs d'une *Visite à l'exposition universelle de Paris, en* 1855, 2ᵉ éd., p. 582-583. Qu'on ne s'imagine cependant pas, qu'en toutes circonstances, en tous lieux, le puddlage s'opérera désormais sans obstacle; il faut d'abord, comme dans les opérations de cuisine et de chimie, le coup de main, le tact instinctif de la chose; puis des minerais aciéreux, ou tout au moins des minerais argileux d'une nature particulière, semblables à ceux qu'emploie avec tant de succès, depuis cinq ou six ans, l'usine belge de Seraing, et que vient d'essayer, avec non moins de bonheur, l'usine française du Creuzot.

2° La deuxième espèce d'acier, l'*acier de cémentation*, s'obtient en carburant le fer. A cet effet, on place dans une caisse formée de briques réfractaires, des barres de fer plat avec un dixième de charbon de bois; on ferme la caisse hermétiquement; on chauffe les barres au rouge, et ce n'est qu'au bout de huit jours d'une température constante, que le mélange du charbon avec le fer devient intime. Le produit présente une surface couverte d'ampoules qui lui a valu le surnom d'*acier poule;* il manque d'homogénéité; il faut le marteler, le soumettre à un ou deux raffinages, et dès lors il prend, dans le commerce, la qualification distinctive d'*acier à un éperon* ou *à deux éperons.*

L'acier de cémentation anglais se fait avec du fer de Suède. L'Allemagne emploie, pour cette fabrication, les fers de la Styrie, de la Carinthie et des provinces riveraines du Rhin; la France se servait exclusivement autrefois des fers de Suède, mais aujourd'hui ceux de l'Ariége semblent devoir lui suffire.

3° La fusion des aciers de cémentation, ou celle des aciers naturels, ou le mélange des deux espèces d'acier, produit l'acier fondu, composé beaucoup plus homogène, beaucoup plus élastique que n'importe quelle combinaison du fer avec le charbon, perfectionnée par le martelage et par la trempe.

La fusion de l'acier est une opération toute simple : on coupe en morceaux les barres d'acier naturel ou d'acier cémenté; on en met à la fois 15 à 20 kilogrammes dans un creuset de fer réfractaire; on place le creuset au milieu d'un four rempli de coke, où le tirage s'opère par une cheminée. Au bout de trois à quatre heures, la fusion s'effectue. Il faut alors enlever du four le creuset et couler l'acier dans un moule en fonte appelé lingotière. Depuis quelques années, les forgerons de Saint-Étienne ayant substitué avec succès la houille au coke, pour opérer la fonte de l'acier, ont réalisé une économie considérable.

Avant d'employer l'acier fondu, ses lingots, chauffés à blanc, sont soumis à l'action d'un martelage très-énergique, puis chauffés de nouveau et étirés en barres.

Dans la grande fabrication des machines locomotives et des wagons, dans les fonderies de pièces de canon ou d'objets d'art d'une proportion considérable, on verse sans interruption, en un moule, le contenu de plusieurs creusets, de manière à produire un lingot du poids exigé. Le lingot obtenu, on le martèle avec des marteaux très-lourds, puis on le fore, ou on le lamine, suivant l'usage que l'on veut en tirer.

Depuis le développement considérable qu'ont pris les chemins de fer, l'usage des ressorts est devenu d'une importance capitale, car le ressort, par son élasticité, amortit le choc des véhicules. C'est surtout par la trempe des lames dont ils se composent que les ressorts acquièrent le degré de résistance et de flexibilité qu'on attend d'eux; mais que d'opérations préalables, que de soins n'exigent pas les feuilles d'acier employées pour cet usage! Ces feuilles, généralement d'acier laminé, sont débitées à la longueur des lames dont le ressort se compose; puis on perce, au centre de la barre, une ouverture dans laquelle passera un boulon qui reliera toutes les feuilles; quand ces feuilles, portées au rouge, ont été amincies convenablement à leur extrémité, par l'action d'un double cylindre de laminoir, puis coupées à la longueur voulue, il faut les chauffer au rouge dans un four à réverbère, puis on les passe dans un appareil qui leur imprime la courbure nécessaire; ensuite on les trempe par leur immersion dans l'eau froide lorsqu'elles sont encore rouges. Trempées ainsi, elles demeureraient cassantes. Pour rendre à l'acier sa malléabilité, on expose chaque lame dans un four spécial, jusqu'à ce que la température du four ait changé la couleur de la lame d'abord du gris au blanc, puis du blanc en une teinte mixte, entre le blanc et le violet. Cette teinte obtenue, la lame, plongée instantanément dans l'eau froide, acquiert la trempe définitive dont elle a besoin. Cette opération compliquée s'appelle *le recuit*. Les couleurs obtenues par le recuit, et qui forment l'échelle indicatrice et progressive du travail, sont le fauve, le pourpre, le violet et le bleu; chaque couleur, pour une même qualité d'acier, correspond à un degré de dureté mathématiquement appréciable. Une fois trempées de la sorte, les lames sont blanchies sur de grandes meules à aiguiser, qui marchent à très-grande vitesse; on réunit ensuite toutes les lames destinées au même ressort, et il n'est livré au commerce qu'après des essais probatoires d'une rigueur décisive.

La perfection, toute récente, apportée à l'industrie des ressorts, réagit déjà, d'une manière notable, sur une infinité de travaux et de produits. L'acier fondu s'emploie surtout dans la confection des véhicules de chemins de fer et dans certaines machines pour la navigation. L'acier des ressorts de la carrosserie est un acier naturel ou un acier de cémentation; mais dans n'importe quelle œuvre, soit grande, soit petite, la qualité de la matière première l'emporte de beaucoup sur la matière dont se servaient les ouvriers mécaniciens du dernier siècle.

Des produits mixtes de fer et d'acier, bandages, rails, tiges de pistons, barres carrées, etc., ont fait, pour la première fois, à l'Exposition universelle de 1855, leur entrée dans le monde commercial. Ces fers, chargés d'acier à l'état liquide, et qui peut-être, en certaines circonstances, offriraient plus de sécurité que l'acier fondu, sont destinés à beaucoup d'avenir si leur fabrication devient peu coûteuse et facile. Voici quel a été, jusqu'aujourd'hui, le mode employé pour recouvrir d'acier une barre de fer : on porte la barre de fer au rouge blanc; on la place ensuite dans un moule ou lingotière, image de la pièce qu'il faut obtenir, puis on coule dans la lingotière de l'acier en fusion. Le martelage, le laminage donnent au produit la dernière forme, la consistance définitive dont il est susceptible.

Entre autres objets multiples et variés que crée l'industrie combinée du fer et de l'acier, nous avons aussi remarqué des tôles bien supérieures aux tôles ordinaires de fer battu; tôles qui, par un recuit répété, par un laminage perfectionné, présentent des surfaces beaucoup plus résistantes, beaucoup plus légères, beaucoup plus élastiques que les surfaces anciennes. Leur usage devra conséquemment s'étendre, lutter d'une manière victorieuse avec la rosette et le cuivre, et opérer une révolution dans la chaudronnerie.

COUTELLERIE ET TAILLANDERIE.

L'acier fondu étant donné, il faut encore de la part du coutelier et du taillandier, un travail difficile pour convertir cette matière à l'usage des instruments et des outils qu'on veut obtenir d'elle; il faut la chauffer uniformément, rapidement, et autant que possible à l'abri du contact de l'air, conditions sans lesquelles l'acier ne réunirait point les qualités voulues.

Quand l'acier a subi le feu de la forge et le martelage d'où sort la forme ébauchée de l'objet que l'on confectionne, on le soumet à une recuite; c'est-à-dire qu'on le chauffe au rouge cerise vif, pour le laisser ensuite refroidir avec lenteur, à l'abri du contact de l'air; opération grave, hérissée d'obstacles lorsqu'on opère sur une masse considérable, car l'homogénéité du métal que le martelage a détruite ne se rétablit qu'à la condition, théoriquement impossible, de rendre à chaque molécule de la matière chauffée une quantité de chaleur proportionnelle à l'écrouissage qu'elle a subi.

Ce recuit une fois effectué, la pièce reçoit l'action de la meule ou de la lime, ou des rabots, ensuite on la trempe, procédé final qui lui donne le degré de dureté convenable, et dans l'exécution duquel, faute d'une théorie satisfaisante, chaque fabricant se conduit d'après son expérience personnelle. En général, on recouvre la pièce à tremper d'un enduit qui la préserve de l'action oxydante du feu, on la chauffe au rouge cerise, avec rapidité, puis, selon le degré de consistance que l'on veut obtenir, on la plonge dans un bain froid composé d'eau pure, ou d'eau acidulée, ou d'huile, ou de tel autre liquide. Ainsi, par exemple, pour tremper les faux, on les immerge dans un corps gras quelconque: elles acquièrent une trempe douce, mais trop forte encore, car il faut la réduire au moyen d'un recuit, dans un bain de sable chauffé. Les scies sont trempées comme les faux. Elles subissent ensuite un recuit et un dressage entre deux plaques de fonte incandescentes. Les limes demandent une fabrication d'autant plus compliquée qu'elles atteignent un degré de finesse plus considérable. Il suffit d'ébaucher les grosses limes au martinet, puis de les forger et de les tremper dans l'eau froide pour les aiguiser ensuite sur la meule; tandis que les limes fines, blanchies d'abord à la lime, sont soumises à un recuit dans une caisse en tôle chauffée au rouge blanc, puis travaillées avec la lime, puis taillées, puis chauffées de nouveau au rouge blanc, couvertes d'un mastic protecteur qui les préserve du contact de l'air, et ensuite trempées dans une eau légèrement acidulée avec du sel marin et du sel ammoniac. Quant aux morceaux d'acier destinés à la coutellerie, une fois forgés, on leur donne un recuit en vase clos, et après on les dégrossit avec la lime. Trempés ensuite, ils reçoivent un dernier recuit qui leur imprime la dureté qu'on désire obtenir. La couleur du produit éclaire le fabricant sur sa qualité. Pour les ciseaux et les couteaux, on s'arrête à la couleur violette; pour les rasoirs, à la couleur jaune.

L'émoulage, opération au moyen de laquelle une pièce reçoit sa forme définitive, vient immédiatement après la trempe, et se traite par des meules en grès quartzeux qui tournent avec une vitesse extrême.

L'aiguisage, dernier terme de l'émoulage, a lieu par le même moyen. Enfin le polissage, qui est, pour la coutellerie, ce qu'est le fard, le *cold cream* et la poudre pour les femmes, exige des lapidaires en bois, ou des lapidaires revêtus d'une peau sur laquelle on applique, au moyen de corps gras, des poudres dures qui rongent, qui effacent les dernières aspérités du métal. Plus les poudres sont ténues, plus le poli devient beau. Pour le rendre éclatant, on le termine à sec.

Telles sont, dans la coutellerie et la taillanderie, les principales opérations qu'exige l'acier. Pour la taillanderie et la coutellerie commune, le Royaume-Uni n'emploie guère que des aciers de cémentation dits aciers poules, l'Allemagne, des aciers naturels de la Carinthie, de la Styrie et du Tyrol; la France, des aciers naturels de l'Ariége obtenus par la méthode Rive. Mais pour les limes à taille fine et pour les scies, pour les outils d'horlogerie, pour les instruments de chirurgie, pour la belle coutellerie, on n'emploie partout que l'acier fondu.

Quand l'acier, au lieu de figurer seul dans la fabrication des gros outils d'agriculture ou de charronnage, doit s'allier au fer, il faut d'abord ébaucher la pièce et donner aux parties qui ne seront point aciérées la forme qu'elles doivent prendre. Ce forgeage terminé, on applique une plaque d'acier sur la pièce de fer ou dans son intérieur, après l'avoir ouverte, selon que le tranchant doit occuper le bord ou l'épaisseur de l'outil; on chauffe ensuite le tout au blanc soudant, on forge, on étire, on trempe, on recuit, et enfin on termine au moyen de l'aiguisage et du polissage.

A une époque comme la nôtre, où le fer et l'acier sont journellement appelés au premier rang des métaux qu'emploie l'industrie, il est regrettable que le Royaume-Uni n'ait eu qu'un représentant sérieux, la ville de Sheffield; il ne l'est pas moins que la vieille Prusse se soit laissé distancer par la Prusse rhénane. Quant à l'Autriche, ses aciers naturels sortant presque tous de la Styrie, de la Carinthie et du Tyrol, c'est encore là qu'il faut observer le mouvement industriel qui nous occupe. Les aciers de Styrie n'ont rien perdu de leur vieille réputation, mais ceux des provinces voisines se sont élevés à leur niveau. Le minerai spathique que renferment en si grande quantité les Alpes centrales, l'immensité des forêts qui les couvrent, le bas prix de la main-d'œuvre et la simplicité des procédés de fabrication, maintiennent la juste prééminence de l'acier autrichien sur celui de beaucoup d'autres États; mais il ne peut lutter avec l'acier du Royaume-Uni. Le Jury a spécialement distingué les produits de Jenbach, de Pillersée (Tyrol), d'Innerberg (Styrie), du comte Ferdinand Egger (Carinthie), et des princes de Schwartzenberg. Les forges du Wermeland (Suède), les usines de Lenense Asturiana (Espagne) ont aussi mérité de hautes distinctions. Quant à la France, elle était sur son terrain; elle l'a défendu avec autant de vigueur que d'éclat.

Dans les applications de l'acier à la *coutellerie*, à la *quincaillerie*, à la *taillanderie*, nous avons particulièrement distingué les produits de Solingen (Prusse) pour les besoins ordinaires de la classe moyenne; les armes blanches de M. Lüneschloss et la coutellerie de MM. Heller et Henckells, si capables de soutenir la concurrence belge qui les menace de son bon marché. C'est par cette qualité que brille surtout la fabrication autrichienne, puisqu'elle donne pour 24 francs mille lames de couteaux, mais d'une qualité très-médiocre. La coutellerie du Wurtemberg, celle de la Suède, du Danemark avaient également des représentants honorables. Quant à la quincaillerie, trois médailles d'honneur et huit médailles de première classe ont couronné les efforts du Royaume-Uni; une médaille d'honneur et quatre médailles de première classe les progrès de la Prusse; deux médailles d'honneur et quatre de première classe ont placé l'empire d'Autriche au niveau de la Prusse, sa rivale en tant de choses; plusieurs mentions hors concours, plusieurs médailles d'honneur et quantité d'autres médailles ont signalé la prééminence française dans certaines parties importantes, armes blanches, limes, outils, faux, etc. Mais nos aiguilles, nos alènes, nos hameçons, etc., se laissent devancer encore par ceux des étrangers; circonstance due à la perfection de certaines machines et aussi au mode spécial de tremper l'acier. Peut-être est-ce un secret de cuisine qu'il faut surprendre.

Une fabrication qui depuis plusieurs années prend un développement considérable, c'est la fabrication des plumes métalliques. Entre autres maisons d'Angleterre, on cite la maison J.-J. Mitchell, de Birmingham, et la maison J.-J. Perry, de Londres. Ces deux sanctuaires d'industrie n'ont en Europe qu'un rival redoutable pour les plumes métalliques, la maison Blangy et C⁰, de Boulogne-sur-Mer; ce qui n'empêche pas divers fabricants français et étrangers de réaliser d'énormes bénéfices, malgré d'incessantes et d'actives concurrences.

Dans sa justice distributive, le Jury a compris que, pour résumer l'œuvre d'une manière convenable, il ne fallait point s'en tenir aux chefs d'établissement; mais qu'il fallait descendre jusqu'aux ateliers et reconnaître les soins du contre-maître, l'intelligence de l'ouvrier. Combien de procédés économiques, de machines nouvelles, d'outils simples et plus facilement maniables; combien de conseils utiles sont sortis de la tête d'hommes obscurs et modestes qui vivent et meurent en coopérant à la fortune des autres! C'est surtout dans l'aiguillage et dans la coutellerie que l'on rencontre des ouvriers exceptionnels, parce que, travaillant aux mêmes pièces, ils puisent dans une habitude journalière des moyens de simplification qui ne viendraient jamais à l'esprit des maîtres.

REVUE DES PRINCIPAUX OBJETS

EXPOSÉS DANS LA QUINZIÈME CLASSE.

M. Friedrich KRUPP, à Essen, département de Dusseldorff (Prusse).

Le progrès de l'industrie de l'acier est le plus sûr garant de la prospérité de presque toutes les branches de travail d'un pays. L'acier entre dans la composition et sert à la confection de la plupart des instruments actifs de l'homme, il lui offre l'un de ses plus puissants moyens de défense ou d'attaque, enfin, par les ressources infinies qu'il fournit, il semble envelopper comme une grandiose accolade et la paix et la guerre.

L'état nominatif des pièces sortant des usines de M. Friedrich Krupp, et présentées à l'Exposition universelle, avec une admirable entente, par les soins de M. Hass, son représentant à Paris, sera la preuve irréfragable de ce que nous avançons. Cette exhibition comprenait :

Un bloc de 5,000 kilog. en état brut de fonte. — Un cylindre cassé aux deux bouts, propre à la fabrication d'essieux et de bouches à feu. — Des cassures d'acier fondu, qualité la plus tenace. — De l'acier fondu pour *outils*. — Des cassures d'acier fondu à ressorts. — Un essieu coudé fini pour locomotive (système Engerth), garanti pendant dix ans. — Un essieu coudé de locomotive, forgé de l'acier le plus tenace avec les morceaux découpés, garanti dix ans. — Des parts d'un essieu coudé de locomotive cassé pour prouver son homogénéité et sa ténacité. — Un essieu de wagon portant une charge de 5,000 kilogrammes; un autre essieu portant 6,500 kilog., garantis pendant dix ans. — Un essieu coudé de bateau à vapeur, en état forgé, offert pour essai de sa densité et de son homogénéité intérieures d'un bout à l'autre, et garanti pendant dix ans. — Un essieu en acier fondu, courbé en état froid par une presse hydraulique; preuve de ténacité. — Un tourillon de l'acier le plus tenace. — Un ressort à tension sous pression oscillante. — Un bandage laminé en acier fondu sans soudure. Breveté. — Des bandages tournés. — Des rouleaux en acier fondu, trempés et finis de 0,684 mill. de table et 0,279 mill. de diamètre. — Sept paires de rouleaux en acier fondu trempés et finis, depuis une paire de 0,398 mill. de table sur 0,199 de diamètre, jusqu'à une paire de 0,477 mill. de table sur 0,265 de diamètre. — Des rouleaux guimpiers d'un haut poli. — Un canon obusier français du calibre de 12. — Un canon de siége français de 16 livres de balle. — Des plastrons de cuirasses essayés par coups de fusil et pliés par coups de marteau. — Un canon de fusil courbé à froid. — Un foret à cylindre pour mineurs, de 32 centimètres de diamètre, sur 1 mètre de longueur, en acier fondu, fait par soudure sur fer, etc., etc.

M. Alfred Krupp alimente en grande partie ses fonderies avec de l'acier puddlé : les forges royales de Löhe, celles de M. Dresler aîné, à Geisweid, celles de M. Kreuz, à Olpe, le lui fournissent presque totalement; mais une remarque essentielle, c'est que l'acier puddlé qu'il prend à l'établissement de Löhe s'extrait de minerais spathiques, dissous au moyen d'un mélange par moitié de coke et de charbon de bois, sans que la qualité du produit souffre en rien de ce genre de traitement peu coûteux.

M. KRUPP occupe 2,200 ouvriers; son outillage est immense, il comprend 28 machines à vapeur et marteaux pilons, dont certains pèsent jusqu'à 30,000 kilogrammes; 800 forces de chevaux; 624 creusets de 30 kilog. à peu près, au feu en même temps, et pouvant fondre sans arrêt deux fois en 10 ou 12 heures. Or, avec de tels moyens de travail tout doit être possible à M. KRUPP dans le domaine de la production: aussi, aujourd'hui, la sienne s'élève à quatre ou cinq millions de kilogrammes par an.

Pourtant son établissement, fondé en 1810 par M. FRIEDRICH KRUPP, n'a pas toujours joui de cette importance sans rivale. Le fondateur de la manufacture près d'Essen était un de ces chercheurs infatigables que rien ne décourage; mais, malgré l'heureuse réussite de ses essais sur la fonte de l'acier, délaissé sans secours, sans protection officielle, consumé par des efforts incessants et des tracas sans nombre, il mourut à la peine, âgé seulement de 39 ans, ayant dissipé, pour perfectionner encore son œuvre, une fortune assez considérable, et léguant néanmoins comme tâche d'honneur à son fils aîné M. ALFRED KRUPP, la prescription testamentaire de continuer la recherche de la fabrication des pièces d'acier fondu de grand volume.

Cette conviction invincible du père devint le plus précieux héritage du fils. Il commença ses travaux avec 8 creusets qu'on préparait ensemble dans 8 fours, bornant sa fabrication aux estampes et matrices pour les monnaies, aux instruments des corroyeurs et à l'acier en barres pour outils et limes. Il n'eut d'abord que deux ouvriers, et pendant huit années, il n'arriva même qu'à en employer une dizaine.

Mais dans cet intervalle, M. ALFRED KRUPP avait réussi à faire des cylindres d'acier fondu d'une condition vraiment hors ligne, et d'une texture tellement nerveuse qu'ils résistaient, quelles que fussent leurs dimensions, à l'opération de la trempe, cause ordinaire de rupture pour les cylindres dépassant 12 à 15 centimètres de diamètre, quand même ils sont composés des aciers les plus fins et les plus estimés.

Vers 1836, il put monter sa première machine à vapeur avec 4 marteaux.

Dès lors, les commandes abondèrent chez l'habile industriel. Non-seulement elles lui vinrent d'Europe, mais de Philadelphie, de Java, du Chili, de Calcutta, etc. Aussi, bien avant l'Exposition de Londres, il livrait à l'Angleterre des masses de cylindres et de laminoirs, et des machines pour la confection des couverts, entre autres celles de MM. Elkington, Mason et Cⁱᵉ, de Birmingham. Pourtant ce fut surtout l'exhibition précitée qui, en accueillant magnifiquement l'exposition de M. KRUPP, exalta en celui-ci une émulation à laquelle on doit les proportions gigantesques de sa manufacture actuelle.

Les profits considérables qu'il effectuait furent noblement employés par lui à doter son entreprise de continuelles améliorations; ils expliquent les agrandissements matériels, l'intarissable fabrication et la perfection des produits de son magnifique établissement. On fond aujourd'hui chez M. KRUPP des objets énormes, mais les plus grandes pièces qui soient sorties de ses usines, sont quatre arbres en acier fondu commandés par le gouvernement français pour les navires *Tilsitt* et *Breslau*. Chaque arbre, tout fini, tourné et poli, pèse 6,000 kilog., et il a fallu employer pour chacun d'eux un bloc brut fondu de 10 à 12,000 kilog.

Indépendamment des cylindres d'acier constituant sa spécialité, M. KRUPP élabore encore, en acier fondu, une multitude d'autres objets parmi lesquels : des ressorts de chemins de fer en quantité considérable; des bandages de roue sans soudure, d'une pièce solide dont, depuis 1848, 6,231 sont sortis de ses ateliers et ont été répartis dans le monde entier; des essieux pour wagons et tenders, dont, depuis la même époque, la quantité s'est élevée à 4,623; des essieux coudés pour locomotives et pour bateaux à vapeur, atteignant des dimensions infranchissables; des parties de machines, de tout poids et de toute forme; enfin des canons venant démontrer la possibilité d'établir des pièces d'artillerie en acier fondu.

Mise en pratique, cette démonstration a maintenant vaincu tous les doutes. Depuis l'Exposition universelle, M. le ministre de la guerre, en France, a ordonné des expériences sur deux canons obusiers de 12, en acier fondu, provenant des usines d'Essen. Ces expériences ont donné lieu à un rapport que M. le colonel Petiet, secrétaire du comité d'artillerie, a été chargé de transmettre à M. KRUPP, et dans lequel nous lisons :

« Pour reconnaître la limite extrême de la résistance de l'acier fondu, on devait tirer à outrance un des canons, en suivant la progression suivante :

    20 coups avec 3 kilogrammes de poudre et 2 boulets.
    10   3   »   »   »   3 »
    ·5   6   »   »   »   6 »

Puis, jusqu'à ce que la pièce éclatât, elle devait être tirée avec 12 kilogrammes de poudre et autant de boulets que l'âme aurait pu en contenir.

« Une vérification faite avec l'étoile mobile après les 20 coups a fait reconnaître qu'il n'existait aucune dégradation intérieure.

« Dans une séance suivante on a tiré 10 coups avec 3 kilog. et 3 boulets, la pièce a parfaitement résisté et on n'a constaté qu'un très-faible agrandissement du canal de lumière, enfin on a tiré 5 coups avec 6 kilog. et 6 boulets; la charge contenue dans une gargousse en papier occupait dans l'âme une longueur de 80 centimètres à peu près, les 6 boulets occupaient une longueur de 70 centimètres environ, de sorte que, sauf une longueur de 30 centimètres, l'âme était entièrement remplie de poudre et de projectiles.

« L'explosion produite par ce tir était énorme. Les boulets se brisaient en mille morceaux les uns contre les autres, le recul de la pièce n'était arrêté que par le gabionnage construit en arrière.

« La pièce a été de nouveau vérifiée après ces cinq coups, elle avait parfaitement résisté et *l'âme ne présentait pas la moindre dégradation.*

« Ce tir à outrance ne fut pas poussé plus loin; il eut été malheureux, en effet, de détruire une pièce qui avait si bien supporté d'aussi fortes épreuves. Ni le bronze ni la fonte n'auraient offert une pareille résistance, et cette dernière série d'expériences montre combien la force de résistance de l'acier fondu est supérieure à celle du bronze ou de la fonte.

« On est donc en droit de conclure que cette pièce est capable de résister à toutes les charges possibles, et qu'elle pourra résister, indéfiniment peut-être, à la charge ordinaire de guerre, 1 kil. 400, *et qu'une ère nouvelle semble s'ouvrir pour l'artillerie.* »

Citons, pour terminer, deux particularités tout à l'honneur de M. KRUPP.

D'abord, par un sentiment de reconnaissance filiale, il a conservé à l'établissement dont il a accompli la rénovation, et qui possède à présent des dépôts à Paris, Londres, Berlin, Vienne et New-York, le nom de celui qui l'avait fondé. C'est là une abdication de renommée personnelle des plus touchantes et des plus rares. Ensuite le procédé qu'il emploie pour réussir ses aciers fondus est resté inconnu, malgré qu'il soit pratiqué depuis maintes années, et avec e concours d'un très-grand nombre d'ouvriers. Or, il est probable que, si M. KRUPP n'inspirait pas à ces derniers une profonde sympathie due à la manière dont il les traite matériellement et moralement, son secret, sinon découvert d'un seul coup, au moins surpris en détail par les plus intelligents de ses coopérateurs, serait déjà tombé, grâce à leurs indiscrétions, dans le domaine public.

Huit décorations accordées par divers souverains à M. ALFRED KRUPP, et au nombre desquelles figure la croix de chevalier de la Légion d'honneur, étaient déjà venues le récompenser de ses travaux. Le Jury de la XV° classe lui a décerné la GRANDE MÉDAILLE D'HONNEUR.

M. FRÉDÉRIC LOHMANN, à Witten-sur-la-Ruhr (Prusse), comme M. Krupp produit de l'acier fondu, et comme lui garde soigneusement le secret de son procédé de fabrication. Son établissement, qui occupe cent ouvriers, écoule surtout ses produits à Solingen et à Remscheid. MÉDAILLE DE PREMIÈRE CLASSE.

MM. GOUVY FRÈRES et Cⁱᵉ, à Goffontaine, près Sarrebruck (Prusse), fabriquent les aciers bruts, les aciers affinés une ou plusieurs fois, l'acier puddlé, l'acier fondu façonné et en barre. Ils ont aussi un établissement en France. MÉDAILLE DE PREMIÈRE CLASSE.

MM. BOING ROHR et Cⁱᵉ, à Limbourg-sur-la-Lenne (Prusse). C'est à ces industriels qu'on est en partie redevable de l'introduction dans le commerce de l'acier puddlé. Les efforts faits par M. Stengel en 1838 n'avaient point été couronnés d'un plein succès; le prix de la houille était en ce temps-là trop élevé, en comparaison du charbon de bois, pour qu'on pût retirer de cette découverte tous les avantages qu'on s'était promis. MM. Boing et Rohr pourtant ne se découragèrent pas, et leur usine parvint la première à livrer de l'acier puddlé en grande quantité et à bon marché. Sa qualité, d'ailleurs, ainsi que l'Exposition a permis de l'apprécier, ne laisse rien à désirer. Ces diverses considérations ont valu à ces industriels la MÉDAILLE DE PREMIÈRE CLASSE.

MM. LEHRKIND, FALKENROTH et Cᵉ, à Haspe, près Hagen (Prusse), suivirent de près l'exemple donné par l'usine de Limbourg-sur-la-Lenne. Leurs essais se dirigèrent d'abord sur les fontes aciéreuses du pays de Siegen; ils travaillèrent ensuite avec des fontes grises, et en dernier lieu avec les fontes ordinaires, tirées du pays même. On conçoit l'importance que présente pour une large consommation l'extraction d'aciers de bonne qualité, d'une fonte à très-bas prix. MM. Lehrkind et Falkenroth ont été récompensés de leurs efforts par la MÉDAILLE DE PREMIÈRE CLASSE.

LA DIRECTION DES FORGES DU COMTE DE RENARD, à Gross-Strehlitz, dans la haute Silésie (Prusse), a également reçu du Jury de la XVᵉ Classe la MÉDAILLE DE PREMIÈRE CLASSE pour l'importance et l'excellence de sa fabrication d'aciers fondus.

MINES ET FORGES DE JENBACH, Tyrol, (Autriche). Cet établissement produit un acier fort renommé, fondu en partie à Jenbach même. On l'emploie pour faire des limes et des ressorts. MÉDAILLE DE PREMIÈRE CLASSE.

Mᵐᵉ LA BARONNE DE ZOIS, à Iauerbourg, en Carniole (Autriche), pour ses mines de fer et ses aciers de bonne qualité, a obtenu la MÉDAILLE DE PREMIÈRE CLASSE.

USINES ET FORGES IMPÉRIALES DE PILLERSÉE, Tyrol (Autriche). Excellent acier brut, principalement employé pour les faux. MÉDAILLE DE PREMIÈRE CLASSE.

ÉTABLISSEMENT D'INNERBERG, Styrie (Autriche). Il produit de l'acier brut, et le fond en partie pour le fabriquer en outils. MÉDAILLE DE PREMIÈRE CLASSE.

FORGES DE KIÉFER (Autriche). Elles alimentent d'acier presque tous les couteliers de Varsovie et une partie des couteliers bavarois. MÉDAILLE DE DEUXIÈME CLASSE.

LE MONASTÈRE DES BÉNÉDICTINS D'ADMONT, à Klam et à Trieben, Styrie (Autriche), pour ses aciers très-estimés en Autriche a reçu la même récompense.

MM. JACKSON FRÈRES, PETIN, GAUDET ET Cᵉ, A RIVE-DE-GIER (FRANCE).

Les établissements appartenant à la compagnie des hauts-fourneaux, forges et aciéries de la marine et des chemins de fer, sous la raison JACKSON frères, PETIN, GAUDET et Cᵉ., sont :

1° Une usine à Toga (Corse), composée de trois hauts-fourneaux pour la fabrication de la fonte au bois, et de onze feux d'affinerie pour la fabrication de fers au bois;

2° Plusieurs usines à Vierzon, Clavières, Bonneau et dépendances, composées de neuf hauts-fourneaux pour les fontes au bois; trente-cinq feux d'affinerie pour les fers au bois, et une forge anglaise pour la fabrication des fers laminés au bois;

3° Une usine à Saint-Chamond (Loire), comprenant : deux forges à l'anglaise pour la fabrication des fers fins laminés de gros échantillons, bandages sans soudure de wagons et de locomotives, fers fins en barres, etc. Cette usine possède soixante-trois fours à puddler, à la houille, treize fours à réchauffer, un atelier de construction de roues de chemin de fer et une fonderie;

4° Un atelier de grosse forge à Rive-de-Gier (Loire) pour la fabrication des pièces destinées à la marine, aux chemins de fer, aux établissements constructeurs, etc., etc. L'outillage principal de cet atelier consiste en douze marteaux pilons, dont un de 12,000 kilog.;

5° Deux usines à Assailly et à Lorette (Loire), pour la fabrication des aciers fondus ou cémentés, en barres de tous échantillons, en tôles, en pièces martelées, etc., etc. La production de ces deux aciéries en acier fondu seulement n'est pas inférieure à 30,000 kilog. par jour;

6° A Paris, rue des Écluses-Saint-Martin, un atelier pour la fabrication des ressorts de chemins de fer, des ressorts pour la carrosserie, et des pièces diverses pour la carrosserie.

Trois mille ouvriers sont employés dans l'intérieur des usines.

Un nombre plus considérable est occupé par l'extraction et le transport des minerais, l'exploitation des bois, l'approvisionnement des usines en combustible, et le transport des matières fabriquées, de l'usine aux lieux de chargement, sur le canal ou le chemin de fer.

Les renseignements qui précèdent indiquent déjà le but que se sont proposé les gérants, fondateurs de la Société.

Ils ont voulu : 1° Donner pour base aux fabrications de leurs forges une production de fontes dans les qualités desquelles résidât toute garantie pour la qualité des fers et des aciers;

2° Répondre constamment, par la sûreté des produits, par la hardiesse et la tendance progressive de la fabrication, et, autant que possible, par l'abaissement des prix, aux besoins et aux exigences de la marine, des chemins de fer et des établissements constructeurs.

A cela près qu'elle fabrique des roues pour les chemins de fer, la compagnie n'ajuste et n'assemble pas elle-même les pièces de forge qu'elle livre à la consommation. Elle limite son rôle à la confection de ces pièces qui passent ensuite, pour être ajustées, dans les ateliers spéciaux de construction.

Dans cette mesure, les soins donnés à la qualité des fers, la puissance toujours croissante des moyens et le travail inventif des gérants, ont réalisé directement, ou rendu possible pour les ateliers constructeurs, des progrès marqués dont la compagnie peut revendiquer l'honneur.

La substitution du fer à la fonte dans les boîtes à graisse, dans les pistons de locomotives, dans un grand nombre de pièces de machines autrefois coulées en fonte, et surtout la fabrication des bandages sans soudure, sont autant d'améliorations dont l'industrie a profité.

Le bandage sans soudure qu'exposait la compagnie est du poids de 780 kilog. Il a été obtenu en prenant une bague de 0ᵐ45 de diamètre intérieur qui a été amenée, en une seule chaude, au diamètre de 4 mètres. A l'intérieur de ce cercle existe une bavure de 2 millimètres d'épaisseur qui règne autour de sa circonférence sans la moindre crique ou gerce. Ce bandage porte ainsi la preuve de la qualité supérieure du métal et de l'excellence du procédé de fabrication.

D'autres bandages, dont l'un de trois mètres de diamètre extérieur, semblable à ceux dont sont armées les roues de la machine l'*Aigle*, montraient, comme celui dont il vient d'être parlé, quel fini d'exécution ce procédé permet d'obtenir d'un seul jet. Mais l'un de ses avantages les plus signalés se trouvait clairement démontré à l'inspection d'une paire de roues, sorties de l'atelier de montage de Saint-Chamond.

Le bandage, à l'état brut, c'est-à-dire sortant du laminoir et sans être tourné, peut s'adapter immédiatement sur la roue. De là une grande économie de main-d'œuvre, et en même temps une économie de frais d'entretien et de renouvellement pour les chemins de fer, car la surface en contact, dans la marche, avec le rail, étant écrouie par le laminoir, présente plus de résistance que ne ferait une surface amollie par l'action du tour.

C'est encore un progrès industriel que la fabrication, dans l'atelier de Rive-de-Gier, de pièces d'une forme tourmentée et d'une construction délicate, telles que les plaques pour le blindage de batteries flottantes livrées à la marine impériale, et qui ont fait leurs preuves devant Kinburn; c'est un progrès aussi que la production des pièces d'un volume, d'une forme et d'un poids inusités, comme les arbres à deux et six coudes fournis par le même atelier pour des navires à vapeur de l'État.

L'arbre à six coudes, dont le modèle en bois figurait à l'Exposition, et qui est entré dans les ateliers de M. Cavé, était destiné au vaisseau à vapeur l'*Eylau*, de la force de 900 chevaux. Il pesait, fini de forge, 23,000 kilog. 80,000 kilog. de fer ont été employés à sa construction, dans le cours de laquelle le poids du paquet a été un moment de 40 tonnes. Les coudes de cet arbre sont à angles droits, et distants seulement de 0m50 l'un de l'autre.

Comme masse, et sur une telle masse, comme façon, jamais pièce de cette importance n'a peut-être été forgée en France ni à l'étranger.

Il convient également de mentionner ici, comme spécimen des effets obtenus au moyen du laminoir, les tiges de 14 à 1500 kilog. exposés par les gérants.

La fabrication des essieux fins, dit Patent, à huile ou à graisse, des essieux ordinaires à graisse, et des pièces pour la carrosserie, est aussi l'un des objets de l'industrie de la compagnie.

L'emploi de l'acier fondu dans la fabrication des ressorts est, à coup sûr, l'un des perfectionnements les plus utiles qui aient été introduits dans le matériel des chemins de fer et dans la carrosserie. MM. Jackson frères, Petin et Gaudet revendiquent, à bon droit, pour leurs établissements, la propriété de cette innovation qui, pour la première fois, a été mise en pratique sur le chemin de Lyon.

On n'accordait point à la force de résistance et à l'élasticité de l'acier fondu de pouvoir supporter le poids et le travail des machines et wagons, ainsi que des véhicules des routes de terre.

A l'aide des soins particuliers donnés à la qualité de l'acier, le problème a été résolu avec un succès qui ne s'est pas démenti depuis les premières tentatives.

Il serait superflu d'entrer ici dans des détails techniques concernant la forme des ressorts, et de présenter les calculs d'après lesquels ont été déterminés leurs poids et leurs épaisseurs ; l'examen des pièces exposées a fourni, à cet égard, les données nécessaires. Le fait essentiel est que, depuis 1850, l'acier fondu, d'abord employé sur une grande échelle dans les ressorts de chemins de fer, a fini par s'y substituer absolument aux aciers corroyés naturels ou cémentés. Aujourd'hui les chemins de fer n'en emploient point d'autre.

L'économie de poids que présentent les nouveaux ressorts sur les anciens est de un tiers à moitié.

Mais l'emploi de l'acier fondu dans les ressorts n'est que la moindre des applications auxquelles se prête avec avantage ce métal ainsi traité.

Le remplacement de la fonte par le fer, dans un grand nombre de pièces de machines, était un premier pas dans le progrès. Ce pas une fois fait, on était naturellement conduit à rechercher les moyens d'employer sans trop de frais l'acier au lieu du fer partout où, dans l'intérêt d'une construction perfectionnée, il importe de diminuer les poids et le volume, tout en maintenant et en augmentant même la solidité de la pièce. Les essieux droits, et surtout les essieux coudés, les bandages, les bielles, les arbres d'hélices, etc., etc., forgés en acier fondu au lieu de l'être en fer, gagnent en légèreté tout en offrant plus de garanties de force et de durée.

La compagnie n'a point négligé cette occasion de répondre à l'un des légitimes besoins de l'industrie. MM. Jackson frères, Petin et Gaudet ont exposé de petits ouvrages en tôle d'acier qui démontrent l'extrême ductilité à laquelle peut être amené l'acier fondu.

Le cuivre rouge ne se travaille pas mieux que l'acier parvenu à ce degré de malléabilité.

Frappés des qualités qui distinguent, sous ce rapport, ce métal d'ailleurs si tenace et si résistant, les gérants ont eu la pensée que leurs tôles d'acier pourraient, avec avantage, être mises en œuvre pour la fabrication des cuirasses.

Les anciennes cuirasses étaient faites en étoffes, c'est-à-dire moitié fer et moitié acier. Les nouvelles, tout entières en acier, pèsent 50 pour 100 de moins que les anciennes. Rigoureusement soumises aux épreuves réglementaires, elles les ont subies avec un succès qu'aucune exception n'a démenti, condition que ne remplissaient pas les cuirasses autrefois en usage, et à laquelle ont fait défaut des cuirasses en acier d'une autre provenance. Pas une n'a pu être pénétrée par la balle. Elles offrent donc, pour le soldat au feu, toute sécurité, et pour le soldat en marche sous les armes, une légèreté qui ménage ses forces et lui épargne des fatigues.

L'Empereur a ordonné l'adoption de ces cuirasses pour la garde impériale.

Mais si la tôle d'acier résiste avec cette puissance au choc des balles, pourquoi ne résisterait-elle pas avec la même supériorité à la pression de la vapeur? Pourquoi dès lors ne pas construire des chaudières en tôle d'acier? Les chaudières en tôle de fer sont altérables à l'eau de mer. Elles retiennent facilement les incrustations à cause des rugosités de leur surface intérieure. Sous l'action alternative d'une haute chaleur et du refroidissement, elles se boursouflent, s'exfolient (ce qui les expose à être brûlées), prennent du jeu sous leurs rivets et réclament de fréquents renouvellements. Elles sont, en outre, d'un poids énorme et qui surcharge les navires aussi bien que les locomotives. Les chaudières en tôle d'acier seront nécessairement exemptes de tous ces inconvénients, et quel progrès dès lors de les substituer aux chaudières en tôle de fer!

Dans cette pensée, et munis d'un brevet pour cette application nouvelle de l'acier fondu, MM. Jackson frères, Petin et Gaudet ont exposé une chaudière en tôle d'acier de 6 millim. d'épaisseur. Après les épreuves légales, elle a été timbrée à six atmosphères. Une chaudière de même dimension en tôle de fer, pour être timbrée à six atmosphères, aurait dû avoir 12 millim. d'épaisseur, moitié plus que celle dont il s'agit; et comme le poids de la chaudière dans un navire de fort tonnage est de 200 tonnes environ, le seul fait de cette diminution d'épaisseur allégera ce navire de 100,000 kilog. de charge morte. L'épaisseur des parois étant moindre, la transmission du calorique sera plus facile; par conséquent, la consommation du charbon par force de cheval moins considérable. Enfin, la feuille de tôle d'acier étant homogène dans toutes ses parties, à la différence de la tôle de fer qui se compose de plusieurs épaisseurs martelées ensemble, et dont la soudure ne résiste que bien rarement à de fortes variations de température, aucun boursouflement, par conséquent aucun coup de feu indépendant de la maladresse du chauffeur, n'y sera possible.

Évidemment l'emploi de l'acier fondu dans les chaudières constitue une invention d'une haute utilité pour l'industrie.

Les gérants ne s'arrêteront pas dans la recherche des applications dont cette précieuse matière leur paraît encore susceptible; ils se disposent à rendre possible, par de nouvelles économies et de nouveaux perfectionnements de fabrication, l'usage de l'acier fondu au lieu du fer sur une échelle plus vaste et dans des conditions plus avantageuses qu'aujourd'hui.

Et tout en consacrant leurs soins à cette substitution qui, une fois accomplie, sera comme une révolution opérée dans les industries de grande consommation, MM. Jackson frères, Petin, Gaudet et Cⁱ considèrent aussi comme un devoir de poursuivre le progrès dans ce que la fabrication de l'acier a de plus délicat et de plus fin.

Les fabriques étrangères avaient précédemment le monopole des rouleaux de laminoirs, des matrices pour l'orfévrerie, des galets pour aplatir le trait d'or et d'argent, auxquels il faut un poli poussé jusqu'à la perfection.

La fabrique d'Assailly a exposé des échantillons de ces produits d'une trempe si difficile à obtenir, et les livre au commerce dans des qualités irréprochables et à des conditions égales, si ce n'est inférieures, aux prix des objets similaires fournis par l'étranger.

Le Jury a décerné à MM. Jackson frères, Petin, Gaudet et Cⁱ la grande médaille d'honneur.

Un de leurs contre-maîtres, M. Jacques Potdevin, a été nommé chevalier de la Légion d'honneur et a reçu une médaille de deuxième classe.

Un autre, M. Vital-Salichon, a reçu une médaille de première classe.

MM. CHARRIÈRE et Cⁱ, à Allevard, département de l'Isère (France). Les efforts de ces fabricants se sont spécialement portés sur la production des aciers naturels, dont ils livrent chaque année une grande quantité. Ils les fabriquent eux-mêmes exclusivement avec du charbon de bois, et suivant des procédés qui ont dû être combinés tout exprès. Ces aciers sont principalement employés pour bandages de roues et ressorts, et tout ce qui se rattache au matériel des chemins de fer. MÉDAILLE DE PREMIÈRE CLASSE.

MM. JAMES JACKSON et FILS et Cᵉ, à Saint-Seurin (France), font de l'acier fondu au moyen de l'acier de cémentation produit dans leur usine, fabrication fort remarquable qui leur a valu la MÉDAILLE DE PREMIÈRE CLASSE.

M. JACOB HOLTZER, à Unieux (France). C'est à M. Jacob Holtzer que la France est redevable de l'introduction des aciers puddlés. Ses produits se maintiennent au niveau de son ancienne réputation. MÉDAILLE DE PREMIÈRE CLASSE.

M. LÉON TALABOT, à Toulouse (France), se distingue des deux exposants cités ci-dessus par cette circonstance qu'il met lui-même en œuvre les aciers qu'il produit dans sa vaste usine du Saut-du-Sabot (Tarn). MÉDAILLE DE PREMIÈRE CLASSE.

M. J.-F. VERDIER et Cᵉ, à Formigny, Loire (France). De simple ouvrier devenu le chef d'un bel établissement, M. Verdier a résolu le problème difficile de la fabrication de grands objets, de fer pour la masse principale, et d'acier fondu pour la surface. Une économie considérable résulte de ce procédé que l'inventeur applique à la production de rails dont le bourrelet seul est en acier, et qui semblent d'une durée indéfinie, comparativement aux rails en fer ordinaire, s'écrasant ou s'exfoliant si vite. M. Verdier fabrique aussi l'acier fondu, après cémentation du fer de Suède, mais c'est surtout son invention du fer aciéré extérieurement qui lui a valu la croix de la Légion d'honneur, une recommandation toute spéciale du Jury, et la MÉDAILLE DE PREMIÈRE CLASSE.

M. ROUSSEAUX, à Paris (France), méritait peut-être une récompense plus élevée que la DOUBLE MENTION HONORABLE qui lui a été accordée par le Jury de la xvᵉ classe, pour sa taillanderie en général et pour sa soudure de l'acier au fer. Une faucille exposée par lui, faite d'acier fondu anglais entre deux lames de fer, prouvait surtout la valeur de son procédé de soudure.

M. GUSTAVE EKMANN, à Lesjœforss (Suède). La Suède produit sur une grande échelle du fer en gueuse, dont l'excellente qualité tient à la manière dont se compose le fondant des hauts fourneaux. Le bas prix du charbon de bois dans ce pays permet de le substituer à la houille, et d'éviter ainsi le mélange du soufre au fer, cause fréquente de cassure dans les objets où il est mis en œuvre. La Suède a fait également de grands efforts pour se maintenir au niveau des progrès réalisés par l'industrie des aciers, et M. Gustave Ekmann représente dignement cette industrie; ses produits puddlés sortant des forges de Lesjœforss, près de Philipstad (Wermeland), lui ont mérité la MÉDAILLE DE PREMIÈRE CLASSE.

LENENSE-ASTURIANA (Espagne). Cette usine, établie dans les Asturies, s'efforce de maintenir la fabrication de l'acier espagnol au niveau de celle des autres nations. Les aciers naturels de l'Espagne sont depuis des siècles en haute réputation. Dans l'usine de Lenense-Asturiana on a adopté les procédés de cémentation et de fusion en usage en France et en Angleterre. MÉDAILLE DE PREMIÈRE CLASSE.

M. TONTI, à Florence (Toscane), pour ses ciseaux à tailler le porphyre, en acier provenant des fontes toscanes, a obtenu une MÉDAILLE DE DEUXIÈME CLASSE.

LA VILLE DE SHEFFIELD (ROYAUME-UNI).

A Benjamin Huntsmann est due la création, il y a un peu plus d'un siècle, de l'industrie des aciers dans le Yorkshire, et particulièrement dans la ville de Sheffield.

Les aciers fondus de Sheffield, fabriqués avec les meilleurs fers et aciers de la Suède, ceux de Dannemora, sont les premiers aciers fins du monde, et si parfois on a pu les égaler, on ne les a jamais surpassés.

Pour leur fabrication, on cémente le fer en le faisant chauffer en barres dans un lit de charbon, afin de lui communiquer la proportion de carbone nécessaire, puis on brise les barres et on en fait fondre les morceaux dans des creusets soumis à une haute température; on coule ensuite la fusion en lingots, qu'à l'aide du corroyage ou de l'étirage on reconvertit en barres.

Par son homogénéité, sa dureté et sa finesse, l'acier fondu l'emporte sur tous les autres aciers; aussi est-il précieux pour la fabrication de la quincaillerie d'acier (on désigne sous ce nom les outils à l'usage des différentes industries, tels que scies, tarières, lames de rabots, ciseaux, etc.), et pour celle de la coutellerie.

La quincaillerie d'acier exposée par les divers fabricants de Sheffield était soignée d'une façon tout à fait exceptionnelle, trop peut-être comme spécimen véritable d'une fabrication courante, mais l'exhibition en était magnifique et frappait les visiteurs d'admiration.

Il en était de même de la coutellerie représentée par les exposants de cette ville. « Par le fini de « l'exécution, dit le rapport officiel, la beauté du poli, la solidité de l'emmanchure des couteaux et « canifs, tant à lame fixe que fermants, et le soin qui préside à l'exécution, la coutellerie de Sheffield « s'est assurée dans le monde la plus grande faveur. »

Par tous ces motifs, le Jury a décerné à la ville de Sheffield la GRANDE MÉDAILLE D'HONNEUR.

Des récompenses individuelles ont en outre été décernées aux exposants de la ville de Sheffield :

MM. TURTON et FILS, pour leur belle collection d'outils, ont reçu la MÉDAILLE D'HONNEUR.

MM. SPEAR et JACKSON, pour leur fabrication de quincaillerie d'acier : MÉDAILLE D'HONNEUR.

M. WUSTENHOLM (G.), pour sa belle coutellerie : MÉDAILLE D'HONNEUR.

MM. NAYLOR, VICKERS et Cᵉ, aciers en barres. MÉDAILLE DE PREMIÈRE CLASSE.

MM. COCKER FRÈRES, acier filé et quincaillerie.	Id.
MM. HAWCROFT et FILS, coutellerie.	Id.
M. NOWILL (J.), mêmes produits.	Id.
MM. WILKINSON et FILS, mèmes produits.	Id.
MM. JONH WILSON et FILS, mêmes produits.	Id.
M. JOHN BEDFORT, quincaillerie d'acier.	Id.
MM. FIRTH et FILS, mèmes produits.	Id.
MM. IBBOTSON FRÈRES et Cᵉ, mèmes produits.	Id.
MM. KENYON (J.) et Cᵉ, outils tranchants.	Id.
MM. J. MOSS et GAMBLE FRÈRES, quincaillerie d'acier.	Id.
MM. SORBY et FILS, mèmes produits.	Id.
MM. SPENCER et FILS, coutellerie et quincaillerie d'acier.	Id.

MM. J. MOSELEY et FILS, à Londres (Royaume-Uni), exposaient de la coutellerie, des outils d'acier et des aiguilles; ils tirent leurs lames de Sheffield et en font seulement le montage. MÉDAILLE DE PREMIÈRE CLASSE.

M. J.-A. HENCKELS, A SOLINGEN (PRUSSE).

La maison HENCKELS, de Solingen (Prusse), représente le mieux la coutellerie prussienne, digne sous beaucoup de rapports, ainsi que la coutellerie française, de lutter avec la coutellerie anglaise de

Sheffield. Belles formes, matière fort bonne et d'un long usage, tels sont les motifs qui ont mérité à cette maison la MÉDAILLE D'HONNEUR.

MM. GERRESHEIM et NEEFF, à Solingen (Prusse), ont la spécialité de la fabrication des ciseaux, dont ils produisent une énorme quantité. MÉDAILLE DE PREMIÈRE CLASSE.

M. C.-G. KRATZ, à Solingen (Prusse). Sa fabrication, d'ailleurs très-étendue, consiste exclusivement en petite coutellerie, dite coutellerie de poche, destinée en grande partie à l'exportation. MÉDAILLE DE PREMIÈRE CLASSE.

M. GUERRE, A LANGRES (France).

M. GUERRE, dont la maison se recommande à la fois par la date déjà ancienne de son existence et le soin avec lequel elle établit les objets qu'elle fabrique, avait une exposition composée de toutes les séries d'articles qui font partie de la *coutellerie fine*, ensemble recommandable par cette perfection de travail et de goût qui entre pour une si large part dans les succès tout récents de la coutellerie française. Les couteliers français ne sont point, comme ceux de l'Angleterre, réunis dans une seule localité, où la communauté de profession occasionne une sorte d'émulation de travail favorable au progrès; ils sont presque individuellement disséminés sur tous les points de la France. Ce n'a donc été que depuis l'époque où la facilité de communication a rapproché en quelque sorte les distances, que la coutellerie française a pu s'élancer vigoureusement dans la voie des améliorations.

La maison GUERRE présentait une grande variété de couteaux destinés à tous les usages, mais sa spécialité est la fabrication des ciseaux. Le choix d'une matière irréprochable correspond à un travail parfait, et la délicatesse de ce travail, élevée jusqu'au niveau de l'art, fait le plus grand honneur au chef de l'établissement.

Bien qu'il dirige ses ateliers depuis de longues années, M. GUERRE n'a jamais cessé d'y prendre sa part des travaux, et plusieurs des objets figurant dans son exposition avaient été fabriqués par lui-même.

Sa Majesté a récompensé M. GUERRE en le nommant chevalier de la Légion d'honneur, et le Jury en lui décernant la MÉDAILLE D'HONNEUR.

MM. SOMMELET-DANTAN ET Cᵉ, A NOGENT (France).

L'industrie de la coutellerie, dans la ville de Nogent, est redevable à la maison SOMMELET-DANTAN des plus grands services. Grâce à son initiative, aux améliorations par elle introduites dans la fabrication, les produits de Nogent peuvent rivaliser aujourd'hui avec la coutellerie des pays les plus avancés.

Nogent fournit aux couteliers de Paris beaucoup d'articles qu'ils terminent et sur lesquels ils mettent leurs noms; ils en reçoivent même d'entièrement terminés qu'ils s'attribuent également.

La maison SOMMELET-DANTAN, placée en face de ces exigences, a introduit dans sa fabrication les procédés mécaniques sur les plus vastes proportions. Économie importante, rapidité et perfection de produits, tels sont les résultats de cette mesure. MM. SOMMELET-DANTAN et Cᵉ ont obtenu la MÉDAILLE D'HONNEUR.

M. CHARRIÈRE, à Paris (France), est rappelé pour mémoire dans cette classe, la haute récompense qu'il y eût obtenue se trouvant confondue avec celle que la XIIᵉ Classe lui a décernée.

LA FABRIQUE DE LA VILLE DE NOGENT (France), en nom collectif, a reçu la MÉDAILLE DE PREMIÈRE CLASSE.

M. PICAULT, à Paris (France), se fait remarquer par l'activité de ses recherches et de ses inventions. Beaucoup d'articles ont été par lui considérablement perfectionnés; on doit citer en particulier l'invention d'un dos à rainure dans lequel on fixe des lames de rasoirs beaucoup plus minces que les lames ordinaires, et qui permet de les livrer au prix de 9 fr. la douzaine, sans pourtant nuire à leur qualité relative.

Diverses améliorations de détail ont également motivé la récompense dont a été l'objet M. Picault. MÉDAILLE DE PREMIÈRE CLASSE.

M. CARDEILHAC, à Paris (France) : même récompense, motivée par le soin apporté dans la fabrication de sa coutellerie, et en particulier dans le montage.

La MÉDAILLE DE PREMIÈRE CLASSE a également été décernée aux exposants dont les noms suivent :

M. TOURON-PARISOT, à Paris (France) : plutôt orfèvre que coutelier.

MM. MERMILLIOD FRÈRES, à Cénon (Vienne). Cette maison figure en tête du groupe de la coutellerie de Châtellerault, et donne beaucoup d'essor aux progrès demandés pour le bon goût et la solidité de ses produits.

M. J.-A. SABATIER, à Thiers (France). La coutellerie de Thiers forme un groupe spécial dans l'industrie française. Placée plus à portée qu'aucune autre des aciers et des houilles de Saint-Étienne, elle est parvenue à une immense production qui s'agrandit encore chaque jour. On doit regretter, malgré quelques essais récents pour les objets de luxe, que la coutellerie de Thiers s'attache principalement à la production d'articles communs.

Toutefois la maison Sabatier est au premier rang de cet important groupe, et c'est sans doute à elle que l'on est redevable des progrès vers l'élégance que nous avons mentionnés.

MM. JACQUETON FRÈRES, à Thiers (France). « Il est remarquable, dit le rapport officiel, que cette maison fournisse de la coutellerie de cuisine à la maison de la reine d'Angleterre. »

MM. CHATELET JEUNE et FILS, à Thiers (France). Grande production de coutellerie commune.

MM. DUMAS et GIRARD, à Thiers (France). Même fabrication.

M. SAUVAGNAT-SAUVAGNAT, à Thiers (France). Même production.

M. TIXIER-GOYON, à Thiers (France). Même fabrication.

M. HAMON, à Paris (France), a obtenu la MÉDAILLE DE DEUXIÈME CLASSE, pour ses cuirs à rasoirs et la pâte qui sert à les enduire.

M. HEINDL, de Steyer (Autriche), exposait une coutellerie moins parfaite extérieurement que la coutellerie anglaise ou celle des exposants français ; cependant, elle est recommandable par une grande solidité et en général par son long usage. Il faut observer que la coutellerie autrichienne vise surtout au bon marché, et descend parfois ses prix jusqu'à 24 fr. pour un millier de lames de couteaux. Ce taux si réduit fait apprécier les difficultés sans nombre que les fabricants autrichiens ont à surmonter. M. HEINDL a obtenu la MÉDAILLE DE PREMIÈRE CLASSE.

Le Jury a décerné des MÉDAILLES DE DEUXIÈME CLASSE à :

M. EISGRUBER, de Steyer (Autriche), pour sa coutellerie à bon marché.

M. STUCKHART, de Steyer (Autriche) : même motif.

LA CORPORATION DES COUTELIERS, de Steyer (Autriche), composée d'ouvriers livrant leurs produits à bas prix.

M. P.-J. MONNOYER, de Namur (Belgique), pour sa bonne coutellerie.

MM. DITMAR FRÈRES, à Heilbronn (Wurtemberg), exposaient des outils pour le jardinage, de la coutellerie de table et de poche et des armes blanches. « Le Jury, dit le rapport, a été frappé de la bonne exécution de tous ces articles, » et a décerné à MM. DITMAR FRÈRES la MÉDAILLE DE PREMIÈRE CLASSE.

M. STAHLBERG, d'Elskilstuna (Suède), et M. HELJESTRAND, de la même ville, ont reçu chacun la MÉDAILLE DE DEUXIÈME CLASSE pour des articles de coutellerie d'une bonne exécution.

M. HAIBLE, à Copenhague (Danemark), a reçu la même récompense pour des produits similaires.

M. POLYCARPO (A.), à Lisbonne (Portugal). Il a ingénieusement imité les coutelleries anglaise et française dans leurs beaux spécimens, et il exécute aussi de bons instruments de chirurgie. MÉDAILLE DE DEUXIÈME CLASSE.

M. GARSIDE, à Newark (États-Unis), pour le soin qu'il apporte au montage des couteaux : MÉDAILLE DE DEUXIÈME CLASSE.

M. MANNESMANN, A REMSCHEID (PRUSSE).

Solingen et Remscheid sont deux villes tellement rapprochées l'une de l'autre qu'à la rigueur elles pourraient n'en faire qu'une. Ce qui les distingue, c'est que Solingen est le centre de fabrication de la coutellerie et des armes blanches de la Prusse, et que Remscheid est le centre de sa quincaillerie d'acier.

Les produits de Remscheid s'exportent dans le monde entier et se placent partout en concurrence avec les bons produits de l'Angleterre.

M. MANNESMANN est à la tête de la fabrique de quincaillerie d'acier la plus importante de la ville de Remscheid. Il occupe deux cent cinquante ouvriers et fait chaque année pour sept ou huit cent mille francs d'affaires. Son exposition était des plus remarquables et contenait une collection de limes qui a particulièrement fixé l'attention des hommes spéciaux. Le Jury lui a voté la MÉDAILLE D'HONNEUR.

M. G. CORTS, à Remscheid (Prusse), qui, de simple ouvrier est devenu grand fabricant, exposait des limes et des râpes d'une grande perfection. MÉDAILLE DE PREMIÈRE CLASSE.

MM. LINDENBERG FRÈRES et Cᵉ, à Remscheid (Prusse). Quincaillerie d'acier d'une exécution supérieure. Matière première excellente. MÉDAILLE DE PREMIÈRE CLASSE.

M. POST, de Hagen (Prusse). Outils tranchants de toutes sortes. Coutellerie et armes blanches. Il exporte la majeure partie de ses produits, occupe deux cent vingt ouvriers et fait pour 750,000 fr. d'affaires par an. MÉDAILLE DE PREMIÈRE CLASSE.

MM. COULAUX ET Cᵉ, A KLINGENTHAL (FRANCE).

Par suite de la présence d'un de ses chefs, M. CHARLES COULAUX, député au Corps Législatif, et maire de Strasbourg, parmi les membres du Jury de la XVIᵉ classe, cette importante maison se trouvait hors de concours. Au reste, elle n'avait guère besoin d'une nouvelle récompense pour sanctionner le mérite exceptionnel de ses nombreux produits, car, d'après le catalogue officiel de l'Exposition universelle, huit médailles d'or, obtenues de 1806 à 1849, une médaille de prix, gagnée à la grande Exposition de Londres, en 1851, et la croix de chevalier de la Légion d'honneur décernée à son gérant, M. BAUR COULAUX, en 1849, ont constaté les éminents services rendus à l'industrie nationale par cette association, et indiqué l'apogée déjà ancien, mais toujours maintenu, de sa renommée.

Avant l'époque de la fondation de la maison COULAUX ET Cᵉ, les ouvriers de presque tous les états, en France, dont certains outils ou instruments sont en acier travaillé, ne pouvaient les obtenir que d'origine étrangère. Or, lorsqu'on songe que cette catégorie de métiers comprend l'agriculture, la menuiserie, la mécanique, la construction, etc., soit une grande partie des travaux répondant aux besoins essentiels et matériels d'un peuple civilisé, on comprend les services rendus au pays par ceux qui l'ont affranchi d'un onéreux tribu industriel, et l'ont lancé dans une nouvelle voie de ressources commerciales.

Pour son compte, la maison Coulaux et Ce soutient avantageusement la concurrence avec la Prusse et l'Angleterre, jadis maîtresses souveraines dans la partie. Ses outils de menuiserie, ses scies, ses limes, ses faux joignent la bonté de la trempe, l'excellence de la confection à la modération du prix, et la collection si complète de quincaillerie d'acier exposée au Palais de l'Industrie justifie pleinement cette appréciation. On y remarquait particulièrement une scie annulaire d'un très-grand modèle et d'une perfection d'exécution telle que, sur la demande de M. le général Morin, M. CHARLES COULAUX l'a trouvée digne d'être offerte en hommage au Conservatoire des Arts et Métiers.

La maison COULAUX FRÈRES et Ce travaille l'acier dans presque toutes ses transformations et applications; elle a des forges de premier ordre à Bœrenthal (Moselle) et à Framont (Vosges), des fabriques de cuirasses et d'armes blanches, à Klingenthal et à Molsheim (Bas-Rhin). La meilleure garantie de ses produits dans cette dernière spécialité, c'est qu'elle a obtenu l'entreprise d'une des quatre manufactures d'armes de l'État, celle de Mutzig.

L'association COULAUX et Ce occupe en tout temps 1,500 ouvriers, qui sont distribués dans 21 usines.

M. GOLDENBERG, au Zornhoff, près Saverne (France). La France, en retard pendant d'assez longues années, au point de vue de la quincaillerie, a pris depuis quelque temps sa revanche. Aucun sacrifice ne lui a coûté pour ne plus être tributaire des États voisins, et l'on peut avancer sans exagération que, s'il lui reste beaucoup à faire dans un grand nombre de cas pour arriver à la perfection, dans beaucoup d'autres elle ne le cède maintenant à personne. Encore quelques efforts, et à une époque qui ne peut être éloignée, elle finira par être placée au premier rang. M. GOLDENBERG vient à l'appui de notre assertion, et s'il n'était point hors de concours, comme membre du Jury, point de doute qu'il n'eût obtenu une haute distinction, surtout pour ses limes exposées qu'admiraient tous les connaisseurs.

MM. PEUGEOT AÎNÉ et JACKSON FRÈRES, de Pont-de-Roide, et PEUGEOT FRÈRES, d'Hérimoncourt, Doubs (France). A l'appui de ce que nous disions plus haut des tendances de la France à marcher dans la voie du progrès en quincaillerie, il ne faudrait que citer la maison PEUGEOT aîné; les belles scies circulaires et annulaires qu'elle a exposées ont reçu d'unanimes éloges, ainsi que les outils d'acier sortis de ses ateliers. On peut en dire autant de la maison PEUGEOT FRÈRES, d'Hérimoncourt, dont les produits sont pareillement de la plus haute valeur. Le Jury, voulant donner à ces deux maisons une preuve de sa satisfaction, leur a décerné à l'une et à l'autre une MÉDAILLE DE PREMIÈRE CLASSE; et en outre M. FÉLIX PEUGEOT, de Pont-de-Roide, a été nommé chevalier de la Légion d'honneur.

M. GAUTIER, à Paris (France). Paris a aussi payé son tribut, bien qu'il ne soit pas le centre de la fabrication de la grosse quincaillerie, qui exige de vastes emplacements et des moyens puissants. Toutefois, M. GAUTIER jouit d'une réputation méritée dans cette industrie, non-seulement pour le choix de ses modèles, mais encore pour la qualité supérieure de sa taillanderie, de ses enclumes et de ses crics. MÉDAILLE DE PREMIÈRE CLASSE.

M. SIMONIN BLANCHARD, à Paris (France), qui marche dans la même voie et exerce la même industrie, a également obtenu la MÉDAILLE DE PREMIÈRE CLASSE.

MM. JACKSON FRÈRES ET GÉRIN de Saint-Étienne. La fabrication des faux est la seule spécialité de la maison JACKSON et GÉRIN, et sa supériorité en ce genre est telle qu'elle produit annuellement pour 300,000 fr. de ces instruments, tous de bonne qualité. En récompense de tant de zèle et d'activité, le Jury lui a décerné la MÉDAILLE DE PREMIÈRE CLASSE.

M. J.-H. LEPAGE, A PARIS (FRANCE).

M. J.-H. LEPAGE, qui, depuis plusieurs années, a obtenu les fournitures des grands établissements de constructions dépendant du ministère de la marine, présentait à l'Exposition universelle une remarquable collection de limes de toutes grandeurs.

Rien ne saurait mieux faire apprécier le mérite de ce fabricant que des extraits de deux procès-verbaux d'adjudication qui lui ont assuré la fourniture de l'établissement impérial d'Indret.

Voici l'extrait du procès-verbal d'adjudication en date du 23 janvier 1854.

La commission spéciale chargée d'essayer comparativement et de classer suivant leurs valeurs relatives les échantillons envoyés par les soumissionnaires, « affecte aux carreaux et limes dont il est question comme expression de la qualité, les coefficients indiqués ci-après :

« M. LEPAGE, 98. — 1er concurrent, 92. — 2e concurrent, 81. »

Des soumissions déposées par les trois concurrents, combinées avec les valeurs relatives assignées aux échantillons, il résulte que, pour quotient,

« M. LEPAGE a obtenu 2,77. — 1er concurrent, 2,95. — 2e concurrent, 3,29. »

Dont il suit que, tout en présentant des limes de meilleure qualité, M. LEPAGE peut les livrer au prix le plus bas.

Le procès-verbal d'adjudication du 17 novembre 1856, donne les chiffres suivants pour coefficients exprimant la qualité des limes présentées :

« M. LEPAGE, 18,450. — 1er concurrent, 14,680. — 2e concurrent, 12,680. — 3e concurrent, 12,545. »

Quotients résultant de la combinaison des soumissions avec les valeurs relatives, assignées aux échantillons :

« M. LEPAGE, 5,47. — 1er concurrent, 7,15. — 2e concurrent, 8,44. — 3e concurrent, 8,87. »

Ces résultats corroborent ceux du premier procès-verbal.

Un rapport de M. Delpêche, chef des ateliers du chemin de fer d'Orléans, est aussi avantageux pour les produits de M. J.-H. LEPAGE, dont la supériorité de fabrication s'explique par les heureuses innovations que lui seul jusqu'à présent a su trouver pour les fours à tremper et à cuire. Ces perfectionnements, dus à une expérience éprouvée par la pratique, ont influé sur la qualité des limes de leur auteur, de manière à les rendre sans rivales. M. LEPAGE a obtenu du Jury la MÉDAILLE DE PREMIÈRE CLASSE.

M. TABORIN, à Paris (France), qui occupe un rang élevé parmi les fabricants de grandes limes, et qui, simple ouvrier, est devenu patron à force d'intelligence et de travail, a reçu la MÉDAILLE DE PREMIÈRE CLASSE.

MM. PROUTAT, MICHOT et THOMERET, d'Arnay-le-Duc (Côte-d'Or), France, ont la spécialité de petites limes pour l'horlogerie et la bijouterie. Même récompense.

M. CRÉMIÈRE, à Portillon (Indre-et-Loire), France. Limes et râpes d'une excellente exécution. MÉDAILLE DE PREMIÈRE CLASSE.

MM. LIMET et Ce, à Paris (France). Les fraises circulaires et les scies à métaux de MM. LIMET sont irréprochables et augmentent la réputation si justement méritée de leur maison. Même récompense.

M. GÉRARD et Ce, à Breuvannes (Haute-Marne), France, pour leurs limes d'excellente qualité, même récompense.

M. J.-A. RENARD, à Paris (France), dans la spécialité des outils destinés à la gravure sur acier, a rendu de véritables services aux artistes français. MÉDAILLE DE PREMIÈRE CLASSE.

M. FRANÇOIS WERTHEIM, à VIENNE (AUTRICHE).

L'industrie de la quincaillerie d'acier était aussi dignement représentée à l'Exposition universelle par les exposants autrichiens. Celui d'entre eux jugé le plus méritant et auquel le Jury a cru devoir décerner la MÉDAILLE D'HONNEUR est M. FRANÇOIS WERTHEIM. L'Autriche doit à cet habile manufacturier une grande partie des progrès accomplis chez elle depuis quelques années dans la fabrication des outils.

À la tête d'une usine considérable dont les ouvriers sont l'objet de sa constante sollicitude, M. WERTHEIM, en employant tous les procédés que la mécanique a mis à sa disposition, fabrique avec une grande perfection les limes et les outils de toutes sortes. « On estime, dit le rapport officiel, à quatorze cents le nombre des articles qu'il manufacture. »

Son exposition comprenait des boîtes d'outils dont chacune renfermait ceux nécessaires à telle ou telle industrie. Les prix de ces boîtes, d'un petit volume, étaient on ne peut plus raisonnables.

M. CHRISTOPHE WEINMEISTER, à WASSERLEIT, PRÈS KNITTENFELD, STYRIE (AUTRICHE).

M. WEINMEISTER se livre spécialement et avec un grand succès à l'industrie des faux; son exportation est très-considérable. Cette maison livre annuellement environ 160,000 faux au commerce pour toutes les parties du monde; ces faux, très-recherchées, portent la marque d'un sapin. Au reste, il faut dire que la Styrie jouit en quelque sorte du monopole de cette fabrication, qui, dans cette province, est morcelée entre une foule d'industriels, parmi lesquels, toutefois, M. CHRISTOPHE WEINMEISTER occupe le premier rang. Il a obtenu la MÉDAILLE D'HONNEUR.

M. FRANÇOIS WEINMEISTER, à Spital-sur-Pyhrn (Haute-Autriche), se fait aussi remarquer pour ses faux d'une excellente qualité, et ayant pour marque une clef. Son exportation, sans atteindre le chiffre du précédent exposant, ne laisse pas que d'être très-considérable. MÉDAILLE DE PREMIÈRE CLASSE.

M. THÉOPHILE WEINMEISTER, à Spital-sur-Pyhrn (Autriche), joint à la fabrication des faux celle de l'acier fondu. Sa marque, qui est une vigne, jouit, comme celle des précédents exposants, d'une grande réputation dans le commerce. Même récompense.

M. ALOYS-JEAN ZEITLINGER, à Eppensteim et Knittenfeld (Autriche), fabrique aussi des faux. Sa production, en partie exportée, s'élève à 150,000 faux. Cet exposant a pareillement reçu la MÉDAILLE DE PREMIÈRE CLASSE.

M. MARTIN MILLER FILS, à Vienne et Gumpendorf (Autriche). Cordes d'acier pour pianos, ressorts et scies en acier fondu. Bonne production. Même récompense.

M. JEAN PACHERNEGG, à Uebelbach, près Peggau (Styrie). Fabrication considérable de faux à l'aide d'acier qu'il produit lui-même. Même récompense.

MM. HAUEISEN ET FILS, à STUTTGARD (WURTEMBERG).

La maison HAUEISEN et FILS peut à bon droit être citée comme la plus grande fabrique de faux qui soit au monde. La bonté et l'excellence de ses produits se prouvent par l'écoulement facile que lui présente l'exportation quant à sa production annuelle de 450,000 faux (indépendamment des hache-pailles et faucilles). Ces industriels ont eux-mêmes fondé leur maison, qui n'a pas moins de cinquante années d'existence; et ce qui les rend recommandables, c'est que les préoccupations de leur immense fabrication ne les ont pas empêchés de songer à améliorer le sort de leurs ouvriers, pour lesquels de bonnes institutions, basées sur le sort de la maison elle-même, sont établies en vue de leurs besoins imprévus. MÉDAILLE D'HONNEUR.

Les exposants dont les noms suivent ont reçu la MÉDAILLE DE DEUXIÈME CLASSE :

M. SCHMID, à Pohl, près Munich (Bavière). Il fabrique la taillanderie d'une façon remarquable.

M. L. GAVAGE, à Liége (Belgique). Son exposition comprenait des limes, des burins, des échoppes et des grattoirs.

M. MARSTRAND, à Copenhague (Danemark). Il exposait une grande variété d'outils spéciaux.

M. ŒBERG, à Elkilstuna (Suède). Ses limes étaient de bonne qualité.

MM. BEAUMEL et FILS, à Carouge, canton de Genève (Suisse). L'horlogerie suisse a depuis longtemps sa réputation établie ; on n'a donc pas lieu d'être surpris que la nécessité de se procurer de bons outils ait amené les fabricants d'horlogerie à fonder des établissements spécialement destinés à la taille des limes fines ainsi qu'à la production d'autres outils de fine trempe. On remarquait en effet plusieurs exposants de la Confédération helvétique qui étaient arrivés dans cette branche à une véritable perfection, et parmi eux MM. BEAUMEL et FILS, dont les limes se taillent à la mécanique. Le Jury leur a décerné la MÉDAILLE DE PREMIÈRE CLASSE.

M. VAUTIER, à Carouge, canton de Genève (Suisse). Mêmes motifs, même récompense.

M. HIGGINS, à Montréal (Canada), présentait à l'Exposition divers outils tranchants et surtout des haches qui lui ont valu la MÉDAILLE DE DEUXIÈME CLASSE.

M. W. PARKYN, à Montréal (Canada) : même genre d'exposition, même récompense.

M. Henri MILWARD et fils, de Redditch (Royaume-Uni).

La maison MILWARD, par les soins de M. Henri Criblier, son représentant et l'entrepositaire, à Paris, de tous ses produits, exposait des aiguilles et des hameçons de toutes sortes.

La supériorité des Anglais pour la fabrication des aiguilles est un fait incontestable. Sur les bords du Rhin, et spécialement dans la Prusse rhénane, cette industrie a pris, depuis quelques années, un certain développement ; en France on a fait et on continue à faire de grands efforts pour arriver à une bonne fabrication. Malgré cela, les aiguilles anglaises continuent à être recherchées dans le monde entier, non-seulement à cause de leur vieille réputation, mais aussi parce que les fabricants anglais ne négligent rien pour rendre leurs produits de plus en plus parfaits.

La fabrication des aiguilles est presque entièrement concentrée en Angleterre, dans la ville de Redditch, comté de Worcester ; c'est là où se trouve l'établissement de MM. MILWARD et fils dont la fondation remonte à l'an 1730. Jusqu'au commencement de ce siècle, la fabrication des aiguilles était relativement très-lente, et un ouvrier n'en confectionnait guère plus de cent cinquante par heure ; aujourd'hui, vu la perfection des machines dont il dispose, il dépasse, dans le même temps, le chiffre de sept mille aiguilles ; aussi la maison MILWARD arrive-t-elle à en produire un total énorme de six millions par semaine. Et cependant que de détails dans la fabrication d'une aiguille ! Croirait-on qu'avant d'être entièrement terminée, elle doit passer par plus de trente mains : l'azurage, le perçage, la dorure, l'émaillage de la pointe et les opérations antérieures qui consistent à couper, frotter, percer, limer, durcir, tremper, et tant d'autres encore de moindre importance, ne peuvent s'exécuter autrement. C'est grâce aux soins extrêmes apportés dans ces nombreuses et délicates opérations que MM. MILWARD sont parvenus à livrer au commerce des produits toujours supérieurs et à l'abri de toute concurrence, parmi lesquels on doit citer les *aiguilles à œil ovale doré* qui sont particulièrement soignées.

A la fabrication des aiguilles, MM. MILWARD joignent celle des hameçons qu'ils traitent avec la même perfection.

Chez eux, la matière primitive est toujours de premier choix ; les ouvriers sont expérimentés, et les produits, avant d'être livrés au public, sont triés avec une attention minutieuse, ou éprouvés sévèrement. Cette dernière opération est surtout très-importante pour les hameçons dont la solidité constitue la qualité essentielle.

Le consommateur apprécie les résultats de tant d'efforts pour bien faire; aussi la maison MILWARD, qui a des dépôts dans toutes les capitales du monde civilisé, voit-elle chaque année s'augmenter le chiffre de ses affaires.

D'après M. MILWARD, tout le *secret* de sa fabrication réside dans le choix de la matière première, la perfection et la puissance des agents mécaniques, l'habileté et le désir de bien faire des ouvriers, et surtout dans l'active surveillance qui préside à tous les détails si nombreux de cette délicate production.

Les améliorations apportées dans la fabrication des aiguilles ne sont pas seulement importantes au point de vue de la perfection des produits et de l'abaissement des prix, mais aussi parce que la santé et même la vie des ouvriers, jadis gravement compromises par certaines opérations, sont désormais à l'abri de tout danger résultant de leur travail.

L'opération la plus dangereuse pour les ouvriers était celle de la formation de la pointe de l'aiguille. Cette opération, se faisant à sec, les *pointeurs* absorbaient de la poussière d'acier qui, se logeant dans les poumons, leur occasionnait des maladies terribles et presque toujours mortelles. On a trouvé le moyen d'empêcher l'absorption de cette poussière homicide; dès lors une amélioration très-sensible s'est fait remarquer dans les habitudes de cette catégorie d'ouvriers; leur vie n'étant plus compromise, ils n'ont plus eu besoin d'employer la débauche pour oublier, et ils sont devenus sobres.

MM. MILWARD et fils s'appliquent aussi, avec un zèle qu'on ne saurait trop louer, à améliorer autant que possible la condition matérielle et morale de leurs nombreux ouvriers. Outre les précautions prises pour conserver leur santé, ils ont réduit le temps de travail de 11 heures à 9 heures par jour. Ces messieurs sont très-satisfaits des résultats de cette mesure. Les ouvriers se montrent reconnaissants de la sollicitude de leurs patrons : « Ils travaillent, dit M. MILWARD, avec entrain et gaieté et ne négligent rien pour bien faire. »

Parmi les accessoires nombreux et variés que ces intelligents industriels ont joints à leur fabrication sous forme de boîtes, étuis, etc., il en est un qu'ils nomment : *Enveloppe d'aiguille et épitome de l'aiguille;* c'est un étui fort joli et très-commode, et qui figure avec honneur dans un nécessaire de dame.

Le jury, pour récompenser l'excellente production de MM. MILWARD et fils, leur a décerné une MÉDAILLE DE PREMIÈRE CLASSE.

MM. KIRBY, BEARD et Cᵉ, à Redditch (Royaume-Uni), qui comptaient aussi parmi les principaux fabricants d'aiguilles de Redditch, ont reçu la même récompense.

MM. GEORGE PRINTZ et Cᵉ, à Aix-la-Chapelle (Prusse). Cet établissement d'une date récente, puisque sa fondation remonte seulement à 1840, produit annuellement pour une somme de 300,000 fr. d'aiguilles, et n'occupe pas moins de trois cent quinze ouvriers. MÉDAILLE DE PREMIÈRE CLASSE.

M. CHARLES SCHLEICHER, à Schontal (département d'Aix-la-Chapelle), Prusse. Cette fabrique livre annuellement 120,000 kil. de fil d'acier et 300,000,000 d'aiguilles, pour une valeur de 600,000 fr. Ces aiguilles, d'une excellente confection, font concurrence aux meilleures qualités de Redditch. Les ouvriers de M. SCHLEICHER sont au nombre de six cent cinquante. Comme importance et comme perfection de produits, sa maison occupe la première place parmi les fabricants prussiens. MÉDAILLE DE PREMIÈRE CLASSE.

MM. ÉTIENNE WITTE et Cᵉ, à Iserlohn (département d'Arnsberg), Prusse. Cette maison, comme importance et comme chiffre d'affaires, est capable de balancer la réputation de la maison Schleicher; mais les produits de cette dernière sont d'une qualité qu'on peut considérer comme supérieure à ceux de M. É. WITTE.

A la fabrication des aiguilles il joint celle des hameçons. MÉDAILLE DE PREMIÈRE CLASSE.

M. M.-G. SCHLOSS, à Hainbourg (Autriche), a transporté d'Aix-la-Chapelle en Basse-Autriche l'industrie des aiguilles. MÉDAILLE DE DEUXIÈME CLASSE.

MM. DURAND et C°, à Phlin (Meurthe); KURTZ, à Chantilly; LEBLOND, à Merouvel (Orne); ROSSIGNOL fils et C°, et A. TAILFER et C°, à Laigle (Orne), France. Bien que MM. Durand, Kurtz, Leblond, Rossignol, et Tailfer n'aient obtenu que la médaille de deuxième classe, nous ne pouvons passer sous silence leurs louables efforts pour doter notre pays d'une si indispensable industrie que celle des aiguilles, et nous faisons des vœux pour qu'ils continuent d'avancer dans la voie où ils sont entrés.

M. SCHNIEWINDT, à Altena (Prusse), fabrique spécialement des alènes et des poinçons d'acier. Médaille de deuxième classe.

M. F. SCHAFFENBERGER, à Steyer (Autriche), pour la bonne qualité de ses alènes, a obtenu la même récompense.

M. J.-J. MITCHELL, de Birmingham (Royaume-Uni), présentait un assortiment des plus complets de plumes métalliques. Le commerce des plumes métalliques a pris dans ces derniers temps une extension très-considérable, et les entreprises auxquelles il a donné lieu sont devenues d'une très-grande importance. M. J.-J. Mitchell fabrique avec une grande perfection et à un bon marché excessif. Médaille de première classe.

MM. J.-J. PERRY et C°, de Londres. Ce que nous avons dit de la maison Mitchell peut également se rapporter à la maison Perry. Le Jury lui a décerné la même récompense.

M. BLANZY et C°, de Boulogne-sur-Mer (France). L'industrie des plumes métalliques était également représentée à l'Exposition universelle par des exposants français. Le Jury a décerné la médaille de première classe à MM. Blanzy et C° pour leur belle fabrication de ce produit, qu'ils livrent à bon marché.

MM. LEBOULANGER et AUBRET, à Paris (France), pour leurs menus ustensiles d'acier pour la toilette, leurs nécessaires, etc., dont ils exportent une notable partie, ont reçu la médaille de deuxième classe.

XVe CLASSE

INDUSTRIE DES ACIERS BRUTS ET OUVRÉS

RÉCOMPENSES DÉCERNÉES PAR LE JURY INTERNATIONAL

(EXTRAIT DU *Moniteur* DU 8 DÉCEMBRE 1855)

GRANDES MÉDAILLES D'HONNEUR.

Jackson frères, Petin et Gaudet, Rive-de-Gier, (Loire). France.
Krupp (F.), Essen (province du Rhin). Prusse.
La ville de Sheffield. Royaume-Uni.

MÉDAILLES D'HONNEUR.

Guerro, Langres (Haute-Marne). France.
Haueisen et fils, Stuttgart. Wurtemberg.
Henckels (J.-A.), Solingen (province du Rhin). Prusse.
Mannesmann (A.), Remscheid (province du Rhin). Id.
Sommelet-Dantan et C°, Nogent-sur-Marne. France.
Spear et Jackson, Sheffield (Yorkshire). Royaume-Uni.
Turton et fils, Sheffield (Yorkshire). Id.
Weinmeister (C.), Wasserleit (Styrie). Autriche.
Wertheim (F.), Vienne. Id.
Wustenholm. Sheffield (Yorkshire). Royaume-Uni.

MÉDAILLES DE PREMIÈRE CLASSE.

Beaumel et fils, Genève. Suisse.
Bedford (J.), Sheffield. Royaume-Uni.
Blanzy et C°, Boulogne-sur-Mer. France.
Boing, Rohr et C°, Limbourg-sur-la-Lenne. (Westphalie). Prusse.
Cardeilhac (E.), Paris. France.
Charrière et C°, Allevard (Isère). France.
Chatelet jeune et fils, Thiers (Puy-de-Dôme). Id.
Cocker frères, Sheffield. Royaume-Uni.
Corts (G.), Remscheid (province du Rhin). Prusse.
Cremière (G.), Portillon (Indre-et-Loire). France.
Ditmar frères, Heilbronn. Wurtemberg.
Dumas et Girard, Thiers (Puy-de-Dôme). France.
Ekman (G), Lessjœforss. Suède.
Établissement d'Innerberg, Styrie. Autriche.
Fabrique (la) de Nogent. France.
Firth et fils, Sheffield. Royaume-Uni.
Gautier (M.-L.), Paris. France.
Gérard (Ch.) et C°, Breuvanne (Haute-Marne). Id.
Gerresheim et Neeff, Solingen. Prusse.

Gouvy frères et C°, Goffontaine, près Sarrebruck. Prusse.
Hawcroft et fils, Sheffield. Royaume-Uni.
Heindl (Ant.), Steyer. Autriche.
Holtzer (J.), Unieux (Loire). France.
Ibbotson frères et C°, Sheffield. Royaume-Uni.
Jackson et fils et C°, Saint-Seurin-sur-Isle (Gironde). France.
Jackson frères et Gérin, Saint-Étienne (Loire). Id.
Jaqueton frères, Thiers (Puy-de-Dôme). Id.
Kenyon (J.) et C°, Sheffield. Royaume-Uni.
Kirby, Beard et C°, Redditch. Id.
Kratz (C.-G), Solingen (Prusse rhénane). Prusse.
Lehrkind, Falkenroth et C°, Haspe (Westphalie). Id.
Lenense-Asturiana (fabrique), province des Asturies. Espagne.
Lepage (J.-H.), Paris. France.
Limet et C°, Paris. Id.
Lindenberg frères et C°, Remscheid. Prusse.
Lohman (Fréd.), Witten-sur-la-Ruhr (Westphalie). Id.
Mermilliod frères, Cénon (Vienne). France.
Miller fils (M.), Vienne. Autriche.
Milward et fils, Redditch. Royaume-Uni.
Mines et forges de Jenbach (Tyrol). Autriche.
Mitchell (J.), Birmingham. Royaume-Uni.
Mosely (J.) et fils, Londres. Id.
Moss (J.) et Gamble frères, Sheffield. Id.
Naylor, Vickers et C°, Sheffield. Id.
Nowill (J.), Sheffield. Id.
Pachernegg (J.), Peggau (Styrie). Autriche.
Perry (J.) et C°, Londres. Royaume-Uni.
Peugeot frères, Hérimoncourt (Doubs). France.
Peugeot (A.), et Jackson frères, Pont-de-Roide (Doubs). Id.
Picault, Paris. Id.
Post (J.-D.) Hagen (Westphalie). Prusse.
Printz et C°, Aix-la-Chapelle. Id.
Proulat, Michot et Thomeret, d'Arnay-le-Duc (Côte-d'Or). France.
Renard (J.-A.), Paris. Id.
Renard (comte), Gross-Strelitz (Silésie). Prusse.
Sabatier (J.-A.), Thiers. France.
Sauvagnat-Sauvagnat, Thiers (Puy-de-Dôme). Id.
Schleicher (C.), Langerweihe. Prusse.

Simonin-Blanchard, France.
Sorby (J.) et fils, Sheffield. Royaume-Uni.
Spencer et fils, Sheffield. Id.
Taborin (P.-F.), Paris. France.
Talabot (L.) et Cᵉ, Toulouse. Id.
Tixier-Goyon frères, Thiers (Puy-de-Dôme). Id.
Touron-Parisot, Paris. Id.
Usines et forges impériales de Pillorsée (Tyrol). Autriche.
Vautier (S.), Genève. Suisse.
Verdié (J.-F.) et Cᵉ, Firminy (Loire). France.
Weinmeister (Fr.), Spital-s.-Pyhrn. Autriche.
Weinmeister (Th.), Spital-s.-Pyhrn. Id.
Wilkinson (T.) et fils, Sheffield. Royaume-Uni.
Wilson (J.) et fils, Sheffield. Id.
Witte (Ét.) et Cᵉ, Iserlohn (Westphalie). Prusse.
Zeitlinger (Al.-J.), Knittelfeld. Autriche.
Zoïs (baronne Vᵉ de), Jauerbourg (Carniole). Id.

MÉDAILLES DE DEUXIÈME CLASSE.

Abat (Th.), Pamiers (Ariége). France.
Arnheiter (M.-M), Paris. Id.
Asbeck (Ch.) et Cᵉ, Hagen. Prusse.
Association des ouvriers de Paris. France.
Bachner (F.), Steyer. Autriche.
Bagshaw (R.), Sheffield. Royaume-Uni.
Bathelot jeune (Vᵉ), Blamont. France.
Baudry (A.-Th.), Mons Athis (Seine-et-Oise). Id.
Beissel (Vᵉ) et fils, Aix-la-Chapelle. Prusse.
Bleckmann (J.-E.), Ronsdorf (Prusse rhénane). Id.
Bœlsterli (C.) et Cᵉ, Stuttgart. Wurtemberg.
Borloz (D.), Vallorbes (Vaud). Suisse.
Boulland (N.-L.), Paris. France.
Boulton (W.) et fils, Redditch. Royaume-Uni.
Boyer-Chabannes (S.), Thiers (Puy-de-Dôme). France.
Brugnon (P.-J.-F.), Charmes (Aisne). Id.
Brunner (Ant.), Vienne. Autriche.
Butterley, Hobson et Cᵉ, Sheffield. Royaume-Uni.
Chaput jeune, Thiers (Puy-de-Dôme). France.
Clicquot (R.-M.), Courbevoie. Id.
Cocker et fils, Hathersage (Derby). Royaume-Uni.
Corporation des couteliers de Steyer. Autriche.
Coutaret-Denise (Cl.), Thiers (Puy-de-Dôme). France.
Croulon, Paris. Id.
Dencker (J.-H.), Sulingen. Hanovre.
Dequenne et Cᵉ, Varennes-lez-Marcy (Nièvre). France.
Despret (A.) et Cᵉ. Anord (Nord). France.
Douris-Migeon (P.), Thiers (Puy-de-Dôme). Id.
Droster (J.-H.) aîné, Siegen (Westphalie). Prusse.
Duncker (J.), Iserlohn. Prusse.
Durand et Cᵉ, Phlin (Meurthe). France.
Eigruber (M.) Steyer (Styrie). Autriche.
Estienne et Irroy fils, Darney (Vosges). France.
Garfitt (Th.) et Cᵉ, Sheffield. Royaume-Uni.
Garside (J.), Newark (New-Jersey). États-Unis.
Gautier, Paris. France.
Gavage (L.), Liége. Belgique.
Girard (Vᵉ), Paris. France.
Göbel (J.-P. et D.), Haagen (Westphalie). Prusse.
Gourju, Bonpertuis (Isère). France.
Grange-Frestier, Thiers (Puy-de-Dôme). France.
Greaves (Is), Sheffield. Royaume-Uni.
Grob-Schmidt (J.-J.-A.), Belleville (Seine). France.
Gueutal (G.-F.), Montechéroux (Doubs). Id.

Gueutal (H.) et fils, Montechéroux (Doubs). France.
Hartmann (A.-M.), Villach (Carinthie). Autriche.
Haible (E.), Copenhague. Danemark.
Humbloch (J.), Siegen (Westphalie). Prusse.
Hamon (P.-Ph.), Paris. France.
Heljestrand (C.-W.), Eskilstuna. Suède.
Hersterberg (F) et fils, Schwelm (Westphalie). Prusse.
Hierzenberger (G.), Mondsee. Autriche.
Hierzenberger (Th.), Lennstein. Id.
Higgins (H.), Montréal. Canada.
Hildebrand (Ad.), Semouze (Vosges). France.
Hill (J.-V.), Londres. Royaume-Uni.
Hincks et Wells, Birmingham. Id.
Holtzer aîné et fils, Cotatay (Loire). France.
Hoole, Stamforth et Cᵉ, Sheffield. Royaume-Uni.
Hoppe (J.) fils, Solingen. Prusse.
Howarth (J.), Sheffield. Royaume-Uni.
James (J.), Redditch. Id.
Jowitt (Th.), Sheffield. Royaume-Uni.
Kiefer (usine de), Tyrol. Autriche.
Klaas frères, Ohligs (Prusse rhénane). Prusse.
Kreutz (J.), Olpe (Westphalie). Id.
Kurtz (A.-E.), Chantilly (Oise). France.
Lumory, Paris. Id.
Languedoc, Paris. Id.
Lanne (Et.), Paris. Id.
Lasvignes et Cᵉ, Toulle (Haute-Garonne). Id.
Leblond, Merouvel (Orne). Id.
Leboullanger et Aubret. Paris. Id.
Lechner (M.), Steyer. Autriche.
Legardeur (P.-A.), Belleville (Seine). France.
Leresche et Golay, Vallorbes (Vaud). Suisse.
Libert-Hill et Cᵉ, Boulogne-sur-Mer. France.
Liebrecht et Cᵉ, Iserlohn (Westphalie). Prusse.
Lindenberg (J.-Eug.), Remscheid. Id.
Linder (B.), Solingen. Id.
Mac-Daniel et Cᵉ, Londres. Royaume-Uni.
Machenbach et Cᵉ, Solingen. Prusse.
Malaingre-Stauringhi, ouvrier à Nogent. France.
Mallat (J.-B.), Paris. Id.
Manz (S.), Tuttlingen. Wurtemberg.
Marmuse, Paris. France.
Marstrand (Th.), Copenhague. Danemark.
Mason (J), Birmingham. Royaume-Uni.
Massat (J.-B), Paris. France.
Mayet (P.), Paris. Id.
Méricaud (Ed.-M.), Paris. Id.
Monastère des bénédictins d'Admont, Klam et Trieben. Autriche.
Mongin, Paris. France.
Monmouceau (J.) fils, Orléans. Id.
Monnoyer (P.-J.), Namur. Belgique.
Morton (G.), Londres. Royaume-Uni.
Myers et fils, Birmingham. Angleterre.
Oeberg (C.-O.), Eskilstuna. Suède.
Ojardias-Célerier (L.), Thiers (Puy-de-Dôme). France.
Panlehner (Fr.), Waidhofen-sur-Ybbs. Autriche.
Parkyn, Montréal. Canada.
Pastor (C.-H et C.), Aix-la-Chapelle. Prusse.
Pfeifer (J.), Spitzenbach (Styrie). Autriche.
Pfurtscheler (M.) Fulpmes (Tyrol). Id.
Pickhardt et Cᵉ, Remscheid. Prusse.
Polycarpo (Ant.), Lisbonne. Portugal.
Querelle (J.-Ch.-A.) fils, Saint-Paul (Yonne). France.

Raffin-Fauron, Thiers (Puy-de-Dôme). France.
Reinshagen (B.), Remscheid. Prusse.
Remond (Ed.) fils, Paris. France.
Renodier père et fils. Saint-Étienne (Loire). Id.
Rometin (Marius), Nogent-sur-Marne. Id.
Rossignol, l'Aigle. Id.
Ruard (usine de V°), Sava (Carniole). Autriche.
Sabatier-Maillo. Paris. France.
Saynor et Cooke, Sheffield. Royaume-Uni.
Schaffenberger (F.), Steyer. Autriche.
Schloss (M.-G.), Hainbourg-sur-Danube. Id.
Schmidt (J.-G.), Pohl, près Munich. Bavière.
Schmidt (P. et L.), Elberfeld (Prusse rhénane). Prusse.
Schmidt et Mollenhoff, Hagen (Westphalie). Id.
Schmolz (G.) et C°, Solingen. Id.
Schniewindt (C.), Altena (Westphalie). Id.
Scott (Robert), Montréal. France.
Société des forges de la Lenne supérieure, Oberkirchen. Prusse.
Stahlberg (L.-F.), Eskilstuna. Suède.
Stuckhard (J.), Steyer. Autriche.
Tailler (Alf.) et C°, l'Aigle (Orne), France.
Taylor (H.), Sheffield. Royaume-Uni.
Thornhill (W.), Londres. Id.
Tonti (L.), Florence. Toscane.
Turner (J.-R.) et C°, Redditch. Royaume-Uni.
Unzeitig senior et junior, Steyer. Autriche.
Vauthier (J.-B.) et C°, Paris. France.
Ward (Th.), Sheffield. Royaume-Uni.
Webster (J.) et fils, Birmingham. Id.
Weinmeister (J.), Leonstein. Autriche.
Windle (Blyth) et Windle, Walsal. Royaume-Uni.
Youf, Paris. France.
Zeitlinger (J.), Spital-sur-Pyhrn. Autriche.

MENTIONS HONORABLES.

Allard (Ph.-J.) père et fils, Paris. France.
Asbeck, Osthaus, Hagen (Westphalie). Prusse.
Axat (Société d'), Axat (Aude). France.
Barrelon-Varraine, Saint-Étienne (Loire). Id.
Beardshaw (G.), Sheffield. Royaume-Uni.
Bender (J.-F.-E), Metzingen. Wurtemberg.
Béranger frères, Orléans (Loiret). France.
Berger (Ch.-Ant.), Paris. Id.
Boerner (H.), Siegen (Westphalie). Prusse.
Bohnstedt, Kind et C°, Solingen. Id.
Boisset (P.), Paris. France.
Boivin (François), Paris. Id.
Bouvier fils aîné, Trablaine (Loire). Id.
Brealmayer (J.), Steyer. Autriche.
Buffi, Scarperia. Toscane.
Cartacci (P.) et fils, Scarperia. Toscane.
Chapitre de la cathédrale de Gurk (Carinthie). Autriche.
Chassonnerie (J.), Thiers (Puy-de-Dôme). France.
Chopin et C°, Lyon (Rhône). Id.
Cohen (J.) et C°, Dusseldorf. Prusse.
Dahlberg (H.), Eskilstuna. Suède.
Dailly (J.-Fr.), Pontoise (Seine-et-Oise). France.
Daret-Collet, Nogent. Id.
Dassaud-Saint-Joannis (P.), Thiers (Puy-de-Dôme). Id.
Date (H. et H.), Galt. Canada.
Davy (A.), Sheffield. Royaume-Uni.
Dawson (J.), Montréal. Id.

Delfosse (J.), Liége. Belgique.
Descreux père et fils, Saint-Étienne (Loire). France.
Descreux (A.) jeune, Saint-Étienne (Loire). Id.
Dessapt-Gouret (S.), Thiers (Puy-de-Dôme). Id.
Donnhoff (comte de), Fügen (Tyrol). Autriche.
Dordet, Paris. France.
Doriand-Holtzer, Valbenoite. Id.
Dormoy (Ad.), Seuillon (Haute-Marne). Id.
Drevermann et fils, Hagen (Westphalie). Prusse.
Ducrot, Lyon. France.
Duval, Paris. Id.
Febry (J.), Paris. Id.
Faure (J.), Paris. Id.
Ferrand-Vernier. Id.
Flather (D.) et fils, Sheffield. Royaume-Uni.
Fox (S.) et C°, Sheffield. Id.
Frestel (J.-A.), Saint-Lô (Manche). France.
Freyenschlag (M.), Klaushammer. Autriche.
Freyenschlag (J.), Konigswiesen. Id.
Fugini (L.), Brescia. Id.
Garde (F.), Paris. France.
Gatteyrias-Deroure, Thiers (Puy-de-Dôme). Id.
Gogarten (J.), Runderoth, près Cologne. Prusse.
Granger frères, Paris. Id.
Grasset aîné (S.-A.), Saint-Aubin (Nièvre). Id.
Green (Alph), Sheffield. Royaume-Uni.
Hauser (J.), Steyer. Autriche.
Henz (Th.), Aarau (Argovie). Suisse.
Hueck (Ch. et Th.), Herdec-sur-Ruhr (Westphalie). Prusse.
Jackson (W.) et C°, Sheffield. Royaume-Uni.
Javelier et Clément, Cerravilliers (Haute-Saône). France.
Jeanningros frères, Ornans (Doubs). France.
Jones (P.), Brantford. Colonies anglaises.
Journou-Riberon, Thiers (Puy-de-Dôme). France.
Jung (C.) et C°, Enneper-Strasse (Westphalie). Prusse.
Koch (J.-W.) et C°, Altena (Westphalie). Id.
Klein frères, Siegen. France.
Klein (P.-J.), Paris. Id.
Kurtz (Ferd.), Vienne. Autriche.
Larbaud (Cl.) Paris. France.
Lauterjung (C.-W.) , Solingen. Prusse.
Lieder (F.), Steyer. Autriche.
Linley (J.-A.-F.), Sheffield. Royaume-Uni.
Marcieu (le marquis de), Saint-Vincent-de-Mereuze (Isère). France.
Mazouillé, Paris. Id.
Menhardt (Ant.), Steyer. Autriche.
Metz (G.), Steyer. (haute Autriche). Id.
Mohling et Klincke, Altena (Westphalie). Prusse.
Molterer (G.). Grünberg. Autriche.
Molterer (M.). Steyer. Id.
Montgolfier, Saint-Chamont (Loire). France.
Moreau (D.-P.), Paris. Id.
Moser (Fr.). Grünberg. Autriche.
Mühlberger (Th.), Steyer. Id.
Müller (Fr.), Moederbruck (Styrie). Id.
Nicod père et fils, Maison-du-Bois (Doubs). France.
Nicoud (J.-P.), Paris. Id.
Offner (I.-M.), Wolsberg (Carinthie). Autriche.
Olivier (J.-B.). Marcq (Hainaut). Belgique.
Orval-Regnier (N.-J.), Prayon. Id.
Oxley (G. et J.). Sheffield. Royaume-Uni.
Parys, Paris. France.

Perrin (Alexis). France.
Pickel (M.), Himmelberg (Carinthie). Autriche.
Planicol (A.), Nantes (Loire-Inférieure). France.
Porteries (Pr.-P.), Toulouse. Id.
Quinke (J.-H.) et C*, Altena (Westphalie). Prusse.
Rauhaus (H.), Gerstau, près Remscheid. Id.
Renardias-Tarpoux (R.), Thiers (Puy-de-Dôme). France.
Rousseaux, Paris. Id.
Rives frères, Foix (Ariége). Id.
Rump (Fr.-W.) et fils, Altena (Westphalie). Prusse.
Rumpe (J.-G. et G.), Altena (Westphalie). Id.
Schamberger (J.-E.), Klagenfurth. Autriche.
Schneider (H.-D.-F.), Neunkirchen (Westphalie). Prusse.
Schneider (Ch.-F.), Genève. Suisse.
Scholnhammer (D.), Ybbsitz. Autriche.
Schwingbammer (Th.), Steinbach (haute Autriche). Id.
Seidl (Al.), Waidhofen-sur-Ybbs. Id.
Sessler (V.-F., les héritiers), Vordenberg et Krieglack. Id.
Siess (J.), Vienne. Id.
Silbernagl (le baron J. de), Ferlach (Carinthie). Id.
Somborn et C*, Boulay (Moselle). France.
Sonnleitner (A.), Zell-sur-Ybbs. Autriche.
Stahlschmidt (J.), Ferndorf, près Siegen (Westphalie). Prusse.
Stille (Alb.), Stockholm. Suède.
Taylor frères, Sheffield. Royaume-Uni.
Timmins (R.) et fils, Birmingham. Id.
Tortelli (B.). Gagliano. Toscane.
Veirier (I.). Milhau (Aveyron). France.
Viviani et Bourgeois, Ballaigues (Vaud). Suisse.
Wallace (W.). Montréal. Canada.
Warner (J.-S.), Sheffield. Royaume-Uni.
Weiss (Ch.) Waidhofen-sur-Ybbs. Autriche.
Wilcock (B. et J.), Sheffield. Royaume-Uni.
Zeitlinger (Fr.) fils, Moln, près Steyer. Autriche.
Zeitlinger (J.-G.), Gstadt. Id.
Zeller (J.), Salzbourg. Id.

COOPÉRATEURS,

CONTRE-MAITRES, OUVRIERS.

MÉDAILLES DE PREMIÈRE CLASSE.

Böhme (Jules), directeur de la forge du comte Renard, Zandowitz. Prusse.
Chuchel (Adolphe), directeur de la forge du comte Renard, Zawadzki-Werck. Id.
Mayer (Jacques), directeur de la fabrique de Bochum; Bochum. Id.

MÉDAILLES DE DEUXIÈME CLASSE.

Alligue, Châtellerault (Vienne). France.
Besançon, Nogent (Haute-Marne). France.

Bininger (Aurélien), Wasserleith. Autriche.
Blanchard, Paris. France.
Charbonnet, Paris. Id.
Clémens (Pierre-Hubert), Chantilly. Id.
Dabin-Fortier, Nogent (Haute-Marne). Id.
Darré-Collin, Biesle (Haute-Marne). Id.
Desmigneux, Paris. Id.
Dollinger (F.), Vienne. Autriche.
Fanta (Ant.), Vienne. Id.
Freydier, Paris. France.
Guilhe, Paris. Id.
Homay (Charles), Paris. Id.
Holzgens, Langerwehe. Prusse.
Kurth (Martin), Heistern. Id.
Lapper (Guillaume), Zawadzki. Id.
Letellier, Châtellerault (Vienne). France.
Martin (Edmond), Nogent. Id.
Michelin (Martin), Nogent. Id.
Michod (Fr.), Paris. Id.
Péronnet (L.), Châtellerault (Vienne). Id.
Strack (Gaspard), Nothberg, Schonthal. Prusse.
Thuillier-Lefranc, Nogent. France.
Vicq (Mlle), Paris. Id.
Wichard-Boivin, Nogent. Id.
Wurston, Paris. Id.

MENTIONS HONORABLES.

Berry, Nogent. France.
Burger (Jean). Autriche.
Drault (Émile), Paris. France.
Fauland (Jean). Himmelberg. Autriche.
Frossard (Jules), Nogent. France.
Guerre fils, Nogent. Id.
Hierzenbergor (Jean), Moederbruck. Autriche.
Jansen, Schonthal. Prusse.
Lecolier, Nogent. France.
Lieux (Lucien), Nogent. Id.
Lindner (Michel), Wofsberg. Autriche.
Magister, Langres. France.
Millon (Vincent), Châtellerault. Id.
Monnoyer (Pierre), Namur. Belgique.
Moritz (Jean), Uebelbach (Styrie). Autriche.
Moser (Mathias), Ubelbach (Styrie). I
Mouthon, Paris. France.
Pollon, Châtellerault. Id.
Praschnigg (Mathias), Himmelberg. Autriche.
Renson, Liége. Belgique.
Resch (Jean), Klam (Styrie). Autriche.
Roze (J.-B.), Biesle, près Nogent. France.
Scellier (Henri), Paris. Id.
Schumersberger (François), Klam (Styrie). Autriche.
Sturmann (Gaspard), Schonthal. Prusse.
Tobnitz (François), Moederbruck. Autriche.
Winkler (Aloyse), Wasserleith. Id.
Zettel (Jacques), Wasserleith. Id.

TABLE DES MATIÈRES

CONTENUES DANS LE DEUXIÈME VOLUME

FIN DU DEUXIÈME VOLUME.

PARIS. — IMPRIMERIE DE J. CLAYE, RUE SAINT-BENOIT, 7.